리핀코트의 그림으로 보는

생리학

Lippincott's Illustrated Review: Physiology

리핀코트의 그림으로 보는

생리학

Lippincott's Illustrated Review: Physiology

저 자

Robin R. Preston

Thad E. Wilson

역 자

방효원

고재홍

유해영

임인자

(주)바이오사이언스출판

이 도서의 국립중앙도서관 출판시 도서목록 (CIP)는 e-CIP 홈페이지
(http://www.nl.go.kr/cip.php)에서 이용하실 수 있습니다.
(CIP 제어번호: 2014024961)

리핀코트의 그림으로 보는
생리학

초판 인쇄: 2014년 9월 10일
초판 발행: 2014년 9월 15일

저　자: Robin R. Preston, Thad E. Wilson
역　자: 방효원, 고재홍, 유해영, 임인자
발행인: 문정구
편집총괄: 조영주
영업총괄: 한상정
기획총괄: 최성원
발행처: (주)바이오사이언스출판
주　소: 137-060 서울특별시 서초구 효령로2길 10, 201호(방배동, 호산빌딩)
전　화: (02)581-4057~8　팩　스: (02)581-4059
이메일: inquiry@biosciencepub.com
홈페이지: http://www.biobooks.co.kr
ISBN: 978-89-6824-012-6 93510
등록번호: 제22-3079호
값 43,000원

(주)바이오사이언스출판

역자 소개

대표역자 **방효원** 중앙대학교 의과대학 생리학교실(총괄, 제2, 4단원)

고재홍 중앙대학교 의과대학 생리학교실(제1, 3단원)

유해영 중앙대학교 적십자간호대학(제5단원)

임인자 중앙대학교 의과대학 생리학교실(제6, 7, 8, 9단원)

역서를 내면서

기초의학을 공부한다는 것은 이들 과목의 유기적인 관계를 이해함으로써 앞으로 접하게 될 임상의학 공부의 기초를 다지는 것이다. 질환은 우리 몸 항상성에 문제가 생겨 발생하는 경우가 대부분이므로 항상성의 작동 원리와 이를 유지하는 기전을 설명하는 생리학은 의학을 다루는 학문 중에 가장 중심이 되는 분야라고 할 수 있다. 최근 기초의학 연구분야는 융합되는 추세여서 고전적인 개념의 학문 분류가 많이 퇴색되어 가고 있다. 하지만 학생들 교육에 있어서 생리학은 학문 그 자체로서 여전히 기초의학과 임상의학의 중심에 위치한 학문으로 여겨진다.

그간 대한생리학회 자원에서 이루어진 교과서 번역 작업에 몇 차례 참여한 경험이 있지만 대부분이 의과대학 혹은 의학전문대학원 학생을 위한 교재였다. 출판된 생리학 관련 교과서들이 많이 있지만 간호학 혹은 비의학 전공학생들을 위한 인체생리학 교재로는 마땅한 것이 없었다. 특히 최근 몇 년간 많은 의학용어가 한글화되었지만 대부분의 교재들이 여전히 예전 용어를 사용하고 있어 교재로 사용함에 부적절하였다. 이런 여러 이유로 교과서 번역 작업에 착수하였으며 많은 원문 교과서 중 깔끔한 표현과 다양한 그림 및 설명을 특징으로 하는 "Lippincott's Illustrated Reviews: Physiology"를 수차례 검토 후 결정하게 되었다. 하지만 실제 번역작업을 시작한 후 검토한 책 내용은 결코 쉽지 않았으며 많은 내용이 압축되어 있어 본문 내용을 충실히 번역하고 독자를 이해시키기 위한 표현을 선택하는 작업이 결코 만만하지 않았다.

"리핀코트의 그림으로 보는 생리학"은 간호학 및 비의학 전공 학생들을 위한 교과서로서 기획되었으나, 이 책에서 다루는 내용들이 방대하고 상세하여 의과대학 및 의학전문대학원 학생들을 위한 교재로도 큰 부족함이 없을 것으로 여겨진다. 또한 자세하고 다양한 그림과 이에 대한 설명 및 여러 종류의 질환과 발병원인에 대한 설명도 같이 첨부되어 있어 간호학 및 비의학 전공학생들을 위한 자습서로도 충분히 사용할 수 있을 것으로 판단된다.

본서를 번역함에 있어 가장 큰 비중을 두었던 부분은 용어 부분이며 대부분은 대한의사협회 용어위원회에서 편찬한 "의학용어 5집"을 기준으로 하였다. 일부 용어집에 없는 것들은 기존 용어 중에 의학용어 5집에 가장 가까우면서 합리적이고 적합한 용어를 선택하여 사용하였다. 원본에 있는 일부 오류는 다른 전문서적을 참고하여 수정하는 등 가능한 정확하고 완성도 높은 번역서를 완성하기 위해 최선의 노력을 다하였다. 하지만 여전히 많은 부족함이 있으니 앞으로 더 좋은 책으로 거듭날 수 있도록 전문가와 독자들의 조언 및 건의를 부탁드립니다.

시간적인 제약 때문에 본서 번역작업이 예정보다 많이 늦어지기는 하였지만 바쁜 시간을 쪼개어 번역에 참석해 주신 의과대학 생리학교실 임인자 교수와 고재홍 교수, 간호대학 유해영 교수, 그리고 여러 가지 작업에 도움을 주신 김영원 선생에게 심심한 감사를 드립니다. 또한 (주)바이오사이언스출판의 문정구 대표이사님을 비롯해 김태진 부장님, 홍수희 팀장님 이하 관계자분께도 감사를 드립니다.

2014년 8월

역자대표 **방효원**

헌정사

Barbara와 Kristen에게,
이들의 확고한 지지와 격려로 이 책이 완성될 수 있었다.

감사의 글

저자를 비롯해 많은 사람들은 얼마나 노력과 땀이 필요한지 제대로 이해하지 못한 채, 책 쓰기를 시작합니다. 이에 우리는 이 계획이 달성되도록 우리를 도와준 많은 사람들에게 감사의 빚을 지게 되었습니다.

가장 먼저, Kelly Horvath(개발 편집자)와 Matt Chansky(미술가)에게 감사를 드립니다. Kelly는 기획에서부터 다양한 입안단계까지 열정을 가지고 일관된 조언을 해주었습니다. Kelly의 너그러운 마음은 비록 마감시간이 촉박하게 다가와도 우리가 유머감각을 가질 수 있게 하였습니다. 이 책과 이것의 잠재적인 성공은 그녀의 통찰력과 제안, 문학 능력에 기인한 것입니다. LIR 생리학의 "짜임새"있는 편집은 Matt Chansky의 예술적 솜씨 덕분입니다. Matt는 우리의 생각을 그림으로 잘 표현하였습니다. 이온에 생기를 불어 넣고, 수송체를 돌리고, 세포막에 전기적 흥분을 넣는 방법을 찾기 위해 우리와 밀접하게 작업하였습니다. 또한 Absolute Service, Inc에 있는 Harold Medina와 그의 동료들의 근면함과 합성기술에 감사합니다. Harold은 여러 번의 수정을 기쁜 마음으로 해 주었고 덕분에 내용에 엄청난 개선이 이루어질 수 있었습니다.

LIR 생리학의 기본 구성은 Pamela Champe, Ph.D.(고인을 추모하며)와 Richard Harvey, Ph.D.에 의해 수집되었습니다. 우리는 LIR 시리즈에 대한 그의 안목과 이 책 및 저자들에 대한 지속적인 지지에 대해 Richard에게 감사를 드립니다. 또한 Crystal Taylor(검토편집자, LWW)의 지속적인 도움과 초기 개발과 생산단계에서 많은 도움을 준 Jenn Verbiar(제품담당 책임자, LWW)에게도 감사의 마음을 전합니다.

하나 혹은 그 이상의 장(chapter)을 읽고 개선점을 제안해 주신 모든 분께도 감사를 드립니다. 그러나 누구보다 책을 완성하는 단계에서 모든 장을 읽고 조언을 해 준 Kristen Metzler-Wilson, P.T., Ph.D. (Lebanon Valley College)와 대부분의 임상 예를 투고하고 편집해준 Barbara Mroz M.D. (The Southeast Permanente Medical Group)에게 깊은 감사를 드립니다.

LWW는 많은 교수와 학생들에게 재검토를 간청하였습니다. 대부분의 장을 읽고 재검토해주었으며 또한 예리한 통찰을 통해 문장을 훌륭하게 다듬어주신 Sandra K. Leeper-Woodford, Ph.D. (Mercer University School of Medicine)에게도 감사를 전합니다. Tyler Morris, Ph.D. (Vanderbilt University) 역시 많은 유용한 제안을 주었습니다.

교수 동료들인 Brian Clark, Ph.D. (Ohio University Heritage College of Osteopathic Medicine, OUHCOM); Leslie Consent, Ph.D. (OUHCOM); Scott Davis, Ph.D. (Southern Methodist University); John Howell, Ph.D. (OUHCOM); Richard Klabunde, Ph.D. (OUHCOM); Anne Loucks, Ph.D. (Ohio University); 의과대학 학생들인 Micah Boehr (OMS III)와 Jacqueline Fisher (OMS III), Derek Gross (OMS III), Aiwane Iboaya (OSM II), Andrew Jurovick (OMS I), Sarah Mann (PAS I), Christa Tomc (OMS IV), Jeffrey Turner (OMS III)에도 역시 감사를 드립니다.

서문

거울을 한 번 쳐다보라. 앞에 보이는 상은 친숙하며 확실한 내 모습이다. 그러나 그 얼굴은 인체를 구성하는 10조 개 이상의 세포에 불과하다.

앞으로 조금만 더 숙여 보라.

얼굴의 윤곽은 뼈에 의해 형상이 만들어지고, 지방에 의해 채워지며, 피부라고 하는 세포의 연속된 판에 의해 덮여 있다. 눈썹과 얼굴 털은 특별한 분비샘(딜집)의 신물이다. 눈의 움지임은 뇌루부터 명령에 반응하여 수축하는 정밀한 근육 조화에 의해 이루진다. 관자에서 느껴지는 맥박은 가슴속 심장박동에 의해 만들어진 압력파를 반영하고 있다. 조금 더 내려가면 위는 최근 섭취한 음식물을 소화하고 콩팥은 피를 걸러낸다. 실제로 이런 모든 활동은 이것이 잘못되지 않는 한 인식하지 못한다.

LIR 생리학은 우리가 누구이며 어떻게 살아가며 궁극적으로는 어떻게 죽는가에 대한 일종의 이야기다. 이 책은 인체 구성에 따라 각 단원이 서로 다른 기관을 다루며 개인 삶에서 그것의 역할을 검토한다. 생리학 교과서는 통상적으로 "큰 것에서 작은 것으로" 접근하며 기관에 대한 설명은 인체생리학 발견의 역사를 다룬다(육안해부학, 미세해부학, 세포생물학 마지막으로 분자생물학). 대부분 단원에서 기관기능을 밝히고 그 다음 세포와 조직이 기능을 충족시키기 위해 어떻게 디자인되었는지를 보여준다. 비록 생리학적 디자인이 목적보다는 자연적인 선택에 의해 이루어졌지만 이런 목적론적인 접근은 왜 세포와 기관이 이들이 현재 있는 모습대로 구조를 이루고 있는가에 대한 이해를 가능하게 한다. "왜"에 대한 이해는 기억을 도와주며, 미래의 건강관리 제공자들에게 어떻게 예측할 것인가 라는 강력한 도구와 질환 진행이 왜 임상적으로 현재 상태로 보이는지에 대한 이해를 제공한다.

LIR 생리학에서는 무엇을 다룰 것인가? 생리학은 급성장하는 학문으로 그 어떤 교과서도 한 권만으로 철저하게 모두 다룰 수는 없다. 이 책에서는 3개의 기본적인 원칙을 통해 다루고자 하는 것을 결정하였다:

- 미국 의사면허시험에서 현재 다루는 주제들
- 많은 의과대학 생리학 과정에서 다루는 학습목표들(미국생리학협회와 생리학교실 주임교수협회, 2006)
- LWW의 인기 있는 시험대비서인 "BRS 생리학"에서 다루는 주제들

누가 이 책을 사용해야 하는가? LIR 생리학은 면허시험을 준비하는 의과대학 학생들을 위한 책이지만 내용이 명확하게 설명되었고 세부사항에 대한 수준이 임상의사 참고서뿐만 아니라 보건계열 교육의 기본 교과서로 사용하기에도 적합하다.

형식: LIR 생리학은 소개 및 역사 혹은 현재 진행되고 있는 연구에 관한 설명은 최소한으로 한 강의록 형식을 취하고 있다 – 각 장은 빠른 이해에 적합한 기술 형식으로 바로 본론으로 들어간다. 복습을 위해 훑어보기에 적합하도록 부표제로 설명을 구분하여 단락을 쉽게 이해할 수 있도록 하였지만 주제가 새롭거나 익숙하지 않은 학생들을 위해 충분히 자세한 설명도 하였다.

그림: 본문에선 시각학습을 돕고 시험 준비를 위한 학생들이 쉽게 복습할 수 있도록 단계별로 안내가 된 많은 그림이 포함되어 있다. 그림과 본문은 완전히 새로운 방법으로 생리학을 설명할 수 있도록 잘 연결이 되어 있다. 600개 이상의 독창적이고 에너지 넘치는 천연색 그림에는 사진으로 착각할 만큼 활력 넘치는 생리학 그림들과 함께 풍부한 임상 영상도 실려 있다. 설명은 그림 자체를 통해 "느낄 수" 있도록 일부러 최소화하였다. 단계별 대화 상자는 생리학적 과정을 볼 수 있도록 안내하고 있다.

특징: LIR 생리학에는 이 책의 이해를 돕기 위해 다양한 특징이 있다.

- **실제 예:** 생리학적 개념은 파악하기가 매우 어렵기 때문에 이해를 도울 수 있는 실제 예를 많이 싣고 있다.
- **임상 적용:** 모든 장에는 임상 적용이 포함되어 있으며—대부분의 경우 임상 영상을 같이—어떻게 생리학적 상황이 깨어지면 임상적인 상황이 나타나는지를 보여준다.
- **방정식 상자:** 평형전위와 허파꽈리—동맥혈액 산소차이, 콩팥 청소율과 같은 쉽지 않은 방정식들은 실제 숫자를 이용하여 설명하였으며 노란색 선을 가진 상자는 학생들이 실제로 다루게 될 예를 보여주고 있다.
- **일관성:** 세포생리학 특히 운반생리학을 설명함에 있어서 그 자세함에 압도당할 수 있다. 이러한 자세함은 서로 다른 이온을 나타내기 위해 동일한 색깔을 사용하는 최소함과 일관성으로 그림에 적용하였다.
  - 나트륨 = 붉은색
  - 칼슘 = 남색
  - 칼륨 = 보라색
  - 음이온(염소와 중탄산) = 초록색
  - 산 =오렌지색

  학생들은 시각 단서를 통해 빠르게 친숙해질 것이며 꼬리표를 읽는데 보다 적은 시간이 소요될 것이다. 쉽게 따라가고 기억할 수 있는 흐름도와 개념 지도를 많이 이용하였다.

- **정보연결:** LIR 시리즈끼리의 상호참조는 학생들로 하여금 생화학을 비롯한 약리학, 미생물학, 신경학, 면역학, 세포 및 분자생물학 등 여러 학문에서 관련된 주제를 좀 더 심도 있게 탐구할 수 있도록 한다.
- **상호참조:** 쉽게 찾을 수 있는 형식을 지닌 장과 책 내에서 상호참조는 예와 같이(25·III·B 참조) 가장 가까운 주제에 해당하는 절 번호로 나타내었다. 장 번호와 절 수준은 각 페이지 위쪽에 표시하였다.
- **연습문제:** 각 단원에는 학생들이 자신의 생리학 지식을 스스로 평가할 수 있는 여러 장의 USMLE-형식 질문이 있다. 이것은 생리학 개념의 이해와 사소한 사실에 대한 단순한 기억이 아닌 여러 기관들끼리 상호 연결을 그릴 수 있는지를 확인하는 복합적인 질문들도 있다. "가장 옳은 답 하나를 고르시오"는 여러 가지 답 중에서 가장 확실한 상태를 의미하는 답을 하나만 고르라는 것을 의미한다.

목 차

제 1 단원
생리적 기능의 원리

세포와 세포막 생리

1

I. 개요

사람의 몸은 여러 개의 뚜렷한 기관으로 이루어져 있고, 각 기관들은 생명과 건강을 유지하기 위한 특수한 기능을 담당하고 있다. 각 기관이 필요로 하는 기능을 수행하기 위해 특수화된 세포들의 집합을 조직이라 하며 이러한 조직들이 차례로 모여 기관을 이룬다. 비록 서로 다른 두 기관의 세포가 현미경 관찰에서는 뚜렷하게 구분되지만(적혈구세포와 신경세포 가지돌기의 가지 구조 비교, 그림 1.1), 모든 세포에 적용되는 형태와 기능에 관한 일련의 원칙도 일부 예외가 있을 수 있다는 점에서 형태적 관찰은 때로 오해의 소지가 있다. 모든 세포들은 내부와 외부를 구분 짓는 막으로 둘러싸여 있다. 이러한 장벽은 세포가 정상적인 기능을 수행하기 위해 요구되는 생화학적 반응을 유지하는데 적합한 내부 환경을 만들 수 있도록 한다. 이러한 내부 환경의 구성은 세포마다 조금씩 다르다. 대부분의 세포는 일종의 막결합 소기관인 **핵(nuclei)**, **세포질그물(endoplasmic reticulum, ER)**, **용해소체(lysosome)**, **골지기관(Golgi apparatus)**, **사립체(mitochondria)**를 가지고 있다. 세포와 기관 기능의 특수화(specialization)는 종종 소기관이나 구조, 또는 이온과 그 밖의 용질을 운반하는 막단백질 종류의 변화에 의해 달라진다. 이 장에서는 정상적인 신체 기능을 유지하는데 다양한 기관들이 어떻게 자신의 역할을 수행하는가를 이해하기 위해 분자와 세포 기능의 몇 가지 일반적인 사항에 관해 언급하기로 한다.

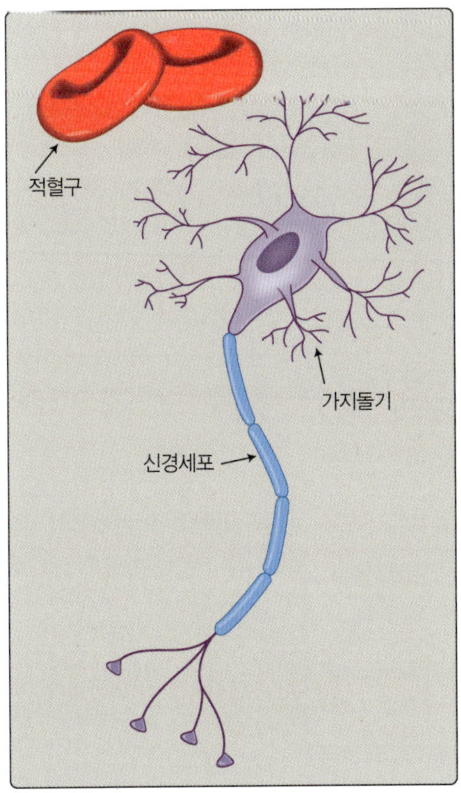

그림 1.1
세포 형태의 차이

II. 세포환경 (CELLULAR ENVIRONMENT)

세포는 Na^+과 K^+, Mg^{2+}, Cl^-, $PO_4{}^{3-}$, HCO^{3-}, 포도당, 소량의 단백질로 이루어진 **세포외액(extracellular fluid, ECF)** 속에 담겨 있다(표 1.1). 또한 세포외액에는 약 2 mmol의 Ca^{2+}이 존재한다. Ca^{2+}은 생명에 필수요소이지만, 세포에서 요구되는 많은 생화학 반응은 Ca^{2+} 농도가 10,000배나 낮은 농도인 10^{-7} mol 근처에서 반응한다. 따라서 세포는 이온을 자유롭게 통과시키지 않는 장벽(**형질막[plasma membrane]**)을 만들어 **세포내액(intracellular fluid,**

표 1.1 세포외액과 세포내액의 조성

용질	세포외액(ECF)	세포내액(ICF)
Na^+	145	12
K^+	4	120
Ca^{2+}	2.5	0.0001
Mg^{2+}	1	0.5
Cl^-	110	15
HCO_3^-	24	12
인산염	0.8	0.7
포도당	5	<1
단백질 (g/dL)	1	30
pH	7.4	7.2

수치는 근사치이며 정상적인 대사 상태에서의 자유농도를 나타낸다. 단백질과 pH를 제외한 모든 값의 단위는 mmol/L이다. ECF = 세포외액; ICF = 세포내액.

ICF 혹은 **세포질[cytosol]**)과 세포외액을 구분하고 생명을 유지하는 생화학 반응이 가능하도록 세포내액의 조성을 선택적으로 조절한다. 세포내액은 세포외액보다 낮은 농도의 Ca^{2+}, Na^+, Cl^-로 이루어지며, 반면에 K^+은 세포 내에 높은 농도로 존재한다. 또한 세포외액에 비해 많은 단백질을 함유하며, pH가 세포외액에 비하여 좀 더 산성을 나타낸다.

III. 세포막 구성 (MEMBRANE COMPOSITION)

세포막은 지질과 단백질로 구성되어 있다(그림 1.2). 지질은 막의 중심축을 이룬다. 지질은 **소수성**을 나타내기 때문에 세포막이 이상적인 장벽 기능을 수행하기에 적합하도록 되어 있다. 따라서 물과 **친수성** 분자들은 막을 자유롭게 통과하지 못한다. 단백질은 세포 간 상호작용과 전달을 가능하게 하며, 세포막을 통한 물과 소수성 분자의 이동통로 역할을 수행한다.

A. 지질(lipid)

세포막은 3가지 지질로 구성되어 있다: **인지질(phospholipid)**과 **콜레스테롤(cholesterol)**, **당지질(glycolipid)**. 이들은 모두 **양친매성(amphipathic)** 성질을 가지고 있으며, 즉 이것은 극성(친수성)과 비극성(소수성) 부위를 가지고 있음을 의미한다. 극성 부위는 "**머리단(head group)**"이라고도 불린다. 소수성 부위는 다양한 길이의 지방산 "**꼬리(tail)**"로 이루어져 있다. 세포막으로 조립되면 지질은 자연적으로 연속적인 이중층 구조를 이룬다(그림 1.3). 극성 머리는 세포막 표면에 모여 각각 세포내액과 외액에 접한다. 소수성 꼬리는 머리단 아래로 매달려 나와 지질막의 중심을 구성한다. 비록 각 층은 서로 반대로 마주보고 있는 구조이지만 각 층 사이의 지질 이동은 거의 없다.

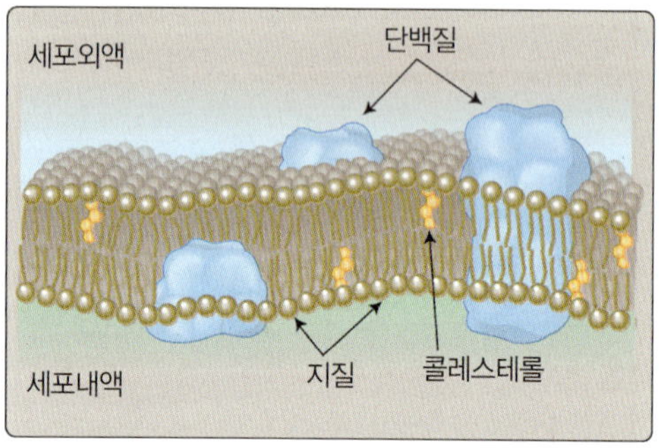

그림 1.2
세포막 구조

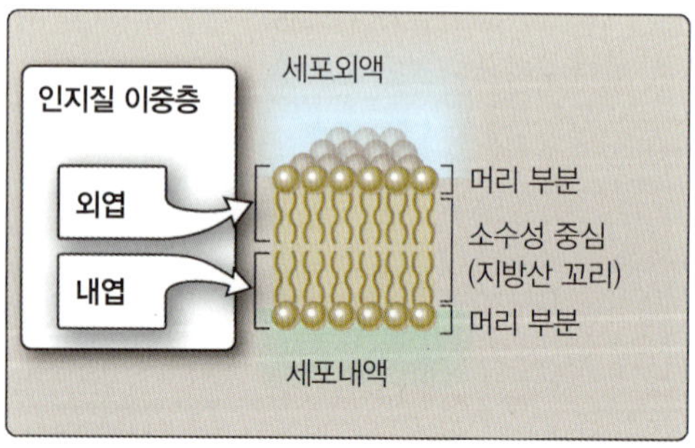

그림 1.3
세포막 지질이중층

1. **인지질:** 인지질은 가장 일반적인 막지질 형태이다. 인지질은 인산염과 여기에 부착된 알코올을 함유하고 있는 머리단과 글리세롤을 경유하여 결합하고 있는 지방산 꼬리로 구성이 되어 있다. 세포막을 구성하는 주인지질은 **포스파티딜세린(phosphatidylserine)**과 **포스파티딜에탄올아민(phosphatidylethanolamine)**, **포스파티딜콜린(phosphatidylcholine)**, **포스파티딜이노시톨(phosphatidylinositol)**, **포스파티딜글리세롤(phosphatidylglycerol)**이다. **스핑고미엘린(sphingomyelin)**은 글리세롤 대신 **스핑고신(sphingosine)**으로 치환된 인지질의 다른 형태이다. 스핑고미엘린에서 알코올기는 콜린(choline)이다.

2. **콜레스테롤:** 콜레스테롤은 세포막 지질 중 두 번째로 많은 지질이다. 소수성이지만 인지질이 서로 밀집된 공간에서 이중층 바깥 면으로 극성 하이드록실기를 뻗고 있다(그림 1.4). 하이드록실기(hydroxyl group)와 탄화수소 꼬리 사이에 스테로이드핵을 가진다. 4개의 스테로이드 탄소 고리로 인해 비교적 견고하기 때문에, 세포막에 콜레스테롤 양이 많아지면 유동성이 감소하고 경직된다.

3. **당지질:** 지질막 이중층에서 바깥부위 반쪽에는 당지질이 존재하는데, 이것은 지방산꼬리가 탄수화물 머리단과 스핑고신을 통해 연결되어 있는 형태를 가지고 있으며 비록 그 양은 적지만 생리학적으로 매우 중요한 지질 종류이다. 당지질은 탄수화물로 이루어진 세포 껍질을 만드는데, 이것은 세포 간 상호작용에 관여하며 항원성을 전달한다.

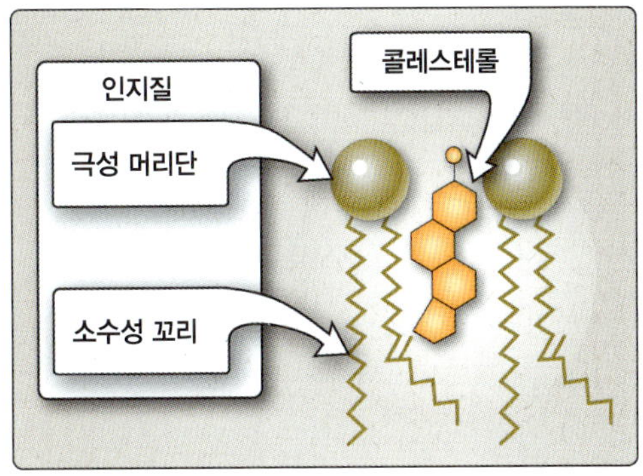

그림 1.4
세포막 내에서의 콜레스테롤 위치

B. 단백질

세포막 지질층은 세포를 둘러싸며 산소 및 이산화탄소, 알코올과 같은 지용성 물질만 통과시킨다. 세포는 물이라는 환경 속에 놓여져 있으며, 세포가 살아가기 위해 필요로 하는 대부분의 물질들은 수용성이어서 쉽게 지질층을 통과하지 못한다. 이러한 이유로, 표면(**원형질**) 세포막에는 다수의 단백질들이 존재하며 이온과 다른 전해질이 세포막을 통과할 수 있도록 하는 통로의 역할을 담당한다. 또한 세포막단백질은 세포간 신호전달과 외부 환경으로부터의 감각정보를 수용하여 세포로 전달하기도 한다. 세포막 단백질은 세포 표면에 위치해 있는지(**주변[peripheral]**) 혹은 이중지질층에 **통합(integral)**되어 있는지에 따라 구분한다.

1. **주변단백질:** 주변단백질은 세포막 표면에서 관찰된다. 막과의 연결은 비교적 약한 편이며 생리식염수 세척만으로도 쉽게 막에서 분리된다. 주변단백질은 세포 안쪽과 바깥쪽 표면에 각각 연결되어 있다.

   a. **세포 내:** 세포내막에 위치하는 단백질에는 많은 효소들; 이온통로 및 수용체, 전달체의 조절소단위; 소포운반 및 세포막 융합에 관여하는 단백질 이외에도 세포막 안쪽표면 바로 아래 위치한 치밀섬유망과의 세포막 결합에 관여하는 단백질들도 포함된다. 치밀섬유망은 스펙트린(spectrin) 및 액틴(actin), 앤크린(ankrin), 그리고 **겉질밑세포골격(subcortical cytoskeleton)**을 구성하는 여러 분자들이 포함된다(그림 1.5 참조).

   B. **세포 외:** 세포 바깥 표면에 위치하는 단백질에는 효소와 항원, 부착분자 등이 있다. 많은 세포막 주변단백질들은 **글리코포스파티딜이노**

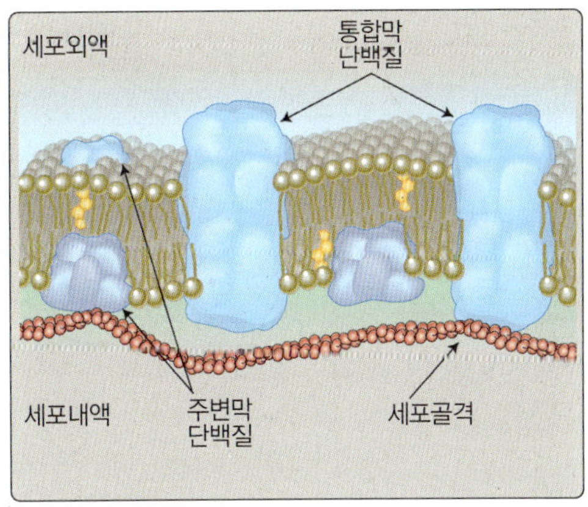

그림 1.5
세포막단백질

임상 적용 1.1: 발작성야간혈색뇨
(Paroxysmal Nocturnal Hemoglobinuria)

발작성야간혈색증(PNH)은 포스파티딜이노시톨 글리칸 A를 암호화하는 유전자의 결함에서 기인하는 드문 유전질환 중 하나이다. 이 단백질은 세포막 바깥으로 주변단백질과 연결되는 글리코포스파티딜이노시톨 닻을 합성하는데 필요한 단백질이다. 이 유전자의 결함은 평상시 면역계로부터 세포를 보호하는 단백질의 발현을 저해한다. 야간에 보이는 혈색뇨는 면역 보체에 의해 적혈구가 파괴되어 발생하는 것이다. 환자는 전형적으로 빈혈을 동반한 증상을 보인다. PNH는 경우에 따라 환자가 혈전이 폭발적으로 발생되는 상황에 빠지기 쉬우므로 고도의 위험한 이환율을 보이기도 한다. 혈전증 발생률의 증가에 대한 원인은 아직까지 알려지지 않고 있다.

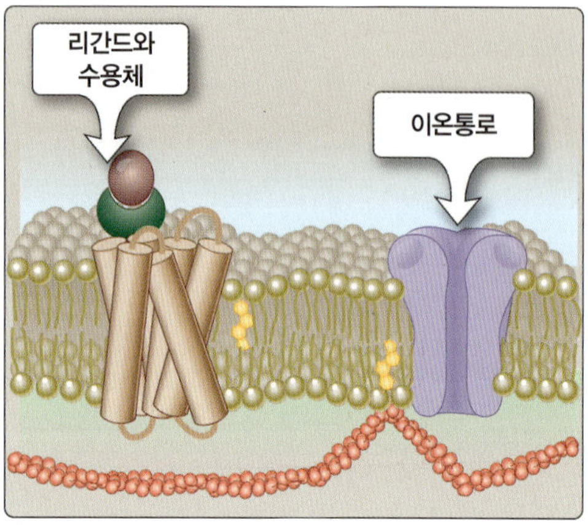

그림 1.6
막걸침단백질(membrane-spanning protein)

시톨(**glycophophatidylinositol, GPI**)을 통해 부착되어 있으며 통틀어 **GPI 닻형단백질(GPI-anchored proteins)**이라고 알려져 있다.

2. **통합단백질:** 통합세포막단백질은 지질이중층을 관통한다. 이 단백질은 주변 구조물과 공유결합을 이루고 있어서 실험적으로 세척제를 처리할 때만 막으로부터 분리될 수 있다. 몇몇 통합단백질은 세포막을 관통하지 않고 지질이중층의 한쪽이나 또는 다른 쪽에 존재하기도 한다. 또 어떤 것들은 세포막을 여러 번 관통(**막횡단단백질[transmembrane protein]**)하기도 하는데, 여기에는 다양한 종류의 **이온통로(ion channel)**와 **수송체(transporter)**, **수용체(receptor)**들이 포함된다.

IV. 확산(DIFFUSION)

물질이 세포막을 통과하기 위해서는 구동력(motive force)이 필요하다. 대부분의 물질은 세포막 양쪽의 농도경사에 의해 발생하는 **확산(diffusion)**현상에 의해 세포막을 통과한다. 하지만 세포막 양쪽의 농도 차이가 생리학적으로 불합리한 경우에는 세포는 농도경사에 반해 "치받이(uphill)" 방향으로 움직임을 위해 에너지를 사용한다(**능동운반[active transport]**).

A. 단순확산

물이 채워진 상자 가운데에 순수한 지질막이 놓여 있다고 가정하자(그림 1.7). 푸른색 염료를 왼쪽 물에 몇 방울 떨어뜨린다. 처음에 푸른색 염료는 떨어뜨린 부위에 머물며 진한 푸른색을 보이지만 가스, 물, 기타 물에 녹아 있는 물질들이 끊임없이 열 운동을 함으로 인해 염료는 결국 처음 색깔보다는 희미해지지만 왼쪽 용기 전체에 고루 퍼지게 된다. 하지만 그림 1.7에서 보이는 것처럼 염료는 지질막 반대쪽으로는 퍼지지 않고 양쪽의 농도차를 유지한 채 염료를 떨어뜨린 반대쪽 구간은 투명한 색깔을 그대로 유지한다. 여기서 만일 염료가 막에 녹을 수 있는 지용성이거나 지질막에 염료를 통과시키는 통로(단백질)가 존재한다면 확산에 의해 반대쪽 용기도 푸른색으로 변할 것이다(그림 1.8).

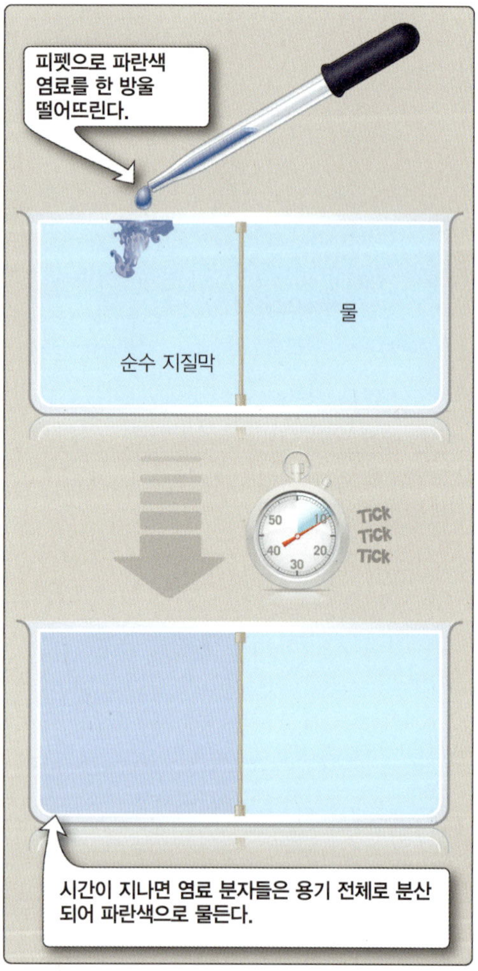

그림 1.7
물에서의 단순확산

B. Fick법칙

위에서 푸른색 염료와 같은 물질이 세포막을 통과하는 비율은 **Fick 법칙**을 이용하여 결정할 수 있다:

$$J = P \times A\ (C_1 - C_2)$$

J는 확산율(mol/s); P는 **투과계수(permeability coefficient)**; A는 **세포막 면적**(membrane surface area; cm^2); C_1과 C_2는 각 구역에서의 염료 농도(mmol/L). 투과계수는 물질의 **확산계수(diffusion coefficient)**, **분배계수(partition coefficient)**, 그리고 세포막 **두께(thickness)**에 의해 영향을 받는다.

1. **확산계수:** 확산율은 물질의 속도가 증가할 때 증가하며 **확산계수(diffusion coefficient)**에 의해 결정된다. 계수는 온도에 비례하고, 분자의 반지름과 분자가 확산하여야 하는 매체의 점성에 반비례한다. 실제로, 작은 분자는 따뜻한 물에서 빨리 확산이 일어나지만, 큰 분자는 차갑고 점도가 높은 용액에서 느리게 확산된다.

2. **분배계수:** 지방, 알코올 그리고 몇몇 마취제와 같은 지용성 분자들은 지질세포막에 용해되어 세포막을 통과할 수 있으며 높은 분배계수를 가진다. 반대로, Na^+과 Ca^{2+}과 같은 이온은 지질을 통과하지 못하며 매우 낮은 분배계수를 가진다. 물질의 분배계수는 그 물질이 물과 비교하여 기름에 얼마나 녹을 수 있느냐를 측정함으로써 결정된다.

3. **거리:** 순확산율은 얇은 막보다 두꺼운 막을 통과할 때 느려진다. 실제로 이러한 관계는 폐(22.II.C 참조)와 태아태반(37.III.B 참조)에서 볼 수 있는데, 각 기관들은 두 구획 사이의 확산거리를 최소화함으로써 확산율을 극대화시키는 구조로 이루어져 있다.

4. **표면적:** 확산이 이루어지는 표면적의 증가로 인해 확산율은 증가한다. 이런 관계는 실제 몇몇 기관에서 매우 유용하다. 폐는 3억 개의 작은 주머니(**폐포[alveoli]**)로 구성되는데, 이들은 총면적이 대략 80 m^2까지 이르며, 혈액과 대기 사이의 산소 및 이산화탄소 교환이 더욱 효율적으로 일어나게 한다(22.II.C 참조). 소장의 표면은 손가락처럼 생긴 **융모(villi**, 그림 1.9)로 주름져 있으며, 융모에는 다시 **미세융모(microvilli)**가 뻗어나와 총면적이 대략 200 m^2까지 이른다(31.II 참조). 표면적이 증가는 창자속공간으로부터의 물과 영양분 흡수가 더욱 효율적으로 일어나게 한다. 총면적이 500 m^2가 넘는 작은 혈관들(**모세혈관[capillary]**)의 거대한 망은 혈액과 조직 사이의 영양분과 대사산물의 효율적인 교환을 가능하게 한다(19.II.C 참조).

5. **농도경사:** 막을 통과하는 분자의 확산속도는 세포막 양쪽의 농도 차이에 직접적으로 비례한다. 그림 1.8의 예처럼, 처음에는 양쪽의 농도경사(즉 염료의 확산속도)가 크게 차이를 보이지만 시간이 갈수록 막을 통과하는 속도는 점차 느려지다가 결국 양쪽의 농도 차이가 소멸되면 완전한 평형을 이룬다. 열 운동에 의해 평형상태에서도 염료 분자는 두 구획 사이에서 지속적으로 앞뒤로 움직이지만 그 사이에서의 순이동은 없다. 만일 오른쪽의 염료만 제거하는 방법이 있다면 농도경사와 확산율은 다시 증가하게 될 것이다(이때 왼쪽 염료를 계속해서 보충 해주면 중간막을 통한 물질이동은 계속 유지된다).

대기와 폐순환 사이의 산소이동은 공기-혈액 중 산소 농도경사에 의한 단순확산으로 이루어진다. 흡수된 산소는 혈액으로 빠르게 운반되며, 호흡에 의해 폐 속에는 새로운 산소가 채워지면서 공기와 혈액 사이 공간에서 유용한 농도경사가 유지된다(23·V 참조).

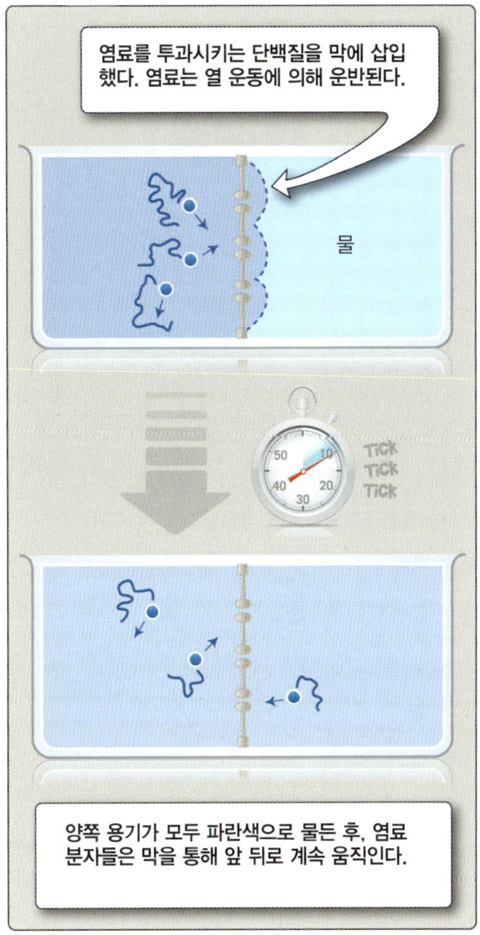

그림 1.8
지질이중층을 통한 확산

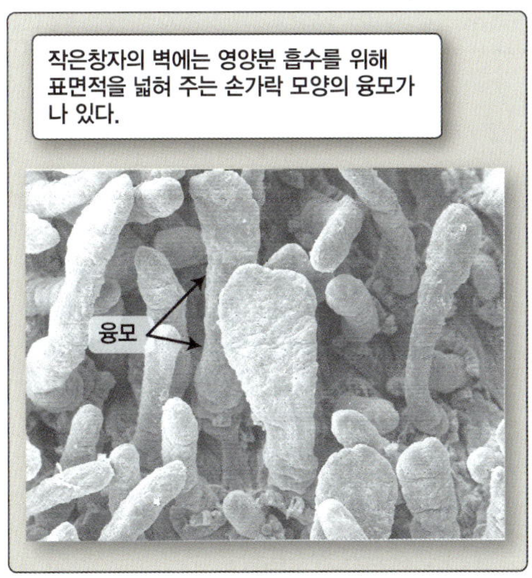

그림 1.9
창자융모

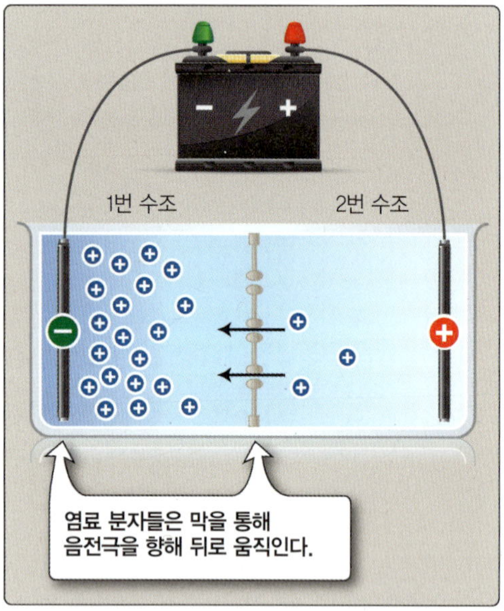

그림 1.10
전기기울기에 의한 전하 이동

C. 하전분자(charged molecule)

앞에서 언급된 염료 분자는 전하를 띠고 있지 않다. 동일한 원리가 **하전분자(전해질[electrolyte])**의 확산에도 적용되지만, 이것 외에도 전해질은 전기기울기에 의해서도 영향을 받는다. Na^+, K^+, Ca^{2+} 그리고 Mg^{2+}과 같이 양으로 하전된 이온(**양이온[cation]**)과 Cl^-와 HCO_3^-처럼 음으로 하전된 이온(**음이온[anion]**)은 각각 반대 전하에 끌려 이동하려는 성질이 있다. 따라서 만약 그림 1.8의 염료 분자가 양전하를 가지고 있으며 수조를 가로질러 전기기울기가 걸린다면, 염료분자는 중간 막을 가로질러 음전극을 향해 뒤로 움직여 갈 것이다(그림 1.10). 그림 1.10에서 전기기울기는 전지를 이용하여 생성하였지만, 1번 수조에 막비투과성 음이온을 첨가함으로써 똑같은 효과를 얻을 수 있다. 만일 1번 수조를 양이온을 가득 채우면 염료분자는 양전하로 인해 밀려나게 되어 2번 수조에 집중되게 될 것이다(그림 1.11). *전기*기울기가 두 수조 사이의 새로운 염료 *농도*경사를 생성시키는 것에 주목하라. 농도경사가 전기기울기와 맞먹을 정도가 되어 **전기화학적 평형(electrochemical equilibrium)**을 이룰 때까지 염료분자는 2번 수조에서 1번 수조로 계속 움직여 갈 것이다. 2장에서 언급한 것처럼, 대부분의 세포는 세포막 안팎의 전기기울기를 유지하기 위해 세포 밖으로 Na^+ 이온을 능동적으로 방출한다. 이렇게 생성된 전기기울기와 화학기울기(**전기화학기울기[electrochemical gradient]**)의 힘을 이용하여 이온과 다른 작은 분자(예: 포도당)가 세포막을 가로질러 이동하게 하거나 전기적 신호 전달을 유지한다.

V. 구멍, 통로 및 운반체(PORES, CHANNELS, AND CARRIERS)

작은 무극성분자(예: 산소와 이산화탄소)들은 빠르게 막을 가로질러 확산되며, 특별한 통로를 필요로 하지 않는다. 세포내액과 세포외액에 존재하는 대부분의 분자들은 전하를 띠고 있으며, 이들은 **구멍(pore)**, **통로(channel)** 또는 **운반체(carrier)**를 이용하여 세포막을 통과한다.

A. 구멍

구멍은 이온과 다른 작은 분자들이 세포막을 가로질러 통과하는 비조절성(unregulated)이며 물로 채워진(waterfilled) 통로를 포함하는 통합단백질이다. 구멍은 항상 열려 있고 매우 빠른 통과가 이루어지기 때문에 고등생물에서는 비교적 흔하지 않은 세포막 통로이다(표 1.2). 지질막에서 비조

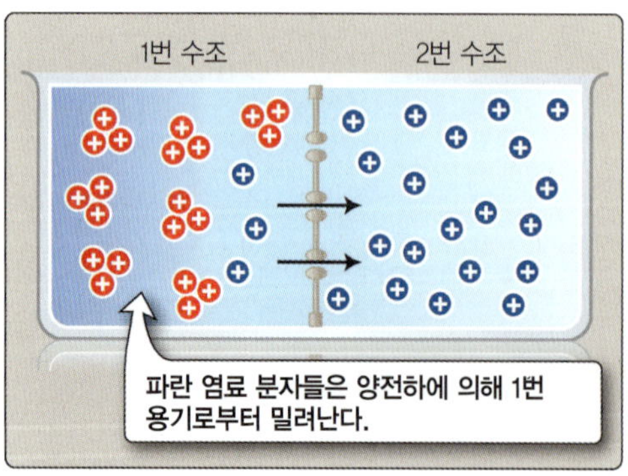

그림 1.11
같은 극성을 가진 전하의 반발효과

표 1.2 구멍, 통로 및 운반체의 통과 비율 근사치

경로	예	이동 분자	통과 비율 (개/초)
구멍	Aquaporin-1	H_2O	3×10^9
통로	Na^+ ClC1	Na^+ Cl^-	10^8 10^6
운반체	Na^+-K^+ ATPase	Na^+, K^+	3×10^2

임상 적용 1.2: 황색포도구균(*Staphylococcus aureus*)

황색포도구균은 일상 생활이나 병원에서 혈액 내 "포도상구균(staph)" 감염(세균혈증)을 일으키는 피부 매개 세균이다. 이 질병은 최근 수십 년 동안 꾸준히 발병이 증가되고 있으며 합병증으로 인한 높은 사망률과 MRSA (methicillin-resistant *Staphylococcus aureus*)와 같은 항생제 저항 균주의 발현 등으로 인하여 관심이 증가되고 있다. 치사율은 이 세균이 생산하는 독소(α-hemolysin)에 기인한다. 독소는 세포막의 비조절성 구멍과 결합하여 단백질중합체를 형성하며, 결국 세포 내부환경을 조절하는 기능을 소실하게 된다. 이온의 기울기가 파괴되어 세포는 점점 부풀어 올라 수포를 형성하였다가 결국 터지면서 영양분이 배출되는데 이것을 이용하여 세균이 증식을 유지한다.

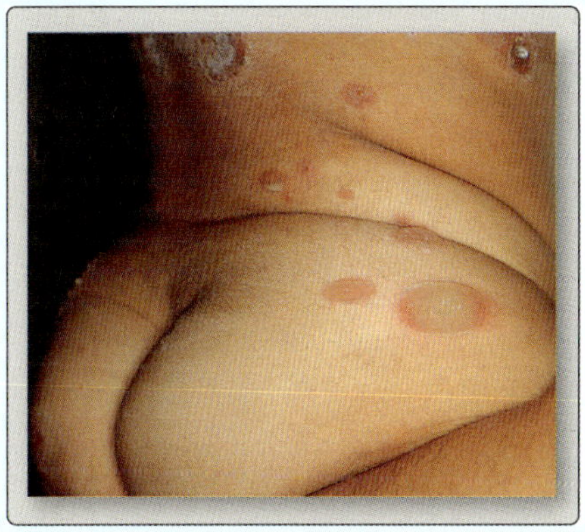

포도상구균에 의한 피부병변

절성 구멍은 중요한 세포질 내 구성물이 세포 밖으로 빠져나가거나 세포외액으로부터 Ca^{2+}이 세포 안으로 흘러들어와 잠재적으로 세포를 죽음에 이르게 할 수 있나. **물통로(aquaporin, AQP)**는 흔히 관찰되는 물선택성 구멍이다. 현재까지 13개의 종류(AQP0~AQP12)가 알려져 있는데, 그 중 세 가지(AQP1, AQP3 및 AQP4)는 몸 전체에 넓게 분포하고 있다. 물통로는 막을 통해 물이 이동하는 곳이라면 어디에든 존재한다. 예를 들어, 물통로는 콩팥뇨세관에서 수분의 재흡수를 조절하는데 중요한 역할을 하며 (27.V.C 참조), 눈에서 수정체의 투명성(AQP0), 피부보습(AQP3), 발작에 따른 뇌부종 형성(AQP4) 등에 관여한다. 물통로는 항상 열려 있기 때문에 세포는 세포막에 물통로를 첨가하거나 반대로 제거함으로써 물의 투과를 조절해야 한다.

B. 통로

이온통로(ion channel)는 막을 가로지르는 하나 혹은 여러 개의 물로 채워진 통로가 모인 막횡단단백질이다. 통로는 구멍과는 달리 막전위의 변화, 신경전달물질과의 결합 혹은 다른 자극들에 반응하여 일과성 통로(**통로 열림**)로 작용하여 작은 이온들(예: Na^+, K^+, Ca^{2+} 및 Cl^-)을 통과시킨다(그림 1.12). 이온은 기본적으로 단순확산에 의해 움직이며, 전기화학기울기가 원동력이 된다. 이온은 통로의 입구에 잠시 머물며 각각의 화학적 성질과 통과를 위한 적합성이 결정되지만(**선택여과기[selectivity filter]** 초당 10^8개의 속도까지 매우 빠르게 막을 통과할 수 있다(표 1.2 참조). 모든 세포에는 이온통로가 존재하며, 신경에서 활동전위에 관여하는 전압작동 Na^+ 통로나 근육수축에 중요한 전압작동 Ca^{2+} 통로와 같이 매우 다양한 이온통로가 있다. 이온통로에 관해서는 2장에서 좀 더 자세히 언급하기로 한다.

이온통로는 소수성 구멍을 둘러싼 막횡단단백질이다. 통로가 열리면, 세포외액과 세포내액 사이를 이온이 통과할 수 있도록 물경로를 제공한다.

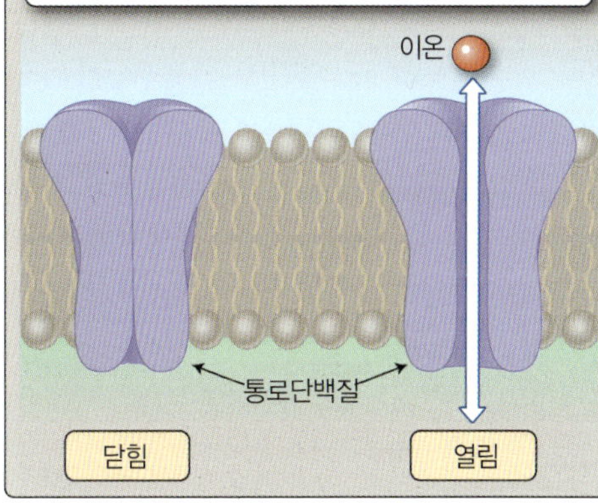

그림 1.12
이온통로 개방

[1] 포도상구균과 MRSA에 대한 더 많은 정보는 *리핀코트의 그림으로 보는 미생물학 제3판* 참조.

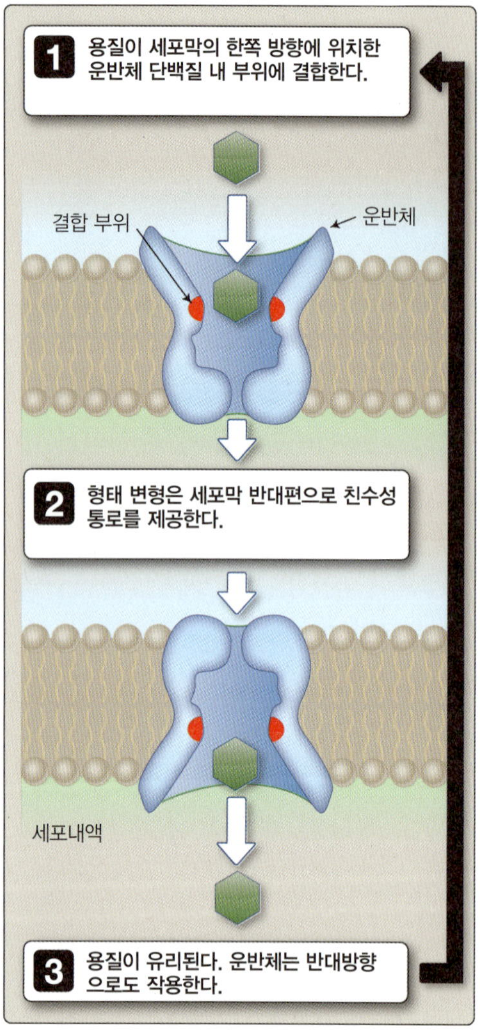

그림 1.13
운반체 단백질에 의한 수송 모델

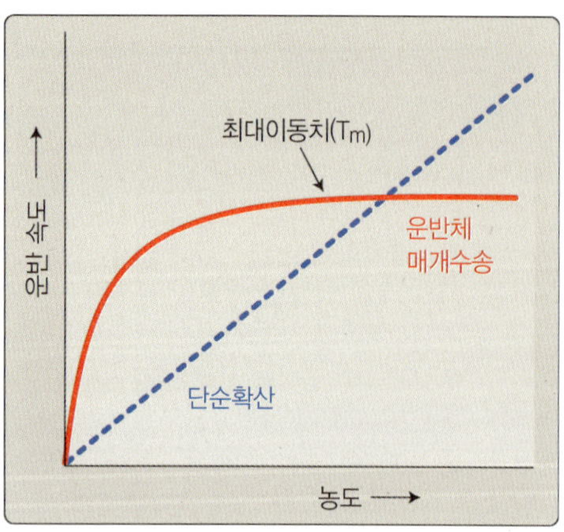

그림 1.14
운반체 포화역학

C. 운반체

당이나 아미노산과 같은 큰 용질은 주로 운반체를 이용하여 세포막을 통과한다. 운반체는 생화학 반응이라기보다는 이동을 촉매하는 효소의 개념으로 생각된다. 자리바뀜(translocation)에는 결합과정이 요구되며, 이로 인해 구멍이나 통로를 경유하는 과정보다 상대적으로 속도가 느리다(표 1.2 참조). **촉진확산(facilitated diffusion)**, **1차 능동수송(primary active transport)** 및 **2차 능동수송(secondary active transport)**이 여기에 포함된다.

1. **운반역학:** 운반체는 효소처럼 기질특이성, 포화역학(Michaelis-Menten 역학) 및 경쟁 민감성을 나타낸다. 일반적으로 운반체매개수송은 용질결합단계, 세포막 통로로 작용하기 위한 운반체의 변형, 그리고 반대편으로 유리시키는 과정으로 요약할 수 있다(그림 1.13). 용질의 농도가 낮을 경우에 운반체매개수송은 단순확산보다 더 효율적이지만, 세포막에서 용질과 결합하는 부위의 숫자적 한계로 인하여 기질의 농도가 어느 정도 이상 증가하면 포화곡선을 나타낸다(그림 1.14). 포화가 발생했을 때의 이동 속도를 **최대이동치(transport maximum T_m)**라고 하며, 이것은 효소에 의해 촉매되는 기능적 최대반응속도(V_{max})와 동일하다.

2. **촉진확산:** 그림 1.15A에서 볼 수 있듯 가장 단순한 운반체는 전기화학기울기를 통해 물체를 이동(촉진확산)시킨다. 이들은 포도당, 유기산, 요소와 같은 유기용질이 전기화학기울기를 이용하여 세포막을 가로질러 이동하는 선택적 통로를 제공한다. 결합 단계에서 용질에 대한 선택성이 중요하다. 일반적인 예로 포도당 운반체의 GLUT군과 콩팥뇨세관의 요소 운반체가 있다(27.V.D 참조). GLUT1 운반체는 거의 모든 세포에 편재하며 세포에서 포도당을 흡수하는 주된 통로로 작용한다. GLUT4는 지방조직과 근육에 일차적으로 발현되는 인슐린 조절 포도당운반체이다.

3. **1차 능동수송:** 용질이 전기화학기울기에 반대로 이동하기 위해서는 에너지를 필요로 한다. **1차 능동수송체(primary active transporter)**는 그림 1.15B에서 볼 수 있듯 **삼인산아데노신(adenosine triphosphate, ATP)**을 가수분해함으로써 세포막을 통하여 용질을 통과 혹은 **"퍼내는(pump)" 삼인산아데노신효소(ATPases)**이다. 이러한 펌프에는 크게 세 가지(**Na^+-K^+ ATPase, Ca^{2+} ATPase**군, 그리고 **H^+-K^+ ATPase**)가 있는데 모두 P형 ATPase 군에 속한다.

   a. **Na^+-K^+ ATPase:** Na^+-K^+ ATPase (**Na^+-K^+ exchanger** 혹은 **Na^+-K^+ pump**)는 모든 세포에 흔하게 존재하며, 한 분자의 ATP를 소모하여 3개의 Na^+을 밖으로 운반하는 동시에 2개의 K^+을 세포 안으로 운반한다. 두 이온은 각각 전기화학기울기에 역행하여 움직인다. Na^+-K^+ ATPase는 생리학적으로 매우 중요하다. Na^+과 K^+의 기

[1] 효소 최대반응 속도에 대한 더 많은 정보는 *리핀코트의 그림으로 보는 생화학 제6판* 참조.

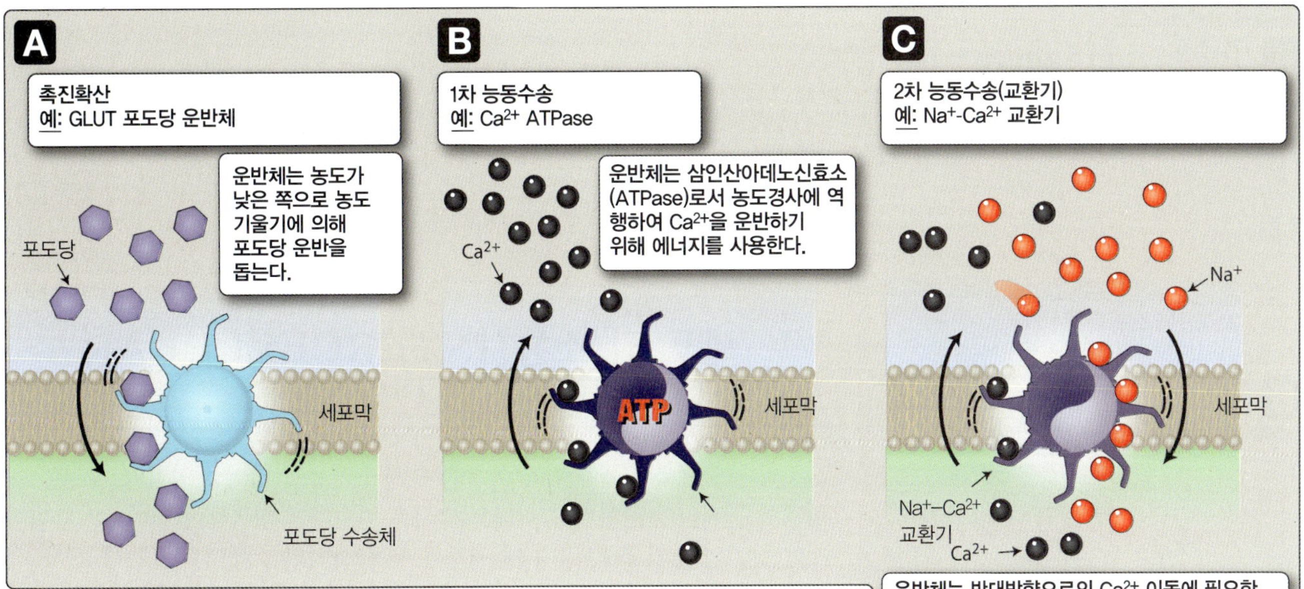

울기는 예를 들면, 신경과 근육세포에서 전기적 신호를 만들며, **2차 능동수송**에서 다른 용질을 운반하는 힘이 되기도 한다(아래 참조).

b. **Ca^{2+} ATPase:** **세포막 Ca^{2+} ATPase (plasma membrane Ca^{2+} ATPase, PMCA)**가 존재하는 모든 세포는 세포질로부터 Ca^{2+}을 퍼내어 세포막 내 Ca^{2+}의 농도를 micromole 이하로 유지한다. 이와 유사한 **sarco (endo) plasmic reticulum Ca^{2+} ATPase(근육세포질그물 Ca^{2+} ATPase, SERCA)**는 근육세포 내 근육세포질세망과 그 밖의 세포 내 세포질세망에 존재한다. SERCA는 Ca^{2+}을 세포 내 저장소에 격리시킨다.

c. **H^+-K^+ ATPase:** H^+-K^+ ATPase는 산을 퍼내어 위 속 pH를 낮게 유지한다(30.IV.C 참조). 또한 pH 유지에 관여하는 신장에서도 H^+-K^+ ATPase가 발견된다(27.IV.D 참조).

4. **2차 능동수송:** 능동수송체의 두 번째 부류는 첫 번째 용질의 전기화학 기울기의 원래 에너지를 이용하여 두 번째 용질을 농도에 역행하여 운반(**2차 능동수송**)하는 것이다. 이러한 운반체에서 ATP는 2차 수송체에 의해 이용되는 농도경사를 만드는데 소모되며 ATP를 직접 가수분해하지는 않는다. 두 가지 형태가 있다: **역방향운반(countertransport)**과 **공동운반(cotransport)**.

a. **역방향운반:** **교환기(exchanger, antiporter)**는 하나의 용질(예: Na^+)이 가지고 있는 전기화학기울기를 이용하여 다른 용질(예: Ca^{2+})을 반대방향으로 이동시킨다(그림 1.15C). Na^+-Ca^{2+} 교환기는 Na^+이 농도경사에 따라 세포 안으로 들어오려고 할 때, Ca^{2+}을 세포 밖으로 퍼냄으로써 세포 내 Ca^{2+}의 농도를 낮게 유지하는데 도움을 준다. 다른 중요한 교환기로는 Na^+-H^+ 교환기와 Cl^--HCO_3^- 교환기가 있다.

b. **공동운반:** **공동운반체(cotransporter, symport)**는 첫 번째 용질의 전기화학기울기를 이용하여 두 번째 혹은 세 번째 용질이 첫 번째

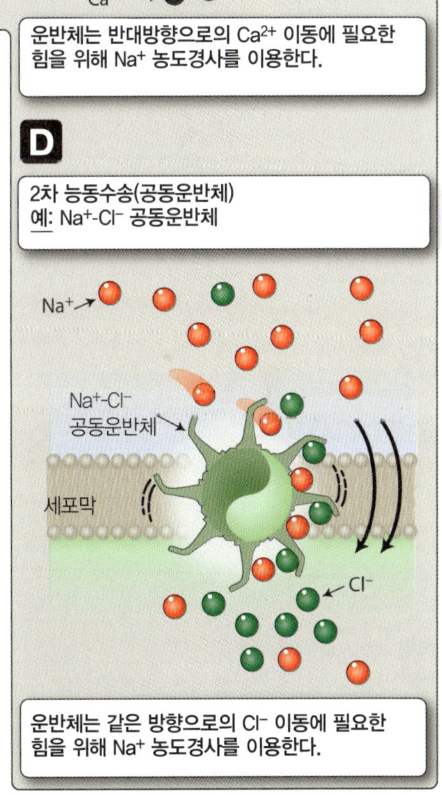

그림 1.15
세포막 운반의 주요 모델
ATP = 삼인산아데노신

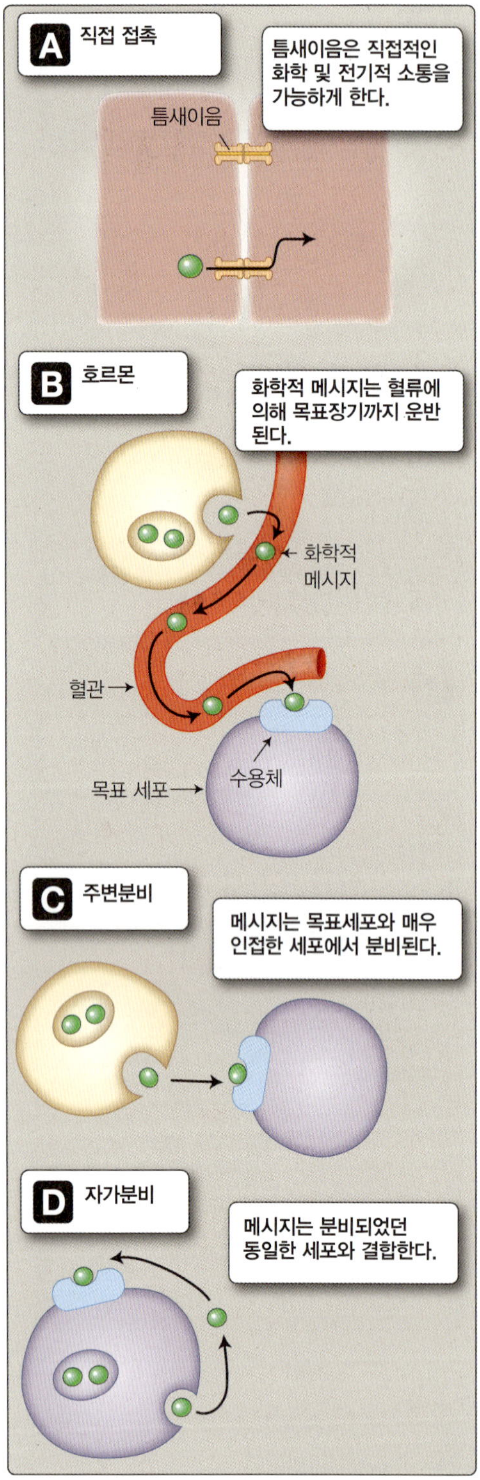

그림 1.16
화학신호전달경로

용질 이동하는 것과 같은 방향으로 이동하도록 한다(그림 1.15D 참조). 예를 들면, 공동운반체는 창자속공간 혹은 콩팥뇨세관에서 포도당(Na^+-포도당 공동운반체)과 아미노산(Na^+-아미노산 공동운반체)의 세포 내로의 이동을 돕기 위해 세포 안으로 이동하는 Na^+의 농도경사를 이용한다. 이 밖에도, Na^+-Cl^- 공동운반체, K^+-Cl^- 공동운반체, 그리고 Na^+-K^+-$2Cl^-$ 공동운반체가 여기에 속한다.

VI. 세포 간 소통(INTERCELLULAR COMMUNICATION)

신체의 다양한 장기들은 각각 독특한 특성과 기능을 지니고 있지만, 완전한 개체로서 문제없이 살아가기 위해서는 서로 긴밀하게 협력해야 한다. 이를 위해서는 장기와 장기 또는 장기 내 세포와 세포 사이의 소통이 필요하다. 몇몇 세포들은 직접 **틈새이음(gap junction)**을 통해 접촉하고 소통한다(그림 1.16A). 틈새이음은 화학 및 전기적 정보를 교환하도록 하는 조절 구멍이며(4.II.F 참조), 심장의 흥분과 수축을 조정하는데 중요한 역할을 담당한다. 대부분의 세포 간 소통은 생리적 효과를 나타낼 수 있는 이동거리와 경로를 바탕으로 분류되는 화학적 신호를 이용하여 이루어진다. **호르몬(hormone)**은 내분비샘이나 일부 비내분비 조직에서 만들어져 혈관계를 따라 목표장기까지 운반되는 화학물질을 일컫는다(그림 1.16B 참조). 예를 들어, 인슐린은 이자샘 세포에서 혈액 내로 분비되어 근육, 지방조직, 그리고 간에 도달한다. **주변분비(paracrine)**는 목표장기와 근접한 부위의 세포에서 분비되는 것을 말한다(그림 1.16C 참조). 예를 들면, 혈관에 위치하는 내피세포에서는 산화질소(nitric oxide)를 분비하는데 이것은 혈관벽을 이루는 평활근 세포와 소통하는 하나의 방법이다(20.II.E.1 참조). 주변분비는 쉽게 분해되거나 주변세포들로 빨리 흡수되기 때문에 전형적으로 매우 제한적인 신호범위를 가진다. **자가분비(autocrine)** 전령은 자신이 분비된 동일 세포의 수용체에 결합하여 자가분비를 조절하는 음성되먹임경로를 구축한다(그림 1.16D 참조). 주변분비처럼 자가분비 또한 매우 제한된 신호범위를 가진다.

VII. 세포 내 신호(INTRACELLULAR SIGNALING)

화학전령이 일단 목표 부위에 도달하면, 목표 세포로부터 인식되어야 하며 세포 기능을 조절할 수 있도록 형태적 변환이 이뤄져야 한다. 대부분의 화학전령들은 전하를 띠고 있어 세포막을 자유롭게 통과할 수 없기 때문에, 우선 세포 표면에서 인식되어야 한다. 이러한 인식과정은 세포의 스위치 역할을 제공하는 수용체를 통해서 이루어진다. 호르몬이나 신경전달물질은 수용체에 결합하여 결국 세포반응으로 종결되는 프로그램화된 명령체계를 일으킨다. 수용체는 **리간드개폐형통로(ligand-gated channel)**, **G단백질연결수용체(G protein-coupled receptor, GPCR)**, 혹은 **효소연합수용체(enzyme-associated receptor)**와 같은 전형적인 통합막단백질이다. 친지질전령은 세포막을 통과

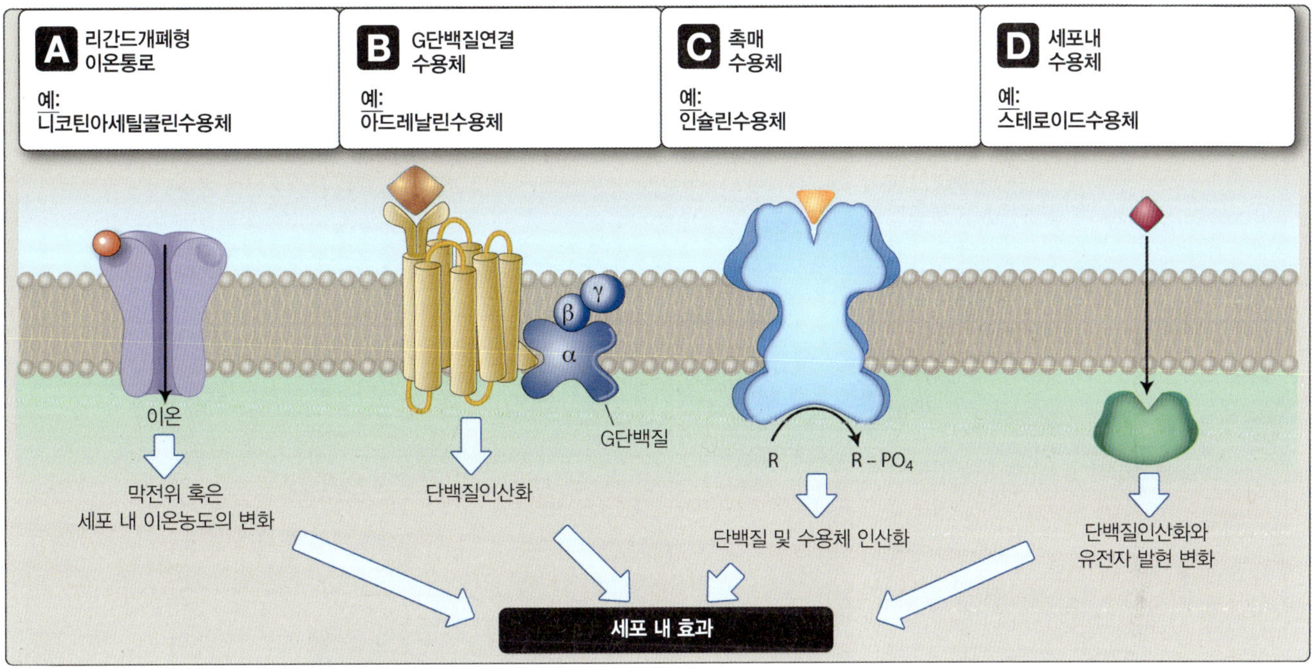

그림 1.17

신경전달물질과 호르몬 수용체. Ach = 아세틸콜린

하여 **세포내수용체(intracellular receptor)** 의해 인식될 수 있다.

A. 통로

리간드개폐형 이온통로는 신경세포가 다른 신경세포를 포함하여 주 목표로 하는 세포와의 소통을 가능하게 한다(2.VI.B 참조). 예를 들어, 니코틴아세틸콜린수용체[nicotinic acetylcholine (ACh) receptor]는 리간드개폐형 이온통로로서, 골격근 세포가 알파운동신경세포로부터의 흥분명령에 반응할 수 있도록 한다. 수용체와 결합한 신경전달물질은 통로가 열리는 형태적 변형을 일으켜 Na^+, K^+, Ca^{2+}, 그리고 Cl^-와 같은 이온이 구멍을 통해 세포막을 통과할 수 있도록 한다(그림 1.17A). 세포막을 가로지르는 전하의 이동은 목표 세포 활동성에 직접적인 영향을 끼치는 전기적 신호를 일으키는 반면에, 통로매개 Ca^{2+}의 유입은 세포 내 다양한 Ca^{2+} 의존성 신호전달 경로의 활성을 유발시켜 세포 기능에 대해 추가적이고 강력한 영향을 미친다(아래 참조).

B. G단백질연결수용체

G단백질연결수용체는 주로 화학신호를 감지하고 전달하며, 그 종류가 매우 다양하다(인간 유전체에는 약 900종 이상의 GPCR 유전자가 있음). G-단백질연결수용체는 신경 및 비신경 조직 모두에서 관찰된다. 일반적으로 무스카린아세틸콜린수용체, 알파 혹은 베타 아드레날린수용체, 그리고 방향수용체 등이 여기에 속한다. 모든 G단백질연결수용체는 세포막 안 밖으로 엮인 7개의 **막걸침(스패닝)영역(membrane-spanning region)**을 공통적으로 가지고 있다(그림 1.18). 수용체 결합은 **G단백질**

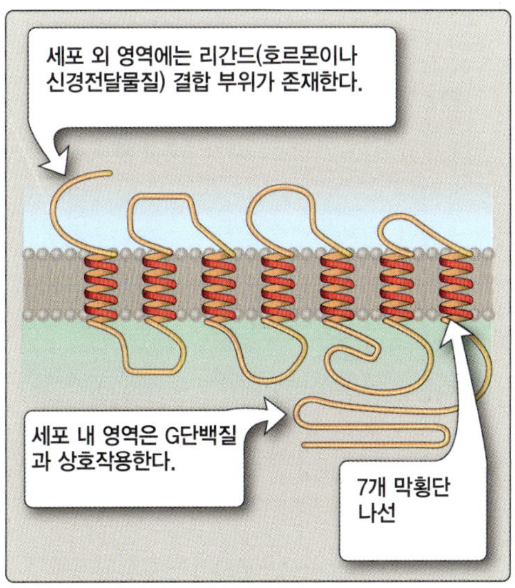

그림 1.18

G단백질연결수용체 구조

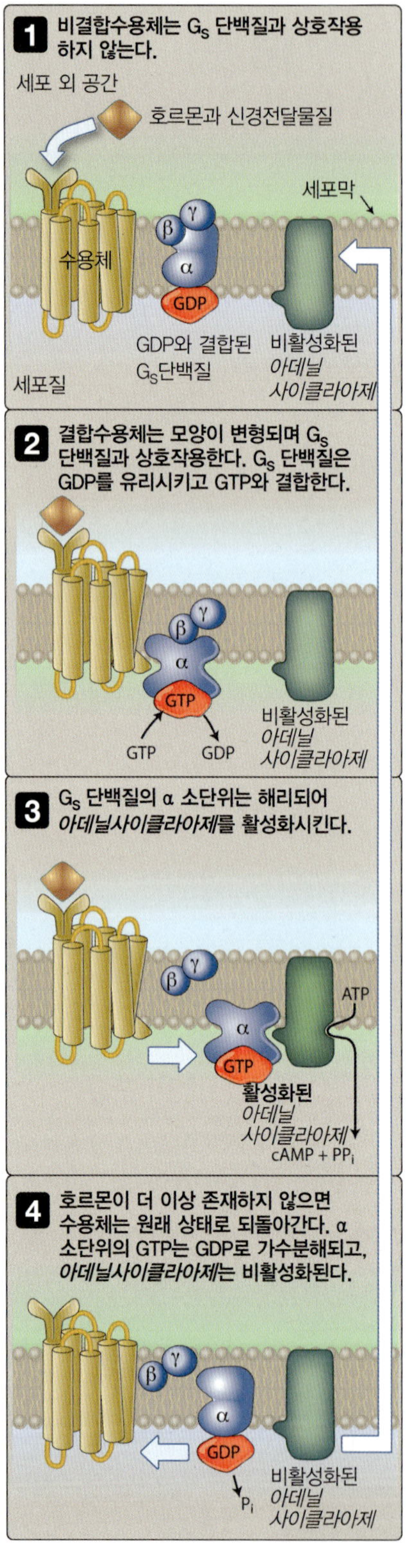

그림 1.20
고리형일인산아데노신(cAMP) 신호전달경로 ATP = 삼인산아데노신; G_s = 촉진G단백질; GDP = 이인산구아노신; GTP = 삼인산구아노신; P_i = 무기인산염; PP_i = 피로인산염

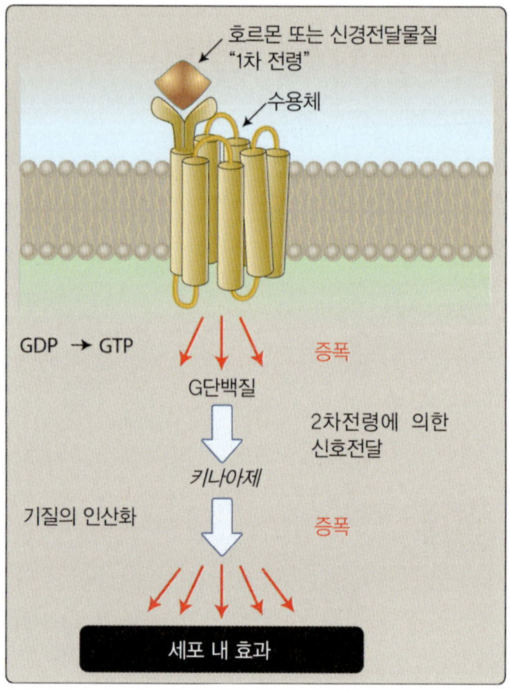

그림 1.19
2차전령에 의한 신호증폭. GDP = 이인산구아노신; GTP = 삼인산구아노신

(**G protein**, 삼인산구아노신 [GTP]결합단백질)에 의해 전달되는데, 한 개 혹은 그보다 많은 **2차전령경로(second messenger pathway)**를 활성화시킨다(그림 1.17B 참조). 2차전령에는 **고리형3′5′일인산아데노신(cyclic 3′5′-adenosine monophosphate, cAMP)**, **고리형3′5′일인산구아노신(cyclic 3′5′-guanosine monophosphate, cGMP)**, 그리고 **삼인산이노시톨(inositol triphosphate, IP_3)**이 있다. 다단계 신호전달경로는 수용체결합 반응의 복잡한 증폭을 가능하게 한다. 즉, 하나의 결합수용체는 여러 G단백질을 활성화시키고, 다시 각각의 G-단백질은 다수의 2차전령물질을 통해 거기에 해당하는 효과기 경로를 활성화시킨다(그림 1.19).

1. **G단백질:** G단백질은 *GTPase* 활성을 지닌 작은 막연합단백질이다. 지금까지 두 종류의 G단백질이 알려져 있다. 호르몬이나 신경전달물질수용체와 연합하는 세 가지 소단위(α, β, 및 γ)가 여기에 속한다. *GTPase* 활성은 보통 GDP와 결합하는 α-소단위(G_α)에 존재한다. 수용체와 결합을 하게 되면 G단백질 짝과 상호작용할 수 있도록 구조적 변형이 일어난다. 그러면, α-소단위는 GDP를 방출하며, GTP와 결합하고, 단백질복합체로부터 분리된다(그림 1.20). 결합된 수용체는 호르몬 및 신경전달물질이 분리되기 전까지 많은 G단백질들을 활성화시킨다. 활성 G_α 소단위는 cAMP나 IP_3 신호 전달과 같은 다양한 2차전령 연쇄반응을 매개한다. G_α 소단위 작용 시간은 단백질이 내부적으로 가지는 *GTPase* 활성에 의해 조절된다. 가수분해 속도는 느리지만, GTP가 GDP(와 무기인산)로 변환되면 비로소 소단위의 신호전달 기능이 소실된다. 그리고 세포 표면에서 다시 $G_{\beta\gamma}$와 함께 복합체를 형성하고, 반응하는 수용체와 결합할 때까지 대기한다.

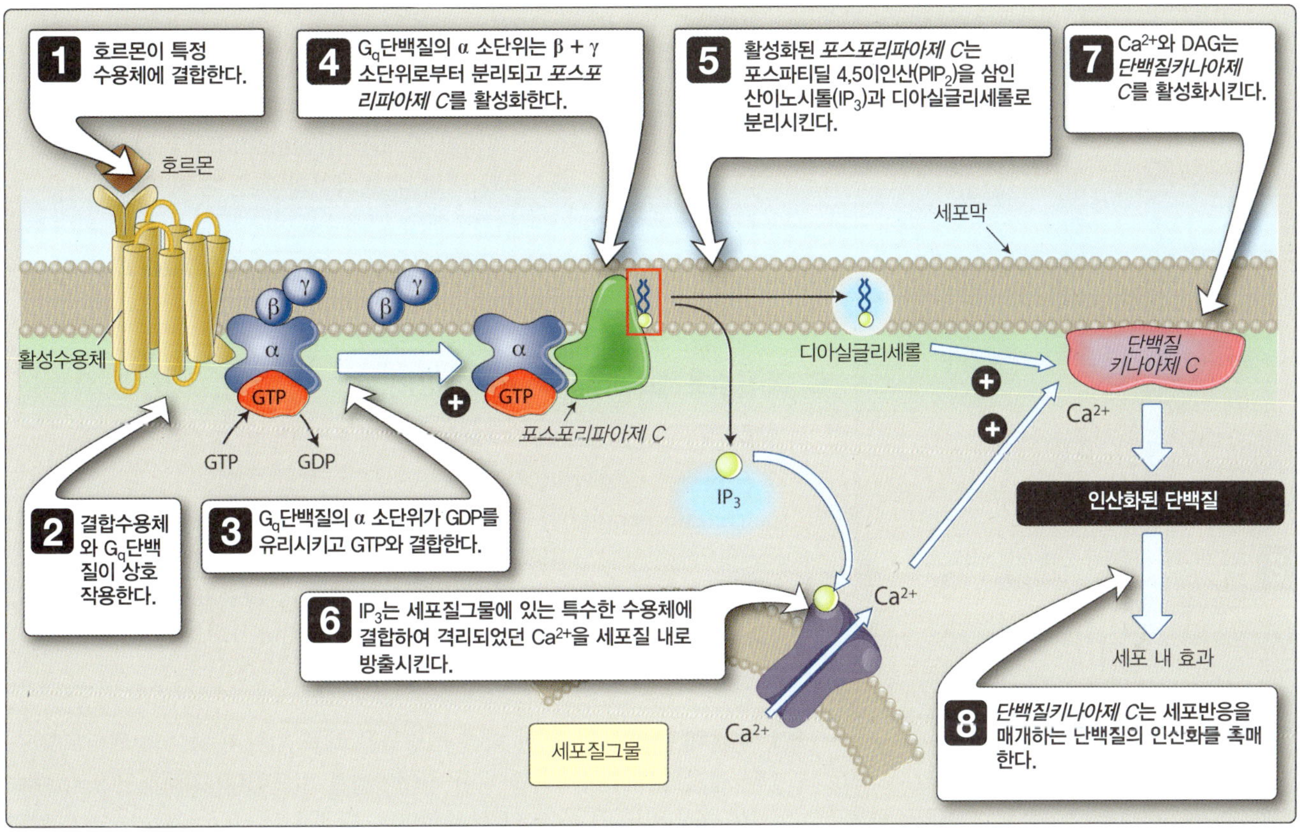

그림 1.21
삼인산이노시톨(IP_3) 신호전달경로. G_q = 촉진G단백질; GDP = 이인산구아노신; GTP = 삼인산구아노신

> 적어도 16개의 G_α 소단위가 보고되었다. 이들은 목표 경로에 대한 영향에 따라 분류되는데, 2차전령 형성에 대하여 각각의 소단위가 흥분되었을 때 $G_{\alpha s}$는 촉진을, $G_{\alpha i}$는 억제를 유도한다.

2. **cAMP 신호전달경로:** cAMP는 ***아데닐사이클라아제(adenylyl cyclase)***에 의해 ATP로부터 합성되며, *아데닐사이클라아제*는 G단백질에 의해 조절된다. $G_{\alpha s}$는 cAMP 합성을 촉진하고, $G_{\alpha i}$는 억제한다. cAMP는 효소, 이온통로, 그리고 펌프를 포함한 수많은 세포 내 단백질의 기능을 조절하고 인산화시키는 데 관여하는 ***단백질키나아제 A* (*protein kinase A, PKA*)**를 활성화시킨다. cAMP 신호전달경로는 무수한 신호의 증폭과 관련되어 있기에 여기서는 대표적인 두 가지만 짚고 넘어가도록 한다. *단백질인산분해효소(protein phosphatases)*는 목표 단백질을 탈인산화시킴으로써 키나아제의 작용에 길항한다. *아데닐사이클라아제*의 작용은 cAMP를 5′-AMP로 변환하는 ***포스포디에스테라아제* (phosphodiesterase)**에 의해 차단된다.

3. **IP_3 신호전달경로:** $G_{\alpha q}$는 그림 1.21에서 보이는 것처럼 ***포스포리파아제 C* (*phospholipase C, PLC*)** 활성화를 통해 세 가지 2차전령을 유리시키는 G단백질 소단위이다. 2차전령으로는 IP_3, ***디아실글리세롤* (*diacylglycerol, DAG*)**, 그리고 Ca^{2+}이 있다. *PLC*는 세포막 지질인 **포스파티딜이노시톨 4,5이인산(phosphatidylinositol 4,5-bisphosphate,**

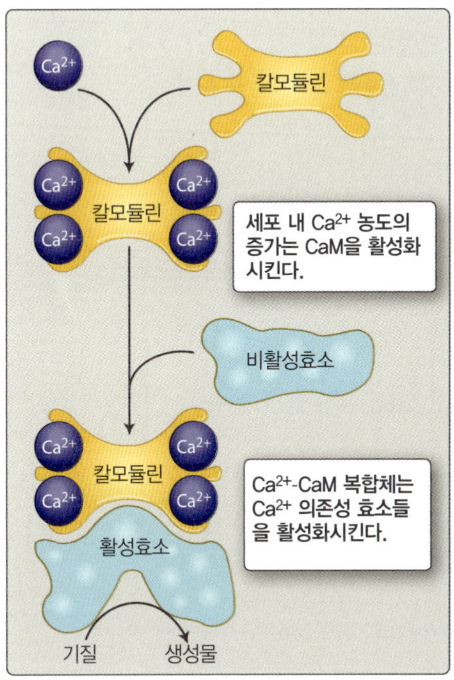

그림 1.22
Ca^{2+}-칼모듈린(CaM) 의존 효소 활성

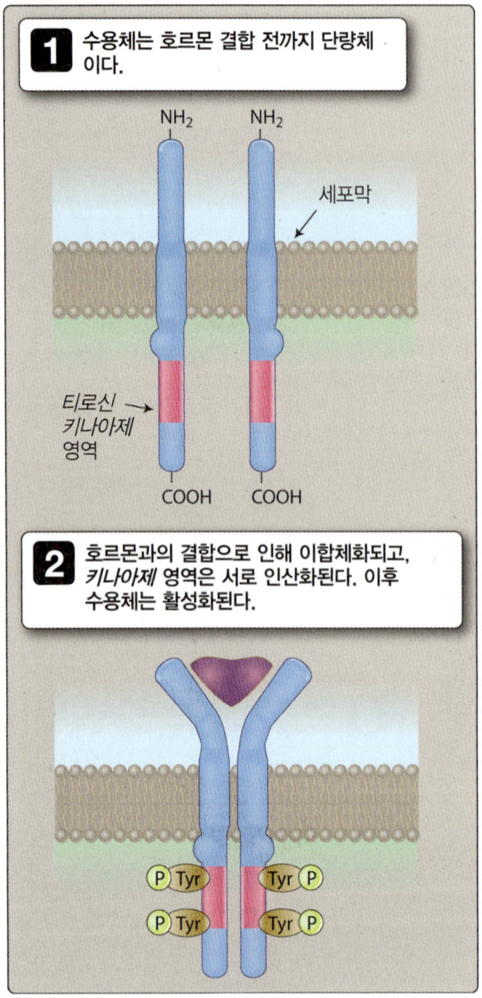

그림 1.23

티로신수용체 키나아제 활성화

PIP_2)로부터 IP_3와 DAG의 형성을 촉매한다. DAG는 세포막에 머물지만, IP_3는 세포질 내로 유리되어 세포질그물에 존재하는 Ca^{2+} 방출 통로와 결합한다. 그 후 Ca^{2+}은 세포질그물로부터 세포질 내로 방출되어 그림 1.22에서 보이는 것처럼 **칼모듈린(calmodulin, CaM)**과 결합한다. CaM은 많은 효소들과 세포 내 효과기의 Ca^{2+} 활성을 매개한다. 또한 Ca^{2+}은 DAG와 배위결합하고 근육수축이나 침분비 등에 관여하는 단백질을 인산화시키는 ***단백질키나아제 C* (*protein kinase C*)**를 활성화한다(그림 1.21 참조).

C. 촉진수용체(catalytic receptor)

몇몇 리간드는 효소와 결합하거나 내재성 촉매 활성을 가지는 세포막 수용체와 결합한다(그림 1.17C 참조). 예를 들어, 나트륨이뇨펩티드(natriuretic peptide)는 *구아닐사이클라아제*(***guanylyl cyclase***) 수용체와 고리형일인산구아노신(cGMP) 형성을 통해 신장 기능에 영향을 미친다. 대부분의 촉진 수용체는 인슐린 수용체와 같은 ***티로신키나아제*(*tyrosine kinase*, *TRK*)**이다. 인슐린 수용체는 4합체이지만, 대부분의 *TRK*는 리간드 결합 뒤에 연결되는 단일펩티드 사슬이다.

1. **수용체 활성:** 호르몬과 다른 전령들은 세포 밖에서 하나의 펩티드 사슬과 결합하여 이합체화를 위한 형태변형을 일으킨다(그림 1.23). 각 단량체(monomer)의 세포 안쪽 부위에는 활성효소(*키나아제*[*kinase*]) 영역이 존재한다. 이합체화로 인해 두 개의 활성 영역이 서로 접하게 되고, 이들은 서로를 인산화시켜 수용체 복합체를 활성화하여 신호전달이 개시된다.

2. **세포 내 신호전달:** 활성 티로신키나아제는 *미토겐활성화단백질*(*mitogenactivated protein*, *MAP*) *키나아제* 연쇄반응을 포함한 다수의 신호전달경로를 통해 세포기능에 영향을 준다. 이러한 신호전달경로와의 소통은 수용체와 세포 내 효과기를 연결하는 연결단백질(adapter protein)이 우선적으로 필요하다. 다양한 연결단백질이 존재하는데, 이것들은 SH2와 SH3로 불리는 *Src* 상동영역을 지닌다. SH2 영역은 활성 *티로신키나아제*에 있는 인산화티로신 영역을 인식하여 연결단백질이 신호전달 복합체에 결합하도록 한다.

D. 세포내수용체(intracellular receptor)

4번째 수용체 그룹은 세포 내에 위치하며, 갑상샘호르몬과 스테로이드호르몬 수용체가 여기에 포함된다(그림 1.17D 참조). 이들은 모두 DNA에 결합하여 유전자 발현을 조절하여 세포기능에 영향을 미치는 전사인자이다. 이 수용체 일부는 세포질 내에 존재하고, 나머지들은 핵에 위치하며 DNA와 연결되는 것으로 추정된다. 세포질내수용체는 보통 "열충격(heat shock)" 단백질과 연결되어 있으며, 스테로이드와의 결합에 의해 형태적인 변형이 일어나 바뀌게 된다. 결합된 수용체는 핵으로 이동하고, 목표 유전자의 개시자 부위에 존재하는 **호르몬 반응인자(hormone response element)**와 결합하게 된다. 핵 수용체도 비슷한 방식으로 작용한다. 일단 결합하면, 수용체는 유전자 전사를 개시하고, 결과적으로 세포 기능을 조절하게 된다.

1장 요약

- 모든 세포는 세포의 안과 밖을 구분 짓는 지질막**(세포막)**을 가지고 있으며, 생명을 유지하는 생화학적 반응을 촉진하기 위해 세포 내 환경의 이온 조성을 선택적으로 맞춘다. **세포내액**은 **세포외액**에 비해 매우 낮은 농도의 Ca^{2+}을 함유한다. 세포 안쪽에서 Na^+ 농도는 낮게, K^+ 농도는 높게 유지된다.
- 세포막은 세 가지 전형적인 지질 형태를 포함한다: **인지질**, **콜레스테롤**, 그리고 **당지질**. 인지질은 구조를 결정하며, 콜레스테롤은 강도를 더하고, 당지질은 다른 세포와의 상호작용을 매개한다.
- 세포막을 가로지르는 이동은 주로 **확산**에 의해 이루어진다. 확산속도는 세포막 양쪽의 **농도 차**, 분자 크기, 세포막 두께와 면적, 온도, 용매 점성, 그리고 지질용해도**(분배계수)**에 의존한다.
- **구멍**, **통로**, 그리고 **운반체**와 같은 통합막단백질은 친수성의 분자들이 지질막을 통과하는 경로를 제공한다.
- 구멍은 항상 열려 있으며 드물게 존재하며 예로서는 여러 곳에 존재하는 **물통로(aquaporin)**가 있다. 통로는 조절 구멍으로서 Na^+, Ca^{2+}, K^+, 그리고 Cl^-와 같이 작은 이온들을 일시적으로 통과시킨다. 구멍과 통로를 통한 이동은 전기와 화학적 농도**(전기화학기울기)**가 낮은 쪽으로 움직이는 단순확산에 의해 이루어진다.
- 운반체는 선택적으로 이온 및 작은 유기용질과 결합하여 세포막을 가로질러 운반하고 반대편에서 유리시킨다. 운반체는 다음 두 가지 형태로 작동하는데, **촉진확산**과 **능동수송**이 그것이다. 촉진확산은 전기화학기울기에서 "낮은 쪽(downhill)"으로 움직인다(예: GLUT family에 의한 포도당 운반). 능동수송은 농도가 낮은 쪽에서 "높은 쪽(uphill)"으로 에너지를 사용하여 용질을 운반한다.
- **1차 능동수송체** 혹은 **펌프**는 삼인산아데노신을 사용하여 전기화학기울기에 역행하여 물질을 운반한다. 대표적인 펌프로는 모든 세포에 존재하는 Na^+-K^+ ATPase와, 그 밖에 Ca^{2+} ATPase나 H^+-K^+ ATPase가 있다.
- **2차 능동수송체**는 다른 이온들이 만들어낸 원래의 전기화학기울기 에너지를 이용하여 용질을 농도에 역행하여 운반한다. **교환기**는 두 가지 용질을 서로 반대 방향으로 이동시킨다(예: Na^+ Ca^{2+} 교환기). **공동운반체**(예: Na^+-K^+-$2Cl^-$ 공동운반체와 Na^+−포도당 공동운반체)는 두 가지 혹은 그 이상의 용질을 같은 방향을 운반한다.
- 세포막에는 수용체 단백질이 존재하는데, 이들은 화학적 메시지를 이용하여 세포 사이에 소통이 가능하도록 한다. 신호전달은 혈관 내 **호르몬**(예: 인슐린) 분비를 통해 먼 거리에서도 이루어진다. 근접한 거리에 있는 세포들 사이에서는 **주변분비**(예: 산화질소)를 이용해 소통한다. **자가분비**는 자신이 분비된 동일 세포에 작용하는 화학신호이다.
- **수용체결합**은 다양한 방식에 의해 세포 내로 전달된다. **리간드개폐이온통로**는 세포막전위를 변화시킴으로써 신호를 전달한다. 다른 수용체 부류는 **G단백질**을 유리시켜 **2차전령경로**를 활성화하거나 억제한다. 많은 수용체들은 내재적 *키나아제* 활성과 단백질인산화를 통한 신호 점유를 가진다. 4번째 부류의 수용체는 세포 안에 위치한다. 세포 내 수용체는 외부신호와 결합하여 유전자 발현을 조절한다.
- G단백질은 두 가지 주요한 2차전령 연쇄반응을 조절한다. 첫 번째는 ***아데닐사이클라아제***에 의한 **고리형일인산아데노신(cAMP)**의 생성이다. cAMP는 주로 ***단백질키나아제 A***와 단백질인산화 조절을 통해 작용한다.
- 다른 G단백질들은 ***포스포리파아제 C***를 활성화시켜 **삼인산이노시톨(IP_3)**과 **디아실글리세롤(DAG)**을 유리시킨다. 차례로, IP_3는 세포 내 저장소로부터 Ca^{2+}을 방출시키고, 방출된 Ca^{2+}은 칼모듈린과 결합하여 Ca^{2+} 의존성 신호전달 경로를 활성화시킨다. Ca^{2+}과 DAG는 *단백질키나아제* C를 활성화하여 목표단백질의 인산화를 유발한다.
- 내재 ***티로신키나아제*** 활성을 갖고 있는 수용체는 외부신호와 결합하면 자기인산화를 한다. 이러한 과정으로 인해 연결단백질과 복합체를 이루고 세포의 성장과 분화에 영향을 주는 신호연쇄반응을 시작한다.
- **세포내수용체**는 핵으로 이동하여 목표유전자의 개시자 영역에 위치하는 **호르몬반응인자**와 결합한다. 결국, 목표유전자 발현의 증가로 인해 세포기능은 변하게 된다.

2 세포막 흥분성

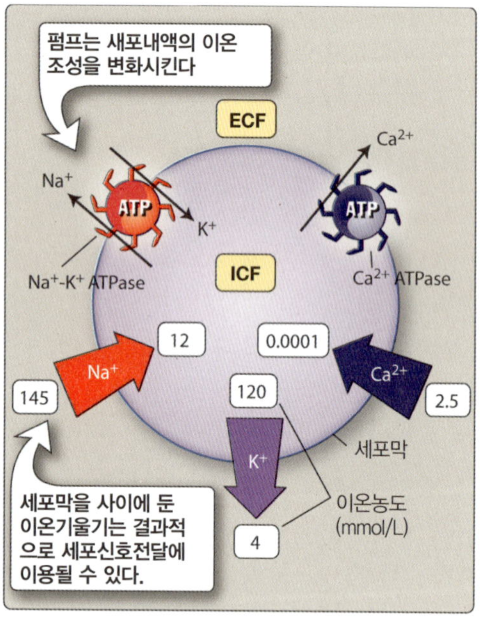

그림 2.1
이온운반체에 의한 세포내액 변화
ATP = 삼인산아데노신; ECF = 세포외액

I. 개요

그림 2.1과 같이 모든 세포는 생화학적 생명현상 유지를 위해 내부 환경의 이온조성을 선택적으로 변경한다(1.II 참조). 세포 안팎으로의 이온 이동은 세포내액과 세포외액 사이의 전하불균형을 만들어냄으로써 세포막 표면의 전압차(**막전위[membrane potential]** 또는 $\mathbf{V_m}$)를 형성한다. 이런 과정은 확산을 위한 전기화학적 추진력을 생성하는데, 하전용질이 세포막을 이동하는데 사용되거나, 또는 세포 내 소통을 위한 전기적 신호를 만들기 위해 일시적으로 바뀌기도 한다. 예를 들면, 근육이 수축하는데 필요한 신호를 위해 신경세포는 막전위 변동(**활동전위[action potential]**)을 이용한다. 근육세포는 막전위 변동을 이용하여 세포 내 저장고로부터 Ca^{2+} 방출을 활성화한다. 이렇게 유리된 Ca^{2+}에 의해 액틴(actin)과 미오신(myosin)의 상호작용이 촉진되며 결국 근육수축이 일어난다. 신경과 근육의 활동전위는 세포 내외로 이온(예: Na^+, Ca^{2+}, 그리고 K^+)이 선택적으로 세포막을 투과할 수 있도록 하는 **이온통로(ion channel)**들의 통합 작용에 의해 이루어진다.

II. 세포막전위 (MEMBRANE POTENTIALS)

"세포막전위"란 세포막을 가로질러 존재하는 전압의 차이를 말한다. 통상적으로, 세포외액은 0 볼트이거나 전기적으로 "**접지(ground)**"가 되어 있다. 가느다란 전극을 세포에 꽂아서 세포막을 통과시켜 기록해 보면, 세포 안쪽은 바깥에 비해 수십 밀리볼트(mV) 음전하를 나타낸다. 예를 들면, 일반적으로 신경세포는 –70 mV의 **안정막전위(resting potential)**를 가진다(그림 2.2). 막전위는 막투과성을 가진 이온들이 각각의 농도기울기에 따라 세포막을 통해 움직여서 만든 **확산전위(diffusion potential)**에 의해 형성된다.

A. 확산전위

세포막은 순수한 지질로 이루어져 있고, 세포 안쪽에는 K^+과 Cl^-로 해리되는 KCl로 가득 차 있으며 세포외액은 순수한 물인 모델세포를 가정하자(그림 2.3). 비록 KCl이 세포 내 높은 농도로 존재하더라도 세포막은 K^+과 Cl^-이 밖으로 빠져나가는 것을 방해하여 세포내액에는 K^+과 Cl^-이 많이 분포하게 된다. K^+과 Cl^-에 의해 발생되는 전하는 서로 상쇄되므로 결국 세포 내외의 전압차이는 발생하지 않는다. 여기에 K^+만 투과시키는 단백질을 막에 삽입시키면,

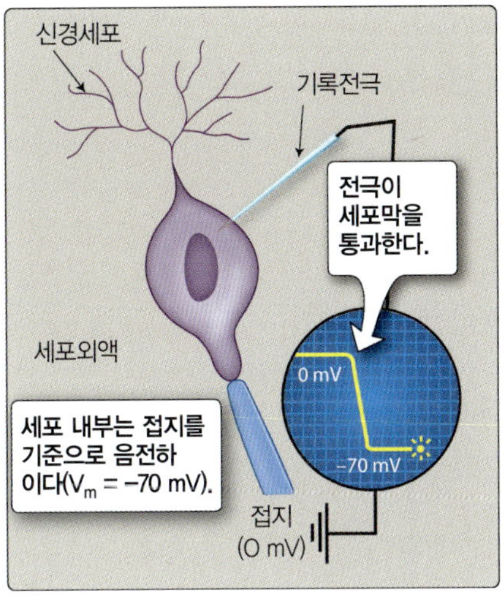

그림 2.2
막전위(V_m)

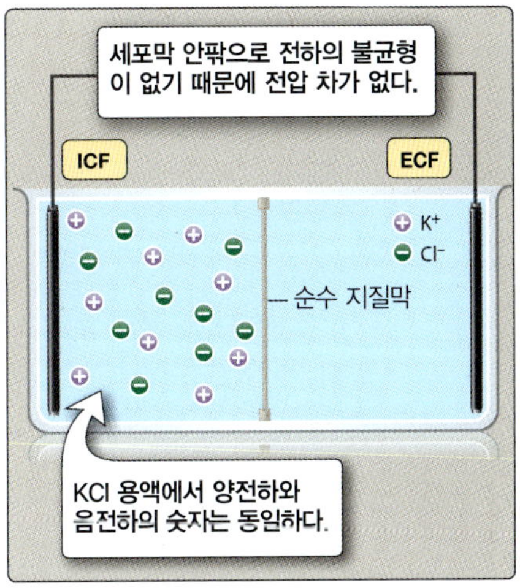

그림 2.3
비투과성막을 가진 모형세포에서의 전하분포. ECF=세포외액; ICF=세포내액

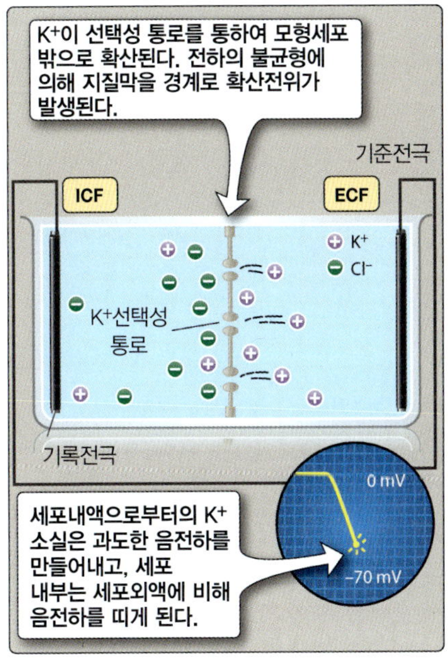

그림 2.4
확산전위의 발생. ECF = 세포외액; ICF = 세포내액

세포막은 **반투과성(semipermeable)**이 되어 K^+만 농도기울기에 따라 세포 밖으로 빠져나간다(그림 2.4). K^+는 전하를 띠고 있으므로 이때의 움직임으로 인해 농도기울기 크기에 비례하는 **확산전위**가 발생한다. 전위는 수십 mV 정도에 달하지만, 여기에 관여하는 이온은 상대적으로 매우 적다고 할 수 있다.

> 대량의 **전기적 중성 원칙(principle of bulk electroneutrality)**은 주어진 용매 안에 있는 양전하의 수가 항상 같은 수의 음전하에 의해 평형을 이룬다는 것이다. 비록 모든 세포가 전하의 분포를 조절하여 음의 막전위를 형성하고는 있지만, 세포내액과 세포외액도 역시 전기적 중성 원칙을 조건으로 한다. 실제로, 막전위는 세포막에 근접한 부분에서 이동하는 소수의 전하에 의해 발생되며, 그 이동은 세포내액과 외액에 분포하는 방대한 전체 전하의 분포에 미치는 순효과는 미비하다.

B. 평형전위

K^+이 농도기울기에 의해 세포막을 통과하면 뒤에는 음전하로서 Cl^-가 남는다. 순전하(net charge)의 크기는 세포내액에 남아 있는 이온의 수에 비례하지만(그림 2.4), 반대 전하가 끌어당기므로, K^+ 이동은 점점 느려지며, 농도기울기에 의해 발생하는 바깥쪽으로의 추진력에 대항하는 음전하의 끄는 힘과 정확하게 같아져(**전기화학적 평형[electrochemical equilibrium]**) 이동은 결국 멈추게 된다. 이때의 전위를 K^+ **평형전위(equilibrium potential)**라고 부른다.

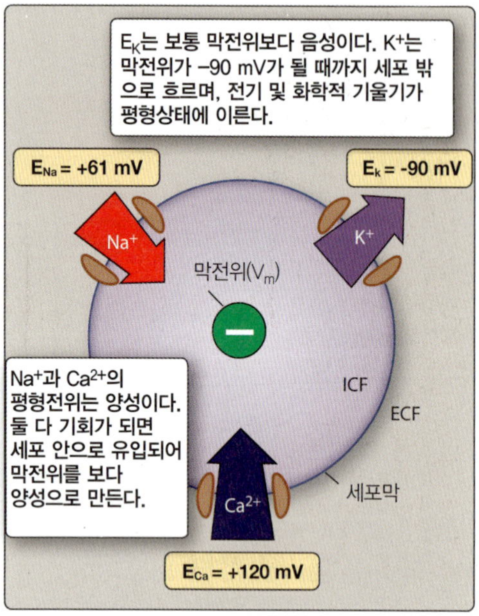

그림 2.5

Na^+ (E_{Na}) 및 Ca^{2+} (E_{Ca}), K^+ (E_K) 평형전위. ECF = 세포외액; ICF = 세포내액

1. **네른스트 방정식(Nernst equation):** 평형전위는 세포막 투과성이 있는 특정 이온의 전하와 세포막 양쪽의 농도를 알 수 있으면 계산 가능하다:

방정식 2.1
$$E_X = \frac{RT}{zF}\, In\, \frac{[X]_o}{[X]_i}$$

여기서, E_X는 X 이온의 평형전위(mV), T는 절대온도, z는 이온의 원자가, R과 F는 물리상수(기체상수와 패러데이[Faraday] 상수), 그리고 $[X]_o$와 $[X]_i$는 각각 X의 세포 외 및 세포 내 농도(mol/L)를 나타낸다. 방정식 2.1은 **네른스트** 방정식으로 알려져 있다. 만일 온도가 정상인의 체온(37°C)이라고 한다면 방정식 2.1은 다음과 같이 단순화된다.

방정식 2.2
$$E_X = \frac{60}{z}\log_{10}\frac{[X]_o}{[X]_i}$$

> 대부분의 일반 무기이온(Na^+, K^+, Cl^-, HCO_3^-)은 전기 원자가가 1(**1가[monovalent]**)이다. Ca^{2+}과 Mg^{2+}은 원자가가 2(**2가[divalent]**)이다.

2. **평형전위:** 세포내액과 세포외액은 모두 철저히 조절되며 이온조성이 잘 알려져 있다(그림 2.1 및 표 1.1 참조). 일반적으로 잘 알려진 이온의 농도와 네른스트 방정식을 이용하여 각각의 평형전위를 구하면, E_K = −90 mV, E_{Na} = +61 mV, 그리고 E_{Ca} = +120 mV가 된다. 세포 내 Cl^- 농도는 상당히 많으며, E_{Cl}는 막전위와 매우 근사한 값을 가진다. 만일 어떤 이온이 세포막을 자유롭게 통과할 수 있도록 하는 경로가 제공된다면, 막전위는 이 이온의 평형전위 값에 가깝게 이동될 것이다(그림 2.5).

예제 2.1

세포 내에는 유리 Mg^{2+}이 0.5 mmol/L 농도로 존재하며, 세포 주위는 혈장과 비슷한 농도인 1.0 mmol/L의 Mg^{2+}이 함유된 생리식염수가 존재한다. 이때 온도를 37℃로 고정하고, 세포의 막전위가 −70 mV이며, 세포막에는 Mg^{2+}이 투과할 수 있는 개폐통로가 존재하고 있다면, 통로가 개방되었을 때 Mg^{2+}은 과연 어느 방향으로 흐를 것인가?

방정식 2.2를 이용하여 Mg^{2+} 평형전위값(E_{Mg})을 구할 수 있다:

$$E_{Mg} = \frac{60}{z}\log_{10}\frac{[Mg^{2+}]_o}{[Mg^{2+}]_i}$$
$$= \frac{60}{+2}\text{ mV}\log_{10}\frac{1.0\text{ mmol/L}}{0.5\text{ mmol/L}}$$
$$= 30\text{ mV}\log_{10}2.0$$
$$= 30\text{ mV }(0.3)$$
$$= 9\text{ mV}.$$

여기서 구한 E_{Mg}를 통해 알 수 있는 것은, Mg^{2+}은 세포 안으로 유입되며 이 양전하의 이동으로 인해 막전위가 9 mV 양의 방향으로 이동하려 한다는 것이다.

C. 안정막전위

살아 있는 세포의 세포막에는 수많은 이온통로가 존재하는데 이들은 위에서 언급된 하나 혹은 그 이상의 이온을 통과시키며, 몇몇 통로들은 안정상태에서 열려 있다. **안정막전위(resting potential)**는 열려 있는 통로를 이용해 움직이는 이온의 흐름으로 생성된 확산전위의 합을 반영한다. 막전위는 다음과 같은 수식으로 계산이 가능하다:

$$V_m = \frac{g_{Na}}{g_T}E_{Na} + \frac{g_K}{g_T}E_K + \frac{g_{Ca}}{g_T}E_{Ca} + \frac{g_{Cl}}{g_T}E_{Cl}$$

여기서, g_T는 전체 막전도도(막전도도는 세포막 저항의 역수이며 Ohm^{-1}으로 나타낸다); g_{Na}, g_K, g_{Ca}, 그리고 g_{Cl}은 각 이온들(Na^+, K^+, Ca^{2+}, 그리고 Cl^-) 전도도; E_{Na}, E_K, E_{Ca}, 그리고 E_{Cl}은 이들 이온들의 평형전위(mV)를 각각 나타낸다. 막전위는 골드만-호츠킨-카츠(Goldman-Hodgkin-Katz, GHK) 방정식을 이용하여 구할 수 있으며, 이것은 상기의 네른스트 방정식(방정식 2.1)과 유사하다. GHK 방정식에서 세포막전위를 구성하는 각 이온들의 상대적 세포막 투과도를 이용하여 막전위를 구할 수 있다.

실제로, 안정상태에서 대부분의 세포는 Na^+ 혹은 Ca^{2+}에 대해서는 무시할 정도의 투과도를 보인다. 반면에 세포는 매우 확실한 안정 K^+ 전도도를 가진다. 따라서 막전위는 보통 K^+ 평형전위에 가까운 상태로 머물게 된다(그림 2.6). 예를 들어, 안정막전위는 대략 신경세포에서 −70 mV, 심근세포에서 −90 mV, 평활근세포에서 −55 mV, 그리고 간세포에서 −40 mV이다.

D. 세포 밖 이온의 영향

세포외액의 이온조성은 상당히 좁은 범위 안에서 조절되지만, 부적절하거나 과도한 소금 또는 물의 섭취로 인해 심각한 장애가 초래될 수 있다. 안정상태에서 Na^+과 Ca^{2+}의 세포막 투과도는 낮기 때문에, 세포외액에서 이들 이온의 농도 변화는 막전위에 큰 영향을 미치지 못한다. 반면, 안정막전위가 K^+의 평형전위에 매우 가깝게 위치하기 때문에 막전위는 세포외액에서 K^+ 농도의 변화에 민감하다(그림 2.6 참조). 세포 외 K^+ 농도의 증가(**고칼륨혈증[hyperkalemia]**)는 K^+의 방출에 영향을 주는 전기화학기울기를 감소시켜 세포막을 탈분극시킨다(그림 2.7). 반대로, 세포 외 K^+ 농도의 저하(**저칼륨혈증[hypokalemia]**)는 농도기울기를 더 가파르게 만들어 막전위가 좀더 음의 방향으로 가게 한다.

E. 운반체 역할

Na^+-K^+ ATPase는 세포막에 존재하며, 3개의 Na^+을 세포 밖으로 운반하는 동시에 2개의 K^+을 세포 안으로 운반한다. 3 대 2 교환은 결과적으로 과도한 양전하를 세포로부터 세거하는 역할을 한다. 운반체가 세포막을 중심으로 전하의 불균형을 초래하기 때문에 **전기발생적(electrogenic)**이라고 말할 수 있다. 그렇지만 이러한 교환이 막전위에 미치는 직접적인 역할은 명확하지 않다. K^+ 확산전위를 통해 궁극적으로 막전위를 결정하는 것

임상 적용 2.1: 저칼륨혈증과 고칼륨혈증

흥분성세포의 기능은 좁은 범위 안에서 유지되는 세포막전위에 크게 영향을 받기 때문에, 정상 혈장에서는 3.5에서 5.0 mmol/L 사이를 유지한다. 그렇지만 저칼륨혈증과 고칼륨혈증은 임상적으로 아주 흔하게 볼 수 있다. 몇몇 희귀유전질환(저칼륨주기마비, hypokalemic periodic paralysis)을 가진 사람들에게서 식사 후 혈장 K^+ 농도의 저하로 인해 근무력을 경험하기도 하지만, 일반적으로 저칼륨혈증은 고칼륨혈증에 비해 조금 덜 심각하게 인식된다. 고칼륨혈증은 잠재적으로 좀 더 심각한 상황이다. 혈장 내 K^+ 농도의 상승으로 인해 느려진 탈분극은 근육이 수축할 때 필요한 Na^+통로를 비활성화함으로써, 골격근무력 혹은 마비, 심장부정맥과 전도이상을 초래한다. 고칼륨혈증은 종종 신부전과 K^+ 배설장애로 인하여 발생한다. 치료는 일반적으로 이뇨나 투석을 통해 체외로 K^+을 배설시키는 것이다.

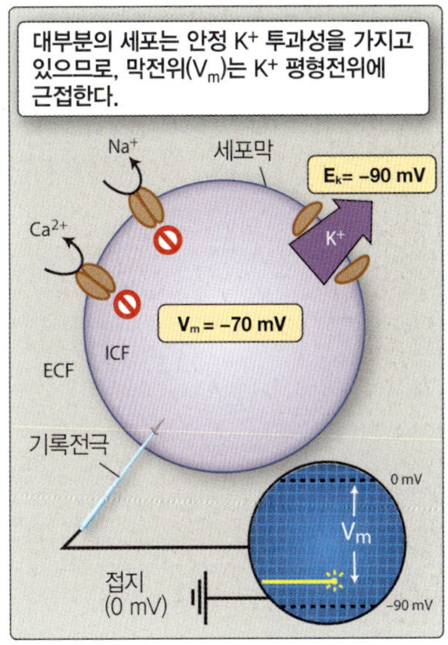

그림 2.6
안정막전위 유래. ECF = 세포외액; ICF = 세포내액

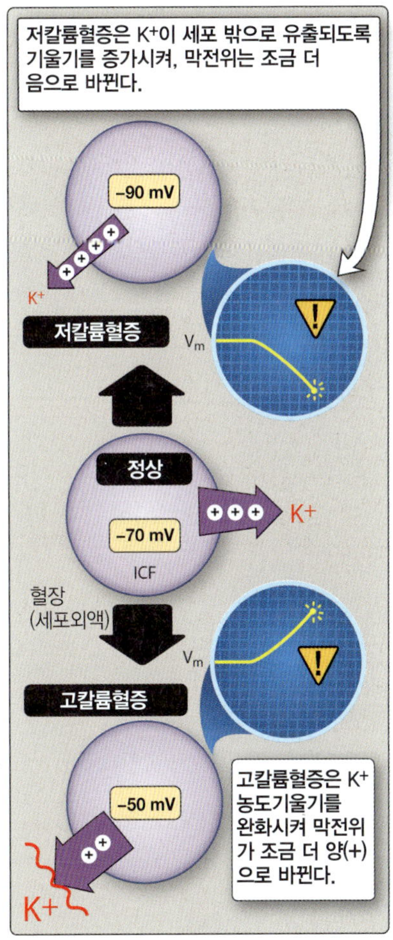

그림 2.7
막전위(V_m)는 세포외액의 K^+ 농도에 의존한다. ICF = 세포내액

은 K^+ 기울기이므로, Na^+-K^+ ATPase의 주요 기능은 K^+ 농도기울기를 유지하는 것이라고 볼 수 있다.

III. 흥분(EXCITATION)

많은 세포들은 신호 혹은 세포 내 현상 시작이라는 의미로서 막전위와 이온의 세포막 이동 변화를 이용한다. 감각세포(예: 기계감수기, 후각수용기 및 광수용기)는 **수용체전위(receptor potential)**라 불리는 막전위의 변화를 발생시킴으로써 감각자극을 전달한다. 신경세포는 활동전위를 이용하여 다른 신경세포 혹은 효과기에 신호를 보낸다. 근육세포와 분비세포 역시 세포막전위의 변화를 이용하여 세포 내 Ca^{2+} 농도를 증가시켜 수축과 분비를 촉진한다. 이러한 세포들은 모두 **흥분성세포막(excitable membrane)**을 가지고 있다.

A. 용어

이온에 대한 세포막 투과성의 증가로 인해 발생한 전기적 변화는 투과성이온의 종류(예: Na^+ 대 K^+, 혹은 Na^+ 대 Cl^-)와는 무관하며, 오직 이들이 가지고 있는 전하와 관련이 있다.

1. **세포막전위 변화:** 안정상태의 세포 내부는 세포외액에 비해 항상 음으로 하전되어 있다. **양이온(cation)**이 세포 안으로 들어오면 세포 내부의 음전하(**음이온[anion]**)는 중성화되고 세포막 분극(polarization)이 소실된다. 이때의 유입으로 인해 세포가 **탈분극화(depolarized)** 혹은 **세포막 탈분극(membrane depolarization)**이 된다. 탈분극은 통상적으로 전압기록상에서 위쪽에 그려진다(그림 2.8). 반면에 양이온이 세포 밖으로 나오게 되면 막전위는 음의 방향으로 바뀐다: 이러한 유출은 세포를 **과분극(hyperpolarize)**시키며(**세포막 과분극[membrane hyperpolarization]**) 기록장치에서 기록지의 아래쪽 방향으로 그려지게 된다.

2. **전류:** 양전하가 세포 안으로 흘러 들어가면 **내향전류(inward current)**를 발생시킨다. 오실로스코프와 차트 레코더와 같은 기록장치들은 통상 내향전류가 아래쪽 방향으로 그려지도록 설정되어 있다(그림 2.8 참조). 양전하가 세포 밖으로 나가면 **외향전류(outward current)**가 생기는데, 기록장치에서는 위쪽 방향으로 그려진다.

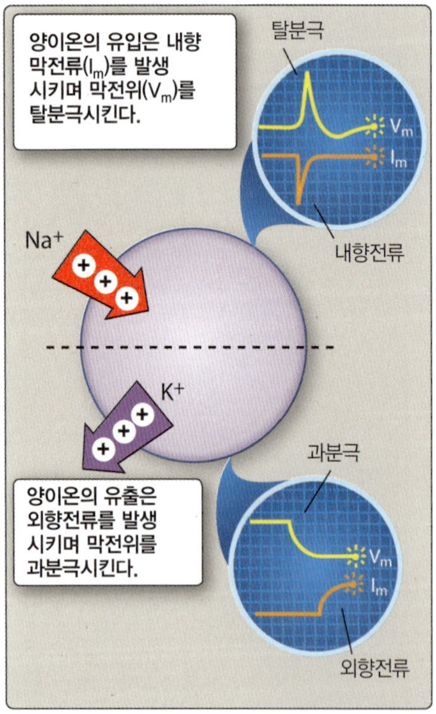

그림 2.8
막전위 변화와 이온 전류

> 음이온과 양이온은 각각 막전위에 동등한 영향을 끼치지만, 음이온은 음전하를 동반하기 때문에 양전하와는 반대의 효과를 나타낸다. 음이온이 세포 안으로 들어가면 세포막을 과분극시키며 외향전류를 일으킨다. 반대로, 음이온이 세포 밖으로 나오면 내향전류를 발생시키며 세포는 탈분극된다.

B. 활동전위

활동전위는 각 세포별로 크기, 형태 및 시간상으로 매우 다양하게 나타나지만, 활동전위 발생을 위한 **문턱값(threshold)**의 존재, **실무율(all-or-nothing)**, **지나치기(overshoot)**, 그리고 **후전위(afterpotential)** 등 몇 가지 공통적인 특징을 공유한다(그림 2.9). 앞으로 논하게 될 신경세포 활동전위의 **상행각(upstroke)**은 전압의존 Na^+통로에 의해 매개되지만, 전압의존 Ca^{2+}통로 역시 활동전위에 영향을 미칠 수 있다(예: 17.IV.B.3 참조).

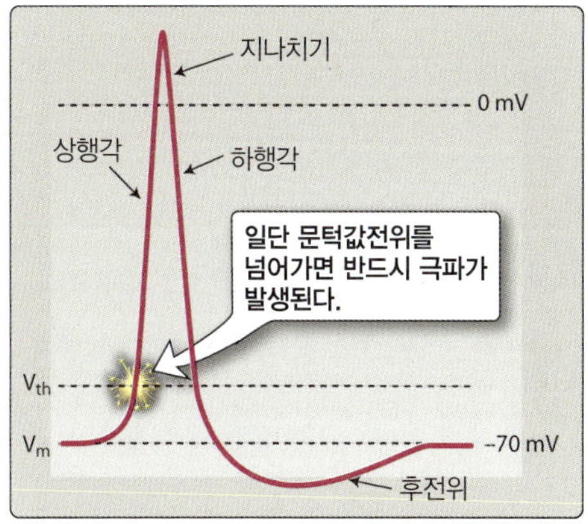

그림 2.9
활동전위. V_m = 막전위; V_{th} = 문턱전위

1. **문턱값전위:** 활동전위는 일련의 결과(예: 근수축 개시)를 수반하는 촉발성세포막 현상이기 때문에 아주 조심스럽게 유발되어야 한다. 막전위는 안정상태에서도 세포 외 K^+ 농도 및 다른 인자들의 변화에 의해 수 mV 범위 내에서 변동을 거듭하지만, 극파(spike)를 유발시키지는 못한다. 신경세포는 막전위가 활동전위 형성에 필요한 전압문턱(V_{th})을 충분히 넘어가는 탈분극이 되었을 때 활동전위를 일으키며, 이것은 신경세포에서 대략 −60 mV 근처에 해당된다. V_{th}는 활동전위를 유발하는 전압의존 Na^+통로를 열어주는데 필요한 전압을 의미하기도 한다.

2. **실무율:** 활동전위를 매개하는 전압의존 Na^+통로는 통상 세포막에 많은 수가 존재한다. 막전위가 문턱값을 지나쳤을 때, 이 통로들이 열려 많은 양의 Na^+이 세포 내로 유입되고, 막은 E_{Na} (+61 mV, 나트륨평형전위)를 향해 자기 스스로 **지속적인(regenerative)** 탈분극을 진행한다. 이러한 "실무율" 방식은 댐의 벽이 허물어지는 것과 비슷하다. 일단 탈분극이 시작되면, 이온의 흐름이 완전히 끝날 때까지는 멈추지 않는다.

3. **지나치기:** 활동전위의 정점은 일반적으로 E_{Na}까지 도달하지는 않지만, 종종 0 mV를 "지나치며", 이때 세포 내부는 세포외액에 비해 양전하 상태가 된다.

4. **후전위:** 활동전위는 일시적인 과정이다. **하행각(downstroke)**은 전압의존 K^+통로가 열려 K^+이 세포 밖으로 빠져나가 막전위를 재분극시키는 과정에 의해 이루어진다. 몇몇 세포에서는 활동전위에 이어 다양한 크기와 극성의 후전위가 나타난다. 과분극 후전위는 안정막전위가 정상이 될 때까지 막전압을 조금 더 음의 방향으로 떨어뜨린다.

C. 활동전위 전파

신경세포에 활동전위가 발생되면, 이러한 전기적 현상이 동시에 세포 전체에서 일어나는 것이 아니라, 세포의 한 쪽 끝에서 시작된 극파가 다른 쪽 끝으로 약 120 m/s에 달하는 속도로 **전파(propagate)**된다(그림 2.10). 근육세포는 신경보다는 느린 **전도 속도(conduction velocity**, ~1 m/s)를 보이지만 신경세포와 비슷한 전파과정을 보인다. 전파의 장점은 정보가 무한정 거리까지 운반될 수 있다는 것이다. 속이 빈 관을 통해 아날로그 형태로 수용 부위까지 도달하는 메시지의 이동거리는 강도세기에 의해 제한된다.

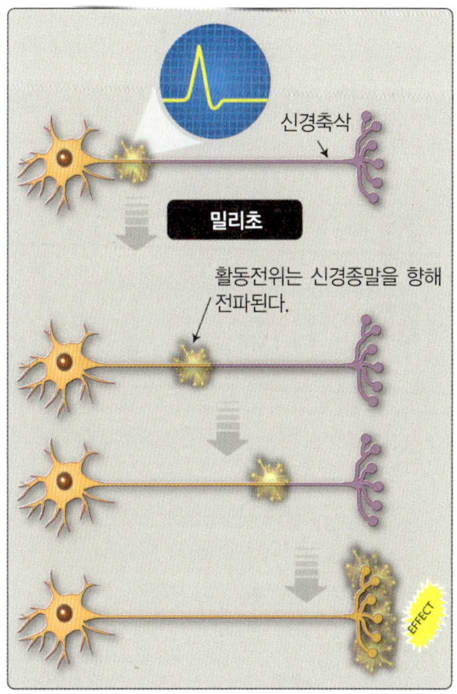

그림 2.10
활동전위 전파

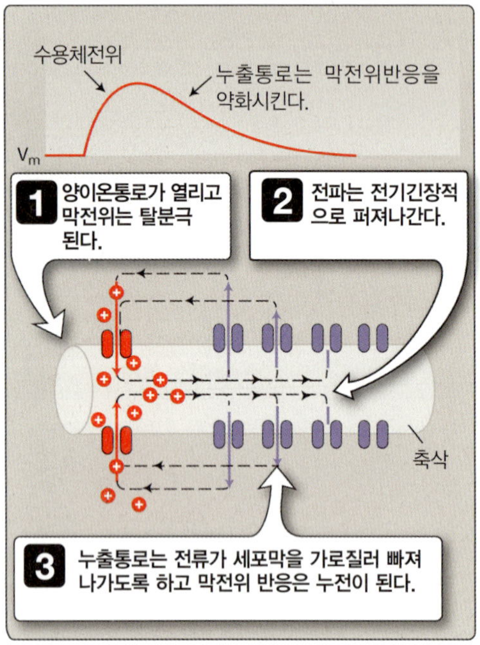

그림 2.11
신경에서 수동전류의 확산과 퇴행
V_m = 막전위

한 팀의 릴레이 주자들을 통해 메시지는 전달되겠지만 이동거리는 동원 가능한 주자의 숫자에 의해 제한된다. 실제로, 척수신경은 일반적으로 1미터의 길이를 가지고 있지만, 신호전파는 수십 센티 이내에서 소통을 하도록 한다! 신경의 신호전달은 세포막 흥분, 활동전위 시작, 신호전파 및 회복이라는 여러 순차적인 단계를 포함한다.

1. **흥분:** 예를 들어, 활동전위는 일반적으로 감각수용기전위 혹은 가지돌기 시냅스이후전위에 의해 시작된다. 이것은 입력신호 강도에 의해 크기에 등급이 매겨지는 작은 세포막 현상 중 하나이다. 바통던지기가 팔 근육의 세기에 따라 달라지듯이, 이들이 도달하는 거리에도 한계가 있다. 전위는 전선을 통해 전기가 이동하는 것과 같은 물리적 방식으로 수동적이며 즉각적(**전기긴장적[electrotonically]**)으로 퍼져나간다. 수용체전위에 의해 생성된 국소전류는 모든 흥분성 세포막에서 관찰되는 **누출통로(leak channel)**에 의해 누전이 되므로 도달하는 거리가 제한된다(그림 2.11). 누출통로(일반적으로 K$^+$통로)는 안정상태에서 열려 있어, 세포막을 통한 "누출" 전류에 의해 전압변화가 멀리 이동하기 전에 약화되도록 한다.

전기적 자극은 충격파처럼 전도물질을 따라 이동한다. 뉴튼 요람(다섯 개의 은으로 된 공이 같은 틀에 차례로 매달려 있는 전통적 책상 장난감)은 좋은 시각적 비유이다. 한 쪽 끝에 매달린 공을 들었다 놓으면, 그 옆의 공을 치면서 역학 에너지가 반대쪽 끝에 있는 공까지 충격파를 통해 전달되는데 중간에 위치한 공은 그대로 자기자리에 멈춰 있게 된다. 매달아 놓은 나일론 실을 통한 에너지의 손실은 거의 없다. 전기는 구리선 내 인접한 금속원자 사이에서 빛과 유사한 속도로 전도되는 흥분파를 만들어 낸다. 전기 전류도 역시 전자를 이동시키지만, 그 속도는 차가운 당밀만큼이나 느리다.

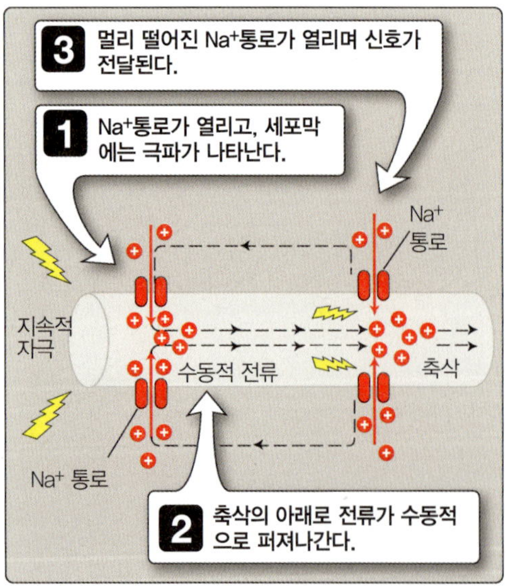

그림 2.12
신경에서의 재생적 신호전파

2. **시작:** 수용체전위가 충분히 커서 전압의존 Na$^+$통로를 가지고 있는 부위의 막전위가 문턱값을 넘게 되면 극파가 유발된다.

3. **전파:** Na$^+$통로가 개방되면 전기화학기울기에 의해 Na$^+$이 세포 안으로 유입되며 **능동전류(active current)**가 발생된다(그림 2.12). 발생된 전류는 전기긴장적으로 퍼져나가고, 축삭을 따라 일정거리를 내려가는 막전위 탈분극을 일으킨다. 이동하는 지역 내에 Na$^+$통로가 존재하고 막전위 변화가 문턱값을 넘기기에 충분하게 되면, 이 부분의 통로가 열리면서 신호를 **재생(regenerate)**하게 되고 좀 더 많은 릴레이 주자들이 바통을 집어 들게 된다. Na$^+$ 유입, 전기적 확산, 그리고 재생적 Na$^+$통로 개방의 순환은 세포 끝까지 반복되어 하행(전파)한다.

4. **회복:** Na$^+$통로는 수 밀리초 이내에 탈분극에 의해 비활성화되는데, 이로 인해 더 큰 흥분이 일시적으로 억제되고, 부메랑 기전으로 인해 연쇄적으로 발생되어 축삭을 따라 진행하는 활동전위가 차단된다. 흥분 뒤에는 이온펌프에 의해 이온의 기울기가 다시 정상으로 돌아오고 통로는 흥분상태에서 회복하게 되는 일정기간의 회복기가 따라온다.

> 모든 세포는 세포막전위를 가지고 있지만 모두가 흥분성은 아니다. 비흥분성 세포는 활동전위를 만들지 않지만, 많은 경우에서 막전위에 기능적 변화를 보인다. 예를 들면, 포도당은 췌장베타세포의 막전위를 지속적이며 주기적으로 진동시킨다. 전기적 현상은 인슐린 분비와 관련이 있다.

D. 전류

활동전위는 수천 개의 이온통로들을 통한 순전하 이동을 반영하는 세포막 전반에 걸친 과정이다. 각 통로의 개방 과정은 **단일전류(unitary current)**를 생성하는데, 그 크기는 구멍을 통해 이동하는 전하의 수에 직접 비례한다(그림 2.13). 각 Na^+통로의 개방이 모여 결국 세포 전체 Na^+ 전류를 형성하게 된다. 마찬가지로, 각 K^+통로 개폐의 합은 세포 전체의 K^+ 전류를 형성한다. 모든 일반 무기이온들에 대해 선택적 투과성을 가지는 이온통로의 종류들은 매우 다양하기 때문에, (예를 들어) 전세포 K^+ 전류는 두 가지 혹은 그 이상의 별개 K^+통로를 통한 K^+ 유출을 나타내는 것이라고 할 수 있다. 이러한 전류는 막전압고정(voltage-clamp, 전세포기록)과 막조각고정(patch-clamp, 소규모 막조각을 이용한 기록) 기법을 이용한 전류의 물리적 성질을 파악함으로써 각 성분을 구분할 수 있다.

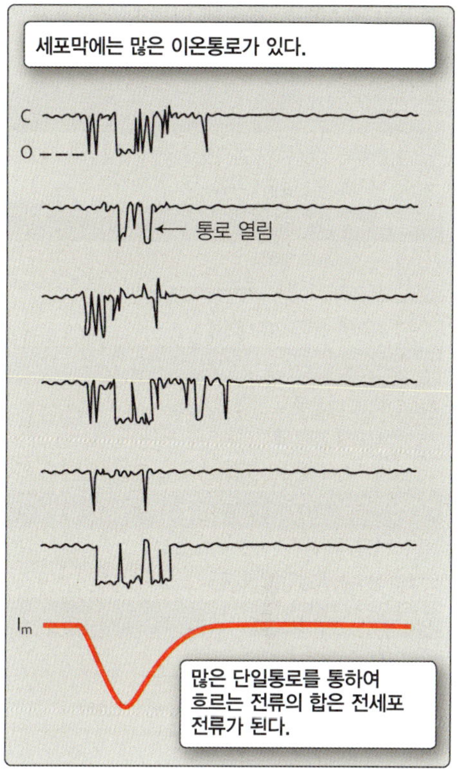

그림 2.13
단일통로와 전세포 이온전류

IV. 이온통로(ION CHANNELS)

이온통로는 이온이 막을 통과할 수 있도록 일시적으로 열리는 한 개 혹은 그 이상의 친수성 구멍을 함유하는 통합막단백질이다. 통로는 **활성기전**, **선택필터(selectivity filter)**, 그리고 한정된 **전도도(conductance)**를 포함하여 자신을 구분 지을 수 있는 몇 가지 특별한 특징을 가지고 있다. 많은 통로들은 또한 지속된 자극 동안 시간이 지나면 비활성화된다.

A. 활성

이온통로는 세포내액과 외액을 구분 짓는 지질막에 구멍을 만든다. 만약 이러한 통로의 조절이 제대로 이루어지지 않는다면, 이온은 막을 자유롭게 통과하여 흐를 것이며, 각각의 농도기울기는 막전위와 함께 붕괴될 것이다. 이와 같이, 대부분의 통로는 구멍을 통한 이동을 조절하는 활성관문(개방관문)을 가진다(그림 2.14). 통로가 **닫힌 상태(closed state)**에 놓였을 때, 관문은 구멍을 막고, 이온은 통과할 수 없게 한다. 통로 활성(막전위의 변화에 의한 반응; 아래 참조)은 단백질의 구조를 변화시켜 관문을 열고 이온이 통과하도록 한다(**열린 상태[open state]**). 통로는 활성 자극의 강도에 직접적으로 비례하여 증가하는 순개방시간(**개방확률[open probability]**)을 가지며 1초에 수천 번 개폐를 반복한다.

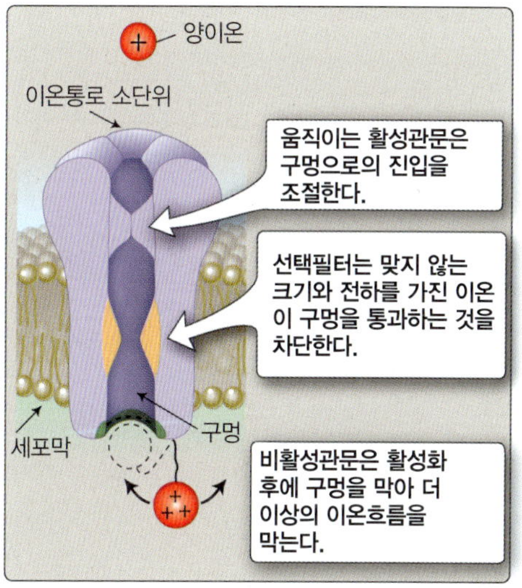

그림 2.14
이온통로 구조

표 2.1 투과이온 종류에 따른 이온통로의 전형적인 기능

Na^+
흥분성 세포에서 전기적 신호
상피를 통한 Na^+ **이동**
Ca^{2+}
근육세포의 **수축**
신경종말과 샘으로부터의 **분비**
상피를 통한 Ca^{2+} **이동**
K^+
모든 세포에서 **막전위** 형성
세포막 재분극
상피를 통한 K^+ **이동**
Cl^-
모든 세포에서 **세포부피 조절**
상피를 통한 Cl^- **이동**
Na^+, Ca^{2+}, K^+ 비선택적
감각전달

B. 선택성

이온이 세포막을 가로질러 통과하기 전에 선택성 필터에 의해 적합성 유무가 결정된다(2.14 참조). 선택성 필터는 구멍의 내부에 존재하며, 투과성 이온이 하나 혹은 그 이상의 하전 그룹과 상호작용하는 분자 크기 및 전하밀도에 따라 통과를 제한하는 영역으로 구성된다. 이렇게 하여, **Na^+통로**는 Na^+만 통과시키고, **K^+통로**는 K^+에 대하여, **Ca^{2+}통로**는 Ca^{2+}에 대하여 선택적이며, **Cl^-통로**는 Cl^-만 통과시킨다(표 2.1). 다른 **비선택성** 통로는 두 가지 혹은 그 이상의 다른 이온을 통과시킨다. 활성방식, 역학, 전도도, 조절기전, 조직특이성 및 약리학적 특성에 따라 매우 다양한 통로들이 존재한다는 것에 주의하라.

> 암호화된 인간 유전체에는 400개 이상의 이온통로들이 포함되어 있다. 이들 중 절반이 K^+통로이다. K^+에 대한 선택성을 가지고 있지만, 이 방대한 군에 속하는 각 통로는 모두 독특한 특성(예: 활성방식, 활성역학, 전도도, 조절기전)을 가지고 있으며 세포막 생리(예: 세포막 재분극, 흡수 및 분비)에 중요한 역할을 담당한다.

C. 전도도

통로가 개방되면 전류가 지질막을 통과하여 흐를 수 있기 때문에 세포막 저항은 떨어진다. 저항의 크기는 단위시간당 구멍을 통과하는 이온의 수 또는 **전도도(conductance)**에 따라 달라진다. 최대 전도도는 각 통로를 구분 지을 수 있는 특징 중 하나이며 picoSiemens (pS) 단위로 나타낸다.

D. 비활성

몇몇 통로는 활성화를 멈추게 하는 "비활성관문"을 가지고 있는데, 통로의 구멍을 막고 더 이상의 이온 흐름을 차단한다(그림 2.14 참조). 비활성의 시간비율은 통로의 종류에 따라 수 밀리초에서 수십 초까지 매우 다양하다. 일단 통로가 비활성화되면, 아무리 활성자극이 크더라도 거기에 상관없이 새로운 자극에 대하여 전혀 반응하지 않는다. 재활성은 비활성관문이 재배치되고 나면 일어나는데, 여기에 걸리는 시간비율도 통로의 종류에 따라 다양하다.

V. 통로 구조 (CHANNEL STRUCTURE)

단백질은 많은 방법을 통해 막횡단통로를 구성할 수 있지만, 대부분의 포유동물 통로는 가운데 물이 차 있는 구멍 주위로 4개에서 6개의 소단위가 모여 있는 구조를 가진다. 그림 2.15에서 보이는 것처럼 4합체통로가 가장 보편적이지만(아래 참조), 많은 리간드개폐통로는 5합체이며, 코넥신(connexin) 통로는 6합체이다(4.II.F 참조). 4합체통로 소단위는 일반적으로 6개의 막스패닝영역(membrane-spanning domains, S1~S6)으로 구성된다. 소단위가 합쳐지면 형성되는 구멍과 선택성 필터의 하전잔기들은 S5와 S6 영역에 위치한다. 전압의존 Na^+통로와 Ca^{2+}통로는 4개의 소단위영역(subunit-like domains)과 병합하는 단일유전자의 산물이지만, 대부분의 통로는 서로 다른 단백질들이 모여 이루어진다. 통로구조의 이러한 분자적 특성으로 인해 통로는 매우 많은 다양성을 가질 수 있다. 예를 들어 전압작동통로는 하나의 소단위 변화로 인해 이차전령개폐통로로 되거나, 원래의 선택성 혹은 조절기전이 변할 수 있다.

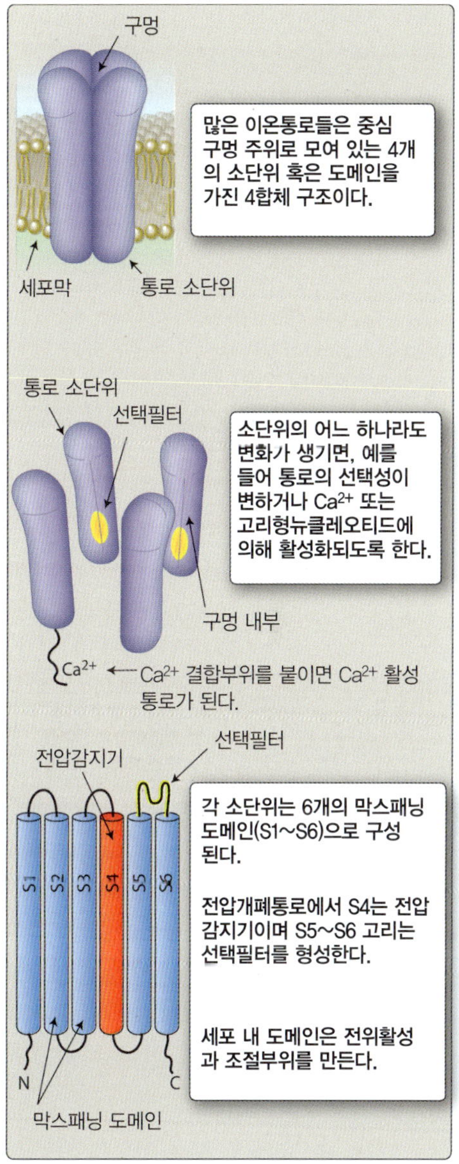

그림 2.15
전압개폐이온통로 구조

VI. 통로 종류(CHANNEL TYPES)

일반적으로 통로는 그들이 가진 이온선택성과 **개폐(gating**, 활성)기전에 따라 구별된다. 이렇게 해서, "전압의존 Na^+통로"는 세포막 탈분극에 의해 활성화되고 Na^+이 선택적으로 통과한다. 몇몇 다른 개폐기전이 현재까지 알려져 있다.

A. 전압개폐(voltage-gated)

전압개폐 Na^+통로, Ca^{2+}통로, 그리고 K^+통로는 모두 공통된 4합체구조를 가진 같은 상과(superfamily)에 속한다. 신경과 근육세포에서 활동전위 상행각을 만드는데 중요한 전압개폐 Na^+통로는, 하나의 구멍형성(pore-forming) α소단위와 이것과 연관되어 있는 몇 개의 소규모 조절 β소단위로 구성되어 있다. α소단위는 위의 V항에서 설명한 것처럼 중심구멍을 둘러싸는 4개의 연결소단위영역을 가지고 있다. 각각의 영역은 높게 하전된 펩티드배열(S4 구역)을 가지고 있는데, 이 구역은 전압감지기로 작용한다. 세포막 탈분극은 세포막 내외 표면의 전하 분포를 바꾸고, 세포막에서 전압감지기를 이동시켜, 판문을 열고 통로 구멍이 노출되도록 구조적 변화를 일으킨다.

B. 리간드개폐(ligand-gated)

리간드개폐통로는 화학적 신호를 전달하며 신경이 그들의 목표장기와 소통하도록 하는 기본 수단이 된다. 이들의 종류와 다양성에 관해서는 6장에서 다시 언급하도록 하겠지만, 다음 3그룹에 속하는 대표적인 6가지 통로가 있다: ***cys*-고리 수용체**, **이온성글루탐산염수용체**, 그리고 삼인산아데노신**(ATP)**수용체.

1. *Cys*-고리상과(*Cys*-loop superfamily) *Cys*-고리군에는 **니코틴아세틸콜린수용체(nicotinic acetylcholine receptor, nAChR)**, **5-히드록시트립타민(5-hydroxytryptamine, 5-HT)수용체**, **감마아미노부티르산(γ-aminobutyric acid, GABA)수용체**, 그리고 **글라이신(glycine)**수용체가 있다. 여기에 속하는 것들은 각 수용체의 이름을 결정짓는 짧고, 고도로 잘 보존된 아미노산서열을 공통적으로 가지고 있으며, 또한 5개의 소단위가 중심구멍 주위로 배열되어 있다(그림 2.16). nAChR와 세로토닌수용체(serotonin receptor)는 대체적으로 비특이성 양이온통로이며, 리간드와 결합하면 Na^+, K^+ 및 Ca^{2+}을 세포 내로 유입시킨다. 결과적으로 세포막 탈분극은 흥분성이 된다. GABA와 글라이신수용체

표 2.2 2차전령개폐통로

2차전령	투과성 이온	기능	위치	비고
Ca^{2+}	K^+	세포막 재분극	모든 세포	전도도에 따라 3개의 군으로 구분되며, 8개의 군이 알려짐
	Cl^-	세포막 재분극	모든세포(?)	아직까지 잘 알려지지 않음
	Ca^{2+}	수축	근세포질그물	
G단백질	K^+	심박수 조절	심장	이형화학복합체에 모여 있는 4개 소단위
		세포막 재분극	신경계	
	Ca^{2+}	신호전달 조절	신경계	
cAMP, cGMP	Na^+, K^+, Ca^{2+}	신호전달	시각과 후각계	전압개폐통로와 밀접하게 관련
		박동조율기	심장	
		Na^+ 흡수	신장	
IP_3	Ca^{2+}	수축; 분비; 전사; 기타	모든 세포의 세포질그물	3개의 관련 유전자; 4개의 집합소단위

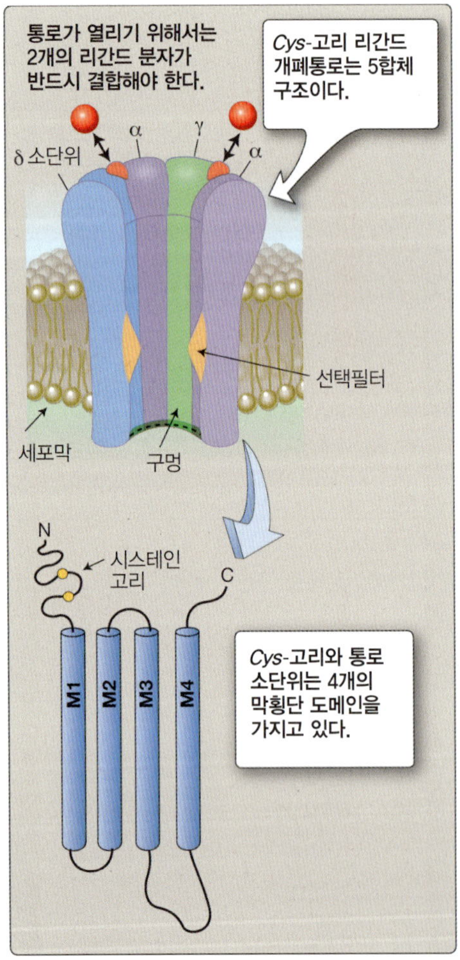

그림 2.16
Cys-고리 리간드개폐통로 구조

는 Cl^- 이동을 매개하는 음이온통로이다. 이러한 이동은 막전위를 안정막전위 근처로 안정화시킴으로써 세포막 흥분을 억제시킨다. nAChR와 다른 군 수용체들은 2개의 리간드 결합 부위를 가지고 있으며, 리간드가 동시에 여기에 결합되었을 때 통로가 열리게 된다.

2. 이온성글루탐산염수용체(ionotropic glutamate receptor): 이온성글루탐산염수용체는 학습과 기억에 중요한 역할을 수행하는 중추신경계에서 흔히 관찰된다. 이들은 모두 4합체 구조로서, 활성화되면 비선택적으로 Na^+과 K^+의 이동을 돕는다. 약리학적으로 다음 3개의 군으로 나누어진다(표 5.2 참조): **AMPA** (α-amino-3-hydroxy-5-methyl-4-isoxazolepropionic acid) 수용체, **kainite** 수용체, 그리고 **NMDA** (N-methyl-D-aspartate) 수용체.

3. 삼인산아데노신수용체(adenosine triphosphate receptor): ATP 개폐통로는 ATP에 의해 활성화되는 P2X과에 속하는 퓨린수용체(purinoreceptor)이며, 일단 통로가 열리면 비특이적으로 Na^+, K^+ 및 Ca^{2+}의 이동을 돕는다. 이 수용체들은 생체(*in vivo*) 내에서 3합체 통로를 형성하는 것으로 추정되고 있다. ATP 수용체는 맛 전달에 관여를 한다(10.II 참조).

C. 2차전령개폐통로(second messenger gated channel)

세 번째 통로 종류는 세포 내 전령의 농도변화에 반응하여 개폐가 이루어진다(표 2.2). Ca^{2+} 개폐통로는 세포 내 여러 곳에 분포하고 있으며, Ca^{2+}이 세포 내 저장고로부터 나오거나 전압개폐 Ca^{2+}통로를 통해 세포외액으로부터 유입되었거나와는 상관없이 증가된 세포 내 Ca^{2+} 농도에 반응하여 통로가 개방된다. 다른 통로들도 G단백질, 고리형뉴클레오티드, IP_3, 혹은 다수의 전령들에 의해 활성화된다.

D. 감수기통로(sensory channel)

일과성수용기전위통로(transient receptor-potential channel, TRP)는 온도, 맛, 통증 및 기계적 자극(세포 팽창과 전단자극)을 전달하는 세포감지기 기능을 수행하는 많은 다양한 통로들을 포함한다. 또한 TRP는 콩팥뇨세관에서 Ca^{2+}과 Mg^{2+}의 재흡수에도 중요한 역할을 한다. TRP는 현재 매우 활발하게 연구되고 있으며, 생체 내에서의 역할에 대한 많은 부분이 아직 명확하게 알려지지 않았지만, 위에 언급된 전압개폐통로와 비슷한 4합제 구조를 이루는 것으로 알려져 있다. 여기에 속하는 대부분의 통로들은 미약하게 양이온 선택적이며, Na^+, K^+ 및 Ca^{2+}을 통과시켜 세포막을 탈분극시킨다. TRP과에 속하는 통로들은 구조상 6종류로 나눌 수 있으며, 그 기능은 표 2.3에 요약되었다.

표 2.3 감수기통로

TRPC (Canonical [TRPC1-7])
도처에 존재
TRPV (Vanilloid [TRPV1-6])
Ca^{2+} 선택적; 유해 열과 "매운" 화학물질 자극 전달(예: capsaicin [TRPV1]); 삼투감각(TRPV4); 콩팥뇨세관에서 Ca^{2+} 회수(TRPV5)
TRPM (Melastatin [TRPM1-8])
맛(TRPM5), 냉감 및 "차가운" 화학물질 자극 전달(예: menthol [TRPM8]); 콩팥뇨세관에서 Mg^{2+} 회수(TRPM6)
TRPP (Polycystin [TRPP2, 3, 5])
유전자변이는 다낭신장병(polycyclic kidney disease)을 유발
TRPML (Mucolipinl [TRPML1-3])
용해소체(?)
TRPA (Anykrin [TRPA1])
기계감수기

2장 요약

- 모든 세포는 이온펌프(ATPase)를 이용하여 내부 이온환경을 조정하는데, 그 결과 세포막을 경계로 화학농도기울기가 형성된다. 농도기울기를 따라 일어나는 이온의 확산은 **확신전위**를 만들어낸다. **막전위**는 모든 투과성 이온들(Na^+, Ca^{2+}, K^+, Mg^{2+}, 그리고 Cl^-)의 확산전위 합으로써 표현된다.
- 이온은 또한 전기기울기의 영향을 받으며, 막을 통한 이동은 순수 **전기화학적 기울기**에 의해 지배된다. 화학 및 전기적 기울기가 적절히 균형을 이루고 있는 상태의 전위**(평형전위)**는 **Nernst방정식**을 이용하여 계산할 수 있다.
- 대부분의 세포는 안정상태에서 Na^+과 Ca^{2+}에 비투과적이지만, 아주 뚜렷한 안정 K^+ 전도도로 인해 **안정막전위**는 K^+ 평형전위 값과 비슷하게 놓이게 된다. 안정 K^+ 전도도는 안정전위가 세포 외 K^+농도(**저칼륨혈증** 또는 **고칼륨혈증**)에 매우 민감하도록 만든다.
- 흥분성세포는 세포막전위의 변화(**활동전위** 혹은 **극파**)를 이용하여 세포 상호간 소통을 하며 근수축이나 분비와 같은 세포현상을 유발한다. 활동전위는 **이온통로**의 순차적인 개폐에 의해 영향을 받는다. **전압의존 Na^+통로**의 개방은 **내향성 Na^+ 전류**를 일으키고 결국 **세포막 탈분극**을 초래한다. 세포막 재분극은 **전압의존 K^+통로**를 통한 **외향성 K^+ 전류**에 의해 영향을 받는다.
- 활동전위는 자극이 가해진 부위에서 국소적으로 일어나며, 자발적이고 **재생적인** 방식으로 세포 전체로 **전파된다**.
- 대부분의 세포는 세포막에 많은 다양한 이온통로들을 가지고 있는데, 이들은 작용방식**(개폐)**, **이온선택성**, **활성과 비활성 역학**, **전도도** 및 **약리학적 특성**에 따라 분류된다.
- 전압의존 Na^+통로, K^+통로, Ca^{2+}통로, 그리고 Cl^-통로는 막전위 변화에 의해 활성화된다. **리간드개폐통로**는 아세틸콜린, 감마아미노부티르산, 그리고 글루탐산염과 같은 신경전달물질에 의해 활성화된다. **2차전령개폐통로**는 세포 내 Ca^{2+}, G단백질, 고리형뉴클레오티드 및 삼인산이노시톨에 민감하다. **일과성수용기전위통로**는 세포감지기로서 화학물질, 온도 및 기계적 자극을 매개한다.

3 삼투와 체액

I. 개요

한 유명한 텔레비전 시리즈인 스타트랙에 다음과 같은 유명한 대사가 나온다. 실리콘이 주된 생활형태인 외계에서 온 차세대 생물체는 우리의 용감한 Picard 선장에게 "대부분 물로 채워진 추한 가방"이라고 말했다. 평균적으로 사람의 몸은 개인별 몸의 구성 및 성, 나이 등에 따라 체중의 50~60%가 물로 이루어져 있다. 그림 3.1에서도 알 수 있듯이 심지어 세포의 약 80%가 물이며 나머지 대부분은 단백질로 이루어져 있다. 물은 대표적인 용매이며, 분자간 상호작용 및 생화학 반응을 촉매하고, 세포 혹은 세포 내 소단위 사이에 이루어지는 분자이동을 돕는 전달자의 역할도 수행한다. 생명유지를 위한 생화학 반응은 용질의 농도에 매우 민감하다. 즉 세포 내에 물이 얼마나 존재하는가에 의해 좌우된다고 말할 수 있다. 따라서 **자율신경계(autonomic nervous system, ANS)**는 **총체액량(total body water, TBW)**을 항상 감시하며, 수분의 균형을 유지하기 위해 흡수(음수)와 배출(뇨생성) 경로를 적절히 조절한다 (28·II 참조). 총체액량은 매우 엄격하게 조절되지만, 물은 자유롭게 세포막을 통해 이동하며 체내의 다른 체액 사이를 오가기도 한다. 세포의 수분 손실은 곧바로 세포 내 용질의 농도를 상승시켜 정상적인 세포기능이 저해된다. 우리 몸에는 물을 재배치하는 운반체가 따로 존재하지 않기 때문에 세포내액(ICF)과 세포외액, 그리고 혈장의 용질농도를 조절함으로써 세포 및 조직 수준에서 물의 균형이 유지된다. 이러한 조절은 물이 용질농도에 따라 **삼투(osmosis)**에 의해 민감하게 움직이기 때문에 아주 효과적이다.

II. 삼투(OSMOSIS)

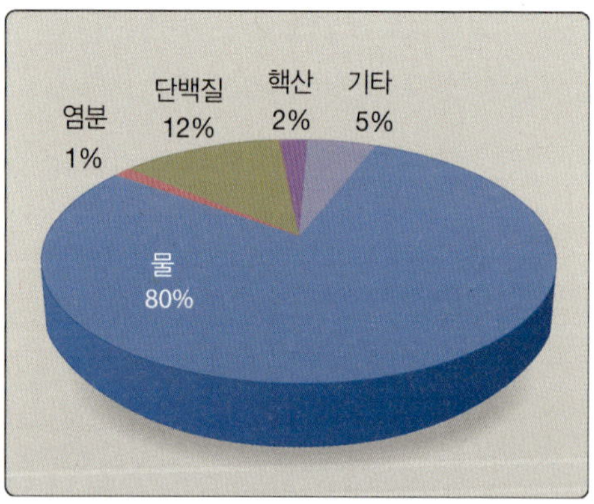

그림 3.1
세포 조성

용질분자는 통과하지 못하고 물만 통과하는 반투막을 사이에 두고 양쪽의 물 농도 차이에 의해 물이 이동하는 것을 삼투라고 한다. 순수한 물의 몰농도는 >55 moles/L이다. 세포에 존재하는 것이 순수한 물은 아니더라도 매우 많은 양을 차지하는 화학물이다. 세포막을 통한 물의 이동을 가능하게 하는 농도 차는 매우 작아, 실제로 삼투를 농도 차에 의해 물이 이동함으로써 만들어지는 압력으로 표현하는 것이 더 편리하다. 따라서 화학물의 농도기울기는 곧 **삼투압기울기(osmotic pressure gradient)**가 된다.

A. 삼투압(osmotic pressure)

삼투압기울기는 용질분자가 물에 녹아 있을 때 생기는데, 이러한 용질분자로 인해 물의 농도는 낮아진다. 이 과정의 가장 큰 특징은 생성되는 압력은 전적으로 용질의 알갱이 숫자에만 의존하며 용질 알갱이의 크기, 화학적 성상, 또는 원자가와는 무관하다는 것이다. 따라서 그림 3.2에서 알 수 있듯이, 두 개의 작은 Na^+이 거대한 다당체인 전분(분자량 > 40,000)보다 더 큰 삼투압을 발생시킨다. 용액의 삼투압(π; 단위는 mm Hg)은 다음 식으로부터 계산될 수 있다.

방정식 3.1 $$\pi = nCRT$$

여기서, n은 용액 내 해리된 용질의 알갱이 수, C는 용질농도(mmol/L), 그리고 R과 T는 보편기체상수와 절대온도를 각각 나타낸다. 삼투압은 서로 다른 농도의 구간에서 물의 이동이 평형상태에 있을 때 물리적으로 가해준 압력으로 측정이 가능하다(그림 3.3).

B. 삼투압농도와 삼투질농도

삼투압농도(osmolarity)는 용질이 물 내에서 얼마나 많이 해리되어 삼투압을 생성시키는가를 측정하는 것이다. 포도당은 용액에서 해리되지 않기 때문에 1 mmol/L 포도당은 삼투압농도가 1 milliOsmole (mOsm)이다. 반면에 NaCl은 용액 내에서 두 개의 유효한 알갱이로 해리되어 1 mmol/L NaCl은 2 mOsm을 나타낸다. $MgCl_2$의 경우에는 세 개의 알갱이(Mg^{2+} + $2Cl^-$)로 나누어지기 때문에 1 mmol/L $MgCl_2$ 용액은 3 mOsm의 삼투압농도를 가진다.

삼투질농도(osmolality)는 삼투압농도와 비슷한 개념이지만 물의 부피 대신 무게를 사용하는 경우이다(예: Osm/kg H_2O). 1 L의 물은 4°C에서 1 kg에 해당하며, 온도가 올라갈수록 부피가 증가하는 동시에 삼투압농도는 조금씩 낮아진다. 질량은 불변이므로 인체생리학에서 주로 사용되는 단위는 Osm/kg H_2O이다.

C. 긴장성

긴장성(tonicity)은 세포의 부피에 미치는 용질 영향을 측정하는 것이며, 세포막 투과성 용질이 세포내액 삼투질농도에 영향을 주어 세포를 수축시키거나 팽창시키는 것으로 이해할 수 있다.

1. **비투과성 용질**(nonpermeant solute): 설탕은 대부분 세포의 세포막을 통과할 수 없다. 따라서 세포를 세포내액의 삼투질농도(300 mOsm/kg H_2O)와 동일한 설탕용액에 넣으면, 용액이 **등장성(isotonic)**이므로 세포 부피는 변화하지 않는다(그림 3.4A). 세포부피는 오로지 삼투기울기가 발생하여 물이 세포막을 통해 움직일 때에만 달라진다.

   100 mOsm/kg H_2O 설탕용액은 세포내액에 비해 **저장성(hypotonic)**이다. 물분자는 삼투기울기에 따라 세포외액에서 세포내액으로 들어

> 일반적으로 생체 내에서 세포내액 삼투질농도는 290 mOsm/kg H_2O이다. 오로지 계산상의 편의를 위해 300 mOsm/kg H_2O을 사용한다.

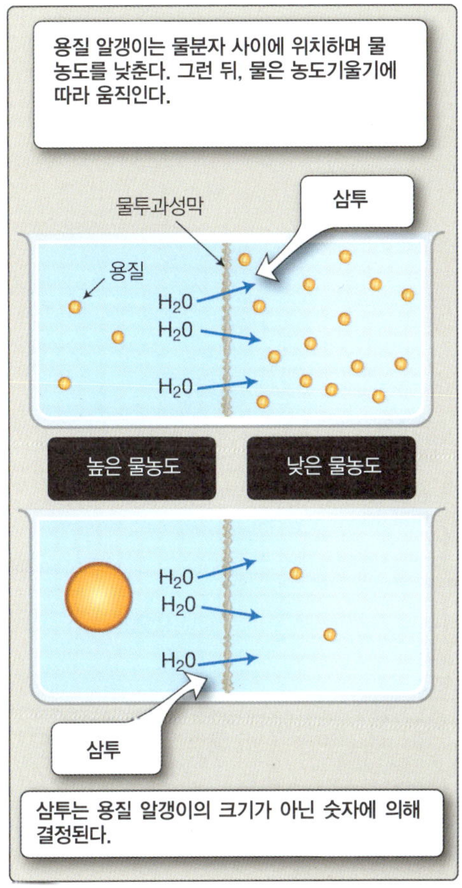

그림 3.2
삼투

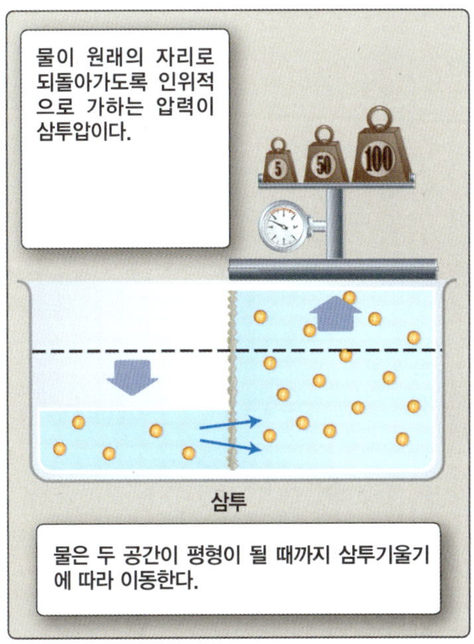

그림 3.3
삼투압

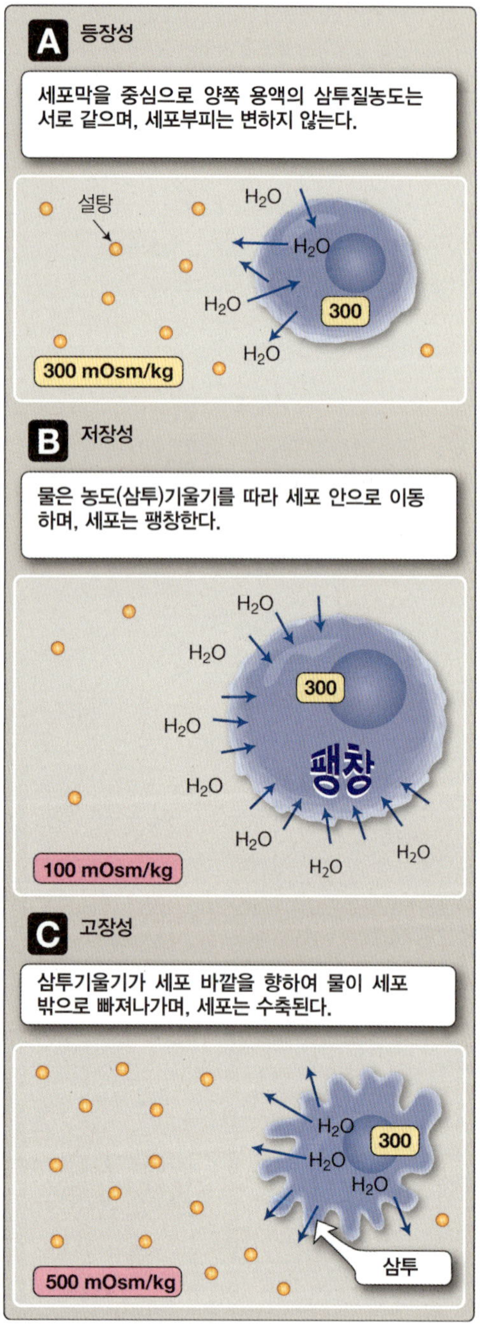

그림 3.4
긴장성. 모든 삼투질농도는 mOsm/kg H_2O

가고, 세포는 팽창할 것이다(그림 3.4B 참조). 반대로, 500 mOsm/kg H_2O 설탕용액은 **고장성(hypertonic)**으로 삼투에 의해 물이 세포 밖으로 빠져나와 세포는 결국 수축하게 될 것이다(그림 3.4C 참조).

2. **투과성 용질**(permeant solute): 요소는 작은(60 MW) 유기분자이며, 설탕과 다르게, 요소운반체(UT)에 의해 대부분의 세포막을 자유롭게 통과한다. 따라서 300 mOsm/kg H_2O 요소와 300 mOsm/kg H_2O 설탕은 이론적으로 같은 삼투질농도(**등삼투압성[isosmotic]**)를 가지지만, 모두가 등장성(isotonic)은 아니다. 세포가 300 mOsm/kg H_2O 요소용액에 들어가면, 요소는 요소운반체를 통해 세포 안으로 이동하여 세포내액의 삼투질농도를 증가시킨다. 그 후 삼투에 의해 물이 세포 안으로 들어가고 세포는 팽창하게 된다. 따라서 300 mOsm/kg H_2O 요소용액은 **저장성(hypotonic)**이라 말할 수 있다.

3. **혼합용액**(mixed solution): 300 mOsm/kg H_2O 요소용액과 300 mOsm/kg H_2O 설탕용액을 합치면 삼투질농도는 600 mOsm/kg H_2O이 되어 세포내액에 비해 **고삼투압성(hyperosmotic)** 용액이다. 하지만 세포 안과 밖의 요소 농도가 150 mOsm/kg H_2O로 평형을 이룰 때까지 빠르게 세포막을 통해 이동하기 때문에 이것도 기능적으로는 등장성이다. 결국 세포막 양쪽은 각각 450 mOsm/kg H_2O의 상태가 되어 삼투에 의한 추진력은 0이 되고, 결국 세포부피는 변하지 않는다.

4. **반사계수**(reflection coefficient): 세포가 들어 있는 용액의 삼투능을 계산할 때, 위의 방정식 3.1에 반사계수(σ)를 포함시킨다.

$$\pi = \sigma nCRT$$

반사계수는 용질이 세포막을 얼마만큼 쉽게 통과할 수 있는지를 가늠하게 한다. 요소와 같이 세포막을 잘 통과하는 용질은 반사계수가 0이며, 설탕이나 혈장단백질과 같은 불투과성 용질의 경우는 1.0이다.

D. 세포내액과 외액 사이의 물이동

세포막의 지질 중심은 소수성이지만, 물은 비교적 수월하게 새포막을 통과한다. 몇몇 물분자는 인접한 막 인지질 분자들 사이로 미끄러져 들어가며, 몇몇은 이온통로나 운반체를 통해 용질과 함께 쓸려 들어가기도 한다. 대부분의 세포는 막 표면에 **물통로(aquaporins, AQP)**를 가지는데, 거대 4합체 단백질로서 지질막을 통과하는 물 전용통로 역할을 한다. 물통로는 대부분의 이온통로와는 달리 항상 열려 있어 물이 자유롭게 통과할 수 있도록 한다(1·V·A 참조).

E. 세포부피 조절

세포외액 용질의 조성은 총체액량 항상성을 담당하는 기전에 의해 좁은 범위 내로 제한되지만(28.II 참조), 세포내액의 삼투질농도는 활성 수준 변화에 따라 변한다. 예를 들어, 세포대사가 활성화되면, 영양분이 흡수되고 대사산물이 축적되어 삼투에 의해 물이 세포 안으로 들어와 세포는 팽창하게 된다. 세포내외 환경에 둘러싸여 존재하는 세포(예: 창자 및 신장상피 세포)는 세포외 삼투질농도의 급작스런 변화에 따라 움직이며 세포부피의 변화가 자주 발생한다. 세포가 부피변화를 감지하고 신호를 전달하는 기전에 대해서는 아직 확실히 알려진 것이 없지만, **부피증가조절(regulatory volume increase, RVI)**이나 **부피감소조절(regulatory volume decrease, RVD)**을 함으로써 삼투적 수축 및 팽창에 대해 반응을 한다.

1. **부피증가조절:** 세포외액의 삼투질농도가 상승하면 물은 삼투에 의해 세포 밖으로 빠져나오며 세포는 수축된다. 세포는 짧은 시간 내에 부피증가조절 반응으로 증가된 Na^+-H^+ 교환기와 Na^+-K^+-$2Cl^-$ 공동수송체 활성에 의해 Na^+와 Cl이 세포 안에 축적된다(그림 3.5). Na^+와 Cl^- 흡수는 세포내액의 삼투질농도를 증가시키고 삼투에 의해 세포부피는 회복된다. 장기적으로는, 세포는 betaine(아미노산의 일종), 소르비톨(sorbitol), 그리고 이노시톨(polyalcohol)과 같은 작은 유기분자들을 축적시켜 세포내액의 삼투질농도를 증가시켜 부피가 회복된다.

2. **부피감소조절:** 세포 팽창은 부피감소조절을 시작하는데, 팽창-활성 K^+ 통로와 Cl^- 통로를 통해 K^+과 Cl^-를 세포 밖으로 방출시킨다. 결과적으로 세포내액의 삼투질농도가 감소하고 삼투에 의해 물이 소실되어 세포부피는 다시 정상적으로 돌아간다. 아울러, 세포는 삼투질농도와 부피를 감소시키기 위해 아미노산(글루탐산염 및 글루타민, 타우린)을 방출하기도 한다.

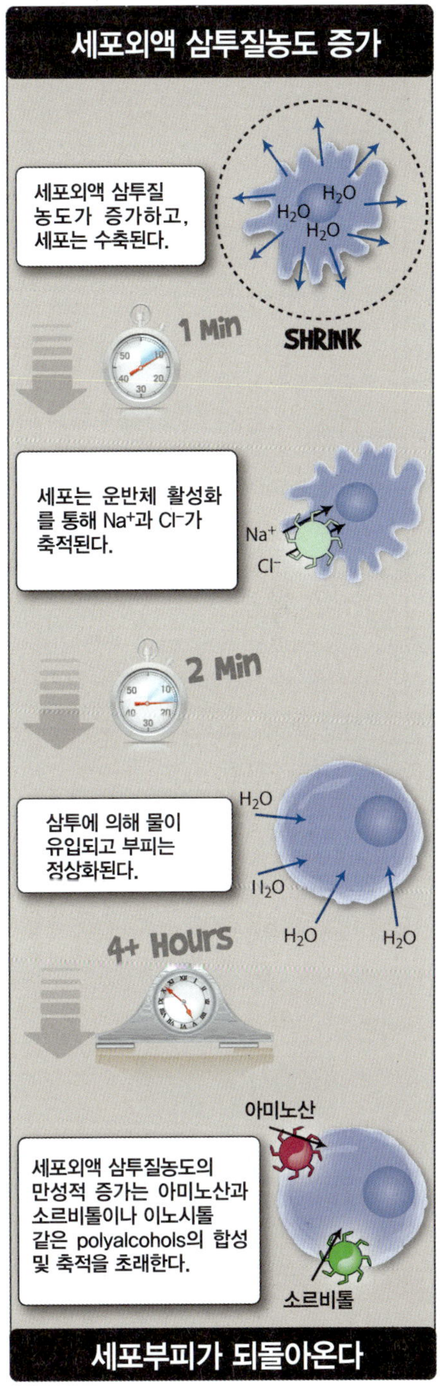

그림 3.5
부피증가조절

III. 체액구획

70 kg의 남성은 42 L, 또는 전체 체중의 60%가 물로 구성되어 있다. 여성은 일반적으로 남성에 비해 전체 몸 질량 퍼센트 중 근육량이 적고 지방조직이 많다. 지방은 근육보다 적은 물을 함유하고 있기 때문에, 여성의 수분 함유량은 상대적으로 낮다(55%). 종종 나이가 들어감에 따라 근육량도 같이 줄어들기 **(근육감소증[sarcopenia])** 때문에 총체액량은 성별에 관계없이 나이에 따라서 감소한다.

A. 분포

총체액량의 2/3은 세포 안에 존재한다(ICF = 42 L 중 28 L, 상기 자료 참조). 나머지(14 L)는 사이질과 혈장에 각각 포함된다(그림 3.6).

1. **혈장:** 심혈관계는 심장과 혈관망으로 구성되며, 세포와 단백질이 풍부한 혈장으로 채워진 5 L의 혈액을 담고 있다. 총 혈액 중 약 1.5 L는 적혈구 세포 내에 있으며 이것은 세포내액에 해당한다. 혈장은 3.5 L를 차지하며 세포외액으로 구분된다.

2. **사이질:** 나머지 10.5 L의 물은 혈관 바깥에 존재하며 세포 사이(**사이질[interstitium]**)의 공간을 채운다. 사이질액과 혈장은 매우 유사한 용질 조성을 가지는데 물과 소분자가 두 구획 사이를 자유롭게 이동하기 때문이다. 혈장과 사이질액의 주된 차이점은, 혈장은 많은 양의 단백질을 함유하고 있지만 사이질액에는 상대적으로 단백질이 없다.

임상 적용 3.1: 저나트륨혈증과 삼투성말이집탈락증후군(Osmotic Demyelination Syndrome)

저나트륨혈증은 혈청 Na^+ 농도가 135 mmol/L 이하일 때를 말한다. 환자는 일반적으로 수분배출 장애를 가지고 있으며, 종종 항이뇨호르몬(ADH) 분비를 억제하지 못하여 발생하는 수도 있다. 진행된 신기능 장애와 나트륨 저식이를 하는 경우에는 정상적으로 ADH가 억제되어도 저나트륨혈증이 나타날 수 있다. 일반적으로, 신장은 하루에 10~15 L의 희석 오줌을 배출시켜 정상 혈청 전해질 수준을 유지할 수가 있는데, 높은 유속은 용질의 모세혈관 재흡수를 방해하여 저나트륨혈증이 뒤이어 발생하게 된다. Na^+는 세포외액 삼투질농도의 주요 결정인자이며, 저나트륨혈증은 세포막을 가로지르는 삼투압의 변동을 초래하여 세포가 팽창하도록 만든다. 저나트륨혈증 환자는 심각한 신경학적 증상(예: 졸음증, 발작, 혼수)으로 발전할 수 있으며, 이러한 일들은 주로 급성의 심각한 저나트륨혈증(혈청 나트륨 농도 < 120 mmol/L)에서 관찰되며 즉각적인 고장성 생리식염수 투여에 의한 치료가 요구된다. 저나트륨혈증이 부피감소조절이 발생될 수 있도록 느리고 만성적(보다 흔하게 발생됨)으로 발생되면 심한 증상은 혈청 Na^+ 수준이 더 떨어질 때까지 나타나지 않는다. 저나트륨혈증이 서서히 발생하고 환자에서 신경학적 증상이 관찰되지 않을 경우, **삼투성말이집탈락증후군(osmotic demyelination syndrome, ODS**; 이전에는 **다리뇌중심부말이집용해증[central pontine myelinolysis]**으로 알려짐)으로 알려진 치료합병증이 발생하지 않도록 Na^+ 농도를 천천히 되돌려 놓는 것이 중요하다. 세포외액 Na^+ 농도를 급격히 올리면 적응하지 못한 신경세포로부터 물이 새어 나올 수 있는 삼투농도기울기가 형성되어 세포는 위축되고 말이집이 탈락되는(말이집은 지방이 많고 전기 전도 능력을 증가시키기 위해 축삭을 전기적으로 절연시키는 막성조직이다; 5.V.A 참조) 삼투성말이집탈락증후군이 발생한다. 삼투성말이집탈락증후군은 착란, 행동장애, 사지마비, 언어 및 연하곤란(조음장애 및 삼킴곤란) 또는 혼수의 증상을 보인다. 이러한 변화는 비가역적이기 때문에 활력징후가 안정적인 만성 저나트륨혈증의 환자에서의 최대 보정은 최초 24시간 이내 10 mmol/L를 초과하지 않아야 한다.

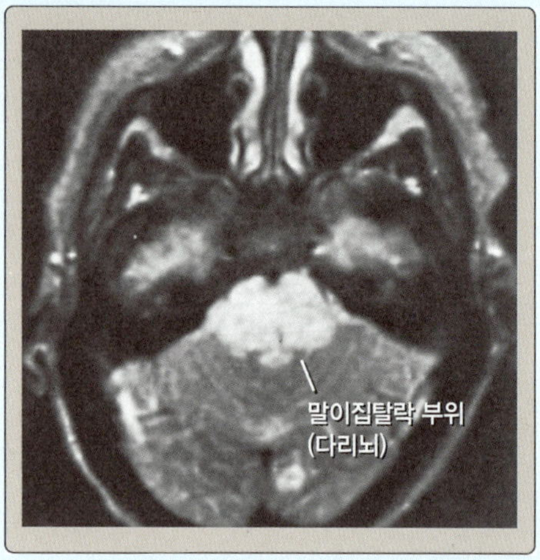

다리뇌 부위의 삼투성말이집탈락

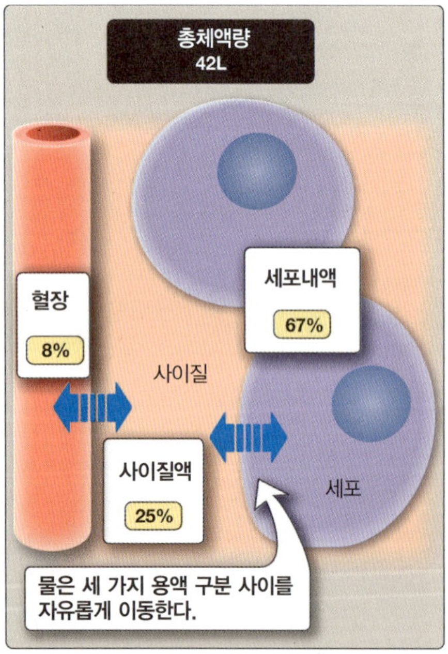

그림 3.6
총체액 분포

세포 장벽에 의해 혈장 및 사이질액과 구분되는 상당량의 체액이 있다(**세포분비액[transcellular fluid]**). 여기에는 뇌척수액, 눈 안의 액체(방수), 관절(윤활액), 방관(소변), 그리고 창자 등이 포함된다. 세포분비액의 용량은 평균 1~2 L 정도이며 총체액량을 계산할 때에 포함되지 않는다.

B. 물 이동 제한

물은 세포막과 모세혈관 벽을 자유롭고 빠르게 이동하여 몸의 기능을 결정하기 위한 한 부분의 용액(예: 세포내액)이 다른 부분에 비해 저수화 혹은 고수화될 수 있도록 한다(그림 3.7). 그 결과, 우리 몸은 독자적으로 물의 함량을 조절하고, 세포내액, 세포외액, 그리고 혈장 사이의 물의 이동을 제한하는 기전이 잘 발달되어 있다.

1. **세포내액:** 세포내액 삼투질농도는 보통 275~295 mOsm/kg H_2O이며,

주로 K^+과 관련 음이온(Cl^-, 인산염 및 단백질)에 의해 유지된다. 세포내액 K^+ 농도가 높은 것은 세포막에 있는 Na^+-K^+ ATPase의 작용에 의한 것인데 이들은 세포 안쪽으로는 K^+을 축적시키는 동시에 Na^+은 세포 밖으로 밀어내는 역할을 한다. 사이질로부터의 물의 손실이나 축적은 위에서 언급한 부피감소 및 부피증가 조절에 의해 이루어진다.

2. **세포외액:** 혈장 및 사이질액은 275~296 mOsm/Kg H_2O의 삼투질농도를 가지고 있지만, 이곳의 주된 용질은 Na^+과 관련 음이온(Cl^- 및 HCO_3^-)이다. 세포외액의 조절은 항이뇨호르몬(ADH)을 통해 작용을 나타내는 중추의 삼투수용체에 의해 엄격하게 수행된다. 예를 들어(그림 3.7, 1번 참조), 과도한 땀의 배출로 총체액량이 감소하게 되면 세포외액의 용질은 농축된다. 삼투질농도가 증가하면, 삼투에 의해 세포내액으로부터 물이 빠져나오게 되고(그림 3.7, 2번 참조), 그림 3.7, 3번(또는 28·II·B 참조)처럼 중추 삼투수용체가 뇌하수체 후엽으로부터 ADH 분비를 유발하여 모든 세포에서 부피증가조절이 시작된다. ADH는 갈증을 유발하며 콩팥뇨세관 상피에서 물통로 발현을 촉진시켜 오줌으로부터 수분 재흡수를 증가시킨다. 결과적으로 총체액량과 세포외액의 삼투질농도는 회복된다(그림 3.7, 4번 참조). 총체액량이 많아지면 물통로의 발현이 억제되어 많은 양의 물이 몸 밖으로 빠져나간다.

3. **혈장:** 혈장은 매우 작지만 중요한 용액구분이다. 심장은 혈압의 생성과 혈관을 통한 혈액의 흐름을 유지하기 위해 혈액량에 절대적으로 의존한다(18·III 참조). 예를 들어, 지속적인 땀 배출이나 수분섭취의 감소 등으로 세포외액량이 떨어지더라도, 혈장량은 반드시 일정수준을 유지해야 한다. 대부분의 작은 혈관(모세혈관과 세정맥)은 본질적으로 새기 쉬운 구조로서 혈장과 사이질액은 항상 서로 평형을 이루고 있기 때문에 혈장량을 직접적으로 조절하는 것은 매우 힘들다. 간에서 합성되고, 거대한 분자 크기로 인해 혈관 안에 갇혀 있는 알부민과 같은 혈장단백질은 적절한 혈장량을 유지하기 위해 매우 중요하다. 이들은 삼투적 힘(**혈장 콜로이드삼투압[plasma colloid osmotic pressure]**)을 나타내며, 그림 3.7, 2번(또는 19·VII·A 참조)에서 보이는 것처럼 세포외액의 삼투질농도 변화나 부피 감소와는 상관없이 사이질로부터 용액을 끌어들인다.

IV. 체액 pH(BODY FLUID pH)

H^+는 Na^+이나 K^+과 많은 면에서 유사한 일반 무기 양이온이다. 이것은 음이온을 당겨서 결합하며, 세포막을 가로질러 이동할 경우 세포를 탈분극시킨다. 이것은 크기는 작은 원자 수준이지만 단백질과 매우 강한 결합이 가능하므로 아주 조심스럽게 다루어져야 한다. 이러한 결합은 단백질 내 전하 분포에 변화를 주며, 인접 폴리펩티드 사슬 간 결합을 약화시켜 호르몬 결합과 같은 기능을 저해시키는 형태적 변형을 초래하게 된다(그림 3.8). 높은 H^+ 농도는 단백질을 변성시키고 세포를 분해한다. 따라서 세포가 담겨 있는 용액의 pH는 항상 엄격하게 조절되어야 한다.

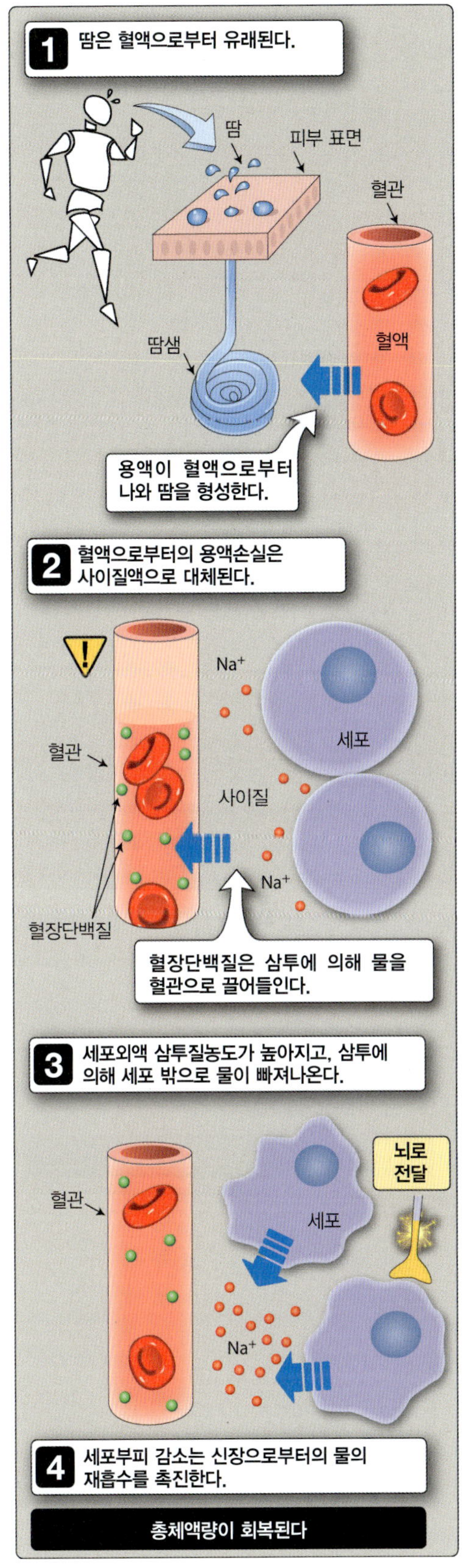

그림 3.7
탈수 시 용액 구분 사이에서의 이동

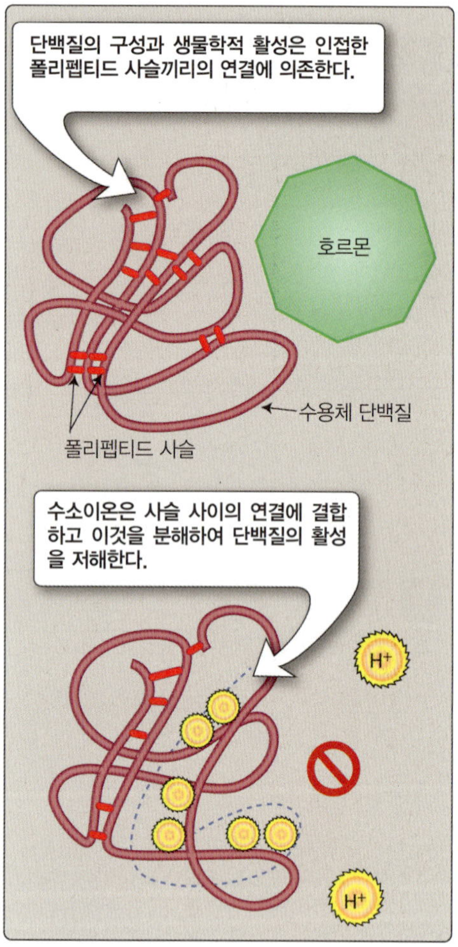

그림 3.8
산에 의한 단백질변성

표 3.1 혈청 전해질

전해질	참고 범위 (mmol/L)
Na^+	136~145
K^+	3.5~5.0
Ca^{2+}	2.1~2.8
Mg^{2+}	0.75~1.00
Cl^-	95~105
HCO_3^-	22~28
인(무기)	1.0~1.5

임상 적용 3.2: 전해질

세포외액에는 Na^+이 많이 존재하지만 그 밖에도 무수한 다른 하전 용질 또는 **전해질**(K^+, Ca^{2+}, Mg^{2+}, Cl^-, 인산염 및 중탄산염)을 가지고 있다. 모든 세포는 세포외액에 담겨 있다. 이들 중 어떤 전해질의 농도라도 변하게 되면 세포의 기능에 명백한 영향을 미칠 수 있기 때문에, 매우 좁은 범위 안에서 혈청 내 전해질농도가 유지되고 이것은 주로 신장기능에 의해 조절된다(28장 참조). 혈액검사는 일반적으로 Na^+, K^+ 및 Cl^-를 측정하는 표준전해질항목을 포함한다(표 3.1). 혈청 Na^+과 Cl^- 농도는 일부에서 신장기능 평가를 위해 측정하지만, 이들은 세포외액의 삼투질농도와 총체수분량을 결정하는 인자이므로 이들의 평가지표로도 활용이 된다. K^+도 측정하는데, 정상적인 심장 기능이 안정된 혈청 K^+ 농도에 많이 의존하기 때문이다.

A. 산(acid)

혈액의 pH는 7.4이며 경우에 따라 0.05 pH 단위 정도 안에서 변화를 보인다. 이 수치는 35~45 nmol/L의 H^+ 농도에 해당하며, 탄수화물, 지방, 그리고 단백질 대사를 통해 22 mole의 산이 매일 혈관으로 흘러나오기 때문이다! 대사에 의한 산의 생성은 2가지 형태로 나타나는데, **휘발성(volatile)**과 **비휘발성(nonvolatile)**으로 분류된다(그림 3.9).

1. **휘발성:** 매일 만들어지는 산의 대부분은 CO_2가 물에 녹아 생성되는 탄산(H_2CO_3) 형태로 나타난다. CO_2는 산소호흡 동안에 포도당과 같은 탄수화물로부터 생성된다($C_6H_{12}O_6 + 6O_2 \rightarrow 6CO_2 + 6H_2O$). 탄산은 폐에서 CO_2와 물로 전환되어 대기 중으로 방출되기 때문에 휘발성산으로 알려져 있다(그림 3.9 참조).

2. **비휘발성:** 대사과정에서 소량(하루 ~70~100 mmol)의 **비휘발성** 혹은 **고정산(fixed acid)**이 발생되는데 이들은 폐를 통해서 배출되지 못한다. 비휘발성산에는 황산 및 질산, 인산이 포함되는데 이들은 아미노산[예: 시스테인(cysteine)과 메티오닌(methionine)] 분해대사 과정에서 만들어진다. 비휘발성산은 오줌을 통해 배설된다(그림 3.9 참조).

3. **범위:** 생명체는 비교적 좁은 pH 범위(pH 6.8~7.8, H^+ 농도 16~160 nmol/L) 내에서만 존재할 수 있기 때문에 H^+의 적절한 배설 방식은 생존을 위해 매우 중요하다. 혈장 pH가 7.35 이하로 떨어지는 것을 **산혈증(acidemia)**이라고 부른다. 반면에 **알칼리혈증(alkalemia)**은 혈장 pH가 7.45 이상일 경우를 말한다. **산증(acidosis)**과 **알칼리증(alkalosis)**은 좀 더 일반적인 표현으로서 각각 산혈증과 알칼리혈증을 초래한다.

B. 완충계(buffer system)

세포는 끊임없이 산을 만들어낸다. 세포 내 구조는 H^+이 세포로부터 제거되기 전까지 일시적으로 붙들어 놓거나 세포에 미치는 유해한 영향을 제한시키는 완충계에 의해 유해한 산의 영향으로부터 보호를 받는다. 우리 몸에는 세 가지의 중요한 완충계가 있다: **중탄산염완충계(bicarbonate buffer system)** 및 **인산염완충계(phosphate buffer system)**, 단백질.

1. **중탄산염:** 중탄산이온(HCO_3^-)은 우리 몸에서 산에 대한 1차적 방어기구이다. HCO_3^-는 염기로서 H^+과 결합하여 탄산(H_2CO_3)을 형성한다:

$$HCO_3^- + H^+ \leftrightharpoons H_2CO_3 \leftrightharpoons CO_2 + H_2O$$

탄산탈수효소

다시 탄산은 CO_2와 물로 분해되어 각각 폐와 신장을 통해 언제든 배출될 수 있는 상태가 된다. 자연상태의 HCO_3^- 완충계에서 CO_2와 물로의 변환은 매우 느리게 일어나지만 *탄산탈수효소(carbonic anhydrase, CA)*에 의한 분해대사 활성에 의해 즉각적인 변환이 가능하다. CA는 모든 조직에 존재하는 효소이며, 이는 HCO_3^- 완충계가 매우 중요하다는 것을 의미한다.

> 적어도 12개의 기능적인 *CA* 아형이 존재하는데, 이들 대부분은 모든 조직에서 발현된다. *CA-II*는 모든 세포질에 존재하는 아형이다. *CA-I*은 적혈구에 많이 발현되는 반면에, *CA-III*은 근육에 주로 발현된다. *CA-IV*는 막결합형이며, 산을 배출하는 기능을 가지는 폐와 콩팥상피에 주로 발현한다.

2. **인산염:** 인산염완충계는 산을 완충하기 위해 인산수소를 이용하여 인산이수소를 생성한다:

$$H^+ + HPO_4^{2-} \leftrightharpoons H_2PO_4^-$$

HPO_4^{2-}는 비휘발성 산을 오줌을 통해 배출할 때 콩팥뇨세관에서 산을 완충시키기 위해 사용된다.

3. **단백질:** 단백질에는 많은 H^+ 결합 부위가 존재하기 때문에 세포 내외에서 순완충제로서 역할을 수행한다. 이들 중 중요한 단백질로는 적혈구(RBC) 안에 있는 헤모글로빈(Hb)이 있는데, 폐와 신장으로 산을 운반하는 동안 완충하는 역할을 한다.

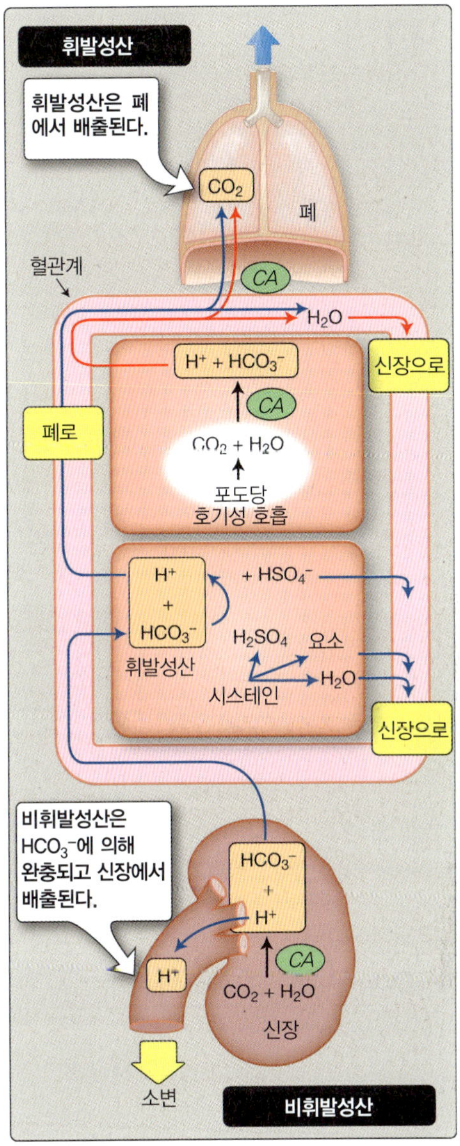

그림 3.9
휘발성 및 비휘발성 산의 배출
CA = 탄산탈수효소

C. 산 조절

대부분 산은 세포 내 능동적 대사에 의해 발생되며 배설을 위해 폐와 신장으로 운반된다. pH는 이 과정에서 완충제와 펌프에 의해 조심스럽게 조절된다.

1. **세포:** 세포 내 구조는 부분적으로 발생하는 산으로부터 완충제에 의해 보호를 받고 있는데, 이들 중 가장 중요한 것은 세포 내 단백질과 HCO_3^-이다. 또한 세포의 pH를 조절하는 신호전달 기전에 대해서는 아직까지 확실히 언급된 것이 없지만, 세포는 운반체를 통해 세포 내 pH를 능동적으로 조절한다.

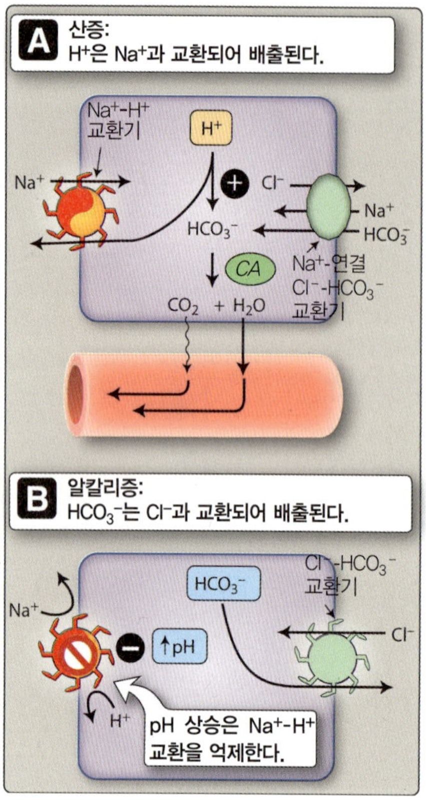

그림 3.10

세포에서의 산 염기 조절. *CA* = 탄산탈수효소

a. **산:** 대부분의 세포에는 산을 배설하기 위한 Na^+-H^+ 교환기가 존재하며, 상황에 따라 Na^+-연결 Cl -HCO_3^- 교환을 이용하여 세포외액으로부터 HCO_3^-를 흡수하기도 한다(그림 3.10A).

b. **염기:** 대부분의 세포는 과도한 염기를 배설하기 위한 Cl^--HCO_3^- 교환기를 가지고 있다. 알칼리증은 Na^+-H^+ 교환기를 억제시켜 세포 내 pH를 낮게 유지한다(그림 3.10B 참조).

2. **폐:** 세포의 산소호흡에 의해 발생한 CO_2는 세포막을 통해 빠르게 확산하고 세포사이질을 통과하여 혈관으로 빠져나온다. 적혈구에는 다량의 *CA-II*를 함유하고 있어서 CO_2와 H_2O를 HCO_3^-와 H^+로 변환시키며(23·VII 참조), H^+는 헤모글로빈과 결합하여 폐로 운반된다. 폐 상피에서도 역시 다량 존재하는 *CA*에 의해 다시 CO_2로 환원되어 대기 중으로 방출된다(그림 3.9 참조).

3. **신장:** 단백질 대사에 의해 생성된 H^+(비휘발성산)은 그림 3.9(또는 28.V 참조)에 보이는 것처럼 콩팥뇨세관 속공간으로 능동수송되고 오줌을 통해 배설된다. 주로 인산염과 암모늄 완충기에 의해 산이 분비되는 동안 요상피는 요세관 분비물에 의해 보호를 받는다. 비휘발성 산은 먼 부위에서 생성되지만, 신장에서 처리될 수 있을 때까지 상피세포는 이들로부터 무사히 보호되어야 한다. 신장상피에는 *CA-IV*가 다량 발현되는데 HCO_3^-를 생성하고 혈관 내로 분비시켜 산이 생성되는 부위에서 운반 역할을 수행하게 한다(그림 3.9 참조). HCO_3^- 합성 동안에 만들어진 H^+는 세관 속공간으로 펌프되어 들어가 몸 밖으로 배출된다.

3장 요약

- 사람의 몸은 대부분 물로 이루어져 있으며 다음 세 가지 주요 구획에 분포한다: **세포내액**과 **사이질액**, **혈장**. 후반 두 가지 구획을 합쳐 **세포외액**이라고 한다. 이들 사이에서 물의 이동은 기본적으로 **삼투**에 의해 이루어진다.
- 삼투는 서로 다른 구획 사이의 용질 알갱이 개수 차이로 인해 발생되는 **삼투압기울기**에 의해 이루어진다. 물은 용질 알갱이가 적은 구획으로부터 용질 알갱이를 많이 함유한 구획으로 삼투압이 발생하여 이동한다.
- **삼투압농도(osmolarity)**와 **삼투질농도(osmolality)**는 삼투압을 형성하는 용질의 능력을 측정하는 반면에, **긴장성(tonicity)**은 세포 부피에 미치는 용액의 영향을 의미한다.
- 대부분 세포는 세포막을 가로질러 형성된 삼투질농도 기울기에 반응하여 물이 세포내액과 외액 사이를 통과할 수 있도록 하는 통로(**물통로**)를 가지고 있다. 세포외액의 삼투질농도 증가는 물이 세포 밖으로 빠져나게 하여 결과적으로 세포 부피가 감소하게 된다. 반대로, 세포 내 용질(Na^+ 및 Cl^-, 아미노산)의 축적은 삼투에 의해 물이 세포 밖에서 안으로 들어오도록 한다(**부피증가조절**). 세포 부피 증가는 부피활성 K^+ 및 Cl^- 통로의 개방과 작은 유기용질(아미노산 및 polyalcohols)의 분비 촉진을 일으켜 **부피감소조절**을 유발한다.
- 부피변화 조절은 세포가 지니고 있는 물의 함량을 조절할 수 있도록 한다. 신장 기능은 Na^+ 양을 조절하여 얼마나 많은 양의 물이 세포외액에서 유지될 수 있는가를 관리하는 것이다. 혈장단백질은 세포외액이 얼마나 혈관 내에 일정하게 유지될 수 있는가를 결정한다.
- 모든 세포는 좁은 범위 내에서 세포내액과 외액의 pH를 유지하기 위해 **완충계**에 의존한다. 산은 탄수화물 대사와 아미노산 분해작용으로 끊임없이 생성된다. 탄수화물 대사는 CO_2를 발생시키는데, 이것은 물에 녹아서 탄산(**휘발성**산)을 형성한다. 아미노산은 분해되어 황산과 인산(**비휘발성**산)을 만들어낸다.
- **중탄산염 완충계**는 산에 대해 1차적인 방어기전 역할을 수행한다. 완충계는 세포에 보편적으로 존재하는 효소이며, CO_2와 물로부터 중탄산염을 형성하는 ***carbonic anhydrase***라는 효소에 의존한다. 휘발성 산은 폐로부터 CO_2의 형태로 배설되며, 비휘발성 산은 신장에서 오줌의 형태로 배설된다.

상피와 결합조직

4

I. 개요

사람 몸은 다양한 세포 집합체로 이루어져 있으며, 그 구조와 기능 유사성을 바탕으로 4군으로 구분한다. **상피조직(epithelial tissue)**과 **신경조직(nervous tissue)**, **근육조직(muscle tissue)**, **결합조직(connective tissue)**이 바로 그것이다. 이들 조직은 서로 밀접하게 연결되어 협력한다. 상피조직은 내적환경과 외적환경 사이에 장벽을 제공하는 여러 겹의 세포로 구성된다. 피부(**표피[epidermis]**)는 대부분 외부에서 볼 수 있지만(16장 참조), 내부 장기 경계면을 덮고 있는 상피처럼 보이지 않는 부분도 있다(예: 폐, 위창자관, 신장 및 생식기관). 신경조직은 **신경세포(neurons)**와 지지세포(**아교세포[glia]**)로 구성되며, 신호전달 통로를 제공하고 조직 기능을 조절하는 역할을 담당하는데, 제2단원에서 좀 더 상세히 다루도록 한다. 근육조직은 수축을 위해 특수화되어 있다. 여기에는 **뼈대근육(skeletal muscle**, 12장 참조), **심장근육(cardiac muscle**, 13장 참조), 그리고 **민무늬근육(smooth muscle**, 14장 참조)의 세 가지 형태가 있다. 결합조직은 세포 및 구조섬유, **바탕질(ground substance)** 혼합체이며, 인접한 세포 사이 공간을 연결하고 채우며, 소식에 내구성과 형태를 부여한다. 뼈는 특수화된 결합조직이며 힘을 부여하고 압력에 견딜 수 있도록 광물질화되어 있다(15장 참조). 이 장에서는 상피소식(표 4.1)과 결합조직의 구조와 다양한 기능에 관해 언급하기로 한다.

표 4.1 상피 기능

기능	예
방어	표피, 입, 식도, 후두, 질, 항문관
배설	콩팥
분비	창자, 신장, 대부분 샘
흡수	창자, 신장
윤활	창자, 기도, 생식관
정화	기관, 이도(귀길)
감지	미각, 후삭 및 안뜰 상피
생식	종자, 자궁 및 난소 상피

II. 상피(EPITHELIA)

상피는 연결된 세포 판으로서 신체 모든 표면의 경계를 이루고 내부와 외부환경을 구분하는 벽을 형성한다. 이들은 미생물과 같은 외부 침입으로부터 우리 몸을 보호하고, 내부환경으로부터 체액 손실을 제한하는데 도움을 준다. 이들은 인체 내부 항상성을 유지할 수 있도록 한다. 상피는 단순한 장벽으로서 역할을 넘어, 땀 형성, 음식물 섭취 및 흡수, 그리고 노폐물 배출과 같이 특수화된 분비나 흡수기능을 가지기도 한다.

A. 구조

가장 단순한 상피는 다양한 **이음부복합체(junctional complex)**에 의해 서로 부착된 세포 단일막으로 구성되며, 이러한 이음부복합체는 기계적 장력과 인접한 세포 사이의 신호전달 통로를 만들어 주는 역할을 한다(그림 4.1). **꼭대기쪽면(apical surface)**은 외부환경(또는 속 체강)과 마주보며, **바닥면(basal surface)**은 구조적으로 지지하는 **바닥막(basement**

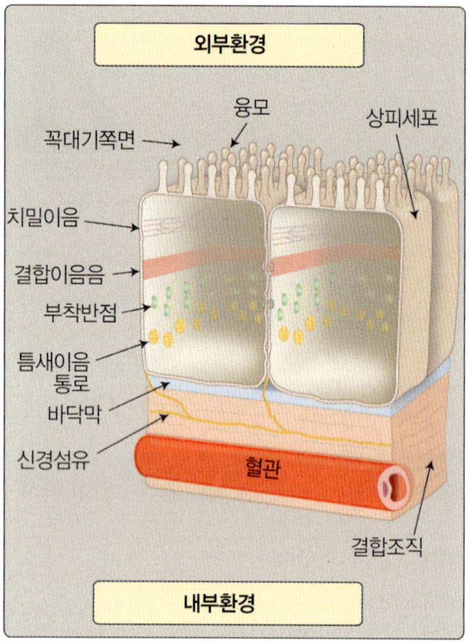

그림 4.1
상피세포 구조

membrane) 위에 놓여 있다. 바닥막은 두 가지 융합 층으로 구성된다. 아교질과 관련 단백질로 구성된 **바닥판(basal lamina)**은 바닥판이 지지하는 상피세포에 의해 합성된다. 내막(**그물판[lamina reticularis** 혹은 **reticular lamina]**)은 밑의 결합조직에 의해 형성된다. 상피는 무혈관성이지만 신경 지배를 받으며, 바닥막에 인접한 혈관을 통해 산소와 영양분을 공급받는다.

B. 종류

상피는 종종 그들의 기능을 반영하는 형태학적 근거를 바탕으로 구분한다. 여기에는 **단순상피(simple epithelia)** 및 **중층상피(stratified epithelia)**, **샘상피(glandular epithelia)** 3 종류가 있다.

1. **단순:** 많은 상피는 꼭대기쪽면과 혈관 사이에 물질 교환을 할 수 있도록 특화되어 있다. 예를 들어, 폐상피세포는 대기와 폐순환 사이 가스교환을 가능하게 한다(22·II·C 참조). 콩팥뇨세관상피는 세관 속공간과 혈액 사이에 액체를 운반하는(26·II·C 참조) 반면, 작은창자 상피세포는 창자 속공간과 순환계통 사이에 물질을 운반한다(31·II 참조). 구획을 구분짓는 벽이 최소화되고 위의 모든 구조들이 "단순"상피로 덮여야 교환 및 운반 기능이 가능해진다. 단순상피는 단일세포막으로 구성되며 상피세포 모양에 따라 다음 세 가지 군으로 더욱 세분할 수 있다. 허파꽈리와 혈관 경계는 **단순편평상피(simple squamous epithelium)**로 이루어져 있다. 편평상피세포는 가스의 확산 교환을 극대화하기 위해 매우 얇다. 많은 콩팥뇨세관 분절과 샘관은 입방형(**단순입방[simple cuboidal]**) 상피세포로 덮여 있다. 이들 세포 모양으로부터 세포가 능동적으로 물질을 운반한다는 것을 알 수 있으며, 1차 능동운반체 기능을 수행하기 위

임상 적용 4.1: 편평세포암종

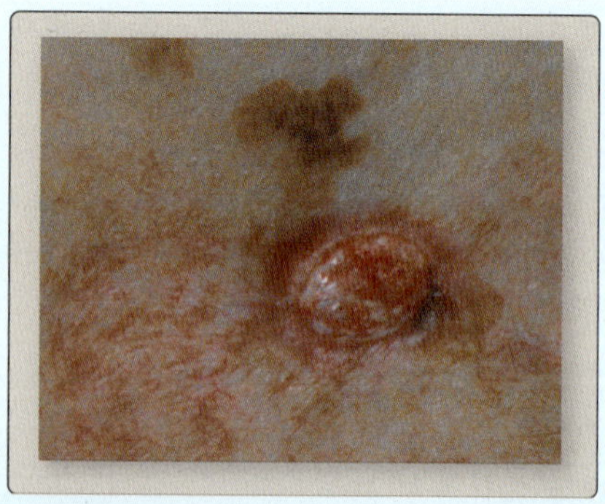

편평세포암종

편평세포암종은 피부 및 입술, 입안피복, 식도, 폐, 전립선, 질, 자궁목, 방광을 포함한 대부분의 상피세포에서 발생하는 가장 흔한 형태이다. 피부편평세포암종은 주로 태양에 노출되는 피부 부위에 빈발한다. 편평세포암종은 편평상피세포보다 상피줄기세포의 비조절성 분화에 의해 발생되는 것으로 알려져 있다. 편평세포암종은 종종 국소적으로 남게 되며 Mohs 수술(피부암 치료를 위한 특수 피부과 수술) 및 냉동요법, 또는 외과절제술을 통하여 치료할 수 있다.

해 필요한 ATP를 생산하는 사립체(mitochondria)를 채워놓을 수 있는 공간을 제공하는 형태를 갖추고 있다. **단순원주상피(simple columnar epithelia)**는 길고 좁아서 많은 수의 사립체를 수용할 수 있는 세포판으로 구성되어 있으며, 이들은 대표적으로 콩팥뇨세관(27·IV·A 참조)의 먼쪽 부분 및 창자에 분포한다.

2. **중층:** 기계적 마모가 필연적으로 생기는 상피는 여러 층으로 구성되어 있다(그림 4.2). 여러 층으로 구성되어 바닥막과 심부 구조가 노출되는 것이 방지된다. 안쪽 상피세포층은 지속적으로 재생되고 손상받은 바깥층은 탈락된다. 이런 형태의 예로는 피부와 입안, 식도, 질을 둘러싸고 있는 내층을 들 수 있다. 피부는 외부 물체를 다루거나 이런 과정에서 끊임없이 접촉되어야 하므로 기계적인 스트레스를 피할 수가 없다. 그래서 바깥층은 탄력 있는 구조단백질인 각질(keratin)에 의해 강화되어 있다(16·III·A 참조). **이행상피(transitional epithelium) (요로상피 [urothelium]**로도 알려져 있음)는 방광과 요관, 요도를 덮고 있는 특별한 중층상피이다(25·VI 참조). 이행상피를 구성하고 있는 세포는 이것들이 둘러싸고 있는 구조 내의 부피 변화에도 찢어짐 없이 적응하기 위해 쉽게 늘어나고 모양(입방모양에서 편평모양으로)을 바꿀 수 있다.

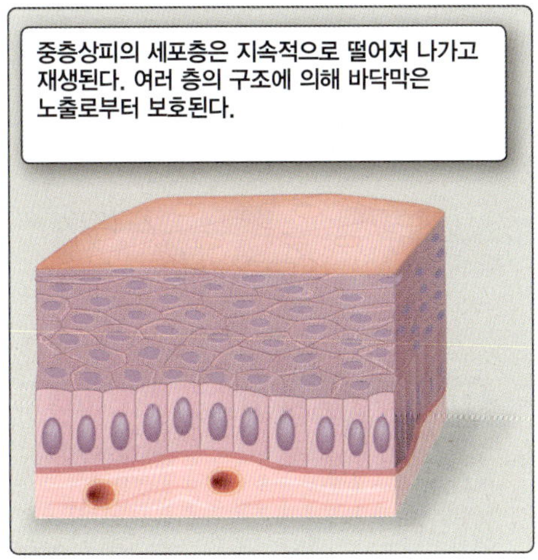

그림 4.2
중층상피 구조

3. **샘:** 샘상피는 특별한 단백질성 분비물을 생성한다(그림 4.3). 샘은 함입(invagination)을 형성하며 안쪽 구조들을 침범하는 표면상피세포 기둥 혹은 관에 의해 형성된다. 샘분비는 상피표면에 존재하는 관 혹은 관계통에 의해(**외분비샘[exocrine gland]**), 혹은 바닥막을 통해 혈류로 방출된다(**내분비샘[endocrine gland]**). 내분비샘에는 제8단원에서 언급할 부신(에피네프린을 분비)과 내분비이자(인슐린과 글루카곤 분비), 생식샘 등이 있다. 땀샘과 침샘, 젖샘은 모두 외분비샘에 해당한다. 외분비샘은 전형적으로 2 종류 상피세포로 구성되어 있다: **장액성(serous)**과 **점액성(mucous)**.

   a. **장액성:** 장액성 세포는 주로 효소인 단백질을 함유한 물과 같은 분비물을 만든다. 침샘 장액세포는 침샘 아밀라아제(amylase)를, 위 으뜸세포(gastric chief cell)는 펩시노겐(pepsinogen) (펩신 전구물질), 이자 외분비 장액세포는 트립시노겐(trypsinogen)과 키모트립시노겐(chymotrypsinogen), 이자 리파제(지질분해효소), 이자 아밀라아제를 생성한다.

   b. **점액성:** 점액세포는 점막 표면을 미끄럽게 하는 매끄러운 당단백질(**점액소[mucin]**)이 풍부한 분비물인 **점액(mucus)**을 분비한다. 많은 샘에는 장액과 점액세포가 혼재되어 있으며, 이들은 감염을 방지하는 락토페린(lactoferrin)과 같은 항균물질이 풍부하거나(예: 이자샘), 혹은 산을 중화시키기 위해 HCO_3^-가 풍부한(예: 위 상피) 상피 장벽을 형성한다.

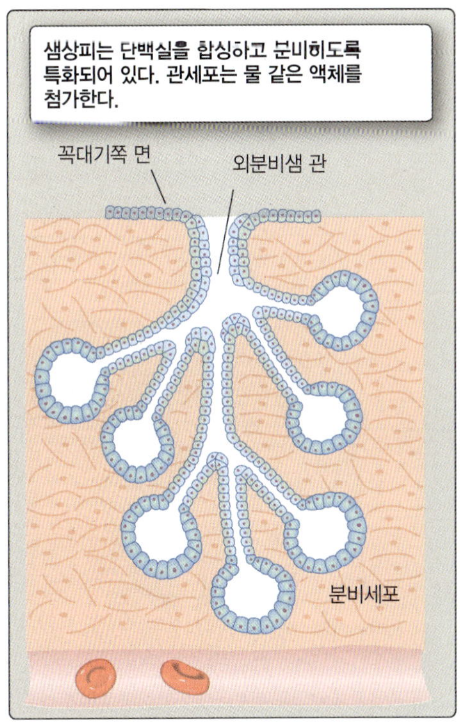

그림 4.3
샘상피 구조

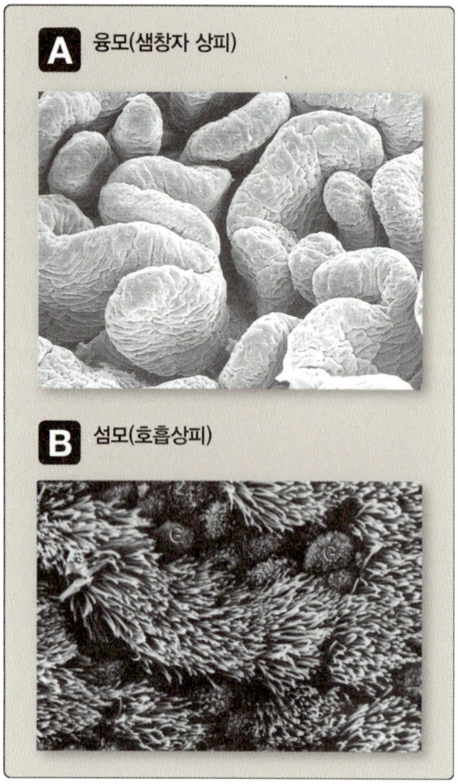

그림 4.4
꼭대기쪽 면의 특수화

C. 꼭대기쪽 특이성(apical specialization)

일부 상피는 꼭대쪽에 변형이 생겨 표면적을 늘리거나 혹은 운동성을 보이거나, 감각기능을 나타내기도 한다. 이런 것들의 예로는 **융모(villi)**와 **섬모(cilia, 운동성과 감각성)**, **부동섬모(stereocilia)** 등이 있다(그림 4.4).

1. **융모:** 많은 양의 액체를 흡수하거나 분비하기 위해 특화되어 있는 상피(예: 콩팥 토리쪽세관과 작은창자)는 확산과 물질이동에 필요한 면적을 늘리는 손가락 모양의 돌출(**융모[villi]**)을 형성하며 광범위하게 접혀 있다(그림 4.4A 참조). 융모를 덮고 있는 상피세포에는 표면적을 더욱 넓히는 세포막 돌출인 **미세융모(microvilli)**가 있다. 융모와 미세융모는 운동성이 없다.

2. **운동섬모:** 상기도와 뇌실, 자궁관(fallopian tubes)에 존재하는 상피는 운동섬모로 덮여 있다. 섬모는 소기관을 따라 놓여 있는 9 + 2개의 미세관을 포함하고 있으며, 머리털과 유사한 소기관이다(그림 4.5). 2개의 미세관은 중앙에 위치해 있고 나머지 9개의 미세관 쌍은 섬모 둘레를 싸고 있다. 인접해 있는 미세관 쌍끼리는 분자모터(ATPase)인 **디네인(dynein**, 디네인 팔은 그림 4.5와 같다)으로 연결되어 있다. 디네인이 활성화되면 섬모 주변을 돌아가면서 순차적으로 인접해 있는 미세관 쌍으로 미세관 쌍이 미끄러져 들어가 섬모가 휘거나 **"박동(beat)"**을 하게 된다. 수천 개 섬모가 동시에 움직이게 되면 섬모 위에 놓여 있는 점액(예: 기도에서; 22·II·A 참조), 혹은 뇌척수액(6·VII·D 참조)이 상피 표면을 따라 움직이게 된다(그림 4.4B 참조). 호흡섬모는 점액과 걸려진 먼지와 세균, 흡입된 입자를 혈액-가스 경계면으로부터 멀리 떨어지게 위로 밀어 낸다. 뇌에서는 섬모운동이 뇌척수액 순환을 돕는다.

3. **감각섬모:** 콩팥뇨세관을 덮고 있는 상피세포에는 운동성이 없는 하나의 중간섬모가 나와 있는데 이것은 요세관 속공간의 유속을 감지하는 역할을 하는 것으로 알려져 있다. 후각상피에도 운동성이 없는 섬모가 있으며 이것의 세포막에는 후각수용체가 빽빽이 존재하고 있다(10·III·B 참조).

4. **부동섬모:** 내이를 덮고 있는 상피에는 소리파를 변환하고(코르티 기관; 9·IV·A 참조), 머리 움직임을 감지(안뜰기구[vestibular apparatus]; 9·V·A 참조)하는 기계감각**부동섬모**(mechanosensory **stereocilia**)가 존재한다. 부동섬모는 운동성이 없는 상피돌출이며 섬모보다는 융모와 연관성이 더 높다.

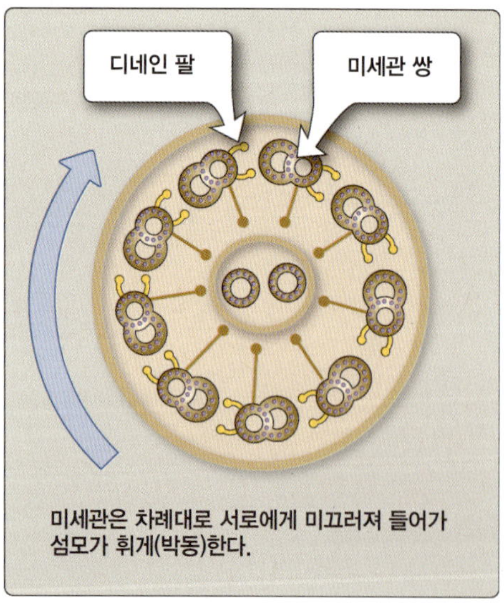

그림 4.5
운동섬모 내의 미세관

D. 바닥가쪽막(basolateral membrane)

인접한 2개의 상피세포 세포막은 그림 4.1에서와 같이 꼭대기쪽 면 바로 밑에서 **치밀이음(tight junction, 폐쇄띠[zona occludens])**을 형성하면서 매우 근접해 있다. 치밀이음은 6개의 음료수 캔을 묶어 두는 플라스틱 연결 고리와 같이 인접한 세포를 서로 연결하는 연속된 구조띠로 구성되어 있다(그림 4.6). 치밀이음은 상피 꼭대기쪽 표면을 효과적으로 밀폐하고,

일부 상피에서는 물과 용질이 통과하지 못하는 장벽(콩팥세관 먼쪽부위)을 형성한다. 치밀이음은 또한 세포막 단백질이 옆으로 이동하고 혼합되는 것을 방지함으로써 상피세포막을 확연히 구분되는 2개의 영역(꼭대기와 바닥)으로 나눈다. 치밀이음보다 바닥쪽에 위치한 세포막은 가쪽 및 바닥쪽 막을 포함하며, 이들은 서로 연결되어 하나의 단위로 작용하는 **바닥가쪽막(basolateral membrane)**을 형성한다. 바닥가쪽막은 꼭대기쪽과는 다른 종류의 이온통로와 수송체를 포함하고 있으며(예: Na^+-K^+ ATPase는 바닥가쪽막에 국한되어 있음), 수송체단백질 작동에 필요한 표면적을 넓히기 위해 주름이 져 있기도 하다(예: 네프론의 일부 부분). 바닥가쪽막과 혈관계 사이에는 사이질공간이 존재한다.

그림 4.6
상피 모델

E. 치밀이음

치밀이음은 다양한 단백질을 함유하고 있으며 이 중 하나가 **occludin**과 **claudin**이다. 치밀이음은 여러 중요한 기능을 하고 있다: 이들은 분자 "담(fences)"을 형성하며, 치밀이음의 "새기 쉬움(leakiness)" 정도를 결정하고 이를 통해 상피를 통한 물과 용질 이동을 조절한다.

1. **담:** 치밀이음은 꼭대기쪽과 바닥가쪽막의 단백질이 혼합되는 것을 방지하고(담 기능), 상피세포가 **기능적 극성(functional polarity)**을 가질 수 있도록 한다(그림 4.7). 꼭대기쪽막은 외부환경과 세포 내부 사이의 물질이동에 맞추어 특화된 반면, 바닥가쪽막은 세포 내부와 혈류 사이 물질이동에 적합하도록 되어 있다(아래 참조).

2. **새기 쉬움:** 상피 내에 인접한 세포들은 상피가로방향(transepithelial) 액체이동을 위한 물리적 경로를 제공하는 좁은 공간을 사이에 두고 구분된(**세포주위경로[paracellular pathway]**). 치밀이음은 세포주위 액체이동을 제한하는 문으로 작용하며 이것에 의해 상피의 새기 쉬움이 결정된다.

   a. **새기 쉬운 상피(leaky epithelia):** **"새기 쉬운" 상피**(예: 콩팥토리쪽세관; 26·II 참조)에 존재하는 치밀이음은 상대적으로 용질과 물 이동이 쉽다(그림 4.7 참조). 새기 쉬움에 의해 세포 안과 밖 사이에 강한 용질 농도 차가 형성되지는 않지만, 대신 새기 쉬운 상피는 세포주위 흐름을 통해 대량의 액체가 흡수될 수 있도록 한다.

   b. **치밀상피(tight epithelia):** **"치밀"상피**에 있는 치밀이음은 물과 용질의 세포주위 흐름에 대한 효과적인 장벽으로 작용하여, 그림 4.8에서와 같이 상피가 무엇을 흡수하고 분비하여야 하는지에 대한 확실한 선택성을 가질 수 있게 한다(예: 네프론의 먼쪽부위; 27·IV 참조). 상피의 새기 쉬움 정도는 전기저항으로 판단할 수 있다. 치밀상피에 있는 치밀이음은 이온 이동을 제한하기 때문에 전류흐름에 대해 큰 저항을 나타내지만(>50,000 Ohm), 새기 쉬운 상피의 경우 낮은 저항을 보인다(<10 Ohm).

3. **조절:** 비록 새기 쉬운 상피의 치밀이음이 물과 용질에 대해 높은 투

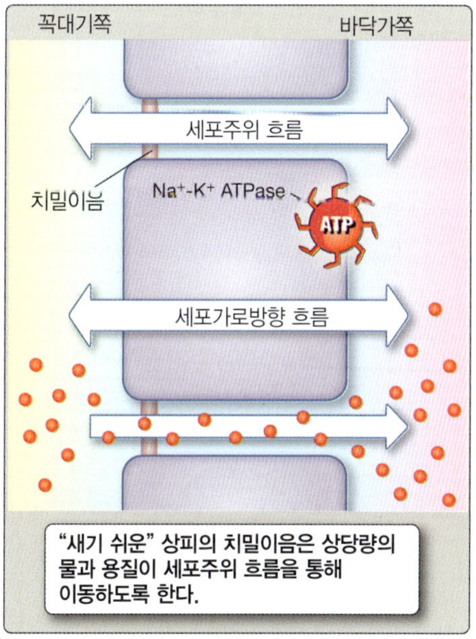

그림 4.7
새기 쉬운 상피를 통한 흐름

임상 적용 4.2: 고칼슘뇨와 콩팥석회증을 동반하는 가족성저마그네슘혈증(Familial Hypomagnesemia with Hypercalciuria and Nephrocalcinosis)

고칼슘뇨와 콩팥석회증을 동반하는 가족성저마그네슘혈증(FHHNC)은 콩팥뇨세관에서 Mg^{2+}이 재흡수되지 않는 것을 특징으로 하는 드문 보통 염색체열성질환이다. 결과적으로 혈장 Mg^{2+} 수준은 낮아진다(저마그네슘혈증). 이 돌연변이에서는 Ca^{2+} 재흡수에도 장애가 있어 소변배설량이 증가되며(고칼슘뇨), 콩팥돌 형성도 증가된다(콩팥석회증). 소변의 Ca^{2+}과 Mg^{2+} 농도가 높을 경우 이들은 염(salts) 결정을 만들어 뭉쳐지고 콩팥세뇨관(콩팥속결석[intrarenal calculi])과 요관(요관결석), 방광에서 돌을 형성하게 된다. FHHNC은 claudin-16 유전자 돌연변이에 의해 발생된다(사람유전자에는 24개의 claudin 유전자가 존재). Claudin-16은 헨레고리 굵은오름다리에서 Mg^{2+}과 Ca^{2+} 재흡수에 관여하는 2가 양이온 **선택적경로(paracellin-1)**를 형성한다. Claudin-19에 돌연변이가 있으면 신장에서 Mg^{2+}을 지속적으로 소실하게 된다. 환자는 마그네슘 보충이 필요하며 콩팥돌을 기계적으로 깨서 몸 밖으로 배출시키기 위해 자주 쇄석술을 받아야 한다.

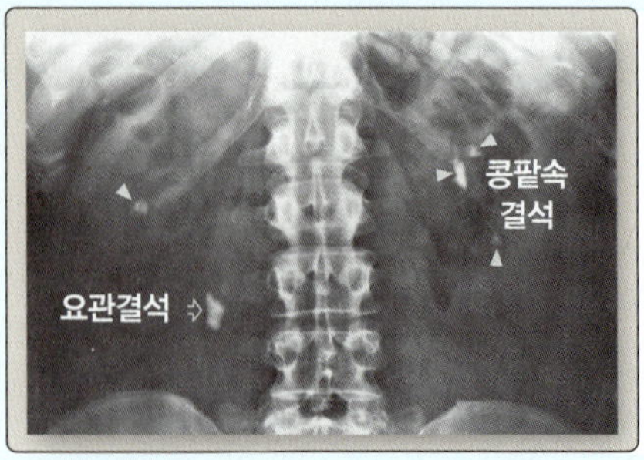

콩팥속결석

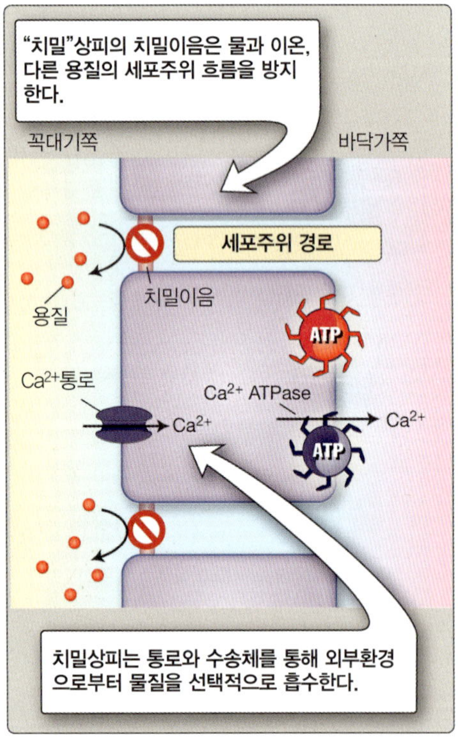

그림 4.8
치밀상피. ATP = 삼인산아데노신

과성을 보이지만 어떤 물질이 통과될 것인가 대해서는 선택성을 보인다. 치밀이음 투과성은 세포주위 경로를 통한 물과 용질의 순흡수를 증가 혹은 감소시키는데 관여한다. 예를 들면 창자상피에서 세포가로방향 Na^{+}-포도당 이동은 치밀이음 투과성을 변화시켜 세포주위 Na^{+}-포도당 이동을 증가시킨다. 여기에 관여하는 기전에 대해서는 잘 알려져 있지 않지만 claudin이 투과성 용질의 크기와 전하를 결정하는데 중요한 역할을 하는 것은 분명하며, *미오신가벼운사슬키나아제*(*myosin light-chain kinase*)도 이음 투과성 조절에 관여한다.

F. 틈새이음(gap junction)

틈새이음은 인접 세포와 소통을 위한 경로를 제공하는 틈새이음통로에 의해 형성된다. 이들은 많은 영역(근육과 신경 조직 포함)에서 발견되지만 일부 상피(예: 창자 상피)에서는 각각 결정(crgstal)에 적어도 수천 개의 통로가 함유된 치밀한 결정배열을 이루며 매우 풍부하게 존재한다. 틈새이음통로는 그림 4.9에서와 같이 2개의 **코넥신 반쪽통로(connexin hemichannel, connexon)**가 결합함으로써 형성된다.

1. **코넥신:** 틈새이음통로는 중간 구멍을 둘러싸고 있는 6개의 코넥신 소단위로 구성되어 있으며 각 소단위는 4개의 세포막을 가로지르는 영역을 가지고 있다(그림 4.9 참조). 사람 유전자는 21개의 코넥신 동형(isoforms)을 가지고 있으며 이들을 발현시킬 경우 각각의 통로는 고유한 개폐특성 및 선택성, 조절기전을 보인다. 21개 모두 유전질환과 연관이 있으며 이러한 질환을 통해 틈새이음을 통한 소통경로의 중요성을 알 수 있다.

> 코넥신 유전자 돌연변이에 의해 특발심방세동(idiopathic atrial fibrillation) 및 선천백내장, 청각소실, 눈치아가락형성이상(oculodentodigital dysplasia)에서부터 X연관 Charcot-Marie-Tooth 질환(CMT)까지 유발된다. CMT는 기본적으로 말초신경을 침범하며 결과적으로 감각소실과 근육쇠약, 마비를 초래하는 말이집탈락 질환을 보이는 질병군이다.

2. **코넥손(connexon):** 2개의 인접한 세포에서 **반쪽통로(hemichannels)** 끝이 서로 맞닿아서 일렬로 정렬되고 치밀한 연결을 형성하면 틈새이음통로가 형성된다(그림 4.9 참조). 틈새이음 역시 세포끼리 연결기능에 중요한 역할을 한다.

3. **개폐(gating):** 틈새이음통로는 이음에 걸려 있는 전위차와 막전위 변화, Ca^{2+}, pH 변화, 인산화 등 여러 가지 요소에 의해 개폐가 조절된다. 이음에 걸려 있는 전위차가 0 mV일 때, 즉 휴식 시에는 틈새이음은 일반적으로 열려 있다.

4. **투과도(permeability):** 틈새이음통로 구멍은 이온과 물, 대사물질, 2차 전령, 심지어는 1,000 MW 전후의 작은 단백질까지도 통과할 수 있을 만큼 크다. 틈새이음을 통해 상피 내에 존재하는 모든 세포들이 전기 및 화학적으로 소통을 하고 있다.

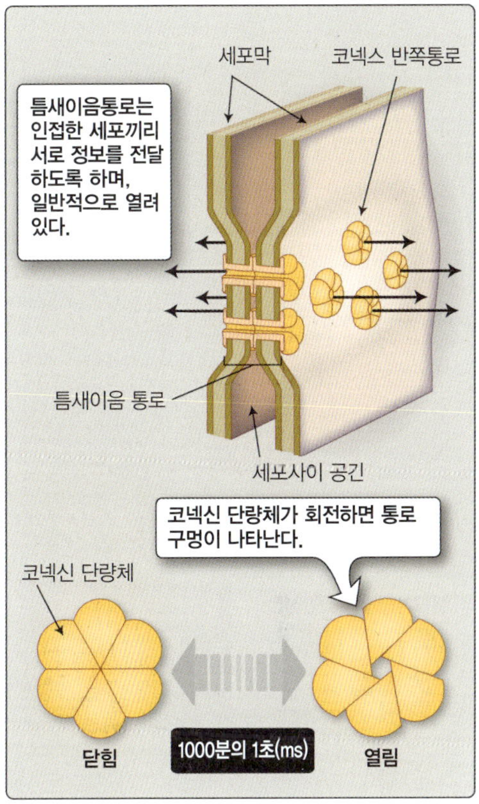

그림 4.9
틈새이음통로

임상 적용 4.3: 낙엽천포창(Pemphigus Foliaceus)

낙엽천포창은 질환 말기에는 가슴과 등을 침범할 수도 있지만 기본적으로 얼굴과 머리덮개에 비늘 같으면서 딱딱한 껍질이 있는 피부물집을 보이는 드문 자가면역질환이다. 환자는 결합복합체(desmosomal complex) 일부를 구성하는 통합막단백질인 desmoglein 1에 대한 항체를 가지고 있다. 증상은 약물(예: 페니실린)에 의해 유발되며 desmoglein 1이 목표가 되고 면역계에 의해 분해된다. 인접한 피부 상피세포는 서로 분리되고 피부 물집이 생긴다. 결국 물집은 터지고 궤양이 생긴다. 치료는 면역억제제를 사용한다.

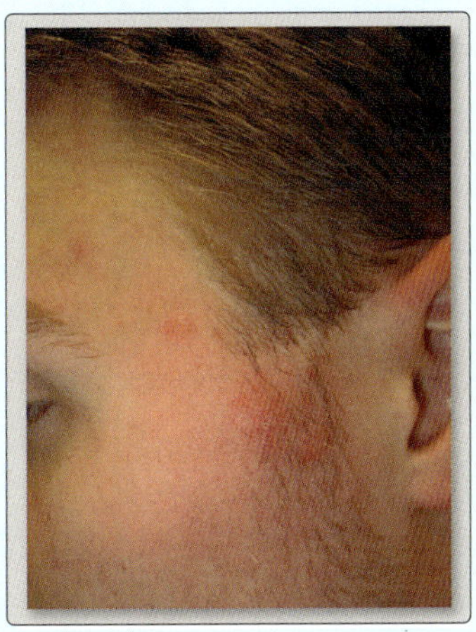

낙엽천포창

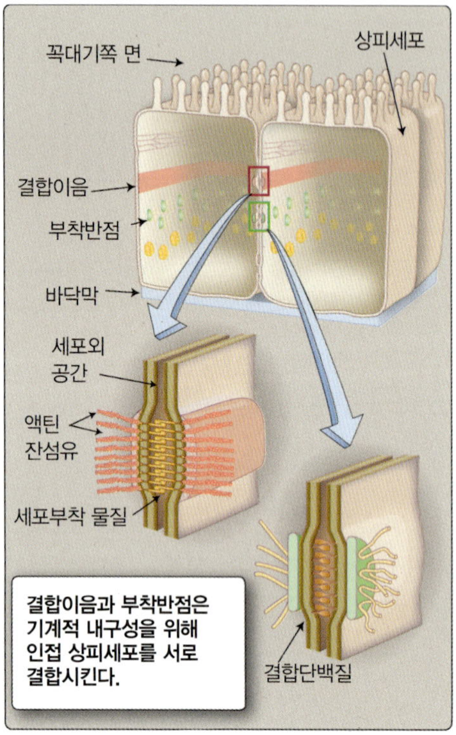

그림 4.10
결합이음과 부착반점

G. 다른 이음구조(other junctional structure)

상피판을 구성하는데 관여하는 다른 2가지 구조가 있다: **결합이음(adherens junction)**과 **부착반점(desmosome)** (그림 4.10).

1. **결합이음:** 상피판의 모든 세포는 결합이음(**결합띠[zonula adherens]**; 그림 4.10 참조)이라고 알려진 치밀이음 아래에 놓여 있는 단백질 복합체 띠에 의해 연결되어 있다. 이 복합체는 2개의 인접한 세포 사이에 놓여 있으며 세포의 세포뼈대와 연결되어 있다.

2. **부착반점:** 상피 내에 인접한 세포는 부착반점(**부착반[macula adherens]**)에 의해 그림 4.10에서와 같이 단단히 붙어 있다. 부착반점은 자동차 몸체에 금속 판을 붙일 때 사용하는 스폿 용접과 같은 역할을 하는 작고 둥근 특별한 세포막 부위이다. 단백질 복합체는 세포막을 세포 안쪽에 있는 세포골격과 연결하고, 또한 **결합단백질(cadherin)**은 세포사이 간격에 다리를 놓아 2개의 세포막이 융합되도록 한다. 부착반점은 기계적인 스트레스를 받는 상피의 통합성을 유지하는데 매우 중요하다(예: 방광 이행상피).

III. 상피를 통한 물질이동(MOVEMENT ACROSS EPITHELIA)

물과 용질의 상피가로방향 흐름은 조절 가능한 경로(통로와 수송체)를 통해 일어나며, 앞에서 설명한 세포막을 가로질러 일어나는 흐름과 동일한 물리적 힘에 의해 이루어진다(예: 확산과 운반체매개 수송; 1·IV 참조). 주요한 차이점은 상피가로방향 수송에는 세포주위 경로가 이용 가능하다는 것이다.

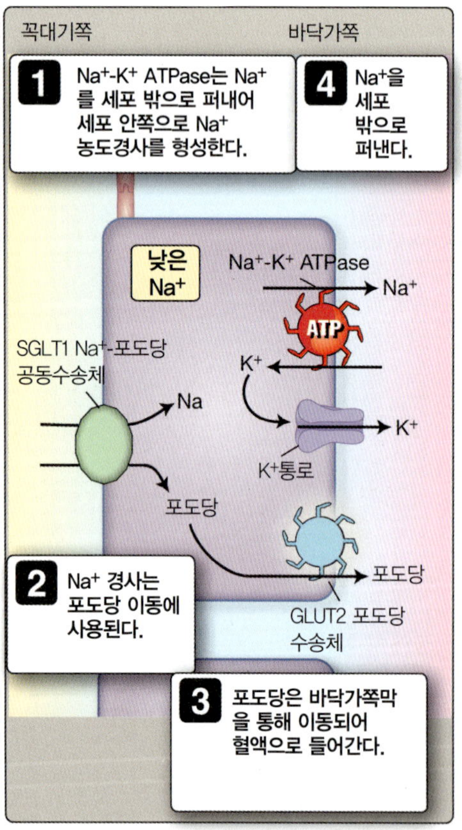

그림 4.11
상피이동 원칙. ATP = 삼인산아데노신

A. 세포가로방향 이동(transcellular transport)

수송상피(transport epithelia) (예: 창자상피)는 신체 바깥쪽(예: 창자길과 콩팥뇨세관)으로부터 사이질을 통해 혈관계로 많은 양의 물과 용질의 이동이 일어나는 곳이다. **분비상피(secretory epithelia)**는 신체 바깥쪽으로 물과 용질을 이동시키는 반면에 **흡수상피(absorptive epithelia)**는 신체 바깥쪽에서 물과 용질을 끌어들여 혈관계로 이동시킨다. 아래에는 작은창자(혹은 콩팥뇨세관)에서 포도당 흡수 단계를 설명하고 있으며, 인체 부위에 상관없이 분비와 흡수상피 모두에서 동일한 수송기전이 사용된다. 첫 번째 단계는 세포막을 가로질러 Na^+ 농도경사를 형성하는 것이다(그림 4.11). 아래에는 그림에서 보여주고 있는 단계를 설명하고 있다.

1. **단계 1—나트륨 농도경사 형성:** 상피가로방향 이동에는 ATP에 의해 공급되는 에너지가 필요하다. ATP는 바닥가쪽막에 위치한 Na^+-K^+ ATPase가 관여하는 일차능동이동에 사용된다. Na^+-K^+ ATPase는 K^+을 세포 내로 끌어들이고 Na^+을 내보내 세포 안쪽으로 Na^+ 농도경사와 세포 바깥쪽으로 K^+ 농도경사를 형성한다.

2. **단계 2—포도당 섭취(uptake):** 창자 속공간 포도당 농도는 세포 안쪽에 비해 낮기 때문에 당은 농도경사에 반하여 "치받이" 방향으로 이동하여야 함을 의미한다. 포도당 섭취는 SGLT1 Na^+-포도당 공동수송체를 통해 세포안쪽 방향으로 형성된 Na^+ 농도경사에 의해 이루어진다(2차 능동이동).

3. **단계 3—포도당 흡수(absorption):** Na^+-포도당 공동수송체에 의해 세포 내 포도당 농도가 증가되면 세포에서 사이질로 포도당이 이동할 수 있는 바깥 방향으로 농도경사가 형성된다. 포도당은 바닥가쪽막에 있는 GLUT2 수송체를 통해 세포 바깥쪽으로 확산되어 나간다. 이후에 포도당은 사이질을 통해 모세혈관으로 확산되어 들어가고 혈류를 통해 이동한다.

4. **단계 4—나트륨 제거:** 포도당 이동과 같이 꼭대기쪽막을 통해 들어 온 Na^+은 바닥가쪽막 Na^+-K^+ ATPase를 통해 제거된다.

5. **단계 5—칼륨 제거:** 단계 4에서 이루어지는 Na^+-K^+ 교환에 의해 세포 내 K^+ 농도는 증가되지만 이미 K^+이 유출되는 방향으로 강한 농도경사가 형성되어 있으므로 과잉 K^+은 K^+통로에 의해 수동적으로 빠져나간다. K^+통로는 주로 바닥가쪽막에 존재하지만 꼭대기쪽막에도 존재한다.

B. 물 이동

물은 상피를 통해 능동적으로 이동될 수는 없지만 **"물은 용질을 따라 움직인다(water follows solute)"**(삼투에 의해)라는 절대적인 생리학 원칙을 따른다. (A)절에서 언급한 바와 같이 Na^+와 포도당은 창자속공간으로부터 사이질로 이동하고, 이를 통해 상피가로방향으로 삼투경사가 발생되면 이것을 통해 물이 흡수된다. 물 흡수는 2가지 경로를 통해 이루어진다: 세포가로방향과 세포주위(그림 4.12)

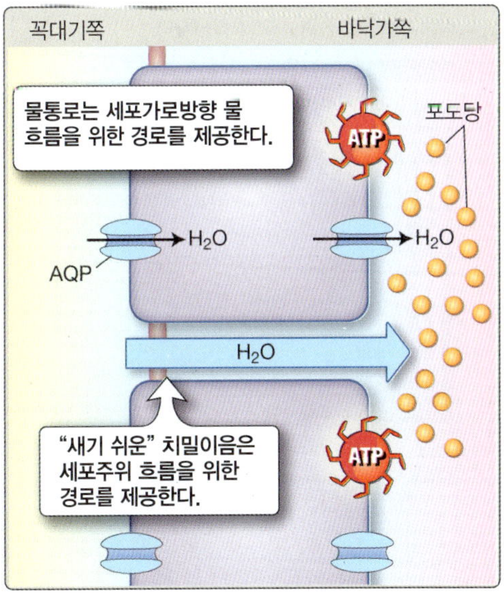

그림 4.12
상피가로방향 물 이동. ATP = 삼인산아데노신

1. **세포가로방향 흐름:** 세포가로방향으로 물 이동은 상피세포를 통해 물이 이동할 수 있는 통행로가 제공되는 경우에만 일어난다. 실제적으로 꼭대기와 바닥가쪽막 모두에 물통로(aquaporins)가 형성되는 경우이다. 전형적으로 수송상피에는 물통로가 높은 수준으로 발현하며 이는 세포가로방향으로 많은 양의 물이 흡수(혹은 분비)됨을 의미한다. 콩팥 집합관을 덮고 있는 상피는 꼭대기쪽 물통로 발현을 변화시켜 물 투과도를 능동적으로 조절하고 있다(27·V·C 참조). 요세관 속공간으로부터 물을 재흡수해야 하는 상황에서는 세포 내 소포에 저장되어 있는 물통로들이 꼭대기쪽막으로 이동한다. 항상성 유지에 필요한 이상으로 인체 내 물양이 많아지면 물통로는 꼭대기쪽막으로부터 제거되어 상피는 물 투과성을 상실한다.

2. **세포주위 흐름:** 세포주위 물 흐름 역시 용질이동에 의한 삼투압 경사에 의해 일어난다. 세포주위 경로의 사용 가능성은 상피의 새기 쉬움, 즉 치밀이음에 의해 결정된다.

임상 적용 4.4: 경구 수분공급 치료(Oral Rehydration Therapy)

창자상피는 많은 양의 수분을 이동시킬 수 있는 능력을 가지고 있다. 건강한 성인의 경우는 소화가 이루어지는 동안 창자상피에서 분비된 ~10 L의 수분을 거의 재흡수하고 단지 200 mL 미만 액체만 대변으로 소실된다. 콜레라균(*Vibrio cholerae*)은 창자상피 Cl^- 투과성을 증가시키는 독소를 분비하여 창자 속공간 삼투질농도를 증가시킨다.[1] 결과적으로 엄청난 양의 액체가 삼투압에 의해 상피를 통해 빠져나온다. 분비된 액체 대부분은 구토와 빈번한 설사에 의해 몸 밖으로 빠져나온다. 저나트륨혈증 및 혈량저하, 혈압감소가 주 사망원인이다. 콜레라는 경구 수분공급 치료(ORT)만으로도 치료가 되며 사망을 방지할 수 있다. ORT는 창자상피(SGLT1를 통해)를 통해 Na^+과 포도당이 빠르게 흡수된다는 장점을 이용한 것이며, 결과적으로 물 재흡수가 가능해지도록 하는 세포 안쪽방향으로 형성되는 삼투압 경사를 만들 수 있다. 집에서도 가능한 처방은 환자에게 6 티스푼 당과 1/2 티스푼 소금(NaCl)을 넣은 용액을 주는 것이다. ORT의 장점은 매우 효과적이며 쉽게 투여할 수 있고 싸다는 것이기 때문에 치료시설이 충분하지 못한 콜레라가 풍토병인 개발도상국에서 효과적으로 사용할 수 있는 치료법이다.

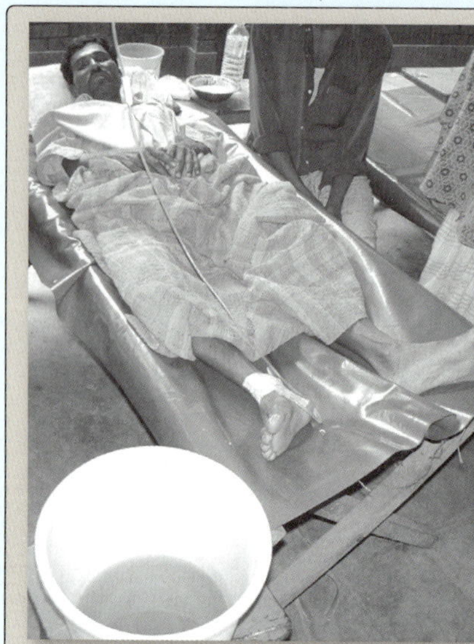

콜레라 환자는 많은 양의 물설사를 배설한다.

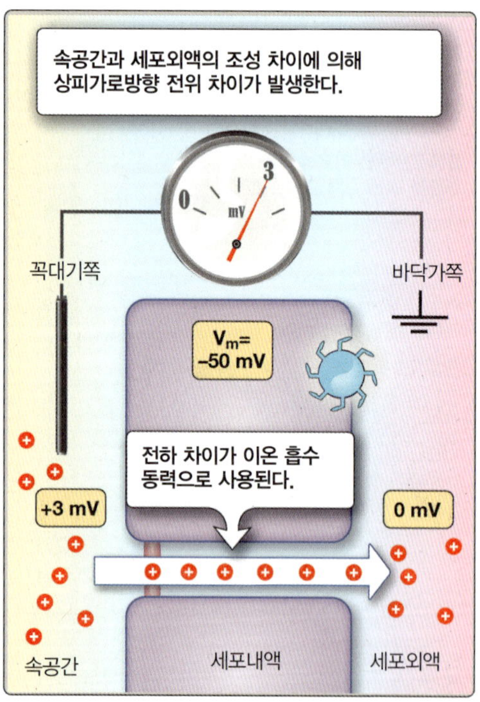

그림 4.13
상피가로방향 전압차. V_m = 막전위

C. 용매끌기(solvent drag)

창자상피는 하루에 대략 10 L의 물을 분비하고 흡수한다. 반면에 콩팥뇨세관의 경우는 시간당 이 정도 양을 흡수한다. 이러한 분비 및 흡수능력은 세포가로방향과 세포주위 경로를 통한 많은 양의 물 흐름에 의해 이루어진다. 빠른 물살을 보이는 강물에 의해 강 주위에 있는 모래와 작은 입자들이 쓸려 가듯이 이러한 물 움직임 결과로 물속에 포함된 이온과 작은 용질이 같이 이동한다. 이러한 현상을 **용매끌기**라고 하며, 세포가로방향 용질 이동 상당부분이 이를 통해 이루어진다. 이것을 통해 분비 혹은 흡수된 액체 조성은 그 원천과 동일하게 등삼투성이므로 이동한 용질과 물 역시 **등삼투성 이동(isosmotic flow)**을 보인다.

D. 세포가로방향 전압 효과(transepithelial voltage effect)

상피세포는 화학조성이 완전히 다른 두 가지 영역 사이에 존재하고 있다. 바닥가쪽막은 인체 안쪽 및 화학조성이 잘 조절되는 세포외액과 면하고 있다. 꼭대기쪽막은 조성이 불확실하고 수시로 변화하는 바깥쪽 액체와 면하고 있다. 이러한 2 종류 액체 사이 전위차에 의해 물질이동에 영향을 미치는 세포가로방향 전압차가 형성된다(그림 4.13).

[1] 콜레라의 자세한 병인론과 치료에 대한 더 많은 정보는 *리핀코트의 그림으로 보는 미생물학 제3판* 참조.

1. **이동:** 예를 들면 콩팥토리쪽세관 먼쪽부분은 세포외액에 비해 양전위(~3 mV)를 띠고 있다. 비록 전압차이가 작지만 Na^+을 사이질쪽 요세관 밖으로 밀어내는데 상당한 힘으로 작용한다(26·X·B 참조).

2. **국소 막전위 효과(local membrane potential effect):** 인체 내 다른 세포와 마찬가지로 상피세포 역시 세포막 표면을 가로 질러 안쪽이 음성인 막전위를 가지고 있다. 막전위는 세포외액을 기준으로 측정되며 세포 내는 균등하다. 그러나 꼭대기쪽 면은 다른 조성을 가진 용액과 접하고 있어 막전위의 국소적인 차이가 발생될 수 있다. 그러므로 막전위가 −50 mV이고 뇨세관 속공간이 세포외액에 비해 +3 mV라면 꼭대기쪽 막에 걸리는 전위는 속공간에 비해 −53 mV이다.

IV. 결합조직(CONNECTIVE TISSUE)

결합조직은 인체 내에 존재하는 가장 흔한 조직이다. 여러 종류의 결합조직이 존재하지만 공통적인 구성원칙을 가지고 있다(그림 4.14). 결합조직은 특수세포 및 구조단백질, 액체투과성이 있는 바탕질로 구성된다.

A. 종류

3 종류 결합조직이 있다: **배아(embryonic)**(더 이상 언급하지 않음)와 **특수결합조직(specialized connective tissue)**, **고유결합조직(connective tissue proper)**.

1. **특수:** 특수결합조직은 연골과 뼈(15장 참조) 및 조혈조직과 혈액 림프계, 지방조직을 포함한다. 연골은 관절부위에서 뼈에 완충작용과 코와 귀 모양을 잡게 해주는 휘기 쉬운 결합조직이다. 림프계는 세포 외 공간으로부터 액체가 빠져나가는 맥관계이다(19·VII·C 참조). 지방조직은 트라이글리세라이드(triglycerides, 중성지방) 형태로 에너지를 저장하는 것이 기본기능이다. 지방은 열을 잘 전도하지 않으므로 피부 밑(피부밑지방)에 위치하여 인체 단열에 도움을 준다. 지방조직은 내부장기(내장지방)와 황색골수와도 연관이 있다.

2. **고유:** 고유결합조직은 사이질공간을 차지하는 **세포바깥바탕질(extracellular matrix, ECM)**을 형성한다. 고유결합조직은 대부분의 세포 사이 공간을 차지하는 매우 휘기 쉬운 성질을 지닌 **성긴결합조직(loose connective tissue)**과 **치밀결합조직(dense connective tissue**; 힘줄 및 인대, 근육과 기관을 싸고 있는 섬유근막과 피막), 혈관과 근육, 간을 감싸고 있는 틀을 형성하는 **그물결합조직(reticular connective tissue)**으로 구분할 수 있다.

B. 세포바깥바탕질(ECM)

세포바깥바탕질은 세포(섬유모세포[fibroblast])와 구조단백질(아교질과 탄력섬유), 바탕질, 세포외액의 복합체이다. 세포바깥바탕질은 조직의 형

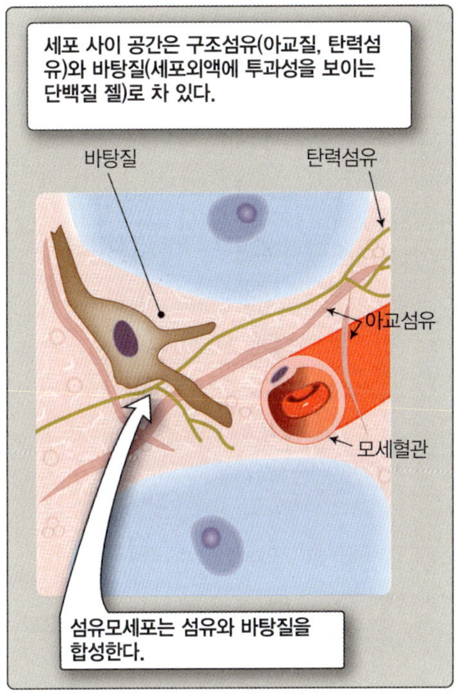

그림 4.14
결합조직

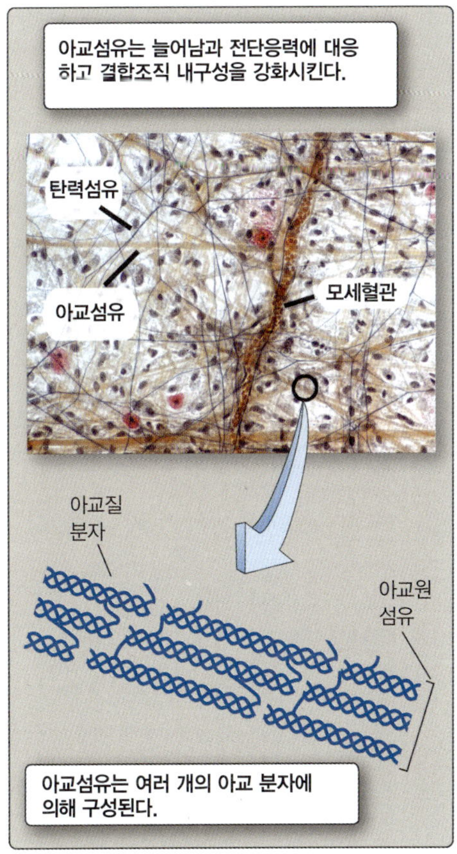

그림 4.15
아교질 구조

태와 내구성을 제공하고 화학물질 확산과 면역계 세포의 이주 경로를 제공한다(큰포식세포[macrophage]).

1. **섬유모세포:** 섬유모세포는 지속적으로 구조단백질 전구물질과 바탕질을 합성하고 분비하는 이동성을 보이는 세포이다. 이들은 세포바깥바탕질 유지와 상처치유에 필수적이다.

2. **구조단백질:** 세포바깥바탕질은 아교질과 탄력섬유를 구성하는 연결된 구조기질로 차 있다.

   a. **아교질(collagen):** 아교질은 높은 인장강도와 전단응력(shear stress)에 대한 저항력을 가지고 있는 거친 섬유단백질이다. 인체는 28 종류의 아교질이 있으나 4 종류(I, II, III, IV형)가 우세하게 존재한다. I형 아교질은 피부와 혈관벽에 풍부하게 존재하며 인대와 힘줄, 뼈를 구성하기 위해 다발을 이루기도 한다. IV형은 그물 같은 구조를 가지고 있어 상피 바닥판(basal lamina)을 형성한다. 3개의 폴리펩티드 사슬을 구성하는 아교질 분자는 세 겹의 나선사슬로 땋아져 스트레스에 대한 강한 저항력을 가지고 있다[1](그림 4.15).

   b. **탄력섬유:** 탄력섬유는 탄력소(elastin)와 당단백질 미세원섬유(예: **fibrillin**과 **fibullin**)로 구성되어 있다. 탄력섬유는 고무줄과 같이 당기면 늘어나고, 당기는 힘을 제거하면 원래 모양대로 다시 돌아간다. 탄력섬유는 동맥벽에 존재하며, 속공간 압력이 증가하면 벽이 늘어날 수 있도록 한다. 탄력섬유는 들숨 때 폐가 팽창할 수 있도록 하며 또한 씹는 동안 이에 대한 스트레스를 감소시켜 준다(치아주위섬유[periodontal fiber]). 탄력섬유는 섬유모세포에 의해 만들어져, 우선 fibrillin에 의해 만들어진 구조틀을 채우고 그 이후 tropoelastin 단량체(monomers)가 틀에 축적된다. 4개의 인접한 탄력소 단량체가 서로 연결되어 성숙한 탄력소 분자를 구성하는 불규칙한 그물구조를 만든다(그림 4.16).

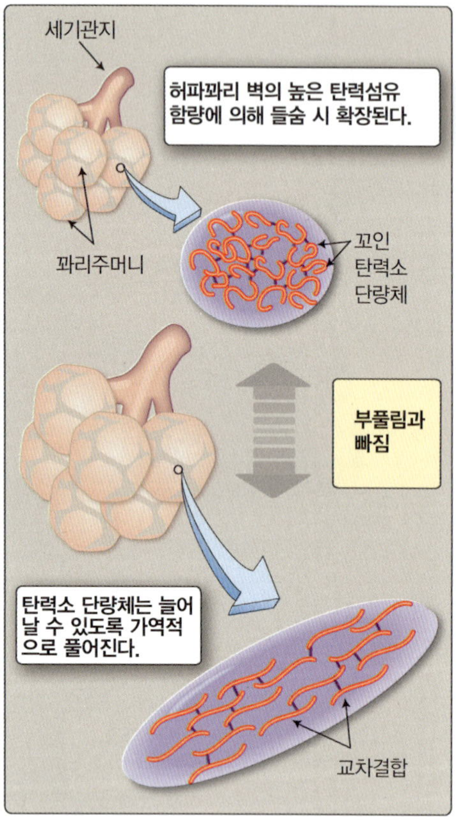

그림 4.16
탄력소의 특성

3. **바탕질:** 바탕질은 여러 종류의 단백질(주로 프로테오글리칸[proteoglycan])과 세포외액 혼합물로써, 형태가 없는 젤과 같은 성질을 가지고 있으며 세포와 구조섬유들 사이 공간을 채우고 있다. 젤은 높은 수분함량을 가지고 있어 세포와 혈관 사이에서 화학물질 확산이 쉽게 일어나게 하지만, 반면에 구조섬유는 병원균 이동을 억제하는 역할을 한다. 프로테오글리칸은 중심 단백질에 여러 개의 글리코사미노글리칸(glycosaminoglycan, GAG) 분자가 결합하여 형성되며 최종적으로 칫솔 혹은 파이프 청소용구와 유사한 구조를 만든다(그림 4.17). 글리코사미노글리칸은 매우 높은 음전하를 띠고 있으므로 젤 내로 물분자를 끌어들여 약하게 갇혀 있도록 한다. 정상인에서 사이질에는 10 L 이상의 세포외액이 존재하며, 이것은 총수분량 변화에 의한 세포 및 심혈관계에 미치는 영향을 최소화할 수 있는 완충계로서 작용한다(3·III과 19·VIII·C 참조).

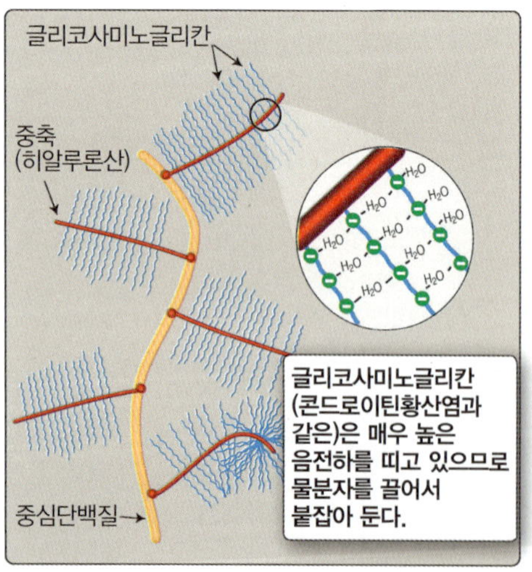

그림 4.17
프로테오글리칸 구조

[1] 아교질 합성과 완성에 대한 더 많은 정보는 *리핀코트의 그림으로 보는 생화학 제6판* 참조.

4장 요약

- 인체는 4종류의 조직으로 구성되어 있다: **상피조직**과 **신경조직**, **근육조직**, **결합조직**. 상피조직은 치밀하게 밀집되어 있는 세포판으로 구성되어 있으며 인체 안과 밖 표면을 덮고 있다(예: 피부와 호흡계와 위창자계 표면). 상피는 균에 의한 침범으로부터 인체를 보호하는 **장벽**을 형성하지만, 다른 한 편으로는 특별한 물질이동 기능도 가지고 있다.

- 상피는 형태학적으로 구분이 된다. **단순상피**는 하나의 세포층으로 구성되어 있다(예: 호흡상피). **중층상피**(예: 피부)는 여러 층으로 구성되며 지속적인 탈락과 재생이 일어난다. **샘상피**(내분비 및 외분비 샘들)는 분비를 위해 특화되어 있다.

- 상피는 기능적으로 확연히 구분되는 **꼭대기쪽**과 **바닥가쪽면**으로 **나누어진다**. 꼭대기쪽은 외부환경 및 속이 빈 장기 혹은 체강과 접해 있다. 꼭대기쪽 면에는 표면적을 넓히거나 혹은 점액을 배출하거나 감각을 감지하는 등 각각의 기능을 가지고 있는 **융모**와 **섬모**, **부동섬모**가 존재한다.

- 바닥가쪽막은 **사이질**과 혈관계를 통해 인체내부와 소통을 한다. 이것은 상피 아래에 있는 결합조직과 접해 있는 **바닥막** 위에 놓여 있다.

- **치밀이음**은 꼭대기쪽면에 가까이 있으며 상피에 존재하는 모든 세포를 감싸고 있는 구조적 띠로 상피 극성을 형성한다. 이음은 중요한 장벽기능을 가지고 있는 치밀한 밀봉을 형성하고 꼭대기와 바닥가쪽막 단백질을 구분함으로써 세포막 기능이 구분될 수 있도록 한다.

- 치밀이음 투과성은 인접세포 사이 공간을 통해 상피를 가로질러 얼마만큼 물과 용질이 지나갈 수 있는지(**세포주위 흐름**)를 결정하는 **claudins**에 의해 조절된다. 이음은 **"치밀"상피**를 통한 모든 물과 용질 이동을 효과적으로 차단할 수 있다. 반면에 **"새기 쉬운" 상피**는 상당량의 액체를 분비하거나 흡수한다.

- **틈새이음**은 인접한 세포를 연결하고 상피에 있는 모든 세포를 화학 및 전기적으로 소통하도록 하는 **코넥신** 단량체 6개로 구성된 통로이다. **결합이음**과 **부착반점**은 상피를 강화시키는 이음구조이며 기계적 스트레스가 가해졌을 때 상피가 찢어지는 것을 방지한다.

- 많은 상피는 **분비**와 **흡수 기능**을 가지고 있으며, 상피가로방향 이동은 2가지 조절되는 경로인 **세포가로방향**과 **세포주위**를 통해서 일어난다. 용질과 이온에 대한 전기화학 및 삼투 추진력은 일차 및 이차 능동수송체에 의해 만들어진다(예: Na^+-K^+ ATPase 및 Na^+-공동수송).

- **결합조직**은 세포, **구조섬유** 및 형태 없이 액체 투과성을 보이는 **바탕질**로 구성된다. 연골 및 뼈, 지방조직을 포함하는 **특수결합조직**. **세포바깥바탕질**을 형성하는 **고유결합조직**.

- 세포바깥바탕질은 모든 세포 사이 공간을 채우고 있으며, 기계적 견고성뿐만 아니라 화학적 확산과 세포이주가 용이하도록 성긴 젤과 유사한 용액으로 되어 있다.

- 세포바깥바탕질은 **섬유모세포**에 의해 형성되고 유지된다. 세포바깥바탕질의 구조단백질에는 견고성을 위한 **아교질섬유**와 늘어남이 가능하도록 하는 탄력섬유가 포함된다. **탄력섬유**는 기본적으로 **탄력소**에 의해 구성된다. 바탕질은 많은 양의 **프로테오글리칸**을 함유하고 있는 단백질 기질이다. 프로테오글리칸은 높은 음전하를 띠고 있어 정상인에서 대략 10 L의 **세포외액**을 끌어당겨 이동하지 못하게 한다.

학습문제

가장 옳은 답 하나만 고르시오.

I.1 체액 중 120 mmol/L K^+과 12 mmol/L Na^+, 15 mmol/L Cl^- 그리고 실제적으로 Ca^{2+}은 거의 없는(<1 μmol/L) 조성을 보이는 것은?

A. 세포분비액
B. 혈장
C. 사이질액
D. 세포내액
E. 세포외액

정답 = D. 세포내액은 실제적으로 모든 세포의 세포막에 존재하는 Na^+-K^+ ATPase에 의해 상대적으로 높은 K^+ 농도를 보인다(1·II). 세포외액은 세포내액에 비해 낮은 K^+과 높은 Na^+ 및 Cl^-, Ca^{2+} 농도를 보이며, 혈장(혈관계 내의 액체)과 사이질액(혈관계 밖에 존재하는 액체; 3·III·A)으로 구분한다. 이 2가지 세포외액 사이 장벽은 이온 이동을 방해하지 못하므로 이들의 이온조성은 유사하다. 세포분비액(뇌척수액 및 윤활액, 소변)은 위치에 따라 조성이 달라지므로 적절한 선택은 아니다.

I.2 염료는 인체 내의 모르는 공간 부피 혹은 농도를 측정하는데 매우 중요한 생리학적 도구이다. 만약 염료가 세포막에 투과성을 보인다면 다음 변화 중 염료 확산 속도를 증가시키는 것은?

A. 염료 농도를 낮춘다.
B. 세포막 표면적을 증가시킨다.
C. 세포막 두께를 증가시킨다.
D. 액체 온도를 감소시킨다.
E. 염료 분배계수를 낮춘다.

정답 = B. 세포막 표면적을 늘리는 것은 염료가 세포막을 통과할 확률을 증가시켜 확산 속도를 증가시킨다(1·IV·B). 두꺼운 세포막은 얇은 막에 비해 분자가 확산되는데 더 긴 시간이 필요하며, 액체의 온도 감소는 점도를 증가시켜 확산 속도를 느리게 한다. 확산을 위한 원동력을 제공하는 것은 농도차이므로 염료 농도를 낮추면 농도차이는 사라지고 확산 속도는 감소한다. 분배계수는 염료의 지질 용해도를 나타낸다. 지질 용해도가 높은 물질일수록 용해도가 낮은 물질에 비해 세포막을 통한 확산이 빠르다. 그러므로 분배계수가 낮아지면 확산 속도는 감소한다.

I.3 66세 남자가 울혈심장기능상실에 의한 증상을 감소시키기 위해 고리이뇨제인 푸로세미드(furosemide, Na^+-K^+-$2Cl^-$ 공동수송 억제제)를 복용하고 있다. 이 공동수송체 작용방식 중 옳은 것은?

A. 일차능동 수송체이다.
B. 전기를 발생(electrogenic)한다.
C. 세포 내 K^+ 농도가 증가되면 이동 속도가 감소한다.
D. 세포 내로 Na^+과 K^+을, 세포 외로 2개의 Cl^-를 이동시킨다.
E. 전기화학경사에 반해서 Na^+을 이동시킨다.

정답 = C. 공동수송체의 정의는 2개 혹은 그 이상의 이온이 같은 방향으로 움직이는 것이다(1·V·C). Na^+-K^+-$2Cl^-$ 공동수송체는 음이온 2개와 양이온 2개를 세포막을 가로질러 동시에 이동시키기 때문에 전기가 발생되지 않는다. 일차능동 수송체는 전기화학경사에 반해서 이온을 움직이게 하기 위해 삼인산아데노신을 사용한다. Na^+을 어느 한 방향으로 이동시키고 동시에 다른 이온은 반대방향으로 이동시키는 수송체는 공동수송체가 아닌 교환체이다. 바닥가쪽 Na^+ 펌프(Na^+-K^+ ATPase)에 의해 형성된 Na^+ 농도경사는 K^+과 Cl^- 흡수의 전기화학 원동력을 제공하지만 이동 속도는 세포막을 가로질러 형성된 K^+과 Cl^- 농도차에 예민하게 반응한다. 이들 이온 중 어느 하나라도 세포 내 농도가 증가되면 흡수 속도는 낮아진다.

I.4 위창자계 감염에 의해 지속적이고 심한 구토를 보이는 12세 소년에게 혈청 전해질 검사를 시행하였다. 혈장 K^+ 농도는 비정상적으로 낮았다(2 mmol/L). 심하지 않은 저칼륨혈증에 의해 초래될 수 있는 상황은?

A. 안정막전위가 양전위 쪽으로 이동한다.
B. K^+ 평형전위가 음전위 쪽으로 이동한다.
C. 신경세포 활동전위 발생이 억제된다.
D. Na^+통로가 비활성화된다.
E. K^+통로 활성화에 의해 K^+ 유입이 초래된다.

정답 = B. 저칼륨혈증 혹은 세포 외 K^+ 농도가 감소하면 전기화학경사가 세포로부터 K^+ 유출이 증가되는 방향으로 강화되며 K^+ 평형전위는 음전위 쪽으로 이동한다(2·II·B 참조). 막전위는 세포막에 걸리는 K^+ 농도차가 가장 중요하므로 안정막전위(V_m) 역시 음전위 쪽으로 이동한다. 막전위가 음전위 쪽으로 이동되었다는 것은 막전위를 전압개폐 Na^+통로 활성화를 위한 문턱값에 도달하기 위해 더 큰 탈분극이 필요하지만(2·III·B), 일단 문턱값에 도달하면 활동전위는 발생한다. K^+통로 활성화는 아주 드문 경우를 제외하고는 항상 K^+ 유출을 초래한다(예: 내이의 경우; 9·IV·C).

I.5 35세 남자가 간질 유전자를 가지고 있다. 유전자 돌연변이는 신경의 막전압의존 Na^+통로에 영향을 미쳐 비활성화가 매우 느리게(~50%) 일어나도록 한다. 이 간질 유전자 발현은 신경세포 기능에 어떤 영향을 미치는가?

A. 0 mV 근처 안정막전위를 보인다.
B. 활동전위가 더 이상 0 mV를 넘지 못한다.
C. 활동전위 기간이 길어진다.
D. 활동전위 탈분극 속도가 매우 느려진다.
E. 활동전위가 발생되지 않는다.

정답 = C. 전압의존 Na^+통로는 막전위 탈분극에 의해 열려 활동전위 상행각을 형성한다(2·VI·A). 비활성화 문은 활성화 잠시 후에 닫혀 Na^+ 통과를 차단하고 막전위가 다시 안정상태로 돌아가도록 한다. 만약 비활성화가 느려지면 막전의 회복이 느려지고 활동전위 기간은 길어진다. 통로 닫힘이 일어나지 않아 지속적으로 Na^+ 유입이 되는 상황만 발생하지 않으면 비활성화 장애는 안정막전위에는 영향을 미치지 않는다. 활성화와 비활성화는 서로 다른 과정이므로 활동전위 탈분극 속도는 정상이다.

I.6 농부가 운반을 위해 매운 고추를 포장하고 있다. 농부가 보호 마스크를 벗자 고추의 캡사이신에 의해 코에 타는 듯한 감각이 발생되면서 무기력해졌다. 캡사이신 자극에 관여하는 수용체는?

A. 일과성수용기전위통로
B. 퓨린수용체
C. 이온성글루탐산염수용제
D. *Cys*-고리군수용체
E. 전압개폐 Na^+통로

정답 = A. 일과성수용기전위통로(TRP) 군은 열과 저온, 삼투질농도 등 다양한 감각자극 변환에 관여한다(2·VI·D). TRPV1 통로는 캡사이신에 의해 자극이 된다. 퓨린 및 글루탐산염, *cys*-고리수용체는 특별한 리간드에 의해 활성화된다(예: 삼인산아데노신, L-글루탐산염, 아세틸콜린). 캡사이신은 이런 통로들의 작용제는 아니다. 전압의존 Na^+통로는 기본적으로 막전위 탈분극에 의해 활성화된다.

I.7 혈청학적 분석을 하는 동안 적혈구를 혈액으로부터 100 mmol/L $CaCl_2$와 100 mmol/L 요소가 들어 있는 용액으로 옮겨 광학현미경으로 관찰하였다. 적혈구 용적에는 어떤 변화가 발생하는가?

A. 등삼투압 용액이므로 아무런 변화가 없다.
B. 등장성 용액이므로 아무런 변화가 없다.
C. 일시적으로 팽창이 일어난다.
D. 용혈이 일어날 때까지 팽창한다.
E. 세포 용적이 ~50%까지 줄어든다.

정답 = B. $CaCl_2$은 물에서 3개의 입자로 해리된다(1 Ca^{2+}과 2 Cl^-). 100 mmol/L $CaCl_2$ 용액은 300 mOsm/kg H_2O의 삼투질농도를 보이므로 이것은 적혈구 세포내액과 거의 비슷하다. 100 mmol/L 요소에 의해 총 삼투질농도는 400 mOsm/kg H_2O(용액은 고삼투압이다)이 되지만, 요소는 세포내액과 세포외액 삼투질농도가 ~350 mOsm/ kg H_2O에서 평형을 이룰 때까지 빠르게 세포 내로 들어간다(3·II·C). 그러므로 용액은 등장성이다. 만약 요소가 투과되지 않는다면 세포 수축이 일어나겠지만 대부분 세포는 요소에 높은 투과성을 보인다. 세포 팽창은 3 종류 용질 중 하나 혹은 그 이상이 능동적으로 축적이 되어 세포내액 삼투질농도가 증가하며 발생된다.

I.8 간 손상은 알부민과 같은 혈장단백질 합성 감소를 초래한다. 낮은 혈장 알부민이 삼투 혹은 액체 이동에 미치는 효과는?

A. 사이질액 부피 증가.
B. 혈관 내 액체 부피 증가.
C. 혈장 콜로이드삼투압 증가.
D. 혈장 삼투질농도 증가.
E. 혈장 삼투질농도 감소.

정답 = A. 혈액에는 많은 양의 알부민이 있으며(3.5~5 g/dL), 실제적으로 크기가 매우 커 혈관 내에 머물러 있다(3·III·B). 이것의 기능은 세포외액을 혈관계로 끌어들이는 삼투압(혈장 콜로이드삼투압으로 알려져 있음)을 만드는데 기여하는 것이다. 혈장 알부민 농도 감소는 액체가 혈관계에서 빠져나가 사이질로 들어가게 한다. 혈장 삼투질농도는 단백질 농도 변화에 따라 크게 영향을 받지는 않는다. 왜냐하면 세포외액 삼투질농도를 결정하는 것은 이온(Na^+와 Cl^-)과 다른 용질(예: 포도당 및 요소, 혈액요소질소/"BUN"로 측정됨)들이기 때문이다.

I.9 암이 광범위하게 전이된 95세 남자가 통증을 줄이기 위해 모르핀을 투여받고 있다. 이로 인해 뇌줄기 호흡중추가 억제되어 저환기(호흡저하)가 초래되었다. 환기 감소로 인해 발생되는 결과는?

A. 알칼리혈증
B. 혈장 HCO_3^- 수준 감소
C. 콩팥 HCO_3^- 재흡수 감소
D. 사이질액 pH 증가
E. 소변을 통한 H^+ 배설 증가

정답 = E. 대사는 폐를 통해 배설되는 많은 양의 휘발성 산(H_2CO_3)을 발생한다(3·IV·A). 환기가 감소되면 이 산이 축적되어 (호흡)산증이 유발된다. 콩팥은 H^+ 배설을 통해 보상을 한다. 콩팥의 HCO_3^- 재흡수 감소는 소변을 통한 완충제 손실을 초래해 산증을 악화시킨다. 용액 내에서 H_2CO_3의 해리는 HCO_3^-와 H^+를 생성하므로 휘발성산 축적은 혈장 HCO_3^-를 증가시킨다. H^+는 다른 작은 분자들과 함께 혈액과 사이질 사이를 쉽게 이동한다. 그러므로 혈액이 산성으로 되면 사이질의 pH도 낮아진다.

I.10 염증창자질환을 가진 환자의 창자 상피 특징을 관찰하는 연구자가 건강한 영역은 높은 저항을 보이는 반면, 손상된 영역에서는 낮은 전기 저항을 보인다고 보고하였다. 건강한 상피는 어떤 특징을 가지고 있는가?

A. 약한 상피가로방향 이온농도 차이를 형성한다.
B. 등삼투성 이동을 보인다.
C. 두꺼운 바닥막을 가지고 있다.
D. 치밀이음은 높은 비투과성을 보인다.
E. 바닥가쪽 Na^+-K^+ ATPase가 없다.

정답 = D. 높은 전기저항은 "치밀"상피의 특징이며, 이러한 특성은 세포 사이에 존재하는 치밀이음이 이온과 물에 대해 투과성을 보이지 않아 발생한다(4·II·E). 치밀상피는 강한 삼투압 및 이온농도경사를 형성하는 능력을 가지고 있다. 염증이 있는 영역은 낮은 전기저항을 가지고 있으며 이는 상피가 이온에 대해 더 "새기 쉬운" 상태가 되었음을 의미한다. 새기 쉬운 상피는 일반적으로 많은 양의 등삼투성 이동에 적합하다. 바닥막은 상피 전기저항에는 직접 관여하지는 않는다. 모든 창자 상피에는 바닥가쪽 Na^+-K^+ ATPase가 발현된다.

I.11 52세 여성이 심장 두근거림과 가벼운 어지러움을 호소하였다. 심전도상에 증가된 코넥신 43 발현과 관련된 심방세동이 관찰되었다. 정상 코넥신에 대한 옳은 설명은?

A. 막전위 탈분극 동안 열린다.
B. 높은 이온 선택성을 보인다.
C. 세포 밖으로부터의 Ca^{2+} 유입에 관여한다.
D. 조직 전체로 전기 전파에 관여한다.
E. 심장에서만 관찰된다.

정답 = D. 코넥신은 중심에 구멍을 가진 6개 소단위 집합체(코넥손)를 구성한다(4·II·F). 인접한 2개 세포 코넥손이 합쳐 세포 사이에서 전기 및 화학 소통을 위한 경로로 사용되는 틈새이음통로를 형성한다. 이들은 넓게 분포하고 있다. 심장에서는 심장근 전체로 수축파가 전달될 수 있도록 한다(17·III). 틈새이음통로는 작은 펩디드까지도 통과할 수 있는 넓고 비선택성 구멍으로 특징지을 수 있다. 일반적으로 이들은 휴식 시 열려 있으며 탈분극에 의해 닫힌다. 세포막 표면에서 Ca^{2+} 유입에는 틈새이음이 아닌 Ca^{2+}통로가 관여한다.

I.12 건강한 사람에서 저칼륨혈증은 흔하지 않다. 다음 중 혈액으로 K^+을 전달하기 위해 상피를 통한 K^+ 흡수가 증가되는 조건은?

A. 속공간-음전위 차
B. 세포주위를 통한 물 흡수 증가
C. 증가된 Na^+-K^+ ATPase 활성
D. 높은 창자 내 K^+ 농도
E. 꼭대기쪽 포도당 공동수송

정답 = B. 세포주위 경로는 상피를 통한 용질과 물 이동에 매우 중요한 통로이다(4·III·B). 높은 세포주위 물 흐름은 용매끌기를 유발하고 이를 통해 무기이온 및 다른 용질이 물과 함께 이동한다. 콩팥 혹은 위창자 속공간은 혈액에 비해 음전하를 띠고 있으며, K^+은 양이온이기 때문에 순흡수는 감소된다. Na^+-K^+ ATPase는 세포 내 K^+ 농도를 증가시키므로, 꼭대기 쪽에서 K^+ 흡수를 위한 원동력을 감소시킨다. 높은 창자 내 K^+ 농도 역시 순 K^+ 흡수를 위한 전기화학경사를 감소시킨다. 포도당 공동수송체는 일반적으로 K^+이 아닌 Na^+이 포도당과 공동으로 움직인다.

제 2 단원
감각 및 운동계통

신경계 구성

5

I. 개요

짚신벌레(*Paramecium*)와 같은 매우 작은 수생생물의 움직임을 관찰하다 보면 마치 복잡한 신경계가 존재하는 듯이 확실한 목적과 협조 하에 움직이고 있는 것을 알 수 있다. 어떤 물체에 부딪치면 멈추었다가 뒤로 헤엄쳐 새로운 방향으로 움직인다(그림 5.1). 이러한 간단한 행동도 최소한 접촉을 감지하는 감각계와 감각기로부터의 정보를 처리하는 통합기, 반응을 나타내는 운동계가 필요하다. 하지만 짚신벌레는 이러한 신경계를 가지고 있지 않은 단세포 생물이다. 인간의 뇌에는 1조 개 이상의 신경세포들이 있으며, 자기인식과 창조능, 기억을 수행할 수 있는 매우 복잡한 구조와 회로로 진화하였다. 하지만 인간 신경계의 기본적인 구조적 특성은 간단한 단세포 생물과 매우 유사하다. 다양하면서도 때로는 서로 일치되지 않는 입력신호를 통합하고 이에 반응하기 위해, 단세포와 신경세포는 막전위(membrane potential, V_m) 변화를 이용한다. 단세포 생물체와 유사하게 개체 수준의 인간도 주위 정보를 감지하는 감각계와 감각정보를 처리하는 통합기, 적절한 반응을 만드는 운동계를 가지고 있다.

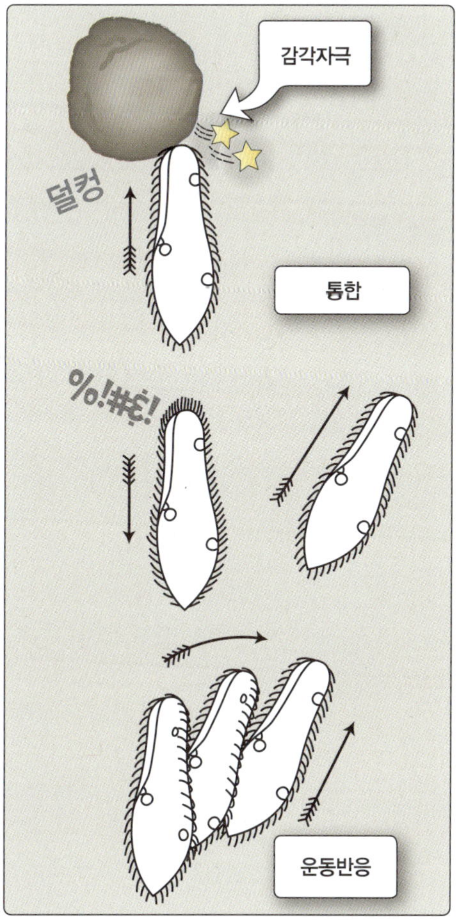

그림 5.1
짚신벌레의 감각반응

II. 신경계(NERVOUS SYSTEM)

신경계는 일부는 중첩되지만 세 가지로 구분할 수 있다.

- **중추신경계(central nervous system, CNS)**에는 뇌와 척추의 신경세포가 포함된다. 중추신경계는 통합하고 결정을 내리는 신경계이다.
- **말초신경계(peripheral nervous system, PNS)**는 감각정보를 수집하고 이것을 처리하기 위해 중추신경계로 전달하고 그 이후엔 중추신경계로부터의 운동명령을 적절한 표적장기로 보낸다. 말초신경계는 머리뼈 내와 척수에서 시작되어 중추신경계 밖으로 뻗어 나온 신경으로 구성되어 있다.
- **자율신경계(autonomic nervous system, ANS)**는 소화기를 포함하여 폐, 심장, 혈관계 등 **내부 장기** 기능을 조절하고 통합하기 때문에 인체생리학에서 매우 중요하게 다루어지는 부분이다. 자율신경계를 중추신경계 및 말초신경계와 달리 구분하는 것은 다분히 해부학적인 것보다는 기능적 측면 때문이다. 자율신경계는 **교감신경계(sympathetic nervous system)**와 **부교감신경**

계(**parasympathetic nervous system**)로 세분화 된다. 두 구분 모두 수의적인 조절과는 대부분 별도로 작용한다.

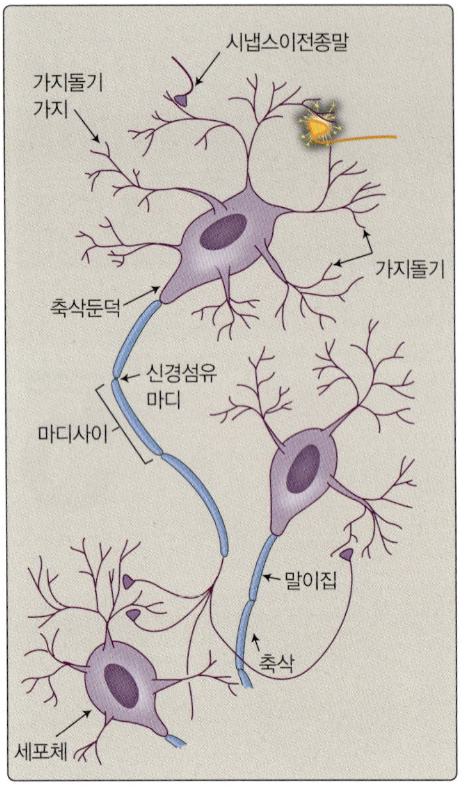

그림 5.2
신경세포 구조

III. 신경세포(NEURON)

신경계는 **신경세포**의 회로로 구성되어 있다. 비록 기능과 인체 내에서 위치한 장소에 따라 모양은 다양하지만 이들의 기본적인 모양과 작동 기전은 동일하다. 이들의 기능은 정보를 인체 한 부분에서 다음 영역으로 최대한 빨리 전달하는 것이다. 뇌에서의 거리는 겨우 몇 μm에 지나지 않지만 말초에서는 1미터를 넘을 수도 있다. 신경세포는 전기적인 신호를 사용하는 일종의 생물학적 전선이므로 전달 속도는 충분히 빠르다. 그러나 전선과 다른 점은 신경세포는 수용부위로 정보가 전달되기 전에 입력신호를 통합할 수 있다는 것이다.

A. 해부학(anatomy)

신경세포는 해부학적으로 4개의 부위: **세포체(cell body)** 및 **가지돌기(dendrite)**, **축삭(axon)**, 한 개 혹은 그 이상의 **신경종말(nerve terminal)**로 명확하게 나눌 수 있다(그림 5.2).

1. **세포체:** **세포체(soma)**는 핵과 단백질 합성 및 정상적인 세포기능을 유지하기 위한 소기관을 포함한다.

2. **가지돌기:** 가지돌기는 세포체로부터 여러 방향으로 가지를 치면서 뻗어나온 부분이다("dendrite"는 그리스어로 나무를 의미하는 *dendros*에서 유래되었다). 일부 신경세포는 빽빽하고 정교한 가지돌기를 가지고 있는 반면에 일부는 매우 간단한 구조를 가지고 있다. 가지돌기는 신경망으로부터 정보를 받아들이는 일종의 세포 안테나이다. 수만 개의 신경종말이 가지돌기를 통해 한 개의 신경세포와 시냅스를 하고 있다.

3. **축삭:** 축삭은 신경세포 한 쪽 끝에서 다른 쪽 끝으로 매우 빠른 속도로 정보를 전달하도록 구성되어 있다. 이것은 **축삭둔덕(axon hillock)**이라고 부르는 세포체가 부풀려져 있는 부위에서 시작한다. 축삭은 길고 가는 전선과도 같다. 이것은 간혹 신호 전달률을 증가(아래 설명 참조)시키는 **절연체**(**말이집[myelin]**)로 싸여 있기도 한다. 말이집형성은 축삭둔덕에서 약간 떨어진 곳에서 시작되므로 **초기부위(initial segment)**의 짧은 영역은 말이집이 없다. **축삭형질(axoplasm**, axonal cytoplasm)은 평형으로 달리는 미세관(microtubule)과 미세잔섬유(microfilament)로 차 있다. 이들은 일부 구조를 형성하기도 하지만 광산갱도의 기차선로와 같은 역할도 한다. 신경전달물질과 다른 물질로 차 있는 "ore carts"(소포, vesicles)는 선로에 부착되어 비교적 빠른 속도(~2 μm/s)로 세포 한 쪽 끝에서 다른 쪽 끝으로 이동한다. 세포체로부터 신경종말로 이동(**앞방향운반[anterograde transport]**)은 **키네신(kinesin)**에 의해 증가되며 반대 방향(**역방향운반[retrograde transport]**)으로 이동은 **디네인(dynein)**이라는 다른 분자에 의존한다.

4. **신경종말:** 신경종말은 전기적 신호(활동전위, action potential)를 화학적 신호로 변화하여 하나 혹은 그 이상의 수용부위로 전달하도록 특화되어 있다. 신경종말과 표적과의 이음을 **시냅스(synapse)**라고 부른다. **시냅스이전** 및 **시냅스이후** 세포막은 대략 30~50 μm 정도 떨어져 있으며 이

임상 적용 5.1: 회색질척수염(Polio)

역방향운반은 폴리오 및 다른 많은 종류의 바이러스가 말초에서 중추신경계로 들어가는 주 기전이다.[1] 폴리오바이러스는 배설물과 구강접촉에 의해 전파되는 엔테로바이러스이며 **마비성 회색질척수염(paralytic poliomyelitis)** 을 유발한다. 숙주에 감염된 후에 바이러스는 신경종말을 통해 신경계로 들어가 퍼진다. 세포막과 융합된 후에 축삭형질로 들어가고 바이러스 캡시드(viral capsid, protein shell)는 역방향운반기구에 부착되어 세포체로 이동한다. 여기서 바이러스는 증폭되고 결국 신경세포를 파괴한다. 결과적으로 전형적인 하지를 침범하는 근조직 이완마비를 초래하고, 간혹 호흡근 마비를 초래할 경우 목숨이 위험할 수도 있다. 회색질척수염은 북미와 유럽에서는 거의 사라졌으나 세계 다른 지역에서는 여전히 풍토병으로 남아 있다. 알츠하이머병(Alzheimer disease) 및 헌팅턴병(Huntington disease), 파킨슨병, 성인에서 나타나는 다른 신경변성질환들을 초래하는 신경세포 사멸에 축삭운반 장애가 관여하는 것으로 알려져 있다.

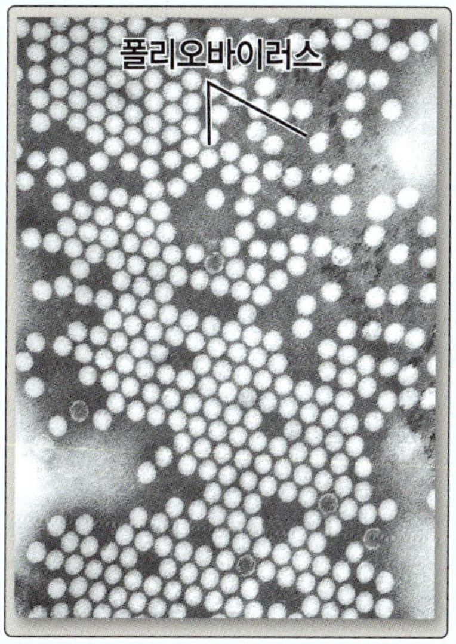

폴리오바이러스

를 **시냅스틈새(synaptic cleft)**라고 한다. 틈새를 사이에 두고 종말과 면하고 있는 것들은 근육세포를 비롯하여 분비세포, 경우에 따라 다른 신경세포 세포체로부터 나온 **가지돌기**와 같은 시냅스이후 효과세포들이다.

B. 흥분성(extability)

신경망에서 정보를 처리하고 내보내는 속도는 신호가 한 곳에서 다음으로 전달되는 정도에 따라 결정된다. 신경세포는 최고 속도를 내기 위해 빠른 활동전위 사용 및 적절한 축삭 구조, 축삭 절연 등의 방법을 사용한다.

1. **활동전위(action potential):** 신경정보망에서 축삭은 2진법 숫자와 같은 간단한 형태와 기능을 가지고 있는 전형적인 활동전위를 통해서 멀리 떨어진 곳으로 신호를 전달한다. 신경세포 활동전위는 기본적으로 매우 빨리 활성화되는 전압개폐나트륨(소듐)통로(voltage-gated Na^+ channel)에 의해 이루어진다(그림 5.3). Na^+통로가 열리면 Na^+이 전기화학적 농도경사를 따라서 신경세포 내로 이동하고, 막전위(V_m)는 Na^+의 평형전위 쪽으로 빠르게 탈분극된다(2·II·B 참조). Na^+통로의 빠른 열림("gating kinetics", 작동동역학)은 축삭 길이를 따라 전기신호가 매우 빠른 속도로 전도될 수 있도록 한다. 세포막 재분극은 주로 Na^+통로 비활성화(Na^+-channel inactivation)의 결과로 발생된다. 활동전위 동안 전압의존칼륨(칼륨)통로(voltage-dependent K^+ channel)도 활성화되지만 숫자가 적어 막전위 재분극에 대한 영향은 제한적이다.

2. **축삭직경:** 축삭을 따라 이동하는 전기신호의 속도는 축삭 직경에 따라 증가한다(그림 5.4). 이유는 직경에 반비례하는 축삭 내부저항이 축삭을 따라 전파되는 수동전류가 어느 정도 범위 내에서 신호가 감소되기 전에 능동전류(예: Na^+통로에 의해 발생되는 전류)에 의한 증폭을 유도할 수

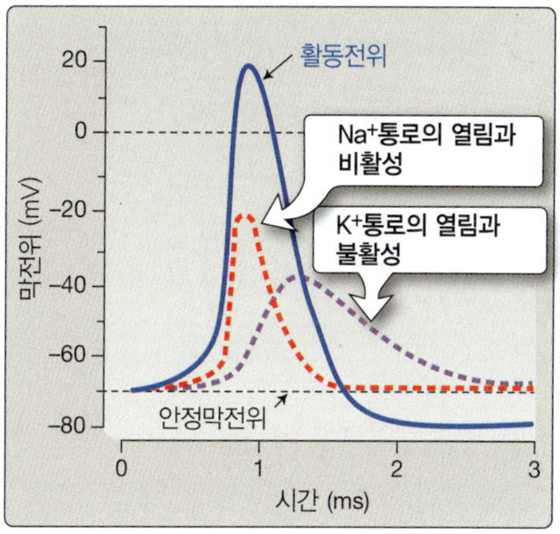

그림 5.3
신경활동전위 동안 시간별 이온통로 변화

[1] 엔테로바이러스에 대한 더 많은 정보는 *리핀코트의 그림으로 보는 미생물학 제3판* 참조.

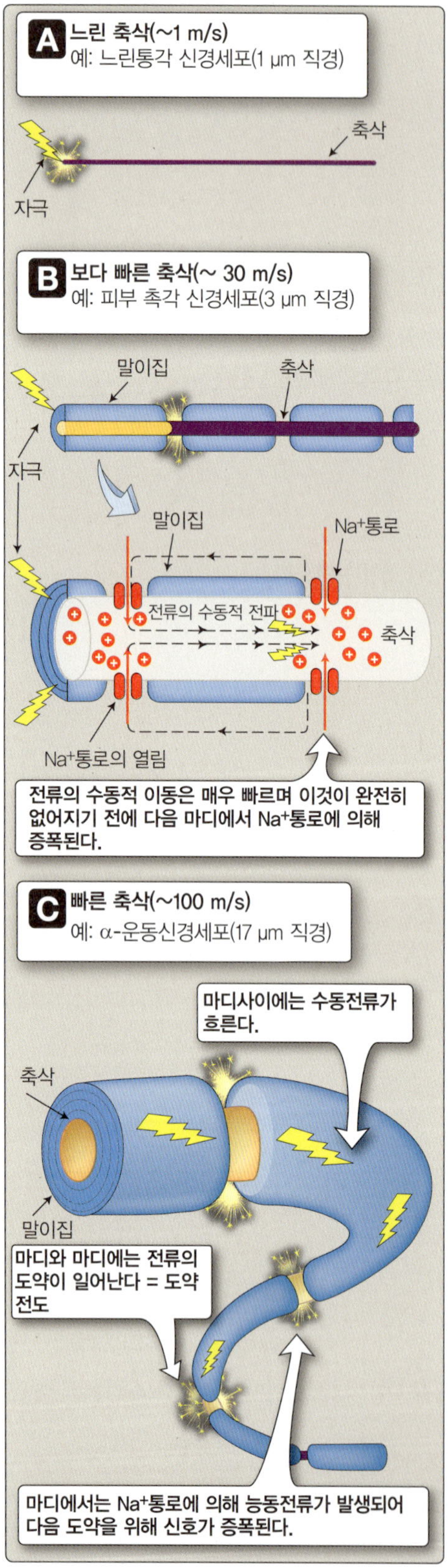

그림 5.4
축삭 전도속도에 미치는 말이집과 직경의 효과

있는가가 결정하기 때문이다. 증폭 과정은 수동전류 전파에 비해 느려, 굵은 축삭에서 신호는 가는 축삭에 비해 먼 거리를 보다 빠르게 전파한다.

3. **절연**(insulation): 세포막에는 세포외액으로 전류가 상실되도록 하는 K^+ 누출통로("leak" channel)가 있어 흥분 기간 동안 흐르는 수동전류는 거리에 따라 소실된다(그림 2.11 참조). 누출통로는 항상 열려 있다. 이러한 누출을 방지하기 위해 말이집으로 축삭을 절연시킬 경우 전도속도는 상당히 증가한다(그림 5.4B 참조). 말이집은 **신경아교세포(glial cell)**에 의해 형성되며 **스핑고미엘린이 풍부한 세포막(sphingomyelinrich membrane)**에 의해 동심층으로 구성되어 있다(아래의 5절을 참조). 절연은 최고 250배까지 전도속도를 증가시킨다.

4. **도약전도**(saltatory conduction): 축삭 **말이집(myelin sheath)**은 연속적이지 않다. 2~3 μm 정도 축삭막이 노출되어 있는 **신경섬유마디(node of Ranvier)**가 매 1~2 mm마다 존재한다. 마디에는 Na^+통로가 많이 존재하지만 **마디사이구역(internodal region**; 말이집 밑에 있어 감춰진 구역)에는 통로가 존재하지 않는다. 이것은 활동전위가 축삭을 따라 하나의 마디에서 다음 마디로 마치 등넘기놀이(leapfrogs)를 하듯이 전도되는 것을 의미하며 이러한 형태를 **마디(nodal)** 혹은 **도약전도(saltatory conduction)**라고 한다(그림 5.4C 참조).

C. 분류

중추신경계 신경세포는 다양한 형태의 세포로 구성되어 있으며 여러 가지 방법으로 분류한다. 형태학적으로 세포체에서 뻗어 나온 **신경돌기(neurite**; 축삭과 가지돌기와 같은 돌기)의 숫자를 기준으로 분류한다.

1. **거짓홑극**(pseudounipolar): **거짓홑극신경세포(pseudounipolar neuron)**는 주로 감각신경이다. 세포체에서 하나의 돌기(축삭)가 나온 후에 두 개의 가지로 나누어진다. 하나의 가지는 말초로부터 감각정보를 전달하고(**말초가지[peripheral branch]**), 반면에 다른 가지는 중추신경계 쪽으로 뻗어 있어 이쪽으로 정보를 전달한다(**중추가지[central branch]**).

2. **두극**(bipolar): **두극신경세포(bipolar neuron)**는 특별한 감각신경세포이다. 두극신경세포는 망막(8·VII·A 참조)과 후각상피(10·III·B 참조)에서 발견된다. 이들 세포체에는 두 개의 돌기가 나온다. 하나는 말초로부터 감각정보를 전달하고 다른 것(축삭)은 중추신경계로 간다.

3. **뭇극**(multipolar): **뭇극신경세포(multipolar neuron)**는 세포체로부터 하나의 축삭과 많은 숫자의 가지돌기가 나오는 형태이다. 대부분의 중추신경계에 존재하는 신경세포는 뭇극이다. 이들은 크기와 가지돌기의 복잡성을 기준으로 좀 더 세분화할 수도 있다.

D. 통합기로서 신경세포(neurons as integrator)

개요에서 설명한 바와 같이 단세포 생물도 막전위(V_m) 변화를 통해 많은 감각정보(기계적, 화학적, 온도)를 통합한다. 예를 들면 유해신호는 막전위를 탈분극시켜 이것을 무시하기 위해 되돌아가려는 경향을 증가시키고, 주위에 음식이 있다는 호감을 주는 신호는 막을 과분극시켜 유해입력 신호를 부정하거나 무시하게 한다. 짚신벌레는 의식적인 사고를 하지 못하지만 막전위에 미치는 다양한 자극들의 통합된 효과가 행동에 영향을 미치도록 한다. 대뇌겉질 신경세포의 가지돌기는 수만 개의 경쟁하는 입력신호들을 받는다. 신경 출력신호(활동전위)는 막전위에 대한 입력신호의 순합 결과에 바탕을 두고 변경된다.

1. **입력신호(incoming signals):** 신경세포들은 가지돌기를 통해 정보를 서로 주고 받는다. 시냅스이전신경세포가 흥분을 하면, 시냅스틈새로 신경전달물질을 방출한다. 만약 신경세포가 흥분 상태라면 방출된 신경전달물질이 시냅스이후 가지돌기 세포막에 결합되어 소위 그림 5.5A에서 보이는 것과 같은 **흥분시냅스이후전위(excitatory postsynaptic potential, EPSP)**라고 불리는 일시적인 탈분극을 유발한다. 억제신경세포들은 소위 **억제시냅스이후전위(inhibitory postsynaptic potential, IPSP)**라고 불리는 일시적인 과분극을 유발하는 신경전달물질을 방출한다. EPSP와 IPSP의 크기는 입력신호(들)의 세기에 따라 변화한다.

2. **여과(선택적 차단[filtering]):** 가지돌기를 통해 신경세포에 들어오는 대부분의 정보들은 감각 "잡파(noise)"로 간주된다. 가장 강력하고 의미있는 신호를 분리해 내기 위해 가지돌기에서 발생되는 전기적 변화의 고유한 성질을 이용한 잡파제거기(noise filter)가 사용된다. 시냅스이후전위(postsynaptic potentials, PSPs)는 세포체에서 전파되면서 빠르게 소실되는 수동적 반응이다(그림 2.11 참조). 이러한 소실은 누출이 잘되고 말이집이 없는 가지돌기의 고유한 전기적 특성에 의해 발생한다. 실제적으로 이렇게 작은 시냅스이후전위는 절대 세포체에 도달할 수 없음을 의미한다. 강한 시냅스이전 활동에 의해 생성된 시냅스이후전위는 가지돌기를 따라서 전압개폐이온전류를 활성화시킨다(그림 2.12 참조). 이러한 것들을 통해 신호는 강화되고 세포체에 도달할 수 있도록 된다.

3. **통합(integration):** 신호통합 역시 가지돌기 수준에서 일어난다. 시냅스이후전위는 각각 다른 가지돌기에서 발생하여 세포체 쪽으로 이동하면서 서로 만나 합쳐지게 된다. 이러한 현상을 **가중(summation)**이라고 하며 파동(예: 소리의 파와 연못 수면 위를 퍼져가는 잔물결)이 건설적으로 혹은 파괴적으로 간섭을 하였는지에 대한 결과를 나타내는 것이다. 가중에는 두 종류가 있다: **공간(spatial)** 및 **시간(temporal)**.

   a. **공간가중(spatial summation):** 만약 두 개의 다른 가지돌기로부터 오는 흥분시냅스이후전위가 충돌을 한다면 이들은 합쳐져서 더 큰 흥분시냅스이후전위를 만든다(그림 5.5B 참조). 이러한 것을 **공간가중**이라고 하며 억제시냅스이후전위의 경우도 마찬가지이다. 흥분시냅스이후전위와 억제시냅스이후전위가 합쳐지면 역시 약화된 막전위 변화가 일어난다(그림 5.5C 참조).

   b. **시간가중(temporal summation):** 가지돌기를 따라 빠르게 연속된 두 개의 흥분시냅스이후전위(혹은 억제시냅스이후전위)가 이동하게 되면 역시 합쳐져서 하나의 큰 변화를 만든다. 이것을 **시간가중**이라고 한다(그림 5.5D 참조).

4. **출력(output):** 막전위에 대한 여러 개의 시냅스이후전위의 순효과는 신경출력 성향과 강도를 결정한다. 만약 탈분극이 충분히 강하면 일련의 활동전위를 만든다. 활동전위는 **초기부위(spike initiation zone**으로 알려진 부위)에서 발생되어 시냅스이전종말로 축삭을 따라 이동한다.

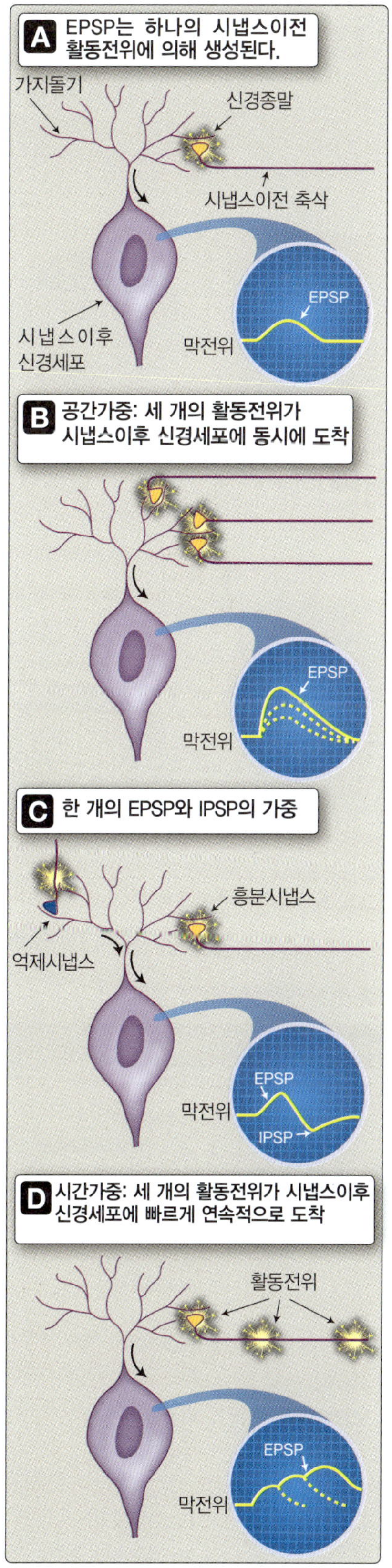

그림 5.5

가중. EPSP = 흥분시냅스이후전위; IPSP = 억제시냅스이후전위

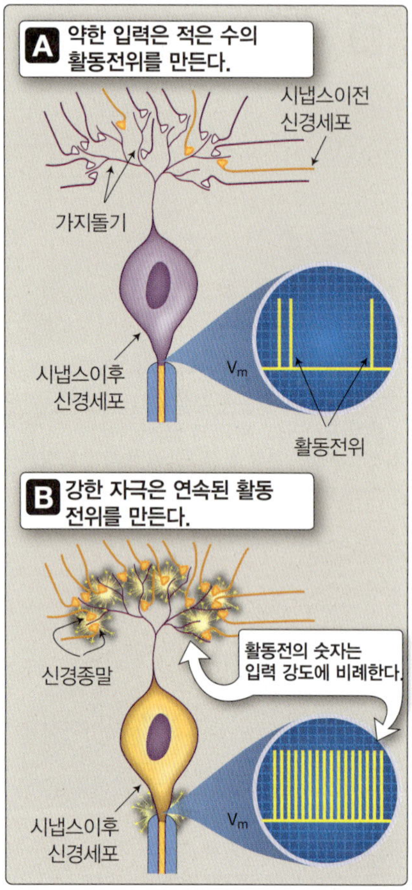

그림 5.6

신경세포의 디지털 방식 부호화. Vm = 막전위

표 5.1 신경전달물질 분류

분류	이름
작은 분자	
아미노산	글루탐산염 감마-아미노부티르산 글라이신
콜린성	아세틸콜린
카테콜아민	도파민 노르에피네프린 에피네프린
모노아민	세로토닌 히스타민
펩티드	
아편유사제	디놀핀 엔도르핀 엔케팔린
탁키키닌	뉴로키닌 스브스탠스 P
장	가스트린 분비 펩티드
기타	
가스	산화질소 일산화탄소
퓨린	삼인산아데노신

5. **부호화**(encoding): 활동전위는 실무율(all-or-nothing events)을 보이므로 신경세포는 디지털 부호화를 통해 신호 강도를 전달해야 한다. 약한 자극은 하나 혹은 두 개의 활동전위를 만들고 강한 자극은 축삭을 따라서 빠르게 연속되어 이동하는 일련(일제발사[volley])의 활동전위를 발생시킨다. 서로 다른 신경세포에서 만들어지는 활동전위 크기와 모양, 빈도는 매우 다양하다. 일반적으로 연속된 활동전위 숫자, 즉 빈도는 들어온 자극 강도를 대변한다고 할 수 있다(그림 5.6).

IV. 신경전달(NEUROTRANSMISSION)

신경세포는 두 개의 세포가 매우 근접해 있는 특별한 영역인 시냅스에서 서로 소통을 하고 있다. 소통은 신경전달물질 방출을 통해 화학적으로 일어나며 한 쪽 방향으로만 전달된다. 비록 원천적으로 느리게 일어나는 소통이지만 신호전달 과정에 신경전달물질 수용체가 존재함으로써 매우 다양한 반응과 무한한 조절 가능성을 제공하고 있다.

A. 신경전달물질(neurotransmitter)

신경전달물질은 크게 두 종류로 구분한다: 작은분자전달물질(small-molecule transmitters)과 펩티드. 세 번째 종류에 포함되는 것은 가스를 비롯한 삼인산아데노신과 같이 익숙하지 않은 전달물질들이다(표 5.1). 수십 종류의 신경활동펩티드들은 이미 언급되었으며 이들 중 많은 것은 작은분자 전달물질과 같이 방출된다. 대부분의 신경계 작용에는 많은 분자들이 관여하고 있으며 이들의 합성경로는 그림 5.7에 요약되어 있다.

B. 시냅스소포(synaptic vesicle)

신경전달물질은 시냅스소포로부터 시냅스틈새로 방출된다. 소포는 시냅스이전 세포체에서 합성되어 빠른축삭운반(axonal transport)을 통해 신경종말로 이동한다. 만들어진 신경전달물질은 여기서 국소적인 저장을 위해 소포에 채워지고 나중에 방출된다. 성숙된 소포는 시냅스이전세포막의 특별한 방출부위(release site)에 결합한 상태로 활동전위가 도착할 때까지 머물러 있다.

> 펩티드 전달물질은 신경종말이 아닌 세포체 내에서 합성되어 소포에 미리 포장되어 있다.

C. 방출(release)

신경전달물질 방출은 활동전위가 신경종말에 도착하여 신경종말 세포막에 존재하는 전압의존 Ca^{2+}통로가 열리면 일어난다(그림 5.8). Ca^{2+} 유입에 의해 국소 Ca^{2+} 농도가 증가되고 Ca^{2+} 의존 분비과정이 시작된다. 이 과정은 매우 복잡하며 완전히 알지는 못한다. Ca^{2+} 신호는 소포와 연관이 있는 **시냅토타그민(synaptotagmin)**이라 불리는 Ca^{2+} 결합단백질에 의해 감지되고 이것은 **시냅토브래빈(synaptobrevin)**과 **신택신(syntaxin)**, **SNAP-25**를 포함하는 **SNARE**-단백질 복합을 활성화시킨다. 이후에 소포는 **활성화 영역(active zone)**에서 시냅스이전세포막과 융합이 되고, 내용물은 시냅스틈새로 빠져나간다. 각 소포는 신경전달물질을 하나의 **포장단위(quantum)**로 방출한다(“**quantal signaling**”).

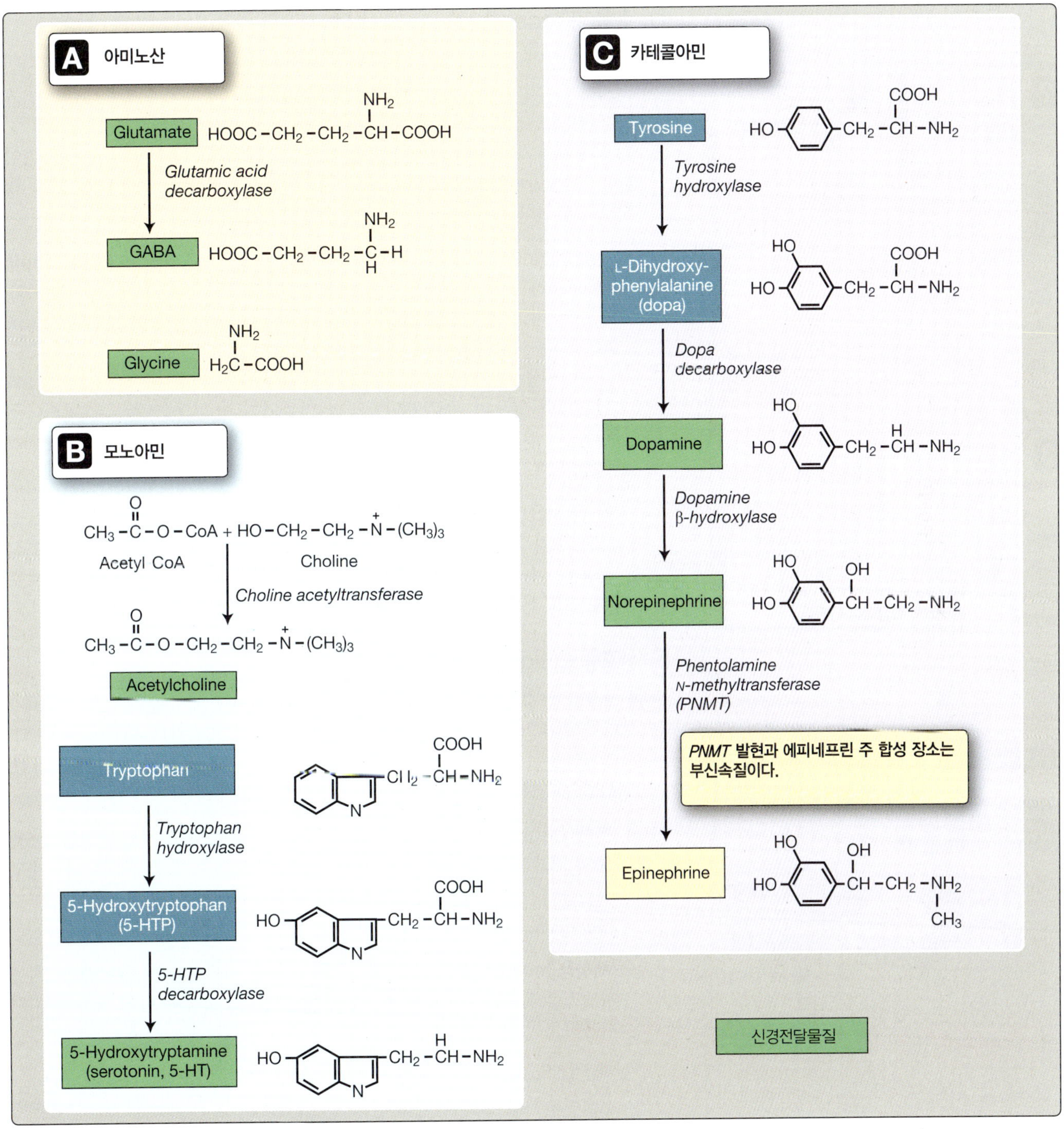

그림 5.7
일반적인 작은 분자 신경전달물질과 이들의 합성경로. GABA = 감마아미노부티르산

> 가장 치명적인 신경독소들로 알려진 보툴리눔독소(botulinum toxin)와 파상풍독소(tetanus toxin)는 시냅스종말을 공격하여 신경전달물질 방출을 중단시켜 희생자를 마비시킨다. 이들 독소는 자신들이 가지고 있는 내재된 *단백분해효소*(intrinsic *protease*) 활성을 이용하여 SNAPS와 SNARES를 분해한다.

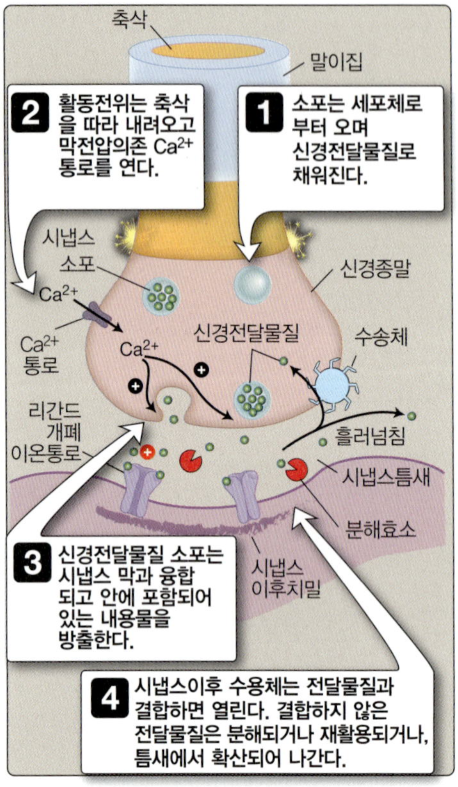

그림 5.8
시냅스소포 방출

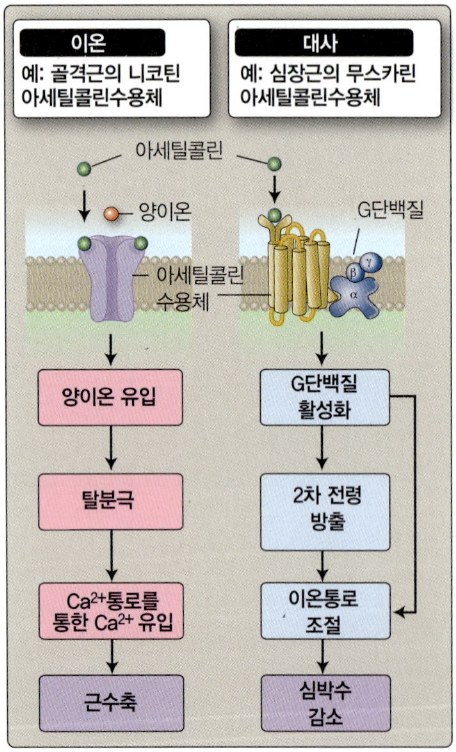

그림 5.9
이온성 및 대사성수용체

D. 수용체(receptors)

신경전달물질은 일단 방출되면 좁은 시냅스틈새를 가로질러 확산하여 시냅스이후세포막에 발현되는 특별한 신경전달물질수용체와 결합한다. 작은 그림(그림 5.8 참조)에 **시냅스이후치밀(postsynaptic density)**로 표시된 곳은 수용체를 고정시키고 또한 이들의 활성도와 발현수준을 조절하는데 관여하는 많은 단백질이 분포한다(그림 5.8 참조). 수용체는 최소한 두 가지 형태로 구분한다.

1. 이온성(ionotropic) 대 대사성(metabotropic): **이온성수용기(ionotropic receptor)**는 활성화되면 이온 이동이 일어나는 이온통로이다(그림 5.9). 예로서 니코틴아세틸콜린수용체(nicotinic acetylcholine receptor, AChR)는 Na^+ 유입을 초래하는 이온성수용기이다.

   대사성수용기(metabotropic receptor)는 세포 내 신호전달경로와 연결되어 있으며 주로 G단백질과 연관되어 있다. 예로는 무스카린아세틸콜린수용체(muscarinic AChR)를 들 수 있다.

2. 흥분(excitatory) 대 억제(inhibitory): 흥분수용체(excitatory receptor; 예: NMDA 수용체)는 결합되면 세포막을 탈분극시켜 활동전위 발생빈도를 증가시킨다. 반면에 억제수용체(inhibitory receptor; 예: 글라이신 수용체, glycine receptor)는 막을 과분극시켜 활동전위 발생빈도를 낮춘다. 주요 신경전달물질 수용체를 표 5.2에 요약하였다.

E. 신호종료(signal termination)

신호종료는 수용체 내재화 혹은 탈감작을 통해 수용체 수준에서 발생되지만 보다 일반적인 것은 전달물질이 시냅스틈새에서 제거됨으로써 이루어진다. 신경전달물질은 분해 및 재사용, 혹은 틈새로부터 밖으로 확산(흘러넘침, "spillover")되는 세 가지 기전 중 하나를 통해 제거된다(표 5.3).

1. 분해(degradation): 일반적으로 시냅스틈새에는 전달물질을 분해해서 신호전달을 제한하는 효소가 매우 높은 농도로 존재한다. 예로서, 콜린시냅스에는 아세틸콜린을 분해하는 *아세틸콜린에스테라아제(acetylcholinesterase)*가 존재한다.

2. 재사용(recycling): 많은 신경세포와 이들을 지원하는 세포(아래 참조)는 시냅스틈새로부터 전달물질을 흡수해서 시냅스소포로 다시 포장하여 재사용하고 있다.

3. 확산(diffusion): 전달물질은 시냅스틈새에서 확산되어 나가 주위 다른 신경세포에도 영향을 미친다. 강한 신경활동 동안 순환계에는 상당량의 전달물질이 존재하게 되며 궁극적으로 전신효소(systemic enzyme)에 의해 분해되거나 신장을 통해 배설된다.

V. 신경아교세포(NEUROGLIA)

아교세포(glia, 혹은 **신경아교세포[neuroglia])**는 여러 측면에서 신경세포 기능을 돕는 비흥분세포(inexcitable cells)이다. 말이집을 형성하는 것 이외에도 국소적인 이온농도를 조절하고, 전달물질 재사용을 도와주고, 신경세포에 영양물질을 공급하는 역할을 한다. 이들은 말초신경계와 중추신경계 전체에 걸쳐 관찰되며(표 5.4), 신경세포와 아교세포는 거의 같은 숫자가 존재한다.

표 5.2 신경전달물질 수용체

수용체	종류		변환기전	작용제	대항제	분포
GluN	I		$\uparrow I_{Na}$, I_{Ca}	Glutamate, NMDA	Phencyclidine	CNS
GluA	I		$\uparrow I_{Na}$	Glutamate, AMPA		CNS
GluK	I		$\uparrow I_{Na}$	Glutamate, kainate		CNS
mGluR	M	Group I	G_q, $\uparrow IP_3$	Glutamate		CNS
mGluR	M	Group II, III	G_i, $\downarrow$cAMP	Glutamate		CNS
$GABA_A$	I		$\uparrow I_{Cl}$	GABA, ibotenate	Bicuculline	CNS
$GABA_B$	M		G_i, $\uparrow I_K$	GABA, baclofen		ANS
nAChR (nicotinic)	I	Muscle	$\uparrow I_{Na}$	ACh, nicotine	Pancuronium	Skeletal muscle
	I	Ganglion	$\uparrow I_{Na}$	ACh, nicotine	Dextromethorphan	ANS
mAChR (muscarinic)	M	M_1	G_q, $\downarrow I_K$	ACh, muscarine	Atropine, diphenhydramine, ipratropium	ANS ganglia
	M	M_2	G_i, $\uparrow I_K \downarrow I_{Ca}$	ACh, muscarine		Heart
	M	M_3	G_q	ACh, pilocarpine		GI glands, eye
	M	M_4	G_i, $\uparrow I_K \downarrow I_{Ca}$	ACh		CNS
Dopamine	M	D_1	G_s, $\uparrow$cAMP	Dopamine		CNS
	M	D_2	G_i, $\downarrow$cAMP	Dopamine	Clozapine	CNS
Adrenergic	M	α_1	G_q, $\uparrow IP_3$	NE, phenylephrine	Prazocin	Vasculature
Epinephrine (Epi), norepinephrine (NE)	M	α_2	G_i, $\downarrow$cAMP	Epi, clonidine	Phentolamine	Heart, vasculature
	M	β_1	G_s, $\uparrow$cAMP	Epi, dobutamide	Propanolol, sotalol	Heart
	M	β_2	G_s, $\uparrow$cAMP	Epi, isoproterenol	Propanolol	Vasculature
Serotonin	I	$5\text{-}HT_3$	$\uparrow I_{Na}$, I_{Ca}	5-HT	Granisetron	CNS, GI
(5-hydroxytryptamine, or 5-HT)	M	$5\text{-}HT_1$	G_i, $\downarrow$cAMP	5-HT, triptans		CNS, vasculature
	M	$5\text{-}HT_2$	G_q, $\uparrow IP_3$	5-HT, lysergic acid	Clozapine	CNS, GI, smooth muscle, vasculature
	M	$5\text{-}HT_4$	G_s, $\uparrow$cAMP	5-HT		CNS, GI
	M	$5\text{-}HT_5$	G_i, $\downarrow$cAMP	5-HT		CNS
	M	$5\text{-}HT_6$	G_s, $\uparrow$cAMP	5-HT		CNS
	M	$5\text{-}HT_7$	G_s, $\uparrow$cAMP	5-HT		CNS, ANS
Histamine	M	H_1	G_q, $\uparrow IP_3$	Histamine	Diphenhydramine	CNS, airways, vasculature
	M	H_2	G_s, $\uparrow$cAMP	Histamine	Ranitidine	Heart, stomach
	M	H_3	G_i, $\downarrow$cAMP	Histamine	Ciproxifan	CNS
	M	H_4	G_i, $\downarrow$cAMP	Histamine		Mast cells
Substance P		NK1		Substance P		CNS, pain fibers
Neuropeptide Y		$Y_{1\text{-}2}$, $Y_{4\text{-}5}$	G_i, $\downarrow$cAMP	Neuropeptide Y		CNS
Nitric Oxide		*GC*	$\uparrow$cGMP	Nitric oxide		CNS, ANS
Purinergic	I	P2X	$\uparrow I_{Na}$, I_{Ca}	ATP	Suramin	Widespread

ACh = acetylcholine; AMPA = α-amino-3-hydroxy-5-methyl-4-isoxazolepropionic acid; ANS = autonomic nervous system; ATP = adenosine triphosphate; cAMP = cyclic adenosine monophosphate; cGMP = cyclic guanosine monophosphate; CNS = central nervous system; GABA = γ-aminobutyric acid; *GC = guanylyl cyclase*; GI = gastrointestinal; I = Ionotropic; I_{Ca} = Ca^{2+} current; I_{Cl} = Cl^- current; I_K = K^+ current; I_{Na} = Na^+ current; IP_3 = inositol trisphosphate; M = metabotropic; NMDA = N-methyl-D-aspartatic acid.

표 5.3 신호종료 기전

신경전달물질	종료
글루탐산염	글루탐산염 운반체에 의해 신경세포와 아교세포로 재흡수
감마아미노부티르산(GABA)	신경세포에 존재하는 GABA 재흡수 운반체와 아교세포에 의해 재흡수
아세틸콜린	*아세틸콜린에스테라아제*에 의해 시냅스틈새에서 분해
도파민, 노르에피네프린, 세로토닌	*Catechol-O-methyltransferase*에 의해 틈새에서 분해되고, Na^+-Cl^- 의존 운반체에 의해 재흡수되어 재활용되거나 *모노아민 산화효소*에 의해 분해
히스타민	히스타민 메틸전이효소와 *히스타미나아제*에 의해 분해
스브스탠스 P	전달물질-수용체 복합 내재화
산화질소	산화
삼인산아데노신	분해

표 5.4 아교세포와 이들의 기능

아교세포 종류	분포	기능
말초신경계		
슈반세포	축삭	말이집 형성, 식작용
위성세포	신경절	화학적 환경 조절
창자 신경계		
창자 아교세포	신경절	다양함
중추신경계(CNS) 별아교세포		
원형질	회색질	영양분 공급, 혈액-뇌 장벽 기능
섬유	백색질	복구
뮐러세포	망막	복구
베르그만 아교세포	소뇌	시냅스 가소성
희소돌기아교세포	백색질(일부는 회색질)	말이집
미세아교세포	CNS 전반	외상에 반응
뇌실막세포	뇌실	뇌척수액과 뇌 세포외액 사이의 물질교환을 조절

A. 말이집(myelination)

말이집은 말초신경계에서는 **슈반세포(Schwann cell)**에 의해, 중추신경계에서는 **희소돌기세포(oligodendrocyte)**에 의해 형성된다. 희소돌기세포는 여러 개 축삭에 말이집을 동시에 형성하지만 슈반세포 경우는 하나의 축삭에만 말이집을 형성한다. 아교세포는 돌기를 뻗어 축삭을 100번 이상 감싼다(그림 5.10). 세포질은 말이집을 형성하는 세포막 층 사이에서 빠져나오므로 지질층은 매우 빽빽하게 압축된다. 아교세포는 층이 완전히 형성된 후에도 생존해 있으며 핵과 나머지 세포질은 가장 바깥층에 존재한다.

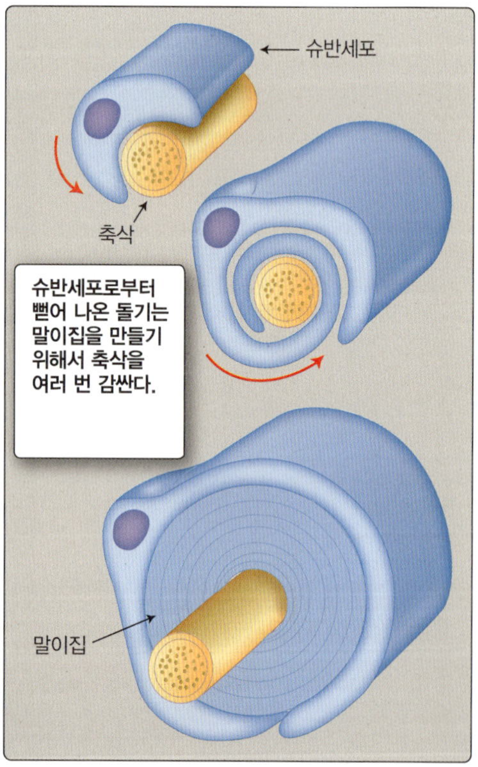

그림 5.10
말이집 형성

B. 칼륨 항상성(potassium homeostasis)

신경흥분 이후 막전위 정상화에는 K^+ 유출이 관여한다(그림 5.3 참조). 강력한 신경활동 동안 세포 외 K^+ 농도는 이러한 유출 결과로 유의하게 증가한다. 막전위는 세포 안팎 K^+ 농도차에 비례하므로(2·II·C 참조), K^+ 조성은 신경계 기능에 중요한 결정인자로 작용한다. 중추신경계에 가장 많이 존재하는 **별아교세포(astrocyte)**는 비흥분성이지만 K^+통로와 K^+운반체를 가지고 있어 활동하는 신경세포로부터 K^+을 흡수하여 중추신경계 비활동영역으로 K^+을 재배분한다(그림 5.11). 활성화된 영역에서 멀리 떨어진 곳으로 K^+을 농도경사에 따라 이동하게 하는 통로는 인접한 별아교세포를 연결하는 틈새이음(gap junction, 4·II·F 참조)이며, 이 연결을 통해 "**공간완충(spatial buffering)**"이 일어난다.

C. 신경전달물질 흡수와 재활용(neurotransmitter uptake and recycling)

글루탐산염(glutamate) 및 감마아미노부티르산(γ-aminobutyric acid, GABA), 글리신(glycine)은 중추신경계에 존재하는 세 종류의 대표적인 신경전달물질이다. 대부분 신경세포는 높은 빈도 자극 시 높은 농도로 전달물질이 방출되어도 시냅스 전달물질 수준을 잘 조절하며, 또한 주위 영역

임상 적용 5.2: 다발경화증(Multiple Sclerosis)

말이집은 정상적인 신경 소통을 위해서 반드시 필요하므로 말이집 혹은 이것을 만드는 세포에 영향을 미치는 질환에서는 파괴적인 생리적 효과를 초래한다. **다발경화증(MS)**은 중추신경계에서 발생하는 말이집탈락 질환이며 원인은 밝혀져 있지 않다. 증상은 자가반응 면역세포들에 의해 하나 혹은 그 이상의 말이집 구성성분에 대한 항체가 형성되어 나타난다. 말이집은 붓고 분해되어 축삭전도가 제대로 이루어지지 않으며, 컴퓨터전산촬영(computed tomography, 일반적으로 CT scan이라고 함)에서 관찰되는 병리학적 변화들이 일어난다. 환자들은 떨림(tremor)을 비롯하여 시력장애(visual disturbance), 자율신경계 장애(autonomic dysfunction), 쇠약(weakness), 피로 등 다양한 신경학적 증상을 호소한다. 다발경화증은 재발하는 특징을 보이며, 임싱적인 증상들이 급하게 시작된 후 기능이 부분적으로 혹은 완전히 회복되는 기간이 뒤따른다. 아직까지 다발경화증의 치료는 잘 알려져 있지 않으나 이 질환은 일반적으로 10~20년에 걸쳐 진행한다.

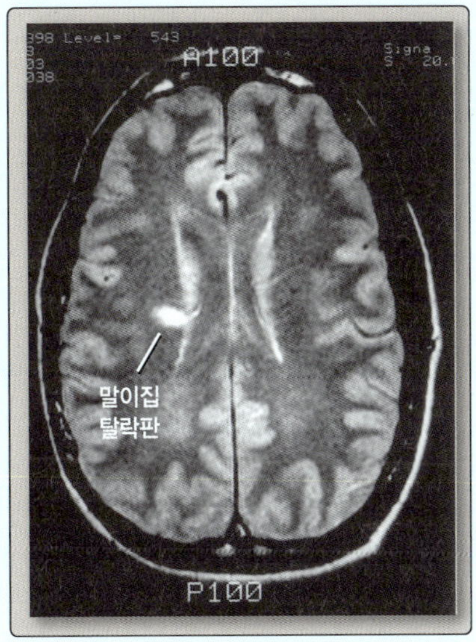

이마엽의 뇌실 주변 말이집탈락

으로 넘쳐나지 않도록 한다. 강력한 활동은 전달물질 합성경로에도 무리를 준다. 아교세포는 이러한 두 가지 현상에 도움을 준다. 이들은 발돌기(foot processes)를 시냅스 주위로 뻗어 높은 친화력의 운반계를 사용하여 틈새로부터 전달물질을 빨리 흡수한다(그림 5.12). 글루탐산염은 *글루타민합성효소*(*glutamine synthetase*)에 의해 글루타민으로 전환되어 시냅스이전종말로 들어온 후 *글루타민분해효소*(*glutaminase*)에 의해 다시 글루탐산염으로 전환된다. 글루타민은 GABA 합성을 위해 억제신경세포로 분배되기도 한다. GABA 신경세포(GABAergic neuron)는 매우 한정된 글루타민 여유를

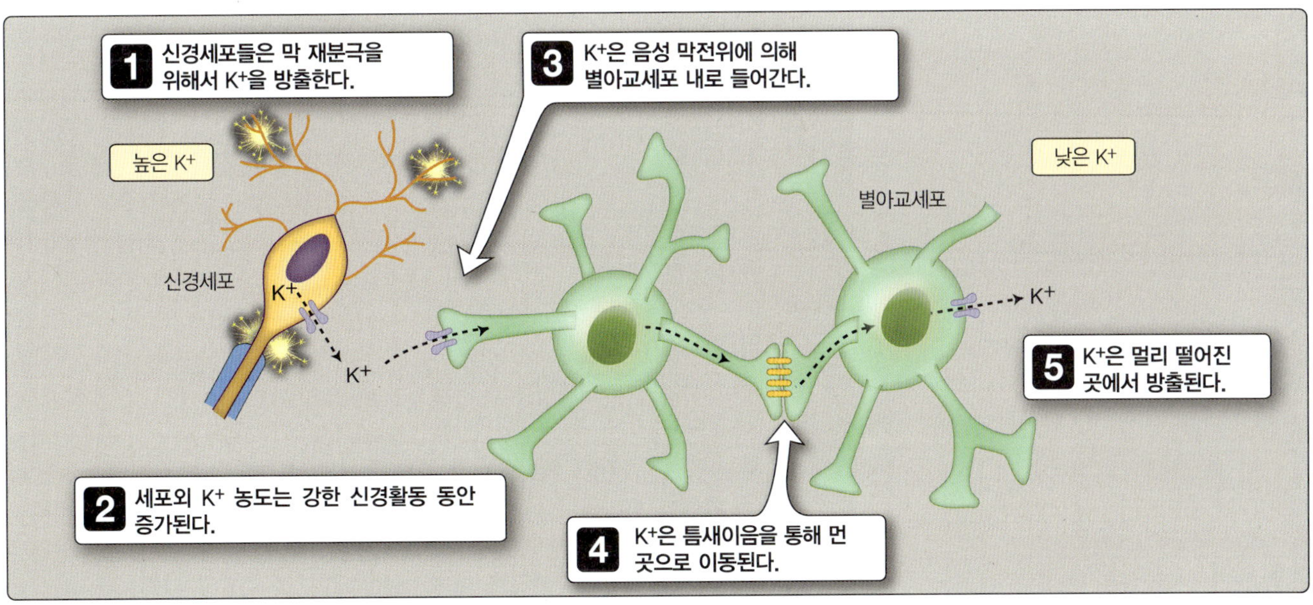

그림 5.11
공간 완충

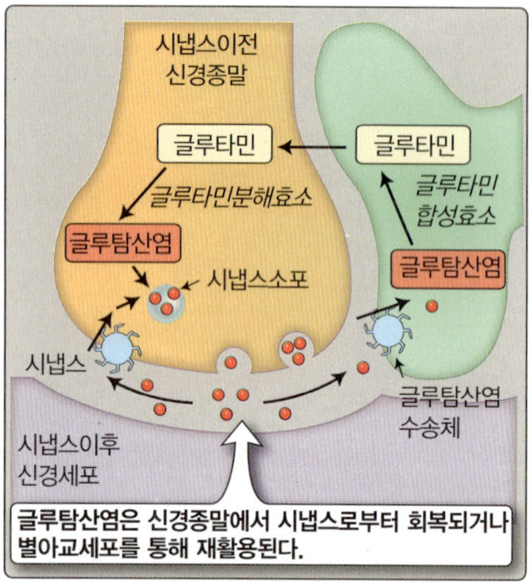

그림 5.12
별아교세포에 의한 신경전달물질의 재활용

가지고 있어 지속적인 신호전달을 위해서 필요한 기질을 제공하는 아교세포가 필요하다.

D. 영양물질 공급

신경세포의 지속적인 활동은 산소와 포도당에 매우 의존적이어서 신경계가 인체 총 사용량의 20%를 소비한다. 아교세포는 이러한 요구량에 잘 부합될 수 있도록 하는데 매우 중요한 역할을 하고 있다(혈관-뇌 장벽을 유지함에 있어서 아교세포의 역할에 관해 서술한 21·II을 참조).

1. **젖산염운반(lactate shuttle):** 별아교세포는 혈관계로부터 신경세포로 포도당을 이동시킨다. 이들은 발돌기를 뻗어 뇌 모세혈관을 감싸고 운반체를 이용하여 혈액으로부터 포도당을 흡수한다. 이후 포도당은 틈새이음을 통해서 아교세포망 전체로 확산된다. 일부 포도당은 글리코겐(glycogen)으로 전환되고 나머지는 젖산으로 대사된다. 젖산염은 다시 세포외액으로 배설되어 주위 신경세포로 재흡수된다. 이러한 과정을 **젖산염운반**이라고 한다.

2. **저장:** 신경세포에는 저장된 에너지가 거의 없다. 신경활동 변화와 혈중 포도당 농도 감소에 대처하기 위한 지속적인 젖산염 공급을 유지하기 위해 신경세포는 별아교세포에 의존하고 있다. 별아교세포는 광범위한 글리코겐 저장고와 필요 시 글리코겐을 젖산염으로 전환시키기 위한 경로를 가지고 있다.

VI. 신경(NERVE)

신경세포(neuron)와 **신경(nerve)**은 간혹 혼동을 초래한다. 신경세포라 함은 하나의 흥분성세포를 말한다. 신경은 현대 원거리 통신선과 유사하게 말초에 분포하고 있는 **신경섬유**(축삭과 주위 지지세포들)의 다발이다.

A. 전도속도(conduction velocity)

신경을 구성하고 있는 개개의 섬유 특성은 매우 다양하다. 일부는 가늘고 말이집이 없으며 느리게 전도한다. 다른 것들은 굵고 말이집이 있으며 흥분파를 매우 빨리 전도한다. 굵은 섬유는 가는 것들에 비해 더 많은 공간을 차지하고 대사를 유지하기 위해 더 많은 비용을 지불한다. 굵은 섬유는 소통 속도가 가장 중요한 요소일 때만 사용되므로, 실제적으로 가장 빠른 섬유는 운동반사에 사용된다(그림 5.4와 표 11.1 참조).

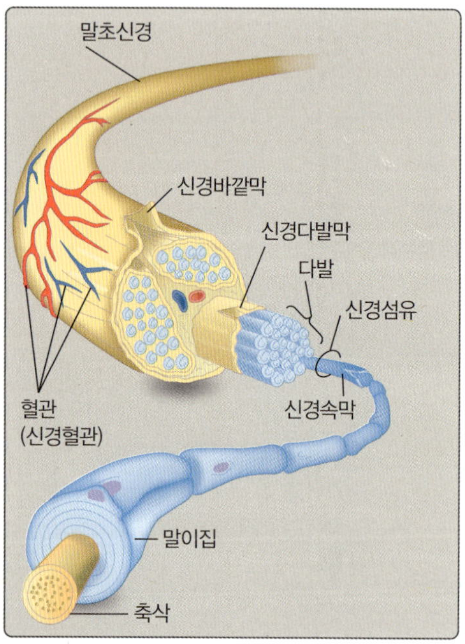

그림 5.13
말초신경 해부학

B. 조합(assembly)

개개의 신경섬유는 **결합조직(신경속막[endoneurium])** 내에 느슨하게 싸여 있으며 여러 개가 합쳐져서 **다발(fascicle)**을 형성한다(그림 5.13). 다발 역시 결합조직(**신경다발막[perineurium]**)에 싸여져 있으며 최종적으로 여러 개 다발은 혈관과 같이 묶여 **신경**을 형성한다. 신경은 결합조직(**신경바깥막[epineurium]**)의 매우 질긴 막으로 튼튼하게 보호되고 있다. 말초신경은 보행과 같은 기계적인 자극에 쉽게 노출이 되므로 보호를 위해서는 여러 개 강화된 층이 필요하다.

C. 신경절(ganglia)

신경을 구성하는 축삭의 세포체들은 **신경절(ganglia)**이라 불리는 팽창된 부분에 몰려 있다. 신경절은 신경세포 사이에서 정보를 중계하는 곳이며, 또한 반사궁과 신호 처리를 위한 내재회로를 가지고 있다.

D. 종류(type)

신경은 이들이 전달하는 정보 종류에 따라 구분할 수 있다. **들신경(afferent nerve)**은 다양한 신체부위로부터 중추신경계로 감각정보를 전달하는 섬유가 포함되어 있다. **날신경(efferent nerve)**은 중추신경계에서 시작되고 뼈대근육을 지배하는 **몸**운동신경과 자율신경계의 내장운동신경을 포함하고 있다. 일부 말초신경은 감각과 운동신경 두 가지를 다 포함하는 경우도 있다 **(mixed nerve)**. 이것을 통해 같은 신경에서 주행하고 있는 반사궁이 형성된다. 예로서 미주신경의 경우는 음식이 위에 들어가면 중추신경계로 정보를 전달한다. 중추신경계는 미주신경 내에 포함되어 있는 날신경을 통해 위반사를 만드는 운동명령을 내보낸다(30·IV·A 참조). 이런 반사를 **미주신경반사(vagovagal reflex)**라고 부른다.

5장 요약

- **신경계는 중추신경계(CNS)**와 **말초신경계(PNS)**로 구성되어 있다. **자율신경계(ANS)**는 중추신경계와 말초신경계의 기능적 아류이다. CNS는 뇌와 척수 신경세포를 포함한다. PNS는 **감각**과 **운동정보**를 전달하는 신경을 포함한다. ANS는 내부장기 기능을 감독하고 조정한다.
- 신경세포는 **흥분세포**이며 **활동전위**를 통해 신경세포들끼리와 표적기관들과도 소통한다. 전기신호는 **시냅스**에서 **화학신호전달물질**을 이용하여 하나의 세포에서 다음 세포로 중계된다.
- 신경전달물질은 가스 및 폴리펩티드를 포함한 다양한 그룹이다. 중추신경계는 **아미노산**(글루탐산염, 아스파르테이트, 글라이신, 감마아미노부티르산)과 같은 작은 분자를 전달물질로 사용한다. **아세틸콜린**은 신경근육접합부와 자율신경계의 일부 신경세포에서 신경전달물질로 사용된다. ANS와 CNS는 **모노아민**(도파민 및 노르에피네프린)도 전달물질로 사용한다.
- 전달물질은 시냅스이후 세포막에 존재하는 수용체 특성에 따라서 시냅스이후 세포를 흥분 혹은 억제시킨다. **흥분전달물질**은 시냅스이후 세포를 **탈분극**시키고(**흥분시냅스이후전위**), 반면에 **억제전달물질**은 **과분극**을 유발하고 흥분성을 낮춘다(**억제시냅스이후전위**).
- 중추신경계 신경세포는 가지돌기를 통해 수천 개의 시냅스 입력이 들어온다. 신경세포 가지돌기의 전기적 특성은 약한 입력은 전파하지 않는다. 강한 입력은 **가중**이 되어 막전위를 **흥분을 위한 문턱값** 이상으로 올려 신경세포가 활동전위를 만들 수 있도록 한다.
- 신경세포 기능은 **아교세포**들에 의해 뒷받침 받고 있다. 아교세포는 세포 외 이온농도를 조절하고, 신경전달물질 흡수와 **재사용**에도 관여하며 영양물질 공급, 축삭에 **말이집**을 만드는데도 관여한다.
- 말이집은 말초신경계에서는 **슈반세포**에 의해서, 중추신경계에서는 **희소돌기아교세포**에 의해 만들어지는 절연물질이다. 말이집은 축삭을 따라 전파되는 전기신호의 속도를 증가시킨다. 말이집은 아교세포의 세포막이 여러 층 겹쳐져 형성된다. 말이집신경은 반응속도가 중요한 **반사궁**에 사용된다. **운동신경**은 신호 전파속도를 보다 증가시키기 위해 다른 신경보다 굵다.
- **신경**은 축삭과 지지세포의 다발이다. 말초신경은 감각세포로부터 중추신경계로 들신호를, 또한 중추신경계로부터 효과세포로 날신호를 혹은 혼합된 신호를 전달한다.

6 중추신경계

I. 개요

중추신경계(CNS)는 척수와 뇌로 구성되어 있다(그림 6.1). 척수는 말초신경계(PNS)와 뇌 사이 감각 및 운동정보를 전달하는 굵은 통신선로이다. 또한 척수는 근육반사를 유발하는 내재회로를 가지고 있다. 감각 자료를 분석하고 이를 바탕으로 척수와 말초 날신경을 통해 적절한 반응을 실행하는 신경회로를 가지고 있는 뇌는 매우 복잡한 자료 분석기이다. 뇌의 많은 부분은 다양한 감각계로부터의 정보를 통합하고, 또한 인체가 소리에 의미를 부여하고 특별한 기억과 냄새를 연관시키고, 사물과 얼굴을 인식하는 등 연합적인 기능에도 관여하고 있다. 연합구역은 추상적인 생각 및 언어 기술, 사회성, 학습과 기억 등을 수행한다. 인체는 양측성이므로 대부분의 경우 척수와 뇌 구조는 중앙을 경계로 거울에 비추어지는 형태를 가진다. 감각과 운동 정보는 뇌와 말초사이 경로 중 일정 부위에서 정중선을 지나간다. 실제적으로 뇌 왼쪽부위는 신체 오른쪽을 조절하며 혹은 그 반대일 수 있다. 뇌는 4개의 기본적인 영역으로 구분한다: **뇌줄기(brainstem)**와 **소뇌(cerebellum)**, **사이뇌(diencephalon)**, **대뇌반구(cerebral hemispheres, triencephalon)**. 중추신경계의 모든 기능을 논하는 것은 이 책의 범위를 벗어나는 것이기에 중추신경계 감각 및 운동 측면만을 중점적으로 다루고자 한다. 뇌 고등기능에 관련되어서는 *LIR Neuroscience*를 참조하라.

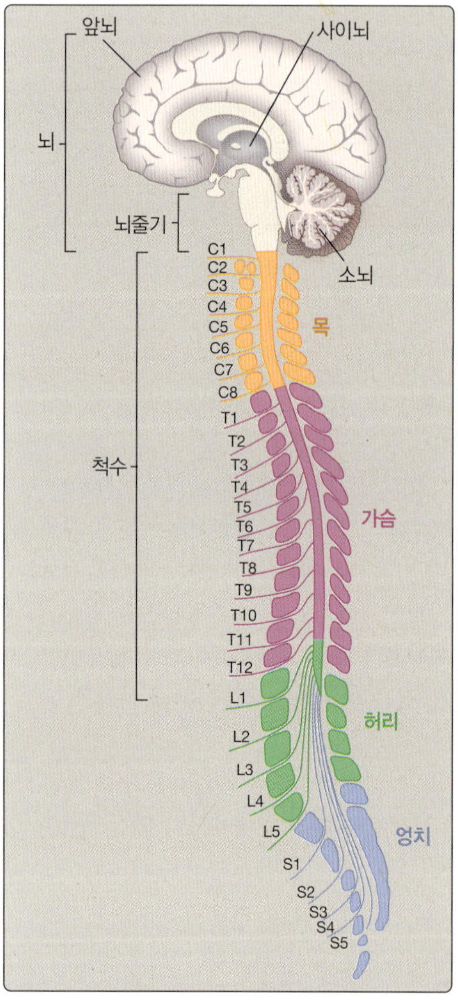

그림 6.1
중추신경계. C1~C8 및 T1~T12, L1~L5, S1~S5는 척수신경이다.

II. 척수(SPINAL CORD)

척수는 척수관에 의해 싸여 있으며, 머리뼈 바닥에 있는 큰구멍(foramen magnum)에서 시작하여 두 번째 허리뼈까지 뻗어 있다.

A. 분절(segment)

척주(vertebral column)는 척주뼈가 연속해서 쌓여 있는 것이며 해부학적으로 다섯 개 영역, 즉 **목(cervical)** 및 **가슴(thoracic)**, **허리(lumbar)**, **엉치(sacral)**, **꼬리(coccygeal)**로 구분한다. 목과 가슴, 허리 척추뼈는 뼈들이 관절로 이어질 수 있도록 하는 척추사이원반에 의해 분리되어 있으나 엉치와 꼬리 척추뼈는 융합되어 각각 **엉치뼈(sacrum)**와 **꼬리뼈(coccyx)**를 형성한다. 척수는 31개로 나누어지며 각각은 이름을 가지고 있다. 31쌍(인체의 반쪽 부분에 하나씩)의 척수신경은 각 해당 분절에서 나온다(그림 6.1 참조). 척수는 엉치뼈에 닿기 전에 끝나지만 척수신경은 적절한 수준에서 밖으로 나가기 전까지는 척수관 내에서 꼬리쪽으로 내려간다.

> 입쪽(rostral)과 꼬리쪽(caudal)은 각각 "부리"(beak, 혹은 입)와 "꼬리"(tail)를 의미하는 해부학 용어이다. 이들은 일반적으로 중추신경계에서 정보가 진행되는 방향을 의미한다.

B. 신경(nerve)

척수신경은 말초신경계의 한 부분이며, 일반적으로 해당 영역 조직을 지배하는 **감각들신경(sensory afferent)**과 **운동날신경(motor efferent)**을 포함한다(간혹 척수신경은 **혼합척수신경[mixed spinal nerve]**이라고 불리기도 한다). 그러므로 목영역으로부터 나오는(C2) 신경은 머리와 목 운동을 조절하고 엉치신경(S2와 S3)은 방광과 대장에 분포한다.

1. **감각(sensory):** 몸 및 자율신경계 감각섬유는 말초신경을 통해 척수로 간다(그림 6.2). 이들은 피부로부터 통각 및 온도, 촉각감각; 근육과 관절수용체로부터 고유감각; 등 다양한 내장수용기로부터 감각신호를 전달한다. 많은 말초신경이 모여 척수신경 **뒤뿌리(posterior root)**를 형성한 후 **척수사이구멍(intervertebral foramen)**을 통해 척수관으로 들어간다. 이들 신경의 세포체는 구멍 내에서 **척수신경절(spinal ganglion)**을 형성하면서 여기에 모여 있다. 뒤뿌리는 여러 개의 **잔뿌리(rootlet)**로 나누어져 척수로 들어간다. 감각신경은 뇌로 가는 도중에 신경핵에서 시냅스를 한 후 입(머리) 쪽으로 진행한다. 감각들신경 가지는 운동신경과 혹은 운동신경과 시냅스를 하고 있는 중간신경과 직접 시냅스를 하며, 이것들에 의해 국소척수반사가 일어난다(11·III 참조).
2. **운동(motor):** 뇌에서 꼬리쪽으로 진행하는 운동날신경은 척수 내에서 말초운동신경과 시냅스를 한다. 이들 신경은 몸 및 자율 운동날신경을 포함한다. 이들은 **앞잔뿌리(anterior rootlet)**를 통해 척수에서 나가면서 합쳐져 **앞뿌리(anterior root)**를 형성하고, 척수신경 내에서 감각신경과 나란히 달리면서 말초 쪽으로 간다.

C. 로(tract, 길)

척수 내부를 간단하게 설명하면 나비모양을 하고 있는 회색질 중간부위와 이를 둘러싸고 있는 백색질로 구성되어 있다(그림 6.3) 백색질은 말초신경과 뇌 사이에 정보를 전달하는 동일한 기원과 행선지를 가진 신경섬유 다발로 구성되어 있다. 말초로부터의 감각신경 섬유는 별개로 분리된 **오름길(ascending tract)**을 통해 뇌를 향해 머리쪽으로 진행한다. **내림길(descending tract)**은 중추신경계에서 말초쪽으로 가는 운동날신경 다발을 포함한다. 길은 기원과 행선지에 의해 이름이 지워진다. 예로서 **척수시상로(spinothalamic tract)**는 척수에서부터 시상까지 통각섬유를 전달한다. **겉질척수로(corticospinal tract)**는 대뇌겉질에서부터 척수까지 가는 운동신경을 포함한다. 이들 로는(**다발[fasciculus]**)로도 알려져 있음) **뒤(posterior)** 및 **가쪽(lateral)**, **앞(anterior)기둥(column)**(**섬유단[funiculus]**)으로도 알려져 있음)으로 구분한다. 회색질 나비의 "날개"는 **뒤(posterior)**와 **앞뿔(anterior horn)**로 구분되며 신경세포 사이에서 정보가 진행되는 시냅스 중계국 역할을 한다. 여기에는 신경세포체가 존재하

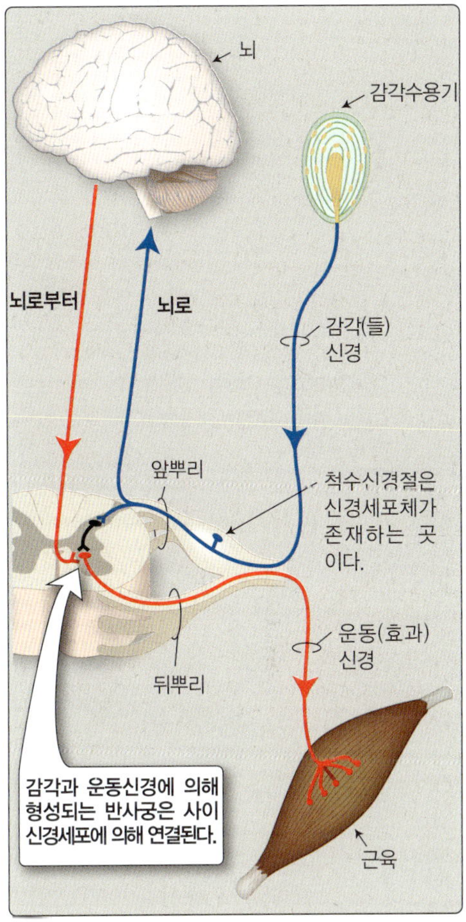

그림 6.2
감각 및 운동 경로

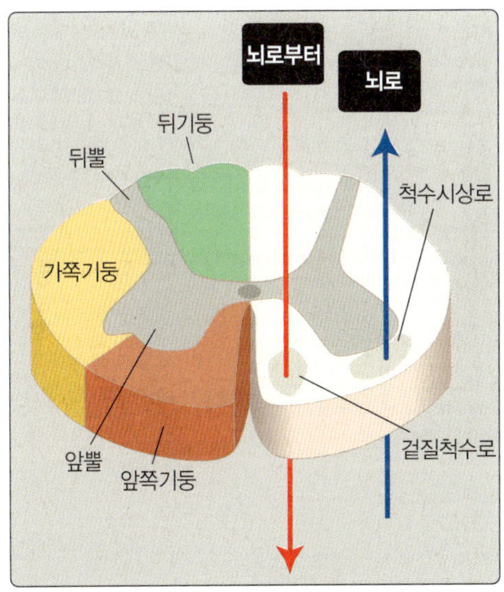

그림 6.3
척수 구조

며 기능적으로 연관이 있는 것들끼리 혹은 **핵(nucleus)**의 형태로 밀집되어 있다. 척수 양쪽 편 회색질은 정중선을 가로질러 정보를 전달하는 섬유다발을 포함하는 **맞교차(commissure)**에 의해 연결되어 있다.

> 중추신경계의 조직 색깔은 백색과 회색을 띠고 있다. 백색질은 주로 말이집신경 축삭으로 구성되어 있다(말이집에 의해 백색을 띰). 회색질은 세포체와 가지돌기, 민말이집 축삭으로 구성되어 있다.

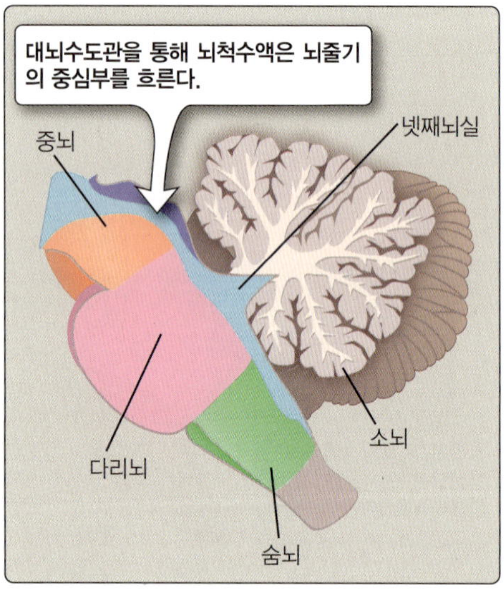

그림 6.4
뇌줄기 구조

III. 뇌줄기(BRAINSTEM)

뇌로 가는 모든 감각 및 뇌로부터 오는 모든 운동정보는 뇌줄기를 거친다(그림 6.4). 뇌줄기에는 뇌와 말초 사이를 오가는 정보의 중개역 역할을 하는 여러 개의 중요한 핵들이 위치하고 있다. 12쌍의 **뇌신경(cranial nerve, CN)** 중 대부분은 역시 뇌줄기에 존재하는 신경핵에서 시작한다(그림 6.5). 뇌신경은 머리와 목의 감각 및 운동 지배에 관여하며, 또한 시각 및 청각, 후각, 미각 이외에 많은 기능을 수행하는 신경을 포함하고 있다. 뇌줄기에 존재하는 내재회로는 감각정보에 반응하는 반사를 조정하는 중추로서 작용한다. 이들 중추의 위치와 기능은 7장에서 보다 자세히 다룬다. 뇌줄기는 해부학적으로 세 개의 영역으로 나눈다:

- **숨뇌(medulla)**: 숨뇌에는 호흡과 혈압 조절 및 삼키기와 구토, 기침, 재채기 반사 조절에 관여하는 자율신경핵이 존재한다.
- **다리뇌(pons)**: 다리뇌는 호흡조절에 관여한다.
- **중간뇌(midbrain)**: 중간뇌는 눈운동 조절에 관여하는 영역을 포함한다.

> CN I과 CN II는 뇌줄기에서 시작하지 않는다. 후각신경(olfactory nerve)인 CN I은 코 안 천장에 있는 후각상피로부터 정보를 직접 후각망울(olfactory bulb)로 전달하는 감각신경이다. 시각신경(optic nerve)인 CN II는 사이뇌(diencephalon) 수준에서 뇌로 들어간다.

IV. 소뇌(CEREBELLUM)

소뇌는 운동조정의 미세조절과 습득된 일련의 운동 진행을 보다 부드럽게 실행하도록 한다(11·IV·C 참조). 소뇌 기능은 강력한 통합적인 계산 능력을 필요로 하므로 비록 총 뇌 중량의 10% 전후를 차지하는 작은 영역임에도 불구하고 뇌의 다른 영역을 합친 것보다 더 많은 신경세포가 존재한다. 소뇌는 굵은 들신경 및 날신경 다발로 구성된 세 개의 **다리(peduncle)**를 통해 뇌줄기와 연결되어 있다. 소뇌는 뼈대근육과 힘줄, 관절, 피부, 시각, 안뜰계통으로부터의 감각정보와 운동조정에 관여하는 모든 중추신경계 영역으로부터 입력정보를

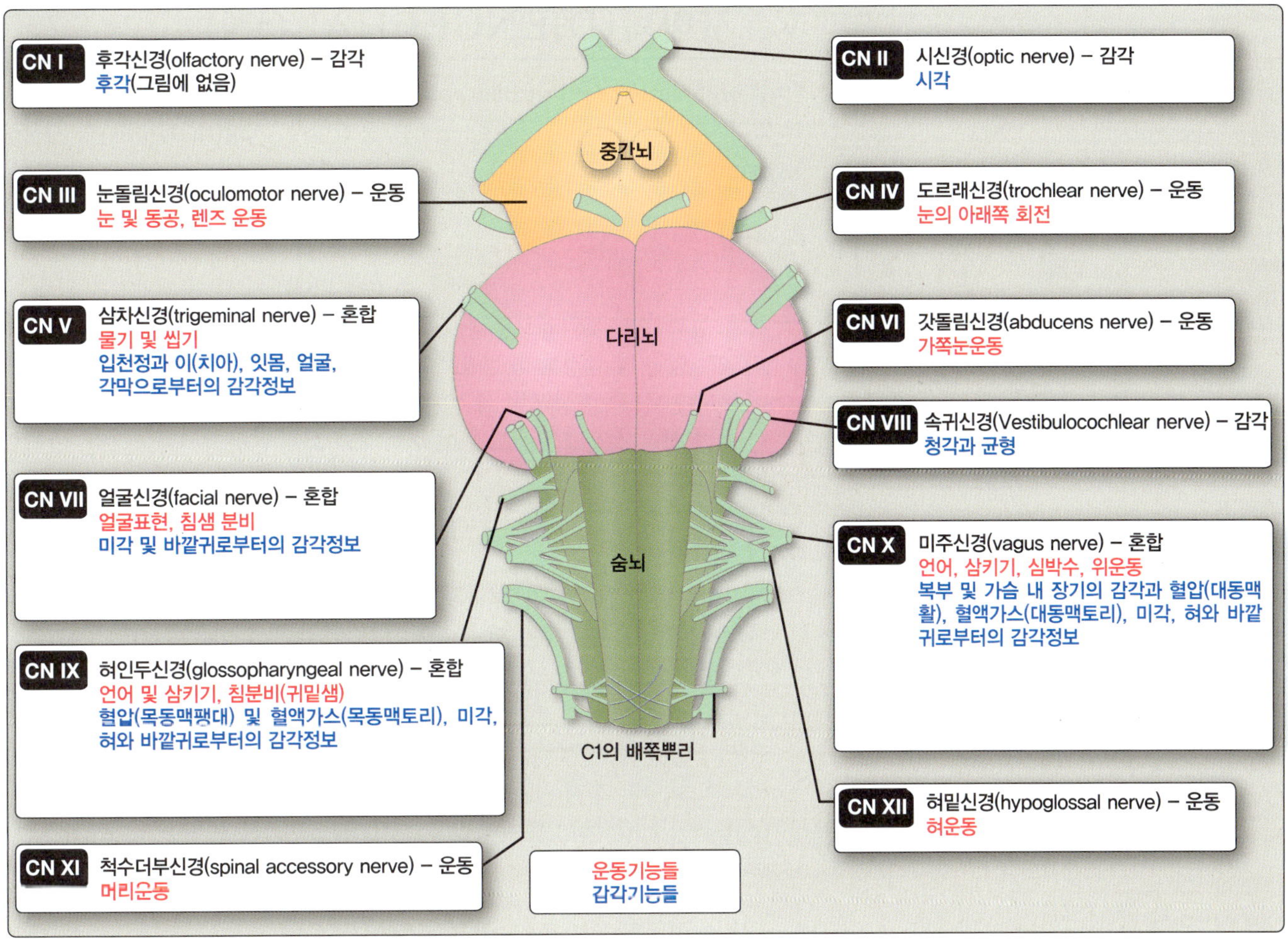

그림 6.5
뇌신경 기능. C1 = 제 1 목뼈

받고 있다. 소뇌는 대부분의 이들 영역으로 신호를 되돌려 보내 이들 영역에서의 출력신호를 수정한다(그림 6.6). 운동명령과 감각정보 통합은 엄청난 숫자의 가지돌기 때문에 이름을 얻게 된 신경세포인 **조롱박세포(Purkinje cell)**가 포함된 되먹임(feedback) 및 피드포워드(feedforward) 회로를 이용하여 이루어진다. 가지돌기는 수십만 개의 시냅스이전신경세포로부터 정보가 들어오는 곳이다. 소뇌 신경회로는 입력되는 감각신호를 참조하여 운동이 잘 이루어질 수 있도록 하며 이러한 작용은 운동이 수행되고 있는 동안에도 일어난다.

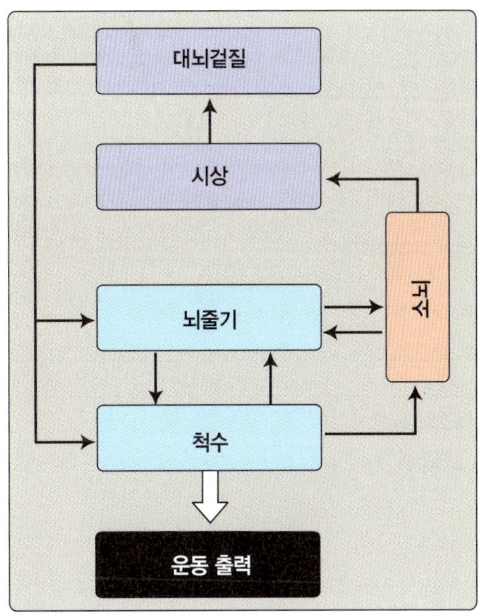

그림 6.6
중추신경계 구성요소의 기능적 관계

> 소뇌손상은 마비를 초래하지는 않지만 현저한 운동장애를 초래한다(**실조[ataxia]**; 조화된 운동능을 보이지 못함). 소뇌 손상을 가진 환자는 마치 알코올중독 환자 같이 갈짓자걸음(staggering gait)으로 걷는다. 이들은 또한 불명료한 언어(slurred speech)와 삼키기 및 눈 운동에 어려움을 보인다.

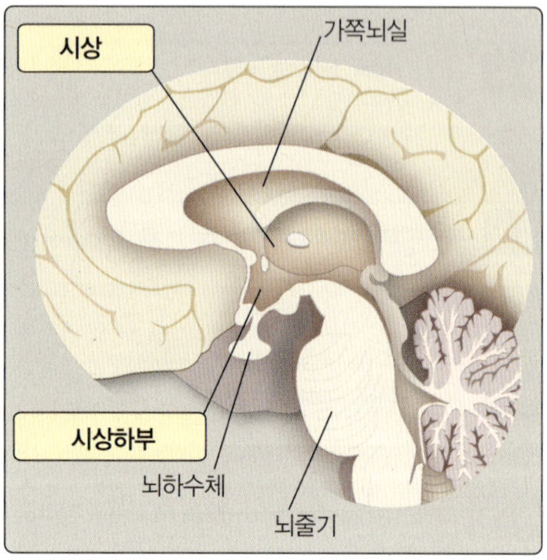

그림 6.7
시상과 시상하부 위치

V. 사이뇌(DIENCEPHALON)

앞뇌(forebrain)는 **사이뇌(diencephalon)**와 **끝뇌(telencephalon)**로 구성되어 있다. 사이뇌는 2개의 중요한 구조를 포함한다: **시상(thalamus)**과 **시상하부(hypothalamus)** (그림 6.7).

A. 시상

말초로부터의 감각정보는 의식적 수준에 도달하기 전 처리과정을 위해 **시상**을 통과한다. 후각계로부터 출력이 유일한 예외이며 시상을 우회해서 처리되지 않은 후각정보가 겉질로 직접 전달된다. 시상은 의식이 있는 상태에서 수면과 각성 상태를 조정한다. 시상 손상은 깊은 혼수를 유발하기도 한다. 시상은 운동조정에도 관여하며 대뇌 겉질 운동영역과 연결된 영역도 가지고 있다.

B. 시상하부

시상하부는 7장에서 자세하게 다루게 될 중요한 자율신경계 조절중추이다. 이것의 기능은 체온 및 음식물섭취, 갈증과 수분균형, 혈압조절 등이며, 이외에도 공격(aggression)과 분노(rage) 조정에도 관여한다. 시상하부는 직접적인 신경연결을 통해 뇌줄기에 있는 자율신경계 중추를 조절하며, 또한 내분비계도 조절하고 있다. 호르몬 합성과 방출(옥시토신과 항이뇨호르몬)을 통해 내분비계를 직접 조절하기도 하며, 뇌하수체 호르몬(pituitary hormone) 분비에 영향을 미치는 호르몬 분비를 통해 간접적으로 조절하기도 한다.

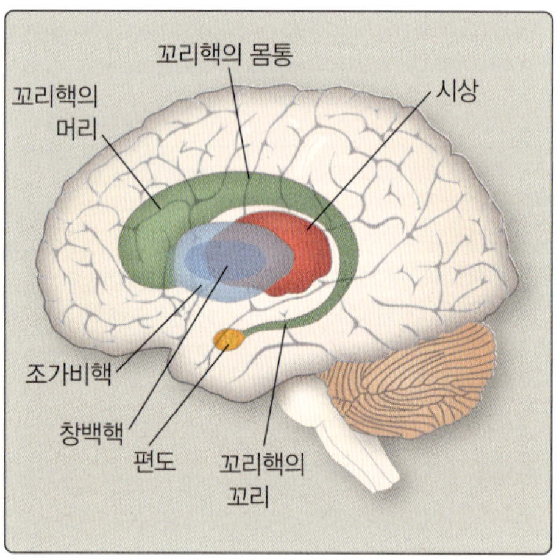

그림 6.8
바닥핵

VI. 끝뇌(TELENCEPHALON)

끝뇌(telencephalon) 혹은 **대뇌(cerebrum)**는 인간 지능과 연관된 곳이다. 이것은 **바닥핵(basal ganglia)**과 **대뇌겉질(cerebral cortex)**을 포함하는 두 개의 대뇌반구로 구성되어 있다.

A. 바닥핵

바닥핵은 기능적으로 연관이 있는 핵의 집합체이며(그림 6.8) 운동조정에 영향을 미치기 위해 대뇌겉질 및 시상과 밀접한 연관을 이루고 있다. 이들 기능은 11장에서 다루기로 한다. 바닥핵을 이루고 있는 가장 중요한 구조는 **꼬리핵(caudate nucleus)**과 **조가비핵(putamen**; 두 핵이 합쳐서 **줄무늬체[striatum]**를 형성), **창백핵(globus pallidus)**이다.

B. 대뇌겉질(cerebral cortex)

대뇌겉질은 의식적인 사고와 인식, 언어, 학습, 기억에 관여한다.

1. **해부학:** 겉질은 6층으로 구성되어 있는 일종의 신경조직 판이라고 할 수 있으며 150억~200억 개($1.5-2.0 \times 10^{10}$)의 신경세포를 함유하기 위해 주름져 있다. 주름**(이랑[gyrus])**은 **고랑(sulcus**, groove)에 의해 분리된다. 깊은 **틈새(fissure)**는 겉질을 네 개의 엽(lobe)으로 구분한다: 이마(frontal), 마루(parietal), 뒤통수(occipital), 관자(temporal) (그림

6.9). 각 엽은 세포구조학 측면에서 확연히 구분되는 영역을 포함하고 있으며 이 영역은 특수한 기능과도 연관된다.

2. **기능:** 겉질은 기능적으로 세 개의 영역으로 나눌 수 있으며 양측 반구의 각 영역은 연결되어 있다: **감각(sensory)**, **운동(motor)**, **연합(associative)**.

   a. **감각:** 감각영역은 감각기로부터 전달된 정보를 처리하는 곳이다(8~10장 참조). **일차감각영역(primary sensory region)**은 시상으로부터 직접 정보를 받아서 처리하는 곳이다. 공간정보(spatial information)는 일련의 정보흐름 형태로 잘 보존되어 감각기로부터 감각영역까지 전달되며 겉질 해당영역에 정확하게 지도 형태로 투사된다(**topographic mapping**). 그러므로 일차시각겉질 내에서 흥분 형태는 망막으로 들어오는 빛 형태가 그대로 반영된 것이다.

   b. **운동:** 운동영역은 운동명령을 계획하고 실행하는데 관여한다. **일차운동영역(primary motor area)**은 운동을 실행하는 곳이다. 이 영역으로부터의 축삭은 척수로 뻗어나가 척수에서 운동신경과 시냅스를 하고 이들을 흥분시킨다. **보조운동영역(supplementary motor area)**은 운동 계획과 미세한 조정에 관여한다(11장 참조).

   c. **연합:** 대부분 대뇌겉질 신경세포는 연합기능에 관여한다. 각 겉질 감각영역은 해당하는 연합영역으로 정보를 전달한다. 예를 들면, 색깔과 빛, 음영 형태가 여기서 인간 얼굴로 인식되거나, 연결된 음색이 우는새(songbird)로부터 오는 것으로 인식되는 것 등이다. 다른 연합영역에서는 보다 고차원적인 정신기능을 수행하기 위해 뇌 나머지 영역에서 오는 감각정보를 통합한다. 고차원적인 정신기능에는 추상적 사고와 언어 습득, 음악과 수학적 기술, 사회적 유대관계를 유지하는 능력 등이 포함된다.

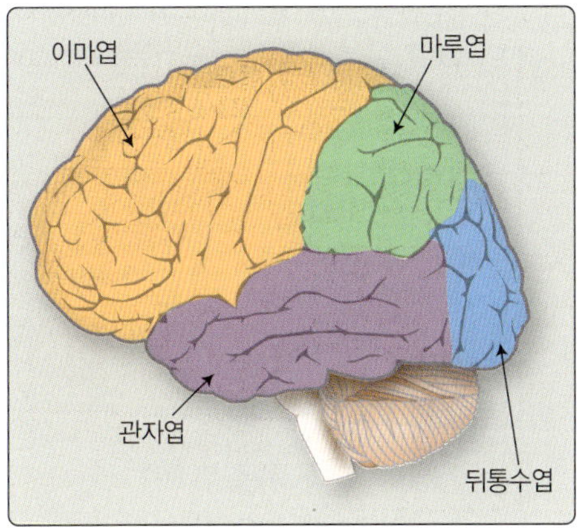

그림 6.9
겉질의 엽들

VII. 뇌척수액 (CEREBROSPINAL FLUID)

중추신경계는 생존의 모든 측면에서 중추적인 역할을 하고 있으므로 여기에 존재하는 신경세포는 여러 단계의 보호와 지원을 받아야 한다.

A. 보호층(protective layer)

21장(21.11.B 참조)에서 자세히 언급을 하겠지만 혈액-뇌 장벽의 기능은 혈액에서 유래된 각종 화학물질로부터 중추신경계 신경세포를 보호하는 것이다. 중추신경계는 세 개의 막(**수막[meninge]**)과 뇌척수액층, 가장 바깥쪽 뼈를 포함한 총 다섯 개의 보호층에 싸여 있다(그림 6.10). 수막은 **연막(pia mater)**과 **거미막(arachnoid mater)**, **경막(dura mater)**으로 구성된다.

1. **연막:** 뇌와 척수 전체 표면은 **연막**(라틴어로 "충실한 엄마, dutiful mother"를 의미)이라고 부르는 얇은 섬유성막에 견고하게 부착되어 있다. 연막의 대뇌 부위는 별아교세포 발돌기의 연속적인 층에 의해 제 위치에 고정되어 있다.

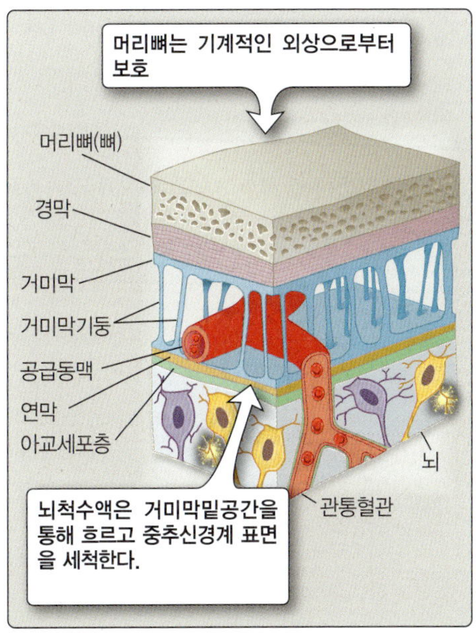

그림 6.10
뇌를 보호하고 뇌척수액(CSF) 경로를 제공하는 층

임상 적용 6.1: 세균수막염(Bacterial Meningitis)

세균수막염은 뇌척수액 세균감염과 수막 염증에 의해 발생되는 생명을 위협하는 질환이다.[1] 이 질환은 세계적으로 세균감염으로 인한 사망의 가장 흔한 원인이다. 수막염의 가장 흔한 지역감염 원인균은 폐렴사슬알균(*Streptococcus pneumonia*, ~70%)과 수막염균(*Neisseria meningitiditis*, 12%)이며, 병원 내 감염의 원인균은 포도알균(*Staphylococcus*)이다. 세균에 의한 감염은 혈액-뇌 장벽을 넘어가 뇌척수액 내에 세균집락(colony)을 형성하며 뇌 및 척수를 침범한다. 증상은 비교적 빠르게 발현되며 심한 두통과 목경축(nuchal/neck rigidity), 정신상태 변화의 세증후(triad)를 포함한다. 대부분 환자는 고열을 동반한다. 목경축은 머리를 굽히거나 돌릴 때 심한 통증과 근육 경직에 의해 발생되며, 목 부분 수막 염증을 의미한다. 부기를 줄이고 감염에 역점을 둔 즉각적인 치료를 통해 대부분의 경우 완전히 회복된다.

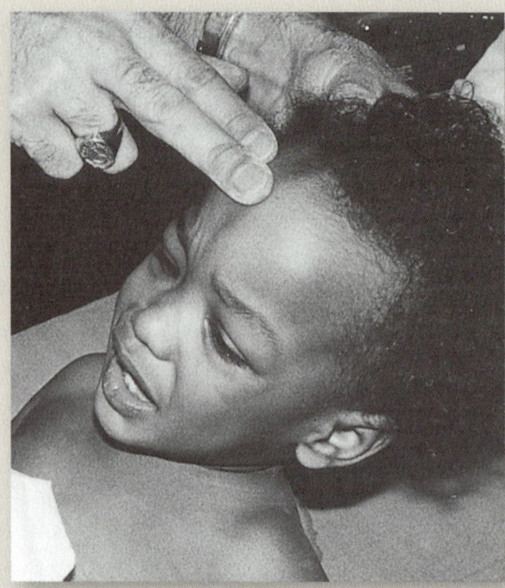

환자 머리를 들어 올리면 목을 굽히기보다는 어깨를 들어 올린다(목경축).

2. **거미막:** 거미막은 거미집 같은 구조를 가질 수 있도록 하는 작은 구조물인 **기둥(trabeculae)**에 의해 연막과 약하게 연결된 층을 이루고 있는 상피막층으로 구성되어 있다. 기둥은 **거미막밑공간(subarachnoid space)**을 만들고 이것들 사이로 뇌척수액은 뇌의 표면 위를 아무런 제약 없이 흐를 수 있다. 뇌척수액층은 뇌를 외부충격으로부터 보호하는 것을 포함한 다양한 기능을 가지고 있다(아래 참조).

3. **경막:** "질긴 엄마(tough mother)"는 2층으로 구성된 두껍고 가죽처럼 질긴 막이다. **안수막층(meningeal** layer)은 거미막에 단단하게 부착되어 있으며 뇌와 척수 전 표면을 덮고 있다. 머리뼈는 **뼈막층(periosteal** layer)에 의해 덮여 있다. 두 개 층은 혈액과 뇌척수액이 뇌로부터 빠져나가 순환계로 들어가는 통로인 **머리뼈안정맥굴(intracranial venous sinus)**을 만들기 위한 공간을 제공한다.

4. **뼈:** 머리뼈는 뇌를 보호하고 있다. 척수는 척주관 내에 놓여 있으며 척주에 의해 보호받고 있다.

B. 기능

뇌척수액은 중추신경계 조직을 감싸 액체에 담겨져 있게 하는 고도로 정제된 무균, 무색의 단백질이 거의 없는 액체이다. 이것은 네 가지의 중요한 기능을 가지고 있다: 부력 제공, 충격 흡수, 머리뼈 내의 부피 변화를 최소화, 항상성 유지.

[1] 세균성수막염에 대한 더 많은 정보는 *리핀코트의 그림으로 보는 미생물학 제3판* 참조.

1. **부력(buoyancy):** 높은 지질함량에 의해 뇌는 뇌척수액에 비해 비중이 비교적 높다(1.036 대 1.004). 이것은 실제적으로 뇌척수액 내에 뇌가 떠 있는 것을 의미한다. 떠 있음으로 인해 뇌 하중은 골고루 분산되어, 뇌조직이 중력에 의해 머리뼈에 눌러지는 것을 방지하는 이점을 가지고 있다. 압박은 뇌혈관계를 통한 혈류를 방해하여 허혈을 초래할 수 있으므로 반드시 방지되어야 한다.
2. **충격흡수:** 뇌척수액은 모든 방향에서 뇌를 감싸고 있어 뇌를 액체 쿠션 속에 넣어두는 것과 같은 상태로 만든다. 충격흡수는 머리뼈가 어디에 부딪히거나 혹은 날아오는 물체에 부딪히거나 하는 경우에 발생되는 뇌에 대한 기계적 충격을 감소시킨다.
3. **부피변화:** 신경 및 신경아교세포는 왕성한 활동을 하는 동안 대사산물과 삼투압적으로 영향을 미치는 물질이 축적되어 부을 수가 있다. 뇌척수액은 중추신경계의 가시적인 부피 변화 없이 뇌척수액으로부터 세포 내로 물을 이동시킨다. 중추신경계는 모든 면이 뼈에 의해 싸여 있으므로, 부피 변화는 뇌혈관계를 압박하게 되어 허혈을 유발할 수 있다 (21·II·D 참조).
4. **항상성:** 세포막전위(V_m)와 신경세포 흥분성은 세포 외 K^+ 농도에 매우 예민하게 반응한다. 정상적인 상황에서도 혈장 K^+ 농도는 막전위에 매우 의존적인 기관인 중추신경계가 받아들일 수 없는 수준인 40% 이상 증가할 수 있다(정상 혈장 K^+ 농도 = 3.5~5.0 mmol/L). 뇌척수액 K^+ 농도는 비교적 낮은 수준(2.8~3.2 mmol/L)에서 엄격하게 유지되고 있어 혈장 농도의 심한 변동으로부터 신경세포를 잘 보호하고 있다. 뇌척수액에는 혈액 내에 지속적으로 존재하는 신경활동물질(글로탐산염과 글라이신 등)이 역시 존재하지 않는다. 신경활동 노폐물과 신경전달물질, 이온이 축적되는 것을 방지하기 위해 뇌척수액은 끊임없이 새롭게 생성되어 중추신경계에 안정적이고 정제된 세포 외 환경을 제공한다.

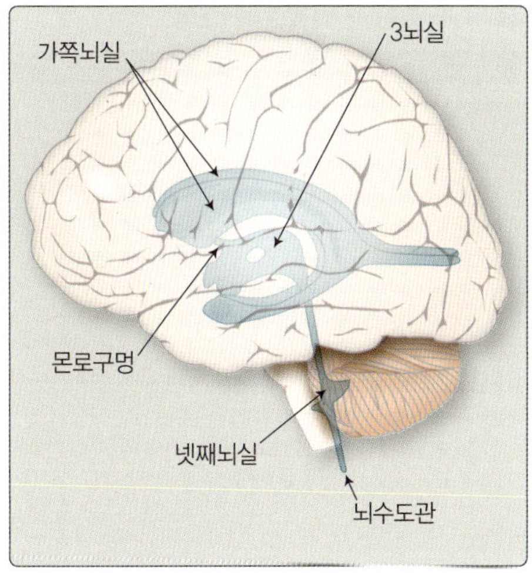

그림 6.11
뇌척수액으로 차 있는 뇌실과 뇌수도관 위치

C. 맥락얼기(choroid plexus)

뇌척수액은 뇌 안쪽에 존재하며, 액체로 차 있는 **뇌실(ventricle)** 벽을 덮고 있는 특수 상피인 **맥락얼기**에서 생성된다(그림 6.11).

1. **뇌실:** 뇌는 네 개의 뇌실을 가지고 있다: 두 개의 가쪽뇌실(lateral ventricle)과 셋째뇌실(third ventricle), 넷째뇌실(fourth ventricle)이다. 이들은 모두 **구멍(foramina)**으로 연결되어 있어 이것을 통해 뇌척수액이 꼬리 방향인 척수와 척수 중심관으로 흘러간다.
   a. **가쪽:** 두 개의 가쪽뇌실은 네 개 중에 가장 크다. 이들은 대칭이 되는 C 형태이며 두 개의 대뇌 반구 중앙에 위치해 있다. 이들은 **몬로구멍(뇌실사이구멍[foramina of Monro])**이라고 부르는 뇌실 사이 통로를 통해 셋째뇌실과 연결된다.
   b. **셋째:** 셋째뇌실은 시상과 시상하부 수준에서 정중선에 놓여 있다. 이것은 **뇌수도관(cerebral aqueduct of Sylvius)**을 통해 넷째뇌실과 연결된다.

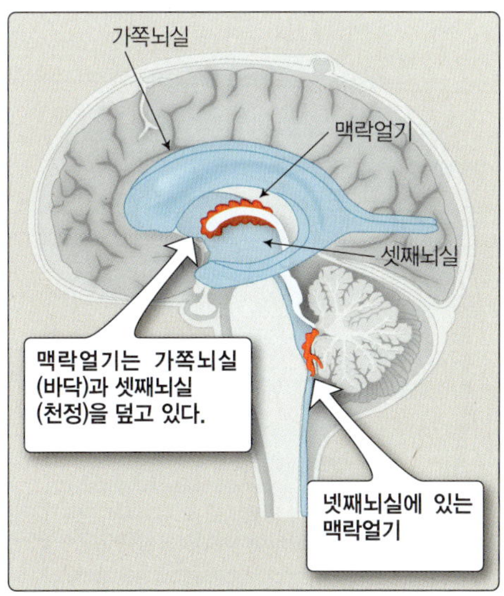

그림 6.12
맥락얼기

표 6.1 혈장과 뇌척수액 조성

용질	혈장	뇌척수액
Na^+	140	149
K^+	4	3
Ca^{2+}	2.5	1.2
Mg^{2+}	1	1.1
Cl^-	110	125
포도당	5	3
단백질(g/dL)	7	0.03
pH	7.4	7.3

각 수치는 정상적인 대사활동에서 대략적 유리 형태 농도이다. 모든 수치(단백질 농도와 pH를 제외한)는 mmol/L이다.

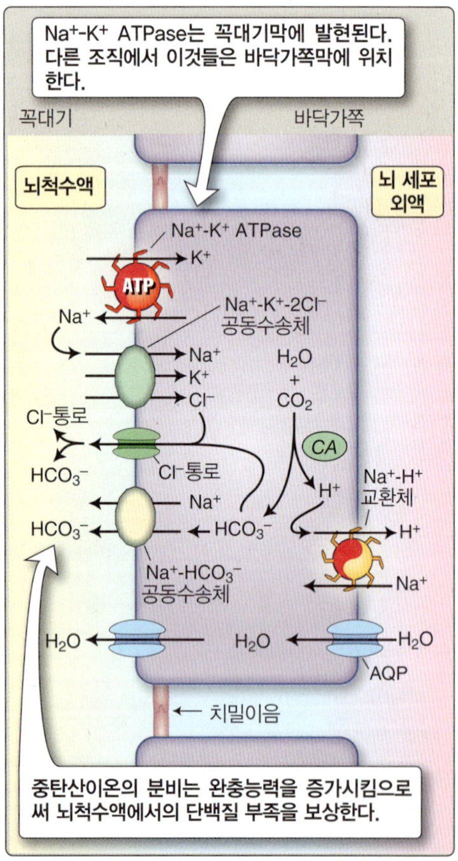

그림 6.13

뇌척수액의 형성. AQP = 물통로(aquaporin); *CA = 탄산탈수효소(carbonic anhydrase)*

c. **넷째:** 넷째뇌실은 뇌줄기에 위치해 있다. 꼬리쪽 끝은 척수 중심관과 연결되어 있다. 뇌실에서 세 개의 구멍을 통해 거미막밑공간으로 뇌척수액이 흘러간다. **마젠디구멍(정중구멍[foramen of Magendie])**은 중간에 위치해 있으며, 두 개의 **루시카구멍(가쪽구멍[foramina of Luschka])**은 가쪽에 위치해 있다.

2. **위치:** 맥락얼기는 뇌실의 특별한 구역에 위치해 있다(그림 6.12). 이들은 가쪽뇌실 바닥을 덮은 후 뇌실사이 통로를 따라 셋째뇌실 천정까지 연결되어 있다. 넷째뇌실에서 맥락얼기는 천정의 아주 작은 부분에만 존재한다.

3. **구조:** 뇌실과 척수의 중심관은 **뇌실막상피(ependymal epithelium)**로 덮여 있다. 맥락얼기가 있는 곳의 뇌실막은 뇌척수액을 분비하는 섬모**맥락상피(choroid epithelium)**로 바뀐다. 맥락상피세포는 많은 수의 사립체를 가지고 있으며, 꼭대기면은 이온과 물 이동이 매우 많은 상피에서 볼 수 있는 특징인 미세융모가 존재한다. 상피는 밑에 있는 혈관계와 상피를 구분 짓는 바닥판(basal lamina) 위에 놓여 있으며, 옆에 있는 세포와 치밀이음(tight junction)을 통해 연결되어 있다. 맥락상피의 활동은 동맥과 모세혈관, 정맥의 치밀한 네트워크로 형성된 **혈관얼기(vascular plexus)**에 의해 유지된다. 모세혈관은 매우 크고 새기 쉬우며 벽에는 혈액으로부터 액체 여과가 쉽게 일어날 수 있도록 큰 구멍이 있다.

D. 형성

뇌척수액의 30%는 뇌 실질에서 만들어지고 나머지 70%는 맥락얼기에서 생성된다.

1. **조성:** 맥락상피 아래쪽은 혈장 여과액과 접하고 있으나, 상피세포 사이에 존재하는 치밀이음에 의해 혈액과 뇌척수액 간 이온과 다른 용질 교환은 효과적으로 차단된다. 뇌척수액과 혈장은 여러가지 면에서 차이가 있다(표 6.1):

   - 뇌척수액은 단백질과 큰 분자가 최소한으로 존재한다. 단백질 부족 때문에 뇌척수액의 pH 완충은 중탄산이온(HCO_3^-)에 의존한다.
   - 중탄산이온 농도는 중추신경계에서 생성된 산을 완충하기 위해 매우 높다.
   - Na^+과 Cl^- 농도는 부족한 단백질에 의해 감소된 삼투질농도를 보상하기 위해 높다.
   - K^+ 농도는 낮다.

   뇌척수액 생성을 위해 필요한 이온 농도경사는 맥락상피 꼭대기(lumina, 속공간쪽)면에서 형성된다(그림 6.13).

2. **Na^+ 분비:** 일반적으로 Na^+-K^+ ATPase는 바닥가쪽부분에 존재하지만 맥락상피에서는 꼭대기막에 존재한다. 이 펌프에 의해 Na^+은 뇌척수액으로 이동된다.

3. **K^+ 흡수:** Na^+-K^+ ATPase는 동시에 K^+을 뇌척수액으로부터 제거한다. Na^+을 상피세포 안쪽으로 들어가게 하는 Na^+ 농도 차에 의해 생성

된 에너지를 이용하는 꼭대기 Na^+-K^+-$2Cl^-$ 공동수송체에 의해 더 많은 양의 K^+이 흡수된다.

4. **중탄산염 분비(bicarbonate secretion):** 중탄산이온(HCO_3^-)은 *탄산탈수효소(carbonic anhydrase)*에 의해 생성된다. 하나의 중탄산이온이 생성될 때마다 수소이온 역시 한 개가 만들어진다. 생성된 수소이온은 바닥가쪽막에 존재하는 Na^+-H^+ 교환체에 의해 혈관으로 분비된다. 중탄산이온은 음이온(염소이온)통로와 Na^+-HCO_3^- 공동수송체에 의해 뇌실쪽으로 분비된다.

5. **염소 분비:** 염소이온은 바닥가쪽막에 있는 음이온 교환체에 의해 세포 내에 농축된 후 꼭대기막에서 염소이온통로를 통해 흘러나간다.

6. **물 분비:** 물은 분비된 Na^+과 HCO_3^-, Cl^-에 의해 형성된 삼투압 차이에 의해 물통로(aquaporin)를 통해 이동한다.

E. 흐름(flow)

뇌척수액은 막대한 양이 생성되어(~500 mL/day), 매 7~8시간마다 뇌실과 중추신경계 표면 위를 흐른다. 높은 흐름률을 통해 신경활동에 의해 생성된 노폐물(무기이온과 산, 시냅스에서 넘쳐 흐른 신경전달물질)을 적절히 제거함으로써 이들의 축적에 의한 중추신경계 기능 방해가 일어나지 않도록 한다.

> 맥락얼기 무게는 단지 2 g 전후이다. 그럼에도 불구하고 상당량의 뇌척수액을 생성할 수 있는 것은 나른 조직에 비해 월등히 높은 혈류(신경세포에 비해 10배)와 융모 및 미세융모에 의해 분비에 필요한 면적이 넓기 때문이다.

1. **경로:** 맥락얼기에서 뇌척수액 분비는 뇌실 압력을 몇 mm H_2O 정도 증가시켜 뇌척수액이 뇌실을 거쳐 넷째뇌실의 작은 구멍을 통해 거미막밑공간으로 흘러들어 가도록 한다(그림 6.14). 그 이후 뇌척수액은 공간을 통해 중추신경계 표면을 따라 흘러 머리뼈안정맥굴에 존재하는 정맥혈로 들어간다. 뇌척수액은 **거미막과립(arachnoid granulation)**이라고 불리는 큰 덩어리를 형성하는 **거미막융모(arachnoid villi)**를 통해 굴로 들어간다. 뇌척수액 압력이 떨어져도 굴쪽에서 거리막밑공간으로 역류되는 것을 방지하는 한쪽 방향 판막에 해당하는 큰 소포를 통해 융모를 가로질러 이동한다.

2. **세포외액과의 교환:** 뇌척수액과 뇌 세포외액은 뇌실에서는 뇌실막세포에 의해, 다른 부위는 연막과 별아교세포 발돌기 지지층에 의해 구분된다. 연막과 별아교세포층이 연속적이기는 하지만 이웃된 세포 사이는 새기 쉬워 여기를 통해 뇌척수액과 세포외액 사이에 자유로운 물질교환이 일어난다. 이를 통해 신경세포와 아교세포에서 생성된 노폐물은 세포외액으로 확산되어 나가 뇌척수액에서 제거된다.

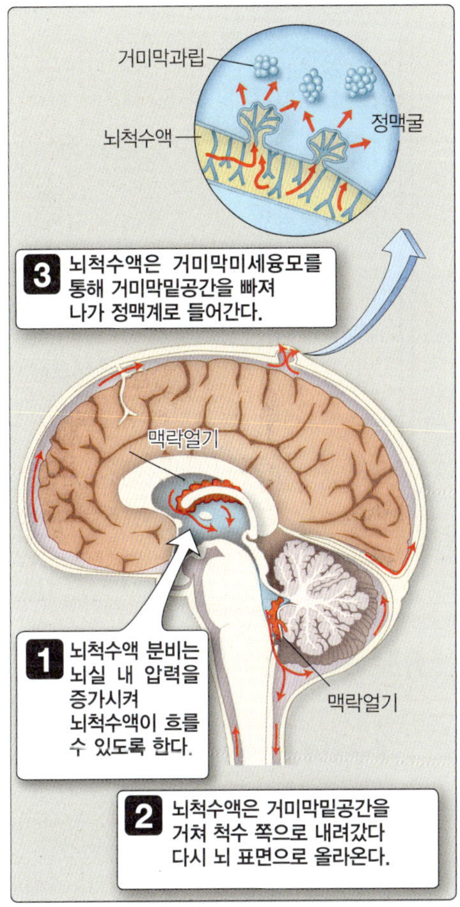

그림 6.14
중추신경계 표면을 흐르는 뇌척수액 유통경로

임상 적용 6.2: 허리천자(Lumbar Puncture)

뇌척수액 압력은 정상적으로 60~200 mm H_2O (~4.5 – 14.7 mm Hg) 범위에 있지만 거미막밑공간이 세균이나 혈구세포로 막히게 되면 갑자기 증가될 수 있다. **허리천자**는 뇌척수액 압력 측정과 세균수막염을 시사하는 백혈구 혹은 거미막밑공간 출혈을 의심하는 적혈구가 뇌척수액 내에 존재하는지를 확인하기 위한 액체시료 확보를 동시에 할 수 있다. 허리천자는 길고 가는(척수) 바늘을 경막을 통해 거미막밑공간에 삽입하는 것을 말한다. 액체는 척수가 끝나는 부위보다 아래쪽인 허리부분에서 거미막밑공간으로부터 뽑을 수 있다. 세포분석과 배양을 위해 뇌척수액을 최대 40 mL까지 안전하게 뽑을 수 있다.

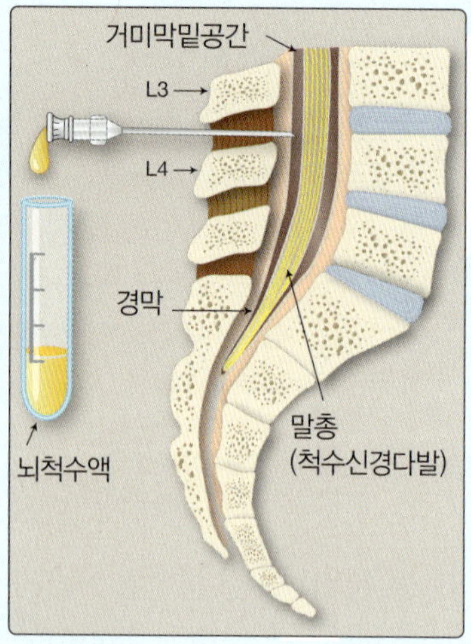

허리천자

6장 요약

- **중추신경계**는 **척수**와 **뇌**로 구성되어 있다. 척수는 **말초신경계**와 뇌 사이에서 정보를 전달하는 **로(tract)**를 형성하는 신경섬유 다발로 구성되어 있다. **오름길(ascending tract)**은 말초신경계로부터 뇌로 **감각**정보를 전달하고, **내림길**은 **운동**명령을 말초로 전달한다. 또한 척수는 뇌로부터 입력신호가 필요 없는 국소반사활동에 관여하는 내재회로를 가지고 있다.
- 말초신경계 신경세포는 31쌍의 **척수신경**을 통해 척수로부터 나가거나 들어온다. 이들 신경의 **뒷뿌리**는 **감각들신경**으로 구성되어 있으며, 반면에 **앞뿌리**는 **운동날신경**으로 구성되어 있다.
- 중추 및 말초신경계 사이를 오가는 모든 정보는 반드시 **숨뇌** 및 **다리뇌**, **중뇌**로 구성된 뇌줄기를 거치며, 이 영역은 호흡과 혈압 조절 및 상부 위창자관 반사에 관여하는 **자율신경 핵**이 존재한다. 뇌줄기는 머리와 목을 지배하는 10개의 **뇌신경**이 시작되는 곳이다.
- **소뇌**는 미세한 운동조절에 관여한다. 이것은 근육과 관절, 시각, 안뜰기관으로부터의 감각정보를 종합하며, 움직임을 예측하거나 혹은 움직이는 기간 동안 세밀한 운동명령 조정을 한다.
- **사이뇌**는 **시상**과 **시상하부**로 구성되어 있다. 시상은 감각정보를 처리하고 반면에 시상하부는 자율신경계 조절중추로써 작용한다.
- **끝뇌**는 운동조정에 관여하는 **바닥핵**과 **대뇌겉질**로 구성되어 있다. 대뇌겉질은 감각 및 운동, 연합영역을 포함하고 있으며 고등기능을 수행하는 곳이다.
- 중추신경계는 **연막**과 **뇌척수액층**, **거미막**, **경막**, **뼈**로 구성된 5개의 층에 의해 보호받고 있다.
- 뇌척수액(CSF)은 **뇌실** 내에 존재하는 분비상피인 **맥락얼기**에서 생성되는 무색의 단백질이 없는 액체이다. 뇌척수액은 약간의 압력이 존재하는 상황에서 뇌실을 경유해서 뇌와 척수 표면 위로 흐른다. 이후 경막 내에 위치한 정맥굴을 통해 빠져나간다.
- 뇌척수액은 뇌를 기계적인 충격으로부터 보호하는 액체 완충제로 작용하며, 머리뼈 내에서 뇌 무게가 골고루 분배될 수 있도록 한다. 뇌척수액은 비교적 많은 양이 만들어지며 뇌실과 중추신경계 표면을 씻어내어 축적된 노폐물을 제거한다.

자율신경계

7

I. 개요

최적화된 대사활동을 위한 세포 내 환경을 만들고 유지하기 위해 세포는 그들 주위에 울타리(세포막[plasma membrane])을 형성한다. 조직 기능을 최적화하기 위해 인체는 체온과 pH, 전해질 농도와 같은 내환경을 일정하게 유지하여야 하며 이를 위해 피부로 덮여 있다는 면에서는 세포와 유사하다. 안정된 내환경을 유지하는 것(**항상성[homeostasis]**)은 **자율신경계(autonomic nervous system, ANS)** 역할이다. 자율신경계는 몸신경계와 유사하게 구성되어 있으며 많은 동일한 신경경로를 사용한다. 내부 감각수용기는 **혈압(압력수용기[baroreceptor])**과 **혈액화학(화학수용체[chemoreceptor])**, **체온(온도수용기[thermoreceptor])**과 같은 정보를 수집하여 뇌에 존재하는 자율신경계 조절중추로 전달한다. 조절중추는 미리 설정된 값과 전달된 감각정보를 비교하는 신경회로를 가지고 있다. 만약 비교기가 미리 설정된 값과 차이를 감지하게 되면 항상성을 유지하기 위해 하나 혹은 그 이상의 장기 기능을 조절한다. 피부와 간, 폐, 심장, 콩팥 등은 항상성 유지를 위한 필수기관이다(그림 7.1). 자율신경계는 두 개의 확연히 다른 작동경로를 통해 기관 기능을 조절한다: **교감신경계(sympathetic nervous system, SNS)**와 **부교감신경계(parasympathetic nervous system, PSNS)** 교감신경계와 부교감신경계 작용은 마치 서로 대항적으로 보이지만 실제로는 서로가 매우 밀접하게 협력하고 있다.

II. 항상성

"항상성"의 의미는 생리학적으로 균형상태 혹은 균형을 유지하는 과정을 의미한다. 살아나가고 성장하기 위해 각 개인은 동맥혈 산소분압(Po_2) 및 혈압, 세포외액 삼투질농도와 같은 다양한 변수를 조절하여 항상성을 유지하여야 한다(그림 7.1 참조). 이러한 변수들 중에 하나 혹은 그 이상 조절이 잘못되면 질병이 발생하고 환자는 의학적 주의를 받게 된다. 의사의 역할이란 이러한 불균형 원인을 파악하여 항상성이 회복될 수 있도록 도움을 주는 것이다.

A. 기전

항상성을 조절하는 경로는 세포 및 장기 수준에서 관찰되며, 음성되먹임조절기전(negative feedback control system)을 형성하기 위해 최소한 세 개의 구성 성분을 가지고 있다(그림 7.2). 이러한 구성성분에는 항상성조절에 관여하는 인자에 관한 정보를 수집하고 전달하는 감각요소(예: 수용기 단백질)와 개체에 미리 설정된 값과 들어오는 감각자료를 비교하는 통합기(integrator; 예: 신경회로), 조절된 변수(이온펌프 혹은 배설기관)를 변화

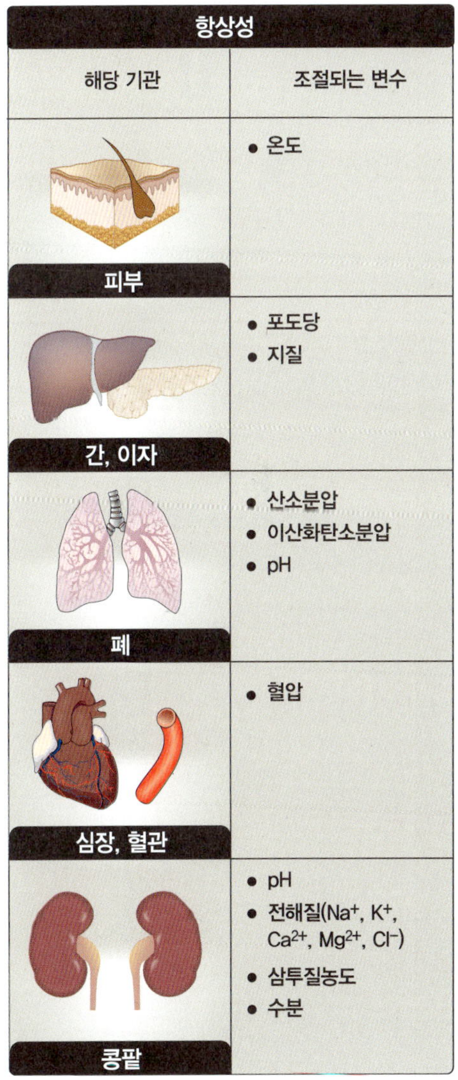

그림 7.1
항상성에 관여하는 기본적인 기관

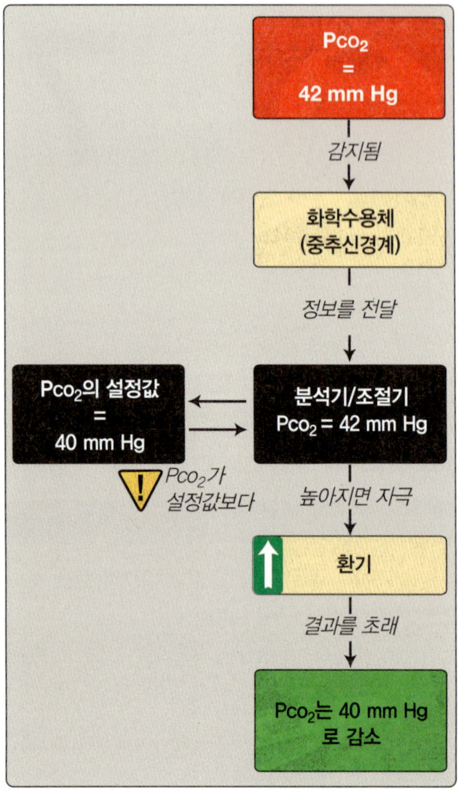

그림 7.2
이산화탄소분압의 음성되먹임 조절

시키는 역할을 하는 효과요소가 있다. 예로서 동맥혈 이산소탄소분압이 올라가면 화학수용체에서 이를 감지하여 뇌줄기에 있는 호흡조절중추에 정보를 보내게 된다. 조절중추는 과잉의 이산화탄소를 내보내기 위해 호흡회수를 증가시킨다. 반대로 이산화탄소분압이 떨어지면 호흡수를 감소시킨다. 항상성 조절에는 행동적인 측면도 있다. 예를 들면, 소금 및 물, 다른 영양소 섭취를 유도하는 행동을 비롯하여 신체 온도가 너무 올라가게 되면 냉방기를 가동하거나 옷을 벗는 것 등을 들 수 있다.

B. 중복성(redundancy)

개체 수준에서 항상성 조절은 여러 단계 혹은 계통적인 조절경로를 가지고 있으며, 단계의 숫자는 조절되는 인자의 중요성을 대변한다. 예를 들면 혈압의 경우 다양한 국소 및 중추 조절경로를 통해 조절되고 있다. 이러한 계층화는 중복성을 보이기는 하지만 하나의 경로에 문제가 생겼을 때 하나 혹은 그 이상 중복된 경로에 의해 지속적인 항상성 유지가 가능하도록 한다. 계층화는 아주 예민한 항상성 조절이 가능하도록 한다.

C. 기능예비능

항상성 조절에 관여하는 기관은 상당한 **기능예비능(functional reserve)**을 가지고 있다. 예를 들면 정상적인 안정호흡 시 전체 폐용량의 ~10%만을 사용하고 있으며 안정 시 심박출량은 최대치의 ~20% 수준이다. 이러한 예비능은 신체 활동과 산소요구량, 혈류량 증가가 요구되는 상황(예: 운동을 하는 동안)에서도 폐가 동맥 산소분압을 유지하고 심장이 적절한 수준의 혈압을 유지할 수 있도록 한다. 노화와 질병에 의해 기능예비능은 지속적인 기능능력 감소로 직결된다(40·II·A 참조).

III. 구성

자율신경계는 다양한 생체변수를 유지하는데 관여하는 **내장신경계(visceral nervous system)**라고도 알려져 있다. 우리가 수면상태에 있던 아니면 바로 앞에 놓여 있는 작업에 집중을 하던 항상성은 항상 유지되어야 하므로 대부분 경우 의식적인 조절과는 별개로 자율신경계는 잠재의식 속에서 작동한다. 그러나 대화를 하기 위해 의도적으로 호흡을 멈춘다던가 하는 예외는 있다. 자율신경계는 몸운동신경계와 유사한 특징을 가지고 있다. 감각정보는 중추신경계로 들신경을 통해 전달되어 처리된다. 기관 기능을 조절하기 위한 신호는 날신경을 통해 전달된다. 몸운동신경계와 자율신경계의 가장 큰 차이점은 날신경계에 있다. 자율신경계 날정보(efferent signal) 전달은 신경절을 거치는 두 단계 경로를 통해 이루어진다(그림 7.3).

A. 들경로(afferent pathway)

자율신경계 감각들신경은 수용기를 통해 관찰된 혈압(압력수용기); 혈당과 pH, 산소분압, 이산화탄소분압 정보와 같은 혈액화학(화학수용체); 피부온도(온도수용기); 폐 및 방광, 위장관계의 기계적 확장(기계수용기) 등과 같은 신체 기능의 다양한 측면을 전달한다. 감각들섬유는 종종 몸감각들신경과 같은 경로를 통한다. 자율신경계에는 내장통각을 전달하는 통각섬유가 포함된다.

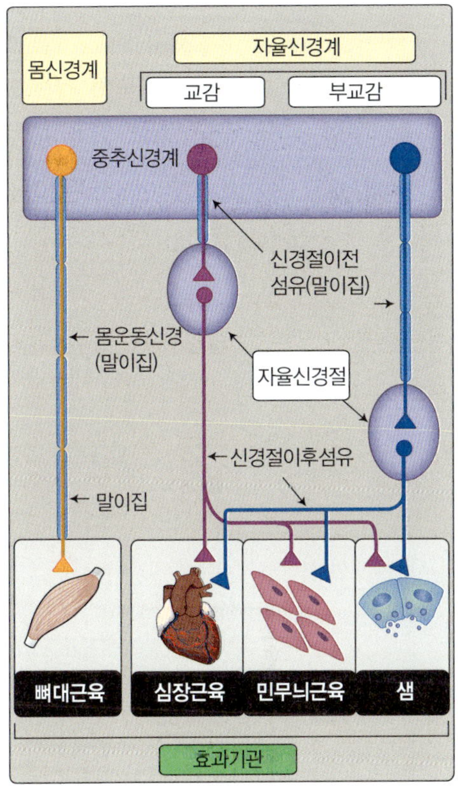

그림 7.3
몸 및 자율신경계 날경로

B. 날경로(efferent pathway)

몸운동계에서 운동신경세포 세포체는 중추신경계에 위치한다(그림 7.3 참조). 자율신경계에서 운동 날신경 세포체는 중추신경계 바깥에, 경우에 따라 표적장기에 매우 근접해 있는 신경절에 있다(그림 7.4; 그림 7.3 참조).

1. **자율신경계 신경절**(autonomic ganglia): 신경절은 신경세포 세포체와 가지돌기가 모여 구성된다. 중추신경계에서 시작된 명령은 말이집 **신경절이전신경세포(preganglionic neuron)**를 통해 신경절로 전달된다. 민말이집 **신경절이후신경세포(postganglionic neuron)**는 표적 조식으로 명령을 전달한다.

   a. **교감**: 교감신경계 신경절은 척수 근처에 위치해 있다. 그러므로 교감신경계 신경절이전신경섬유는 짧으나 신경절이후신경섬유는 신경절과 표적세포까지의 거리가 반영되어 상대적으로 길다. 교감신경절은 두 종류가 있다. **척수옆신경절(paravertebral ganglia)**은 척주 양옆에 평형으로 놓여 있는 두 개의 **교감신경줄기(sympathetic chain)**를 구성한다. 줄기 내에 있는 신경절은 말초뿐만 아니라 줄기 내에서 수직으로 신호를 전달하는 역할을 하는 길게 뻗어 있는 신경에 의해 연결되어 있다. **척수앞신경절(prevertebral ganglia)**은 배안에 위치해 있다.

   b. **부교감**: **부교감신경절(parasympathetic ganglia)**은 표적장기 근처 혹은 내에 위치해 있다. 그러므로 부교감신경 신경절이전신경섬유는 신경절이후신경섬유보다 훨씬 길다.

2. **교감날신경**(sympathetic efferent): 교감신경 신경절이전신경 세포체는 척수 위쪽부위(T1~L3)에 위치한 핵에 존재한다. 머리쪽에 위치한 신경은 눈을 포함한 신체 위쪽을 조절하고 꼬리쪽에 위치한 것은 방광과 생식기를 포함한 신체 아래쪽 기관의 기능을 조절한다. 신경절이전섬유는 배쪽뿌리를 통해 척수를 나가 근처에 있는 척수옆신경절로 들어간 후 다음과 같은 여러 부위 중 하나에서 끝난다:

   - 척수옆신경절 내;
   - 좀 더 멀리 떨어진 교감신경줄기 신경절 내; 혹은
   - 좀 더 멀리 떨어진 척수앞신경절 내 혹은 부신속질 내.

3. **부교감날신경**(parasympathetic efferent): 부교감신경계 신경절이전신경은 뇌줄기 핵 혹은 척수 엉치 부위(S2~S4)에서 시작된다. 이들의 축삭은 머리 혹은 골반내장신경을 통해 중추신경계를 나와 표적기관 가까이 혹은 벽 속에 위치한 멀리 떨어진 신경절에서 끝난다.

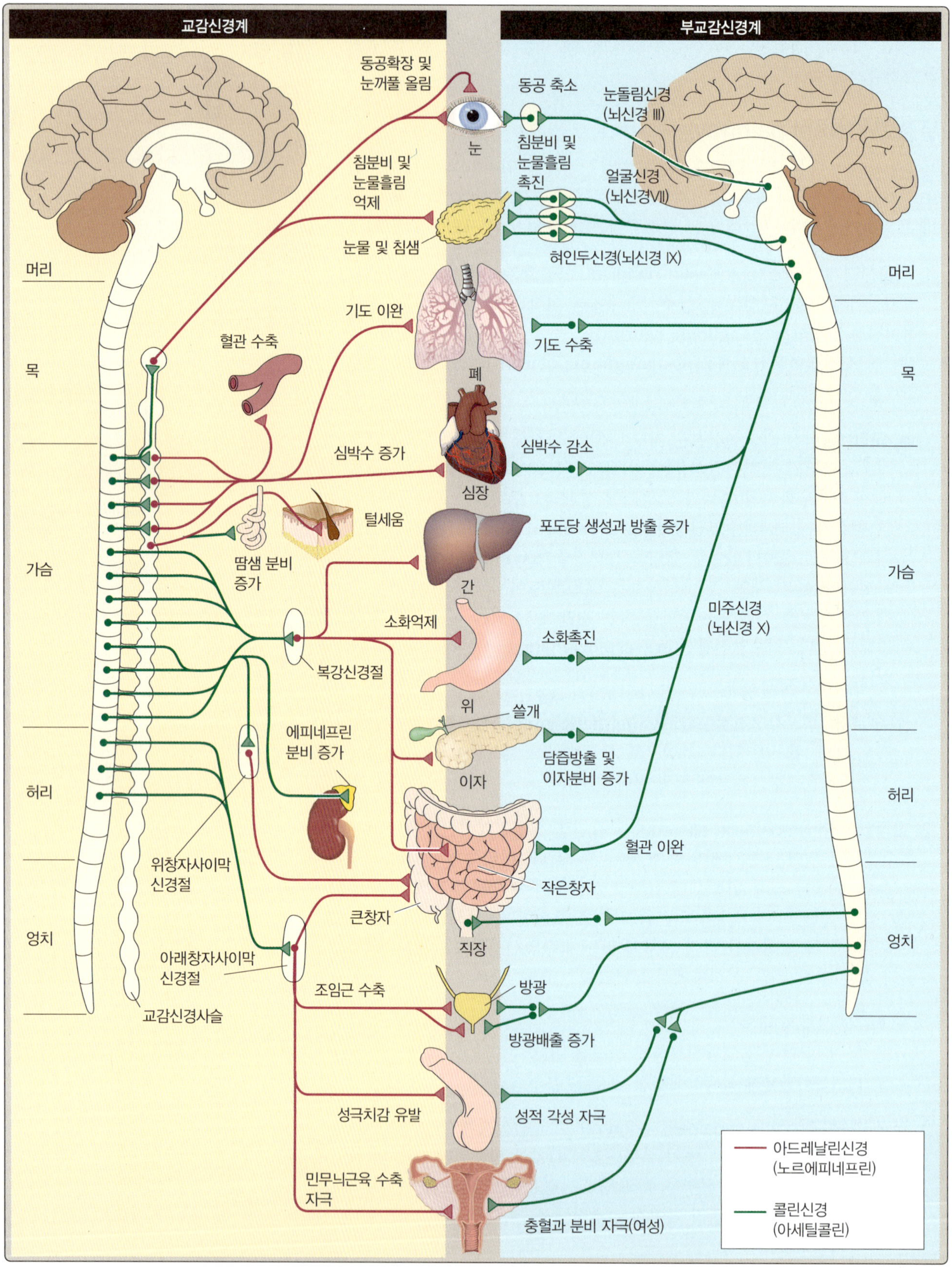

그림 7.4
자율신경계 구성

IV. 신경전달(NEUROTRANSMISSON)

몸운동신경계와 자율신경계는 신경전달물질과 시냅스 구조가 확연하게 다르다는 것을 알 수 있다(그림 7.5).

A. 신경절이전 신경전달물질(preganglionic transmitter)

모든 자율신경계(교감 및 부교감신경계) 신경절이전신경세포는 시냅스에서 아세틸콜린(ACh)을 분비한다. 신경절이후 세포막에 니코틴아세틸콜린수용체(nAChRs)가 존재하며, 이것이 활성화되면 뼈대근육에서와 동일하게 Na^+의 세포 내 유입과 막전위 탈분극을 초래한다. 하지만 뼈대근육은 N_1-type AChR가 발현되는데 반해 자율신경계 신경절이후신경세포 세포체와 부신속질 크롬친화세포에는 N_2-type AChR가 발현된다.

전체 자율신경계 출력을 완전히 억제하는데 반해 뼈대근육계는 전혀 영향을 주지 않는 혹은 반대의 경우를 보이는 니코틴아세틸콜린수용체 대항제에 대해 N_1- 과 N_2-type AChRs는 서로 다른 민감도를 보인다.[1] 판큐로늄(pancuronium)은 전신마취 시 수술에 앞서 뼈대근육을 이완시키고 삽관을 용이하게 하기 위해 사용되는 N_1-type 대항제이다. 이 약품은 자율신경계 기능에는 거의 영향을 미치지 않는다. 반대로 trimethaphan은 N_2-type 대항제로 자율신경계 모두를 억제하지만 뼈대근육계에는 거의 영향이 없다.

B. 신경절이후 신경전달물질(postganglionic transmitter)

몸운동신경세포는 이온성(ionotropic) 니코틴아세틸콜린수용체를 통해 작동하며 항상 흥분성이다. 반면에 자율신경계 신경세포는 표적세포와 G단백질연결수용체(G protein-coupled receptors)를 통해 소통하여 일련의 결과를 만들어낸다.

1. **부교감:** 모든 부교감신경계 신경절이후신경세포는 종말에서 아세틸콜린을 분비한다. 표적세포는 M_1-(침샘, 위) 혹은, M_2-(심장결절세포), M_3-type(민무늬근육, 다수의 외분비샘) 무스카린아세틸콜린수용체(muscarinic AChRs)를 가지고 있다(표 5.3 참조).

2. **교감:** 대부분 교감신경계 신경절이후신경세포는 종말에서 노르에피네프린(norepinephrine)을 분비한다. 표적세포에는 α_1- (민무늬근육세포); β_1- (심장근육세포); β_2- (민무늬근육세포); 혹은 더물게 α_2- (시냅스종말) 아드레날린수용체(adrenergic receptor)가 발현된다(표 5.3 참조). 교감신경계 날신경 중 예외는 에크린땀샘(eccrine sweat gland)을 조절하는 것이며, 이 신경은 종말에서 아세틸콜린을 분비하고 M_3-type 아세틸콜린수용체를 통해 작용한다(16·VI·C·2 참조).

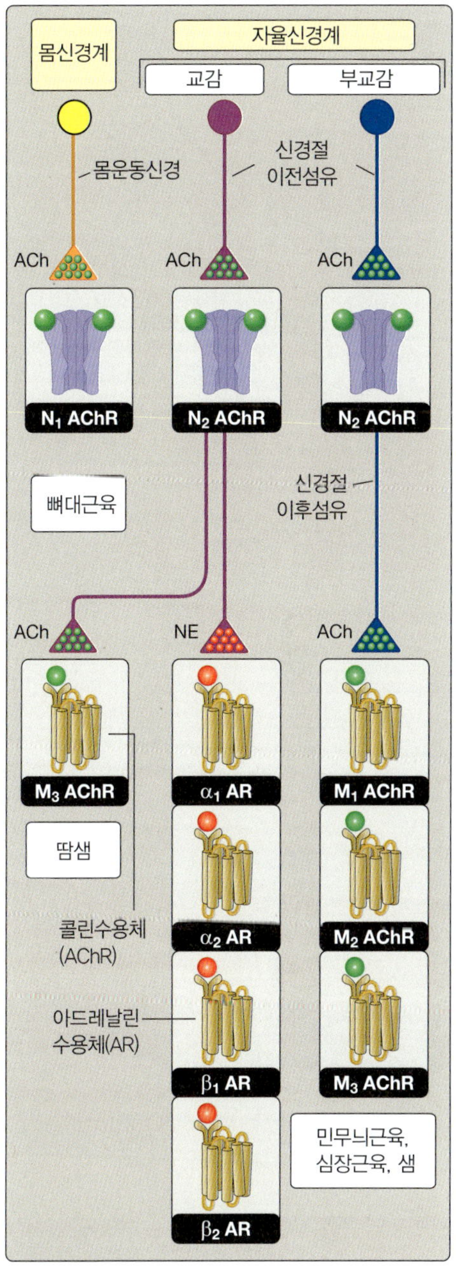

그림 7.5
자율신경계 신경전달물질.
Ach = 아세틸콜린; M_1 AChR 및 M_2 AChR, M_3 AChR = 무스카린아세틸콜린수용체; N_1 및 N_2 AChR = 니코틴아세틸콜린수용체.

[1] 콜린대항제와 이들의 작용에 대한 더 많은 정보는 *LIR Pharmacology 제5판* 참조.

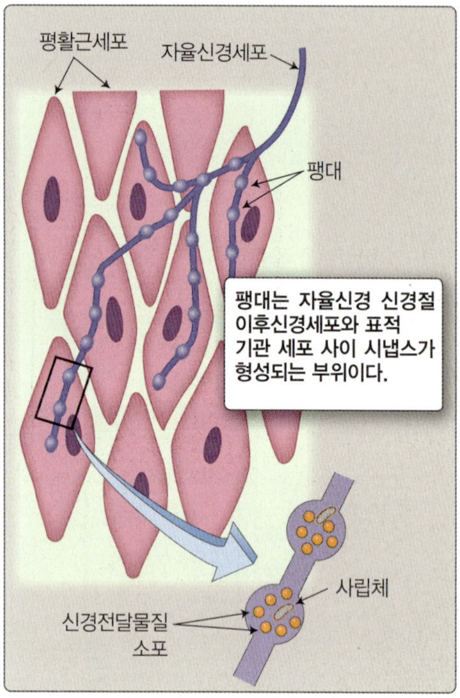

그림 7.6
자율신경 팽대

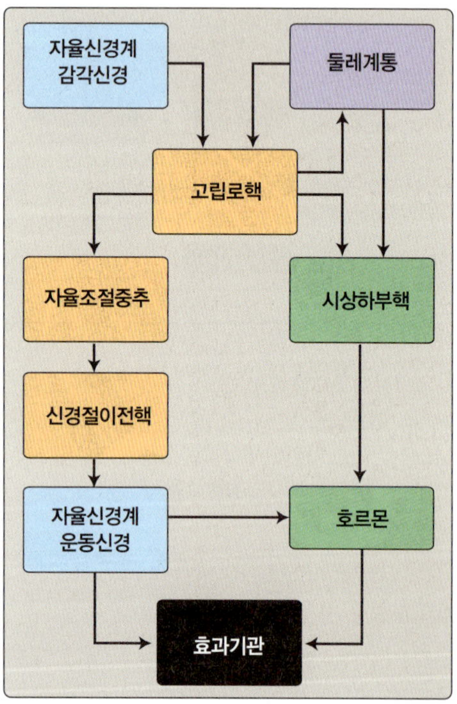

그림 7.7
자율조절중추

C. 신경절이후시냅스

몸운동신경은 매우 잘 구조화된 신경근육접합부와 연결된다. 자율신경계와 이것의 표적세포간 시냅스 부위는 매우 다양하다. 대부분 신경절이후신경세포 축삭은 표적세포 주위에서 염주모양의 확장(종창, varicosity, swelling)을 만들며 끈 같이 연결되어 있다(그림 7.6). 확장된 부위는 신경전달물질이 합성 및 저장, 분비가 되는 곳으로 신경 종말과 같은 역할을 한다.

V. 효과기관(EFFECTOR ORGANS)

몸운동계는 뼈대근육계를, 자율신경계는 나머지 기관을 지배한다. 대부분 내장장기는 두 종류의 자율신경계에 의해 지배를 받고 있다. 비록 두 종류는 각 기관의 기능에 서로 상반된 작용을 하고 있지만, 서로 대항적인 작용을 한다기 보다는 서로 보완적인 작용을 한다. 그러므로 교감신경계 활동이 증가되면 부교감신경계의 출력은 줄어들게 되며 혹은 그 반대일 수도 있다. 자율신경계의 기본적인 표적과 작용이 그림 7.1과 7.4에 요약되어 있다.

VI. 뇌줄기

자율신경계 출력은 뇌 고등영역에 의해서도 영향을 받지만 자율조정에 관여하는 가장 중요한 부위는 뇌줄기와 시상하부, 둘레계통이다. 이 영역의 관계는 그림 7.7에 표시되어 있다. 뇌줄기는 일차 자율신경계 조절중추이며 임상적으로 뇌사가 일어난 후에도 수년간 자율기능을 유지할 수 있게 한다(40·II·C 참조). 뇌줄기는 신경로와 핵으로 구성되어 있다. 신경로는 중추신경계와 말초 사이에서 정보를 전달하는 역할을 한다. 신경핵은 신경세포 세포체가 모여 있는 곳이며 이들 중 많은 수는 자율조절에 관여하고 있다.

A. 신경절이전신경핵(preganglionic nuclei)

신경절이전신경핵은 신경절의 중추신경계에 해당하며, 신경세포 세포체로 구성되어 있으며 하나 혹은 그 이상의 뇌신경이 시작되는 곳이다. 신경핵에는 들신경과 날신경 사이에서 단순 음성되먹임회로를 형성하는 사이신경세포가 존재한다. 이러한 회로는 혈압이 너무 오르면 심박수를 줄이는 반사 및 위가 음식물로 차게 되면 일어나는 수용성이완(receptive relaxation)과 같은 많은 자율반사에 관여한다(임상 적용 7.1 참조). 뇌줄기에는 **에딩거-베스트팔핵(Edinger-Westphal nucleus)** 및 **위**와 **아래 침분비핵(superior** and **inferior salivatory nuclei)**, **미주신경의 등쪽운동핵(dorsal motor nucleus of vagus)**, **의문핵(nucleus ambiguous)** 등을 포함한 여러 개의 중요한 부교감신경계 신경절이전신경핵이 존재한다(그림 7.8). 의문핵은 인두와 후두, 식도 일부를 지배하는 혀인두신경(9번 뇌신경) 및 미주신경(10번 뇌신경)의 날신경이 시작되는 곳이다. 이 핵은 조화로운 삼킴반사에 관여하며 또한 미주신경의 심장억제 신경절이전섬유(vagal cardioinhibitory preganglionic fibers)도 포함하고 있다.

B. 고립로(nucleus tractus solitary)

고립로는 많은 자율신경 기능과 반사에 관여하는 고립핵(solitary nucleus) 중간을 통과해서 숨뇌 전체에 걸쳐 있는 신경로이다(그림 7.8 참조). 이 핵

임상 적용 7.1: 자율기능이상(Autonomic Dysfunction)

자율신경계 경로 손상은 근원적인 병리학적 특성에 좌우되는 특별한 기능부족 혹은 보다 일반적인 항상성 기능상실을 초래한다. **호너증후군(Horner syndrome)**은 눈꺼풀(eyelid)을 올리거나 동공의 직경을 조절하고 얼굴의 땀샘 활동을 조절하는 교감신경경로 파괴에 의해 발생된다. 이로 인해 한쪽 **눈꺼풀처짐(ptosis**; 눈꺼풀 떨어짐)과 **축동(miosis**; 동공직경 확대가 안됨), **국소적인 땀없음(anhidrosis**; 땀이 나오지 않음)이 발생한다. 보다 일반적인 자율기능이상은 투석을 하는 환자와 혈당 조절이 제대로 되지 않는 당뇨환자(당뇨자율신경병, diabetic autonomic neuropathy, DAN)에서 볼 수 있다. DAN 경우 다양한 증상 중에서도 특히 음식물 섭취 후(식후 저혈압, postprandial hypotension) 혹은 기립할 경우(체위저혈압, postural hypotension) 혈압이 제대로 조절이 되지 않거나 위장관 운동 장애(삼킴이 어렵거나 변비 발생)나 방광 기능 이상 등을 보인다.

자율기능은 자세를 바꾸거나 찬물에 손을 담구거나(cold pressor test; 강한 통증을 유발하기 위함), 발살바조작(Valsalva maneuver)을 함에 따라 심장이 어떻게 반응하는지를 관찰함으로써 평가할 수 있다.

발살바조작은 저항에 반해 의도적인 날숨을 하는 것으로써, 가슴 내 압력을 10~20초 동안 40 mm Hg까지 증가시키기 위한 것이다. 증가된 압력에 의해 가슴으로 돌아오는 정맥혈액은 줄어들고 이로 인해 심장충만도 감소하게 되어 혈압이 떨어진다. 건강한 사람의 경우는 동맥압이 떨어짐에 따라 동맥 압력수용기가 이를 감지하여 미주신경과 같이 이동하는 교감신경계 날신경을 통해 심장박동수를 증가시키는 반사가 유발된다. DAN를 가진 환자는 압력수용기와 미주신경 기능에 장애가 있어서 발살바조작에 의한 빠른맥 발생이 관찰되지 않는다.

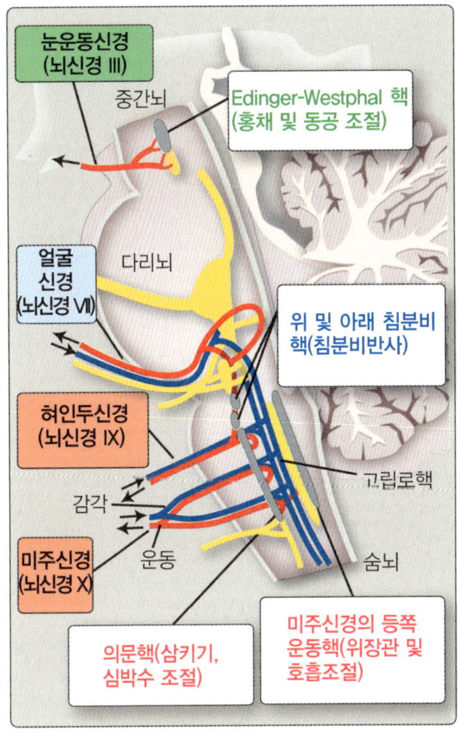

그림 7.8
뇌줄기에 존재하는 기본 자율신경핵

은 미주신경과 혀인두신경(뇌신경 IX와 X)을 통해 대부분의 내장기관으로부터 감각정보를 받아 시상하부로 정보를 전달한다. 또한 이 핵은 호흡수와 혈압 조절에 관여하는 국소(뇌줄기)반사를 촉진하는 내재회로를 가지고 있다.

C. 그물체(reticular formation)

그물체는 혈압과 호흡조절(이외에도 수면과 통각, 운동조절 등도 있음)을 비롯한 다양한 기능에 관여하는 뇌줄기핵 집합체이다. 이것은 혀인두 및 미주신경으로부터 감각정보를 받아 이 정보와 둘레계통과 시상하부에 위치한 고위 자율조절중추로부터의 제어명령을 통합하는데 도움을 준다.

D. 제어중추(control center)

뇌줄기 영역은 비록 공간적으로는 분리되어 있지만 서로 연관되는 기능을 가진 제어중추로 간주된다. 뇌줄기에는 **호흡중추(respiratory center)**를 비롯하여 **심장혈관조절중추(cardiovascular control center)**, **배뇨중추(micturition center)** 등이 있다(표 7.1).

표 7.1 뇌줄기 조절중추

호흡중추
동맥혈 산소 및 이산화탄소, pH를 감시하는 화학수용체로부터 감각정보를 받음
가로막과 호흡근육에 출력신호를 보내 호흡수를 조절
심장혈관중추
말초 압력수용기와 화학수용체로부터 감각정보를 받음. 심박출량 및 혈관장력 변화를 통해 혈압조절(20.III.B 참조)
배뇨중추
방광 신장 정도를 감시. 요도조임근 이완과 방광수축을 통해 방광 배출을 촉진

VII. 시상하부

시상하부는 체온(37°C)을 비롯한 평균동맥압(~95 mm Hg), 세포외액 삼투질 농도(~290 mOsm/kg) 등 많은 내부 변수에 대한 설정값을 확립한다. 이것은 매우 작은 크기(~4 cm^3, 혹은 뇌 용량의 ~0.3%)임에도 불구하고 실제로 모든 신체 내부환경에 큰 영향을 미친다. 조절하는 변수를 감시하고 또한 기능을 일정하게 유지하여야 하는 기관과 정보를 교류하기 위해, 시상하부는 최소한 설정값을 잘 확립하거나 조절범위를 좁게 하는 능력을 가져야 한다.

A. 구성

시상하부는 뇌 바닥 부위에서 시상 밑에 위치해 있다. 이것은 그림 7.9에 표시해 놓은 것 같이 여러 개의 확실한 핵으로 구성되어 있다. 이들 핵 중에 일부는 확실한 기능을 가지고 있으나, 일부는 유사한 기능을 가진 군으로 되어 있거나 혹은 서로 협조적으로 작용하는 것들도 있다. 또한 시상하부는 자율기능을 조절하는 것 이외에 성적충동과 기아, 갈증과 관련된 행동반응을 자극하는 것에도 관여한다.

B. 신경경로

시상하부는 매우 중요한 통합기관이므로 당연하게 많은 영역으로부터 서로 상호적인 지배를 받고 있다. 가장 중요한 경로는 시상하부와 뇌줄기 및 시상하부와 둘레계통 사이에 정보를 전달하는 경로이다(그림 7.7 참조).

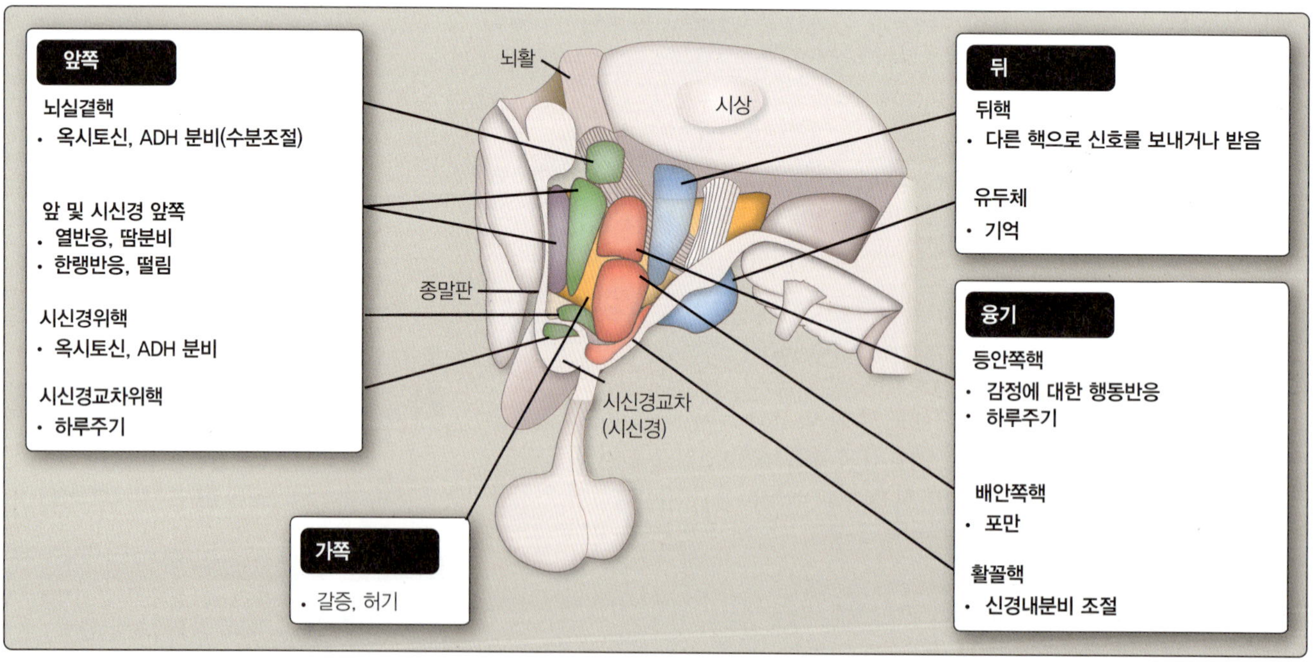

그림 7.9
시상하부 핵. ADH = 항이뇨호르몬

C. 뇌실주위기관(circumventricular organ, CVO)

항상성을 유지하는 기능을 가진 기관은 자신들이 조절하여야 하는 변수를 감시할 수 있어야 한다. 시상하부의 경우에는 이온 및 대사산물, 호르몬 등이 여기에 속한다. 하지만 시상하부는 뇌의 일부분이기 때문에 혈액-뇌 장벽(BBB)에 의해 이러한 변수에 직접 노출되지 않는다. 또한 말초수용체로부터 되먹임 정보를 받고는 있지만 이 역시 제한적이다. 그러므로 혈액성분을 직접 감시할 수 있도록 시상하부에는 혈액-뇌 장벽이 제공하는 일종의 창문이 존재한다. 이러한 창문을 **뇌실주위기관**이라고 한다.

1. **위치:** 뇌는 여섯 개의 뇌실주위기관을 가지고 있다(그림 7.10). 혈액-뇌 장벽 일부가 끊어져서 뇌 신경세포가 혈액과 직접 닿을 수 있는 뇌실주위기관 일부는 감각을, 다른 부위는 분비를 담당하고 있다.

   a. **감각:** 뇌실주위기관 중 감각을 담당하는 부위는 **뇌활밑기관(subfornical organ)**과 **종말판혈관기관(organum vasculosum of the lamina terminalis)**이며 두 가지 모두 시상하부와 연관되어 있다. **맨아래구역(area postrema)**은 뇌줄기 뇌실주위기관이다.

   b. **분비:** 분비와 관련된 뇌실주위기관은 **정중융기(median eminence**, 시상하부의 일부)와 **신경뇌하수체(neurohypophysis)**, **솔방울샘(pineal gland)**이다.

2. **구조:** 뇌실주위기관은 뇌와 말초 사이 경계를 형성하고 있다. 이들은 혈관공급이 풍부하며, 혈액과 뇌 사이에서 물질이동이 일어날 수 있는 충분한 시간을 확보하기 위해 혈류속도는 매우 느리다. 혈액과 간질 사이에서 이온과 작은 단백질이 쉽게 이동할 수 있도록 뇌실주위기관에 있는 모세혈관은 구멍이 많고 새기 쉬운 구조를 가지고 있다.

3. **감각기능:** 감각을 담당하는 뇌실주위기관은 다양한 혈액 내 인자(Na^+과 Ca^{2+}, 앤지오텐신II, 항이뇨호르몬, 나트륨뇨배설펩티드, 성호르몬, 섭식 및 포만신호)에 예민하게 반응하는 신경세포 세포체를 포함하고 있다. 이들의 축삭은 해당하는 변수를 조절하는 시상하부 영역으로 뻗어 있다.

뇌실주위기관은 혈액-뇌 장벽에서 창문 역할을 하며 이를 통해 뇌가 세포외액 구성성분을 채취하고 호르몬을 분비한다.

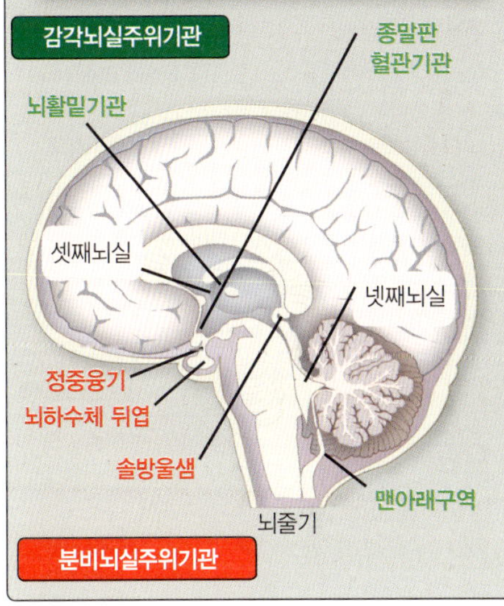

그림 7.10
뇌실주위기관

D. 내분비 기능

신경계와 내분비계는 모두 신체 내에 존재하는 대부분의 기관을 조절한다. 시상하부의 가장 중심적인 역할을 위해서 두 계통에 모두 영향을 미칠 수 있어야 한다. 신경로와 말초신경을 통해 신경계에 영향을 미치며 뇌하수체에서 분비되는 호르몬(표 7.2와 7.3에 요약)을 통해 내분비계에 대한 조절 기능도 가지고 있다.

1. **내분비 축:** 시상하부와 뇌하수체, 이들에 의해 조절되는 내분비샘은 **내분비 축(endocrine axis)**이라고 하는 하나의 조절시스템에 묶여 있다. 이 시스템의 특징은 호르몬 생성의 예민한 조절과 거친 조절을 동시에 가능하게 한다는 것이다. **부신겉질**에서 **코티솔(cortisol)** 분비를 조절하는 **시상하부-뇌하수체-부신 축(hypothalamic-pituitary-adrenal axis)**이 그 예이다. 시상하부는 뇌하수체 앞엽에서 **부신겉질자극호르몬**

표 7.2 뇌하수체 앞엽 호르몬

시상하부 호르몬	뇌하수체 표적세포	뇌하수체 호르몬	표적세포(효과기)
부신겉질자극호르몬분비호르몬	부신겉질자극호르몬분비세포	부신겉질자극호르몬	부신겉질 (스트레스 반응들)
갑상샘자극호르몬분비호르몬	갑상샘자극호르몬분비세포	갑상샘자극호르몬(TSH)	갑상샘 (티록신분비, 대사)
성장호르몬분비호르몬	성장호르몬분비세포	성장호르몬	광범위함 (합성대사)
성장호르몬억제인자 (분비억제제)	성장호르몬분비세포	성장호르몬	광범위함
성장호르몬억제인자 (분비억제제)	갑상샘자극호르몬분비세포	갑상샘자극호르몬	갑상샘
생식샘자극호르몬분비호르몬	생식샘자극세포	황체형성호르몬	생식샘 (남성호르몬 생성)
도파민(분비억제제)	젖샘자극호르몬분비세포	프로락틴	젖샘 (젖 생산 및 감소)
생식샘자극호르몬분비호르몬	생식샘자극세포	난포자극호르몬	생식샘(난포성숙, 정자발생)

표 7.3 뇌하수체 뒤엽

분비되는 뇌하수체호르몬	뇌하수체호르몬 표적기관(효과기)
옥시토신	자궁(수축), 젖샘(젖분비)
항이뇨호르몬	콩팥뇨세관(물 재흡수)

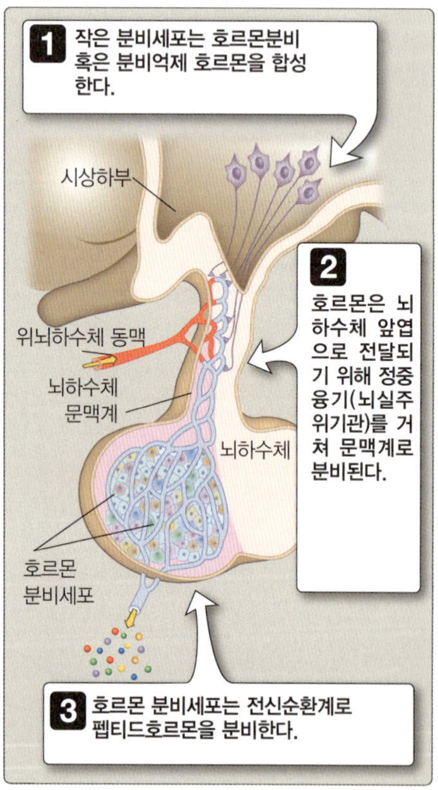

그림 7.11
뇌하수체 앞엽

(adrenocorticotropic hormone, ACTH) 분비를 촉진하는 **부신겉질자극호르몬분비호르몬(corticotropin-releasing hormone, CRH)**을 생성한다. 부신겉질자극호르몬은 부신겉질에서 코티솔 생성을 촉진한다. 코티솔은 뇌하수체 앞엽에서 부신겉질자극호르몬 생성을 억제하며, 부신겉질자극호르몬과 코티솔은 시상하부에서 부신겉질자극호르몬분비호르몬 합성을 억제한다.

2. **뇌하수체:** 뇌하수체(pituitary gland, **hypophysis**)는 뇌 바닥에 위치한 시상하부로부터 뻗어 나와 **안장(sella turcica**; 라틴어로는 "터키안장"이라고 함)이라고 불리는 뼈로 쌓여진 공간에 들어가 있다. 시상하부와 뇌하수체는 신경분비 축삭다발을 포함하는 뇌하수체줄기(pituitary stalk, **hypophyseal** stalk)에 의해 연결되어 있다. 뇌하수체는 두 개의 엽으로 구성되어 있다(그림 7.11). 비록 이들이 같은 샘 내에 나란히 놓여 있지만 발생학적으로나 구성하는 세포 종류는 확연히 다르다.

   a. **앞엽:** 앞엽(**선뇌하수체[adenohypophysis]**) 기원은 상피세포이며, 호르몬을 합성하고 저장하는 샘조직 집합체이다(표 7.2 참조). 호르몬 분비는 **뇌하수체문맥계(hypophyseal portal system)**를 통해 시상하부에서 뇌하수체 앞엽으로 전달되는 호르몬분비 혹은 분비억제 호르몬을 통해 시상하부에 의해 조절된다.

   b. **뇌하수체문맥계:** 혈액은 뇌하수체문맥계를 통해 시상하부에서 뇌하수체 앞엽으로 직접간다(그림 7.11). **작은신경분비세포(parvocellula** (small-cell) **neurosecretory cell)**에서 합성된 펩티드 호르몬은 이러한 일반적이지 않는 직렬혈관계를 통해 뇌하수체 앞엽으로 전달되어 뇌하수체호르몬 분비를 조절한다. 시상하부호르몬은 신경분비세포 세포체에서 합성된 후 축삭을 따라 정중융기에 위치한 종말로 이동한다. 정중융기는 뇌하수체줄기 머리에서 뇌하수체문맥계에 걸쳐 놓여 있는 일종의 뇌실주위기관이다. 호르몬은 특정한 자극이 들어오면 신경종말에서 분비되어 문맥계로 들어가 앞엽 호르몬분비 세포로 가는

모세혈관을 통해 전달된다.

c. **뒤엽: 뒤엽(posterior lobe, 신경뇌하수체[neurohypophysis])**은 일종의 신경조직이다. 시신경위핵(suproptic nucleus) 및 뇌실곁핵에 있는 **큰신경분비세포(magnocellular** (large-cell) **neurosecretory cell)**로부터의 축삭은 뇌하수체줄기를 따라 내려와 뒤엽에 위치한 뇌실주위기관에서 끝난다(그림 7.12). 큰세포 세포체는 연관성이 높은 펩티드호르몬인 옥시토신(oxytocin, OT)과 항이뇨호르몬(antidiuretic hormone, ADH)을 합성한다(표 7.3 참조). 호르몬은 뇌하수체줄기를 거쳐 신경종말로 이동하며 **분비과립(Herring body)**에 저장되어 분비를 기다린다. 뇌하수체 뒤엽은 혈관이 매우 풍부하며 모세혈관 역시 많은 구멍을 가지고 있어 펩티드가 분비되면 순환계로 직접 들어 가게 된다.

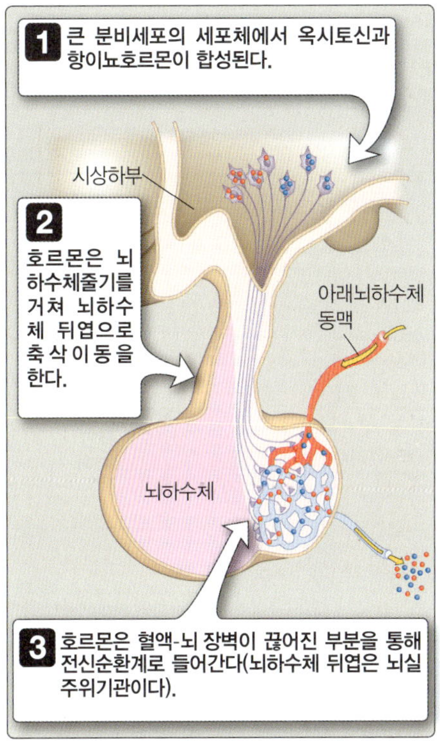

그림 7.12
뇌하수체 뒤엽

3. **뇌하수체 앞엽 호르몬:** 뇌하수체 앞엽에는 다섯 종류의 내분비세포가 존재한다(표 7.4). 이들에 의해 생성되는 호르몬은 구조적으로 유사한 세 종류로 구분할 수 있다.

a. **부신겉질자극호르몬**(adrenocorticotropic hormone, ACTH): **부신겉질자극호르몬(corticotropin)**은 **부신겉질자극호르몬분비세포(corticotrope)**에서 preproopiomelanocortin (prePOMC)이라는 preprohormone의 형태로 합성된다. N-말단 신호순서(signal sequence)을 제거하면 POMC와 부신겉질자극호르몬(39개 아미노산으로 구성)을 포함하고 있는 241개의 아미노산 펩티드, 멜라닌세포자극호르몬(melanocyte-stimulating hormone, MSH), 베타엔도르핀(β-endorphin; 내재성 아편의 일종)으로 나누어지지만, 부신겉질자극호르몬분비세포의 경우는 MSH와 베타엔도르핀을 만들 수 있는 효소가 결핍되어 있어 부신겉질자극호르몬만을 분비한다.

b. **당단백질호르몬**(glycoprotein hormone): **갑상샘자극호르몬(thyroid-stimulating hormone, TSH)**과 **난포자극호르몬(follicle-stimulating hormone, FSH)**, **황체형성호르몬(luteinizing hormone, LH)**은 당단백질호르몬의 일종이다. 세 종류의 호르몬은 **α-glycoprotein subunit (α-GSU)**라고 불리는 공통의 알파소단위(α subunit)와 호르몬 특이적인 베타소단위(β subunit)로 구성된 이질이합체(heterodimer)이다. TSH는 **갑상샘자극호르몬분비세포(thyrotrope)**에서 합성되며 α-GSU−β-TSH 이합체로 구성되어 있다. FSH와 LH는 **생식샘자극세포(gonadotrope)**에서 분비되며 각각 α-GSU−β-FSH와 α-GSU−β-LH 이합체의 형태로 되어 있다. **사람융모생식샘자극호르몬(human chorionic gonadotropin, hCG)**은 α-GSU−β-hCG 이질이합체로 구성된 태반호르몬이다.

c. **성장호르몬**(growth hormone, GH)**과 프로락틴**(prolactin): 성장호르몬과 **프로락틴**은 각각 **성장호르몬분비세포(somatotrope)**와 **젖샘자극호르몬분비세포(lactotrope)**에서 합성되는 폴리펩티드이다. 이들과 연관된 호르몬으로는 태아 태반에서 합성되는 **사람태반젖샘자극호르몬(human placental lactogen)**이 있다. 성장호르몬은 191개 아미노산으로 구성된 하나의 폴리펩티드 사슬로 되어 있으며, 다양한 형태

표 7.4 뇌하수체 앞엽의 자극세포 분포

세포 종류	%(전체 중)
부신겉질자극호르몬분비세포 (corticotropes)	15~20
생식샘자극호르몬분비세포 (gonadotropes)	10
젖샘자극호르몬분비세포 (lactotropes)	15~20
성장호르몬분비세포 (somatotropes)	50
갑상샘자극호르몬분비세포 (thyrotropes)	5

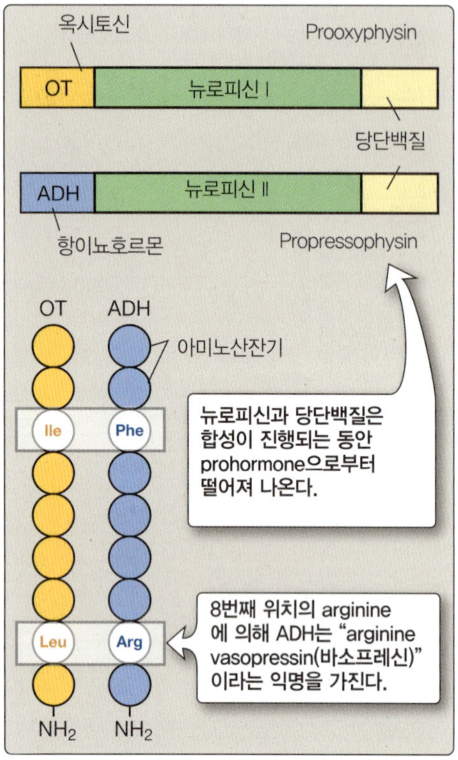

그림 7.13

뇌하수체 뒤엽 호르몬의 구조적 유사성

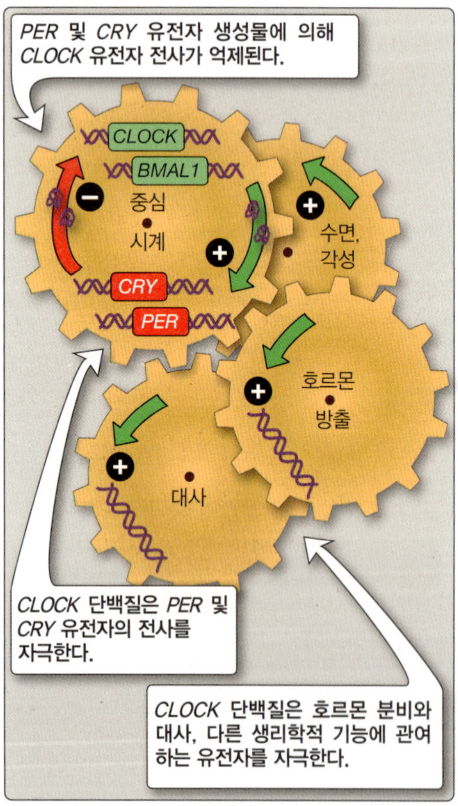

그림 7.14

중심시계

의 동형(isoform)이 합성되고 분비된다. 프로락틴은 199개 아미노산으로 구성된 폴리펩티드로서 시상하부에 의해 지속적으로 분비가 억제(**도파민**을 통해)되고 있는 유일한 뇌하수체 앞엽 호르몬이다.

4. **뇌하수체 뒤엽 호르몬:** 옥시토신과 항이뇨호르몬은 진화론적으로는 같은 조상을 가진 아홉 개 펩티드로 구성된 거의 동일한 호르몬이다(단지 두 개의 아미노산 위치만 다를 뿐이다)(그림 7.13). 이들 두 종류 호르몬은 **뉴로피신(neurophysin)**이라는 신호펩티드와 당단백질이 포함된 preprohormone 형태로 합성된다. 골지기관에서 처리되고 꾸려지는 동안 신호펩티드와 당단백질이 제거되면 prehormone 형태로 된다. **Prooxyphysin**은 옥시토신과 뉴로피신 I으로 구성되고 반면에 **propressophysin**은 항이뇨호르몬과 뉴로피신 II으로 구성된다. 각 호르몬은 신경분비 소포 내로 들어간 후에 각 뉴로피신으로부터 단백질분해에 의해 분리되고 빠른 축삭이동을 통해 뇌하수체 뒤엽으로 간다. 뉴로피신(당단백질)은 호르몬과 같이 분비되지만 알려진 생리학적 기능은 없다.

옥시토신과 항이뇨호르몬의 구조적 유사성 때문에 이들 호르몬 혈중농도가 매우 높을 경우는 일부 기능이 교차되어 나타나는 것을 볼 수 있다. 즉 옥시토신이 약한 항이뇨 효과를 보인다거나 항이뇨호르몬이 수유 중인 여성에서 유즙을 분출시키는 것들이다.

E. 시계기능(clock function)

체온과 혈압, 소화와 같은 많은 인체 기능은 일간("**circardian**" 하루주기는 라틴어 *circa dies*에서 유래되었다) 주기를 가지고 있다. 모든 세포는 스스로를 유지하는 주기를 만드는 능력을 가지고 있다. 시상하부는 이러한 주기를 동조시켜 가장 중심이 되는 시계에 의해 만들어지는 하루주기에 모든 주기가 맞물려 갈 수 있도록 한다. 이러한 주기동조는 밤 혹은 새벽을 맞이하거나 수면-각성 주기에 일치할 수 있도록 인체의 다양한 생리학적 기능을 변화시킬 수 있게 한다. 중심시계는 **시신경교차위핵(suprachiasmatic nucleus, SCN)**에 위치해 있다. 신경내분비 중간계로 작용하는 **솔방울샘(pineal gland)**과 같이 협동하여 시신경교차위핵은 몸 기능이 내분비계 일부분이 될 수 있도록 동조시킨다.

1. **분자시계(molecular clock):** 많은 겉질 영역이 계절적인 혹은 다른 주기를 보이는 회로를 가지고 있지만 시신경교차위핵에 존재하는 중심시계는 하루주기를 유지하여야 한다(그림 7.9 참조). 이 시계를 작동하는 분자적 톱니바퀴는 음성되먹임기전을 보이는 두 개의 유전자이다(그림 7.14). *CLOCK* 유전자 단백질은 *CRY*와 *PER* 유전자 전사를 촉진하고 이들의 유전자부호해독 산물은 *CLOCK* 유전자 전사를 억제한다. 전사-유전자부호 해독 주기는 약 24시간을 주기로 변동한다.

2. **시간 설정:** 비록 중심시계는 약 24시간의 고유 주기를 가지고 변동하지만 시계는 낮-밤 주기에 동조하기 위해 매일 재설정이 된다. 시계는 망막신경절세포 중 일부(전체 약 1~3%) 세포에 빛이 들어옴으로써 설정된다. 이들 세포에는 빛을 감지하고 이에 반응하는 광색소(photopigment)

의 일종인 **melanopsin**이 발현된다. 이들 세포로부터 신호는 시신경의 **망막시상하부로(retinohypothalamic tract)**에 속해 있는 들신경을 통해 시상하부로 전달된다(그림 7.15).

3. **솔방울샘:** 시신경교차위핵은 솔방울샘을 중간매개체로 하여 인체 기능이 내분비축 조절의 한 부분으로 동조되도록 한다. 솔방울샘은 셋째뇌실 뒤벽에 가까운 정중선에 위치해 있는 솔방울 모양을 하고 있는 작은(~8 mm) 샘조직이다(그림 7.10 참조). 이것은 **솔방울샘세포(pinealocyte)**와 **뇌하수체세포(pituicyte**; 뇌하수체 아교세포)와 유사한 아교세포로 구성되어 있다. 뇌줄기와 척수로 가는 신경연결과 이곳에서 위목신경절과 솔방울샘으로 가는 교감신경 연결을 통해 시신경교차위핵은 솔방울샘과 정보교류를 하고 있다. 솔방울샘은 멜라토닌(melatonin)을 직접 혈중으로 분비하는 일종의 분비뇌실주위기관이다.

4. **멜라토닌:** 멜라토닌은 트립토판(tryptophan)으로부터 합성되는 indoleamine (n-acetyl-5-methoxytryptamine)이다. 합성경로에는 교감신경계로부터의 아드레날린 입력신호를 통해 시신경교차위핵에 의해 조절되는 *arylalkylamine n-acetyltransferase* (*AA-NAT*)가 관여한다. 망막으로 빛이 들어오면 시신경교차위핵으로부터 솔방울샘으로 가는 교감신경경로가 활성화되고 *AA-NAT* 활성도는 억제된다(그림 7.15) 결과적으로 멜라토닌 합성과 분비는 감소되며 다음 어둠이 오면 다시 시작된다(그림 7.16).

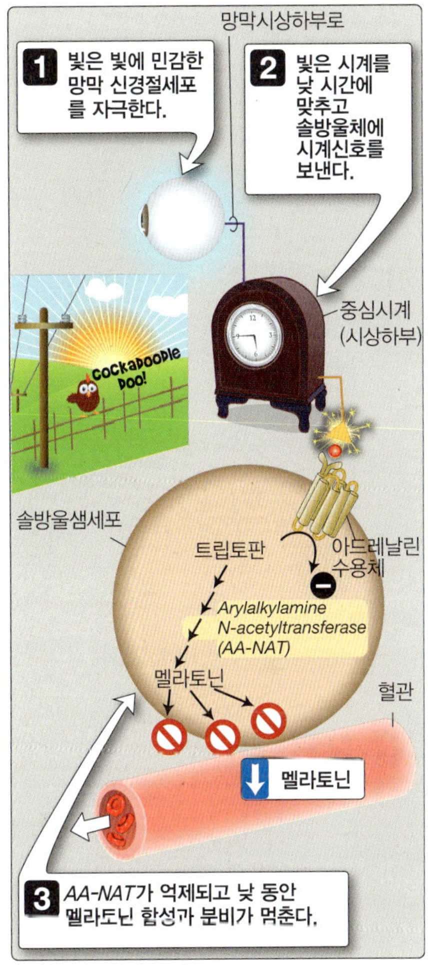

그림 7.15
멜라토닌 분비에 대한 빛 효과

> **Smith-Magenis 증후**(발달장애)를 가진 환자는 빛에 대한 멜라토닌 분비 반응이 반대로 나타난다. 낮 동안 멜라토닌 수준이 최고로 올라가고 반면에 밤에는 떨어진다. 이러한 환자는 신경행동학적 문제와 수면장애를 보이며, 시간조절과 관련된 중추신경계 기능에서 멜라토닌의 역할이 축소되어 있다.

VIII. 둘레계통

둘레계통은 시상하부와의 연결을 통해 자율적 활동에 많은 영향을 미치는 뇌줄기를 둘러싸고 있는 기능적으로 연관이 많은 핵(**해마[hippocampus]**, **띠겉질[cingulate cortex]**, **앞시상핵[anterior thalamic nuclei]**)들로 구성되어 있다. 이들 핵 중에 많은 것은 감정과 동기유발을 조절한다. 이러한 연결을 통해 분노와 공격, 공포, 스트레스가 어떻게 현저한 생리학적 효과를 나타내는지를 알 수 있다. 대부분 사람들은 공포와 관련된: 빠르고 쿵쿵거림을 느끼는 심박동(심박수와 심근수축력의 증가에 의해)과; 빠른 호흡(호흡중추); 차갑고 축축한 손바닥(땀샘에 대한 교감신경 활동); 목등에 있는 털이 서는(털세움, piloerection) 감각에 익숙하다.

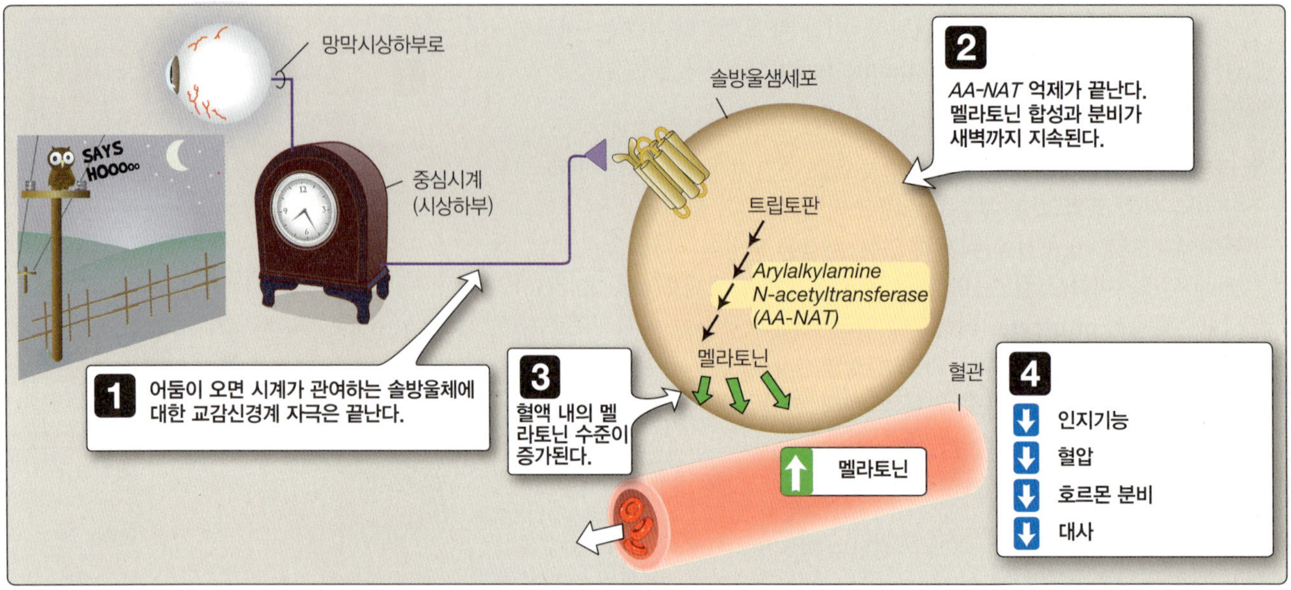

그림 7.16
생리학적 기능에 대한 멜라토닌 효과

7장 요약

- 중추신경계는 몸신경계와 **자율신경계(ANS)**로 구성되어 있다. 몸신경계는 뼈대근육계를 조정하며 반면에 자율신경계는 내장장기 기능을 조정한다. 자율신경계의 일차기능은 **내항상성**을 유지하는 것이다.
- 자율신경계는 의식적 조절과는 별개로 잠재의식 속에서 작동한다. 자율신경계는 항상성을 유지하기 위해 서로 상반된 방식이기는 하지만 서로 협조하면서 작동하는 기능적으로 확연히 구분되는 두 종류의 효과경로(**교감** 및 **부교감**)로 구성되어 있다.
- 자율신경계는 몸 전체에 걸쳐 분포하고 있는 혈압과 화학, 체온 등을 감시하는 수용기를 통해 감각정보를 받고 있다. 이러한 정보는 국소반사 혹은 고위(중추) 자율조절중추를 통해 효과기 기능을 변경시킨다.
- 자율조절중추로부터의 날 명령은 중추신경계 바로 밖에 위치한 **신경절**을 통해 전달된다. 교감신경절은 척수 가까이 위치해 있는 반면 부교감신경절은 표적장기 벽 혹은 가까이 위치해 있다. 모든 신경절이전신경과 부교감신경은 종말에서 **아세틸콜린**을 분비한다. 대부분 교감신경 신경절이후운동신경은 아드레날린성이며 표적세포에 **노르에피네프린**을 분비한다.
- 일차 자율조절 중추는 **뇌줄기**와 **시상하부**이다.
- 뇌줄기는 여러 종류의 자율조절핵과 조절중추를 가지고 있다. **고립로핵**과 **그물체**는 시상하부와 **둘레계통**으로부터 오는 날 명령과 자율 감각정보가 통합될 수 있도록 한다.
- 시상하부는 많은 생체 내부 변수의 **설정값**을 결정짓는다. 시상하부는 뇌줄기 조절경로의 수정과 **뇌하수체**에서 분비되는 호르몬을 통해 항상성 조절 기능을 나타낸다.
- 뇌하수체는 두 개의 엽으로 구성되어 있다: 하나는 상피샘조직(**앞엽**), 다른 하나는 신경조직(**뒤엽**)으로 구성되어 있다. 혈액-뇌 장벽 중 두 개의 파열된 부위(**뇌실주위기관**)에 의해 뇌하수체호르몬은 전신순환계로 들어갈 수 있다.
- **분비자극** 혹은 **분비억제호르몬**을 통해 시상하부는 앞엽으로부터 여섯 종류의 펩티드(자극) 호르몬을 순환계로 분비시킨다. 시상하부 호르몬은 **뇌하수체문맥계**를 통해 뇌하수체에 도달한다. 나머지 두 종류의 호르몬은 뇌하수체 뒤엽에 위치한 시상하부 신경종말에서 분비된다.
- 감각뇌실주변기관은 뇌 속에 위치에 있으며 시상하부가 세포외액 화학성분의 정보를 수집하여 항상성 유지를 위한 조절을 하도록 한다.
- 중심시계 역시 시상하부에 위치해 있으며 많은 기관이 **하루주기**에 동조되도록 한다. 시신경교차위핵에 존재하는 중심시계는 기관과의 직접적인 신경연결과 내분비 조절을 통해 조절 기능을 나타낸다. 내분비기관의 동조는 **솔방울샘**과 **멜라토닌** 분비를 통해 일어난다.

시각

8

I. 개요

세균을 비롯한 대부분의 개체가 빛을 감지하는 능력을 가지고 있다는 것은 시각이 얼마나 중요한지를 보여준다. 사람의 경우 광감각은 눈이 담당하고 있다. 눈은 광학기구로 둘러싸여 있는 광감수세포의 얇은 판(**망막[retina]**)으로 구성되어 있다(그림 8.1). 카메라 렌즈가 상을 필름 혹은 광센서 위에 투사하는 것과 동일하게 눈의 렌즈는 시야에 있는 물체의 정확한 공간적 배열을 광수용기 위에 투사한다. 간단한 카메라 경우 매우 작은 구멍을 통해 물체의 반전된 상을 필름 위로 투사한다. 눈 기능도 유사하지만 구멍 크기(**동공[pupil]**)는 광수용기로 들어가는 빛의 양을 조절하기 위해 변화한다. 가변초점 렌즈를 사용하면 구멍 크기가 바뀌어도 항상 명확하게 상이 맺히게 할 수 있다. 망막은 눈 뒤쪽에 위치해 있으며 두 종류의 광수용세포가 존재한다. 하나는 낮 동안 기능을 하도록 최적화되어 있으며 색깔이 있는 상을 만드는데 필요한 자료들을 제공한다(**원뿔세포[cone]**). 다른 하나는 최소한의 빛이 있는 상태에서 자료를 수집할 수 있도록 최적화되어 있으며, 이 자료로는 단지 단색 상만을 합성할 수 있다(**막대세포[rod]**).

II. 눈 구조

일반적으로 눈은 흰색을 띠고 있는 두꺼운 결체조직(**공막[sclera]**)으로 싸여 있는 거의 구에 가까운 기관이다(그림 8.1 참조). 공막은 보호역할을 하며 또한 머리가 움직이는 동안 시선(gaze) 방향을 조절하고 시선을 안정시키며 그리고 움직이는 물체를 추적하는데 사용되는 세 쌍의 뼈대근육(**눈바깥[extraocular]**)이 부착하는 부위를 제공하기도 한다. 광수용기는 눈 뒤쪽에 위치해 있으므로, 광자는 눈으로 들어가 감지되기 전에 여러 층의 구조물을 통과해야 한다.

A. 각막(cornea)

빛은 공막의 연장인 **각막**을 거쳐 눈으로 들어간다. 각막은 특별한 상피에 의해 경계가 지어지며, 여러 층의 얇고 투명한 층으로 구성되어 있다. 중간 층은 아교질 섬유와 **각질세포(keratinocyte)**로 구성되어 있으며 풍부한 감각신경 지배를 받고 있다. 혈관은 빛 투과를 방해하므로 각막에는 혈관이 없다.

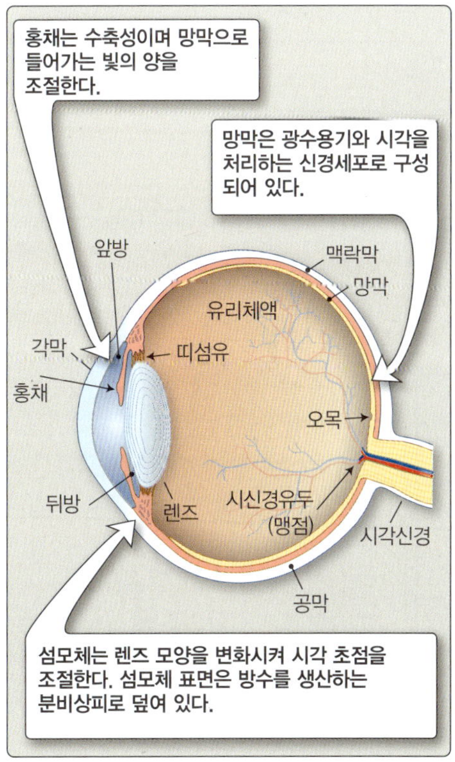

그림 8.1
눈 구조

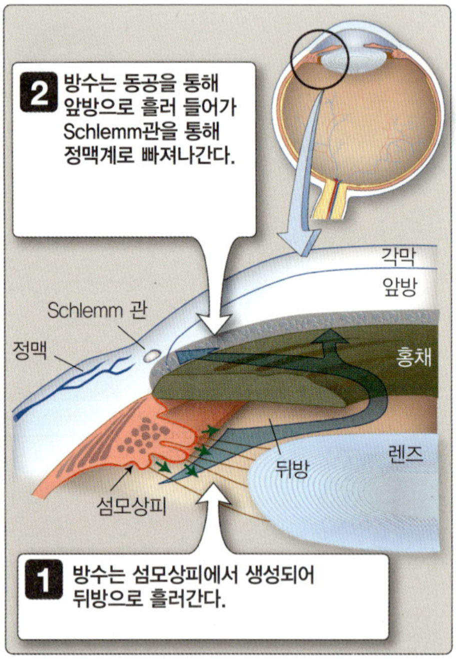

그림 8.2
방수 생성과 흐름

B. 앞방(anterior chamber)

앞방은 혈장에서 유래한 물과 같이 묽은 **방수(aqueous humor)**로 차 있다. 방수는 **섬모체(ciliary body)**를 덮고 있는 특수한 **섬모상피(ciliary epithelium)**에서 만들어져 **뒤방(posterior chamber)**으로 분비된다. 이후 동공을 통해 앞방으로 들어가 정맥계 일종인 **Schlemm관(canals of Schlemm)**을 통해 빠져나간다. 방수는 각막에 영양분을 공급하며, 각막 만곡과 광학 특성을 유지하기 위한 약 8~22 mm Hg 정도의 양압을 만들기 위해 지속적으로 생성된다(그림 8.2).

C. 홍채(iris)

홍채는 구멍(동공[pupil])이 있는 색깔을 띤 섬유막이며, 중앙은 얼마나 많은 빛이 눈으로 들어가는지를 조절한다. 동공 직경은 자율신경계 조절 하에 있는 두 개의 민무늬근육 무리에 의해 결정된다. 조임근 고리는 섬모체신경절(ciliary ganglion)로부터 오는 신경절이후 부교감신경섬유에 의해 지배를 받고 있으며 그림 8.3에서 보는 것과 같이 수축(**축동, 동공수축[miosis]**)하게 되면 동공 직경은 줄어든다. 두 번째 종류의 방사근육은 위목신경절로부터 오는 신경절이후 교감신경섬유에 의해 지배를 받고 있으며 동공을 확대(산동, **동공확대[mydriasis]**)시킨다. 동공직경 변화는 망막에 위치한 특별한 광감수성 신경절세포에 들어오는 빛 양에 반응하는 일종의 반사활동

임상 적용 8.1: 녹내장(Glaucoma)

녹내장은 세계적으로 두 번째로, 미국 흑인에 있어서는 가장 높은 실명 원인이 되는 시신경병증이다. 녹내장은 주로 방수가 동공을 지나 Schlemm관으로 빠져나가는 경로가 막혀서 발생한다. 방수 생산이 줄지 않으면 안구 내 압력(intraocular pressure, IOP)은 증가한다. 일단 IOP가 30 mm Hg를 넘게 되면 시신경 내에 존재하는 축삭이 비가역적인 손상을 받게 된다. 대부분 환자는 무증상으로 지내다가 정기 안과검사에서 우연히 발견되는 수가 많다. 시력손실은 초기에는 주변부에서 일어난다. 중심시력은 잘 보존되기 때문에 환자는 망막손상이 광범위해지기 전까지 이러한 결손을 잘 느끼지 못한다. 안과검사를 통해 녹내장의 전형적인 진단소견인 시신경유두(optic disc)가 혈관 이동에 의해 비어 있거나 혹은 “찻잔모양 함몰” 현상(시신경유두함몰)을 관찰할 수 있다. 치료는 방수 생산을 줄이는 베타아드레날린 대항제(예: timolol)를 사용하여 IOP를 낮추거나[1], 수술적 처치를 통해 폐쇄 원인을 제거해 주는 것이다.

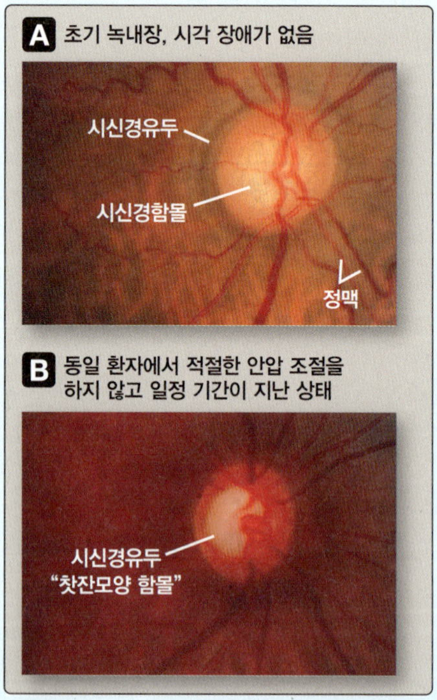

녹내장

[1] 녹내장 치료를 위한 약에 대한 더 많은 정보는 *LIR Pharmacology 제5판* 참조.

이다(**동공빛반사[pupillary light reflex]**). 이들 세포로부터의 신호는 시신경을 통해 중간뇌에 있는 핵으로 간 후 다시 Edinger-Westphal 핵으로 간다(그림 7.8). 여기서 눈돌림신경(뇌신경 III)을 통해 부교감 활동을 증가시키는 반사가 촉진되고 결과적으로 동공이 수축한다. 동공 수축은 눈으로 들어가는 빛 양을 줄이고 광수용기 포화를 방지한다. 포화가 되면 개체는 기능적으로 눈이 멀게 되므로 바람직하지 않다. 빛 양이 적을 경우는 동공확대 반사에 의해 망막에 도달하는 빛 양이 증가한다. 들어오는 빛 양이 비록 한 쪽 눈에서만 바뀌어도 동공반사는 두 눈에서 동일한 근육반응을 유발한다.

> 동공 직경은 지속적인 교감신경계와 부교감신경계 활동 균형을 반영하고 있다. 그러므로 눈검사 동안 각막에 아트로핀(아세틸콜린수용체 대항제)를 국소적으로 투여하면 교감신경계와 부교감신경계 영향 균형이 교감신경계가 우세한 쪽으로 이동되어 동공이 확대된다.

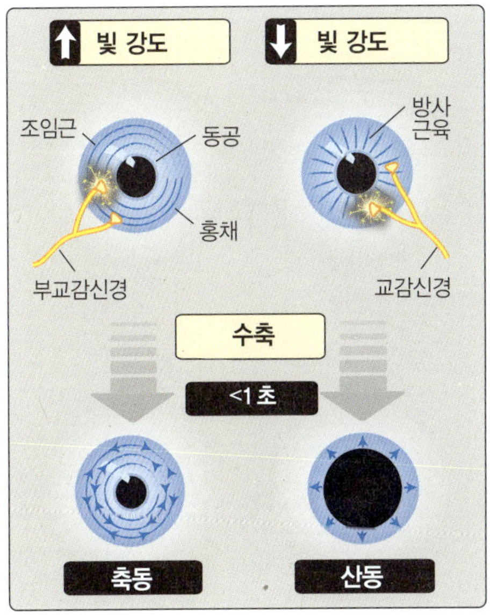

그림 8.3
동공 직경 조절

D. 렌즈(lens)

렌즈는 **섬모체(ciliary body)**에 부착되어 있는 결합조직섬유(**띠섬유[zonule fiber]**)의 방사형 띠에 의해 빛이 통과하는 길에 매달려 있는 투명 타원판이다. 섬모체는 수축을 통해 렌즈 모양을 바꿔 초점을 맞추는 기능을 가지고 있다(아래 참조). 렌즈는 단단하게 밀집되어 있으며 마치 양파의 층과 같이 동심원층을 이루고 있는 길고 가는 세포로 구성되어 있다. 세포는 렌즈를 투명하게 하고 렌즈의 광학적 특성을 결정 짓게 하는 단백질인 **crystallin**으로 꽉 차 있다. 렌즈는 결합조직과 상피층으로 구성된 피막에 의해 싸여 있다.

E. 유리체액(vitreous humor)

유리체액은 대부분 수분과 단백질로 구성된 젤라틴과 같은 물질이며, 공막에 망막이 붙어 있게 하기 위해 약간의 양압을 형성한다.

F. 망막(retina)

빛이 망막에 도달하면 광수용기에 의해 감지되기 전에 신경세포의 여러 층과 이들을 지지하는 구조물을 통과해야 한다. 신경세포층은 투명하기 때문에 여기를 통과하는 동안 빛 손실은 거의 없다. 망막에는 두 종류의 특별한 구역이 있다. **시신경유두(optic disc)**는 혈관이 출입하고 망막신경세포 축삭이 눈을 떠나는 곳으로 광수용기 세포 배열이 끊어져 있어 **맹점(blind spot)**을 만드는 작은 구역이다(그림 8.4). 시야 중심 근처에는 **황반(macula lutea)**이라고 불리는 원형의 영역이 있다. 이곳의 중심에는 **오목(fovea)**이라 불리는 작고(직경이 약 1 mm) 오목한 곳이 있다. 이곳은 최고의 시력을 나타내기 위해 신경층이 옆으로 비껴져 있어 광수용기로 빛이 직접 들어간다(아래 참조).

오목은 시야 중심에 위치한 높은 시력을 보이는 작은 영역이다.

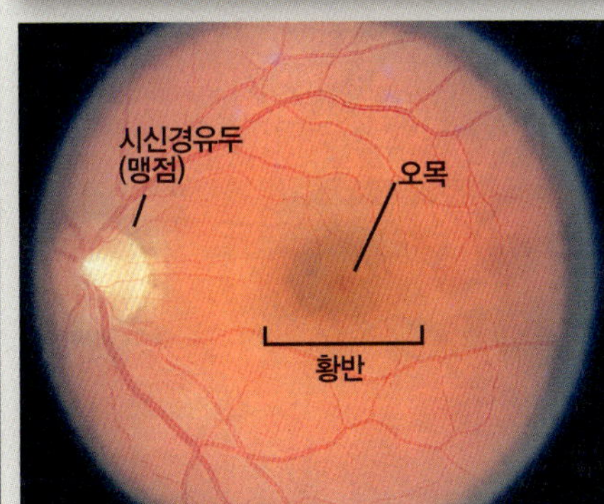

그림 8.4
망막 지표

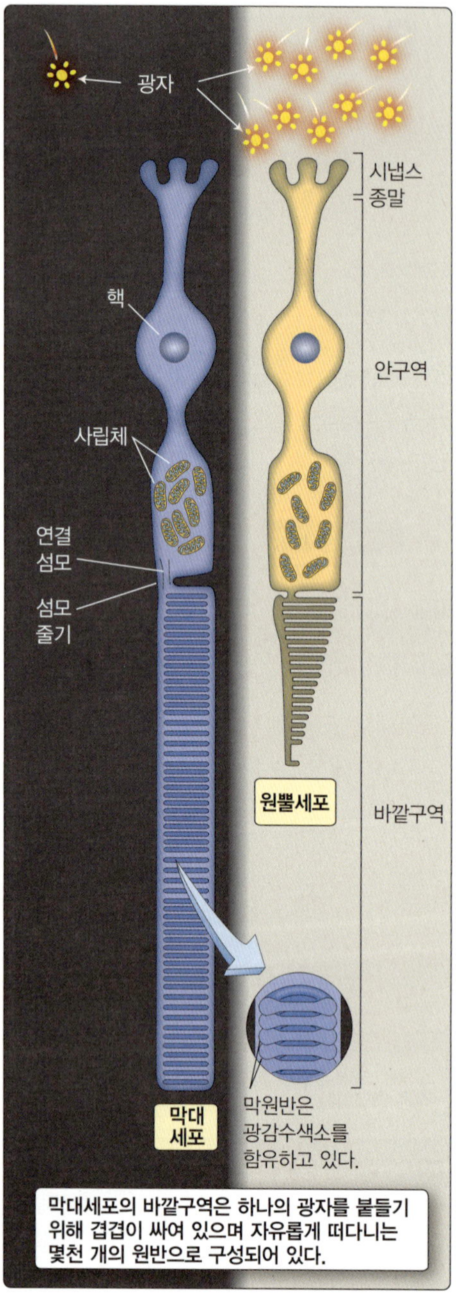

그림 8.5
광수용기 구조

III. 광수용기(PHOTORECEPTORS)

망막 광수용기는 매우 규칙적인 정렬을 보이고 있으므로 광수용기 흥분양식을 통해 공간적 정보를 얻을 수 있다. 망막에는 유사한 세포구조를 가지고 있는 두 종류의 광수용기가 존재한다.

A. 종류

막대세포(rod)는 빛의 단일 광자를 감지할 수 있다. 색깔은 구별할 수 없으나 조명이 매우 낮은 상황에서 상을 만들 수 있어 **밤눈보기(scotopic vision**; 어둠을 의미하는 그리스어 *skotos*에서 유래)에 관여한다. **원뿔세포(cone)**는 낮에 최적의 기능을 하도록 되어 있으며 **낮눈보기(photopic** vision) 혹은 색각(color vision)에 관여한다.

B. 구성

광수용기는 길고 가는 흥분성세포이다(그림 8.5). 중심에는 핵을 포함하고 있는 세포체가 있다. 세포체는 시냅스이전 구조로 가는 가지를 내는 짧은 축삭을 형성하면서 한쪽 방향으로 뻗어 있다. 세포 반대쪽은 긴 원통형 구조를 가지고 있으며 두 개의 구역으로 나뉜다. **안구역(inner segment)**에는 많은 수의 사립체를 비롯하여 정상적인 세포 기능에 필요한 소기관이 있다. 안구역은 광변환(phototransduction)에 관여하는 기구가 존재하는 공간으로 변형된 하나의 섬모(**연결섬모[connecting cilium]**)를 만든다. 이 공간을 **바깥구역(outer segment)**이라고 하며 안구역과는 짧은 **섬모줄기(ciliary stalk)**에 의해 연결되어 있다.

C. 원반막(disk membrane)

막대세포 바깥영역을 만드는 부풀려진 감각섬모는 섬모의 축미세관(ciliary axoneme)을 따라 마치 만찬 접시가 쌓여 있는 것 같이 약 1,000개 전후의 분리되고 평평한 막성원반으로 구성되어 있다. 원뿔세포도 유사한 구조를 가지고 있지만 차이점은 막성원반 숫자가 적으며 세포막이 안쪽으로 접혀 들어가 형성되어 있다. 막대세포의 이러한 특성은 눈의 광감수성 층을 지나온 하나의 광자라도 잡기 위해서이다. 이러한 특징을 살리기 위해 원반막은 광감수성 색소분자로 아주 촘촘하게 차 있어 지질분자가 존재할 수 있는 여유가 거의 없다!

D. 분포

망막은 눈 안쪽 영역을 덮고 있으며 이는 전체 면적의 약 75%(~11 cm^2)에 해당한다. 광수용기는 막대세포가 원뿔세포에 비해 20배 정도의 많은 숫자(막대세포 1억 3천만 개, 원뿔세포 7백만 개)로 망막 내에 치밀하게 존재하고 있다. 망막 전체에 막대세포와 원뿔세포가 존재하지만 분포 양상은 균등하지 않다.

1. **막대세포:** 막대세포는 밤눈보기에 관여하는 망막 주변부에 주로 존재한다.
2. **원뿔세포:** 원뿔세포는 매우 높은 시력을 제공하는 망막 중심부에 집중되어 있다. 그 중에서도 가장 중심부를 오목이라고 하며 여기에는 원뿔세포만 존재한다(그림 8.1과 8.4 참조). 오목에 막대세포가 없다는 것은 이 부분이 밤눈보기에는 관여하지 않음을 의미한다.

IV. 광감응장치 (광센서[PHOTOSENSOR])

광자 한 개의 에너지를 감지하기 위해서 빛이 반사되거나 통과하는 동안 특정 파장의 빛을 흡수하는 **발색단(chromophore)**이 필요하다. 이런 특성에 의해 분자 색채가 만들어진다. 눈에서 사용되는 발색단은 여러 가지 형태로 존재하는 **레티날(retinal)**이다. 11-*cis* 형태는 매우 불안정하여 광자가 충격을 주면 좀 더 안정적인 all-*trans* 형태로 바뀐다. 이러한 변형은 레티날이 전형적인 광수용색소로 작용하기에 적합하도록 매우 빠르다(femtoseconds; 10^{-15}초). 형태적인 변화를 감지하고 전달하는 일은 G단백질연결수용체(G protein-coupled receptor)인 **옵신(opsin)**이 담당한다. 옵신은 호르몬 수용체가 리간드(ligand)와 결합하고 있는 것과 동일한 방식으로 11-*cis* 레티날과 공유결합을 하고 있다. 수용체와 발색단이 결합하면 붉은 보라색을 띠고 있는 시각색소인 **로돕신(rhodopsin)**를 형성한다. 망막에 광자가 도달하여 전이가 일어나면 옵신 변형이 초래되어 **메타로돕신 II(metarhodopsin II)**가 생성된다. 이것에 의해 신호 연쇄반응이 시작되고 결과적으로 광에너지가 전기신호로 바뀌게 된다.

V. 광감각 변환(PHOTOSENSORY TRANSDUCTION)

광변환은 자극이 감지되었을 때 다른 감각기에서 보이는 것과 같은 탈분극이 아닌 수용기 과분극을 유발하는 매우 특이한 과정이다.

A. 암전류(dark current)

막대세포 바깥구역 세포막은 그림 8.6에서 보는 바와 같이 고리형일인산구아노신(cGMP)에 의해 조절되는 비특정양이온통로를 가지고 있다. 빛이 없는 상황에서 본질적으로 활성화되어 있는 *구아닐사이클라아제(guanylyl cyclase, GC)*에 의해 세포 내 cGMP 농도는 매우 높게 유지되고 있어 통로는 항상 열려 있다. Na^+과 적은 양의 Ca^{2+}이 광수용기 내로 들어가면서 내향암전류를 형성한다. 안쪽영역에 있는 K^+ leak 통로는 세포에서 K^+이 빠져나가도록 하여 **암전류(dark current)**를 일부 상쇄시키지만 궁극적으로 막전위(V_m)는 −40 mV 전후의 매우 좁은 범위에 놓이게 된다.

B. 변환

광자가 레티날에 들어오면 로돕신은 G단백질인 **트랜스듀신(transducin**, G_T, 그림 8.7)을 변형 및 활성화시킨다. 활성화되면 $G_T\alpha$ 소단위가 분리되고 세포막에 결합되어 있는 *포스포디에스테라제(phosphodiesterase, PDE)*를 활성화시킨다. *PDE*는 cGMP를 GMP로 가수분해시켜 세포 내 cGMP 농도를 떨어지게 한다. 양이온통로는 불활성화되어 결과적으로 닫히고 암전류는 없어지게 된다. 안쪽구역 K^+통로는 여전히 열려 있어 막전위를 음전위 쪽으로 이동되도록 한다. 이러한 막전위 변화를 통해 빛이 감지되었다는 신호를 만든다. 이러한 변환 연쇄반응은 비교적 느리지만(몇십에서 몇백 millisecond), 엄청나게 큰 신호증폭 결과를 제공하여 눈이 한 개의 광자도 감지할 수 있도록 한다.

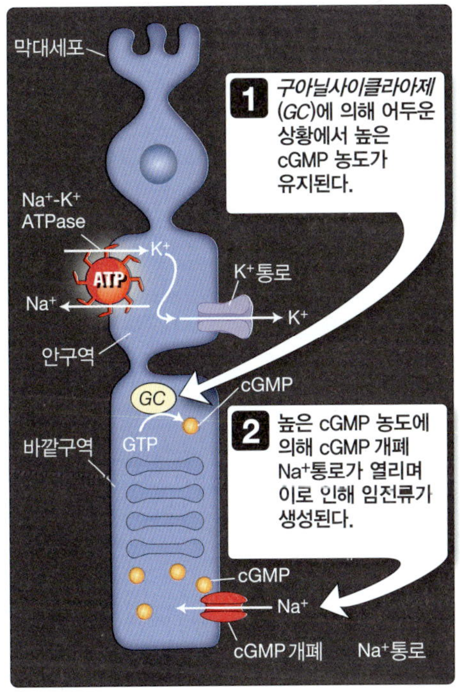

그림 8.6
암전류 기원. ATP = 삼인산아데노신;
cGMP = 고리형일인산구아노신;
GTP = 삼인산구아노신

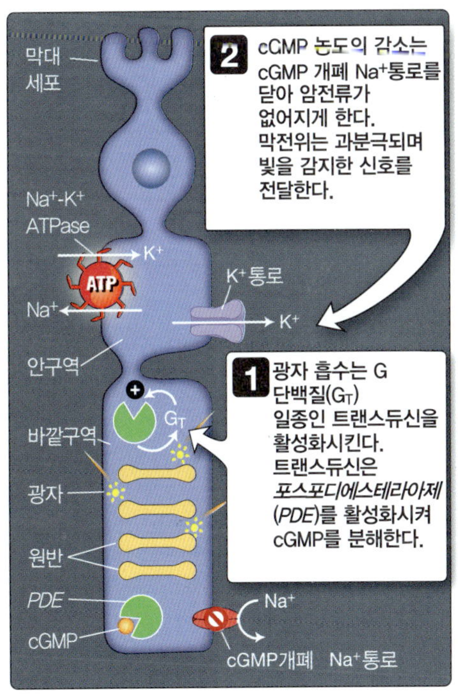

그림 8.7
어두운 상황에서 광변환기전

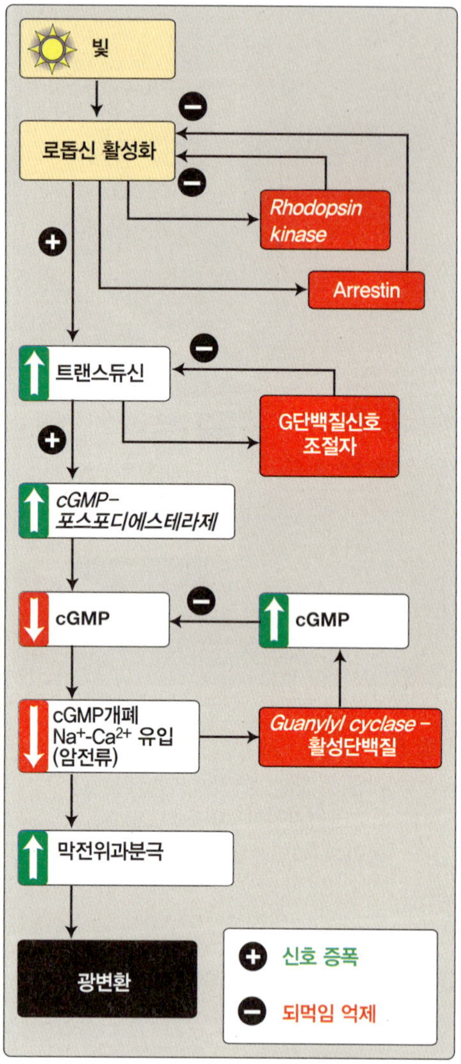

그림 8.8
광감각 변화경로와 이를 억제 및 끝내는 기전

C. 신호 종결(signal termination)

증폭반응은 굉장히 강력하기 때문에 적절한 순간에 신호전달을 제한하고 끝낼 수 있도록 막대세포는 많은 음성되먹임기전을 가지고 있다(그림 8.8).

1. **옵신 비활성화:** 활성화 형태 옵신은 *로돕신키나아제(rhodopsin kinase)* 활동의 기질로 사용된다. 옵신은 많은 인산화 장소를 가지고 있어 연속적인 인산의 전이가 일어나면 G_T와의 연결반응 능력이 감소한다. 인산화는 **arrestin** 결합을 위한 좋은 표적수용체를 만들게 한다. **Arrestin**은 옵신과 트랜스듀신 상호작용을 차단하여 이후 발생하는 신호전달 과정을 억제하는 작은 단백질이다.

2. **트랜스듀신 불활성화(transducin deactivation):** 막대세포는 $G_T\alpha$ 소단위의 GTPase 활성도를 증가시키는 **"G단백질신호조절자(regulator of G-protein signaling)"** 단백질도 가지고 있어 불활성화 속도를 증가시킨다.

3. ***구아닐사이클라아제* 활성화:** 암전류 일부는 Ca^{2+} 유입에 의해 형성된다. 빛은 이러한 유입을 멈추게 하여 세포 내 Ca^{2+} 농도를 떨어지게 한다. 이러한 현상은 하나 혹은 그 이상의 Ca^{2+} 의존 *GC*-활성단백질(Ca^{2+}-dependent *GC*-activating protein)에 의해 감지되며, 결과적으로 *PDE* 효과를 상쇄시키는 *GC* 활성도를 증가시킨다. 이 경로는 광수용기가 신호전달 과정을 포화시키는 빛 수준에 적응하고, 또한 신호전달 과정이 끝났을 때 암전류를 다시 만들 수 있도록 하는데 매우 중요하게 작용한다.

D. 탈민감화(desensitization)

밝은 빛에 막대세포가 지속적으로 노출될 경우 탈민감화된다. 탈민감화는 위에서 언급한 옵신 비활성화 과정의 일부이다. *로돕신키나아제*는 여러 장소에서 옵신을 인산화시켜 arrestin 결합력(arrestin-binding affinity)을 증가시키고 또한 이후에 일어나는 옵신-트랜스듀신 상호작용을 억제한다. 시간이 지남에 따라 트랜스듀신은 바깥구역에서 안쪽구역으로 이동하게 되어 광변환과 관련된 첫 번째 단계가 효과적으로 차단되고 이후 발생하는 신호전달 과정도 일어나지 못하게 한다.

E. 레티날 재사용(retinal recycling)

레티날이 활성화되어 바로 옵신으로부터 떨어져 나오면 색소는 노란색(**탈색**)으로 바뀐다. 이것은 다시 비타민 A로 알려진 **레티놀(retinol)**로 전환된다. **비타민 A**는 11-*cis* 레티날로 전환되어 옵신과 결합하여 시각색소로 된다.

> 비타민 A는 시각색소를 합성하는데 기본적으로 필요하다. 일일 섭취량이 부족할 경우 막대세포 기능에 장애가 생겨 어두운 곳에서 잘 볼 수 없는 야맹증이 발생한다. 야맹증은 비타민 A 섭취로 회복될 수 있다.

VI. 색각(COLOR VISION)

막대세포는 하나의 시각색소를 가지고 있기 때문에 야간시력은 단색이다. 막대세포는 빛 질에 대한 정보는 제공하지 못하고 오직 적은 양의 빛에 반응하게 되어 있다. 색깔을 구별하기 위해서는 서로 다른 파장에서 최대의 반응을 보이는 두 개 이상의 색소가 필요하다. 색각은 각기 서로 다른 시각색소를 가지고 있는 세 종류의 원뿔세포에 의해 이루어진다(그림 8.9). 세 종류 모두 발색단으로는 11-*cis* 레티날을 사용하며, 광변환 기전은 막대세포에서 언급한 것과 동일하다. 하지만 옵신의 경우는 각각의 일차 서열이 서로 달라 가시광선 파장 범위 내(visible spectrum)에 있는 서로 다른 파장에 예민하게 반응할 수 있도록 색소의 민감도를 이동시킨다. **S 원뿔세포(S cone)**는 짧은 파장(보라-파랑: ~420 nm)에, 그리고 **M 원뿔세포(M cone)**는 중간 파장(초록-노랑: ~530 nm), **L 원뿔세포(L cone)**는 긴 파장(노랑-빨강: ~560 nm)에 최대로 반응한다. 색소 흡수 범위의 중첩은 세 종류 원뿔세포가 대부분의 가시광선 파장에 반응함을 의미하지만 각 원뿔세포의 반응 정도는 자극이 각 원뿔세포 최적범위에 얼마나 근접해 있느냐에 따라 달라진다. 뇌는 망막으로부터 오는 일련의 정보를 통해 색깔을 추정하게 된다.

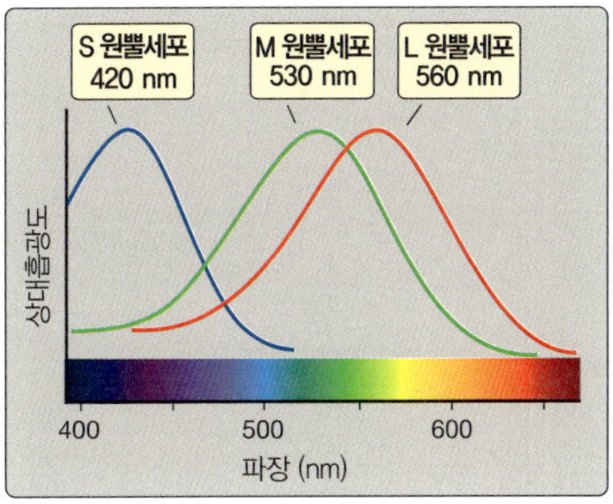

그림 8.9
원뿔세포 분광민감도

VII. 시각처리(VISUAL PROCESSING)

광감수기는 엄청난 양의 시각정보를 만들 수 있다.[1] 이 정보는 망막을 빠져나갈 때 "맹점(blind spot)을 만드는 시신경을 통해 중추신경계 시각중추로 간다(그림 8.1과 8.4 참조). 만약 시신경이 원래의 정보를 그대로 보낸다면 이를 위해 필요한 축삭 숫자를 확보하기 위해 직경이 몇백 배는 굵어져야 하며, 맹점 또한 이에 맞춰 커져야 한다. 그러므로 망막을 떠나기 전에 원래의 시각 정보를 압축시키기 위해 광범위하게 처리되어야 하며, 이를 통해 시신경 직경이 최소화된다.

A. 망막 구조

망막은 그림 8.10에서 보는 바와 같이 광감각정보를 만드는 세포(광수용기)와 시각정보를 처리하는 세포(**두극세포[bipolar cell]** 및 **수평세포[horizontal cell]**, **신경절세포[ganglion cell]**, **무축삭세포[amacrine cell]**)의 층으로 구성된 매우 잘 정렬된 구조를 가지고 있다.

1. **색소상피**(pigment epithelium): 망막 가장 안쪽 층은 검은색의 색소상피이며, 흡수되지 않으면 상 형성을 방해하고 시력을 감소시키는 광자를 여기에서 흡수한다. 많은 양의 **멜라닌(melanin)** 색소 과립에 의해 이런 색깔을 띤다. 색소상피는 망막 재생과 광수용기 교체(turnover)에 관여하는 영양물질을 광수용기에 공급하는 역할도 한다. 광수용기 세포막은 광자에 의해 연속적인 손상을 받고 있어 지속적으로 교체가 되어야 한다. 전체 막대세포는 약 10일에 한 번 정도 완전히 교체된다.

2. **신경아교세포**(neuroglia): 망막은 뇌의 연장에 해당되므로 광수용기를 비롯한 이와 관련된 흥분세포는 아교세포로부터 지원을 받고 있다. 망막 특이적 아교세포인 **부챗살아교세포(Müler cell)**는 신경세포 사이 공간을 메우고 있으며 또한 유리체액과 망막을 구분하는 장벽**(inner delimiting membrane)**을 형성한다.

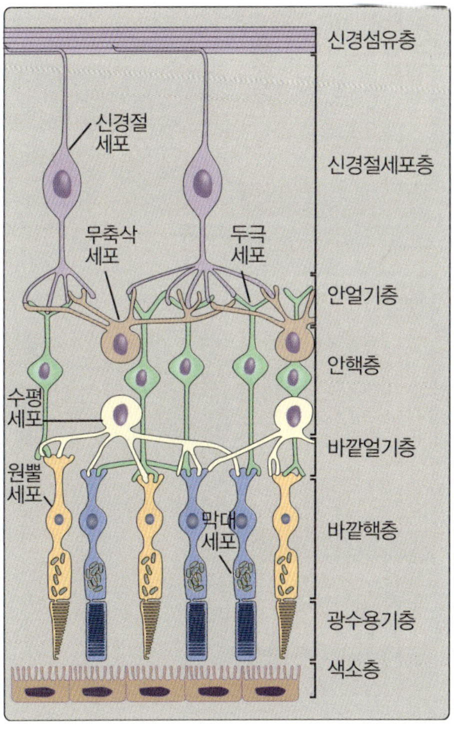

그림 8.10
망막 세포층과 연결

[1] 시각신호를 처리하고 해석하는 것에 대한 더 많은 정보는 *LIR Neuroscience* 15장 참조.

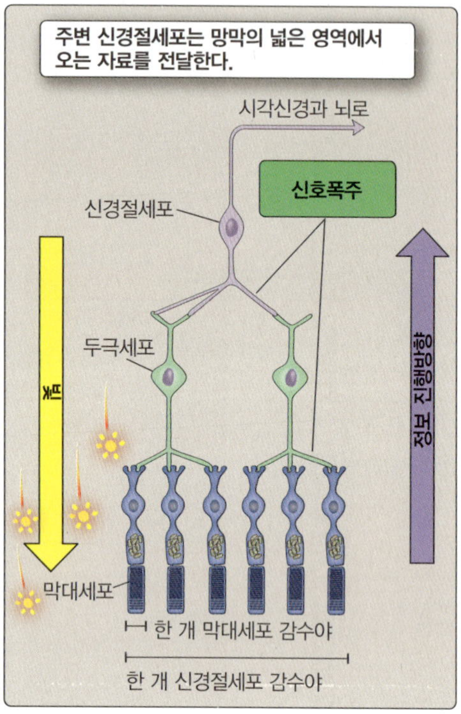

그림 8.11
망막에서 광감각 정보 처리

그림 8.12
빛이 없는 상황에서 ON과 OFF 두극세포 활동

B. 광수용기 출력신호

광수용기를 탈분극시켜 흥분상태로 만드는 암전류는 수용기 세포의 시냅스이전종말에서 신경전달물질(글루탐산염)이 지속적으로 분비되게 만든다. 빛은 암전류를 감소시켜 과분극을 초래하며, 과분극은 자극의 강도에 따라 등급이 나누어(graded)진다. 광감각 흥분은 신호가 폭주되기 시작하는 두극세포에서 처음으로 신호화된다(그림 8.11).

1. **막대세포:** 막대세포는 시력은 별로 중요하지 않고 상을 인식하는 것이 우선 필요한 즉 최소한의 빛이 있는 상황에서 기능을 한다. 그러므로 두극세포는 대뇌겉질로 전달되는 단일현상이 잘 발생될 수 있도록 멀리 떨어져 있는 여러 개의 막대세포로부터 입력신호를 수집하고 통합한다. 하나의 막대세포에 의해 지배되는 시야 부위를 **감수영역(receptive field)** 이라고 한다. 두극세포 감수영역은 여러 개의 막대세포 감수영역이 합쳐져 있기 때문에 비교적 넓다(그림 8.11).
2. **원뿔세포:** 원뿔세포는 낮에 작동한다. 모든 원뿔세포는 밝은 상태에서 활동하므로 넓은 감수영역으로부터 들어오는 입력신호가 합쳐지면 그만큼 감각 질은 떨어진다. 그러므로 원뿔세포는 해당하는 두극세포와 시냅스를 하여 공간적인 정보가 잘 보존되도록 하고 이를 통해 시력을 증대시킨다.

C. 두극세포 출력

두극세포는 신호 처리의 첫 번째 단계를 담당하고 있다. 각각의 세포는 막대세포 집단 혹은 하나의 원뿔세포로부터 입력신호를 받고 있으나 두 종류의 세포로부터 동시에 받지는 않는다. 이러한 상관관계를 통해 막대세포와 원뿔세포로부터 전달된 자료의 원래 모습이 보존된다. 두극세포는 특이하게 활동전위를 만들지 않으며 이들의 출력은 등급현상을 보인다. 두극세포는 최소한 열 종류 이상이 존재하지만 일반적으로 두 개의 기본 군으로 구분한다: **"ON"** (혹은, **on-center**)와 **"OFF"** (**off-center**) 세포. 막대세포는 ON 세포와만 시냅스를 한다. 대부분의 원뿔세포는 각 종류 중에 최소한 하나와 시냅스를 한다.

1. **ON 세포:** ON 세포는 광수용기 신호를 전달받기 위해 대사성글루탐산염수용체(mGluR6)를 이용한다. 글루탐산염수용체는 억제 G단백질을 통해 비특정양이온통로와 연결되어 있으며, 이들 관계가 억제성이므로 어두운 상태에서 통로를 닫히게 한다(그림 8.12). 두극세포 위쪽에 있는 광수용기에 빛이 들어오면 이 통로는 억제로부터 풀리게 되어 두극세포는 등급이 매겨지는 형태(graded manner)로 탈분극된다(그림 8.13). 수용체 *과분극*이 두극세포의 *탈분극*을 유발하기 때문에 이러한 형태의 두극세포는 **신호반전기(sign-inverting)**라고도 한다. 이들은 빛이 들어오게 되면 흥분한다.
2. **OFF 세포:** OFF 세포는 이온성글루탐산염수용체를 가지고 있다. 글루탐산염이 결합하게 되면 지속적인 내향전류를 만들어 광수용기에서와 반대현상인 막전위 탈분극이 유발된다(그림 8.12 참조). 광수용기가 자극을 받게 되면 막전위는 과분극되어 시냅스에서의 글루탐산염 분비는 억제된다. 이 광수용기와 시냅스를 하고 있는 두극세포 역시 과분극된다(그림 8.13 참조). 빛이 없어져 광수용기가 탈분극되면 시냅스에서의 글

루탄산염은 다시 분비되고 두극세포를 흥분시켜 신호가 전달된다.

D. 신경절세포 출력

수직적인 정보 흐름은 광수용기에서부터 신경절세포에 의해 형성되는 망막 바깥층까지 진행된다. 망막에 존재하는 대부분의 다른 세포와 다르게 신경절세포는 뇌로 전달되는 시각정보를 포함하고 있는 활동전위를 생성한다. ON 신경절세포는 빛에 반응하여 연속적인 활동전위를 만들며(그림 8.13 참조), 반면에 OFF 신경절세포는 빛이 꺼지게 되면 흥분발사가 일어난다(그림 8.12 참조).

E. 수평(horizontal) 및 무축삭세포(amacrine cell)

수평 및 무축삭세포는 감각정보 흐름이 망막층을 지날 갈 때 이를 조정한다. 바깥얼기층(outer plexiform layer)에서 수평세포는 돌기를 옆으로 뻗어 서로 시냅스를 하게 하고 또한 넓은 감수영역 내에 있는 광수용기로부터 오는 정보를 대조할 수 있게 한다. 수평세포는 여러 종류가 있으며, 이들의 출력은 주로 억제성이어서 감마아미노부티르산(γ-aminobutyric acid) 혹은 글라이신을 신경전달물질로 사용하며, 광수용기와 두극세포 신호전달에 영향을 미친다. 수평세포의 궁극적인 효과는 망막의 밝은 부위와 어두운 부위 사이의 대조를 명확하게 하는 것이다. 무축삭세포 기능은 아직 잘 알려져 있지 않다.

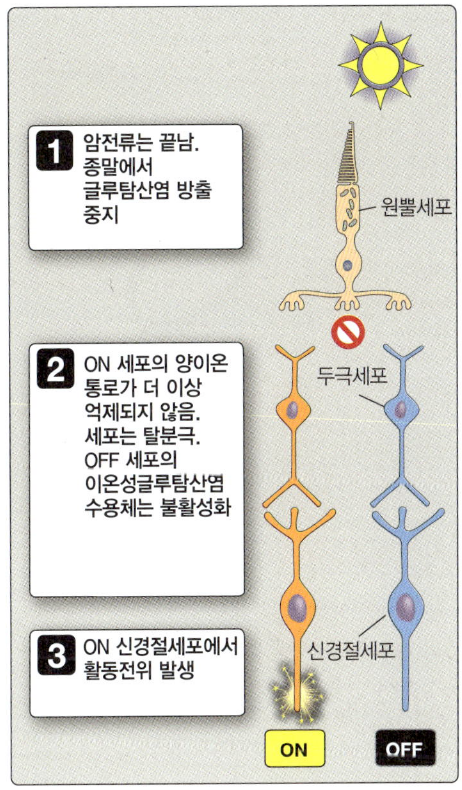

그림 8.13
ON과 OFF 두극세포의 빛에 대한 반응

VIII. 시각경로(VISUAL PATHWAY)

신경절 세포 축삭은 모여서 한쪽 눈에 하나씩 망막으로부터 뇌로 시각정보를 전달하는 시신경(뇌신경 II)을 형성한다. 뇌하수체 바로 앞 **시각교차(optic chiasm)**라고 부르는 곳에서 시신경은 만나서 합쳐진다(그림 8.14). 여기서 코쪽 섬유는 정중선을 건너 반대쪽 눈의 관자쪽 섬유와 합쳐져 **시각로(optic tract)**를 형성한 후 시상 **가쪽무릎핵(lateral geniculate nucleus)**으로 간다. 실제적으로 이러한 교차(decussation)를 통해 양 눈의 오른쪽 시야로부터 들어온 감각정보가 뇌 왼쪽으로 전달되도록 한다. 반대의 경우도 마찬가지이다. 시상으로부터 전달된 정보는 **시각부챗살(optic radiation)**을 거쳐 분석과 해석을 위해 뒤통수엽에 존재하는 일차시각겉질로 간다.

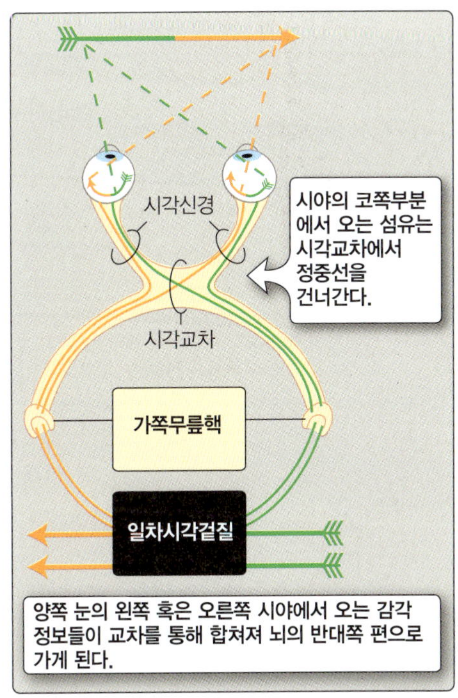

그림 8.14
뇌로 가는 시각정보 전달경로

IX. 눈의 광학적 특성

창문을 통해서 방으로 들어 온 빛은 바깥 경치를 반대쪽 벽에 정확하게 상을 맺도록 하지는 못한다. 마찬가지로 눈으로 들어 온 빛도 눈을 통과하는 동안 어떤 조작을 하지 않으면 망막에 정확한 상을 맺지 못한다.

A. 광학 원칙(optical principle)

광선은 원칙적으로 평행선으로 진행한다. 속도는 빛이 지나가는 매체에 좌우된다. 빛의 속도는 진공에 비해 공기 중에서 느려지고 물 또는 유리와 같은 투명한 고체를 지나면 더욱 느려진다. 진공에서 빛의 속도와 다른 매체에서의 속도 비는 **굴절지수(refractive index)**로 알려져 있다. 공기의 굴절지수는 약 1.0003이며, 물의 경우는 1.33, 눈의 렌즈와 각막은 1.4에 가깝다. 다른 굴절지수를 가진 매체의 모서리를 빛이 지나가게 되면 빛은 두 매

그림 8.15
렌즈 초점거리

체의 굴절지수 차와 빛이 들어가는 각도에 의존하여 꺾어지게 된다.

B. 단순렌즈

단순 오목렌즈(예: 확대경)는 두 개의 휘어 있는 표면을 가진다. 이 곡면에 의해 평행광선은 중간 초점쪽으로 꺾어지게 된다. 확대경은 강한 햇빛 아래에서 종이 표면에 강한 흰색 광의 점을 만들 수 있다(그림 8.15). 렌즈 **초점거리(focal length)**와 동일한 거리를 두고 확대경을 들고 있으면 점은 마치 핀 머리크기 정도까지도 될 수 있으며 태양 에너지에 의해 종이에서 연기가 나고 타게 된다. 초점력(**굴절력[focal power]**)은 초점거리의 역수이다. 표면 굴곡을 증가시킨 강력한 유리렌즈는 약한 렌즈에 비해서 훨씬 짧은 거리에 물체 상을 정확하게 맺게 할 수 있다. 초점력은 디옵터(diopters, D)로 나타내며, 미터로 표시되는 초점거리의 역수로 계산할 수 있다. 1D 렌즈는 렌즈로부터 1미터 떨어진 곳에 물체 상을 맺는다. 10D 렌즈는 0.1 미터에 상을 맺는다. 사람 눈의 최대 굴절력은 약 59D이다.

C. 초점력(굴절력)

빛은 공기로부터 망막에 도달하는 동안 여러 번에 걸쳐 방향이 바뀌게 된다. 빛은 공기와 각막 및 각막과 방수, 방수와 렌즈, 렌즈와 유리체액 사이의 중간면을 지나면서 굴절한다. 가장 많은 굴절은 공기에서 각막으로 빛이 들어갈 때 일어나며, 이를 통해 눈이 멀리 떨어져 있는 물체의 초점을 맞추는 데 있어 각막이 가장 중요한 결정요소로 작용함을 알 수 있다.

D. 조절(acommodation)

단순렌즈는 고정된 초점거리를 가지로 있다. 렌즈 곡면은 멀리 있는 물체에 아니면 가까운 물체에 초점을 맞출 것인가에 따라 모양이 결정되며, 두 경우를 동시에 충족시킬 수는 없다. 망원경과 같이 좀 더 복잡한 영상 기구는 두 개 혹은 그 이상의 단순렌즈를 사용하여 각각의 상대적인 위치를 변경하면서 초점을 조절한다. 눈은 렌즈 모양을 변화시켜 초점을 조절한다. 이러한 능력을 **조절**능(power of **accommodation)**이라고 한다. 젊은이와 건강한 사람의 경우는 1/3초에 14D까지 굴절력을 조절할 수 있다.

1. **안정 시 눈:** 사람 렌즈는 아무런 영향을 받지 않고 있는 상태라면 피막의 자연적인 탄성에 의해 거의 구형에 가까운 모양을 가지고 있다. 렌즈는 섬모체에 연결되어 있는 방사형 띠섬유(zonule fiber)에 의해 빛이 지나가는 통로에 걸쳐져 있다. 안정 시 눈의 띠섬유는 주위 구조물에 의해 긴장된 상태로 되어 렌즈를 당겨 타원형으로 납작해지게 한다(그림 8.16A). 그러므로 안정 시 눈의 초점은 먼거리 물체에 맞추어져 있다.

2. **조절기전:** 렌즈 모양과 초점은 부교감신경계(눈운동신경, 뇌신경 III)에 의해 조절되는 섬모체근 섬유에 의해 결정된다. 눈이 가까운 물체에 초점을 맞출 필요가 있을 때는 섬모체근 고리는 흥분하고 렌즈 주위를 수축시킨다. 조임근(sphincter)과 유사한 이러한 움직임은 띠섬유 장력을 감소시켜 렌즈를 보다 둥근형태가 되도록 하며 초점은 이에 따라 이동하게 된다(그림 8.16B 참조). 연령이 증가함에 따라 렌즈 피막이 딱딱해져 조절능이 감소하게 되고, 나이가 40세가 넘는 경우 조절능 감소를 교정하는 렌즈의 필요성은 증가한다(**노안[presbyopia]**; 그리스어로 "나이 든 눈"을 의미).

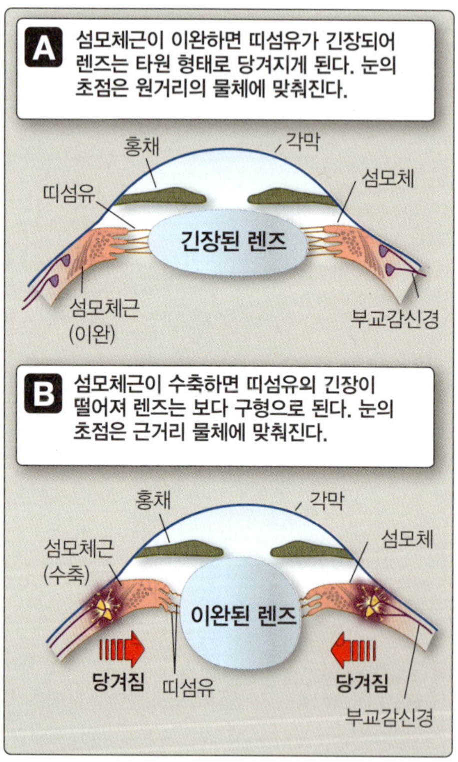

그림 8.16
렌즈 조절

임상 적용 8.2: 굴절이상(Refractive Disorder)

정상적인 시력을 가진 경우(**정시, emmetropia**), 먼(~6 m 내외) 물체의 상은 렌즈를 통과하여 섬모체근이 이완된 상태에서 망막에 정확하게 초점을 맺는다. 정상에서 벗어난 경우는 매우 흔하다. **근시(myopia** 혹은 **nearsightedness)**의 경우는 렌즈가 망막 앞에 상을 맺게 한다. 대부분의 경우는 눈이 정상보다 길어서 발생되며 렌즈 혹은 각막 굴절력이 정상보다 더 커져서 발생될 수도 있다. 눈 앞쪽에 오목렌즈을 위치함으로써 초점을 조절하고 시력을 회복시킬 수 있다. **원시(hyperopia**, 혹은 **farsightedness)**은 눈이 너무 짧거나 혹은 렌즈나 각막에 의해 상이 망막 뒤에 맺히는 경우이다. 원인은 일반적으로 유전이다. **난시(astigmatism)**는 각막 혹은 렌즈의 굴절력이 균일하지 않아서 흐린시력을 초래하는 흔한 시력장애이며, 교정렌즈를 통해 시력이 회복된다. 최근에는 레이저를 이용한 **각막절삭성형(laser-assisted in situ keratomileusis, LASIK)** 수술이 교정렌즈를 착용하는 대신 근시를 교정하는 대중적인 치료방법으로 대두되었다. LASIK 수술은 각막 피판을 들어 올린 후 엑시머레이저를 이용하여 각막의 모양을 바꾸어 먼 물체의 상이 망막에 맺힐 수 있도록 곡면을 수정하는 것이다.

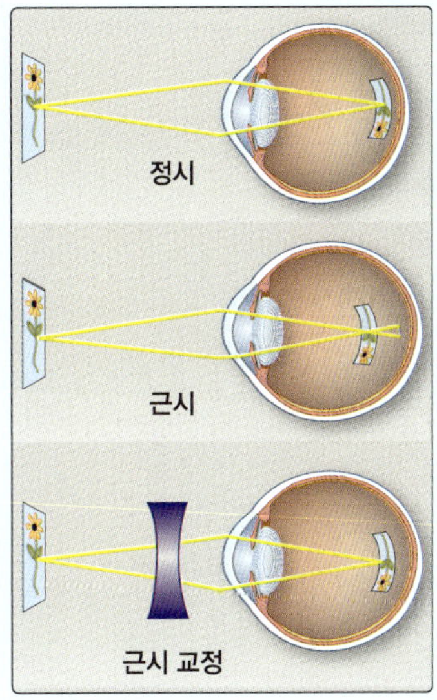

정시 및 근시

8장 요약

- 눈은 바깥쪽 물체의 상을 광감각기에 맺힐 수 있도록 하는 광학기구(조절되는 직경과 렌즈)로 구성된 시력 감각기관이다. 광감각기는 일차시각겉질로 신호를 전달하기 위해 상을 디지털 형태로 전환한다.
- 구경(**동공[pupil]**) 크기는 눈으로 얼마나 많은 빛이 들어오는 가는 조정하기 위해 조절된다(**동공빛반사[pupillary light reflex]**). 동공 크기는 자율지배**(눈운동신경)** 하에 있는 두 종류의 민무늬근육으로 구성된 홍채에 의해 결정된다. 한 종류의 조임근은 수축을 하면 동공의 크기를 줄이고(축동, **동공수축[miosis]**), 반면에 방사근육은 동공을 확대시킨다(산동, **동공확대[mydriasis]**). 자율신경계는 가까운 물체의 상에 초점을 맞출 수 있도록(**조절[accommodation]**) 섬모체근을 통해 렌즈 모양을 조절한다.
- 망막은 광수용기와 신호처리 신경세포, 눈 뒤쪽을 덮고 있는 **부챗살 아교세포(Müller cell)**로 구성된 얇고, 층을 이루고 있는 색소침착 막이다. 시각처리 신경세포**(신경절세포)**로부터의 축삭은 **시각신경**을 형성하여 눈 밖으로 나가며, 나가는 곳에 **망막 맹점**이 만들어진다.
- 망막에는 두 종류의 광수용기 세포가 존재한다. **막대세포**는 어두운 환경에서 단색 상을 만드는데 관여한다. **원뿔세포**는 밝은 환경에서 색깔이 있는 상을 만드는데 관여한다. 두 종류의 광수용기는 광감수색소가 들어 있는 세포막이 겹겹이 싸여 있는 변형된 **감각섬모**를 통해 광자를 감지해서 변환시킨다.
- 막대세포는 망막 주변부에 높은 밀도로 존재한다. 원뿔세포는 시야 중심부에 집중되어 존재한다. 원뿔세포만 존재하며 또한 빛이 광수용기에 직접 도달될 수 있도록 다른 신경세포층도 옆으로 비껴져 있는 시야 중심에 있는 작은 영역을 **오목**이라고 한다. 이러한 변형에 의해 매우 높은 시력이 보장된다.
- 광감각 변환은 광자가 흡수되고 발색단**(레티날)**에 형태학적 변화가 일어남으로써 발생된다. 레티날은 G단백질연결수용체(G protein -coupled receptor, **옵신[opsin]**)와 연관되어 있으며, 이것들이 합쳐져 **시색소(rhodopsin)**를 구성한다.
- 다른 종류의 옵신 동형(isoform)은 야간 혹은 색각에 최적화되기 위해 시색소를 특별한 파장에 맞춘다. 색각은 이러한 색소 중 하나를 가진 원뿔세포에 의해 일어난다.
- 빛과 로돕신이 결합하면 이것은 G단백질**(트랜스듀신)**를 활성화시키고, 알파 소단위는 *포스포디에스테라제* 활성화를 통해 고리형일인산구아노신(cGMP) 농도를 감소시킨다. 이로 인해 cGMP의존내향 **암전류**가 억제되고, 막전위는 과분극된다. 이러한 막전위 변화는 **수용기전위**로 나타난다.
- 포함된 공간 정보를 잘 유지한 채 광감각 신호는 시각 정보를 처리하기 시작하는 여러 종류의 신경세포를 거쳐 겉질로 간다(**두극세포**와 **신경절세포**).

9 청각과 평형

I. 개요

현대 수생척추동물은 물속에서 진동과 움직임을 감지하기 위해 양측으로 나란히 있는 감각계를 가지고 있다. 양측 선은 몸 양면을 따라 내려가는 살짝 함몰된 선으로 되어 있다. 양측 선의 함몰된 곳에 있는 젤라틴 성분의 둥근 마루터기(dome)에 박혀 있는 감각털세포 뭉치에 의해 움직임이 감지된다. 마루터기가 국소적인 물 흐름 혹은 진동에 의해 변형되면 털세포 변형도 같이 일어나 털세포 세포체에 수용기전위가 발생된다. 비록 인간은 양측선 기관은 없지만 속귀에 존재하는 털세포 신호전환계통을 사용하는데 아주 잘 적응되어 있다. 속귀에는 두 개의 인접한 털세포 기반의 감각계통이 있다. 청각계통은 소리 파장에 의해 발생된 진동을 변환하는 털세포를 사용하고 있다. 안뜰계통(vestibular system)에는 머리 움직임을 변환하는 털세포가 존재한다.

II. 소리(SOUND)

소리란 움직이는 물체에 의해 만들어진 대기압파이다. 예로서 금속 징을 때리면 금속면은 앞뒤로 진동하게 된다(그림 9.1). 징은 주위 공기를 반복적으로 압축하거나 압축을 풀어 초당 343 m 속도로 퍼져나가는 압력파를 만든다. 우리는 이러한 압력파를 소리로 인식하게 되며, 파의 주파수는 음의 고저를 나타낸다. 음파를 전환하는 능력(**청각[audition]**)은 멀리 떨어진 물체를 인식할 수 있게 함으로써 생존을 가능하게 된다. 위협을 주는 물체(예: 포식자 혹은 폭주 트럭)가 접근하고 있다면, 이러한 접근에 대한 경고를 통하여 도피할 수 있는 시간을 가지게 된다. 소리를 들을 수 있는 능력을 통해 구두소통과 언어의 발달이 가능해졌다. 소리를 인지하기 위해서는 음파 에너지를 전기적 신호로 전환할 수 있어야 하며, 이 과정은 **감각털세포(sensory hair cell)**에 의존하며 **내이(inner ear)**에서 일어난다.

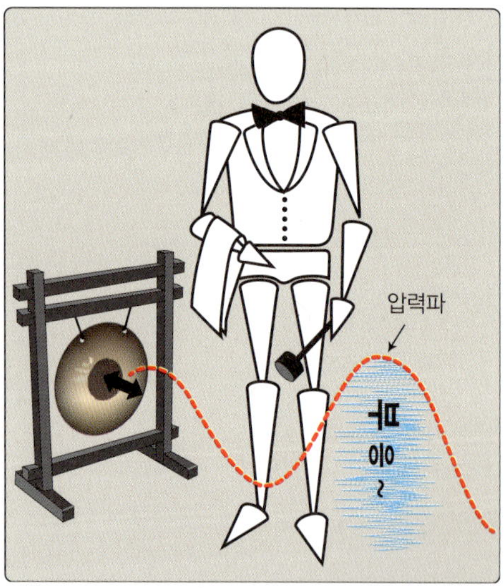

그림 9.1
소리는 공기를 통해 전달되는 압력파이다.

III. 청각계통(AUDITORY SYSTEM)

소리를 변환하는 시스템을 설계하는 것은 음파가 막을 진동시키기 때문에 비교적 간단하다. 예를 들면 개가 짖는 것은 빈 음료수 캔 혹은 우유 잔의 벽을 진동시키고 이 진동은 손가락 끝에 있는 기계수용기에 의해 쉽게 감지가 된다. 하지만 소리는 주파수의 변화가 지속적으로 일어나므로 일반적으로 간단하지만은 않다. 귀는 이러한 소리를 막의 길이에 따라 다른 주파수에 동조하는 막에 박혀 있는 감각털세포를 이용하여 해독한다. 이것과 증폭기가 합쳐져 굉장히 예민한 음파분석기가 만들어진다.

A. 구조

청각계통 혹은 귀는 세 종류의 해부학적 구성으로 나눌 수 있다: **바깥(outer)**, **중간(middle)**, **속귀(inner ear)**(그림 9.2).

1. **바깥귀:** **귓바퀴(pinna)**는 소리를 모으고 집중시킨다. 소리가 귀관(**바깥귀길[external auditory meatus]**)으로 들어오면, 소리는 머리 관자뼈를 통해서도 전달이 된다. 관은 **고막(tympanic membrane, eardrum)**에서 끝나고, 고막은 소리에 반응하여 진동한다.

2. **중간귀:** **중간귀(middle ear)**는 고막과 속귀 사이에 공기가 차 있는 공간이다. 액체가 빠져나가는 길로서 또한 고막 양쪽에 걸려 있는 압력을 동일하게 하기 위한 **유스타키오관(eustachian tube)**을 통해 코인두(nasopharynx)와 연결되어 있다. 고막 진동은 **작은뼈(ossicle)**라고 부르는 세 개의 작고 쉽게 부서지는 뼈로 구성된 관절로 연결되어 있는 지레시스템을 통해 속귀로 전달된다(그림 9.3). 뼈는 그들의 모양을 반영하여 **망치뼈(malleus**, hammer)와 **모루뼈(incus**, anvil), **등자뼈(stapes**, stirrup)라고 불린다. 망치뼈는 고막 안쪽면과 접하고 있으며 진동을 모루뼈에 전달한다. 모루뼈는 다시 등자뼈에 전달을 한다. 등자뼈 발판은 속귀 **안뜰창(oval window)**과 단단하게 붙어 있다.

3. **속귀:** 속귀는 액체로 차 있는 소용돌이 모양의 방과 관(**막미로[membranous labyrinth]**)으로 구성되어 있다. 이 구조는 뼈(**뼈미로[bony labyrinth]**) 내에 위치해 있으며, 뼈와 막 사이에는 **바깥림프(perilymph)**로 차 있다. 미로는 두 가지 감각기능을 가지고 있다. **청각부분**은 **달팽이(cochlea)**라고 부른다. **안뜰부분**은 평형감각을 담당하고 있다(V절을 참조). 이것은 **귀돌(otolith)**기관(**타원주머니[utricle]**와 **둥근주머니[saccule]**)과 세 개의 **반고리관(semicircular canal)**으로 구성되어 있다.

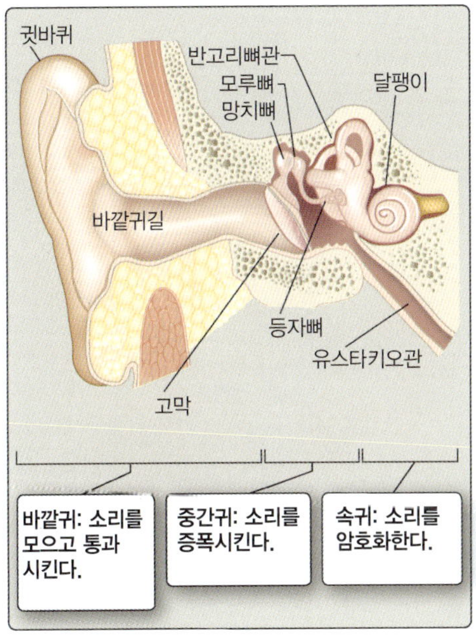

그림 9.2
귀 해부

B. 저항조화(impedance matching)

속귀는 공기에 비해 높은 관성을 가지고 있으며 움직이기 어려운 액체로 차 있다. 그러므로 중간귀 기능은 음파의 내재된 에너지를 동력화하여 액체 내용물 관성을 극복할 수 있는 충분한 힘을 속귀로 전달하는 것이다. 이러한 것을 **저항조화**라고 한다.

1. **기전:** 작은뼈는 고막 움직임을 약 30% 증폭시키는 지레시스템이다(그림 9.3 참조). 또한 고막 면적에 비해 약 17배가 작은 등자뼈 발판 움직임에도 초점이 맞춰져 있다. 증폭과 면적 차이에 의해 단위면적당 약 22배의 힘 증가가 발생되어, 달팽이관 내 액체 관성을 극복할 만큼 충분한 힘이 내이로 전달된다.

2. **충격완화(damping):** 지레시스템의 유연성은 특정 상황에서 소리 크기를 줄이는데 관여한다. 망치뼈와 등자뼈에는 자율조절 하에 놓여 있

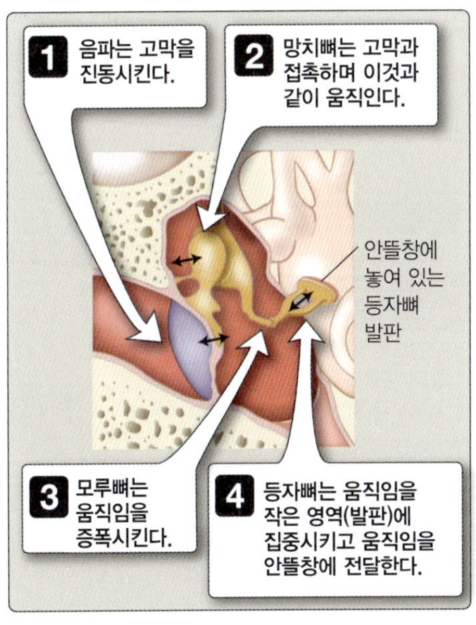

그림 9.3
작은뼈와 저항조화에 있어서 이들의 역할

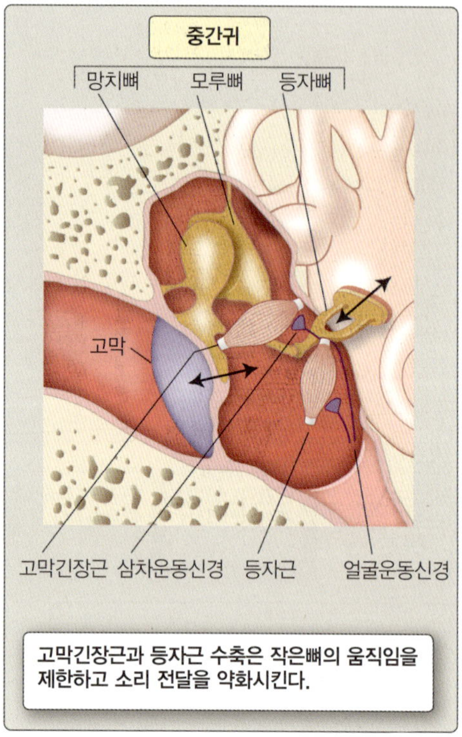

그림 9.4
약화반사

는 두 개의 작은 근육이 부착되어 있다(그림 9.4). **고막긴장근(tensor tympani)**은 삼차신경(뇌신경 V)에 의해 지배를 받고 있으며, 망치뼈를 중간귀 벽에 고정시킨다. 얼굴신경(뇌신경 VII)에 의해 지배받고 있는 **등자근(stapedius)**은 등자뼈를 고정시킨다. 두 개의 근육이 수축하게 되면 작은뼈 고리는 좀 더 단단하게 되고 소리 전달이 약해진다. **약화반사(attenuation reflex)**는 큰 소리에 의해 유발되지만 대화 중에 자신의 소리를 약화시키는 역할도 한다.

C. 달팽이

달팽이는 관을 따라서 세 개의 액체로 찬 공간이 있는 길고(~3 cm) 끝이 가는 관이다. 관은 살아 있는 달팽이 껍질과 같이 꼬여져 있지만, 쭉 펴 놓은 상태가 이것의 기능적 구조를 이해하기에 더 쉽다(그림 9.5). 세 개의 공간은 **안뜰계단(scala vestibuli)**과 **중간계단(scala media)**, **고실계단(scala tympani)**이라고 한다.

1. **안뜰계단과 고실계단:** 위와 아래공간은 모두 **바깥림프(perilymph)**로 차 있으며(이 액체는 혈장과 거의 유사하다) 물리적으로 달팽이 꼭지에 있는 작은구멍(**계단끝통로[helicotrema]**)을 통해 연결된다.

2. **중간계단:** 중간 공간은 **Reissner막(Reissner membrane)** (혹은 **안뜰막[vestibular membrane]**)에 의해 안뜰계단과, **바닥막(basilar membrane)**에 의해 고실계단과 구분된다. 중간계단은 달팽이 꼭지 조금 전에 끝나며, 다른 두 개의 공간으로부터 격리되어 있다. 이곳은 공간 한쪽 벽을 덮고 있는 특별한 상피인 혈관띠(stria vascularis)에서 생성되는 칼륨이 풍부한 **속림프(endolymph)**로 채워져 있다(그림 9.5 참조). 중간계단에는 청각기관인 **코르티기관(organ of Corti)**이 있다.

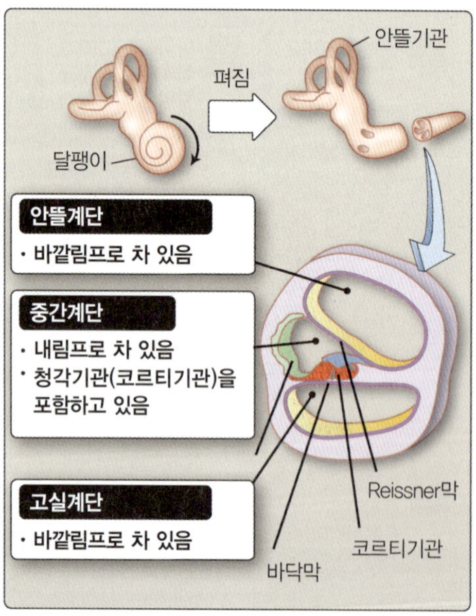

그림 9.5
달팽이 방

IV. 청각변환 (AUDITORY TRANSDUCTION)

음파는 안뜰계단 바닥쪽 끝을 형성하는 안뜰창을 통해 달팽이로 들어간다(그림 9.6). 등자뼈 움직임은 바깥림프에 압력파를 만들고, 이것은 꼭지쪽으로 공간을 따라 이동을 하다가 계단끝통로를 지나 고실계단을 따라 달팽이 바닥쪽으로 다시 돌아온다. 여기서 압력파는 속귀와 중간귀 사이에 위치한 얇은 막인 **달팽이창(round window)**을 만난다. 등자뼈 움직임에 의해 생성된 파와 반대되는 위상(phase)으로 막은 앞, 뒤로 진동한다. 달팽이 공간의 벽은 단단한 뼈 속에 위치해 있으므로 만약 달팽이창이 없다면 등자뼈 움직임은 안뜰창 변형과 바깥림프 움직임을 만들지 못한다. 중간계단은 두 개의 공간 사이에 위치한 액체로 차 있는 주머니와 비슷하며, 앞뒤로 움직이는 압력파에 의해 충격을 받는다. 즉, 음파는 중간계단으로는 직접 들어가지는 않지만, 마치 딱딱한 바닥에 놓여 있는 물침대의 한 쪽 모서리를 눌렀을 때와 같이 전체 구조가 흔들리는 반응을 보인다. 이러한 충격은 코르티기관에 의해 감지된다.

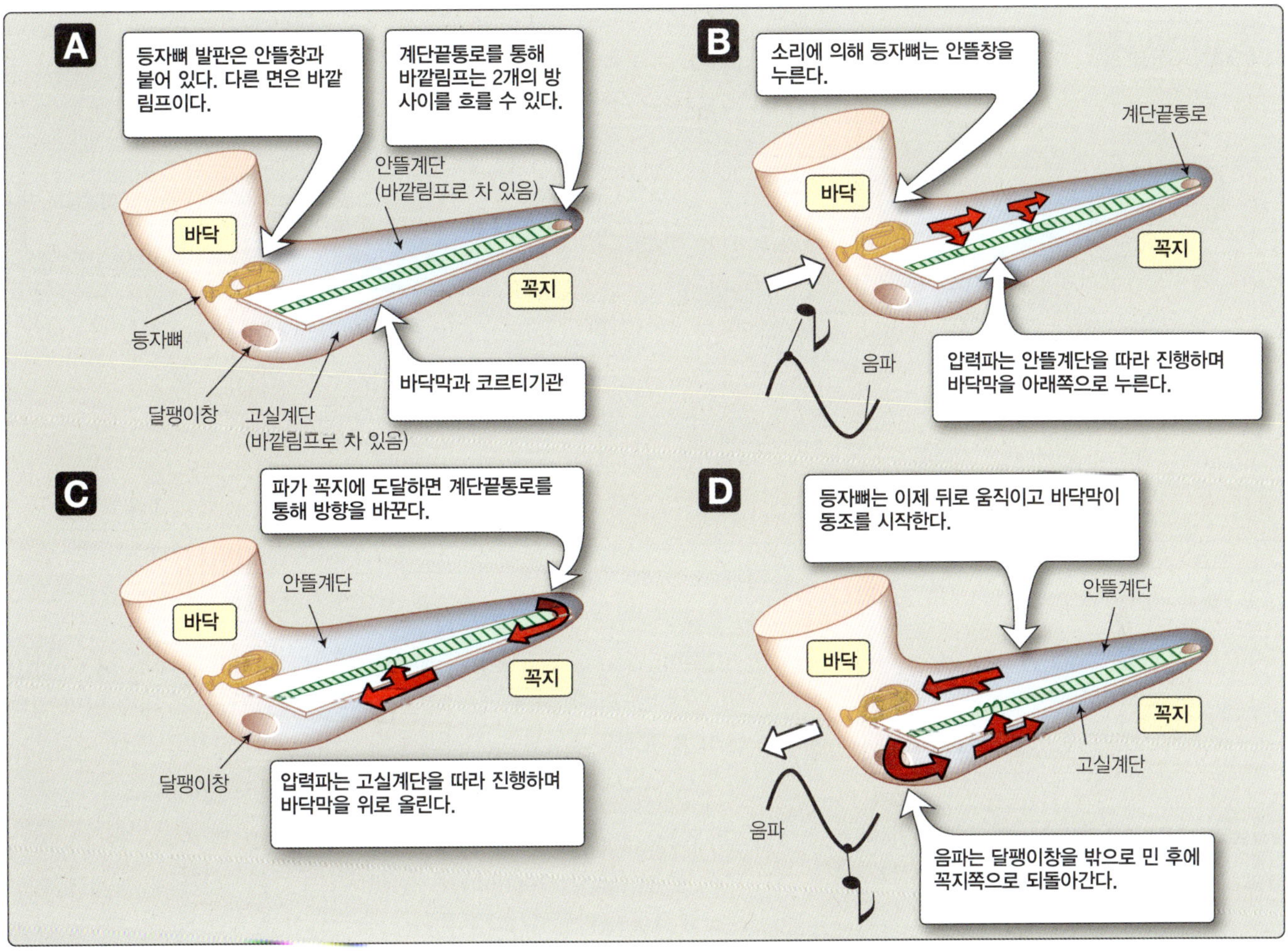

그림 9.6
달팽이 방을 통한 음파 전도

A. 코르티기관

코르티기관은 바닥막 위에 놓여 있는 청각수용기 세포(털세포[hair cell]) 판과 이들과 관련된 구조로 구성되어 있다(그림 9.7).

1. **털세포 종류:** 털세포는 달팽이를 따라 열(row)로 배열되어 있다. 두 종류의 털세포(**안[inner]** 및 **바깥[outer]**)는 그들의 위치와 신경지배, 기능에 따라 구분된다.

   a. **안:** 안털세포(총 ~3,500개)는 달팽이 중심을 향해 한 개의 열을 형성하고 있다. 이들은 감각신경세포에 의해 촘촘하게 지배(세포 하나에 약 20개)를 받고 있으며, 이들 신경세포 축삭은 달팽이신경(속귀신경 혹은 뇌신경 VIII의 일부)을 만든다. 안털세포는 귀의 일차 소리변환기이다.

   b. **바깥:** 3개의 열을 이루는 바깥털세포가 추가적으로 존재한다. 이들의 숫자는 총 20,000개 전후이지만, 속귀신경을 구성하는 데는 약 5%만을 차지한다. 바깥털세포는 청각신호 증폭과 예민한 조절에 관여한다.

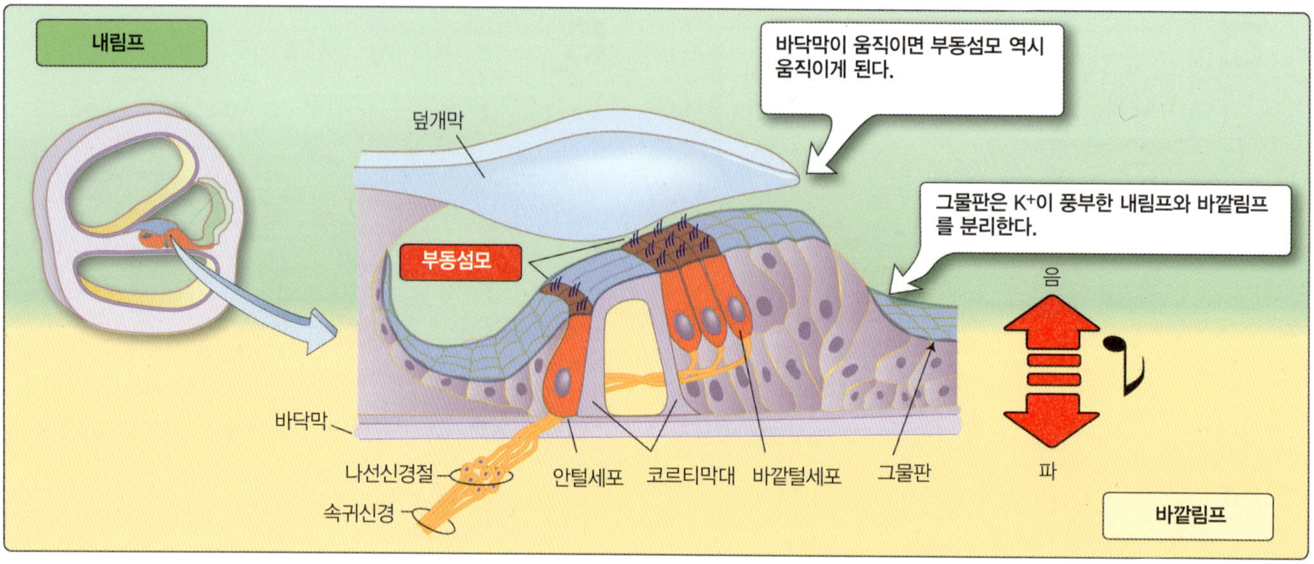

그림 9.7
코르티기관

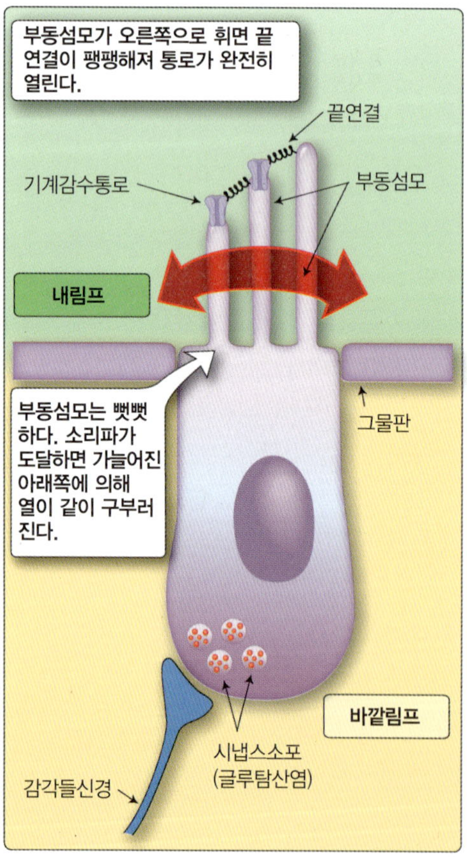

그림 9.8
기계감수 변환에 있어서 부동섬모 역할

2. **그물판**(reticular lamina): 털세포는 지주(**코르티막대[rods of Corti]**)에 의해 바닥막에 박혀 있는 단단한 막과 같은 **그물판**에 의해 덮여 있다(4·II·A 참조). 그물판은 털세포를 구조적으로 지지하고 또한 내림프와 바깥림프 사이의 이온 이동 장벽으로도 작용한다.

3. **덮개막**(tectorial membrane): 털세포 꼭대기쪽 표면에는 약 100개의 감각 부동섬모(stereocillia)가 존재한다. 이들은 그물판을 통과하여 청각수용기전위(아래 참조)를 만드는데 반드시 필요한 K^+이 풍부한 특별한 이온조성을 가지고 있는 내림프쪽으로 돌출해 있다. 바깥털세포 부동섬모 끝은 담요 같이 세포를 덮고 있는 젤과 유사한 성질을 지닌 **덮개막**에 박혀 있다. 바닥막이 소리에 의해 충격을 받으면 털세포는 이 담요 밑에서 앞뒤로 끌리게 되고 이로 인해 부동섬모는 꺾어지게 된다(그림 9.7 참조).

B. 털세포 기능

음파가 중추신경계에 의해 인식되기 위해서는 이것의 에너지가 전기신호로 전환되어야 한다. 움직임은 감각털세포에 위치한 기계수용이온통로에 의해 분자수준에서 감지된다.

1. **털세포 구조**: 털세포는 분극되어 있는 비신경 감각세포이다. 꼭대기쪽은 여러 줄의 부동섬모가 계단모양으로 행렬을 이루며 위치해 있다(그림 9.8). 바다쪽은 하나 혹은 그 이상의 감각날섬유와 시냅스를 하고 있으며, 적절한 자극이 들어오면 털세포는 흥분신경전달물질(글루탐산염)을 이용하여 정보를 전달한다.

2. **부동섬모**: 출생 시 털세포는 부동섬모의 방향을 결정짓기 위한 한 개의 진짜 섬모(**운동섬모[kinocilium]**)만을 가지고 있다. 운동섬모는 청각변환에는 관여하지 않으며 출생 후 바로 퇴화된다. **부동섬모(stereocilia)**는 액틴으로 차 있으며 딱딱하다. 부동섬모가 털세포 세포체와 연결되

는 바닥부분은 가늘어져 있어 경첩과 같은 구조를 만들어 꺾어지기 쉽게 한다(그림 9.8). **끝연결(tip link)**이라 불리는 탄성단백질가닥에 의해 섬모는 행렬을 따라 끝부분이 연결되어 있으며, 낮은 쪽 끝부분은 **기계감수(mechanosensitive)** 혹은 **기계전기변환(mechanoelectrical transduction, MET)**통로와 연결되어 있다. 부동섬모가 가장 긴 열쪽으로 꺾어지면 끝연결은 기계전기변환통로를 당겨서 열리게 한다. 이것을 기계감각변환 과정이고 한다.

C. 기계변환(mechanotransduction)

털세포는 이온조성이 확연하게 다른 두 개의 공간에 걸쳐 있어 기계전기변환통로가 열렸을 때, 특이하게 K^+ 전류에 의해 탈분극이 발생된다(그림 9.9).

1. **내림프:** 부동섬모는 혈관이 매우 풍부하게 분포하는 상피인 **혈관띠**에서 분비되는 특별한 액체인 내림프에 담겨 있다(그림 9.9B 참조). 내림프는 특징적으로 K^+ 농도가 ~150 mmol/L이며, 이 수치는 바깥림프 혹은 세포외액(~5 mmol/L)에 비해 매우 높다. 털세포 안쪽은 내림프에 비해 −120 mV이며, 이로 인해 부동섬모가 존재하는 세포막을 통해 세포 내로 K^+ 유입이 일어나게 하는 매우 강한 전기화학경사가 만들어진다.

2. **바깥림프:** 털세포 바닥가쪽은 바깥림프와 면하고 있다. 이 액체는 세포외액과 유사하게 Na^+이 높고 K^+이 낮은 조성을 가지고 있다. 그러므로 바깥림프는 0 mV이며, 털세포 막전위(Vm)는 바깥림프에 비해 −40 mV이다. 내림프와 바깥림프 사이의 전압차이는 80 mV이며, 이것을 **달팽이내전위(endocochlear potential)**라고 한다.

3. **수용기전류(receptor current):** 기계감수기계전기변환통로는 양이온에 대해 비선택적이어서, 아마도 일과성수용기전위통로(transient receptor potential channel) 군의 한 종류일 것으로 생각된다(2·VI·D 참조). 이것이 열리면 K^+(Ca^{2+}도 같이)이 세포 내로 들어가 수용기 탈

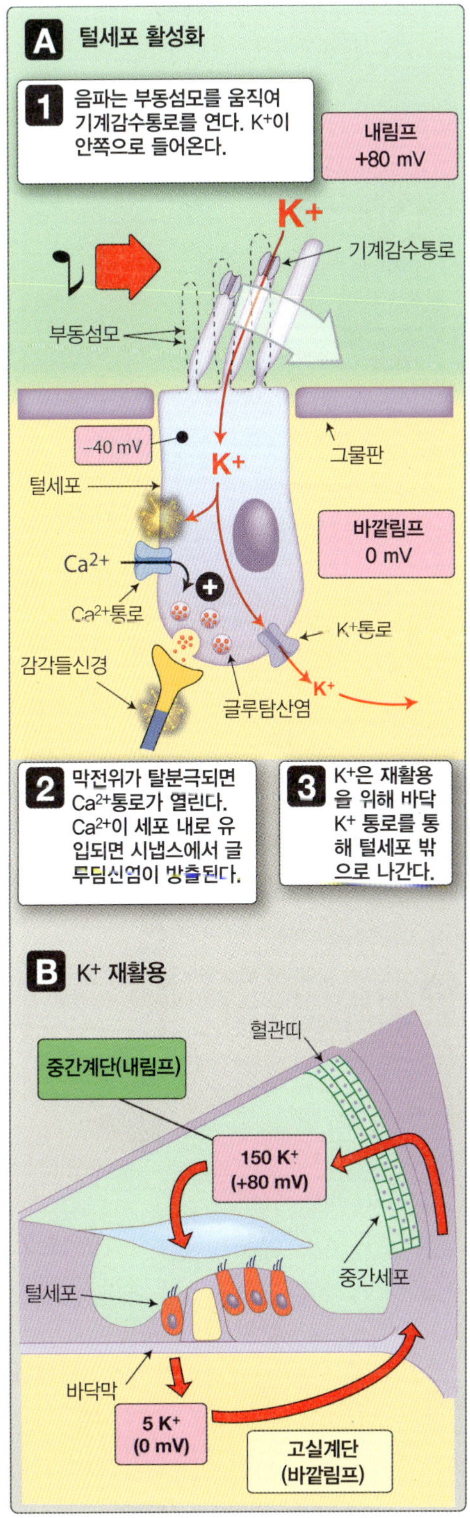

그림 9.9
기계감수변환과 K^+ 재활용. K^+ 농도는 mmol/L

> **임상 적용 9.1: 선천청력소실(Congenital Hearing Loss)**
>
> 선천청력소실은 청각변환 및 신호화, 처리 과정에 관여하는 많은 유전자 돌연변이에 의해 발생한다. 청력소실의 가장 흔한 형태는 connexin-26의 유전정보를 가지고 있는 *GJB2* 유전자(예전에는 *DFNB1*로 알려짐)의 열성돌연변이(recessive mutation)에 의해 발생한다. 코넥신은 혈관띠를 비롯하여 많은 조직에서 세포와 주위 세포 사이에 존재하는 틈새이음통로를 형성하는 단백질이다(4·II·F 참조). *KCNJ10* 유전자는 혈관띠의 중간세포에서 발현되는 삼인산아데노신 개폐 K^+통로(adenosine triphosphate-gated K^+ channel)의 유전정보를 가지고 있다(그림 9.9B 참조). 이 세포는 내림프의 높은 K^+ 농도를 유지하는데 관여한다. *KCNJ10* 돌연변이는 K^+ 재사용을 방해하며, 이로 인해 청각변환에 반드시 필요한 달팽이내전위가 발생되지 않아 심각한 귀먹음이 초래된다.

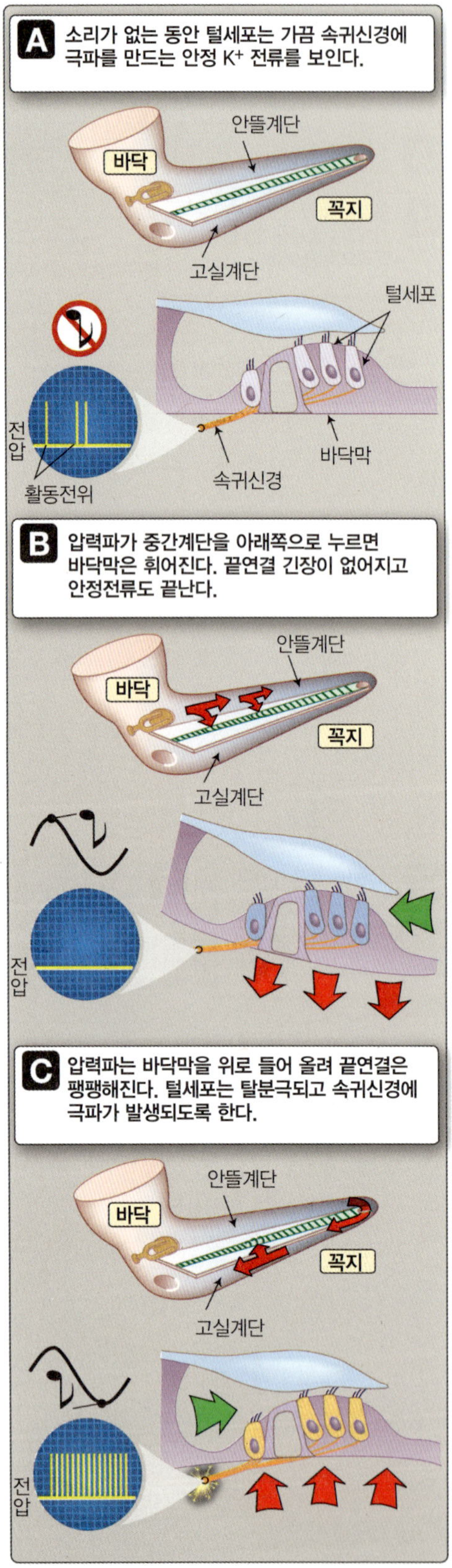

그림 9.10
코르티기관 털세포에 미치는 소리파 효과

분극을 초래한다(그림 9.9A 참조). 이것은 일반적으로 K^+통로가 열렸을 때 발생되는 막전위(V_m) 변화와는 매우 다르다. 대부분의 세포는 K^+ 농도가 낮은 세포외액에 담겨 있어 K^+통로가 열리면 일반적으로 K^+ 유출과 과분극이 일어난다.

4. **칼륨 재사용(potassium recycling):** K^+은 바닥가쪽세포막에 있는 K^+통로를 통해 털세포를 떠나고(그림 9.9A 참조) 혈관띠를 통해 내림프로 돌아온다(그림 9.9B 참조).

D. 청각 부호화

대부분 소리는 다양한 강도를 지닌 음색이 복잡하게 혼합되어 있다. 음의 강약은 압력파 크기에 비례한다. 음의 강도는 데시벨(dB)을 사용하여 로그함수로 측정한다. 파의 빈도(**헤르츠, Hertz**[Hz]로 측정)는 개체가 음색(예: 음 높이)이 낮은지 혹은 높은지를 인지하는 결정요소이다.

1. **가청범위(hearing range):** 정상적인 대화는 ~60 dB 범위에서 이루어진다. 나뭇잎이 떨어지는 소리는 ~10 dB이다. ~120 dB 소리는 불쾌감을 유발하고, 이 이상의 큰 소리는 통각을 유발하며 급성청각손상을 유발할 수도 있다. 2,000 Hz 이상의 소리 주파수를 구별하는 능력은 나이를 먹음에 따라 감소하지만(**노년난청[presbycusis]**), 대부분의 젊은이는 20~20,000 Hz 범위의 소리를 들을 수 있다.

2. **강도(loudness):** 소리의 크기와 털세포 출력 관계는 비교적 간단하다.

   a. **털세포 출력(hair cell output):** 큰 소리는 조용한 소리보다 더 강하게 중간계단에 충격을 가해, 부동섬모를 더 많이 휘게 하며 기계전기변환통로가 더 오래 열려 있게 한다. 수용기전위 크기와 감각들신경 활동전위 빈도는 비례하여 증가한다

   b. **감각신경 출력(sensory nerve output):** 안털세포와 바깥털세포 부동섬모 행렬은 모두 같은 방향을 보고 있다. 이러한 방향성이 중요한 것은 부동섬모가 가장 높은 열 쪽으로 휘어질 때만 기계전기변환통로가 열기기 때문이며, 이러한 동일 방향성은 바닥막 움직임에도 거의 유사한 반응을 보이도록 한다. 소리가 없는 상황에서 부동섬모가 똑바로 서 있어도, 끝연결은 안정장력을 가지고 있어 일부 기계전기변환통로가 열려 있게 하여 기본적인 내향전류와 속귀신경의 활동전위가 발생되도록 한다(그림 9.10A). 음파가 코르티기관으로 들어가면, 이것은 바닥막에 충격을 가하게 되고 부동섬모는 덮개막 밑에서 앞뒤로 흔들린다. 안뜰계단 내 압력이 높을 경우 바닥막은 밑으로 휘고 부동섬모는 가장 높은 열에서 먼 쪽으로 움직인다. 이러한 움직임은 끝연결 안전장력을 줄여 일부 열려 있는 기계전기변환통로를 닫는다. 안정상태 털세포 전류와 속귀신경 활동은 중단된다(그림 9.10B 참조). 안뜰계단 압력이 낮을 경우 부동섬모는 가장 높은 열 쪽으로 휜다. 끝연결은 긴장되고 기계전기변환통로는 열리고 속귀신경의 흥분빈도는 압력파의 강도에 비례하여 증가한다(그림 9.10C 참조). 결과적으로 음파 이동은 털세포 막전위를 음에서 양으로 진동하

게 하며, 감각들신경에서 활동전위 반응 양상을 중간 휴식기를 가진 일제발사 형태로 나타나게 한다.

3. **빈도:** 달팽이는 피아노 혹은 하프와 같은 현악기와 유사한 구성을 지니고 있다. 한 쪽 끝 현은 짧고 팽팽하여 높은 주파수에 동조를 한다. 다른 끝 현은 길어서 낮은 주파수 음색을 만들어 낸다. 달팽이에서 바닥막은 현과 같은 기능을 한다. 막은 달팽이 길이에 따라 놓여 있으며 끝은 가늘어진다(그림 9.11). 바닥쪽 막은 비교적 좁고(~0.1 mm) 딱딱하다. 여기에 있는 부동섬모 역시 짧고 딱딱하다. 실제적으로 바닥쪽이 높은 주파수 소리에 동조하고 털세포도 최대한으로 변형된다는 것을 의미한다(그림 9.11A,B 참조). 꼭지쪽으로 갈수록 바닥막은 ~0.5 mm까지 넓어지고 ~100배 정도 더 유연해지며, 부동섬모는 더 길어지고 더 부드러워진다. 꼭지 부분이 낮은 주파수에 동조한다(그림 9.11B,C 참조). 이러한 방법을 통해 복잡한 소리는 각각의 주파수로 나누어지고, 각각의 상대적인 시간관계와 강도에 대한 정보를 중추신경계로 전달한다. 이러한 소리분석을 **청각장소부호화(auditory place coding)**라고 한다.

4. **미세조율**(fine-tuning): 바깥털세포에서도 소리에 의해 수용기전위가 만들어지지만, 이들은 중추신경계로 전달되는 소리정보에는 최소한으로 관여한다. 대신 바깥털세포 수용기전위는 털세포의 모양을 변화시키는데 사용된다. 탈분극은 세포체를 수축하게 하여 덮개막에 있는 부동섬모가 밑으로 당겨지게 하며, 과분극은 세포를 길어지게 한다. 상세한 것은 잘 알려져 있지 않지만, 이러한 모양변화는 소리에 의해 유발된 바닥막의 움직임을 증폭시키는데 사용되며, 이것을 **달팽이증폭기(cochlear amplifier)**라고 한다. 따라서 바깥털세포 기능은 안털세포에 의해 구분된 주파수를 미세조율하는 것으로 사료된다.

> 달팽이증폭기는 옆사람이 들을 수 있을 정도의 큰 소리를 만들 수 있다(**귀음향방사[otoacoustic emission]**)! 방사는 자연적으로 혹은 청각자극에 대한 반응으로 발생될 수도 있다. 이 현상은 신생아와 어린아이에서 청각장애를 확인하는 비침습검사의 근간을 제공한다. 속귀에 손상이 있는 경우 방사는 나타나지 않는다.

E. 청각경로(auditory pathway)

달팽이 꼭지에 있는 털세포를 지배하는 감각들신경은 낮은 주파수 소리에 의해 활성화되며, 반면에 바닥쪽 들신경은 높은 주파수에 의해 활성화된다(그림 9.11 참조). 이러한 현상을 통해 소리주파수의 **공간지도화(tonotopy)**가 가능하다. 지도의 원래 모습은 처리와 해석을 위해 청각길질로 전달되는 동안에도 잘 유지된다. 청각신호는 달팽이 나선 중심을 형성하는 뼈 **달팽이축(modiolus)** 안에 위치한 나선신경절(spiral ganglion)을 통해 달팽이에서 중추신경계로 전달된다. 달팽이신경은 안뜰신경과 합쳐져 속귀신경(뇌신경 VIII)으로 되며, 이것은 뇌줄기 숨뇌에 있는 달팽이핵(cochlear nuclei)으로 간다. 많은 섬유는 정중선을 가로질러 청각통합에 관여하는 중간뇌 **아래둔덕(inferior colliculus)**으로 간다. 이후 정보는 해

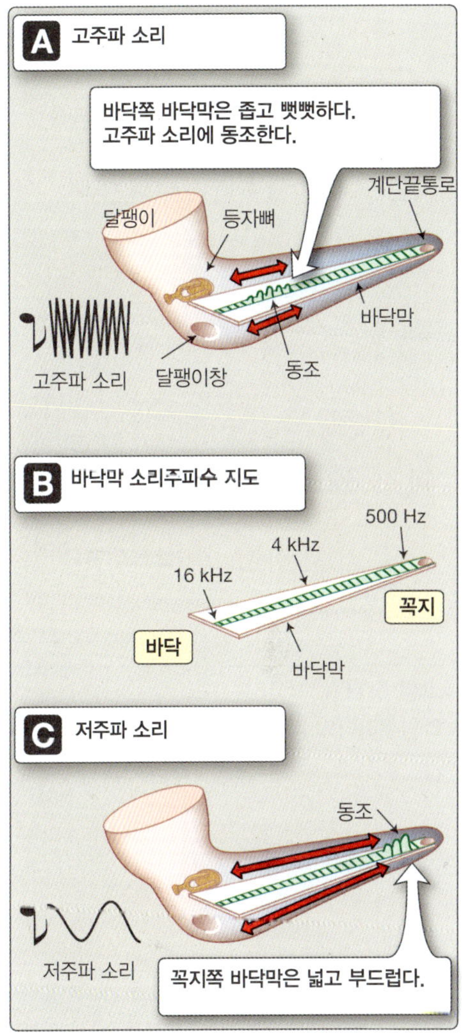

그림 9.11
청각부호화

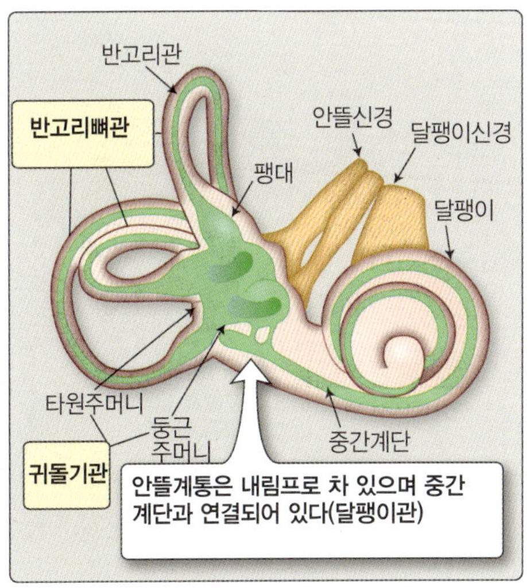

그림 9.12
안뜰계통과 달팽이

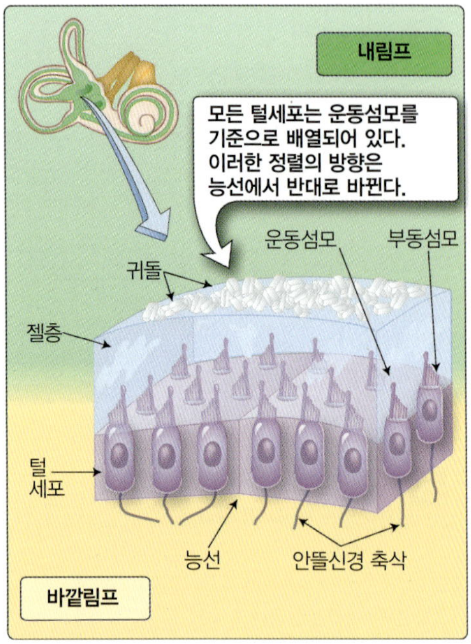

그림 9.13
타원주머니의 감각평형반

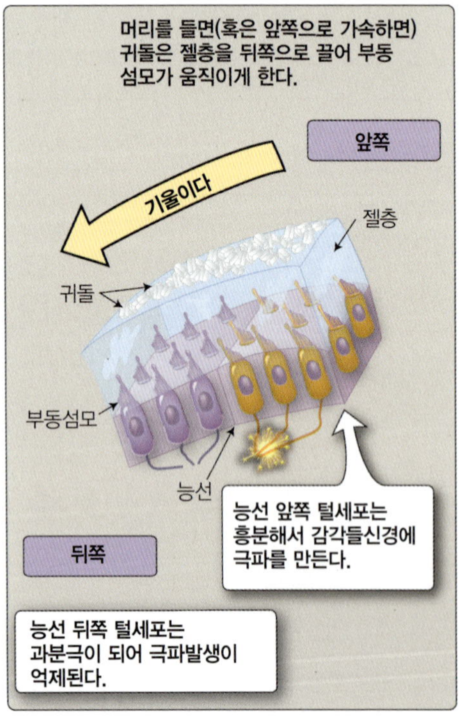

그림 9.14
머리를 숙일 때 타원주머니 평형반 반응

석을 위해 일차청각겉질 및 언어와 관련된 연합영역(**Wernicke area**)으로 전달된다.

V. 평형(BALANCE)

똑바로 서 있다는 것은 대단한 일이지만, 질환 혹은 나이가 들어 여기에 관여하는 시스템에 문제가 생기거나, 혹은 우리가 특별히 주의를 가져야 하는 장소에 우리 자신을 위치해 놓기 전에는 인지를 하지 못한다(예: 가파른 길을 걸어서 내려오거나 혹은 불안정한 작은 배에 오르기). 평형을 유지하기 위해서 몸 위치에 관여하는 운동조절계통을 지속적으로 갱신시키는 여러 영역으로부터 감각입력이 필요하다. 이 중에서 가장 중요한 것은 머리 위치 변화에 대한 빠르고 예민한 정보를 제공하는 특별한 감각기관인 안뜰계통(vestibular system)이다. 안뜰계통은 우리가 낙하하는 동안 몸 위치를 수정하도록 하며 또한 머리가 움직이는 동안 안정된 망막영상을 유지할 수 있도록 도와준다.

A. 안뜰계통

안뜰계통은 속귀의 한 부분이다. 기본적인 구성은 귀돌기관(otolith organs)과 반고리뼈관(semicircular canals)이다(그림 9.12). 달팽이와 동일하게 이 계통은 뼈속에서 바깥림프에 의해 둘러싸여 있는 막성미로 구조로 되어 있다. 안쪽은 내림프로 채워져 있으며 중간계단과 연결되어 있다. 감각변환 역시 기계감각 털세포에 의해 일어나지만, 달팽이와 차이점은 운동섬모가 존재하는 것이다.

1. **귀돌기관:** 귀돌기관(**타원주머니[utricle]**와 **둥근주머니[saccule]**)은 속귀 중간 근처에 있는 두 개의 공간으로 구성되어 있다. 타원주머니는 선형가속과 감속을 감지한다. 둥근주머니는 수직가속에 의한 움직임을 감지하도록 놓여 있다(예: 엘리베이터를 타는 경우). 두 가지 모두 머리 각도 변화에 반응한다.

2. **반고리뼈관:** 반고리관은 각머리회전(angular head rotation)을 감지한다. 이름에서도 짐작되듯이 관은 바닥에 팽창(**팽대[ampulla]**)된 부분이 있는 반고리관으로 구성되어 있다. 안뜰계통은 모든 삼차원 방향의 움직임을 감지할 수 있도록 서로 직각으로 배열되어 있는 세 개의 유사한 관(**앞[anterior]**과 **뒤[posterior]**, **수평[horizontal]**)으로 구성되어 있다.

B. 귀돌기관 기능

각 귀돌기관은 대단히 많은 털세포 배열과 이를 지지하는 구조로 구성된 감각상피(**반[macula]**, 평형반)을 가지고 있다(그림 9.13). 운동섬모와 부동섬모는 털세포 꼭대기면에서 뻗어 나와 탄산칼슘 결정이 점점이 박혀 있는 젤과 유사한 **평형모래막(otolithic membrane)**에 묻어져 있다. 이 결정을 **귀돌(otolith**, ear stone)이라고 하며 이것에 의해 이 기관이 이러한 이름을 얻게 되었다. 이 결정의 기능은 막에서 관성질량으로 작용하는 것이다.

1. **기계변환:** 머리를 앞으로 혹은 뒤로 숙이면 평형모래막은 중력 영향에 의해 움직이게 되며 이로 인해 박혀 있는 감각섬모가 휘게 된다(그림 9.14). 머리가 갑자기 가속 혹은 감속될 때도 동일한 움직임이 일어난다. 기계변환 과정은 앞서 IV·C절에서 언급한 것과 동일하게 일어난다. 부동섬모가 운동섬모 쪽으로 움직이면, 끝연결은 긴장되고 섬모 끝에 있는 기계감수통로가 열려 막은 탈분극되고 감각날신경은 활동전위를 만들게 된다. 부동섬모가 운동섬모에서 멀어지면 막은 과분극되고 안뜰신경 활동은 감소한다.

2. **털세포 방위**(hair cell orientation)**:** 귀돌기관 내의 털세포는 평형모래막 **능선(striola)**을 바라보면서 놓여 있다. 능선은 평형반을 가로로 가로지르면서 휘어 있어 털세포 방위 역시 곡선을 따라 바뀐다. 이를 통해 털세포는 어떤 방향의 움직임도 감지할 수 있다(그림 9.15). 털세포 방위는 능선에서 바뀌며(그림 9.13과 9.15 참조), 이것은 선형으로 머리가 움직일 때 양쪽 귀돌기관에서 최소한 일부 털세포가 동시에 활성화가 되는 것을 의미하며, 이를 통해 감각식별이 증가된다.

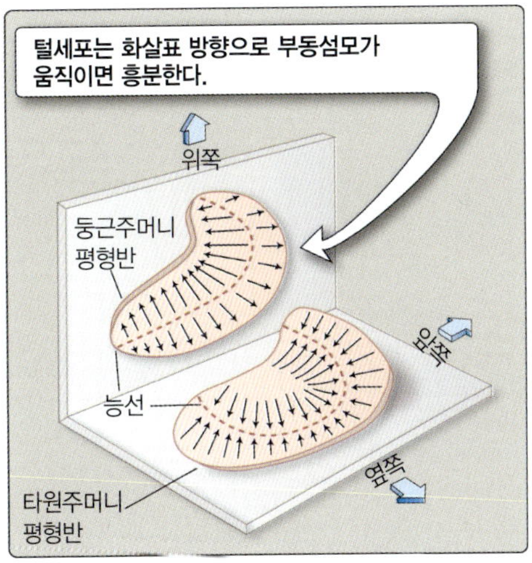

그림 9.15
타원주머니와 둥근주머니 털세포 방위

C. 반고리뼈관 기능

반고리뼈관 내에 있는 감각상피는 그림 9.16에서와 보이는 것과 같이 감각털세포를 덮고 있는 능선(**팽대능선[ampullary crest]**, 혹은**[crista ampullaris]**) 내로 밀려 올라가 있다. 털세포 섬모는 팽대를 막고 있는 **마루(cupula)**라고 불리는 젤과 유사한 판에 박혀 있다. 뼈관은 내림프로 차 있다. 머리가 움직이면 뼈관 벽은 관성에 의해 뒤에 남아 있는 내림프에 반해 미끄러진다. 물로 채워진 큰 컵에 얼음조각이 떠 있고, 얼음의 위치를 컵 꼭지 혹은 손잡이를 기준으로 정확하게 파악하라. 당신이 컵을 잡고 제자리에서 회전한다면, 컵은 당신 주위에서 회전을 하지만 컵 안의 내용물은 관성에 의해 움직이지 않는 것을 알 수 있을 것이다. 비슷한 현상이 반고리관 내에서 일어난다. 팽대 내에서 머리 움직임은 내림프에 반해 마루를 끌며 마루는 휜다. 이러한 작용에 의해 털세포는 당겨지고, 움직임의 방향에 의해 극성이 좌우되는 수용기전위가 발생된다. 머리가 지속적으로 회전하게 되면 궁극적으로 내림프는 동일한 회전 속도를 얻게 되어 수용기전위는 사라진다. 갑작스러운 감속은 새로운 반응을 유발한다. 안뜰계통은 서로 수직관계를 가지고 있는 세 개의 동일한 관으로 구성되어 있으므로 어떤 방향으로의 회전운동도 감지할 수 있다. 속귀 구조는 양쪽이 똑같은 형태로 되어 있다. 여섯 개의 관과 네 개의 귀돌기관 반응은 뇌줄기 안뜰핵에서 통합된다.

D. 안뜰핵(vestibular nuclei)

뇌줄기에는 평형에 관여하는 통합조절중추를 형성하는 안뜰핵 군이 있다. 안뜰감각신경 신호는 안뜰신경과 안뜰신경절, 속귀신경(뇌신경 VIII)을 거쳐 핵에 도착한다. 안뜰감각들신경은 소뇌에도 정보를 전달한다. 안뜰핵은 또한 눈과 근육 및 관절에 위치한 몸고유수용기 감각정보를 받고 있다(11·II 참조). 이 정보는 통합되어 자세조정에 관여하는 눈과 머리, 근육의 반사운동을 실행하는데 사용된다.

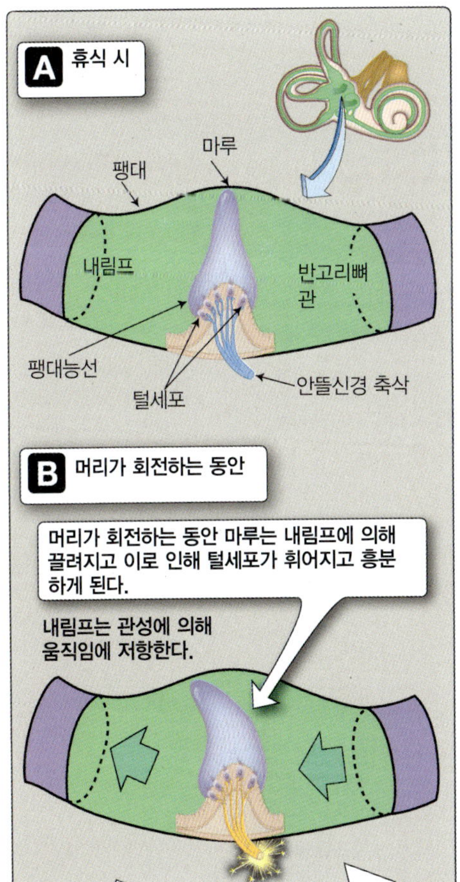

그림 9.16
반고리뼈관에 의한 회전머리운동 변환

임상 적용 9.2: 안뜰기능이상(Vestibular Dysfunction)

정상적인 평형감각은 매우 중요하므로 안뜰기능이상이 심한 경우 불구를 초래한다. 심하지 않은 경우에도 **현기증(vertigo)**과 욕지기(nausea)와 같은 매우 불쾌한 감각을 느끼게 된다. 현기증은 공간에서 회전하는 혹은 정지되어 있음에도 불구하고 자기 주위로 방이 회전하는 듯한 감각을 느끼는 것이다. **양성발작위치현기증(benign paroxysmal positional vertigo, BPPV)**은 안뜰기능이상의 가장 흔한 형태이다. 증상은 어지럼과 어찔어찔함, 현기증이 나타난다. 증상은 침대 위에서 옆으로 돌아누울 때 혹은 침대에서 일어나 걸을 때 주로 발생한다. 위를 쳐다보기 위해 머리를 들면 발작이 시작되기도 한다. BPPV은 평형모래막으로부터 귀돌이 떨어져 나와 반고리관 중에 하나에 들어가서 발생된다. 떨어져 나온 귀돌은 머리가 특정 방향으로 움직일 때 털세포를 부적절하게 자극한다. BPPV는 대부분 자연적으로 회복이 되지만, 이러한 증상발현이 재발되기도 한다. 훈련된 치료사를 통해 관으로부터 귀돌이 빠져나오도록 머리의 위치를 잘 조절하면 보다 확실한 치료가 될 수도 있다. 어지름과 현기증의 증상발현은 속귀 감염과 염증(**미로염[labyrinthitis]**)에 의해서도 발생될 수 있으며, 이 경우 청력소실을 동반할 수 있다. 적절한 치료를 하면 청력과 평형 기능이 완전히 회복될 수 있다. **메니에르병(Ménière disease)**은 속귀로부터 내림프가 부적절하게 흘러나와 발생되는 것으로 알려진 원인불명 속귀 질환이다.

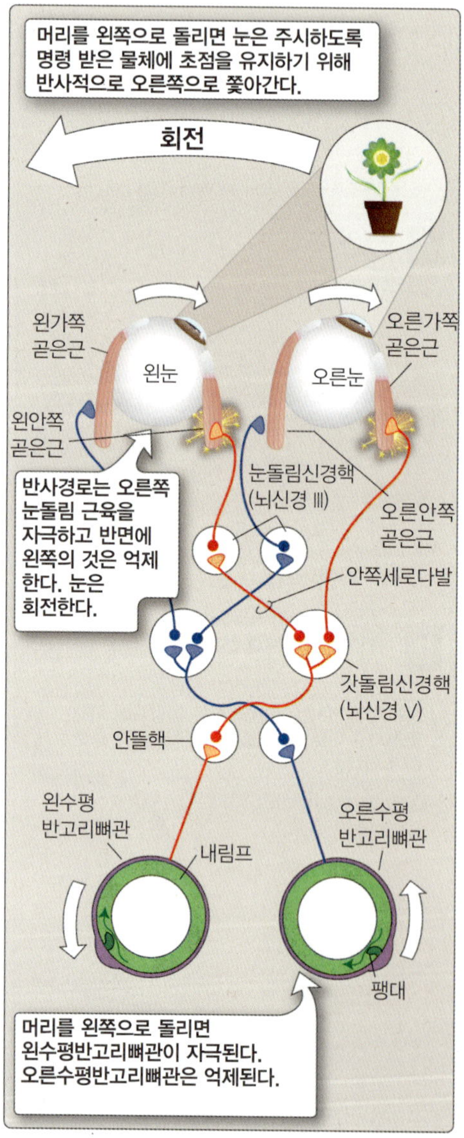

그림 9.17
안뜰눈반사

E. 안뜰눈반사(vestibuloocular reflex, VOR)

머리의 위치변화는 눈 위치에도 영향을 미치며, 움직이는 상은 정확성이 결여되므로 눈 위치변화가 문제이다. 카메라 움직임도 이와 동일하게 사진상을 흐리게 만든다. 그러므로 머리가 움직이는 도중에 머리 움직임의 방향에 관한 정보를 눈운동조절중추로 보내 안정적인 망막 상을 만들기 위해 눈 위치를 맞추도록 하는 것(**안뜰눈반사**)은 중요한 안뜰기능 중 하나이다. 예로서, 그림 9.17에는 머리를 왼쪽으로 돌릴 때 어떤 현상이 발생되는지를 나타내고 있으며, 비슷한 법칙이 머리를 어떤 방향으로 움직이든 적용된다. 머리를 왼쪽으로 돌리면 머리 왼쪽에 있는 수평반고리관 털세포가 자극되나, 반면에 오른쪽에 위치한 수평반고리관 출력은 억제된다. 감각신호는 안뜰핵을 거쳐서 뇌줄기에 있는 뇌신경핵(뇌신경 VI)인 반대쪽 **갓돌림신경핵(abducens nucleus)**으로 전달된다. 이 핵으로부터의 흥분출력은 갓돌림신경을 통하여 눈 움직임을 조절하는 여섯 개의 근육 중에 하나 인 왼안쪽곧은눈근육(left medial rectus eye muscle)으로 직접 간다. 또한 안쪽세로다발(medial longitudinal fasciculus)을 통해서 오른가쪽곧은근육(right lateral rectus muscle)을 흥분시키는 눈돌림신경핵(뇌신경 III)으로도 정보를 보낸다. 억제경로는 동시에 왼가쪽곧은근육과 오른안쪽곧은근육 수축을 억제하여, 눈을 머리 움직임과 반대방향으로 똑같은 정도로 오른쪽으로 쫓아가게 한다. 결과적으로 망막상은 정확하게 중심에 놓이게 된다. 안뜰계통과 눈 사이 경로는 매우 짧기 때문에 반사도 매우 빨리 일어난다.

임상 적용 9.3: 온수반사검사(Caloric Reflex Testing)

안뜰눈반사는 안뜰계통과 뇌줄기, 눈돌림 경로의 기능을 판단하는 중요한 도구이다. 온수반사검사 동안 바로 누워 있는 환자의 머리를 30° 기울린 후, 바깥귀길을 ~50 mL의 차가운 물로 주사기를 사용하여 씻어준다. 찬물은 수평 반고리관을 가로질러 온도 차를 만들게 된다. 바깥귀에 가장 가까운 부분의 내림프는 차가워짐에 따라 밀도가 높아져, 밀도 영향에 의해 가라앉게 된다. 이런 가라앉는 움직임에 의해 차가운 귀로부터 가장 먼 곳에 있는 내림프가 움직여, 마치 자극 받은 귀로부터 반대쪽으로 머리를 돌리는 것과 유사한 효과를 나타내는 관내 액체 이동을 초래한다. 안뜰눈반사에 의해 두 눈 모두 차가워진 귀쪽으로 천천히 움직이다가 빠르게 반대쪽 편으로 눈의 초점을 재조정하게 한다(빠른 재조정 운동을 **눈떨림[nystagmus]**이라고 한다). 따뜻한 물로 귀를 세척할 경우 자극을 준 귀쪽으로 머리를 돌리게 된다. 온수반사검사는 혼수상태 환자에서 뇌줄기의 기능을 판단하는 중요한 도구이다. 뇌줄기 출혈 혹은 경색이 있는 환자에서 온수반사검사는 비정상이거나 혹은 나타나지 않는다.

9장 요약

- **청각계통**과 **안뜰계통**은 각각 음파와 머리 움직임을 변환시키기 위해 모두 **기계감각 털세포**를 사용한다.
- 소리는 **바깥귀**에 의해 모아져 **고막(tympanic membrane)**을 거쳐 세 개의 **작은뼈(ossicles)**, (**망치뼈** 및 **모루뼈**, **등자뼈**)로 구성된 관절 지레시스템을 이용하여 소리를 증폭시키기 위해 중간귀로 전달된다. 등자뼈는 소리를 **안뜰창**을 통해 청각변환이 일어나는 **속귀 달팽이**로 전달한다.
- 달팽이는 길고 끝이 가늘어지는 나선모양의 꼬여진 관이다. 여기에는 세 개의 액체로 찬 관모양 공간이 있다. 두 개의 연속된 바깥공간(**안뜰계단**과 **고실계단**)은 **바깥림프**로 차 있으며 달팽이 내에서 소리가 이동하는 경로를 제공한다. 중간관(**중간계단**)은 K^+이 풍부한 **내림프(endolymph)**로 차 있으며 청각감지기가 존재한다.
- **코르티기관**은 소리를 변환한다. 여기에는 네 줄의 감각털세포가 존재한다. **부동섬모**는 털세포 꼭대기 면에서 관 중간으로 뻗어 있으며, 위를 덮고 있는 **덮개막**에 박혀 있다. 세포의 바닥가쪽 면은 **바닥막** 위에 놓여 있다.
- 음파가 바닥막 변형을 초래하면 부동섬모가 휜다. 주위 부동섬모는 **끝연결**을 통해 연결되어 있으며 소리가 지나가는 동안 끝연결이 팽팽해져 부동섬모 막에 존재하는 기계감수통로를 열게 한다. 이 통로는 내림프로부터 K^+을 유입시켜 탈분극 감수기전위를 형성한다.
- 바닥막은 끝이 좁아진다. 바닥쪽은 좁고 딱딱하여 높은 주파수에 동조를 하며, 반면에 꼭지쪽은 넓고 유동적이어서 낮은 주파수에 동조한다. 이러한 특징을 통해 복잡한 소리는 세분화되어 **공간지도(spatial map) (가락지도, 특성주파수지도[tonotopic])**를 만든다. 공간 정보는 청각겉질까지 정보가 전달되는 동안 잘 보존된다.
- 안뜰계통은 머리 움직임을 감지한다. 이 계통은 수직관계를 가지고 있는 세 개의 **반고리관**과 두 개의 **귀돌기관(타원주머니**와 **둥근주머니)**로 구성되며, 모두 내림프로 차 있다.
- 반고리관은 모든 방향의 **머리회전**을 감지한다. 각 관의 바닥 팽창부위(**팽대**)에는 하나의 운동섬모와 여러 개의 부동섬모를 가진 감각 털세포가 존재하는 능(**팽대능선**)이 존재한다. 섬모 끝은 내림프로 돌출되어 있는 젤 성분 마루에 박혀 있다. 머리 회전은 내림프가 마루를 밀게 하는 힘을 만들며 이로 인해 **마루**(여기에 박혀 있는 섬모도)는 휘게 된다. 감각섬모에는 K^+ 투과성을 보이는 기계감각통로가 존재하며, 휘는 동안 이 통로가 열리면 탈분극 수용기전위가 발생된다.
- 귀돌기관에는 **귀돌**(탄산칼슘 결정)이 포함된 젤 성분 막에 섬모가 박혀 있는 여러 줄의 털세포가 존재한다. 머리위치 이동 혹은 급작스러운 가속에 의해 무거운 막은 감각섬모를 움직이고 휘게 한다.

10 미각과 후각

I. 개요

미각계과 후각계는 발생학적으로 가장 오래된 감각계이다. 이것들은 서로 같이 작용하여 외부환경에 존재하는 화학물질을 감지하는 역할을 한다. 그러나 실제적으로 이들 두 종류 감각계는 서로 보완적이기는 하지만 대체할 수 없는 완전히 다른 종류의 감각을 감지한다. 미각세포는 변형된 상피세포이나 후각수용기는 신경세포이다. 미각은 가장 기본적인 맛인 단맛과 짠맛 혹은 감칠맛과 신맛을 구별할 수 있다. 미각은 소금(NaCl) 혹은 뭔가 달콤한 것을 섭취하고자 하는 식욕 및 갈망과 밀접하게 연관되어 있으며 방어적인 역할을 하기도 한다. 쓴맛은 독소 섭취를 피할 수 있게 하며, 산(acid, 신맛)맛은 음식물이 부패한 것을 의미하기도 한다. 후각은 페로몬을 포함하여 수천 종류의 독특한 화학물질을 감지하고 구별할 수 있게 한다.

표 10.1 미각수용체 종류

맛	인지	미각수용체 종류
짠맛	유쾌한	I
단맛	유쾌한	II
감칠맛	유쾌한	II
쓴맛	기피하는	II
신맛	기피하는	III

II. 맛(TASTE)

다섯 종류의 기본적인 맛이 있다: **짠맛(salty)**, **단맛(sweet)**, **감칠맛(우마미맛 [umami])**, **쓴맛(bitter)**, 그리고 **신맛(sour)** (표 10.1). 감칠맛(일본에서는 "좋은 맛")은 음식의 풍미와 고기향을 나타내는 글루탐산모노나트륨(monosodium glutamate, MSG)의 맛으로 요약할 수 있다. 지방 맛은 여섯 번째 맛을 구성하고 있지만 변환 기전이 완전히 밝혀져 있지 않다. 뜨거운 것(예: 칠레고추에 의해 발생되는 타는 듯한 감각)과 차가운 것(예: 멘톨)과 유사한 화학감각은 미각이 아니라 입안 혹은 코길에 존재하는 몸감각 경로를 통해 전달된다(16·VII·B 참조).

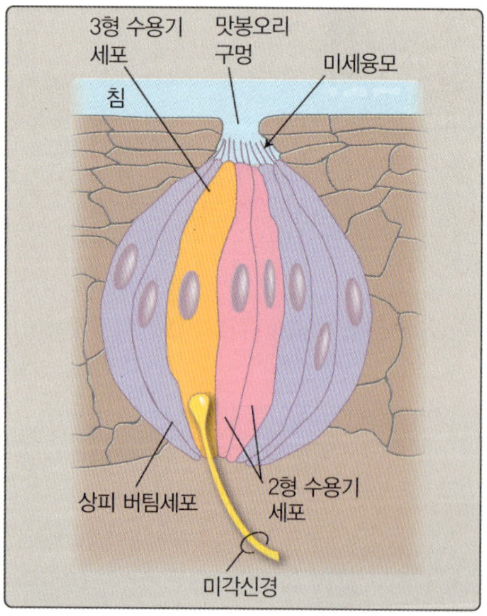

그림 10.1
맛봉오리 구조

A. 맛봉오리(taste bud)

미각수용기 세포는 일반적으로 입안에 널리 분포하고 있는 맛봉오리에 밀집되어 있다. 혀 맛봉오리는 마치 마늘 구근과 같은 모양을 하고 있으며(그림 10.1), 각각은 약 100여 개의 긴 신경상피세포인 "주아(cloves)"로 구성되어 있다. 옆에 있는 세포끼리는 치밀이음에 의해 꼭대기쪽에서 연결되어 있다. 일부 세포의 미세융모는 입안 액체(침)와 여기에 녹아 있는 미각촉진제(tastant)가 맛봉오리 안으로 들어가 맛을 느끼게 하는 맛봉오리 작은 중간구멍까지 뻗어 있다. 맛봉오리는 여러 종류의 세포로 구성되어 있다: I형과 II, III 세포는 모두 미각수용기이다.

B. 1형 세포

1형 수용기는 짠맛을 전달하는 비흥분성세포이며 염화나트륨(소금 정) 정확하게 표현하면 나트륨(Na^+)의 맛을 감지하도록 되어 있다. 1형 세포는 **아교세포와 유사한** 특성(5·V 참조)을 지니고 있으면 **상피나트륨통로 (epithelial Na^+ channel, ENaC)**를 이용하여 나트륨이온의 감각을 변환한다.

1. **아교세포유사 기능:** 1형 세포는 세포막 돌기를 뻗어 맛봉오리 내에 있는 다른 세포를 감싸고 있으면서 흥분되는 동안 세포 외 칼륨이온 농도 조절을 돕는다. 1형 세포는 또한 분비된 신경전달물질을 가수분해시켜 정보전달이 멈

추는 것도 돕는다(밑에 있는 E절을 참조).

2. **변환:** 1형 세포는 상피나트륨통로를 통해 짠맛을 감지한다. 상피나트륨통로는 항상 열려 있어 짠 음식을 섭취하게 되면 나트륨이온이 세포 내로 들어가 수용기가 탈분극된다(그림 10.2). 수용기전위 크기는 나트륨이온 농도에 비례한다. 수용기전위 발생 이후에 일어나는 현상에 대해서는 아직 확실히 밝혀져 있지 않다.

C. 2형 세포

2형 세포는 흥분성 **감각수용기(sensory receptor)**이다. 이 세포의 세포막에는 G단백질연결수용체(GPCR)가 존재하면 단맛과 감칠맛, 쓴맛을 감지하지만 짠맛과 신맛을 내는 미각촉진제에는 반응하지 않는다. 각각의 2형 세포는 미각촉진제에 특이적이다.

1. **미각촉진제:** 3 종류의 미각촉진제(단맛, 감칠맛, 쓴맛)가 2형 세포에 의해 감지되며 이들 맛을 통해 행복한 느낌 및 음식 혹은 해로운 물질의 존재와 그리고 독소가 있음을 알게 된다.

   a. **단맛:** 단맛은 포도당과 설탕(sucrose)과 같은 단당류 및 이당류와 연관이 있다. 당은 일차적인 에너지원이기 때문에 음식 내에 이들이 존재하는 것을 감지하는 것은 진화론적으로 큰 장점이 된다. 당은 T1R2-T1R3와 이형이합체를 형성하는 단일 G단백질연결수용체에 의해 감지된다(T1R2; taste receptor, type 1, member 2; T1R3; taste receptor, type 1, member 3).

> 단맛 수용체의 세포외 영역은 크고 파리지옥풀과 같은 모양을 가지고 있다. 이 영역은 당이 결합하는 자리를 포함하고 있으나 이 자리는 단맛을 내는 일부 단백질(예: 모넬린)도 결합을 한다. 이 특성에 의해 아스파탐을 비롯한 많은 합성 펩티드 감미료가 만들어지게 되었다.

   b. **감칠맛(우마미맛):** 좋은 맛은 고기에 있는 단백질이 가수분해되면서 만들어지는 글루탐산염에 의해 발생된다. 일부 뉴클레오티드(일인산이노신[inosine monophosphate]와 일인산구아노신[guanosine monophosphate])도 감칠맛을 나타낸다. 글루탐산염은 T1R1–T1R3과 이형이합체를 이루는 G단백질연결수용체를 통해 효과의 일부를 나타내는 것으로 알려져 있다.

   c. **쓴맛:** 많은 식물과 곰팡이, 일부 동물은 스스로를 방어하기 위해 독소를 만든다. 진화는 쓴맛을 통해 독이 포함된 많은 음식물을 선택할 수 있도록 하였다. 대부분의 쓴맛을 내는 미각촉진제는 G단백질연결수용체에 의해 감지된다. 독소는 다양한 군으로 나눌 수 있으며 이들은 각각의 특정 수용체 단백질과 결합한다. 쓴맛을 감지하는 미각세포에는 대략 20 종류의 G단백질연결수용체 T2R이 표현된다. 일부는 매우 높은 미각촉진제 특이성 보이고 나머지 일부는 낮은 특이성을 보인다.

> 퀴닌(quinine)은 기나나무(cinchona tree) 껍질에서 추출한 항말라리아 특성을 지닌 쓴맛을 내는 독소이다. 이것은 대부분의 칼륨통로를 막아서 비특이적으로 막전위를 탈분극시킨다.

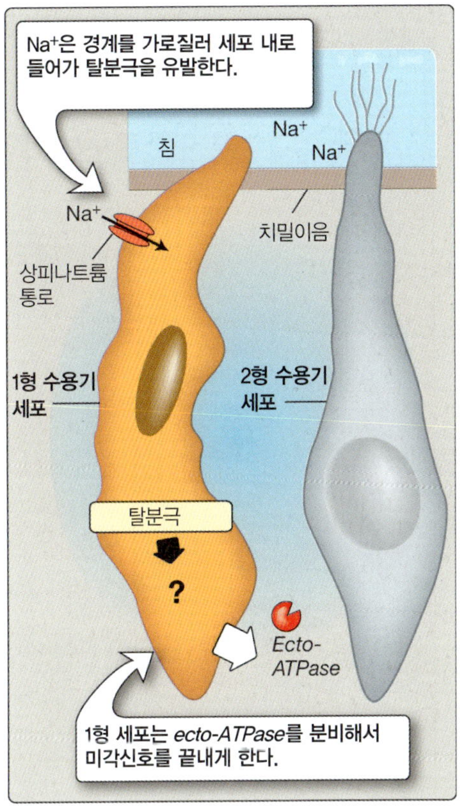

그림 10.2
1형 세포의 미각변환

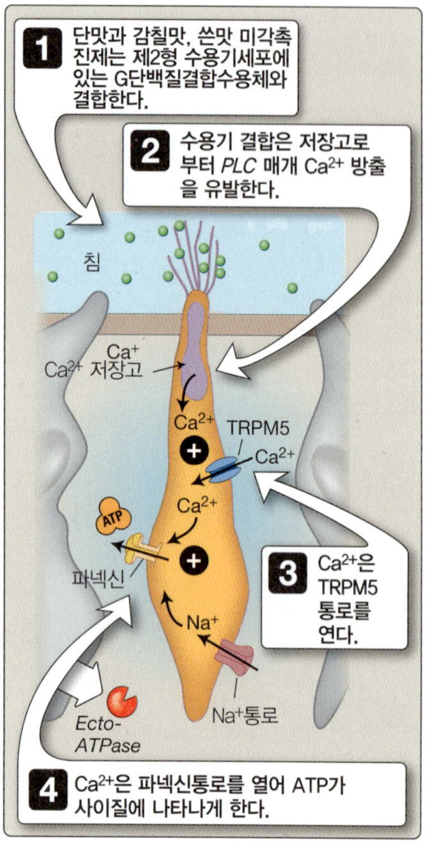

그림 10.3

2형 수용기세포 미각변화. ATP = 삼인산아데노신; PLC = 포스포리파아제 C; TRPM5 = 일과성수용기전위 M5통로

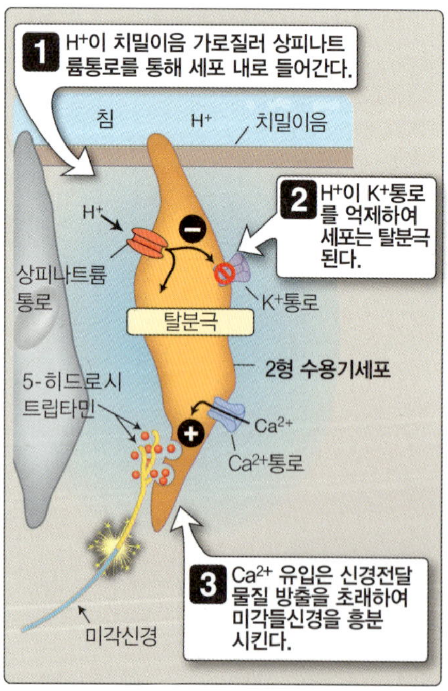

그림 10.4

3형 수용기세포 미각변환

2. **변환:** 미각촉진제는 해당 G단백질연결수용체와 결합하여 맛봉오리 사이질로 삼인산아데노신을 방출하여 수용기가 결합되었다는 신호를 전달하는 G단백질인 **거스트듀신(gustducin)**을 활성화시킨다(그림 10.3).

   a. **활성화:** 거스트듀신 $G_{\beta\gamma}$소단위는 *포스포리파아제 C(phospholipase C, PLC)*를 활성화시켜 삼인산이노시톨에 의한 세포 내 저장고로부터 Ca^{2+} 방출을 유발한다. Ca^{2+}은 Ca^{2+}과 TRPM5 (일과성수용기전위통로; 2·VI·D 참조)를 통한 다른 양이온 유입을 초래하여 수용기를 탈분극시킨다. 거스트듀신 G_{α}소단위는 *아데닐사이클라제(adenylyl cyclase)* 활성화를 통해 세포 내 고리형일인산아데노신(cAMP) 농도를 변화시키는 것까지는 알려져 있지만 그 이후 과정은 아직 연구 중에 있다.

   b. **삼인산아데노신 방출:** TRPM5에 의해 매개되는 Ca^{2+} 유입은 수용기 세포막에 존재하는 반쪽짜리 통로인 **파넥신(pannexin)**을 연다. 파넥신은 세포 사이 치밀이음을 구성하는 코넥신(connexin)과 연관되어 있다(4·II·F 참조). 파넥신이 열리면 ATP가 세포 밖으로 확산되어 나와 사이질로 들어가게 된다. 미각촉진제 결합에 의해 발생된 수용기전위가 문턱값을 넘기게 되면 전압개폐나트륨통로에 의해 매개되는 활동전위 무리가 발생된다. 파넥신은 역시 전압에 의해 개폐가 조절되므로 활동전위는 ATP 방출을 강화시킨다.

D. 3형 세포

3형 세포는 **시냅스이전세포(presynaptic cell)**로 알려져 있으며 감각신경과 시냅스를 하고 있는 유일한 미각 수용기세포로 분류된다. 3형 세포는 기본적으로 H^+에 의해 유발되는 세포막 탈분극을 통해 신맛을 감지한다.

1. **변환:** 시다는 것은 산(H^+) 맛이다. 식품에 존재하는 흔한 예는 아세트산염(acetate, 식초)과 시트르산염(citrate, 레몬), 젖산염(lactate, 신 우유)을 들 수 있다. H^+은 상피나트륨통로를 통해 세포로 들어가서 직접 세포를 탈분극시키기도 하지만, H^+이 일단 세포 내로 들어가면 칼륨통로를 억제하여 칼륨 유출을 감소시키기도 한다(그림 10.4). 이러한 억제는 H^+ 유입에 의한 탈분극을 더 강화시킨다.
2. **전도:** H^+에 의해 유발된 수용기전위가 세포막에 있는 전압의존나트륨통로를 활성화시킬 수 있을 만큼 충분히 크다면 활동전위가 만들어진다. 이로 인해 전압의존 칼슘통로가 열리게 되고 칼슘이온 유입과 전달물질(5-히드로시트립타민, 5-hydroxytryptamine, 5-HT, 세포토인으로도 알려져 있음) 방출이 감각들신경과의 시냅스에서 일어난다.

E. 신호통합

음식물은 다양한 미각촉진제가 혼합되어 있으므로 맛봉오리 출력은 3 종류의 미각세포에 대한 동시 자극의 통합된 반응으로 나타난다. 3형 세포가 들신경과 시냅스 접촉을 하는 유일한 수용기이기는 하지만 2형 세포도 ATP 방출을 통해 미각신경(이 신경은 푸린감수체가 발현됨)의 활동을 직접적으로 자극하며 또한 3형 세포로부터의 5-HT 방출을 유도하여 간접적으로 자극을 한다. 1형 세포는 신호를 끝내게 하는 ecto-ATPase를 분비하여 다른 2 종류의 수용기 세포의 출력에 영향을 미친다.

임상 적용 10.1: 이상미각(Dysgeusia)

미각은 섭취한 물질을 음식으로 받아들일 것인지 혹은 이것을 삼키기 전에 인체에 해로울 수 있어서 거부할 것인지를 판단하는 위창자계의 기본적인 문지기 역할을 하며 상대적으로 둔한 감각이다. 미각의 완전한 상실(**미각소실[ageusia]**)은 쇠그렌증후군(Sjögren syndrome) 환자를 제외하고는 흔하지 않다. 쇠그렌 환자는 침샘을 비롯하여 외분비샘의 기능에 장애가 있는 자가면역질환이다. 침은 미각촉진제를 용해시켜 맛봉오리 구멍까지 운반하는 기능을 한다. **금속이상미각(metallic dysgeusia**, 지속적으로 금속맛을 느끼는 것)은 많은 항생제(예: 테트라사이클린과 메트로니다졸)와 항진균제의 흔하면서도 골치 아픈 부작용이다.[1]

F. 맛봉오리 분포

맛봉오리는 혀 등쪽면에 가장 집중적으로 위치해 있기는 하지만 대체적으로 입안에 고루 분포하고 있다. 혀 맛봉오리는 **유두(papillae)**라고 불리는 표면 돌출에 위치해 있다. 모양과 맛봉오리 밀도에 따라 유두는 3 종류로 구분한다: **버섯(fungiform)**, **잎새(foliate)**, **성곽(circumvallate)** (그림 10.5).

1. **버섯유두:** 버섯유두는 혀 앞쪽에 위치해 있다. 엄지손가락 모양의 돌기 말단부위에 적은 수의 맛봉오리가 존재한다.
2. **잎새유두:** 잎새유두는 혀 뒤가쪽 가장자리에 위치해 있다. 유두 주위에는 수백 개의 맛봉오리가 박혀 있다.
3. **성곽유두:** 맛봉오리가 가장 많이 존재하는 곳은 단추모양 성곽유두이며 이들은 혀 뒤쪽을 가로지르는 선 위에 위치해 있다.

G. 신경경로

맛봉오리는 3 종류의 뇌신경에 의해 지배 받고 있다. 혀 앞쪽과 입천장은 얼굴신경(CN VII)에 의해 지배받고 있다. 혀 뒤쪽에 위치한 맛봉오리 신호는 혀인두신경(CN IX)을 통해서, 반면에 미주신경(CN X)은 인두와 후두를 지배하고 있다. 3 종류 신경 모두 고립로를 통해 고립로핵(뇌줄기)에 있는 미각영역으로 정보를 보낸다. 2차 신경은 미각정보를 시상과 일차미각겉질로 보낸다.

III. 냄새(SMELL)

냄새에 대한 사람 감각은 동물만큼 잘 발달되어 있지 않지만 수십만 가지의 다른 향기를 구분할 수는 있다. 후각은 서로 다른 유전자가 관여하는 수백 종류의 독특한 수용기에 의해 감지된다.

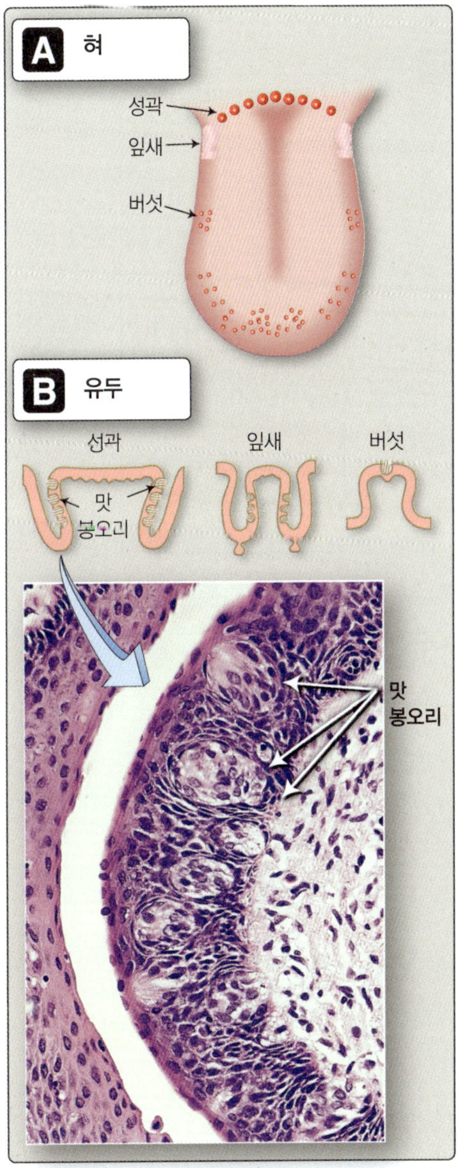

그림 10.5
혀 표면 맛봉오리 분포

[1] 이 약제들에 대한 더 많은 정보는 *LIR Pharmacology 제5판* 참조.

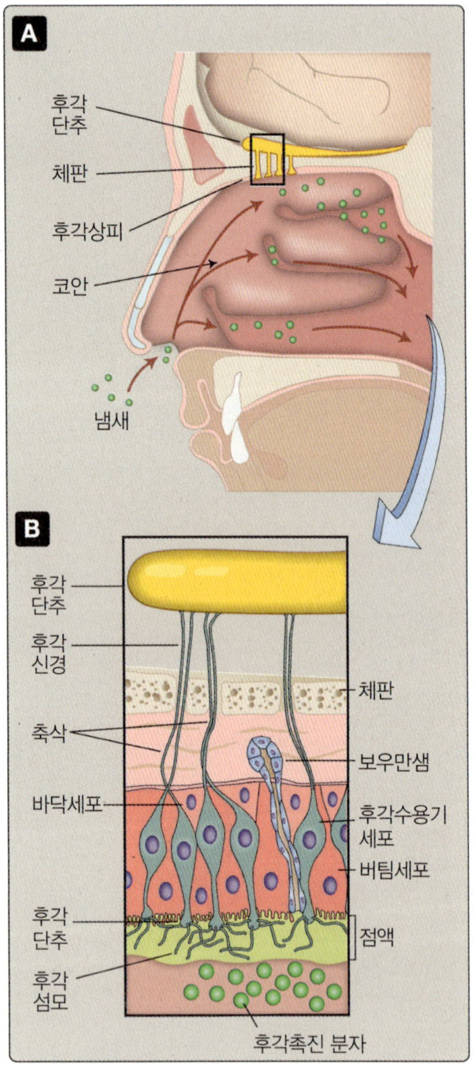

그림 10.6
후각상피

A. 수용기

후각자극제는 정상호흡 혹은 의도적으로 공기를 들이마시는 동안 흡입되고 코길로 운반되는 공기 중 화학물질이다. 냄새는 G단백질연결수용체 계열에 속하는 화학수용기에 의해 감지되고 변화된다. 사람 유전체에는 약 900여 개의 다른 후각수용기 유전자가 포함되어 있으며 이 중 약 300여 개가 기능을 나타낸다.

B. 수용기세포

후각자극제 수용기는 코안 천정을 덮고 있는 특별한 후각상피에 존재하는 감각신경으로부터 뻗어 나온 섬모에 발현된다(그림 10.6). 감각신경은 두극세포이다. 세포체 꼭대기쪽 부위에서 상피쪽으로 하나의 가지돌기가 뻗어 나와 팽창(**후각단추[olfactory knob]**)에서 끝난다. 각 단추는 묽은 점액층으로 뻗어 있는 10~30개의 길고 움직임이 없는 섬모로 구성된다. 점액은 지나가는 후각자극 물질을 잡아 후각자극제 수용기가 감지할 수 있도록 한다.

C. 변환

후각자극제가 수용기와 결합하게 되면 후각특이적인 G단백질(G_{olf})이 활성화되어 아데닐사이클라제가 세포 내 고리형일인산아데노신(cAMP)의 농도를 증가시킨다(그림 10.7). 그 결과 cAMP작동 이온통로가 열리게 되어 Na^+과 Ca^{2+}이 세포 내로 유입된다. Ca^{2+}의 유입은 Ca^{2+}의존 Cl^-통로를 열게 한다. 양이온 유입과 음이온 유출은 후각신경세포에서 활동전위를 발생시키기에 충분한 세포막 탈분극을 초래한다.

D. 후각상피

후각수용기 신경세포는 평균수명이 약 48일 정도되며 지속적으로 대체된다. 수용기 신경세포는 후각상피 **바닥세포(basal cell)**에서 형성되는 신경모세포 줄기세포(neuroblast stem cell)이다. 상피에는 아교세포와 유사한 역할을 하는 **버팀세포(supporting cell)**도 존재한다. 상피를 덮고 있는 점액은 **보우만샘(Bowman gland)**에서 분비된다. 후각점액에는 후각자극제 수용기로 수용성 후각자극제를 운송하는 후각자극제 결합단백질이 함유되어 있다. 점액에

임상 적용 10.2: 후각상실증(Anosmia)

식품부패에 의한 냄새를 감지하지 못하는 경우 식중독 발생이 증가될 수는 있지만 냄새 맡는 감각의 상실(**후각상실증[anosmia]**)이 목숨을 위협하지는 않는다. 하지만 후각상실증은 삶의 질에는 막대한 영향을 미친다. 후각상실로 인해 음식을 즐길 수 없으며 이로 인해 식욕과 체중감소, 우울증, 음식과 관련된 사회활동으로부터 소외 등이 발생될 수 있다. 후각저하증(hyposmia)은 연령 증가와 상기도 감염에 의해서 나타날 수 있다. 신경변성질환(Parkinson 및 Alzheimer 병)도 냄새 감각에 지장을 초래할 수 있다. 후각상실은 머리외상으로 인한 후각겉질 손상 혹은 체판을 통과하는 후각신경 비틀림에 의해서도 발생할 수 있다.

는 병균이 후각신경을 통해 중추신경계로 들어가지 못하도록 하는 락토페린(lactoferrin)과 용균효소(lysozyme), 다양한 면역글로불린도 포함되어 있다. 후각상피는 중추신경계가 외부와 직접 연결되어 있는 흔하지 않은 신체 영역 중의 한 곳이다.

E. 신경경로

후각수용기세포는 후각단추로 뻗어 있는 일차신경세포이며 앞뇌의 연장이라고 할 수 있다. 감각신경으로부터의 축삭은 다발을 형성하여 벌집뼈(ethmoid bone) 체판(cribriform plate)에 있는 작은 구멍을 통해 지나간다. 후각신경(CN I) 내 축삭은 후각단추 토리(glomerulus)로 가게 되고 여기서 시냅스를 형성한다. 후각단추에서 시작된 신경세포는 후각겉질을 비롯하여 시상, 시상하부 등 뇌의 여러 영역으로 뻗어간다. 각각의 후각신경세포는 하나의 수용기 유전자를 발현한다. 사람이 구분하는 냄새의 숫자는 수용기 유전자에 비해 훨씬 많기 때문에 수용기는 하나의 후각자극제에 반응하기보다는 다양한 후각자극제 분자의 특별한 화학군을 인식해야 한다. 뇌는 후각수용기 배열에 있는 서로 다른 수용기 각각의 상대적인 출력강도를 기초로 하여 독특한 냄새 상징을 유추하게 된다.

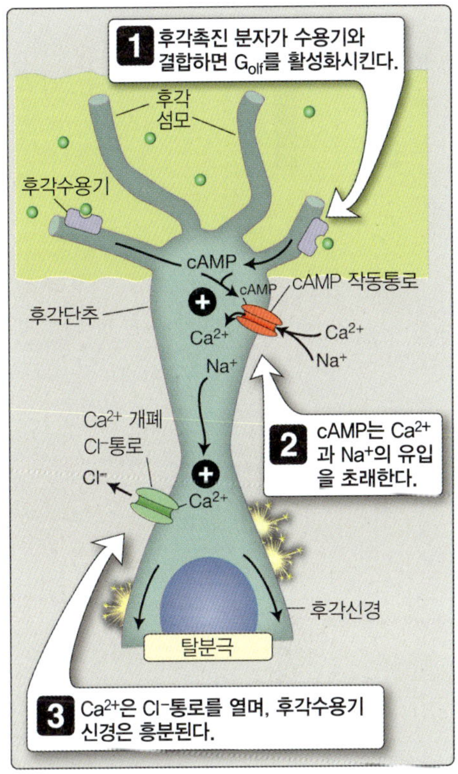

그림 10.7

후각변화. cAMP = 고리형일인산아데노신; G_{olf} = 후각특이 G단백질

10장 요약

- **미각(gustation)**과 **후각(olfaction)** (맛과 냄새)은 음식물과 흡입하는 공기 내의 화학물질을 감지하는 것이다. 맛은 섭취한 음식을 삼킬 것인가 아니면 말 것인가를 결정하게 한다. 후각은 음식의 평가와 더불어 **페로몬(pheromone)**을 감지할 수 있게 한다.
- 5종류의 기본 맛: **짠맛(salty)**과 **단맛(sweet)**, **감칠맛(umami,** savory), **쓴맛(bitter)**, **신맛(sour)**.
- **미각수용기세포**는 입안 전체에서 발견되는 **맛봉오리** 내에 존재한다. 1형 수용기는 짠맛(Na^{+})을 변환하는 아교세포 유사세포이다. Na^{+}는 상피나트륨통로를 통해 들어가 세포를 흥분시킨다. 1형 세포는 미각신호를 끝내는 것에도 관여한다.
- 단맛과 감칠맛, 쓴맛을 감지한 2형 세포에는 미각촉진제 특이적인 G단백질연결수용체(GPCR)가 발현된다. G단백질연결수용체는 미각세포 특이 **G단백질**인 **거스트듀신(gustducin)**을 통해 작용한다. 활성화 된 $G_{\beta\gamma}$소단위는 세포 내 Ca^{2+} 방출과 탈분극을 유발한다. 세포막에 존재하는 **파넥신 반쪽통로(pannexin hemichannel)**가 열리게 되고 삼인산아데노신(ATP)이 세포 밖으로 확산되어 나온다. ATP는 감각들신경을 직접적으로 또한 3형 세포 출력 조절을 통해 간접적으로 자극한다.
- 3형 세포는 산의 신맛을 변환시킨다. H^{+}는 상피나트륨통로를 통과해 수용기를 탈분극시킨다. 3형 세포는 미각신경에 의해 지배를 받고 있으며 들신경으로의 흥분성 신호전달은 5-히드로시트립타민(5-hydroxytryptamine, serotonin) 방출을 통해 일어난다.
- **냄새(odor)**는 코안 천정에 위치한 **후각상피**에 의해 감지된다. **후각수용기(olfactory receptor)**는 후각상피를 덮고 있는 점액층으로 뻗어 있는 섬모의 표면에 발현되어 있는 G단백질연결수용체이다.
- 후각수용기 세포는 **후각단추(olfactory bulb)**로 정보를 전달하는 두극중추신경세포이다. 후각수용기에 결합이 일어나면 cAMP 의존 Ca^{2+} 유입과 Ca^{2+}의존 Cl^{-}유출, 이로 인한 탈분극이 일어나는 cAMP 매개 신호전달과정이 시작된다.

11 운동조절계

I. 개요

인체에서 근육활동을 조절하는 신경경로는 직접적인 이동 수행에 필요하므로 발생학적으로도 비교적 빨리 발달하였다. 팔다리를 움직이는 근육군의 협조는 단순한 신경되먹임 회로에 의해 이루어지지만 인체 복잡성과 수행하는 업무 어려움이 점차 증가되므로 인해 운동조절계는 발달될 수밖에 없었다. 인체 신경계의 많은 부분은 운동조절에 관여하고 있다. 근육반사에 관여하는 단순한 신경되먹임 회로가 진화하는 동안 만들어졌으나, 이러한 회로는 보다 높은 차원에서 연속적인 조절에 의해 보완되었다(그림 11.1). 대뇌겉질 운동영역은 운동이 필요할 때 이를 결정하는 역할을 한다. 바닥핵은 경험을 바탕으로 운동 순서를 편집하며, 편집된 순서는 시상을 통해 일차운동겉질에서 수행될 수 있도록 전달된다. 팔다리에서 부드러운 운동이 수행될 수 있도록 조절된 순서는 서로 반대되는 행위를 수행하는 근육군(예: **폄근[extensor]**과 **굽힘근[flexor]**, **벌림근[abductor]**과 **모음근[adductor]**, **바깥돌림근[external]**과 **안쪽돌림근[internal rotator]**) 짝이 잘 협조된 형태로 수축과 이완을 하게 한다. 근육과 관절, 피부, 눈, 안뜰기관으로부터 감각정보를 받고 있는 소뇌에 의해 운동명령은 수행되고 있는 동안 조절된다. 소뇌는 지형과 자세, 팔다리 위치에 예상하지 못한 변화가 생겼을 때 겉질이 이를 보상할 수 있도록 한다.

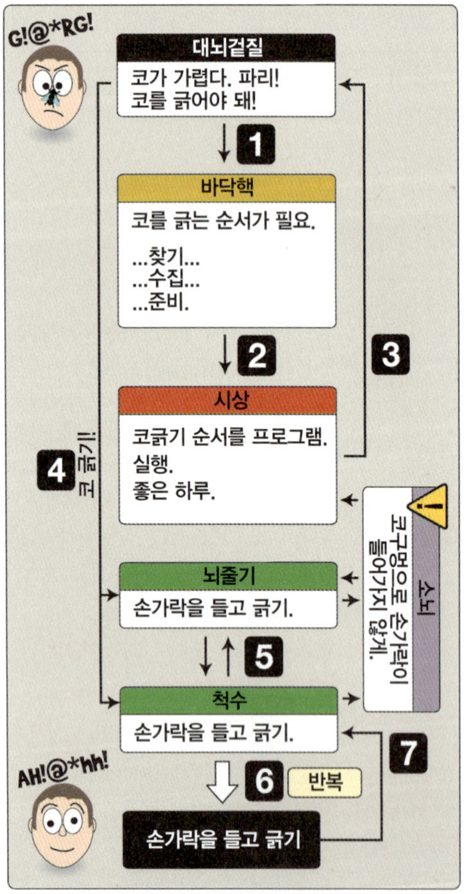

그림 11.1
운동조정 경로 계층

II. 근육 감각계(MUSCLE SENSORY SYSTEMS)

복잡한 운동행위(보행)는 밀접하게 협조가 되는 즉 몸 위치와 체중 분배 변화에 따라 시기와 강도가 조정되어야 하는 일련의 근육수축을 요한다. 이러한 협조는 중추신경계가 몸통에 대한 팔다리운동에 관한 정보를 얻지 못하면 불가능하고 **운동감각(kinesthesia)**에 대한 정보가 존재할 때만 가능하다. 운동감각은 **고유감각(proprioception)**의 한 형태이며 **몸감각(somatic senses)** 중 하나이다. 운동감각은 기본적으로 근육 길이(**근육방추[muscle spindle]**)와 장력(**골지힘줄기관**[Golgi tendon organ, GTO])을 감지하는 2 종류 감각계 의존한다.

A. 근육방추

뼈대근육은 2 종류의 섬유로 구성되어 있다. 뼈를 움직이는 힘을 발생시키는 **방추외섬유(extrafusal fiber)** ("방추"라는 의미를 지닌 라틴어의 *fususf*에서 유래). 근육 길이와 길이 변화를 감지하는 감각계인 **방추내섬유(intrafusal fiber)**. 방추내섬유는 근육 전반에 걸쳐 불규칙적으로 분포하고 있는 확연히 구분되는 감각구조(방추) 내에 포함되어 있다(그림 11.2).

1. **구조:** 근육방추는 대략 12개 정도의 방추내섬유를 함유하고 있으며 이들은 결합조직 피막 내에 위치해 있다. 각 방추내섬유는 수축하지 않는 부위가 2개의 약하게 수축하는 부위 사이에 놓여 있는 형태를 가지고 있다. 방추는 수축섬유 사이에 놓여 있으며 수축섬유 끝과 연결되어 있어 수축섬유와 감각섬유는 마치 하나의 단위 같이 움직인다. 방추는 2 종류의 방추내섬유를 가지고 있다: **핵주머니섬유(nuclear bag fiber)**와 **핵사슬섬유(nuclear chain fiber)** (그림 11.2 참조). 핵주머니섬유는 중간 부분에 여러 개의 핵이 포함되어 있는 "주머니(bag)"를 형성하며 부풀어져 있다. 핵사슬섬유는 핵주머니섬유에 비해 가늘고 더 많다. 이 섬유 내에 존재하는 핵은 섬유 길이를 따라 사슬을 형성하고 있다.

2. **각변환:** 근육방추 신호는 2 종류의 감각들신경(**Ia군**과 **II군**)을 통해 전달된다. 2 종류 모두 신호전도 속도를 최대로 빠르게 하기 위해 말이집신경으로 구성되어 있다(표 11.1; 5·III·B 참조). 근육이 늘어났을 때(팔다리가 펴졌을 때), 방추내섬유 역시 늘어나게 되고 이들 주위를 싸고 있는 신경의 비틀림이 초래된다. 뻗침은 기계감수 양이온통로를 활성화시켜 탈분극을 유발하고 들신경 활동전위 발생빈도를 증가시킨다.

   a. **Ia군:** Ia군 섬유는 핵주머니 및 핵사슬섬유 중간(적도) 부분을 감싸고 있으며, **일차근방추수용기(primary muscle spindle receptor)**를 형성한다. 이들은 뻗침의 **동적반응(dynamic response)**에 관여한다(그림 11.3). Ia 들신경은 근섬유(그리고 신경섬유 말단)가 늘어나고 있는 동안 최고의 흥분발사 빈도를 보인다. 흥분발사 빈도는 근육이 새로운 길이에 도달하여 유지되는 동안은 감소한다.

   b. **II군:** II군 섬유는 대부분의 경우 핵사슬섬유 끝 부분에 위치해 있으나 드물게 핵주머니섬유에 위치한 경우도 있다(그림 11.2 참조). 이들은 뻗침에 대한 **정적반응(static response)**에 관여하는 **이차근육방추수용기(secondary muscle spindle receptor)**를 형성한다. 이들의 출력은 근육길이에 비례하며, 근육이 새로운 길이로 변화되어 있는 동안 지속적으로 흥분발사 빈도가 증가한다(그림 11.3).

3. **조절:** 방추내섬유는 수축성은 있지만 근육에 힘을 발생시킬 만큼 강력하지는 않다. 대신 근육이 흥분하는 동안 섬유 길이를 줄여 근육이 수축하여도 중간 감각부분이 팽팽하게 유지되도록 한다. 장력이 유지됨으로써 방추내섬유는 수축이 일어나는 동안에 지속적으로 뻗침감수기로서 작용할 수 있도록 한다. 방추내섬유는 방추외섬유 수축을 자극하는 α운동신경섬유보다 느리게 신호를 전도하는 **γ운동신경섬유**에 의해 지배를 받는다(표 11.1 참조). α와 γ운동신경섬유는 동시에 흥분하여 근육이 수축할 때 근육의 길이가 줄어드는 것과 평행하게 방추가 짧아지게 한다. 근육방추와 이와 연관된 γ운동신경섬유가 합쳐 **방추운동신경계(fusimotor system)**를 구성한다.

B. 골지힘줄기관(Golgi tendon organ)

뼈대근육 끝은 뼈에 붙어 있는 힘줄과 연결되어 있다. 근힘줄 연결 부위에는 근육이 수동적으로 늘어나거나 혹은 근육이 수축할 때 발생된 장력을

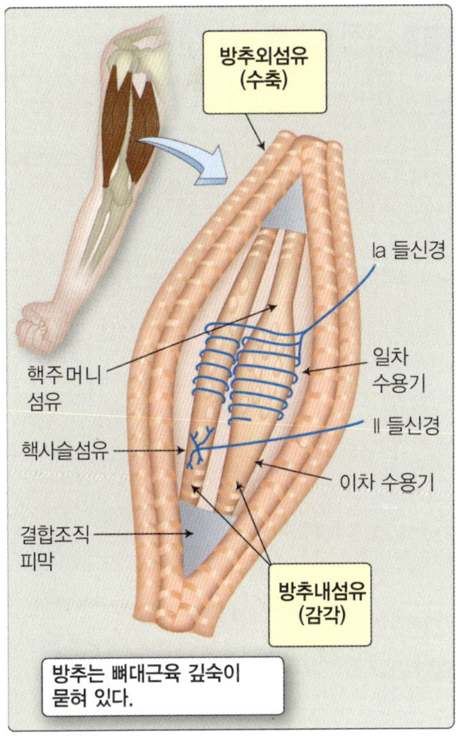

그림 11.2
근육방추

표 11.1 근신경섬유 특성

분류	지배	전도 속도 (m/s)
Ia 감각	근육방추 (일차종말)	80~120
Ib 감각	골지힘줄기관	80~120
II 감각	근육방추 (이차종말)	35~75
α 운동	방추외섬유	80~120
γ 운동	방추내섬유	15~30

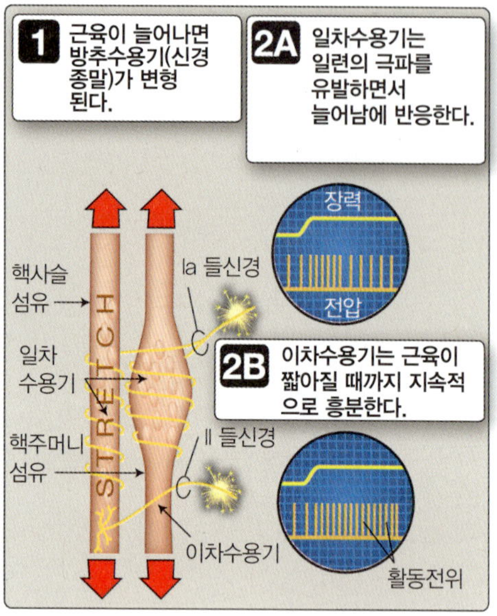

그림 11.3
늘림에 대한 방추내섬유 반응

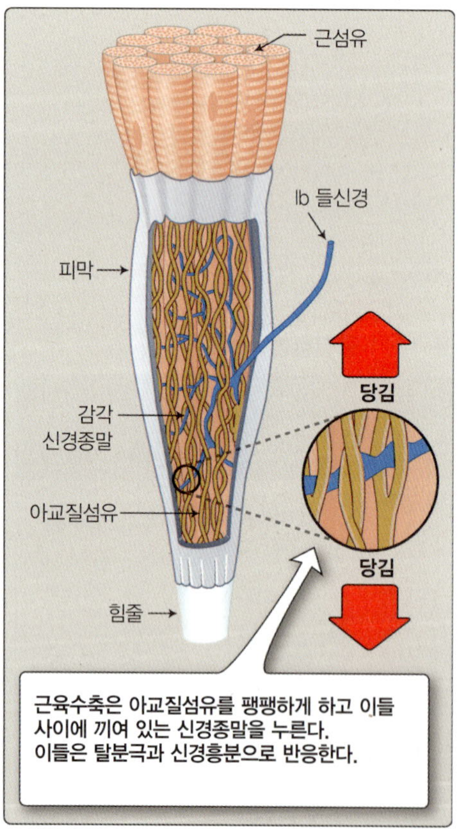

그림 11.4
골지힘줄기관

감지하는 감각기관인 골지힘줄기관(GTO)이 존재한다(그림 11.4).

1. **구조:** 골지힘줄기관은 뼈대근육과 힘줄 사이에 놓여 있다. 골지힘줄기관은 **Ib군 감각섬유 말단(group Ib sensory nerve ending)**이 사이사이 끼어져 있는 아교질섬유로 차 있는 결합조직피막으로 구성되어 있다. Ib 들신경은 신호 전도속도를 높이기 위해 말이집으로 싸여 있다(표 11.1 참조).

2. **감각전도:** 근육이 늘어나거나 수축하게 되면 연관된 골지힘줄기관도 같이 늘어난다. 골지힘줄기관 내에 있는 아교질섬유가 팽팽해지면 이들 사이에 놓여 있는 신경말단이 압축된다. 압축은 신경말단에 있는 기계감수통로를 열어 탈분극을 유발시켜 신경흥분 발사 빈도를 증가시킨다.

C. 관절과 피부감수기(joints and skin sensor)

뼈 사이에 위치한 관절은 팔다리 위치를 감지하는 수용기가 위치하기에 가장 이상적인 부위임은 틀림없지만, 실제로 운동감각에서 관절수용기 역할은 미비하다. 오히려 피부에 존재하는 느린적응을 보이는 루피니말단(Ruffini endings)이 중요한 역할을 한다(16·VII·A 참조). 팔다리 혹은 손, 발가락이 수축할 때마다 관절을 덮고 있는 피부가 늘어나면 루피니말단은 흥분하게 된다. 손가락과 같이 예민한 운동을 수행하는 곳에서는 이러한 운동을 위해 여러 종류의 근육과 힘줄이 층을 이루고 있어 방추와 골지힘줄기관으로부터 감각정보를 얻는 것이 방해되기 때문에 루피니말단으로부터 오는 감각자료의 중요성이 매우 높다.

III. 척수반사(SPINAL CORD REFLEXES)

직립상태에서 보행은 글자 그대로 매우 섬세한 균형이 필요한 행동이다. 발을 잘못 내려 놓거나 약간 불규칙적인 지대인 경우 균형이 깨어지고 넘어질 수 있다. 이러한 불운을 방지하기 위해서 넘어짐은 예측되어야 하고 최소한의 지체로 보행에 적절한 수정이 이루어져야 한다. 운동을 감지하고 조절하는 신경세포는 신호를 최대한 120 m/s까지 속도로 전달할 수 있도록 특화되어 있으며, 이들은 인체에서 가장 빠른 신경세포를 대표한다(표 11.1 참조). 이러한 특징으로 인해 감각정보는 중추신경계로 전달되고 최대한 짧은 시간 내에 보상명령이 수행된다. 척수에서 수행되는 많은 통상적인 보행조정에 관여하는 국소반사에 의해 반응시간은 더욱 짧아진다. 여기에 관여하는 신경세포는 상대적으로 짧기 때문에 신호 전달과 처리시간이 최소화될 수 있다.

A. 반사궁(reflex arc)

반사궁은 감각자극이 직접적으로 운동반응을 유발하는 단순한 신경회로이다. 고전적인 예로는 뜨거운 난로를 만지거나 뾰족한 물건을 밟거나 한 경우에 관찰되는 회피반사(withdrawal reflex)를 들 수 있다. 이러한 반사궁은 감각신경이 운동신경과 시냅스를 이루고 활성화시키는 척수에서 이루어진다. 좀 더 복잡한 반사궁은 최소한 억제성 신경세포가 하나 이상 포함된 많은 신경세포와 시냅스를 하고 있다. 척수는 **근육신전반사(myotatic**

reflex)와 역근육신전반사(inverse myotatic reflex), 굽힘반사(flexion reflex)를 포함한 많은 중요한 반사를 수행한다.

B. 근육신전

근육신전반사(**신전반사[stretch reflex]** 혹은 **깊은힘줄반사[deep-tendon reflex]**라고도 알려져 있음)는 근육이 늘어남에 의해 시작되며 늘어난("같은쪽[homonymous]) 근육의 수축을 유발한다. 가장 흔한 예는 **무릎인대(patellar ligament)**를 가볍게 쳐서 일어나는 넓적다리(quadriceps)근육의 반사수축이다(그림 11.5).

1. **반응:** 무릎인대를 가볍게 치는 것은 네갈래근을 늘려 여기에 존재하는 방추를 활성화시킨다. Ia 들신경에 의해 전달되는 감각신호는 척수로 가서 같은 근육을 지배하는 α운동신경을 흥분시킨다. 반사적으로 근육은 수축되고 다리는 펴지고 발이 앞쪽으로 움직이게 된다. 근육신전반사는 부적절한 근육의 길이 변화를 방지하는 작용을 하며 자세유지에 매우 중요하다.

2. **상반신경지배**(reciprocal innervation): 발이 앞쪽으로 움직이는 것은 넓적다리 뒤쪽에 있는 넙다리뒤근육(hamstring muscle)을 늘어나게 하며 동시에 여기의 방추를 자극하게 된다. 이러한 현상은 첫 번째 반사작용과 반대되는 두 번째 반사가 시작될 수 있음을 예측하게 하지만 이 반사는 척수에 있는 Ia 억제사이신경세포에 의해 차단된다. Ia 사이신경세포는 네갈래근육 수축을 유발시키는 것과 동일한 Ia 들신경 신호에 의해 활성화된다. 억제사이신경세포는 넙다리뒤근육(예: 반힘줄근[semitendinosus])을 지배하는 α운동신경과 시냅스를 해서 이것을 억제하여 저항 없이 다리가 펴질 수 있도록 한다. 이러한 회로를 **상반신경지배(reciprocal innervation)**라고 하며, 관절 주위에서 서로 반대 작용을 하는 2개 혹은 그 이상의 근육군에서 흔히 볼 수 있는 현상이다(예: 굽힘과 폄).

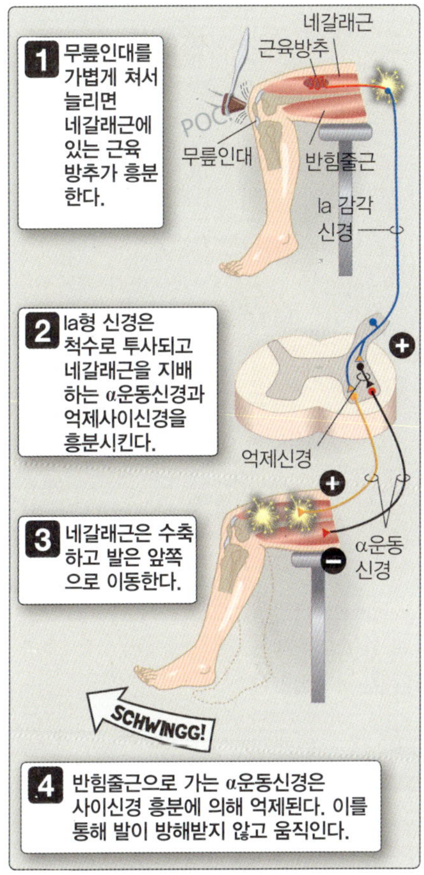

그림 11.5
근육신전반사

C. 역근육신전

근육이 수축되고 골지힘줄기관이 늘어나면 활성화되는 역근육신전반사는 **골지힘줄반사(Golgi tendon reflex)**라고도 알려져 있다(그림 11.6). 골지힘줄기관으로부터 오는 Ib 들신경은 척수로 들어가면서 Ib 억제사이신경과 시냅스를 한다. 활성화가 되면 이들은 같은 근육으로 가는 α운동신경 출력을 억제한다. 동시에 흥분사이신경은 반대쪽(heteronymous) 근육으로 가는 α운동신경의 출력을 활성화시킨다. 골지힘줄반사는 섬세한 운동조정과 자세유지에 중요하게 작용하며 앞에서 언급한 근육신전반사와 상호보완적으로 작용한다.

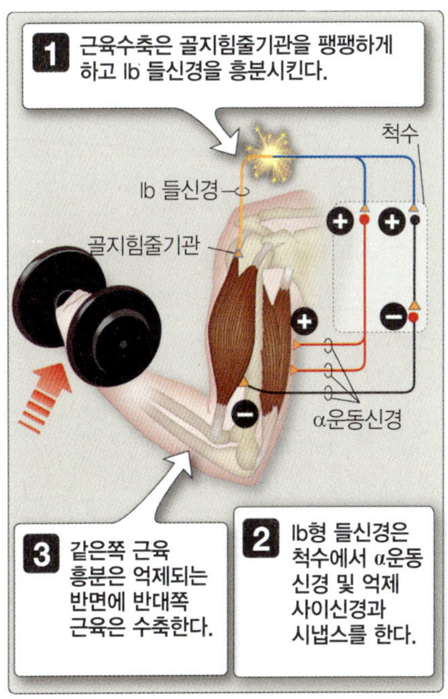

그림 11.6
역근육신전반사(골지힘줄기관반사)

D. 굽힘과 교차폄(flexion and crossed-extension)

가시 혹은 다른 위험한 물체를 밟았을 때 2 종류의 급한 행동이 일어난다. 첫 번째는 발을 통각 발생 원인으로부터 멀리하는 것이다(다리 굽힘). 두 번째는 반대 다리로 버텨 체중이 이동되는 동안 평형을 유지하는 것이다. 이 복잡한 행동은 **굽힘(flexion)**과 **교차폄 반사(crossed-extension reflex)**

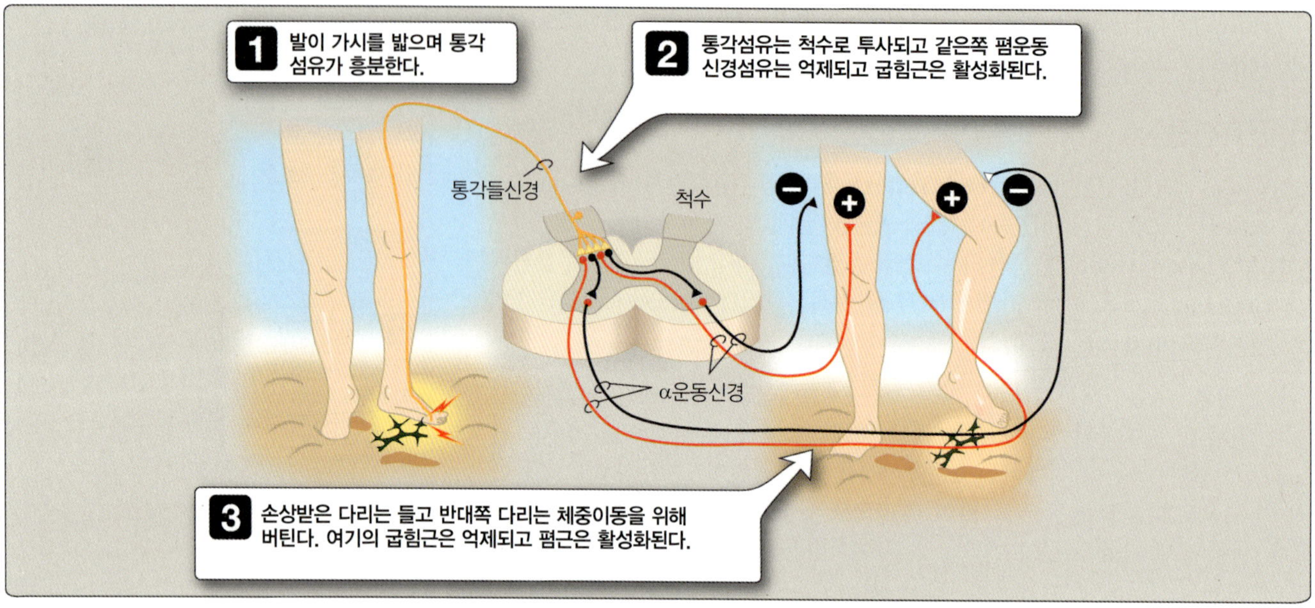

그림 11.7
굽힘 및 교차폄반사

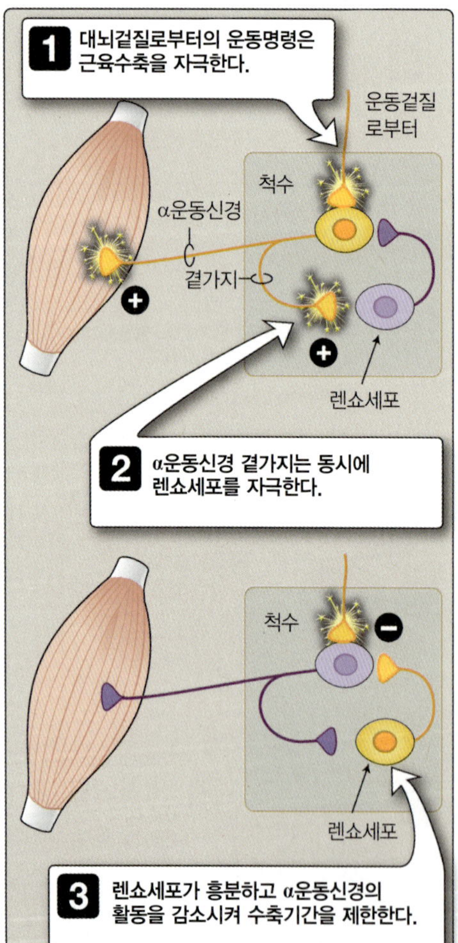

그림 11.8
렌쇼세포

를 통해 이루어진다(그림 11.7). 유사한 반사가 팔에서도 유발될 수 있다. 이 행동은 3단계로 나누어진다: 자극 감지와 손상받은(같은 쪽[ipsilateral]) 팔다리 굽힘, 반대쪽(contralateral) 팔다리의 폄.

1. **감각:** 굽힘과 교차폄 반사는 해롭거나 통각을 유발하는 자극에 의해 주로 시작된다. 통각섬유는 척수사이신경섬유에 투사되고 시냅스를 형성한다.

2. **굽힘:** 감각들신경은 같은 쪽 굽힘근을 지배하는 흥분성 운동신경세포와 시냅스를 한다. 동시에 폄근은 억제되어 다리는 통각 원인으로부터 철회된다.

3. **교차폄:** 감각섬유는 척수의 앞틈새를 가로질러 넘어가 반대쪽 다리 움직임을 조정하는 운동섬유와 시냅스를 한다. 폄근이 흥분하고 수축하는 반면에 굽힘근은 억제되고 이완된다. 이러한 현상을 **교차폄반사**라고 하며 손상 받은 다리를 들어서 생기는 급격한 체중이동을 반대쪽 다리로 지탱하게 한다.

E. 렌쇼세포(Renshaw cell)

강한 통각자극은 통각들신경에 연속된 흥분파 발생을 초래하며 반사회로가 조절이 되지 않을 경우 굽힘근의 강축수축이 초래된다. 이때 조절은 α운동섬유 곁가지에 의해 활성화되는 척수 억제사이신경의 한 종류인 **렌쇼세포**에 의해 이루어진다(그림 11.8). 렌쇼세포는 근육이 수축되도록 하는 명령을 받으면 항상 활성화되지만 뒤쪽으로 투사되어 자신을 활성화시킨 α운동신경을 억제한다. 렌쇼세포는 이러한 억제를 수십초간 지속한다. 이들의 활동 수준은 운동신경과 동등해서 수축신호가 강하면 강할수록 α운동신경에 대한 억제 정도도 강해진다. 렌쇼세포는 또한 고위운동중추로부터 지속적인 수의수축이 되도록 하는 조절신호를 받고 있다. 이들은 반대쪽과 같은쪽의 관련된 근육군을 지배하는 운동신경에도 투사가 된다. 이러한 관계에 의해 팔다리 운동 유연성이 증가된다.

F. 중추형태생성기(central pattern generator)

운동계는 이동(걷기 및 달리기, 수영)과 몸치장, 방광 조정, 사정, 먹기(씹기, 삼키기), 숨쉬기(가슴벽과 가로막 움직임) 등과 관련된 반복된 행위를 수행한다. 이러한 행동은 비록 고위조절중추에 의해 조절되기는 하지만 의식적 사고를 필요로 하지 않는다. 율동적인 행동은 **중추형태생성기(central pattern generator, CPG)**로 알려진 신경회로에 의해 이루어 진다. 중추형태생성기는 척수를 비롯한 많은 중추신경계 영역에서 발견된다. 중추형태생성기는 내재박동조율 활동(예: 두 개의 신경세포가 연속적으로 서로를 흥분시키는 경우)을 가지고 있는 흥분세포 혹은 세포집합체를 필요로 하며, 운동신경을 조절하도록 연결된 신경세포 회로에 의존적이다. 예를 들면 걷기는 한쪽 다리를 앞으로 움직여서 체중을 이동시키고 그 다음에 반대쪽 다리를 펴는 운동명령의 반복되는 조합에 의해 이루어진다. 운동명령과 움직임은 연속적이며 예측 가능하다. 걷는 속도를 빨리 하거나 느리게 하는 것은 단순히 중추형태생성기 속도를 조절하면 된다.

IV. 고위조절중추(HIGHER CONTROL CENTERS)

척수반사와 중추형태생성기는 상동행동(stereotyped behaviors) 형성에 관여하지만 학습된 운동을 계획하고 회상하는 데는 고위수준 조절이 필요하다. 이

임상 적용 11.1: 척수손상(Spinal Cord Injury)

매년 수만 명의 미국인이 외상에 의한 척수손상(SCI)을 받고 있으며 가장 흔한 원인은 자동차 사고와 낙상, 폭력 등이다. 척수 자체에 대한 손상은 대부분 골절(fractures) 및 탈구(dislocation), 혹은 척추사이원반(intervertebral disk) 파열 혹은 탈출(herniation) 등에 의한 척추 혹은 이를 지지하는 지지 인대 손상에 의해 발생된다. 급성척수손상 시 손상부위보다 아래쪽에 완전한 생리학적 기능 소실을 보이는 2~6주간 지속되는 **척수쇼크(spinal shock)** 기간이 나타난다. 여기에는 모든 근육의 이완마비를 비롯하여 힘줄반사 소실, 방광과 창자 조절 상실이 포함된다. 남성에서는 지속발기증(priapism)이 발생되기도 한다. 쇼크가 발생되는 기전은 아직 확실하지 않다.

척수손상 정도는 **완전(complete)** 혹은 **불완전(incomplete)**으로 구분할 수 있다. 척수절단은 완전한 척수손상을 초래하여 외상부위보다 아래쪽에 완전한 감각 및 운동기능 소실을 보인다. 불완전 척수손상에서는 일부 감각과 운동기능은 보존된다.

완전한 척수손상의 경우일지라도 시간이 지남에 따라 일부 반사회로는 회복이 되기도 한다. 이러한 경로는 고위운동조절중추와의 연결이 끊어졌기 때문에 적절하지 않은 반응을 보이기도 한다. 예를 들면 골지힘줄기관에 의한 반사회로가 조절되지 않음으로 인해 발목과 손목의 급속한 굽힘이 지속되는 리듬성수축(**클로누스[clonus]**)을 유발한다.

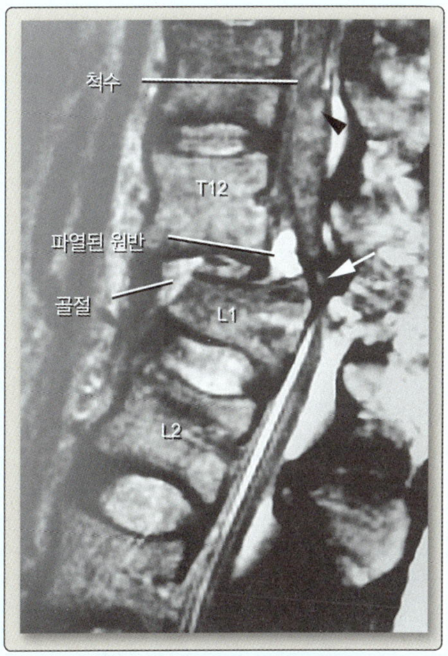

L1 척수뼈몸통 골절과 탈구에 의한 척수압박(*흰색 화살표*)과 출혈(*검은색 화살촉*).

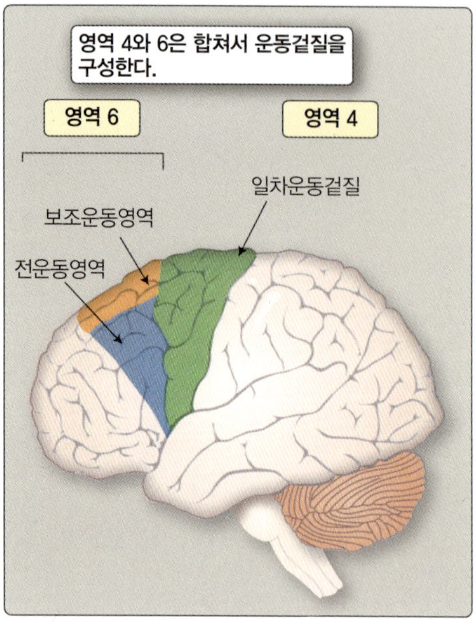

그림 11.9
운동겉질 분포

것들은 여러 개의 층으로 구성되어 있으며, 각각의 연속된 층에 의해 좀 더 복잡하고 좀 더 예민한 수준의 운동조절이 가능하다(그림 11.1 참조).[1] 대부분 장기에서와 마찬가지로, 기능을 가장 정확하게 판명할 수 있는 것은 경로가 파괴되었을 때 어떤 변화가 일어나는지를 관찰하는 것이다.

A. 대뇌겉질(cerebral cortex)

대뇌겉질은 수의운동명령 계획에 관여한다. 많은 다양한 겉질영역이 조화된 운동활동에 관여하지만 가장 중요한 곳은 영역 4인 **일차운동겉질(primary motor cortex)**이며, 영역 6에는 **전운동겉질(premotor cortex)**과 **보조운동영역(supplementary motor area)**이 포함된다(그림 11.9).

1. **일차운동겉질:** 일차운동겉질은 궁극적으로는 근육수축을 유발하는 운동섬유를 **겉질척수로(corticospinal tract)**를 통해 척수사이신경으로 보낸다. 명령은 소뇌와 바닥핵의 광범위한 정보처리를 거쳐서 수행이 된다. 이러한 실행에는 동시에 들어오는 여러 종류의 피부 및 근육 고유감각기로부터의 정보도 같이 고려되어야 한다.

2. **전운동겉질:** 전운동겉질은 시각 및 다른 감각정보를 바탕으로 운동계획에 관여한다.

3. **보조운동영역:** 보조운동영역은 피아노를 연주하는 것과 같은 기억된 운동순서를 상기하고 통합한다.

B. 바닥핵

겉질은 언제 움직여야 하는지와 어떤 일이 수행되어야 하는지에 대한 결정을 하지만, 수행은 수축행위 시점과 사지와 손가락이 움직여야 할 거리, 여기에 필요한 힘 크기 등에 대한 면밀한 계획이 필요하다. 또한 수채화에 색칠을 하는 일련의 움직임 순서는 집 외벽에 칠을 하는 것과는 엄연히 다르다. 운동명령 계획과 실행 임무는 바닥핵으로 간다. 이 영역은 운동기능을 위해서 반드시 필요한 것은 아니지만 만약 이곳에 장애가 생기면 운동은 심하게 왜곡되고 불규칙적이게 된다.

1. **구조:** 바닥핵은 큰 핵의 무리로 구성되어 있으며 시상에 매우 근접해서 겉질 바닥에 위치해 있다(그림 11.10). 이들은 마치 하나의 기능적 단위로 작동하고 있다. 핵이 겉질로부터 받은 운동명령은 몇 개의 되먹임회로를 거친 후에 실행을 위해 시상을 거쳐 다시 일차운동겉질로 되돌아간다.

   a. **줄무늬체:** **줄무늬체(striatum**, 혹은 **새줄무늬체[neostriatum]**)는 2개의 핵으로 구성되어 있다: **조가비핵(putamen)**과 **꼬리핵(caudate nucleus)**. 줄무늬체는 겉질로부터의 명령이 핵복합체로 들어가는 통로 역할을 한다. 줄무늬체는 주로 감마아미노부티르산신경세포(GABAergic neurons)로 구성되어 있으며 출력은 대부분 억제성이다.

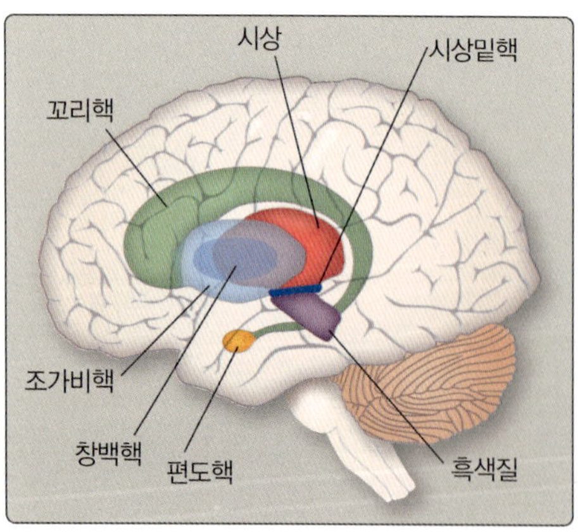

그림 11.10
바닥핵

[1] 해부학적 경로와 구조, 연관된 기전에 관한 기술은 이 책의 범위를 넘어서기 때문에 *LIR Neuroscience*에서 구체적으로 다루기로 한다.

b. **창백핵: 창백핵(globus pallidus, GP; palladium**으로도 알려져 있음)은 기능에 따라 2개의 영역(**속[IGP]**과 **겉[EGP]**)으로 나눈다. 창백핵은 억제성 감마아미노부티르산신경세포로 구성되어 있다.

c. **흑색질: 흑색질**(substantia nigra; 라틴어로 "검정 물질"을 의미)은 **도파민(dopamine)** 형성에 기질로 사용되는 어두운 색소인 멜라닌으로 차 있다. 기능적으로 2개의 영역으로 나눈다: **그물부(pars reticulate)**와 **치밀부(pars compacta)**. 두 영역은 모두 억제신경세포로 구성되어 있다. 그물부는 기본적으로 감마아미노부티르산신경세포로, 반면에 치밀부는 도파민신경세포로 구성되어 있다. 그물부와 속창백핵은 자주 기능적으로 같이 작용하므로 유사한 해부학적 구조를 가지고 있으며 자주 하나의 기능적 단위로 간주되기도 한다.

d. **시상밑핵: 시상밑핵(subthalamic nucleus)**은 시상밑의 한 부분이다. 바닥핵 되먹임 회로의 중요한 연결고리이며, 바닥핵 내에서 유일하게 기본적으로 흥분(글루탐산염) 중추이다.

2. **되먹임회로:** 운동겉질은 자신의 계획을 줄무늬체와 교류하고 있다. 줄무늬체로부터 시작해서 바닥핵을 통과하는 정보흐름 경로는 2개가 있다: **직집경로(dircct path)**와 **간접경로(indirect path)**. 둘 다 근육계를 조절하는 겉질을 지속적으로 활성화시키고 자극하는 시상에서 끝난다(그림 11.11).

a. **직접경로:** 줄무늬체가 활성화되면 속창백핵-그물부 복합의 출력을 억제한다. 이들 2개의 핵은 정상적으로 지속적인 활성을 보이며, 이들의 출력은 운동겉질로 가는 시상의 지속적인 출력을 억제한다. 그러므로 줄무늬체의 활성화는 시상이 운동겉질을 자극하도록 한다. 실제적으로 직접경로는 운동활성도를 증가시킨다.

b. **간접경로:** 두 번째 경로 겉창백핵과 시상밑핵이 관여한다. 줄무늬체의 흥분은 겉창백핵이 신호화에 관여하는 것을 억제한다. 겉창백핵은 정상적으로 시상밑핵을 억제한다. 만약 그렇지 않으면 지속적으로 활성화되어 속창백핵의 활동을 증가시킨다. 속창백핵은 시상을 억제하여 운동겉질을 흥분시키는 것을 방해한다. 실제적으로 간접경로는 운동활성도를 감소시킨다.

c. **왜곡된 출력**(biasing output): 줄무늬체가 운동명령을 받게 되면 직접 및 간접경로가 동시에 활성화되며 속창백핵에 대한 이들의 효과는 서로 충돌되고 조절이 된다. 이러한 균형에 변화를 줄 수 있는 어떤 영향도 운동출력에 영향을 미칠 수 있다. 흑색질의 치밀부는 줄무늬체 2개의 영역으로 도파민신경을 보내기 때문에 운동출력 전반에 큰 영향을 미칠 수 있다. 활성화가 되면 이들 신경세포는 흥분성 도파민(D_1) 수용체를 경유하여 직접경로 활동을 증가시키고, 동시에 도파민 D_2 수용체를 통해 간접경로를 억제시킨다(표 5.2 참조). 2가지의 효과를 통해 운동활성도는 증가한다.

3. **바닥핵을 침범하는 질환들:** 직접경로와 간접경로 사이에 존재하는 균형은 매우 섬세하다. 단지 하나의 회로성분이 파괴되어도 심한 운동장애가 초래된다. 여기에는 운동 느려짐(**운동완만[bradykinesia]**) 혹은 운동조

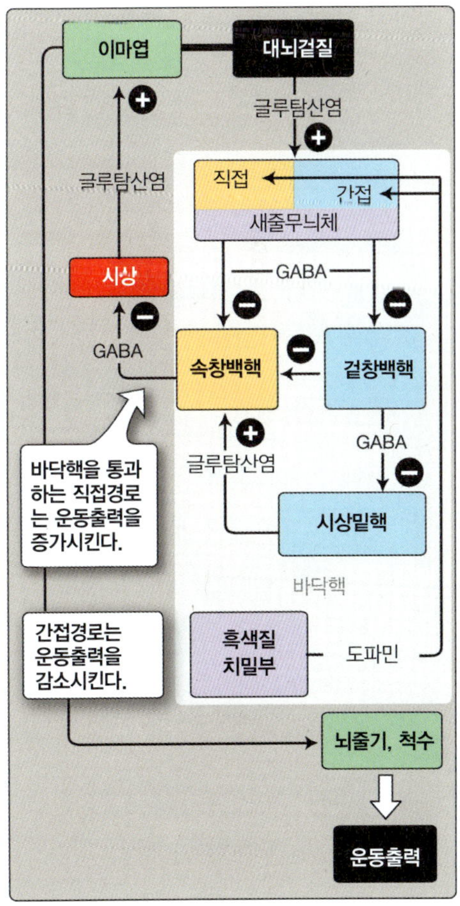

그림 11.11
바닥핵의 운동기능 연관성. GABA = 감마아미노부티르산

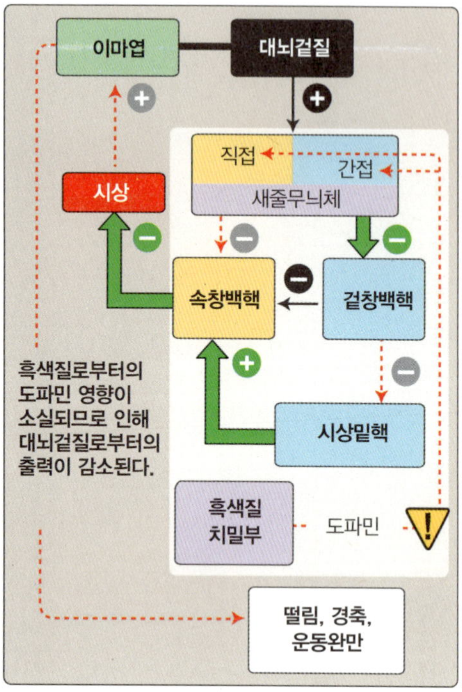

그림 11.12
파킨스병. 빨간색 점선은 감소된 영향을 보이는 경로를 의미한다.

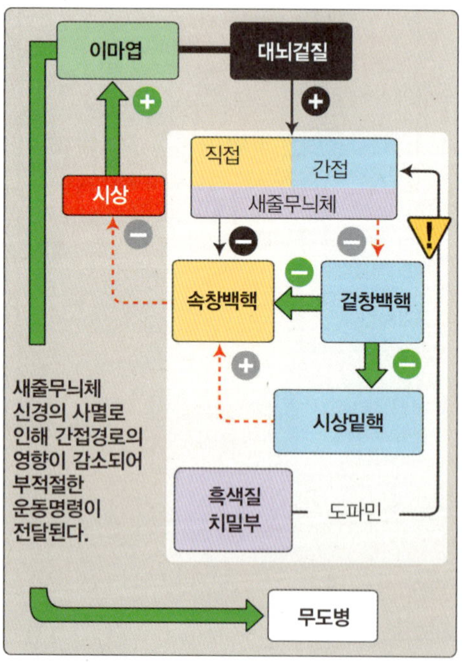

그림 11.13
헌팅턴병. 빨간색 점선은 감소된 영향을 보이는 경로를 의미한다.

절의 완전한 상실(**운동못함[akinesia]**), 근육긴장도 증가에 의한 경축(**근육긴장항진[hypertonia]**), 휴식 시 불수의적으로 몸부림 치는 움직임(**운동이상[dyskinesia]**) 등이 포함된다. 가장 잘 알려진 운동장애는 **파킨스병(Parkinson disease, PD)**과 **헌팅턴병(Huntington disease, HD)**이다.

a. **파킨스병:** 파킨스병과 관련된 운동장애는 치밀부에 존재하는 많은 숫자의 도파민신경 사멸에 의해 발생된다(그림 11.12). 이들 신경세포의 손실은 팔과 손의 안정 시 떨림; 근육 장력과 사지 경축 증가; 운동 완만; 그리고 말기에는 자세 불안정을 초래한다. 환자는 또한 느리고 발을 질질 끄는 걸음걸이를 보인다. 이러한 증상은 모두 치밀부와 줄무늬체 사이의 도파민 되먹임 회로가 손실된 결과이다. 직접적인 움직임은 점차 힘들어지고, 직접 및 간접경로 사이의 고유 충돌이 더 뚜렷해진다. 현재까지 치료는 도파민 합성에 필요한 기질(l-dopa)을 제공하거나 혹은 분해를 억제(*모노아민산화제* 억제제 [*monoamine oxidase oxidase* inhibitor][1]; 그림 5.7과 표 5.3 참조)해서 도파민의 수준을 올리는 약을 사용하는 것이다.

> 떨림은 운동장애의 가장 흔한 형태이다. 떨림은 2 종류의 대항근군의 활동이 서로 균형이 맞지 않음을 시사하는 신체의 규칙적인 움직임이다. 육체적 스트레스와 기아, 카페인, 도파민과 아드레날린, 콜린 신경전달에 영향을 미치는 약제에 의해 생리학적인 떨림을 보이는 모든 개인에서 떨림이 증가될 수 있다.

b. **헌팅턴병:** 헌팅턴병은 아직까지 정상적인 기능은 완전히 밝혀져 있지 않는 **헌팅틴(huntingtin)**이라고 하는 흔한 단백질에 장애가 있는 유전질환이다. 비정상 단백질 축적은 간접경로를 통해 운동출력을 정상적으로 억제하는 줄무늬체 신경세포를 파괴하고, 직접경로에 대한 정상적인 압박이 없어지게 한다(그림 11.13). 질환 초기에는 갑작스러운 날카롭고 몸부림 치는 동작을 보이는 불수의적인 사지근육의 수축으로 특징지을 수 있는 무도(그리스어로는 "춤"을 의미) 증상을 보인다. 헌팅턴병은 결국 대부분의 뇌 영역을 침범하여 심한 정신장애와 치매를 유발한다. 특별한 치료는 없으며 진단 후 생존기간은 대략 20년 정도이다.

C. 소뇌(cerebellum)

소뇌는 이동을 위해서 반드시 필요한 기관은 아니지만, 운동조정에 깊게 관여하고 있다. 이것은 겉질에 의해 제시된 지시가 의도한대로 실행되도록 하고 만약 수정이 필요하면 수정하도록 확인한다.

[1] 파킨슨병과 다른 신경변성병의 치료에 사용하는 약물에 대한 더 많은 정보는 *LIR Pharmacology 제5판* 참조.

1. **기능:** 운동조절에 있어서 소뇌의 역할은 완전히 알려져 있지 않지만, 기본적인 기능은 세밀 조정과 부드러운 운동이행에 관여하는 것으로 알려져 있다.

   a. **세밀 조정(fine-tuning):** 소뇌는 몸과 머리 위치, 근육 수축 정도와 길이, 피부로부터의 접촉 정보 등 많은 감각정보를 받고 있다. 이것은 이런 정보와 고위중추에서 만들어진 운동명령을 비교하여 세밀한 운동 조정이 필요하면 이를 시행한다. 이를 통해 손가락이 목표물을 지나치지 않도록 한다. 예로는 손가락으로 전기등 스위치 꼭지를 올리는 것을 들 수 있다.

   b. **순서:** 피아노 연주 동안 손가락 움직임은 매우 빨라 감각정보가 중추신경계로 전달되어 처리되고 다시 되먹임을 할 수 있는 시간적 여유가 없다. 이러한 행동은 소뇌가 특별한 행동이 끝나야 하는 것을 예측하고 정확한 시간에 이것을 멈출 수 있는 명령을 시행하기 때문에 가능하다. 다음 행동으로 부드럽게 넘어가기 위해서는 동시에 명령을 예측하고 시행하여야 한다.

   c. **운동학습(motor learning):** 소뇌는 복잡한 운동 순서에 필요한 명령의 정확한 시점에 관한 정보를 저장하고 지속적으로 갱신하기 때문에 운동명령을 예측하고 실행할 수 있다.

2. **소뇌기능 이상:** 소뇌는 운동명령을 잘 처리하고 있지만 이동을 위해 반드시 필요하지는 않다. 소뇌병터는 병터 위치와 손상 정도에 따라 다양한 정도의 협동 소실을 초래한다.

   a. **실조:** **실조(ataxia)**는 근육협동의 전반적인 결핍을 의미한다. 걸음은 느리면서 넓어지고 흔들흔들해진다. 뇌가 의식상태에 있을 때는 몸 위치에 대해 인식을 하지만 고유감각 정보를 받아들이는 것과 운동정보를 수행하는 것과 시간적인 차이가 발생됨으로 인해 일반적으로 사지는 너무 뻗어지게 되어 의도한 목표물을 놓치게 된다. 뇌는 제대로 조절되지 않은 보상운동을 시행하게 되고, 이로 인해 **겨냥이상증(dysmetria)**으로 알려진 행동양상이 나타난다

   b. **활동떨림:** 의식 상태의 뇌는 운동을 안내하고 지속적으로 갱신하여야 하기 때문에, 어떤 물체에 도달하게끔 하는 아주 간단한 일을 시키면 동작이 느려지고 목표에 도달하는 경로가 좌우로 요동(**활동떨림[intention tremor]**)치게 된다. 활동떨림은 손가락코검사(손가락으로 코끝 찍기 검사[finger to-nose test])로 쉽게 분별할 수 있다(그림 11.14).

D. 뇌줄기(brainstem)

척수의 간단한 신경회로도 보행과 다른 리듬행동을 촉진하는 상동행동(자동반복행동, stereotypical behaviors)을 만들 수 있다. 뇌줄기는 움직임에 관여하는 이러한 경로를 만들고 눈과 안뜰계로부터 오는 감각정보를 바탕으로 이들이 협동하여 작용하도록 한다. 이것들은 머리와 몸통이 움직이는 동안 시각상이 안정될 수 있도록 눈운동을 조절한다. 뇌줄기에는 4개의 중요 운동조절 영역이 있다: **위둔덕(superior colliculus, 덮개[tectum])**

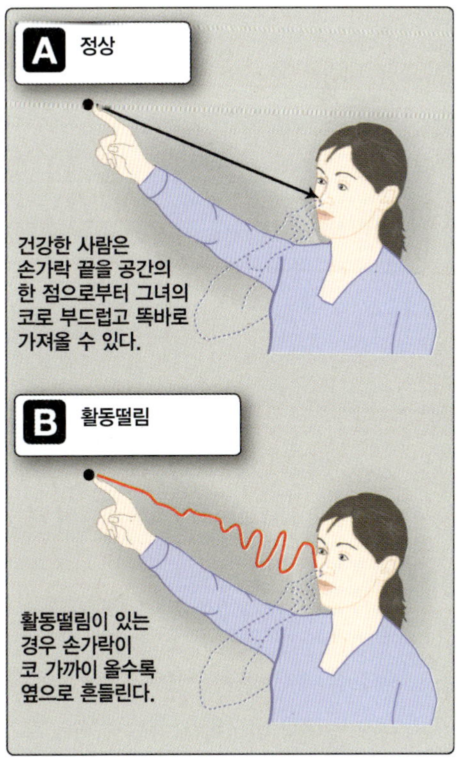

그림 11.14
활동떨림

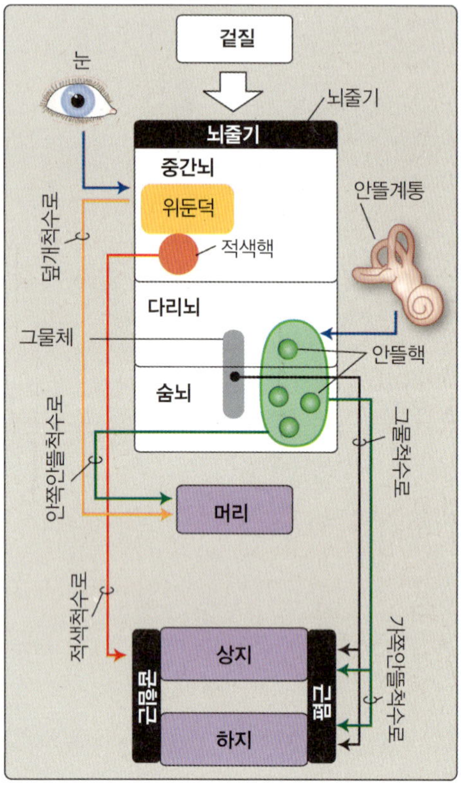

그림 11.15
뇌줄기 운동조절중추

및 적색핵(red nucleus), **안뜰핵(vestibular nuclei)**, **그물체(reticular formation)** (그림 11.15).

1. **위둔덕:** 위둔덕은 시각정보를 바탕으로 머리와 목 움직임을 조절한다. 이 영역으로부터의 섬유는 **덮개척수로(tectospinal tract)**를 통해 목척수로 투사된다.

2. **적색핵:** **적색핵(red nucleus)**은 중간뇌에 위치해 있다. 적색핵은 **적색척수로(rubrospinal tract)**를 통해 팔 굽힘근을 조절한다.

3. **안뜰핵:** **안뜰핵(vestibular nuclei)**은 4개가 있다: 하나는 다리뇌(**위안뜰핵[superior vestibular nucleus]**)에 그리고 나머지 3개는 숨뇌(**안쪽[medial]**과 **가쪽[lateral]**, **아래 안뜰핵[inferior vestibular nuclei]**)에 있다. 이들은 머리와 몸통 움직임에 대해 속귀로부터 통합 정보를 받고 있다. 이 영역으로부터의 출력은 **눈돌림신경(oculomotor nerve**, 뇌신경 III)을 통해 눈 움직임을 조절한다. 이들은 **안뜰척수로(vestibulospinal tract)**를 통해 머리와 목, 몸통의 조화로운 운동을 돕는다. 안쪽안뜰척수로는 안쪽안뜰핵에서 시작하며 몸통운동 동안 머리를 안정시키는데 관여한다. 가쪽안뜰척수로는 척수의 모든 수준으로 가지를 보내어 몸통운동 동안 자세 조절을 돕기 위해 폄근은 수축하도록 자극하고 굽힘근은 억제한다.

4. **그물체:** **그물체(reticular formation)**는 많은 복잡한 운동행위에 관여한다. 이 영역에서 시작되는 섬유는 **그물척수로(reticulospinal tract)**를 통해 척수의 모든 수준으로 가지를 보낸다. 이들은 겉질을 비롯해 겉질척수로를 통해 시작되는 수의적인 몸 운동을 촉진하는 α와 γ 운동신경 활동에 영향을 미친다.

11장 요약

- **뼈대근육**은 이동을 유발하고 외부환경에 대한 대응을 하게 한다. 보행과 같이 복잡한 운동을 수행하기 위해서 척수 및 **뇌줄기**, **소뇌**, **바닥핵**, **대뇌겉질** 운동영역 등 여러 수준에서 협조가 필요하다.
- 운동조절중추는 뼈대근육에 포함되어 있는 특화된 근원섬유(**근육방추속섬유**)와 힘줄(**골지힘줄기관[GTO]**)로부터 감각 정보를 받고 있다. 근육방추속섬유는 근육 길이와 길이 변화에 관한 정보를 전달한다. 골지힘줄기관은 장력을 감지하는 기관이다.
- 척수는 보행 동안 사지의 리듬성 움직임이 가능하도록 하는 **중추형태생성기**를 함유하고 있다. 단순한 척수회로는 유해자극과 예측하지 못한 근육길이 변화에 대한 빠른 반응을 가능하게 한다.
- **근육신전반사**는 근육이 늘어나면 수축하도록 하며 동시에 반대근육은 억제하여 사지 움직임이 보다 부드럽게 되도록 한다. **역근육신전반사**는 근육 수축을 제한하고 동시에 반대근육은 활성화 시킨다. **굽힘** 및 **교차폄반사**는 날카로운 혹은 유해한 물제를 밟았을 때 반대근육이 작용하여 체중 이동을 위한 버팀대로 작용할 수 있도록 한다.
- 어떻게 언제 움직일 것인가에 대한 결정은 겉질에서 한다. 겉질에 존재하는 기본적인 운동영역은 **일차운동겉질**과 **전운동겉질**, **보조운동영역**이다.
- 운동명령의 시기와 순서에는 **바닥핵**이 관여한다. 운동명령은 여러 개의 되먹임 회로를 거치면서 순서가 가다듬어져 정확하고 부드러운 움직임이 이루어지도록 된다.
- **소뇌**는 운동이 수행되는 동안 고유감수기와 다른 감각계로부터 정보를 받아 예민한 조절을 한다.
- **뇌줄기**는 운동명령을 수행하고 눈과 안뜰계로부터 전달된 감각정보를 바탕으로 조화로운 운동이 되도록 돕는 역할을 한다.

학습문제

가장 옳은 답 하나만 고르시오.

II.1 다발경화증과 같은 자가면역병은 축삭 전도 속도에 영향을 미쳐 신경학적 장애를 유발한다. 다음 중 어느 것이 축삭 신호전도를 가장 느리게 하는가?

A. 축삭직경 증가
B. 축삭길이 증가
C. 말이집 두께 증가
D. 새기쉬운통로(leak-channel) 밀도 감소
E. 탈분극속도 감소

정답 = E. 축삭전도 속도는 활동전위 동안 통로의 열리고 닫힘의 역동학이라고 할 수 있는 막 탈분극 속도에 좌우된다(5·III·B). 전도 속도는 축삭직경 감소(증가가 아님) 혹은 새기쉬운통로를 통한 전류손실이 증가되는 탈말이집화에 의해 줄어든다. 새기 쉬운 통로 밀도 증가는 축삭전도 속도를 느리게 할 것으로 예측된다. 전도 속도는 축삭길이와는 관련이 없다.

II.2 간질은 자연적이며 일시적인 신경흥분과 발작이 특징으로 나타나는 흔한 신경질환이다. 여러 연구에 의하면 아교세포의 공간완충능력 기능이상도 원인이 될 수 있다고 한다. 공간완충 역할에는 다음 중 어떤 것이 포함되는가?

A. 칼륨이온이 축적되는 것과 신경이 과흥분되는 것을 방지한다.
B. 뇌 세포외액 산성화를 방지한다.
C. 축삭전도 속도를 증가시킨다.
D. 시냅스 신경전달물질을 재활용한다.
E. 혈액으로부터 신경세포로 영양물질을 전달한다.

정답 = A. 아교세포는 신경사이질로부터 칼륨이온을 흡수하여 틈새이음을 통해 주위세포로 전달하여 칼륨이온을 멀리 떨어진 곳으로 가게 한다(혹은 순환으로; 5·V·B). 신경계 기능은 국소 칼륨이온 농도에 매우 예민하게 반응하므로 칼륨이온 축적은 과흥분을 유발하고 부적절한 흥분성을 나타내게 한다. 공간완충은 정상적으로 pH 조절에는 중요한 역할을 하지 못한다. 축삭전도 속도는 아교세포 역할 중에 하나인 말이집 형성에 의해 증가된다(5·V·A). 아교세포는 역시 신경전달물질을 시냅스에서 흡수해서 신경세포로 되돌려 줘 신경전달물질 재활용에 관여를 하지만(5·V·C), 공간완충 기능은 아니다. 아교세포를 통한 영양물질 전달은 "젖산운반(lactate shuttle)"이 대표적인 예이지만 이것 역시 공간완충과는 상관이 없다(5·V·D).

II.3 뇌척수액 손실은 부력을 감소시켜 뇌를 내려앉게 하며 부력상실을 통해 "낮은 뇌척수액 압력 두통(low CSF pressure headache)"을 유발한다. 부력 이외에 뇌척수액이 가지고 있는 보호기능은 무엇인가?

A. 뇌를 미끄럽게 하기 위해 점액을 함유하고 있다.
B. 뇌척수액의 부피는 대략 15 mL 전후이며 뇌와 머리뼈 사이를 단단하게 결합하는 막을 형성한다.
C. pH 변화를 완충하기 위해 HCO_3^-가 풍부하게 있다.
D. 신경세포로부터 칼륨이온이 잘 빠져나오도록 칼륨이온이 없다.
E. 후각상피에 수분을 공급하기 위해 후각신경을 통해 빠져나온다.

정답 = C. 다른 체액과 다르게 뇌척수액은 단백질(점액이 없음)이 없다. 정상적으로 단백질은 pH 변화를 최소화하는 기능을 가지고 있기에 뇌척수액은 이를 보완하기 위해 HCO_3^-가 풍부하게 존재한다(6·VII·D). 약 120 mL의 뇌척수액은 중추신경계를 담고 있으며 뇌를 뜨게 하여 뇌 혈관이 압박되는 것을 방지하고 뇌와 뼈 사이에 보호 쿠션 역할을 한다(6·VII·B). 뇌척수액은 혈장보다 약간 낮은 약 3 mmol/L 칼륨이온을 함유하고 있다. 뇌척수액은 머리뼈안정맥굴을 통해 정맥계로 빠져나간다.

II.4 45세 여성이 추위에 노출되거나 정신적 스트레스를 받으면 그녀 손가락 끝과 발가락에 통증이 발생한다고 한다. 이러한 "레이노증후(Raynaud phenomenon)"는 교감신경에 의해 사지 혈관이 심하게 수축하여 생긴 허혈통증에 의해 발생한다. 이 여성의 상태와 잘 연관 지어지는 것은?

A. 손가락을 지배하는 교감신경절은 손에 위치해 있다.
B. 교감신경절이후신경은 말이집이 있다.
C. α아드네날린 억제제를 사용하면 환자 통증이 완화된다.
D. *아세틸콜린에스테라아제* 억제제를 사용하면 통증이 감소된다.
E. 혈관의 신경근접합부에는 니코틴아세틸콜린수용체가 존재한다.

정답 = C. 혈관수축은 교감신경 말단에서 분비되는 노르에피네프린에 의해서 유발된다. 노르에피네프린은 혈관평활근에 있는 α아드레날린 수용체와 결합하므로, 환자의 혈관경련수축은 α아드레날린 억제제에 의해 해결될 수 있다(7·IV). 혈관계의 신경근 접합부에는 니코틴 아세틸콜린 수용체가 존재하지 않는다. 교감신경절은 척주에 근접해서 위치해 있지 말초에 있지 않으며, 신경절이후신경에는 말이집이 없다. 교감신경절 내에서 시냅스 전달은 콜린수용체가 관여하므로 *아세틸콜린에스테라제* 억제제는 교감신경계의 활동을 증가시키는 효과를 초래하여 증상을 악화시킨다.

II.5 38세 여성이 유방암 치료를 목적으로 항암제인 사이톡산(cytoxan)을 투여한 후 욕지기가 발생하였다. 약에 의한 욕지기는 맨아래구역(area postrema)인 감각뇌실주위기관(sensory circumventricular organ, CVO)에 의해 유발된다. 뇌실주위기관 기능은?

A. 알도스테론과 티록신이 뇌실주위기관을 통해 분비된다.
B. 시상하부는 뇌실주위기관을 통해 혈장 구성을 감시한다.
C. 뇌실주위기관은 혈액과 뇌척수액이 혼합되도록 한다.
D. 뇌실주위기관의 감각과정은 혈액뇌장벽을 넘어까지 일어난다.
E. Pco_2를 감시하는 중추화학수용체는 뇌실주위기관이다.

정답 = B. 뇌하수체는 나트륨이온과 물, 다른 인체 구성 성분의 항상성 조절을 위해 혈장 구성을 감각뇌실주위기관을 사용하여 감시한다(7·VII·C). 혈액뇌장벽은 뇌실주위기관에는 존재하지 않으며 또한 모세혈관도 매우 새기 쉬운 구조를 가지고 있어 혈액으로부터 액체가 여과되어 뇌실주위기관 신경세포에서 의해 감지된다. 뇌실주위기관 감각신경세포는 모세혈관을 뚫고 나가거나 혈액뇌장벽까지 뻗어져 있지 않다. 알도스테론과 티록신은 뇌실주위기관에 포함되지 않는 부신과 갑상샘에서 각각 분비된다. 중추화학수용체는 혈액뇌장벽 뒤쪽에 위치해 있다. 비록 뇌실주위기관 모세혈관이 새기 쉽기는 하지만 혈액은 혈액과 뇌 세포외액 혹은 뇌척수액이 혼합되지 않도록 하는 모세혈관 벽에 의해 혈관 내에 존재한다.

II.6 32세 남자가 사다리에서 떨어져 생긴 머리 외상으로 응급실에 왔다. 의사가 각 눈에 빛을 비춘 결과 정상적인 동공반사를 보였다. 이 반사에 관한 설명 중 옳은 것은?

A. 미주신경반사의 한 예이다.
B. 빛이 원뿔세포를 탈분극시킨다.
C. 반사축동에는 섬모체근이 관여한다.
D. 축동은 민무늬근육에 대한 교감신경 자극이 증가해서 발생한다.
E. 동공반사는 망막신경절세포가 중재한다.

정답 = E. 동공광반사는 광민감망막신경절세포에 빛이 들어와서 유발된다(8·II·C). 동공은 홍채 조임근에 대한 부교감신경의 작용에 의해 반사적으로 수축한다. 원뿔세포에 들어온 빛은 고리형뉴클레오티드에 의해 활성화되는 통로를 통한 나트륨 유입을 감소시켜 수용체세포를 과분극시킨다. 동공광반사는 미주신경이 아닌 시신경과 눈돌림신경에 의해 일어난다.

II.7 밤에 시골길을 운전하던 운전자가 마주 오는 차의 높은 불빛에 의해 잠시 시각이 상실되었다. 시각을 상실한 운전자의 망막 기능과 관련하여 옳은 기술은?

A. 시각회복에는 로돕신 탈인산화가 관여한다.
B. 밤눈보기에 관여하는 통로가 후각도 변환한다.
C. 높은 불빛은 막대세포 탈분극을 유발하여 시각상실을 초래하였다.
D. 빛은 막대세포에서 *구아닐사이클라아제(guanylyl cyclase)*에 의해 활성화 되는 단백질을 억제한다.
e. 순간적인 시각상실은 나트륨통로 내재화에 의해 발생한다.

정답 = A. 빛에 의한 로돕신 활성화는 막대세포 신호화를 유발하는 신호의 연속단계를 시작하지만, 또한 제한하는 신호과정 경로도 활성화시킨다(8·V·C). 여기에는 로돕신 키나아제에 의한 로돕신 인산화가 관여하며 회복에는 로돕신 탈인산화가 필요하다. 후각에 관여하는 고리형뉴클레오티드작동통로와는 다른 고리형일인산구아노신의존나트륨통로에 의해 매개되는 막전위 과분극이 막대세포 자극과 탈민감화에 관여한다(10·III·C). 나트륨통로 내재화는 탈민감화 과정에는 관여하지 않는다. 구아닐사이클라아제에 의해 활성화 되는 단백질은 빛에 의해 자극을 받는다.

II.8 관자동맥염 병력이 있는 62세 여성에서 망막동맥 막힘과 이로 인한 신경절세포 허혈에 의한 한눈시력손실이 발생하였다. 이 환자의 망막신경절세포 기능에 대한 옳게 기술한 것은?

A. 하나의 막대세포와 연결되어 있다.
B. 빛은 항상 세포 탈분극을 유발한다.
C. 눈돌림신경을 통해 정보를 전달한다.
D. 활동전위를 만든다.
E. 광수용체 재활용에 관여한다.

정답 = D. 신경절세포는 시각정보를 활동전위를 통해 전달하며 이들의 축삭은 시신경을 형성한다(눈돌림신경은 눈 운동에 관여한다). 망막에 있는 대부분의 다른 세포는 빛에 대해 활동전위가 아닌 다단계전위의 형태로 반응한다(8·VII). 신경절세포는 광수용 무리로부터(하나의 막대세포가 아님) 정보를 수집하기 때문에 넓은 감수영역을 보인다. 신경절세포는 빛이 망막의 어떤 감수영역에 들어 왔는지에 따라 빛이 켜지거나 혹은 꺼지면 활성화 된다. 광감수 재활용에는 신경절세포가 아닌 색소세포가 관여한다.

II.9 선천청력소실이 있는 소아가 컴퓨터단층촬영 영상분석을 통해 달팽이창폐쇄(달팽이창이 없음)로 진단을 받았다. 폐쇄에 의해 청력 장애가 발생하는 기전은?

A. 고막을 가로지르는 압력이 같아지지 않아서.
B. 작은뼈와 연결된 운동을 방해.
C. 저항조화에 장애가 발생.
D. 바깥림프 운동을 방해.
E. 바닥막의 바닥을 딱딱하게 만듦.

정답 = D. 달팽이창은 안뜰창이 등자뼈에 의해 움직일 때 바깥림프가 달팽이 방 내에서 움직이도록 한다(9·IV). 달팽이는 뼈에 의해 둘러싸여 있어 안뜰창이 움직일 때 방은 확장되지 못한다. 그러므로 달팽이창이 없으며 바깥림프와 바닥막의 굽힘이 일어나지 못한다. 저항조화는 작은뼈 사슬의 기능이며, 공기압 평형은 유스타키오관에 의해 일어나기 때문에 둘 중에 어떤 것도 폐쇄와는 상관이 없다. 바닥막이 딱딱해지는 것은 청력소실이 아니라 주파수 구별에 영향을 미친다.

II.10 끝연결 단백질 합성이 되지 않는 희귀한 유전질활이 동물모델에서 관찰되었다. 이 유전자 발현장애는 청각전도에 어떤 영향을 미치는가?

A. 달팽이내전위가 발생되지 않는다.
B. 털세포가 감각기능을 상실한다.
C. 칼륨이온의 재활용이 억제된다.
D. 부동섬모가 소리에 의해 움직이지 않는다.
E. 안뜰기능만 장애가 생긴다.

정답 = B. 인접 부동섬모 사이에 있는 끝연결이 팽팽해지면서 칼륨이온투과 기계전기변환통로가 열려 흥분하는 털세포에 의해 소리는 변환된다(9·IV·C). 소리가 달팽이를 통해 지나가면서 소리에 의해 부동섬모가 움직이면 끝연결은 팽팽해진다. 만약 끝연결이 존재하지 않으면 부동섬모는 소리에 의해 움직이기는 하겠지만 털세포가 수용기전위를 만들지는 못한다. 청각 및 안뜰 털세포는 비슷하게 장애를 받는다. 달팽이내전위와 칼륨이온 재활용은 내림프로 칼륨이온을 농축시키는 역할을 하는 혈관띠에 의해 좌우되며 끝연결장애와는 상관이 없다.

II.11 코르티기관에 대해 옳은 설명은?

A. 꼭지부분이 고주파 소리를 감지한다.
B. 바닥막은 꼭지부분이 더 넓다.
C. 중간계단은 바깥림프로 차 있다.
D. 안쪽털세포는 소리증폭기이다.
E. 부동섬모는 운동섬모 쪽으로 기울지 않는다.

정답 = B. 바닥막은 그 길이에 따라 서로 다른 주파수에 동조를 한다(9·IV·D). 막은 꼭지부분이 넓고 낮은 주파수에 동조를 한다. 바닥막 아랫부분과 여기에 있는 털세포는 고주파에 동조를 한다. 청각신경 신호는 부동섬모가 운동섬모 쪽으로 기울 때 신호를 생성하는 안쪽털세포로부터 나오는 출력이 주이다. 바깥털세포는 이러한 신호를 증폭하는데 도움을 주는 것으로 알려져 있다. 중간계단은 바깥림프가 아니라 내림프로 차 있다.

II.12 안뜰눈반사 기능을 판단하기 위해 혼수상태 환자의 오른쪽 귀를 찬물로 세척하였다. 안뜰눈반사 혹은 이것을 구성하는 성분에 대해 옳은 설명은?

A. 수평반고리관은 수직방향 운동을 감지한다.
B. 안뜰눈반사는 귀돌의 전위에 의해 시작된다.
C. 귀를 차갑게 하는 것은 수용체매개 칼륨이온 유입을 초래한다.
D. 안뜰눈반사는 온도감각신경에 의해 매개된다.
E. 안뜰눈반사에 관여하는 안뜰핵은 시상에 있다.

정답 = C. 귀관을 찬물로 세척하면 온도차이가 발생하여 수평반고리관 내 내림프가 움직이게 된다(9·V·E). 이러한 움직임은 감각털세포에 있는 기계감각통로에 의해 변환되며, 이 통로가 열리면 칼륨이온 유입과 탈분극이 초래된다. 안뜰눈반사는 온도감수체가 관여하지 않는다. 수평관은 수평면에서 머리 회전운동을 감지하며, 감각정보는 시상이 아닌 뇌줄기에 있는 안뜰핵으로 전달이 된다. 귀돌은 반고리뼈관이 아닌 귀돌기관에서 발견된다.

II.13 23세 여성이 글루탐산모노나트륨(monosodium glutamate, MSG)이 포함된 음식을 먹은 후 욕지기와 두근거림, 땀남과 같은 MSG 복합증상을 호소하였다. MSG는 감칠맛을 강화시키는 식품첨가물이다. MSG 감각변환 기전에 관해 옳은 설명은?

A. I형 미각수용기에 의해 감지된다.
B. MSG 수용체는 나트륨통로이다.
C. 감칠맛 세포는 삼인산아데노신을 방출한다.
D. MSG는 "단맛" 수용체의 한 영역과 결합한다.
E. MSG는 III형 수용기세포를 활성화한다.

정답 = C. MSG는 감칠맛특이 II형세포 나트륨통로가 아닌 G단백질연결수용체(G protein–coupled receptor)와 결합한다(10·II·C). 수용체가 결합되면 세포내 저장고로부터 Ca^{2+}방출이 시작되어 막이 탈분극되고, 파넥신 반쪽통로를 연다. 파넥신을 통해 삼인산아데노신은 세포외로 확산되어 나가 미각신경을 자극한다. MSG는 I형 세포(짠맛)와 III형 세포(산맛)에는 미비한 간접효과를 나타내지만 원칙적으로 II형세포에 의해 감지된다.

II.14 32세 남성이 작업장에서 사고로 휘발화학물질을 흡입한 후 후각상실(냄새감각 상실)을 호소하였다. 후각신경 기능에 관해 옳은 설명은?

A. 재생이 되지 않으므로 후각상실은 지속된다.
B. 활동전위를 발생시킬 수 없다.
C. 후각은 *구아닐사이클라아제*에 의해 매개된다.
D. 이들의 축삭은 뇌신경 II를 형성한다.
E. 환자 미각은 손상이 없다.

정답 = E. 미각과 후각은 서로 다른 2개의 감각신경에 의해 전달된다. 미각수용기는 상피세포인 반면 후각수용기는 일차감각신경세포이다(10·III·B). 후각신경세포는 재편성되어 48일 마다 완전히 바뀌므로 감각상실은 일시적일 수 있다. 후각수용기가 결합되면 *구아닐사이클라아제*가 아닌 *아데닐사이클라아제* 활성도가 바뀐다. 만약 자극이 충분히 강하면 신경세포에서 활동전위가 발생되고 뇌신경 I을 통해 뇌로 정보가 전달된다. 뇌신경 II는 시각신경이다.

II.15 중증근무력증을 가진 83세 남자가 눈알근육 피로에 의해 스테이크와 같은 음식을 억을 수가 없는 상태이다. 이 남자의 눈알근육을 수축시키면서 몇 가지 검사를 시행하였다. 이 남자에서 정상인에 비해 변화되어 있는 것은?

A. α운동신경 활동도 감소
B. γ운동신경 활동도 감소
C. Ia 감각들신경 활동도 감소
D. Ib 감각들신경 활동도 감소
E. II 감각들신경 활동도 감소

정답 = D. 중증근무력증을 가진 환자에서는 정상적인 흥분과 수축발생에 관여하는 니코틴아세틸콜린수용체를 파괴하는 항체를 만든다(임상 적용 12.2). 수축 동안 발생되는 근육장력은 골지힘줄기관에 의해 감지되고 Ib 군 감각들신경에 의해 전달된다(11·II·A). 정상적인 신호가 전달된다면 수축은 α운동신경에 의해 시작되며, 이로 인해 γ운동신경이 근육방추내섬유 수축이 유발된다. Ia군과 II군 들신경은 근육이 늘어났을 때 근육방추로부터의 정보를 전달한다.

II.16 산만한 요리사가 만지기에는 너무 뜨거운 금속 주걱을 들었다가 바로 떨어뜨렸다. 이 반사에 대한 옳은 설명은?

A. 국소척수회로에 의해 나타난다.
B. 통각자극은 루피니말단에 의해 변환된다.
C. 통각자극은 α운동신경에 의해 전달된다.
D. 말이집탈락에 영향을 받지 않는다.
E. 중추형태생성기에 의해 나타난다.

정답 = A. 통각자극에 의해 유발되는 반사운동은 척수 반사회로에 의해 나타난다(혹은 "궁"; 11·III·A). 통각자극은 통각수용기에 의해 감지되어 말이집감각들섬유에 의해 척수로 전달된다. 반응시간을 줄이기 위해서 높은 전도 속도가 요구되기 때문에 신호경로와 섬유는 짧다. 운동섬유 역시 말이집신경이므로 들경로 및 날경로 모두가 말이집탈락 질환에 영향을 받는다. 루피니말단은 피부에 들어오는 기계적 자극을 감지하며(16·VII·A; 11·II·C), 중추형태생성기는 주기운동 형성에 관여한다(11·III·F).

제 3 단원
근육뼈대와 외피 생리학

뼈대근육 12

I. 개요

인체의 여러 장기는 뼈골격(뼈 구조와 기능은 15장에 다룸)으로 둘러싸여 있는 특정 공간 내(가슴 및 배안)에 위치해 있다. 또한 뼈는 물건을 다루고 움직이기 위한 팔다리를 구성하고 있다. 뼈 움직임은 관절의 지렛대 움직임을 위해 서로 반대방향으로 움직이게 하는 한 쌍의 뼈대근육에 의해 이루어진다. 예를 들면, 팔은 팔꿈치가 경첩 역할을 하는 지렛대를 형성하기 위해 3개의 긴 뼈로 구성되어 있다. 한 쌍의 대항근에 의해 그림 12.1에서와 같이 앞팔의 **폄(extension**, 위팔세갈래근[triceps])과 **굽힘**(**flexion**, 위팔두갈래근[biceps])은 가능하지만, 팔의 완전한 동작을 위해서는 약 40개 이상의 근육이 필요하다. 뼈대근육은 사냥과 음식물 수십을 위해 몸을 지탱하고 있을 뿐 아니라 이들은 서 있는 사세 유지와 폐를 확장하는 것과 같은 비운동성 활동에도 사용되고 있다. 뼈대근육은 정상적인 사람의 경우 체중의 약 40%를 차지하며, 다른 2 종류의 근육이 10%를 차지하고 있다: 심장근과 민무늬근육. 3 종류의 근육은 공통적인 분자기전을 통해 힘을 발생시킨다. 수축은 세포 내 유리 Ca^{2+} 농도 증가로 시작되며, 이것은 Ca^{2+}의존조절복합체 활성화를 통하여 액틴(actin)과 미오신(myosin) 사이의 연결을 만든다. 이 2개의 잔섬유는 힘을 발생하기 위해 삼인산아데노신(ATP)을 사용하면서 서로의 사이를 미끄러져 들어간다. 미끄러짐은 근잔섬유(myofilament)와 **근육세포(myocyte)**의 수축과 짧아짐을 유발한다. 비록 3 종류 근육이 유사한 기전을 통해 힘을 발생시키지만, 이들의 구성 및 수축 시작과 조절 방식은 완전히 다르다. 이러한 차이점은 인체 내에서 이들의 기능이 다르기 때문이다. 보다 자세한 내용은 13장과 14장에서 다루기로 한다. 뼈대근육이 최대로 활성화되면 엄청난 양의 에너지(ATP)를 사용하며 동시에 부산물로 이에 상응하는 상당량의 열이 발생한다. 발생한 열을 외부환경으로 빼내어 발산하는 것이 외피(피부)의 역할이다(38장 참조).

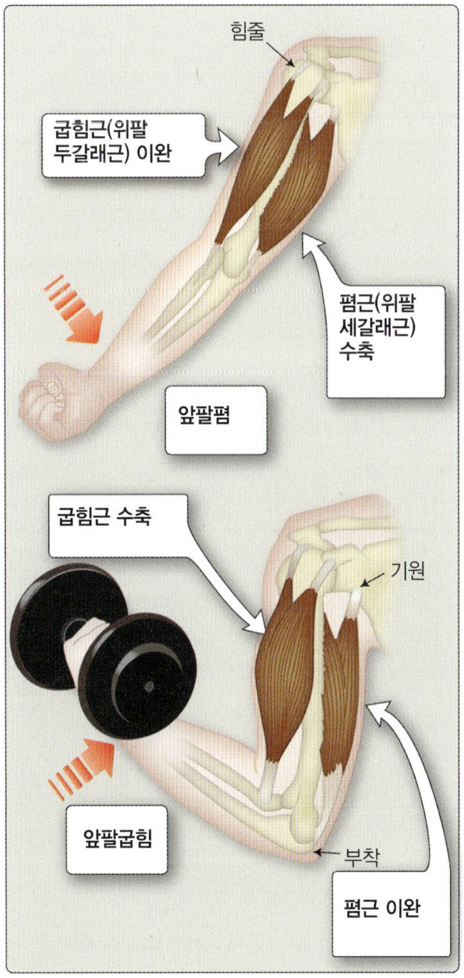

그림 12.1
앞팔을 펴고 굽히는 근육의 대항작용

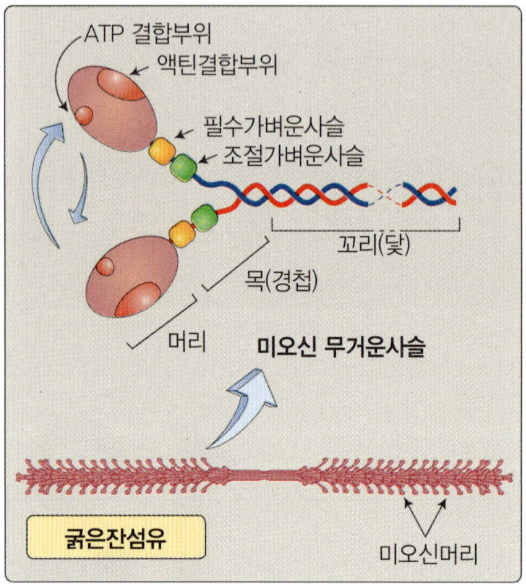

그림 12.2
미오신 및 굵은잔섬유 구조
ATP = 삼인산아데노신

II. 구조

뼈대근육과 심장근, 민무늬근육 모두 수축 동안 동일한 분자기전을 통해 힘을 발생한다. 수축에 필요한 에너지는 ATP 가수분해를 통해서 얻는다. 수축을 위한 자극은 유리 Ca^{2+}을 통해 이루어진다. 수축기전에 관여하는 단백질인 **미오신**은 **액틴**가는잔섬유에 부착한 후 이것을 잡아 당겨 미오신굵은잔섬유 사이를 미끄러져 지나가게 한다.

A. 미오신

미오신은 큰 육합체 단백질(분자량 = 52 kDa)이다. 몸체는 머리와 목, 길고 꼬여 있는 꼬리를 가지고 있는 골프채 모양을 한 2개의 **무거운사슬(heavy chain)**로 구성되어 있다(그림 12.2). 머리는 ATPase 활성 및 액틴과 결합하는 자리를 가지고 있다. 목은 경첩과 같아서 수축하는 동안 머리가 돌고 당겨지도록 한다. 꼬리는 보다 큰 섬유조합체 내에 박혀 있다. 각각의 머리 영역은 2개의 가벼운사슬과 연관되어 있으며, 하나는 **조절가벼운사슬(regulatory light chain)**이고 다른 것은 **필수가벼운사슬(essential light chain)**이다. 2개의 무거운사슬 꼬리는 꼬여진 코일을 형성하면서 서로 감겨 있으며, 골프채가 골프가방에 채워져 있는 것 같이 머리는 여러 방향으로 돌출된 상태로 대략 100개 정도의 조합체가 모여 다발을 형성한다. 이러한 다발 2개가 꼬리끼리 서로 연결되어 **굵은잔섬유(thick filament)**를 형성한다.

B. 액틴

액틴은 수축하는 동안 미오신에 의해 당겨지는 분자 "밧줄(rope)"을 형성한다. 액틴은 공모양단백질(**G액틴**)로 합성된 후 중합되어 나선형으로 꼬여진 2개의 염주모양 중합체 형태를 가진 **F액틴**을 형성한다(그림 12.3). 액틴에는 미오신 결합부위가 발현되어 있지만, 이곳은 근육을 수축시키는 신호가 도착하거나 혹은 근육섬유가 경직상태(**경축[rigor]**)로 잠겨 있는 상태가 아니면 감춰져 있다. 결합부위로의 접근은 결합부위 근처 액틴나선 고랑에 놓여 있는 2 종류의 조절단백질인 **트로포미오신(tropomyosin)**과 **트로포닌(troponin, Tn)**에 의해 조절된다. 액틴과 트로포미오신, 트로포닌이 모여 **가는잔섬유(thin filament)**를 구성한다.

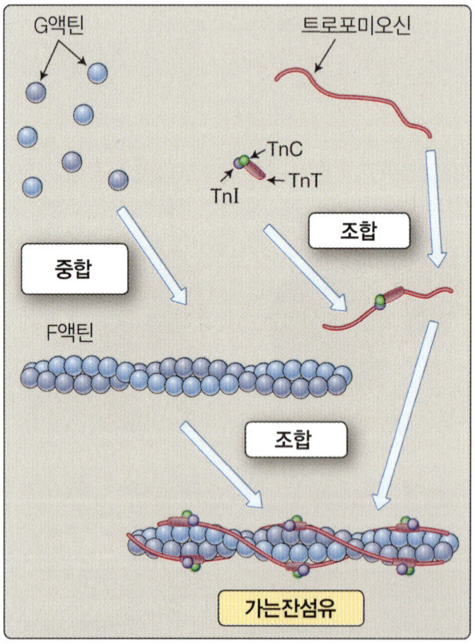

그림 12.3
가는잔섬유 조합. TnC = 트로포닌 C; TnI = 트로포닌 I; TnT = 트로포닌 T

1. **트로포미오신:** 트로포미오신은 2개의 동일한 섬유소단위로 구성되어 있으며 휘감겨서 나선을 형성하고 있다. 트로포미오신 분자는 액틴섬유를 따라 서로 길이로 연결되어 있으며 바로 밑에 미오신 결합부위를 감추고 있다.

2. **트로포닌:** 트로포닌은 Ca^{2+} 민감단백질이며 세포 내 Ca^{2+} 농도가 올라가면 미오신 결합부위를 노출시킨다. 트로포닌은 3 종류의 다른 단백질로 구성되어 있다: **트로포닌 C (TnC)**과 **트로포닌 I (TnI)**, **트로포닌 T (TnT)**.

   a. **트로포닌 C:** TnC는 Ca^{2+} 결합단백질로서 세포 내 Ca^{2+}이 증가되면 이를 감지한다. 정상적으로 4개의 Ca^{2+} 결합부위 중 2개가 결합되어 있으며, 이때 트로포닌은 가는잔섬유에 부착되어 있다. 세포 내 Ca^{2+}이 증가되면 2개의 비어 있는 장소가 차게 되고 트로포닌은 형태학적 변화를 일으켜 트로포미오신을 액틴섬유 고랑 깊은 곳으로 이동시킨다. 이러한 이동에 의해 미오신결합부위는 노출되고 미오신 머리는 즉시 결합한다.

b. **트로포닌 I:** TnI는 적절한 시간에 이를 때까지 액틴/미오신 상호작용을 억제하는 것을 돕는다. 이것 역시 미오신결합부위를 덮고 있다.

c. **트로포닌 T:** TnT는 트로포닌 복합체가 트로포미오신에 매어 있게 한다.

C. 근육원섬유마디(sarcomere)

수축하는 동안 미오신 머리는 액틴잔섬유를 따라서 하나의 결합부위에서 다음 결합부위로 이동하고 다시 당긴다. 이러한 현상에 의해 가는잔섬유가 굵은잔섬유를 지나 미끄러져 가게 되며 근육은 짧아진다. 수축하는 근육은 수백만 개의 이러한 작은 현상을 위해 에너지를 사용하며, 이러한 현상이 일어나기 위해서 액틴밧줄은 근육섬유 끝까지 일렬로 연결되어 있어야 한다. 액틴-미오신 연결을 튼튼하게 하는 구조단백질 뼈대 내에 2개의 잔섬유는 서로 단단하게 결합되어 있어야 한다. 이러한 형태를 지닌 하나의 수축단위를 **근육원섬유마디(sarcomere)**라고 한다(그림 12.4).

> 많은 서술용어 중에 "sarco-"는 근육을 의미하는 접두사가 사용된다. Sarco-는 살(flesh)을 의미하는 그리스어인 *sarx*에서 유래되었다. 살은 뼈를 덮고 있으며 기본적으로 근육과 지방으로 구성된 물렁조직(soft tissues)을 의미한다.

1. **근육원섬유마디 구조:** 근육원섬유마디는 가는잔섬유 배열이 닻을 내리고 있는 단백질판인 2개의 **Z원반**에 의해 구분된다(그림 12.4A). 잔섬유는 머리솔에 곤두서 있는 머리털 같이 Z원반으로부터 뻗어 나와 있다. 굵은잔섬유는 가는잔섬유 사이에 끼어져 가는잔섬유에 의해 둘러싸여 있으며, 여섯 개의 액틴밧줄을 동시에 끌 수 있다(그림 12.5). 굵은잔섬유는 가는잔섬유에 비해 60% 길다. 이로 인해 근육원섬유마디 끝을 경계 짓는 Z원반으로부터 뻗어 나온 가는잔섬유들 사이로 굵은잔섬유가 끼어들어 갈 수 있다. 겹쳐지는 부위가 2 종류의 잔섬유 사이 상호작용, 즉 **연결다리(crossbridge)**가 형성되는 곳이다. 굵은잔섬유와 가는잔섬유가 겹치는 부위는 편광 하에서 선명한 띠를 형성하고(그림 12.4B 참조), 근육전체에 걸쳐 반복적으로 존재하여 **가로(striated)**무늬를 나타낸다.

2. **구조단백질:** 여러 종류의 특별한 세포골격 단백질이 근육원섬유마디 뼈대 내 굵은잔섬유와 가는잔섬유에 존재하고 있어 근육원섬유마디 조합과 유지에 도움을 주고 있다.

   a. **액틴:** **α액틴**은 가는잔섬유 끝을 Z원반에 부착시킨다(Z원반은 현미경상에서는 Z선으로 보인다).

   b. **티틴(titin):** **티틴**은 덩치가 큰 단백질(>3백만 분자량)이다. 한쪽 끝은 Z원반에, 다른 한쪽 끝은 굵은잔섬유에 부착되어 있다. 이것은 스프링을 형성하여 근육원섬유마디가 늘어나는 것을 제한하는 기능을 한다. 또한 굵은잔섬유가 근육원섬유마디 중간에 위치하게 한다.

   c. **디스트로핀(dystrophin):** **디스트로핀**은 Z원반과 연관이 있는 큰 단백질이다. 이것은 수축배열이 세포골격과 세포막에 부착되는 것을 돕는다. 또한 Z원반을 인접한 근원섬유와 근섬유에 있는 Z원반과 정렬될 수 있도록 한다.

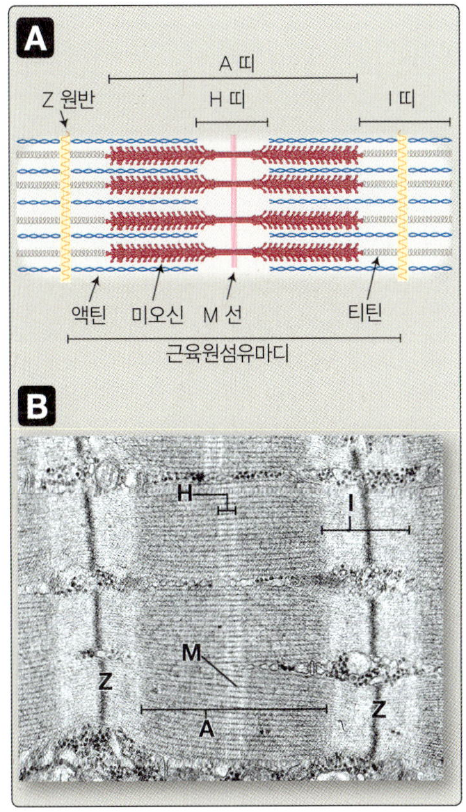

그림 12.4
근육원섬유마디의 잔섬유 구조와 띠 형태

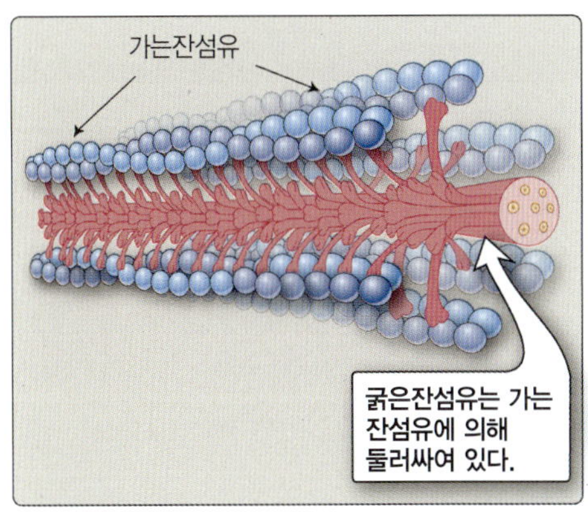

그림 12.5
근육 내에 있는 굵은잔섬유와 가는잔섬유 공간 관계

임상 적용 12.1: 근디스트로피(Muscular Dystrophy, MD)

근디스트로피는 근육쇠약이 초래되는 유전질환의 이질집단이다. 디스트로핀 유전자의 열성 X연관 돌연변이에 의해 발생되는 **뒤셴근디스트로피(Duchenne muscular dystrophy)**가 가장 흔한 형태이다. 디스트로핀 기능손실로 인해 세포골격과 여기에 끼어져 있는 수축기구가 근육속막(근육세포막)에 부착되지 못해, 결과적으로 근섬유 괴사가 일어나 점차적으로 근육이 쇠약해진다. 근디스트로피는 모든 수의근을 침범한다. 환자는 30대 초반까지 생존이 가능하며 결국 호흡근 기능상실에 의해 사망하게 된다.

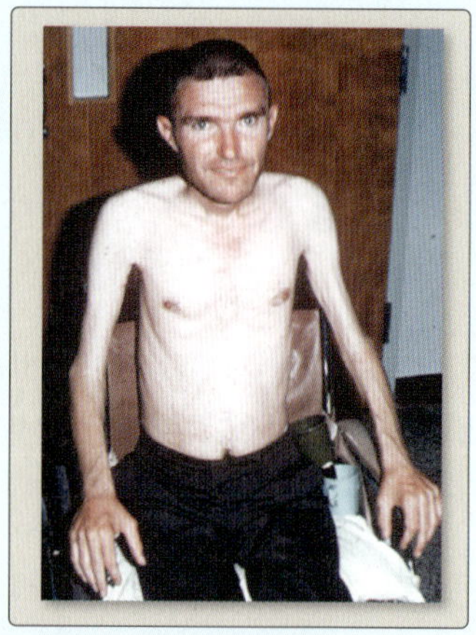

근디스트로피를 가진 환자의 근육쇠약

d. **네뷸린(nebulin):** 네뷸린은 액틴잔섬유 전체 길이에 걸쳐 연관된다. 이것은 가는잔섬유가 조합되는 동안 길이를 결정짓는 분자잣대 역할을 하는 것으로 알려져 있다.

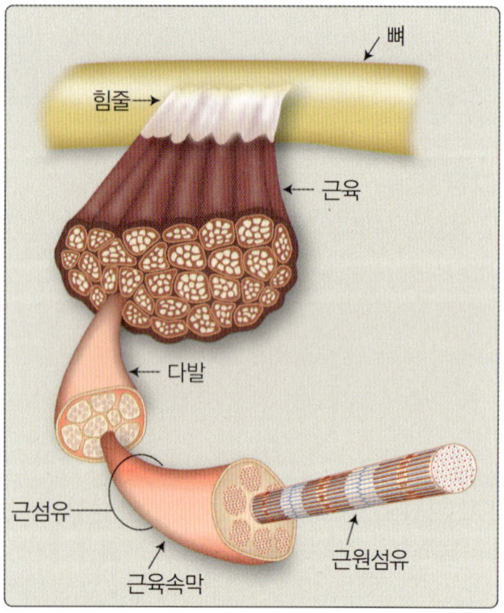

그림 12.6
뼈대근육 구조

D. 뼈대근육(skeletal muscle)

근육원섬유마디 구조는 **근원섬유(myofibril)**를 구성하기 위해 근육 전체 길이에 걸쳐 반복되고 있다(그림 12.6). 수백 혹은 수천 개의 근원섬유가 **근육속막(sarcolemma)**에 싸여 있는 것을 **근섬유(muscle fiber)**라고 한다. 근육속막은 견고성을 제공하는 여러 종류의 아교섬유가 포함되어 있는 얇은 세포바깥층으로 덮인 일종의 세포막이다. 여러 개의 근육섬유는 합쳐지고 결합조직에 싸여 **다발(fascicle)**을 형성한다. 다발은 다시 합쳐져 뼈대근육을 형성한다. 다발 내 각각의 근육섬유는 **힘줄섬유(tendon fiber)**를 가지고 있으며, 이것의 한 쪽 끝은 모여 근육과 뼈 사이의 기계적 연결에 이용된다. 힘줄섬유는 아교질로 만들어져 근육수축에 의해 형성되는 장력을 잘 견딜 수 있다. 섬유는 힘줄을 형성하기 위해 꼬여지고 평행다발로 모여 뼈에 부착된다. 근육 양쪽 끝은 해부학적으로 근육 **부착(insertion)**과 **기원(origin)**으로 불린다(그림 12.1 참조). 근육이 수축할 경우 움직이게 하는 곳이 뼈에 붙는 부착부위이므로 움직이지 않는 근육 기원부위보다는 일반적으로 먼 쪽에 위치한다.

E. 근형질(sarcoplasm)

근형질은 근육세포 세포질이며, Mg^{2+}과 인산염, 글리코겐과립이 풍부하게 존재한다. 또한 산소결합 단백질인 **미오글로빈(myoglobin)**이 많이 존재한다. 근형질에는 수축에 필요한 연료로 사용되는 많은 양의 ATP를 공급하기 위해 사립체가 근원섬유를 따라 근접하여 밀집되어 있다.

F. 막계통(membrane system)

뼈대근육이 효과적으로 작동하기 위해서는 근육원섬유마디가 일치해서 수축해야 한다. 수축을 위한 자극은 근육형질 Ca^{2+} 수준을 올리는 것이다. 모든 근육원섬유마디가 동시에 신호를 받기 위해서는 2개의 특별한 막구조가 필요하다: 하나는 세포바깥(**가로세관[transverse tubule, T tubule]**)에, 다른 하나는 세포내(**근세포질그물[sarcoplasmic reticulum, SR]**)에 있다(그림 12.7).

1. **가로세관:** **가로세관**은 근육속막이 관모양으로 함입되어 있는 것으로, 근육섬유 속 깊숙하게 지속적으로 가지를 치면서 뻗어져 있어 모든 근원섬유가 동시에 수축할 수 있도록 한다. 세관은 하나의 근육원섬유마디에 2개씩 굵은잔섬유 끝을 따라 배열되어 있고, 근원섬유는 Z선을 따라 배열되어 있으므로 세관은 섬유에 걸쳐 똑바로 놓여 있게 된다. 가로세관은 수축을 위한 신호(활동전위)를 세포 표면으로부터 Ca^{2+}을 근형질 내로 분비하는 역할을 하는 구조까지 전달한다.

2. **근세포질그물:** 근세포질그물은 근원섬유를 싸고 있는 광범위한 막주머니계이다. 주머니의 역할은 근원섬유 내로 Ca^{2+}을 넣어 수축을 시작하게 하는 것이다. 근세포질그물은 근육이 이완될 때 펌프(SERCA [sarco/endoplasmic reticulum] Ca^{2+} ATPases)를 이용하여 근형질로부터 Ca^{2+}을 제거하고, 마치 Ca^{2+} 스펀지 같이 작용하는 Ca^{2+} 결합단백질인 **칼시퀘스트린(calsequestrin)**을 통해 일시적으로 Ca^{2+}을 저장하기도 한다. **종말수조(terminal cisternae)**를 통해 가로세관은 근세포질그물과 Ca^{2+} 분비 요구에 관한 소통을 한다. 이웃하는 근육원섬유마디로부터 온 2개의 종말수조는 가로세관과 **세동이(triad)**라고 부르는 접합부 구조를 형성한다. 세동이에는 **흥분-수축 연결(excitation-contraction coupling)**에 중요한 역할을 하는 특별한 감지기와 이온통로가 존재한다(아래의 III절 참조).

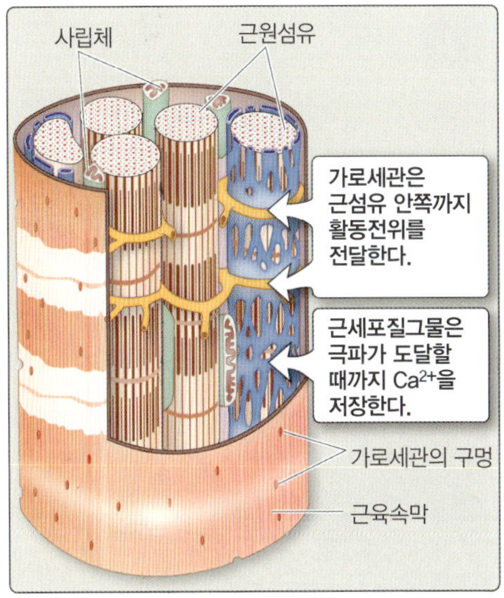

그림 12.7
뼈대근육 막계통

G. 신경근이음부(neuromuscular junction, NMJ)

모든 뼈대근육은 수의적으로 조절되고 있다. 수축을 시작하겠다는 결정은 대뇌겉질에서 시작되며 그림 12.8A에 있는 **신경근이음부**를 통해 근육과 연

임상 적용 12.2: 중증근무력증(Myasthenia Gravis, MG)

자가면역에 의한 **중증근무력증**은 신경근전달 과정을 침범하는 가장 흔한 질환이다. 환자는 니코틴아세틸콜린수용체에 대한 항체를 가지고 있어 신경근이음부에서 정상적인 신호전달이 되지 않는다. 보다 제한적인 형태는 눈중증근무력증 환자이며 눈꺼풀과 눈바깥근육의 근육쇠약이 나타난다. 전신중증근무력증의 경우는 눈바깥과 안구근육뿐만 아니라 사지와 호흡근육까지 침범한다. 심한 호흡근육 쇠약은 "중증근무력위기(myasthenic crisis)"라고 하는 목숨을 위협하는 호흡기능상실을 초래하기도 하지만, 대부분의 중증근무력증 환자는 일반적으로 휴식에 의해 호전되는 이보다 약한 쇠약을 경험한다. 치료에는 아세틸콜린에스테라아제억제제(예: pyridostigmine)와 면역억제제, 면역조절제(예: 혈장분리교환술[plasmapheresis]), 수술(가슴샘절제술[thymectomy]) 등이 있다. 많은 중증근무력증 환자가 가슴샘과다형성(~60%) 혹은 가슴샘종(~15%)을 가지고 있어 가슴샘절제술을 통해 증상호전을 보인다.

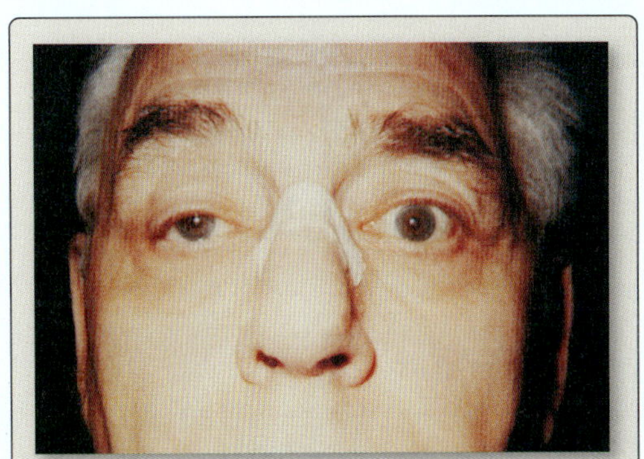

중증근무력증에 의한 오른눈꺼풀의 떨어짐

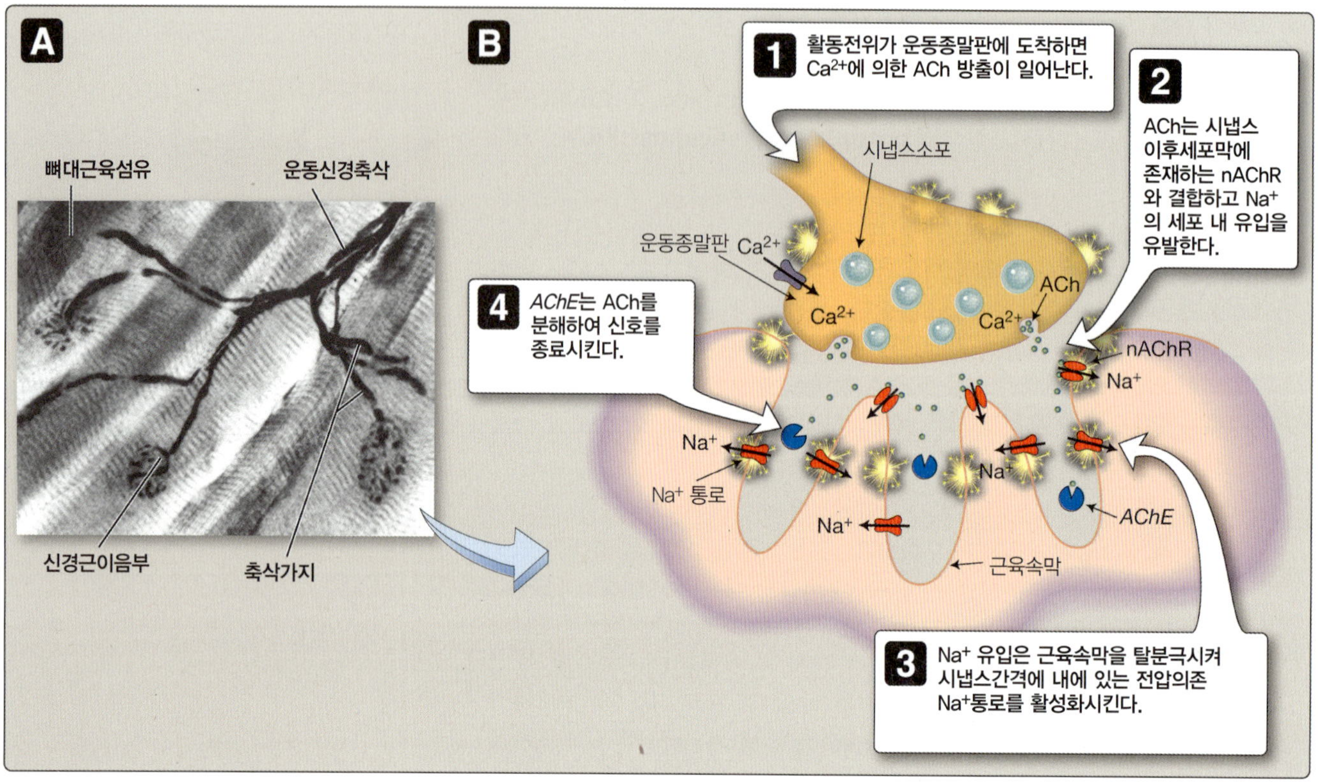

그림 12.8

신경근 흥분. Ach = 아세틸콜린; AChE = 아세틸콜린에스테라아제; nAChR = 니코틴아세틸콜린수용체

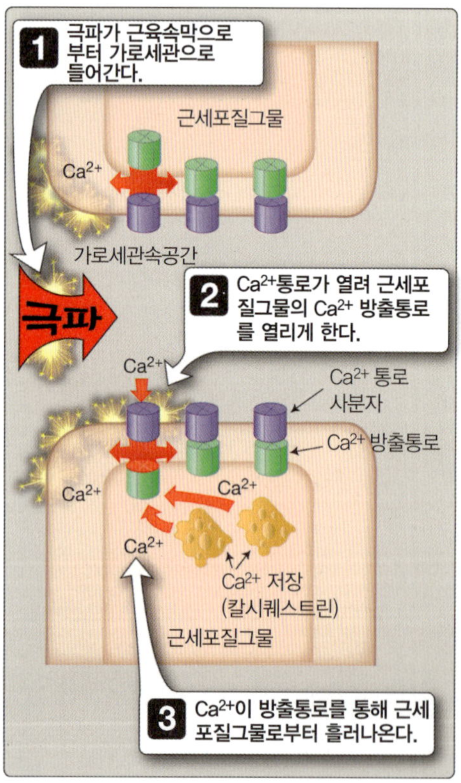

그림 12.9

세동이 구조와 흥분

결되어 있는 α운동신경을 통해 적절한 근육군으로 전달된다. 운동신경은 **운동종말판(motor endplate)**을 형성하기 위해 이곳에서 평평해진다(그림 12.8B 참조). 운동신경종말은 흥분신호가 도달하면 Ca^{2+}에 의존하여 시냅스로 **아세틸콜린(acetylcholine, ACh)**을 분비하는 소포로 채워져 있다. 근육속막은 신경근이음부에서는 깊게 접혀 있으며, 이 주름 윗부분에는 **니코틴아세틸콜린수용체(nicotinic ACh receptor, nAChR)**가 존재한다. 아세틸콜린이 아세틸콜린수용체에 결합하면 수축이 시작된다.

1. **니코틴아세틸콜린수용체:** 니코틴아세틸콜린수용체는 2개의 아세틸콜린 분자가 결합하면 열리는 이온통로이며 이것을 통해 근육속막을 가로 질러 Na^+과 K^+이 이동하게 된다. Na^+의 유입은 세포막 탈분극을 유발하는데, 이것을 **운동종말판전위(motor endplate potential)**라고 한다.
2. **나트륨통로:** 근세포질그물 주름에 의해 형성된 틈새면에는 전압의존 Na^+ 통로가 많이 존재한다. 아세틸콜린수용체에 의해 형성된 국소 탈분극이 통로를 열게 하면 틈새로부터 근섬유 표면을 따라 퍼져나가는 활동전위가 발생된다.
3. **신호종료:** 시냅스틈새에는 아세틸콜린을 빨리 분해해서 수축신호를 종료시키는 **아세틸콜린에스테라아제(acetylcholinesterase, AChE)**라는 효소가 존재한다.

III. 흥분-수축 연결(EXCITATION-CONTRACTION COUPLING)

신경근이음부에서 아세틸콜린에 의해 발생된 극파는 신경세포와 유사한 방법(2·III·C)으로 근육속막을 따라 전파된다. 활동전위는 전기적 현상인 반면에 수축은 기계적 현상이다. 전기적 현상이 기계적 현상으로 변환되는 과정은 활동전위가 가로세관을 따라 들어가 세동이를 만나는 순간 시작되는 흥분-수축 연결이라고 알려진 과정을 통해 일어난다.

A. 세동이 역할

세동이 영역에 존재하는 가로세관 세포막에는 그림 12.9에서와 같이 네쌍둥이(사뷰자[**tetrads**])로 정렬된 **L형 Ca^{2+}통로(L-type Ca^{2+} channel, 디하이드로피리딘수용체[dihydropyridine receptor])**가 많이 존재한다. 이들은 전압에 반응하기 때문에 활동전위가 도착하게 되면 열려 세포밖(세관속공간)으로부터 근형질쪽으로 Ca^{2+}이 들어오게 한다. 이 통로를 통해 근세포 내로 들어가는 Ca^{2+}의 양은 수축을 일으키기에는 부족하지만 통로 개방과 같이 발생하는 형태학적 변화를 통해 근세포질그물에 있는 **Ca^{2+} 분비통로(Ca^{2+}-release channel)(리아노딘수용체[ryanodine receptor, RyR]**로 알려져 있음)를 연다. Ca^{2+}은 저장고 밖으로 나와 수축기구와 결합하게 된다.

B. 연결다리 주기

근세포질그물로부터 Ca^{2+}이 쏟아져 나옴으로 인해 근형질 Ca^{2+} 농도는 몇 분의 1초 만에 0.1 μmol에서 ~10 μmol까지 증가된다. 트로포닌은 트로포미오신을 액틴잔섬유 고랑 깊숙이 끌어내림으로써 미오신 결합부위를 노출시켜 수축이 시작되도록 한다(그림 12.10).

1. **미오신 결합:** 미오신 머리는 액틴잔섬유에 즉시 단단히 결합하게 되고 2종류의 잔섬유는 **경축상태(rigor state)**로 되어 움직이지 않게 된다. 이 과정은 활동하는 근육에서는 일시적이지만 ATP가 없을 경우에는 이 상태가 계속된다.
2. **삼인산아데노신 결합:** ATP가 미오신 머리에 결합하면 액틴잔섬유에 대한 친화력이 감소되어 액틴잔섬유로부터 떨어져 나온다.
3. **삼인산아데노신 가수분해:** ATP 가수분해를 통해 에너지가 유리되면 미오신 분자의 목 축으로 작용하여 머리를 10 nm 정도 바깥쪽으로 움직이

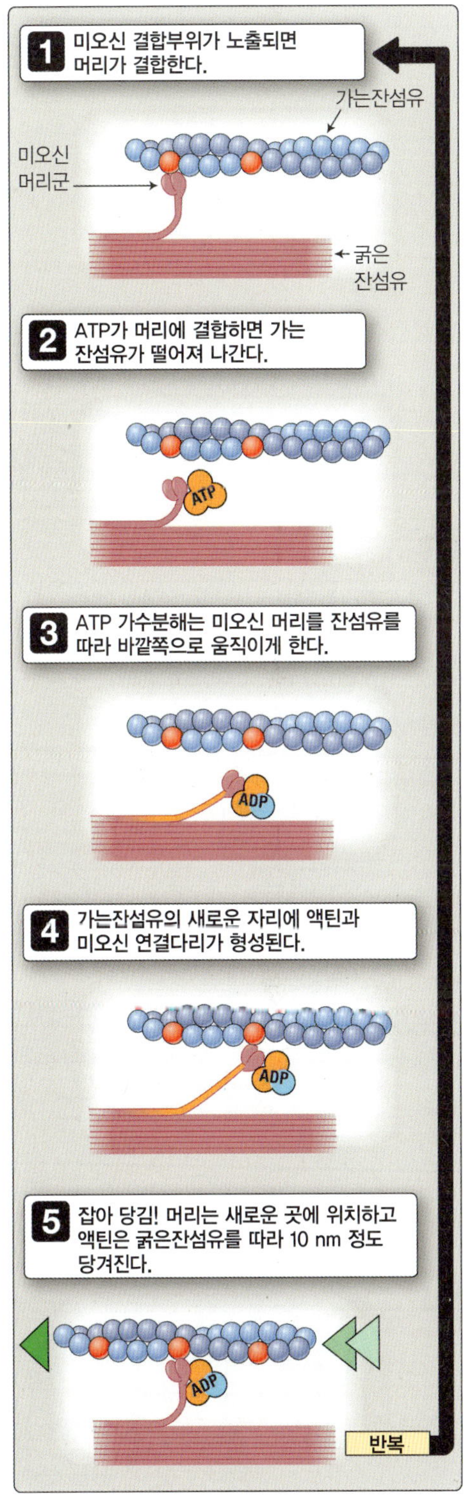

그림 12.10
액틴-미오신 연결다리 주기
ADP = 이인산아데노신;
ATP = 삼인산아데노신

임상 적용 12.3: 사후경축(Rigor Mortis)

사람이 죽으면 삼인산아데노신 저장고는 빠르게 바닥나며 세포막을 가로질러 유지되는 이온 농도차는 더 이상 유지되지 못한다. 결과적으로 세포 내 Ca^{2+} 농도도 증가되어 액틴과 미오신이 결합되고 **사후경축** 상태에서 잠기게 된다. 시작 시간은 대기온도에 따라 매우 유동적이지만 사후경축은 전형적으로 사후 2~6시간 이내에 발생한다. 경축상태는 근육세포가 나빠지기 전까지 1~2일 정도 지속되며, 용해소체 분해(lysosomal lysis)에 의해 소화효소가 방출되면 연결다리는 끊어지고 근육은 이완된다.

게 한다. ATP 가수분해는 이전 과정에서와 동일하게 친화력을 반대로 변화시켜 미오신이 즉시 새로운 위치에 있는 액틴과 결합하게 한다. 미오신 머리는 젖혀진 방아쇠와 유사하게 다음 작용을 위해 팽팽해져 있으며, ATP 가수분해를 통해 만들어진 에너지는 기본적으로 목부분에 저장되어 있다.

4. **노젓기(power stroke):** 무기인산염이 해리되면 방아쇠가 풀리고 형태학적 변화가 생겨 머리는 이전 위치로 돌아가기 위해 당겨진다. 이 기간 동안 머리는 액틴에 부착되어 있는 상태이므로 결국 액틴밧줄은 약 10 nm 거리를 굵은잔섬유를 따라 당겨진다.

5. **이인산아데노신 방출:** 이인산아데노신이 미오신으로부터 떨어져 나오면 연결다리는 다시 강축상태로 돌아간다. 주기가 다시 반복되면 미오신 머리는 액틴밧줄을 한 번에 약 10 nm씩 끈다.

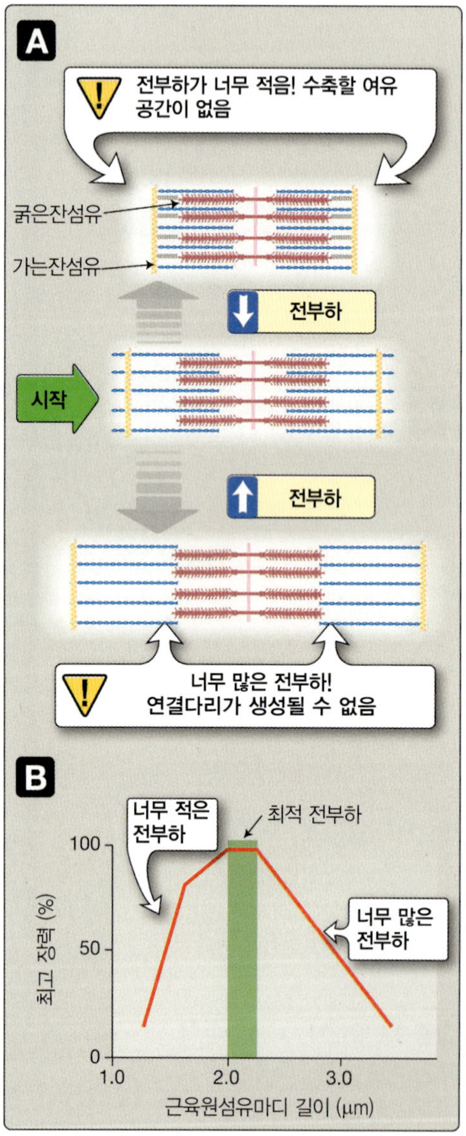

그림 12.11
뼈대근육 힘 발생에 있어서 전부하 효과

C. 이완(relaxation)

일단 α운동신경이 흥분을 멈추게 되면 근육은 이완하게 되지만 이를 위해서 연결다리가 깨어져야 된다. Ca^{2+}통로와 방출통로는 운동신경이 흥분을 멈추면 바로 닫히고, 근세포질그물과 근육속막에 있는 Ca^{2+} ATPase가 Ca^{2+}을 저장고로 돌려보내거나 혹은 근육세포 밖으로 내보내므로서 근육형질에 있는 Ca^{2+}을 빠르게 제거한다. 근육형질 유리 Ca^{2+} 농도가 감소하면 트로포닌 C에 부착되어 있는 2개의 Ca^{2+}이 떨어져 나와 트로포미오신이 미오신 결합부위를 다시 덮는다. 액틴과 미오신이 다시 결합되지 못하므로 연결다리 주기는 멈추고 근육은 이완한다.

IV. 기계역학(MECHANICS)

뼈대근육은 수축 및 탄성 성분이 같이 합쳐져 있다. 연결다리 주기에 의해 힘이 발생되고 이것이 힘줄을 통해 전달되면 뼈를 움직이거나 물건을 들거나, 가로막을 수축시키는 등의 일을 한다. 마치 고무줄에 걸려 있는 무게를 들어 올리기 전에 고무줄이 팽팽하게 당겨져야 하는 것(**수동장력[passive tension]**)과 같이 수축에 의해 생성된 힘 일부가 수축요소 긴장을 위해 소모된다. 생체 내에서 뼈대근육이 어떻게 작동하는지(이러한 분야를 근육 **기계역학[muscle mechanics]**이라고 한다)를 이해하기 위해서 우선 근육원섬유마디(sarcomere) 수준부터 시작해야 한다.

A. 전부하(preload)

액틴잔섬유는 Z원반 어느 한쪽에 강하게 부착되어 있다. 미오신은 가는잔섬유를 당겨 근육원섬유마디 한쪽 끝에 있는 Z원반을 가깝게 함으로써 길이 감소와 수축이 일어나게 한다. 길이감소는 굵은잔섬유가 Z원반에 닿게 되면 멈춘다. 굵은잔섬유가 이미 Z원반에 닿아 있을 때 Ca^{2+} 방출이 일어나면 길이 감소와 수축은 발생되지 못한다(그림 12.11A). 근육원섬유마디 길이를 늘려 만약 굵은잔섬유와 가는잔섬유가 물리적으로 분리되어 서로 작용하지 못한다면 역시 수축은 일어나지 않는다. 근육 수행능력이 최고치를 보이는 때는 연결다리가 가장 많이 형성되는 때이다(그림 12.11B 참조). 액틴과 미오신 상호작용이 가장 적절할 정도가 되도록 늘리는 것을 전부하 **주기(preloading)**라고 한다. 뼈대근육이 휴식할 때 근육원섬유마디는 가장 적

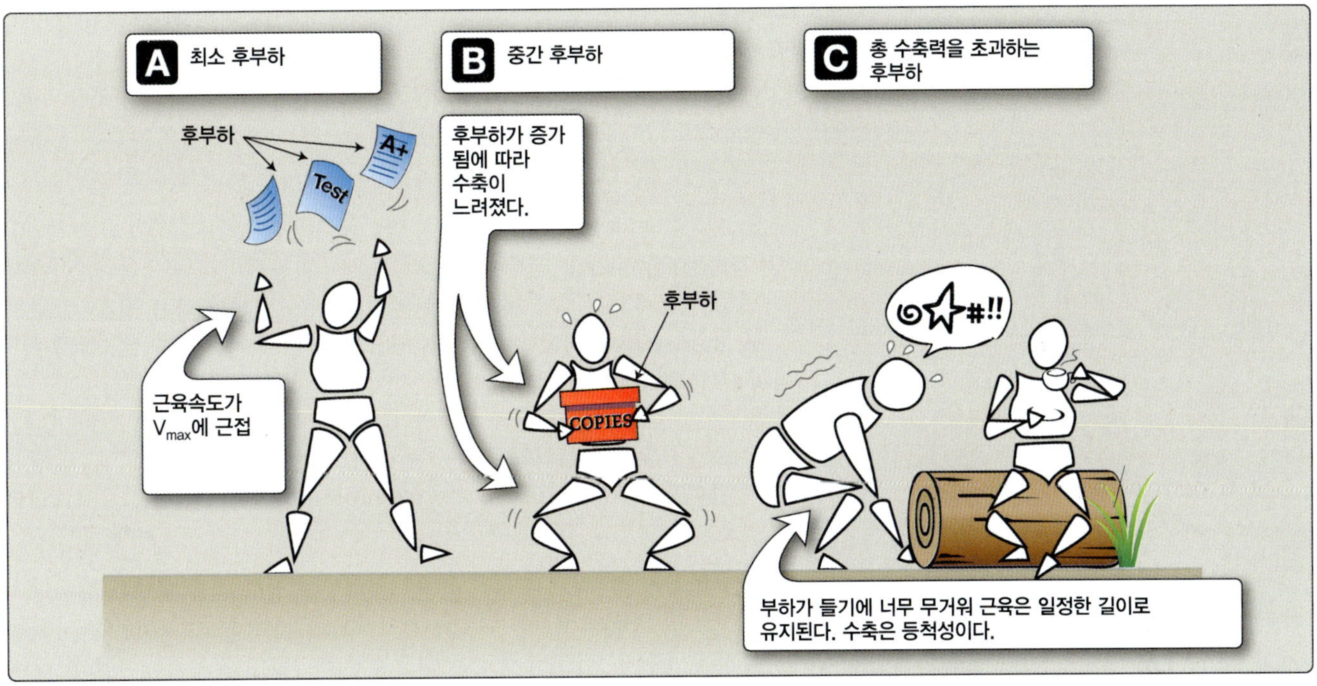

그림 12.12
뼈대근육 수축 속도에 미치는 후부하 효과. V_{max} = 최대 속도

절한 길이를 보이지만 심장근육 경우는 전부하를 증가시키면 힘발생도 증가된다(13·IV 참조).

B. 후부하(afterload)

근육 수축에는 셀 수 없이 많은 연결다리 주기가 관여하지만 발생되는 힘에는 한계가 있다. 모든 사람은 경험에 의해 어떤 짐은 들기에 너무 무겁다는 것을 안다. 근육에게 어떤 짐을 들도록 요구하면 이것을 움직이거나 들기 위해 근육은 얼마나 많은 **장력(tension)**을 발생시켜야 하는가가 바로 **후부하(afterload)**이다. 후부하는 물건을 들어 올리는 동안 얼마나 빨리 근육을 수축시킬 수 있는가도 결정한다. 최소한의 부하는 근육이 최대 속도로 수축할 수 있도록 하지만 무거운 부하는 아주 느리게 들도록 한다(그림 12.12).

> 기능적으로 2 종류의 수축이 있다. **등척(isometric)**수축은 후부하가 들기에 너무 무거운 경우에 일어나며 연결다리 주기가 계속됨에도 불구하고 근육의 길이는 짧아지지 않는다. **등장력(isotonic)**수축을 하는 근육은 짧아지지만 일정한 장력을 유지한다. 실제적으로 대부분의 수축은 2가지 종류가 혼합되어 있다.

C. 자극빈도

운동신경은 하나가 아닌 활동전위의 일제사격을 통해 수축명령을 보내고 있다. 이러한 일제사격 내에서 활동전위 숫자와 빈도는 수축하는 동안 근육에 의해 발생되는 힘 양을 결정한다(그림 12.13).

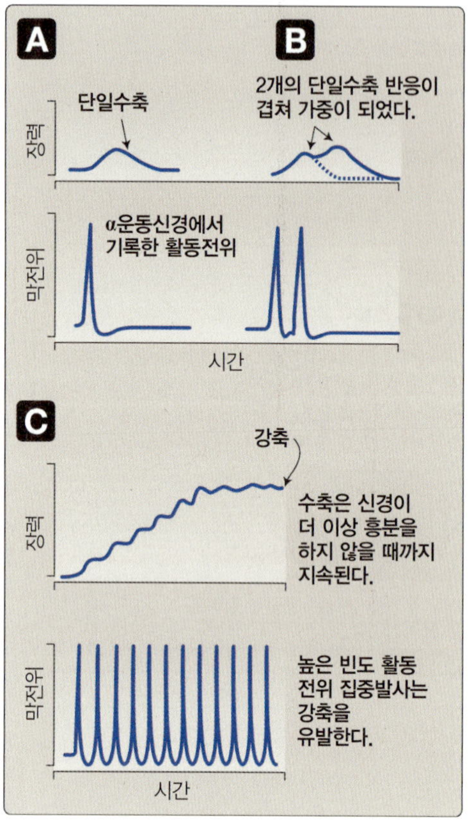

그림 12.13
뼈대근육 가중과 강축

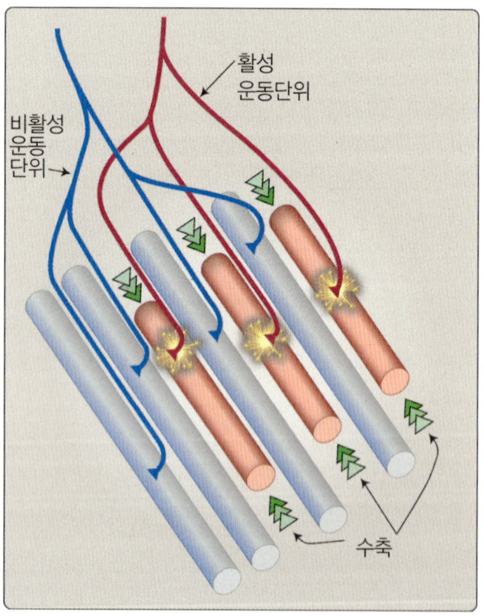

그림 12.14
뼈대근육 운동단위

1. **단일수축 반응**(twitch response): 하나의 활동전위에 의해 만들어지는 최소한의 반응을 **단일수축(twitch contraction)**이라고 한다(그림 12.13A 참조). 단일수축은 기간도 짧고 발생되는 장력도 최소이다. 세포 수준에서 하나의 극파는 근육세포질그물로부터 짧은 Ca^{2+} 방출을 유발하지만, 증가된 Ca^{2+}의 대부분은 수축이 시작되기 이전에 근육형질로부터 제거된다.

2. **가중**(summation): 최대수축은 추가적인 활동전위가 필요하다. 전기적 현상은 기계적 현상에 비해 매우 빠르므로 두 번째 극파는 첫 번째 것의 몇 millisecond 내에 전달될 수 있으며 이는 역시 근세포질그물로부터 Ca^{2+}을 방출시킨다. 두 번째 Ca^{2+} 방출은 첫 번째 것에 더해져 Ca^{2+} 농도는 더 증가하며 세 번째 극파는 Ca^{2+}을 더 많이 증가하게 한다. Ca^{2+} 농도는 연결다리 주기와 수축에 직결되므로 근육 장력은 Ca^{2+}과 평행하게 증가되며 이러한 효과를 **가중(summation)**이라고 한다(그림 12.13B 참조).

3. **강축**(tetanus): 최고 수축은 활동전위의 지속적인 일제 엄호사격이 필요하다. 근육형질의 Ca^{2+} 수준은 지속적으로 높아 근육은 이완할 기회를 가지지 못한다. 발생된 장력은 최고조에 도달하여 지속되며 이러한 상태를 **강축**이라고 한다(그림 12.13C 참조).

D. 동원(recruitment)

가중은 근육장력을 조절함에 있어서 정확하지 않은 방법이다. 가중만으로 가능한 것보다 더 세밀한 조정을 요하는 작업이 있는데, 이런 경우는 **운동단위(motor unit)**를 이용하여 동원되는 근육을 구분해야만 가능하다. 운동단위는 공간적으로 떨어져 있지만 동일한 α운동신경에 의해 지배받는 섬유군을 말한다(그림 12.14). 뼈대근육은 많은 이런 운동단위로 구성되어 있다. 여러 개 단위가 동원되므로 일부는 이완이 되어 있는 반면 일부는 강축상태에 놓여 있기도 하다. 이런 이유로 수축력이 일정하게 유지될 수 있으며, 가중에 의해서 이루어지는 것보다 훨씬 부드럽게 수축력이 증가된다. 또한 동원은 근육의 수축 속도(아래 참조)와 어떤 업무를 수행하여야 하는지에 따라 중추신경계가 어떤 운동단위를 활성화시킬 것인가를 결정짓도록 한다.

V. 종류

인체는 뼈대근육으로 하여금 많은 일을 하도록 한다. 어떤 근육은 반응 잠복기는 문제가 되지 않고 단지 오랜 기간 수축을 유지하여야 한다. 자세 조절에 관여하는 근육(다리와 등 근육)이 대표적인 예이다. 반면에 어떤 근육은 빨리 반응하는 대신 활동 기간은 매우 짧게 유지한다(예: 눈움직임 조절 근육). 이런 다양한 요구를 충족시키기 위해 인체는 발생시키는 힘의 양과 수축 속도, 얼마나 빨리 피로해지는지, 어떤 대사활동을 하는지 등 서로 다른 특성을 지닌 여러 종류의 근섬유를 가지고 있다. 고전적으로 근섬유는 2 종류 중에 하나에 속한다(표 12.1). 실제로 대부분 근육은 느린섬유와 빠른섬유가 혼합되어 있다.

A. 느린단일수축(slow twitch, type I)

느린단일수축 섬유는 느리게 수축하지만 쉽게 피로하지 않는다. 이들은 주로 자세를 유지하는데 이용된다. 이들이 사용하는 에너지는 주로 산화대사를 통해 얻어지며, 풍부한 혈관계와 많은 양의 산화효소, 풍부한 미오글로빈과 사립체가 특징이다. 느린단일수축 섬유는 미오글로빈에 의해 붉은색을 띠고 있다.

B. 빠른단일수축(fast twitch, type II)

빠른단일수축 섬유는 빠른 움직임에 특화된 동형 미오신을 가지고 있으며 쉽게 피로를 느낀다. 느린단일수축 섬유와 비교하면 ATP를 만들기 위해 해당작용에 더 많이 의존한다. 빠른단일수축 섬유는 다시 **IIa형**과 **IIx형** 섬유로 세분화할 수 있다.

1. **IIa형:** IIa형 섬유는 산화대사에 의존하고 많은 수의 사립체와 미오글로빈이 존재(이것에 의해 붉은색을 띠고 있음)한다는 측면에서는 느린단일수축 섬유와 비슷하지만, 반면에 잘 발달된 해당작용 경로도 가지고 있다. 이러한 특성에 의해 많은 종류의 활동이 가능하다.

2. **IIx형:** IIx형 섬유는 빠른 단거리 선수에서 사용되는 매우 높은 수축 속도가 특징적이다. 이들은 기본적으로 해당작용에 의존하며 쉽게 피로해진다.

VI. 마비(PARALYSIS)

근육수축은 여러 개의 중요한 단계가 관여하지만 신경근이음부는 on/off 스위치 역할을 하기 때문에 근육수축 경로에서 가장 중요하다. 만약 수축을 하라는 명령이 차단되면 근육은 마비가 된다. 자연은 포식자가 그들의 먹이감을 꼼짝 못하게 하는데 도움을 주기 위해 신경근이음부에 작용하는 여러 종류의 강력한 독소를 제공하고 있다. 제약회사들은 신경근이음부에 작용하는 유사한 약을 개발하였다.[1] 이러한 독소와 약물들의 일차 표적은 니코틴아세틸콜린수용체(nAChR)와 *아세틸콜린에스테라아제*(*AChE*)이다.

A. 니코틴아세틸콜린수용체에 영향을 미치는 약제

nAChR에서의 신호전달은 비록 그 작용기전은 다르지만 작용제(agonist)와 대항제(antagonist) 모두에 의해 차단될 수 있다.

1. **작용제: 석시닐콜린(succinylcholine)**은 2개의 연결된 아세틸콜린 분자로 구성되어 있으며 쉽게 nAChR에 결합하여 수축을 유발한다. 하지만 아세틸콜린이 즉시 AChE에 의해 분해되는데 반해 석시닐콜린은 분해가 잘 되지 않아 시냅스 틈새에 오랜 머물러 있으며 지속적으로 수용체를 자극한다. 결과적은 nAChR 탈민감화(desensitization)와 Na^+ 통로 비활성화가 일어난다. 실제적으로 이것은 최초 수축 이후에 신호전달이 차단된다는 것을 의미한다. 석시닐콜린은 빨리 작용하기 때문에 임상적으로 기관지 내시경 관을 삽입하기 위해 기관지근육을 마비시키는데 사용한다. 이것의 작용시간은 *콜린에스테라아제*(*cholinesterase*)의 혈장형에 의해 쉽게 분해가 되므로 상당히 짧다.

임상 적용 12.4: 입벌림장애 (Trismus, "Lockjaw")

흙에 존재하는 병원체인 클로스트리듐 테타니(*Clostridium tetani*)는 파상풍 독소를 만든다. 베이거나 찔린 상처를 통해 이 박테리아가 몸속으로 들어오면 말초신경에서 척수로 역방향 축삭이동을 통해 움직인다. 척수에는 정상적으로 근육수축을 제한하는 되먹임 회로를 제공하는 억제성 신경세포인 **렌쇼세포(Renshaw cell)**가 존재한다(11·III·E 참조). 독소는 렌쇼세포에서 신경전달물질 방출을 방해하여 근육에 강직 수준의 조절되지 않는 형태의 수축이 일어나도록 한다. 입벌림장애 혹은 "lockjaw"는 파상풍 독성의 전형적인 초기 증상이어서 이런 이름을 얻게 되었다. 결과적으로 발생되는 수축은 뼈가 부러질 정도로 매우 강력하다. 모든 뼈대근육을 침범하며 호흡근육이 포함될 경우 이 질환에 의한 사망률이 높아진다. 여기에 보이는 환자는 등근육의 파상풍 수축에 의한 활모양강직을 보이고 있다.

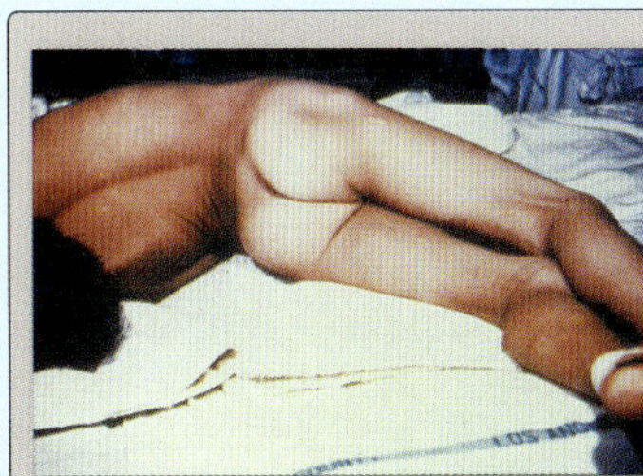

파상풍에 의한 활모양강직

[1] 신경근이음부 차단 약제에 대한 더 많은 정보는 *LIR Pharmacology 제5판* 참조.

표 12.1 근섬유 종류와 특성

	느림	빠름
동의어	붉은색	흰색
미오신 ATPase 활성도	느림	빠름
피로저항 능력	높음	낮음
산화능	높음	낮음
글리코겐 분해능	낮음	높음
미오글로빈 함량	높음	낮음
사립체 부피	높음	낮음
모세혈관 밀도	높음	낮음

2. **대항제:** 2개의 자연 독소가 nAChR와 강력하게 결합하여 ACh이 수용체에 작용하는 것을 방지한다. **알파분가루스독소(α-Bungarotoxin)**은 코브라 독에서 발견되는 강력한 nAChR 대항제이다. **쿠라레(curare)**는 남미 아마존강 유역의 일부 식물에서 합성되며 여기에 포함된 활성 성분은 d-투보쿠라린(d-tubocurarine)이다. 원주민 사냥군은 화살촉에 쿠라레를 발라 사냥감이 마비되어 떨어지도록 한다. 마취의사도 수술 행위 동안 움직임을 제한하기 위해 유사한 약물(근이완제)을 사용한다.

B. 아세틸콜린에스테라아제 활성도에 영향을 미치는 약제

피소스티그민(physostigmine)은 *AChE*의 활성을 가역적으로 억제하여 시냅스 틈새 아세틸콜린 농도가 높게 유지되도록 함으로써, 지속적으로 자극이 가해지게 하여 근육마비를 초래하는 자연에서 얻어지는 알칼로이드이다. 피소스티그민 합성 유도체는 자가면역질환인 중증근무력증을 진단하고 증상을 치료하는데 사용된다(임상 적용 12.2 참조).

12장 요약

- 대부분 **뼈대근육**은 뼈에 붙어 있으며 뼈와 같이 작용한다. 이들이 합쳐져 인체가 움직이고 어떤 물체를 조작할 수 있는 관절지렛대계를 형성한다.
- 근육이 수축되도록 하는 인장력은 **미오신 머리**에서 삼인산아데노신을 사용하여 만들어진다. 미오신은 **액틴잔섬유**에 부착되고 이것을 끌어 당겨 근육이 수축되도록 한다.
- 액틴-미오신 상호작용은 방출된 Ca^{2+}이 **트로포닌**과 연결됨으로써 시작된다. 트로포닌은 Ca^{2+} 감지단백질로서 **트로포미오신** 위치를 바꿔 액틴잔섬유의 미오신 결합부위를 노출시킨다.
- 액틴과 미오신 단량체가 모여 각각 **가는잔섬유**와 **굵은잔섬유**를 형성한다. 근육원섬유마디 내에서 이들 섬유가 겹쳐져 **가로무늬근육**의 특징인 띠 무늬를 나타낸다.
- 뼈대근육은 수의적 조절을 받는다. 수축 명령은 **α운동신경**을 통해 근육으로 전달된다. 신경은 신경근이음부에서 **아세틸콜린**을 방출하고 이것은 시냅스이후세포막에 존재하는 **니코틴아세틸콜린수용체**와 결합한다. 결합은 근섬유 표면을 따라 전파되는 **활동전위**를 만든다.
- 활동전위는 **가로세관**을 따라 각각의 근육원섬유마디로 전달된다. **흥분-수축 연결**은 가로세관 내에서 **근육속막**과 **근세포질그물**이 서로 마주 보고 있는 특별한 접합부인 **세동이**에서 시작된다.
- 근세포질그물은 **칼시퀘스트린**과 결합되어 있는 높은 농도의 Ca^{2+}을 함유하고 있다. 근세포질그물 막에 있는 **Ca^{2+} 방출 통로**의 열림은 저장고에서 Ca^{2+}이 근육형질로 빠져나가도록 한다. 근육형질 Ca^{2+} 농도 증가 결과로 **연결다리 주기**와 **수축**이 시작된다.
- 근육에 의해 발생되는 힘은 근육원섬유마디의 길이(**전부하**)에 의존적이다. 최대 힘 발생은 굵은잔섬유와 가는잔섬유가 최적의 상태로 겹쳐 있을 때이다. 과도한 혹은 부족한 전부하는 힘발생 능력을 감소시킨다.
- 최대 수축속도는 근육에 아무런 부하가 걸리지 않았을 때이다. **후부하**를 증가시키면 수축속도는 감소한다.
- 하나의 활동전위는 **단일수축 반응**을 유발하고 최소한의 힘을 발생시킨다. 활동전위 빈도를 증가시키면 **가중**에 의해 힘도 증가된다. 지속적인 자극은 **강축**을 유발한다.
- 대부분 뼈대근육은 **느린단일수축**과 **빠른단일수축** 섬유가 혼재되어 있다. 느린단일수축 섬유는 느리게 수축하지만 지속적인 수축을 만들어 낸다. 빠른단일수축 섬유는 빠른 반응을 보이며 큰 힘을 발생하지만 금방 **피로**해진다.
- 흥분-수축 연결의 하나 혹은 그 이상의 과정을 방해할 경우 근 **마비**가 초래된다. 제약사 약과 자연 독소는 신경근이음부에서의 신호전달을 가로막아 근육을 마비시킨다.

심장근육 13

I. 개요

심장근육은 뼈대근육과 많은 공통점을 가지고 있다. 뼈대근육과 심장근육 근육원섬유마다는 유사한 구성을 가지고 있어, 2 종류의 근육은 편광(polarized light)에서 관찰할 경우 거의 유사한 띠 형태를 보인다(그림 13.1). 수축을 위한 기본적인 원리와 분자 구성 역시 동일하다. 하지만 2 종류의 근육이 수행하는 기능이 독특하므로 몇 가지 중요한 차이점은 있다. 뼈대근육 섬유는 운동겉질로부터 오는 개개의 명령에 의해 각자 독립적으로 수축한다. 반면에 심장근육 기능은 몸 운동조정과는 별개이며 섬유는 광범위하게 서로 연결되어 마치 하나의 기능 단위로 형성되어 있다. 심장근육 수축을 위한 자극은 근육 자체에서 시작되어, 근육세포에서 근육세포로 전파되며 이를 위해 심장 내 근육세포 사이에는 소통을 위한 경로가 잘 발달되어 있다. 심장근육 흥분에는 항상 모든 세포가 관여하므로 심장근육은 뼈대근육과 비교하여 다른 수축조절을 가지고 있으며, 또한 뼈대근육과 같이 운동단위를 동원하여 수축력을 증가시킬 수 있는 선택권도 없다. 대신 심장근육 수축력은 기본적으로 자율신경계에 의해 조절되는 Ca^{2+}의 세포막 투과성 변화에 의해 조절된다.

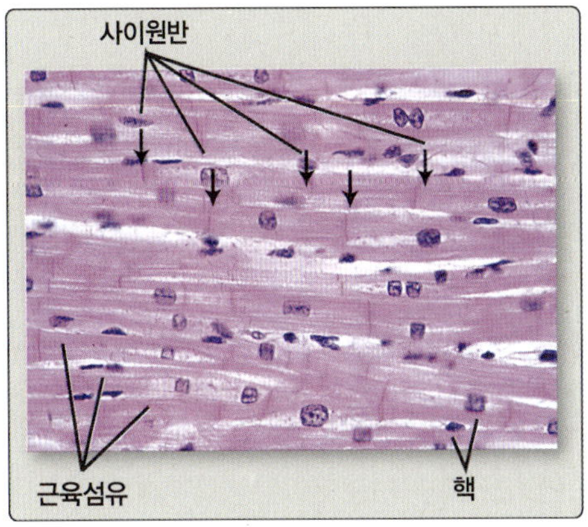

그림 13.1
심장근육 구조

II. 구조

심장근육세포는 뼈대근육과 구조적으로 동일한 수축배열을 가지고 있다(12·II 참조). 뼈대근육과 심장근육의 가장 큰 차이점은 조절단백질인 트로포닌이다.

A. 트로포닌

트로포닌은 액틴잔섬유와 연관있는 Ca^{2+}민감 이종삼합체(sensitive heterotrimer)이다. 근형질 Ca^{2+} 농도가 증가되면 트로포닌에 형태학적 변화가 일어나 가는잔섬유에 있는 미오신 결합부위로부터 트로포미오신을 비껴나게 하여 액틴과 미오신 상호작용이 일어나게 한다. 뼈대근육에서 트로포닌은 수축 전에 반드시 2개의 Ca^{2+}과 결합하여야 하지만 심장근육에서는 수축을 위해 단지 한 개의 Ca^{2+}이 필요하다.

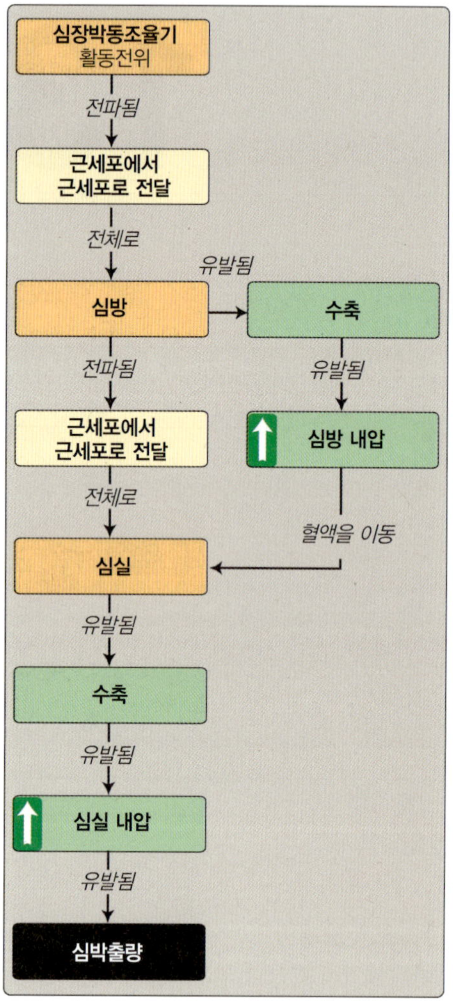

그림 13.2
심장기능 개념

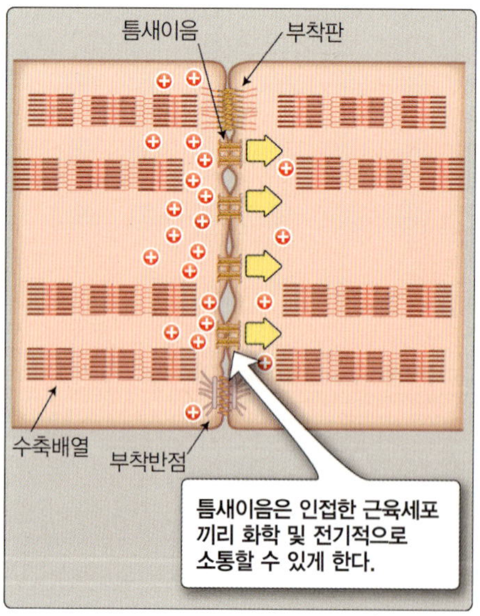

그림 13.3
사이원반 구조

임상 적용 13.1: 심장표시자(Cardiac Marker)

심장 트로포닌I (cTnI)와 트로포닌T (cTnT)는 심장근육에만 독특하게 존재하는 트로포닌 동형단백질이다. cTnI와 cTnT 둘 다 급성심근경색증(acute myocardial infarction) 발생 3 시간 이내에 순환계에 나타나고 10~24시간 이후에 최고치에 도달한다. 혈액에서 이들이 관찰되는 것은 허혈에 의한 괴사와 심장근육세포 손상을 의미하기 때문에 임상적으로 급성심근경색증을 진단하는데 사용된다. 혈액검사에서는 또한 *크레아틴키나아제(creatine kinase, CK)* 수준도 측정할 수 있으나, *CK*는 심장근육에 특이하지는 않다. 혈장 *CK* 수준 증가는 심장 손상 없이도 코카인 복용이나 운동에 의한 뼈대근육 손상에서도 나타난다.

B. 소통경로(communication pathway)

뼈대근육은 오로지 α운동신경으로부터의 명령을 통해서만 수의적 조정과 수축이 일어난다. 심장근육도 신경계통에 의해 조절되지만, 수축을 위한 명령은 정상적으로 **박동조율기(pacemaker)** 기능을 하도록 특화되어 있는 심장근육 영역(**굴심방결절[sinoatrial node]**)에서 시작된다. 박동조율기 세포는 근육세포와 근육세포를 통해 장기 내에 있는 모든 섬유까지 퍼져나가는 극파를 규칙적으로 만들며(그림 13.2), 이러한 현상은 틈새이음(gap junctions)과 광범위한 세포분지(cellular branching)가 있어서 가능하다.

1. **박동조율기:** 심장 박동조율기는 오른심방벽 높은 쪽에 위치해 있다. 이 영역의 근세포는 비수축성이며, 세포막에는 자발적으로 근세포를 탈분극시켜 분당 대략 100회 정도의 활동전위를 만들게 하는 "묘한전류(funny current) [I_f]"를 형성하는 이온통로가 존재한다(17·IV·A 참조). 일단 시작이 되면 활동전위는 계속 재생되는 형식으로 양쪽 심방을 넘어서 심실까지 퍼져가며 이것에 의해 수축이 발생된다. 결절세포에서 탈분극과 극파를 생성하는 속도는 자율신경계에 의해 조절되며, 이것을 통해 심장박동수가 결정된다(17·IV·C 참조).

2. **틈새이음:** 틈새이음은 인접한 근세포를 연결하고 있으며 직접적인 전기 및 화학 소통을 위한 경로를 제공하고 있다(4·II·F 참조). 이들은 특별한 근육속막 접합영역으로 알려져 있는 **사이원반(intercalated disc**, 그림 13.3)에 위치해 있다. 사이원반은 세포를 기계적으로 연결시키며 또한 근육이 수축하는 동안 발생되는 장력을 견딜 수 있게 하는 구조적 요소(**부착반점[desmosome]**)과 **부착판[fascia adheren]**)을 가지고 있다. 이러한 것이 인접한 근육섬유 간에 소통경로가 전혀 없는 뼈대근육과 대비되는 점이다.

3. **세포분지:** 수축명령이 심장박동조율기에서 시작되면 이것은 전체 심장을 통해 빠르게 전파되어야 한다. 뼈대근육섬유는 길고 가늘며 분지가 없지만 심장근세포는 광범위하게 분지를 하고 있다. 세포분지와 틈새이음에 의해 엄청난 세포 연결망이 구성되며, 이를 통해 마치 하나의 단위

임상 적용 13.2: 비대심장근육병(Hypertrophic Cardiomyopathy, HCM)

심장은 근육조직이므로 뼈대근육 쇠약을 유발하는 근육원섬유마디 기능 유전질환이 심장근육을 침범할 경우 급성심장사(sudden cardiac death, SCD)가 초래될 수 있다. 부적절하게 심장근육이 커지는 **비대심장근육병**은 젊은 운동선수에서 급성심장사를 초래하는 첫 번째 원인이다. 이들 사망의 반 이상에서 근육원섬유마디 단백질과 관련된 유전자에 돌연변이가 존재하며, 가장 흔한 경우는 미오신무거운사슬의 동형단백질 정보를 가진 유전자에 이상이 있는 것이다. 비대심장근육병 대립유전자는 심장근 내에 존재하는 근세포의 정상적인 배열구조를 파괴하여 근세포 정렬이 깨어지게 하며 이로 인해 섬유는 비대해지고 세포 구조 역시 왜곡(그림 13.1의 현미경 구조와 비교하여)된다. 사이질 사이에 결합조직이 광범위하게 침착되어 육안상 심실벽은 두꺼워져 있다. 비대심장근육병 환자는 심방 및 심실 부정맥이 잘 발생되기 때문에, 환자에서 급성심장사가 발생할 확률이 내우 높다.

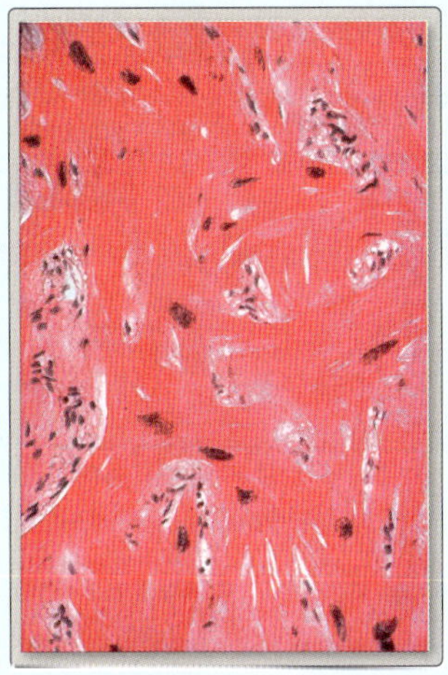

근세포 무질서

(**융합체[syncytium]**) 같이 기능을 하게 된다.

C. 가로세관과 근세포질그물

심장박동조율기에서 생성된 활동전위는 **가로세관**에 의해 각각의 근육섬유 깊숙이 전달되고, **전기기계 변환**을 위해 다시 근세포질그물로도 전달되어야 한다. 심장근육에서도 수축에 필요한 Ca^{2+}을 근세포질그물이 제공하지만 뼈대근육에 비해 심장근육에서 근세포질그물은 광범위하지 못하다. 뼈대근육과 비교하여 심장 가로세관과 근세포질그물은 2가지의 큰 차이점이 있다.

1. **위치:** 뼈대근육에서 가로세관은 굵은잔섬유 끝 부분에 배열되어 있으며 근육원섬유마디마다 2개씩 존재한다. 심장근육에서는 세관이 덜 발달되어 있으며 Z원반을 따라 배열되어 있다. 심장근육에서 가지는 덜 발달되어 있으며, 폭은 좀 더 넓다.

2. **이동이:** 가로세관은 활동전위를 근세포질그물로 전달한다. 뼈대근육에서 세관은 세동이라고 알려진 이음부복합체에서 2개의 근세포질그물 종말과 접하고 있다. 심장근육에서 세관은 근세포질그물의 하나의 가지와 접하고 있어 이러한 구조를 **이동이(diad)**라고 한다(아래 참조).

III. 수축력 조절

수축에 관련된 분자 기전은 뼈대근육과 심장근육이 기본적으로 동일하다(12·III 참조). 뼈대근육과 심장근육의 가장 큰 차이점은 Ca^{2+} 동원 정도가 심장근세포 수축력을 조절하는데 사용되기 때문에 흥분 동안 근육형질 Ca^{2+} 증가 정도가 중요하다는 것이다.

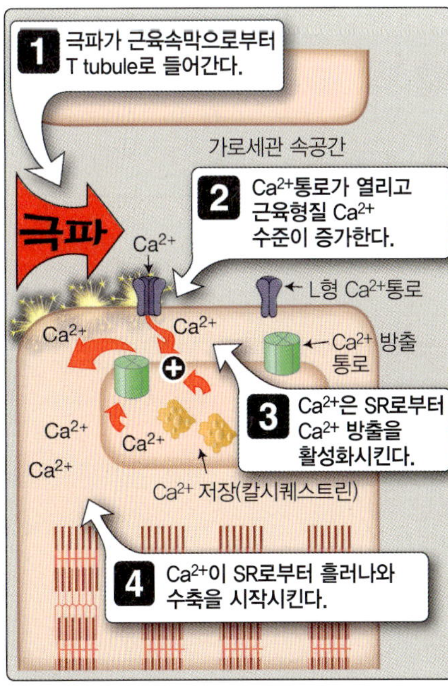

그림 13.4
칼슘유발칼슘방출
SR = 근세포질그물

A. 칼슘유발칼슘방출(calcium-induced calcium release, CICR)

활동전위가 이동이에 도달하면 이것은 가로세관 세포막에 있는 L형 Ca^{2+} 통로(**디하리드로피리딘수용체[dihydropyridine receptor]**라고도 알려져 있음)를 만나 이것을 활성화시킨다(그림 13.4). 뼈대근육에서는 이 통로의

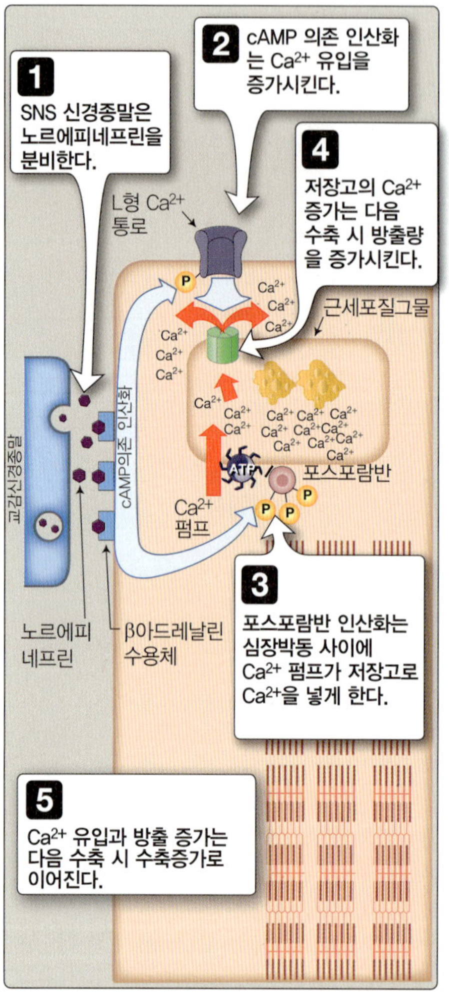

그림 13.5

Ca^{2+} 방출 및 수축력 조절. ATP = 삼인산아데노신; cAMP = 고리형일인산아데노신; SNS = 교감신경계

열림은 근세포질그물에 있는 Ca^{2+} 방출통로(**리아노딘수용체[ryanodine receptor]**라고도 알려져 있음)를 기계적으로 열게 한다. 그리고 나서 Ca^{2+}이 근육형질 내로 들어오면 수축이 유발된다. 심장근육에서 L형 Ca^{2+} 통로 열림은 근세포질그물로부터 **칼슘유발칼슘방출**을 활성화시키는 Ca^{2+} **계기흐름(trigger flux)**을 만든다. 심장근육에는 뼈대근육에 비해 훨씬 적은 CICR 통로가 있는데 이것은 2 종류 근육이 수축력을 조절하는 기본적인 방식이 다름을 의미한다. 뼈대근육에서 흥분은 근세포질그물로부터 항상 최대 Ca^{2+} 방출을 유도하기 때문에 또한 최대 힘이 발생된다. 심장근육에서는 계기흐름 크기와 발생되는 힘 양이 자율신경계에 의해 조절받고 있다. L형 Ca^{2+}통로와 방출통로 숫자가 거의 1:1이기 때문에 근육형질 Ca^{2+} 농도와 수축력을 예민하게 조정할 수 있다.

B. 수축력 조절

자율신경계는 심장근육 수축 빈도와 힘을 조절한다. 빈도조절은 자율신경계를 구성하는 교감신경과 부교감신경 가지의 상호 작용에 의해 조절되지만(17·IV·C 참조), 수축력은 기본적으로 교감신경계에 의해 조절된다. 이러한 조절의 주요 표적은 L형 Ca^{2+}통로와 근세포질그물로 Ca^{2+}을 제거하는 Ca^{2+} ATPase (SERCA; 그림 13.5)이다.

1. **교감신경계 활성화:** 교감신경계는 조직활동이 동맥혈류공급을 늘려야 할 필요성이 있도록 변화하면 활성화된다. 실제적으로 이러한 필요성은 교감신경계 자극에 의한 심박출량 증가와 잘 부합한다. 심박출량은 심장박동수 증가와 심장을 좀 더 효과적인 펌프(즉 수축력 증가)로 만들면 늘어난다. 교감신경계 종말은 심장 신경근이음부에서 노르에피네프린을 분비하고 부신속질로부터 에피네프린 분비를 자극한다. 에피네프린은 순환을 통해 심장에 도달한다. 신경전달물질과 호르몬은 심장 근육속막에 있는 $β_1$아드레날린수용체와 결합하여 *아데닐사이클라아제* 활성화와 고리형일인산아데노신(cAMP) 형성을 통한 *단백질키나아제 A*에 의한 단백질 인산화를 증가시킨다.

2. **칼슘통로:** L형 Ca^{2+}통로 인산화는 통로가 열릴 확률을 증가시켜 Ca^{2+} 계기흐름 크기를 증가시킨다. Ca^{2+} 계기흐름 증가는 근세포질그물의 CICR 양을 늘리고, 트로포닌과 결합하여 연결다리 주기를 시작하는데 이용되는 Ca^{2}의 숫자를 증가시킨다

3. **칼슘펌프:** 심장근육 이완은 근육형질로부터 Ca^{2+}을 제거하는 2 종류의 수송체에 의존적이다. SERCA는 Ca^{2+}을 근세포질그물로 돌아가게 하는 반면 근육속막에 있는 Na^{+}-Ca^{2+} 교환체는 Ca^{2+}를 세포 밖으로 빼낸다. SERCA는 펌프 제한자로 작용하는 **포스포람반(phospholamban)**이라 불리는 작은 근세포질그물 통합막단백질과 연관이 있다. 포스포람반이 인산화되면 펌프를 억제하는 능력이 소실되어 펌프의 주기가 더 빨라지게 된다. 이로 인해 2가지의 중요한 결과가 유발된다: 빨라진 이완시간과 다음 수축 시 방출되는 저장 Ca^{2} 양 증가이다.

   a. **이완:** 펌프가 더 빨리 작동하면 세포 내 Ca^{2+} 농도는 안정 시 수준

(0.1 μmol/L)까지 좀 더 빨리 떨어진다. 근육형질 Ca^{2+} 농도의 급격한 감소는 수축기구의 더 빠른 이완을 초래하며, 심박수가 증가된 상태에서 심실충만 시간을 연장시킨다(39·V·B 참조).

b. **칼슘방출:** 근세포질그물 펌프가 더 빨리 작동하면 더 많은 Ca^{2+}이 근세포질그물에 저장되며 대신 세포바깥 공간으로 나가는 양은 이전에 비해 줄어든다. 추가 Ca^{2+}을 저장고에 쌓아두는 것은 다음 수축 시 더 많은 양이 방출되도록 하여 결과적으로 수축력을 증가시킨다.

임상 적용 13.3: 베타차단제와 칼슘통로차단제 (Beta Blocker and Calcium-Channel Blocker)

베타차단제와 **칼슘통로차단제**는 심장기능과 혈압 조절에 사용되는 매우 중요한 2 종류의 약제이다.[1] 베타차단제(예: 프로프라놀롤[propranolol])는 β아드레날린수용체 대항제이며 노르에피네프린과 에피네프린에 의한 심장근 Ca^{2+} 농도 증가를 억제시켜 심장박동수와 수축력을 감소시키고 혈압을 낮춘다. 칼슘통로차단제는 L형 Ca^{2+}통로를 통한 Ca^{2+} 유입을 억제한다. 베라파밀(verapamil)과 딜티아젬(diltiazem) 두 종류가 비교적 심장근에 특이하게 작용한다. 니페디핀(nifedipine)은 디하이드로피리딘 Ca^{2+}통로 차단제이며 혈관 민무늬근육을 이완시켜 혈압 감소를 초래한다.

IV. 전부하 의존 (PRELOAD DEPENDENCE)

뼈대와 심장 근육은 근육원심유마디 길이와 힘 발생 사이에 뒤집어진 U 모양과 유사한 관계를 보인다. 뼈대근육은 안정 시 굵은잔섬유와 가는잔섬유가 가장 이상적으로 겹쳐 있도록 설계되어 있으므로 길이를 더 늘릴 경우 수축력은 감소하게 된다. 심장근육은 심장 공간으로 들어오는 혈액량에 심장 기능을 맞추는데 길이-힘 관계의 장점을 최대한 이용할 수 있도록 설계되었다.

A. 심박출량

심장근육은 심장에 있는 4개 방의 벽을 만들고 있다(그림 13.6). 심장이 혈액으로 가득 차게 되면 방과 벽 내에 존재하는 심근세포는 그림 13.7과 같이 늘어나게(**전부하[preload]**) 된다. 전부하가 없는 상태(예: 비어 있는 심장)에서 심장근육 근육원섬유마디 길이는 최소한이 되도록 설계되어 있어 추가적인 길이 감소와 힘 발생 가능성은 매우 낮다. 전부하는 근육원섬유마디를 늘어나게 해서 뒤집힌 U의 왼쪽편을 더 높은 곳으로 점차 이동하도록 한다. 실제적으로 이것은 박동 사이에 혈관계로부터 돌아오는 혈액량이 많아지면 방의 벽과 근육원섬유마디는 매우 많이 늘어난다는 것이다. 늘림은 다음 박동 시 근육이 발생시킬 수 있는 힘 양을 증가시키며, 이렇게 증가된 힘은 실제적으로 다음 박동 시 추가된 혈액량(전부하)을 내 보내는데 필요하다. 길이-장력 관계를 통해 심장은 심장방에 들어 있는 혈액량과 이에 맞는 수축력을 발생시키는데 필요한 거의 완벽한 방법을 제공받고 있다. 이러한 현상은 **프랭크-스탈링 심장법칙(Frank-Starling law of the heart)**이라고 한다.

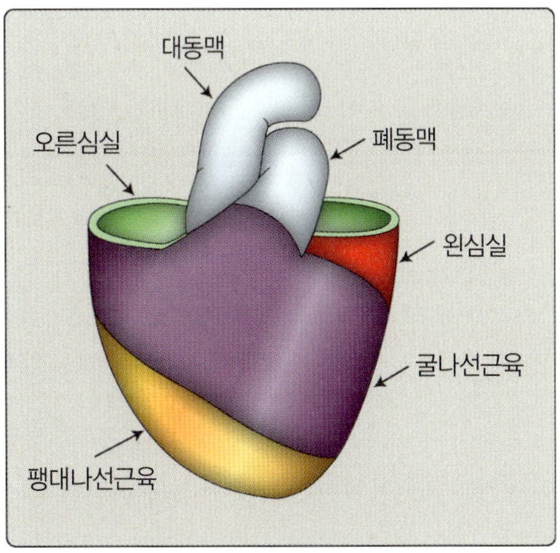

그림 13.6
심장근육의 띠

B. 길이의존활성화(length-dependent activation)

전부하와 발생되는 힘과의 관계는 전통적으로 굵은잔섬유와 가는잔섬유가 얼마나 적절하게 중첩되어 있는가로 설명되었다. 하지만 전부하는 수축기구에 **길이의존 활성화**를 유발시킨다. 활성화는 Ca^{2+}에 대한 연결다리 주기를 민감화시켜 Ca^{2+} 계기흐름과 근세포질그물로부터 방출되는 Ca^{2+} 양이 일정함에도 불구하고 힘 발생을 증가시킨다. 활성화 동안은 수축속도 역시

[1] 베타차단제와 칼슘통로차단제에 대한 더 많은 정보는 *LIR Pharmacology 제5판* 참조.

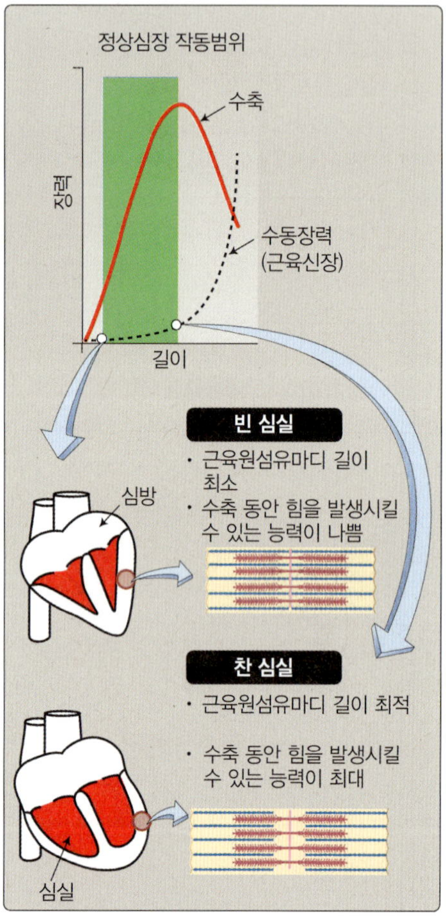

그림 13.7
심실근세포에 대한 전부하 효과

증가한다. 길이의존 활성와 분자기전은 아직 정확하게 밝혀져 있지 않다.

C. 전부하 한계(preload limit)

과도한 전부하는 근육원섬유마디를 힘 발생 장애와 심박출량을 위태롭게 하는 시점까지 늘린다. 그러므로 심장근육은 적절한 범위(그림 13.7에서 뒤집힌 U의 꼭지점) 이상 늘어나는 것을 강력하게 억제하는 구조적 요소를 가지고 있다. 세포 내 탄성요소를 포함한 구조적 강화와 세포바깥바탕질에 존재하는 결합조직량 증가, 심장을 둘러싸고 있는 섬유주머니(**심장막[pericardium]**) 등이 심장 충만부피를 제한한다.

V. 에너지 원천

심장근육은 대략 1초에 한 번씩 80년 혹은 그 이상을 수축하지만 수축은 항상 매우 짧다(<1초). 이것은 몇 분간 그리고 피로가 느껴질 때까지 지속될 수 있는 뼈대근육의 등척수축과 비교된다. 심장이 단 한번 긴 수축(강축성)을 해도 개체는 죽음에 이를 수 있다. 그러므로 심장근육은 지속적으로 삼인산아데노신을 공급하고 몇 초 이상 수축할 수 있는 능력을 가져서는 안 된다. 심장근육은 짧은 수축을 가능하게 하는 적당한 ATP 저장량을 유지하여야 하며, 이완하는 동안 유산소경로를 통해 저장량을 회복하여야 한다. 무산소 능력이 제한되어 있으므로 심장은 산소에 매우 의존적이다. 만약 동맥혈 공급이 감소하여 산소 제공이 제한되면 저장된 크레아틴인산에 의해 몇십 초 간은 ATP 수준이 유지될 수 있으나 이후에는 젖산이 생성된다. 산소결핍이 지속(몇 분)되면 비가역적 저산소근육손상과 **심근경색**이 발생된다.

13장 요약

- **심장근육**과 뼈대근육은 많은 공통점을 가지고 있다. 2 종류 모두 매우 잘 구성이 되어 있으며, 근육원섬유마디 정렬에 의해 편광 하에서 **가로무늬**를 보이고 있다.
- 뼈대근육이 수동 조절 하에 있는 것에 반해 심장근육 기능은 **자율적**이다. 특별한 **박동조율기**가 주기적으로 근육세포에서 근육세포를 통해 전체 심장으로 퍼져 나가는 활동전위를 만든다. **자율신경계**는 수축 시기와 힘을 조절하지만 시작을 유도하지는 않는다.
- **틈새이음**은 활동전위 전도가 쉽게 일어날 수 있도록 인접한 근육세포를 연결한다. 근육세포는 인접한 세포와의 상호작용을 최대로 하기 위해 광범위하게 가지를 치고 있다.
- 힘 발생은 **β아드레날린수용체**와 ***단백질키나아제 A***에 의한 고리형일인산아데노신의존인산화를 통해 자율신경계 조절을 받는다. *키나아제*의 표적은 근육속막에 있는 **L형 Ca^{2+}통로**와 **근세포질그물 Ca^{2+}펌프**이다. 수축력은 결과적으로 증가된다.
- 심장근육에 의해 발생되는 힘은 매우 **전부하 의존적**이다. 근육원섬유마디 길이 증가는 수축력을 강화시키는데 이런 현상은 심장이 증가된 충만부피를 배출하기 위해 수축력을 향상시키는 기전이 된다.
- 심장근육은 수축을 위한 삼인산아데노신을 공급하기 위해 유산소 경로에 의존한다. 혈액공급이 차단될 경우 사용 가능한 산소가 감소되므로 제한된 무산소 능력에 의해 심장은 매우 손상 받기 쉬운 상태가 된다.

민무늬근육

14

I. 개요

뼈대와 심장 근육은 모두 빨리 수축하는 특성을 지니고 있다. 빠른 역동학은 움직임(뼈대근육)과 비록 휴식을 하고 있는 동안일지라도 여러 기관으로 혈류가 유지될 수 있도록 지속적인 심장박출(심장근육)을 보장하는데 유리하게 작용한다. 하지만 인체는 시간적으로 그렇게 급하지 않은 근육움직임을 필요로 하는 때도 있다. 이런 업무는 다양하지만 적응력이 매우 높은 민무늬근육에 의해 완벽하게 수행될 수 있다. 민무늬근육은 인체 모든 영역에 존재한다. 이것은 혈관과 기도벽 층을 이루고 있어(그림 14.1), 각기 혈액과 공기 흐름을 조절하기 위해 속공간 지름을 조정하는 기능을 하고 있다. 민무늬근육은 위창자관(GI)을 통해 음식물과 분비물을 혼합하고 이동시킨다. 민무늬근육은 눈으로 들어오는 빛 양을 조절하기 위해 동공 직경을 조절하고, 또한 초점을 맞추기 위해 렌즈 모양도 조절한다. 일부 민무늬근육 다양한 기능은 표 14.1에 정리하였다. 장기마다의 다양한 요구에 의해 민무늬근육 구조와 기능은 장기에 맞게끔 변화되었다. 예를 들면 가로무늬근육은 소량의 신경전달물질과 호르몬에 의해 활성화되지만, 민무늬근육은 수백종의 화학신호에 의해 조절되고 있다. 휴식상태에서 가로무늬근육 수축잔섬유는 전형적으로 표준길이를 보이며 시간이 지나도 변화하지 않는다. 민무늬근육 수축잔섬유는 표준길이라는 개념이 없으며 수축이 지속되는 동안에도 계속 분해와 재조립이 이루어진다. 속이 빈 기관(예: 방광 및 쓸개, 자궁)은 속공간 부피가 변화하는 동안에도 수축을 지속해야 하는 필요성이 있으므로 민무늬근육 근육원섬유마디와 세포골격 골조는 다양성이 필요하다. 민무늬근육 구조와 기능에 대한 많은 자세한 사항들은 아직 잘 알려져 있지 않지만, 가로무늬근육과 마찬가지로 주 역할은 뼈대와 심장 근육이 사용하는 기본적인 원리를 이용하여 힘을 생성하는 것이다. 수축은 세포 내 Ca^{2+} 농도가 증가됨으로써 시작되며, **미오신**굵은잔섬유로부터 뻗어져 나온 머리가 **액틴**가는잔섬유와 결합하여 끌어당겨 힘이 발생된다.

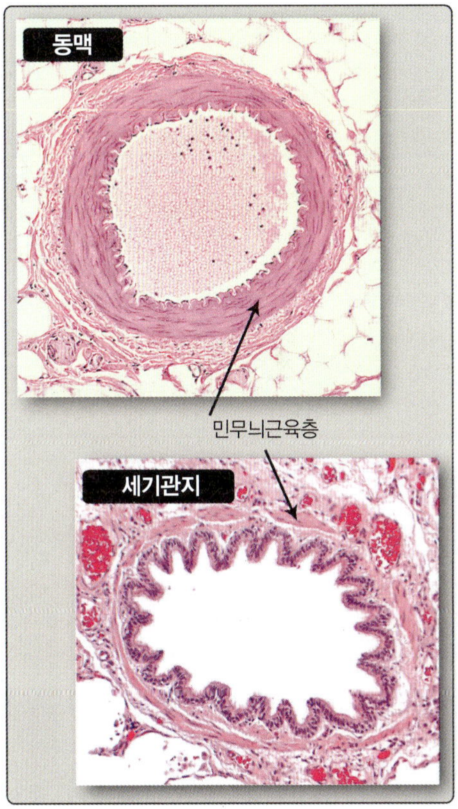

그림 14.1
동맥과 기도 민무늬근

II. 구조

민무늬근육은 액틴-미오신 상호작용을 통해 힘을 발생시키지만, 가로무늬근육과 비교하면 수축잔섬유는 덜 규칙적으로 구성되어 있다.

표 14.1 민무늬근육 기능

위치	기능
혈관	직경 조절, 혈류 조절
폐 기도	직경 조절, 공기흐름 조절
위창자관	긴장도, 운동성, 조임금
비뇨계통	요관을 통해 요 배출, 방광 긴장도, 내조임근
남성생식관	분비 및 정액 방출
여성생식관	추진(자궁관), 출산(자궁근육)
눈	동공직경(홍채근육) 및 렌즈모양(모양체근육) 조절
콩팥	혈류조절(혈관사이세포)
피부	털세움(털근육)

A. 수축단위(contractile unit)

민무늬근육세포는 액틴과 미오신 잔섬유가 밀집되어 수축단위를 구성하고 있으며 이곳은 "작은근육원섬유마디(minisarcomere)"라고 알려져 있다. 하지만 이 수축단위가 뼈대 및 심장 근육과 같이 Z 원반을 따라 정렬되어 있지 않으므로 편광하에서 가로무늬를 보이지 않는다. "민무늬근육"이라는 이름도 가로무늬가 없어서 얻게 되었다.

1. **굵은잔섬유:** 민무늬근육 미오신은 가로무늬근육과 유사한 3차원 구조를 가지로 있지만 아미노산 배열은 완전히 다르다. 민무늬근육 미오신은 다른 근육과 동일하게 머리와 목 부분, 2쌍의 **가벼운사슬**(17 kDa **필수가벼운사슬**과 **MLC_{20}**으로도 알려진 20 kDa **조절가벼운사슬**)을 포함하고 있는 2개의 무거운사슬 육합체이다. 미오신머리는 ATPase 활성과 액틴 결합부위를 가지고 있다. 민무늬근육 수축의 초미세구조적 원리는 정확하게 밝혀져 있지 않지만, 굵은잔섬유 내에 있는 미오신 머리가 옆으로 혹은 "**옆으로 튀어 나온(sidepolar**, 180° 각도로 배열)" 배열을 하고 있어 2개의 액틴잔섬유가 동시에 다른 방향으로 당겨질 수 있다(그림 14.2). 이러한 배열 때문에 민무늬근육은 가로무늬근육 섬유에 비해 훨씬 더 짧아질 수 있다.

2. **가는잔섬유:** 가로무늬근육 잔섬유에는 Ca^{2+} 농도에 의존적인 수축이 일어날 수 있도록 하는 트로포닌이 존재한다. 민무늬근육에는 트로포닌이 존재하지 않으므로 대신 **칼데스몬(caldesmon)**과 **칼포닌(calponin)**이라고 부르는 2 종류의 근육특이적 조절단백질이 존재한다. 이들의 *시험관 내*에서 특성은 많이 연구되었지만 *생체 내*에서 역할은 아직 명확하지 않다.

   a. **칼데스몬:** 칼데스몬은 액틴과 연관있는 미오신 ATPase 억제제이다. 억제는 높은 **Ca^{2+}-칼모듈린(calmodulin, CaM)** 농도 혹은 *Ca^{2+}-CaM-의존 단백질키나아제*(혹은 다른 여러 종류의 내제 *키나아제*)에 의한 인산화에 의해 풀어진다.

   b. **칼포닌:** 칼포닌은 *Ca^{2+}-CaM-의존 단백질키나아제*-의존 인산화에 의해 조절되는 양이 많은 액틴과 연관된 미오신 ATPase 억제제이다.

3. **조합:** 근육세포가 유용한 힘을 발휘하기 위해서는 수축단위는 대략 세포의 긴 축을 따라 배열이 되어야 한다. 민무늬근육 경우 평행으로 놓여 있는 3~5개의 굵은잔섬유 주위를 여러 개(10~12개)의 가는잔섬유가 둘러싸고 있는 형태를 이루고 있다. 굵은잔섬유와 가는잔섬유는 다양한 길이를 가지고 있다. 이러한 것이 잔섬유 길이가 표준화되어 있으며 엄격히 조절되는 가로무늬근과 차이가 나는 점이다. 잔섬유는 근육형질 내에 여기 저기 흩어져 있는 α액틴이 풍부한 **치밀소체**(α-actinin-rich **dense body**) (**부착반점**)에 고정되어 있으며(그림 14.3), 아마도 기능적으로는 가로무늬근육 Z원반과 동일한 역할을 하는 것으로 보인다(12·II·C·1 참조). 치밀소체는 가로무늬근육에서와 같이 배열되어 있지 않지만, 가는잔섬유와 굵은잔섬유, 치밀소체의 일반적인 배열이 근육원섬유마디를 구성하고 있다.

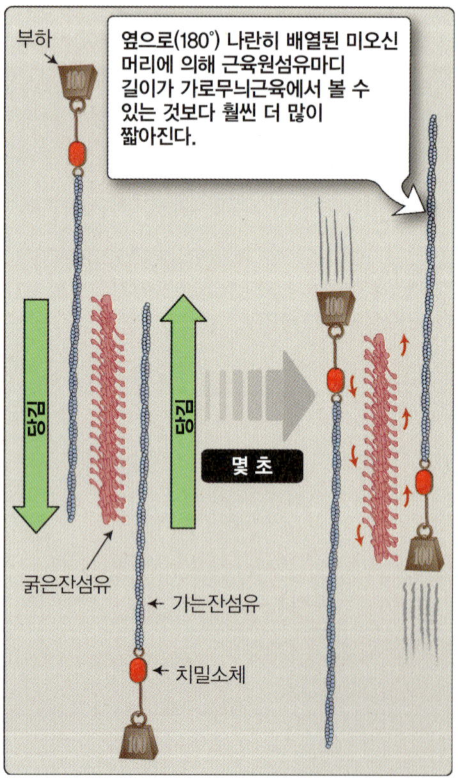

그림 14.2
민무늬근육 수축 모델

B. 구성

민무늬근육세포는 전형적인 근원섬유를 함유하고 있지는 않지만 수축섬유와 이와 연관된 치밀소체의 긴 조합체가 세포 길이를 따라 길게 놓여 있다. 수축배열은 민무늬근육 종류에 따라 그 양에 차이가 있는 **비멘틴(vimentin)**과 **데스민(desmin)**에 의해 구성되는 세포골격 골조 안에 놓여 있다. 이 배열은 치밀소체과 연관이 있는 **치밀반점(dense plaque)**에 의해 근육속막에 부착되어 있다. 이 반점은 세포표면 전체에 걸쳐 분포하며 인접세포를 기계적으로 연결하고 있어(**결합이음[adherens junction]**; 4·II·G와 그림 14.3 참조), 민무늬근육은 수축에 의해 직접 힘이 발생될 수 있다.

C. 세포막계

연결다리 주기는 세포 내 Ca^{2+} 농도가 안정 시(0.1 μmol/L)보다 올라가면 시작된다. 가로무늬근육에서 이 과정은 가로세관에 있는 **L형 Ca^{2+}통로(디하이드로피리딘수용체)**와 리아노딘수용체를 통한 근세포질그물로부터 **Ca^{2+} 방출**에 의해 일어난다(12·III 참조). 민무늬근육에서 수축배열과 근세포질그물 사이의 구조적 관계는 가로무늬근육에 비교해서 잘 정렬되어 있지는 않지만, 민무늬근육 역시 유사한 기전에 의해 수축이 시작된다.

1. **작은함몰(caveolae):** 민무늬근육 세포는 근육섬유 세포체 깊숙이 활동전위를 운반할 가로세관을 가지고 있지 않지만 이와 유사한 기능을 하는 작은함몰이 직선으로 배열되어 있다. **작은함몰**은 50~100 nm 크기의 플라스크 모양을 한 근육속막 함몰이며 바로 밑에 있는 근세포질그물과 좁은 연결(15~30 nm)을 형성하고 있다. 작은함몰에는 L형 Ca^{2+}통로가 풍부하게 존재하는 것으로 미루어 이음은 가로무늬근육 이동이 및 세동이와 같은 역할을 하는 것으로 생각된다.

2. **근세포질그물:** 민무늬근육 세포는 수축이 시작되기 전까지 Ca^{2+}을 저장하고 있는 근세포질그물의 광범위한 관상그물망을 가지고 있다. 가로무늬근육과는 다르게 민무늬근육 근세포질그물에는 2 종류의 Ca^{2+} 방출통로를 가지고 있는데 하나는 Ca^{2+}에 의해 활성화되며, 다른 하나는 **삼인산이노시톨(inositol triphosphate, IP_3)**에 의해 활성화된다(그림 14.4).

   a. **칼슘유발칼슘방출통로:** Ca^{2+}유발 Ca^{2+}방출(CICR)통로는 세포막 표면에 있는 전압의존 Ca^{2+}통로를 통해 근육세포로 들어간 Ca^{2+}에 의해 열린다. 가로무늬근육에서 CICR은 수축을 유도하는 일차적인 수단이지만 민무늬근육에서의 역할은 아직 불분명하다.

   b. **삼인산이노시톨개폐칼슘통로(inositol trisphosphate-gated calcium channel):** 민무늬근육 근세포질그물은 IP_3-개폐 Ca^{2+}통로를 가지고 있다. IP_3는 여러 종류의 호르몬과 신경전달물질(예: 노르에피네프린과 아세틸콜린)을 포함한 하나 혹은 그 이상의 화학물질이 세포막에 결합하였다는 정보를 전달하는 둘째전령물질이다.

D. 신경근이음부

대부분의 민무늬근육 종류는 **자율신경계**에 의해 조절받고 있다. 기능과

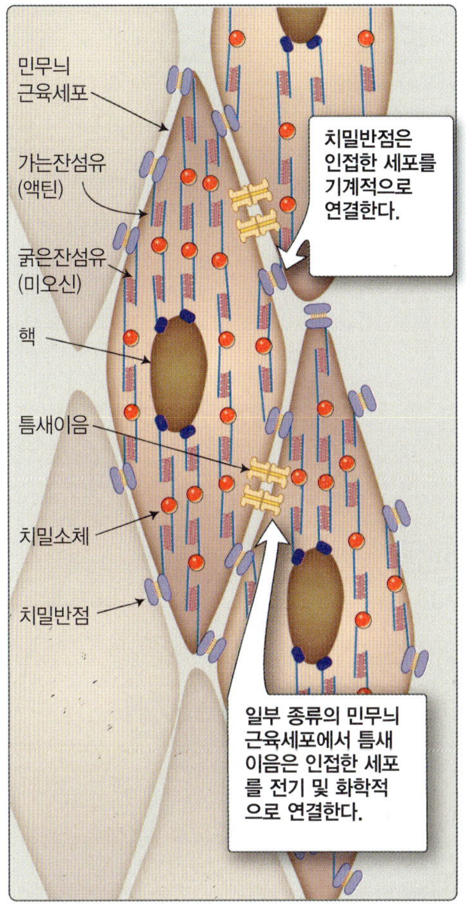

그림 14.3
근육세포 내에 배열되어 있는 수축잔섬유

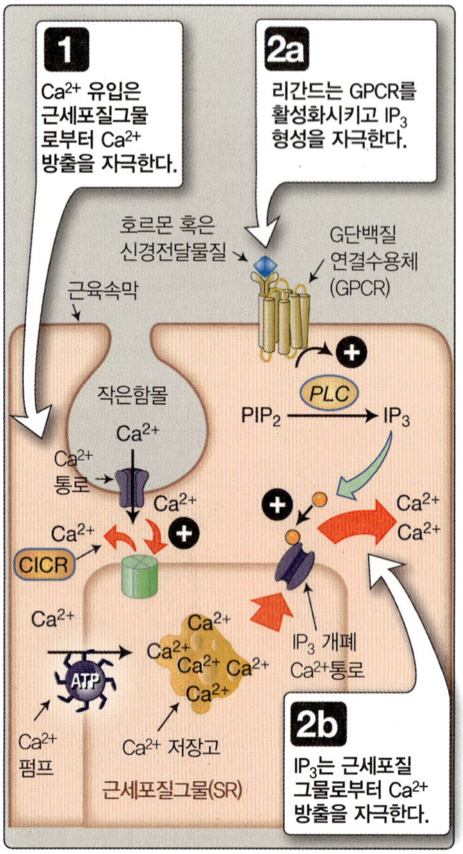

그림 14.4
민무늬근육에서 흥분-수축 연결. ATP = 삼인산아데노신; CICR = Ca^{2+}유발Ca^{2+}방출; IP_3 = 삼인산이노시톨; PIP_2 = 4,5-이인산포스파티딜이노시톨; PLC = *포스포리파아제 C*

임상 적용 14.1: 과민대장증후군(Irritable Bowel Syndrome)

과민대장증후군은 창자경련과 위창자공기참 증가, 배변습관 변화를 동반한 위창자 질환이다. 정확한 이유와 치료는 아직까지 없다. 치료는 매우 제한적이지만 아트로핀 유사체인 L-hyoscamine과 같은 경구 진경제를 사용할 수 있다.[1] 아트로핀은 알칼로이드 콜린수용체 대항제(alkaloid cholinergic receptor antagonist)로서 부교감신경에 의해 유발된 위창자와 방광의 증가된 민무늬근육 수축을 차단한다. 결과적으로 근육은 이완되며 통증을 유발하는 경련도 감소한다. 자연치료약으로는 민무늬근육을 이완시키는 효과를 가지고 있는 페퍼민트(박하) 기름이 있다. 이것은 민무늬근육 근육속막에 있는 Ca^{2+}통로를 차단함으로써 수축력을 감소시키고 근육을 이완시키는 것으로 알려져 있다. 박하기름은 조임근도 이완시키므로 위식도역류질환(gastroesophageal reflux disease, GERD) 환자에서는 사용이 금지되어 있다. 위식도역류는 아래식도조임근 기능이상과 관련이 있다. 아래식도조임근은 순전히 민무늬근육으로 구성되어 있으므로 박하기름은 조임근의 수축력에 장애를 초래하여 위식도역류 증상을 악화시킨다.

인체 어느 부위에 있느냐에 따라 민무늬근육은 **교감신경계**와 **부교감신경계**, **창자신경계**로부터 입력신호를 받고 있다. 자율신경계 신경근이음부는 뼈대근육에 비해 덜 발달되어 있지만 시냅스이전 및 이후 구조는 거의 유사하다. 자율신경계 날신경은 축삭을 따라 형성되어 있는 일련의 **염주(varicosities**, 팽대[swelling])를 통해 많은 민무늬근육세포를 수축시키며, 각각의 염주는 신경근이음부에 해당한다(그림 7.6 참조).

III. 흥분-수축 연결

민무늬근육 기능을 조절하는 신호는 굉장히 많다. 이들 중 일부는 수축을 촉진하고 나머지는 억제하지만 결국에는 다른 종류의 근육과 마찬가지로 Ca^{2+}을 통해서 일어난다. 민무늬근육과 가로무늬근육의 근본적인 차이는 Ca^{2+}에 반응하는 과정이 가는잔섬유(트로포닌과 트로포미오신을 통해)에서 굵은잔섬유(미오신 인산화를 통해)로 바뀐다는 것이다.

A. 칼슘 공급원

근육형질 Ca^{2+} 농도가 증가하면 수축이 시작된다. 민무늬근육에서 이러한 현상이 발생될 수 있는 기전은 3가지이다: 근육속막을 통한 Ca^{2+}유입과 근세포질그물로부터 CICR, 근세포질그물로부터 IP_3 매개 Ca^{2+} 방출. 세포 내 Ca^{2+} 농도를 올리는데 이 3가지 기전이 얼마만큼 관여하는지는 민무늬근육 종류에 따라 다르다.

1. **칼슘유입:** 민무늬근육 세포에는 최소한 2 종류의 Ca^{2+}통로가 발현된

[1] 진경제에 대한 더 많은 정보는 *LIR Pharmacology 제5판* 참조.

다. 작은함몰에서 많이 존재하는 L형 Ca^{2+}통로는 전압에 의해 개폐된다. 이 통로는 막 탈분극에 의해 열려 Ca^{2+} 유입을 초래하며, 활동전위 오름가지는 배뇨근과 내장근에서 흔히 관찰된다. 대부분 민무늬근육세포에는 하나 혹은 그 이상의 **수용체작동 Ca^{2+}통로(receptor-operated Ca^{2+} channel, ROCC)**가 발현된다. 예를 들면, 내장 민무늬근육에는 무스카린 ROCC가, 혈관 민무늬근육에는 아드레날린 ROCC가 발현된다. 비록 ROCC 매개 Ca^{2+} 유입이 상대적으로 양이 적고 수축을 유발하기에는 충분하지는 않지만, 세포를 탈분극시켜 L형 Ca^{2+}통로를 통한 Ca^{2+} 유입과 수축을 촉진(혹은 유도)한다.

2. **칼슘유발칼슘방출(CICR):** CICR은 민무늬근에서 형광영상을 사용하여 "**Ca^{2+} 불꽃(spark)**" 형태로 관찰이 가능하지만, 이것의 정확한 기능에 대해서는 아직 연구 중에 있다. 일부 민무늬근육(예: 배뇨근)에서 CICR은 수축을 강화시키는 반면 다른 종류(예: 혈관민무늬근)에서 Ca^{2+} 방출은 Ca^{2+}의존 K^+통로를 열어 세포막을 과분극시키고, 또한 L형 Ca^{2+}통로가 열릴 확률을 감소시켜 결과적으로 근육을 이완시킨다.

3. **삼인산이노시톨(IP_3):** 대부분 민무늬근육에는 *포스포리파아제 C*와 IP_3 형성을 통해 수축을 조절하는 다양한 **G단백질연결수용체(GPCR)**가 풍부하게 발현된다. 세포 내 IP_3 농도가 증가되면 근세포질그물에 있는 IP_3 개폐 Ca^{2+}통로가 열려 저장된 Ca^{2+}이 방출된다(그림 14.4 참조). IP_3 매개 Ca^{2+} 방출과 민무늬근육 수축은 활동전위 혹은 다른 막전위 변화에 상관 없이 발생될 수(흔히 발생됨) 있으며 이러한 현상을 **약물기계결합(pharmacomechanical coupling)**이라고 한다. IP_3 경로는 민무늬근육에서 수축을 유발하는 가장 기본적인 수단이다.

B. 수축

가로무늬근육에서 세포 내 Ca^{2+} 농도 증가는 트로포닌으로 하여금 트로포미오신을 액틴잔섬유 위에 있는 미오신 결합부위로부터 떨어져 나오게 한다(12·III·B 참조). 가로무늬근육 미오신은 매우 강력한 내재 ATPase 활성을 가지고 있어 일단 결합부위가 노출되면 수축이 매우 빨리 일어난다. 민무늬근육의 경우 ATPase는 MLC_{20} 조절가벼운사슬이 인산화되기 전까지는 비활성상태로 있다. 근육형질 Ca^{2+}이 증가되면 CaM에 의해 감지되고 이것은 그림 14.5에서와 같이 *미오신가벼운사슬키나아제(MLCK)*를 활성화시킨다. MLCK가 MLC_{20}를 인산화시키면, ATP가 존재하는 상태에서 미오신 머리는 바깥쪽으로 움직여서 액틴잔섬유에 있는 결합부위에 부착한다. 연결다리 주기는 가로무늬근육에서 언급한 것과 동일한 기전으로 진행된다(12·III·B 참조). 미오신 인산화는 민무늬근육 수축에서 반드시 필요하기 때문에, 가로무늬근육에서는 **가는잔섬유에 의해 조절**되지만 민무늬근육에서는 **굵은잔섬유에 의해 조절**된다고 말할 수 있다. 미오신 동형단백질의 역동학과 다단계 활성화 과정에 의해 민무늬근육은 뼈대근육에 비해 10~20배 느리게 수축한다.

C. 이완

근육형질 Ca^{2+} 농도가 다시 정상으로 돌아가면 이완이 일어난다. 민무늬근육 수축에는 *키나아제*와 인산화 과정이 필요하므로 이완에는 *인산분해효소(phosphatase)*가 필요하다.

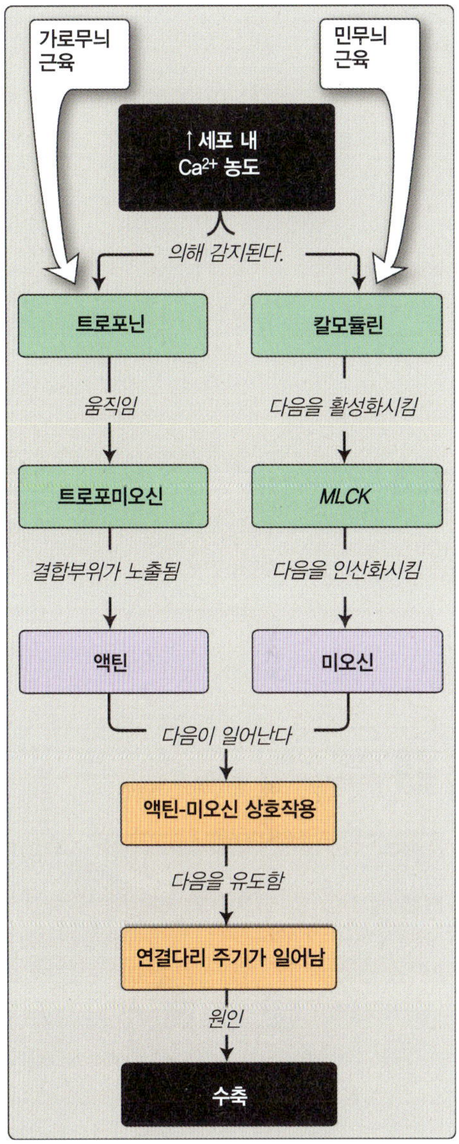

그림 14.5
가로무늬근육과 민무늬근육에서 연결다리 주기를 촉진하는 요소의 차이. *MLCK = 미오신가벼운사슬키나아제*

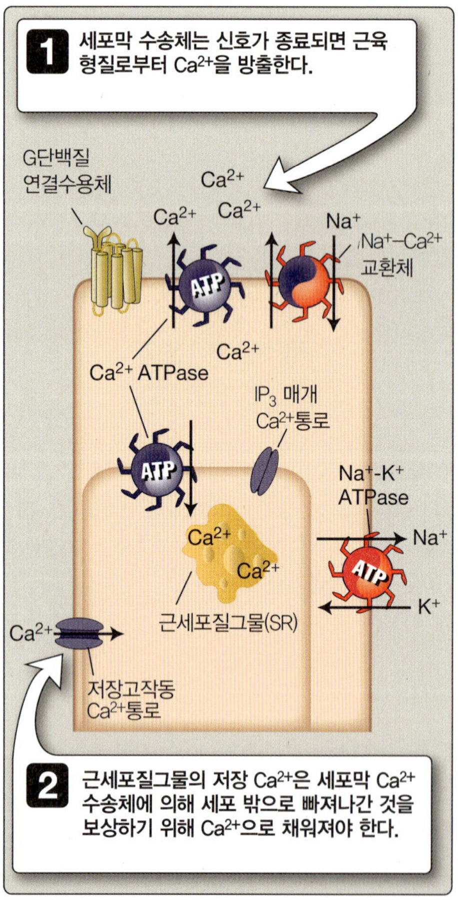

그림 14.6

민무늬근육 이완 동안 Ca^{2+} 조정. ATP = 삼인산아데노신; IP_3 = 삼인산이노시톨

임상 적용 14.2: 발기장애(Erectile Dysfunction)

남성이 성적으로 흥분하였을 때 일어나는 음경발기는 음경 내에 있는 3개의 굴모양 조직(**음경해면체[corpora cavernosae]**와 **요도해면체[corpus spongiosum]**) 공간 내로 혈류가 증가되고 정체되어 일어난다. 이들 공간으로의 혈류는 산화질소(NO)를 분비하는 부교감신경에 의해 조절된다. 산화질소는 내피(endothelium)에 의해 덮여 있는 민무늬근육세포로 구성된 해면체 내 기둥을 이완시킨다. 이완은 성행위를 위한 준비로 발기조직이 혈액으로 찰 수 있게 한다. 산화질소는 *구아닐사이클라아제* 활성화 및 고리형일인산구아노신(cGMP) 형성, *cGMP-의존 단백질키나아제*에 의해 세포 내 Ca^{2+} 농도를 조절하는데 관여하는 단백질 인산화 등을 통해 효과를 나타내는 작용시간이 매우 짧은 신호물질이다. 발기가 잘 되지 않거나 지속이 어려운 남성들은 *포스포디에스테라아제(phosphodiesterase, PDE)* 억제제인 sildenafil과 tadalafil 복용을 통해 도움을 받을 수 있다.[1] PDE는 NO를 분해하여 신호를 끝나게 한다. PDE 억제는 국소 산화질소 수준을 증가시켜 발기가 지속되게 한다.

1. **칼슘 재정상화(renormalization):** 흥분신호가 끝나면, Ca^{2+}은 Ca^{2+} ATPases와 Na^+-Ca^{2+} 교환체에 의해 세포로부터 빠져나가고, 근세포질그물 Ca^{2+} ATPase에 의해 근세포질그물로 돌아간다(그림 14.6). MLCK은 다시 탈활성화된다.

> *단백질키나아제 A*와 *단백질키나아제 G* 의존 경로(예: 산화질소)를 통해 민무늬근육 수축력을 조절하는 물질은 SERCA와 L 형 Ca^{2+} 통로 활성에 영향을 미쳐 작용한다.

2. **저장고 재충전:** 이완하는 동안 세포 내 Ca^{2+}을 운반함에 있어 근육속막에 있는 Ca^{2+} 수송체는 SERCA와 경쟁을 하므로 저장고는 세포 밖으로부터 **저장고작동 Ca^{2+}통로(store-operated Ca^{2+} channel, SOC)**을 통해 공급을 받아야 한다. 이 과정은 지속적인 민무늬근육 수축을 위해서 반드시 필요하다. SOC는 림프구를 비롯하여 많은 종류의 세포에서 일반적으로 관찰되며, Ca^{2+} 충전 신호를 감지하는 Ca^{2+} 감지기인 **Stim1**과 Ca^{2+}통로 혹은 Ca^{2+}통로 소단위인 **Orai**를 필요로 한다.

3. **탈인산화(dephosphorylation):** 일단 MLC_{20}이 인산화되면, 연결다리 주기는 수축을 위한 ATP가 공급되는 한 지속된다. 그러므로 민무늬근육의 이완은 본질적으로 활성화되어 있으며 항상 *MLCK*의 작용을 방해하는 *미오신인산분해효소(myosin phosphatase)*에 의존적이다. *미오신인산분해효소*는 단백질 인산분해효소 촉매영역(PP1c)과 미오신 결합소단위(MYPT1), 기능을 알지 못하는 작은 소단위로 구성되어 있는 일종

[1] *포스포디에스테라아제* 억제제에 대한 더 많은 정보는 *LIR Pharmacology 제5판* 참조.

의 단백질 시계이다. 근육형질 Ca^{2+}이 감소하면 *MLCK*는 탈활성화되며, *미오신인산분해효소*가 MLC_{20}의 인산을 제거하여 근육은 이완한다.

D. 자물쇠다리(latchbridge) 형성

만약 미오신이 액틴에 결합된 상태에서 탈인산화되면 이 상태를 잠김 혹은 "자물쇠가 채워짐(latch)" 되었다고 한다. 자물쇠다리는 근본적으로 매우 느린 주기를 가지고 있어 혈관과 조임근, 방광과 같이 속이 빈 기관들이 최소한의 ATP만을 사용하면서 오랜 시간 수축을 유지할 수 있도록 한다(뼈대근육이 똑같은 효과를 얻기 위해 필요로 하는 양의 ~1%이다). 자물쇠다리도 일종의 수축현상이므로 세포 내 Ca^{2+} 양이 최소한 안정 시 보다는 올라간 상태로 유지되어야 한다. 자물쇠다리 형성과 마침, 조절에 대한 자세한 내용들은 아직 밝혀져 있지 않지만, 자물쇠다리를 형성하는 것은 민무늬근육 고유의 매우 중요한 특성이다.

E. 조절

가로무늬근육의 힘 발생 조절은 세포 내 Ca^{2+} 농도 조절을 통해 이루어진다. 민무늬근육 경우는 발생되는 힘은 MLC_{20} 인산화 상태 변화에 따라 조절된다. 힘 발생은 MLC_{20}가 인산화된 경우에만 일어나는 연결다리 형성에 의존적이다. MLC_{20} 인산화 상태는 *MLCK*와 *미오신인산분해효소* 모두에 의존적이기 때문에 조절에 관여하는 요소는 많이 존재한다. 2 종류의 기본적인 조절 경로는 그림 14.7에서와 같이 *Rho-키나아제*(*ROCK*)와 *단백질키나아제 C* (*PKC*)이다.

1. ***Rho-키나아제***: *ROCK*는 GTP 결합단백질인 RhoA에 의해 조절되는 *세린-트레오닌 단백질키나아제*(*serine-threonine protein kinase*)이다. RhoA는 G단백질연결수용체(GPCR)가 노르에피네프린 혹은 앤지오텐신 II, 엔도텔린, 혹은 다른 여러 화학물질과 결합하면 간접적으로 활성화된다. *ROCK*는 MYPT1(*미오신인산분해효소*표적소단위[myosin phosphatase myosin binding subunit/myosin phosphatase target subunit 1])를 포함한 여러 개의 표적을 가지고 있다. 인산화는 *미오신인산분해효소* 활성을 억제하여 수축을 유발한다. *ROCK* 역시 *MLCK* 유사 활성을 가지고 있어 MLC_{20}에 대한 직접적인 효과를 통해 수축을 자극한다. 이 경로는 세포 내 Ca^{2+} 농도 변화와 독립적으로 작용한다는 점을 명심하여야 한다.

2. ***단백질키나아제 C***: *포스포리파아제 C* 활성화와 IP_3를 경유해 수축을 촉진하는 작용제는 동시에 디아실글리세롤 방출을 통해 *PKC*를 활성화시킨다. *PKC* 역시 CPI-17를 포함한 수축을 조절하는 많은 단백질을 인산화시킨다. CPI-17는 인산화되면 강력한 *미오신인산분해효소* 억제제로 작용하여 수축을 촉진하는 내재 17 kDa 단백질이다. *ROCK* 역시 *시험관 내*에서는 CPI-17를 인산화시키지만, *생체 내*에서는 민무늬근육 수축에 어떤 역할을 하는지 아직 밝혀지지 않았다.

> *ROCK*와 *PKC* 매개 수축력 증가는 **"Ca^{2+} 민감화(sensitization)"**로 설명이 가능하다. Ca^{2+} 민감화는 수축력의 Ca^{2+} 의존성을 호르몬 혹은 전달물질 결합에 의해 낮은 세포 내 Ca^{2+} 수준으로 이동시킨다는 것을 말한다.

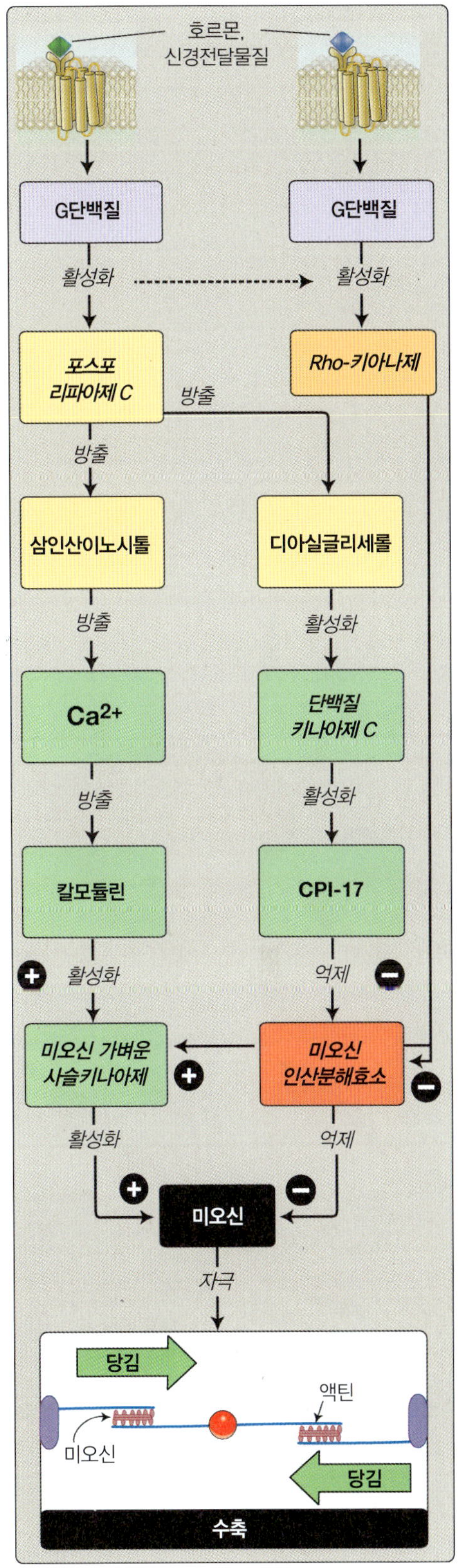

그림 14.7
민무늬근육 수축을 조절하는 경로

> **임상 적용 14.3: *Rho-kinase*와 고혈압**
>
> 본태고혈압(essential hypertension)은 혈관 민무늬근육 질환이다. 고혈압 유병률과 비용, 경제적인 부분, 개인 건강에 미치는 효과 등에도 불구하고 발생원인과 세포 내 경로에 대해 아직 많은 것이 밝혀지지 않았다. 높은 혈압은 부적절한 전신 혈관수축을 유발하고 좁아진 혈관을 통해 혈액을 밀어내기 위해 왼심실은 부하를 지게 된다. *Rho-kinase* (*ROCK*)는 민무늬근육 수축력의 가장 근본적인 조절인자이므로, *ROCK* 신호경로는 고혈압 원인과 치료방법으로서 관심을 받고 있다. Fasudil은 *ROCK* 특이 *키나아제* 억제제로 거미막밑출혈 이후에 일반적으로 나타나는 뇌혈관경련수축을 치료하기 위해 일본에서 사용하고 있다. 이 억제제는 대부분 종류의 민무늬근육을 이완시키므로 본태 및 폐동맥 고혈압 치료에 사용이 가능한지 현재 연구 중에 있다.

IV. 기계역학

가로무늬근육과 민무늬근육은 힘 발생 측면에 있어 동일한 기본 기전을 사용하므로 기계역학 역시 비슷하다. 굵은잔섬유와 가는잔섬유의 중첩 정도(전부하) 최적화가 힘을 최대로 발생시킬 수 있으며, 후부하가 증가되면 수축 속도는 느려진다. 그렇지만 아래에서 언급되는 것과 같은 차이점도 있다.

A. 수축 속도(contraction rate)

망막에 도달하는 빛 양을 감소시키기 위해 동공 크기를 줄여야 하는 것과 같은 특정한 요구가 있을 시 민무늬근육도 빠르게 수축할 수 있다. 민무늬근육에서 발견되는 미오신 동형단백질은 기본적으로 느린 ATPase 활성을 가지고 있지만 최고 수축 속도는 뼈대근육보다 조금밖에 느리지 않다.

B. 길이 적응(length adaptation)

민무늬근육은 속공간 직경이 변화하는 속이 빈 장기의 벽 장력을 조절한다. 예를 들어 기도와 혈관은 각각 호흡과 심장주기에 맞추어 주기적으로 이완과 수축을 하지만 벽에 포함되어 있는 민무늬근육은 주기 전체에 걸쳐 일정한 장력을 유지하여야 한다. 유사한 현상이 방광에서 관찰되는데 방광 내 부피가 약 6 mL에서 가득 찰 경우인 약 500 mL까지 증가되면, 방광이 차는 어떤 특정 시점에서 벽 속 배뇨근은 수축을 하여 소변을 방출하게 한다. 방광이 차는 동안 근육의 "작은근육원섬유마디(minisarcomeres)"는 생리학적 한계까지 늘어난다. 늘어남은 액틴과 미오신의 중첩 정도를 감소시켜 다른 근육에서와 마찬가지로 수축력을 제한하게 한다. 하지만 민무늬근육은 몇 분간의 이러한 스트레스에 적응하고 심지어 길이가 늘어났음에도 불구하고 최고 수축력을 회복할 수 있는 특성을 가지고 있다. 이러한 현상을 **길이적응(length adaptation)**이라고 하며 민무늬근육의 고유 특성이기도 하다. 어떤 경로가 관여하는지에 대해서는 잘 알려져 있지 않지만 가

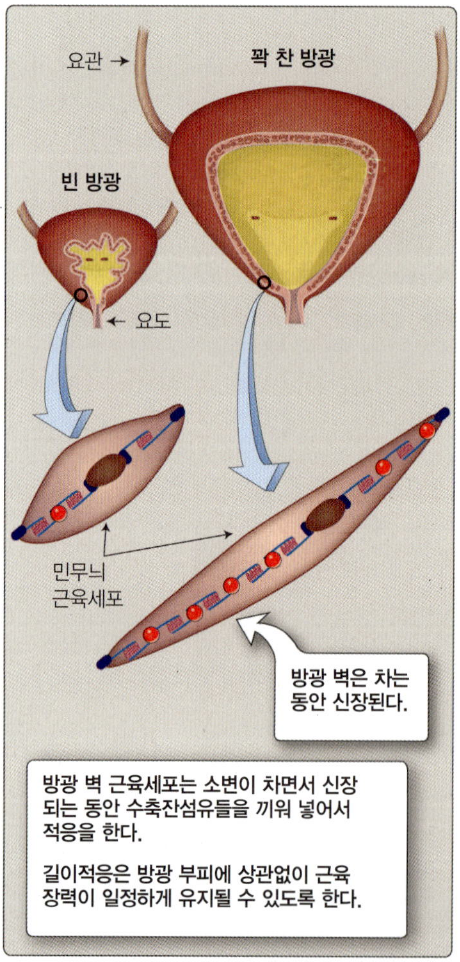

그림 14.8
방광이 차는 동안 길이적응

로무늬근육과 민무늬근육의 중요한 차이점 중 하나에 의해 발생된다. 가로무늬근육 수축잔섬유의 길이와 숫자는 매우 한정적이며 수축배열도 일정한 벡터를 따라 최적의 힘을 발생시킬 수 있도록 배열되어 있지만, 민무늬근육은 기본적으로 유연성이 매우 높은 세포이다. 늘어났을 때 근육세포는 수축단위를 복제하여 원래의 조합체에 이들을 직렬로 연결시킨다(그림 14.8). 또한 기존의 잔섬유 역시 당연히 길어진다. 근육이 원래 길이로 돌아오면 추가된 수축단위를 제거하거나 수축배열 길이를 줄여 다시 적응하게 한다. 전체 세포골격 뼈대는 이러한 변화에 적응하기 위해 개조되어야 한다. 관여하는 경로와 단백질은 수축을 시작하고 조절하는데 관여하는 것과 동일한 것들이다.

V. 종류

민무늬근육은 여러 가지 방법으로 분류할 수 있는 참으로 다양한 성질을 지닌 조직형태이다. 가장 유용한 분류 방법은 기능에 따른 분류이다. **위상민무늬근육(phasic smooth muscle)**은 자극을 받게 되면 일시적으로 수축을 한다. 예로는 위창자관(위, 작은창자, 큰창자)과 비뇨생식관(요관, 방광, 정관, 자궁관, 자궁) 벽을 형성하는 근육을 들 수 있다. **긴장민무늬근육(tonic smooth muscle)**은 지속적인 수축이 가능하며, 이러한 특성은 지속적인 근육장력을 유지하는데 사용된다. 예를 들면 혈관과 기도, 조임근(아래식도조임근, 날문조임근), 눈 섬모체 및 홍채 근육 등을 들 수 있다.

> 대부분 민무늬근육 종류는 다양한 형태의 자극에 반응하기 위해 위상과 긴장이 섞여 있다.

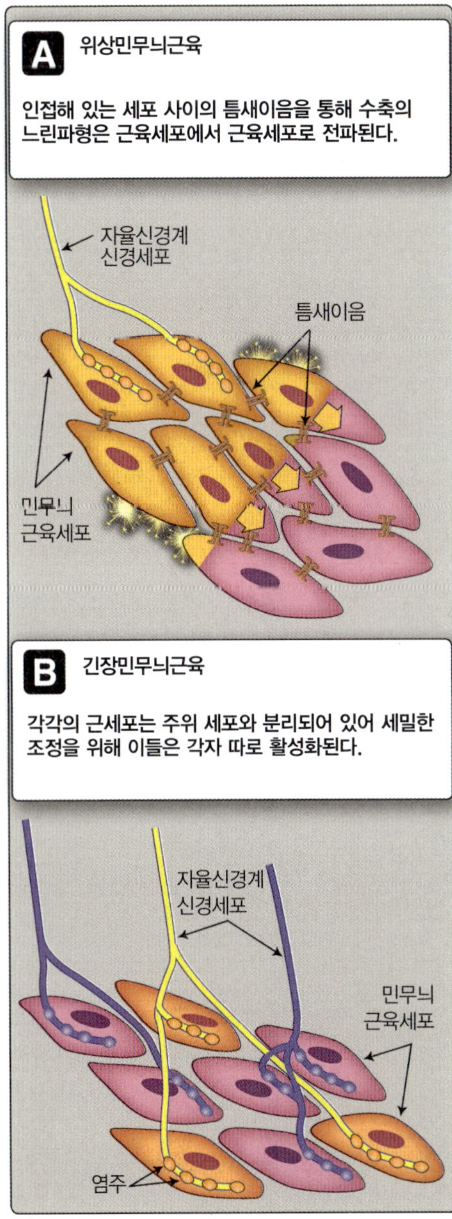

그림 14.9
위상 및 긴장민무늬근육 수축력 조절

A. 위상

위상민무늬근육은 흔히 심장근육과 유사한 기능을 한다. 특수한 박동조율기 세포가 활동전위를 생성하고 이것은 틈새이음을 통해 모든 근육에 전달될 때까지 세포에서 세포로 전달된다.

1. **박동조율기:** 일부 민무늬근육세포는 자발적인 막전위(V_m) 변화를 만들 수 있다. 위창자관에서 이러한 현상은 분당 약 3~5회의 주기를 보이는 "느린파형(slow wave)"으로 나타난다. 만약 이 파가 문턱값을 넘을 정도로 충분히 커지면 활동전위가 유발되고 이것은 틈새이음을 통해 전체 근육으로 퍼져나간다. 이러한 전기적 현상을 따라 수축파가 발생된다(그림 14.9A). 위상근육 내에 존재하는 모든 근육세포는 마치 하나의 단위같이 흥분하기 때문에 "**단단위(unitary)**" 민무늬근육이라고도 한다.

2. **활동전위:** 민무늬근육 활동전위는 느리고 형태와 시간 경과가 매우 다양하다. 오름가지(upstroke)는 심장 결절세포 "느린" 활동전위 오름가지와 동일하게 L형 칼슘통로에 의해 형성된다(17·IV·B 참조). Ca^{2+} 유입은 수축을 유발하고 동시에 Ca^{2+} 활성 K^+통로(Ca^{2+}-activated K^+-channel)("BK" 통로)를 연다. Ca^{2+}통로 비활성화와 함께 BK 매개 K^+ 유출은 막을 재분극시키고 활동전위 내림가지를 형성한다.

B. 긴장

긴장민무늬근육(**다단위[multiunit]** 민무늬근육으로도 알려져 있음)은 각각의 근육세포 혹은 근육세포 무리가 주위의 것들과 독립적으로 기능을 한다는 측면에서 뼈대근육과 유사하다(그림 14.9B). 이러한 특성에 의해 움직임의 예민한 조정이 가능하다. 예로는 동공직경과 눈 렌즈의 정확한 조정을 들 수 있다. 다단위 조정은 별개의 운동단위 조합을 이용하여 수축력을 조절하는 뼈대근육과 같이 동원을 통해 계단형태가 아닌 직선형태의 힘 발생 차이를 만들어 낸다(12·IV·D 참조). 전형적으로 긴장민무늬근육은 활동전위를 만들지 않으며 수축은 그 어떠한 막전위 변화 없이 III절에서 언급한 것과 같은 경로를 통해 일어난다.

14장 요약

- **민무늬근육**은 기본적으로 신체 모든 영역에서 다양한 기능을 한다. 이것들은 **혈관**과 **기도, 창자, 비뇨생식관**을 포함한 많은 속이 빈 장기 벽에서 발견된다. 민무늬근육은 가로무늬근육에 비해 느리게 수축하며 최소한의 에너지 사용으로 지속적인 장력을 유지할 수 있다.

- 민무늬근육 수축은 액틴과 미오신 상호작용에 의해 일어나지만 가로무늬근육에 비해 굵은잔섬유와 가는잔섬유가 느슨하게 구성되어 있다.

- 수축은 일반적으로 세포 내 Ca^{2+} 농도 증가로 시작된다. Ca^{2+}은 Ca^{2+}통로를 통해 세포 밖에서 유입되거나 혹은 **근세포질그물(SR)**에 있는 Ca^{2+} 저장고로부터 동원된다. SR의 Ca^{2+} 방출은 세포 외부로부터 Ca^{2+} 유입(Ca^{2+}유발Ca^{2+}방출) 혹은 세포 내 삼인산이노시톨(IP_3) 농도 증가에 의해 일어난다. 후자의 경우 세포막 수용체 결합과 이것이 SR에 있는 **IP_3매개 Ca^{2+}통로**에 작용하여 발생된다.

- 민무늬근육에서 연결다리 주기 조절은 미오신 인산화를 통해 일어난다. 세포 내 Ca^{2+} 농도 증가는 Ca^{2+} 칼모듈린에 의존하는 ***미오신가벼운사슬키나아제(MLCK)*** 활성화를 유발한다. *MLCK*는 미오신 머리를 인산화시켜 연결다리 주기가 시작되게 한다.

- 민무늬근육 이완은 Ca^{2+} 수준이 떨어지고 *미오신가벼운사슬키나아제*가 탈활성화되면 일어난다. ***미오신인산분해효소***는 미오신을 탈인산화시켜 이완이 일어나게 한다. Ca^{2+} 수준이 안정 시 보다 아주 조금 높을 때 민무늬근육은 최소한의 에너지 사용으로 오랜 시간 근육장력이 유지되는 **자물쇠다리 형성(latch state)** 상태가 발생한다.

- 민무늬근육 수축상태는 *미오신가벼운사슬키나아제*와 *미오신인산분해효소* 활성도 균형에 의해 조절되며 세포 외 화학물질은 이러한 균형을 바꿈으로써 수축력을 조절한다. *미오신인산분해효소*는 수축력을 향상시키는 ***단백질키나아제 C***와 ***Rho-키나아제***가 관여하는 경로를 통해 조절된다.

- 민무늬근육은 상당한 기간 동안 내부 부피가 변화하는 속이 빈 장기의 일정한 장력을 유지하는데 필요하다. 이것은 장기가 늘어나거나 혹은 수축하였을 때 여기에 맞춰 길이-장력 관계가 변화되도록 하는 길이적응을 통해 가능하다. **길이적응**은 근육원섬유마디와 세포골격 개조가 관여한다.

- 민무늬근육은 크게 2 종류로 구분할 수 있다. **위상(단단위)** 민무늬근육은 심장근육과 유사하게 하나의 단위로 작용한다. 주위 근육세포는 틈새이음을 통해 연결되어 있으며, 이를 통해 흥분과 수축이 하나의 세포에서부터 다음으로 전파되어 간다. **긴장(다단위)** 민무늬근육은 마치 뼈대근육의 구성과 유사하게 각각의 기능과 조절이 독립적으로 이루어지는 근육세포로 구성되어 있다.

뼈

15

I. 개요

뇌를 비롯한 많은 물렁조직은 뼈로 구성된 보호 구조 안에 놓여 있다. 뼈는 뼈대근육과 함께 운동을 하고, 사물을 조작할 수 있도록 팔다리를 구성한다. 206개 뼈는 연골과 인대, 힘줄, 뼈대근육과 함께 사람 **골격**을 형성한다. 이들 소식은 골격구조를 형성함과 동시에 뼈 움직임 조정에 관여한다. 뼈는 결합조직의 일종이며(4·IV·A 참조), 광물화되어 스트레스와 외상에 대해 높은 저항력을 가지고 있다. 뼈의 광물 성분은 인체가 사망하고 물렁조직이 모두 부패한 후에도 오래 지속되지만 무한정 유지되는 조직은 아니다. 뼈는 세포가 많이 몰려있는 굴과 공간으로 구성된 벌집모양을 하고 있으며, 이들 굴과 공간은 바탕질을 뚫고 지나가는 혈관과 신경섬유 통로를 제공한다. 많은 뼈는 혈구세포를 만들고 지방을 저장하는 골수로 채워진 중간 방을 가지고 있다(그림 15.1). 끝으로, 뼈는 끊임없이 개조되고 재편성되는 매우 동적인 조직이다. 개조는 일부 기계스트레스에 적응하는 반응이지만, 한편으로는 뼈가 엄청난 칼슘과 인산염을 저장(각각 몸 전체 양의 ~99%와 80%)하고 있음을 보여주는 것이며, 이들 저장된 형대는 혈중 농도가 정상 이하로 떨어지게 되면 동원된다.

II. 형성

뼈 구조는 2개의 대립되는 요구를 충족하여야 한다. 뼈는 기계적인 외상으로부터 물렁조직을 보호하고 이동 시 체중을 버틸 수 있을 만큼 강해야 한다. 뼈 탄성은 뼈를 무겁게 하는 무기질에 의해 나타난다. 다른 한편 뼈는 외부 위협(예: 약탈자)에 빠른 반응을 보이기 위해 충분히 가벼워야 한다. 가벼운 뼈는 다른 한편 부러지기 쉽다. 뼈 골절은 생명을 위협(포식 혹은 출혈, 순환 쇼크)하기 때문에 어떠한 경우에서도 피해야 한다. 그러므로 뼈 구성은 강도와 무게 2가지 측면을 다 만족할 수 있어야 한다. 실제로 뼈는 정상적인 기계스트레스 그 이상을 견딜 수 있을 만큼 충분한 무기질을 함유하고 있다.

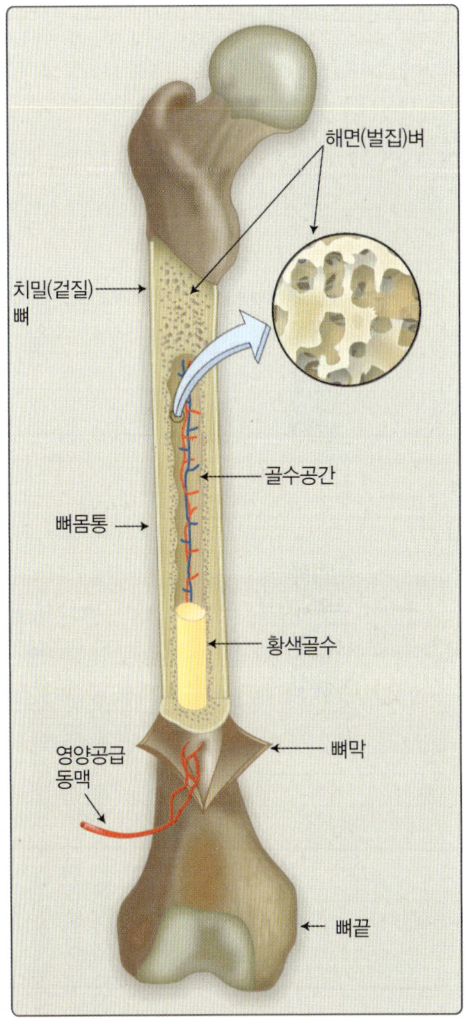

그림 15.1
뼈 구조

표 15.1 뼈 구성

요소(무게에 대한 %)	구성
유기질(30%)	세포(~2%) 1형 아교질(~93%) 바탕질(~5%)
무기질(70%)	Ca^{2+}과 PO_4^{3-} 결정

> 팔다리의 뼈는 정상적인 활동을 하는 동안 경험하는 것보다 3~4배 정도 변형이 가해지게 되면 부러지게 된다. 만약 스트레스 수준이 지속적으로 증가되다면(예: 웨이트 트레이닝), 뼈 개조는 부가된 스트레스를 보상하는 쪽으로 진행(the Wolff law)되어 정상 안전범위를 새롭게 조정하게 된다.

얇으면서도 매우 꽉 찬 바깥층은 대부분의 뼈 광물질이 포함되어 있으며 강도를 나타내는 곳이다. 이러한 구조는 의자와 책상 다리에 사용되는 속이 빈 강철관과 유사하다. 뼈 속은 공기로 차 있는 것이 아니라 가벼우면서 구멍이 많은 바탕질로 구성되어 있다. 압박과 기계적 전단에 견딜 수 있는 것은 무기질과 단백질 탄성혼합에 의해 이루어진다(표 15.1).

A. 무기질 성분(mineral component)

압박을 견딜 수 있게 하는 것은 ~50 nm 길이를 가지고 있는 가늘고 얇은 판모양을 하고 있는 **수산화인회석(hydroxyapatite)** 결정이다. 수산화인회석은 자연 석순(stalagmites)과 무기질 딱지(mineral crusts)에서 볼 수 있는 칼슘과 인산염(Ca_{10} $[PO_4]_6$ $[OH]_2$)으로 구성된 무기질이다.

B. 단백질 골격(protein scaffolding)

수산화인회석 결정은 실제로 압축되지 않고 비틀어진다. 뼈의 자연적인 특징을 최대로 살리기 위해서 아교질 섬유와 혼합되고 매어져야 한다(그림 15.2). 시멘트는 Mg^{2+}과 Na^+(몸 전체 Na^+의 ~25%가 뼈에 있다)이 풍부한 점액다당류로 만들어진다. 아교질은 유연성이 매우 높으며 장력(신장)과 전단력에도 강한 저항을 보이는 힘줄의 기본 성분이다. 아교질 섬유와 이 속에 박혀 있는 수산화인회석 결정이 **바탕질(ground substance)**에 의해 서로 혼합이 되면(4·IV·B·3 참조), 무거운 부하에도 견딜 수 있으며 또한 기계적인 충격에도 부러짐 없이 비틀리고 휠 수 있는 유연성을 가진 물질이 된다. 이와 유사한 건조 기법이 어도비 벽돌(밀집과 진흙의 혼합)과 철근 콘크리트(철근 봉 혹은 "철근[rebar]"과 시멘트)를 만들 때 사용된다.

C. 조합(assembly)

뼈는 섬유모세포와 관련이 있는 **뼈모세포(osteoblast)**에 의해 만들어진다(4·IV·B 참조). 뼈 형성은 4단계로 구분된다: 아교질 침착과 바탕질 분비, 결정 안착, 마지막으로 성숙.

1. **아교질 침착:** 뼈 형성은 **아교질** 골격을 형성하는 것으로부터 시작된다. 아교질 분자는 모아교질(tropocollagen) 소단위 사슬로 구성되며, 각각은 3개의 폴리펩티드 사슬이 나선으로 꼬여 있다. 단량체(monomer) 끝과 끝이 연결되어 자연적으로 **아교질원섬유**를 형성하며 이것은 콘크리트에 있는 지지철근에 해당하는 세포 구조이다. 원섬유 내에 있는 단량체는 광범위하게 교차결합하여 벽의 벽돌과 같이 쌓이게 되며 이를 통해 추가적인 안정성과 강도가 제공된다.

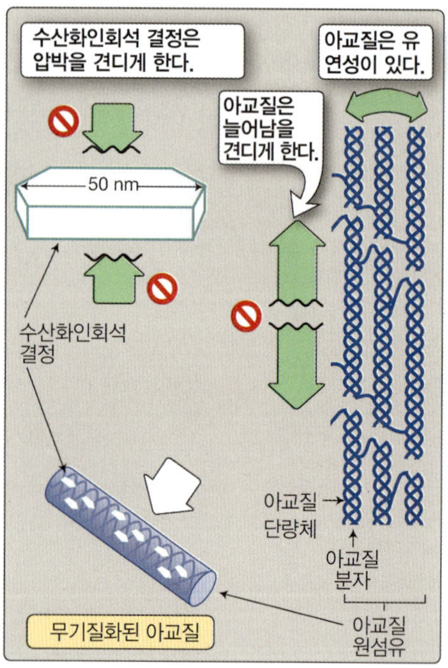

그림 15.2
무기질화된 아교질 형성

임상 적용 15.1: 불완전뼈형성(Osteogenesis Imperfecta)

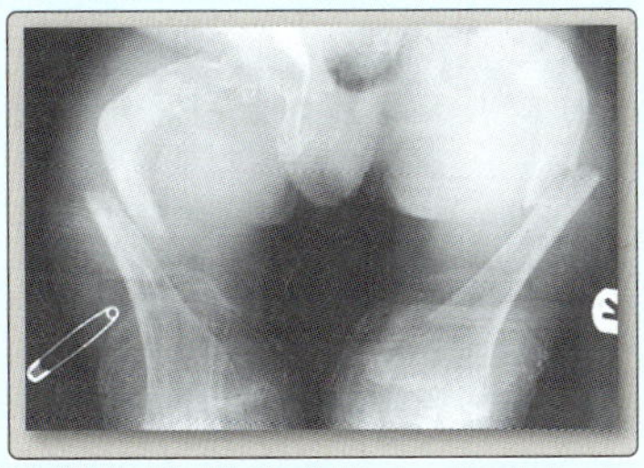

불완전뼈형성을 가진 소아의 골절

불완전뼈형성 혹은 "부스지기 쉬운 뼈 질환(brittle bone disease)"은 2개의 I형 아교질유전자에 유전적 결함이 있어 발생한다. 가장 흔한 원인은 3개 나선 형태줄이 정상적으로 맞닿는 곳의 글라이신이 부피가 더 큰 아미노산으로 대체되는 것이다. 결과적으로 분자 "물집"이 만들어져 정상적인 원섬유 생성과 수산화인회석 결정 침착이 되지 않게 된다. 이러한 아교질에 의해 형성된 뼈는 약하고 쉽게 부서진다.[1]

2. **바탕질:** 바탕질은 모든 조직의 세포 사이 공간을 채우고 있는 무정형 젤과 같은 물질이며, 글리코사미노글리칸과 프로테오글리칸, 당단백질, 염, 물로 구성되어 있다. 뼈 바탕질은 다른 조직에서 관찰되는 것과는 Ca^{2+}과 PO_4^{3-}로 포화되어 있다는 점이 다르다. 아교질원섬유와 바탕질 혼합을 **풋뼈(osteoid)**라고 부른다(그림 15.3).

3. **결정 안착:** 뼈모세포는 칼슘인산염 결정이 침전되는 시점, 즉 Ca^{2+}과 PO_4^{3-}가 과포화될 때까지 바탕질로 무기질을 지속적으로 분비한다. 뼈모세포는 아교질원섬유와 혼합되는 종지 결정을 분비하여 지속적인 성장을 위한 핵형성 장소를 제공한다. 원섬유는 무정형 무기질 침착으로 서서히 덮이기 시작한다.

4. **성숙:** 이어지는 몇 달 동안, 칼슘인산염 결정은 성숙된 수산화인회석을 형성하기 위해 뼈모세포에 의해 개조된다. 판상의 수산화인회석 결정은 프로테오글리칸에 의해 아교질원섬유에 묻히게 되고, 원섬유는 광범위하게 상호결합하여 뼈가 구조 강철에 상응하는 인장강도를 가질 수 있도록 한다.

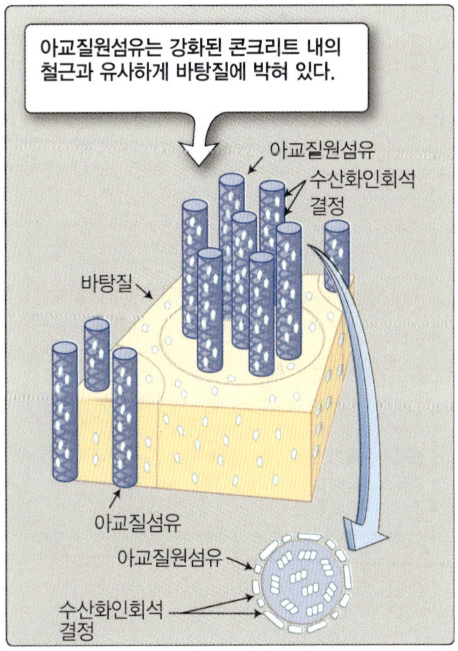

그림 15.3
풋뼈

D. 미숙(immature)

뼈 침착은 정상적으로 매우 느린 과정이어서 뼈가 손상을 받은 후 회복하여야 하는 경우에는 문제가 발생될 수 있다. 골절이 건강한 사람에 있어서는 흔한 상황은 아니지만 살다 보면 어느 순간 뼈가 부러질 수 있다. 손가락 첫마디가 부러지면 매우 아프며 불편하지만 주요 팔다리 뼈(예: 넙다리뼈)가 부러지는 것은 움직임에 장애를 초래하므로 더욱 심각하다. 야생에서 다리가 부러지는 것은 동물이 약탈자에게 쉽게 잡아 먹히는 상황을 초래하므로 새로운 뼈 침착은 힘 회복보다 훨씬 빨리 일어난다. 이러한 이유로 성숙된 뼈보다 약하지만 **무층뼈(woven bone)**가 형성되어 몇 주 내에 부러진 부분이 회복되어야 한다(그림 15.4A). 시간이 지남에 따라 무층뼈

INFO LINK [1] 불완전뼈형성에 대한 더 많은 정보는 *리핀코트의 그림으로 보는 생화학 제6판* 참조.

임상 적용 15.2: 파제트병(Paaget Disease)

파제트병은 골엉성증 다음으로 두 번째로 흔한 뼈질환이다. 원인은 밝혀져 있지 않다. 파제트병 증상은 비정상적으로 높은 뼈파괴세포 활동에 의해 나타나며 주로 하나의 뼈만을 침범한다. 뼈파괴세포는 뼈가 개조되는 동안 정상적으로 뼈를 소화시킨다. 뼈모세포는 새로운 무층뼈를 생성함으로써 뼈 손실을 보상하지만 침범된 뼈의 전환율이 매우 높아서 성숙되고 강화될 수 있는 시간적 여유가 없다. 대부분 파제트병 환자는 무증상으로 지낸다. 나머지에서는 뼈 변형과 관절염, 뼈 통증, 말초신경이 눌려져서 생기는 여러 증상들이 관찰되며 골절 발생률도 증가한다.

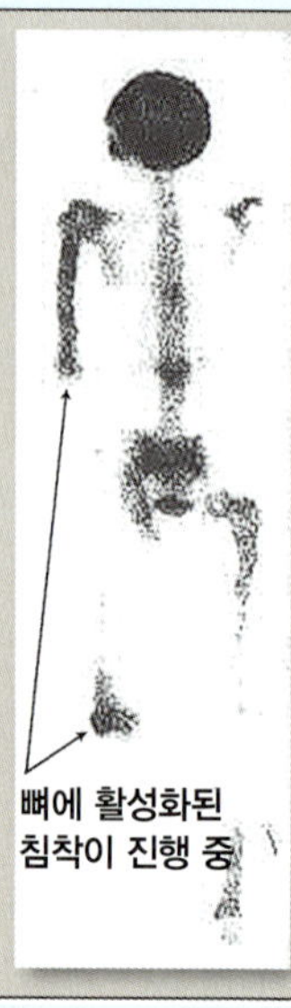

파제트병 환자 뼈스캔

A 무층뼈 내 아교질섬유는 불규칙하게 배열되어 있다.

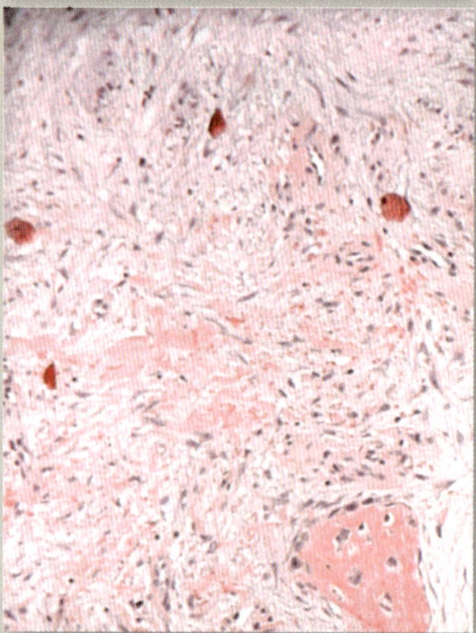

B 뼈가 형성되는 동안 아교질섬유는 층뼈를 형성하기 위해 스트레스가 가해지는 방향으로 정렬된다.

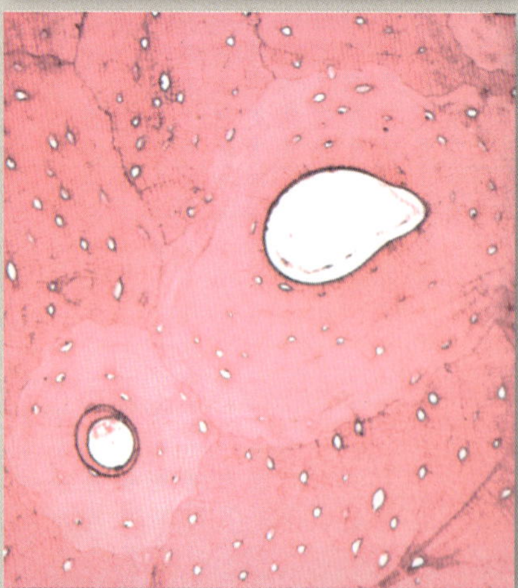

그림 15.4
무층뼈 및 층뼈

는 성숙된 **층판(lamellar)** 형태로 개조되어 치환된다(그림 15.4B 참조). 무층뼈는 잘라서 보면 뼈모세포가 풋뼈 사이에 불규칙하게 아교질섬유를 침착하고 있어 직물 형태를 취하고 있다. 불규칙한 방향은 모든 방향 스트레스에 대해 저항을 할 수 있도록 하며 부러진 뼈를 위한 훌륭한 만능판으로 작용한다. 무층뼈는 성장판에서도 발견된다.

E. 성숙

뼈가 완전히 성숙하기 위해서는 3년이 걸린다. 이 기간 동안 최대 강도를 제공하기 위해 가장 많은 스트레스가 가해지는 방향으로 아교질섬유가 배열된다. 층판뼈는 **뼈단위(osteon)** 혹은 **하버스계(Haversian system)**로 알려진 넓이가 ~200 μm이며 길이는 몇 밀리미터인 원주로 구성된 10~30개의 동심테가 쌓아 올려져 형성된다(그림 15.5). 각 원주 중심에는 **하버스관(Haversian canal)**이 있으며 이를 통해 혈관과 신경이 지나간다. 층판뼈는 밀도와 다공 정도에 따라 **치밀뼈(compact bone)**와 **해면뼈(trabecular bone)** 2 종류로 구분한다.

1. **치밀:** 치밀뼈는 매우 치밀하며 강도를 위한 구조를 가지고 있다. **겉질뼈**로도 알려져 있으며 모든 뼈 주변부에서 발견된다.
2. **기둥:** 해면뼈(**벌집[cancellous]** 혹은 **스폰지뼈[spongy bone]**)는 뼈 중심에 있는 골수공간을 둘러싸고 있다. 이것은 레이스 모양의 구멍이 많은 구조를 가지고 있어 매우 높은 표면적을 제공한다. 혈장 Ca^{2+} 수준이 떨어지면 해면뼈가 순환으로 무기질을 가장 먼저 방출한다. Ca^{2+}과 PO_4^{3-}수준이 다시 정상으로 돌아가면 뼈는 재형성된다. 특히 척추에서 해면뼈는 결정적인 기계적 도움을 제공하기도 한다.

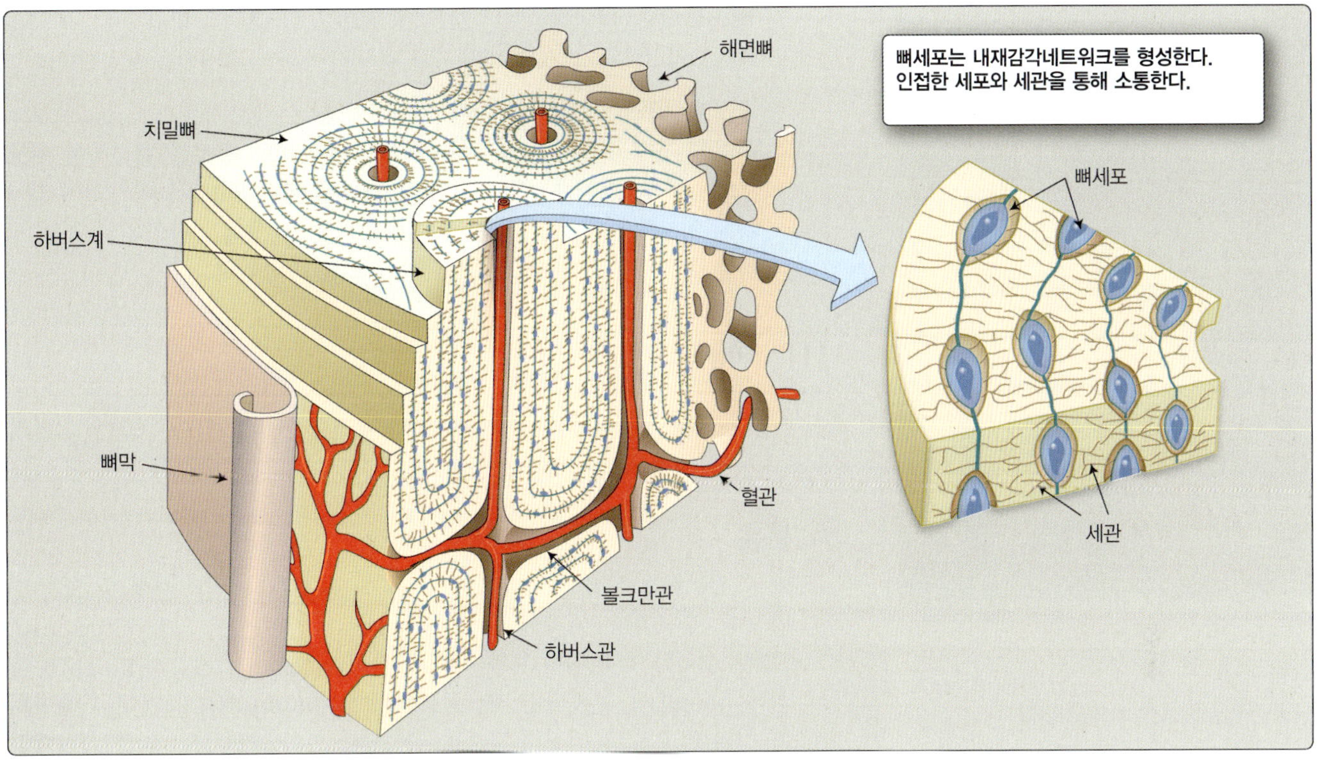

그림 15.5
치밀뼈 하버스계

F. 혈관계

뼈 역시 살아 있는 조직이므로 혈액을 공급받아야 한다. 혈관은 뼈의 비관설 부위를 덮고 있으며 혈관과 신경이 부착되는 지점으로 사용되는 섬유막인 **뼈막(periosteum)**을 통해 뼈로 들어간다. 뼈로 가는 동맥은 겉질을 통과해서 속질에서 끝난다. 작은 동맥혈관은 골수 공간을 따라 진행하다가 다시 뼈로 들어가서 그 속에 있는 세포에 혈액을 공급한다. 혈관은 **하버스관**을 따라 세로 방향으로 진행되며 **볼크만관(Volkmann canal)**을 통해 겉질쪽으로 나간다(그림 15.5 참조).

G. 스트레스 감시계(stress-monitoring system)

뼈 형성이 완성되면 뼈모세포는 세포자멸사가 되거나 또는 **뼈세포(osteocyte)** 혹은 **뼈피복세포(bone lining cell)**로 계속 남아 있게 된다. 이들 2종류의 세포는 뼈 스트레스와 완벽함을 감시하는 감각네트워크로 작용한다.

1. **뼈세포:** 일부 뼈모세포는 뼈 형성이 되는 동안 자신들이 만든 풋뼈에 묻혀 몇 년 동안 뼈세포로 존재하게 된다. 뼈세포는 **방(lacunae)**이라 불리는 작은 공간(~10–20 μm)에 위치하며 여기서 뼈 스트레스 수준을 감시하여 만약 작은 골절이 발생되면 개조 신호를 보낸다(그림 15.5 참조). 이 세포는 뼈 바탕질 전체를 관통하고 있는 아주 작은 통로(**세관[canaliculi]**)를 통해 모든 방향으로 길고 가는 돌기(**가지돌기[dendrite]**)를 뻗고 있다(그림 15.6). 세관은 뼈세포와 뼈피복세포가 접촉하고 있는 장소에서 틈새이음을 통해 서로 소통을 할 수 있도록 한다.

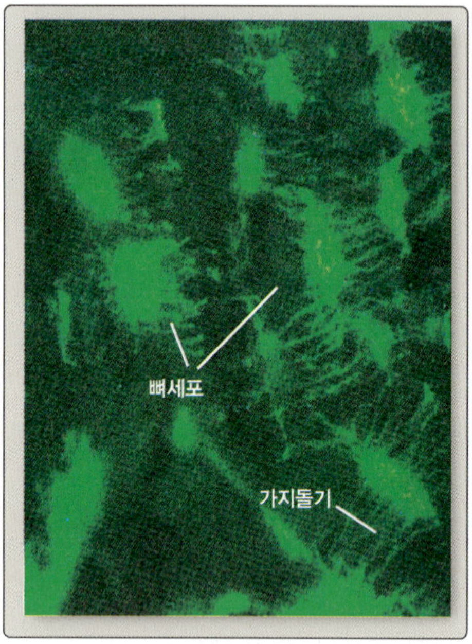

그림 15.6
형광염색을 이용한 뼈세포 관찰

2. **뼈피복세포:** 뼈피복세포는 모든 뼈 표면을 한 층으로 덮고 있다. 이들은 뼈세포와 소통하고 또한 뼈세포와 뼈 바깥쪽과의 경계면을 제공한다.

3. **영양분 공급:** 세관은 혈관이 지나가기에는 너무 작은 0.5 μm 이하의 직경을 가지고 있어, 대신 세포외액이 지나가는 통로를 제공하여 뼈세포로 산소와 영양물질을 공급한다. 흐름은 혈관에서 만들어진 정수압에 의해 이루어진다. 뼈세포는 뼈 변형에 의해 발생되는 세포외액 유량 변화를 감지하여 뼈에 대한 스트레스 정도를 판단한다.

III. 해부학과 성장

인체 골격을 형성하는 뼈는 다양한 모양과 크기를 가지고 있다. 이들은 일반적으로 모양을 기준으로 분류하고 있다.

A. 분류

뼈는 해부학적 구조를 바탕으로 다섯 개 군으로 나눈다: 긴뼈 및 짧은뼈, 납작뼈, 불규칙뼈, 종자뼈(sesamoid bones). 긴뼈는 팔(위팔뼈[humerus], 노뼈[radius], 자뼈[ulna])과 다리(넙다리뼈[femur], 정강뼈[tibia], 종아리뼈[fibula])에 존재한다. 뼈 몸통(**뼈몸통[diaphysis]**) 중간에는 해면뼈가 있는 길고 얇은 겉질뼈 관으로 구성되어 있다(그림 15.1 참조). 끝(**뼈끝[epiphysis]**)으로 갈수록 전형적으로 넓어져서(**뼈몸통끝[metaphysis]**) 다른 뼈와 관절을 이루는 부위를 형성한다. 끝부분은 부하를 분산시키기 위해 넓어져 있으며 이동 중에 발생하는 충격을 흡수하기 위해 해면뼈로 차 있다. 성장기 동안 뼈몸통끝과 뼈끝 사이에는 성장판(physis) 혹은 뼈끝판(epiphyseal plate)이라고 부르는 새로운 뼈가 활발하게 형성되는 성장판이 존재한다.

B. 성장

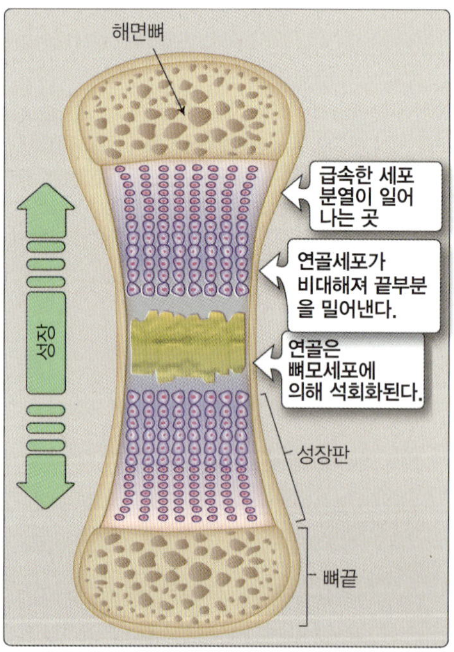

그림 15.7
뼈성장

태아발달과 소아기를 거치는 동안 뼈 성장(넓어지고 길어짐)은 **연골세포(chondrocyte)**에 의해 영향을 받는다. 연골세포는 뼈모세포를 만드는 것과 동일한 중간엽줄기세포로부터 유래되며 성장판 내에서 10~20개의 기둥을 형성하면서 배열되어 있다. 연골세포는 뼈가 급속하게 분열하는 아주 끝 부분에 존재한다(그림 15.7). 기둥을 따라 내려가면서 연골세포는 커져서 끝부분을 밀어낸다. 연골세포는 또한 뼈모세포에 의해 무기질화되고 그 다음 진행되는 뼈형성 틀을 형성하는 연골을 분비한다. 오래된 연골세포는 결국 세포자멸사하게 되어 바탕질 내에 공간을 만들고, 이 공간은 신경과 혈관, 추가적인 뼈모세포로 채워지므로 뼈 성숙이 완성된다. 골격 성장이 끝나면 성장판은 축소되고 2개의 뼈끝은 몸통과 합쳐지게 된다(**뼈끝닫힘[epiphyseal closure]**).

C. 골수

골수는 일부 뼈 중간에 위치한 물렁조직이다. 2 종류가 있다: 적색골수와 황색골수.

1. **적색:** 적색골수는 적혈구 및 대부분의 백혈구, 혈소판을 포함한 모든 혈액세포의 원천이다. 혈액세포는 만능조혈줄기세포로부터 만들어진

다. 골수는 뼈모세포와 연골세포 등을 생성하는 중간엽줄기세포가 위치하는 곳이기도 하다.

2. **황색:** 황색골수는 지방을 저장한다. 황색골수는 성인기 동안 긴뼈에 나타나고 축적된다. 이것은 적색골수로부터 유래되며 만약 혈액세포 생산이 증가될 필요성이 있으면 적색골수로 전환될 수 있다.

IV. 개조

뼈는 역동적인 조직이어서 젊은이 경우 1년에 약 20%가 지속적으로 전환되며 노인의 경우는 1년에 1~4%로 낮아진다. 개조는 일종의 기계적 스트레스에 대한 반응뿐만 아니라 뼈가 Ca^{2+}과 PO_4^{3-} 저장소로 매우 중요한 역할을 하고 있다는 증거이기도 하다. 개조에는 4 종류의 세포가 관여하는데 이들이 합쳐져 **기본다세포단위(basic multicellular unit, BMU)**을 만든다. 뼈세포는 개조 필요성을 전달하고, 뼈피복세포는 개조를 촉진하고 조율하며, **뼈파괴세포(osteoclast)**는 오래된 뼈를 소화하고, 뼈모세포는 새로운 뼈를 형성한다(그림 15.8). BMU는 개인의 일생 동안 끊임없이 뼈를 치환하기 위해 해체와 건조를 반복한다.

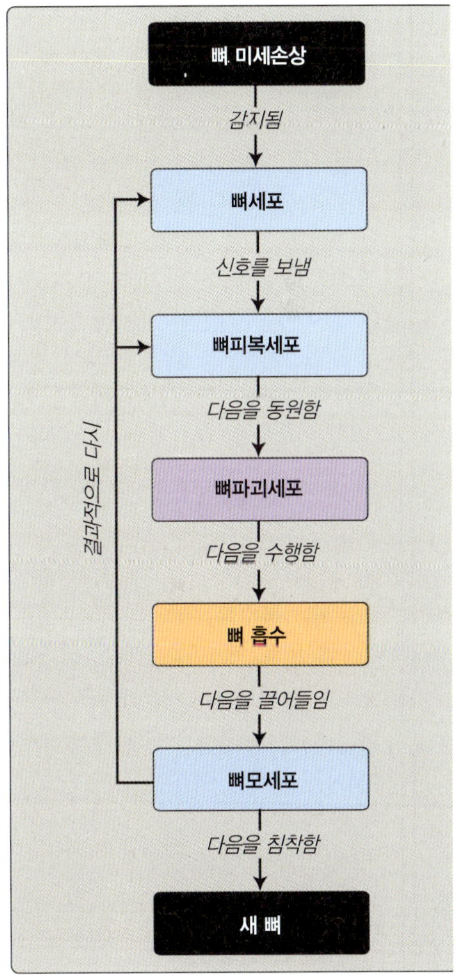

그림 15.8
기본다세포단위 개념도

A. 원인

뼈 게조를 유발하는 3가지 중요한 원동력이 있다: 기계스트레스와 미세손상(microdamage), Ca^{2+}과 PO_4^{3-} 항상성 유지.

1. **기계스트레스:** 많은 뼈는 무게를 들고 움직이게 하는데 관여되는 기계스트레스를 계속해서 받고 있다. 예를 들면, 팔뼈는 뼈대근육에 의해 힘이 제공되는 지렛대 시스템을 형성한다. 무게를 들어 올리기 위해 근육이 수축하면 지렛대는 스트레스를 받게 된다. 뼈는 정상 생리적 범위 이내에서는 이러한 스트레스를 견딜 수 있게 설계가 되어 있지만, 근육이 반복적으로 수축을 하게 되면 지렛대에 대한 스트레스는 점차 강해지고 증가된다. 또한 뼈는 기계스트레스를 감지할 수 있도록 설계되어 있고 필요에 따라 부차적인 뼈를 형성할 수 있도록 한다. 반대로 뼈에 대한 기계스트레스가 감소하면 뼈 중량도 잃게 된다.

> 프로테니스 선수가 경기에 사용하는 팔은 수년에 걸쳐 반복적인 기계스트레스를 받는다. 아래팔 뼈는 뼈밀도와 직경, 길이 증가로 반응한다. 개체가 중력과 이와 관련된 기계스트레스가 작용하지 않는 상황에 노출되면 뼈 중량이 줄어든다. 오랜기간 우주에 머무는 우주인은 뼈에 부하가 가해지지 않는 효과를 상쇄시키기 위해 매일 운동을 해야 하지만, 그럼에도 불구하고 골반뼈 경우는 매달 1~2% 정도 중량이 줄어든다.

2. **미세손상:** 뼈에는 갑자기 혹은 시간을 두고 반복적으로 이루어지는 정상적인 행동에 의한 기계스트레스 결과로 지속적인 미세손상이 발생된다. 뼈 유기성분이 시간에 따라 약화되면 미세균열(microfissure)과 현미경적 틈이 형성되기 쉽다. 균열과 틈은 궁극적으로 골절로 이어질 수 있기 때문에 개조를 통해 새로운 뼈로 대치되어야 한다.

3. **호르몬:** 뼈는 상당량의 Ca^{2+}과 PO_4^{3-}을 저장하고 있기 때문에 이들의 혈장농도가 떨어지면 동원시켜 순환되도록 한다. 뼈 흡수와 축적

임상 적용 15.3: 개조 질환(Remodeling Disorder)

어느 순간에서든 성인 골격계에 있는 개조장소에서는 약 100만~200만 개의 기본다세포단위가 작동을 하고 있다. 기계스트레스 혹은 질환과 같은 외부 영향이 없어도 뼈 전체 중량은 항상 일정하게 유지되고 있다. 뼈흡수에 대한 뼈침착의 정확한 일치는 뼈모세포와 뼈파괴세포의 밀접한 기능적 **결합**을 필요로 한다. 이들 두 세포의 활동 균형에 장애가 생기면 뼈 중량 소실 혹은 비정상적인 뼈침착이 일어난다.

뼈엉성증(골다공증[osteoporosis])은 뼈흡수와 형성 사이 균형이 뼈파괴세포 쪽으로 치우친 질환군을 칭하는 일반적인 명칭이다. 뼈모세포가 뼈파괴세포 활성도를 따라 잡지 못해 뼈는 결과적으로 구멍이 많아지고 부서지기 쉽게 된다. 뼈엉성증 환자에서 골절은 흔히 발생된다. 나이와도 관련이 있는 뼈 소실(II형 뼈엉성증)은 여성과 남성에서 흔히 발견되지만 폐경 후 여성에서 특별히 더 잘 발생된다. 에스트로겐은 뼈파괴세포 활성도를 제한하는 역할을 하는데 이 호르몬 혈중 농도가 폐경 후에 감소하면 뼈파괴세포 활성도는 증가하게 되고 뼈는 대치되는 것보다 더 빨리 흡수된다. 뼈엉성증은 모든 뼈를 침범하지만 가장 심하게 침범하는 곳은 건강인에서 개조가 일어나는 기본장소인 해면뼈이다. 심한 흡수는 모든 기둥을 얇게 만들고 이들 대부분을 짧게 잘라서 새로운 뼈 침착이 일어나도록 하는 틀을 파괴한다. 이러한 현상은 기계적인 기능 자체에 심한 손상을 초래하며 골절이 일어날 확률을 증가시킨다. 남성과 여성 모두에서 치료는 뼈 무기질 붕괴를 막는 경구 비스포스페이트(bisphosphonate)(예: alendronate, 상품명은 Fosamax) 투여이다.[1]

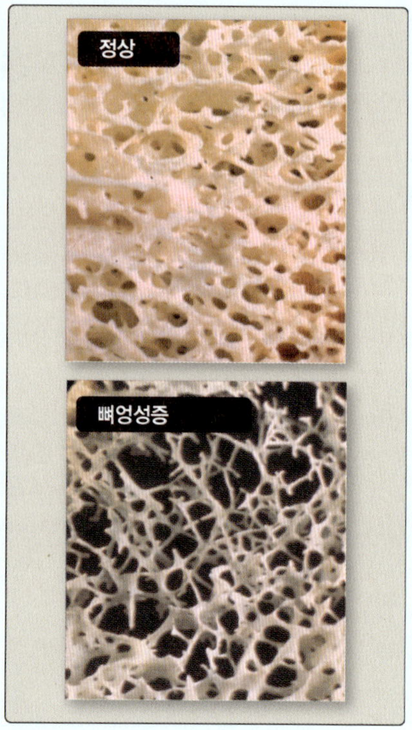

정상과 뼈엉성증에서 해면뼈 비교

뼈화석증(osteopetrosis), 혹은 "돌뼈(stone bone)"는 뼈파괴세포 기능에 장애가 있는 드문 유전질환을 가진 이질집단에서 관찰된다. 가장 흔한 형태(~60%)는 뼈 표면에 있는 뼈파괴세포 주름테두리로부터 산을 분비하는 V형 ATPase 소단위 돌연변이에 의한 것이다. 하지만 다른 돌연변이 경우는 Cl^- 통로와 세포 내 H^+ 펌프, RANK (nuclear factor κB의 수용체 활성제)에 관여하는 유전자에 존재한다. 정상 뼈파괴세포 기능에 미치는 RANK 단백질 역할은 아래 C절에서 다룬다. 돌연변이는 흡수와 축적 균형을 뼈모세포 쪽으로 기울게 하여 결과적으로 뼈는 치밀해지지만 잘 부서진다. 영향을 받은 개인은 골격변형을 보이며 골절 위험도 커진다. 2차적인 효과는 골수공간으로 뼈가 침입하는 것과 혈관과 신경이 뼈 바탕질로 들어가는 것이다.

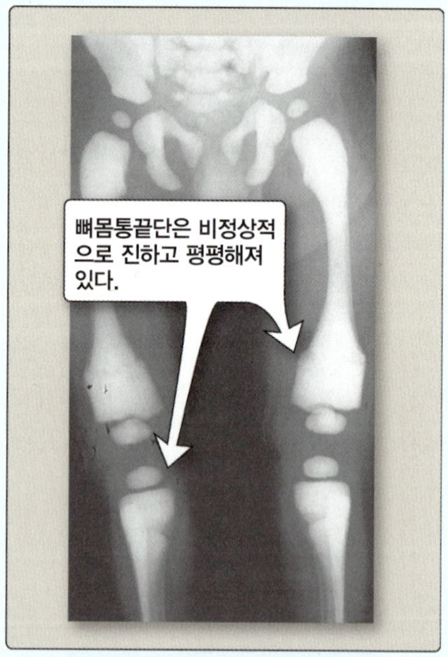

뼈화석증을 가진 영아에서 비정상적인 뼈밀도

[1] 뼈엉성증 치료에 사용하는 약제에 대한 더 많은 정보는 *LIR Pharmacology 제5판* 참조.

균형은 2 종류 호르몬(부갑상샘으로부터 부갑상샘호르몬[parathyroid hormone, PTH]과 갑상샘으로부터 칼시토닌[calcitonin]이다)과 비타민 D에 의해 조절된다. 관여하는 경로는 아래 V절에서 간단하게 정리하였으며 보다 자세한 내용은 35장에서 다룬다.

B. 신호

뼈 개조에는 여러 종류 세포에 의한 광범위한 신호가 관여한다. 여기에 관여하는 경로와 신호체계에 대해 많은 가설이 있지만 완전히 알려진 것은 거의 없다. 미세손상이 일어나면 균열 장소의 뼈세포는 세포자멸사되고 뼈피복세포는 개조작업을 시작한다(그림 15.9, 과정 1).

C. 개조순서(remodeling sequence)

뼈가 개조되는 순서는 전체적으로는 약 200일 정도가 소요된다. 과정은 4단계로 구분한다: 활성화와 흡수, 역전, 형성.

1. **활성화:** 활성화 단계 동안, 뼈피복세포는 개조장소로 뼈파괴세포 전구세포를 동원하고 무기질에 노출시켜 기본다세포단위(BMU)가 작용하는 부위에 덮개를 형성한다.

   a. **뼈파괴세포 전구세포:** 뼈는 큰포식세포와 관련이 있는 혈액세포 계열인 뼈파괴세포(osteoclast)에 의해 흡수된다("-clast"는 그리스어의 "깨어진"이라는 의미를 가진 *klastos*에서 유래). 뼈파괴세포는 여러 종류의 조혈 전구세포 융합에 의해 형성된 큰 다핵 포식세포이다. 큰포식세포집락자극인자(macrophage colony-stimulating factor)를 포함한 화학유인 제모기인에 의해 전구세포는 기능을 하기 위해 혈관계로부터 온다(그림 15.9, 과정 2).

   b. **무기질 노출(mineral exposure):** 뼈파괴세포는 풋뼈를 시시히 소화해서 뼈피복세포로 하여금 무기질에 노출되도록 뼈 표면에 아교질분해효소와 다른 효소를 분비하여 도울 수 있도록 한다.

   c. **덮개:** 뼈피복세포는 마치 한 장의 종이와 같이 뼈 표면에서 떨어져 나와 작용부위 위에 덮개를 형성한다. 이 덮개는 뼈개조을 위한 최적 환경을 제공하는 **뼈개조구획(bone-remodeling compartment, BRC)**을 형성한다. 덮개에는 혈관계가 풍부하여 혈관계와 골수로부터 뼈파괴세포와 뼈모세포 전구세포 동원이 용이하다(그림 15.9, 과정 3).

2. **흡수:** 흡수과정이 완성되기 위해서는 약 2주가 소요된다. 뼈파괴세포 전구세포가 성숙된 뼈세포를 형성하기 위해 융합되면 소화와 흡수과정이 시작된다.

   a. **융합:** 뼈파괴세포 전구세포는 종양괴사인자수용체(**RANK**[핵인자 κB 수용체활성제, receptor activator of nuclear factor κB])와 관련된 수용체를 세포표면에 발현한다. 전구세포가 뼈개조구획에 도달하면 RANKL (RANK ligand)가 세포막표면에 발현되는 뼈모세포 전구세포(골수바탕질세포)와 만나게 된다. 두 종류 전구세포의 접촉은 RANK-RANKL 결합을 이루게 하여, 뼈파괴세포 내에 존재하는 세포내 경로를 활성화시켜 다양한 융합단백질 합성이 최고조에 이르도

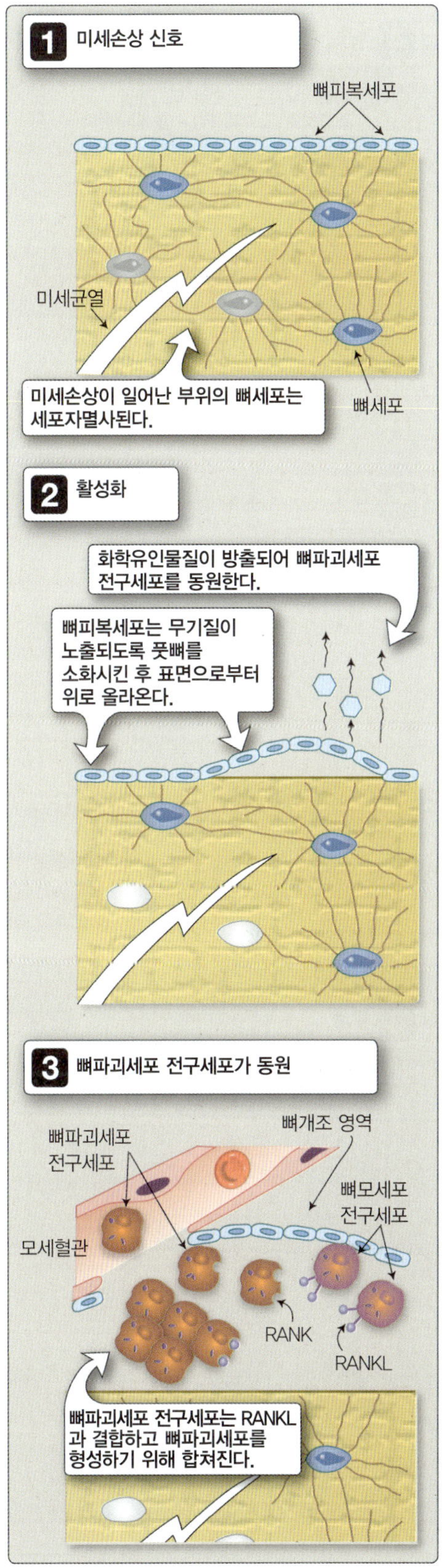

그림 15.9
뼈개조 주기. RANK = 핵인자κB 수용체활성제; RANKL = RANK 리간드

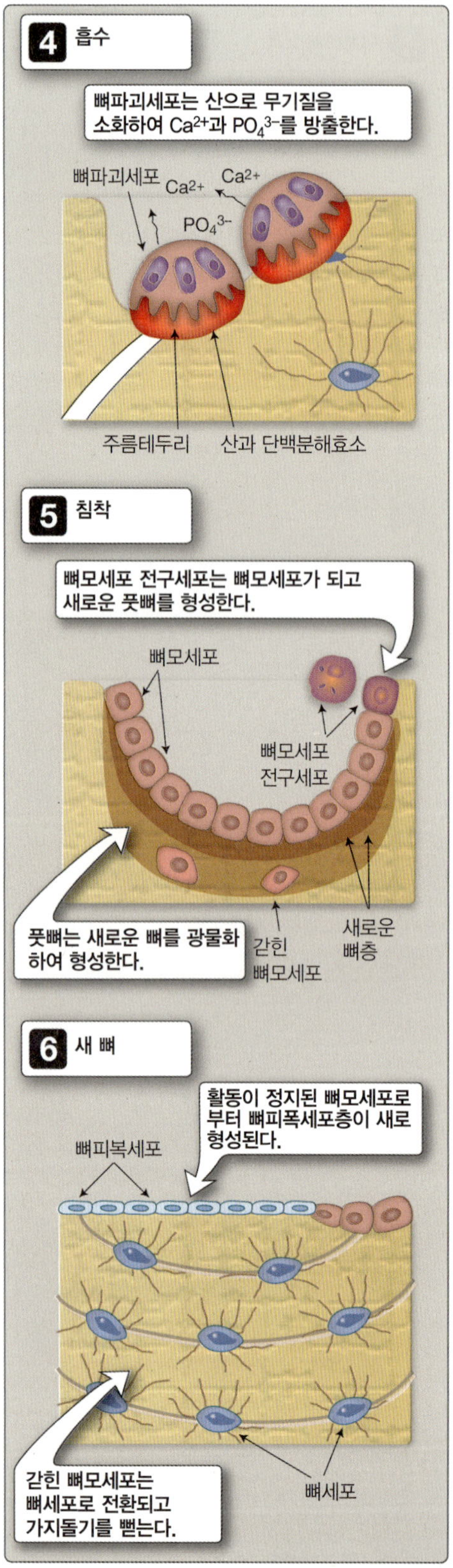

그림 15.9
(연속)

록 한다. 넷 혹은 다섯 개의 뼈파괴세포 전구세포가 융합되어 크고 핵이 여러 개인 뼈파괴세포를 형성한다(그림 15.9, 과정 4).

b. **소화:** 뼈파괴세포는 말단부분에 노출된 뼈 바탕질을 봉인한다. 꼭대기쪽 세포막 표면적은 증가되어 **주름테두리(ruffled border)**를 형성하며 이 부분에서는 공포형(vacuolar-type) H^+ ATPase가 뼈 표면으로 산을 펌프질한다. 용해소체는 꼭대기쪽 막에서 융합되어 내용물을 뼈 표면으로 쏟아낸다. 이들 내용물에는 산과 *cathepsin K*, 아교질을 소화하는 특별한 *단백분해효소*(*protease*), 풋뼈에 포함되어 있는 결합조직 요소 등이 포함되어 있다. 산은 수산화인회석을 분해하여 Ca^{2+}과 PO_4^{3-}를 순환계로 보내기 위해 방출된다. 뼈파괴세포는 해면뼈 표면에 작은 구멍을 만들지만 겉질뼈에서는 표면 밑 깊은 곳에서 작용하여 바탕질 내를 통과하는 몇 밀리미터의 구멍을 만든다. 이러한 구멍은 결국 새로운 하버스계로 대치된다.

3. **역전(reversal):** 일단 흡수과정이 종료되면 뼈 소화는 멈추게 되고 작동부위는 다시 채워진다. 역전시기에는 뼈파괴세포 세포자멸사 및 표면세척, 뼈모세포전구세포 동원 등 몇 가지 동시에 발생되는 과정이 포함된다.

a. **세포자멸사:** 뼈모세포는 충분히 뼈가 제거된 시점을 결정하며 이 시점에서 **osteoprotegerin (OPG)**을 방출한다. OPG는 RANKL과 결합하여 뼈모세포 표면 RANKL를 가려 추가적인 뼈파괴세포 전구세포 활성을 방지하는 미끼수용체이다. 뼈파괴세포는 분리되어 세포자멸사 된다.

b. **세척(cleaning):** 단핵세포가 작용부위에 도착하여 새로운 뼈 침착을 준비하기 위해 *단백분해효소*를 이용하여 장소를 깨끗이 청소한다.

c. **뼈모세포전구세포 동원:** 뼈 흡수에 의해 인슐린유사성장인자(insulinlike growth factor, IGF)를 포함한 다양한 성장인자들이 바탕질로부터 유리된다. 성장인자는 혈액과 골수로부터 뼈모세포전구세포를 동원한다. 성장인자는 뼈가 형성되는 동안 뼈모세포에 의해 뼈 바탕질로 들어간다. 작용부위에 도착한 전구세포는 뼈개조구획으로 이동하여 뼈모세포로 분화한다(그림 15.9, 과정 5 참조).

4. **형성:** 뼈가 다시 성장하는 것은 흡수에 비해 상대적으로 느린 과정이어서 공간을 다 채우기 위해서 몇 달이 소요된다. 풋뼈 침착과 무기질화에 관여하는 과정은 앞서 II·C절에서 언급하였다. 일단 공간이 풋뼈로 채워지면 뼈모세포 작용이 멈춘 후에 죽거나 혹은 뼈피복세포로 분화하거나, 뼈세포로 남는다(그림 15.9, 과정 6 참조). 뼈세포는 소관계(canalicular system)로 **sclerostin**을 분비하여 추가 뼈 침착을 억제한다. Sclerostin는 표면으로 확산되어 뼈모세포 분화를 매개하는 수용체를 차단하여 뼈모세포 형성을 억제한다.

V. 조절

뼈 흡수와 형성 균형은 국소적으로 호르몬에 의해 조절된다. 여기에 관여하는 경로는 복잡하고 아직 완전히 규명이 되지 않았다. 국소조절인자로서는 산화질소와 프로스타글란딘, 인슐린유사성장인자(IGF) 등이 있다. 흡수-형성 주기는 Ca^{2+}과 PO_4^{3-} 항상성에 관여하는 호르몬 및 에스트로겐과 안드로겐에 의해서도 영향을 받는다.

A. 칼슘과 인산염 항상성 (calcium and phosphate homeostasis)

혈장 Ca^{2+}과 PO_4^{3-} 수준은 비타민 D와 칼시토닌, 부갑상샘호르몬의 종합적인 작용에 의해 조절된다(35장 참조). 비타민 D와 칼시토닌의 뼈 개조에 대한 직접적인 영향은 매우 낮다. 혈장 부갑상샘호르몬의 지속적인 증가는 뼈 흡수를 유발하여 Ca^{2+}과 PO_4^{3-} 이용 가능성을 증가시킨다. 부갑상샘호르몬은 뼈모세포와 결합하여 뼈파괴세포전구세포 동원과 활성에 관여하는 인자 방출을 자극한다.

B. 성호르몬

에스트로겐과 안드로겐은 개인에 있어서 안정적인 골격질량을 유지하는데 필요하다. 남녀 공히 나이가 들면 이들 호르몬 혈중 농도가 낮아져 노후에는 뼈엉성증을 초래된다(임상적용 15.3 참조). 하지만 남성의 경우 발달시기 동안 여성에 비해 훨씬 많은 뼈질량을 형성하기 때문에 남성에 있어서 골격에 대한 나이 관련 효과는 훨씬 낮다. 이들 호르몬은 osteoprotegerin 합싱을 자극하고 뼈모세포에서의 RANKL 발현을 감소시켜 뼈파괴세포전구세포 활성화와 뼈 흡수를 제한한다. 에스트로겐은 뼈파괴세포 세포자멸사를 직접적으로 증가시켜 뼈 질량을 보존하는 효과를 나타낸다.

15장 요약

- 뼈는 **무정형바탕질** 내에 응집되어 있는 **무기질화된 아교질섬유**로 구성된 결합조직이다. 칼슘인산염 결정(주로 수산화인회석)에 의해 뼈 강도가 유지되며 여기에 아교질은 유연성과 뼈가 뒤틀리고 꺾어졌을 때 골절이 되지 않도록 인장스트레스에 저항할 수 있도록 한다.
- 뼈는 **뼈모세포**에 의해 형성된다. 뼈는 Ca^{2+}과 PO_4^{3-}이 과포화되어 있는 바탕질에 아교질섬유가 끼어들어 만들어진다. 뼈모세포는 **수산화인회석 결정** 내에서 원섬유가 자라게 하여 추후 결정 성장을 위한 핵형성 장소가 되도록 한다.
- 새롭게 형성된 뼈(**"무층"** 뼈)는 무질서하며, 성숙되는 데는 몇 년이 걸린다. 무층뼈는 점차 최대한의 강도를 유지하기 위해 가장 강한 스트레스를 받는 방향을 따라 아교질 섬유가 재정렬된 **층판**형태로 대치된다.
- 일단 뼈 형성이 완료되면 뼈모세포는 세포자멸사가 되거나 **뼈세포**와 **뼈피복세포** 형태로 지속된다. 뼈세포는 뼈 바탕질에 걸쳐 위치하고 있는 뼈피복세포에 의해 덮여 있는 작은공간(**방[lacunae]**) 내에 존재하고 있다. 뼈세포와 뼈피복세포는 **가지돌기**를 통해 서로 소통하고 있으며, 이들 세포는 뼈 스트레스 수준과 상태를 감시하는 **감각네트워크**를 형성한다.
- 개조는 뼈피복세포에 의해 시작되며, 이 세포는 **뼈파괴세포 전구세포**를 작용부위로 동원하고 개조를 위한 최적의 미세환경을 만들기 위한 공간을 조성하기 위해 덮개를 만든다.
- 뼈파괴세포전구세포는 융합되어 여러 개의 핵이 있는 **뼈파괴세포**로 된다. 뼈파괴세포 형성은 **RANK-RANKL** 신호경로를 통해 뼈모세포전구세포에 의해 시작된다.
- 뼈파괴세포는 산과 단백분해효소를 사용하여 뼈를 소화한다. 침식된 공간은 단핵세포에 의해 청소가 되며 뼈모세포에 의해 새로운 뼈가 만들어진다.
- 개조 주기는 Ca^{2+}과 PO_4^{3-} 항상성 조절의 주 호르몬인 **부갑상샘호르몬(PTH)**에 의해 기본적으로 조절된다. 부갑상샘호르몬은 순환 Ca^{2+} 농도가 낮아지면 뼈 흡수를 자극한다.

16 피부

I. 개요

각각의 세포는 세포 내외 환경 사이 장벽을 만들기 위해 세포막을 이용하며, 이를 통해 세포질 조성을 조정하고 있다. 인체도 이와 유사하게 **표피** 및 **진피**, 그리고 기능적으로 연결된 **피부밑조직**의 여러 층으로 구성된 피부를 통해 장기를 감싸고 있다(그림 16.1). 피부는 미생물과 다른 외부 물질이 들어오지 못하게 하는 물리적 방어막뿐만 아니라 동시에 인체에 중요한 수분을 보존할 수 있도록 하는 역할도 한다. 피부는 여러 주요 기능을 가지고 있다. 가장 바깥층은 바로 아래 놓여 있는 조직을 피부벗김(찰과상, abrasion)을 비롯하여 다른 기계손상 및 화학, 병원균, 자외선(UV light)으로부터 보호한다. 피부는 장벽 기능이 파괴되었을 때 능동적으로 병원균을 방어하는 기전을 가지고 있다. 피부는 또한 중요한 온도조절 역할도 가지고 있다. 피부는 수분을 분비하고 이것이 증발될 때 열소실이 증가되도록 한다. 또한 피부를 흐르는 혈액을 이용하여 체열을 보존하거나 혹은 외부환경으로 내보내는 방식을 통해 체온을 조절한다. 마지막으로 피부는 외부환경과 이물질과 상호작용에 관한 감각정보를 수집하는 다양한 신경과 특수수용기가 존재한다. 피부와 이의 부속기관은 **외피(integument)** 혹은 인체덮개를 형성한다.

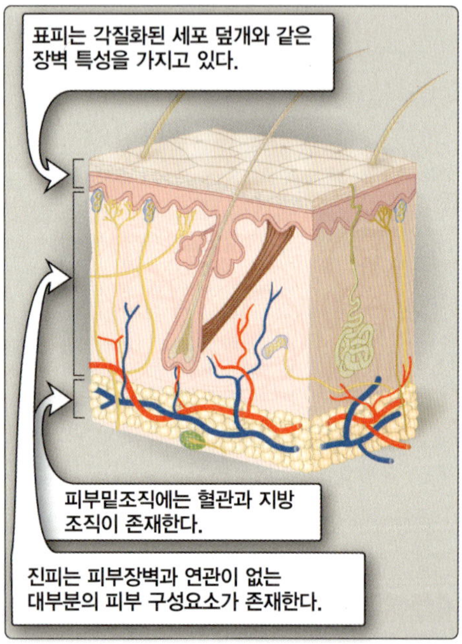

그림 16.1
피부구조와 부속기관

II. 해부학

피부는 2개의 해부학 층으로 구성되어 있다: 표면 표피와 진피. 표피와 진피를 합친 두께는 위치에 따라 0.5~5 mm이다. 이 두께에 간혹 피부의 일부로 간주되기도 하는 **피부밑조직(subcutaneous tissue, hypodermis)**은 포함되지 않는다(아래 V절을 참조). 피부는 전체 인체질량의 15~20%를 차지하는 인체에 가장 큰 장기이다. 기능적으로 털피부(hairy skin)(**털있는[nonglabrous]**)와 털주머니가 없는 영역(**털없는** 피부[**glabrous** skin], "대머리" 혹은 "털이 없는"의 의미를 가지고 있는 라틴어의 *glaber*에서 유래)으로 구분한다.

A. 털피부

인체 대부분 영역은 털피부로 덮여 있다. 이 영역은 털이 없는 피부에 비해 접촉과 압력, 온도, 통각을 느끼는 수용기 밀도가 낮다. 털피부는 온도조절에 매우 중요하다.

B. 털없는 피부

입술과 발바닥, 손바닥, 손가락 끝을 포함한 털없는 피부는 부드럽고 털이 없다. 손바닥과 발바닥은 물건을 붙잡고 보행을 위한 접촉부위이다. 이 영역에 털이 있으면 운동기능을 방해하고 표면 감촉과 온도를 감지하는 능력이 감소된다. 털없는 피부에는 접촉감지를 원활히 하기 위해 감각섬유가 높은 밀도로 분포하고 있으며 찰과상을 방지하기 위해 두꺼운 구조를 가지고 있다. 털없는 피부는 온도조절에는 중요한 역할을 하지 않지만 피부혈류는 증가 및 감소할 수 있어 임신 시 증가된 에스트로겐 수치와 만성알코올간질환에 의해 붉어질 수 있다(그림 16.2).

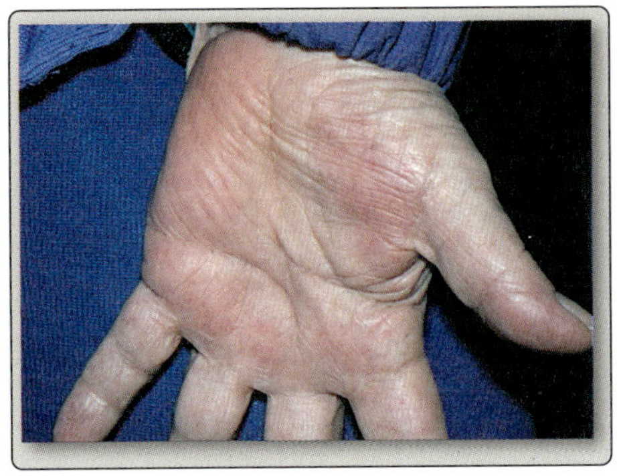

그림 16.2
손바닥 홍반

III. 표피

외부환경은 근본적으로 호의적이지 않다. 여기에는 조직손상을 초래할 수 있는 많은 요소들이 있어 인체는 자신을 보호할 수 있는 장벽을 구축하여야 한다. 이 장벽을 **표피**라고 부르며, 외부세계와의 접촉면에 위치한 강화된 피부층이다. 이것의 기본기능은 방어이지만 아래 위치한 조직으로부터 수분손실을 최소화하는 역할도 한다.

A. 구조

표피는 지속적으로 탈락되고 재생되는 중층편평상피(stratified squamous epithelium)이다. 여기에는 혈관이 없어 보다 깊은 층으로부터 확산에 의해 영양물질을 공급받는다. 표피는 주로 **각질형성세포(keratinocyte)**로 구성되어 있으나 **멜라닌세포(melanocyte)** 및 **랑게르한스세포(Langerhans cell)**, **메르켈세포(Merkel cell)**도 존재한다(그림 16.3).

1. **각질형성세포:** 각질형성세포는 표피에 가장 많이 존재하는 세포이다. 이 세포는 **바닥층(stratum basale)**에 있는 바닥세포가 분열하여 만들어진다. 이 세포는 표면으로 이동하면서 분화되어 최종적으로는 비활성화된다(**각질층[stratum corneum]**). 각질형성세포의 일차산물은 각질(keratins)과 지질이다.

   a. **각질:** 각질은 핵과 세포내기구가 제거되는 동안(**각질화, keratinizes**) 세포를 채우는 탄력을 지닌 섬유단백질이다. 각화된 세포층(**각질세포[corneocyte]**로 이루어진 **각질층**)의 교체율은 대략 14일 정도이다.

   b. **지질:** 각질형성세포는 콜레스테롤과 지방산, 세라미드가 포함된 지질혼합물을 합성하고 분비한다. 지질전구물질은 분비되기 전에 층판체(lamellar bodies)에 축척 및 저장된다.

2. **멜라닌세포:** 멜라닌세포는 **멜라닌소체(melanosome)**라고 불리는 세포막결합 소기관에서 합성되는 광보호색소(photoprotective pigment)인 **멜라닌(melanin)**을 만든다. 멜라닌은 **색소기증(pigment donation)**을 통해 각질형성세포와 인접세포로 전달된다. 멜라닌 생합성은 α멜라닌세포자극호르몬(α-melanocytestimulating hormone, α-MSH)과 부신겉질자극호르몬(adrenocorticotropic hormone, ACTH)에 의한 흑색소부신겉질자극호르몬(melanocortin)수용체 자극에 의해 조절된다. 멜라닌 양과 종류에 의해 피부색깔이 결정된다.

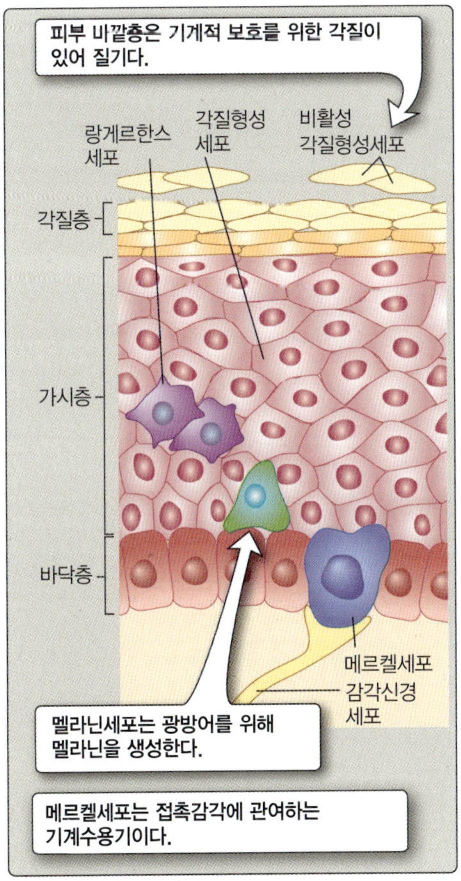

그림 16.3
표피구조

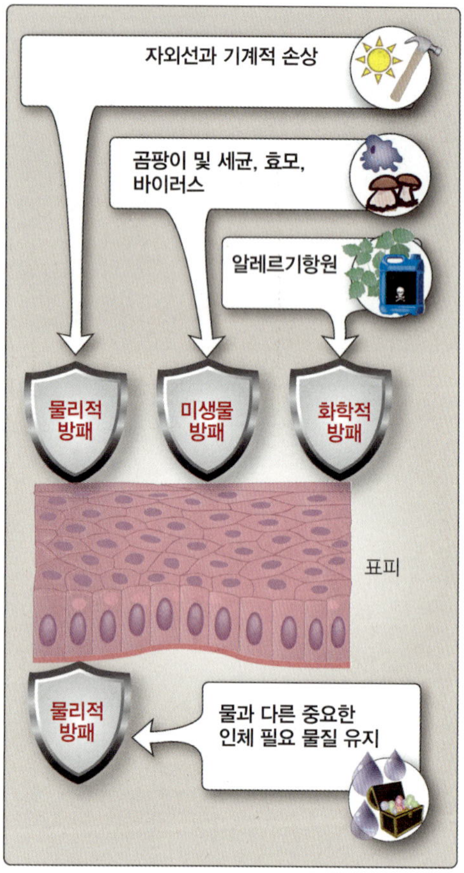

그림 16.4
피부장벽 기능. UV = 자외선

3. **랑게르한스세포:** 랑게르한스세포는 적응면역반응을 통합하는 항원제시세포(antigen-presenting cell)이다. 이들은 외부물질을 섭취한 후 소화하여 세포표면에 이물질 조각을 표현한다. 이러한 표현은 다른 면역세포가 조각을 인식하게 한다. 랑게르한스세포는 지연과민반응(delayed hypersensitivity reactions, IV형)에도 중요한 역할을 한다.

4. **메르켈세포:** 메르켈세포는 매우 높은 접촉감도를 보이는 피부영역에 존재하는 느린순응을 보이는 기계감수수용기(slow-adapting mechanoreceptors)이다. 메르켈세포는 털주머니 바닥에도 존재하므로 촉각을 느끼는 것에도 관여한다. 메르켈세포는 신경종말과 연합하여 메르켈판수용기를 형성한다(아래 VII절 참조).

B. 장벽기능(barrier function)

표피는 장벽을 형성하여 손상으로부터 조직을 방어하고 또한 증발에 의한 물손실을 최소화한다. 표피가 인체를 보호하는 작용은 4가지로 구분할 수 있다: 기계 및 다른 물리적 충격으로부터 보호하고, 광보호 및 항균, 방수 기능이다(그림 16.4).

1. **물리적 방패(physical shield):** 상피 표면층은 각질화되어 있어 온몸에 걸쳐 질긴 다층의 물리적 장벽을 형성한다. 장벽은 딱딱한 물체와의 물리적 접촉에서 어쩔 수 없이 발생하는 기계적 마모와 약한 관통상을 방어할 수 있다. 장벽은 화학파괴를 막을 수 있으며 또한 아래 조직이 독소와 알레르기항원에 노출되는 것을 방지할 수 있다.

2. **광보호 방패(photoprotective shield):** 자외선조사는 자연적으로 태양으로부터 기인한다. 자외선(UV light)은 DNA와 단백질의 화학결합과 구조를 파괴하기 때문에 생물조직에 매우 나쁜 영향을 미칠 수 있다. 자외선을 흡수하여 안전한 형태인 열로 흩어버리게 하는 광보호장벽을 만들 수 있도록 멜라닌세포는 멜라닌을 합성하여 인접한 세포에 기증한다. 태양 혹은 다른 자외선 광원에 반복적으로 노출되면 멜라닌세포가 증식하여 멜라닌을 생성하고 이로 인해 피부는 검게 되어 광보호 수준은 증가한다.

3. **항균 방패(antimicrobial shield):** 표면 각질층은 미생물에 대한 물리적 장벽을 제공한다. 물리적 장벽이 파괴되면 랑게르한스세포와 다른 면역요소는 미생물 침범에 대한 빠른 반응을 나타내어 장벽이 복구될 때까지 감염을 막는다.

4. **방수 방패(water-resistive shield):** 각질형성세포의 각질화된 세포껍질은 2가지 기능을 보이는 방수 방패를 형성한다.

   a. **구조:** 방패는 각질형성세포에서 합성되어 표면으로 분비된 지질로 구성되어 있다. 지질혼합물은 에스테르결합에 의해 세포막과 연결된 5 nm 두께의 막을 형성한다. 세포성분은 보다 두껍고(>15 nm) 로리크린(loricrin)과 케라틴을 포함하는 상호결합된 불용해성 단백질로 구성되어 있다.

   b. **기능:** 방패기능은 마치 자동차 왁스와 유사하다. 이것은 물을 상피 표면에 방울지게 하여 아래층으로부터 용질이 씻겨나가지 않도록

임상 적용 16.1: 피부벗김과 화상(Abrasion and Burn)

자외선조사와 열, 불에 의해 발생된 피부벗김과 화상은 하나 혹은 그 이상의 피부장벽 기능에 손상을 줄 수 있다. 예를 들어, 화상환자는 피부를 통한 상피통과 물손실이 증가되어 화상을 입은 면적이 클 경우 체액 항상성에 문제가 발생할 수 있다. 또한 화상환자는 감염이 발생할 위험도 증가되므로 물리적 장벽을 대신하기 위해 화상부위를 붕대로 감아주고, 항균방패 작용을 위해 국소적으로 항생제를 발라준다.

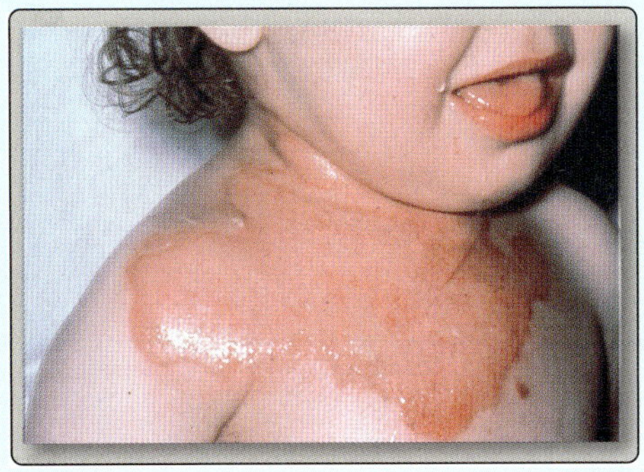

열탕화상

한다. 왁스 방패는 아래 조직으로부터 증발에 의한 물손실을 최소화한다.

IV. 진피

진피는 표피장벽을 지원 및 유지한다. 진피는 직접 장벽기능을 하지는 못하지만 피부 강성과 탄성을 제공한다. 또한 장벽에 손상이 초래되었을 때 병원균에 대항하는 면역세포를 보유하고 있다.

A. 구조

진피는 결합조직 그물로 구성되어 있다. 기본적으로 1형 아교질섬유가 피부 구조지지를 제공하고, 탄성섬유는 탄성을 제공한다(4·VI·B·2 참조). 바탕질에 존재하는 것은 신경뿌리와 감각수용기, 피부혈관계, 피부특이구조 등이다.

B. 세포성분

진피에 존재하는 기본적인 세포성분으로는 비만세포(mast cell) 및 큰포식세포(macrophage), 진피가지돌기세포(dermal dendritic cell), 섬유모세포(fibroblast) 등이 있다.

1. **비만세포:** 비만세포는 면역과 염증반응 모두에 관여한다. 활성화된 비만세포는 히스타민과 프로스타글란딘, 류코트리엔(leukotriene), 사이토카인, 케모카인 등을 방출한다(그림 16.5). 이들 물질은 피부혈류와 모세혈관 투과성을 증가시킨다.

2. **큰포식세포와 진피가지돌기세포:** 큰포식세포는 포식작용을 통해 다양한 면역관련 반응에 영향을 미친다. 진피가지돌기세포는 표피의 랑게르한스세포와 유사한 항원제시세포이다. 진피가지돌기세포는 피부적응면역반응을 통합한다.

3. **섬유모세포:** 섬유모세포는 섬유 및 비섬유 결합조직 단백질을 합성하고 파괴하는 역할을 한다. 이 세포는 또한 상처 치유와 흉터형성에 중요하다.

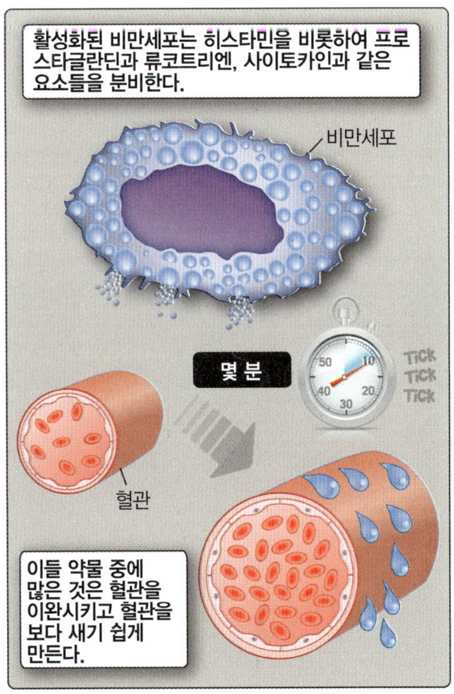

그림 16.5
비만세포 활성화 효과

임상 적용 16.2: 삼중반응(Triple Response)

두드러기(wheal)와 홍반(erythema), 발적(flare) ("**삼중반응**"으로 알려져 있음)은 피부벗김과 히스타민을 분비시키는 자극에 대한 고전적인 반응으로 알려져 있다. 첫 번째로 홍(붉은)반점이 발생하고 몇 mm 밖으로 퍼져나간 후 1분 이내에 최대 크기에 이른다. 두 번째로 밝은 홍조가 원래 반점 주위로 불규칙한 발적 모양으로 천천히 퍼진다. 세 번째로 원래 반점 위로 부종성 두드러기가 형성된다. 비만세포에서 분비되는 히스타민에 의해 삼중반응과 매개 혈관이완, 사이질로의 수분이동, 신경종말을 자극하여 가려움증 유발 등이 나타난다. 히스타민에 의한 삼중반응은 간혹 피부 알레르기 검사의 양성대조군으로 사용된다. 히스타민을 피부에 살짝 찔러 넣은 후 애완동물 비듬과 먼지좀진드기, 꽃가루 같은 알레르기항원으로 작용할 가능성이 있는 물질을 같은 방법으로 피부에 넣은 후 결과를 비교한다.

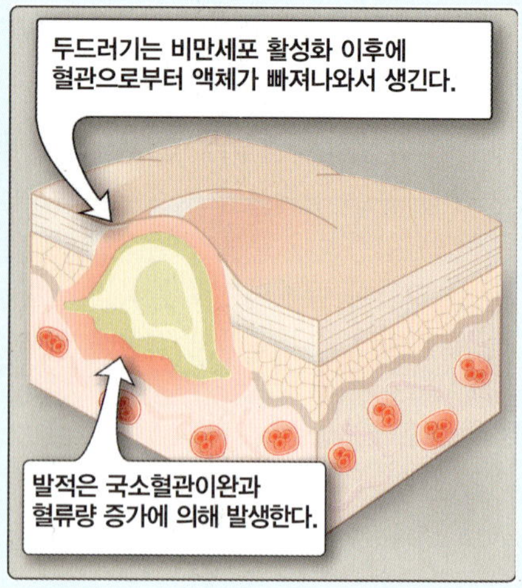

삼중반응

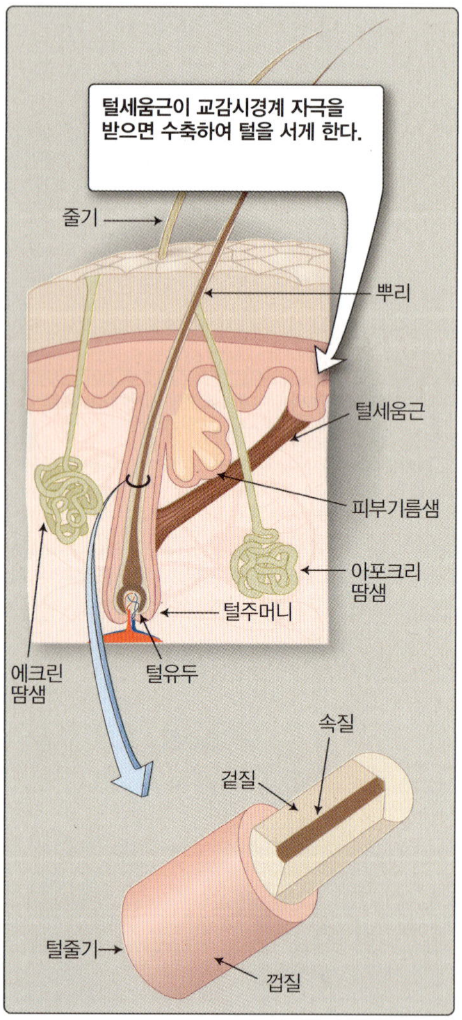

그림 16.6
털주머니와 관련 기관

V. 피부밑조직

피부밑조직은 진피 밑에 놓여 있다(그림 16.1 참조). 이것은 기본적으로 피부밑지방과 혈관 및 림프관, 신경으로 구성되어 있다. 정상인의 경우 인체 총지방의 약 50%가 피부밑조직에 위치한다. 그러므로 피부주름 두께를 측정하면 말초지방 축적 정도를 예측할 수 있다. 피부밑조직은 피부에 방석 작용을 하기 때문에 밑에 위치한 구조와 미끄러질 수 있으며 또한 피부와 그 아래에 있는 조직을 붙어 있게 한다.

VI. 특수피부구조(SPECIALIZED SKIN STRUCTURES)

피부는 방어 혹은 체온조절에 관여하는 다양한 특화된 샘과 부속기관을 가지고 있다. "부속기관(appendage)"은 고전적으로 인체 밖으로 튀어나와 있는 구조를 의미한다. 피부과 전문의에게 이 용어는 진피 혹은 피부밑조직으로부터 유래되어 표피를 통해 피부 표면으로 돌출된 샘을 포함한 특수피부구조를 의미한다. 부속기관은 털과 피부기름샘(sebaceous gland), 땀샘, 손톱을 포함한다.

A. 털

털 바닥에는 교감신경계에 의해 조절되는 털세움근(piloerector muscle)이 부착되어 있다(그림 16.6). 수축자극이 전달되면 털세움근은 털을 세우고 "소름(닭살[goose bumps])" 돋게 한다.

1. **구조:** 털은 3층의 융합된 각화세포로 구성되어 있다(그림 16.6). 가장 바깥쪽 방어층(**껍질[cuticle]**)은 색깔이 없다. 중간층(**겉질[cortex]**)은 견고성에 관여하고 2종류의 멜라닌을 가지고 있으며 각각의 구성 비율에 따라 색깔이 결정된다. 큰 털은 안쪽 **속질(medulla)**을 가지고 있다. 표피 밖으로 빠져나와 있는 부분은 **털줄기(hair shaft)**라고 한다. 줄기는 털망울(hair bulb)과 각질형성세포, 연관된 샘(아포크린 및 피부기름)을 포함하는 **털주머니(hair follicle)**로부터 나온다.

> 일부 암은 화학요법으로 치료하며 이러한 치료법의 표적은 빠르게 증식하는 세포이다. 그러나 이 치료법은 차별적이지 못하여 빠르게 증식하는 각질형성세포에도 영향을 미쳐 털이 가늘어지고 빠지게 된다.

2. **털주기:** 털주머니 주기는 성장과 휴식, 퇴행, 탈모로 구성된다. 성장시기(growth-phase) 동안 털 길이가 결정되므로 인체 영역에 따라 달라질 수 있으며, 머리털이 다른 영역보다 월등이 긴 것은 이런 이유를 통해 설명 가능하다.

3. **관련구조:** 털주머니는 피부기름샘과 땀샘을 가지고 있다(아래에서 설명). 주머니는 접촉 및 압력, 통각 정보를 전달하는 감각섬유망(**뿌리얼기[root plexus]**)을 가지고 있다(아래 VII절에서 설명).

B. 피부기름샘

피부기름샘은 지질구성 분비물인 피지를 생산한다. 샘은 각질형성세포와 피지를 합성하는 피지세포(sebocyte)로 구성되어 있다. 샘관은 피지를 직접 털주머니로 방출하여 줄기를 덮은 후에 표피 표면으로 흘러나간다. 피지는 항산화 및 항균작용, 수분유지 기능을 한다. 피지 분비는 지속적이지만 샘 배출은 성호르몬에 의해 조절된다. 남성호르몬 및 성장호르몬은 분비율을 증가시키는 반면 에스트로겐은 억제한다.

C. 땀샘

땀샘은 다양한 조성의 액체를 표피 표면에 분비한다.

1. **종류:** 3 종류의 땀샘이 있다: 아포크린(apocrine) 및 에크린(eccrine), 아포에크린(apoeccrine)(그림 16.7).

   a. **아포크린:** 아포크린 땀샘은 겨드랑이(axillae)와 샅(perineum)에만 존재한다. 이들이 감정자극에 반응하여 활성화되면 점성의 우유 같은 액체를 주머니로 분비한다. 이 분비물에 박테리아가 작용하면 페르몬 신호에 관여하는 냄새를 유발하게 하며, 이런 이유에 의해 겨드랑이 밑에 사용하는 발한억제제와 탈취제가 개발되었다. 병적으로 불결한 냄새를 지닌 땀이 여기서 나는 경우를 **땀악취증(bromhidrosis)**이라고 한다.

   b. **에크린:** 에크린땀샘은 매우 넓게 분포하고 있으며, 가장 높은 밀도를 보이는 곳은 손바닥과 발바닥이다. 샘은 저장성 수분을 직접 피부 표면으로 분비한다. 수분 증발은 피부를 차갑게 하며 이는 체온조절에 매우 중요하다. 피부는 풍부한 양의 땀을 분비할 수 있다(최소 1.0~1.5 L/hr에서 온열환경에 적응한 개인의 경우 3 L 이상). 이렇게 높은 수준으로 인체에서 수분이 소실될 경우 수분균형과 심장혈관계 기능에 이상이 초래될 수 있다.

   c. **아포에크린:** 아포에크린땀샘은 기본적으로 겨드랑이와 샅에 위치하고 있으며 전자에서는 전체 땀샘의 약 50%를 차지한다. 이 땀샘은 혼합된 형태와 기능을 가지고 있다: 구멍은 전형적으로 털주머니로 통

임상 적용 16.3: 여드름(Acne)

여드름은 성인에서도 관찰되지만 청소년기에 흔한 질환이다. 폐쇄면포여드름돌기(흰색머리)는 털주머니 바깥 구멍이 피부세포에 의해 막혀서 발생한다. 피지는 갇혀 있지만 지속적으로 생산된다. 축적된 피지에 세균이 증식하면 국소염증이 유발된다. 피지분비를 감소시키는 약물(예: 레티노이드[retinoid]) 은 여드름 발생과 확산을 조절할 수 있다.

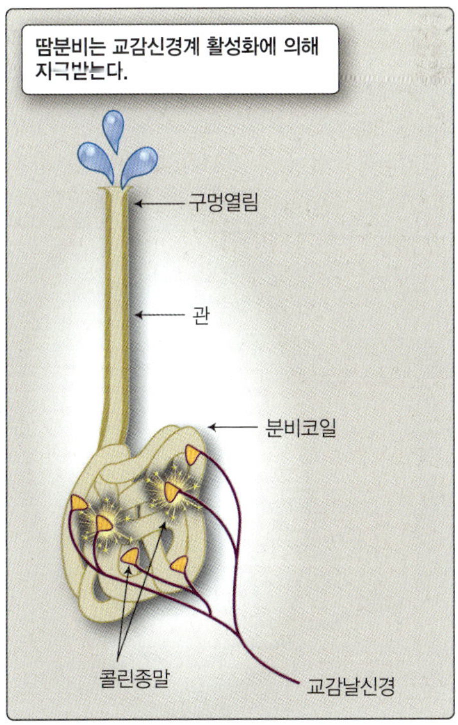

그림 16.7
에크린땀샘 활성화

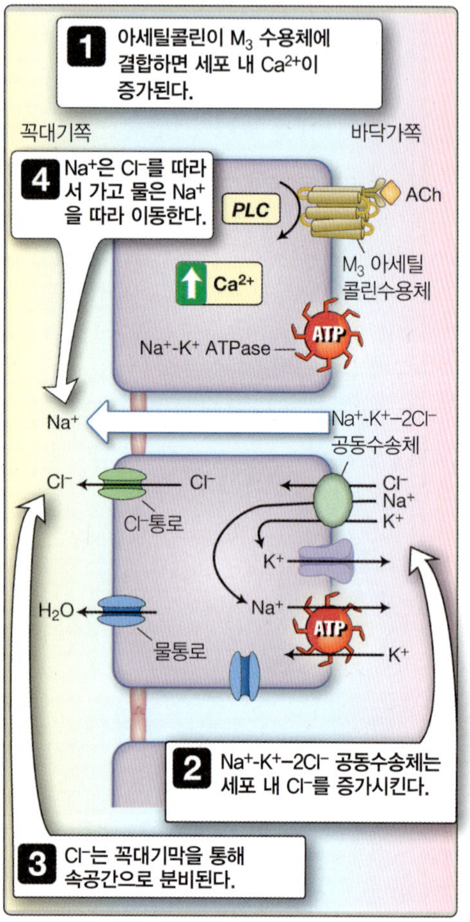

그림 16.8
투명세포에 의한 땀 생성. ATP = 삼인산아데노신; M_3 = 무스카린 3형 수용체; PLC = 포스포리파아제 C

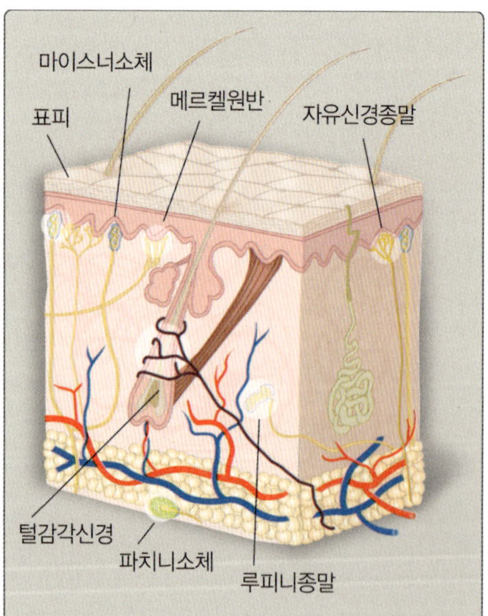

그림 16.9
피부 접촉수용체

해 있으나 땀 구성은 에크린샘과 유사하다. 아포에크린샘은 적절한 자극이 들어 왔을 때 박동성이 아닌 지속적인 형태로 상당량의 땀을 생산한다.

2. **구조:** 땀샘 구조는 기능을 바탕으로 구멍열림(pore opening, **acrosyringium**)과 **분비코일(secretory coil)**, **관(duct)**, 땀을 피부 표면으로 방출하는 **근상피세포(myoepithelial cell)**층으로 구분한다.

   a. **분비코일:** 활동을 하는 동안 땀샘은 분비코일 속공간으로 단백질이 없는 혈장여과액으로 구성된 전구액체(precursor fluid)를 분비한다. 삼투압 힘에 의해 액체는 관을 통해 피부 표면으로 흘러간다. 땀이 나는 것은 교감신경계 신경절이후콜린신경에 의해 자극을 받는다(그림 16.7 참조). 아세틸콜린이 분비세포(**투명세포[clear cell]**)에 있는 무스카린 3형 수용체(G단백질연결수용체 군)와 결합하면 세포 밖과 세포질그물로부터 동원된 Ca^{2+}에 의해 세포질 Ca^{2+} 농도가 증가되고 이로 인해 Na^+-K^+-$2Cl^-$ 동반수송체 활성도가 상승한다. 결과적으로 발생된 양이온 유입은 바닥가쪽막의 Na^+-K^+ ATPase에 의한 K^+의 유입과 Na^+의 유출을 통해 균형을 맞추게 된다. 잘 알려져 있지 않은 기전을 통해 꼭대기막 Cl^- 투과성 역시 증가하여 속공간 Cl^- 농도는 올라가게 되며, 이는 세포주위 Na^+ 이동을 초래한다(그림 16.8). 코일 속공간 Na^+과 Cl^- 동반상승은 속공간으로 물이 삼투압에 의해 물통로-5를 통해 끌려 나오게 한다.

   > 투명세포에는 아드레날린수용체도 발현되므로 교감신경계가 활성화되면 카테콜아민에 의해 활성화될 수 있다.

   b. **재흡수관**(reabsorbing duct)**:** 기본적으로 Na^+과 Cl^-인 이온은 전구액체가 관을 통해 지나가는 동안 상피 Na^+통로(ENaC)와 낭성섬유증막경유전도도조절자(cystic fibrosis transmembrane conductance regulator, CFTR)와 같은 통로를 통해 재흡수된다. 그 결과인 액체가 땀이며 저장성이다. 낭성섬유종과 같은 질환에서는 CFTR를 통한 Cl^-의 재흡수가 감소하므로 땀을 통한 이온의 소실이 증가된다.

   c. **근상피세포:** 분비코일은 콜린성자극에 의해 수축하는 근상피세포에 의해 둘러싸여 있다. 수축은 땀이 코일 밖으로 배출되도록 하지는 못하지만 높은 삼투압 힘(500 mm Hg까지)이 코일 내에 발생될 수 있도록 구조적인 지지를 한다. 압력 맥동 시 이 힘에 의해 피부 표면으로 액체가 빠져나가게 된다.

D. 손발톱

손발톱은 손가락끝 뒷면을 보호하는 딱딱한 비늘 같은 표피연장물이다. 손발톱(**손발톱판[nail plate]**으로 알려진)은 아래에 있는 피부(**손발톱바닥[nail bed]**)를 기계적으로 보호하는 딱딱한 각질화된 구조이다. 손발톱 각질에는 견고성과 딱딱함을 제공하는 많은 숫자의 이황화결합(disulphide bond)이 존재한다. 피부 각질은 보다 부드럽기 때문에 이황화결합 숫자가 작다.

VII. 피부신경

피부감각은 **몸감각계(somatosensory system)**의 일부이다. 아주 작은 피부 영역이라도 외부환경과 접촉하고 이를 분석하여야 하기 때문에 매우 높은 밀도의 감각신경섬유가 필요하다. 이러한 신경은 접촉감각(접촉, taction)뿐만 아니라 **통각(nociception)**과 **가려움(pruritoception)**, **온도(thermoreception**; 38·II·A·2 참조) 감각을 전달한다.

A. 접촉

물리적인 접촉은 여러 형태로 일어난다. 어떤 경우는 피부 위로 깃털이 지나가는 것과 같은 매우 가벼운 접촉이다. 또 다른 경우는 캔음료로 꽉 찬 프라스틱 봉지를 붙잡는 것과 같은 강한 압력인 경우도 있다. 이렇게 완전히 다른 자극을 감지하기 위해 변화하는 자극의 강도와 빈도, 기간을 조율할 수 있는 기계수용기가 필요하다. 피부 표면 어느 정도 밑에 위치하고 있는가에 따라 **감수영역(receptive field)**의 크기가 결정된다. 감수영역은 하나의 감각수용기가 감시할 수 있는 영역을 의미한다. 넓은 감수영역으로부터 자극을 감지하는 수용기는 변화를 감지할 수 있는 기회는 많아질 수 있지만 자극 위치를 정확하게 판단할 수는 없다. 감수영역이 좁은 감수기는 아주 높은 정확성을 가지고 매우 좁은 영역 자극도 감지할 수 있지만 넓은 표면영역을 담당하기 위해서는 많은 숫자의 수용기가 모여 있어야 한다.

1. **촉각수용기(tactile receptor):** 피부는 촉각 자극을 변환하는 다양한 종류의 기계수용기를 가지고 있다(그림 16.9). 변환은 감각신경 종말이 변형되었을 때 일어난다. 종말은 신경 그 자체이거나 혹은 민감도와 다른 종류 자극에 대한 반응을 변화시키는 보조적인 구조에 의해 싸여 있을 수 있다. 털없는 피부에는 빠르게 순응하는 파치니 및 마이스너 소체가 있다. 털피부에는 느리게 순응하는 **메르켈원반**과 **루피니종말**뿐만 아니라 빠르게 순응하는 털얼기신경세포와 털 주위 감각신경도 있다.

   a. **파치니소체:** 파치니소체는 약 1 mm 길이의 빠르게 순응하는 기계수용기이며 털없는 피부에서 높은 주파수 진동을 감지한다(그림 16.10A). 이들은 피부 깊숙이 있으며 감수영역은 넓다. 소체는 젤라틴 액체로 차 있는 여러 층의 섬유조직에 의해 둘러싸여 있는 감각신경으로 구성되어 있으며, 단면은 양파와 유사한 구조를 보인다. 전체 구조는 결합조직 주머니로 싸여 있다. 젤라틴 층은 신경에 방석과 같은 역할을 하므로 오로지 일시적인 자극만 변형을 초래하고 신경세포막을 흥분시킬 수 있다. 들신경은 대부분 말이집을 가지고 있으므로 빠른 감각신호 전달이 가능하다.

   b. **마이스너소체:** 마이스너소체 역시 빠르게 순응한다(그림 16.10B 참조). 이들은 접촉과 출렁임 감각을 만드는 낮은 주파수 진동에 매우 예민하게 반응한다. 이것은 파치니소체보다 작다는 것을 제외하고는 납작한 지지세포의 쌓여진 층 사이에 감각신경 종말이 들어가 있는 것과 전체가 주머니에 싸여 있다는 구조적 측면 및 피부 분포는 유사하다.

그림 16.10
빠른 순응을 보이는 피부 촉각수용기

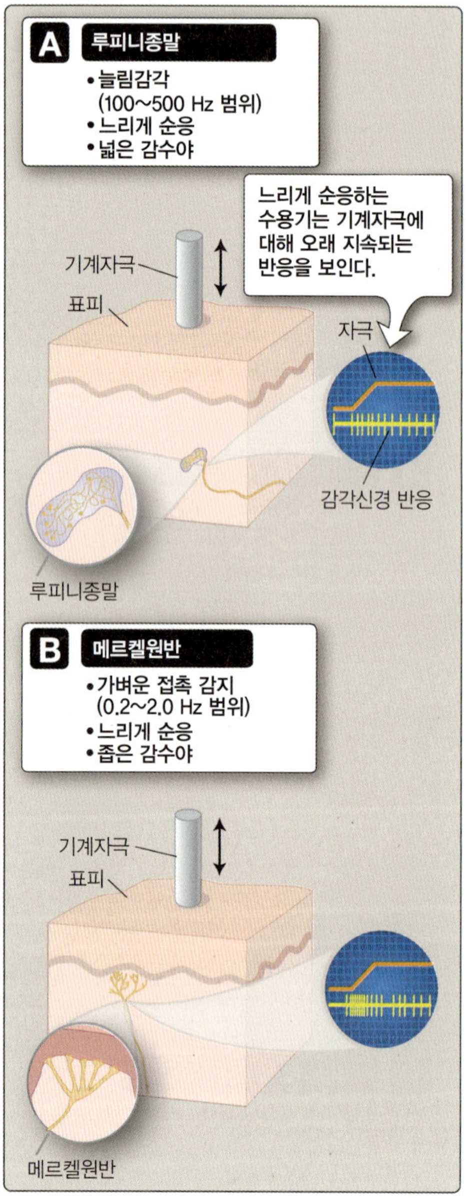

그림 16.11
느리게 순응하는 피부 접촉수용기

표 16.1 감각들신경섬유의 고전적 분류

신경 분류	수용기 종류	전도 속도(m/s)
Aα	근육방추와 골지 힘줄기관	80~120*
Aβ	피부 접촉수용기	33~75*
Aδ	피부 통각과 온도 수용기	5~30*
C	피부 통각과 온도, 가려움 수용기	0.5~20

*말이집신경

c. **루피니종말:** 이 들신경은 피부 깊은 층에 위치한 느리게 순응하는 수용기이다(그림 16.11A). 신경종말은 아교질섬유 다발 사이에 가지를 치고 거미줄 같이 얽혀서 길고 가는 방추모양(spindle-shaped) 구조를 형성한다. 섬유는 주위 조직에 단단히 부착되어 있는 결합조직 주머니 안에 놓여 있다. 피부가 펴지면 그 속에 있는 주머니와 구조물 역시 변형이 된다.

d. **메르켈원반:** 메르켈원반 역시 느린빈도 자극과 가벼운 접촉에 반응하는 느리게 순응하는 수용기이다(그림 16.11B 참조). 이들은 피부 표면 바로 밑에 위치해 있으며 매우 좁은 감수영역을 가지고 있다. 형태와 감촉의 예민한 구분이 필요한 손가락 끝에 매우 많은 숫자의 메르켈원반이 있다.

e. **털세포:** 인체 표면에 있는 모든 털은 털주머니 주위를 싸고 있는 감각신경 때문에 기계수용기로 작용한다(그림 16.9 참조). 털이 휘게 되면 신경종말이 변형되어 신호를 전달한다.

f. **자유신경종말(free nerve ending):** 자유신경종말은 피부 전반에 걸쳐 발견된다. 이들은 접촉 외에도 통각과 가려움, 온도 감각에 관여한다.

2. **기계감각 변환(mechanosensory transduction):** 접촉신경종말 변형은 Na^+통로를 열어 수용기전위 탈분극을 유발한다(**발생기전위[generator potential]**). 여기에 작용하는 Na^+통로는 상피 Na^+통로(ENaC) 군으로 알려져 있다.

3. **감각신경섬유:** 감각들신경은 중추신경계로 얼마나 빨리 정보를 전달하는가에 따라 분류된다(표 16.1). 모든 접촉감각들신경은 말이집(Aβ 형) 신경이며 비교적 빠른 속도로 전도한다. 이 신호는 척수를 거쳐 정보처리를 위해 중추신경계로 간다(6·II 참조). 기계수용기에 의해 어떤 감각이 감지되는가는 기계수용기의 종류와 인체 부위에 좌우된다. 예를 들면 손은 위팔에 비해 훨씬 감별력이 뛰어나다(그림 16.12).

B. 통각

기계 및 온도 자극은 낮은 강도에서는 무해하거나 혹은 즐거움을 초래할 수 있지만 높은 강도에서는 심각한 세포손상을 초래할 수 있다. 통각 기능은 국소 손상에 대해 중추신경계가 각성하여 자극 원천으로부터 인체를 피하게 하거나 혹은 물러나게 하는 운동반사를 초래하도록 하는 것이다(11·III·D 참조).

1. **통각(nociception):** 여러 종류의 통각수용기가 통증자극을 세포막전위 변화로 변화시킬 수 있다.

a. **기계:** 기계통각수용기는 피부에 강한 압력 혹은 기계적 변형에 반응한다. 이들은 피부를 찌르거나 혹은 자르는 날카로운 물체에 대해서도 반응한다. 이 수용기는 기계자극이 해로운 수준까지 갔을 때 반응하는 매우 높은 문턱값을 가진 기계수용기로 생각된다.

b. **온도:** 극단적인 온도(어는 만큼 차가움과 타는 듯한 뜨거움)는 조직 손상을 초래한다. 저온자극은 약 20°C에서부터 유해해지며 통각으로 받아들여지는 강도는 약 0°C까지 직선적으로 증가한다. 저온반응은 차가워지는 속도에 예민하며, 빠르게 차가워지면 더 강한 반응을 초래한다. 유해한 열감각의 문턱값은 약 43°C이다.

c. **화학:** 통각섬유는 자유신경종말이므로 표피장벽을 통과하는 혹은 손상된 조직으로부터 방출되는 화학물질에 쉽게 노출될 수 있다(표 16.2). 매운 고추의 주 성분인 캡사이신(capsaicin)을 국소적으로 투여하면 통각수용기를 활성화시켜 타는 듯한 감각을 나타낸다.

d. **다양성(polymodal):** 일부 통각수용기는 둘 혹은 그 이상의 자극에 예민하게 반응하며 이런 경우를 **다양성(polymodal)**이라고 한다.

2. **통각자극 변환(nociceptive stimulus transduction):** 통각자극이 어떤 기전을 통해 감지되는지 어떻게 신호가 전달되는지 정확하게 밝혀져 있지는 않지만 많은 유해자극의 변환에 일과성수용체전위통로(transient receptor potential [TRP] channel) 군의 일부가 관여한다(2·VI·D 참조).

a. **수용기:** 열은 TRP 수용기 중 바닐로이드 계열(vanilloid class)의 한 멤버인 TRPV1을 활성화시킨다. 이것은 캡사이신에 의해서도 활성화된다. 피부를 차갑게 하면 TRPM8이 활성화된다. TRP 통로 계열을 활성화시키면 결과적으로 Na^+과 Ca^{2+} 유입을 초래하여 흥분을 유발한다. 수소이온은 ENaC군의 산-감지 통로를 통과하여 통각신경세포를 흥분시킨다. 통각감지에는 다른 통로도 물론 관여한다.

b. **통각섬유:** 통각수용기 활성하는 빠른(말이집) Aδ 섬유와 느린 C 섬유에 의해 중추신경계로 전달된다. Aδ 섬유는 날카롭고 강한 찌르는 듯한 통각(**일차통각[first pain]**)을 매개하고, 뒤따라 C 섬유 활성화와 연결된 좀 더 길고 무디며 고동치면서 타는듯한 통각(**이차통각[second pain]**)이 나타난다.

C섬유는 피부 가려움증과 통각을 제거하기 위해 국소적으로 투여하는 리도카인에 특별하게 예민하다.[1] 이것은 신경활동전위를 매개하는 Na^+통로를 차단한다. 리도카인은 치과수술을 하기 전에 prilocaine(일종의 Na^+통로 차단제) 연고 사용과 함께 마취하기 위해 이빨에 주사한다. 리도카인은 약물이 씻겨나가는 것을 감소시키기 위해 국소혈류를 줄이는 혈관수축제와 같이 사용하기도 한다. 결과적으로 국소마취제의 효과는 길어진다.

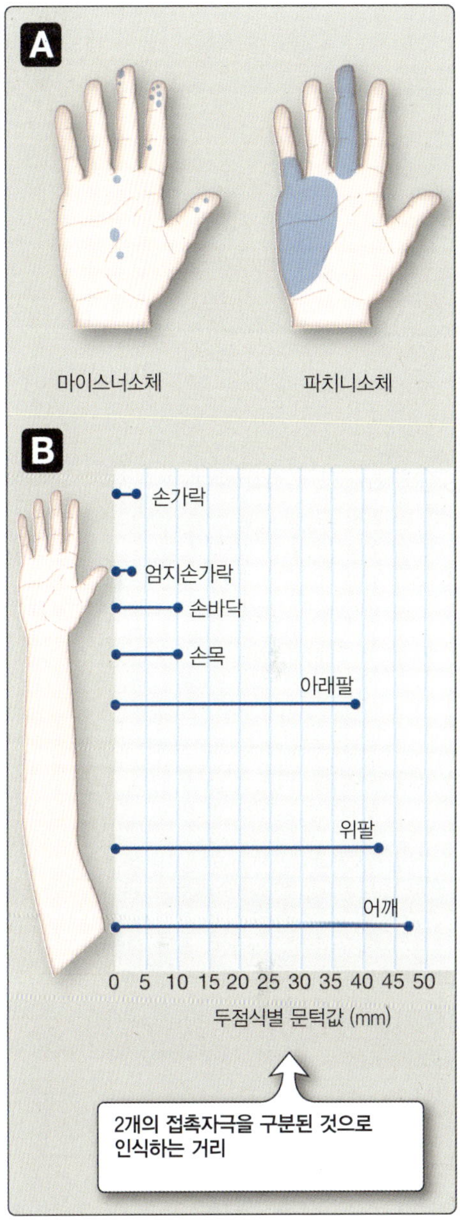

그림 16.12
손에서의 2종류 수용기 감수영역과 팔에서의 감각식별

표 16.2 통각수용기 활성화학물질

근원	화학물질
비만세포	히스타민
비만세포 및 손상받은 피부세포	프로스타글란딘
스트레스 받은 피부세포	K^+, 브라디키닌, H^+
감각들신경	스브스탄스 P
콜린날신경	아세틸콜린

[1] 리도카인과 같은 아미드계열의 국소마취제에 대한 더 많은 정보는 *LIR Pharmacology 제5판* 참조.

3. **민감화(sensitization)**: 조직손상은 주위 들신경종말이 무해한 자극에 대해 예민해지는 일련의 과정을 유발하여 무해한 자극을 통각으로 받아들이게 한다(**통각과민[hyperalgesia]**). 민감화는 초기에는 손상을 받은 부위에 국소적으로 나타나지만(**일차통각과민[primary hyperalgesia]**) 몇 분 이내에 주위 조직으로 퍼진다(**이차통각과민[secondary hyperalgesia]**). 민감화는 점차 진행되는 부기와 염증 이후에 나타나며 많은 일반적인 염증유발 물질이 관여한다. 이러한 효과는 원인이 되는 손상으로부터 회복된 이후에도 몇 달간 지속될 수 있다.

C. 가려움

가려움(pruritis)("가려움[itch]"을 의미하는 라틴어의 *prurire*로부터 유래)은 가장 최근에 인식된 피부감각의 한 종류이다. 가려움은 벌레 혹은 다른 자극물질을 제거하기 위해 긁거나 문지르는 반사를 유발하도록 되어 있다. 이 감각은 2 종류의 C형 신경섬유에 의해 매개된다. 한 종류의 섬유는 히스타민에 잘 반응하도록 되어 있으며 다른 하나(비히스타민)는 다양한 종류, 즉 프로스타글란딘 및 인터루킨, *단백분해효소*, 아세틸콜린 등과 같은 가려움유발물질에 의해 활성화된다. 가려움 감각은 통각자극(긁음)과 항히스타민제에 의해 억제될 수 있으며 진통제에 의해 강화된다. 통각 및 가려움 감각의 상호작용 기전에 대해서는 아직 완벽하게 알려져 있지 않다.

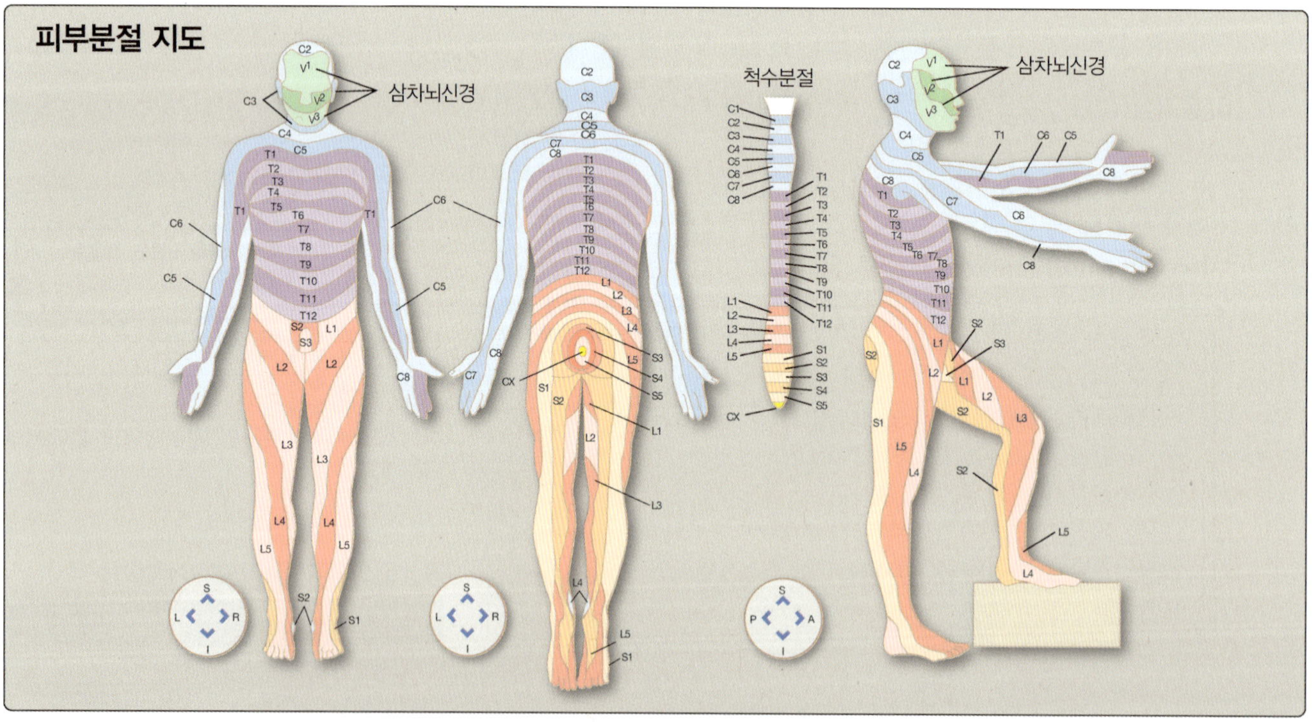

그림 16.13

피부분절

D. 피부분절(dermatome)

피부 수용기로부터 감각정보는 들신경을 통해 중추신경계로 전달된다. 신경이 담당하는 영역은 제한되어 있어 **피부분절**이라고 부르는 연속적이며 구분된 띠 형태로 인체 표면을 지도화할 수 있다(그림 16.13). 각 띠는 하나의 척수 구획에 해당한다. 띠 사이의 담당하는 영역은 일부 중첩이 되므로 한 쌍의 뒤쪽 신경뿌리를 잘라도 해당되는 피부분절의 완전한 감각손실은 일어나지 않는다. 예를 들면 어느 특정 피부분절에 국한한 통각이 있다면 척수손상 위치를 감별하는데 도움을 줄 수 있다.

16장 요약

- 대부분의 피부장벽 기능은 **표피**에서 담당하고 있다. 물장벽은 얇은 지질층과 두꺼운 단백질층에 의해 이루어진다. 자외선 장벽은 자외선을 흡수하는 **멜라닌**에 의해 이루어진다.
- 피부가 가지고 있는 기능 대부분은 **진피**가 담당하고 있으며 대부분의 **피부 부속기관** 근원이기도 하다. 진피층에는 국소면역반응에 관여하는 **비만세포**가 존재한다.
- **털주머니**에는 피부기름샘과 아포크린땀샘의 샘분비를 위한 구멍이 존재한다. 털 성장은 능동성장과 퇴행, 마지막으로 탈모가 일어나는 복잡한 과정이다.
- **에크린땀샘**은 체온조절에 관여하며 분비코일에서 저장성 땀 전구액체를 만든 후 관을 통하는 동안 이온 재흡수가 일어난다. 이것은 외부환경에 의존하여 증발되는 저장성용액을 만든다.
- **피부감각**은 **몸감각계**의 일부이며 인체 표면 내 혹은 위에서 일어나는 현상을 감지한다.
- **촉각**수용기는 물체와 물리적 접촉에 관한 정보를 감지한다. 이것은 접촉에 반응하여 활성화되며 감각은 감각신경의 기계적 변형에 의해 변환된다. 일부 수용기(**파치니**와 **루피니**)는 높은 주파수 진동 혹은 신장에 반응한다. 다른 것들(**마이스너**와 **메르켈** 수용기)은 압력과 낮은 주파수 현상에 더 예민하다.
- 접촉수용기로부터 들감각신경은 말이집이 있으며 높은 전도 속도를 가지고 있다.
- 통각수용기는 강하고 해로운 기계 및 온도, 화학 자극에 반응하여 활성화된다.

학습문제

가장 옳은 답 하나만 고르시오.

III.1 다음 세포골격단백질 중 스프링과 같으면서 근육원섬유마디가 늘어나는 정도를 제한하는 기능을 가진 것은?

A. α액틴
B. 디스트로핀(dystrophin)
C. 네뷸린(nebulin)
D. 티틴(titin)
E. Z원반

정답 = D. 티틴은 부피가 큰 굵은잔섬유 연관 구조단백질이며 근육이 신장되었을 때 근육원섬유마디 길이를 제한한다(12·II·C). 가는잔섬유 연관 단백질은 스프링과 같은 역할을 하지 않는 반면 구조적 완전함에 관여한다. 예를 들면, α액틴은 가는잔섬유가 Z원반(가는잔섬유가 결합하는 부위로 작용하는 구조판)에 결합할 수 있도록 한다; 티스트로핀은 세포골격틀 내에 수축배열이 부착되게 한다; 네뷸린은 액틴 전체 길이에 걸쳐 뻗어 있어 가는잔섬유 길이를 결정하는 것으로 알려져 있다.

III.2 뼈대근육에 있는 니코틴수용체에 2개의 아세틸콜린 분자가 결합하면 통로는 열리고 이온이 세포막을 가로질러 통과한다. 정상 생리적 상태인 경우 이때 결과적으로 통과하는 주된 이온의 종류를 다음 중에 고르시오.

A. Ca^{2+}
B. Mg^{2+}
C. H^+
D. Cl^-
E. Na^+

정답 = E. 니코틴아세틸콜린수용체(nAChR)는 Na^+과 K^+, Ca^{2+}을 통과시키는 비특이적 양이온통로이다(2·VI·B). Ca^{2+} 이동은 많지 않으며 생리학적 중요성도 낮다. Na^+과 K^+의 전기화학경사가 정상적으로 형성되어 있다면 nAChR는 동시에 Na^+ 유입과 K^+ 유출을 초래한다. 이러한 교환에서 Na^+ 유입이 우세하여 근육세포는 탈분극된다(12·II·G). 막전위 탈분극은 막전압의존 Na^+ 통로를 열어 활동전위가 근육속막을 따라 가로세관 속까지 전파되어 근육수축을 유발할 수 있도록 한다. nAChR는 정상 생리적 상태에서 H^+과 Cl^-, 혹은 Mg^{2+}의 의미 있는 이동을 초래하지는 않는다.

III.3 22세 여성에게 손바닥 땀과다증을 치료할 목적으로 A형 보툴리눔독소(콜린성 시냅스이전 방출차단제)를 주사하였다. 치료 후 여성의 움켜잡기 힘이 약해졌다. 다음 중 어떤 물질이 시냅스 수준에서 감소하였는가?

A. *아세틸콜린에스테라아제*
B. 아세틸콜린
C. 칼시퀘스트린
D. 미오글로빈
E. 니코틴수용체

정답 = B. 보툴리눔독소는 신경종말에서 신경전달물질의 세포외배출과 방출을 억제하는 단백분해효소이다(5·IV·C). A형 보툴리눔독소는 신경근이음부에서 아세틸콜린 분비를 억제하여 시냅스의 아세틸콜린 농도를 낮추는 목적으로 흔히 사용한다. 이것은 에크린땀샘 활동을 유사한 기전을 통해 감소시킨다. 아세틸콜린에스테라아제는 정상적으로 아세틸콜린을 분해하여 신경근 신호를 끝나게 하며(12·II·G), 독소에 의해서는 영향을 받지 않는다. 미오글로빈은 근육형질 산소를 저장 및 운반하는 물질이며, 칼시퀘스트린은 근세포질그물에 존재하는 Ca^{2+} 결합단백질이다. 아무것도 신경근전달에 직접 관여하는 것은 없다.

III.4 포스포람반(phospholamban)은 심장근 근세포질그물 Ca^{2+} ATPase와 연관이 있는 조절단백질이다. 포스포람반 인산화는 다음 중 어떤 현상을 증가시킬 것으로 예측되는가?

A. 이완
B. Ca^{2+} 유입
C. 연결다리 주기
D. 전기 전도
E. 결절세포 탈분극

정답 = A. 포스포람반은 근세포질그물의 Ca^{2+} ATPase(SERCA)의 기능을 억제한다(13·III·B). 포스포람반 인산화는 이러한 억제효과를 감소시켜 펌프 속도를 높이게 한다. SERCA는 정상적으로 흥분 후 근육형질로부터 Ca^{2+}을 제거하는 방향으로 작동한다. 증가된 펌프 속도는 정상적인 상황보다 빠르게 근육형질의 유리 Ca^{2+} 수준을 떨어지게 하여 이완 속도를 증가시킨다. Ca^{2+} 유입은 흥분시기 동안 일어나며 SERCA 변화에 뚜렷한 영향을 받지 않는다. 연결다리 주기는 액틴과 미오신 상호작용에 의존적이다. 근육세포 사이 전기전도는 틈새이음에 의존적이다. 이완되는 시간이 빨라지면 심박수를 증가시킬 수 있지만 결절세포 탈분극 속도 조절은 이온통로 조율을 통해 이루어진다.

III.5 심장근육 수축은 근육형질 Ca^{2+} 농도 증가에 의존적이다. 최대한 힘을 나타내기 위해서 많은 양의 Ca^{2+}이 필요한데 이때 동원되는 Ca^{2+} 통로의 종류는?

A. 디하이드로피리딘수용체
B. 리아노딘수용체
C. 삼인산이노시톨-개폐 통로
D. 일과성수용기전위통로(transient receptor-potential channels)
E. 뻗침활성통로(stretch-activated channels)

정답 = B. 최대장력은 근세포질그물 저장고로부터 Ca^{2+} 방출에 의존한다(13·III·A). 방출은 리아노딘수용체로 알려진 Ca^{2+}유발Ca^{2+}방출(CICR)통로에 의해 매개된다. 디하이드로피리딘수용체는 가로세관막을 가로질러 막전압개폐 Ca^{2+} 이동을 매개하는 L형 Ca^{2+}통로이다. 이 경로를 통한 Ca^{2+} 유입은 CICR를 유발시키는 방아쇠로 작용한다. 삼인산이노시톨은 민무늬근육의 근세포질그물에서 Ca^{2+} 방출에 관여한다. 일과성수용기전위통로는 여러 조직에서 발견되며 주로 세포수준의 감각자극 변환에 관여하고 있다(2·VI·D). 신장활성통로 역시 매우 넓게 분포하고 있지만 수축 동안 Ca^{2+} 이동 주 경로는 리아노딘수용체이다.

III.6 원형질막 작은 함몰에 위치하고 있으며 기본적으로 막전위변화에 의해 개폐되는 민무늬근육 Ca^{2+} 통로의 종류는?

A. Ca^{2+}유발Ca^{2+}방출통로
B. 수용체작동 Ca^{2+}통로
C. 저장고작동 Ca^{2+}통로
D. 삼인산이노시톨개폐 Ca^{2+}통로
E. L형 Ca^{2+}통로

정답 = E. L형 Ca^{2+}통로는 막전압개폐여서 막이 탈분극되면 열린다. 이들은 민무늬근육을 포함하여 많은 종류의 세포에서 발견되며 특히 민무늬근육에서는 작은 함몰이라고 불리는 원형질막 주머니 내에 밀집되어 있다(14·II·C). 수용체작동 Ca^{2+}통로는 막전압 변화가 아닌 리간드가 해당 수용체에 결합하면 열린다. Ca^{2+}유발Ca^{2+}방출통로와 삼인산이노시톨개폐 Ca^{2+}통로는 근세포질그물막에 위치해 있으며 Ca^{2+} 저장고로부터 방출에 관여한다. 저장고작동 Ca^{2+}통로는 근육이완 동안 세포 외 Ca^{2+}을 이용하여 세포 내 저장고를 채우는네 사용된다(14·III·C). 통로의 개폐는 저장고 Ca^{2+} 감지기(Stim1)에 의해 조절된다.

III.7 제약회사가 민무늬근육에 의한 혈관경련수축을 감소시키는 약제를 개발하고자 한다. 다음 중 정상적으로 민무늬근육 수축을 억제하며, 조율(자극 혹은 상향조절)을 위한 표적으로서 제약회사 상품으로 개발이 가능한 효소는?

A. *Rho-키이나제*
B. *미오신인산분해효소*
C. *미오신 가벼운사슬키나아제*
D. *단백질키나아제 C*
E. *포스포리파아제 C*

정답 = B. *미오신인산분해효소*는 정상적으로 미오신조절가벼운사슬(MLC_{20})을 탈인산화시켜 미오신 ATPase 활성도를 억제함으로써 민무늬근육 수축을 차단한다(14·III·C). 이 효소를 상향조절하면 수축력 감소와 나아가 혈관경련수축을 감소시킬 수 있다. *미오신인산분해효소* 활성도는 적어도 2 종류의 서로 다른 경로를 통해 조절된다. *Rho-키나아제*와 *단백질키나아제 C*는 서로 독립된 경로의 구성요소이며 정상적으로 *미오신인산분해효소* 활성도를 억제하여 수축을 촉진한다. *미오신 가벼운사슬키나아제*(*MLCK*)는 민무늬근육 미오신을 인산화를 통해 활성화시켜 수축을 촉진한다. *포스포리파아제 C*도 동시에 MLCK를 자극하고 *미오신인산분해효소*를 억제하는 경로를 통해 수축을 촉진한다.

III.8 압박을 견디게 하고 뼈 강도와 탄성 특성을 가질 수 있도록 하는 무기질 결정은 무엇인가?

A. 요산염(urate)
B. 수산화인회석
C. 글리코사미노글리칸
D. 크레아티닌
E. 수산칼슘(calcium oxalate)

정답 = B. 수산화인회석은 칼슘과 인산염을 포함하는 결정화된 무기질이다(15·II·A). 수산화인회석 결정은 아교질섬유 내에 융합되어 있으며, 무기질화된 섬유의 다발은 바탕질로 파고들어 압박과 당기는 스트레스에 높은 저항을 보이는 물질을 만든다. 요산염과 크레아티닌, 수산칼슘은 소변에서 높은 농도로 관찰된다. 이들이 충분히 농축되면 결정을 형성하여 요침전물 형태로 관찰된다. 글리코사미노글리칸은 바탕질에서 관찰되는 점액다당류이며 뼈를 비롯한 모든 세포 사이 공간을 채운다.

III.9 뼈에서 발견되는 전구세포 중에 뼈흡수를 촉진하기 위해 표면에 RANKL(핵인자κB 수용체활성제 리간드[receptor activator of nuclear factor κB ligand])이 발현되는 종류는?

A. 뼈모세포
B. 뼈파괴세포
C. 뼈세포
D. 뼈피폭세포
E. 조혈세포

정답 = A. 뼈흡수와 개조에는 뼈개조영역 내에서 협동해서 작용하는 여러 종류의 세포가 관여한다(15·IV·C). 뼈모세포전구세포에는 핵인자κB 수용체활성제(RANK) 리간드(RANKL)가 표면에 발현된다. RANKL은 뼈파괴세포 전구세포(조혈전구세포이다) 표면에 발현되는 수용체인 RANK와 결합하여 여러 개의 세포를 융합시켜 큰 다핵 뼈파괴세포을 형성하게 한다. 뼈파괴세포에 의해 뼈가 소화되면 뼈 미네랄 성분이 방출되어 혈액으로 돌아간다. 뼈세포는 뼈바탕질에 박혀 있는 세포이며 스트레스와 완전함을 감시한다. 뼈피복세포는 뼈 표면에서 발견되며 개조가 필요할 때 필요신호를 전달한다.

III.10 36세 여성이 부갑상샘호르몬 분비 종양을 가지고 있다. 다음 중 장기적인 부갑상샘호르몬 증가로 인해 상승되는 것은?

A. 뼈흡수
B. 뼈침착
C. 작은창자에서 Ca^{2+} 배설
D. 작은창자에서 PO_4^{3-} 흡수
E. 콩팥에서 PO_4^{3-} 재흡수

정답 = A. 부갑상샘에서 부갑상샘호르몬(PTH) 분비는 혈장 Ca^{2+} 수준에 의해 조절된다(15·V·A; 35·V·B). 혈장 Ca^{2+}(혹은 Mg^{2+}) 수준이 감소하면, 뼈로부터의 Ca^{2+} 흡수를 촉진하기 위해 PTH가 분비된다. PTH의 효과는 뼈모세포에 있는 PTH 수용체에 의해 매개되며 이로 인해 뼈파괴세포가 뼈개조 장소로 동원된다. PTH는 뼈침착은 자극하지 않는다. PTH는 콩팥 먼쪽뇨세관에서 Ca^{2+} 재흡수(배설이 아님)를 초래한다(27·III·C). PTH는 또한 토리쪽뇨세관에서 PO_4^{3-}의 재흡수를 억제하여 배설률을 증가시킨다(26·VI·A).

III.11 낭성섬유증 가족력을 가지고 있는 4세 남아가 가벼운 호흡기와 위창자 증상을 보였다. 만약 낭성섬유증이 의심된다면 같은 나이의 정상 남아와 비교하여 이 남아의 땀 구성 중 가장 특징적인 것은?

A. 저장성
B. 등장성
C. 고장성
D. 풍부함
E. 조금

정답 = C. 낭성섬유증막경유전도도조절자(CFTR)는 많은 상피에서 Cl^-통로로서 작용하는 ATP 결합 수송체이다. CFTR 결함은 호흡계와 위창자계 상피에서 Cl^-가 분비되지 않는다. 분비는 삼투압 경사를 형성하고 이로 인해 꼭대기 표면으로 물을 끌어낸다. 그러므로 낭성섬유증 환자는 진한 점액을 형성하기 때문에 폐로부터 밖으로 뱉어 내기가 매우 어렵다. 땀샘에서 CFTR는 땀이 피부 표면으로 나가는 동안 관속공간으로부터 Cl^-를 재흡수하여 땀이 저장성이 되게 한다(16·VI·C·2·b). CF 환자는 CFTR 결함에 의해 Cl^-(Na^+도 같이)가 재흡수가 되지 않으므로 환자의 땀은 고장성이 된다. CFTR 결함은 땀 양에는 큰 변화를 초래하지는 않는다.

III.12 42세 소형착암기 작동자가 손의 털없는피부에서 높은 빈도 진동에 대한 민감도가 떨어졌다고 한다. 손상을 받았을 가능성이 가장 높은 수용기는?

A. 루피니종말
B. 메르켈원반
C. 자유신경종말
D. 파치니소체
E. 털감각섬유

정답 = D. 파치니소체는 빠른 순응을 보이며 40~500 Hz 범위 진동을 감지하는 접촉수용기이다(16·VII·A). 털이 없는 피부는 털이 없기 때문에 털감각섬유가 없다. 루피니종말은 느린 순응을 보이며, 진동보다는 피부신장을 감지하는 접촉수용기이다. 메르켈원반은 가벼운 피부 압력을 느낀다. 털이 없는 피부에는 자유신경종말도 있지만 이것은 파치니소체에 비해 진동에 훨씬 덜 예민하다.

제 4 단원
심장혈관계통

심장흥분

17

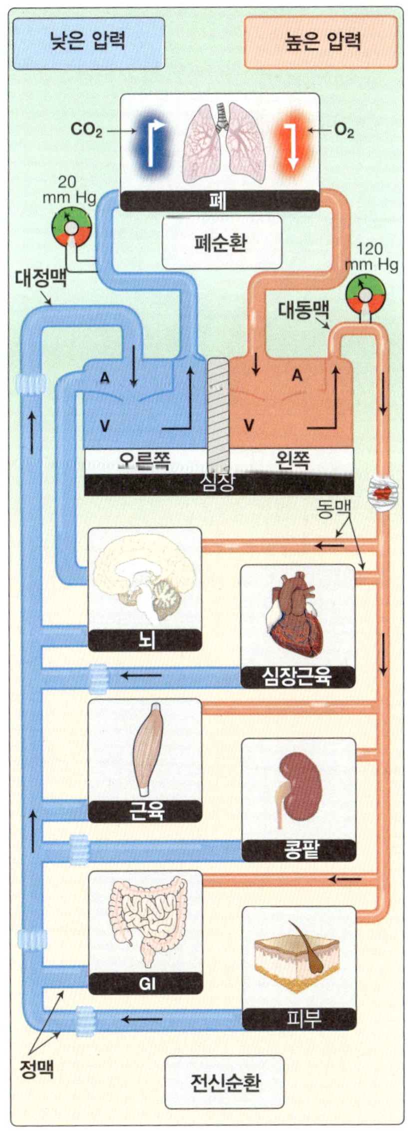

그림 17.1
심장혈관계 회로. A = 심방; GI = 위창자; V = 심실

I. 개요

심장혈관계통은 인체 모든 세포에 산소와 영양분을 공급하는 역할을 하고 있다. 또한 열을 비롯한 대사산물을 제거하기도 한다. 심장혈관계통의 기본 구성은 혈액과 혈관, 심장이다(그림 17.1). 혈액은 조직으로부터 물질을 운반하고, 혈관은 세포 가까이 혈액을 운반하는 관이며, 심장은 장기 근처까지 혈액을 보내는 데 필요한 압력을 만드는 작용을 한다. 심장은 심장근육으로 구성된 여러 개의 방을 가진 기관이다. 근육이 수축하면 방 직경은 감소하고, 혈액은 방에서 방으로 압력에 의해 이동하며 결국에는 혈관계로 나가게 된다. 적절한 출력 효능을 나타내기 위해 여러 부분이 순차적으로 수축하여야 한다는 것은 심장의 독특한 구조를 통해 알 수 있다. 이러한 일련의 순서는 흥분파 전도를 통해 가능하며, 흥분파 이동속도는 혈액이 방들 사이를 충분히 이동할 수 있도록 조정되어야 한다. 시간과 공간을 통한 흥분파 이동은 주위 조직 내에서 전기 기울기를 형성하며, 이러한 현상은 인체 표면에서 심전도(electrocardiogram, ECG) 형태로 확인된다. 흥분의 시간과 형태는 심장 부위에 따라 다르기 때문에 심전도를 통해 흥분경로 혹은 심장의 전반적인 구조에 이상이 있는지를 확인할 수 있다.

II. 심장혈관 회로

심장혈관계통은 폐쇄회로이며 이 속에서 혈액은 특정 개인의 전체 인생 동안 지속적으로 순환한다. 회로는 구조와 기능에 따라 확연히 구분되는 2개의 순환계를 가지고 있다. **전신순환계(systemic circulation)**는 인체 모든 기관에 영양분을 공급하고 노폐물을 제거한다. **폐순환계(pulmonary circulation)**는 CO_2와 O_2 교환을 위해 폐로 혈관계 내용물을 운반한다.

A. 심장구조

혈액은 심장 양쪽에 하나씩인 2개의 심장펌프에 의해 혈관계로 나간다(그림 17.2A). 각 펌프는 2개의 방을 가지고 있다: 한 개의 **심방(atrium)**과

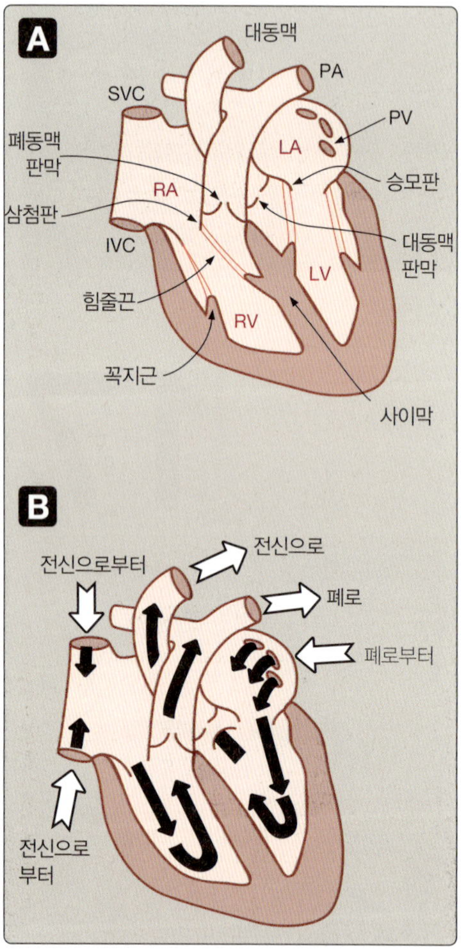

그림 17.2

심장해부학과 혈류 형태

IVC = 아래대정맥; LA = 왼심방; LV = 왼심실; PA = 폐동맥; PV = 폐정맥; RA = 오른심방; RV = 오른심실; SVC = 위대정맥

한 개의 **심실(ventricle)**. 왼심장은 **대동맥(aorta)**을 통해 전신순환계 기관들로 혈액을 내보낸다. 혈액은 **대정맥(vena cavae)**을 거쳐 심장으로 돌아온다. 심장의 오른쪽은 폐순환계를 관류시킨다. 혈액은 오른심실을 빠져나와 **폐동맥(pulmonary artery)**을 통해 폐로 간 후 **폐정맥(pulmonary vein)**을 거쳐 왼심장으로 들어간다.

B. 심장 방(cardiac chamber)

심방과 심실 벽을 구성하고 있는 심장근육의 양을 고려해 보면 이들이 서로 다른 기능을 가지고 있음을 쉽게 짐작할 수 있다.

1. **심방:** 심방은 심실 수축기간 동안 정맥계통으로부터 혈액을 받아 저장하는 탱크로 작용한다. 저장된 혈액은 각 심장주기 시작인 심방 수축에 의해 심실로 전달된다. 심실로 혈액을 보내기 위해 아주 작은 압력만 있으면 되기 때문에, 심방 벽은 상대적으로 적은 양의 근육을 가지고 있으며 얇다.

2. **심실:** 심실은 높은 압력으로 혈액을 방대한 혈관망으로 밀어내기 때문에 심장근육으로 구성된 방 벽은 두껍다. 왼심실(LV)은 전형적으로 120 mm Hg의 최고혈압을 보인다. 오른심실(RV)은 상대적으로 낮은 저항 혈관을 통해 혈액을 밀어내므로 이것의 벽은 왼심실에 비해 근육 양이 적다. 오른심실의 최고혈압은 약 20 mm Hg이다.

B. 판막(valve)

심방과 심실 사이(**방실판막[atrioventricular, AV valve]**)와 심실과 이것의 출구 사이(**반달판막[semilunar valve]**)에 있는 한방향 판막은 심장혈관계통 주위 흐름을 한 방향이 되도록 한다(그림 17.2B).

1. **방실:** **삼첨(tricuspid)**(오른쪽)과 **승모(mitral)**(왼쪽)판막은 심방에서 심실로 혈액이 들어가도록 하고 심실이 수축을 시작하면 닫힌다. **힘줄끈(chordae tendineae)**은 첨판(leaflets) 테두리에 부착된 잔섬유이다. 끈(chordae)은 **꼭지근(papillary muscle)**과 함께 작용하여 판막을 고정시키고 수축 동안 심실에 의해 생성된 높은 압력에 뒤집어지지 않도록 한다(그림 17.2A 참조).

2. **반달:** **폐(pulmonary)**(오른쪽)와 **대동맥(aortic)**(왼쪽)판막은 동맥계에서 심실로 혈액이 되돌아가지 않도록 한다. 심실에서 나오는 혈액의 높은 유통속도에 의해, 반달판막은 높은 전단응력에 노출되므로 방실판막 첨판들에 비해 두껍고 더 높은 탄성을 보인다.

III. 수축 순서

심장은 최대 펌프 효과를 나타내기 위해 여러 부위가 순차적으로 수축하는 독특한 구조를 가지고 있다. 이러한 순서는 세포에서 세포로 전달되어 전체 심장으로 퍼져 나가는 탈분극파를 이용하여 이루어진다. 이러한 현상은 심장에

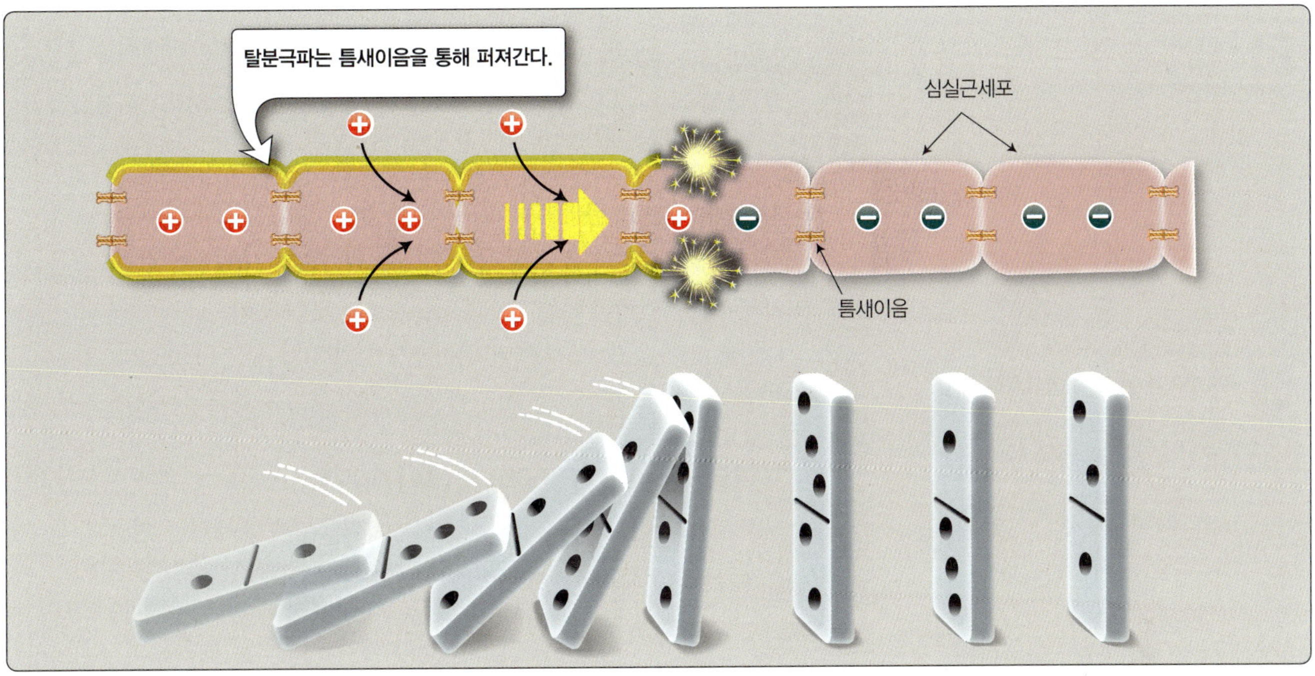

그림 17.3
심장근육에서 신호전파

존재하는 모든 세포들 사이에 전기적 연결을 형성하고, 심장을 하나의 **융합체(syncytium)**로 만드는 **틈새이음(gap junction)**이 있어서 가능하다(4·II·F 참조). 일단 탈분극파가 시작되면 도미노가 쓰러지는 것과 같이 필연적으로 인접한 세포로 전달된다(그림 17.3).

> 얼마나 많은 도미노가 한번에 쓰러졌는가의 현재 기록은 450만 개이며 2009년 도미노날에 네덜란드에서 세워졌다. 89명이 2달간 도미노를 세웠다! 발이나 손가락을 잘못 놓을 경우 전체 도미노가 쓰러질 수 있기 때문에 중간에 끊어진 부위를 만들었고 이것은 경기가 시작되기 바로 전에 채워졌다. 심장근육은 이러한 안전장치가 없기 때문에 심장에 있는 모든 세포는 막전위가 불안정해지면 일차 박동조율기로 작동할 수 있다. "딴곳(ectopic)" 박동조율기는 생명을 위협하는 정도로 심장기능에 매우 좋지 않은 영향을 미친다.

심장근육 수축과 펌프 주기를 결정하는 탈분극파는 **굴심방결절(sinoatrial [SA] node)**에서 시작된다(그림 17.4). 결절세포는 시간이 지남에 따라 양전위 쪽으로 천천히 이동하는 불안정한 막전위(V_m)를 가지고 있다. 일단 막전위가 **활동전위 발생을 위한 문턱값(threshold for action potential formation)**([V_{th}] 2·III·B·1를 참조)을 넘으면 세포는 극파를 만들며 흥분파가 시작된다.

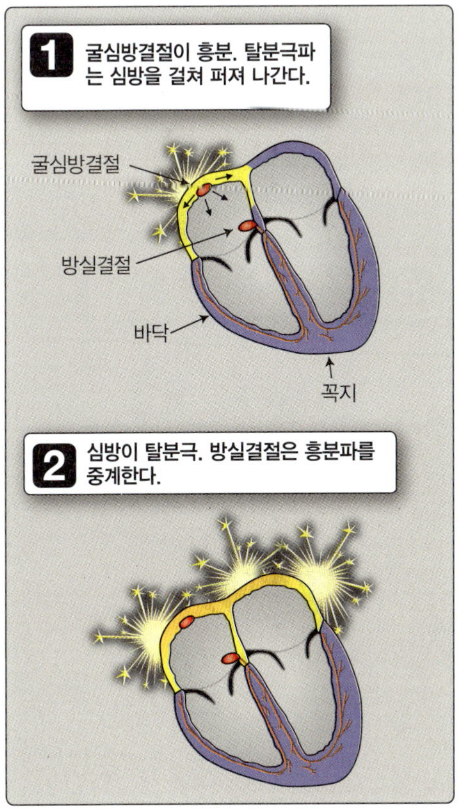

그림 17.4
심장흥분 주기

A. 박동조율기(pacemaker)

굴심방결절은 오른심방 벽에 있는 위대정맥(superior vena cava) 근처에 위치해 있으며 특별한 세포로 구성되어 있다(그림 17.4의 1 과정 참조). 이들 세포의 경우 수축성분은 대부분 소실되었지만 대신 자발적인 활동전위를 만든다. 활동전위를 만드는 속도가 심장박동수이며 **자율신경계(ANS)**를 구성하는 2가지 요소에 의해 조절된다. **교감신경계(SNS)**는 심장박동수를 증가시키는 반면에 **부교감신경계(PSNS)**는 감소시킨다(아래 참조)

B. 심방(atria)

결절세포는 틈새이음을 통해 주위 심방근세포와 전기적으로 연결되어 있다. 일단 시작되면 탈분극파는 ~1 m/s의 전도속도로 모든 방향으로 퍼져나가며 양쪽 심방 전체로 퍼지는 시간은 약 100 ms가 소요된다(그림 17.4의 2 과정).

C. 방실결절(atrioventricular [AV] node)

탈분극파가 심실에 도착하기 전에 방실이음부에 존재하는 연골과 섬유성 물질로 구성된 판에서 멈춘다. 이 판은 심장판막을 지지하는 구조로 작용할 뿐 아니라 전기 절연체로도 작용한다. 파를 잠시 멈추게 함으로써 빠르게 움직이는 전기적 신호가 느린 기계적 현상으로 변화될 수 있는 시간을 확보하여 혈액이 심방에서 심실로 흘러갈 수 있도록 한다. 전기기계변환에는 Ca^{2+}유발Ca^{2+}방출이 관여하며 13장에서 보다 자세하게 다루었다(13·III·A 참조). 하지만 심방과 심실 사이에 전기다리가 존재하기 때문에 흥분파는 완전히 없어지지 않는다. 이 다리 입구가 방실결절이며, 신호를 느리게 전도(0.01~0.05 m/s)하는 특성을 지닌 비수축심근세포로 구성되어 있다. 전기 "불꽃(spark)"이 방실결절을 통과하는 데는 약 80 ms가 소요되며, 이 기간은 혈액이 심방수축에 의해 방실판막을 통해 이동하기에 충분히 길다.

D. 히스-푸르킨예계(His-Purkinje system)

일단 방실결절을 통해 흥분파가 이동하면 심실벽은 혈액을 출구 쪽 위로 짜낼 수 있도록 차례대로 수축하여야 한다: **사이막(septum)** → **꼭지(apex)** → **벽(free wall)** → **바닥(base)**. 이러한 현상은 심실 여러 영역으로 빠른 속도의 탈분극파를 전달하도록 특화되어 있는 근세포로 구성된 조직경로를 통해서 가능하다.

> 히스-푸르킨예계는 종종 도시 중심부에서 멀리 떨어진 곳으로 빠른 속도로 자동차가 이동할 수 있는 주간 고속도로(interstate highway) 혹은 자동차전용도로와 비교된다. 보다 느린 근세포에서 근세포로 전도경로는 동일한 장소에서 이용되는 일반적으로 이동속도가 느린 이면도로에 해당한다.

심실로 가는 경로는 방실결절에서 나와 심실사이막으로 내려가는 특별한 근세포 경로인 **방실다발(히스공통다발[common bundle of His])**에서 시작한다(그림 17.4의 3 과정 참조). 여기에서 히스다발은 왼갈래가지와 오른갈래가지로 나누어진 후, 왼심실과 오른심실 모든 영역으로 흥분신호를 전달하기 위해 다시 가지를 친다. 빠른 속도를 지닌 **푸르킨예섬유(Purkinje fiber)** (전도속도 약 2~4 m/s)는 탈분극파를 수축하는 근세포로 전달한다(그림 17.4의 4 과정 참조).

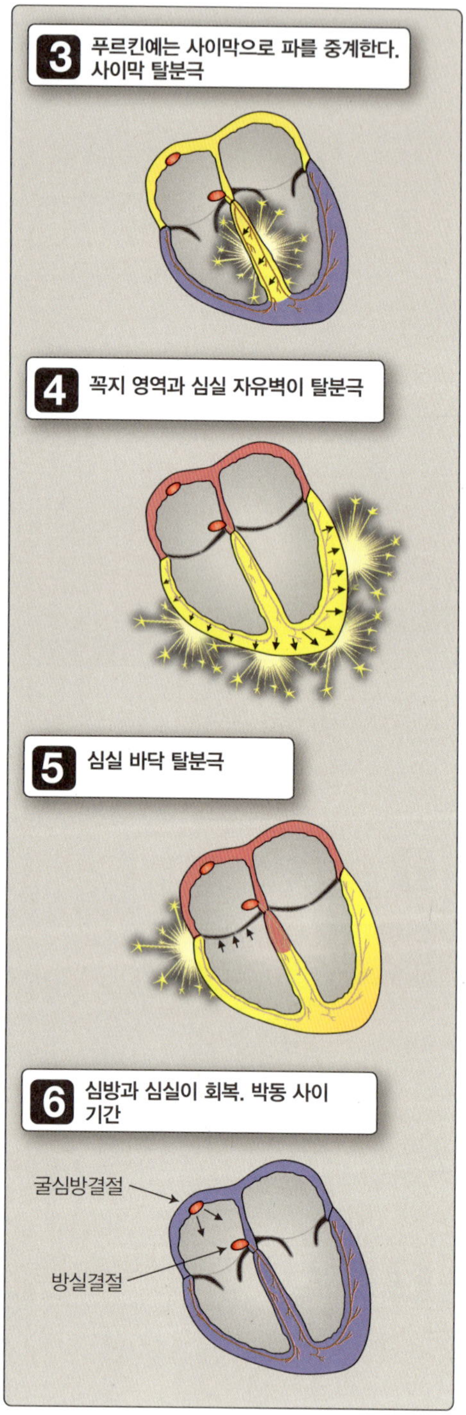

그림 17.4
(계속)

E. 심실

심실근세포는 심방근세포와 유사하게 세포 사이의 틈새이음을 통해 1 m/s 속도로 탈분극파를 전도한다. 양쪽 심실 흥분은 기본적으로 100 ms 내에서 완전히 이루어지지만(그림 17.4의 5 과정 참조), 보다 느린 기계적 현상이 완전히 이루어지기 위해서는 300 ms가 더 소요된다.

IV. 전기생리학

흥분파가 심장 여러 부위로 전도되는 과정에서 속도 증가 혹은 감소에 관여하는 기전은 간단하면서도 정밀하다. 심장은 기본적으로 하나의 조각된 근육이다. 이 근육 내에 존재하는 서로 다른 근세포가 전도하는 전기신호 속도는 이들이 얼마나 빨리 탈분극되느냐에 의존적이며 다르게 표현하면 이들 세포 근육속막에 어떤 종류의 이온통로가 존재하느냐에 따라 결정된다고 할 수 있다.

A. 이온통로

심장근세포는 위치에 상관없이 모두 흥분세포이다. 이들 모두에는 세포막을 가로질러 Na^+과 K^+ 농도차를 만들고 이를 유지하고 나아가 막전위까지 만들기 위한 Na^+-K^+ ATPase가 발현된다. 이온선택적인 통로는 막전위를 조정하기 위해 열리고 닫힌다. 심장 기능은 5 종류의 기본적인 전도도에 의존적이다: 신경세포에서 흔히 관찰되는 **막전위의존Na^+통로(voltage-dependent Na^+ channel)**, **막전위의존Ca^{2+}통로(voltage dependent Ca^{2+} channel)**, 2 종류의 **K^+통로(K^+ channel)**, 내재박동조율기 활성을 가지고 있는 세포에서 일반적으로 관찰되는 **과분극활성고리뉴클레오티드의존비특정통로(hyperpolarization-activated, cyclic nucleotide-dependent nonspecific channel, HCN)** (그림 17.5).

1. **나트륨통로(sodium channel)**: Na^+통로는 막전위 탈분극에 반응하여 열리며 매우 빠르게 활성화된다(0.1~0.2 ms). 결과적으로 세포 안쪽으로 Na^+ 이동(I_{Na})이 유발되어 막전위는 "0" 쪽으로, 최종적으로는 약 30 mV 정도 양전위 쪽으로 이동된다(**지나치기[overshoot]**). 나트륨통로는 빠르게 비활성화되어(~2 ms) 막전위가 −90 mV로 돌아갈 때까지 비활성화 상태에 머문다. I_{Na}는 심방과 심실근세포 활동전위 상행각을 형성한다.

2. **칼슘통로(calcium channel)**: L형 Ca^{2+}통로 역시 막전위 탈분극에 의해 열리지만 나트륨통로에 비해서 느리게 활성화된다(~1 ms). 열리면 세포안쪽으로 칼슘유입을 초래하여 세포 탈분극(I_{Ca}) 및 수축을 유발한다. 칼슘통로도 매우 느리게 비활성화된다(~20 ms).

3. **칼륨통로(potassium channel)**: K^+통로는 칼륨의 세포외유출을 초래하여 흥분 후 세포막 재분극에 관여한다. 심장근세포에는 2 종류의 칼륨통로가 존재한다. 하나는 심방 및 심실근세포에서 작고 일시적인 외향전류(minor transient outward current, I_{to})를 형성하며 빠른 활성화를 보이는 칼륨통로이다. 막전위 재분극은 막전위 탈분극 후에 상당한

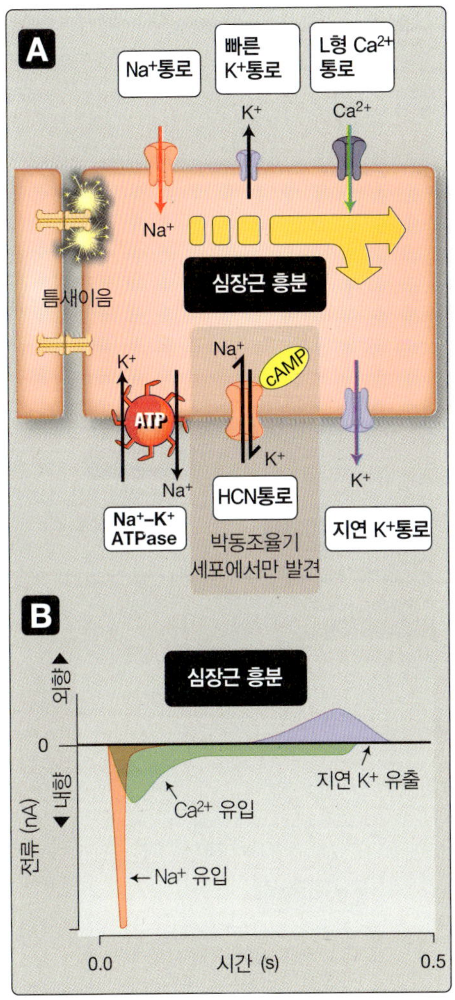

그림 17.5
심장근육세포의 기본적인 이온통로와 전류
ATP = 삼인산아데노신; cAMP = 고리형일인산아데노신; HCN = 과분극활성고리뉴클레오티드의존Na⁺통로

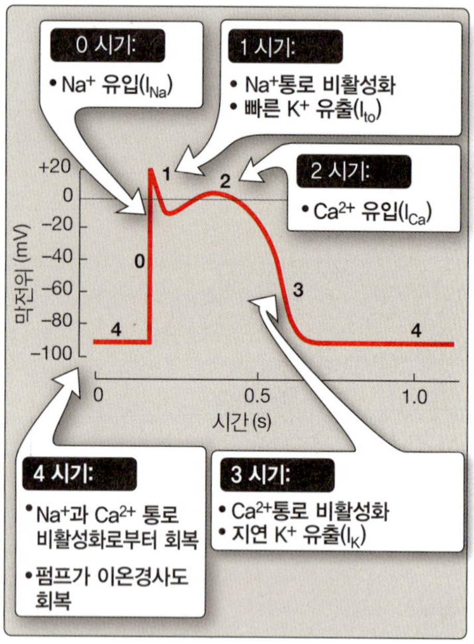

그림 17.6
빠른 활동전위
I_{Ca} = Ca^{2+}전류; I_K = K^+전류; I_{Na} = Na^+전류; I_{to} = 일시외향전류

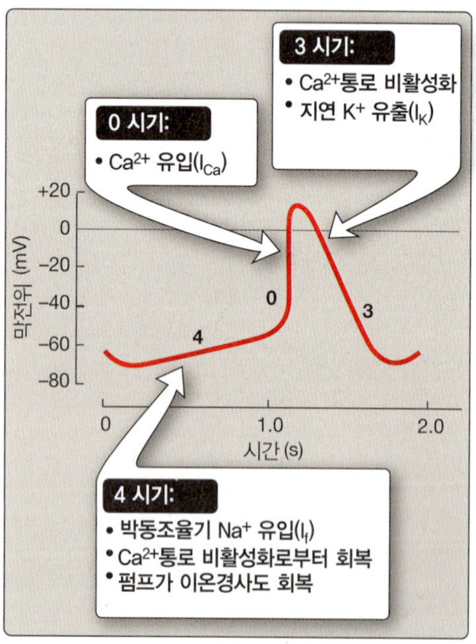

그림 17.7
느린 활동전위
I_{Ca} = Ca^{2+}전류; I_f = 이상한 전류; I_K = K^+전류;

시간이 지나 느리게 활성화(~100 ms)되는 막전위개폐칼륨전류(I_K)에 의해 일어난다.

4. **HCN개폐통로(HCN-gated channel):** HCN는 "**묘한전류(funny current)**" (I_f)를 형성한다. 이러한 이름은 이것의 특별한 특성에 의해 지어졌다. 이것은 과분극활성 비특정양이온통로이어서 K^+ 유출과 Na^+ 유입을 동시에 초래한다. 이러한 교환에 있어 Na^+이 우세하므로 막전위는 탈분극된다. I_f는 박동조율기전류이며 아래에서 자세하게 다루도록 한다.

B. 활동전위

근세포가 전기신호를 얼마나 빨리 전달하는지는 어떤 이동통로가 관여되는가에 의존한다. 수축 근세포 흥분은 주로 막전위개폐Na^+통로에 의해 이루어진다. 결절세포 흥분은 L형 Ca^{2+}통로가 관여하고 있다. 이러한 차이들이 확실하게 나타나는 것은 2 종류의 근세포에서 기록한 활동전위 모양에서이다. 심방과 심실근세포은 I_{Na} 활성화 동안 급하게 상승하는 빠른 활동전위를 보이고 있다. 결절세포는 상행각에 I_{Ca}가 관여하기 때문에 느린 활동전위를 보인다.

1. **빠른(fast):** 빠른 활동전위는 5 종류의 확연히 구분되는 시기를 보인다(그림 17.6). 각각 다른 시기에 관여하는 이온전류는 시간적으로 일부 겹치기도 하지만, 리듬장애 및 다른 심장 질환을 치료하기 위한 약물은 이들이 기본적으로 작용하는 활동전위 시기에 따라 구분된다. 아래에 5 시기를 구분하였다.

   a. **0 시기(phase 0):** 0 시기는 Na^+통로가 열려서 발생되는 활동전위 상행각이다. 심방 및 심실근세포 근육속막에는 Na^+통로가 풍부하게 존재하고 있으며 흥분파가 일단 도달하면 빠르게 열린다. 이것의 결과로 다량의 Na^+ 유입이 일어나고 막전위는 Na^+ 평형전위(+60 mv) 쪽으로 움직인다.

   b. **1 시기(phase 1):** 1 시기는 Na^+통로 비활성화를 의미하며 막전위가 0 mV에 가깝게 이동한다. 1 시기 재분극에는 I_{to}도 관여한다.

   c. **2 시기(phase 2):** 활동전위 고원기(plateau)는 L형 Ca^{2+}통로를 통한 Ca^{2+} 유입에 의해 유지된다. I_{Ca}는 활동전위 동안 느리게 비활성화되지만 일부 Ca^{2+}통로는 고원기를 늘리고 흥분이 끝나기 전에 Ca^{2+} 방출과 수축이 이루어질 수 있도록 지속적으로 열린 상태로 있기도 한다.

   d. **3 시기(phase 3):** 막전위 재분극은 I_K의 느린 활성화에 의해 이루어진다.

   e. **4 시기(phase 4):** 활동전위 사이 간격 동안 Ca^{2+}은 세포 내 저장고로 돌아가고 세포 내 Na^+는 K^+과 교환되어 세포 밖으로 퍼내어진다. 안정막전위(−90 mV)로 돌아가므로 인해 몇십 milliseconds 동안 Na^+과 Ca^{2+}통로는 비활성화 상태로부터 회복이 된다.

2. **매우 빠른(very fast):** 푸르킨예(Purkinje)세포는 흥분파를 매우 빠른 속도로 전달하는 역할을 지니고 있다. 이들 세포막에는 심실근세포에 비해 Na^+통로는 더 많고 Ca^{2+}통로는 적게 분포하고 있어 0 시기는 거의 I_{Na}에 의해 이루어진다고 할 수 있다. 전도속도는 0 시기의 탈분극 속도에 의해 결정된다. 푸르킨예세포는 심실근세포에 비해 3~4배 정도 굵기 때문에 더 빠른 전도속도를 가지고 있다(5·III·B·2 참조).

3. **느린(slow):** 결절세포는 I_{Ca}가 주도하는 느린 활동전위를 가지고 있다(그림 17.7). 첫 번째 이유는 결절세포는 수축근세포에 비해 확실하게 더 양전위 쪽 안정막전위를 가지고 있는 것이다(−65 mV 대 −90 mV). Na^+통로는 −65 mV에서는 비활성화되어 있으며 열릴 수 없기 때문에 결절세포가 활동전위 상행각을 만들기 위해서는 느린 Ca^{2+}통로에 의존할 수밖에 없다.

> 결절세포는 비활성화로부터 회복될 경우 Na^+ 전류를 만들 수 있는 능력을 지닌 Na^+통로를 가지고 있다. 여기서 회복이라 함은 인위적인 조정을 통해 막전위를 −90 mV에 고정하는 것이다.

   a. **0 시기:** 느린 활동전위 상행각은 L형 Ca^{2+}통로를 통한 Ca^{2+} 유입에 의해 형성되며 이것은 Na^+통로에 비해서 매우 느리게 활성화 된다. 결과적으로 느린 활동전위는 매우 느리게 전도된다.

   b. **3 시기:** 3 시기 재분극은 I_K에 의해 만들어진다.

   c. **4 시기:** 4 시기는 회복기에 해당하지만 결절세포 경우는 4 시기는 불안정하며 시간에 따라 천천히 양전위 쪽으로 이동한다. 이러한 이동은 I_f에 의해 형성되며 자동능과 박동조율기 기능을 나타내는데 중추적인 역할을 한다.

C. 박동조율기

세포가 박동조율기 기능을 가지는 것은 HCN에 의해 이루어진다. HCN 통로가 열리면 막전위는 활동전위 형성을 위한 문턱값으로 서서히 이동한다. 자율신경계에 의한 심박수 조절은 4 시기 탈분극 속도를 조정함으로써 이루어지는데 이 현상은 이 통로의 고리형일인산아데노신(cAMP)에 대한 의존성에 기인한 것이다. 세포 내 cAMP 수준이 올라가면 HCN의 열릴 확률과 막전위 탈분극 속도가 증가한다. cAMP 수준이 감소하면 HCN이 열릴 확률이 감소하여 4 시기 탈분극이 느려진다. 규칙적인 심장박동을 유지하는 것은 생명 유지에 매우 중요함으로 3 종류 세포가 박동조율기로써 기능을 가지고 있다: 굴심방결절세포(SA nodal cell) 및 방실결절세포(AV nodal cells), 푸르킨예섬유.

1. **묘한전류:** HCN은 과분극에 의해 활성화되므로 3 시기 끝부분에서 발생된다(그림 17.8A). 이어서 일어나는 탈분극은 극파, 즉 새로운 흥분파가 시작되는 시점인 V_{th}에 이를 때까지 몇백 millisecond 동안 지속된다. 극파는 새로운 주기가 시작되는 시점인 3 시기 끝 부분까지 HCN를 비활성화시킨다.

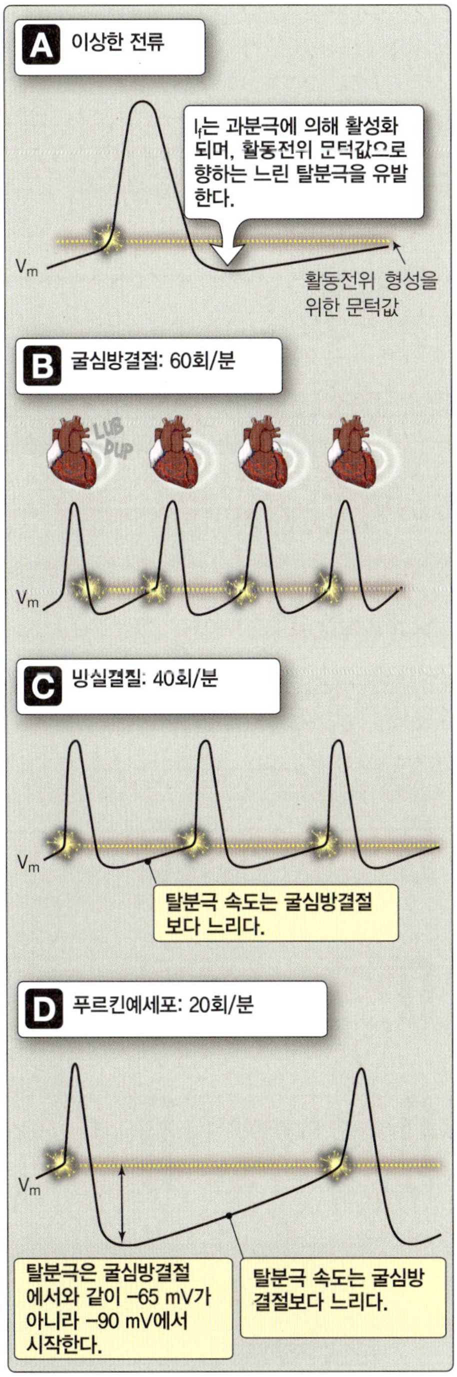

그림 17.8
박동조율기
I_f = 이상한 전류; V_m = 막전위

2. **다른 박동조율기:** 굴심방결절이 심장의 기본적인 박동조율기이다. 이것이 지니고 있는 고유박동수는 ~100회/분이지만 심장박출량을 낮게 유지시키기 위해 심장박동수를 감소시키는 부교감신경계 영향에 의해 심장박동수는 일반적으로 낮아져 있다(그림 17.8B 참조). 굴심방결절이 손상을 받아 기능이 소실되면 방실결절이 그 기능을 대신한다. 정상적으로 방실결절의 고유박동수는 40회/분이기 때문에 굴심방결절에 의존적이다. 방실결절세포에서 4 시기가 V_{th}에 도달하기 위해서는 ~1.5초가 필요하다(그림 17.8C). 그러나 굴심방결절에서 생성된 새로운 흥분파는 이 시간 전에 도착한다(**빠른맥억제[overdrive suppression]**). 푸르킨예세포는 3번째 박동조율기이다. 푸르킨예세포 막전위는 다른 결절세포에 비해 약 25 mV 정도 더 음전위를 띠고 있어 막전위가 문턱값에 도달하고 이것을 넘기기 위해 더 오랜 시간이 필요하기 때문에 이것의 고유박동수는 매우 낮다(~20회/분)(그림 17.8D 참조).

3. **조절:** 심장박동수는 심장박출량을 결정짓는 가장 중요한 요소이므로 굴심방결절은 자율신경계에 의해 엄격하게 조절되고 있다. 교감신

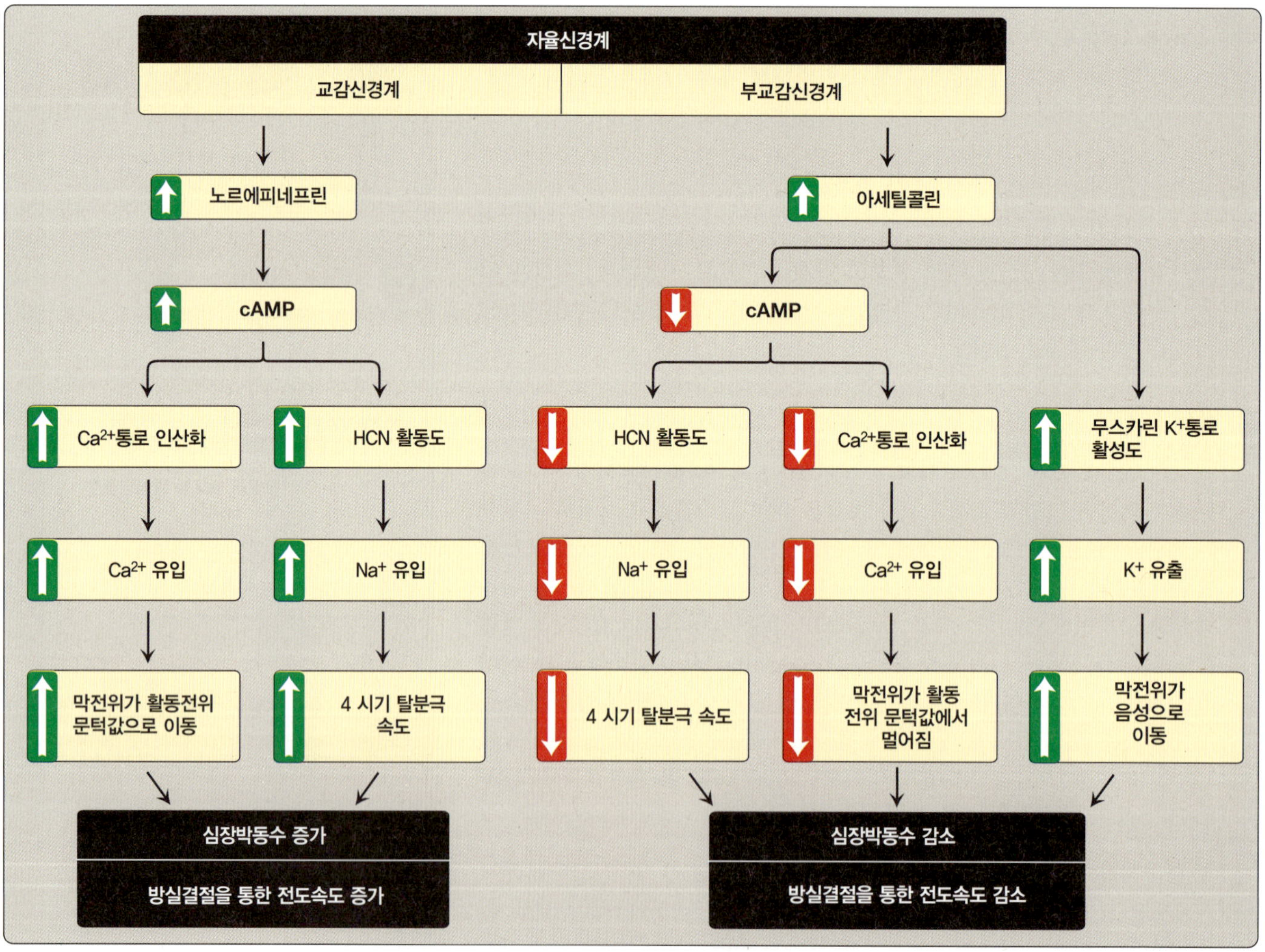

그림 17.9
결절세포에 대한 자율신경계 조절
AP = 활동전위 ; AV = 방실; cAMP = 고리형일인산아데노신; HCN = 과분극활성 고리뉴클레오티드의존 Na^+통로

경계는 노르에피네프린을 분비하여 결절세포에 있는 β_1아드레날린수용체를 통해 심장박동수를 증가시킨다. 이 수용체는 G단백질연결수용체(GPCR)로서 *아데닐사이클라아제*(*adenylyl cyclase*, *AC*) 활성도와 세포 내 cAMP 농도를 증가시킨다. cAMP는 HCN에 결합하여 통로가 열릴 확률을 증가시켜 4 시기 탈분극 속도를 가속시킨다(그림 17.9). 이로 인해 심장박동수는 증가된다(**심장박동수촉진작용[positive chronotropy]**). 부교감신경종말은 결절세포로 아세틸콜린을 방출한다. 아세틸콜린이 결합하는 2형 무스카린수용체 역시 GPCR이며, *아데닐사이클라아제* 활성도와 cAMP 형성을 감소시킨다. 4 시기 탈분극 속도는 느려져 심장박동수는 감소한다(**심장박동수감소작용[negative chronotropy]**).

4. **다른 전류:** 4 시기 탈분극 속도는 자율신경계에 의해 조절되는 Ca^{2+}전류 및 리간드개폐K^+전류에 의해서도 영향을 받는다(그림 17.9 참조).

   a. **칼슘전류:** 카테콜아민에 의한 세포 내 cAMP 농도 증가는 *단백질키나아제 A*(*PKA*) 의존 인산화를 통해 Ca^{2+} 통로 활동을 촉진시킨다. 이것은 굴심방결절 세포의 4 시기 탈분극 속도를 증가시키고 막전위를 V_{th}에 가깝게 이동시킨다. 부교감신경계가 활성화되면 *아데닐사이클라아제*와 *PKA* 활성이 감소되어 막전위는 V_{th}로부터 밀어진다. 자율신경계는 방실결절 Ca^{2+}통로에도 비슷한 효과를 나타내지만, 결과는 전도속도 변화로 나타난다(**변조작용[dromotropy]**).

   b. **칼륨전류:** 부교감신경은 아세틸콜린을 통해 K^+전류를 활성화시켜 결절세포 막전위를 디욱 음전위가 되도록 하는 추가적인 조절작용을 나타낸다. 더욱 과분극되어 있는 상태에서 4 시기가 시작되므로 V_{th}에 도달하는 시간이 길어져 심장박동수는 느려진다.

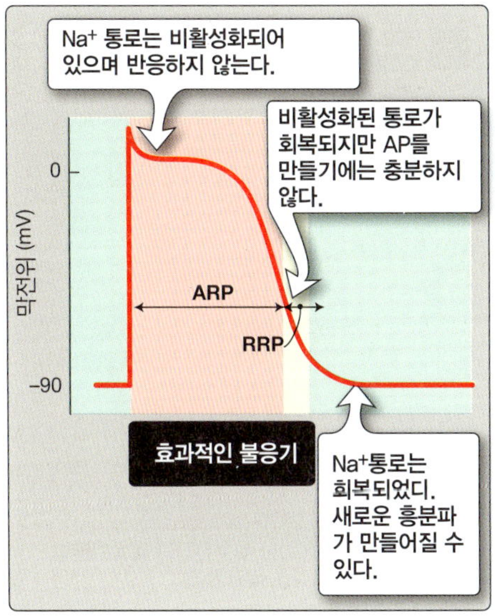

그림 17.10
불응기. AP = 활동전위; ARP = 절대불응기; RRP = 상대불응기

D. 불응기(refractory period)와 부정맥(arrhythmia)

심장근의 모든 세포는 틈새이음을 통해 전기적으로 연결되어 있어 심장은 심장근 수축영역에 위치해 있는 박동조율기(**딴곳박동조율기[ectopic pacemaker]**) 영향을 받기 쉽다. 이들은 심장이 펌프로서 기능을 할 수 없을 정도의 너무 빠른 고유 박동수를 가지고 있을 수도 있다. 다행히도 I_{Na}는 탈분극 시기 동안 비활성되어 심장근세포가 새로운 흥분파에 반응하지 않는 **절대불응기(absolute refractory period, ARP)**가 형성되기 때문에 이런 상황이 만들어질 가능성은 낮다(그림 17.10). I_{Na}가 비활성화로부터 회복이 되면 심장근세포는 전도되지 않는 작은 반응을 만들 수 있는 시기인 **상대불응기(relative refractory period, RRP)**에 접어든다. 절대불응기와 상대불응기를 합쳐 **유효불응기(effective refractory period)**라고 한다. 불응기는 강축 발생을 방지하는 효과도 동시에 가지고 있다.

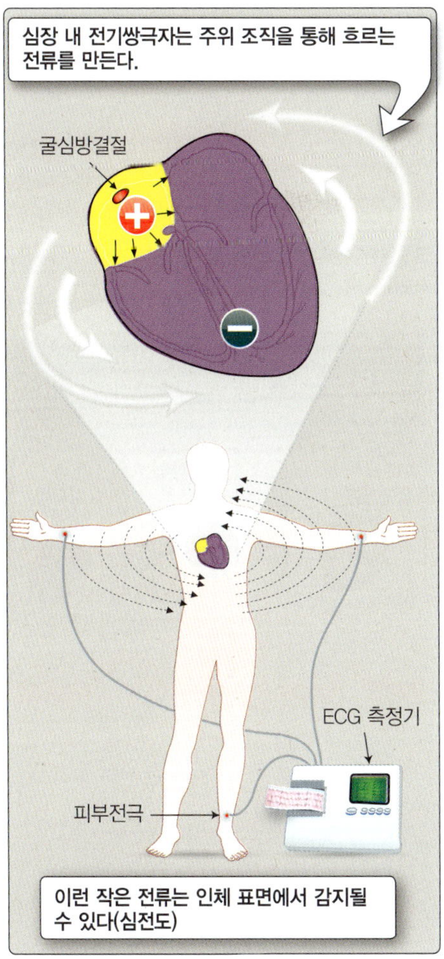

그림 17.11
심전도법. ECG = 심전도

V. 심전도법

심장은 3차원 구조를 가지고 있는 장기이다. 다양한 영역을 완전히 활성화시키는데 1/3초가 소요되며 이 기간 동안 전기적인 활동은 심장 내부구조

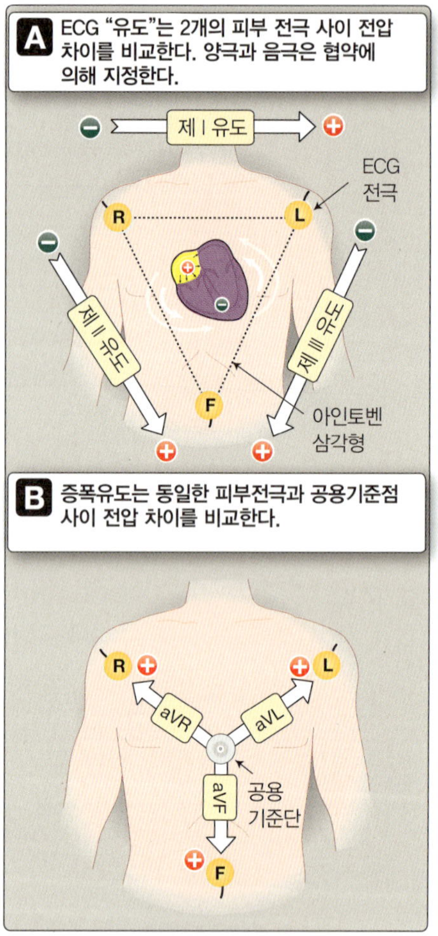

그림 17.12
심전도 팔다리유도

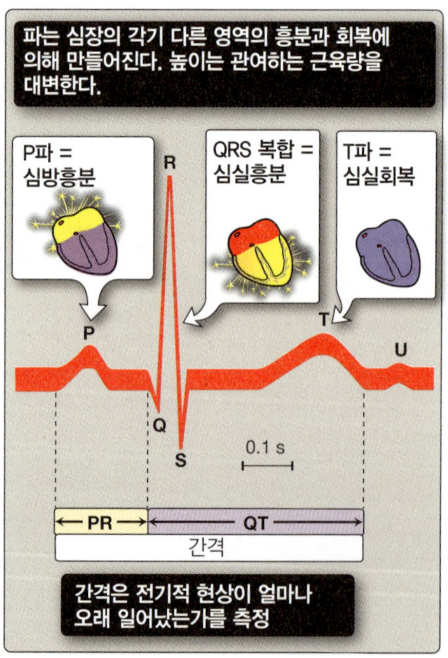

그림 17.13
심전도

를 따라 퍼져간다. **심전도(ECG)**는 이러한 전기적인 현상의 시간과 방향, 얼마나 많은 근육이 관여하는지에 관한 정보를 연속적인 1차원 스냅사진으로 보여주는 기록이다.

A. 원리

심전도는 신체 표면에 위치한 유도를 통해 세포외 전위를 기록하는 것이다. 전위는 그림 17.11에서 보는 것과 같이 탈분극 된 심장영역에서 주위의 분극된 영역으로 전류가 흘러(**전기쌍극자[electrical dipole]**) 형성된다. 전류 강도는 쌍극자 크기에 직접 비례한다. 3개의 유도는 심장 주위에 삼각형(**아인토벤삼각형[Einthoven triangle]**) 형태로 배열되며 심전도 기록기와 연결된다. 기록기는 1쌍의 유도 사이 전압 차이를 체계적으로 비교하여 종이에 기록한다. 이러한 비교는 **심전도 유도(ECG lead)**라고 알려진 심전도 기록기 내에 설치되어 있는 빠른 스위치를 통해 이루어진다(그림 17.12). 일반적으로 2 종류 유도가 있다: 팔다리유도(limb lead)와 심장전유도(precordial lead).

1. **양극팔다리유도**(bipolar limb lead): 서로 다른 3개의 심전도 전극 각 쌍의 전압차이를 비교하는 **양극팔다리유도**는 3개가 있다(그림 17.12A 참조). I 유도는 오른어깨와 왼어깨, 그리고 II 유도는 오른어깨와 왼발 사이, II 유도는 왼어깨와 왼발 사이의 전압 차이를 기록한다. 약속에 따라 I 유도에서는 왼어깨가 양극(positive pole)이고 II와 III 유도에서는 발이 양극(positive pole)이다.

2. **증폭팔다리유도**(augmented limb lead): 3개의 **단극유도(unipolar lead)**는 피부 전극과 거의 0 전위값을 보이는 공용기준점(**중심단[central terminal]**) 사이 전압 차이를 비교한다(그림 17.12B 참조). **aVL**과 **aVR**, **aVF** 유도는 공용기준점과 왼어깨 및 오른어깨, 발 사이 전압 차이를 각각 측정한다. 피부 전극은 각각의 경우에서 양극(positive pole)으로 취급된다.

3. **심장전유도: 심장전** 혹은 **가슴** 유도는 공용기준점과 심장 위에 위치해 있는 여섯 개 피부 전극(**V_1**에서 **V_6** 까지)과의 전압 차이를 비교한다.

B. 심전도기(electrocardiograph)

모든 심전도는 표준화가 되어 있어 훈련된 인력의 경우 이것의 분석은 간단한 형태 분석에 불가하다. 약속에 따라 탈분극파가 심장을 통해 유도의 양극 쪽으로 이동을 하면 심전도에서 위쪽(양성) 파(deflection)로 기록된다. 음극 쪽으로 이동하면 아래쪽(음성) 파가 유발된다. 큰 뭉치 근육이 탈분극되면 작은 덩어리보다 큰 쌍극자를 만들어 기록상에 더 큰 파로 나타난다.

C. 정상 심전도(normal electrocardiogram)

정형적인 심전도 기록은 심장의 서로 다른 부위가 차례대로 흥분하고 회복되는 것과 맞물려 P부터 T까지 5개의 파로 구성되어 있다(그림 17.13).

표 17.1 심전도 파의 시간

이름	측정 기준	의미	시간
PR간격	P파 시작부터 QRS복합 시작까지	흥분파가 심방과 방실결절을 통과하는 시간	120~200 ms
PR분절	P파 끝에서 QRS복합 시작까지	흥분파가 방실결절을 통과하는 시간	50~120 ms
QT간격	QRS복합 시작에서 T파 끝까지	심실근육 흥분에서 회복까지 기간	300~430 ms

1. P파(P wave): 박동 사이에 심근세포가 안정상태에 놓여 있을 때 심전도 기록은 **등전선(isoelectric line)**을 보인다. 흥분은 굴심방결절에서 시작되지만 인체 표면에서 기록되기에는 이것이 만드는 전류는 너무 작다. 탈분극파는 심방을 통해 퍼져 나가고 이것이 **P파**로 나타난다. 2개의 심방이 완전히 탈분극되면 심전도 기록은 기준선을 보인다. 정상 P파 기간은 80~100 ms이다.

2. QRS복합(QRS complex): 흥분파가 방실결절을 따라 서서히 이동하는 기간과 히스다발(bundle of His)을 통해 심방으로부터 심실로 넘어가는 동안에 해당하는 짧고 조용한 기간이 P파를 뒤따른다. 이러한 진행은 기록에는 나타나지 않는다. 심실 탈분극은 **QRS복합**을 만든다. 3 가지 성분은 심실사이막**(Q파)**과 꼭지(apex)와 심실벽**(R파)**, 마지막으로 바닥 근처 영역**(S파)**으로 구성된다. 대략 심실근 활동전위의 2 시기에 해당되며 전체 심실근육이 탈분극되면 심전도는 기준선으로 돌아간다. 전체 기간은 60~100 ms 지속된다.

3. T파(T wave): 심실 재분극은 심전도 기록 상에는 **T파**로 나타난다. 아주 드물게 T파 뒤에 꼭지근(papillary muscle) 재분극에 의한 작은 **U파**가 따라올 수 있다. 각 파 사이 시간 간격에 대한 명칭도 있으며 심장 기능에 대한 중요한 정보를 제공한다(표 17.1).

임상 적용 17.1: 긴QT증후군(Long QT Syndrome)

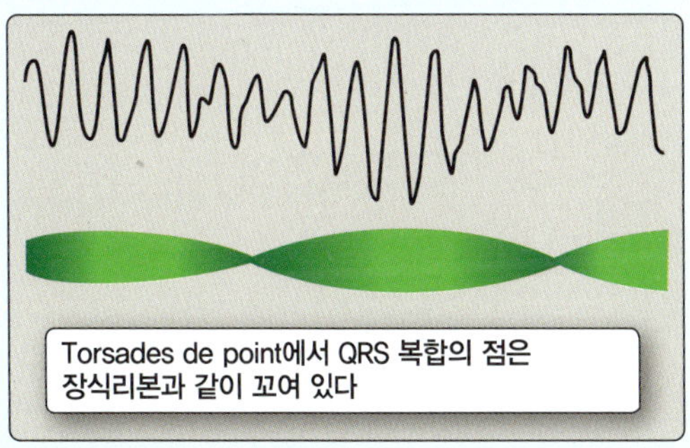

Torsades de pointes

긴QT증후군(LQTS)는 3 시기 막전위 재분극이 느려져 심전도 상에 QT 간격이 길어짐으로 나타나는 유전 혹은 후천 장애를 총칭해서 일컫는다. LQTS 환자는 등전선 근처에서 QRS복합이 계속 돌아다니는 형태의 심실빠른맥인 **torsades de point**("한 점 근처에서 꼬이기[twisting around the points]")가 발생하기 쉽다. Torsades은 간혹 돌연심장사(sudden cardiac death, SCD)를 초래할 수 있으므로 관심을 가져야 한다 I_K가 감소하거나 혹은 I_{Na} 또는 I_{Ca}가 길어지면 3 시기는 느려진다. 가장 흔한 형태의 LQTS는 *LQT1* K^+통로 유전자 돌연변이에 의해 발생되며 I_K가 줄어든다. *LQT3* 돌연변이는 탈분극 동안 Na^+통로가 완전히 비활성화되는 것을 방지하는 치명적인 형태의 LQTS이다. 부정맥 현상은 운동과 갑작스러운 소리 등 여러 가지 요소에 의해 야기될 수 있다. 환자는 두근거림(palpitation) 혹은 실신 (syncope), 간질(seizure), 돌연심장사(SCD) 등을 보인다.

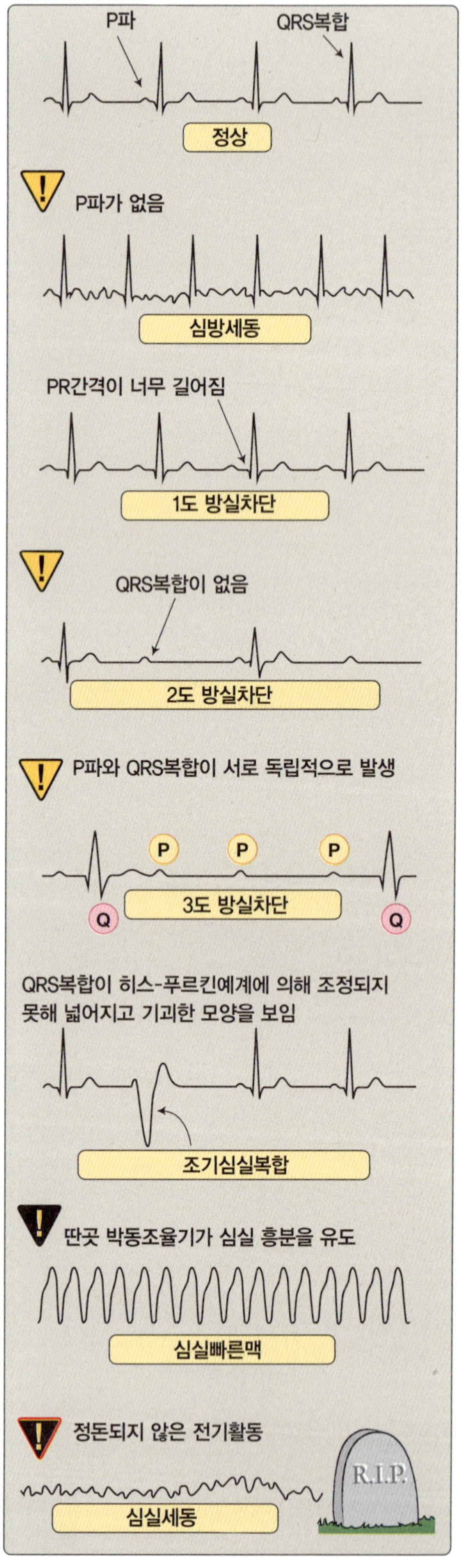

그림 17.14
정상 및 비정상 심장리듬

D. 리듬

건강한 개체의 심장은 60~100회/분 정도의 **정상 굴심방결절 리듬(normal sinus rhythm)**으로 박동하고 있다. 일부 개체에서 정상 리듬이 이 범위 밑으로 떨어지는 경우가 있으며(**굴느린맥[sinus bradycardia]**), 심한 육체활동은 박동수가 100회/분을 넘어가게 할 수도 있다(**굴빠른맥[sinus tachycardia]**). "굴(sinus)"이란 접두사는 리듬이 굴심방결절에 의해 결정된다는 것을 의미한다. 비정상리듬(**리듬장애[dysrhythmias]**와 **부정맥[arrhythmia]**)은 심장근육 모든 영역에서 시작될 수 있다(그림 17.14).

1. **심방부정맥: 심방세동(atrial fibrillation, AF)**은 전형적으로 분당 몇 백 회 이상 회전하는 결절외 심방박동조율기가 하나 혹은 그 이상 존재하여 발생한다. AF는 비교적 노인 연령과 심장기능상실 환자에서 흔하게 관찰된다. 심방이 펌프로서 기능을 상실하며 심장박출량이 감소하고 이로 인해 환자는 피로와 호흡곤란(dyspnea), 가벼운 두통을 나타낸다. 방실결절에 의해 심방에서 기인하는 부정맥이 심실에 영향을 미치는 것은 방지된다. 방실결절이 불응기로부터 회복될 때마다 심방을 돌아다니는 무질서한 전기활동에 의해 결절은 재흥분되기 때문에 심박수는 불규칙적이며 빨라진다. 하지만 심실에서의 흥분파는 여전히 히스-푸르킨예계를 통해서 이루어지므로 정상 QRS가 나타난다.

2. **방실차단(atrioventricular block)**: 방실결절의 해부 및 생리적 결함은 심실로 넘어가는 신호 전도를 느리게 혹은 차단할 수 있으며 이러한 상태를 **방실결절차단(AV nodal block)**이라고 한다. 차단은 흥분파가 심방에서 심실로 전도되는 기간인 PR간격 동안 일어난다. 방실차단은 정도에 따라 1 및 2, 3도 차단으로 구분한다.

   a. **1도(first degree): 1도 차단**은 PR간격(~0.2초) 연장으로 나타난다. 이것은 일반적으로 양성(benign)이며 특별한 증상을 초래하지 않는다.

   b. **2도(second degree)**: 두 종류의 **2도 차단**이 있다. **모비츠(Möbitz) 1형**(일반적으로 **벤케바하[Wenckebach]** 차단으로 알려져 있음)은 PR간격이 점차 길어지다가 방실 흥분이 발생되지 않아 QRS복합이 나타나지 않는 완전차단이 일어나는 리듬을 보인다. **모비츠 2형** 차단은 아무런 사전 경고 없이 QRS복합이 없어지는 심전도 특성을 보인다. 1형은 일반적으로 양성(benign)이나 2형은 빠르게 3도 차단으로 진행될 수 있다.

   c. **3도(third degree): 3도 차단**은 방실결절 혹은 전도계 결함에 의해 심실로 전기신호가 전혀 전달되지 못해 발생한다. 굴심방결절로부터 신호를 받지 못하면 히스다발 혹은 푸르킨예계에 존재하는 박동조율기가 그 기능을 대신하여 심실 수축을 책임진다. 심전도 상에는 정상적이고 규칙적인 P파와 규칙적이기는 하지만 정상 굴심방리듬과 일시적으로 연결되지 않은 QRS복합을 보인다.

3. **심실리듬장애(ventricular dysrhythmia)**: 심실이 원인인 리듬장애도 있다. **딴곳심실리듬(ectopic ventricular rhythm)**은 심장근 수축 영역에서 시작되어 틈새이음을 통해 심장 전체로 퍼져나간다. 심장근

임상 적용 17.2: 심근경색증(Myocardial Infarction)

심근 영역은 적절한 혈류가 유지되지 못하면 **허혈(ischemic)** 상태에 빠지게 된다. 긴 혹은 극도 허혈은 근육사멸을 초래하며 이러한 현상을 **심근경색증(myocardial infarction, MI)**이라고 한다. 심근경색증은 일반적으로 협착 혹은 죽경화판(atherosclerotic plaque)에 의해 관상동맥이 완전히 막혀 발생한다. 혈류 차단 정도에 따라 심근경색증은 매우 치명적이거나 혹은 부분 심실벽괴사 정도로 국한될 수 있다. 급성심근경색증 환자는 전형적인 강한 허혈통증을 보인다. 트로포닌과 같은 혈 중 심장생물표지자(cardiac biomarker) 수준을 측정하거나 **ST분절 상승(ST-segment elevation)**과 같은 심전도 상의 변화로서 심근경색증을 진단할 수 있다. ST분절 상승은 손상을 받고 죽은 세포에서 세포외공간으로 K^+이 유출되어 발생한다. 모든 세포는 독특한 Na^+−K^+ ATPase를 사용하여 세포 내 높은 K^+ 농도를 유지한다. 세포가 죽으면 세포막은 파괴되어 K^+이 빠져 나온다. 모든 세포는 안정상태에서 막전위를 유지하기 위해 가파른 세포 안, 밖의 K^+ 농도 차이를 가지고 있기 때문에 세포 밖으로의 K^+ 유출은 허혈이 발생된 영역 주위에 있는 건강한 심근세포의 탈분극을 초래한다. 허혈영역은 안정상태 심근 내에서 전기 쌍극자를 생성하게 되고 이것에 의해 **손상전류(injury current)**가 발생된다. 심장박동 사이 기간 동안 이 전류가 흘러 심전도 기록에서 기준선 치우침으로 나타난다. 관찰자는 모든 심근이 탈분극이 되어 있으며 쌍극자와 이로 인한 전류가 없어지는 기간인 ST분절 동안의 치우침을 세밀하게 관찰하여야 한다. 실제로 손상전류는 ST분절이 상승된 것으로 믿도록 눈속임을 한다. 손상 영역은 결국 괴사가 되고 흉터조직으로 대체되고 이 시점에 쌍극자와 손상전류는 소실된다.

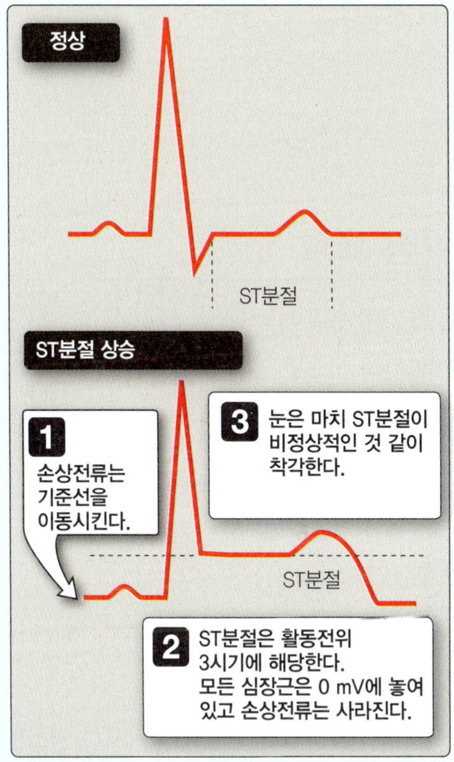

ST분절 상승. AP = 활동전위

을 통해 전달되는 흥분파는 푸르킨예 고속계를 통하지 않고 느린 뒷골목을 통해 퍼져가기 때문에 결과적으로 QRS복합이 넓게 나타난다. 흥분순서 역시 비정상적이어서 QRS복합은 아주 비전형적인 모양을 보인다. 때때로 일어나는 (~6/min) 딴곳에서 기인한 **심실조기수축(premature ventricular contraction, PVC)**이 가장 흔한 형태이며 일반적으로 양성(benign)이다(그림 17.14). 딴곳박동조율기는 **심실빠른맥(ventricular tachycardia, V-tach)**이라고 알려진 심장근을 매우 빠른 속도로 박동(~300회/분)하게 하는 능력을 지니고 있다. V-tach 시작은 심장을 매우 빠르게 뛰게 하여 심장박출량이 거의 "0"가 되는 즉 심장이 펌프로서 기능을 거의 상실하게 하여 죽음을 초래할 수도 있는 현상이다. 심근은 빠르게 산소 공급이 차단되어 **심실세동(ventricular fibrillation, V-fib)**과 돌연심장사가 초래된다.

E. 평균전기축(mean electrical axis)

평균전기축(MEA)은 심장을 통해 흐르는 흥분파에 의해 만들어지는 전기벡터를 평균한 것이다. 이것을 통해 전기현상을 만드는데 심장의 어느 영역이 주 역할을 하는가에 대한 정보를 얻을 수 있다(그림 17.15). 건강인에서는 왼심실이 가장 많은 근육을 가지고 있기 때문에 주도적인 역할을 한다. 관례적으로 팔다리유도 평면에서 심장 주위로 원을 그리고 왼쪽

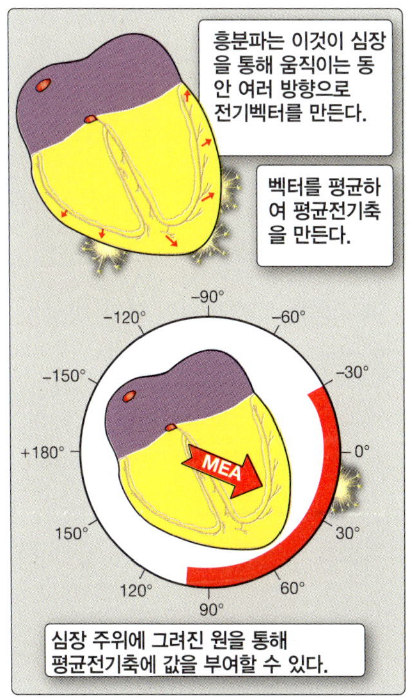

그림 17.15
평균전기축(MEA)

이 0°이며 오른쪽이 180°, 발이 +90°, 머리는 −90°이다. 정상적인 개체에서 평균전기축은 −30°에서+105° 사이에 있다. 만약 평균전기축이 −30°보다 작으면, 평균전기축을 형성하는 심장 왼쪽이 정상보다 더 큰 역할을 한 것이다. 이것을 **좌측편위(left axis deviation)**라고 하며 일반적으로 왼심실비대가 있음을 나타낸다. 평균전기축이 +105°보다 크면 **우측편위(right axis deviation)**라고 하며 오른심실비대를 의미한다.

17장 요약

- 심장혈관계통은 회로를 형성하며 직렬로 연결된 2 종류의 혈관계를 가지고 있다. 심장은 2 종류 회로에 혈액을 공급하는데 필요한 압력을 형성하는 2개의 펌프로 구성되어 있다.
- **왼심장**은 높은 압력으로 **전신순환계**로 혈액을 짜 내고 있다. **오른심장**은 비교적 낮은 압력으로 **폐순환계**로 혈액을 보내고 있다.
- 2개의 펌프는 각각 2 종류의 방을 가지고 있다: **심방**과 **심실**. 심실의 입구와 출구에 있는 한 방향 판막은 회로를 통해 한 방향 혈류가 유지되도록 한다.
- 심장 내 여러 영역과 방 수축은 탈분극파에 의해 엄격하게 조정된다. 파는 **틈새이음**을 통해 세포에서 세포로 심장근 전체로 퍼진다.
- 심장박동은 오른심방벽에 위치한 **굴심방결절**이라는 심장 박동조율기에 의해 시작된다. 심방수축이 먼저 시작되고 심방 내용물이 **방실판막(atrioventricular valve)**을 통해 심실로 밀려난다. 심실흥분은 **방실결절**에 의해 지연된 후 높은 속도를 지닌 **푸르킨예섬유**를 통해 동시에 퍼져 나간다.
- 심장 여러 영역의 전도속도는 활동전위 모양과 관련이 있다. 수축 근세포와 푸르킨예섬유는 5개 시기로 구분되는 **빠른 활동전위**를 보인다. **0 시기**(상행각)는 빠르게 활성화되는 **Na^+전류**에 의해 만들어 지며 곧 이어 **비활성화(1 시기)**된다. 고원기**(2 시기)**는 느리게 활성화되는 **Ca^{2+}전류**에 의해 이루어 지며 막전위 재분극**(3 시기)**는 **K^+전류**에 의해 영향을 받는다. 심장박동 사이 간격을 **4 시기**라고 한다.
- 결절세포는 0 시기의 Na^+전류가 없고 대신 Ca^{2+}전류가 활동전위 상행각을 형성하기 때문에 느린 전도를 보인다.
- 탈분극 동안 Na^+전류와 Ca^{2+}전류 비활성화에 의해 근육세포는 다음 자극에 반응하지 않는 **불응기**가 형성되고 이로 인해 강축 발생이 억제된다.
- 4 시기에 활성화되어 극파 형성을 위한 문턱값으로 느리게 탈분극을 유도하는 **"묘한전류"**가 결절세포에서 발현되므로 이들 세포는 **박동조율기**로 작용한다.
- 묘한전류는 **자율신경계**에 의해 조절된다. **교감신경** 가지는 전류를 강화시켜 4 시기 탈분극 속도와 심장박동수를 증가시킨다. **부교감** 신경 자극은 반대 효과를 나타낸다.
- 심장 전체에 걸친 흥분파 이동은 **심전도(ECG)** 형태로 인체 표면에서 측정되는 전류를 생산한다. 전형적인 심전도 기록은 심방흥분**(P파)**과 심실사이막과 꼭지, 벽 흥분**(Q**와 **R**, **S)**, 심실 재분극**(T파)**에 해당하는 여러 개의 확실히 구분되는 파로 구성된다.
- 심전도 파의 시기와 크기, 형태를 통해 심장 기능 이상을 진단할 수 있다. 정상전도 경로에 장애가 있는 경우 P파와 QRS복합 사이 시간이 길어진다**("차단")**. P파 혹은 QRS복합의 크기 증가는 **비대**를 의미한다. QRS복합이 넓어지는 것은 딴곳박동조율기를 의미할 수 있다. 분절 이동은 **허혈**과 **경색**을 의미하기도 한다.

심장역학 18

I. 개요

심장 기능은 동맥계 내에 압력을 만드는 것이다. 압력은 혈관계를 통해 인체를 구성하고 있는 세포로 산소와 영양분을 공급하는 혈액을 움직이게 하는데 필요하다. 심장이 각 주기마다 내보내는 혈액량은 대사활동이 요구하는 양과 정확하게 일치하여야 한다. 휴식 시는 여러 조직에서의 요구량이 많지 않아 평균적인 사람의 경우 심장박출량은 대략 5~6 L/분 정도이다. 어떠한 이유이던 조직활동 증가(음식물 소화, 걷기, 계단오르기)는 활동 중인 조직에서의 필요를 충족시키기 위해 심장박출량 증가를 초래한다. 심장박출량 증가는 일부 심장주기 빈도(심장박동수) 증가를 통해 이루어진다. 그러나 심장은 다른 일반적인 펌프와는 다르게 힘과 효율 증가를 통해 각 박동에서 박출되는 혈액량을 늘릴 수 있는 능력을 가지고 있다. 이러한 특성을 통해 운동선수 심장은 강한 운동을 하는 동안 5~6배 정도의 심장박출량 증가를 만들어 낼 수 있다. 심장박출량과 조직 요구량을 일치시키는 것은 심장박동수와 수축 전 심실의 충만 정도, 수축력을 조절하는 자율신경계의 역할이다.

II. 심장주기(CARDIAC CYCLE)

심장주기는 반복되는 수축(**수축기[systole]**)과 이완(**확장기[diastole]**)으로 구성된다. 주기를 언급할 때 활동을 측정하는 4개의 지표를 연관시키는 것이 유용하다: 수축을 시작하게 하고 동조시키는 전기적 활동(**심전도** 형태로 기록)과 계통의 여러 영역 내 압력, 용적 변화, 여러 영역 사이로 혈액이 움직이는 것과 관련된 소리. 이러한 4 종류의 지표를 그림 18.1에 표시하였다. 이 그림은 왼심실에 초점이 맞추어져 있지만 오른심실 기능도 거의 유사하고 단지 다른 점은 박출압 및 충만압이 낮은 것이다.

A. 시기

심장주기는 7개의 확연히 구분되는 시기로 나눌 수 있다(그림 18.1 위에 각 시기에 해당하는 번호를 참조).

1. **심방수축**(atrial systole): 심장주기는 심전도 상에 P파 능선으로 표시되는 심방흥분에 의해 유발되는 심방수축로 시작된다.

2. **등용적심실수축**(isovolumic ventricular contraction): 심실수축는 QRS복합 동안 일어나는 승모판 닫힘으로 시작된다. 이 기간은 대략 50 ms 정도이며, 이 기간 동안 심근세포는 혈액 용적이 변화하지 않는 상태에서 수축을 하여, 대동맥판막을 열 수 있는 충분한 압력을 심

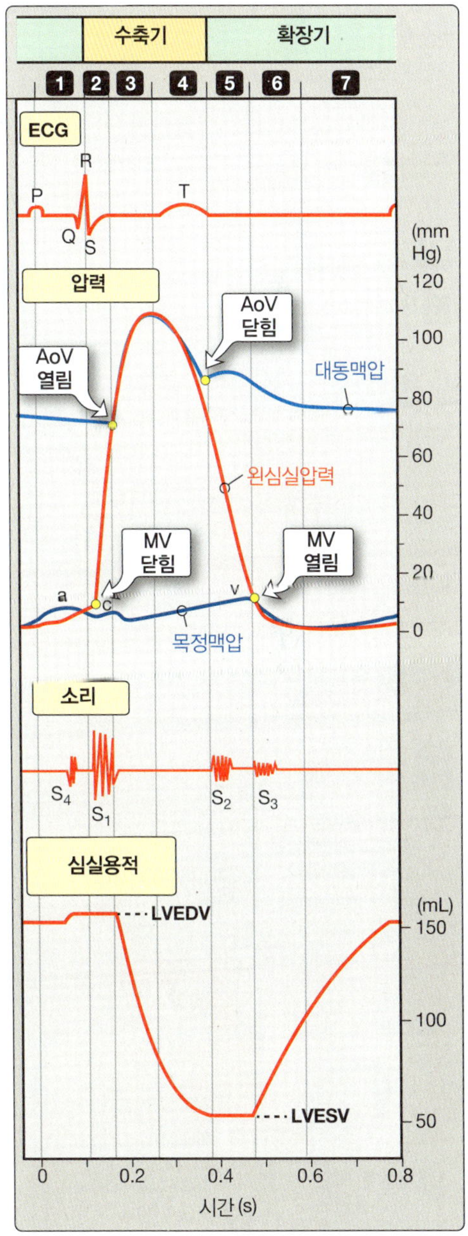

그림 18.1
심장주기.
AoV = 대동맥판막; ECG = 심전도; LVEDV = 왼심실확장기말용적; LVESV = 왼심실수축기말용적; MV = 승모판

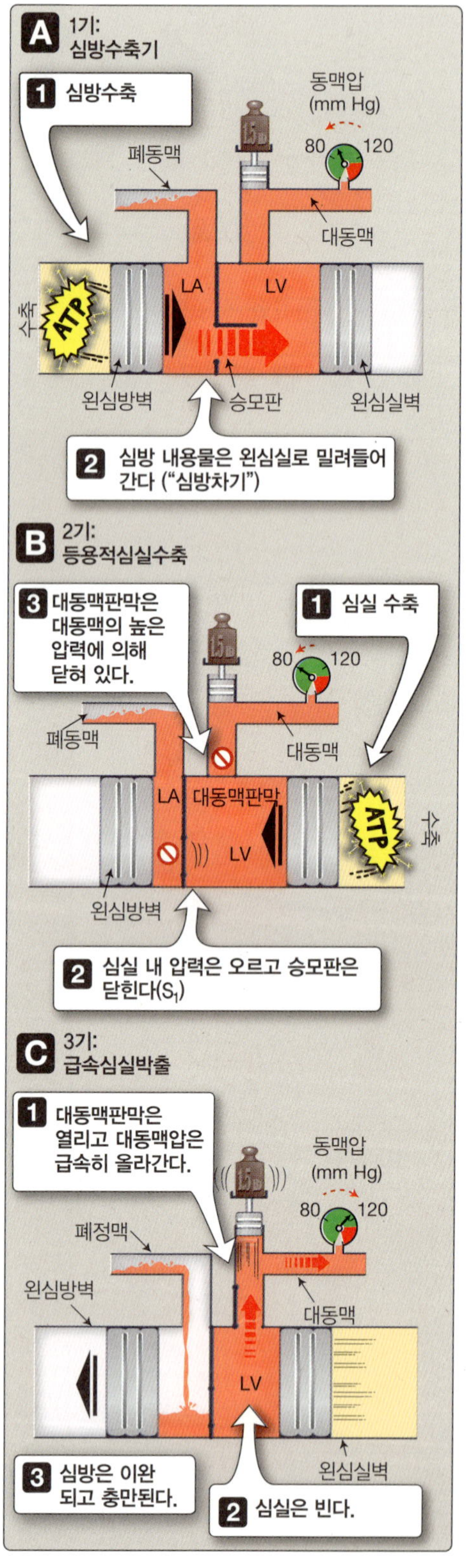

그림 18.2

모델심장 심장주기
ATP = 삼인산아데노신; LA = 왼심방; LV = 왼심실; LVP = 왼심실압

실이 만들 수 있게 한다. 그래서 이 시기를 **등용적(isovolumic 혹은 isovolumetric, isometric)수축**이라고 한다.

3. **급속심실박출**(rapid ventricular ejection): 대동맥판막은 결국 열리고 혈액은 심실에서 나와 매우 높은 속도로 동맥계로 들어간다(**급속박출[rapid ejection]**).

4. **완만심실박출**(reduced ventricular ejection): 심실수축이 끝나가면 박출속도는 느려진다(**완만박출[reduced ejection]**). 대동맥판막이 닫히는 것을 통해 이 시기가 끝났음을 알 수 있다.

5. **등용적심실이완**(isovolumic ventricular relaxation): 심실과 연결된 혈관과 통로가 봉쇄되어 **등용적이완(isovolumic relaxation)**이 일어난다.

6. **급속심실충만**(rapid ventricular filling): 승모판막이 열리면 수축기 동안 심방에 차 있던 혈액이 심실로 급속하게 들어온다. 심실을 채우는 혈액 대부분이 **급속수동충만(rapid passive filling)** 동안 심실로 들어온다.

7. **완만심실충만**(reduced ventricular filling): 심장주기는 완만충만으로 끝난다. 이 시기는 **분리기(diastasis)**라고도 알려져 있으며 심장박동수가 증가하면 심장주기 기간 중 확장기에 해당하는 부분이 짧아져 이 시기는 거의 없어진다.

B. 심실압과 용적(ventricular pressure and volume)

그림 18.2에는 단일 심장주기 동안 왼쪽심장에서 혈류와 압력변화의 전형적인 형태를 보여주고 있다. 그림 18.2 A~F에 번호로 표시된 시기는 그림 18.1에 있는 시기와 일치한다.

1. **확장기**(diastole): 확장기 동안 왼심실은 왼심방을 통해 들어 온 폐정맥 혈액으로 찬다. 확장기말에 심실은 거의 대부분의 용량을 채우지만, 심방수축에 의해 심실 공간 내로 적은 혈액이 추가적으로 들어가면서(**"심방차기[atrial kick]"**; 그림 18.1과 18.2A 참조) 왼심실압은 약 10~12 mm Hg 정도 증가한다. **왼심실확장기말용적(LV end-diastolic volume, EDV)**은 개체가 휴식을 취하고 있을 때는 ~120 mL이지만 개인에 따라 정상수치 범위는 매우 넓다(70~240 mL).

> 건강한 사람의 경우 휴식 시 심방수축에 의해 왼심실용적이 약 10% 정도 증가한다. 그러나 심장박동수가 높아 심실 충만 시간이 줄어든 경우에는 30~40%까지 증가될 수 있다. 심장기능상실 환자에서는 안정상태 심장박출이 심방에 매우 의존적이므로 세동 등의 이유로 심방수축이 사라지면 심장박출량과 동맥압이 상실될 수 있다.

2. **수축기**(systole): 왼심실압은 등용적수축 시 최고속도로 증가한다(그림 18.2B 참조). 일단 왼심실압이 대동맥압과 같아지거나 그 이상이 되면 대동맥판막이 열리고 혈액은 동맥계로 박출된다(그림 18.2C 참조). 왼

심실 근육세포가 여전히 강하게 수축하고 있어 비록 혈액이 박출되고 있지만 압력은 지속적으로 증가한다(그림 18.1 참조). 전체 심실박출량의 ~70%가 급속박출기 때 나가며 대동맥압은 ~120 mm Hg까지 올라간다. 심실 근육세포는 이제 재분극이 시작되어 수축은 사라지고 왼심실압은 급속히 감소한다. 왼심실 수축에 의해 발생된 운동에너지 영향으로 혈액은 아주 짧은 시간이지만 계속 심실 밖으로 빠져나간다. 하지만 왼심실압의 급격한 감소로 인해 대동맥판막과의 사이에 걸려 있는 압력 차이가 역전되어 대동맥판막은 강하게 닫힌다(그림 18.2D 참조).

3. **확장기**(diastole): 일단 심실 내 압력이 심방압력보다 낮아지면 승모판막은 열리고 충만이 시작된다(그림 18.2E 참조). 왼심실의 나선형 근육띠는 수축기 동안 짧아지고 꼬이고 비틀어져서 판막을 통해 혈액이 빠져나가도록 한다. 이완이 되면 심장근은 원래의 탄성(아래에서 자세히 설명)을 회복하고, 그림 18.2F에서와 같이 심방으로부터 혈액이 급하게 몰려들어 옴(급속수동충만)에도 불구하고 압력은 빠르게 감소한다. 주기는 스스로 다시 시작한다.

4. **심실효율**(ventricular efficiency): 왼심실은 수축기 동안 완전히 비워지지 않으며, 이때 용적을 **수축기말용적(end-systolic volume, ESV)**이라고 하며 50 mL 정도이다. 확장기말용적에서 수축기말용적을 빼면 **일회박출량(stroke volume, SV)**이며 수축기 동안 왼심실에서 동맥계로 이동한 혈액량을 말한다. 일회박출량은 건강한 사람의 경우 ~60 mL이다. 일회박출량을 확장기말용적으로 나누면 **박출률(ejection fraction, EF)**이며 정상의 경우 약 55~75%이다. 박출률은 심장효율 및 건강함을 측정하는 중요한 지표이어서 심장기능상실 환자에서 심장상태를 측정하는데 임상적으로 중요하게 사용하고 있다.

> 박출률은 2 혹은 3차원 심초음파검사를 통해 비침습적으로 측정할 수 있다. 심초음파를 통해 수축기말용적과 확장기말용적 및 벽의 두께, 근육수축속도, 수축과 이완 동안의 혈류 형태 등을 측정할 수 있다.

C. 대동맥압(aortic pressure)

동맥계는 쉽게 늘어나지 않는 작은 직경을 가진 혈관으로 구성되어 있다(19·II·C 참조). 실제는 이것은 왼심실이 동맥계로 혈액을 내보내면 동맥압이 급속하게 증가하고, 또한 혈액이 동맥계를 빠져나와 모세혈관으로 들어가면 압력이 쉽게 사라지는 것을 의미한다.

1. **수축기**: 대동맥판막이 닫혀 있는 한 대동맥압은 심실 내 현상과 무관하다. 일단 왼심실압이 대동맥압보다 높아지면 대동맥판막이 열리고 대동맥압은 왼심실압과 동조하여 증가하였다가 감소한다(그림 18.1과 18.2C 참조).

2. **확장기**: 대동맥압은 대동맥판막이 닫히면 바로 떨어지면서 대동맥 압력곡선에서의 특징인 **중복맥박패임(dicrotic notch)** 혹은 **패임**

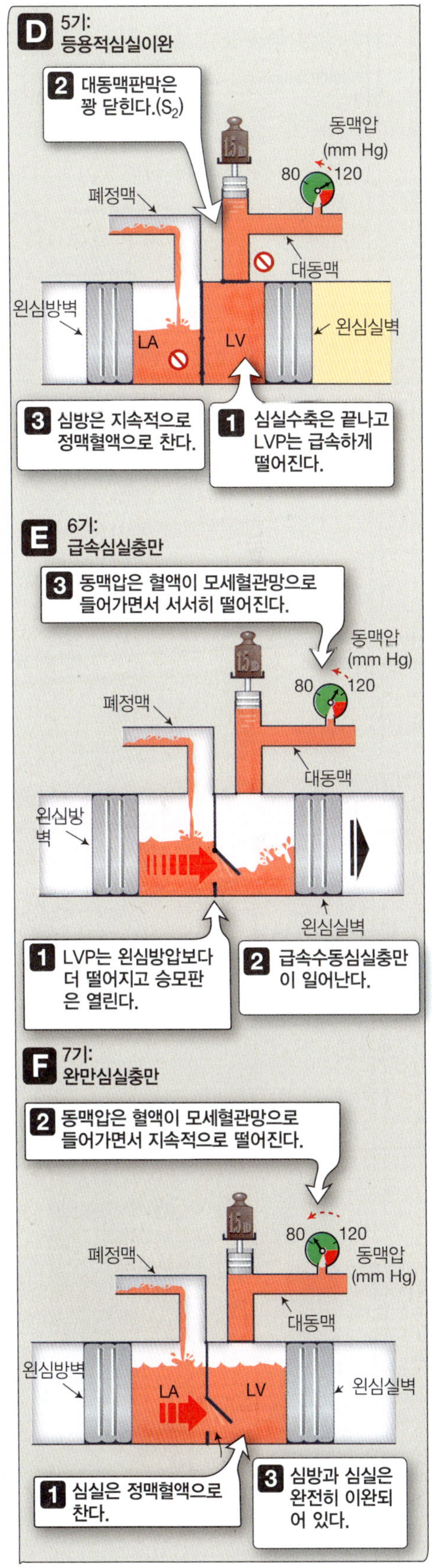

그림 18.2
(계속)

(incisura)을 보인다. 패임(notch)은 대동맥압 영향에 의해 왼심실로 혈액이 역류되다가 대동맥판막이 닫힘으로써 일어나는 현상이다. 대동맥압은 동맥계에서 모세혈관계로 혈액이 이동함에 따라 확장기에 걸쳐 천천히 감소한다(그림 18.1과 18.2E, 18.2F).

D. 정맥압(venous pressure)

심방과 정맥계 사이에는 판막이 없기 때문에 심방 내 압력 변화는 심장 가까이 위치한 정맥으로 거꾸로 전달이 된다. 속목정맥압(뚜렷한 목정맥)은 심장주기 동안 3 종류의 확실한 압력파 모양을 보여준다(그림 18.1 참조).

1. a파: 오른심방수축은 오른심실 쪽으로 혈액을 보내는 압력을 만들며 동시에 속목정맥 내에 **a파**를 형성한다.

2. c파: 심실수축은 심실 내 압력의 급격한 상승을 초래하여 그 결과 방실판막이 심방 내로 밀려난다. 삼첨판막이 후방으로 밀려나서 속목정맥압 곡선에 **c파**를 형성한다.

3. v파: 심실수축 동안 혈액은 삼천판막이 닫혀 있는 상태에서 지속적으로 정맥계통에서 오른심방으로 흘러 들어간다. 심방이 채워짐에 따라 압력이 발생하고 이것은 속목정맥압 곡선의 **v파** 오르막을 형성한다. 내리막은 삼천판막이 열리면 혈액이 오른심실로 이동하는 빠른 심방 배출을 의미한다(동일한 현상이 왼쪽 심장에서도 일어난다; 그림 18.2E 참조)

E. 심음(heart sound)

심장주기와 관련하여 4 종류 심음이 있다. 처음 2개는 판막이 닫힘으로써 나는 것이고 나머지 2개는 왼심실로 혈액이 들어감으로써 난다.

1. 1심음: 제1심음(**S_1**)은 심실수축기 시작 시 발생한다. 이 시기에 왼심실압이 급속하게 상승하면 혈액은 심방 쪽으로 움직이기 시작한다. 이 움직임은 방실판막 첨판에 의해 막히고 동시에 이 힘에 의해 첨판이 닫히게 된다(그림 18.2B 참조). 판막은 닫히고 왼심실벽 내에서의 반향에 의해 ~150 ms 정도 지속되는 낮은 구르는 **"럽(lub)"** 소리가 난다.

2. 2심음: 대동맥 및 폐동맥 판막 닫힘에 의해 제2심음(**S_2**)이 발생하며 이것은 짧은 **"텁(dup)"** 소리로 들린다. 2심음은 2 종류 판막 닫힘이 약간의 시간 차이를 두고 일어나기 때문에 대동맥(A_2) 및 폐동맥(P_2) 성분으로 구분된다. 들숨 시 가슴 내 압력 감소가 몸정맥으로부터 오른심실로의 혈액 흐름을 촉진하는 압력차이를 증가시키기 때문에 분리가 가장 정확하게 일어난다. 결과적으로 오른심실로 왼심실에 비해 더 많은 혈액이 유입된다. 많은 혈액량은 적은 양에 비해 박출에 필요한 시간이 길어지므로 오른심실 수축기가 왼심실에 비해 늘어난다. 폐동맥판막이 닫힘이 늦어져 분리된 소리(P_2)로 들을 수 있다.

3. 3심음: 아이와 마른 어른 청진 시 확장기 초기에 낮은 강도의 구르는 심음(**S_3**)을 들을 수 있다. 제3심음은 왼심실로 혈액이 몰려 들어감으로

임상 적용 18.1: 심잡음(Heart Murmurs)

심방과 심실, 동맥계 사이의 혈액 이동은 일반적으로 부드럽고 조용하다. **혈액조성**의 생리적 변화와 판막 구조의 선천 혹은 병적 변화는 혈류의 소용돌이 흐름에 의한 심잡음을 만들 수 있다(19·V·A·4 참조). 대동맥 및 폐동맥 판막의 뻣뻣해짐과 협착은 혈류를 방해하여 **수축기박출잡음(ejection murmurs)**을 만든다. 판막이 완전히 닫히지 않아도 혈류가 역류되면서 잡음을 만든다. 승모판 및 삼천판 **기능부전(insufficiency)**은 수축기 동안 심실로부터 심방으로 혈액 역류를 만들며, 대동맥과 폐동맥 기능부전은 확장기 잡음을 만든다. 아래 그림은 확장기 동안 역류성 대동맥판막에 통해 대동맥으로부터 왼심실을 통해 왼심방까지 가는 높은 압력 역류에 의한 혈액흐름(화살표)을 보이고 있다. 흐름은 심초음파를 통해 관찰하였다. 아래에 있는 기록은 대동맥판역류에 의한 소리이다.

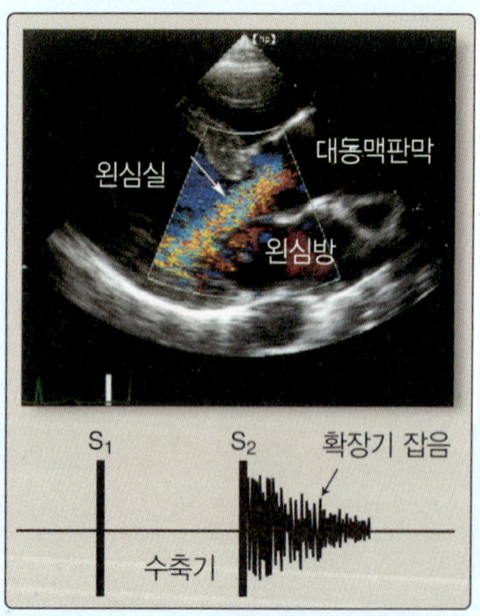

대동맥판역류. S_1 and S_2 = 제 1과 제 2 심음

써(즉 급속수동충만) 왼심실벽을 진동시키고 두드리는 소용돌이에 의해 발생한다.

4. **4심음:** 제4심음(**S_4**)은 심방수축에 의해 발생한다. 건강한 개체에서 심방수축에 의한 힘은 너무 약해서 귀로는 들을 수 없다. 심실충만을 위해 추가적인 힘이 필요한 경우에 심방비대가 일어나며 이런 경우에 S_4는 짧고 낮은 주파수 소리로 또렷하게 들릴 수 있다. 이것은 혈액이 높은 압력으로 심실 내로 들어가서 심실벽을 진동시키는 것을 의미한다.

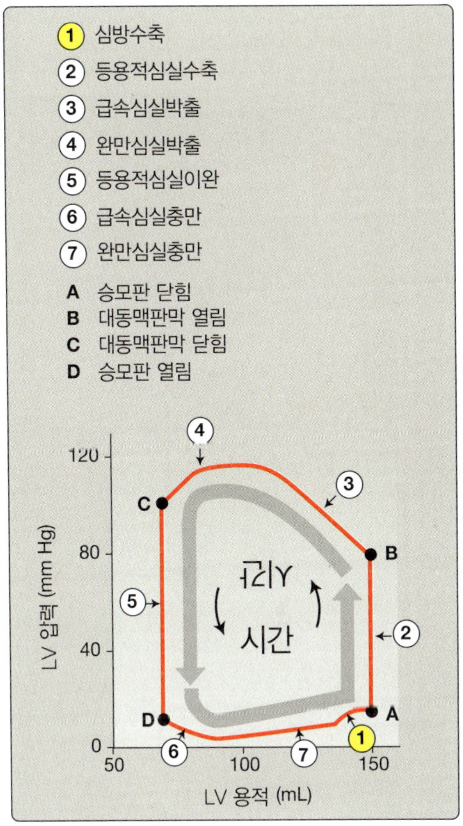

그림 18.3
압력-용적 도표
LV = 왼심실

III. 심장박출량 (CARDIAC OUTPUT, CO)

신체의 산소와 영양물질 요구는 활동수준에 따라 꾸준히 변화한다. 이러한 요구를 충족시키기 위해서는 요구에 부합하는 적절한 심장박출량이 유지되어야 한다. 생체에서 심장박출량이 어떻게 그리고 왜 조절되어야 하는지를 이해하기 위해서 왼심실박출에 영향을 미치는 여러 인자를 이해하는 것이 중요하다.

A. 결정인자(determinant)

심장박출량(L/min)은 심장박동수(회/분)와 일회박출량(ml)의 곱으로 구할 수 있다: CO = HR × SV

1. **심장박동수:** 심장박동수는 심장박동조율기인 굴심방결절에 의해 결정된다. 심장박동수는 박동조율기에서 만들어지는 흥분파의 발생빈도를 조절하는 자율신경계 지배를 받고 있다. 교감신경계 활성은 심장박동수를 증가시키는 반면, 부교감신경계는 감소시킨다.

2. **일회박출량:** 일회박출량은 **전부하(preload)**와 **후부하(afterload)**, **수축력(contractility)**에 의존적이다.

   a. **전부하:** 전부하는 근육세포에 부가되는 부하를 의미하며 수축이 시작되기 전 근육길이에 의해 결정된다. 왼심실의 경우 전부하는 확장기말압(EDP)에 의존적이며 확장기 동안 심실로 들어가는 혈액량(확장기말용적, EDV)과 동일하다.

   b. **후부하:** 후부하는 근육세포가 짧아지기 위해 극복해야 하는 부하이다. 건강인에서 왼심실 후부하를 구성하는 기본적인 요소는 대동맥압이다.

   c. **수축력:** 수축력은 후부하에 대응하여 근육이 짧아질 수 있는 능력을 의미한다. 실제로 수축력은 근육형질 내 유리 Ca^{2+}에 비례한다.

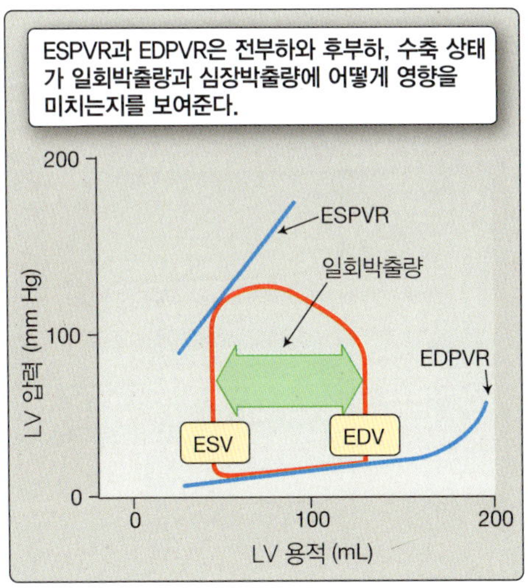

그림 18.4
수축기말 압력-용적 관계(ESPVR)과 확장기말 압력-용적 관계(EDPVR).
EDV = 확장기말용적; ESV = 수축기말용적; LV = 왼심실.

B. 압력-용적 도표(pressure-volume loop)

압력-용적(PV) 도표(그림 18.3과 18.4)는 한 번의 심장주기 동안 왼심실 내 혈액량과 압력 사이 관계를 보여주고 있다. 이것은 전부하와 후부하,

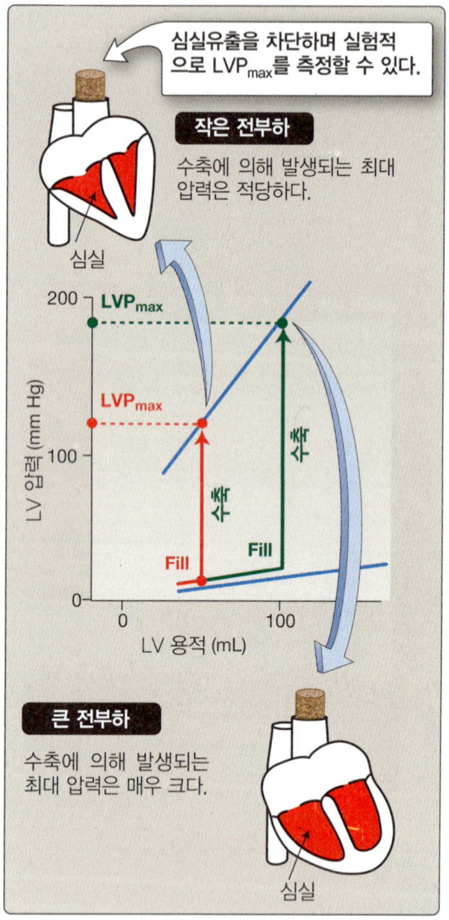

그림 18.5

최대 왼심실압력(LVP_{max}) 발생에 대한 전부하의 효과. LV = 왼심실

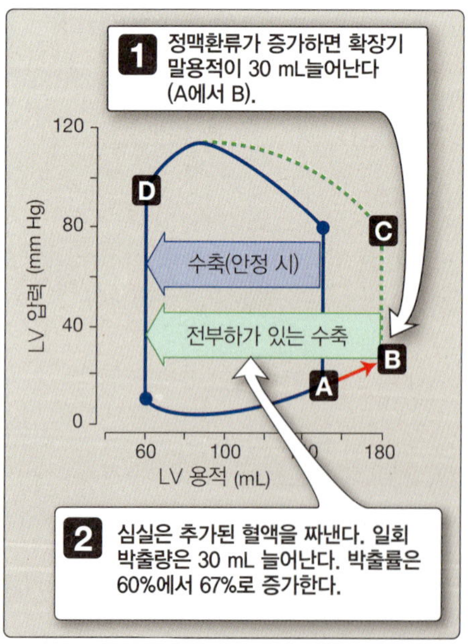

그림 18.6

압력-용적 도표에 대한 증가된 전부하 효과
LV = 왼심실

수축력이 심장작업수행능력에 어떻게 영향을 미치는 가를 보여주는데 매우 유용하다. 도표는 그림 18.1의 왼심실압이 시간에 따라 어떻게 변화하는지를 다시 그린 것이다. 7개 주기가 그림 18.3에 표시되어 있으며 A부터 D까지 점은 판막 현상을 나타낸다

C. 압력-용적 관계(pressure-volume relationship)

압력-용적 도표는 **확장기말**과 **수축기말 압력-용적관계**(각각 **EDPVR**과 **ESPVR**로 표기)가 동시에 묶여 있어 주어진 전부하와 후부하, 수축상태에서 심실이 어떻게 기능을 하는지를 보여준다(그림 18.4 참조).

1. **확장기말 압력-용적관계(end-diastolic pressure-volume relationship):** EDPVR은 심실충만 동안 발생한 수동압력을 의미한다. 확장기 초기에 심실은 혈액에 의해 비교적 쉽게 확장된다. 150과 200 mL 사이에서 EDPVR이 급격하게 올라가는 것은 심실 용량이 거의 다 찼다는 것을 의미한다. 그 이후 용적을 증가시키기 위해서는 심장근을 늘려야 하므로 상당한 압력이 필요하다.

2. **수축기말 압력-용적관계(end-systolic pressure-volume relationship, ESPVR):** ESPVR는 어느 특정 충만용적에서 발생하는 최고압력(LVP_{max})을 의미한다. LVP_{max}는 대동맥을 결찰하여 압력이 발생하는 동안 혈액이 박출되지 못하도록 한 상태에서 수축을 유발하여 얻을 수 있는 실험적 수치이다(그림 18.5). ESPVR은 심장의 중요한 특성을 나타내는 지표 중 하나이며 이것을 통해 심장 충만용적이 증가되면 수축력과 압력발생이 증가되는 것을 알 수 있다.

D. 전부하

왼심실 전부하는 확장기말압력에 의해 결정되지만 전신정맥압력에 의해 오른심장을 통해 왼심실로 혈류가 유지되므로 일반적으로 **오른심방압(right atrial pressure)**과 **중심정맥압(central venous pressure)**을 대신 사용한다.

1. **근육원섬유마디(sarcomere)에 대한 효과:** 생리적 한계 내에서 심장근 늘림(전부하 주기)은 근육원섬유마디 길이를 1.8 μm에서 2.2 μm 늘어나게 하고, 이로 인해 수축에 의해 발생되는 장력은 급격하게 증가된다. 이런 현상을 "길이의존활성(length-dependent activation)"이라고 한다(13·IV·B 참조). 심장근 내에 존재하는 강한 탄성 성분(탄력소 및 아교질)은 2.2 μm 이상 늘어나지 않도록 하기 때문에, 위에서 설명한 바와 같은 전체 심장에서 EDPVR의 갑작스러운 상승을 설명할 수 있다(그림 13.7 참조).

2. **압력-용적 도표에 대한 효과:** 심실에 주어지는 전부하가 증가되면 확장기말용적이 늘어난다(그림 18.6에서 A가 B로 이동). 전부하가 동맥압에는 직접 영향을 미치지 않으므로 대동맥판막이 열리는 시점에는 변화가 없다(그림 18.6, C점). 근세포는 수축하여 전부하에 상관없이 똑같은 절대길이로 줄어들기 때문에 수축기말용적은 변하지 않는다(그림

18.6, D점). 하지만 전부하 증가에 의한 길이의존 근육원섬유마디 활성에 의해 일회박출량과 박출률은 증가된다(13·IV·B 참조).

3. **실제 상황에서 전부하(preload in practice):** 심실 고유능력은 전부하 증가를 일회박출량 증가로 반응하는 것이며, 이것을 **스탈링 심장법칙(Starling law of the heart)** 혹은 **프랭크-스탈링 관계(Frank-Starling relationship)**라고 한다(그림 13.7 참조). 전부하 변화는 정맥을 수축하여 혈액을 심실로 흘러가도록 하는 교감신경계 심장박출량 단기 혹은 장기조절에 사용된다. 심장박출량 장기조절은 지속적인 순환혈액량 및 전부하 증가를 통해 나타나며 콩팥을 통한 체액 보존도 관여한다(20·IV 참조).

E. 후부하

후부하는 심실이 동맥계로 혈액을 박출하기 위해 반드시 극복해야 하는 힘이다. 정상 상황에서 후부하는 평균동맥압과 같다.

1. **근육원섬유마디에 대한 효과:** 근육원섬유마디에 대한 증가된 후부하 효과는 단일 근육섬유와 여기에 직렬로 연결된 무게 혹은 부하를 이용해서 쉽게 설명할 수 있다(그림 18.7). 매우 가벼운 무게는 별 어려운 없이 최고속도로 들 수 있다. 부하가 증가함에 따라 수축속도는 느려진다. 무거운 무게로 갈수록 길이 짧아짐은 느려지고 무게를 들어 올리는 높이는 감소한다.

2. **압력-용적 도표에 대한 효과:** 동맥압 증가는 전부하에 직접 효과를 나타내지 않으므로 확장기말용적은 변하지 않는다(그림 18.8). 그러나 평균동맥압 상승은 왼심실이 대동맥판막을 열기 위해 만들어야 할 압력을 증가되게 하며, 이것은 그림 18.8의 A점이 B점이 있는 위쪽으로 이동한다는 것을 의미한다. 추가 압력을 만들기 위해 시간이 더 필요하므로 등용적수축은 길어진다(도표 상에는 시간지수가 없으므로 정확하게 판단할 수 없다). ESPVR에서 보는 바와 같이 높아진 압력에서 근세포가 짧아지는 정도는 매우 제한적이므로 박출은 중간에 끝나게 된다(그림 18.8, B점에서 C점). 정리하면 근육세포에는 수축 동안 힘을 발생시키기 위한 삼인산아데노신(ATP)이 매우 제한적으로 존재한다. 만약 근육세포가 높은 후부하 상태에서 대동맥판막을 열기 위한 압력을 만들기 위해 더 많은 ATP를 사용한다면 지속되는 박출을 위해 계속 사용할 수 있은 양은 적을 수밖에 없다. 결과적으로 대동맥판막은 일찍 닫히게 된다(그림 18.8, C점). 그러므로 비록 확장기말용적이 바뀌지 않아도 일회박출량과 박출률은 감소한다.

3. **실제 상황에서 후부하:** 동맥압은 지속적으로 변화하지만 심장혈관계통은 심장근 수축력을 동일하게 변화시켜 보상을 한다. 간략하게 말하면 이런 현상은 교감신경계와 Ca^{2+} 방출을 통해 일어난다(아래에서 설명). 후부하의 장기변화는 심장근 재형성에 관여하는 경로를 활성화시킨다.

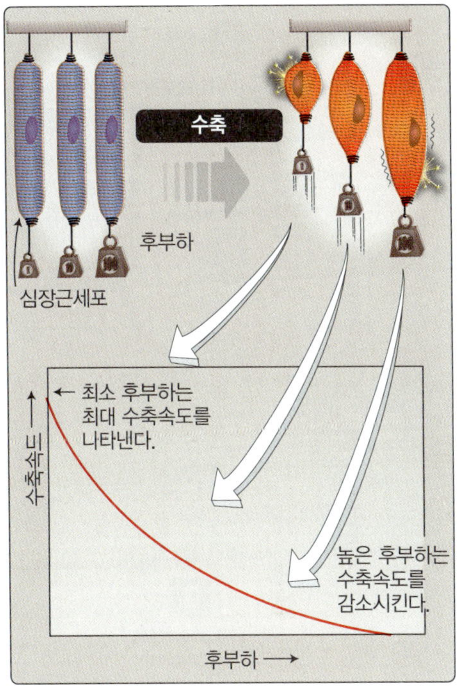

그림 18.7
심장근세포 수축속도에 대한 후부하 효과

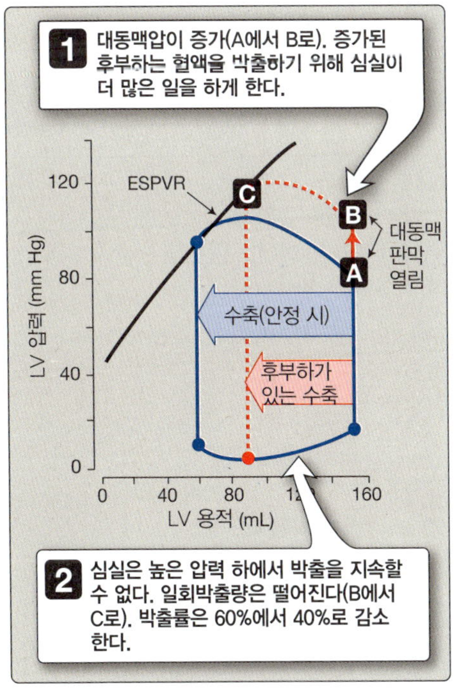

그림 18.8
압력-용적 도표에 대한 후부하 증가 효과
ESPVR = 수축기말 압력-용적 관계;
LV = 왼심실

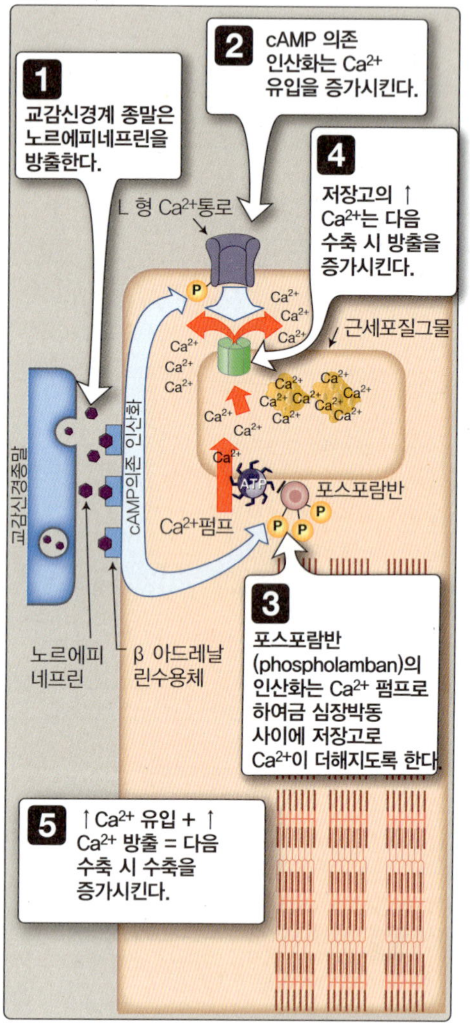

그림 18.9
수축력에 대한 교감신경계(SNS) 역할
ATP = 삼인산아데노신; cAMP = 고리형일인산아데노신

F. 수축력(inotropy)

수축력은 근육세포가 힘을 발생하는 능력을 말하며 contractility(수축력)와 동의어로 사용한다. 뼈대근육과 다르게 심실근은 변화하는 심장작업수행능력에 따라 수축상태 역시 달라지는 일반적이지 않은 특징을 가지고 있다. 수축항진효과를 나타내는 약제(예: 에피네프린, 노르에피네프린, 디곡신[digoxin])는 심장근이 더 빠르게 그리고 더 높은 수축기압을 나타내도록 수축시키며 이완도 더 빠르게 일어나도록 한다. 수축억제효과제(예: 베타차단제, 칼슘통로차단제)는 반대효과를 보인다.

1. **근육원섬유마디에 대한 효과:** 수축력은 세포 내 유리 Ca^{2+} 농도에 비례한다. Ca^{2+}은 트로포닌과 결합한 후 이를 활성화시켜 액틴에 있는 미오신결합부위를 노출시킨다(13·II·A 참조). 이후 미오신이 결합하여 한 분자의 ATP를 사용하여 액틴잔섬유를 끌어당긴다. 그러므로 하나의 유리 칼슘이온은 수축력 한 단위에 해당한다. 수축력은 교감신경계에 의해 조절된다. 교감신경계 종말은 심장근의 β_1아드레날린수용체에 노르에피네프린을 방출하여 고리형일인산아데노신(cAMP) 경로를 통한 *단백질 키나아제 A*(*PKA*) 활성화를 유발한다. *PKA*는 3 종류의 기본적인 표적을 가지고 있다: **L형 Ca^{2+}통로**와 근세포질그물(SR)에 있는 **Ca^{2+}방출통로**, 저장고를 다시 채우는 **Ca^{2+}펌프**(그림 18.9).

   a. **칼슘통로:** 심장근육 흥분은 근육속막에 있는 L형 Ca^{2+}통로를 통한 "유발(trigger) Ca^{2+}" 유입을 초래한다. 이 통로의 *PKA* 의존 인산화는 Ca^{2+} 투과성을 증가시켜 유발Ca^{2+}의 유입량을 늘린다.

   b. **칼슘방출:** 유발Ca^{2+}유입은 근세포질그물 Ca^{2+} 방출통로를 열어 저장고 내 Ca^{2+}이 근형질 내로 흘러나오도록 한다. *PKA*는 방출통로 민감화를 통해 이 효과를 증대시켜 근형질 Ca^{2+} 농도를 더 올린다.

   c. **칼슘펌프:** 확장기 동안 Ca^{2+}은 SERCA(근세포질그물 Ca^{2+} ATPase, sarcoendoplasmic Ca^{2+}ATPase) 펌프를 통해 근세포질그물로 돌아간다. 인산화는 SERCA를 촉진하여 확장기 동안 Ca^{2+} 격리를 증가시켜 다음 수축 시 더 많은 Ca^{2+} 방출이 일어날 수 있도록 한다. 펌프의 인산화는 또한 근형질로부터 보다 효과적으로 Ca^{2+}이 제거되도록 함으로써 흥분 후 심장이완이 빨리 일어나도록 하여 심장박동수 증가가 보다 쉽게 일어나도록 한다.

> 심장기능이 상실된 경우에 디기탈리스(digitalis)[1]와 같은 심장 글리코시드 도움을 받을 수 있다. 이 약물은 Na^+-K^+ ATPase를 억제하여 세포 내 Na^+ 농도를 증가시킨다. 이로 인해 Na^+-Ca^{2+} 교환기를 통한 Ca^{2+} 유출에 대한 구동력을 감소시켜 다음 수축 시에 더 많은 Ca^{2+}이 사용될 수 있도록 한다. 결과적으로 수축력이 증가된다.

INFO LINK [1] 디기탈리스 글리코시드의 작용과 부작용 설명은 *LIR Pharmacology 제5판* 참조.

2. **압력-용적 도표에 대한 수축력 효과:** Ca^{2+} 동원이 증가되면 주어진 압력하에서 심장근은 더 빠른 속도와 힘으로 수축한다. 수축기말 압력용적관계(ESPVR)는 왼쪽 위로 이동한다(그림 18.10). 수축력 변화는 전부화 혹은 평균동맥압에 즉각적인 효과는 없기 때문에 압력용적 도표에서 충만과 등용적수축 시기에는 큰 변화가 없다. 그러나 심장근이 보다 효과적으로 수축을 할 수 있기 때문에 이전에 비해 더 많은 양의 혈액이 심실로부터 짜져 수축기말용적은 감소한다(그림 18.10 참조, A점에서 B점). 일회박출량과 박출률은 모두 증가한다.

3. **실제상황에서 수축력:** 수축력 변화는 이것에 의해 심장박출량과 혈압이 조절된다는 점에서 매우 중요하다. 여기에 관여하는 생화학적 변화는 매우 빠르게 일어나므로 이러한 조절도 내 박동나나 일어날 수 있다. 교감신경계에 의해 심장박동수와 전부하가 동시에 늘어나므로 실제로 수축력 변화는 심장을 분리한 경우에서는 일어날 수 없다(그림 18.11). 이러한 3개 변수는 인체 요구에 따라 심장박출량이 정확하게 부합될 수 있도록 조화롭게 작용한다(20·III·D 참조).

> 수축력이 유지되고 있는가는 심장이 제대로 기능을 하고 있는가에 대한 생체표시자이며 임상에서 수축력을 평가하기 위해 매우 중요하게 사용된다. 가장 중요한 지표는 초기 등용적수축 동안 왼심실압 증가속도이지만 말초정맥을 통해 심실로 압력측정장치가 달려 있는 카테터를 삽입하여 침습적으로 측정하여야 한다. 비침습적 방법으로는 도플러 초음파 기법을 이용하여 심장근 수축속도 혹은 대동맥판막을 통한 박출속도를 측정할 수 있다.

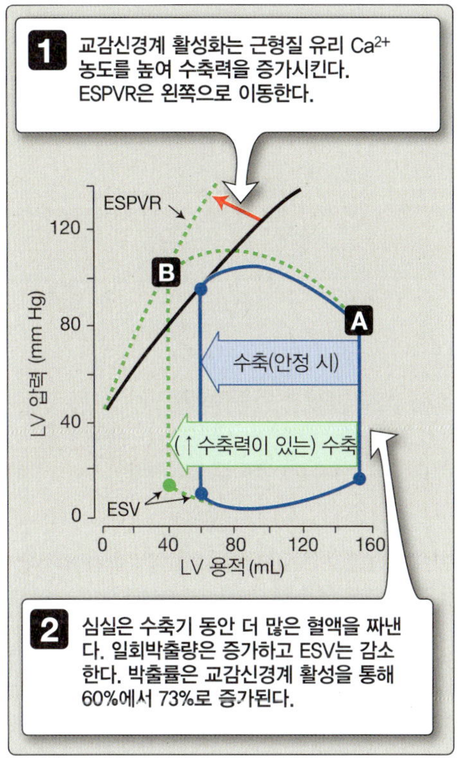

그림 18.10
압력-용적 도표에 대한 증가된 수축력 효과
ESPVR = 수축기말 압력-용적 관계; ESV = 수축기말용적; LV = 왼심실; SNS =교감신경계

IV. 심장작업(CARDIAC WORK)

심장은 정맥으로부터 동맥으로 혈액을 이동시키는 작업을 수행하고 있으므로, 심장박출량에 영향을 미칠 수 있는 그 어떤 심장혈관 작업수행능력 변화(예: 전부하 및 후부하, 수축력, 심장박동수 변화)도 심장작업에 영향을 미친다. 심박출량을 결정하는 여러 인자의 심장작업에 대한 효과는 동일하지 않다.

> 심장작업을 평가하는 가장 간단한 방법은 심장박동수에 수축기혈압을 곱하는 박동수-압력 산물이다. 물론 대동맥판협착증(aortic stenosis)과 같은 경우에서는 부정확하기 때문에 사용할 수가 없기는 하지만 대부분의 임상상황에서 유용하게 사용할 수 있다.

A. 구성성분

심장은 2 종류의 작업을 수행한다: **내부작업(internal work)**과 **외부작업(external work)**.

1. **내부:** 내부작업은 전체 심장작업부하의 ~90%를 차지한다. 내부작업은 대동맥 및 폐동맥 판막을 열기 위한 힘을 만드는 등용적수축에 사용된

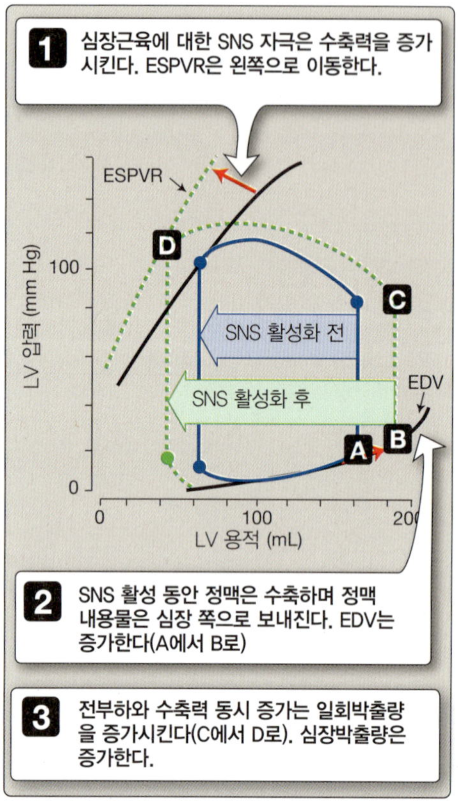

그림 18.11

압력-용적 도표에 대한 교감신경계 활성의 복합 효과

EDV = 확장기말용적; ESPVR = 수축기말 압력-용적 관계; LV = 왼심실; SNS =교감신경계

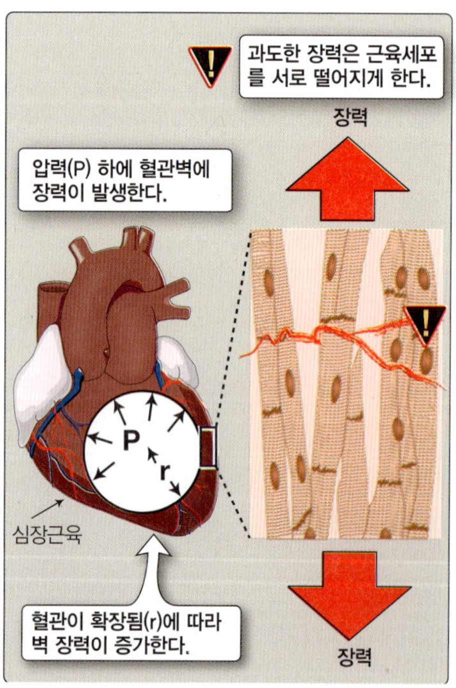

그림 18.12

심실내압력 증가에 의한 왼심실 장력

다. 내부작업에 사용된 에너지량은 등용적수축에 소요된 시간에 심실벽 장력을 곱해서 얻을 수 있다(아래 참조).

2. **외부:** 외부작업 혹은 **압력-용적 작업(pressure-volume work)**은 저항을 이겨내고 동맥계로 혈액을 보내는데 사용된다. 최고의 박출 수준을 보이는 경우에도 외부작업은 전체 심장작업부하의 10%를 넘지 못한다. 외부작업(혹은 **분당작업[minute work]**)은 다음 식에서 구할 수 있다:

   분당작업 = 평균동맥압 × 심장박출량

   외부작업은 압력용적곡선 내에 포함된 영역이며 그림으로 표시할 수 있다. 휴식 시 이 작업의 1%는 혈액의 운동에너지를 만드는데 사용되지만 박출량이 매우 높은 경우에는 운동에너지 부분이 최대 50%까지 증가될 수 있다(예: 강도 높은 운동을 하는 동안).

B. 심실벽장력

벽장력은 심장작업부하의 가장 중요한 결정인자이다. 장력은 압력이 가해지는 방 벽 내부에 생긴 힘을 말하며(그림 18.12) 심장근세포 끝부분과 옆을 당기므로 수축과는 반대되는 개념이며 후부하 생성에 관여한다. 벽장력은 **라플라스법칙(law of Laplace)**을 사용하여 평가할 수 있다:

$$\sigma = \text{왼심실압} \times \frac{r}{2h}$$

σ은 벽장력을, *r*은 심실 반지름, *h*는 심장벽 두께를 나타낸다. 라플라스 법칙을 통해 전부하 및 후부하, 심장박동수가 심장작업수행능력에 어떻게 서로 다른 영향을 미치는가를 알 수 있다.

1. **전부하:** 구의 용적은 휘어져 있는 반지름에 비례한다($V = 4/3 \times \pi \times r^3$). 그러므로 확장기말용적(전부하)이 2배가 되면 심실 내 반지름은 ~26% 증가하고, 벽장력도 동일하게 증가한다. 실제 상황에서 심장 전부하 증가는 심장작업부하에 대한 효과를 최소화 하면서 상대적으로 효율적으로 심장박출량을 증가시키는 수단이다.

2. **후부하:** 만약 대동맥압이 2배가 되면 혈액을 박출하기 위해 왼심실압력은 비슷한 정도로 증가한다. 벽장력은 100% 증가한다. 후부하 변화는 전부하가 변화하는 것보다 훨씬 강력하게 심장근에 스트레스를 가한다.

3. **심장박동수:** 심장박동수가 2배가 되면 수축기와 등용적수축에 사용되는 시간 역시 2배가 된다. 그러므로 심장박동수가 2배 증가하는 것은 벽장력과 심장작업부하를 ~100% 증가시킨다.

임상 적용 18.2: 고혈압 심근비대(Hypertensive Myocardial Hypertrophy)

고혈압(hypertension, HTN)은 심근경색과 심장기능상실, 뇌내출혈(intracerebral hemorrhage), 만성콩팥병과 같은 많은 질환을 유발하는 첫 번째 위험인자이다. 다양한 연구를 통해 인구의 90% 이상이 노년에 고혈압이 발행하는 것으로 알려져 있다(55세 이상). 수축기혈압이 140 mm Hg 이상, 그리고 확장기혈압이 90 mm Hg 이상인 경우에 고혈압이라고 정의한다. 고혈압은 왼심실에 대한 후부하 증가를 의미하기 때문에 왼심실은 동맥계통으로 혈액을 박출하기 위해 높은 압력을 생성하여야 한다. 장기적인 후부하 증가는 보상경로를 활성화시켜 왼심실 수축력이 증가될 수 있도록 왼심실 심장근육을 개조한다. 새로운 근육원섬유가 기존의 것 옆에 새롭게 생겨 왼심실 벽은 두꺼워진다. 증가된 심실벽 두께에 의해 공간용량은 감소되고 심장근이 쉽게 확장되지 못해 심실이 잘 충만되지 않아 확장기기능상실이 일어날 수 있는 확률이 올라간다(40·V·A 참조).

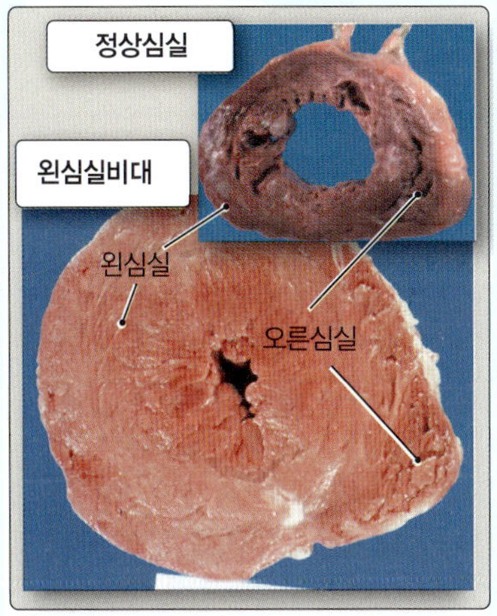

고혈압성 심실비대

18장 요약

- 심장은 반복적으로 수축(**수축기**)하고 이어서 이완과 충만(**확장기**)이 일어난다.
- 심장주기는 확연히 구분되는 여러 시기로 나눌 수 있다. 심장주기는 혈액을 심실로 이동시켜 전부하주기(preloading)를 완성하는 **심방수축**으로부터 시작한다.
- **심방수축**에 이어 **심실수축**이 일어난다. 심실 내 압력은 급속히 증가하며 승모판이 닫힌다(왼심실을 주로 다루지만 오른심실도 매우 유사하다). 초기 수축은 **등용적**이지만 일단 속공간 압력이 대동맥압을 초과하면 대동맥판만이 열리면서 **급속박출**이 시작된다. 확장기 동안 떨어졌던 대동맥압은 혈액이 동맥계로 밀려 들어오면서 다시 올라간다.
- 급속박출에 이어 **완만박출**이 일어난다. 이후 심실은 이완이 시작되고 속공간 압력은 급속히 떨어진다. **등용적이완**은 높은 대동맥압에 의해 대동맥판막이 닫히면서 시작된다.
- 심실압이 심방압보다 낮아지면 승모판이 다시 열리고 확장기 동안 승모판 위에 쌓여 있었던 혈액이 유입되면서 **급속수동심실충만**이 일어난다.
- 정맥압력 변화는 심방수축 동안 **a파**를, 심실수축 시에는 **c파**, 확장기 동안 심방으로 정맥혈이 흘러 들어와 **v파**를 보인다.
- 4 종류의 **심음**이 있다: **S_1**은 방실판막이 닫힘으로써, **S_2**는 반달판막 닫힘과 연관이 있으며, 어린이와 심실기능상실 어른에서 주로 들리는 **S_3**는 심실충만에 의한 소리이다. **S_4**는 비대해진 심방수축에 의해 발생되는 비정상 소리이다.
- **심장박출량**은 **일회박출량**과 **심장박동수**의 곱이다. 일회박출량은 심실 **전부하**와 **후부하**, **수축력(inotropy)**에 의해 결정된다. 이들 인자는 자율신경계 영향 하에 놓여 있다.
- **전부하**는 확장기말압과 용적에 의해 결정된다. 전부하는 근육원섬유마디의 길이의존활성화(**프랭크-스탈링 기전**)를 통해 일회박출량를 증가시킨다. **후부하**는 심실이 혈액을 박출하기 위해 극복해야 할 힘이며 일반적으로 **동맥압**을 의미한다. 후부하 증가는 일회박출량을 감소시킨다. **수축력**은 **근형질 Ca^{2+} 농도**와 직접 연관된다. 에피네프린과 노르에피네프린 같은 촉진수축제는 수축력을 증가시켜 압력발생 속도와 수축기 압력 최고치 모두를 증가시킨다.
- 심장은 내부작업과 외부작업을 수행한다. 심실로부터 동맥계통으로 혈액을 이동시키는 것을 외부 혹은 **압력-용적 작업**이라고 한다.
- 심장주기 동안 심장이 사용하는 에너지의 대부분은 등용적수축(**내부작업**)에 소비된다. 이 작업의 대부분은 벽 장력을 극복하는 데 사용된다.

19 혈액과 혈관계통

I. 개요

심장혈관계통 기능과 구조는 여러 측면에서 현대도시의 상하수도 설비와 유사하다. 상수도 설비는 많은 소비자들에게 깨끗한 물을 공급하는 것이 목적이다. 분배망은 매우 광범위하고, 수도꼭지와 샤워기 끝으로 충분한 물이 나올 수 있도록 하기 위해 높은 압력을 만드는 펌프장도 필요하다(그림 19.1). 폐수는 모아 하수시설을 통해 낮은 압력으로 처리장으로 보내져야 한다. 심장혈관계통도 이와 유사하게 적절한 유량으로 여러 소비자(세포)에게 갈 수 있도록 높은 압력으로 혈액을 분배해 야 한다. 폐기(정맥)혈액은 폐에 의해 "처리"되기 위해 낮은 압력으로 심장으로 돌아간다. 상수도 설비는 예측 가능한 흐름특성을 가지고 있는 뉴턴유체(Newtonian fluid)인 물을 일정한 압력 하에서 분배한다. 심장혈관계통은 물과 용질, 단백질, 세포로 구성된 점성이 있는 비뉴턴유체(non-Newtonian fluid)인 혈액을 순환시킨다. 조직 요구량에 부합하는 충분한 양의 혈액을 혈관계통을 통해 공급하기 위해 상당한 압력이 혈액에 가해져야 한다. 각각의 세포에 혈액을 공급하는 모세혈관은 집 내부 물 공급계에 사용하는 구리 관과는 다르게 매우 새기 쉬운 구조를 가지고 있다. 새기쉬움은 압력에 의해 계통 내에서 흐름을 만들기도 하지만, 또한 혈관계통 밖인 세포 사이 공간으로 액체를 밀어내기도 한다는 것을 의미한다. 마지막으로 혈액을 분배하고 세포로부터 혈액을 모으는 작용을 하는 관계통은 생체조직으로 구성되어 있어 늘어날 수 있으며, 이는 혈관에 압력이 가해지면 확장될 수 있음을 의미한다. 확장성(distensibility)은 혈관계통 내에 존재하는 전체 내용물을 관내에 갇히게 하여 혈관계 꼭지를 말라 버릴 수 있게 할 수 있어 혈관계통에 위협이 될 수도 있다.

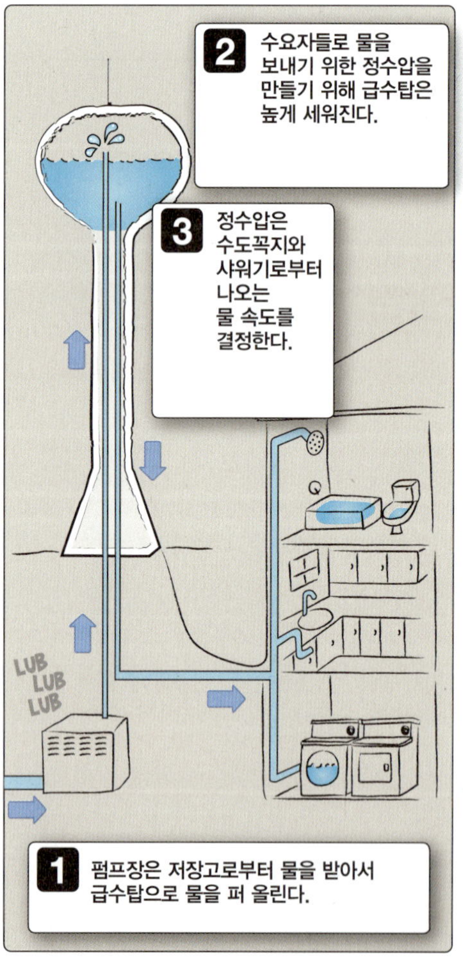

그림 19.1
수도배관에서 정수압에 의한 흐름

II. 혈관계통

몸혈관계는 몇 μm 거리 내에 존재하는 인체 모든 세포에게 산소가 풍부한 혈액을 공급하는 혈관의 광범위한 망으로 구성되어 있다. 산소와 영양물질이 이산화탄소와 다른 대사산물과 교환된 후 혈액은 폐에서 재산소화되어 다시 조직으로 분배되기 위해 심장으로 돌아간다. 그림 19.2에는 몸혈관계통과 구성요소 개요를 보여 주고 있다

A. 구성

인체는 ~100,000,000,000,000개 세포로 구성되어 있으며 모든 세포는 혈액을 공급받아야 한다. 이러한 요구를 충족시키기 위해 혈관계는 광범위하게 가지를 치는 혈관분포망 구성으로 이루어져야 한다. 혈액은 하나

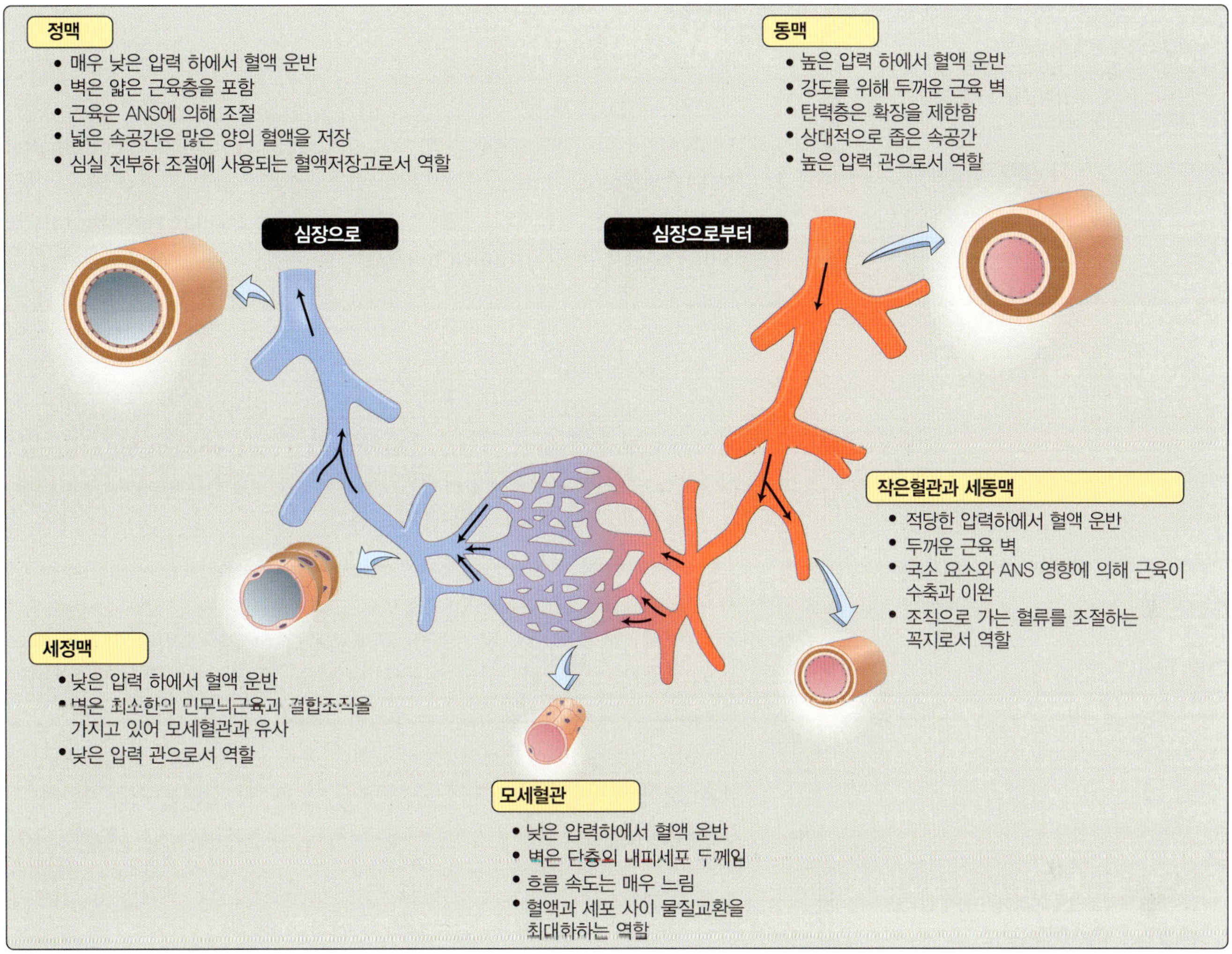

그림 19.2

전신혈관계를 형성하고 있는 혈관의 특성과 기능. ANS = 자율신경계

의 큰 직경을 가진 혈관(대동맥)을 통해 왼심실을 떠나지만, 이후 대동맥은 ~10,000,000,000개의 작은 모세혈관을 형성하기 위해 지속적으로 가지를 친다. 가지를 침에 따라 혈관계 단면적은 ~4 cm^2(대동맥)에서 모세혈관 수준에서는 총단면적이 ~4,000 cm^2까지 증가한다(그림 19.3). 혈류속도는 이에 비례하여 떨어진다. 혈액이 왼심실를 떠날 때는 최대 ~50 cm/초이지만 혈액이 모세혈관에 도달할 때 속도는 1 mm/초 이하로 낮아진다. 낮은 혈류속도는 혈액이 모세혈관망을 통과하는 동안 혈액과 조직 사이 물질교환이 일어날 수 있는 시간을 증가시킨다. 동맥과 정맥은 서로가 직렬로 연결되어 있지만 모세혈관은 병렬회로로 구성되어 있는 점을 유의하여야 한다(그림 19.2 참조). 이러한 혈관계통 구성은 매우 중요한 생리적 의미를 지니고 있으며 아래 IV절에서 다루도록 한다. 혈액은 모이고 합쳐져 정맥을 형성하는 세정맥을 통해 심장으로 돌아간다. 작은 정맥은 합쳐져 큰 정맥을 형성하고 이러한 합침은 계통의 총단면적을 감소시킨다. 혈류속도는 이에 비례하여 증가한다.

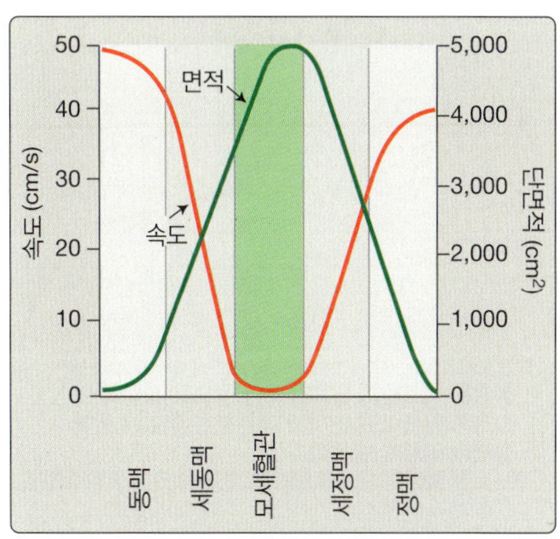

그림 19.3

전신혈관계 혈류속도와 혈관 단면적

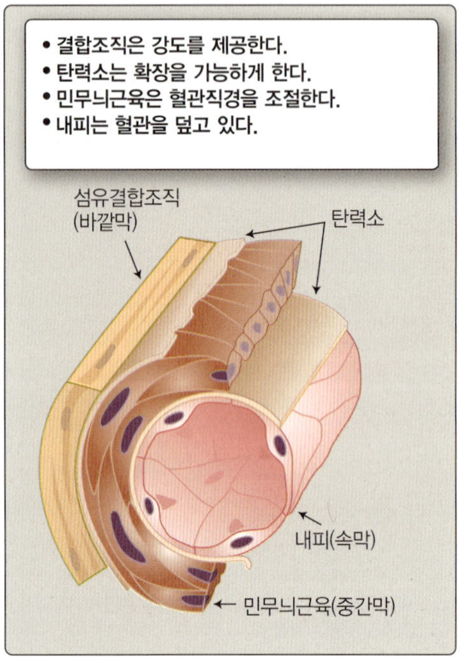

그림 19.4
혈관구조

B. 해부학

혈관계는 혈관 기능과 혈관계통 중 어디에 위치해 있는가에 따라 혈관벽 두께와 구성요소가 달라지지만 기본적으로 공통구조를 가지고 있다. 그림 19.4에서와 같이 모든 혈관은 하나의 층으로 구성된 **내피세포(endothelial cell [속막[tunica intima])**가 덮고 있다. 동맥과 정맥은 수축 혹은 이완을 통해 구경을 변화시키는 **혈관민무늬근육세포(vascular smooth muscle cell, VSMC; [중간막[tunica media])**층을 가지고 있다. 모세혈관과 세정맥을 제외한 모든 혈관에 분포하고 있는 연결된 **탄력섬유**의 광범위한 망은 혈압이 올라 갔을 때 고무관처럼 늘어날 수 있도록 한다. 탄력섬유는 꼬여진 **탄력소(elastin)** 중심과 이를 둘러싸고 있는 **당단백질**로 구성된 **미세원섬유(microfibril)**로 만들어 진다. 혈관은 또한 늘어남을 억제하고 내부 압력이 올라갔을 때 혈관 확장을 제한하는 **아교섬유(collagen fiber)**를 가지고 있다. 결합조직으로 구성된 바깥의 얇은 층(**바깥막[tunica adventitia]**)에 의해 혈관의 온전함과 모양이 유지된다.

C. 혈관

혈관의 기본기능은 세포로 그리고 세포로부터 혈류를 유지하기 위한 통로로써 작용하는 것이다. 여러 종류의 혈관(예: 동맥 및 모세혈관, 정맥)은 혈관계통 내에서 위치에 따른 추가적인 중요한 기능을 가지고 있다. 동맥은 높은 압력을 지닌 통로이며, 세동맥은 유량조절자로서, 모세혈관은 혈액과 조직 사이의 물질교환에 관여하며, 세정맥과 정맥은 저장고로서 역할을 한다.

1. **큰동맥:** 동맥계는 좁은 구멍을 지닌 분배혈관망을 구성하고 있다(그림 19.2 참조). 동맥은 높은 압력 하에서 혈액을 운반하기 때문에(그림 19.5), 두꺼운 벽과 좁은 속공간을 가지고 있어 동맥계 용량은 제한적이다. 큰혈관(**탄력형동맥[elastic artery]**) 벽에는 민무늬근육층이 있으며, 탄력섬유도 풍부하게 존재한다. 근육층의 안정긴장(resting tone)에 의해 동맥확장성은 제한되고 혈관 내 혈압을 유지하는 데 도움이 된다.

2. **작은동맥과 세동맥**(small artery and arteriole)**:** 가장 작은 동맥과 세동맥 벽은 민무늬근육층이 주를 이룬다. 이들을 합쳐 **저항혈관(resistance vessel)**이라고 하며, 이들은 모세혈관으로 가는 혈류를 조절하는 수도꼭지 혹은 조절관으로 작용한다(그림 19.6). 산소와 영양물질에 대한 조직 요구가 높아지면 혈관민무늬근육세포가 이완되어 조직으로 흐름이 증가한다. 혈액에 대한 요구가 감소하거나 중추신경계 조절에 의해 근육 "꼭지"가 수축하게 되면 조직으로 흐름은 감소한다(20·II 참조).

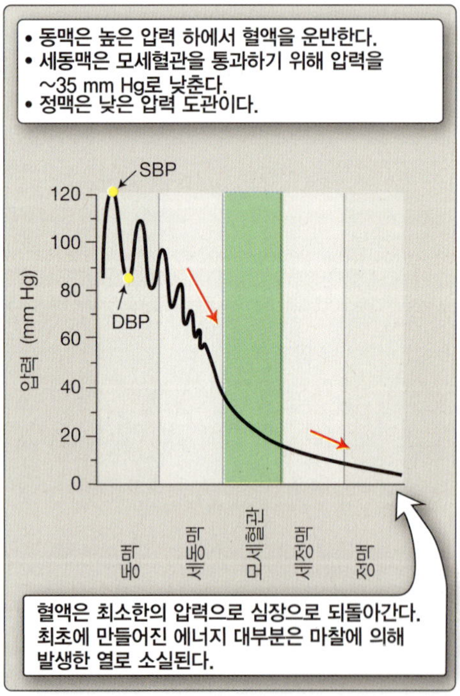

그림 19.5
전신혈관계 관류압
DBP = 확장기혈압; SBP = 수축기혈압

3. **모세혈관:** 모세혈관을 통해 실제로 인체에 있는 모든 세포 30 μm 이내까지 혈액이 도달한다. 이들은 혈액과 사이질, 조직 사이에 물질교환이 최대한으로 일어날 수 있도록 하면서도 혈관계 내에 혈액이 머물러 있도록 하는 구조로 되어 있다. 벽은 단일 내피세포층과 **바닥판(basal lamina)**이 합친 두께로 되어 있다. 일부 조직에서는 벽경유 구멍(**창[fenestration]**)과 인접세포들 사이에 있는 이음부**틈**[junctional **cleft**]을 통해 혈액과 세포가 직접 교류하고 있다(그림 19.7).

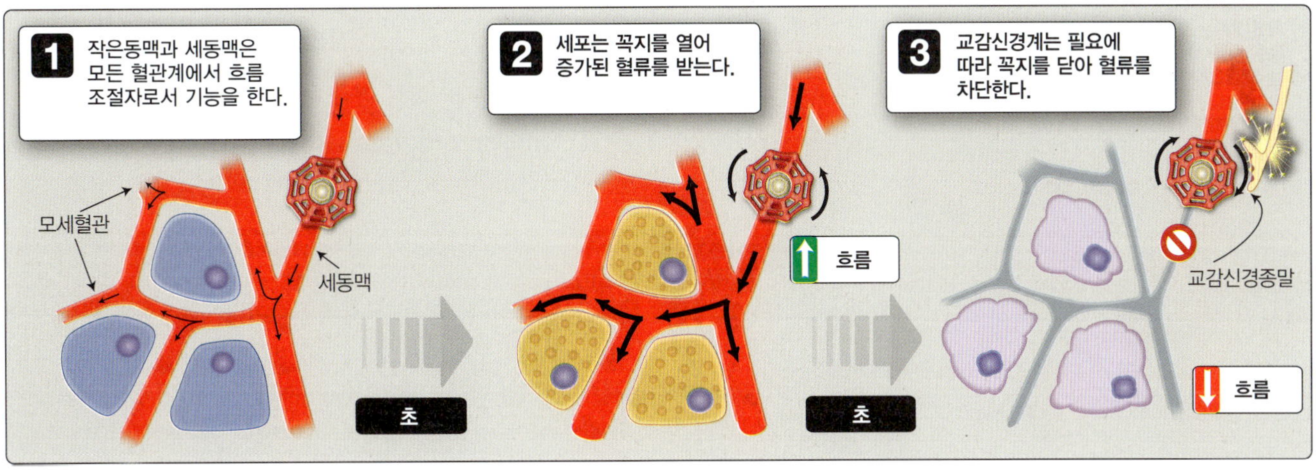

그림 19.6
혈관 꼭지는 혈류를 조절한다. SNS = 교감신경계

> 비록 모세혈관이 1 mm의 평균 길이와 8~10 μm의 평균직경을 가지고 있지만, 정상 성인에서 물질교환을 위한 총 표면적은 500~700 m^2이다.

4. **세정맥과 정맥(venule and vein):** 세정맥과 정맥은 혈액이 심장으로 돌아가도록 하는 낮은 압력통로이다. 작은 세정맥은 모세혈관과 구분하기 힘들며, 실제로 체액과 대사물질 교환에 관여한다. 세정맥은 넓어지고 심장 쪽으로 갈수록 서로 합쳐진다. 큰 세정맥벽에는 혈관민무늬근육이 존재하지만 같은 구경의 동맥혈관에 비해서는 매우 적다. 근육이 많지 않아 정맥벽은 얇고(그림 19.2 참조), 매우 높은 확장성을 가지고 있어 많은 양의 혈액을 저장할 수 있다. 휴식 시 총혈액량의 ~65%가 정맥계에 존재하며, 요구량이 늘어났을 때 심실 전부하를 유지하는데 사용되는 저장고 역할을 한다(20·V 참조). 큰 정맥에는 판막이 존재하여 정맥계를 통한 한방향 흐름을 유지하는 데 도움을 주며, 또한 중력 영향에 의해 혈액이 밑으로 쏠리는 경향을 막아준다.

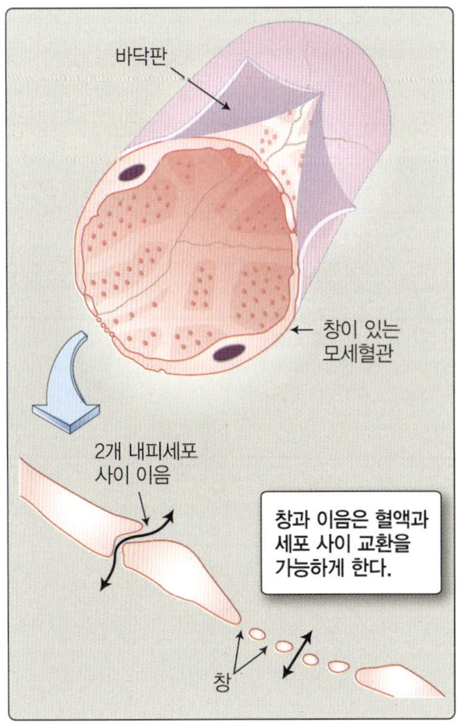

그림 19.7
모세혈관벽 구조

III. 혈류 결정인자

혈액은 흐름에 대한 **저항(resistance)**을 극복할 수 있는 압력이 가해지지 않으면 혈관계를 통해 흐르지 못한다. 저항은 심장혈관계 상태와 건강 상태를 판단할 수 있는 주요 표시자이기 때문에 저항이 발생하는 요인을 이해하는 것은 임상적으로 매우 중요하다. 예를 들면, 순환쇼크(circulatory shock) 동안은 일반적으로 저항이 증가하는 반면에 패혈쇼크(septic shock)에서는 혈관저항이 심하게 감소한다(40·III·C 참조). 저항에 관여하는 요소는 **포아세유법칙(Poiseuille law)**을 통해 알 수 있다:

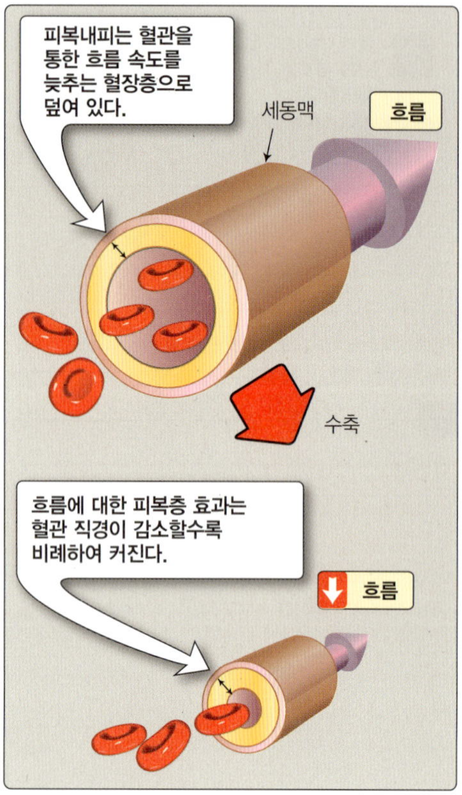

그림 19.8
저항혈관에서 흐름에 대한 수축 효과

$$Q = \frac{\Delta P \times \pi r^4}{8L\eta}$$

여기서 Q는 유량을 의미하고, ΔP는 혈관 끝에 걸려 있는 압력차이며, r은 안쪽 반지름이며, L은 혈관길이, η는 혈액 점도를 나타낸다. 압력에 의해 흐름이 이루어지며 반지름과 길이, 점도는 흐름 저항에 관여한다.

A. 혈관반지름

혈관반지름은 혈관저항의 가장 중요한 결정인자이다. 작은동맥과 세동맥 벽을 형성하고 있는 혈관민무늬근육세포는 유량을 조절하기 위해 수축과 이완을 하기 때문에 반지름 역시 변수이다. 유량은 r^4에 비례하므로 반지름이 2배 변화하면 유량에는 16배 변화가 일어난다. 유량에 있어 반지름 효과의 강력함은 모든 혈관 안쪽 벽에 붙어 있는 혈장층과 연관이 있다. 이 층은 혈액과 혈관 내피 사이의 관계를 통해 형성되며 흐름을 방해하는 요소로 작용한다. 비록 도포층 깊이가 혈관 구멍 크기에 상관없이 모든 혈관에서 똑같다고 하더라도 전체 단면적에 미치는 효과는 큰 혈관에 비해 작은 직경 혈관에서 훨씬 크게 나타난다. 그러므로 작은 혈관을 통한 흐름에 대한 저항이 상대적으로 크게 나타난다(그림 19.8).

B. 혈관길이

혈관을 통해 혈액 유량은 혈관길이와 반비례 관계를 가지고 있으며 이것은 혈액과 혈관 내피가 상호작용을 한다는 것을 의미한다. 혈관길이는 생리적으로 바뀌지 않으므로 더 이상 거론하지 않는다.

C. 혈액점도(blood viscosity)

혈액은 유량에 따라 점도가 변화하는 복잡한 액체이다. 액체 점도는 물과 비교하여 측정한다. 전해질과 유기질(단백질을 포함하여)을 물에 첨가하면 점도는 1.0 cp에서 ~1.4 cp까지 증가한다. 가장 큰 효과를 나타내는 세포는 적혈구(RBC)이며, 점도는 적혈구용적률(hematocrit)에 따라 지수함수적으로 증가하는 것보다 더 많이 증가한다(그림 19.9).

1. **적혈구용적률(hematocrit):** 적혈구용적률은 전체 혈액 용적 중에 적혈구가 차지하는 백분율(percentage)을 측정하는 것이다. 임상에서는 적은 양의 혈액표본이 들어 있는 관을 혈장과 세포를 분리하기 위해 원심분리하여 적혈구용적률을 측정한다. 적혈구용적률은 관 내 쌓인 적혈구층 높이를 통해 측정할 수 있으며 적혈구 숫자와 용적에 의존적이다. 정상적인 적혈구용적률 범위는 남자의 경우는 41~53%이며 여성에서는 36~46%이다.

> 적혈구용적률이 정상범위 이하로 떨어지면 빈혈(anemia)을 의미한다. 하지만 빈혈은 일반적으로 혈색소(hemoglobin, Hb) 수치로 정의한다. 남자의 혈색소 정상 범위는 13.5~17.5 g/dL이며, 여성의 경우는 12.0~16.0 g/dL이다.

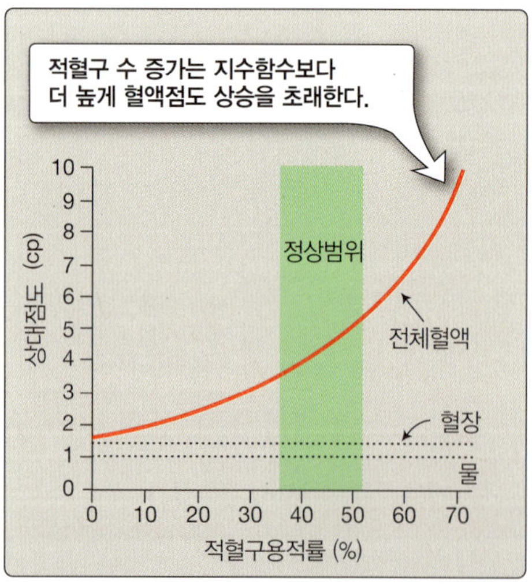

그림 19.9
적혈구용적률과 혈액점도 관계
cp = centipoise

2. **혈류저항**(flow resistance)**:** 적혈구는 혈관벽과 마찰되면서 흐름저항을 증가시킨다. 적혈구는 직경이 2.5 μm밖에 되지 않는 모세혈관을 지나가는데, 이것은 적혈구가 8 μm의 직경을 가진 전형적인 원반모양이라는 점에서 매우 놀라운 사실이다(그림 19.10). 하지만 적혈구는 쉽게 변형되어 좁은 혈관을 미끄러져 지나갈 수 있다. 또한 적혈구는 혈관 중간 부분을 지나가므로 내피와의 상호관계를 최소화할 수 있다. 그래도 심장은 여전히 적혈구와 혈관벽 사이에서 마찰에 의해 발생하는 저항을 극복하기 위해 상당한 에너지를 소비해야 한다.

세포는 물로 채워진 플라스틱 봉지에 비유될 수 있다. 봉지와 같이 대부분 세포는 기계적인 변형이 일어나면 터지게 된다. 적혈구는 일부만 물로 채워진 플라스틱 봉지와 매우 유사하다. 적혈구는 쉽게 변형이 되므로 좁은 혈관과 구멍을 통해 쉽게 빠져나갈 수 있다. 적혈구의 나이가 많아지면 쉽게 팽창하거나 변형되지 못해 파괴된다. 처리는 결합조직원섬유(**지라끈[splenic cord]**)로 만들어진 여과기를 통해 적혈구가 빠져나가도록 되어 있는 지라(spleen)에서 이루어진다. 젊고 유연한 적혈구는 이 여과기를 쉽게 통과하지만 늙은 적혈구는 여기에 걸린 후 포식작용에 의해 처리된다.

3. **빈혈:** 빈혈 시에는 적혈구 숫자가 감소되어, 혈액점도와 흐름저항 역시 감소한다. **생리적빈혈(physiologic anemia)**은 임신(37·IV·C 참조) 혹은 운동 훈련 동안에서와 같이 혈액량 증가가 적혈구 생성보다 빠를 때 발생한다.

4. **적혈구증가증**(polycythemia)**:** 적혈구 숫자 증가는 혈액점도와 흐름에 대한 저항을 증가시킨다. 고원지대에 사는 사람들은 감소된 내기 중 산소 농도에 의해 생리적**적혈구증가증**을 보인다. 증가된 적혈구 생산이 감소된 산소 이용도를 보상할 수는 있지만 이러한 교환에 의해 심장 작업부하는 증가되며, 이로 인해 인간이 편안하게 머물 수 있는 고도도 5,000 m 전후로 제한된다.

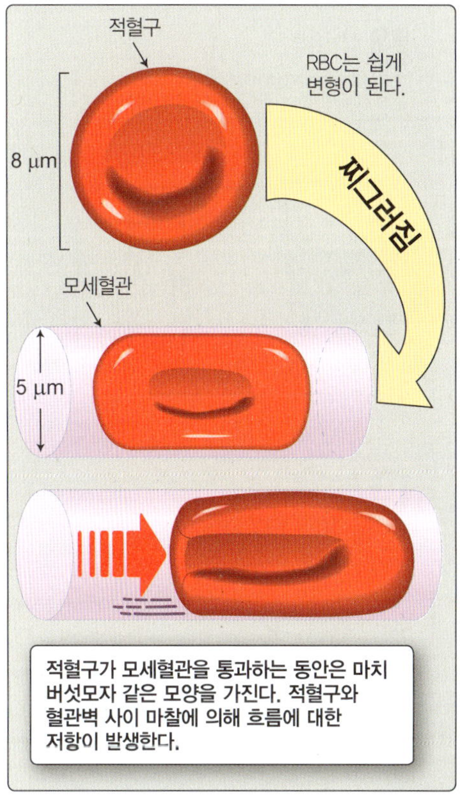

그림 19.10
적혈구의 유연성

IV. 혈류역학 옴법칙

혈관저항은 왼심실에 대해 후부하로 작용하여 심장이 박출량은 만들기 위해 얼마큼 일을 해야 하는지를 결정하게 한다. 저항이 증가하면 심장은 이를 보상하기 위해 더 힘들게 일을 해야 한다. 건강한 심장의 경우는 정상적인 혈관저항 변화에 의해 심장에 부여되는 요구에 잘 적응할 수 있도록 되어 있지만, 병든 심장의 경우는 증가된 저항은 상당한 스트레스로 작용한다. 임상 상황에서 혈관저항의 양적 평가는 여러 이유로 매우 중요할 수 있다. 인간에 있어 혈관저항을 형성하는 모든 개별적인 성분을 파악하고 합한다는 것은 쉽지 않다. 이에 대한 대처방안으로 **옴법칙(Ohm law;** 그림 19.11A)을 약간 변형하면 압력과 유량으로부터 혈관저항을 쉽게 예측할 수 있다. 옴법칙은 직류회로에서 전기저항(R)과 전류흐름(I)의 효과를 설명한다.

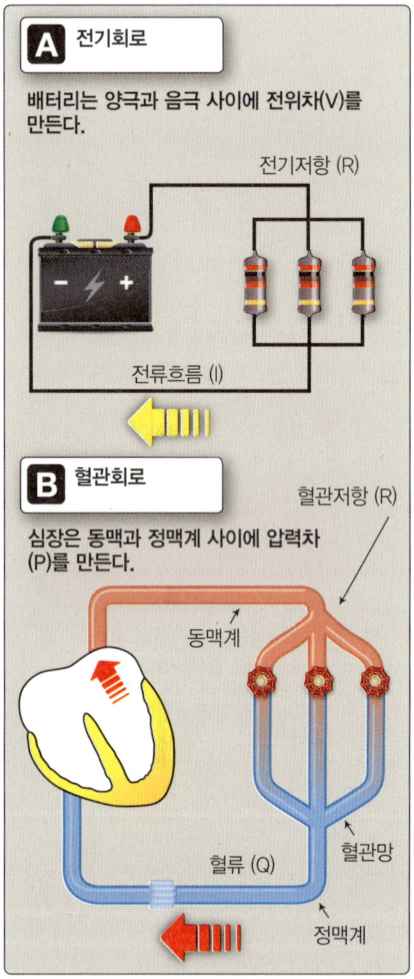

그림 19.11
옴법칙

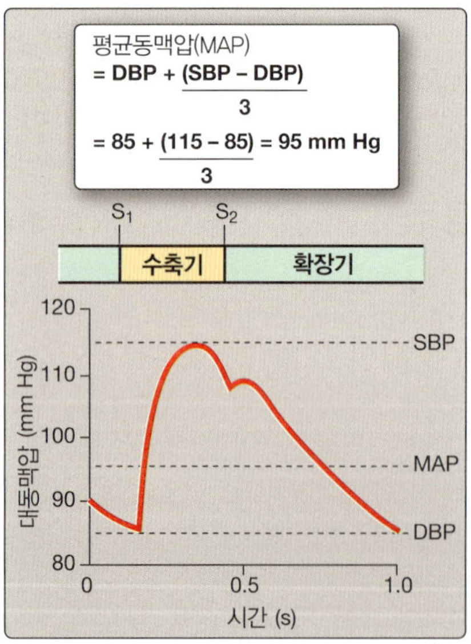

그림 19.12
평균동맥압 도출
DBP = 확장기혈압; SBP = 수축기혈압

임상 적용 19.1: 진성적혈구증가증(Polycythemia Vera)

진성적혈구증가증은 골수 적혈구전구세포에 영향을 미치는 신생물병(neoplastic disorder)의 일종이다. 조절되지 않는 적혈구 생성을 초래하여 이로 인해 적혈구용적률이 증가한다. 적혈구증가증은 적혈구용적률이 여성의 경우 48% 이상, 남성의 경우는 52% 이상인 경우 진단을 내린다.

일단 적혈구용적률이 60% 정도 되면 적혈구가 너무 근접하게 되여 서로 충돌하고 응집(aggregate)과 덩이(clot)를 형성한다. 응집(cohesion)은 섬유소원과 적혈구 표면을 덮고 있는 다른 큰 혈장단백질에 의존적이다. 점도와 혈관저항은 상당 수준으로 증가하여 왼심실은 기본적인 흐름속도를 유지하기에 필요한 압력조차도 만들지 못하게 된다. 환자는 대뇌관류 감소에 의한 두통과 쇠약, 어지럼을 호소한다. 가장 흔한 호소증상은 따뜻한 물로 목욕한 후에 발생하는 매우 심한 가려움(pruritus) (피부가려움[skin itching])이다.

치료하지 않을 경우 평균 생존기간은 6~18개월이다. 연속적인 정맥절개술(phlebotomy)을 시행하여 적혈구용적률을 여성의 경우는 42% 이하, 남성의 경우 45% 이하로 낮출 경우 10년 이상 생존이 가능하다. 주 위험인자는 혈전증(예: 뇌졸중 및 깊은정맥혈전증[deep vein thrombosis], 심근경색, 말초동맥폐쇄) 발생이다.

$$I = \frac{V}{R}$$

V는 저항에 걸려 있는 전압감소이다. 혈류역학에서 옴법칙은 다음과 같다:

$$Q = \frac{P}{R}$$

Q는 혈류량이며, P는 혈관계에 걸려 있는 압력차이며, R은 혈관저항을 말한다(그림 19.11B). 위에서 설명한 바와 같이 R은 혈관반경과 길이, 혈액점도에 의해 결정된다($R = 8L\eta / \pi r^4$). 옴법칙의 혈류역학형은 크기에 상관없이 어떤 혈관이나 혈관계에서든 압력과 유량 측정을 통해 저항을 계산할 수 있도록 한다.

A. 전신혈관저항(systemic vascular resistance, SVR)

인체에서 가장 큰 순환계이며, 가장 큰 저항을 나타내는 곳은 전신순환계이다. **전신혈관저항**(**총말초저항[total peripheral resistance]**이라고도 함) 값은 다음과 같이 계산할 수 있다

$$SVR = \frac{MAP - CVP}{CO}$$

MAP − CVP는 대동맥(**평균동맥압[mean arterial pressure, MAP]**)과 대정맥(**중심정맥압[central venous pressure, CVP]**) 사이의 압력 차이를 의미한다. 평균동맥압은 심장주기에 따라 변화하는 동맥압의 시간을 고려한 평균값이다(그림 19.12). 평균동맥압은 다음과 같이 계산한다

$$MAP = DBP + \frac{(SBP - DBP)}{3}$$

SBP는 **수축기혈압(systolic blood pressure)**이며 **DBP**는 **확장기혈압(diastolic blood pressure)**이다(SBP − DBP는 **맥박압[pulse pressure]**으로도 알려져 있다). 평균동맥압(95 mm Hg)과 중심정맥압(5 mm Hg), 심박출량(6 L/min)의 정상 값을 사용하여 전신혈관저항을 계산하면 15 mm Hg·min·L^{-1}이다.

> 일반인에서 전신혈관저항은 11에서 15 mm Hg·min·L^{-1} 사이 값을 보인다. 전신혈관저항은 임상적으로는 앞 수치에 80을 곱해서 dyn·s·cm^{-5} 단위를 사용하여 표현하기도 한다. 이렇게 계산하면 정상 전신혈관저항은 약 900~1,200 dyn·s·cm^{-5} 사이가 된다.

폐혈관저항(pulmonary vascular resistance, PVR)도 유사한 방법(평균 폐동맥 및 왼심방압력)으로 계산할 수 있으며, 일반인의 경우 약 2~3 mm Hg·min·L^{-1} (150~250 dyn·s·cm^{-5})의 값을 보인다.

B. 직렬과 병렬 회로(serial and parallel circuit)

여러 개의 개개 요소로 구성된 혼합저항을 계산할 때 혈류역학회로는 전기회로와 동일하게 간주된다(그림 19.13). 직렬로 연결된 3개의 저항기를 포함하고 있는 회로 전체저항(R_T)은 각 요소 합과 동일하다. 아래에 있는 각 저항기가 10 단위 저항을 가지고 있다면 RT는 30 단위가 된다.

$$R_T = R_1 + R_2 + R_3 = 10 + 10 + 10 = 30$$

동일한 3개의 저항기가 병렬로 연결되어 있을 때 저항을 계산하기 위해 각 요소의 반비례 값의 합이 필요하다(그림 19.13 참조):

$$\frac{1}{R_T} = \frac{1}{R_1} + \frac{1}{R_2} + \frac{1}{R_3} = \frac{1}{10} + \frac{1}{10} + \frac{1}{10} = 0.3$$

병렬회로 R_T는 각각의 저항보다 훨씬 작은 3.3 단위임을 주목해야 한다. 비록 전신순환이 하나 하나의 흐름에 대한 저항은 상당히 높은 약 10^{10}개의 모세혈관을 가지고 있지만, 이들이 병렬로 연결이 되어 있어 모세혈관 복합 저항은 비교적 낮다.

> 혈관회로에 모세혈관이 더해지면 혈류에 대한 추가적인 경로를 제공하므로 전신혈관저항은 증가되는 것이 아니라 감소한다(그림 19.13 참조).

V. 포아세유법칙의 한계

포아세유법칙은 심장혈관계통에서 혈류저항이 어디서 발생되는지를 판단하는데 도움을 주지만, 심장혈관계통의 복잡성에 의해 작은동맥과 모세혈관에 적용하는데는 한계가 있다. 복잡한 심장혈관계통 디자인 특성에는 소용돌이흐름(turbulent flow, 와류)이 쉽게 발생될 수 밖에 없는 것과 혈액점도가 혈류속도에 의존적이라는 것, 혈관순응도(compliance)가 포함된다.

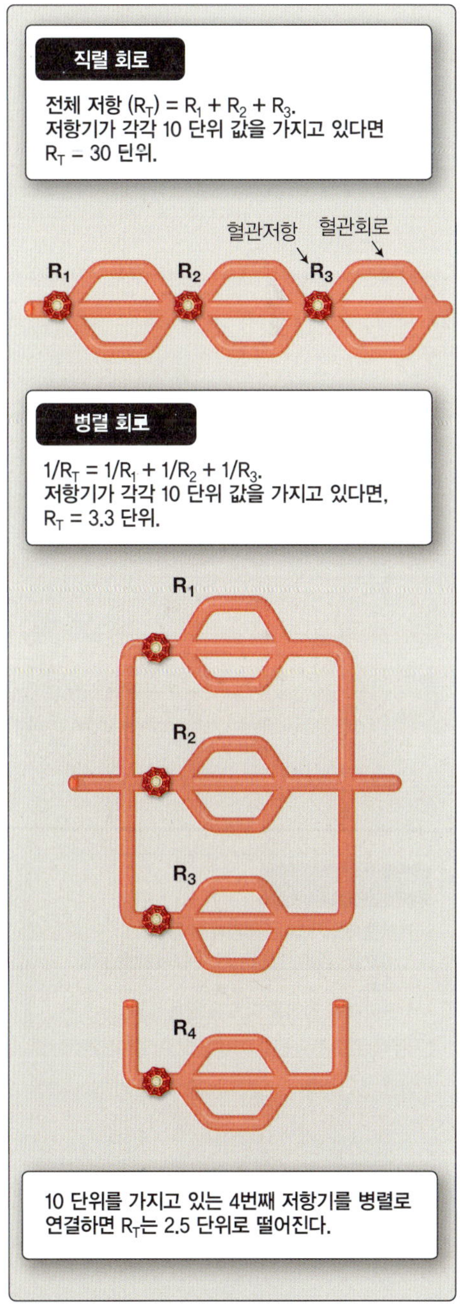

그림 19.13
혈관회로 저항 계산

A. 소용돌이(turbulence)

혈액이 혈관계통을 통해 흐르는 동안, 혈액을 구성하고 있는 여러 성분이 혈관벽과 상호작용함으로 인해 혈액은 끌린다. 위에서 설명한 바와 같이 혈관내피는 부동 혈장층에 의해 덮여 있다. 이 도포층은 혈관 중앙 가까이를 흐르는 혈액을 끌어서 또 다른 느리게 흐르는 층을 만들고, 이것은 또 다른 느린 층을 만들며 이러한 현상은 혈관 중앙부로 연속적으로 진행된다. 결과적으로 혈관을 통한 흐름은 각 층끼리 서로 미끄러지는 동심층을 형성하게 되어, 중심부에서 가장 빠른 흐름을, 혈관벽 쪽에서 가장 느린 흐름이 일어나게 한다. 이런 형태의 흐름을 **결(laminar)** 혹은 **유선형(streamline)흐름**이라고 한다(그림 19.14). 결흐름은 심장혈관계통 대부분 영역에서 관찰되며 이런 흐름이 유지되는 한 포아세유법칙은 유용하게 적용된다. 유선형흐름이 파괴되는 경우 운동에너지는 무질서한 운동에 낭비되며 이러한 것을 **소용돌이**라고 한다(그림 19.15).

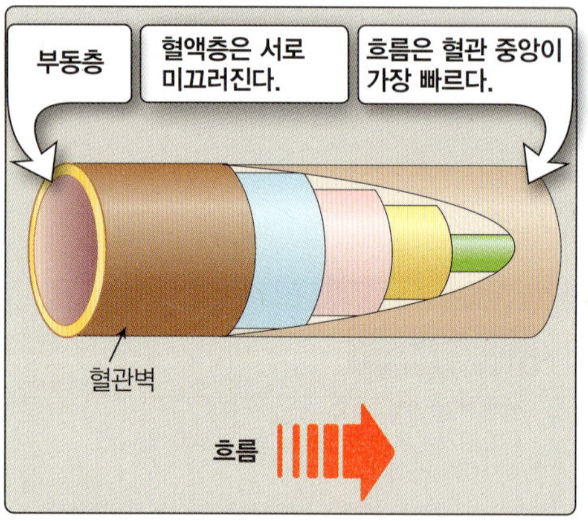

그림 19.14
결혈류

1. **레이놀드방정식(Reynolds equation):** 소용돌이가 얼마나 잘 발생될 것인가는 **레이놀드방정식**을 사용하여 예측할 수 있다:

$$N_R = \frac{(v \times d \times \rho)}{\eta}$$

여기서 N_R은 레이놀드 숫자이며, v는 평균혈류속도, d는 혈관 직경, ρ(rho)는 혈액밀도, η는 혈액점도이다. 혈액밀도는 인체 정상 수치 중에 변화하지 않는 것 중 하나이다. 많은 혈관은 수축과 이완을 하면서 생체 내에서 소용돌이를 만들지 않는 정도로 속직경을 지속적으로 변화시키고 있다. 그러나 속도와 점도는 모두 생리적으로 연관이 있는 변수이다.

2. **혈류속도 효과:** 소용돌이는 심장방 내 혹은 심장으로 들어가거나 나오는 혈관 내에서 가장 잘 관찰된다. 이 공간에서는 많은 양의 혈액이 높은 혈류속도로 움직이고 있다. 특정 임계속도에 도달하면 유선형흐름이 혼란스럽고 비효율적이 되어 소용돌이가 발생한다.

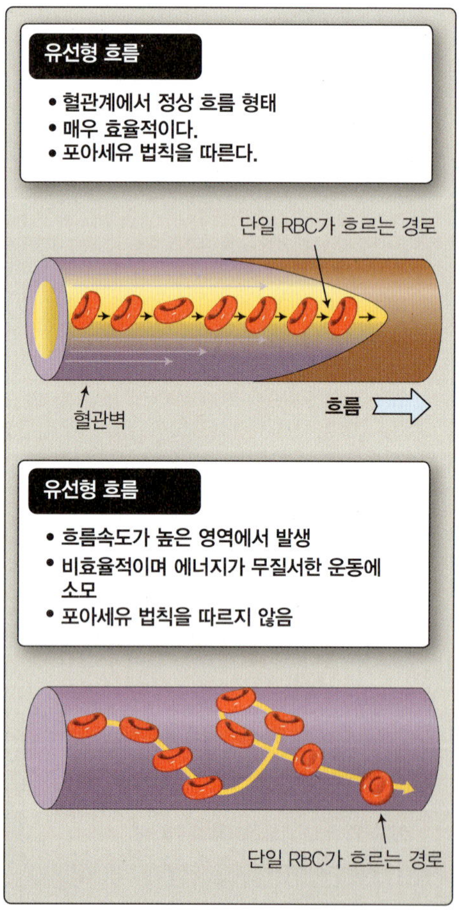

그림 19.15
유선형 및 소용돌이 흐름
RBC = 적혈구

3. **연속방정식(equation of continuity):** 선천 혹은 병적 심장판막 결함은 소용돌이의 가장 흔한 원인이다. 대동맥판만은 심장혈관계통에서 높은 압력과 높은 속도를 나타내는 곳에 위치해 있어 지속적으로 닳거나 찢어진다. 판막첨판은 나이를 먹음에 따라 석회화되고 딱딱해지거나 혹은 반복되는 염증의 결과로 맞교차 부위가 융합되는 것이 드물지 않게 발생한다. 이런 변화로 인해 판막구멍 단면적이 줄어 출구를 막는다. 어느 환경에서든 심장박출량은 기본적으로 5~6 L/분을 유지해야 하므로 왼심실압은 증가되고 좁아진 출구를 통해 높은 속도의 흐름이 만들어진다(그림 19.16). 협착에 의해 속도가 증가되는 정도는 **연속방정식**으로 산출할 수 있다:

$$Q = v_{nl} \times A_{nl} = v_s \times A_s$$

여기서 Q는 유량이며, v_{nl}과 v_s는 각각 정상과 협착판막을 통한 혈류속도이며, A_{nl}과 A_s는 판막 단면적이다. 만약 유량이 일정하고 A_s가 감소되었다면 이를 보상하기 위해 속도는 반드시 증가한다.

4. **소리:** 소용돌이흐름은 역류와 소용돌이를 만들어, 혈액이 혈관벽과 충돌하는데 운동에너지를 사용한다. 충돌은 체표면 쪽으로 전달되는 진동

을 유발하고 이것을 소리 형태로 들을 수 있다. 임상에서 흔히 접하는 예가 **잡음(murmur)**과 **코로트코프음(Korotkoff sound)**이다.

a. **잡음:** 협착된 대동맥 혹은 폐동맥 판막을 통해 혈액이 빠른 속도로 지나가게 되면 **수축기잡음(systolic murmur)**을 만든다. 판막이 완전히 닫히지 못해도 역시 잡음이 발생된다. 이러한 잡음은 기능이 상실된 판막을 통해 혈액이 역류되어 심방 혹은 심실 내 존재하는 혈액과 충돌해서도 발생한다(임상 적용 18.1 참조).

b. **코로트코프음:** 소용돌이는 진단목적을 위해 인위적으로 만들 수 있다. 혈압측정띠로 위팔동맥(brachial artery)을 부분적으로 막으면, 눌러진 부위를 통과하는 혈액은 높은 속도로 지나가며 앞쪽에 있는 혈액 기둥에 충격을 줘서 잡음을 발생시킨다. 이 잡음(코로트코프음)은 측정띠보다 먼쪽에서 청진기를 통해 들을 수 있다. 측정띠 압력이 수축기압보다 조금 낮아지면 눌러진 동맥을 통해 적은 양의 혈액이 지나가면서 소리가 들리기 시작한다. 잡음은 측정띠 압력이 확장기압보다 낮아져 동맥이 완전히 펴지면 사라진다. 이 음은 수축기압과 확장기압을 측정할 수 있는 가장 편한 방법을 제공한다.

5. **적혈구용적률:** 혈류속도와 점도 및 적혈구용적률은 반비례 관계를 가지고 있어 빈혈 시 소용돌이가 발생할 확률이 증가한다. 예를 들면 임신과 연관된 생리적빈혈의 경우 정상판막을 통해 아주 높은 속도로 혈액이 박출되면서 생기는 **기능성잡음(functional murmur)**을 유발한다(37·IV·C 참조).

6. **생체 내에서 소용돌이 발생:** 이상적인 시스템에서 레이놀드 숫자가 2,000이 넘으면 소용돌이가 발생할 수 있다. 레이놀드 숫자가 1,200 이하이면 결흐름이 유지된다. 심장혈관계통은 이상적이지 못하다. 혈관계 고유 성질인 광범위한 가지치기와 같은 많은 요소에 의해 소용돌이 발생 문턱은 1,600 정도로 낮아져 있다. 혈관가지는 결흐름을 파괴하고 국소 소용돌이가 발생되는 장소를 제공한다.

B. 속도효과

혈액이 정지되어 있거나 거의 움직이지 않으면 적혈구는 서로 부착되는 시간을 가지게 되어 마치 동전을 쌓아 놓은 것 같이 응집이 된다(**적혈구염주[rouleaux]**). 응집된 것은 개별적인 세포에 비해 순환계 내에서 움직이기가 훨씬 힘들기 때문에 흐름에 대한 저항을 증가시킨다. 적혈구염주는 흐름속도가 증가되면 다시 분리되어 떨어지고 점도도 동일하게 감소한다(그림 19.17).

C. 혈관 순응도(vessel compliance)

포아세유 법칙은 혈관이 딱딱한 관이라고 가정한 것이다. 물론 작은혈관(모세혈관 및 세동맥, 작은동맥)은 상대적으로 확장이 되지 않지만 대부분의 정맥과 큰동맥은 내부 압력이 올라가면 확장된다(그림 19.18) 비록 확장성(distensibility)은 포아세유법칙을 무용지물로 만들지만 심장혈관계에 여러 유익한 점을 제공한다.

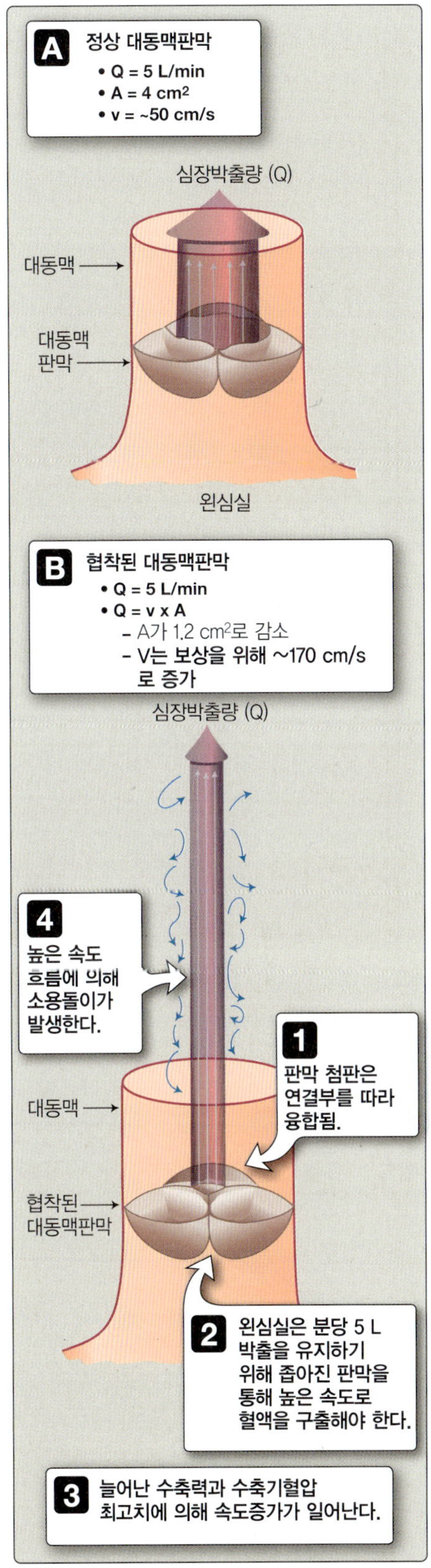

그림 19.16
심실박출 속도에 대한 대동맥판막 협착 효과
A = 넓이; Q = 유량; V = 박출속도

임상 적용 19.2: 혈전과 항응고 치료(Thrombi and Anticoagulation Therapy)

혈류속도가 낮은 곳에서 적혈구가 응집되려고 하는 성질은 **혈전(thrombus)**형성으로 이어진다는 점에서 심각한 임상적 관심을 초래한다. 혈전은 혈관벽에 부착된 피덩이(blood clot)이다. 혈전은 떨어져 나와 혈관 내에서 돌아다니는 **색전(emboli)**을 형성하고 이들이 서로 만나 돌아다니기에 너무 커지면 혈관 내에 박히게 된다. 건강한 사람에 있어서도 장시간 비행 동안 움직이지 않는 시간이 길어지면 혈전이 생길 수 있다. 비좁은 선실과 딱딱한 의자는 운동성을 제한하며 다리로부터 혈액을 되돌려 주는 혈관을 압박한다. 혈액은 다리의 깊은 정맥에 갇히게 되고 **깊은정맥혈전증(deep vein thrombosis)**이 형성된다. 비행기에서 내리면 흐름은 다시 회복되어 박혀 있던 색전은 정맥계를 통해 오른쪽심장으로 가게 되고 폐혈관계에 박힌다(**폐색전증[pulmonary embolism]**).

심방세동(atrial fibrillation, AF)과 심장판막대치(replacement)는 환자에게 혈전형성 위험을 증가시킨다. 심방세동은 순서에 입각한 수축과 심방을 통한 흐름을 방해하고 세동이 발생한 방 내에 혈액정체가 존재하는 영역을 만든다. 인공(prosthetic) ("기계적[mechanical]") 심방판막은 첨판 뒤에 혈액 정체 주머니를 만들어 혈전형성 발생을 증가시킨다. 만약 이 판막이 심장 왼쪽에 위치해 있으면 떨어져 나온 색전은 뇌혈관계에 들어가 뇌졸증을 유발할 가능성이 높다. 심방세동 및 인공판막 환자에게 와파린(warfarin) (상품명 쿠마딘[Coumadin])과 같은 경구 항응고제를 사용하면 혈전형성을 줄일 수 있다.[1] 와파린은 비타민 K 대항제로서 피덩이 형성에 필요한 여러 응고인자 형성을 방해한다.

자연 및 인공 대동맥판막

1. **정맥 저장고(venous reservoir):** 확장성은 충만 압력이 상승함에 따라 혈관이 얼마나 쉽게 늘어가는가를 의미한다. 정맥은 동맥에 비해 더 얇은 벽을 가지고 있음을 기억하라. 그러므로 압력이 1 mm Hg 증가하면 동맥 용적은 1 mL 증가되는 반면, 비슷한 크기의 정맥 경우에는 6~10 mL가 늘어난다. 정맥 확장성은 정맥계 전체가 동맥계보다 훨씬 높은 **순응도** 혹은 **용량도(capacitance)**를 가지고 있음을 의미하며 정맥계가 혈액 저장고로써 기능을 할 수 있도록 한다. 순응도는 충만압력(P)이 증가함에 따라 혈관이 어느 정도 용적(V)을 담을 수 있는 가를 측정한 것이다:

$$\text{순응도(compliance)} = \frac{\Delta V}{\Delta P}$$

2. **동맥펌프(arterial pump):** 수축기 동안 심실은 혈액이 모세혈관을 지나갈 때보다 더 빠른 속도로 혈액을 동맥계로 박출한다. 큰 동맥은 확장성에 의해 심실에서 박출되는 혈액량 전체를 수용하기 위해 늘어나며(그림 19.19) 이후 심실이 이완되고 대동맥판막이 닫혀 있는 확장기 동안

[1] 항응고제에 대한 더 많은 정보는 *LIR Pharmacology 제5판* 참조.

혈액을 모세혈관 쪽으로 이동시킨다(**확장기유출[diastolic runoff]**). 확장기 동안 흐름이 유지되도록 하는 에너지는 수축기 동안 심실에 의해 만들어져 동맥벽 탄성성분에 저장된 것이다. 이러한 저장과 유출 효과(**윈드케셀[windkessel]**이라고도 함)는 심실 구출이 확실한 주기를 가지고 있음에도 불구하고 혈관계통에 일정한 압력과 흐름을 보장한다는 측면에서 매우 유용하다.

> *Windkessel*은 "공기실"이라는 의미를 지닌 독일어이며 초기 소방차가 사용하던 디자인이다. 내연기관엔진이 발명되기 전 소방차는 말이 끌고 손으로 조작하였다. 불이 났을 때 물을 손으로 펌프질하여 공기실로 집어 넣으면 공기실 내에 압력이 만들어진다. 윈드케셀로부터 압축된 물은 관을 통해 불로 뿌려졌다. 소방장비에 윈드케셀이 포함됨으로써 소방관이 펌프질을 하지 않는 동안에도 관을 통해 지속적이고 한결 같은 물 흐름이 보장되었다.

3. **나이 효과:** 나이를 먹게 되면 석회화와 아교질 축적(**동맥경화**)에 의해 혈관벽이 딱딱해진다. 확장성 상실은 확장기유출을 유지하기 위해 수축기 동안 동맥계에 저장되는 혈액량을 줄인다. 왼심실은 수축기 동안 유량을 늘리기 위해 높은 압력을 만들어 이러한 결핍을 보상한다. 이러한 혈압변화가 노인층에서 흔히 볼 수 있는 본태고혈압(essential hypertension)으로 나타난다.

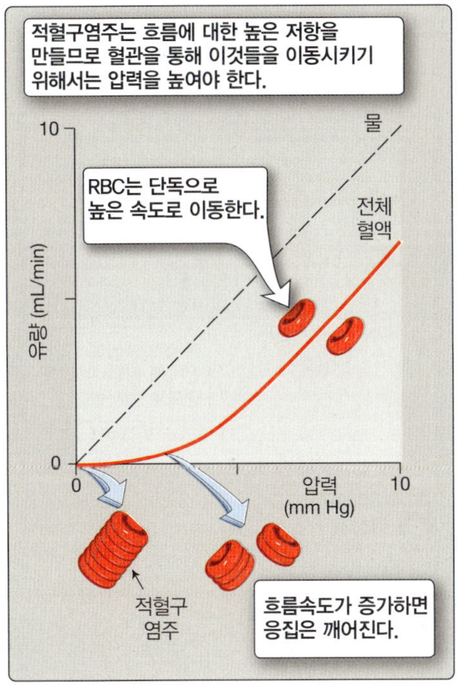

그림 19.17
혈류를 유지하기 위해 필요한 압력에 대한 적혈구 염주 효과
RBC = 적혈구

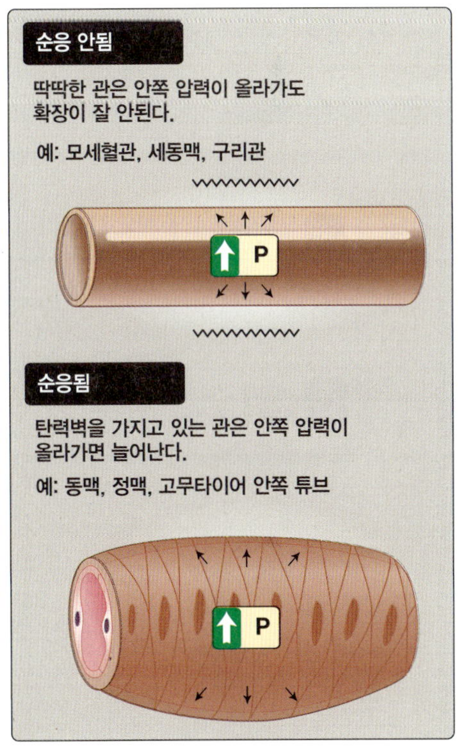

그림 19.18
혈관 상대 순응도

VI. 혈액과 조직 간 교환

심장혈관계통 기본 기능은 인체 내 모든 세포에 산소와 영양물질을 공급하는 것이다. 혈액은 혈액과 세포 사이에 확산교환이 잘 일어날 수 있도록 매우 얇은 벽(~0.5 μm, 혹은 내피세포의 폭)을 가지고 있는 모세혈관에 의해 분배된다. 혈액은 모세혈관을 통과하는 동안 교환이 최대로 일어날 수 있도록 하기 위해 모세혈관을 통해 매우 느리게 움직인다(~1 mm/s). 세포 수준에서 교환이 어떻게 일어나는지를 논하기 위해서는 4 종류의 일반적인 기전을 알아야 한다: 포액작용(pinocytosis)과 덩이흐름(bulk flow), 구멍을 통한 확산, 세포를 통한 확산(그림 19.20).

A. 포액작용(pinocytosis)

포액(pinocytotic)소포는 세포외액 표본을 잡아 내재화시키기 위해 원형질막이 들어가서 만들어진다. 소포는 혈관벽을 가로질러 이동한 후 반대쪽에서 내용물을 방출한다. 포액작용은 교환에 사용되는 중요한 경로는 아니지만 항체와 같이 크고 전위를 띠고 있는 물질 운송에 사용된다.

B. 덩이흐름(bulk flow)

이온과 용질 교환을 위한 통로로 사용되는 벽에 있는 **창(fenestration)**과 인접한 세포 사이 **틈(cleft)**에 의해 모세혈관은 전형적으로 매우 새기 쉽

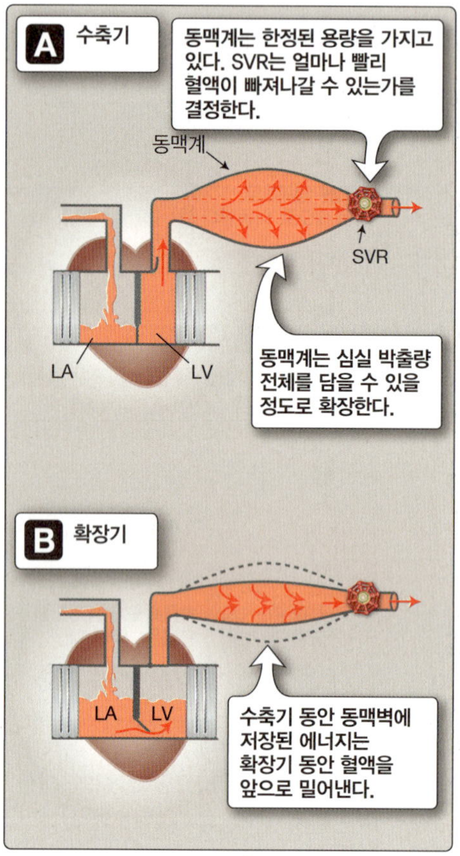

그림 19.19
동맥벽은 수축기 동안 확장해서 확장기 동안 흐름을 유지하도록 한다. LA = 왼심방; LV = 왼심실; SVR = 전신혈관저항

다. 모세혈관에 있는 혈액에는 압력이 존재하므로 이 경로를 통해 물과 물에 녹아 있는 물질이 혈관 밖으로 빠져나와 사이질로 들어간다. 이러한 액체의 **덩이흐름**은 완전히 조절되지 않는 것은 아니다. 세포사이 이음에는 대부분 세포를 서로 단단하게 고정하고 혈액에서 빠져나오는 액체를 여과하는 단백질 장벽이 존재한다. 단백질은 이음 혹은 구멍을 통과해서 빠져나오기에 너무 커서 혈관계 내에 남아 있다.

C. 창과 구멍을 통한 확산 (diffusion via fenestrations and pore)

덩이흐름이 일어나는 통로는 물과 다른 작은 분자의 단순**확산** 경로로도 사용된다. 이동은 혈액과 사이질, 세포 사이에 존재하는 화학적 농도 차이에 의해 일어난다.

D. 내피세포를 통한 확산(diffusion across endothelial cell)

지용성 물질은 내피세포와 내피세포 세포막을 통한 단순확산에 의해 혈액과 사이질 사이를 이동한다. 이것은 산소와 이산화탄소 교환의 기본적인 방법이다.

VII. 액체이동

모세혈관의 새기쉬움으로 인해 많은 문제가 발생한다. 혈액은 모세혈관과 정맥을 통해 심장으로 돌아갈 수 있는 충분한 에너지를 지니고 있어야 하기에 어느 정도 압력 하에 모세혈관으로 들어간다. 그러나 이 압력은 혈관계 밖으로

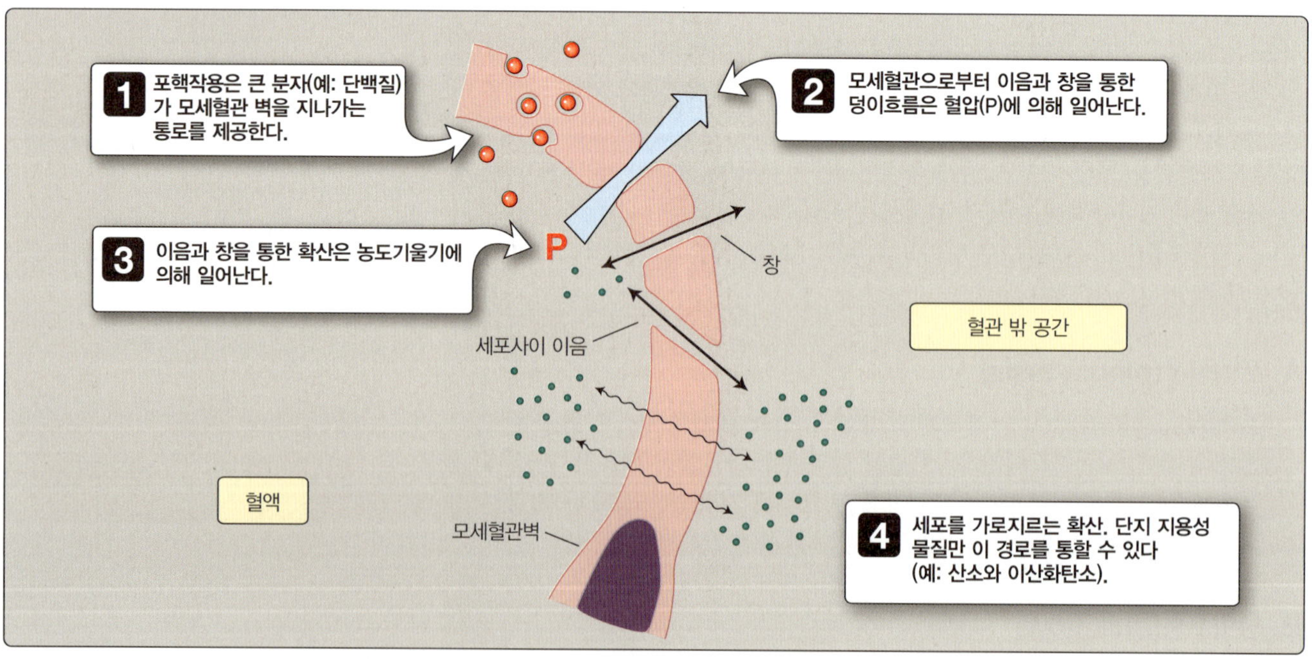

그림 19.20
모세혈관벽을 가로 질러 물질이동에 관여하는 4가지 일반 기전

액체를 내보내는 힘으로도 작용한다(그림 19.21). 문제의 심각성은 만약 반대로 작용하는 힘이 없다면 결국 한두 시간 이내에 모든 혈액이 사이질로 빠져나가는 것이다!

A. 혈관 물 보존(vascular water retention)

혈액 내에 물을 잡아 두게 하는 가장 큰 힘은 크기 때문에 혈액 내에 갇혀 있는 단백질에 의해 형성되는 삼투압이다. **알부민(albumin)** (분자량 60,000)이 가장 많은 혈장단백질(전체의 ~80%)이며, **글로불린(globulin)** (140,000 MW) 역시 중요하다. 단백질은 직접적인 삼투 효과를 나타내어 혈액에 물이 머물러 있게 하지만, 단백질에 있는 음전위기(negatively charged group)가 삼투 현상을 초래하는 Na^+과 K^+ 같은 양이온을 끌어당겨 2차적인 삼투효과도 나타낸다(**도난효과[Donnan effect]**).

B. 사이질 물 보존(interstitial water retention)

혈관과 세포 사이에 존재하는 공간(**사이질[interstitium]**)에는 조직의 구조적인 지지를 담당하는 아교질섬유가 존재하지만, 대부분 공간은 가는 프로테오글리칸 잔섬유(proteoglycan filament)의 촘촘한 그물구조가 차지하고 있다(4·IV·B·3 참조). 혈액으로부터 걸러진 액체는 이 잔섬유 사이에 갇히게 되며, 젤라틴 내 잔섬유가 많은 양의 물을 함유하게 된다(그림 19.22). 정상적으로 사이질 젤은 총수분량의 ~25%를 함유하고 있으며, 혈액량이 부족할 경우 이를 다시 채우는 역할을 하는 매우 중요한 액체저장고로도 작용한다.

C. 림프계통(lymphatic system)

혈액은 통상 하루에 프로테오글리칸이 흡수할 수 있는 양보다 많은 수 리터의 액체를 사이질로 보낸다. 림프계통은 초과되는 액체를 회수하여 순환계로 돌려보내며 이때 혈관을 빠져나온 단백질도 같이 보낸다.

1. **구조:** 림프 모세혈관은 사이질 내에 존재하는 간단하면서도 맹점으로 끝나는 내피세포 관이다(그림 19.23). 인접한 내피세포는 서로 겹쳐 액체가 안쪽 한 방향으로만 흐르도록 하는 피판판막(flap valve)을 만든다. 그리고 단백질 잔섬유가 세포 가장자리에 매어져 있어 혈관이 열려 있도록 한다.

2. **흐름:** 큰 림프관은 정맥과 비슷한 구조를 가지고 있다. 한 방향 흐름을 유지하기 위해 판막이 있으며 벽에는 속공간 압력이 올라가면 이에 반응하여 자발적으로 수축하는 민무늬근육층이 존재한다. 수축에 의해 림프가 위로 빠져나가고 동시에 림프 모세혈관 내에는 약하게 음압이 생겨 사이질로부터 액체와 단백질을 빨아들인다. 림프관은 최종적으로 왼 및 오른 빗장밑정맥으로 들어간다.

D. 스탈링 힘(Starling force)

혈관계로부터 액체의 여과와 재흡수를 조절하는 힘의 균형을 유지하는 것

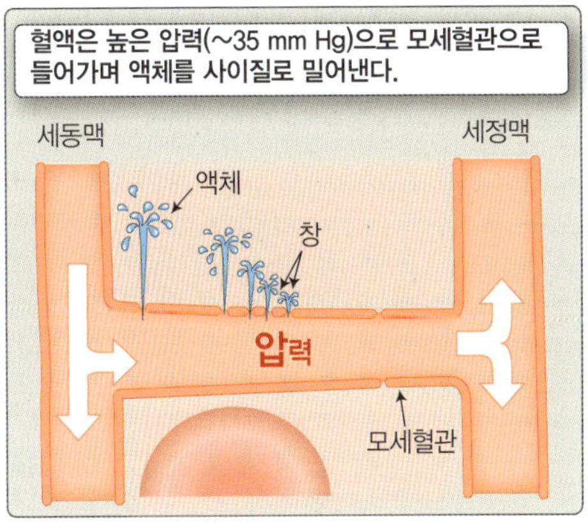

그림 19.21
혈관계로부터 압력에 의한 액체 상실

그림 19.22
젤라틴 후식 내용물

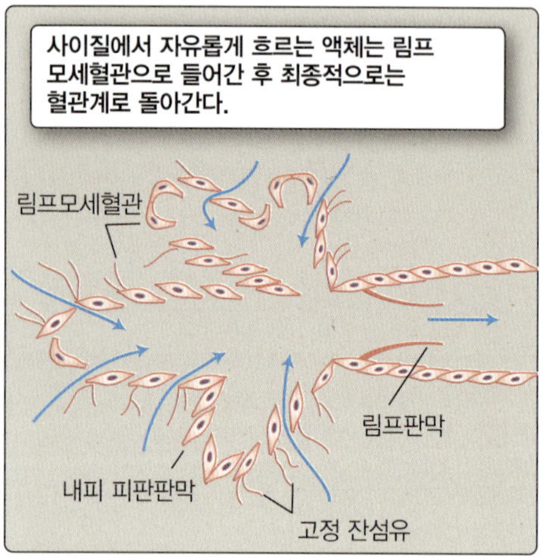

그림 19.23
림프혈관

은 목숨을 유지하는데 매우 중요하다. 여과가 과하게 되면 부종을 유발하며, 이에 반해 여과된 액체를 복구하지 못하면 왼심실 전부하와 평균동맥압이 떨어진다. 액체이동에 관여하는 4 종류의 **스탈링 힘**이 있으며 이것들은 **모세혈관에서의 스탈링법칙(Starling law of the capillary)**과 연관이 있다:

$$Q = K_f[(P_c - P_{if}) - (\pi_c - \pi_{if})]$$

여기서 Q는 모세혈관벽을 통한 순액체유량이며, K_f는 조직에 따라 차이가 나는 총단면적과 모세혈관 투과도에 좌우되는 여과계수(filtration coefficient), P_c는 모세혈관 정수압, P_{if}는 사이질액압, π_c는 혈장 콜로이드삼투압(plasma colloid osmotic pressure), π_{if}는 사이질 콜로이드삼투압이다.

1. **모세혈관정수압(capillary hydrostatic pressure):** 혈액이 모세혈관으로 들어갈 때 압력은 ~35 mm Hg이다. 혈액이 모세혈관을 나와서 정맥으로 들어갈 때 압력은 ~15 mm Hg(그림 19.24)이다. 평균 모세혈관정수압(P_c)은 액체를 모세혈관 밖으로 내보내 사이질로 들어가도록 여전히 양압이지만 일반적으로 동맥압보다는 정맥압에 더 가깝다.

2. **혈장 콜로이드삼투압(plasma colloid osmotic pressure):** P_c에 대응하는 중요 힘은 혈장단백질에 의해 생성된 삼투압이다. π_c 값은 일반적으로 ~25 mm Hg 전후이다.

3. **사이질액압(interstitial fluid pressure):** P_{if}은 림프관 흡입에 의해 정상적으로는 0~−3 mm Hg 사이이다. 림프계는 한정된 액체 제거 능력을 가지고 있으므로 혈관계로부터 액체 여과가 제거보다 빠르면 조직은 팽창한다. 조직은 피부 및 뼈, 기타 물리적 경계로 싸여 있어 확장하는 데는 한계가 있으므로 P_{if}가 올라가고 이것은 모세혈관으로 액체를 되돌리는 의미 있는 힘으로 작용한다.

4. **사이질 콜로이드삼투압(interstitial colloid osmotic pressure):** 사이질은 항상 적은 양의 단백질을 가지고 있기 때문에, 모세혈관 밖으로 액체가 이동하도록 하는 5 mm Hg 이하의 삼투압을 만든다. 림프계통은 액체와 단백질을 동시에 제거하지만 모세혈관의 큰 창과 세포틈을 통해 지속적으로 단백질이 새어나온다.

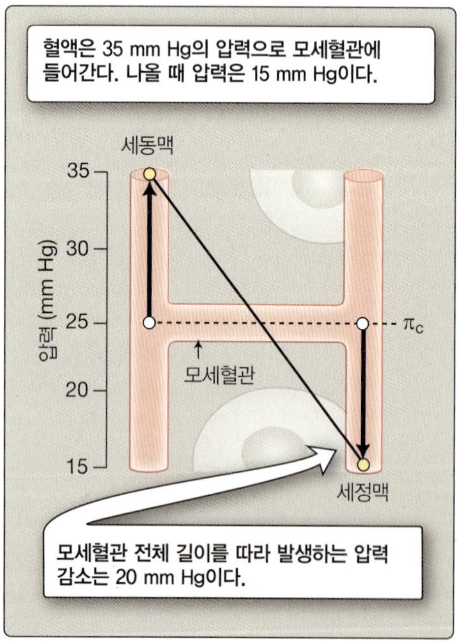

그림 19.24
모세혈관 전체에 걸려 있는 정수압 차이
π_c = 혈장 콜로이드삼투압

E. 스탈링 평형(Starling equilibrium)

모세혈관 벽을 통한 액체 이동을 조절하는 힘 균형은 매우 완벽하기 때문에 대부분 조직에서 순유량은 거의 0에 가깝다. 일부 여과가 많으면 하루에 4 L 이하의 액체를 이동시키는 림프계를 통해 순환계로 돌아간다. 간혹 우리는 하루에 16~18 L가 모세혈관을 빠져나오고 다시 모세혈관으로 재흡수된다는 사실을 간과하곤 한다. 이러한 액체 이동은 국소적인 P_c와 π_c 불균형에 의해 일어난다. 모세혈관 동맥단에서는 P_c가 π_c에 비해 ~10 mm Hg 높아 액체가 모세혈관으로부터 여과되어 사이질로 들어간다. 혈액이 모세혈관을 따라 흘러가면서 P_c는 π_c 밑으로 떨어진다. 그러면 흡수

임상 적용 19.3: 림프사상충증(Lymphatic Filariasis)

림프사상충증은 3 종류의 선충 중 하나의 감염에 의해 발생한다. 가장 흔한 원인은 벤크로프트사상충(*Wuchereria bancrofti*)(전체 중 90% 이상)이다. 흔히 **코끼리피부병(elephantiasis)**으로 알려져 있으며 감염은 다리와 팔, 생식기에 눈에 띠는 변형을 초래한다. 전 세계적으로 1억 2천만 명이 감염되어 있으며 아시아와 아프리카, 남미 개발도상국에서는 풍토병이기도 하다. 감염은 모기에 물려 숙주로 선충 애벌레가 주입됨으로써 일어난다. 애벌레는 림프관으로 이주하여 자리를 잡는다. 여기서 성숙하고, 짝을 지어 미세사상충(애벌레)을 번식한다. 림프관 내 애벌레의 존재는 림프흐름을 방해하여 오목부종(pitting edema)를 초래한다. 환자는 주로 소아기(childhood)에 감염되지만 반복된 감염에 의해 기생충 숫자가 많이 늘어나는 성인기 까지는 증상이 나타나지 않는다. 치료는 이버멕틴(ivermectin)과 같은 구충제를 장기간(1년 이상) 투여하는 것이다.

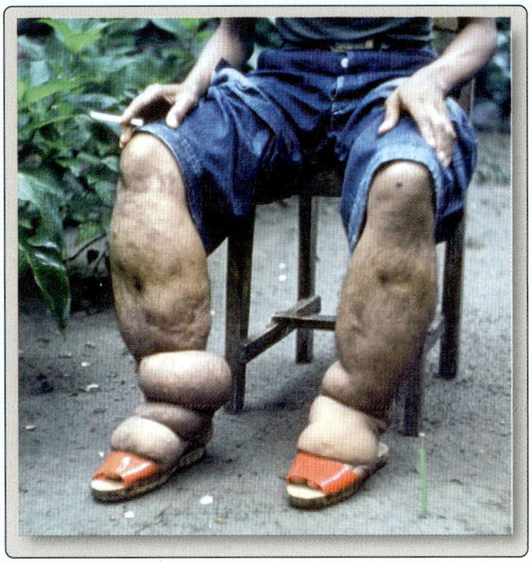

코끼리피부병

가 일어나는 상황이 만들어져 대부분의 여과된 액체가 재흡수된다. 모세혈관 벽을 통한 여과와 재흡수의 완벽한 균형을 스탈링 평형이라고 한다(그림 19.25).

VIII. 스탈링 평형 교란

모세혈관 벽을 통한 물 이동은 매우 쉽기 때문에 스탈링 평형 교란(Starling equilibrium disturbance)은 아주 빠르게 많은 양의 액체를 혈액으로부터 사이질로 들어가게 한다. 혹은 그 반대 경우도 마찬가지이다. 이런 특성은 심장혈관계 디자인의 여러 측면에 유용하게 사용될 수 있다.

A. 콩팥순환(renal circulation)

콩팥은 여분의 물과 전해질, 다양한 노폐물을 혈액으로부터 제거한다. 그림 19.26에서와 같이 혈액은 π_c보다 훨씬 높은 압력(P_c = ~60 mm Hg; 25·III·A 참조)으로 특별한 콩팥모세혈관망인 토리로 들어온다. 압력 과잉에 의해 하루에 단백질과 세포가 없는 180 L의 액체가 보우만(Bowman) 공간으로 여과된다. 물과 필수 이온, 용질은 대부분 재흡수되며 배설되는 노폐물은 소변 형태로 농축된다.

B. 폐순환(pulmonary circulation)

평균폐혈관압은 전신순환에 비해 매우 낮다. 폐모세혈관 평균 P_c는 7 mm Hg(전신순환 ~25 mm Hg와 비교)이다. π_{if}는 높지만(~14 mm Hg), 액체 이동 순추진력은 여전히 안쪽으로 이동하게 한다(그림 19.27). 이러한

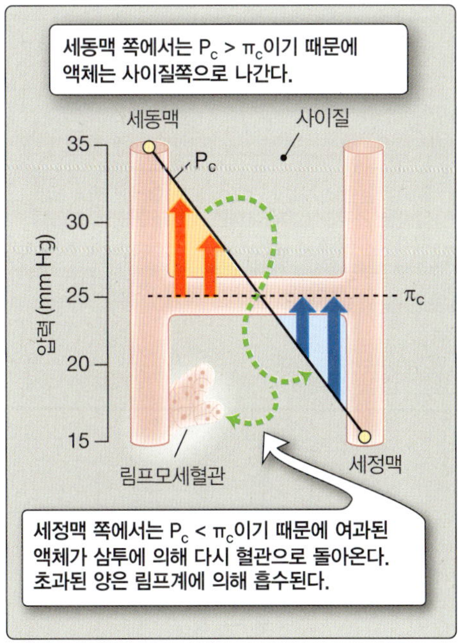

그림 19.25
스탈링 평형
P_c = 모세혈관정수압;
π_c = 혈장 콜로이드삼투압

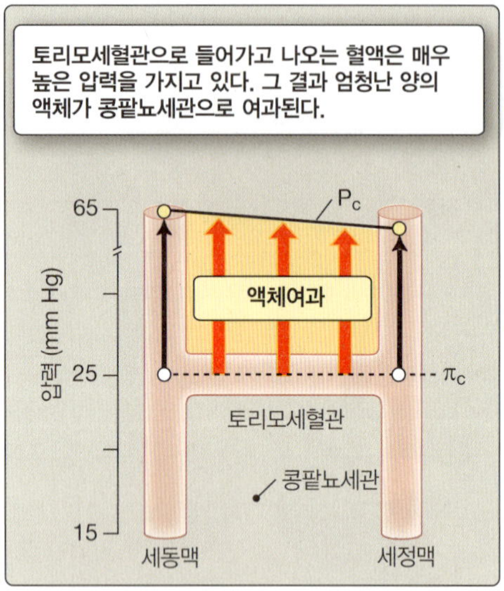

그림 19.26
콩팥 토리모세혈관에서 액체여과
P_c = 모세혈관정수압 ;
π_c = 혈장 콜로이드삼투압

점은 폐에는 상대적으로 액체가 존재하지 않아야 한다는 점에서 매우 유용하다. 폐 사이질과 꽈리주머니 내로의 액체 축적은 산소와 이산화탄소 교환을 방해한다.

C. 감소된 혈액량(decreased blood volume)

사이질에는 평균적으로 10 L의 액체가 존재한다. 이것은 순환 혈액량이 감소했을 때 심장박출량을 유지하기 위해 혈관계가 동원할 수 있는 쉽게 사용 가능한 액체 저장고이다. 수분부족(hypohydration) (예를 들면 수분부족은 땀남을 통해 잃어 버리는 양을 보충할 만큼 액체 섭취가 충분하지 못할 때 발생한다)과 출혈이 원인이다. 심장은 정맥 혈액저장고로부터 혈액을 동원하여 평균동맥압을 유지한다. 이로 인해 모세혈관 정맥단의 정수압은 떨어져 모세혈관을 지나는 압력 차이는 더 가파르게 된다. 모세혈관 전체에 걸쳐 π_c가 우세하게 되어 스탈링 힘은 사이질로부터 액체를 회복하는 쪽으로 작용한다. 결과적으로 순환 혈액량은 증가한다(그림 19.28).

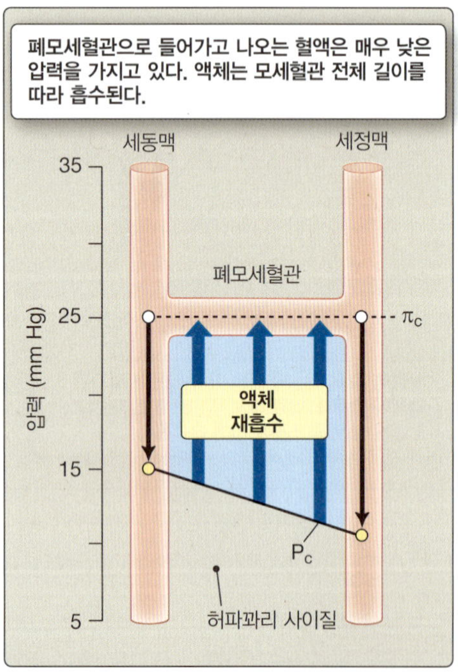

그림 19.27
폐모세혈관에서 액체 흡수
P_c = 모세혈관정수압;
π_c = 혈장 콜로이드삼투압

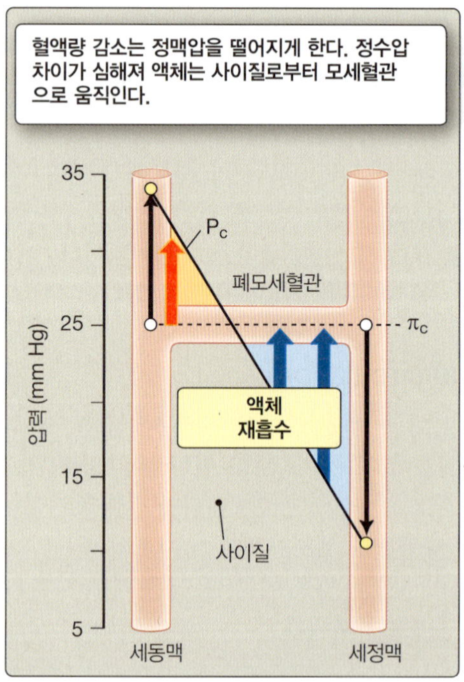

그림 19.28
사이질로부터 액체를 재흡수하기 위한 스탈링 힘 이용. P_c = 모세혈관정수압 ;
π_c = 혈장 콜로이드삼투압

임상 적용 19.4: 울혈심장기능상실(Congestive Heart Failure)

부종은 임상에서 흔히 접하며 다양한 원인이 있다. 가장 흔한 원인이 **울혈심장기능상실**이다. 왼심실기능상실의 경우 적절한 조직관류를 보장하기 위한 수준으로 동맥압을 유지하기 힘들다. 인체는 순환혈액량을 늘리고 중심정맥압을 올리기 위해 액체보존을 통해 보상한다(20·IV 참조). 늘어난 전부하는 기능상실에 의해 감소된 심장박출량을 프랭크-스탈링 기전을 통해 보상하게 하지만 증가된 중심정맥압은 모세혈관에 걸려 있는 정수압 차이를 편평하게 한다. 림프계통은 혈관계에서 사이질로 여과되어 나온 많은 양의 액체 제거를 돕기는 하지만 부종을 생기게 하는 경향(**조직울혈**[tissue **congestion**])이 너무 증가하게 된다. 초기에 이러한 것은 발과 발목의 부기로 나타나지만 기능상실 후기에는 폐부종이 일어날 수 있다.

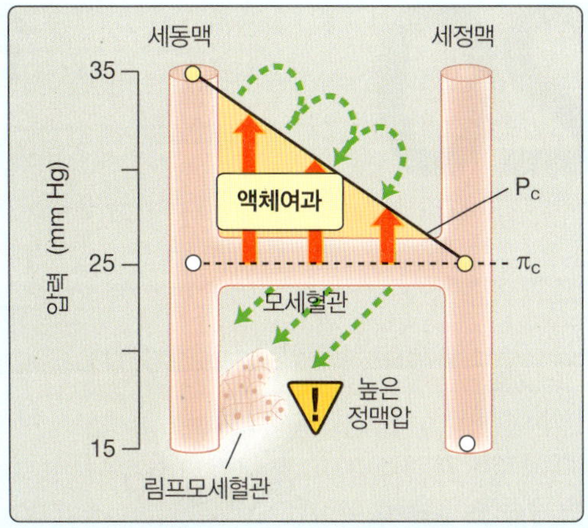

울혈심장기능상실에서 과도한 액체여과는 부종을 초래할 수 있다.

P_c = 모세혈관정수압 π_c = 혈장 콜로이드삼투압

19장 요약

- 혈액은 심장을 떠나면 한번에 여러 종류의 혈관을 지난다.
- **동맥**과 **세동맥**은 높은 압력 하에서 혈액을 운반하도록 디자인되어 있는 두꺼운 벽과 좁은 구경을 가진 혈관이다. 작은동맥과 세동맥은 모세혈관으로 가는 유량을 조절하기 위해 수축과 이완을 한다.
- **모세혈관**은 혈액과 조직 사이에서 물질을 쉽게 교환할 수 있도록 디자인된 내피세포로 구성된 단순한 관이다.
- **정맥**은 혈액 저장고로서 역할을 하기 위해 얇은 벽과 높은 용량도를 가진 낮은 압력의 배수 혈관이다.
- 심장은 흐름에 저항하는 여러 인자를 극복하면서 높은 압력으로 혈액을 내보낸다. 유량은 흐름을 만드는 압력 차이와 혈관 반지름 4승에 비례하고, 혈관 길이와 혈액점도에 반비례 함을 밝힌 **포아세유법식**을 통해 요약할 수 있다.
- 혈관 반지름은 혈관저항을 결정짓는 가장 중요한 요소이며, 작은동맥과 세동맥(**저항혈관**)의 수축과 이완을 통해 얼마나 효과적으로 유량이 조절되는지를 알려준다. 혈액점도는 주로 **적혈구용적률**을 반영하고 있다.
- 혈류저항의 예측은 혈류속도에 따른 **혈액점도 변화**와 **소용돌이흐름**의 발생, 혈관 **용량도** 등 포아세유 법칙을 무효화시키는 여러 인자를 고려하게 한다.
- 점도는 적혈구 밀도가 높거나 유량이 낮을 때 증가하며 세포는 응집이 잘 일어난다. 응집은 흐름에 대한 저항을 증가시킨다. **소용돌이흐름**은 운동에너지를 혼동스러운 움직임으로 낭비하므로 **유선형흐름**에 비해 효과적이지 못하다. 이것은 심장혈관계통 중에서도 혈액이 심장판막을 통해 지나가는 흐름속도가 매우 높은 영역에서 일어난다. **혈관 용량도**는 충만압력이 증가되었을 때 늘어 나려는 경향과 관련이 있다. **확장성**을 통해 동맥은 수축기 동안의 압력을 이용하여 혈액을 저장하고 이어지는 확장기 동안 모세혈관망으로 혈액을 보낸다(**확장기유출**). 정맥의 높은 용량도는 순환혈액량이 감소하였을 때 심장박출량을 증가시킬 필요가 있거나 혹은 동맥압 유지를 시켜야 하는 경우에 정맥으로부터 혈액을 동원하기 위한 혈액 저장고로서 역할을 할 수 있도록 한다.
- 모세혈관에서는 정수압에 의해 구멍과 창, 인접한 내피세포 사이 이음을 통해 지속적으로 액체가 새어 나간다. 이 액체 중 일부는 사이질을 채우고 있는 **프로테오글리칸 젤**에 갇힌다. 젤은 필요 시 순환혈액량을 채우는 역할을 한다. 큰 크기에 의해 혈관계 갇혀 있는 혈장단백질(**알부민**과 **글로불린**)에 의해 만들어지는 삼투압에 의해 대부분의 여과된 액체는 순환계로 돌아간다. 초과 여과된 액체는 **림프계통**을 통해 혈관계로 돌아간다.
- 모세혈관 벽을 통한 액체이동을 조절하는 힘(**스탈링 평형**)의 교란은 심각한 영향을 초래할 수 있다. 정맥압 증가는 림프순환에 의해 처리되는 것보다 더 많은 액체가 여과될 수 있는 수준까지 순 모세혈관정수압을 올린다. 그 결과가 **부종**이다.
- 모세혈관정수압 감소는 사이질로부터 액체를 끌고 들어온다. 이를 통해 순환 비상 시 심장박출량이 유지될 수 있도록 한다.

20 심장혈관 조절

I. 개요

그림 20.1
혈관을 통한 흐름을 유지하기 위해 압력이 필요하다.

심장혈관계통에 존재하는 혈액량은 총 용량의 단지 20% 전후이다. 한정된 혈액량을 운반하는 것은 에너지 측면에서 매우 유리하지만, 반면에 심혈관계통에 파국이 일어나지 않도록 전체 시스템 요구를 고려하여 여러 다른 기관으로의 흐름을 조심스럽게 측정하여야 하는 절약도 요구한다. 심장혈관계통에서 가장 위험한 점은 흐름을 유지하기 위해 전적으로 압력에 의존한다는 것이다. 도시의 기반 시설 파괴가 소비자에게 담수를 공급할 수 없게 되는 것과 마찬가지로, 저항이 낮은 회로를 통한 조절되지 못하는 흐름으로 인해(예: 운동 중의 근육) 혈관계를 통한 관류압과 흐름은 급하게 떨어지게 된다(그림 20.1). 일부 조직(예: 뇌와 심장)의 정상적인 기능은 지속적인 동맥혈류에 매우 의존적이므로 동맥압 소실은 치명적일 수 있다. 그러므로 심장혈관계통은 영양분 공급이 늘어날 필요가 있을 시 조직 스스로에 의해 조절 가능한 유량조절자(**저항혈관[resistance vessel]**)를 가지고 있을지라도, 시스템 전체에 유리하도록 흐름의 재분배를 통해 동맥압을 관찰하고 조절하는 중주신경계를 통한 기전도 동원할 수 있어야 한다.

II. 혈관 조절(VASCULAR CONTROL)

심장혈관계통 기능은 공공 수도설비와 유사하다. 펌프장은 소비자들 요구에 부합하기 위해 항상 풍부한 용량과 압력을 가지고 있다. 일반적으로 소비자는 수도꼭지를 항상 열어 두지 않고 목욕을 하거나 주전자를 채워야 할 필요성이 있을 때만 열거나 잠근다. 소비자는 담수가 매우 중요한 생활필수품이라는 것과 물 공급이 제한적일 수 있다는 것을 알고 있다. 이와 유사하게 저항혈관은 심장혈관계통으로부터의 동맥혈을 대사요구량에 기초하여 조직(소비자)으로 보낸다. 저항혈관은 혈관계통에서 매우 중요한 곳에 위치해 있어 여러 조절에 관여하고 있다. 4 종류의 일반조절기전은 다음과 같다: **국소(local)** 및 **중추(central)**(neural), **호르몬(hormonal)**, **내피세포(endothelial)**.

A. 국소

모든 조직은 저항혈관의 국소제어를 통해 혈액공급을 조절할 수 있다. 혈류는 조직 요구와 일치한다. 활동이 증가하면 저항혈관은 이완되며 혈류는 비례하여 증가한다. 공급이 요구를 월등이 초과하면 저항혈관은 반사적으로 수축한다. 국소조절 기전에는 2 종류가 있다: **대사성(metabolic)**과 **근육성(myogenic)**.

1. **대사성:** 세포는 아데노신을 포함하여 젖산염, K^+, H^+, CO_2 등과 같은 대사산물을 지속적으로 방출한다. 조직 활동이 증가하며 많은 양의 대

사산물이 생성되어 사이질에서 농도가 올라간다(그림 20.2). 저항혈관은 세포와 근접해 있으므로 세포외액에 존재하는 이런 대사산물에 매우 예민하게 반응한다. 일부 대사산물은 **혈관민무늬근육(vascular smooth muscle cell, VSMC)**에 직접 작용하며, 나머지는 내피세포를 통해 작용한다. 하지만 결국은 모두가 혈관민무늬근육 이완을 통해 혈관을 확장시킨다. 결과적으로 혈류는 증가되고 동시에 조직에는 조직이 필요로 하는 만큼 영양물질이 공급되며 또한 대사산물은 제거된다(그림 20.3). 활동이 멈추게 되면 대사산물 농도는 감소하고, 반사에 의한 혈관수축에 의해 요구량과 혈류는 일치하게 된다.

2. **근육성:** 여러 순환계통의 저항혈관은 속공간 압력이 올라가면 반사적으로 수축한다. 수축은 혈관민무늬근육에 있는 뻗침활성Ca^{2+}통로에 의해 매개되며 급작스러운 동맥압 상승으로부터 모세혈관을 보호한다. 예를 들면 자세변화도 200 mm Hg 이상의 급성 중력매개 압력파를 발(pedal) 혈관계에 유발한다.

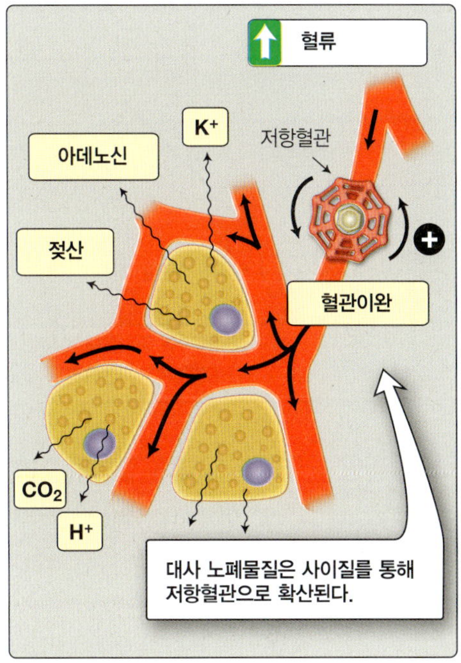

그림 20.2
저항혈관의 내사소절

B. 생리적 결과

국소 및 근육성 조절기전은 외부 영향에 대해 독립적으로 작동하며, 중추신경계로 하여금 국소순환조절에 관여하지 않도록 한다. 이러한 자율성은 혈류 **자동조절(autoregulation)**과 **충혈(hyperemia)**을 포함하여 여러 가지로 표현된다.

1. **자동조절:** 자동조절은 관류압 변화에 대응하여 안정적인 혈류량을 유지하기 위한 기관의 고유능력이다(그림 20.4). 만약 동맥압이 갑자기 증가하면(예: 압력파 동안) 유량 역시 증가한다. 대사산물은 이들이 만들어지는 속도보다 더 빨리 제거되고 저항혈관은 반사적으로 수축한다. 근육성 반응은 이 효과를 증대시켜 몇 초가 경과하는 동안 유량은 압력변화가 일어나기 전 수준에 가깝게 도달하게 한다. 역으로 동맥압이 갑자기 떨어지면 반사에 의한 혈관이완이 일어나고 유량은 몇 초 이내에 회복된다. 그림으로 나타내면(그림 20.4B 참조) 압력의 양 극단은 저항혈관의 자동조절 범위를 넘어서는 것 같이 보이지만 여전히 유량은 매우 넓은 압력범위에서 안정적으로 유지된다.

2. **충혈:** **능동충혈(active hyperemia)**은 조직활동 증가에 따른 정상적인 혈관이완 반응이다(그림 20.5). 근육 역시 활동이 멈춘 후에도 지속적으로 혈류가 증가된 시기인 **운동후충혈(postexercise hyperemia)**을 보인다. 이것은 이 기간 동안 여전히 대사산물 수준이 높다는 것을 의미하며 근육은 운동 동안 쌓인 산소부채를 갚는다(39·VI·C 참조).

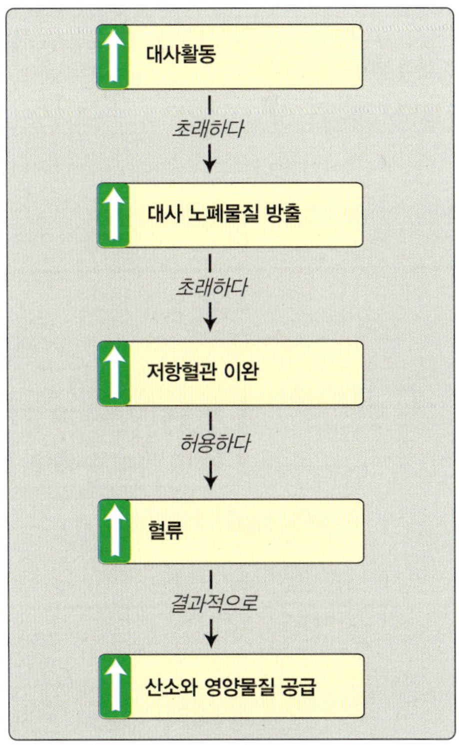

그림 20.3
대사조절 개념

C. 중추조절

모든 저항혈관은 교감신경계 지배를 받고 있다. 동맥압이 떨어지면 교감신경계 종말은 혈관민무늬근육세포를 수축시키는 노르에피네프린을 이들 세포로 분비한다. 수축은 근세포질그물로부터 Ca^{2+} 유리를 초래하는 삼인산이노시톨(IP_3) 전환 경로를 통하는 α_1아드레날린수용체 매개로 일어난다(1·VII·B·3 참조).

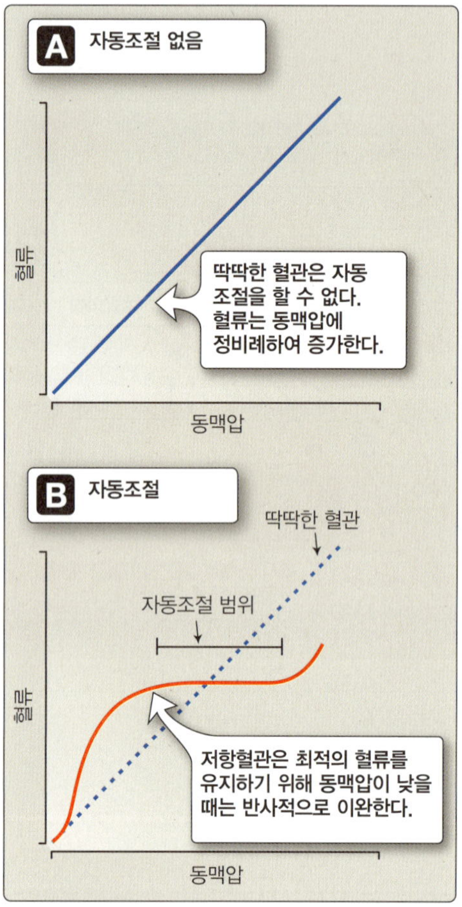

그림 20.4
혈류 자동조절

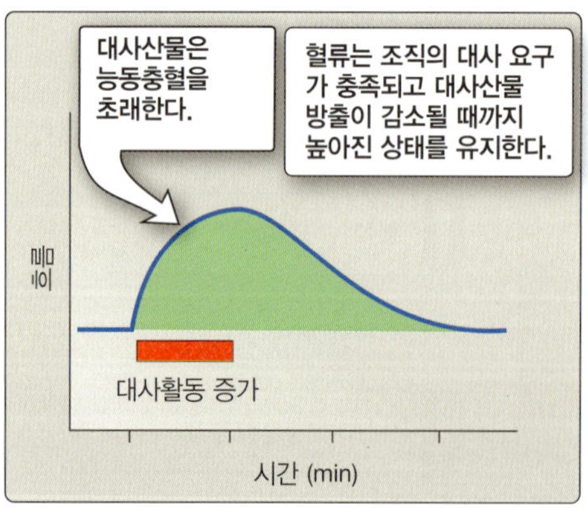

그림 20.5
능동충혈

D. 호르몬 조절

항이뇨호르몬(ADH)을 포함하여 **앤지오텐신 II**, **에피네프린** 등 많은 순환호르몬이 저항혈관을 조절한다.

1. **항이뇨호르몬:** 항이뇨호르몬은 **아르지닌바소프레신(arginine vasopressin)**으로도 알려져 있으며 조직 삼투압농도가 올라가거나 혈액량이 감소하면 뒤뇌하수체에서 분비된다(28·II·C 참조). 이것의 기본적인 기능은 콩팥 수분유지 제어를 통해 세포외액량을 조절하는 것이지만 혈중 농도가 충분히 높을 경우(예: 출혈)에는 혈관수축도 초래한다. 혈관민무늬근육에 대해 항이뇨호르몬은 ADH V_1 수용체를 통해 직접 작용한다.

2. **앤지오텐신 II:** 앤지오텐신 II는 강력한 혈관수축제이다. 이것은 콩팥 동맥압이 떨어지면 혈류에 나타나며, 또한 교감신경계 활동에 의해서도 앤지오텐신 II 분비가 유발된다(아래에 있은 IV·C절 참조). 앤지오텐신 II는 $\mathbf{AT_{1A}}$ 수용체를 통해 직접 혈관민무늬근육에 영향을 미친다.

3. **에피네프린:** 에피네프린은 교감신경계가 활성화되면 부신속질에서 생성되고 분비된다. 이것의 기본 효과는 심장근 수축력과 심장박동수 증가이다. 또한 혈관민무늬근육의 α_1아드레날린 수용체와 결합하여 교감신경계가 관여하는 직접적인 혈관수축을 강화시킨다. 일부 순환계에 있는 저항혈관(예: 뼈대근육)에는 β_2아드레날린 수용체가 발현되어 에피네프린에 의해 혈관이완이 일어난다. 뼈대근육 혈관계에 있는 이 경로는 "도피-혹은-맞섬(flight-or-fight)" 반응 동안 근육으로의 혈류 증가에 관여한다.

E. 내피세포 조절

저항혈관 내피층은 **산화질소(nitric oxide, NO)**를 포함하여 **프로스타글란딘(prostaglandin, PG)**, **내피유래과분극인자(endothelium-derived hyperpolarizing factor, EDHF)**, **엔도텔린(endothelin, ET)** 등 여러 종류의 혈관활동성 물질의 중간매개자 역할을 한다(그림 20.6).

1. **산화질소:** 산화질소는 동맥 및 정맥 모두에 작용하는 강력한 혈관이완제이다. **내피유래이완인자(endothelium-derived relaxing factor, EDRF)**라고도 알려져 있으며, 세포 내 Ca^{2+} 농도 증가에 따라 *기본내피산화질소합성효소(NO synthase, eNOS; 혹은 III형 NOS)*에 의해 합성된다. 산화질소는 가스이기 때문에 생체 내에서 반감기가 10초보다 짧으며 작용 역시 매우 국소적이다. 이것은 내피세포막을 통해 인접한 혈관민무늬근육세포로 확산된 후 결합하여 용해가능한 *구아닐사이클라아제*를 활성화시킨다. 고리형일인산구아노신(cGMP) 농도가 증가되면 *cGMP-의존 단백질키나아제(cGMP-dependent protein kinase)*가 인산화되어 ***미오신가벼운사슬키나아제(myosin light-chain kinase)***가 억제된다. 이것은 또한 **SERCA(SR Ca^{2+} ATPase) 펌프**의 인산화와 활동 증가를 초래하여 세포 내 Ca^{2+} 농도를 떨어지게 한다. 이러한 것들의 순효과는 혈관이완과 혈류 증가이다. 산화질소는 **국소조절자(local**

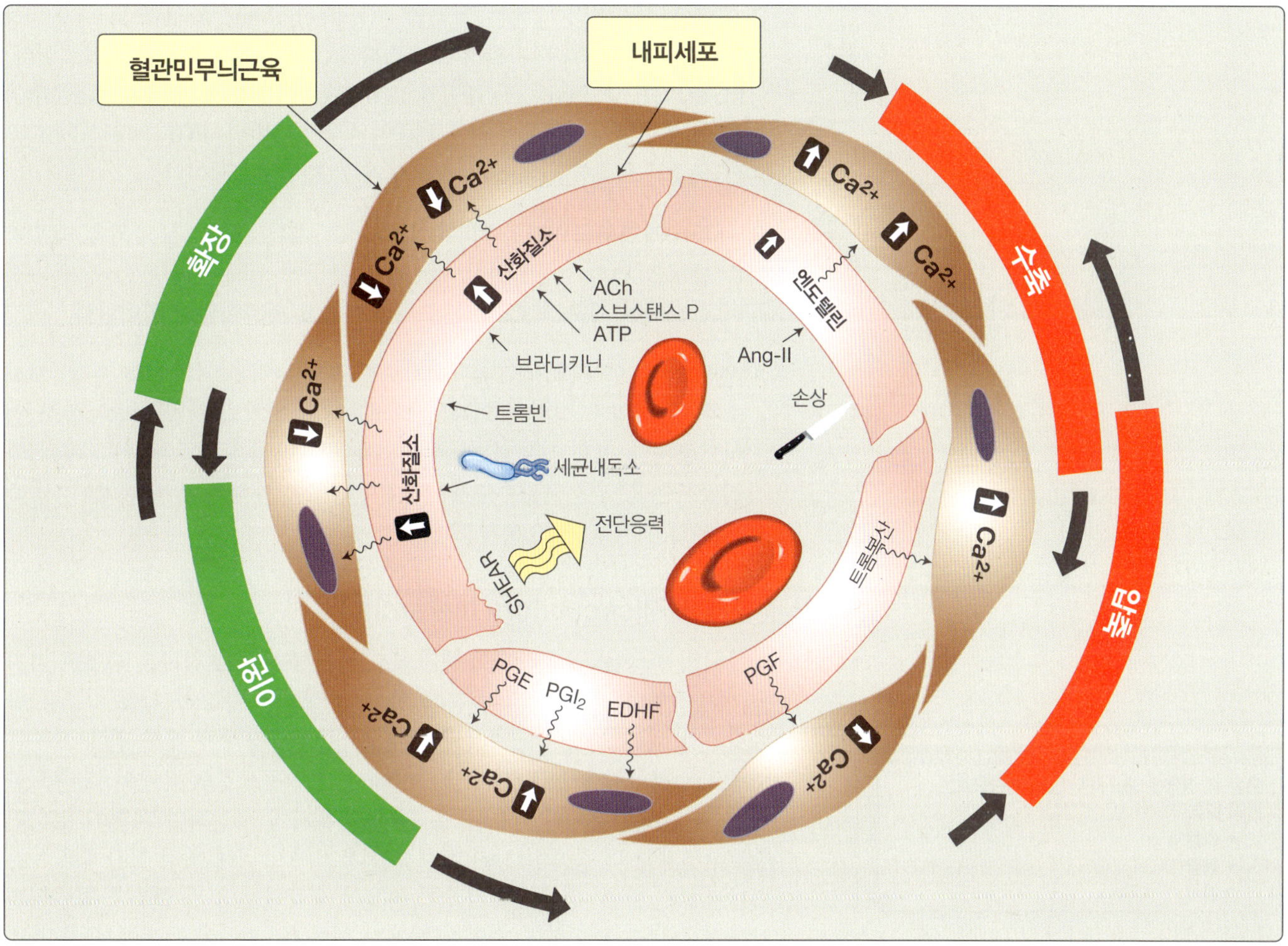

그림 20.6

저항혈관 조절에서 내피 역할. ACh = 아세틸콜린; Ang-II = 앤지오텐신 II; ATP = 삼인산아데노신; EDHF = 내피유래과분극인자; NO = 산화질소; PGE = 프로스타글란딘 E; PGF = 프로스타글린딘 F; PGI_2 = 프로스타글란딘 I_2.

modulator)와; 아세틸콜린 및 스브스탠스 P, 삼인산아데노신 같은 **신경전달물질**; **브라디키닌(bradykinin)**; **트롬빈(thrombin)**; 흐름에 의한 **전단응력(shear stress)**; **패혈쇼크**를 유발하는 세균 **내독소** 등 많은 혈관 이완제 작용을 매개한다.

니트로글리세린(nitroglycerin) 및 유사 질산염(nitrates)은 **협심증(angina pectoris)**에 의한 통증을 제거하기 위해 많이 사용한다. 협심증은 심장근에 산소공급이 충분하지 못해 발생되며 대부분의 경우에서 관상동맥이 죽경화판(**죽경화[atherosclerosis]**)에 의해 좁아져 있다. *생체 내*에서 질산염은 분해되어 산화질소를 방출하고, 이것은 동맥과 정맥 이완을 유발하여 심실 후부하와 전부하를 낮춘다. 심장 작업부하를 낮춰 산소요구와 공급 균형을 회복시키고 협심증을 완화시킨다.

2. **프로스타글란딘:** 내피는 아라키돈산(arachidonic acid)으로부터 합성되는 여러 종류의 혈관활성 프로스타글란딘(PG)의 중요한 공급원이다. PGE(PGE_1과 PGE_2, PGE_3)와 PGI_2(프로스타사이클린[prostacyclin])는 여러 혈관계 혈관민무늬근육을 이완시키는 반면, PGF(PGF_1, $PGF_{2\alpha}$, $PGF_{3\alpha}$)와 트롬복산(thromboxane) A_2는 혈관수축제이다.

3. **내피유래과분극인자:** 내피유래과분극인자는 혈관민무늬근육 세포막 K^+통로를 연다. 이로 인한 세포막 과분극에 의해 세포막 Ca^{2+} 투과성이 감소하여 세포 내 Ca^{2+} 농도가 떨어지고 혈관이완이 일어난다.

4. **엔도텔린:** 엔도텔린(ET)은 앤지오텐신 II를 비롯한 기계적 손상, 저산소증 등 다양한 상황에 의해 내피세포에서 합성되고 방출되는 유사 펩티드군이다. ET−1은 혈관민무늬근육 세포막에 존재하는 ET_A수용체와 결합하는 강력한 혈관수축제이며 IP_3 경로를 통하여 세포 내 Ca^{2+} 방출을 유발한다(그림 20.6 참조).

F. 순환계 체계(circulatory hierarchy)

위에서의 언급을 통해 각각의 혈관계로 가는 흐름을 조절하는 다양한 기전을 설명하였다. 실제로 각 순간에 있어서, 통제는 중요한 활동 수준을 만족시키기 위해 조직이 필요로 하는 양과 중추신경계가 개체 전체 요구를 바탕으로 공급량을 결정하는 것 사이에서 어느 곳으로의 유량이 더 중요한지를 가름하는 것이다. 그러므로 동맥압 유지에 치명적인 위협이 있다면 중추신경계는 더 중요한 장기로 혈류를 유지하기 위해 특정 혈관계로 가는 혈류를 차단할 수 있다. 각 기관이 혈류를 요구하는 것과 혈류가 공급되는 상대적 능력을 검토하면 순환계 체계가 만들어진다. 이 목록에서 가장 위쪽을 차지하는 것은 뇌와 심장, 뼈대근육(운동 수행 중)을 공급하는 순환계이다. 여기에서는 국소조절기전이 우세하며 중추조절은 거의 혹은 전혀 효과를 나타내지 못한다. 체계도 바닥에는 최적 상황 하에서는 혈류가 유지되지만 동맥압을 유지해야 할 필요성이 있을 경우에는 혈류가 차단되는 창자 및 콩팥, 피부가 있다. 이런 체계의 이론적 근거는 진화론적인 요구를 통해 이해할 수 있다. 심장혈관계통이 직면하는 가장 큰 도전 중 하나는 먹잇감을 쫓거나 혹은 약탈자로부터 도망가기 위해 필요한 격렬한 신체활동이다(그림 20.7). 체계도 위쪽에 위치한 3 종류 장기로의 최적 혈류 유지는 이러한 활동을 지속하기 위해 매우 중요하다. 이러한 도전에 직면하면 중추신경계는 뼈대근육에서의 요구량을 보존하기 위해 체계도 바닥에 위치한 장기로 가는 혈류를 일시적으로 돌린다(39·V 참조). 다행스럽게 이들 기관은 상대적으로 낮은 대사량을 가지고 있어 이러한 희생이 생존에 큰 위험을 초래하지 않는다.

그림 20.7
운동 중 혈류 재분배

III. 동맥압 조절(ARTERIAL PRESSURE CONTROL)

개인이 생존하기 위해 동맥압은 항상 일정하게 유지되어야 한다. 인체 내 모든 장기는 혈류량 증가를 요구할 수 있으므로, 이들 장기로 가는 동맥을 엄격하게 조절하지 못하는 경우 이로 인해 동맥압이 쉽게 붕괴될 수 있다. 심장혈관계통은 동맥압을 감시하고 유지하기 위한 2 종류의 독특한 경로를 가지고 있다. 첫 번째는 빠르게 활성화하며 단기간 압력 변화 보상에 관여한다. **압력수용기 반사(baroreceptor reflex, 압력반사[baroreflex])**라고 알려져 있으며, 이것은 압력과 흐름을 감시하는 **감각기(sensor)**와 설정된 압력값을 비교하는 **통합기(integrator)**, 필요한 조절을 만드는 **효과기 기전(effector mechanism)**으로 구성되어 있다. 두 번째 것은 콩팥 기능을 조절하여 순환혈액량 변화를 통해 **평균동맥압(MAP)**을 조절하는 느리게 활성화되는 시스템이다(아래 IV절에서 다룬다).

A. 감각기

심장혈관계통 내 압력과 흐름에 관한 정보를 통합기(뇌줄기 숨뇌에 위치)에 전달하는 3 종류 감각기 군이 있다: 대동맥활(aortic arch)과 목동맥팽대(carotid sinus)에 위치한 **높은 압력 동맥압력수용기(high-pressure arterial baroreceptor)**와 **낮은 압력 심폐수용기(cardiopulmonary receptor)** 및 **화학수용기(chemoreceptor)**.

1. **동맥압력수용기:** 대동맥 및 목동맥 압력수용기는 평균동맥압 변화를 확인하는 1차적인 수단이다. 이들은 동맥벽 확정 정도에 반응하여 간접적으로 압력을 확인한다.

   a. **해부학:** 압력수용기는 대동맥 및 목동맥팽대 탄성층 내에 묻혀 있는 감각신경계 종말이다(그림 20.8A). 압력수용기로부터의 정보는 **대동맥신경(aortic nerve)**과 **미주신경(vagus nerve) (뇌신경 X)**에 포함되어 있는 감각들신경을 통해 뇌로 전달된다. 목동맥팽대로부터의 들신경은 뇌줄기로 가는 경로 중에 **혀인두신경(glossopharyngeal nerve) (뇌신경 IX)**으로 합쳐지는 **팽대신경(sinus nerve)**에 포함되어 있다.

   b. **기능:** 확장이 없는 경우 압력수용기는 비활성화되어 있다. 평균동맥압이 증가하면 대동맥과 목동맥팽대 벽이 늘어나고 여기에 포함되어 있는 신경종말도 같이 늘어난다. 신경은 다단계수용기전위(graded receptor potential)로 반응한다. 만약 변형 정도가 심하면 수용기전위는 감각신경에 극파가 만들어지도록 한다(그림 20.8B 참조). 압력수용기는 압력 *변화*에 특별히 예민하여, 급속박출 동안 일어나는 빠른 압력 상승에도 반응하여 강한 탈분극과 높은 빈도의 극파를 만든다. 완만박출과 확장기 동안 탈분극은 약해지고 극파 빈도는 확장기를 나타내는 새로운 항정상태 수준으로 떨어진다.

   c. **민감도:** 각 신경 늘림에 대한 민감도는 서로 다르기 때문에 넓은 압력 범위에 반응을 할 수 있다(그림 20.8B). 목동맥 압력수용기는 대략 50 mm Hg 문턱값에 반응을 하며 180 mm Hg에서 포화된다. 대동맥 압력수용기는 110~200 mm Hg 범위에서 반응을 한다.

2. **심폐수용기:** 2번째 압력수용기는 심장혈관계통에서 낮은 압력 영역에서 발견되는 것이다. 이것들은 혈관계가 얼마나 "차 있는가"에 관한 정

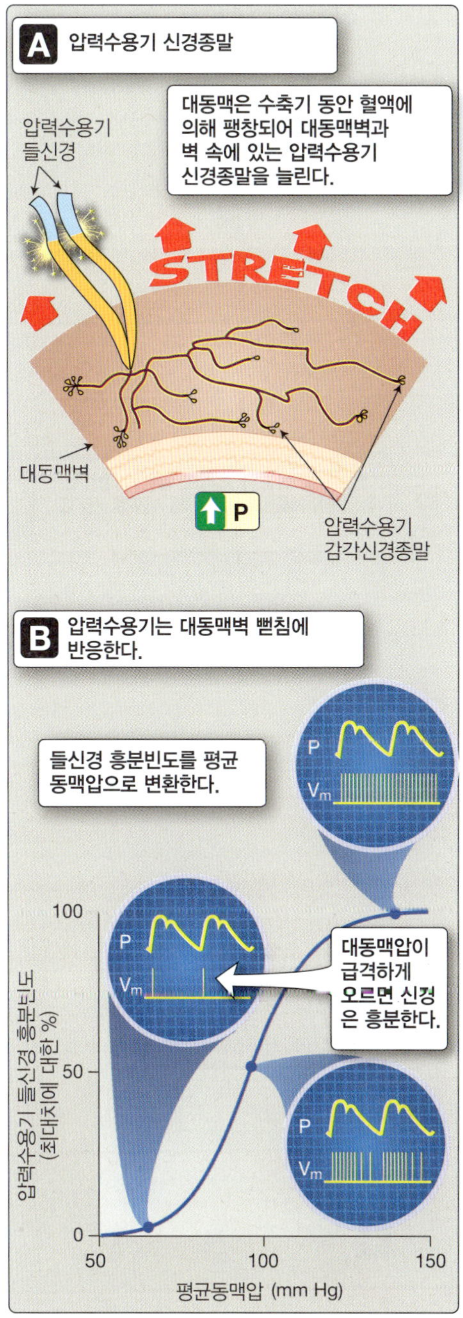

그림 20.8
동맥 압력수용기. P = 압력; V_m = 막전위

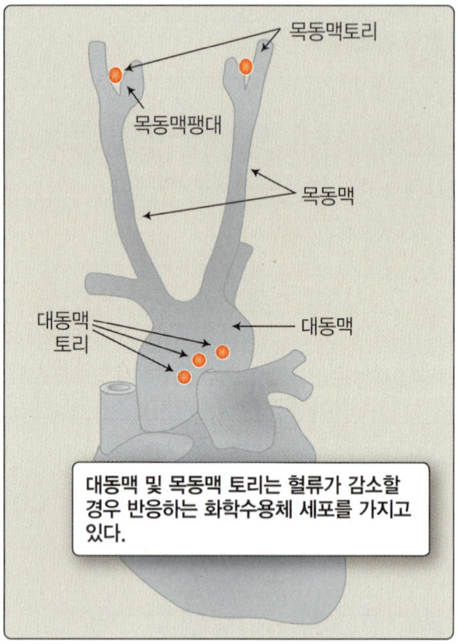

그림 20.9
말초화학수용체

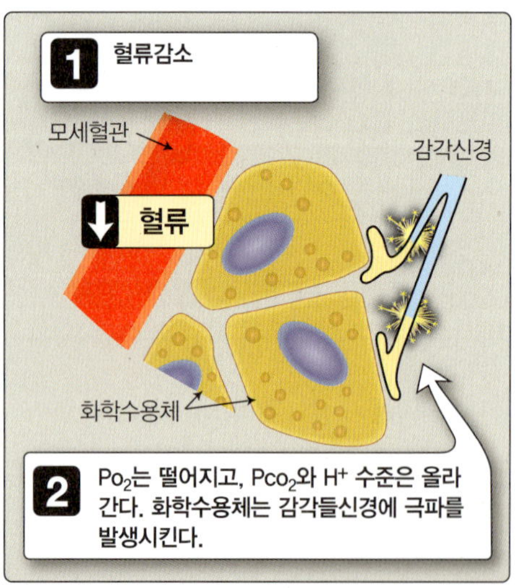

그림 20.10
화학수용체 기능

보를 중추신경계에 전달하며 기본적인 역할은 콩팥기능을 조절하는 것이다. 하지만 차 있는 정도는 심실 전부하와 연관되기 때문에 평균동맥압 유지에도 역할을 하고 있다.

a. **해부학:** 수용기는 동맥계에서 발견되는 다른 것들과 유사하다: 감각신경종말이 대정맥 및 폐동맥, 심장 벽에 묻혀 있다. 이들은 미주신경을 통해 중추신경계로 정보를 전달한다.

b. **기능:** 심방은 기능적으로 확연히 구분되는 2 종류의 압력수용기를 가지고 있다. **A수용기**는 수축 동안 심방벽에 발생되는 장력에 반응한다. **B수용기**는 충만기 동안 심방벽 늘어남 정도에 반응한다. B수용기는 높은 중심정맥압에 의해 심장박동수 증가가 초래되는 **베인브릿지반사(Bainbridge reflex)**에도 관여한다.

3. **화학수용체:** 화학수용체는 관류압과 흐름의 적정성을 반영하는 국소대사산물 농도를 감시한다.

a. **해부학:** 2 종류의 화학감수체 군이 있다. 하나는 뇌줄기 숨뇌에 있으며 다른 하나는 말초에 있다. 말초화학감수체는 그림 20.9에 있는 것과 같이 대동맥활과 목동맥팽대 가까이 위치해 있으며 혈관이 풍부하게 분포하는 구분된 토리세포(glomus cell) 집단이다(각각 **대동맥** 및 **목동맥 토리**라고 함). 대동맥토리로부터의 감각섬유는 미주신경을 통해서, 반면에 **목동맥토리**로부터의 신경은 팽대신경을 통해 숨뇌로 가는 경로 중에 혀인두신경으로 합쳐진다.

b. **기능:** 말초화학수용체는 그림 20.10에서와 같이 동맥 산소농도(60 mm Hg 이하)가 떨어지거나 이산화탄소 분압 혹은 수소이온 농도(이산화탄소 분압 40 mm Hg 이상 혹은 pH 7.4 이하)가 올라가면 활성화된다. 숨뇌 화학수용체는 동맥혈 이산화탄소 분압에 의존적인 뇌사이질액 pH에 반응한다. 화학수용체는 폐기능을 감시하도록 디자인되어 있으며 기본적으로 호흡조절에 관여하지만(24·III 참조), 고탄산혈증(hypercapnia)과 산증은 낮은 관류압을 의미하기도 한다.

B. 중추통합기(central integrator)

감각들신경은 **숨뇌(medulla oblongata)**로 모인다. 여기서 미리 설정된 값과 동맥압을 비교하여 보상 반응의 특성과 정도를 고려하여 결정을 내린다.

1. **조절중추:** 숨뇌에는 **심장혈관중추(cardiovascular center)**를 구성하는 핵이 모여 있다. 이 영역의 일부 세포 중 활성화되면 혈관수축을 유발하는 곳을 **혈관운동중추(vasomotor center)**라고 한다. 다른 군은 활성화되면 심장박동수와 심장근 수축력을 증가시키는 **심장촉진중추(cardioacceleratory center)**를 형성한다. 세 번째 군은 활성화되면 심장박동수를 느리게 한다(**심장억제중추[cardioinhibitory center]**). 3 종류의 조절중추는 서로 광범위하게 연결되어 있어 동맥압 변화에 대해 일관성 있는 반응을 만들어 낸다(그림 20.11).

2. **되먹임고리(feedback loops):** 동맥압은 심장박출량(CO)과 **전신순환저**

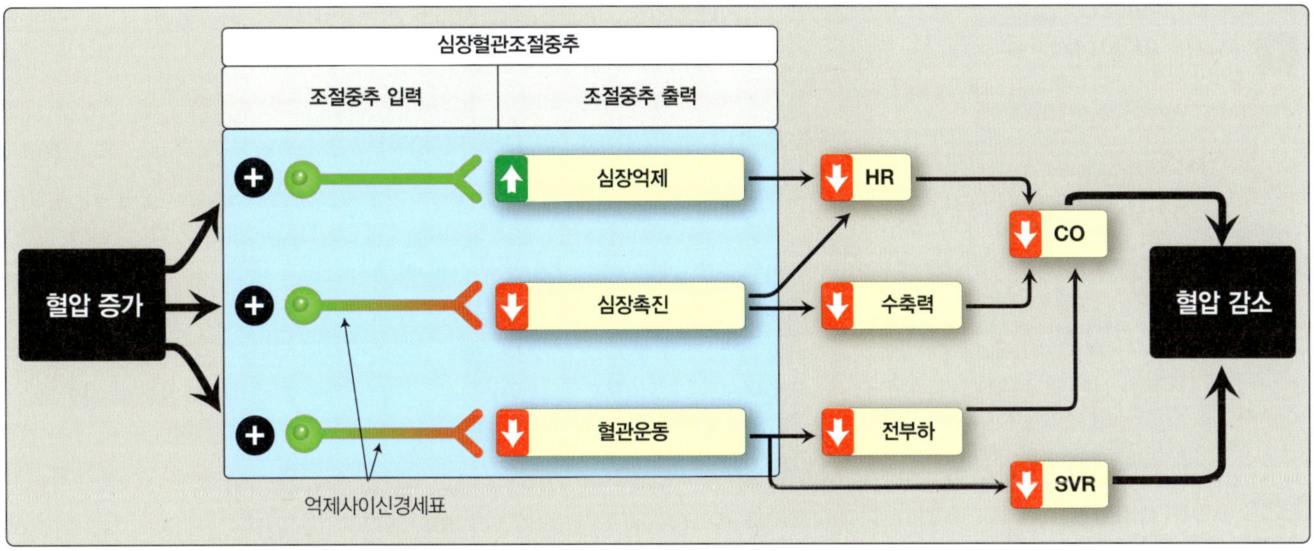

그림 20.11
숨뇌 심장혈관조절중추 구성과 출력. CO = 심장박출량; HR = 심장박동수; SVR = 전신혈관저항

항**(SVR)**의 산물이며(MAP = CO × SVR), 조절중추는 2개의 요소를 동시에 조정한다. 조절은 단순한 되먹임고리를 사용한다(그림 20.12). 감각들신경은 숨뇌에 있는 **고립로핵(nucleus tractus solitarus)**으로 들어가서 사이신경세포와 시냅스를 한 후 3 종류의 조절중추로 간다(그림 20.11 참조). 감각들신경은 모두 흥분성이지만 사이신경세포는 흥분성(글루탐산엽성[glutamatergic]) 혹은 억제성(감마아미노부티르산성[GABAergic])이다. 심장억제중추는 흥분사이신경세포로부터 입력신호를 받아 평균동맥압이 높을 때 흥분한다(**양성되먹임고리**). 심장촉진 및 혈관운동 중추는 억제사이신경세포로부터 지배를 받는다. 이들은 평균동맥압이 높을 때 이들이 지배하는 신경의 활동을 억제한다. 심장촉진 및 혈관운동 중추는 외부 입력신호 없이도 지속적으로 활성화되어 있는 교감신경을 조절하고 있기 때문에 억제가 필요하다. 이러한 배열은 평균동맥압과 교감신경계 출력 사이에 **음성되먹임고리(negative feedback loop)**를 형성한다.

3. **다른 중추 및 말초 경로와 통합**(integration with other central and peripheral pathways): 다른 영역의 뇌와 말초로부터 오는 수많은 입력신호가 심장혈관중추로 간다.

   a. **뇌줄기: 뇌줄기**에는 호흡을 통제하는 호흡중추가 있다. 심장혈관 및 호흡 중추는 적절한 동맥 산소 및 이산화탄소 분압을 유지하기 위해 서로 긴밀하게 협조하고 있다.

   b. **시상하부: 시상하부조절중추**는 외부 및 내부 체온 변화에 따른 혈관반응 조정에 관여한다.

   c. **겉질: 겉질조절중추(cortical control center)**는 감정(예: 실신 혹은 운동과 관련한 예측되는 변화)에 따른 심장혈관계 능력 변화에 관여한다.

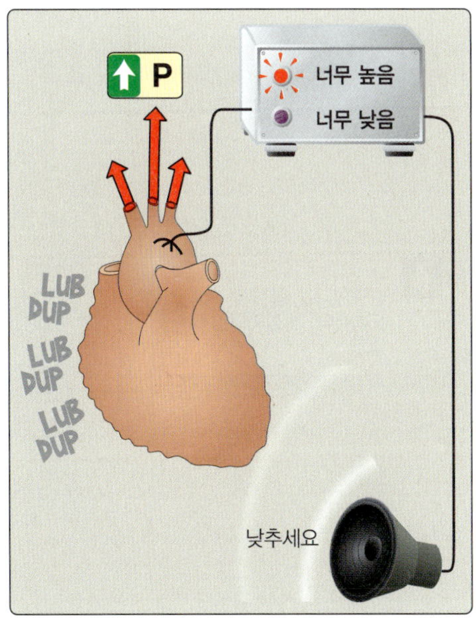

그림 20.12
심장혈관 되먹임회로

d. **통증중추:** 통증중추도 심장혈관조절중추 조절을 통한 큰 혈압 변화에 관여한다.

C. 효과기 경로(effector pathways)

심장혈관중추는 자율신경계를 통해 심장 및 혈관 기능을 조정한다. 심장억제중추는 심장박동수를 감소시킨다(그림 20.11 참조). 이것은 굴심방 및 방실결절로 가는 미주신경에 포함된 부교감신경을 통해 작용한다. 심장촉진 및 혈관운동 중추는 교감신경계를 통해 작용한다. 심장촉진중추는 굴심방 및 방실결절 흥분성 조정을 통해 심장박동수를 증가시키고 또한 심장근 수축력도 증가시킨다. 혈관운동중추는 저항혈관 및 정맥, 부신을 조절한다.

D. 반응

어떻게 여러 개의 효과경로가 하나의 목적을 위해 작동하는지를 이해하기 위해서 갑작스러운 혈압 하강에 따른 자율신경계 반응을 이해하여야 한다. 이러한 경우는 침대 밖으로 나가서 서 있는 자세를 취했을 때 흔히 발생된다(**기립반응[orthostatic response]**). 사람이 일어서면 혈액은 중력 영향에 의해 다리와 발에 몰리게 된다(그림 20.13). 그 결과 정맥환류량(venous return, VR)과 중심정맥압(CVP), 심실 전부하가 감소한다. 일회박출량(SV)과 심장박출량, 평균동맥압이 따라서 떨어진다(그림 20.14).

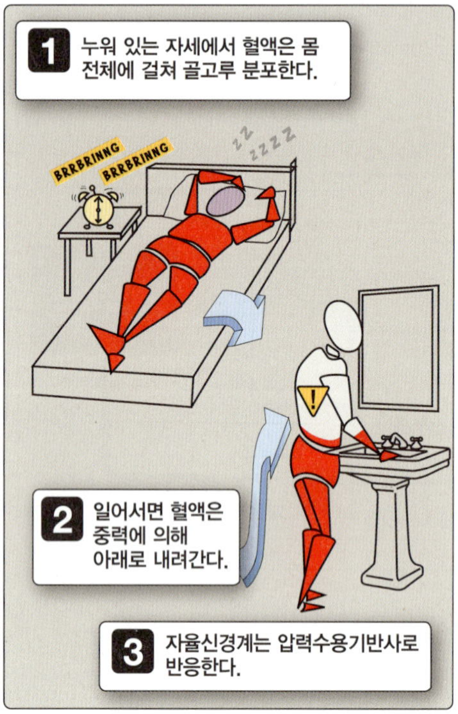

그림 20.13

기립반사. ANS = 자율신경계

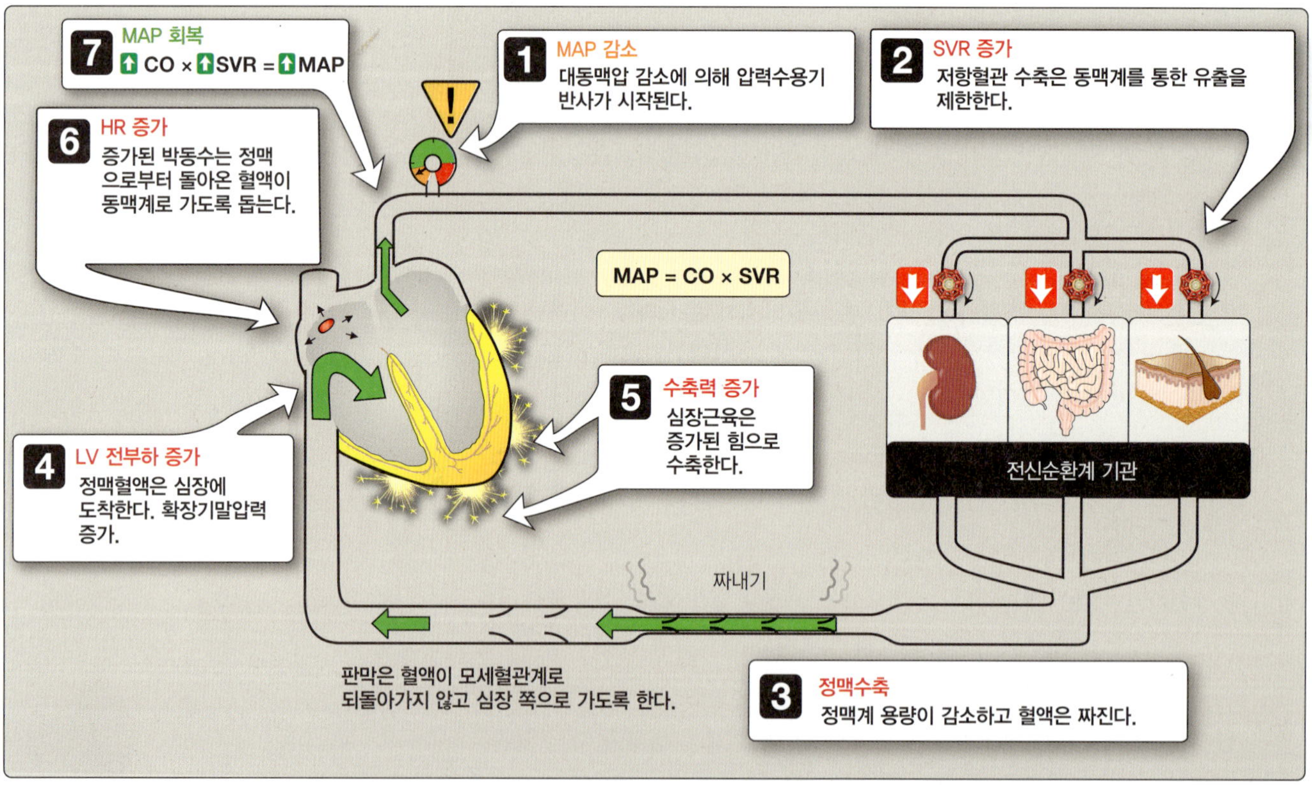

그림 20.14

압수용기반사. CO = 심장박출량; HR = 심장박동수; LV = 왼심실; MAP = 평균동맥압; SVR = 전신혈관저항

압력수용기 신경종말의 확장 정도는 줄어들고, 반사회로 들경로에서 극파 빈도는 감소한다. 심장억제중추 내에서는 흥분성 입력이 없어지므로 굴심방결절 및 심장근으로 가는 부교감신경 출력이 사라지게 된다. 심장혈관중추의 2 종류 승압 영역 내에서는 감소된 압력수용기 출력이 교감신경계 효과경로에 영향을 미치는 억제중간뉴론을 약화시킨다. 브레이크가 제거됨으로 인해 교감신경계는 저항혈관과 정맥 수축 및 심장근 수축력 증가, 심장박동수 증가를 통해 동맥압을 올린다.

1. **저항혈관:** 모든 저항혈관은 활성화되면 혈관수축을 유발하는 교감신경계종말을 통해 지배받고 있다. 전신혈관저항(SVR)은 증가되고 결과적으로 동맥계를 통한 혈류량은 감소한다.

2. **정맥:** 정맥과 큰 세정맥은 교감신경계가 활성화되면 수축하여 정맥저장고 용량은 줄이고 정맥내압은 올린다. 판막은 이 압력이 혈액을 심장으로 보내도록 하는 힘을 확실하게 증가시키도록 한다. 이로 인해 왼심실 전부하가 증가되고 다음 수축 시 일회박출량이 증가한다.

3. **심장근육:** 교감신경계 활성화는 세포 내 Ca^{2+} 방출을 늘려 심장근 수축력을 증가시킨다. 심장근은 증가된 효율로 작업을 하게 되고 전부하 주기를 통해 증가된 일회박출량을 나타낸다. 교감신경계는 또한 수축기구로부터 Ca^{2+}이 빨리 떨어지도록 하고 근세포질그물을 통해 제거되는 속도를 증가시켜 심장근 이완 속도도 빠르게 한다. 빨라진 이완시간은 확장기 동안 전부하주기에 더 많은 시간을 부여할 수 있도록 하여 증가된 심장박동수 효과를 촉진한다.

4. **결절:** 굴심방 및 방실 결절은 부교감신경 및 교감신경 종말 모두에 의해 지배를 받고 있으며 휴식 시에도 2 종류 모두 활성화되어 있다. 평균

임상 적용 20.1: 기립저혈압(Orthostatic Hypotension)

기립 혹은 체위저혈압(hypotension)은 노인에서 흔한 호소증상이다. 이것은 앉아 있는 자세에서 서 있는 자세로 바꿀 때 수반되는 10~20 mm Hg 정도의 동맥압 감소를 말한다. 결과적으로 뇌관류압이 떨어져 일시적인 가벼운 두통과 어지럼, 쇠약, 깜깜한 시력이 나타난다. 극단적인 경우에 환자는 **실신(syncope)** 없이는 바로누운자세(supine position)에서 일어날 수가 없다. 기립저혈압은 순환혈액량이 적어서 발생할 수도 있지만 노화에 의해 동맥벽이 딱딱해짐으로 인해(**동맥경화**) 압력수용기 민감도가 떨어져 발생하기도 한다. 딱딱해짐은 동맥 순응도를 낮추는 아교질과 다른 섬유물질이 동맥벽에 침착되어 발생한다. 죽경화는 동맥벽을 두껍게 하고 동맥 속공간을 잠식하는 지질침착과 판형성이 동반된 동맥경화(arteriosclerosis)의 한 종류이다. 압력수용기 반사는 동맥압 변화를 변환하기 위해 대동맥과 목동맥 확장성에 바탕을 두고 있다. 죽경화는 서는 동작에 의해 다리로 혈액이 이동함으로써 발생한 압력감소를 감각신경종말이 감지하지 못하도록 하여 보상반응이 몇 초간 지연되어 나타나게 한다.

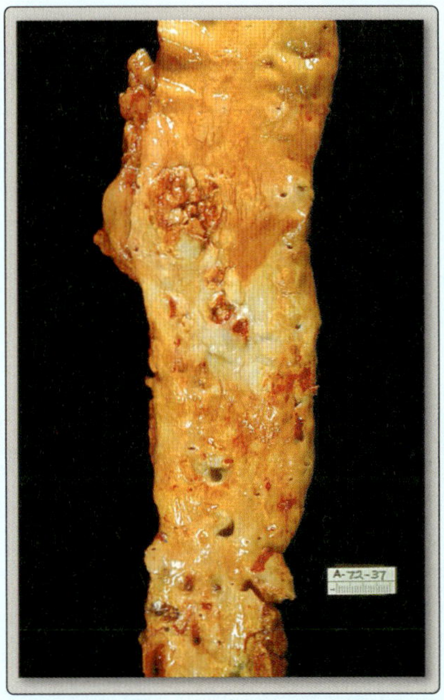

경화대동맥 속막 병변에 의한 흉터

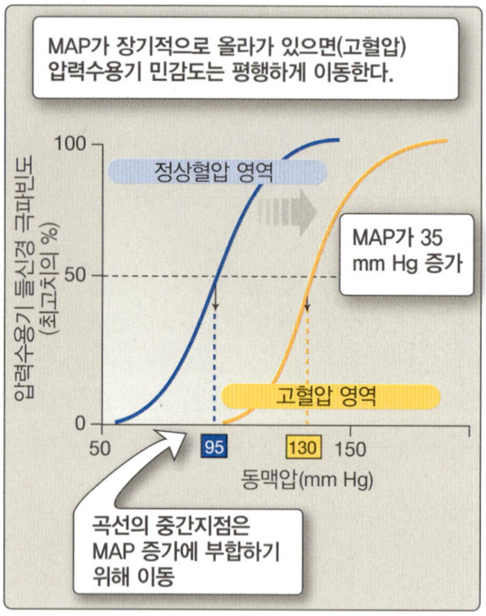

그림 20.15

압력수용기 민감도 이동. MAP = 평균동맥압

동맥압이 떨어지면 동시에 부교감신경계 활성도는 감소하고 교감신경계 활성은 굴심방결절 세포막전위를 활동전위 형성(4기 탈분극; 17·IV·C 참조)을 위한 문턱값 쪽으로 이동시켜 굴심방결절에서의 빈도가 증가되도록 한다. 결과적으로 심장박동수와 심장박출량은 증가한다.

5. **부신:** 교감신경계 활성화는 부신이 순환계로 에피네프린을 분비하도록 한다. 에피네프린은 신경계에서 분비된 노르에피네프린과 마찬가지로 혈관과 심장근에 있는 동일한 수용체에 결합한다.

E. 압력수용기 반사의 한계

압력수용기 반사는 단기 조절기전으로서는 매우 효과적이지만 몇 분 이상 지속적인 혈압변화는 동일한 정도의 시스템 민감도 변화를 초래한다(그림 20.15). 평균동맥압이 애초에는 시스템을 완전히 포화시키는 정도로 증가되어도 이러한 이동에 의해 넓은 범위의 압력에서 시스템이 반응을 할 수 있도록 하는 것은 큰 장점이다. 단점은 이 반사가 동맥압의 순간 순간 조절에는 이상적이지만 장기 압력조절에는 사용할 수가 없는 것이다(1~2일 이상).

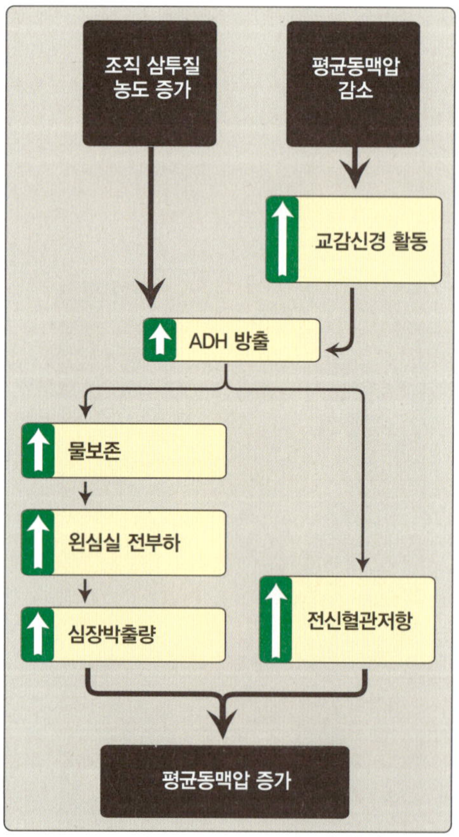

그림 20.16

혈압에 대한 항이뇨호르몬(ADH) 효과

IV. 장기조절 경로(LONG-TERM CONTROL PATHWAYS)

동맥압이 떨어지면 위에서 언급한 바와 같이 압력수용기 반사가 일어나지만 완전한 효과를 나타내기 위해 24~48시간이 필요한 경로도 시작된다. 이들 경로는 콩팥에서 일어나며 혈관 충만 정도(**순환혈액량[circulating blood volume]**)를 조절하여 혈압을 장기적으로 조절하는 데 관여한다. 기본적으로 혈액은 물로 구성되어 있으므로 물 배설과 섭취 조절에 영향을 미치며 또한 세포 내와 세포 외 영역 사이 수분 분배를 조절하는 중요한 이온인 Na^+ 농도 조절에도 영향을 미친다. 이러한 개념은 3·III·B과 28·II, III에서 자세히 다룬다.

A. 물 배설

물 배설은 시상하부에서 합성된 후 분비를 위해 뒤뇌하수체로 이동하는 항이뇨호르몬에 의해 조절된다. 이것은 콩팥 집합세관과 집합관에서 물 재흡수를 자극한다. 농도가 높을 경우에는 저항혈관을 수축시켜 전신혈관저항을 증가시키기도 한다(그림 20.16). **삼투수용기(osmoreceptor)**를 포함하여 압력수용기, 앤지오텐신 II와 같은 여러 감각기와 경로가 항이뇨호르몬 분비에 관여한다.

1. **삼투수용기:** 뇌에는 시상하부 근처 제3뇌실 주위 영역을 포함하여 혈장 삼투질농도를 감시하는 능력을 지닌 여러 영역이 존재한다(7·VII·C 참조). 조직 삼투질농도는 총체액량과 염분 농도를 나타낸다. 삼투질농도가 280 mOsm/kg을 넘으면 수용기는 항이뇨호르몬이 혈액 내로 분비되도록 한다.

2. **압력수용기:** 순환혈액량 감소는 중심정맥압을 떨어지게 하고 이는 심폐수용기에 의해 감지된다. 전부하 상실은 동맥압 하강을 초래하고 압력수용기 반사를 유발한다. 중추신경계 심장혈관계조절중추 반응은 교감신경계 활동 증가와 항이뇨호르몬 분리를 통해 나타난다.

3. **앤지오텐신 II:** ***레닌*-앤지오텐신-알도스테론계(RAAS)** 활성화는 순환 앤지오텐신 II 농도를 증가시킨다. 앤지오텐신 II의 표적기관에는 항이뇨호르몬 분비를 자극하는 시상하부도 포함된다.

B. 물 섭취

물은 음식과 함께 인체로 들어오지만 많은 양의 수분은 갈증에 의해 유발된 마시기(drinking)를 통해 이루어진다. 갈증 감각은 혈액량 및 혈압 감소에 의해 유발되며 이를 통해 심장혈관계조절중추의 뚜렷한 기능을 짐작할 수 있다.

C. 나트륨 배설

삼투수용기는 물 유지와 배설을 조절하지만, 물 자체보다는 체액의 "염도"를 감지한다. 그러므로 조직 삼투질농도가 높은 상태면 전체 수분량에 상

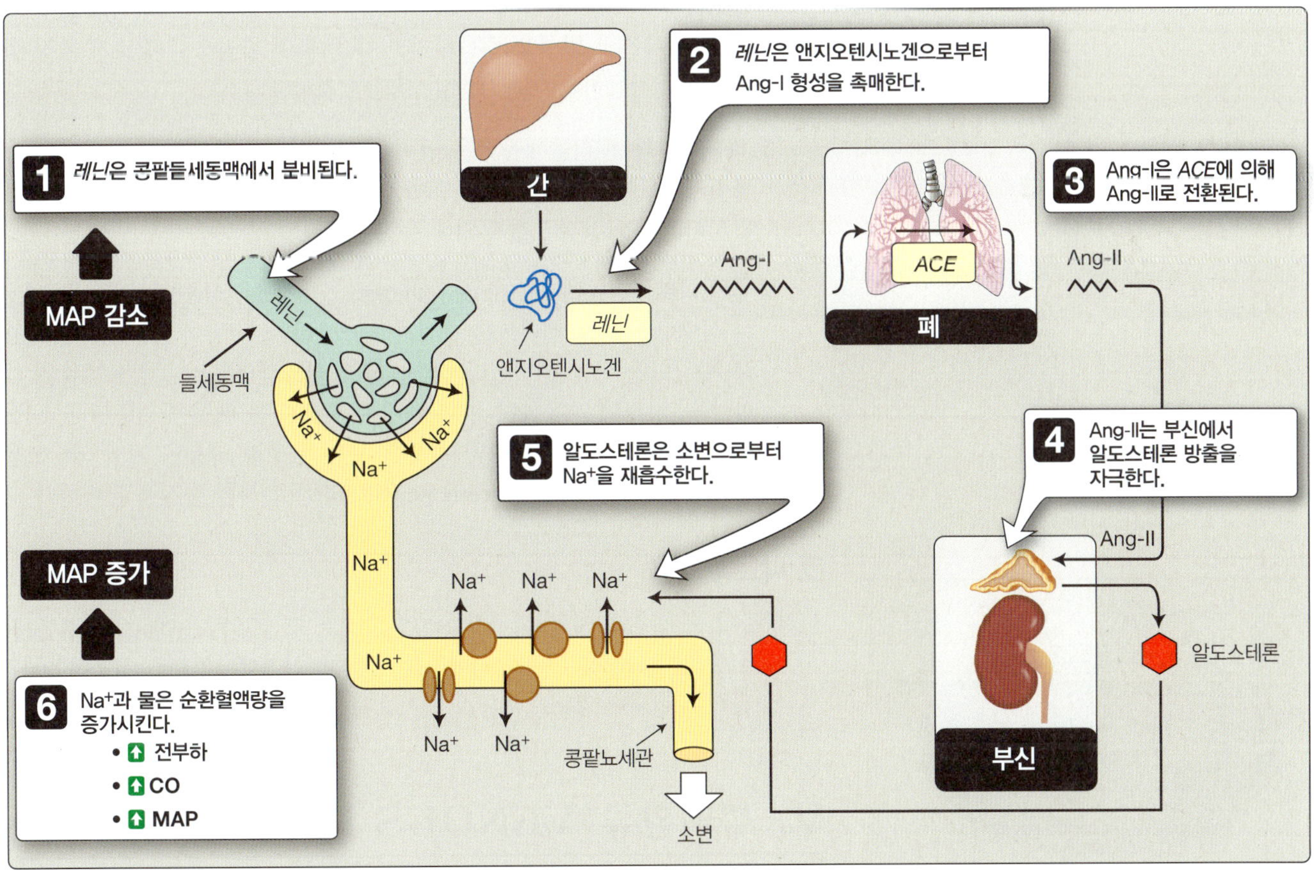

그림 20.17

레닌-앤지오텐신-알도스테론계(RAAS). *ACE = 앤지오텐신전환효소*; Ang-I = 앤지오텐신 I; Ang-II = 앤지오텐신 II; CO = 심장박출량; MAP = 평균동맥압

관 없이 물을 유지하고자 한다. 순환혈액량을 결정하는 가장 중요한 인자는 아래에서 설명할 RAAS를 통해 조절되는 Na^+ 농도이다(그림 20.17).

1. ***레닌*-앤지오텐신-알도스테론계:** *레닌*은 토리들세동맥에 있는 과립세포에서 합성되는 단백질분해효소이다(25·IV·C 참조). 이 세포는 콩팥뇨세관의 Na^+ 흡수를 감시하고 조절하는 토리곁장치(juxtaglomerular apparatus, JGA)의 일부를 구성하고 있다. 토리곁장치가 적절하게 자극 받으면 이것은 혈중으로 *레닌*을 분비한다. 여기서 *레닌*은 **앤지오텐시노겐(angiotensinogen)** (간에서 합성되는 순환 혈장단백질)을 분해하여 **앤지오텐신 I(angiotensin I)**을 방출한다. 후자는 ***앤지오텐신전환효소(angiotensin-converting enzyme, ACE)***의 기질로 사용된다. *앤지오텐신전환효소*는 콩팥을 비롯한 여러 조직에서 발현되지만 대부분의 전환은 폐를 통과하는 동안 이루어진다. 산물은 앤지오텐신 II이며 이것은 저항혈관을 수축시키고 뒤뇌하수체에서 항이뇨호르몬 분비를 자극하며, 갈증을 유발하고 부신겉질에서 알도스테론 분비도 촉진한다.

2. **알도스테론:** 알도스테론의 표적은 콩팥 집합세관 상피에 있는 **으뜸세포(principal cell)**이다(27·IV·B 참조). 이것은 다양한 작용은 가지고 있는데 그 중 하나는 세관으로부터 Na^+과 삼투현상에 따라 움직이는 물 흡수를 촉진하는 것이다. 알도스테론은 Na^+통로와 펌프의 정보를 가지고 있는 유전자 발현을 변화시키기 때문에 이 혈압조절 경로가 가장 효과적으로 작용하기 위해서는 48시간이 걸린다.

3. ***레닌*:** 콩팥 토리들세동맥은 압력수용기이며 동맥압이 감소되었을 때 과립세포로부터 *레닌* 분비를 유도한다. 분비는 평균동맥압 감소에 의해 활성화되는 교감신경계에 의해 촉진된다.

4. **심방나트륨이뇨펩티드(atrial natriuretic peptide, ANP):** 심방 근육세포는 **심방나트륨이뇨펩티드**를 합성하고 저장하며, 심방이 높은 충만용적으로 확장되면 이를 분비된다. 심방나트륨이뇨펩티드는 콩팥뇨세관을 따라 여러 장소에 작용하며, 모든 작용은 Na^+과 물 배설에 집중된다. 뇌실도 심방나트륨이뇨펩티드와 비슷한 분비 특성과 작용을 지닌 **뇌나트륨이뇨펩티드(brain natriuretic peptide)**라는 유사한 물질을 분비한다.

D. 나트륨 섭취

갈증이 물 섭취를 자극하는 것과 마찬가지로 소금 갈망은 NaCl 섭취를 필요로 한다. 소금 욕구는 앞뇌에 있는 갓돌림신경핵(nucleus accumbens)에 의해 조절되며 알도스테론과 앤지오텐신 II가 자극한다.

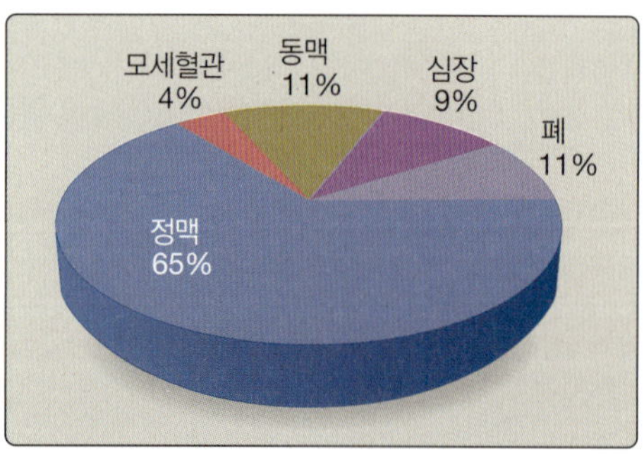

그림 20.18
심장혈관계 내에서 혈액분포

V. 정맥환류(VENOUS RETURN)

장기 동맥압 조절 경로는 모두 순환 혈액량을 증가시키는 쪽에 집중된다. 증가된 용적은 정맥공간으로 가게 되며 이로 인해 중심정맥압 상승과 왼심실 전부하가 증가된다. 전부하주기는 평균동맥압을 생성하고 유지할 수 있는 능력

임상 적용 20.2: 관상동맥 우회로조성술 (Coronary Artery Bypass Grafts)

관상동맥심장병(coronary heart disease, CHD)는 서구사회에서 가장 높은 사망원인이다. 환자는 주로 죽경화증에 의한 관상동맥 막힘에 의한 협심증 혹은 심근경색증을 가지고 있다. 치료 방침에는 관상동맥우회로조성(CABG 혹은 흔히 "cabbage"라고 표현) 수술을 통한 혈관재형성이 포함된다. 비록 정맥 벽이 동맥에 비해서는 얇고 근육이 별로 없지만 그래도 상당한 강도를 가지고 있다. 이런 이유로 정맥을 관상동맥 우회로조성술에서 관상동맥을 대신하여 사용할 수 있다. 수술은 주는 부위 정맥(donor vein)을 제거한 후(주로 큰두렁다리정맥) 대동맥과 폐쇄가 된 부위보다 먼 쪽 사이에 이식한다. 정맥 이식은 판막이 혈류를 방해하지 않도록 반대 방향으로 한다.

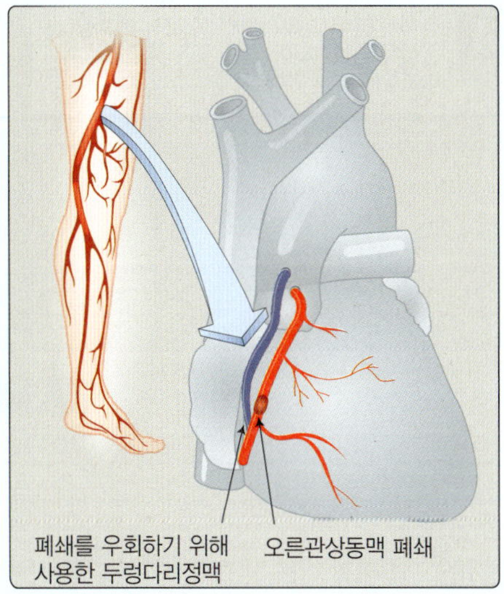

관상동맥 우회로조성을 위해 사용하는 정맥

을 부여한다는 측면에서 훌륭한 지불이다. 혈액은 얇은 벽으로 구성되어 늘어난 용적을 쉽게 담을 수 있도록 확장되는 정맥 공간에 머물게 된다. 반대로 동맥계는 높은 압력이 걸려 있는 좁은 구경의 관이므로 그림 20.18에서와 같이 매우 적은 용량을 가지고 있다(총 혈액량의 ~11%). 모세혈관은 수적으로는 많지만 동맥에 비해 적은 혈액을 지니고 있다(전체의 ~4%). 심폐계통 역시 매우 제한적인 용량을 가지고 있다. 정맥계는 전형적으로 전체 혈액량의 ~65%(**비무하혈액량[unstressed blood volume]**)를 가지고 있으며, 어디는 요구가 생기면 사용을 위해 혈관을 수축시켜 혈액을 이동시킬 수 있는 매우 가치 있는 서상고 역할을 한다. 하지만 정맥을 훌륭한 저장고로써 작용할 수 있게 하는 특징은 정맥이 혈액을 가두거나 또한 정맥환류량을 제한하게도 한다. 정맥환류량이 감소하면 심장박출량도 역시 감소한다. 그러므로 심장혈관계통이 어떻게 하나의 단위로 기능을 하는지를 알기 위해서는 정맥계통의 기능과 제한을 이해하여야 한다.

A. 정맥 저장고(venous reservoir)

정맥벽은 얇아 속공간 압력이 떨어지면 쉽게 찌부러진다(그림 20.19). 정맥압이 몇 mm Hg만 증가해도 정맥은 아주 작은 저항으로 확장된다. 일단 용량을 다 채우게 되면 추가적인 용량을 담기 위해서는 혈관은 늘어나야 한다. 이렇게 되기 위해 필요한 압력은 생리적으로 얻어지지 않는다.

B. 정맥수축(venoconstriction)

정맥벽은 교감신경계 지배를 받고 있으며 이것이 활성화되면 수축하는 혈관민무늬근육층을 가지고 있다. 그러나 동맥은 폐쇄가 일어나는 수준까지 수축이 일어나는 반면에 정맥수축은 정맥의 특이한 미세해부학에 의해 제한적이다.

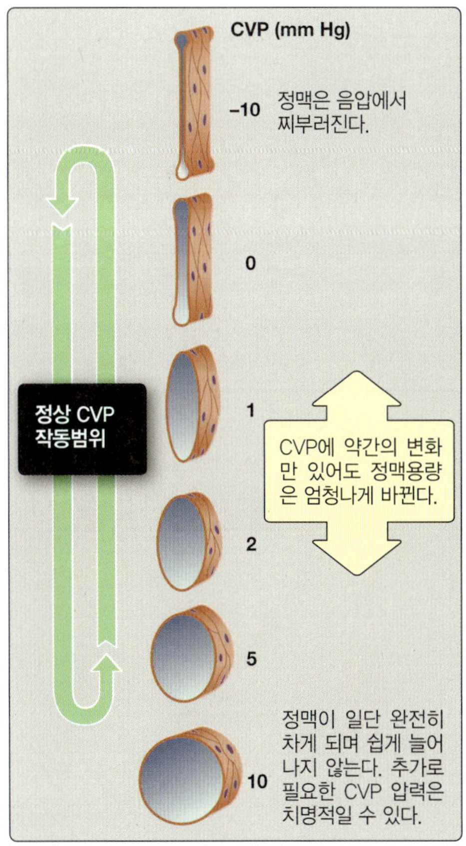

그림 20.19
정맥용량에 대한 충만압 효과. CVP = 중심정맥압

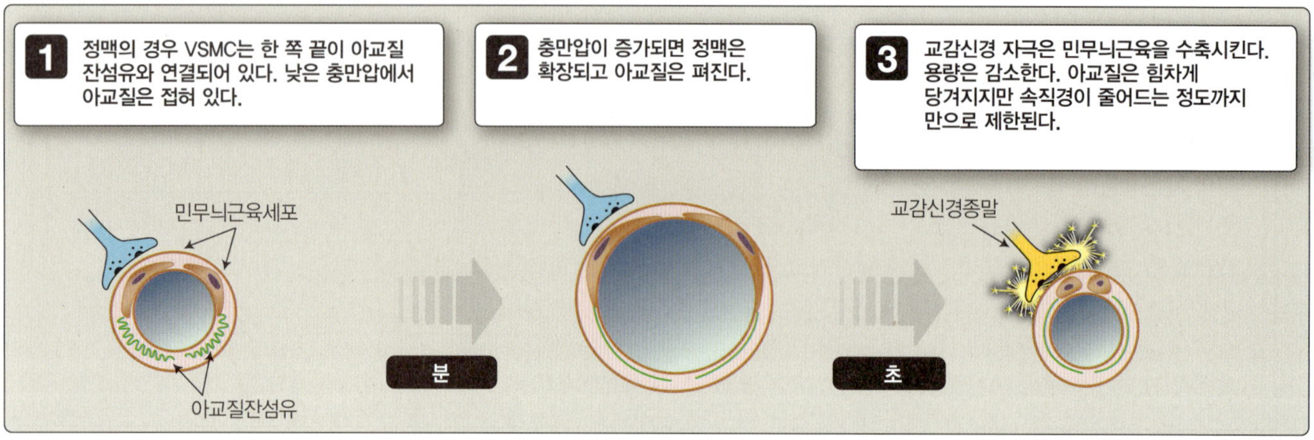

그림 20.20

정맥저장고와 이의 이용. VSMC = 혈관민무늬근육세포.

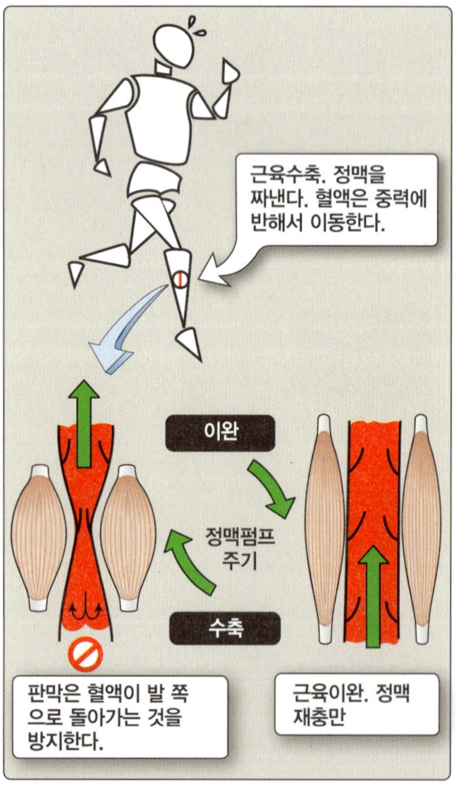

그림 20.21

정맥펌프

1. **정맥 해부학:** 정맥벽에 포함되어 있는 혈관민무늬근육은 아교질잔섬유와 직렬로 연결되어 있다. 이완된 정맥에서는 잔섬유는 접히고 감겨져 있다가 혈관이 충만됨에 따라 펴지고 팽팽해진다(그림 20.20). 잔섬유는 정맥수축에 의해 감소되는 직경의 범위를 효과적으로 제한하고 있다.

2. **정맥수축 효과:** 정맥수축은 기본적으로 3가지 효과를 가지고 있다: 저장혈액을 움직이고, 전체 용량을 감소시키며, 통과시간을 감소시킨다. 혈류저항에 대한 효과는 미비하다.

   a. **이동(mobilization):** 정맥수축은 정맥압을 몇 mm Hg 정도 올려 저장고로부터 혈액이 빠져나가도록 한다. 판막은 혈액이 확실하게 심장 쪽으로 가도록 하여 왼심실 전부하를 늘리고 프랭크 스타알링 기전을 통해 심장박출량이 증가되도록 한다.

   b. **용량(capacity):** 정맥수축은 정맥 속직경을 감소시켜 시스템 용량이 줄어들게 한다. 이전에 정맥에 차 있던 혈액은 궁극적으로는 활동하는 조직으로 공급되는 모세혈관계로 옮겨가게 된다.

   c. **통과시간(transit time):** 시스템 용량 감소는 혈액이 정맥계를 통과하는 시간을 감소시켜 재산소화된 후 활동하는 조직으로 보내지는 속도를 증가시킨다.

   d. **저항:** 정맥계는 교감신경계가 활성화되어도 계속 낮은 저항을 보이는 경로이므로 혈류저항에는 뚜렷한 효과를 보이지 않는다.

C. 정맥 펌프(venous pump)

정맥의 높은 용량과 아주 낮은 충만압에 의해서도 확장되는 경향은 중력 영향에 의해 많은 양의 혈액이 쉽게 다리에 몰릴 수 있다는 것을 의미한다. 정맥수축은 용량을 감소시킬 수 있지만 다른 추가적인 힘이 없으면 결과적으로 정맥환류 감소가 초래되어 심장박출량과 동맥압을 유지할 수 있는 능력에 치명적인 영향을 미친다. 정맥에 혈액이 차는 것은 정상적으로

정맥펌프에 의해 방지된다. 뼈대근육이 수축할 때마다 이들은 섬유 사이에 놓여 있는 혈관을 압박한다(**혈관외압박[extravascular compression]**). 정맥내압력은 낮아 압박에 의해 정맥은 쉽게 찌부러 들고 내용물은 분출된다. 판막은 이로 인해 생긴 흐름이 심장 쪽으로 유지되도록 한다(그림 20.21). 다리 근육의 주기적인 수축과 이완은 중력에 반해 혈액이 위쪽으로 펌프질되도록 하며 동시에 발(pedal) 혈관계로부터 혈액 "짜내기"와 지속적인 정맥환류를 보장한다.

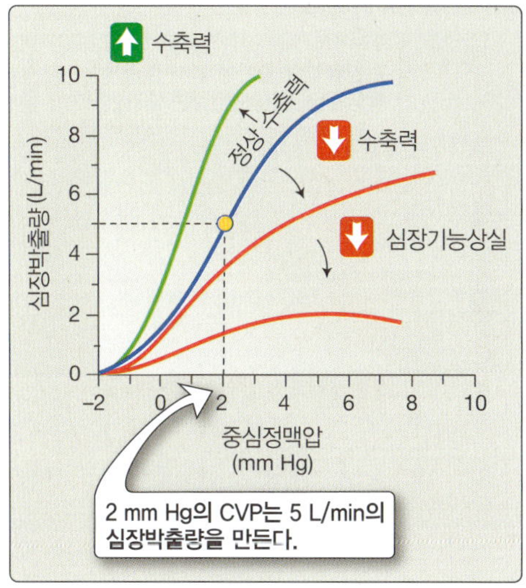

그림 20.22
심장기능곡선. CO = 심장박출량; CVP = 중심정맥압

D. 심장박출량과 정맥환류량

위에서 언급한 예에서 심장박출량은 혈액이 혈관계를 통과하는 속도에 의해 제한된다고 하였다. 다르게 표현하면 혈관계를 통한 이동 역시 심장박출량에 의존적이다. 그러므로 생체 내에서 심장혈관계통이 어떻게 기능을 하는지에 대한 이해에는 심장박출량과 정맥환류량 사이 상호의존성 평가가 필요하다.

1. **환류는 박출량을 보존한다:** 심장박출량의 전부하 의존성은 **심장기능곡선(cardiac function curve)**을 통해 정의할 수 있다(그림 20.22). 왼심실 충만압이 증가하면 길이의존 활성화에 의해 심장박출량이 늘어나며, 충만압은 중심정맥압에 의존적이다. 심실 수축력 변화는 이러한 연관성을 변화시킨다. 양성수축촉진은 곡선을 위 및 왼쪽으로 이동시키며, 음성수축촉진은 곡선을 아래 및 오른쪽으로 이동시킨다.

2. **박출은 환류를 만든다:** 심장박출량이 중심정맥압에 어떻게 영향을 미치는가를 정량화하기 위해서는 심장과 폐를 박출을 조절할 수 있는 인공 펌프로 바꾸어야 한다(그림 20.23A). 펌프를 가동하기 전에 정상 순환 혈액량(5 L)은 반드시 확보되어 있어야 한다. 이 만큼의 혈액을

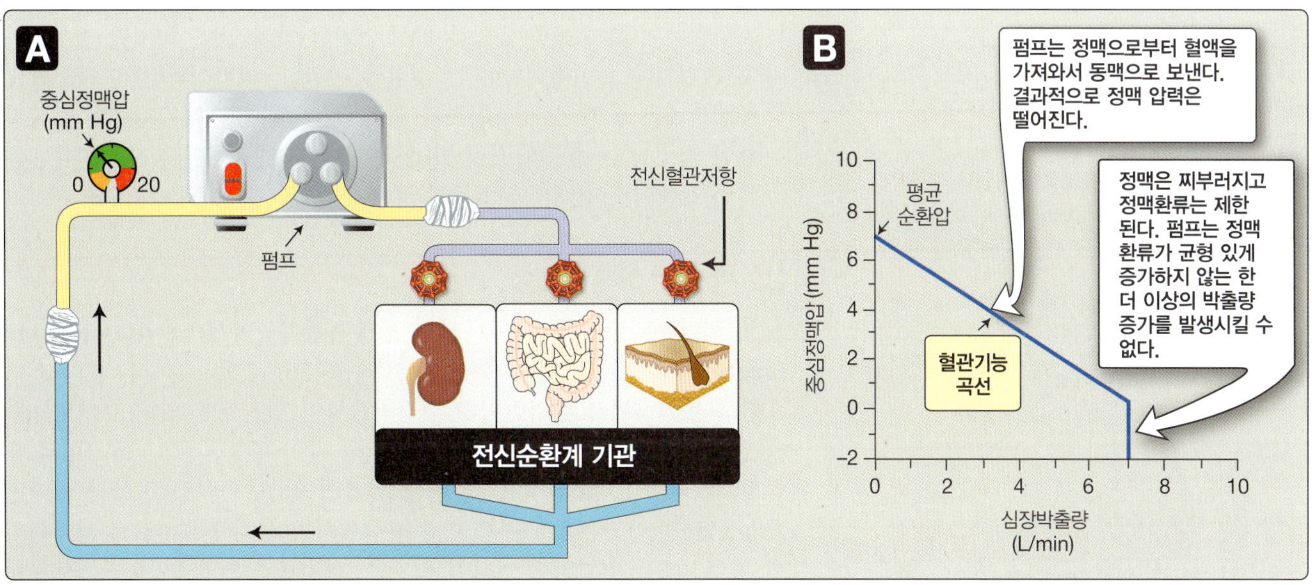

그림 20.23
심장박출량에 대한 중심정맥압 효과

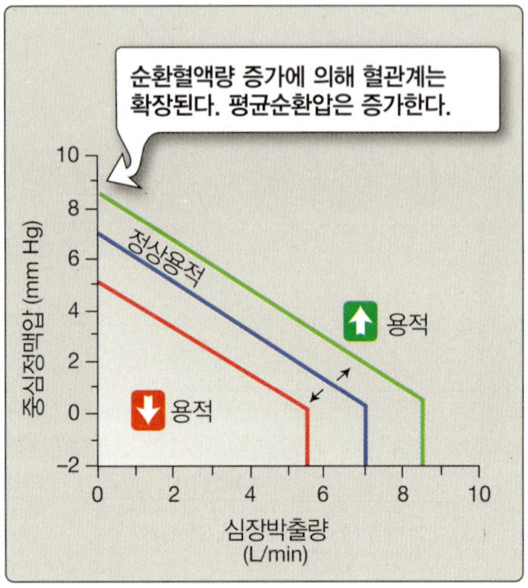

그림 20.24
혈관기능곡선

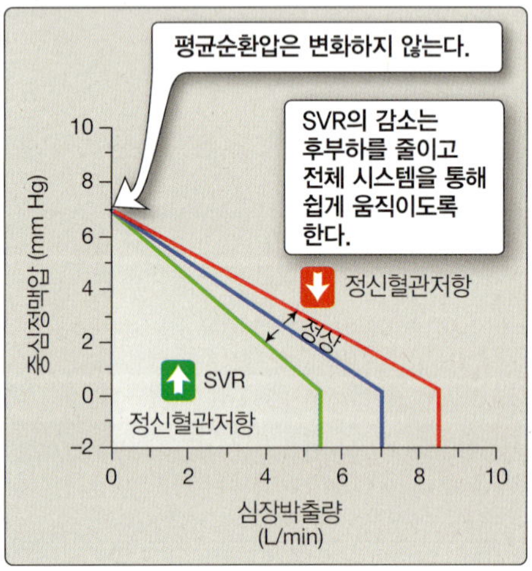

그림 20.25
혈관기능곡선에 대한 전신혈관저항(SVR) 효과

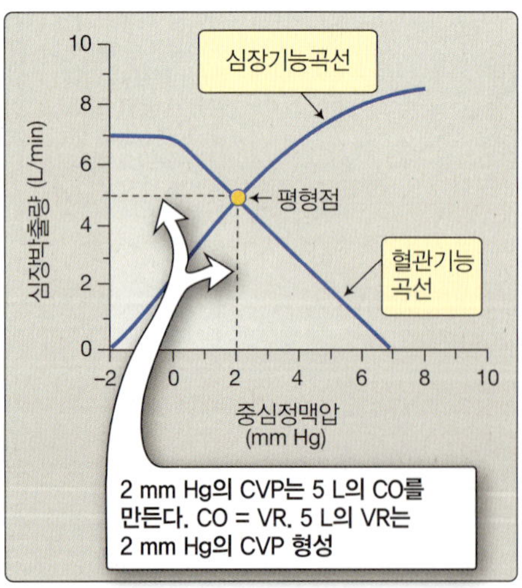

그림 20.26
심장혈관기능곡선. CO = 심장박출량; CVP = 중심정맥압; VR = 정맥환류

채우면 혈관계는 확장되고 **평균순환충만압(mean circulatory filling pressure, MCFP)**으로 알려진 대략 7 mm Hg의 압력이 발생한다(그림 20.23B 참조). 평균순환충만압은 심장이 멈추었을 때 혈관계에 존재하는 압력으로 정의되며 계통 내의 모든 영역은 평형상태에 도달한다. 펌프가 다시 가동하면 혈액은 정맥에서 동맥으로 이동한다. 동맥공간은 상대적으로 작은 용적을 가지고 있으므로 유출은 저항혈관에 의해 제한되며 혈액 이동은 동맥계 내에 뚜렷한 압력이 발생되도록 한다. 동시에 혈액이 빠져나감으로 인해 중심정맥압이 떨어진다. 펌프를 빠르게 작동시키면 최종적으로 음압이 될 때까지 중심정맥압은 추가적으로 감소한다(그림 20.23B 참조). 이 시점에서 큰 정맥은 찌부러 들어 추가적인 심장박출량 증가는 제한된다. 그림 20.23B에 있는 도표를 **혈관기능곡선(vascular function curve)**이라고 한다.

3. **순환혈액량:** 혈관기능곡선은 순환혈액량에 의존적이다(그림 20.24). 만약 혈액량이 증가하면 혈관계는 추가 용적을 담기 위해 상당한 수준으로 늘어나므로 평균순환충만압은 필연적으로 증가한다. 펌프가 가동되면 중심정맥압은 이전과 같이 떨어지지만 시스템 내에 있는 전체적인 압력이 높기 때문에 큰 정맥의 찌부러들음은 늦춰진다. 반대로 순환혈액량이 감소하면 평균순환충만압은 떨어지고 낮은 박출 수준에서 큰 정맥의 찌부러들음이 일어난다.

4. **정맥 용량:** 교감신경계 활성화에 의한 정맥수축과 정맥이완은 순환혈액량 변화와 유사한 효과를 나타낸다. 압력수용기 반사의 시작은 정맥계 용량을 감소시키고 평균순환충만압을 늘린다. 정맥이완은 계통 용량을 감소시키고 평균순환충만압을 떨어지게 한다.

5. **전신혈관저항**(systemic vascular resistance)**:** 작은동맥과 세동맥이 순환계 전체 용량에 미치는 역할은 작기 때문에 평균순환충만압에 대한 저항혈관 수축과 이완 효과는 거의 없거나 아예 없다. 하지만 전신혈관저항 변화는 중심정맥압에 큰 영향을 미친다. 저항혈관이 수축하면 모세혈관계를 통한 흐름은 감소된다. 이로 인해 적은 정맥환류와 중심정맥압 감소가 초래된다(그림 20.25). 역으로 혈관이완은 모세혈관계를 통한 혈액이 정맥계로 몰려들게 하여 중심정맥압 상승을 초래한다.

E. 심장과 정맥 상호의존성

심장 및 혈관 기능곡선은 하나의 **심장혈관기능곡선(cardiovascular function curve)**으로 합칠 수 있다(그림 20.26). 2개의 그림은 주어진 수축력과 혈액량에서 얼마만큼의 심장박출량이 혈관계에 의해 유지되는지를 알려주는 평형점에서 만난다. 예에서와 같이 평형점은 2 mm Hg의 중심정맥압과 5 L/분의 심장박출량에 위치해 있다. 아무런 변화가 없다면 2 mm Hg의 압력은 5 L/분의 박출을 유지하기 위해 필요하므로 시스템은 이 평형점에서 영원히 벗어나지 않지만, 심장박출량이 증가하게 되면 중심정맥압은 2 mm Hg 밑으로 떨어진다(그림 20.27). 만약 심장박동수가 느려져 심장박출량이 감소하면, 정맥으로부터 동맥으로 이동하는 혈액량이 감소하게 되어 오른심방에 축적되고 중심정맥압은 증가한다. 중심정맥

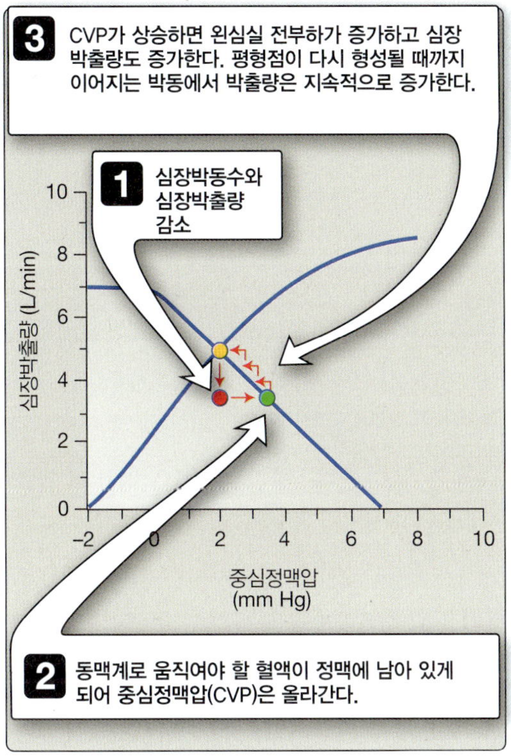

그림 20.27
박출량 변화는 평형점로부터 지속적으로 벗어나 있지는 못한다.

압은 전부하와 동일 시 됨으로 일회박출량과 심장박출량은 다음 수축에서 증가한다. 여러 번의 수축 후에 재평형이 이루어져 결국 심장박출량과 중심정맥압은 5 L/분과 2 mm Hg로 다시 돌아간다.

F. 평형점 이동(moving the equilibrium point)

심장박출량의 지속적인 증가와 감소는 새로운 평형점을 확보하기 위해 심장기능곡선 및/혹은 혈관기능곡선이 수정되어야 한다. 전자는 수축력 변화를 통해, 후자는 순환혈액량 변화를 통해 이루어진다.

1. **수축력:** 심장근 수축력 증가는 결과적으로 중심정맥압이 떨어질지라도 한 번 수축 시 더 많은 혈액이 심실 밖으로 빠져나가는 것을 의미한다. 그림 20.28에서 보는 것과 같이 새로운 평형점이 만들어진다. 예를 들면 증가된 수축력은 운동 시 전형적으로 볼 수 있다. 역으로 심근경색은 한 번 수축 시 오른심방에서 동맥계로 더 적은 양의 혈액을 이동시킨다. 새로운 평형점은 높은 중심정맥압에서 이루어진다.

2. **순환혈액량:** 예를 들어 개체에 혈액 수혈을 하면 중심정맥압 상승과 전부하 증가가 나타나 수축력 변화 없이도 높은 심장박출량을 보장한다. 역으로 출혈은 전부하를 감소시키고 평형점은 심장박출량을 낮추는 쪽으로 이동한다(그림 20.28). 비슷한 효과를 급성 정맥수축과 정맥이완을 통해 얻을 수 있다.

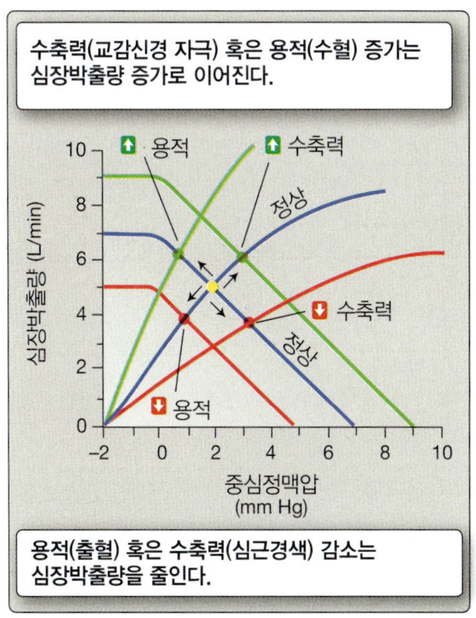

그림 20.28
심장혈관기능곡선

20장 요약

- 심장혈관계통의 용량은 이것이 지니고 있는 양을 훨씬 넘어선다. 각 개별 기관으로의 혈류는 전체 시스템을 통한 흐름을 유지할 수 있는 동맥압이 유지되도록 충분히 높은 수준에서 엄격하게 감시되어야 한다.
- 조직으로의 혈류는 **저항혈관**(작은동맥과 세동맥)이 조절한다.
- 모든 조직은 증가된 활동을 지원하기 위해 추가적인 혈류를 요구한다. 국소적인 조절은 저항혈관을 축소 혹은 이완시키는 **대사산물**과 **주변분비 요소**(예: 엔도텔린 및 프로스타사이클린, 내피유래과분극요소, 산화질소) 분비를 통해 이루어진다. 저항혈관은 **확장에 예민**하여 동맥혈압의 급격한 증가 시 혈관축소반사를 일으킨다. 조직이 자신의 요구에 맞추어 자신으로의 혈류공급을 조절하는 능력을 **자동조절**이라고 한다.
- 저항혈관은 활성화되면 혈관을 수축시키는 **교감신경계** 지배를 받고 있다. 교감신경계 지배는 동맥압 유지가 어려운 상황에서 국소조절보다 자율신경계에 의한 조절이 우선 되도록 한다.
- 동맥압을 감시하고 발생될 수 있는 어떤 상황에서도 이를 보상하기 위해 자율신경계는 심장박출량과 혈관저항을 조절하는 단순한 되먹임경로인 **압력수용기 반사**를 통해 동맥압을 유지한다.
- 압력감지기는 3 종류가 있다. 기본적인 감지기는 대동맥과 목동맥팽대 벽에 위치한 **동맥압력수용기**이다. 두 번째 압력감지기는 심방과 폐순환계 벽에 존재하는 **심폐압력수용기**이다. 말초에 있는 대동맥 및 목동맥 토리와 중추신경계에 위치한 **화학수용체**는 혈류에 의한 H^+과 CO_2, O_2 수준 변화를 통해 간접적으로 압력을 감시한다.
- 다양한 감각기는 뇌줄기에 위치한 **심장혈관조절중추** 군으로 정보를 보낸다. **심장억제** 및 **심장촉진 중추**는 심장박동수와 수축력을 조절하는 반면 **혈관운동중추**는 혈관과 부신을 조절한다. 혈압이 떨어지면 심장촉진중추는 심장박동수와 심장근 수축력을 증가시킨다. 혈관운동중추는 혈관저항을 증가시키는 동시에 **정맥수축**을 통해 정맥에서 혈액을 밀어낸다. 그 결과 혈압은 상승한다.
- 압력수용기반사는 동맥압의 즉각적이며 단기간 조절에 사용된다. 장기압력 조절은 총 신체수분과 Na^+ 조절을 통해 일어난다. 콩팥은 2가지를 조절하는데 중추적인 역할을 한다.
- 물을 보전하는 콩팥 능력은 **항이뇨호르몬(ADH)**에 의해 조절된다. ADH는 조직 삼투질농도 증가와 교감신경계 활성화에 의해 **뒤뇌하수체**로부터 분비된다.
- 콩팥에 의한 Na^+ 보존은 국소적으로 조절된다. 콩팥 토리들세동맥벽에 위치한 압력수용기는 혈압이 떨어지면 ***레닌*** 분비를 자극한다. *레닌*은 **앤지오텐시노겐**을 단백 분해하여 **앤지오텐신 I**을 형성하며 이것은 다시 ***앤지오텐신전환효소***에 의해 **앤지오텐신 II(Ang-II)**로 전환된다. Ang-II는 콩팥에서 Na^+ 재흡수를 촉진하며 항이뇨호르몬 분비를 자극하고 저항혈관을 수축시킨다.
- Na^+과 물 보존은 **순환혈액량**을 증가시킨다. 추가된 용적은 정맥계에 저장되어 **중심정맥압(CVP)**을 증가시킨다. 증가된 중심정맥압은 왼심실 전부하와 심장박출량, 동맥압을 증가시킨다.
- 정맥에는 정맥수축 동안 혈액이 확실하게 심장 쪽으로 흘러가도록 하는 판막이 있다. 판막은 중력에 반해 혈액이 위쪽으로 움직이도록 하는 역할도 한다. 정맥은 뼈대근육 수축에 위해 쉽게 눌러진다. 걷거나 혹은 뛸 때 다리와 발 정맥을 주기적으로 압박하는 것은 다리로부터 혈액을 효과적으로 짜낸다(**정맥펌프**).
- 심장박출량의 **정맥환류**에 대한 의존성은 **심장혈관기능곡선** 그림으로서 쉽게 설명할 수 있다. 이 그림을 통해 중심정맥압이 박출량을 확보할 수 있을 정도로 충분한 경우에 심장박출량은 수축력 변화에 의해 증가되거나 감소할 수 있음을 알 수 있다.

특수 순환계

21

I. 개요

다양한 기능을 지닌 여러 장기를 지배하는 말초순환계는 특수한 순환 디자인과 조절을 필요로 한다(그림 21.1). 심장과 뇌는 최소한의 무산소능력을 가지고 있어 정상적인 활동을 위해 혈류 공급 필요성이 매우 높다. 그러므로 관상동맥과 뇌 순환계 조절은 조직 요구와 산소공급을 정확하게 일치시키는 국소조절기전이 주도한다. 반면에 내장 순환조절은 중추조절기전이 주도한다. 위창자계통을 구성하는 기관은 소화와 흡수 기능이 작동할 때 상당량의 혈액을 필요로 한다(그림 21.1 참조). 소화가 진행될 때는 위창자관 속공간으로 많은 양의 액체가 분비된다. 이 액체는 내장혈관계에 의해 공급되는 혈액에서 유래한다. 소화기관은 혈류를 증가시켜야 하는 요구를 국소조절기전에 전달할 수 있어야 하지만, 심장혈관계통 일부 영역에서 급하게 혈액이 필요한 경우 중추신경계는 내장혈류를 완전히 차단할 수도 있는 능력을 가지고 있다. 뼈대근육으로의 혈액 공급 소설은 인체 전체 수준을 고려하여 근육에서 필요 정도에 따라 중추와 국소 조절 중요성이 변화하기 때문에 일반적이지 않다.

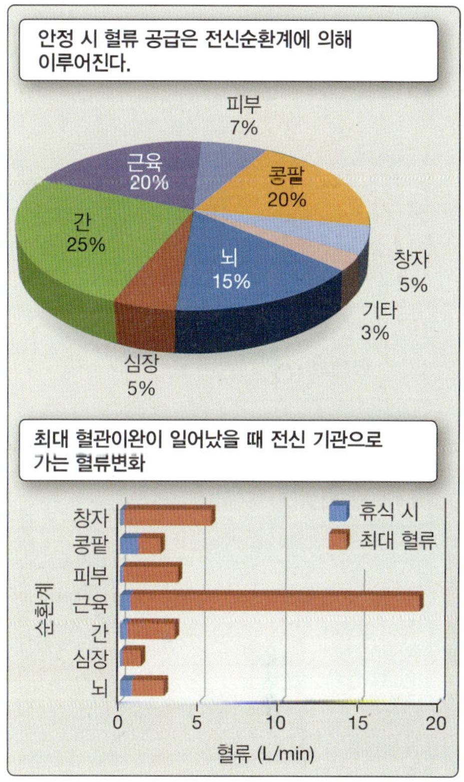

그림 21.1
전신순환에서 각 기관으로 가는 혈류량

II. 대뇌 순환계 (CEREBRAL CIRCULATION)

대뇌 순환계는 몸무게의 2%에 불과하지만 휴식기 심장박출량의 15%를 차지하는 혈액을 뇌에 공급하고 있다. 이러한 혈류 공급을 통해 뇌가 매우 높은 대사활동을 하고 있음을 짐작할 수 있다. 뇌 조직은 매우 작은 대사 저장고를 가지고 있어 에너지 생성을 위해서는 산화경로에 매우 의존적이다. 실제로 이러한 의존성은 정상적인 뇌기능을 위해 뇌 순환이 매우 중요하다는 것을 의미한다.

A. 해부학

뇌에 분포하는 4개의 주요 동맥분지: 왼 및 오른 척추동맥(vertebral arteries)과 왼 및 오른 목동맥(그림 21.2). 척추동맥은 합쳐져 뇌바닥동맥을 형성한 후 뇌줄기를 경유하여 뇌바닥으로 간다. 다시 나눠진 후 교통동맥(communicating arteries)을 통해 속목동맥(internal carotids)과 연결되어 **윌리스고리(circle of Willis)**를 형성한다. 주위 동맥과의 광범위한 상호연결은 막힐 가능성이 있는 장소 주위로 지속적인 흐름이 유지되도록 한다.

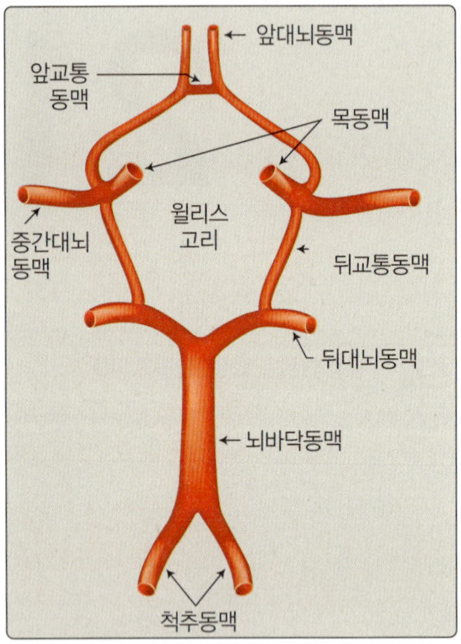

그림 21.2
대뇌 순환계를 구성하는 주요 동맥

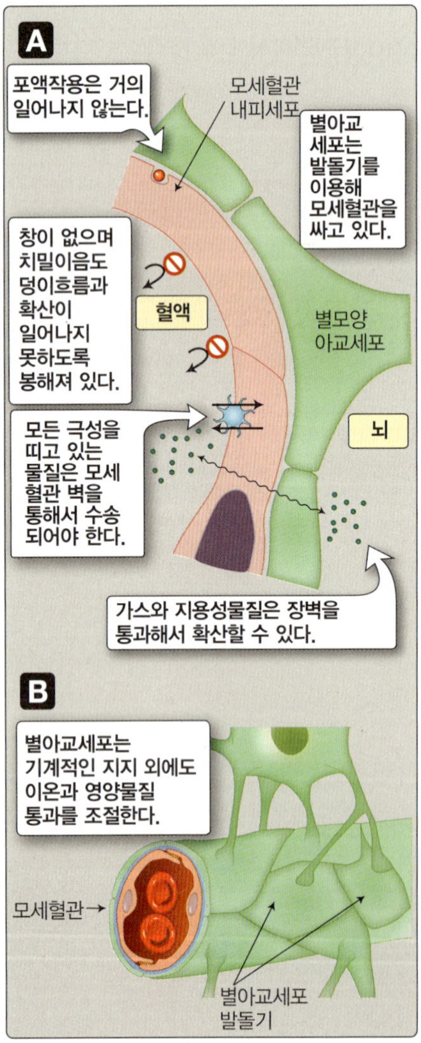

그림 21.3
혈액-뇌 장벽

B. 혈액-뇌 장벽(blood-brain barrier)

혈액은 뇌 기능에 나쁜 영향을 미칠 수 있는 다양한 화학물질을 포함하고 있다. 많은 호르몬과 에피네프린 및 글리신, 글루탐산염, 삼인산아데노신과 같은 신경전달물질이 여기에 포함된다. 뇌는 이들 물질과 다른 화학물질로부터 3중 보호장치를 가지고 있는 **혈액-뇌 장벽(BBB)**을 통해 보호받고 있다: 물리적 및 화학적, 세포성.

1. **물리적 장벽**(physical barrier): 대부분의 순환계에서 모세혈관은 비교적 새기 쉬워서 4 종류의 일반적인 기전을 사용하여 벽을 통한 물질이동이 일어난다(19·VI 참조). 대뇌 모세혈관은 이러한 경로 대부분이 통과가 되지 않도록 특별하게 변형되었다. 예를 들면 뼈대근육에서는 물질이동의 중요한 경로인 포핵소포를 대뇌 모세혈관 내피세포는 거의 형성하지 않는다. 대뇌 모세혈관 벽은 창을 가지고 있지 않으며 인접한 내피세포는 투과성이 없는 치밀이음에 의해 연결되어 있다(그림 21.3A). 이것은 이온과 물의 덩이흐름 및 확산을 효과적으로 차단한다. 산소와 이산화탄소 같은 지용성물질은 모세혈관 벽을 통해 쉽게 확산되지만 다른 모든 물질은 통과되기 위해 수송되어야 한다. 대뇌 내피막에는 뇌로 가는 포도당과 아미노산, 콜린, 모노카르복실산, 뉴클레오티드, 지방산 수송체가 많이 분포하고 있다. BBB를 통한 이온과 수소이온 이동은 통로 및 교환기, 펌프에 의해 조절된다. 물통로는 삼투질농도 변화에 따른 혈액과 뇌 사이 물 이동에 관여한다.

2. **화학적 장벽**(chemical barrier): 대뇌 모세혈관 내피세포는 *모노아민산화효소*(*monoamine oxidase*)와 *펩티드분해효소*(*peptidase*), *산가수분해효소*(*acid hydrolase*), 그리고 호르몬과 신경전달물질 및 다양한 생물학적 활성을 지닌 물질을 분해하는 여러 종류의 효소를 가지고 있다. 이들을 통해 혈액에 존재하는 물질에 대한 화학적 장벽 역할을 한다.

> 대뇌 모세혈관 내피세포 꼭대기쪽(속공간쪽) 세포막에는 암세포에서 발견된 “다약제내성수송체(multidrug resistance transporter)”라고도 알려진 P당단백질(P-glycoprotein)이 존재한다. 이것은 뇌에 독성을 나타낼 수 있는 지용성약제로부터 뇌를 보호한다.

3. **지지 구조**(supporting structure): 대뇌 모세혈관은 두꺼운 바닥판을 가지고 있으며 별아교세포(astrocyte)에 의해 기계적 지지를 받고 있다(그림 21.3B). 별아교세포는 치밀이음 내구성을 유지하고 있으며 혈액과 뇌 사이 물질교환을 조절한다(5·V 참조).

> BBB의 불투과성은 머리뼈안 감염 혹은 종양 치료를 위한 약물수송 문제를 야기한다. 이런 경우 항생제와 화학치료 약제 통과를 위한 일시적인 파열을 만들기 위해 내피에 삼투압적 충격을 줄 필요가 있다.

C. 조절

대뇌순환은 평균동맥압이 ~60−130 mm Hg만큼 변화해도 일정한 혈류를 유지한다. 이것은 다른 혈관계에서 관찰되는 것보다 훨씬 넓은 범위이다. 자동조절은 기본적으로 국소조절기전을 통해 일어난다.

1. **국소조절:** 대뇌 저항혈관은 다른 순환계의 국소조절에서와 동일한 대사요소에 반응하여 확장하지만 특히 이산화탄소분압(Pco_2)에 예민하게 반응한다(그림 21.4). Pco_2가 조금만 증가해도 강력한 혈관확장이 일어나며 Pco_2가 감소하면 혈관수축이 일어난다.

> Pco_2 민감도는 과호흡에 의해 왜 의식이 소실되는지를 설명한다. 사람이 생리적인 요구 이상의 속도로 호흡을 하게 되면 혈액 Pco_2는 떨어진다. 혈관이완 영향이 사라지면 대뇌 저항혈관은 수축하며 사람은 목숨이 위험하게 된다. 정상 대뇌흐름은 허파꽈리 공기의 이산화탄소를 증가시키기 위해 날숨공기를 재호흡시킴으로써 회복될 수 있다. 결과적으로 동맥 Pco_2는 증가하며 대뇌혈관은 확장하고 혈류는 정상으로 돌아온다.

2. **중추조절:** 대뇌 저항혈관은 교감 및 부교감 신경계 모두로부터 지배를 받고 있다. 신경계가 활성화되어도 혈관민무늬근육세포에 대한 이들의 효과는 대사산물에 대한 반응에 비해 매우 미비하다.

D. 영역별 혈류형태(regional flow pattern)

머리뼈는 뇌에 대한 기계적 보호작용을 하지만 동시에 대뇌 혈류와 용적에 대한 물리적 속박으로도 작용한다. 인체 모든 조직은 대사활동이 증가하면 혈관계를 통한 혈액량 증가가 반영되어 팽창한다. 뇌의 경우에도 이와 유사하게 정신집중 변화와 신경세포 활동성 상태에 따라 혈류 요구량은 증가 또는 감소한다. 그러나 뇌는 용적 변화를 용납하지 않는 머리뼈 내에 있다. 뇌 조직 역시 대부분 압축이 불가능한 액체로 구성되어 있어 용적변화에 저항성을 가지고 있다. 그러므로 활동 증가에 수반된 대뇌혈류의 부분적 증가는 다른 뇌영역에서의 상반된 변화를 통해 균형을 맞춘다(그림 21.5).

E. 혈류 차단

뇌는 허혈에 매우 취약하다. 대뇌흐름이 20~30% 감소하면 가벼운 두통이 유발된다. 40~50% 감소는 **실신(syncope)**을 유발한다. 약 4~5분 동안의 완전한 혈류 차단은 장기기능상실과 죽음을 초래한다. 노화 혹은 병에 의해 대뇌혈관이 좁아지면 국소적인 혈류 감소와 몇 분 혹은 몇 시간 동안 대뇌기능 상실이 발생하는 **일과성허혈발작(transient ischemic attack, TIA)**이 초래될 수 있다. 대뇌혈류 차단(**뇌혈관사고[cerebrovascular accident]**, 혹은 **뇌졸중[strokes]**)은 대뇌혈관이 막혀서 발생한다. 이로 인해 경색과 조금 더 심한 경우 영구적인 신경손상이 발생한다.

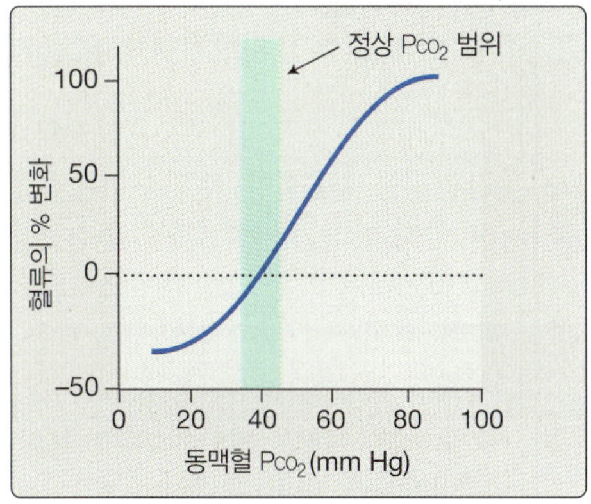

그림 21.4
Pco_2에 의존적인 대뇌혈류

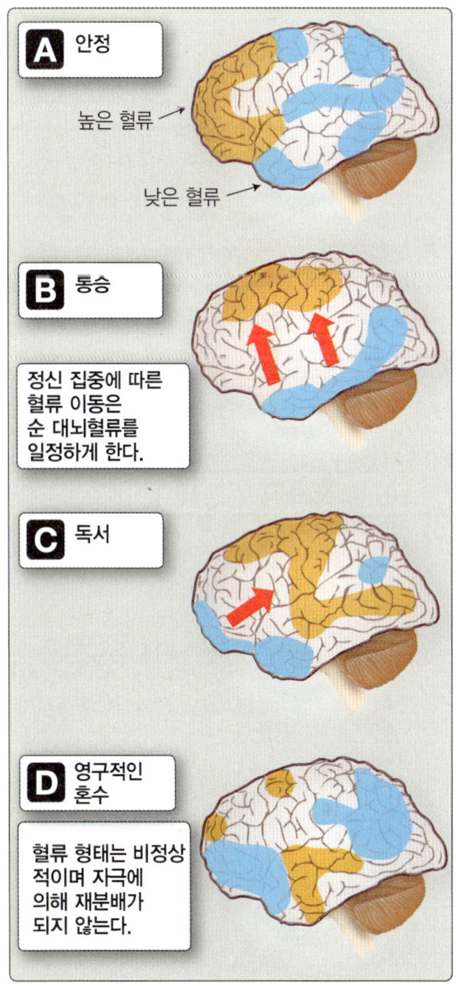

그림 21.5
영역별 대뇌혈류 이동 형태

> **임상 적용 21.1: 중추신경계 허혈반응(Central Nervous System Ischemic Response)**
>
> 뇌줄기에는 심장 및 말초순환계와 자율신경계 연결을 가지고 있는 심혈관계 조절중추가 존재한다(7·VI 참조). 심장혈관중추의 혈류 상실은 이온펌프 기능상실과 이온농도 차이 소실을 일으켜 신경세포가 탈분극되고 자발적 흥분을 하게 한다. 이런 결과를 **중추신경계 허혈반응(central nervous system ischemic response)**이라고 하며 강한 교감신경계 흥분에 의해 말초 장기로 가는 혈류는 차단되고 혈압은 최고치까지 올라간다. 이것은 뇌가 자신으로의 혈류를 유지하기 위한 필사의 노력을 의미한다. **쿠싱반응(Cushing reaction)**은 머리뼈 내 압력 증가에 의한 중추신경계의 특별한 허혈반응 중 하나이다. 시상하부는 교감신경계 활성화를 통해 반응하여 동맥압을 올리지만 결과적으로 압력수용기 반사에 의한 심장박동수 감소를 초래한다. 느린맥은 주로 수축기 고혈압과 호흡억제(**쿠싱세증후[Cushing triad]**)를 동반하고, 머리뼈 내 압력이 매우 높으며 죽음이 임박해 있다는 징후이다.

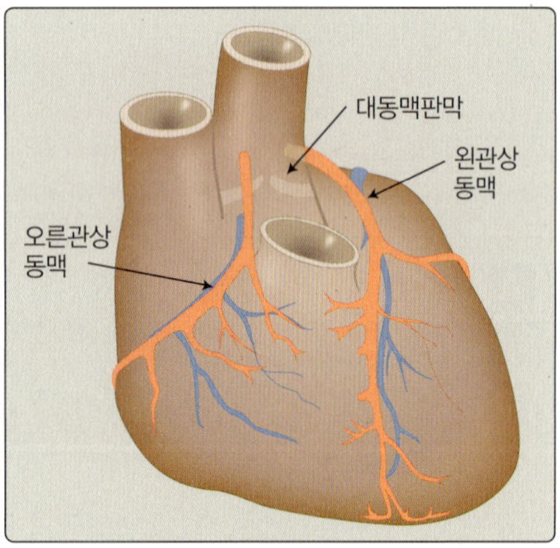

그림 21.6
주요 관상동맥 혈관

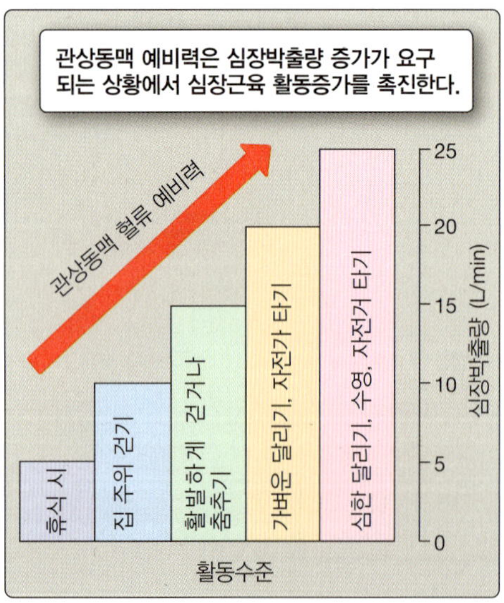

그림 21.7
관상동맥 예비력

III. 관상동맥 순환계

관상동맥 순환계는 영양분 요구와 정상적인 기능 유지를 위해 지속적인 혈류가 매우 중요하다는 점에서 뇌와 경쟁관계에 있는 심장근에 혈액을 공급한다.

A. 해부학

대동맥판막 바로 위 오름대동맥 뿌리 부분에서 시작되는 왼 및 오른 관상동맥에 의해 심장근은 혈액을 공급받고 있다(그림 21.6). 오른관상동맥은 오른쪽 심장에 혈액을 공급하고 왼관상동맥은 왼쪽에 혈액을 공급한다. 동맥은 심장 표면을 따라 진행된 후 근육층을 뚫고 들어간다. 혈관계는 인접한 동맥끼리 연결된 많은 곁가지를 가지고 있으며 또한 모세혈관이전괄약근이 존재한다(아래 참조).

B. 조절

휴식 시 관상동맥 순환계는 심장박출량의 ~5%를 공급받는다. 심장근은 혈액으로부터 사용 가능한 산소의 70% 이상을 추출하며, 또한 뇌와 유사하게 매우 낮은 무산소대사 용량을 가지고 있다. 이러한 산소 의존성은 어떠한 형태의 작업 증가라도 국소조절기전을 통해 관상동맥 혈류 증가와 일치시켜야 한다는 것을 의미한다.

1. **국소조절:** 관상동맥 저항혈관은 아데노신에 매우 예민하다. 심장박출량이 증가하였을 때 국소조절기전을 통해 4배에서 5배까지 관상동맥 혈류가 증가될 수 있으며 이런 현상을 **관상동맥예비력(coronary reserve)**이라고 한다(그림 21.7).
2. **중추조절:** 관상동맥 저항혈관은 교감 및 부교감 신경계 모두의 지배를 받고 있지만 국소조절에 비해 그 효과는 미비하다.

> 일부 개인에서 저항혈관이 교감신경계 혈관수축제에 비정상적으로 예민하게 반응하는 경우가 있어 높은 교감신경계 활성 시 관상동맥에 연축이 발생하는 경우가 있다. 이러한 일시적 흐름 차단에 의해 허혈이 발생되면 통증이 유발되며 이런 경우를 **프린츠메탈(Prinzmetal)** 혹은 **변이(variant) 협심증(angina)**이라고 한다.

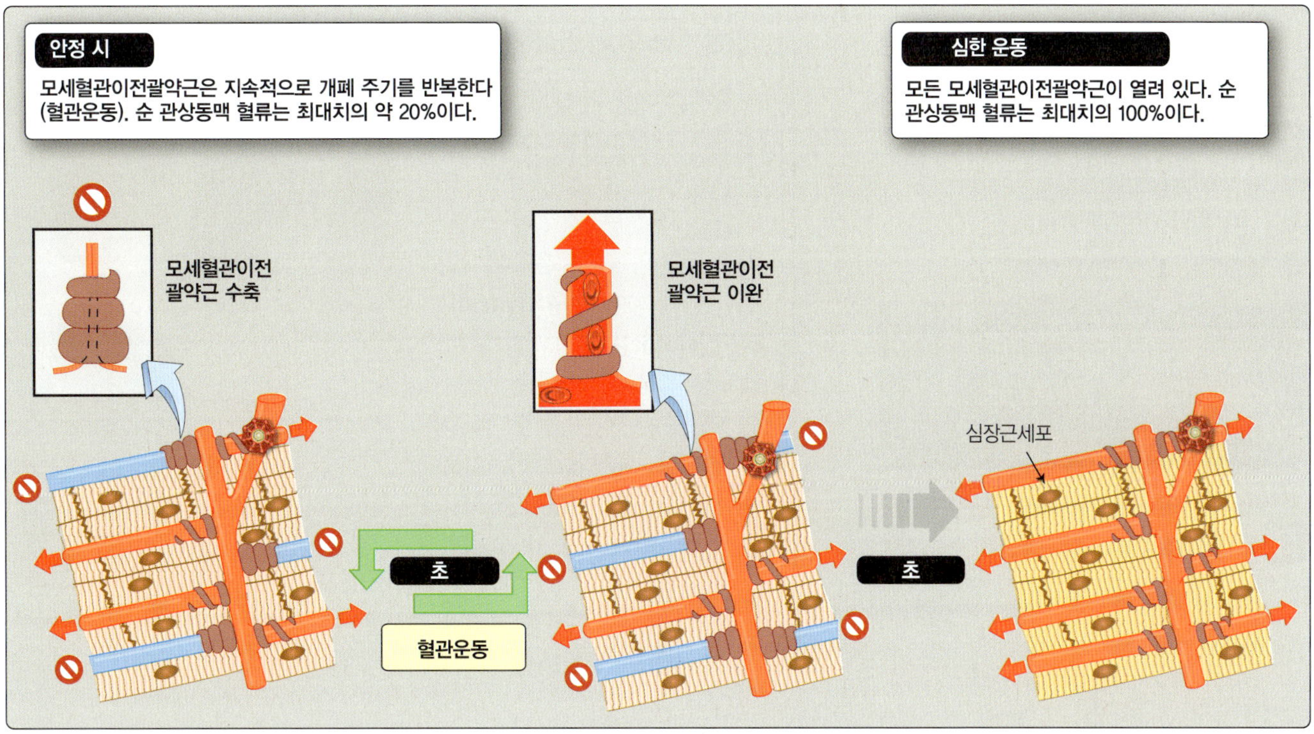

그림 21.8
혈관운동과 관상동맥 예비력의 기본

C. 모세혈관이전괄약근(precapillary sphincter)

모세혈관이전괄약근은 단일 민무늬근육세포로 구성되어 있으며 각각의 모세혈관 입구를 둘러싸고 있다(그림 21.8). 이들은 국소 대사산물 농도 변화에 따라 수축과 이완을 하며 모세혈관 흐름을 켜고 끄는 스위치 작용을 한다. 심박출량이 최소한으로 유지될 때 대부분의 괄약근은 수축하여("꺼짐") 혈류를 차단한다. 이들은 국소 대사산물 수준이 올라가면 때때로 이완되지만 증가된 혈류에 의해 대사산물이 씻겨 나가면 다시 수축한다. 휴식 시 괄약근의 매우 적은 부분(~20%)만 이완되어 있고 모세혈관은 능동적으로 관류되지만 모세혈관의 혈류 형태는 지속적인 것으로 보인다(**혈관운동[vasomotion]**). 심장 작업량이 늘어나 대사산물 생산 수준이 증가하면 괄약근은 대부분의 시간을 "켜진" 상태에 머무르게 된다. 심장박출량이 최고 수준일 때 모든 괄약근은 항상 열려 있게 되며 관상동맥 혈류 역시 최고 수준을 유지한다(그림 21.8 참조).

D. 혈관외압박(extravascular compression)

대부분의 전신혈관계를 통하는 혈류는 수축기 때 올라가고 확장기 때 떨어지는 대동맥 압력곡선을 따른다. 왼관상동맥을 통한 혈류는 수축기 동안 급격하게 떨어지고 확장기 시작 시 급격하게 올라간다(그림 21.9). 이런 독특한 혈류형태는 그림 21.10에서와 같이 심실 근세포가 수축할 때 동맥공급혈관을 찌부러지게 해서 일어난다(**혈관외압박**). 이러한 효과는 혈관 열림을 유지하는 주된 힘인 대동맥압이 가장 낮은 시기인 초기 수축기에

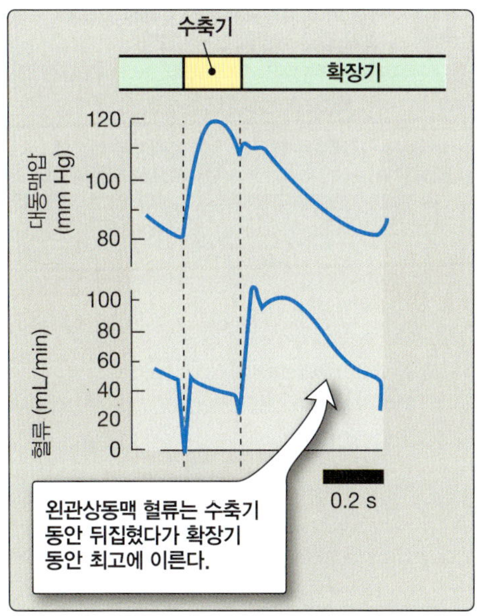

그림 21.9
왼관상동맥 혈류

임상 적용 21.2: 협심증(Angina)

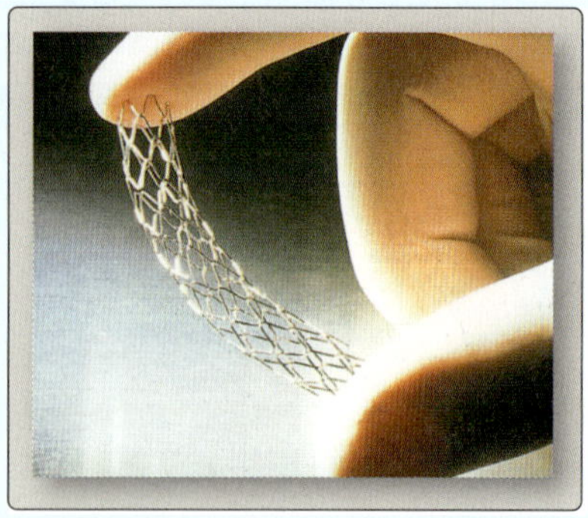

금속스텐트

협심증은 활동을 하거나 혹은 심장근 작업부하를 증가시키는 사건이 있는 경우 주로 나타나는 심장근 허혈에 의한 가슴 불편함 혹은 통증의 특별한 형태이다. **전형(typical)(안정[stable])** 협심증은 일반적으로 목숨을 위협하는 정도는 아니며 증상은 심장 작업부하를 감소시키는 약에 의해 호전된다.[1] **불안정협심증(unstable angina)**은 혈관이 완전히 막히게 될 위험성이 있다는 것을 의미한다. 전형적인 처치는 좁아져 있는 혈관을 넓히기 위해 풍선혈관성형술(balloon angioplasty) 혹은 금속관(**스텐트[stent]**) 이식을 하거나 관상동맥우회이식 수술을 하는 것이다 (임상 적용 20.2 참조).

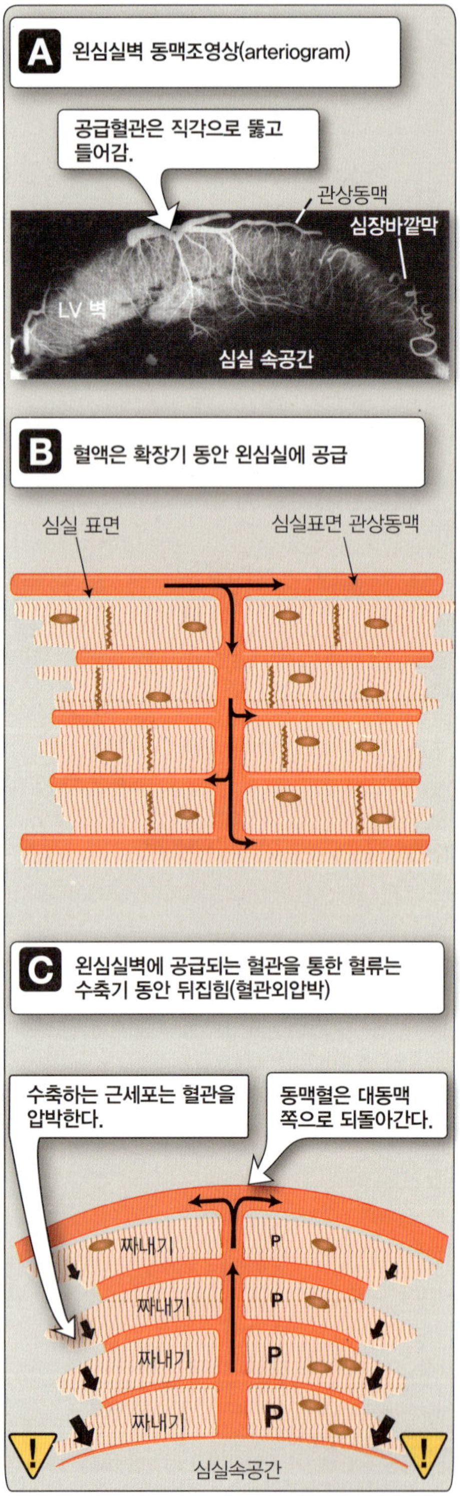

그림 21.10
왼심실벽의 혈관외압박. LV = 왼심실; P = 압력

가장 확실하다. 확장기 동안 압박하는 힘은 제거되고 혈액은 최고 속도로 근육조직으로 몰려 들어간다(그림 21.9 참조).

E. 혈류 차단

심실근세포는 혈액으로부터 높은 수준으로 산소를 추출해 내므로 심장근 작업부하와 관상동맥 공급에는 매우 섬세한 균형이 존재한다. 만약 균형이 깨지면 근육세포는 허혈과 경색 상태로 된다. 이런 경우 대부분은 **죽경화**와 **관상동맥병**에 의해 발생한다.

1. **죽경화:** 대부분의 서구 국가에 거주하는 사람들에게는 젊은 시절부터 죽경화 병변이 시작된다. 이것은 서서히 진행되어 지질과 비대해진 근세포, 섬유성물질 등으로 구성된 복잡 판이 된다. 판은 혈관 속공간을 차지하면서 자라나 혈류에 지장을 준다. 이것은 관상동맥 공급과 심장근 요구 사이에 불균형을 초래하여 허혈을 유발한다. 허혈상태 근육세포는 아데노신과 같은 혈관활동성 물질을 다량 분비하지만 혈관이완제는 판에는 아무런 효과를 미치지 못한다. 산소 부족이 지속됨에 따라 근육세포는 젖산을 방출하고, 이것은 심장근육 내에 존재하는 통증섬유를 자극하여 **협심증(angina pectoris)**을 초래한다.

2. **곁가지:** 곁가지는 인접한 세동맥을 연결하는 직경이 ~100 μm인 혈관이다. 건강인에서 이것은 주로 수축해 있지만 만약 공급혈관이 막히면 대사산물 수준이 증가하는 것에 반응하여 확장한다. 만약 막힌 혈관이 작다면 곁가지를 통한 혈류에 의해 **경색**이 방지된다. 시간이 지남에 따라 이

[1] 항협심증 약물에 관한 설명은 *LIR Pharmacology 제5판* 참조.

통로들이 커지면 허혈 부위로 거의 정상에 가까운 혈류가 제공된다.

IV. 내장 순환계(SPLANCHNIC CIRCULATION)

내장 순환계는 간과 쓸개, 지라, 이자, 창자 전체에 혈액을 공급한다. 이것은 가장 큰 전신순환계이며 휴식 시에도 심장박출량의 20~30%를 공급받고 있다(그림 21.1 참조).

A. 해부학

혈액은 복강 및 창자간막 동맥을 통해 내장 순환계에 도달한다. 이후 혈액은 지라 및 이자, 위, 작은창자, 큰창자를 지나 문맥을 통해 간으로 간다(그림 21.11). 이것은 2 종류의 장기가 서로 직렬로 연결된 인체 내에서 몇 안 되는 영역 중 하나이며, 순환계 디자인은 혈액이 일반 순환계로 돌아가기 전에 간이 흡수된 영양물질을 여과하고 처리하도록 매우 기능적으로 되어 있다.

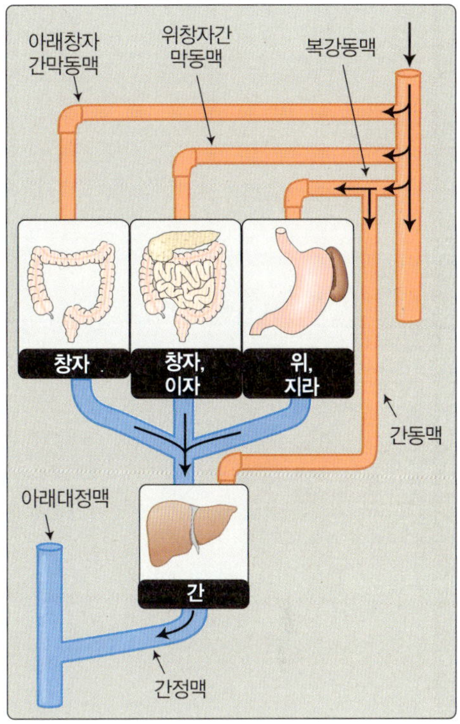

그림 21.11
내장순환계

B. 조절

내장 순환계 혈류는 국소 및 자율신경계에 의해 조절되지만 창자신경계도 역시 관여한다.

1. **국소조절:** 창자가 어떤 기전에 의해 자동조절되는지는 명확하지 않다. 식사 중에 혈류가 증가하는 것은 대사산물과 위창자호르몬, 창자 상피에서 방출되는 혈관이완 키닌, 담습산, 소화산물에 의해 유빌된다.

2. **중추조절:** 내장 순환계는 교감 및 부교감 신경계 모두에 의해 조절된다. 부교감신경계는 음식에 대한 예측과 소화과정 동안에 혈류가 증가되도록 한다(고전적인 "휴식과 소화" 반응). 교감신경계는 "맞섬도피(fight-or-flight)"반응 동안 모든 내장 순환계를 수축시켜 혈액이 위창자관을 우회하도록 하여 순환계 다른 영역에서 사용되도록 한다.

C. 내장 저장고(splanchnic reservoir)

휴식 시 내장 순환계는 전체 순환용적의 ~15%를 담고 있어 다른 곳에서 더 급하게 혈액이 필요한 경우 교감신경계가 짜낼 수 있는 중요한 저장고로 작용한다. 내장 혈류에 대한 교감신경계 활성 결과는 자극 강도에 의존적이다.

1. **가벼운 교감신경계 활성화:** 가벼운 교감신경계 활성화는 내장 혈류를 줄이지만 대사산물 수준 증가에 의해 반사적으로 저항혈관 확장이 일어나 몇 분 이내에 순환은 정상으로 돌아간다. 이런 현상을 **자동조절성이탈(autoregulatory escape)**이라고 한다(그림 21.12). 중등도 교감신경계 활성화(예: 중등도 운동 중에 볼 수 있음)는 보다 지속적인 내장 혈류 감소를 초래한다.

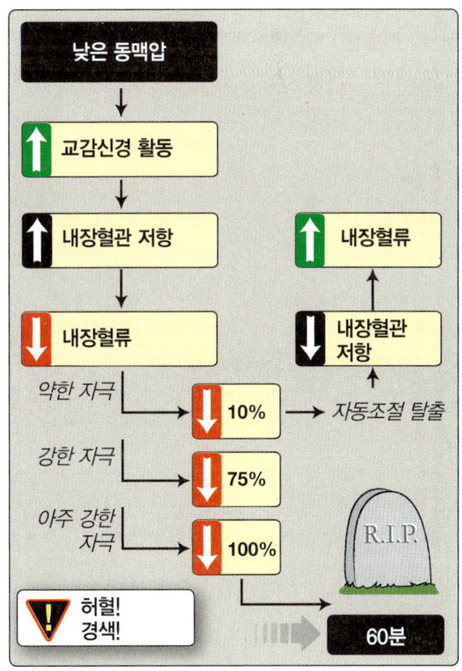

그림 21.12
내장혈류은 전반적으로 교감신경계 지배를 받고 있다.

2. **최대 교감신경계 활성화:** 심한 운동은 심장혈관계통의 강력한 요구를 초래한다. 내장 저항혈관에 대한 강한 교감신경계 자극은 총 혈류를 기본값의 25% 이하로 떨어지게 하며 또한 정맥수축을 통해 200~300 mL의 혈액을 내장 혈관계로부터 빠져나가게 한다. 창자 조직은 감소된 혈류를 보상하기 위해 공급되는 혈액으로부터 산소 추출을 증가시킨다.

D. 순환쇼크(circulatory shock)

심한 출혈과 다른 형태의 순환쇼크는 교감신경계 활동을 최대수준까지 가게 하여 오랜 기간 동안 내장 혈류를 최소한의 수준으로 감소시킨다(그림 21.12 참조). 한 시간 이내에 혈류가 회복되지 못하면 작은창자를 덮고 있는 상피에 경색이 발생하고 떨어져 나오기 시작한다. 탈락은 창자로부터 독성 물질(세균성 창자독소와 내독소)이 혈류로 들어가도록 하여 결과적으로 독소혈증과 패혈쇼크를 초래한다(40·IV·C 참조)

V. 뼈대근육 순환계(SKELETAL MUSCLE CIRCULATION)

뼈대근육의 휴식 시 혈류는 조직량에 비해서 많지 않다(심박출량의 ~20%). 하지만 이러한 겸손함은 운동 동안 엄청난 근육 고유의 혈관이완 능력이 있기 때문이다.

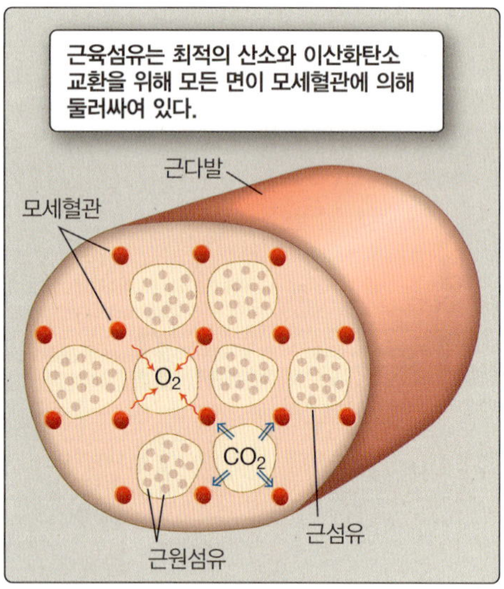

그림 21.13
뼈대근육섬유와 혈액공급 사이 관계

A. 해부학

뼈대근육이 활동하는 동안 이들은 혈관계가 운반하는 산소와 영양분, 제거하는 열과 이산화탄소, 대사 노폐물질에 매우 의존적이다. 혈관계의 기능은 촘촘한 모세혈관망에 의해 촉진된다. 뼈대 혈관계는 최종적으로 종말세동맥이 되기 전에 근육군 내에서 여러 번 분지를 하는 표면영양동맥에 의해 공급을 받고 있다. 각 세동맥은 근다발 내에서 각각의 근육섬유와 평행으로 진행하는 여러 개의 모세혈관을 형성한다. 각 섬유는 전형적으로 3개에서 4개의 모세혈관에 의해 지배를 받고 있어 확산으로 산소가 도달해야 하는 근원섬유의 가장 안쪽까지 거리를 25 μm 정도로 감소시킨다(그림 21.13).

B. 조절

뼈대 혈관계는 국소 및 중추 조절기전이 동일하게 작용한다. 이들 기전을 통해 특정 환경에서 요구되는 엄청난 혈류 공급이 가능하다.

1. **국소조절:** 휴식 시 근육은 모세혈관에 혈액을 보내는 종말세동맥(저항혈관)이 수축되어 있어 단지 적은 수의 모세혈관만이 관류된다. 근육이 활동을 하면 대사물질 농도가 증가되어 비활동 상태의 모세혈관에 혈액을 흐르게 한다(**모세혈관동원[capillary recruitment]**).

2. **중추조절:** 근육의 대사 요구에 의해 주로 조절되는 뼈대근육 저항혈관

은 또한 교감신경계 지배를 풍부하게 받고 있으며, 교감신경계는 안정 시 긴장도를 통해 최소한의 혈류 유지에 관여한다. 동맥압이 떨어지면 정상적인 반응 중 하나 인 압력수용기 반사가 관여하여 교감신경계 활동은 증가된다. 결과는 이때 근육이 운동을 하고 있는지 아닌지에 의해 좌우된다.

a. **휴식 시:** 교감신경계 활성은 안정 근육으로 가는 혈류를 줄인다. 증가된 저항은 전신혈류저항을 올리며 이런 현상은 압력수용기 반사와 동반되어 나타난다.

b. **운동 중:** 운동 중에는 국소 대사산물 농도가 혈관조절을 주도한다. 이 기전은 강렬한 운동 시에 뼈대 혈관계를 통한 혈류를 25L/분 까지 증가시킬 수 있는 능력을 가지고 있으며 이 양은 안정 시 심장박출량의 500%에 해당한다!

C. 혈관외압박

수축하는 근육은 섬유 사이에 놓여 있는 혈관을 압박하여 일시적으로 흐름을 차단한다. 등척수축(예: 물건을 들어 올리는 행위)은 몇십 초간 혈류를 억제할 수 있으며, 이어서 일어나는 이완 시에는 활발한 **반응충혈(reactive hyperemia)**을 보인다. 가벼운 달리기와 수영과 같은 등장성 운동 경우에는 수축과 이완이 주기적으로 일어나므로 위상성 혈류형태를 보인다(그림 21.14). 혈류는 수축에 의해 2 종류의 극단 상황 사이에서 진동을 하지만, 전반적으로는 증가한다(**능동충혈[active hyperemia]**).

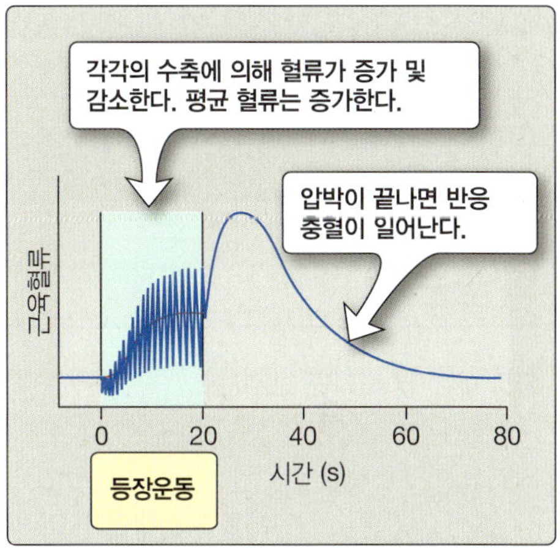

그림 21.14
유산소운동 동안 뼈대근육 혈관계를 통한 위상성 혈류형태

21장 요약

- 인체의 다양한 기관에 혈액을 공급하는 순환계는 기관의 기능을 지원하기 위한 독특한 맞춤 형태 특성을 지니고 있다.
- **대뇌 순환계**는 아주 높은 산소 요구를 가지고 있으며, 기능 유지를 위해 지속적인 혈류가 필요한 뇌에 혈류를 공급한다. 혈류가 차단되면 실신이 유발되며 몇 분 이내에 비가역적인 세포 변화가 발생한다.
- 뇌는 **혈액-뇌장벽**을 통해 혈액에서 기인하는 물질로부터 보호를 받는다. 인접한 내피세포 사이의 **치밀이음**은 이온과 여러 수용성 화학물질에 대한 물리적 장벽을 형성한다. 내피 효소는 위협을 줄 수 있는 물질을 분해하는 화학적 장벽을, **별아교세포**는 기계적인 지지를 제공한다.
- 대뇌 혈관계를 통한 흐름은 국소 대사물질 농도에 의해 조절된다. 대뇌 저항혈관은 P_{CO_2}에 예외적으로 예민하다. 혈류량은 머리뼈에 의해 제한되므로 전체 용적을 일정하게 유지하기 위해 어느 한 영역으로 흐름이 증가하면 다른 영역의 흐름은 감소되어 균형을 맞춘다.
- **관상동맥 순환계** 역시 비슷한 혈류공급을 받는 조직이며, 기능 유지를 위해 높은 산소 의존도를 보이며 심장근육 작업부하가 증가되면 혈류 증가가 반드시 뒤따라야 한다. 관상동맥 저항혈관은 국소인자인 **아데노신**에 의해 주로 조절된다. 교감신경계 종말은 생리적 효과를 나타내지 못한다.
- 왼관상동맥을 통한 흐름은 심실수축 동안 **혈관외압박** 효과에 의해 수축기 초기에 감소한다. 왼심실은 혈류 공급의 대부분을 확장기 동안 받는다. 관상동맥 혈관계를 통한 흐름이 제한되면 젖산 농도가 올라가고 이로 인해 통증(**협심증**)

이 유발된다. 관상동맥 혈류 차단은 허혈을 유발하고 **심근경색**을 초래한다.

- 내장순환계는 다른 내장 기관과 **직렬로 연결된** 간을 포함한 소화에 관여하는 모든 기관에 혈액을 공급한다.
- **내장혈관계**는 안정 시 총 순환혈액량의 15%을 함유하고 있다. 위창자 기관은 낮은 산소 요구도를 가지고 있어 저혈압 위기 시 짧은 기간 동안은 허혈 위험성 없이 혈류를 다른 쪽으로 돌릴 수 있다.
- 내장 혈관은 교감신경계에 의해 주로 조절된다. 지속적인 내장 혈관수축(1시간 이상)은 창자상피의 사멸을 초래하며 혈액과 창자 내용물을 분리하는 장벽을 파괴한다.
- **뼈대근육 혈관계**는 중추와 국소 요소 모두에 의해 조절된다. 근육활동이 증가되었을 때 대사산물 농도 증가는 흐름을 25배까지 올린다. 근육이 활동하지 않을 때는 교감신경성 수축제 효과에 의해 혈류는 다른 곳으로 간다.

학습문제

가장 옳은 답 하나만 고르시오.

IV.1 고혈압 병력을 가지고 있는 65세 남자가 혈압을 감소시키기 위해 Ca^{2+}통로 차단제를 처방받았다. 이 약제는 심장 심실근육 세포에 어떤 효과를 미치는가?

A. 효과가 없다.
B. 수축력을 증가시킨다.
C. 심장박동수를 증가시킨다.
D. 2기가 짧아진다.
E. 1기가 길어진다.

정답 = D. Ca^{2+}통로 차단제는 심실 활동전위 2기 동안 L형 Ca^{2+}통로를 통한 Ca^{2+} 유입을 줄여 수축력을 감소시킨다(17·IV·A). 1기는 Na^+과 K^+통로에 의해 형성되며(17·IV·B) Ca^{2+}통로 차단제에 영향을 받지 않는다. 심장박동수는 L형 Ca^{2+}통로에 의해 일부 조절되는 굴심방결절세포의 4기 탈분극 속도에 의해 결정된다(17·IV·C·4). Ca^{2+}통로 차단제는 심장박동수를 감소시킬 수 있다.

IV.2 평균전기축이 –60°인 남자에서 가장 관련성이 높은 상황은?

A. 폐동맥고혈압
B. 심실조기수축
C. 대동맥판협착증
D. 폐부종
E. 왼심실경색

정답 = C. 대동맥판막협착증은 왼심실에 더 큰 작업량을 부과하며 지속적인 심장박출을 유지하기 위해 더 높은 수축기압을 만들도록 한다(40·V·A). 시간이 지남에 따라 왼심실비대를 초래하며 이것은 심장전기도 상에서 좌측편위로 나타난다(정상범위 = +105°에서 –30°; 17·V·E). 폐동맥고혈압과 폐부종은 오른심실비대를 초래한다. 외심실경색은 왼심실 근육량 감소를 초래하므로 전기축을 왼쪽이 아닌 오른쪽으로 이동하게 한다. 심실조기수축은 평균전기축을 직접적으로 변화시키지는 않는다.

IV.3 50세 여성이 가슴에서 “탁하고 치는(thumping)” 감각이 느껴진다고 호소하였다. 심전도상에는 가끔 넓은 조기 QRS 복합이 나타났다. 이러한 QRS 복합이 나타나는 이유는?

A. 심방세동
B. 심실세동
C. 과민한 딴곳초점
D. 1도 심장차단
E. 심장근육 허혈

정답 = C. 심실조기수축(PVC)은 넓고 비정상적인 모양을 지닌 QRS 복합이 특징이다. 이러한 것은 흥분파가 빠른 전도를 보이는 히스-푸르킨예계를 통하지 않고 근육세포에서 근육세포를 통한 느린 경로를 통해 전달이 되기 때문이다(17·V·D·3). PVC는 굴심방결절이 아닌 심실근육 내에 위치한 과민한 초점에 의해 유발된다(즉, 딴곳). 심방세동에서는 P파가 없어지고 1도 심장차단에서는 PR 간격의 길어진다. 심실세동에서는 심전도에서 보이는 정상적인 파형이 없어진다. 허혈은 ST 분절에는 영향을 미치지만 QRS 복합은 정상으로 나타난다.

IV.4 심장주기 중 "완만심실박출"에 해당하는 심전도 현상은?

A. P파
B. PR 간격
C. QRS 복합
D. ST 분절
E. T파

정답 = E. T파는 심실 재분극에 해당하며(17·V·C), 완만박출 동안 일어난다(18·II). P파는 이어지는 PR 간격 동안 심방수축이 일어난다. QRS 복합은 심실 흥분에 의해 발생하며 이어서 등용적수축과 급속박출이 일어난다. ST 분절은 등용적수축이 완료되고 급속박출로 이어지는 시기이다.

IV.5 나이에 맞는 정상 신장과 체형을 가지고 있는 7세 남아가 일상적인 신체검사를 하였다. 주치의사는 청진에서 제3심음이 들린다고 하였다. 이 소년에게서 들리는 제 3심음은 무슨 의미를 가지고 있는가?

A. 급속심실박출에 해당
B. 심방비대를 의미
C. 심전도상에는 우측편위가 나타난다.
D. 대동맥판역류에 의해
E. 심실충만에 의해

정답 = E. 제3심음은 심실이 충만될 때 발생하며 심실벽이 갑자기 당겨지고 떨려서 난다(18·II·E). 성인의 경우는 병적인 상황이 수반되었다는 표시이기도 하지만 어린 아이에게는 정상적이다. 심실충만과 제3심음은 급속박출이 아닌 확장기 동안 발생한다. 심방비대는 제4심음을 발생시키며 우측편위는 심장음 발생과 반드시 연관되어 있지 않다. 판막 역류는 심음이 아닌 잡음을 만든다(임상적용 18.1).

IV.6 44세 여성이 심근 수축력 손상과 이로 인한 보상성 액체정체가 나타나는 확장심장근육병(dilated cardiomyopathy)을 진단받았다. 액체정체와 전부하주기의 이점은?

A. 심실벽 장력을 증가시킨다.
B. 심실 일회박출량을 증가시킨다.
C. 심실 후부하를 감소시킨다.
D. 심장 운동부하를 감소시킨다.
E. 안정 시 심장박출량 요구를 감소시킨다.

정답 = B. 전부하주기는 심장근육을 늘려 근육원섬유마디의 길이 의존 활성화를 통해 수축 시 발생하는 힘을 증가시킨다(18·III·D). 전부하주기는 일회박출량과 박출률을 증가시켜 감소된 심실수축력을 보상한다. 증가된 전부하의 단점은 심실 반지름과 벽 장력을 늘려 후부하와 전반적인 작업부하를 증가시키는 것이다(라플라스법칙; 18·IV·B). 안정 시 심장박출량은 전부하가 아닌 조직 대사 필요성에 의해 결정된다.

IV.7 11세 소년의 치과 수치의가 마취를 위해 산화질소 가스를 흡입시켰다. 산화질소가 뇌에 도달하는 주 경로는 다음 중 어떤 것인다?

A. 모세혈관 벽을 통한 세포내섭취
B. 특수한 내피 수용체
C. 창을 통한 덩이흐름
D. 세포 사이 이음을 통한 확산
E. 내피세포를 통한 확산

정답 = E. 산화질소 개스는 산소와 이산화탄소와 같이 작고 지용성이 높은 물질이어서 내피세포막을 통해 쉽게 확산된다(19·VI). 세포내섭취는 기본적으로 혈액과 조직 사이에 큰 단백질을 이동하는 수단인 반면에 수송체는 전위를 띤 분자를 농도경사에 반해서 수송하는 데 사용된다. 창과 세포 사이 이음은 물과 여기에 녹아 있는 이온의 이동 경로로 사용된다.

IV.8 콰시오르코르증(Kwashiorkor)은 개발도상국에서 볼 수 있는 심한 어린이 영양결핍 형태이다. 증상은 간비대와 다리의 오목부종이다. 오목부종이 생기는 이유는?

A. 혈장단백질 부족
B. 부적절한 심장박출량
C. 심한 액체정체
D. 감소된 사이질압
E. 감소된 적혈구용적률

정답 = A. 혈장단백질은 혈관계 내에 액체를 잡아 두게 하는 삼투압을 형성한다(혈장 콜로이드삼투압)(19·VII·D). 콰시오르코르증은 부적절한 단백질 섭취에 의해 간에서 단백질 합성 능력에 손상을 받아 발생한다. 액체는 사이질로 여과되어 나가며 이로 인해 부종이 발생한다. 감소된 심장박출량과 압력은 액체 여과를 감소시킨다. 과도한 액체정체는 혈장단백질 부족에 의한 부종을 악화시킨다. 사이질압은 액체여과에 의해 증가되며 여과를 억제하는 힘으로 작용한다. 반면에 적혈구용적률은 아무런 효과가 없다.

IV.9 뼈대근육 대사는 육체 활동은 하는 동안 엄청나게 증가하며 동시에 동일한 정도의 혈액 관류 증가도 지속된다. 다음 중 활동에 의한 근육 혈류 증가를 설명하는 기전은?

A. 흐름에 의한 산화질소 방출
B. 노르에피네프린에 의한 혈관확장
C. 증가된 대사활동
D. 항이뇨호르몬 방출
E. 히스타민 방출

정답 = C. 활동 중인 조직으로 혈류 증가("능동충혈")는 저항혈관의 반사이완을 유발하는 이산화탄소 및 수소이온, 아데노신을 포함한 대사산물의 국소적인 축적에 의해 매개된다(20·II·A). 노르에피네프린(교감신경종말로부터) 및 항이뇨호르몬(뒤뇌하수체로부터) 모두는 저항혈관을 수축시킨다. 흐름에 의한 산화질소 방출은 심장박출량이 높을 때 흐름을 증가시키는데 관여한다(20·II·E). 그러나 이 효과는 대사산물에 의한 이차적인 효과이다. 히스타민은 혈관이완을 유발하지만 대부분 알레르기 반응의 한 부분으로 나타난다.

IV.10 11세 소녀가 자기 남동생과 레슬링을 하다가 남동생의 왼목동맥팽대에 압력을 가해 실신시켰다. 실신이 일어난 원인은?

A. 남동생 목동맥 폐쇄
B. 목정맥 폐쇄
C. 대뇌혈관계 혈관수축
D. 목동맥 압력수용기 자극
E. 목동맥 화학수용체 자극

정답 = D. 목동맥팽대 부위에 압력을 가하면 혈관 벽 내에 존재하는 압력수용기를 자극하여 혈압이 오른 것과 같은 효과를 나타낸다(20·III·A). 이것은 심장박출량과 전신혈관저항(SVR) 감소를 초래하는 반사를 유발한다. 결과적으로 동맥압이 떨어져 대뇌 저혈압과 실신이 유발된다. 대뇌동맥 혹은 정맥 중 하나가 막히는 것은 실신을 유발할 정도의 대뇌관류 감소나 대뇌 이산화탄소 수준 변화를 초래하지는 않는다. 목동맥토리 화학수용체는 혈압을 직접적으로 감지하지는 않으며 단지 자극을 받을 경우 전신혈관저항과 혈압을 올리기는 한다.

IV.11 45세 여성이 90분간 의학생리학 강의 후에 일어서다가 실신을 하였다. 다음 중 보상작용이 제대로 작동하는 건강인에서 서 있는 자세로 일어날 경우 증가되는 변수는?

A. 전신혈관저항
B. 왼심실 전부하
C. 오른심실 전부하
D. 대뇌 정맥압
E. 대동맥 압력수용기 흥분발사 빈도

정답 = A. 사람이 설 때 혈액은 다리로 몰린다(20·III·D). 감소된 정맥환류에 의해 오른 및 왼 심실 전부하는 감소하게 되며 이로 인해 심실의 일회박출량과 심장박출량이 감소한다. 결과적으로 동맥압이 떨어지고 이것은 동맥(대동맥 및 목동맥팽대) 압력수용기의 흥분발사 빈도 감소로 이어진다. 만약 압력감소가 심할 경우 대뇌 혈류는 지장을 받을 수 있다. 정상적인 보상이 일어나는 경우는 전신혈관저항 증가를 동반하는 압력수용기반사가 시작되어 서 있는 자세를 견딜 수 있게 한다.

IV.12 심한 협심증을 앓고 있는 55세 여성이 4곳에 우회술을 하기로 수술 일정을 잡았다. 좁아져 있는 부위보다 아래쪽에 있는 관상동맥은 협심증이 발생한 동안은 완전히 확장된다. 이런 혈관확장이 일어나는 주된 이유는?

A. 부교감신경 활동
B. 노르에피네프린
C. 아데노신
D. 젖산
E. 높은 속도의 혈류

정답 = C. 관상동맥 저항혈관은 국소대사산물 특히 아데노신 농도 변화를 통해 심장근육의 요구에 반응하고 있다(21·III·B). 젖산 역시 아데노신보다는 약하지만 혈관확장을 일으킨다. 높은 속도에 의한 전단응력은 산화질소 방출을 통해 혈관이완을 초래하지만 관류가 감소되어 있거나 협심증에서는 관여하지 않는다. 부교감신경계는 관상동맥 조절에는 주요하게 작용하지 않으며 노르에피네프린은 오히려 혈관을 수축시킨다.

호흡역학

22

I. 개요

모든 세포는 다양한 활동을 위한 연료로서 아데노신삼인산염(adenosine triphosphate, ATP)을 생성한다. ATP를 생성하는 주 경로는 지속적으로 산소분자(O_2)와 탄소화물 공급이 필요한 호기해당작용(aerobic glycolysis)이다. 산소와 포도당 대사는 물과 이산화탄소(CO_2)를 생성한다(**속호흡[internal respiration]**). 이산화탄소는 물에 녹아 탄산을 생성하고, 지속적으로 신체로부터 배출되어야 한다. 세포에 산소와 포도당을 공급하고, 이산화탄소와 같은 노폐물들을 제거하는 역할은 심장혈관계가 담당하고 있다. 산소는 대기에 존재하고 있으며 혈액에 근접하게 되면 쉽게 순환계로 들어갈 수 있다. 이산화탄소 역시 산소가 흡수될 때 대기로 배출되는 가스이다. 폐의 기본적인 기능은 혈액과 대기 사이에서 이들 가스가 쉽게 교환될 수 있도록 하는 것이다(**바깥호흡[external respiration]**). 폐는 **혈액-가스 접촉면(blood-gas interface)**을 형성하는 호흡상피로 구성되어 있다. 접촉면 총면적은 대략 80 m^2 혹은 단식 테니스 코트의 절반 정도이다. 접촉면은 혈액과 들숨 공기 사이에서 빠른 가스 교환이 가능하도록 매우 얇다. 이런 특징에 의해 혈액이 폐혈관계를 순환하는 동안 산소와 이산화탄소가 접촉면을 통해 빠르게 평형상태에 도달할 수 있다. 공기는 호흡근의 규칙적인 수축과 이완을 통해 폐로 들어오고 나간다. 공기 펌프는 이산화탄소는 바깥으로 내 보내고 산소를 다시 보충함으로써 혈액과 대기 사이에서 두 종류 가스가 지속적으로 확산되게 하는 원동력이 최적 상태가 되도록 한다.

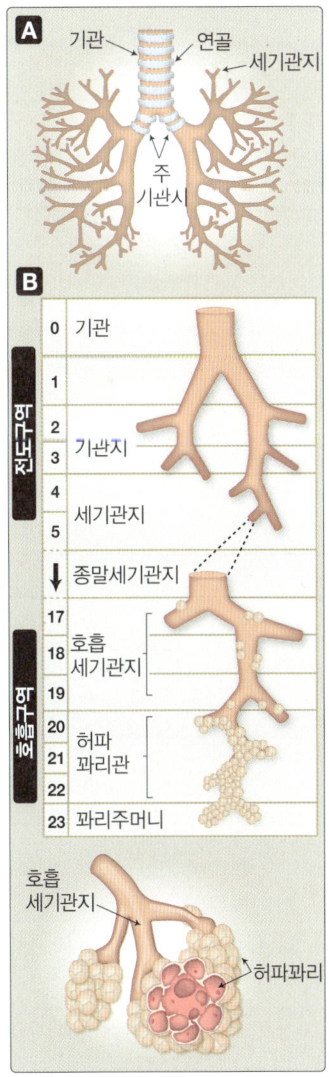

그림 22.1
폐 기도 가지치기

II. 기도 해부학(AIRWAY ANATOMY)

가슴(thorax) 내에서 속호흡 요구량을 충족시키기 위한 충분한 표면적을 가진 혈액-가스 접촉면을 확보하기 위해 그림 22.1A와 같이 가지를 치는 관(**기도[airways]**)과 공기주머니(**꽈리주머니[alveolar sac]**)의 정교한 체계가 필요하다. 기도는 공기가 바깥 대기로부터 혈액-가스 접촉면으로 들어가도록 한다. 기도는 기관(trachea, 0 분지)에서 시작하여 계속 가지를 쳐서 기관지 나

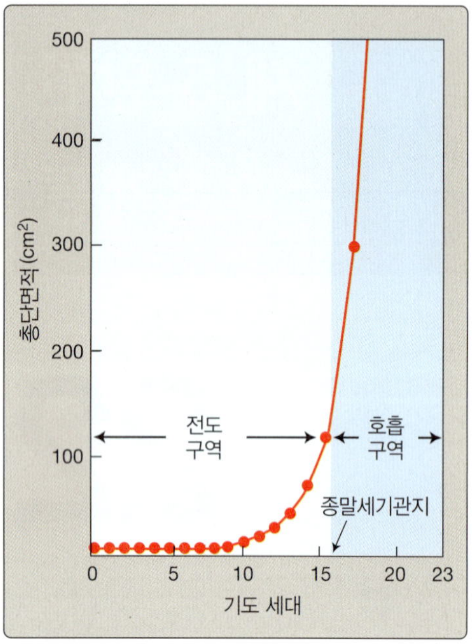

그림 22.2
폐 표면적 증폭

무(bronchial tree)를 만든다. 이 나무는 23번 가지를 치면서(그림 22.1B), 기능적으로 확연히 구분되는 전도구역과 호흡구역을 구성한다.

A. 전도구역(conducting zone)

전도구역에 있는 기도는 가스 교환에 관여하지 않고 단순히 공기흐름 통로로서 역할을 한다. 보다 큰 기도는(0~10 분지) 개방성을 보장하기 위해서 구조적으로 연골에 의해 지지되고 있다. 전도구역 끝을 나타내는 종말세기관지(terminal bronchiole, 16번째 분지)를 포함하는 10부터 16 분지까지는 **세기관지(bronchiole)**라고 한다. 전도구역은 점액을 분비하는 섬모상피(ciliated epithelium)로 덮여 있다. 섬모는 지속적으로 움직여 점액을 이동시켜 포획된 분진을 폐 밖으로 빠져나가게 한다(**점액섬모상승[mucociliary escalator]**).

> 담배 흡연는 호흡 섬모 기능을 저하시킨다. 섬모운동 정지는 박테리아와 다른 흡입된 분진을 폐에 축적되게 하여 국소적인 자극과 상피염증을 초래한다. 결과적으로 흡연자는 기침발생과 기관지염이 잘 생긴다. 흡연을 중지하면 섬모 기능은 회복된다.

B. 호흡구역(respiratory zone)

호흡세기관지(respiratory bonchiole)와 폐포관(alveolar duct), 꽈리주머니를 포함하고 있는 **호흡구역**(17~23 분지)은 비록 통로는 좁지만 단면적이 엄청나게 증가하는 특징을 지니고 있다(그림 22.2). 호흡구역에는 혈액-가스 접촉면이 위치해 있다.

C. 꽈리주머니

허파꽈리(alveoli)는 내경이 75~300 μm인 얇은 벽으로 싸여 있는 다면 주머니이다(그림 22.3). 폐에는 약 300만 개의 허파꽈리가 있으며 **Kohn 구멍(pore of Kohn)**에 의해 연결되어 있다. 허파꽈리 내층은 대기공기와 혈관계를 분리하며, 이것은 호흡상피세포 혹은 **허파꽈리세포(pneumocyte)**라 칭하는 두 종류의 세포로 구성되어 있다.

1. **1형 허파꽈리세포: 1형 허파꽈리세포(type I pneumocyte)**는 얇고 평평하다. 대부분(90% 전후)의 허파꽈리 표면을 구성하고 있다.

2. **2형 허파꽈리세포: 2형(type II pneumocyte)** 혹은 **과립 허파꽈리세포(granular, pneumocyte)**는 똑같은 숫자가 존재하지만 보다 밀집되어 있어 적은 면적을 차지한다. 이들은 **폐표면활성제(pulmonary surfactant)**를 함유하고 있는 많은 **층판봉입체(lamellar inclusion body)**로 차 있다. 2형 세포는 빠르게 분열할 수 있어 허파꽈리 벽 손상을 회복시키는 역할을 한다. 이들은 궁극적으로는 분열을 거의 하지 않은 1형세포로 바뀌게 된다.

3. **혈액-가스 접촉면:** 폐 모세혈관은 주위의 꽈리주머니 사이를 굽이쳐 흐른다. 이들의 밀도는 매우 높아서 허파꽈리 표면 전체를 빈틈없이 혈액

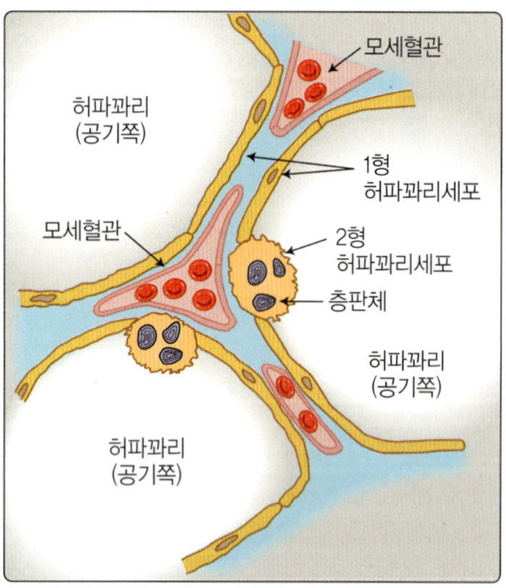

그림 22.3
허파꽈리벽 구조

으로 덮을 수 있는 정도이다. 대기공기와 적혈구 사이 간격은 모세혈관 내피세포와 꽈리세포를 합친 두께 정도이다(총 300 nm 전후).

III. 혈액공급

폐는 2가지 다른 순환계를 통해 혈액을 공급받고 있다: **폐(pulmonary)** 및 **기관지(bronchial)** 순환계.

A. 폐순환계

폐순환계(pulmonary circulation)는 산소가 풍부하지 않은 정맥혈액을 오른심실로부터 폐동맥을 통해 가스교환을 위한 혈액-가스 접촉면으로 보낸다. 폐정맥은 산소가 풍부한 혈액을 전신순환계로 보내기 위해 왼쪽심장으로 보낸다. 폐순환계는 낮은 혈관저항을 가지고 있어 평균폐동맥압이 낮다(~16 mm Hg). 폐순환계는 심장박출량 전부를 받는다(휴식 시 ~5 L/분, 격렬한 운동 시 ~25 L/분).

B. 기관지순환계

기관지순환계(bronchial circulation)는 산소와 영양물질을 기도에 공급하는 전신혈관계의 일부이다. 기관지동맥은 대동맥으로부터 시작되어 기관지정맥으로 가는 모세혈관을 통하거나, 폐순환계 정맥으로 들어가는 폐모세혈관에 연결되기도 한다. 이러한 연결은 탈산소화 혈액이 혈액-가스 접촉면을 우회하여 산소화되지 않은 상태로 전신순환계로 들어가도록 한다. 이러한 **정맥혈혼합(venous admixture)**에 의해 **생리적션트(physiologic shunt)**가 만들어지며, 폐정맥 산소 포화도가 1~2% 낮아진다.

IV. 표면장력과 표면활성제

폐는 속호흡 요구를 충족시키기에 충분한 넓은 표면적을 만드는 300만 개의 허파꽈리로 나누어져 있지만 여기에는 심각한 반대급부가 있다. 각각의 허파꽈리는 얇은 **허파꽈리도포액체(alveolar lining fluid)** 막에 의해 젖어 있다. 이 액체는 폐 작업수행능력에 심각한 영향을 미치는 **표면장력**을 형성한다.

A. 표면장력(surface tension)

공기에 비해 물분자는 서로 강력하게 끌어당긴다. 허파꽈리도포액체 내 개개 분자는 서로 잡아당겨 가까워지고 공기-물 접촉면으로부터는 멀어지면서 표면장력을 형성한다. 표면장력은 항상 노출표면을 최소화시키기 때문에 비누방울 혹은 떨어지는 빗방울이 항상 구 모양으로 만들어진다(그림 22.4). 비록 정상적인 호흡을 하는 동안 폐 속공간끼리 연결을 유지하고 있기는 하지만 허파꽈리 내의 젖은 막은 거품과 비슷하다. 표면장력은 이것의 효과를 감소시키는 방법이 없는 경우에는 허파꽈리(실제로는 폐 전체)를 찌부러지게 하는 매우 강력한 힘이 된다(그림 22.5A).

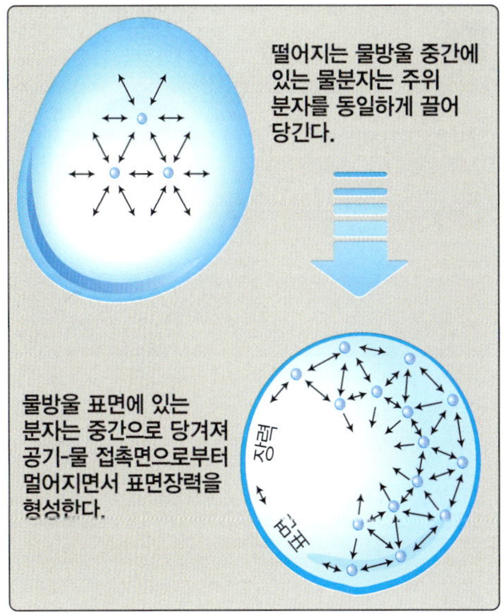

그림 22.4
표면장력 기원

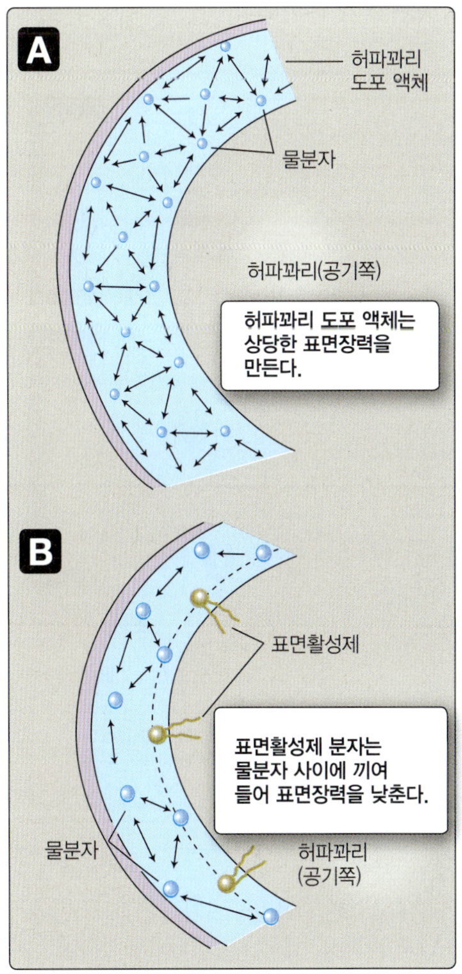

그림 22.5
허파꽈리를 덮고 있는 액체에 의해 형성된 표면장력에 대한 표면활성제 효과

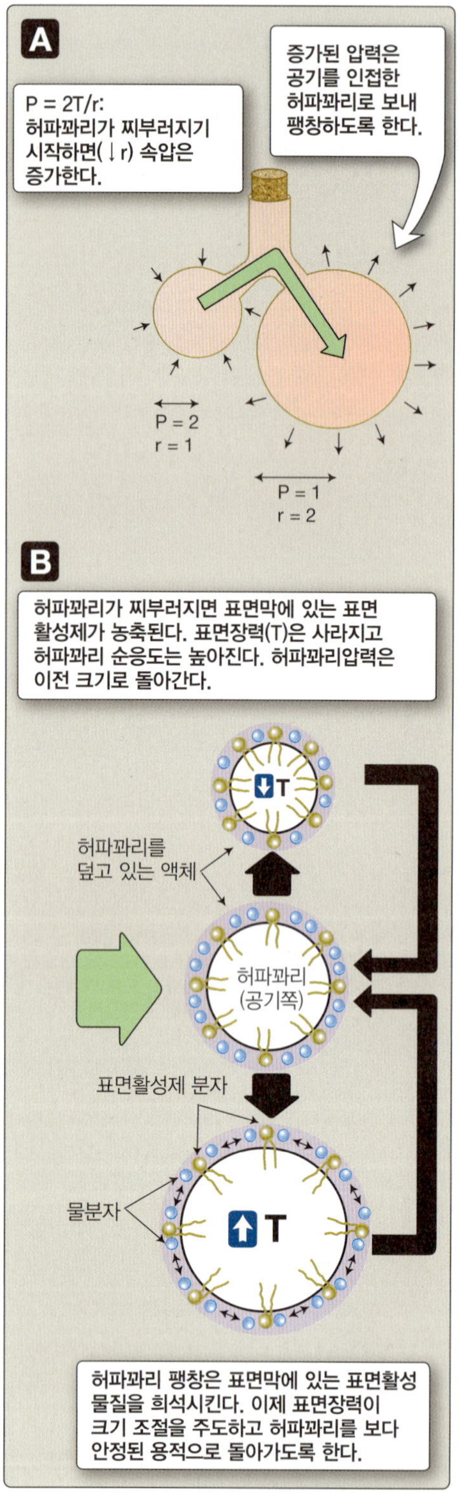

그림 22.6

표면활성제는 허파꽈리 크기를 안정화시킨다. P = 허파꽈리안압력; r = 허파꽈리 반지름; T = 표면장력

B. 표면활성제(surfactant)

2형 허파꽈리세포는 표면장력 효과를 무력화 시키는 폐표면활성제를 합성하고 분비한다. 표면활성제는 지질과 단백질 혼합물이다.

1. **구성:** 표면활성제의 가장 중요한 구성성분은 인지질의 한 종류인 디팔미토일포스파티딜콜린(dipalmitoyl phosphatidylcholine, DPPC)이다. 다른 구성성분은 분비율을 변화시키고 표면막 내에서 분포를 돕거나 병원균에 대한 폐 방어를 한다. 표면활성제 층판체에 저장되었다가 필요에 따라 허파꽈리 표면으로 세포외배출된다.

2. **표면장력에 대한 효과:** DPPC와 다른 표면활성제 인지질은 친수성 머리군과 소수성 꼬리를 가지고 있다. 허파꽈리 표면으로 분비되면 분자는 공기-물 접촉면에 위치하면서 옆으로 퍼져 단일층을 형성한다(그림 22.5B 참조). 꼬리군은 공기가 차 있는 허파꽈리 공간쪽을 향하고 머리군은 표면 물층에 박힌 상태로 남아 있다. 머리군 극성에 의해 표면활성제 분자는 주위에 있는 물분자와 상호작용하고 이들 사이에 끼여 있을 수 있도록 되며 이로 인해 표면장력이 약해진다. 표면활성제 효과의 강도는 표면막에 있는 분자 밀도에 비례해서 증가한다.

3. **기능:** 폐 기능에 있어서 표면활성제의 중요성은 과장될 수 없다. 3가지 중요한 기능이 있다: 허파꽈리 크기 안정과 순응도 증가, 폐를 건조하게 유지.

   a. **허파꽈리 크기 안정:** 크기가 다른 2개 거품이 연결되면 작은 거품은 찌부러지고 큰 것은 팽창된다(그림 22.6A). 이러한 현상은 **라플라스 법칙(Laplace law)**을 통해 설명할 수 있다:

   $$P = \frac{2T}{r}$$

   여기서 P는 압력이고, T는 표면장력, r은 거품 반지름이다.

   라플라스 법칙을 통해 봉해져 있는 거품 내 압력은 반지름이 감소하면 증가된다는 것을 알 수 있다. 작은 거품이 큰 거품과 연결되면 작은 거품 내 높은 압력에 의해 공기는 큰 거품으로 이동한다. 허파꽈리는 거품과 유사하고(보다 정확한 모양은 뭇면체이지만), 모든 허파꽈리는 폐 속광간을 통해 연결되어 있다. 라플라스법칙에 의하면 모든 허파꽈리는 하나를 제외하고는 순차적으로 찌부러진다! 물론 허파꽈리 찌부러짐(**무기폐[atelectasis]**)은 생체 내에서 주기적으로 발생하지만, 표면활성제에 의해 그 정도가 감소된다. 허파꽈리 용적 감소는 표면적을 감소시켜 표면 막 표면활성제 분자가 농축되도록 한다(그림 22.6B 참조). 분자 농축은 표면장력을 만드는 힘을 추가적으로 감소시켜 찌부러짐을 방지한다. 역으로 허파꽈리 팽창은 표면활성제 분자 밀도를 낮춰 표면장력에 의해 허파꽈리 용적이 조절될 수 있도록 한다. 표면활성제는 폐 전체에 걸쳐 허파꽈리 직경이 안정적으로 유지되도록 한다.

   b. **순응도 증가:** 폐 순응도는 주어진 용적으로 폐를 팽창시키는데 필요

임상 적용 22.1: 영아호흡곤란증후군(Infant Respiratory Distress Syndrome)

미숙아로 태어난 영아는 폐가 제대로 발육되지 못해 허파꽈리 용적을 안정화시키기에 충분한 표면활성제를 생산하지 못한다. 폐가 제대로 확장되지 못하는 영역인 무기폐가 매우 흔하게 나타난다. 찌부러진 허파꽈리는 가스교환에 참여하지 못해 영아는 청색증을 보인다. 또한 영아 폐는 낮은 순응도를 가지고 있어 숨쉬기에 보다 많은 노력을 기울여야 한다. **영아호흡곤란증후군(IRDS)**은 저산소증과 빠른호흡, 빠른맥, 과도한 호흡운동 등이 특징적이다. 내과 처치를 하지 않으면 대부분 경우에서 호흡기능상실이 발생한다. IRDS 영아는 기계적환기와 충분한 표면활성제를 생산해 낼 때까지 폐에 표면활성제를 투여하는 방법을 사용하여야 한다.

한 압력을 말한다(ΔV/ΔP; 19·V·C·1 참조). 표면장력은 폐 순응도를 감소시켜 팽창을 위해 더 많은 노력을 하도록 한다. 표면활성제는 순응도에 대한 표면장력의 나쁜 효과를 감소시켜 폐가 쉽게 팽창할 수 있도록 한다.

c. **폐를 건조하게 유지:** 허파꽈리 내 액체 거품이 찌부러지면 이것은 허파꽈리 도포에 음압이 걸리게 한다. 이 압력은 사이질로부터 허파꽈리 표면으로 액체이동이 일어나도록 하는 힘으로 작용한다. 허파꽈리 내 액체 존재는 가스교환을 방해하고 폐 작업수행능력에 나쁜 영향을 미친다. 표면활성제는 압력 차이를 줄여 폐에 액체가 존재하지 않도록 한다.

V. 숨쉬기 역학 (MECHANICS OF BREATHING)

혈액-가스 접촉면은 외부 대기와 약 30 cm 정도 길이를 두고 떨어져 있다(예: 기관과 다른 중간 기도 길이). 산소는 이 정도 길이를 속호흡 요구에 부응할 만큼 빠르게 확산할 수 없으므로 공기는 공기펌프를 통해 폐 안으로 들어가야 한다.

A. 펌프 구조

펌프 기능은 그림 22.7에서와 같이 2개의 손잡이("건반")를 사용하여 작동하는 풀무로 구성된 악기인 아코디언과 유사하다. 건반이 멀어지면 풀무는 팽창되고 안쪽 압력은 낮아진다. 이로 인해 악기 고유 소리를 만드는 악기에 부착된 리드 사이로 공기흐름을 만드는 압력차이가 발생한다. 폐조직(폐에서 풀무에 해당하는 부위)은 건반에 해당하는 기능을 하는 근육과 힘줄이 부착하기에는 너무나 약하다. 대신 폐조직은 가슴공간(흉강, thoracic cavity) 안감(lining)에 의해 완전히 밀봉되어 있다. 이런 구조를

그림 22.7
아코디온 풀무의 팽창과 수축은 공기흐름과 음악소리를 만든다.

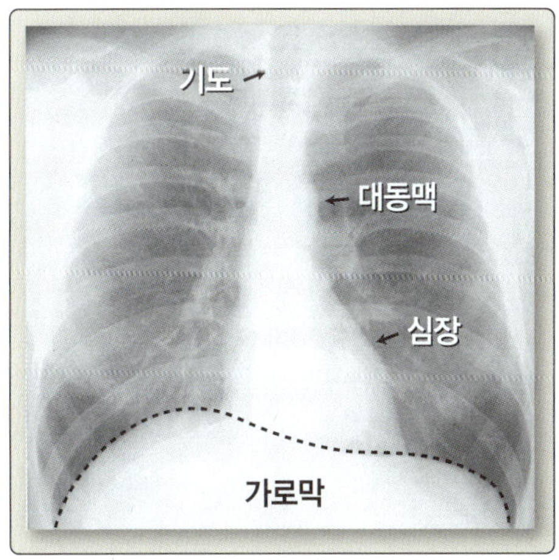

그림 22.8
정상 뒤앞 가슴엑스선 사진

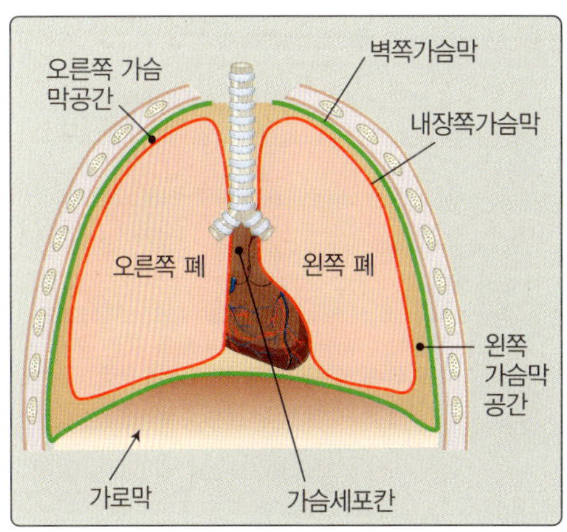

그림 22.9
가슴막

통해 가슴벽(chest wall)과 가로막(diaphragm)이 폐 단위 면적당 미치는 힘 크기를 최소한으로 유지하면서 풀무를 팽창시킬 수 있도록 한다(그림 22.8). 봉인은 **가슴막(pleura)**과 가슴막액에 의해 유지된다.

B. 가슴막

가슴막은 폐를 덮고 있는 얇은 장막(serous membranes)이다. 비슷한 막이 심장(**심장막[pericardium]**)과 내장(**복막[peritoneum]**)을 덮고 있다. 가슴막은 2가지의 중요한 공기펌프 기능을 가지고 있다: 완벽한 밀봉과 가슴막액 분비.

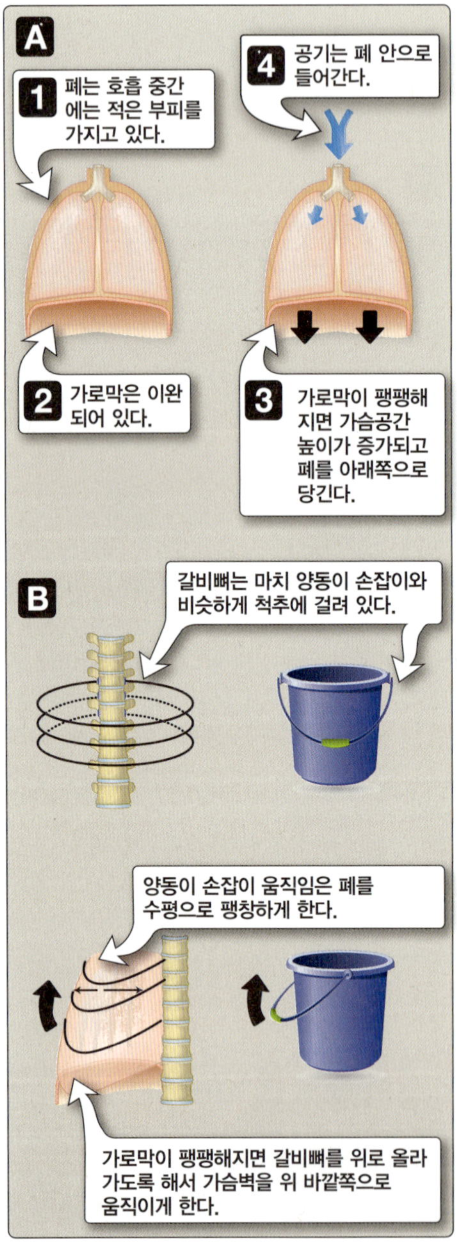

그림 22.10
들숨 동안 가슴용적 변화

1. **완벽한 밀봉**(hermetic seal): 폐는 **내장쪽가슴막(visceral pleura)**에 의해 싸여 있다(그림 22.9). 각 폐는 각각의 가슴막공간 안에 위치해 있으며 2개의 가슴막공간은 아무런 연결이 없다. 가슴벽과 가로막, 가슴세포칸(mediastinum)(심장 및 큰혈관, 기도, 이와 관련된 구조물)은 **벽쪽가슴막(parietal pleura)**에 의해 덮여 있다. 내장쪽 및 벽쪽 가슴막은 각각 해당하는 하부 구조물과는 물리적으로 붙어 있지만, 이들 2 종류 막은 서로 붙어 있지 않으며 **가슴막안공간(intrapleural space)**에 의해 분리되어 있다. 가슴막은 폐를 가로막과 갈비뼈우리(rib cage)로부터 완벽하게 밀봉하기 위해 가슴막안공간 공기를 효과적으로 제거한다.

2. **가슴막액**: 벽쪽가슴막에는 신경과 혈관이 분포한다. 이로 인해 가슴막안공간으로 분비되는 점착성 **가슴막액(pleural fluid)**이 만들어 진다. 가슴막액은 2가지 중요한 기능은 한다: 윤활(lubrication)과 응집(cohesion).

   a. **윤활**: 가슴막액은 정상 호흡 운동을 하는 동안 폐가 가슴벽과 가로막 위에서 자유롭게 미끄러질 수 있도록 가슴막 표면에 윤활작용을 한다.

   b. **숨 도움**(aiding inspiration): 가슴막액은 지속적으로 분비되고 흡수된다. 어느 순간에서든 가슴막안공간에 존재하는 전체 용량은 대략 10 mL 정도이지만, 골고루 퍼져 전체 표면을 덮는 얇은 막을 만들어 생리적 상황에서 2 종류의 가슴막이 전혀 분리되지 않도록 한다. 이러한 상황은 2장의 유리현미경 슬라이드 사이에 한 방울의 물을 떨어뜨리면 서로 분리가 잘 되지 않는 것과 동일한 현상이다. 응집에 의해 가슴벽과 가로막 운동에 의해 발생된 힘이 폐 표면에 직접 전달된다.

C. 펌프주기(pump cycling)

호흡은 들숨과 날숨의 반복되는 주기로 이루어져 있다. 들숨은 공기를 폐 안쪽으로 끌어들여 혈액-가스 접촉면에서 산소 이용도를 증가시킨다.

1. **들숨**: 공기펌프는 뼈대근육에 의해 작동된다(표 22.1). 이들 중에 가장 중요한 것은 가로막신경(phrenic nerve)에 의해 지배를 받고 있으며 가슴공간과 배공간을 구분하는 돔모양 근육인 가로막이다(그림 22.9 참조). 근육이 수축하면 가슴안용적(intrathoracic volume)이 증가한다.

표 22.1 호흡에 사용되는 근육

들숨	
가로막	**갈비뼈섬유(costal fiber)**는 갈비뼈에 부착되어 있고; **다리섬유(crural fiber)**는 식도를 감싼 후에 인대를 통해 척추에 부착한다. 수축하면 배장기를 아래로 누르고 가슴벽을 위로 올린다.
바깥갈비사이근	인접한 갈비뼈를 연결하고 앞쪽으로 향해 있어 수축하면 가슴벽을 위로 올린다.
보조근육	보조근육은 강제 들숨과 운동 시 사용된다. **목갈비근**은 처음 2개 갈비뼈를 위로 올린다. **복장꼭지근**은 복장뼈와 호흡경로 위쪽에 있는 근육을 들어올려 기도를 확장시킨다.
날숨	
배근육	강제 날숨 동안 배벽에 있는 근육(**배곧은근**과 **배가로근, 속 및 바깥 빗근**)이 수축하면 배공간을 압박하여 가로막을 위로 민다. 이들 근육은 구토와 기침, 배변 동안 활성화될 수 있다.
속갈비사이근	인접한 갈비뼈를 연결한다. 수축하면 갈비뼈를 아래 안쪽으로 당긴다.

a. **수직치수(vertical dimensions):** 가로막 수축은 배안 내용물을 아래로 밀어 가슴공간 수직치수를 활동수준에 따라 1에서 10 cm 정도 증가시킨다(그림 22.10A).

b. **단면적(cross-sectional area):** 수축은 아래 갈비뼈를 위로 당겨 단면적 역시 증가시킨다(그림 22.10B 참조). 갈비뼈는 양동이 손잡이 형태로 올라가고 이러한 움직임은 바깥갈비사이근 수축에 의해 도움을 받는다.

2. **날숨:** 날숨은 일반적으로 허파꽈리 용적에 의한 표면장력과 들숨 시 폐 탄성성분에 저장(**탄성되튐[elastic recoil]**)되었던 에너지에 의해 이루어지는 수동적 움직임이다. 탄성은 기도와 허파꽈리에 탄력소와 아교질 섬유가 얼마나 존재하는 가에 달렸다. 날숨근육은 표 22.1에서와 같이 운동 혹은 병에 의해 기도저항이 증가된 경우에 사용된다.

VI. 정적 폐역학 (STATIC LUNG MECHANICS)

폐 용적에 영향을 미치는 표면장력은 표면활성제에 의해 감소되지만 여전히 정상호흡 동안 폐 움직임에 중요한 힘으로 작용한다.

A. 정적 폐에 작용하는 힘(forces acting on a static lung)

안정 상태의 건강한 폐는 하나는 안쪽으로 다른 하나는 바깥쪽으로 향하는 2 종류의 동일하지만 서로 반대되는 힘에 노출되어 있다.

1. **안쪽:** 앞에서 언급한 바와 같이 폐 탄성과 표면장력은 폐 용적을 작게 하는 안쪽으로 향하는 힘을 만드는 효과를 나타낸다(그림 22.11A).

2. **바깥쪽:** 갈비뼈우리와 연관된 근육과 여러 종류의 결합조직 역시 탄성을 가지고 있다. 안정 시 이 탄성성분은 가슴벽을 바깥쪽으로 움직이도록 한다.

3. **순효과(net effect):** 2개의 반대되는 힘은 가슴막내공간에 음압을 만든

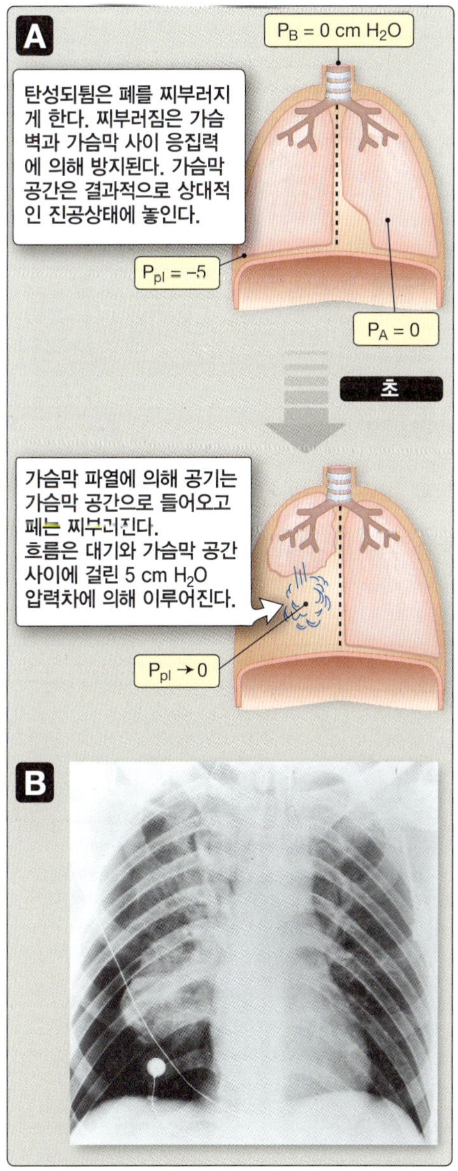

그림 22.11
공기가슴증. P_A = 허파꽈리압력; P_B = 대기압; P_{pl} = 가슴막안압

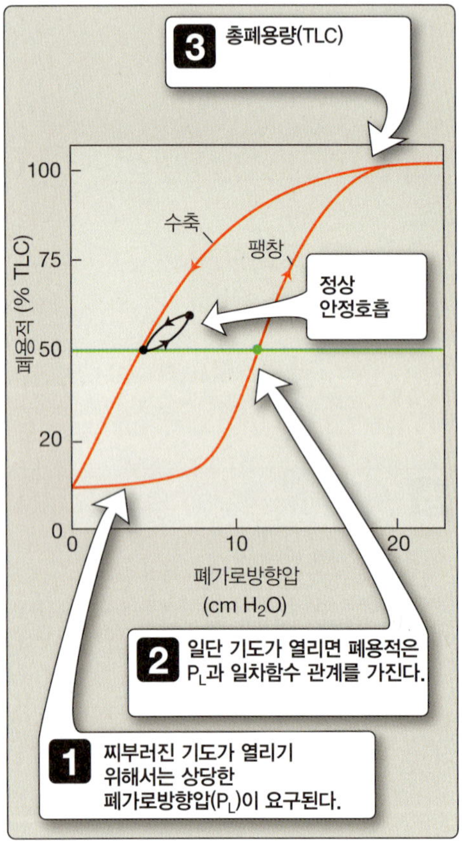

그림 22.12
폐 압력-용적 곡선

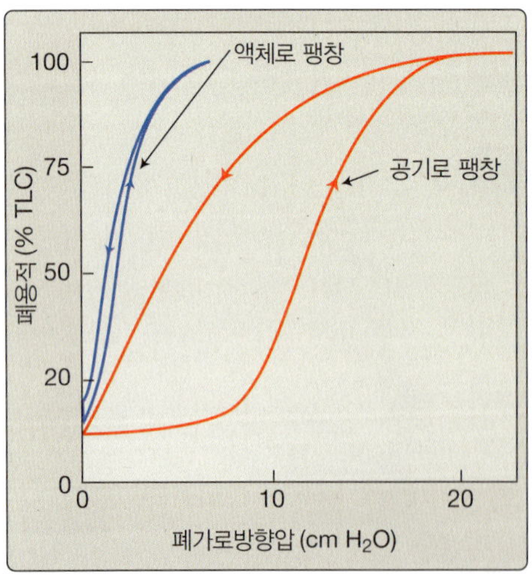

그림 22.13
액체로 찬 폐 압력-용적 곡선. TLC = 총폐용량

다(**가슴막안압[intrapleural pressure**, 혹은 **P_{pl}]**). P_{pl}은 대기압과 비교하여 측정되며, 폐 안 수직위치에 따라 평균 몇 cm H_2O이다(아래에서 자세히 언급). 만약 가슴막이 찢어지면 공기는 대기압과 가슴막내공간 사이 압력 차이에 의해 그림 22.11B에서와 같이 가슴막공간으로 공기가 몰려 들어간다(**공기가슴증[pneumothorax]**). P_{pl}은 0으로 떨어지고 가슴벽에 있는 탄성성분에 의해 가슴벽이 바깥쪽으로 밀려나며 폐는 찌부러진다.

> 인간 가슴은 2개의 가슴막공간을 가지고 있다. 실제로 이것은 공기가슴증을 유발하는 손상이 단지 하나의 폐에만 영향을 미친다는 것을 의미한다. 그러므로 비록 공기가슴증이 심각한 상태여도 즉각적인 죽음을 초래하지는 않는다. 반대로 미국들소(들소)는 총알 혹은 화살촉에 의해 쉽게 찢어지는 하나의 가슴막공간을 가지고 있다. 이 거대한 동물은 한 때 엄청난 숫자가 북미 초원에 존재하였지만 공기가슴증이 쉽게 생길 수 있는 이유 때문에 1800년대 말에 사냥꾼과 농부들에 의해 엄청난 떼가 체계적으로 죽음을 당했다.

B. 압력-용적 곡선(pressure-volume curve)

찌부러진 폐를 통해 우리는 정상 호흡 동안 폐를 팽창시키기 위해 얼마나 많은 노력을 기울여야 하는지를 이해할 수 있다.

1. **팽창**(inflation): 찌그러진 폐는 **폐가로방향압(transpulmonary pressure, P_L)**을 변화시키는 2가지 방법 중 하나를 통해 팽창될 수 있다. P_L은 **허파꽈리안압(intraalveolar pressure, P_A)**과 가슴막안압(P_{pl}) 사이의 차이를 말한다:

$$P_L = P_A - P_{pl}$$

기계적으로 양압을 만드는 환기기(positive-pressure ventilator)는 폐 내 압력을 올리기 위해 사용할 수 있으며($P_A > P_{pl}$), 마치 고무풍선을 팽창시키는 것 같이 폐를 팽창시킬 수 있다. 다른 방법은 폐 바깥쪽에 음압을 만들기 위해 가슴막공간으로부터 공기를 빼 낼 수도 있다($P_{pl} < P_A$). 두 가지 방법 모두 P_L을 증가시킨다. 폐가 찌부러지면 기도가 폐쇄되고 액체에 의해 막힌다. 열림을 회복하기 위해서는 표면장력에 의한 밀봉을 깨어야 하며 이를 위해서는 상당한 노력이 필요하다. P_L은 의미 있는 용적증가가 있기 전에 몇 cm H_2O까지 올라가야 한다(그림 22.12, 1시기). 일단 P_L이 약 7~10 cm H_2O를 넘으면 기도는 열리고 용적은 팽창압력에 직선적인 관계를 보이며 증가한다(2시기). 약 20 cm H_2O에서 폐는 그림 22.12 3시기에서 보이는 **총폐용량(total lung capacity, TLC)**으로 알려진 최대 용적에 도달한다.

2. **수축(공기빠짐**, deflation**)**: 총폐용량에서부터 공기가 빠져나갈 때 폐는 팽창 시 보였던 것과 다른 형태의 압력-용적 곡선을 보인다(**히스테리시스[hysteresis]**로 알려진 현상). 이것은 팽창하는 동안 허파꽈리세

포에서 분비된 표면활성제가 허파꽈리표면막에 첨가되기 때문이다. 표면활성제는 탄성되튐을 감소시켜 폐가 수축되는 것을 막는다. **히스테리시스 곡선(hysteresis loop)**은 양용적(positve volume)(정상적으로 약 500 mL; 그림 22.12 참조)에서 시작하고 끝나는 것에 유의하라. 이러한 현상은 큰 기도가 0 압력에서 찌그러지져 좀 더 먼쪽에 공기가 갇히기 때문이다.

3. **정상호흡:** 전체 용적에 작은 부분이기는 하지만 정상호흡 시 폐 용적은 변화하며 여전히 히스테리시스는 확실히 존재한다(그림 22.12 참조). 들숨은 총폐용량의 약 50% 근처에서 시작한다. 폐가 호흡 중간 휴식 동안 가슴벽은 찌부러짐으로부터 방지되어야 하며 총폐용량의 약 50%에서 모든 허파꽈리는 열려 있다. 가슴벽 역시 안정 시 폐가 압력-용적 곡선에서 가장 가파른 부분에 놓여 있게 하며 이것은 들숨 시 P_L 증가가 허파꽈리 용적 증가에 최대 효과를 나타낸다는 것을 의미한다.

4. **표면장력 효과:** 압력-용적 곡선에 대한 표면장력 효과는 공기-물 접촉면을 없애기 위해 폐를 액체로 채우면 판단할 수 있다(그림 22.13). 액체로 채워진 폐는 좀 더 순응적이며 표면장력과 관련된 히스테리시스가 없어진다.

C. 중력 효과

폐와 혈액은 질량을 가지고 있으므로 중력에 영향을 받는다. 중력은 폐가로방향압(P_L)과 허파꽈리 용적에 상당한 영역별 차이를 초래한다.

1. **꼭지(apex):** 가슴이 수직방향으로 놓여 있으면 안쪽에 있는 폐는 꼭대기쪽 가슴막에 매달려 있다고 상상할 수 있다. 매달림으로 인해 가슴막 내는 국소적으로 강한 음압이 생겨(폐가로방향압은 강한 양압이 된다) 꼭대기 허파꽈리는 이들 최대 용적의 약 60%까지 팽창한다(그림 22.14). 중력은 슬린키(유명한 장남감, 스프링 장난감) 꼭대기에 있는 코일을 아래쪽에 있는 것에 비해 더 많이 벌어지게 늘린다(그림 22.15). 실제로 중력 영향에 의해 폐 꼭대기 부분은 들숨 동안 추가로 팽창할 기회가 매우 제한적인 압력-용적 곡선 위쪽 근처에서 기능을 한다.

2. **바닥:** 폐 바닥은 위쪽에 놓여 있는 폐조직에 의해 눌러지고 있다. 이 영역 허파꽈리는 슬린키 바닥에 있는 코일과 유사하게 눌러진다. 위쪽 조직 무게는 가슴에 반해서 바깥쪽으로 밀기도 한다. P_{pl}과 P_L은 모두 0에 가깝게 된다(그림 22.14 참조). 실제로 이것은 폐 바닥에 있는 허파꽈리는 압력-용적 곡선 아래쪽의 기울기가 가장 높은 부분에 해당하기 때문에 용적이 많이 변화할 경우에 P_L이 증가하는 반응을 보인다.

D. 폐 순응도(lung compliance)

P_L 변화에 의해 폐 용적이 증가하는 정도를 폐 **순응도**라고 한다. 폐는 순응도가 매우 높은 기관이어서 1 cm H_2O의 폐가로방향압력 변화에 의해 용적이 약 200 mL 증가한다. 순응도는 표면장력과 폐와 가슴벽 탄성특성에 의해 결정된다. 나이를 먹음에 따라 결합조직이 축적되어 폐 순응도는 감소한다.

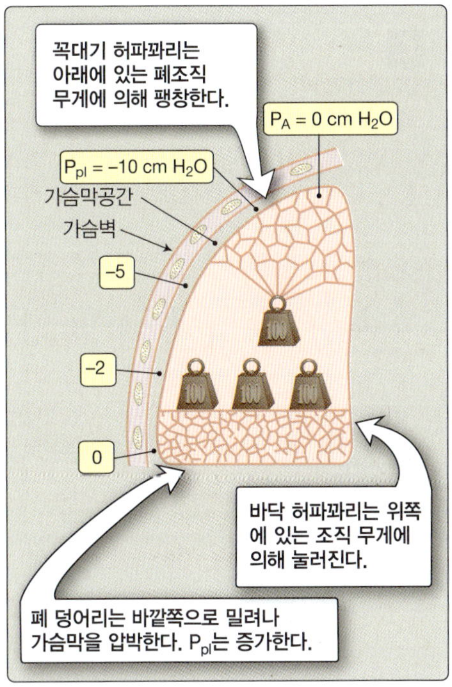

그림 22.14
허파꽈리용적에 대한 중력 효과. P_A = 허파꽈리안압; P_{pl} = 가슴막안압

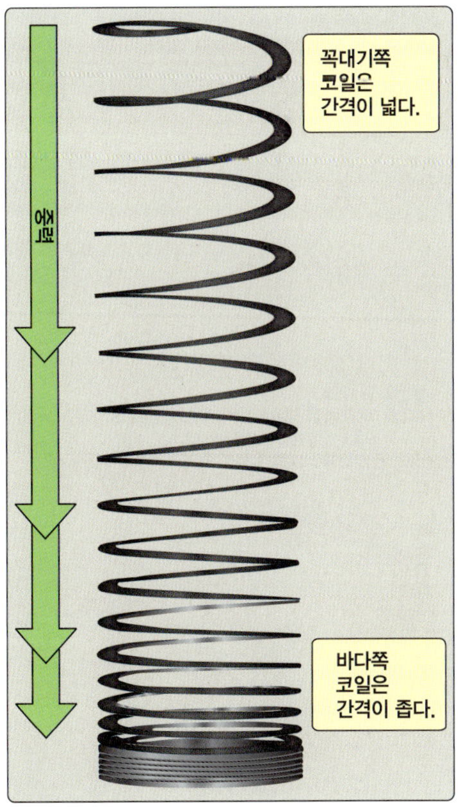

그림 22.15
슬린키에 대한 중력 효과

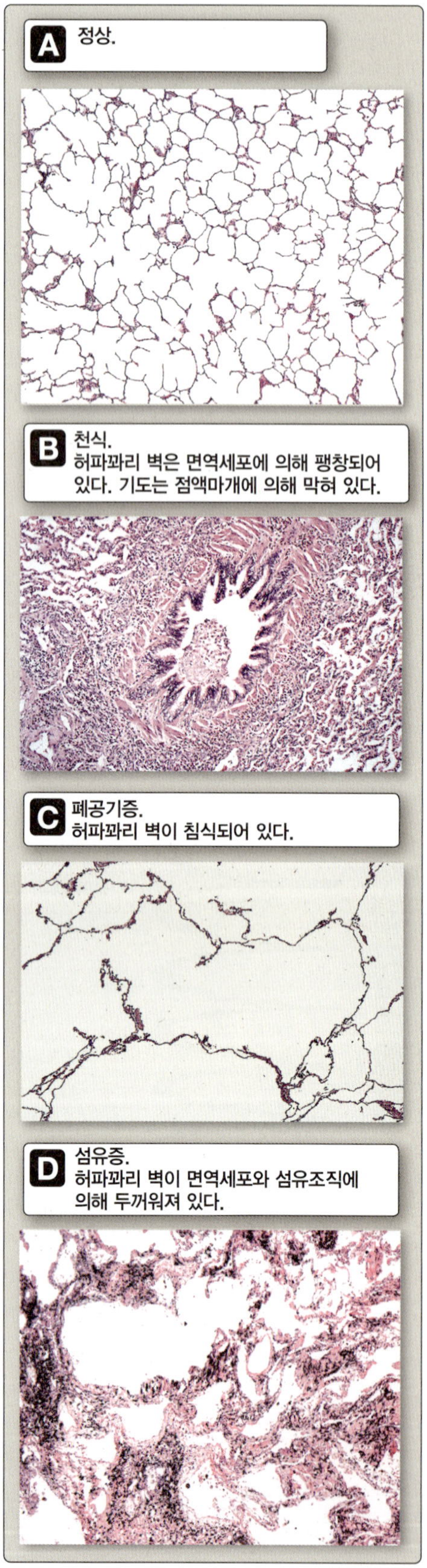

그림 22.16
정상과 질환이 있는 폐

VII. 폐질환(LUNG DISEASES)

폐쇄(obstructive) 및 **제한(restrictive) 폐질환(pulmonary disease)**은 정적 폐특성에 심각한 변화를 초래하는 2 종류의 대표적인 질환군이다. 2군의 대표적인 질환은 각각 **폐공기증(emphysema)**과 **폐섬유증(pulmonary fibrosis)**이다. 앞으로 이 질환에 대해서는 정상 호흡에 관여된 기계적인 원칙의 이해를 돕기 위해 자주 설명될 것이다.

A. 폐쇄폐병(obstructive pulmonary disease)

폐공기증과 만성기관지염, 천식은 모두 공기흐름에 대한 기도저항이 증가되는 **폐쇄폐병**에 속한다. 앞의 2가지 예는 자주 같이 존재하며 임상적으로 구분하기가 매우 어렵기 때문에 일반적으로 2가지 질환을 묶어서 **만성폐쇄폐질환(chronic obstructive pulmonary disease, COPD)**으로 분류하여 다룬다. COPD는 매우 흔하며 미국에서 사망원인 중 4번째에 해당한다. 여기에는 3가지의 일반적인 폐쇄기전이 있다: 기도폐쇄와 벽비후, 기계적연결 소실.

1. **기도폐쇄**(airway occlusion): 기도는 외부물질에 의해 폐쇄될 수도 있으며 보다 흔한 원인은 분비물이 너무 많거나 밖으로 뱉어 낼 수 없어서 일어난다(그림 22.16B). 폐쇄병에는 **만성기관지염(chronic bronchitis)**과 **천식(asthma)**, **기관지확장증(bronchiectasis)**이 포함된다.

2. **벽비후**(wall thickening): 기도가 비대해지거나 부종이 생기면 속공간이 좁아지고 단면적이 감소한다(그림 22.16B 참조).

3. **기계적연결 소실**(loss of mechanical tethering): 폐에 있는 모든 구조는 기계적으로 연결되어 있다. 이들이 모여서 나일론스타킹 직물과 같은 서로 의존적인 네트워크를 형성한다(**상호의존[interdependence]**). 상호의존에 의해 찌부러지게 하는 외부힘이 있을 때도 기도 열림은 유지된다. 폐공기증이 생기면 허파꽈리벽(폐 직물)이 손상 받아 주위 기도가 찌부러지게 되고 정상 호흡 동안 공기흐름을 막게 한다(그림 22.16C 참조). 폐공기증은 심한 흡연에 의해 주로 발생한다.

> **폐공기증(emphysema)**은 흡연과 연관된 폐질환을 설명하는데 자주 사용되는 용어이기는 하지만 사실은 해부적 조직 상실을 의미한다. 이것은 폐 컴퓨터단층촬영 시 확실하게 관찰된다. 이것은 부검 혹은 폐조직 생검에서 볼 수 있는 병리학적 소견이기도 하다. 폐공기증 폐의 사후 관찰에서 정상 폐를 대신하여 큰 낭성공기공간이 보인다. 허파꽈리 소실은 탄성되튐 감소를 초래하고 폐순응도 증가와 산소 흡수에 사용되는 표면적을 감소시킨다.

B. 제한폐병(restrictive pulmonary disease)

폐섬유증은 **제한폐질환**이다. 다른 제한폐질환으로는 폐팽창을 제한하는 가슴막병과 호흡근육에 영향을 미치는 문제들이 포함된다. 폐섬유증(흉터형성[scarring])은 여러 종류의 **사이질폐병(interstitial lung disease)** 결과로 나타난다. 흉터형성은 전형적으로 허파꽈리 상피 손상에 의해 시작된다. 원인은 작업장에서 흡입한 여러 종류의 물질(예: 석면[asbestos], 베릴륨[beryllium], 석탄먼지[coal dust], 톱밥[sawdust])과 순환계에 있는 약물(예: 항생제와 화학치료 약물), 전신질환(예: 류마티스관절염[rheumatoid arthritis]과 루푸스[lupus], 피부경화증[scleroderma], 사르코이드증[sarcoidosis]), 혹은 원인불명일 수 있다. 초기 손상에 의해 허파꽈리벽이 두꺼워지고 허파꽈리 공간은 림프구와 혈소판, 다른 면역관련세포를 포함하는 삼출물(exudate)로 차게 된다(그림 22.16D 참조). 그 이후 공간에는 섬유모세포가 침투하게 되고 이 세포는 꽈리주머니 사이에 아교질과 다른 섬유 다발을 생성한다. 흉터조직은 상대적으로 순응도가 낮아서 폐는 딱딱해지고 들숨 시 팽창이 힘들어 진다. 병에 걸린 폐는 산소 흡수가 감소하고 흉터조직이 점차 커지게 되며 저산소혈증이 발생할 수도 있다.

VIII. 동적 폐역학 (DYNAMIC LUNG MECHANICS)

들숨 동안 공기는 직경을 줄여가며 가지를 치는 관을 통해 외부로부터 이동한다. 흐름은 외부 대기와 허파꽈리 사이의 압력차($\Delta P = P_B - P_A$)에 의해 이동한다. 흐름은 기도저항에 반비례한다(R):

$$\dot{V} = \frac{\Delta P}{R}$$

여기서 $\dot{V}$는 공기유량이다(용적 ÷ 단위시간).

A. 압력에 의한 공기흐름

공기흐름은 허파꽈리와 외부대기 사이에 형성된 압력차에 의해 일어난다. 인체는 허파꽈리안압(P_A)를 직접 조절할 수 있는 방법을 가지고 있지 않다. 대신 가로막과 다른 호흡근육을 통해 가슴막안압을 조절한다. 가슴막안압(P_{pl})이 떨어지면 폐가로방향압(P_L)은 올라가고 허파꽈리는 팽창한다. 고정된 숫자의 공기분자 용적과 압력의 곱의 결과는 일정하기 때문에 가슴막안압은 음압으로 된다(**보일[Boyle]법칙**).

$$P_{A1}V_{A1} = \downarrow P_{A2} \uparrow V_{A2}$$

여기서 P_{A1}과 P_{A2} 는 허파꽈리 팽창 전, 후(V_{A1}과 V_{A2})의 허파꽈리안압을 의미한다. 허파꽈리 팽창은 $P_B > P_A$인 압력차를 만들어 공기흐름이 폐 안쪽으로 일어나도록 한다(그림 22.17). 흐름은 저항에 반해서 일어나므로 공기가 폐 안 혹은 밖으로 움직이거나, 압력이 가장 높은 곳으로부터 가장 멀리 떨어진 지점까지 압력차를 없애는 데는 시간이 걸린다.

B. 공기흐름에 대한 저항

건강인에서 호흡은 특별한 노력이 필요한 것이 아니며 무의식에서 일어나기 때문에 기도에 저항이 걸릴 수 있다는 것은 매우 놀라운 사실이다. 저

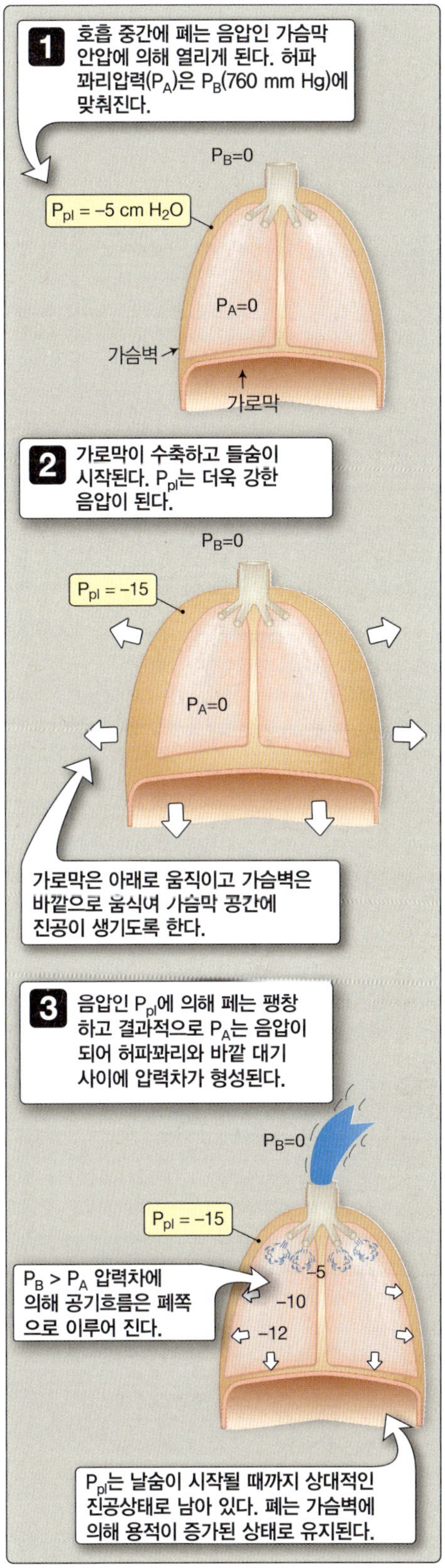

그림 22.17
들숨 동안 공기흐름을 유발하는 압력차. P_B = 대기압; P_{pl} = 가슴막안압. 모든 수치 단위는 cm H_2O

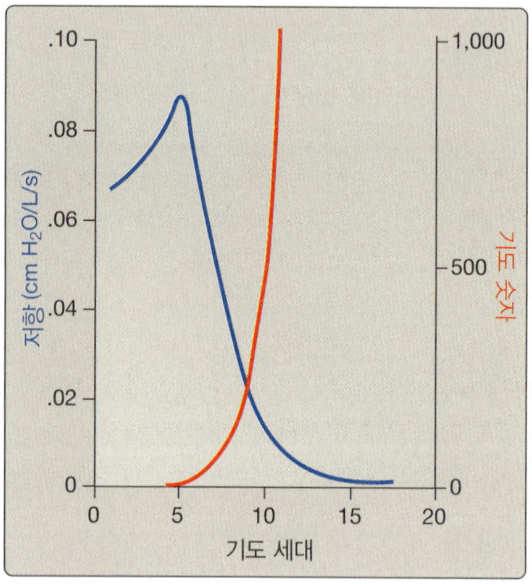

그림 22.18
기관지나무 내 공기흐름 저항

항은 여러 원인에 의해 발생한다. **포아세유법칙(Poiseuille law)**에서 언급한 것과 같이 저항은 기도길이(l)와 기도를 통해 이동하는 가스 점도(η)에 비례하고 기도 반지름(r) 4승에 반비례한다:

$$R = \frac{8L\eta}{\pi r^4}$$

기도 반지름이 저항에 가장 큰 영향을 미치며, 점도와 소용돌이 역시 고려하여야 한다.

1. **기도 반지름:** 기도 반지름은 세기관지 가지가 분지할수록 줄어든다. 반지름 감소는 저항을 증가시키지만 폐를 통한 순 공기흐름에 대한 부정적인 효과는 분지를 할수록 기도 숫자가 증가되는 이득으로 충분한 보상이 된다. 다르게 표현하면 비록 각각의 세기관지는 매우 높은 저항을 가지고 있지만 이들의 합쳐진 저항은 거의 무시할 만하다(반비례의 합으로 계산; 19·IV·B를 참조). 폐에서 가장 큰 저항을 나타내는 곳은 인두(pharynx)와 그림 22.18에서와 같이 큰 기도(0에서 7번째 가지)이다.

2. **공기 점도:** 공기 점도는 공기 밀도에 의해 좌우된다. 공기 밀도는 예를 들면 깊은 바다에 잠수하는 동안과 같이 압축을 하면 증가한다. 밀도 증가는 흐름에 대한 저항과 **호흡작업(work of breathing)**을 증가시킨다. 산소와 헬륨 혼합가스로 호흡을 하면 이러한 밀도 증가를 일부 줄일 수 있다. 헬륨은 대기공기보다 낮은 밀도를 가지고 있기 때문에 호흡작업을 감소시킨다.

3. **소용돌이:** 위에서 언급한 포아세유법칙에서 폐를 통한 공기흐름을 유선형으로 가정하였지만 일반적으로는 그렇지 않다. 기도는 연속적으로 가지를 치는 관으로 구성되어 있다. 가지를 치는 곳에서는 유선형흐름을 파괴하고 기도저항을 증가시키는 국소적인 회오리 기류가 발생한다. 실제로 회오리 기류는 기도를 통한 흐름이 단순히 ΔP보다는 (ΔP + √ΔP)에 비례하게 한다.

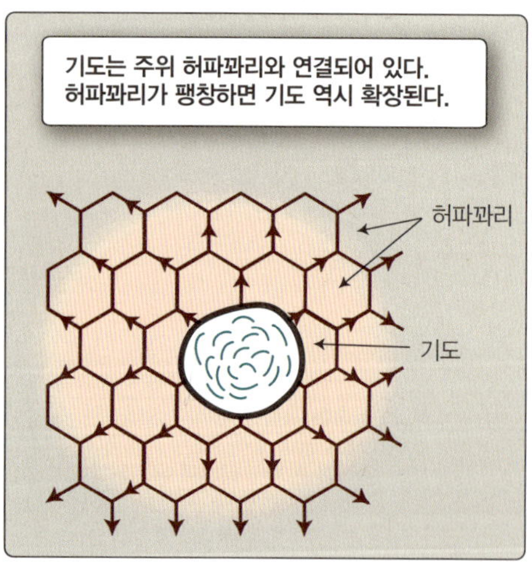

그림 22.19
폐 팽창 동안 기도에 대한 방사형견인

C. 기도저항에 영향을 미치는 요소

기도는 폐에서 저항을 형성하는 가장 기본적인 요소이므로 기도 반경 변화는 폐기능에 심각한 영향을 미친다. 기도 반지름은 기도 근육과 폐 용적에 의해 지배를 받는다.

1. **민무늬근육:** 세기관지는 민무늬근육세포에 의해 둘러 싸여 있다. 근육이 수축하면 기도 반지름은 줄어들고 공기흐름에 대한 저항은 증가한다. 결과적으로 기도를 통한 흐름은 감소한다. 민무늬근육 이완과 세기관지 팽창은 저항을 감소시키고 공기흐름이 증가되도록 한다. 기도 근육은 자율신경계와 국소 요소에 의해 조절된다.

   a. **자율신경계 조절:** 기도는 자율신경계 가지인 부교감과 교감신경계 모두로부터 조절을 받고 있다.

      i. **부교감신경계:** 미주신경에 속한 부교감신경섬유가 활성화되면 종말에서 아세틸콜린이 방출된다. 아세틸콜린은 M_3무스카린아세틸콜린수용체와 결합하여 기관지수축을 초래해 공기흐름을 감소시킨다.

ii. **교감신경계:** 교감신경계 활성화는 근육에 대한 직접적인 효과보다는 아세틸콜린 방출 억제를 통해 세기관지 확장을 초래한다. 교감신경계 종말은 시냅스이전 β_2아드레날린수용체와 결합하는 노르에피네프린을 방출한다. 이 수용체는 교감신경계 활성화 동안 부신속질에서 방출되는 에피네프린에 특별하게 예민하다. 교감신경계매개 기관지확장은 운동 동안 혈액-가스 접촉면까지 공기흐름 증가를 촉진하는데 중요하다.

b. **국소 요소:** 국소자극제와 알레르기항원은 세기관지를 수축시켜 기도를 막는다. 기도 근육은 히스타민과 다른 염증매개 물질에 반응하여 수축한다.

2. **폐용적(lung volume):** 기도저항은 폐용적에 매우 의존적이나, 순기도저항(net airway resistance)은 높은 폐용적에서는 낮지만 낮은 용적에서는 높아진다.

a. **높은 용적:** 들숨 동안 공기흐름을 위한 압력차를 형성하는 가슴막안압 감소는 기도뿐 아니라 허파꽈리까지 전달된다. 이로 인해 들숨 동안 기도저항은 감소한다. 기도는 또한 **방사형견인(radial traction)**에 의해 확장된다. 허파꽈리와 모든 주위 구조물 사이의 기계적 연결에 의해 견인이 발생한다. 실제로 허파꽈리가 팽창하면 사이에 끼여 있는 기도에 대한 방사형견인은 기도 반지름을 증가시키고 저항을 낮춘다(그림 22.19).

b. **낮은 용적:** 폐용적이 낮을 때 방사형견인이 감소하고 기도저항은 증가한다.

D. 날숨 동안 기도 찌부러짐(airway collapse during expiration)

기도는 날숨 동안 찌부러져 흐름을 제한한다. 이런 효과는 **기도의 동적압축(dynamic compression of the airway)**이라고 한다. 찌부러짐의 이유와 결과는 깊은 들숨 후에 강제 날숨 동안 가장 쉽게 평가할 수 있다(그림 22.20). 강제 날숨은 가슴벽을 아래 및 안쪽으로 움직이게 하는 배근육과 속갈비사이근 수축으로 시작되며 이로 인해 가슴막안압은 양압이 된다. 양압은 허파꽈리로 전달되고 이것을 압박하여 용적을 감소시키고 허파꽈리안압이 대기압보다 올라가게 한다. 압축에 의해 날숨의 바깥쪽 흐름을 만드는 압력차가 만들어진다. 큰 기도는 흐름에 대해 상대적으로 높은 저항을 가지고 있어 폐를 비우는 속도를 제한하므로 허파꽈리가 압축된 공기로 차 있는 상태로 남아 있는 시간이 존재한다. 비록 가슴막안압이 양압이어서 허파꽈리가 찌부러지는 상황이지만 높은 허파꽈리안압에 의해 열림은 유지된다. 허파꽈리에서 멀어지고 저항이 크게 나타나는 곳(기관지와 기관)으로 가까워 질수록 기도압력은 떨어진다. 그러므로 허파꽈리안압은 강한 양압(대기압에 비해)을 나타냄에도 불구하고 큰 기도 내 압력은 거의 0(즉 대기압)에 가까워 져 가슴막안압에 의해 보다 쉽게 찌부러질 수 있다(그림 22.20[3] 참조). 큰 기도 내에는 연골이 있어 강제 날숨 동안 열림을 유지하는데 도움을 주지만 찌부러짐을 방지하기에는 부족하다. 공기가 폐를 나감에 따라 허파꽈리안압은 떨어지고 찌부러진 영역은 말초로 움직이

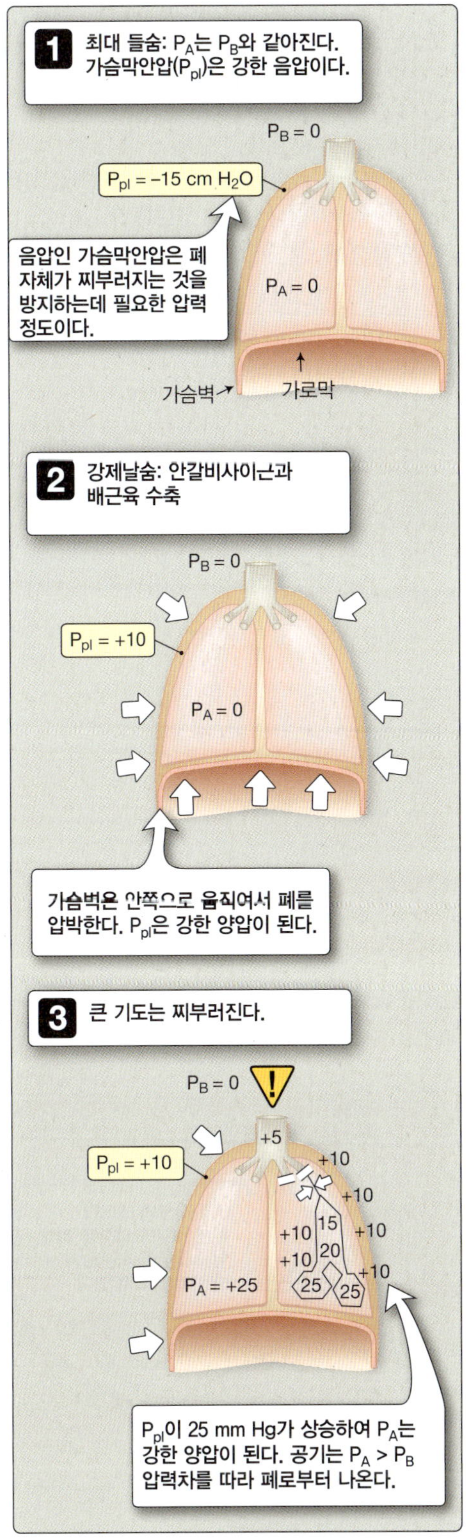

그림 22.20
강제 날숨 동안 기도 찌부러짐. P_A = 허파꽈리안압; P_B = 대기압; P_{pl} = 가슴막안압; 모든 수치의 단위는 cm H_2O

임상 적용 22.2: 입술을 오므린 호흡(Pursed-Lipped Breathing)

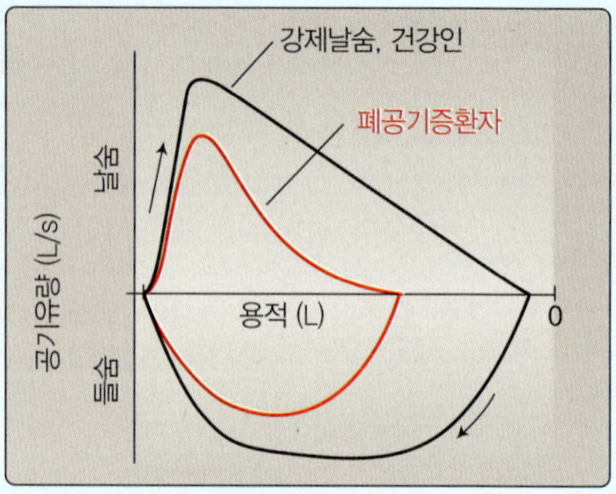

공기유량에 대한 폐공기증 효과

만성폐쇄폐질환(COPD)은 공기흐름 제한(폐색)으로 특징지을 수 있다. 폐활량측정에서 유량-용적 곡선의 날숨 영역이 "파여진"(위쪽으로 오목한) 모양을 보인다. 또한 COPD 환자는 탄성되튐 소실과 기도 찌그러짐에 의해 숨 내쉬기가 어렵기 때문에 날숨 영역에 긴 꼬리를 보인다. 환자는 기계적인 지원 소실을 날숨 때 입술을 오므림으로써(휘바람을 부는 것 같이) 즉 **입술을 오므린 호흡**으로 알려진 행동 혹은 훅 불기(puffing)을 통해 일부 보상을 한다. 이런 행동은 기도의 주 저항 자리를 입 가까이로 보냄으로써 기도 압력이 높은 상태로 남아 있는 시간을 연장시키고 기도가 열려 있도록 하기 때문에 효과적이다. 기도폐쇄와 함께 해부적 조직이 소실된 환자(폐공기증)는 과호흡을 하는 경향이 있으며 날숨을 위해 보조호흡근육을 사용하기 때문에 특징적인 분홍색 안색을 보인다("분홍색 복어"). 이러한 특성은 과도한 점액분비에 의해 산소흡수에 장애가 있는 만성기관지염을 가진 COPD 환자와 대비된다(이런 환자는 "푸른색 말린 청어"로 표현된다).

며 작은 기도까지 포함하게 된다. 공기전달에 관여하는 기도 압축과 찌부러짐은 스스로 조정되며 날숨 동안 폐로부터 얼마나 빨리 공기를 빼낼 것인가를 결정하는 제한요소이다. 어떤 개체가 보다 강력한 근육수축을 통해 빠르게 공기를 배출하려고 한다면 배출을 유발하는 압력차를 증가시켜야 한다. 그러나 이러한 힘은 특별한 이득없이 찌부러짐을 초래한다(그림 22.21).

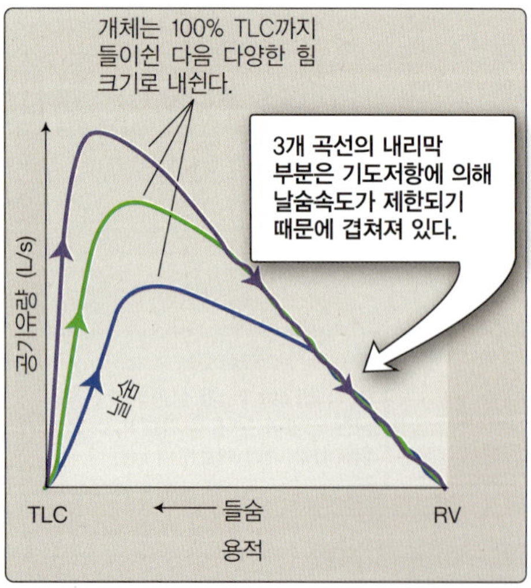

그림 22.21
기도저항은 강제 날숨 동안 흐름을 제한한다. RV = 잔기용적; TLC = 총폐용량

E. 호흡작업(work of breathing)

호흡에는 저항에 반해 폐를 확장시키기 위한 호흡근육 수축이 필요하다. **호흡작업**은 정상적으로 휴식 시 사용되는 전체 에너지의 약 5%를 차지하고 있으나 운동 시에는 전체의 20%를 넘을 수도 있다. 이러한 작업부하는 건강한 개체에서는 정상적으로 큰 무리를 주지 않지만 일부 폐병 환자의 경우는 폐를 팽창시키기가 어려우며, 심지어는 휴식 시 호흡운동 조차도 호흡근육 피로를 초래할 수 있으며 호흡기능상실을 초래할 수 있다(40·VI 참조).

1. **작업요소**(work components): 호흡작업에는 많은 요소들이 관여한다. 2 종류의 중요한 요소는 **탄성작업(elastic work)**과 저항작업이다. 탄성작업에는 들숨 동안 폐 탄성되튐에 반하며 폐 순응도에 비례하는 작업이 포함된다. 이 작업에는 가슴벽을 바깥쪽 그리고 배속 장기를 아래로 밀어 내는데 필요한 작업도 포함된다. **저항작업(resistive work)**에는 기도저항에 반해 기도를 통한 공기 움직임이 포함된다.

2. **작업 측정**: 작업은 어떤 물체를 주어진 거리만큼 움직이는데 필요한 힘양으로 측정할 수 있다. 호흡기에서 호흡작업은 폐가로방향압 차이와 단위 시간당 움직이는 공기량을 변화시키는데 필요한 힘의 곱으로 측정할 수 있다. 작업은 압력-용적 곡선의 들숨기 왼쪽 영역에 해당되며 그림으로 나타낼 수 있다(그림 22.22).

3. **폐병**: COPD와 폐섬유증은 모두 호흡작업을 증가시킨다(그림 22.22

참조). COPD 환자의 경우 높은 기도저항 때문에 숨을 내쉬기가 어렵다(저항작업 증가). 폐섬유증은 폐를 딱딱하게 만들고 환자로 하여금 들숨 동안 폐를 팽창시키기 위해 정상보다 높은 폐가로방향압을 만들도록 요구한다(탄성작업 증가).

IX. 폐 용적과 용량

정상 상태 안정호흡에서는 총폐용량의 10%도 사용하지 않는다. 운동은 이 양을 엄청나게 증가시키며, 최고 수준의 운동에서도 환기되는 공간과 소통하는 작은 잔기용적이 항상 존재하지만 이것 자체는 환기에 참여하지 않는다. 폐 속에 존재하는 가스와의 혼합에 이 용적의 기여 정도를 결정하는 것과 다양한 폐병 진행에 있어 폐 용적이 어떻게 영향을 받는가를 판단하는 것은 임상적으로 중요하다. **폐활량계**를 이용하여 공기흐름을 측정하는 것 이외에도 **폐기능검사(pulmonary function test, PFT)**에서는 4 종류의 중요한 **폐용적(lung volume)**을 측정하며, 이것들을 합쳐 여러 종류의 **폐용량(lung capacity)**을 구할 수 있다(그림 22.23). 폐기능검사는 혈액-가스 접촉면 효율(23장 V절에서 다룰 "확산능[diffusion capacity]")도 평가할 수 있다.

A. 용적(volume)

한 번 호흡하는 동안 들이쉬는 혹은 내쉬는 공기 용적은 평균적인 성인에서 대략 500 mL 정도이며 이것을 **일회호흡량(tidal volume, TV)**이라고 한다. **들숨예비용적(inspiratory reserve volume, IRV)**과 **날숨예비용적(expiratory reserve volume, ERV)**은 일회호흡량에 추가하여 더 들이쉬거나 내쉴 수 있는 용적이다. **잔기용적(residual volume, RV)**은 최대 날숨 후에 폐에 남아 있는 공기량이다(정상 성인에서는 약 1.2 L). 폐활량계는 잔기용적에 대한 정보는 주지 못하기 때문에 폐기능검사에는 특별한 체적변동기록법(plethysmography) 혹은 시간 경과에 따른 가스의 폐 안쪽 농도변화를 기록하는 방법이 간혹 포함되기도 한다(즉, 헬륨희석(helium-dilution)과 질소세척(nitrogen-washout) 분석).

B. 용량(capacity)

4 종류의 폐용적 합(총폐용량)은 정상 성인의 경우 대략 6 L 정도이다(그림 22.23 참조). **기능잔기용량(functional residual capacity, FRC)**은 일회호흡량으로 내쉰 후 폐에 남아 있는 양이다. **들숨용량(inspiratory capacity, IC)**은 일회호흡량과 들숨예비용적의 합이다. **폐활량(vital capacity, VC)**는 일회호흡량과 들숨예비용적, 날숨예비용적의 합이며 만들 수 있는 최대 일회호흡량이다(즉, 개체가 할 수 있는 최대 호흡). **강제폐활량(forced vital capacity, FVC)**은 최대 들숨 후에 *강제적*으로 내쉴 수 있는 공기량이다.

C. 강제날숨량(forced expiratory volume)

FEV_1은 최대 들숨 후에 *1초 동안* 강제적으로 내쉴 수 있는 공기량이며 중요한 폐기능 임상수치이다(임상 적용 22.3 참조).

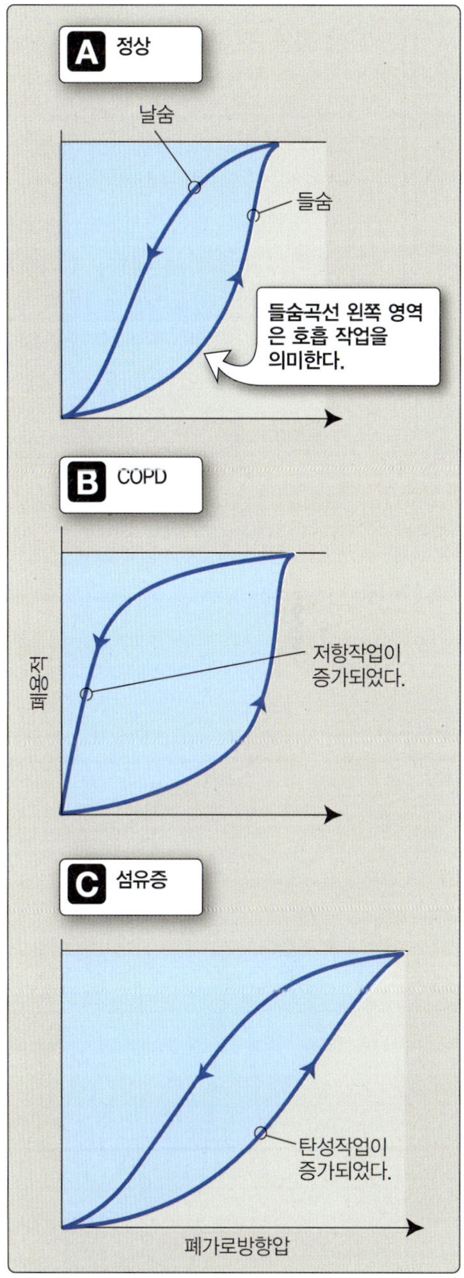

그림 22.22
호흡 작업에 대한 폐질환 효과
COPD = 만성폐쇄폐질환

임상 적용 22.3: 폐기능 검사(Pulmonary Function Tests)

폐기능 검사는 폐쇄와 제한 폐병리 존재를 확인하는데 유용하다. 만성폐쇄폐질환(COPD)은 폐활량계를 이용하여 공기흐름을 측정하면 가장 잘 확인할 수 있으며 폐쇄가 있다고 진단할 수 있다(FEV_1/FVC로 계산해서 비[ration]가 70% 이하로, 1초 동안 강제날숨용적이 감소하는 경우). COPD 환자는 기도 폐쇄에 의해 장애를 받기 때문에 전형적으로 매우 높은 폐 용적에서 호흡을 한다. 폐섬유증 환자는 폐순응도가 감소되어 확장시키기가 힘들기 때문에 총폐용량이 줄어 낮은 폐용적에서 호흡한다. 이들은 전형적으로 낮은 호흡으로 빨리 숨을 쉰다.

	FEV_1	FVC	FEV_1:FVC (%)
정상	~4.0	~5.0	>70
폐쇄성	~1.3	~3.1	<70
제한성	~2.8	~3.1	>70

FEV_1 = 1초 동안 강제로 내쉬는 공기량; FVC = 강제폐활량; FEV_1과 FVC 단위는 L이다. FVC는 폐활량보다 약간 적기 때문에 서로 구별해야 한다.

X. 환기와 무용공간

가스교환은 허파꽈리 표면에서 일어난다. 들이쉰 공기가 가스교환접촉면에 도달하면 공기 내 산소와 이산화탄소 농도는 잔기용적 내에 남아 있는 가스와 섞이면서 바뀌게 되고, 이러한 농도 변화는 얼마나 자주 폐 내 내용물이 새로 바뀌는가(**환기[ventrlation]**에 좌우된다. 허파꽈리 가스 농도는 **무용공간**을 채우는 가스교환에 참여하지 않는 들이쉰 공기량에도 영향을 받는다.

A. 무용공간(dead space)

폐는 2 종류의 무용공간을 가지고 있다: 해부 및 생리적.

1. **해부적(anatomic):** 인두와 기관, 기관지(bronchi), 다른 기도 등은 가스교환접촉면과 전혀 접촉하지 않고 날숨 시 밖으로 빠져나가는 약 150 mL의 공기를 가지고 있다. 이것을 **해부적무용공간(anatomic dead space)**이라고 한다.

2. **생리적(physiologic):** 병을 가진 폐의 일부 허파꽈리는 환기는 되지만 혈액-가스 접촉면이 손상 받거나 혹은 이런 곳으로 가는 혈류가 차단되어 가스교환에는 참여하지 못할 수도 있다. 이러한 영역도 무용공간에 속한다. **생리적무용공간**은 해부적무용공간과 기능을 하지 못하는 허파꽈리를 모두 포함한다. 건강한 개체에서는 생리적과 해부적 무용공간이 거의 동일하다. 병에 걸린 폐는 생리적무용공간이 1,500 mL 혹은 그 이상으로 증가할 수 있다.

3. **무용공간 계산:** 무용공간 용적은 날숨공기에 포함된 이산화탄소량($P_{E}CO_2$)을 측정함으로써 계산할 수 있다. 무용공간(정의에 의하면)은 가스교환에 참여하지 않기 때문에 이산화탄소를 거의 함유하고 있지 않다. 폐순환을 통해 폐를 지나가는 동안 혈액 가스는 허파꽈리 가스와 평형(즉, $P_{A}CO_2 = P_{a}CO_2$)을 이루기 때문에 공기 중 이산화탄소량은 동맥혈($P_{a}CO_2$)과 동일한 분압을 지닌 가스교환에 참여하는 폐 영역으로부터 유래한다. 그러므로 무용공간 용적은 무용공간으로부터 기인한 이산화탄소가 없는 공기에 의한 날숨공기의 이산화탄소 감소 정도를 통해 계산할 수 있다:

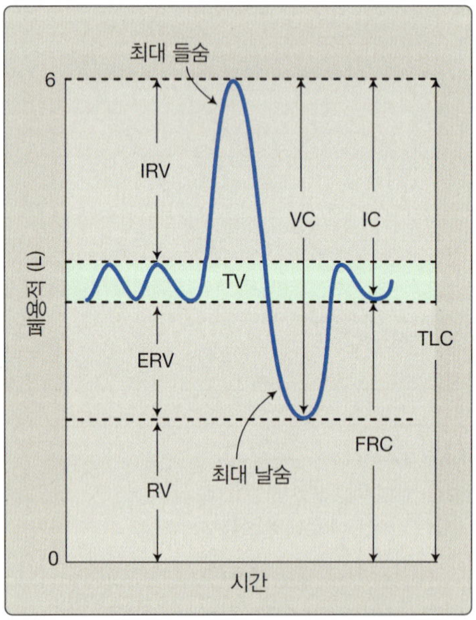

그림 22.23
폐활량계
ERV = 들숨예비용적; FRC = 기능잔기용량; IC = 들숨용량; IRV = 들숨예비용적; RV = 잔기용적; TLC = 총폐용량; TV = 일회호흡량; VC = 폐활량

$$V_D = V_T \times \frac{P_aco_2 - P_Eco_2}{P_aco_2}$$

여기서 V_T = 총폐용량.

B. 환기량(ventilation)

환기량은 **분당환기량(minute ventilation)** 혹은 **허파꽈리환기량(alveolar ventilation)**으로 표현할 수 있다. 분당환기량(V_E)은 분당 들이쉰 혹은 내쉰 총용적을 말한다:

분당환기량 = 일회호흡량 × 호흡횟수/분

허파꽈리환기량(V_A)은 분당 가스교환 영역으로 들어간 공기 용적을 말한다.

$$V_A = (T_V - V_D) \times \text{호흡횟수/분}$$

V_A는 허파꽈리환기량을 의미하며 V_D는 무용공간임.

22장 요약

- 폐는 혈액과 공기 사이에서 산소와 이산화탄소 교환에 관여한다. **혈액-가스 접촉면**은 접촉면을 증가시키고, 폐순환을 들이쉰 공기에 매우 가깝게 접근하도록 하는 얇은 벽으로 된 주머니인 **허파꽈리** 내에 위치해 있다.
- 허파꽈리는 표면장력을 만드는 얇은 액체막으로 적셔져 있다. 표면장력은 폐가 찌부러지도록 하며 폐 수행능력에 나쁜 영향을 미치는 힘을 만든다. 허파꽈리 상피는 표면장력을 상쇄시키는 **표면활성제**를 만든다. 표면활성제는 허파꽈리 크기 안정화와 폐 순응도 증가에 관여하는 **인지질복합**이다.
- 호흡은 **늘숨**과 **날숨**이 반복되는 주기이다. 공기는 **가로막**과 다른 **호흡근육** 수축에 의해 폐 안으로 들어간다. 수축은 가슴안공간과 폐 용적을 늘린다.
- 가로막과 가슴벽, 폐는 마치 하나의 단위와 같이 움직인다. 이들은 **내장쪽**과 **벽쪽** 가슴막을 미끄러지게 하고 폐 확장에 필요한 응집력을 제공하는 얇은 **가슴막액체** 막을 통해 연결되어 있다.
- 안정 시 폐는 2 종류의 상반된 힘에 노출되어 있다. 표면장력과 폐 조직 탄성성분은 찌부러지도록(**탄성되튐[elastic recoil]**) 한다. 가슴벽 탄성성분은 확장되도록 하여 찌부러짐을 방지한다. 2 종류의 가슴막 사이에 공기가 차(**공기가슴증**)면 폐와 가슴벽 사이 연결이 파괴되어 폐가 찌부러진다.
- 서 있는 자세에서 중력은 영역별로 허파꽈리 크기에 큰 차이가 발생되도록 한다. 폐 바닥은 폐 자체 무게에 의해 눌러지지만 꼭대기에 있는 허파꽈리는 최대 용적의 60%까지 확장될 수 있다.
- 허파꽈리와 외부 대기 사이의 공기흐름은 **압력차**에 의해 일어난다. 흐름은 기도 안쪽 반지름에 크게 의존하는 **저항**에 반해 일어난다.
- 기도저항은 **자율신경계**에 의해 조절되지만 폐 용적에 의해서도 수동적으로 변화한다. 폐 확장 동안 기도는 **기계적 결합**을 통해 작용하는 주위 조직에 의해 확장되며, 확장은 기도저항을 감소시킨다. 폐 용적이 낮을 경우 기도는 주위 조직에 의해 눌러져 저항이 높아진다.
- 기도는 들숨 동안 발생하는 벽가로방향압에 예민하기 때문에 이 압력은 숨을 내쉬는데 있어 압력의존적 제한 요소로 작용한다.
- 폐와 대기 사이 공기 움직임은 **폐활량계**를 이용하여 측정할 수 있으며 이것은 폐 건강상태를 짐작하는 다양한 **폐기능검사(PFT)** 중 하나이다. PFT에서 4 종류의 폐용적(즉, **일호흡용적**과 **들숨예비용적**, **날숨예비용적**, **잔기용적**)과 용량(**총폐용량**과 **기능잔기용량**, **들숨용량**, **폐활량**)을 측정한다.
- 가스교환에 참여하지 않는 영역에 존재하는 공기를 **무용공간**이라고 한다.

23 가스교환

I. 개요

폐에서 혈액과 공기 사이에 산소와 이산화탄소 교환이 일어난다. 산소가 필요한 것은 세포가 연료로 사용하는 삼인산아데노신을 생성하기 위해서이며, 반면에 이산화탄소는 산소대사 산물로서 형성된다. 폐는 이러한 교환이 원활이 이루어질 수 있도록 혈액을 혈액-가스 접촉면 대기공기에 가깝게 접근시킨다. 가로막과 다른 들숨근육이 수축하면 폐는 팽창된다. 공기는 폐 안쪽으로 흘러 들어오고 혈액-가스 접촉면에 산소를 새롭게 보충되며, 최적의 가스교환이 이루어 질 수 있도록 산소와 이산화탄소의 급격한 압력 차이가 유지되도록 한다. 교환은 빠르게 일어나며 혈액과 공기 사이의 얇은 경계(1 μm 이하)와 넓은 접촉 표면적에 의해 증대된다. 교환효율은 제거를 위해 이산화탄소를 폐로 운반하고 산소를 가져가는 폐순환에 매우 의존적이다(그림 23.1). 혈액-가스 접촉면에서 환기 및 관류의 생리 및 병리적 변화는 폐기능 수행에 좋지 않은 영향을 미칠 수 있다.

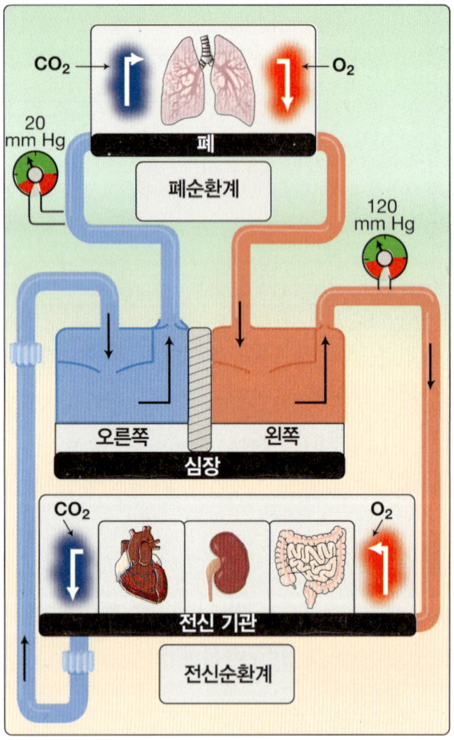

그림 23.1
폐 및 전신 순환계

II. 분압(PARTIAL PRESSURES)

가스는 공기와 혈액 사이에서 수동확산에 의해 움직인다. 가스 확산에 관여하는 기본적인 법칙은 2개의 액체로 찬 공간에서의 용질확산과 유사하다(1·IV 참조). 그러나 가스가 혈액 내에 어떻게 용해될 수 있는가에 관여하는 요소들에 의해 문제가 복잡해진다(그림 23.2). 만약 가스가 수용성이 아니면 생리적인 환경이 아닌 아주 극한적인 상황을 제외하고는 순환계에 들어갈 수 없다. 실제로 이것은 혈액과 공기 사이에서 농도차가 아닌 **분압**차에 의해 만들어지는 산소와 이산화탄소 확산을 유발하는 힘을 논의한다는 것을 의미한다.

A. 가스 압력

가스분자의 무질서한 움직임은 가스를 함유하고 있는 용기 벽에 압력을 가한다. 압력 양은 용기 내에 존재하는 분자 수에 비례하며 **이상기체법칙(ideal gas law)**으로 표현된다:

$$P = \frac{nRT}{V}$$

여기서 P = 압력, n = 분자 개수, R = 보편기체상수(universal gas constant), T는 온도, V는 용기 용적이다.

B. 분압

"분압" 용어는 대기 공기가 여러 개의 다른 종류 가스의 혼합이라는 것을 인식하게 한다. 혼합 가스에 의한 총 압력은 각 성분 분압의 합과 동일하다(**돌턴법칙[Dalton law]**).

1. **대기공기 조성(atmospheric air composition):** 대기공기는 78.09% N_2와 20.95% O_2, 0.93% 아르곤(argon, Ar), 0.03% CO_2, 미량의 다양한 무해 가스와 오염물질로 조성되어 있다. 조성 비율은 해수면 위 고도나 온도에 따라 변화하지 않는다.

2. **들숨공기 조성(inspired air composition):** 공기 조성은 코와 입을 덮고 있는 점막이 물 증기를 더하기 때문에 들숨 동안 바뀐다. 공기가 허파꽈리에 도달할 때면 6.18% 물에 의해 포화된다. 다른 가스의 비율 별 조성은 이로 인해 해당하는 만큼 감소한다: 73.26% N_2와 19.65% O_2, 0.87% Ar, 0.03% CO_2.

3. **들숨공기 분압(partial pressure of inspired air):** 해수면에서 대기압은 760 mm Hg이며 포함되어 있는 공기분자 질량을 반영한다. 들숨 공기를 구성하는 각 가스 분압은 비율구성(fractional composition)을 반영한다. 그러므로 허파꽈리 막에서 산소분압(P_{AO_2})은 대기압(760 mmHg)과 비율구성(19.7%)의 곱이다:

$$P_{AO_2} = 760 \times 0.197 = 150 \text{ mm Hg}$$

CO_2 (P_{ACO_2}) 분압은 0.21 mm Hg이다. 생리적 개념에서 후자는 무시할 수 있으므로 일반적으로 0 mm Hg로 간주한다(표 23.1).

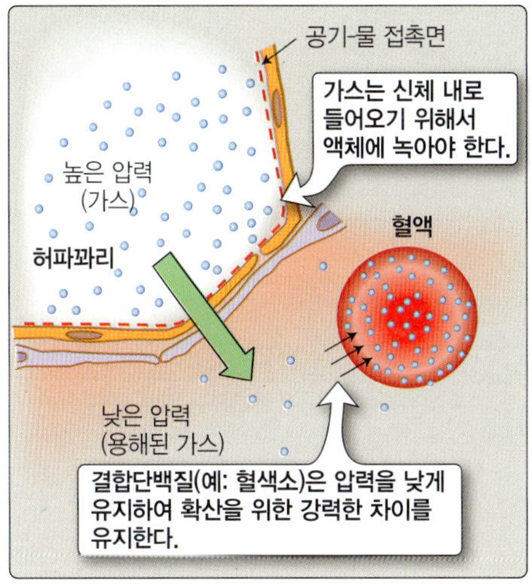

그림 23.2

공기와 혈액 사이 가스 확산

C. 혈액가스

허파꽈리 환기를 통해 대기 공기는 혈액-가스 접촉면으로 이동한다. 혈액에 녹은 산소와 다른 구성 가스량은 분압과 혈액에 대한 이들 가스의 용해도에 비례한다(**헨리법칙[Henry law]**). O_2와 CO_2는 모두 용해성 가스이므로 들숨 동안 혈액-가스 접촉면을 가로질러 빠르게 평형을 이룬다. 허파꽈리 가스의 Po_2는 산소분자가 접촉면을 가로 질러 혈액에 녹아 들므로 인해 감소한다: 2개의 공간이 평형을 이루면 P_{AO_2}는 150 mm Hg에서 100 mm Hg로 떨어진다. 평형상태에서 혈액에 녹아 있는 O_2농도는 다음과 같이 계산할 수 있다.

$[O_2] = P_{AO_2} \times s = 100$ mm Hg $\times$ 0.0013 mmol/L/mm Hg = 0.13 mmol/L

여기서 $[O_2]$는 녹아 있는 O_2농도이며 s는 혈액 내 O_2의 용해도이다.

헨리법칙을 통해서 혈액 O_2농도가 0.13 mmol이고 가스 공간과 평형을 이루고 있다면 혈액 공간 Po_2는 100 mm Hg가 되어야 한다. 그러므로 혈액 O_2 분압이 100 mm Hg가 되는 것은 가스와 액체 면 사이에서 가스 이동을 유발하는 압력차이에 대한 논의를 하도록 한다.

표 23.1 산소와 이산화탄소 분압

부위	O_2 (mm Hg)	CO_2 (mm Hg)
외부 공기	160	0
전도 기도 (들이쉬는 동안)	150	0
허파꽈리	100	40
폐모세혈관	100	40
전신동맥	100*	40
폐동맥	40	45

*실제적인 값은 생리적인 션트에 의해 약간 낮다.

분압은 액체에 녹아 있는 자유 가스량을 의미하는 것이지 얼마나 많은 추가 가스가 혈색소와 결합할 수 있는가에 대한 정보를 주는 것은 아니다.

III. 폐순환계(PULMONARY CIRCULATION)

폐순환계는 전신순환계와 마찬가지로 심장박출량의 100%를 받는데 이것이 두 계통간 유일한 공통점이다. 일반순환계에서 위치와 가스교환을 촉진하기 위한 다양한 적응 등 많은 특성이 폐순환계를 독특하게 만들었다.

A. 개요

폐순환계는 2~3 mm Hg/L/min 혹은 전신순환계의 1/5 정도 저항을 가지고 있다. 평균폐동맥압은 공급동맥 벽 두께에 부합되게 줄어든다(10~17 mm Hg). 폐세동맥은 전신저항혈관 특징이라고 할 수 있는 적은 양의 민무늬근육이 존재하기 때문에 정맥과 구분이 어렵다. 폐혈관계에 근육이 소량 존재한다는 것은 미비한 충만압 변화에 의해 쉽게 확장된다는 것을 의미한다. 혈관계 자체로는 순환혈액량의 20%를 저장할 수 있으며, 통상적인 자세변화에서 중력 영향에 의해 폐와 전신 순환 사이에 약 400 mL가 이동한다.

B. 혈액-가스 접촉면

적혈구는 모세혈관 내피세포와 허파꽈리 상피세포 두께에 의해 대기가스와 분리되어 있다(대략 0.15~0.30 μm). 폐모세혈관 밀도는 매우 높기 때문에 허파꽈리 표면은 매우 효과적인 가스교환이 이루어지도록 마치 혈액판에 담겨 있는 것과 같다. 폐모세혈관 길이는 평균 0.75 mm이기 때문에 높은 혈류속도에도 불구하고 혈액과 가스 사이에 가스 평형이 이루어질 수 있는 엄청난 기회를 제공하고 있다. 휴식 시 하나의 적혈구가 모세혈관 전체 길이를 따라 2~3개의 허파꽈리를 통과하는 데는 약 0.75초가 걸린다.

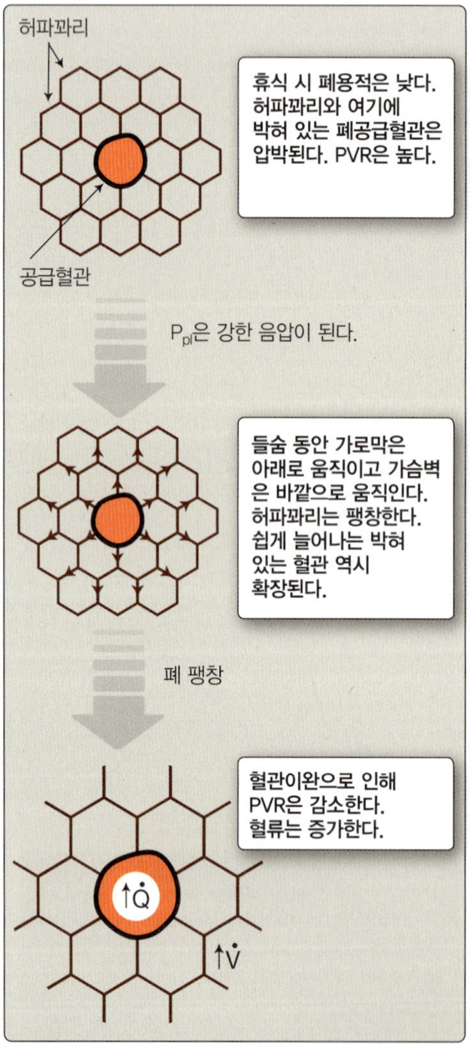

그림 23.3
폐 공급혈관에 대한 들숨 효과. P_{pl} = 가슴막안압; PVR = 폐혈관 저항; $\dot{Q}$ = 폐혈류; $\dot{V}$ = 허파꽈리 환기

C. 폐용적

폐혈관의 높은 순응도는 주위 조직에 의해 압박되었을 때 쉽게 찌부러진다는 것을 의미한다. 실제로 이것은 호흡주기 동안 기도 압력 변화가 허파꽈리 관류속도에 중요한 영향을 미친다는 것을 의미한다. 변화 형태와 시점은 혈관이 기관지 가지 어디에 위치해 있는가에 의존적이다.

1. **공급혈관:** 폐공급혈관(즉, 동맥과 세동맥)을 통한 혈류는 가슴막안압(P_{pl}) 변화에 매우 예민하다. P_{pl}은 들숨 동안 가로막 수축과 아래쪽 움직임 및 가슴벽 바깥쪽 움직임에 의해 강한 음압이 된다. 음압은 폐 실질로 전달되어 허파꽈리 팽창을 초래한다(그림 23.3). 음압은 폐 실질에 묻혀 있는 혈관을 확장시킨다. 혈관저항은 혈관 반지름에 반비례 관

계($R \propto 1/r^4$)를 가지고 있으므로 들숨 동안 혈관확장은 폐혈관계 저항(pulmonary vascular resistance, PVR)을 감소시킨다.

2. **모세혈관:** 폐모세혈관은 인접한 허파꽈리 사이를 통과한다. 들숨 동안 허파꽈리는 팽창하고 벽은 늘어난다. 피부를 늘렸을 때 하얗게 되는 것과 동일하게 사이에 끼어 있는 모세혈관은 길이로 늘어나기 때문에 속지름은 감소한다(그림 23.4). 모세혈관을 늘리는 것은 흐름에 대한 저항을 증가시켜 결과적으로 폐혈관계 저항을 증가시킨다.

3. **용적에 대한 폐혈관계저항 의존성(pulmonary vascular resistance dependence on volume):** 공급혈관과 모세혈관 저항에 대한 들숨의 순간순간 효과를 합치면 폐용적에 대한 U-모양 폐혈관계 저항 곡선이 만들어진다(그림 23.5). 폐혈관계 저항은 낮은 폐용적(공급혈관이 눌려짐)과 총폐용량(모세혈관이 늘어남)에서는 매우 높지만 정상 안정호흡 시에는 가장 낮다.

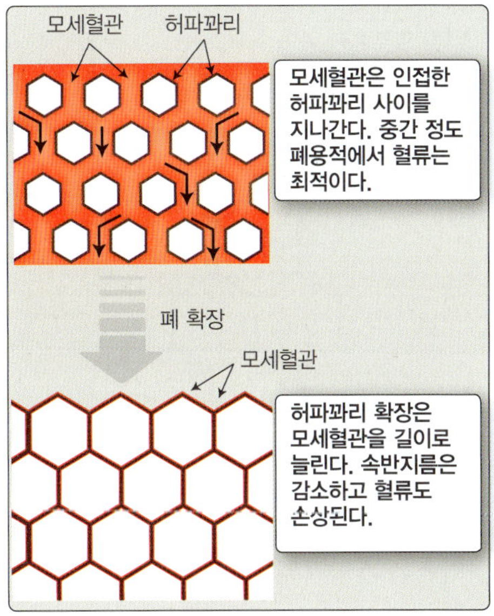

그림 23.4
들숨동안 폐모세혈관 열림

D. 중력(gravity)

전반적으로 폐혈관계는 저항이 낮기 때문에 폐동맥압도 역시 매우 낮다. 이로 인해 폐혈관계를 통한 혈류는 중력 효과에 매우 예민하게 반응한다.

1. **폐혈압(pulmonary blood pressure):** 심장은 오른쪽 및 왼쪽 폐 사이 가슴세로칸 내에 있다(그림 23.6). 폐동맥판막(여기서 폐순환계를 통한 흐름을 만드는 압력을 측정할 수 있다)은 폐 꼭대기 20 cm 아래에 위치해 있다. 오른심실은 약 20 cm H_2O에 해당하는 약 15 mm Hg의 평균폐동맥압(mean pulmonary arterial pressure, P_{pa})을 만든다. 개체가 엎드린 자세를 취하고 있을 때 폐 꼭대기와 바닥에서 동맥압은 대략 20 cm H_2O이다. 선 자세에서는 중력이 아래로 작용하는 힘을 만들어 심장 위쪽에서는 심실에서 1 cm 멀어짐에 따라 동맥압이 약 1 cm H_2O씩 감소한다. 중력은 심장 아래쪽에도 동일한 정도로 압력을 증가시킨다.

2. **영역별 차이:** P_{pa}에 대한 중력 효과는 사람이 서 있을 때 폐혈류가 꼭대기 쪽이 가장 낮고 높이가 감소할수록 점차 높아지게 한다(그림 23.6 참조). 혈류 특성에 따라 뚜렷하게 구별되는 3 종류 영역(1에서 3까지)으로 나눈다.

   a. **영역 1(zone 1)—최소 혈류(minimal flow):** 꼭대기에서는 **허파꽈리압 (alveolar pressure) > 동맥압 > 정맥압**이다. 심장보다 위쪽은 높이에 따라 P_{pa}이 떨어지므로 심실 위쪽 약 20 cm에 위치한 세동맥압은 0이다. 폐세정맥압(pulmonary venular pressure, P_{pv})은 같은 높이에서 0보다 낮다(−9 cm H_2O). 이것은 꼭대기 모세혈관을 경유한 흐름이 이루어지도록 9 cm H_2O 압력차를 만들지만 실제로 모세혈관은 찌부러진다. 휴식 시 허파꽈리 내의 압력(P_A) 역시 모세혈관 열림이 유지될 수 있도록 하는 관류압보다 큰 0 cm H_2O (즉, 대기압)이기 때문에 찌부러짐이 일어난다(그림 23.6, 위 패널 참조). 영역1은 폐혈관압이 매우 낮거나(예: 출혈 동안 혹은 다른 형태 순환쇼크) 혹은 인공적인 **양압환기(positive pressure ventilation)**에 의해 허파꽈리 압력이 올라가 있을 때 폐 제일 정점에 존재한다.

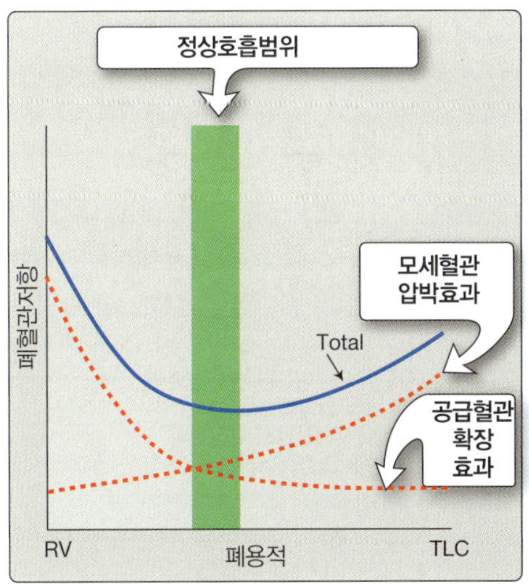

그림 23.5
폐혈관 저항에 대한 폐용적 효과. RV = 잔기용적; TLC = 총폐용량

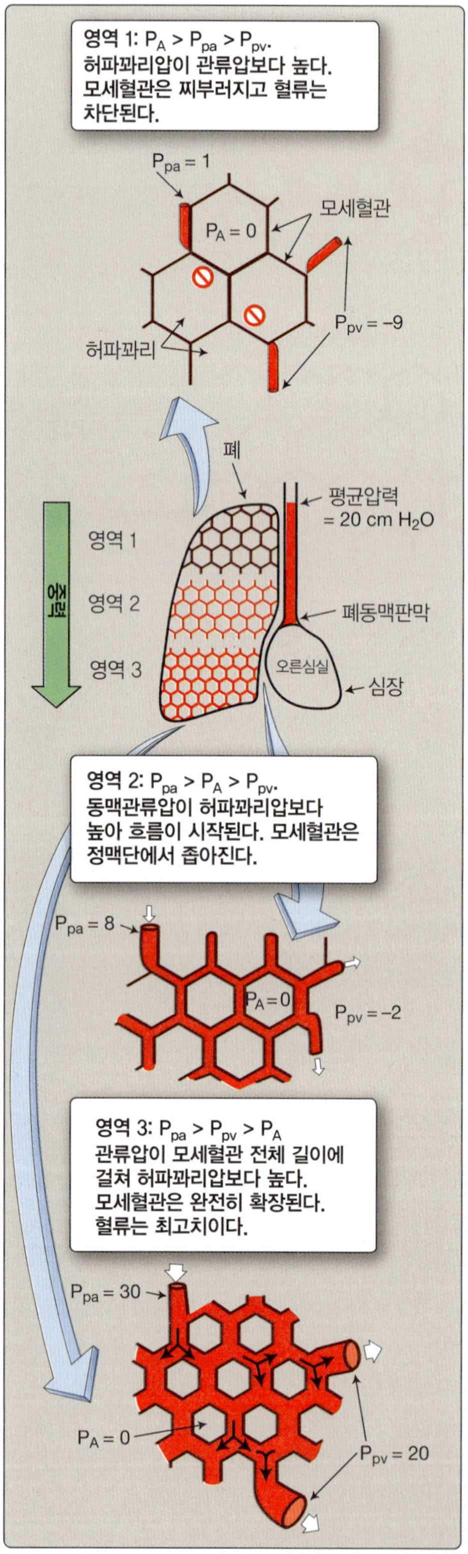

그림 23.6
똑바로 선 정적 폐에서 영역별 관류와 혈류 형태. 수치 단위는 cm H_2O. P_A = 허파꽈리안압 ; P_{pa} = 폐동맥압; P_{pv}= 폐정맥압

b. **영역 2(zone 2)—적절한 혈류(moderate flow):** 영역 2는 **동맥압 > 허파꽈리압 > 정맥압**이다. 영역 2는 꼭대기 및 폐 중간부분을 포함하며 P_{pa}와 평균모세혈관압(mean capillary pressure, P_c)이 P_A보다 높다. 영역 2에서 P_{pv}은 여전히 P_A보다 낮아 모세혈관 정맥단은 눌러지는 경향이 있지만 흐름은 유지된다. 혈관바깥압축에 의한 저항은 폐 높이에 따라 점차 감소하며 또한 P_{pa}와 P_{pv} 모두가 증가된다는 것을 의미한다(P_A는 대기압에 의해 결정되므로 자세에 따라 변하지 않음을 주시하라).

c. **영역 3(zone 3)—최대 혈류(maximal flow):** 폐바닥은 폐동맥판막 아래에 위치해 있다. 중력은 이 영역에서 관류압을 증가시켜 **동맥압 > 정맥압 > 허파꽈리압**이 된다. 혈관 찌부러짐은 이 영역에서는 더 이상 문제가 되지 않는다. 대신 폐바닥에서 모세혈관은 높이-중력에 의해 강화된 관류압에 의해 전형적으로 확장되어 있다. 전신순환에서 저항혈관은 혈관벽을 구성하는 민무늬근육층의 반사수축과 확장을 통해 P_c를 엄격하게 조정한다. 폐세동맥은 민무늬근육이 많지 않아 혈압조절자로서 효과적인 역할을 못한다. 그러므로 P_c는 P_{pa}와 P_{pv} 작용에 의해 올라가며 모세혈관은 정상 용량보다 더 많이 팽창한다. 혈관을 통한 혈류는 속반지름의 4승에 비례하므로 혈류는 불균형적으로 높다(그림 23.6, 아래 패널 참조).

E. 혈류 조절(flow regulation)

전신저항혈관을 통한 혈류는 교감신경계 및 혈액존재 물질, 대사산물 농도증가, 다른 요소 등에 의해 조절된다. 대조적으로 폐저항혈관은 교감신경계 활동 혹은 체액 요소에 덜 예민하다. 혈관계는 사이질 CO_2와 H^+ 농도 증가에 어느 정도 예민해서 전신저항혈관은 CO_2와 H^+ 수준이 증가하면 반사적으로 이완하지만 폐혈관은 수축한다. 폐저항혈관과 PVR를 조정하는 주 요소는 P_{AO_2}이다. 낮은 O_2 수준은 폐저항혈관의 **저산소혈관수축(hypoxic vasoconstriction)**을 초래한다. 이러한 반사는 저산소증에 대해 전신저항혈관 반응과는 정확하게 반대이지만 폐기능을 최적화하기 위해 매우 유익하다. 저산소혈관수축은 환기가 잘 되지 않는 영역으로부터 혈액을 가스교환이 일어날 수 있는 환기가 잘 되는 영역으로 가도록 한다.

F. 정맥혈혼합(venous admixture)

이상적으로는 폐순환계를 떠나 전신순환계로 들어가는 혈액은 100% 포화되어야 한다. 어느 정도 **정맥혈혼합**이 항상 존재하고, 산소화되지 않은(정맥) 혈액과 산소화된 혈액이 전신동맥계로 들어가기 전에 혼합되기 때문에 실제로 이런 상황은 일어나지 않는다. 여기에는 2가지 이유가 있다: **션트(shunt)**와 낮은 **환기관류비(ventilation/perfusion [$\dot{V}_A/\dot{Q}$] ratio)**.

1. **션트:** **션트**는 정맥혈이 정상 가스교환 과정을 거치지 않고 통과하는 것이다. 여기에는 2 종류가 있다: **해부적션트(anatomic shunt)**와 **생리적션트(physiologic shunt)**.

a. **해부적:** 해부적션트는 샛길(fistula) 혹은 혈관으로 구성된 구조를 가지고 있다. 예로는 오른심방에서 왼심방으로 혈액이 들어가는 심방사이막결손(atrial septal defect) 혹은 폐동맥과 폐정맥 사이에 연결(anastomosis)을 들 수 있다. 이것들은 **오른왼쪽션트(right-to-left shunt)**라고 한다.

b. **생리적:** **생리적션트**는 무기폐와 폐염 혹은 혈액-가스 접촉면 환기에 영향을 주어 가스교환을 방해하는 다른 문제에 의해 발생한다. 저산소혈관수축은 혈류 방향을 바꾸기는 하지만 기능을 하지 않는 접촉면으로 약간의 잔기 관류가 항상 존재한다. 이 영역으로부터 오는 혈액은 산소화 되지 않아 혈액이 전신순환계로 들어가면 동맥산소포화도를 낮춘다.

2. **낮은 환기/관류비:** $\dot{V}_A/\dot{Q}$비는 아래에서 보다 자세히 다루도록 하지만 혈액-가스 접촉면이 확산한계를 지나쳐 관류가 된다면 산소포화는 일어나지 않는다. 정맥혈혼합이 결과적으로 발생한다.

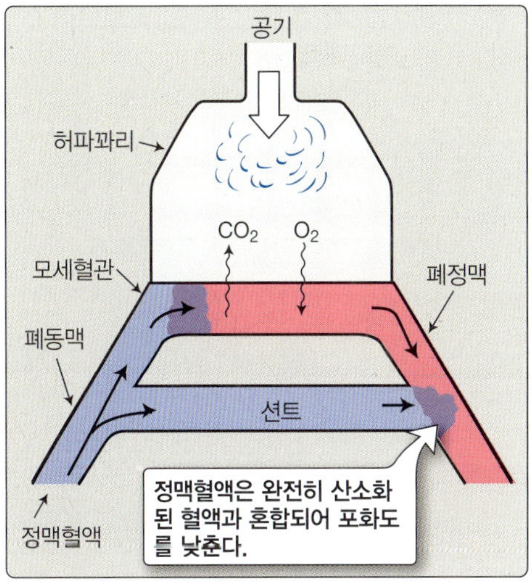

그림 23.7
션트에 의해 정맥혈혼합이 발생한다.

IV. 환기/관류비

휴식 시 폐순환계를 관류하는 혈액은 약 5 L/분이며 이것은 오른심장 전체 박출량이다. 폐 팽창은 같은 시간에 꽈리주머니로 최대 약 4 L 공기를 담기 때문에 폐 $\dot{V}_A/\dot{Q}$는 약 0.8이다(허파꽈리 환기는 $\dot{V}_A$로 표기한다). 이상적인 폐에서 모든 허파꽈리가 최적으로 환기와 관류가 된다고 해도 불일치가 일어나는 많은 생리적 원인이 있다.

A. 모델 폐 역학(model lung mechanics)

허파꽈리 환기 기능은 바깥공기를 혈액에 가깝게 가게 해서 O_2가 흡수되고 CO_2가 배설되게 한다. 바깥 공기는 150 mm Hg O_2와 무시할 수 있는 CO_2(그림 23.8)를 포함한다. 폐세동맥으로부터 허파꽈리에 도달한 혈액(**혼합정맥혈[mixed venous blood]**)은 CO_2 (P_{CO_2} = 45 mm Hg)는 풍부하지만 O_2는 부족한 상태이다(P_{O_2} = 40 mm Hg). 정상 안정호흡에서는 헬액이 모세혈관 1/3을 통과하는 동안 가스와 혈액 사이 평형이 거의 이루어져 $P_{A}CO_2$는 40 mm Hg까지 올라가고 $P_{A}O_2$는 100 mm Hg까지 낮아진다. 허파꽈리는 이런 수치를 추가적으로 변경시킬 수단이 없기 때문에 폐모세혈관을 떠나는 헬액은 40 mm Hg CO_2와 100 mm Hg O_2를 함유한다. 하지만 환기 혹은 관류에 변화가 있으면 이들 수치도 영향을 받는다.

1. **기도폐쇄:** 예를 들어 만약 기도가 점액마개에 의해 막히면 $\dot{V}_A/\dot{Q}$비는 0으로 감소한다. 환기가 되지 않으면 허파꽈리 가스는 $P_{A}CO_2$ 45 mm Hg와 $P_{A}O_2$ 40 mm Hg에서 혼합정맥혈과 평형을 이룬다. 혈액은 폐쇄 영역을 떠나면서 O_2 혹은 CO_2 교환기회가 더 이상 없기 때문에 꽈리주머니를 통과하는 동안 변화하지 않는다(그림 23.9 왼쪽). 이것이 위에서 언급한 생리적션트를 만든다

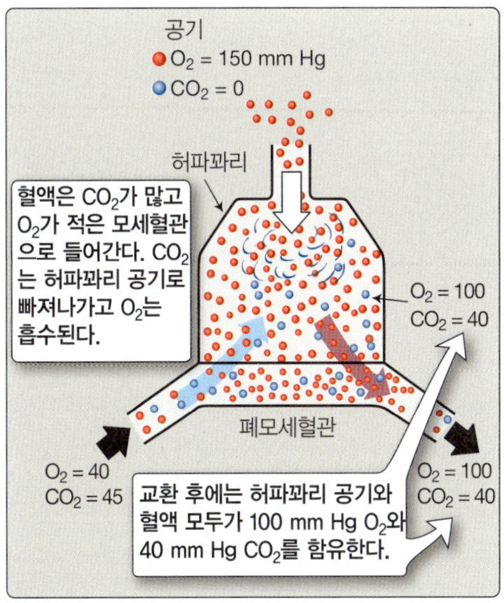

그림 23.8
폐 혈액과 허파꽈리 공기 사이 O_2와 CO_2 교환. 분압 단위는 mm Hg

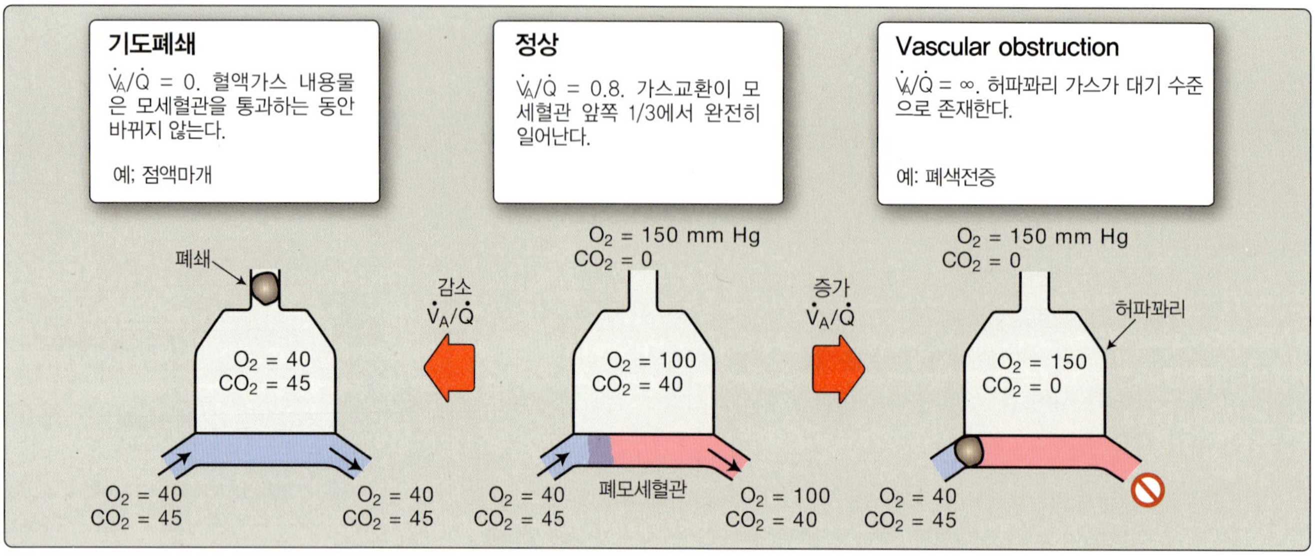

그림 23.9

폐에서 P_{O_2}와 P_{CO_2}에 대한 환기 및 관류 차단 효과. 모든 분압 단위는 mm Hg

2. **혈류 폐쇄**(blood flow obstruction): 만약 색전에 의해 혈류가 차단되면 $\dot{V}_A/\dot{Q}$비는 무한대에 이른다. 허파꽈리 가스 구성은 혈액과 접촉되지 않으므로 다음 들숨에서도 변화하지 않는다(그림 23.9 오른쪽 참조).

B. 바로 선 폐에서 환기/관류비 (ventilation/perfusion ratios in an upright lung)

중력은 허파꽈리 환기와 관류에 큰 영향을 미친다(그림 23.6 참조; 역시 그림 22.14 참조) 이것은 바로 선 폐에서 광범위한 $\dot{V}_A/\dot{Q}$비를 만든다(그림 23.10).

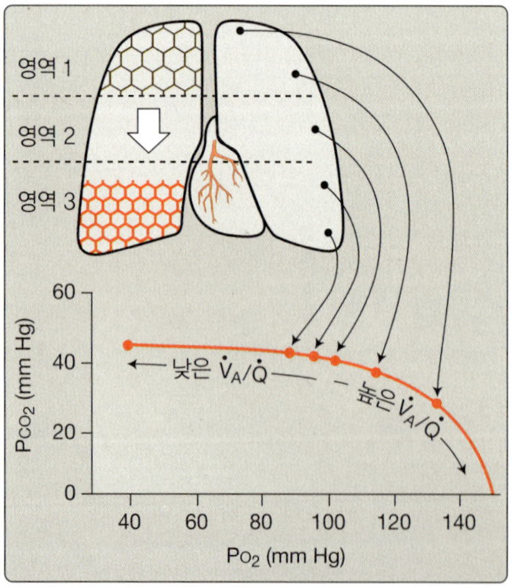

그림 23.10

똑바로 선 폐에서 $\dot{V}_A/\dot{Q}$ 비 분포. $\dot{V}_A$ = 허파꽈리 환기; $\dot{Q}$ = 허파꽈리 관류

1. **영역 1—가장 높은 비**(highest ratio): 폐 꼭대기 허파꽈리는 휴식 시 최대 용적의 60%만 팽창되기 때문에 환기가 잘 되지 않는다. 관류압보다 높은 허파꽈리압에 의해 압축되므로 이 영역 관류는 최소한이다. 이 영역을 떠나는 적은 양의 혈액 P_{O_2}와 P_{CO_2}는 들숨공기에 접근한다($\dot{V}_A/\dot{Q}$ ~ ∞).

2. **영역 2—적절한 비**(moderate ratio): 환기는 폐 높이가 낮아짐에 따라 천천히 개선된다. 그러나 관류는 좀 더 급격하게 증가되어 $\dot{V}_A/\dot{Q}$비는 폐 바닥으로 갈수록 빠르게 감소한다.

3. **영역 3—가장 낮은 비**(lowest ratio): 폐 바닥 허파꽈리는 호흡을 하지 않을 때는 눌러져 있으나 들숨 시에는 환기가 잘 이루어진다. 이 영역은 폐 관류압 역시 매우 높기 때문에 혈류속도도 가장 높다.

4. **순효과**(net effect): 폐를 떠나는 혈액의 구성성분에 각 영역이 어느 정도 영향을 미치는 가는 각 영역 관류속도에 의해 결정된다. 그러므로 꼭대기에서 나타나는 $\dot{V}_A/\dot{Q}$ 극한은 전체 포화 수준에 거의 영향을 미치지

임상 적용 23.1: 결핵(Tuberculosis)

결핵을 일으키는 미생물은 *Mycobacterium tuberculosis*이며 O_2 농도가 높은 폐 영역에서 잘 증식하며, 이런 곳은 허파꽈리 가스 성분이 대기 공기와 가장 유사한 주로 폐 꼭대기 쪽에 해당한다. 병이 진행되면 폐 조직이 파괴되어 큰 공간이 생긴다. 공간에는 혈관이 없기 때문에 감염 치료를 어렵게 한다. 결핵원인균을 조직으로부터 완전히 제거하기 위해서는 오랜 기간 여러 종류의 약을 투여해야 한다.

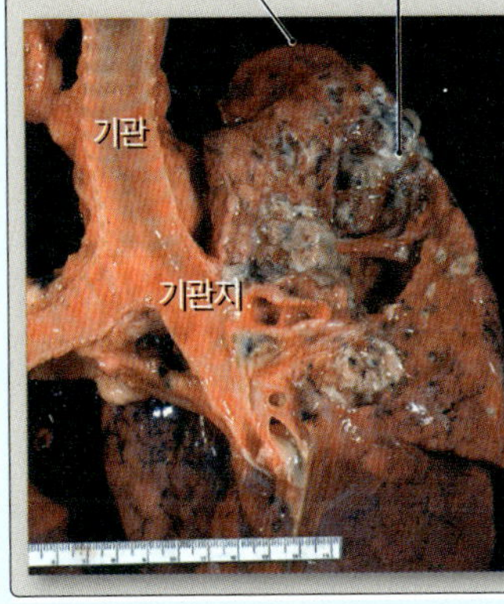

사후검제에 폐결핵에 의한 꼭대기 폐병변이 있다.

못한다. 전신동맥혈 O_2와 CO_2 함량은 전적으로 많은 관류가 이루어지는 바닥부분에 의해 결정된다.

C. 환기/관류 불균형(ventilation/perfusion mismatch)

폐 바닥 혈류는 매우 높아 혈액-가스 접촉면 환기용량을 초과해 국소 $\dot{V}_A/\dot{Q}$불균형을 초래한다. 이 영역을 떠나는 혈액 Po_2는 약 88 mm Hg, 혹은 최적에 비해 12 mm Hg 낮지만 Pco_2는 ~2 mm Hg 높다. $\dot{V}_A/\dot{Q}$ 불균형에 의한 생리적 션트는 건강한 사람에서도 정상적으로 어느 정도 발생하지만 이물질 흡입 혹은 암조직 성장, 천식발작 동안과 같이 기도가 폐쇄되면 심해질 수 있다. $\dot{V}_A/\dot{Q}$비는 폐기능과 건강함의 중요한 판단 기준이나, 2 종류 지표는 임상적으로 방사성 추적자를 사용하여 관찰할 수 있지만 영상기법은 환기 혹은 관류에 명백한 부족이 있을 것이라고 예상되는 폐색전증에서 사용한다(그림 23.11).

D. 허파꽈리-동맥 산소 차이 (alveolar-arterial oxygen difference)

환기 혹은 관류에 문제가 있을 것인가에 대해서는 허파꽈리 산소와 전신동맥혈액 산소를 비교하는 **허파꽈리-동맥 산소 차이(alveolar-arterial difference for O_2, A-aDO_2)** 측정을 통해 쉽게 판단할 수 있다. 이상적으로 2 종류 수치는 동일해야 한다. 실제로 허파꽈리 가스와 혈액 사이에는 나이에 따라 5~15 mm Hg Po_2 차이가 항상 존재한다. $P_{A}o_2$는 **허파꽈리 가스방정식(alveolar gas equation)**의 단순형을 통해 판단할 수 있다:

방정식 23.1
$$P_{A}o_2 = P_{i}o_2 - \frac{P_{A}co_2}{R}$$

여기서 $P_{i}o_2$는 들숨공기 O_2 분압, $P_{A}co_2$는 허파꽈리 Pco_2, R은 호흡교환비율(respiratory exchange ratio). $P_{A}co_2$는 마지막 날숨에서 취한 가스 분석을 통해 결정된다. "R" (정상적으로 0.8)은 속호흡(internal respiration)을 통해 생성된 CO_2와 소비된 O_2의 비이다. $P_{a}o_2$는 동맥혈 가스분석을 통

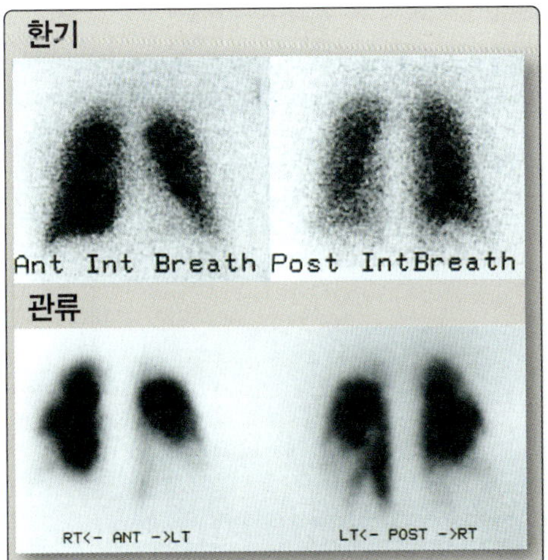

그림 23.11
이 환기스캔(방사성 크세논가스를 사용하여 방사선 사진으로 가시화)은 정상이지만 관류스캔(방사성알부민을 사용하여 방사선사진으로 가시화)에서는 방사성동위원소가 결여된 많은 영역이 보이며 이것은 폐색전증의 전형적인 특징이다.

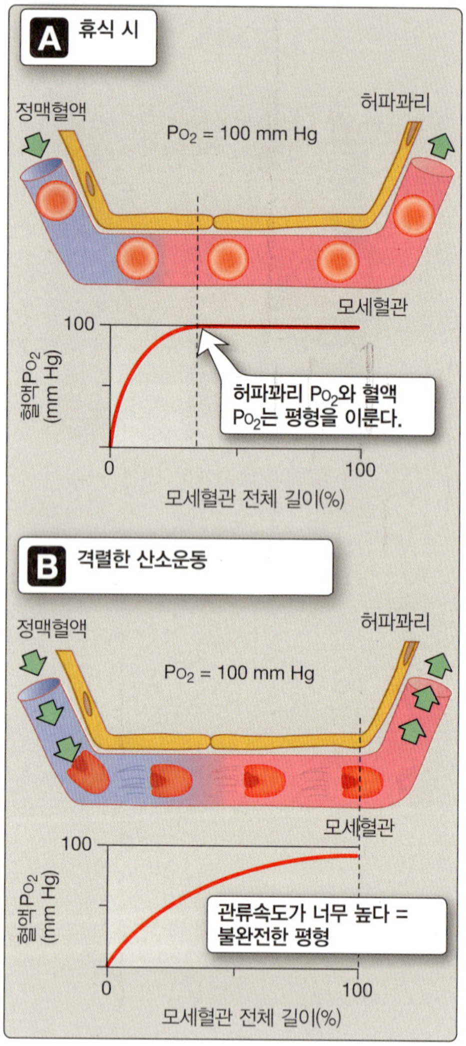

그림 23.12
산소포화도에 대한 모세혈관 관류 효과

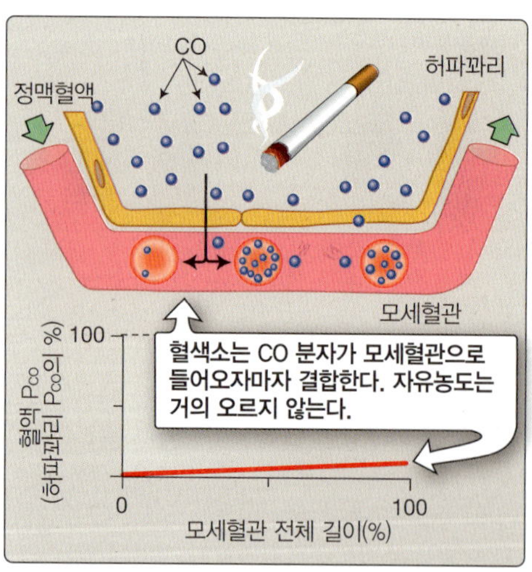

그림 23.13
확산제한 가스교환. P_{CO} = 일산화탄소 분압

해 측정한다. 건강인에서 P_{AO_2}와 P_{aO_2} 차이는 다음과 같이 예측할 수 있다:

$$\text{A-a 차이} = 2.5 + 0.21 \times \text{연령}.$$

예측치보다 큰 A-a 차이는 혈액-가스 접촉면에서 O_2 흡수에 장애가 있음을 의미한다(예제 23.1 참조).

V. 가스교환(GAS EXCHANGE)

혈액-가스 접촉면을 통한 가스확산 속도(즉, 가스유량 혹은 $\dot{V}$)는 접촉면을 가로질러 형성된 압력차(ΔP)와 교환에 관여하는 표면적(A), 장벽두께(T)에 의해 결정된다:

$$\dot{V} = \frac{\Delta P \times A \times D}{T}$$

여기서 D는 분자량과 가스 용해도가 관여하는 확산계수이다. 실제로 폐 가스에 대한 **확산능(diffusing capacity, D_L)**을 나타내는 상수는 표면적과 두께, 확산계수가 통합적으로 작용하여 결정된다. 장벽을 가로지르는 가스류량은 다음 식으로 측정할 수 있다:

$$\dot{V} = \Delta P \times D_L$$

폐는 확산을 위해 넓은 표면적을 제공하고 허파꽈리세포 폭과 모세혈관 내피세포만으로 장벽두께를 제한함으로써 유량이 최대가 되도록 디자인되어 있다. 확산과 관류는 접촉면을 가로질러 급격한 분압 차이가 유지되도록 한다.

A. 확산제한 교환(diffusion-limited exchange)

혈액은 휴식 시 ~0.75초에 모세혈관 전체 길이를 통과한다. 허파꽈리와 혈액 사이의 산소 평형은 이 시간의 몇 분의 일 만에 일어나므로 정상적으로 흡수는 산소가 교환장벽을 확산해서 통과하는 속도에 제한 받지 않는다. 하지만 최대운동 동안에는 심장박출량이 증가하고 모세혈관을 통과하는 시간이 0.4초 이하로 준다 혈액은 완전히 산소로 포화되기 전에 모세혈관을 떠난다(그림 23.12B 참조). 이 경우 교환은 혈액-가스 접촉면을 통한 산소 확산속도에 의해 제한되므로 산소흡수는 **확산제한(diffusion limited)**으로 된다. 확산제한 효과는 항상 확산제한적인 일산화탄소 흡수 특성을 연구함으로써 잘 이해할 수 있다(그림 23.13).

> "CO" 약자는 심장혈관계와 생리학 다른 영역에서 주로 심장박출량을 나타내는데 사용되지만 호흡생리학에서 CO는 일산화탄소를 의미한다.

1. **일산화탄소 흡수**(carbon monoxide uptake): 혈색소는 산소에 비해 ~240배나 더 높은 친화력으로 일산화탄소와 결합한다. 실제로 이것은

CO분자가 교환장벽을 확산해서 통과하자 마자 혈색소와 결합한다는 것을 의미하며 허파꽈리 CO는 혈장 CO와 평형을 이룰 기회가 절대 없다. 이와 같은 확산제한은 확산을 초래하는 압력차 증가나 CO에 대한 $D_L(D_Lco)$를 증가시킴으로써 상쇄시킬 수 있다.

2. **관류속도 변화**(changing perfusion rate): 모세혈관을 통한 혈류가 늦어진다고 가정하면 직관적으로 순흡수를 증가시킨다는 측면에서는 유익하다. 느린 혈류속도는 혈액이 모세혈관을 떠나기 전에 가스와 액체가 평형상태가 될 수 있는 더 많은 시간을 제공한다. 관류속도 감소는 또한 더 큰 포화를 이루게 하지만 단위시간당 모세혈관을 나가는 혈액량 역시 줄어들기 때문에 순흡수는 감소한다.

> 확산-제한 교환에서 관류속도 변화는 가스운반에는 순효과를 나타내지 못한다.

3. **확산제한**(diffusion limitations): 폐공기증과 폐섬유증은 D_L을 감소시켜 O_2와 CO_2 확산을 제한한다. 폐공기증 환자에서 꽈리주머니 미란은 총 장벽표면적을 감소시킨다. 폐섬유증은 장벽두께를 증가시켜 혈액과 허파꽈리 공기를 분리하는 거리를 증가시킨다.

B. 관류제한 교환(perfusion-limited exchange)

혈액은 폐 모세혈관으로 들어오자마자 O_2에 완전히 포화된다(안정 시). 혈류가 증가되면 더 많은 O_2가 운반(이러한 운반이 인체 요구량을 초과한다고 해도)될 수 있으므로 교환은 **관류-제한(perfusion limited)**이라고 할 수 있다. 관류-제한 교환 특징은 N_2O 흡수 연구로 이해할 수 있다. 혈색소는 N_2O와 결합하지 않으므로 혈액과 허파꽈리 N_2O 분압은 100 ms 이하에서 평형에 도달한다(그림 23.14). 장벽 구조에 생긴 약간의 변화는 순흡수에는 거의 영향을 주지 못한다.

> 확산-제한 교환에서 관류속도 변화는 가스운반에는 순효과를 나타내지 못한다.

VI. 산소운반(OXYGEN TRANSPORT)

속호흡을 위해서 대기로부터 O_2 흡수와 조직으로 운반이 필요하다. O_2는 다른 가스들에 비해 수용성이 매우 낮아 수용액에 녹아서 운반되는 양은 혈액 1 L에 ~3 mL에 불과하다. 일반 성인이 안정 시 분당 약 250 mL O_2를 소비하므로 산소가 혈액에 녹아서만 운반된다면 안정 시 심장박출량은 분당 83 L가 유지되어야 하며 운동 시에는 ~1,000 L/분까지 증가되어야 한다! 대신 전신혈관계를 통해 O_2를 운반하여 조직에 공급하기 위해 독특하게 디자인된 단백질인 혈색소에 의해 혈액 O_2 운반 능력은 크게 증가된다. 혈색소는 또한 날숨을 위해 CO_2를 폐로 돌려보내는 것에도 관여한다.

예제 23.1

깊은정맥 혈전증 병력이 있는 50세 여성이 호흡곤란으로 응급실에 왔다. 동맥혈 가스검사(ABG)를 위해 혈액을 채취하였고 O_2를 공급하였다. ABG 결과를 바탕으로 환자의 A-a 차이는 정상인가 비정상인가? 진단은 무엇인가?

ABG 결과

P_{aO_2} = 70 mm Hg

P_{aCO_2} = 32 mm Hg

pH = 7.47

P_{IO_2} (해수면, 방 공기) = 150 mm Hg

연령을 기준으로 환자의 예상되는 A-a 차이는:

2.5 + (0.21 X 50) = 13 mm Hg

ADG 수치와 방정식 23.1를 사용하여:

$$P_{AO_2} = P_{IO_2} - \frac{P_{aCO_2}}{R}$$
$$= 150 - 32/0.8$$
$$= 150 - 40$$
$$= 110 \text{ mm Hg}$$

이 환자의 관찰된 A-a 차이(P_{AO_2} − P_{aO_2})는 110 − 70 = 40 mm Hg, 혹은 예측치보다 27 mm Hg 높다.

비정상적으로 넓은 A-a 차이는 $\dot{V}_A/\dot{Q}$ 불균형이 있음을 의미하며 폐에서 O_2 흡수에 장애가 있다는 것을 암시한다.

이러한 소견은 폐색전증과 일치한다.

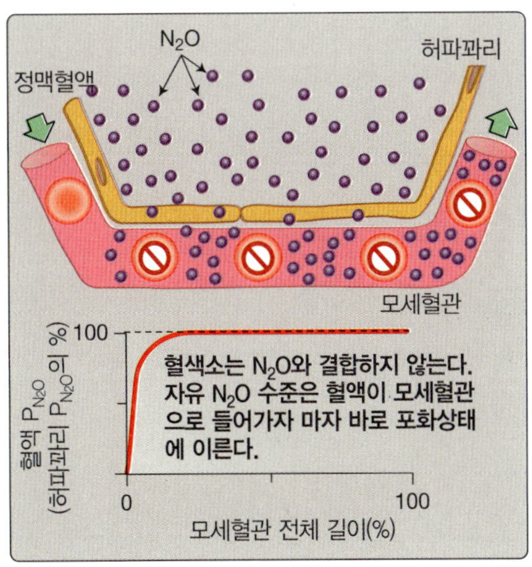

그림 23.14

관류제한 가스교환. P_{N_2O} = N_2O의 분압

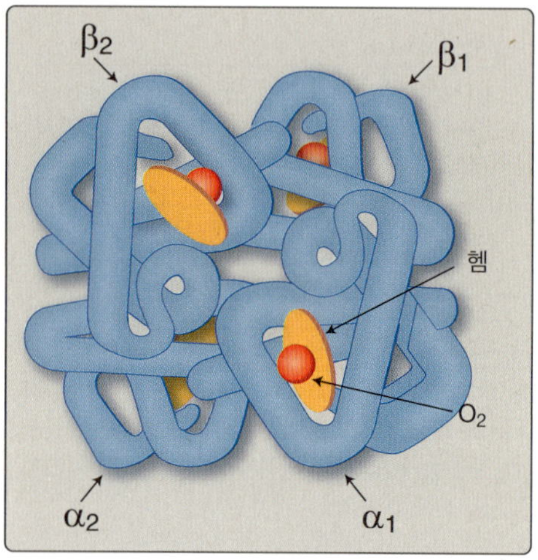

그림 23.15
혈색소 구조를 통해 산소결합 헴군 위치를 알 수 있다.

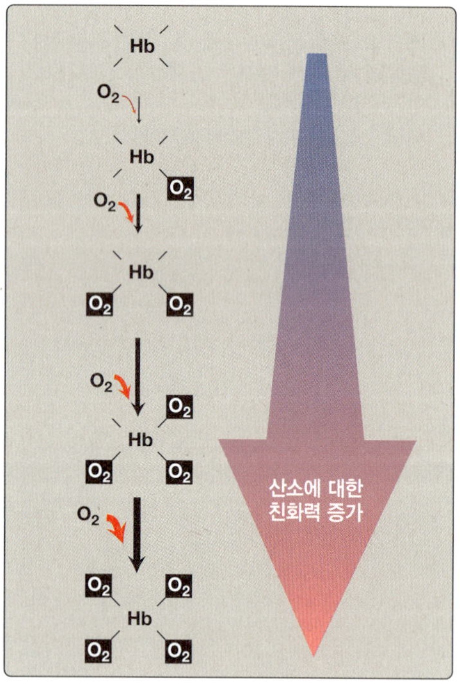

그림 23.16
혈색소(Hb)는 친화력을 높이면서 산소(O_2)와 결합한다.

A. 혈색소(hemoglobin, Hb)

혈색소는 그림 23.15에서 보는 바와 같이 4개의 폴리펩티드사슬(글로빈[globins])로 구성된 금속단백질이다. HbA은 알파(α)사슬 2개와 베타(β)사슬 2개로 구성된 성인에서 가장 흔히 관찰되는 형태이다. 각 글로빈은 포르피린 고리(porphyrin ring) 내에 제일철이온(Fe^{2+}) 하나를 포함하고 있는 헴군(heme group)과 연결되어 있다. 철은 **탈산소 혈색소(deoxyhemoglobin, deoxyHb)**가 O_2와 결합하여 **산소혈색소(oxyhemoglobin)**가 되도록 한다.

1. **구조:** 혈색소는 각각 하나의 α와 하나의 β 사슬을 가지고 있는 2개의 이합체 소단위로 구성되어 있다. 소단위 내 사슬은 비공유결합에 의해 안정적으로 연결되어 있다. 하지만 2개의 소단위는 약하게 연결되어 있으며 연합 정도는 O_2가 결합되어 있는 상태에 따라 변화한다.

2. **산소결합**(oxygen binding)**:** 4개의 헴모이어티(heme moieties)는 혈색소가 4개의 산소분자와 결합할 수 있도록 한다. 상호관계는 가역적이며 산화보다는 산소화이다. DeoxyHb은 산소에 대한 친화력은 낮지만 연속적으로 산소가 결합하면 단백질에 형태학적 변화를 일으켜 다른 장소 친화력을 점차 증가시킨다(그림 23.16). 이러한 결합 특성에 의해 S자 모양(sigmoidal)의 O_2-해리곡선(dissociation curve)이 만들어 지며 곡선 중 기울기가 가장 가파른 부분이 일반적인 조직 P_{O_2} 범위에 속한다(그림 23.17). 곡선은 P_{O_2}가 60 mm Hg가 되면 포화에 이른다. 혈액 **동맥화(arterialization)**는 P_{O_2}를 100 mm Hg까지 증가시키지만 포화 정도는 단지 ~10%만 증가시킨다.

> Hb은 O_2가 결합하게 되면 어두운 파란색에서 밝은 빨간색으로 색깔이 바뀌므로 비침습 맥박산소측정법(pulse oximetry)을 사용하여 동맥 O_2 포화정도를 확인할 수 있다. 빛을 내는 탐색자(light-emitting probe)를 손가락 혹은 귀에 부착한 후 660 nm와 940 nm에서 각각 빛이 흡수되는 양을 측정하여 포화와 비포화 혈색소의 상대적 양을 계산한다.

3. **혈색소 농도**(hemoglobin concentration)**:** 혈액이 운반하는 O_2 양은 혈색소 농도에 의존적이다.

   a. **산소용량**(oxygen capacity)**:** 혈액에는 혈색소가 ~150 g /L 혹은 15 g/dL (정상 범위는 여성은 12~16 g/dL, 남성은 13 - 18 g/dL이다) 존재한다. 각 혈색소 분자는 4개의 O_2 분자와 결합할 수 있어 이것은 혈색소 1 g에 1.39 mL의 O_2가 결합하는 것을 의미한다. 그러므로 혈액의 이론적인 **산소용량(O_2 capacity)**은 20.8 mL/dL이며, 이 값은 혈액 혈색소 농도에 따라 직접적인 비례관계를 보이며 증가 혹은 감소된다.

   b. **산소포화도**(oxygen saturation)**:** **산소포화도(O_2 saturation)**는 혈색소 분자의 산소결합 부위를 산소가 얼마만큼 차지하고 있는지를 측정하는 것이다. 100% 포화(동맥혈액)란 4개의 헴군이 모두 결합한

것을 의미한다. 75% 포화(정맥혈액)는 3개가 결합된 것을 의미한다. 50% 포화에서는 단지 2개의 자리가 결합되어 있다. 적어도 생리적인 범위 내에서 O_2 포화 정도는 혈색소 농도에 의존적이지 않다.

B. 혈색소-산소 해리곡선 (hemoglobin-oxygen dissociation curve)

해리곡선 모양은 폐에서 혈색소가 산소와 결합할 수 있는 능력과 조직 요구에 따라 조직으로 산소를 방출할 수 있는 능력을 설명한다.

1. **결합(association):** 혼합정맥혈액은 Po_2가 40 mmHg인 상태에서 허파꽈리에 도착하지만 O_2 포화는 ~75%이다. 상호보완적인 혈색소 O_2 결합능력 특징을 통해 하나의 결합되지 않은 헴군은 매우 높은 O_2 친화력을 가지고 있음을 알 수 있다. 이것은 혈액-가스 접촉면을 통해 O_2가 확산되자마자 바로 결합될 수 있는 자리를 제공한다는 것을 의미하며 동시에 허라꽈리 가스와 평형이 이루어지는 상황에서도 교환장벽을 통해 O_2 확산이 일어날 수 있는 가파른 압력차이를 유지하게 한다. O_2 해리곡선의 고원영역(plateau region)은 Po_2가 60 mm Hg 근처일 때 시작된다(그림 23.17). 실제는 이러한 특징을 통해 환기에 장애가 있거나 심장박출량이 관류가 제한되는 정도까지 증가되거나 하여 $P_{A}o_2$가 차선(suboptimal) 상태(예: 60 mm Hg)가 되어도 포화가 될 수 있다.

2. **해리(dissociation):** 일단 혈액이 조직에 도달하면 혈색소는 결합된 O_2를 방출해서 사립체가 사용할 수 있도록 한다. 운반은 국소 Po_2가 ~3 mm Hg로 유지되는 사립체와 혈액 사이 압력차이 정도에 따라 강화된다. 혈색소는 Po_2가 60 mm Hg일 때부터 O_2를 방출하기 시작하며 Po_2가 20 mm Hg까지 떨어지면 총량의 ~60%을 내놓는다. O_2가 해리됨에 따라 남아 있는 헴군의 O_2 결합에 대한 친화력은 감소하게 되어, 만약 조직 대사율이 매우 높아 O_2 요구량이 증가되면 산소 방출 효율이 증가한다.

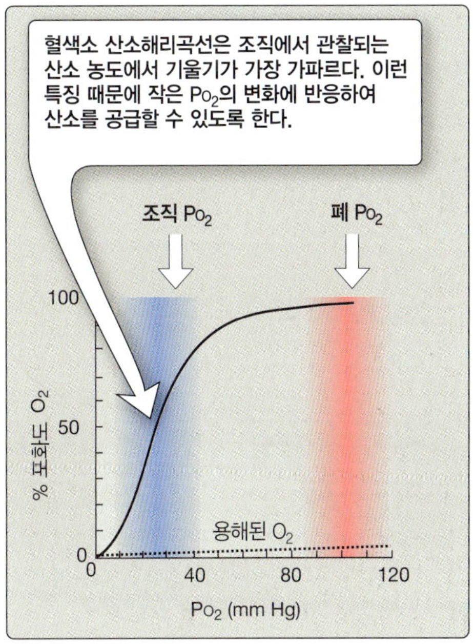

그림 23.17
혈색소(Hb) O_2 해리곡선

C. 해리곡선 이동(dissociation curve shift)

혈색소는 조직 요구에 매우 민감해서 대사율이 올라가면 더 많은 O_2를 조직으로 보내도록 한다. 이러한 현상은 단백질의 O_2 친화력을 감소시켜 산소가 떨어져 나가도록 하는 알로스테리 변화(allosteric changes)에 의해 일어난다. 이러한 현상은 Hb-O_2 해리곡선 오른쪽 이동으로 나타난다(그림 23.18).

1. **오른쪽 이동(rightward shift):** 대사는 열과 CO_2를 생성하며 국소환경을 산성화시킨다. 이러한 3가지 변화는 혈색소의 O_2 친화력을 감소시켜 O_2가 떨어져 나가게 한다. 분리된 O_2는 자유(녹아 있는) O_2 수준을 높이고 비록 혈액의 O_2 저장고가 고갈될지라도 혈액과 사립체 사이의 급격한 압력경사를 유지하게 한다.

   a. **온도:** 강력한 운동 동안 근육 온도는 3°C 가량 올라간다. 결과적으

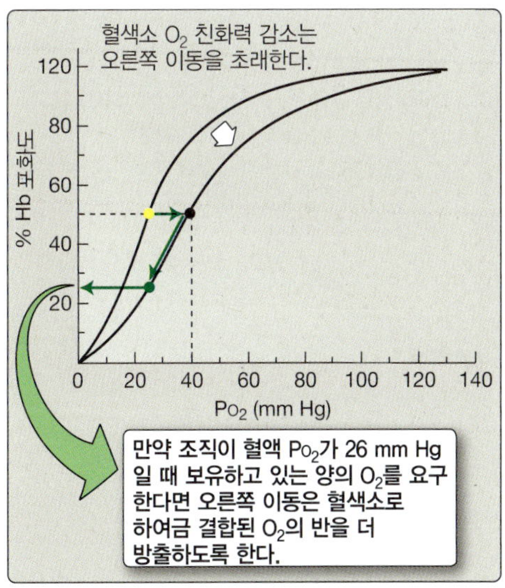

그림 23.18
O_2 제거로 인한 혈색소(Hb) O_2 친화력 감소

로 Hb－O_2 해리곡선은 ~5 mm Hg 정도 오른쪽으로 이동하여 대사활동이 일어나고 있는 조직에 더 많은 O_2를 방출한다.

b. **이산화탄소:** 유산소대사는 CO_2를 생성해서 조직 Pco_2가 증가되게 한다. CO_2는 글로빈 아미노기 끝단에 결합하여 혈색소 O_2 친화도를 감소시킨다. Hb-O_2 해리곡선은 오른쪽으로 이동하며 O_2는 떨어져 나간다. CO_2 역시 물에 녹아 Bohr효과(Bohr effect)를 통해 O_2 떨어져 나옴(O_2 unloading)을 조장하는 자유산을 만든다(아래 참조).

c. **프로톤화(수소이온 부가[protonation]):** 프로톤화는 탈산소 형태 혈색소의 안정화를 통해 O_2 친화력을 감소시킨다. 대사를 통해 탄산 이외에도 여러 종류의 산이 만들어지며 생성되는 양은 대사활동에 비례한다. Hb-O_2 해리곡선은 오른쪽으로 이동해서 O_2를 방출한다(Bohr효과).

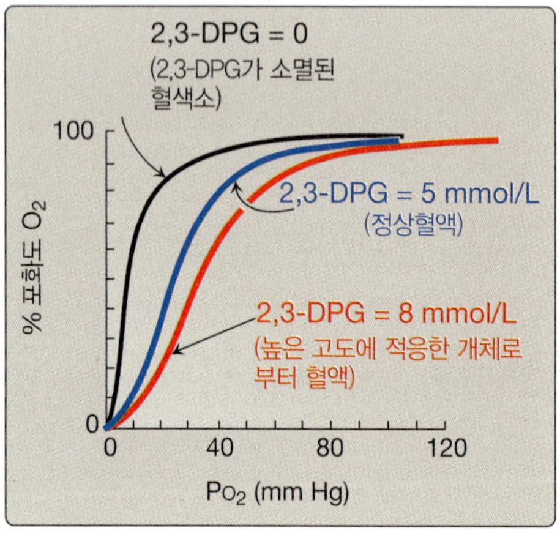

그림 23.19
2,3-디포스포글리세레이트(2,3-DPG)는 혈색소 O_2 친화력을 감소시킨다.

d. **2,3-디포스포글리세레이트(diphosphoglycerate):** 2,3-디포스포글리세레이트(2,3-DPG)는 당분해경로 중간산물인 1,3-DPG로부터 합성된다. 2,3-DPG는 적혈구 내에 많이 존재하며 이것의 농도는 혈색소 농도와 비슷하다. 2,3-DPG는 탈산소 형태 혈색소에 잘 결합하며 이것을 안정화시켜 O_2 친화력을 감소시킨다(그림 23.19). Hb-O_2 해리곡선이 오른쪽으로 움직이면 산소는 분리되어 나온다. 2,3-DPG와 O_2 친화력에 대한 이것의 효과는 활동하는 조직에 국한하여 나타나는 온도 및 CO_2, H^+의 효과와는 다르게 혈액 내에서 일정하다.

> 폐기능 변화 혹은 높은 고도에서 거주에 의한 만성저산소혈증은 2,3-DPG 생성을 촉진한다. 증가된 2,3-DPG 수준은 Hb-O_2 해리곡선을 좀 더 오른쪽으로 이동시켜 조직이 더 많은 O_2를 사용할 수 있도록 한다(그림 23.19 참조). 비록 2,3-DPG가 폐에서는 혈색소의 산소부착 효율을 감소시키지만 이 효과는 미비하며 조직으로 O_2 배달을 증가시키는 유익한 효과에 의한 상쇄작용이 더 크다.

2. **왼쪽 이동:** 체온이 떨어지고 CO_2와 H^+, 2,3-DPG 수준이 감소하면 Hb의 O_2 친화력은 증가하고 Hb-O_2 해리곡선은 왼쪽으로 이동한다. 이런 모든 변화들은 감소된 조직활동 및 조직으로 O_2 배달 필요성이 감소되었다는 것을 의미한다. 왼쪽으로 이동한 Hb-O_2 해리곡선은 태아와 혈색소에 CO가 결합되었을 때 관찰할 수 있다.

a. **태아혈색소(fetal hemoglobin):** 태아혈색소(HbF)는 2개의 β사슬 대신 γ사슬을 가지고 있다. 이로 인해 태아 Hb-O_2 해리곡선은 성인혈색소에 비해 왼쪽으로 이동한다.

i. **기전:** 성인형(HbA)에 비해 증가된 HbF의 O_2 친화력은 γ글로빈이 2,3-DPG와 매우 약하게 결합하고 있기 때문이다. 2,3-DPG는 정상적으로 탈산소형태 HbA을 안정화시키고 친화력을 감소시킨다. HbF은 2,3-DPG와 결합하지 못하기 때문에 낮은 분압에서 산소결합이 촉진된다.

> 만약 HbA에서 2,3-DPG가 없어지면 O_2 해리곡선은 HbF와 유사하게 된다. 혈액 저장은 일주일에 걸쳐 2,3-DPG 농도를 감소시켜 해리곡선을 왼쪽으로 이동시킨다(그림 23.19 참조). 비록 적혈구가 수혈 후 몇 시간에서 며칠 내에 감소한 2,3-DPG를 회복하겠지만 매우 위독한 환자의 경우는 2,3-DPG가 부족한, 즉 운반한 O_2를 쉽게 내놓지 않는 많은 양의 혈액이 문제를 야기할 수도 있다.

ii. **유익한 점:** 폐에 비해서 O_2 전달에는 비효율적인 경로인 태반을 통해 O_2는 태아에 전달된다. 결과적으로 태아 P_{aO_2}는 40 mm Hg를 거의 넘지 못한다. Hb-O_2 해리곡선의 왼쪽이동은 정상적으로 *자궁 내*에서 접하게 되는 P_{O_2} 수치에서 포화도에 근접하게 하여 P_{aO_2}가 낮음에도 불구하고 태아 태반혈액 포화도가 ~80%에 이르도록 한다. HbF는 출생 후 몇 개월 이내에 HbA로 바뀌지만 유전적으로 HbF가 지속되는 개체에서는 어른이 될 때까지 태아형이 지속적으로 나타나기도 한다(그림 23.20).

b. **일산화탄소:** 혈색소는 CO와 높은 친화력으로 결합해서 밝은 빨간색을 가진 일산화탄소헤모글로빈(carboxyhemoglobin)을 만든다. O_2 결합부위를 CO가 차지함으로써 혈색소 O_2 결합과 운반 능력은 심각하게 감소한다. 0.1% 농도의 가스를 흡입해도 O_2 운반능력은 50% 감소한다. CO는 또한 높은 친화력 혈색소 형태를 안정화시키고 또한 Hb-O_2 해리곡선을 왼쪽으로 보낸다(그림 23.21). 이러한 변화에 의해 혈색소의 조직으로 O_2 방출은 엄청나게 감소하므로 CO는 매우 위험한 가스이다(그림 23.22). CO 중독은 미국에서 중독에 의한 사망의 첫 번째 원인이다.

> CO는 탄화수소(hydrocarbons) 연소에 의해 만들어진다. 흔한 노출 원인은 자동차 배기가스를 비롯하여 환기가 제대로 되지 않는 난방, 흡연이다. 비흡연자에서 일산화탄소헤모글로빈은 전체 혈색소의 ~3%를 차지하지만 흡연자에서는 10~15%까지 증가한다.

VII. 이산화탄소 운반(CARBON DIOXIDE TRANSPORT)

정상인에서 휴식 시 대사에 의해 분당 ~200 mL CO_2가 만들어진다. CO_2은 정맥혈액에 의해 조직에서 운반되어 폐로 방출된다. 인체에서 CO_2를 다루는 것은 2가지 중요한 측면에서 O_2 운반 방법과는 다르다. 첫 번째는 CO_2는 물에 잘 녹기 때문에 순환계를 통한 운반에서 수송단백질을 필요로 하지 않는다. 두 번째는 CO_2가 수용액에 녹아 있을 때 상당량의 산이 만들어지기 때문에 이를 위한 완충계가 필요하다.

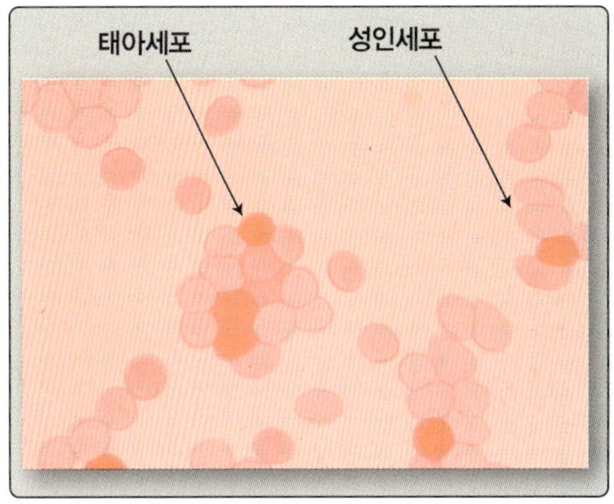

그림 23.20
유전적으로 지속된 태아혈색소(HbF). HbF를 지닌 적혈구는 밝은 분홍색을 띤다.

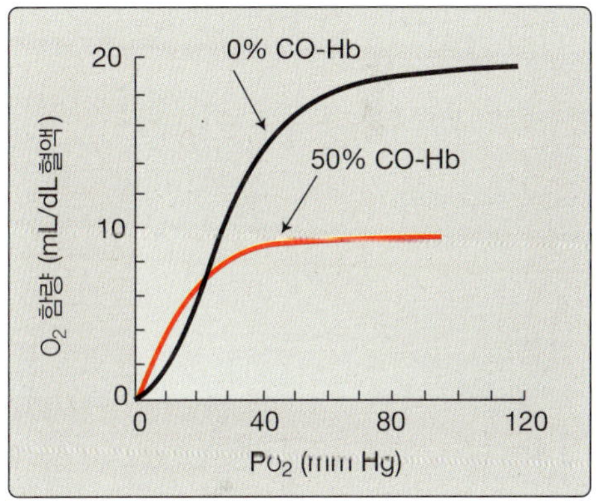

그림 23.21
혈색소 O_2 친화력에 대한 일산화탄소 효과. CO-Hb = 일산화탄소헤모글로빈

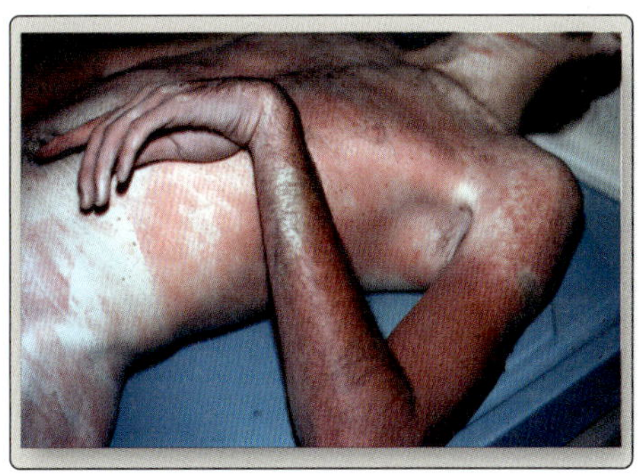

그림 23.22
일산화탄소 중독은 사망 후 밝은 체리붉은색의 피부색깔이 지속되게 한다.

A. 이산화탄소 형성

CO_2는 혈관계 내에서 3가지 형태로 운반된다: 용해된 형태와 중탄산이온(HCO_3^-), 혈색소와 결합한 형태.

1. **용해된 형태:** CO_2는 O_2에 비해 혈액에 ~20배 정도 더 잘 녹기 때문에 상당량이 이 형태로 운반된다(총 CO_2 운반량의 ~5%).

2. **중탄산염(bicarbonate):** CO_2의 90%는 HCO_3^-으로 운반된다. HCO_3^-는 *탄산탈수소효소(carbonic anhydrase, CA)* 작용에 의해 자연적으로 탄산(H_2CO_3)해리를 통해서(아래 반응 참조) 그리고 탄산염과 H^+ 결합을 통해 만들어진다:

   반응식 23.1

$$H_2O + CO_2 \underset{CA}{\leftrightarrows} H_2CO_3 \leftrightarrows HCO_3^- + H^+$$

3. **카르바미노화합물(carbamino compound):** 총혈액 CO_2의 5%는 단백질(기본적으로 혈색소)의 아민그룹과 CO_2의 가역반응을 통해 만들어진 카르바미노화합물로 운반된다. CO_2는 혈장단백질과도 결합하지만 그 양은 많지 않다.

B. 이산화탄소 운반(carbon dioxide transport)

혈액은 O_2보다 2배 많은 CO_2를 운반한다(~23 mmol/L CO_2 대 9.5 mmol/L O_2). 이 CO_2의 대부분은 저장고에 존재하기 때문에 전신모세혈관계를 통하는 동안 총량은 단지 8%만 증가한다. 조직으로부터 새롭게 첨가된 CO_2는 대부분은 그림 23.23에와 같이 HCO_3^-의 형태(~60%)로 폐로 운반된다. 나머지는 용해된 형태(~10%) 혹은 단백질과 결합(~30%)하여 운반된다. 조직으로부터 CO_2 흡수는 단순확산에 의해 일어나며 CO_2의 분압차에 의해 이동한다. CO_2의 나머지 운명은 여러 개의 확실히 구분되는 단계로 나누어진다(그림 23.24).

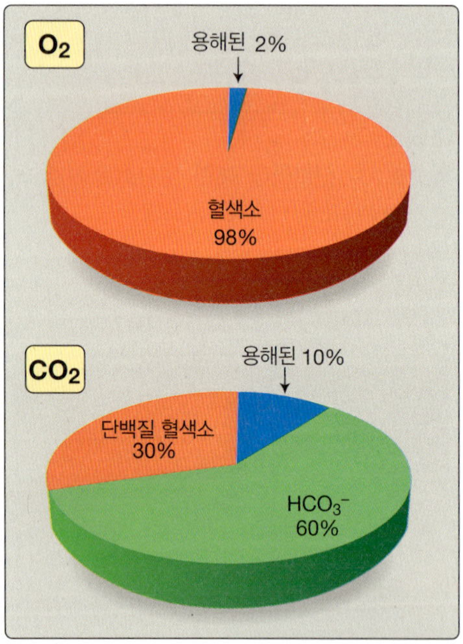

그림 23.23
폐와 조직 사이에서 O_2와 CO_2가 운반되는 방식 비교

1. **적혈구로 흡수(uptake by red blood cell):** 적혈구에는 CO_2가 세포 내로 들어오자마자 H_2CO_3로 전환시키는 *탄산탈수소효소 I(CA-I)*가 높은 농도로 존재한다. 이것은 CO_2 확산을 위한 조직과 혈액 사이의 강한 분압차를 유지하는데 중요하게 작용한다. H_2CO_3는 빠르게 해리되어 HCO_3^-와 H^+을 형성한다(방정식 23.1참조).

2. **중탄산염 운반(bicarbonate transport):** HCO_3^-는 Cl^-−HCO_3^- 교환체를 통해 적혈구 밖으로 이동한다. **Cl^-이동(Cl^- shift)**은 적혈구 삼투질농도를 약간 증가시켜 약한 팽창을 초래하지만 폐에서 다시 원상복구된다.

3. **수소이온 완충(hydrogen-ion buffering):** H^+은 HCO_3^- 생성 동안 만들어져 양이온에 대한 투과성이 비교적 낮은 세포막에 의해 적혈구 내에 갇혀 있다. 이로 인해 세포 내 pH는 낮아지지만 H^+의 축적은 적혈구가 O_2를 방출한 후 H^+과 결합하기 좋은 상태로 형태학적 변화를 일으킨 바로 그 순간에 일어난다. 위에서 언급한 바와 같이(즉, Bohr효과) H^+

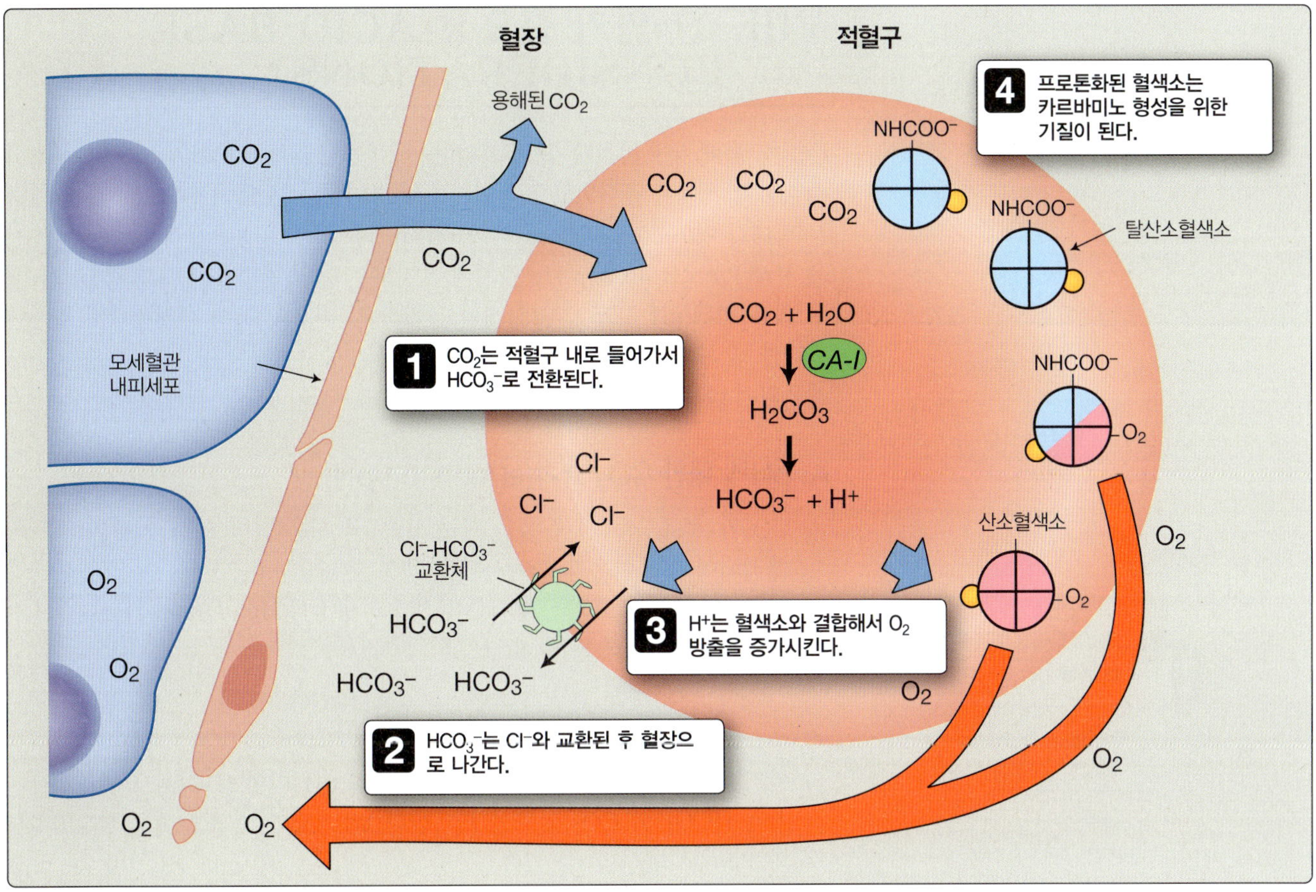

그림 23.24

혈액에서 CO_2 운반. *CA–I*; 탄산탈수소효소 I

결합은 Hb-O_2 해리곡선을 오른쪽으로 이동시키고 혈색소 O_2 친화력을 감소시켜 O_2 떨어져 나옴이 촉진된다. 실제로 혈장으로 HCO_3^- 소실에 의한 모든 산 과다는 혈색소에 의해 완충된다. 세포 내 H^+는 혈색소에 의해 낮게 유지되고 Cl^--HCO_3^- 교환체는 HCO_3^-를 낮게 유지하지만, *CA*에 의해 촉매되는 반응은 H^+과 HCO_3^- 생성을 촉진하는 쪽으로 치우치게 한다. 혈액의 CO_2-운반용량은 결과적으로 증가된다.

4. **카르바미노 형성**(carbamino formation): 혈색소가 H^+과 결합하면 혈색소는 카르바미노화합물을 형성하기 좋은 기질로 된다(**할덴효과 [Haldane effect]**, 그림 23.25). 혈색소는 상당량의 CO_2를 카르바미노 형태로 운반한다.

C. 떨어져 나감(unloading)

혈액이 폐에 도달하며 O_2와 CO_2에 대한 분압차는 조직과 비교하여 역전된다. 높은 Po_2는 H^+을 적혈구로부터 해리되도록 하며(할덴효과) 방정식 23.1 반응은 H^+과 HCO_3^- 결합에 의해 H_2O과 CO_2가 만들어지도록 한다. Cl^-와 교환을 통해 적혈구 내로 다시 들어간 HCO_3^-는 H^+과 결합하여 H_2CO_3를 형성하며 이것은 해리되어 CO_2와 H_2O를 방출한다. CO_2는 CO_2에 대한 혈액과 허파꽈리안공간 분압차에 의해 혈액으로 빠져나온다.

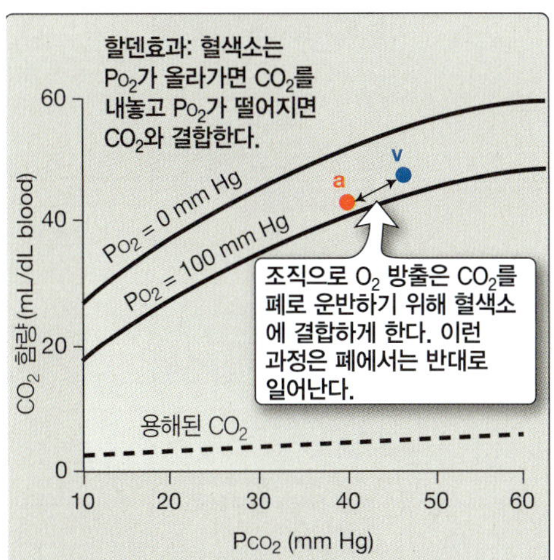

그림 23.25

CO_2 해리곡선에 대한 Po_2 효과(할덴효과). a = 동맥혈액; v = 정맥혈액

VIII. 산-염기 중요성(ACID-BASE CONSIDERATIONS)

CO_2가 물에 녹으며 탄산을 형성한다. 상대적으로 약산이기는 하지만 이것의 수준이 엄격하게 감시되고 조절되지 않는다면 정상조직 기능에 장애를 초래하는 막대한 양(~20 moles/day)이 만들어진다. 실제로 중추신경계는 환기 조정을 통해 $P_{a}CO_2$를 40 mm Hg 근처에 유지하는 등의 방법을 통해 혈장 pH를 매우 좁은 범위(pH 7.35 – 7.45)에서 유지하고 있다. CO_2가 혈장 pH에 엄청난 효과를 줄 수 있다는 사실의 또 다른 의미는 중추신경계가 환기 조절을 통해 세포외액 pH 균형의 비호흡성 교란을 보상할 수도 있다는 것을 의미한다.

A. pH에 대한 CO_2 효과(effects on pH)

CO_2가 물에 녹으면 탄산을 만들고(*CA*의 도움을 받아서) 이것은 빠르게 해리되어 수소이온과 중탄산염을 생성한다(방정식 23.1). 이러한 해리의 혈장 pH에 대한 효과는 **헨더슨-하셀발크 방정식(Henderson-Hasselbalch equation)**을 통해 알 수 있다.

$$pH = pK + \log \frac{[HCO_3^-]}{[CO_2]}$$

여기서 pK는 탄산의 해리상수(37℃에서 6.1)이며 $[HCO_3^-]$과 $[CO_2]$는 각각 HCO_3^-와 CO_2 농도를 의미한다. 혈액 CO_2 농도는 용해상수(0.03)와 PCO_2로 계산할 수 있다. 동맥혈액 PCO_2는 40 mm Hg이며 24 mM HCO_3^-를 함유하고 있다. 헨더슨–하셀발크 방정식에 이 수치를 대입하면:

$$pH = 6.1 + \log \frac{24}{0.03 \times 40} = 7.4$$

어떠한 경우이든 PCO_2가 증가하면 pH가 감소(**산증[acidosis]**)하며, 반면에 감소하면 pH는 올라가게(**알카리증[alkalosis]**) 된다.

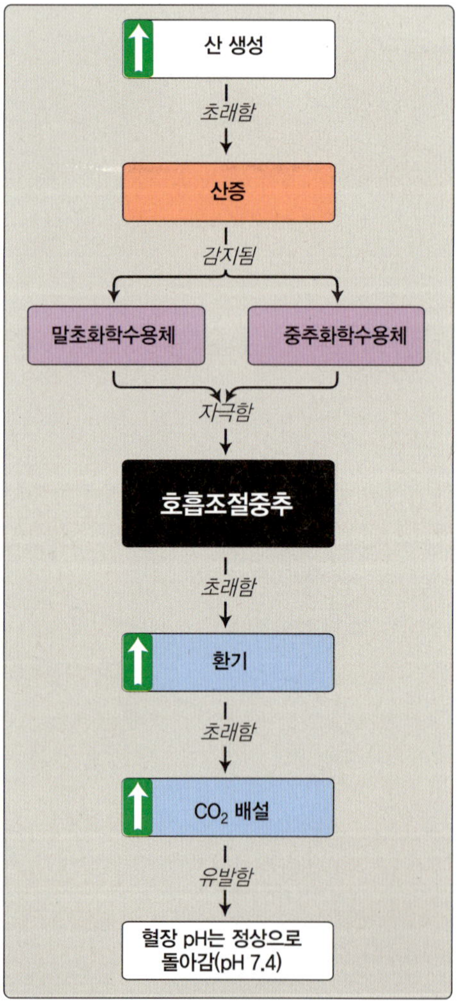

그림 23.26
산증에 대한 환기반응 개념도

B. 세포외액 pH 변화 원인(causes of changes in extracellular fluid pH)

폐에 의해 pH가 바뀌는 경우를 **호흡성산증(respiratory acidosis)** 혹은 **호흡성알칼리증(respiratory alkalosis)**이라고 한다. 비호흡성 변화는 **대사성산증(metabolic acidosis)** 혹은 **대사성알칼리증(metabolic alkalosis)**이라고 한다.

1. **호흡성산증:** 저환기 및 $\dot{V}_A/\dot{Q}$ 불균형, 꽈리주머니와 폐혈액 공급 사이의 확산거리 증가(예를 들면 폐섬유증 혹은 폐부종에 의해)에 의해 $P_{a}CO_2$는 증가한다.

2. **호흡알카리증:** 불안 혹은 다른 감정적인 상태에 의한 과호흡에 의해 $P_{a}CO_2$는 감소한다. 높은 고도 등반에 의한 저산소혈증(hypoxemia)에 의해서도 발생할 수 있다.

C. 보상(compensation)

세포는 HCO_3^- 완충계 및 혈색소와 같은 세포내 단백질을 이용한 완충계를 통해 단기간에 과도한 산이 축적되는 것을 방어한다(3·IV·B 참조). 완충계는 몇 초 이내에 작동한다. 변화된 산-염기 상태를 수정하기 위해서는 궁극적으로 폐와 콩팥 기능 변화가 필요하다. 중추신경계 호흡조절중추는 지속적으로 혈장 pH를 감시한다(그림 23.26). 만약 pH가 떨어지면 CO_2를 대기로 내보내기 위한 폐환기 증가를 통해 pH를 정상화시킨다. 반대로 혈장 pH가 올라가면 환기 감소 반사를 시작하여 CO_2가 몸속에 쌓이게 한다. 환기 반응이 효과를 나타내기 위해서는 몇 분이 걸리며 만약 선행원인이 대사장애인 경우에는 완전한 보상이 이루어지지 않는다. 호흡조절 경로는 24장에 다룬다. pH 균형에 있어서 콩팥의 역할은 제6단원 *비뇨계통*에서 자세하게 다룬다.

23장 요약

- **O_2와 CO_2 교환**은 폐 속에 있는 **혈액-가스 접촉면**에서 일어난다. 접촉면의 **넓은 표면적**과 혈액과 공기 사이에 존재하는 장벽이 **매우 얇다**는 것에 의해 교환은 쉽게 일어난다. 환기와 관류는 장벽을 가로질러 O_2와 CO_2 확산을 초래하는 분압차가 높게 유지되도록 한다.

- 접촉면은 **폐순환계**를 통한 혈액에 의해 관류된다. 폐 관류압은 매우 낮으며 혈관은 상대적으로 매우 얇은 벽을 가지고 있다. 이러한 특성은 폐혈관이 **외부 힘**에 반응하여 쉽게 확장되고 찌부러질 수 있다는 것을 의미한다.

- 폐 혈관에 대한 **중력효과**에 의해 똑 바로 선 폐에는 혈류 특징이 다른 3 종류 영역이 존재한다. **관류압과 혈류**는 폐 꼭대기가 가장 낮다(영역 1). 혈류는 폐 바닥이 가장 높다(영역 3). 중력은 **허파꽈리 환기**에도 역시 영향을 미친다. 폐 꼭대기 허파꽈리는 환기가 잘 되지 않지만 폐 바닥 허파꽈리는 환기가 매우 잘 된다. 관류와 환기에 대한 중력의 종합적인 효과는 대부분의 O_2 흡수가 똑 바로 선 폐 바닥에서 일어난다는 것을 나타낸다.

- 이상적인 폐에서 **허파꽈리 환기와 관류**는 정확하게 균형을 이루어야 한다($\dot{V}_A/\dot{Q}$비 = 1.0). **불균형**은 기도 폐쇄 혹은 부분적인 관류에 의해 발생하여 비가 각각 0 혹은 무한대로 바뀌게 된다.

- O_2와 CO_2 교환은 2가지 가스의 분압차에 의한 확산을 통해 일어난다. 허파꽈리 벽을 통한 **가스 확산**은 질환이 있는 폐에서는 제한요소로 작용할 수 있는 장벽두께와 총표면적에 의해 영향을 받는다(**확산제한 교환**). 순흡수는 부적절한 관류에 의해서도 제한을 받을 수 있다(**관류제한 교환**).

- **O_2**는 물에 잘 녹지 않으므로 이것을 산소호흡에 필요한 양만큼 조직에 공급하기 위해서는 O_2결합단백질(**혈색소 [Hb]**)의 도움이 필요하다. O_2는 혈색소의 4곳과 결합한다. O_2 결합의 상호협조적인 특징에 의해 폐를 통과하는 동안 혈액은 O_2에 포화되고, 전신순환계에 의해 공급받는 조직을 통과하는 동안 혈액은 O_2을 쉽게 방출할 수 있다.

- **CO_2**는 용해된 형태와 혈색소와 결합, HCO_3^- 형태로 운반된다. HCO_3^-는 탄산 해리에 의해 만들어진다.

- CO_2는 물에 녹아 **탄산**을 형성하기 때문에 CO_2 생성을 초과하는 혹은 못미치는 정도로 CO_2 배설을 초래하는 환기 변화는 각각 **호흡성알카리증 혹은 산증**을 유발한다.

24 호흡조절

I. 개요

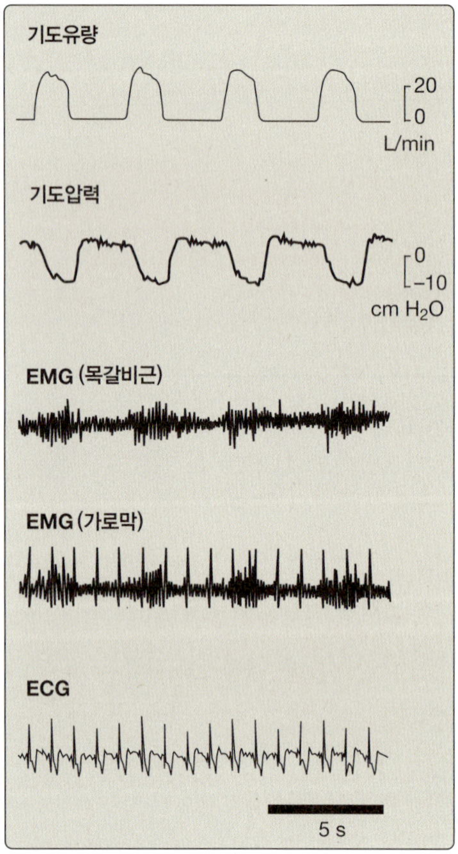

그림 24.1

리듬성 들숨과 날숨주기. ECG = 심전도; EMG = 근전도

정상호흡(eupnea)은 일반적으로 자율신경계가 주도하는 무의식 행동이다. 주기적 형태는 가로막 및 들숨과 날숨에 관여하는 다른 근육의 수축을 조화롭게 하는 뇌 속에 있는 호흡조절중추에 의해 이루어진다(그림 24.1). 속호흡 요구는 활동수준을 변화시키기 때문에 형태생성기는 우세한 요구에 부합하기 위해 출력을 변화시킬 수 있어야 한다. 중추신경계와 말초에 위치해 있는 감수기는 지속적으로 혈액과 조직 P_{CO_2}와 O_2, pH 수준을 감시하고 이를 처리하기 위해 조절중추로 이 정보를 보낸다(그림 24.2). 중추는 이것 외에도 폐와 가슴벽에 존재하는 기계감수기로부터 정보를 받고 있다. 조절중추는 가로막 및 갈비사이근, 호흡에 관여하는 다른 근육으로 가는 운동출력을 사용하여 필요에 맞게 환기를 조절한다. 호흡조절에 관여하는 여러 신경세포의 정확한 위치와 기능에 대해서는 아직 자세히 모르지만 가장 중요한 역할은 조직으로 적절한 O_2 공급을 하는 것과 동시에 안정된 P_{aCO_2} 수준을 유지하는 것이다. 호흡조절에 있어 CO_2가 우세한 역할을 하는 것은 인체가 세포외액 pH를 좁은 범위 내에서 유지하는 것이 필요하기 때문이다.

II. 신경조절중추(NEURAL CONTROL CENTERS)

뇌의 다양한 영역이 호흡에 영향을 미친다. 기본적인 호흡 리듬은 뇌줄기 숨뇌에 위치한 호흡조절중추에 의해 만들어진다.

A. 숨뇌중추(medullary center)

숨뇌에는 호흡조절에 관여하는 확연히 구별되는 여러 종류의 신경세포군이 존재한다(그림 24.3). 비록 하나의 단위로 기능을 하지만, 조절중추 신경세포와 여기로 들어오고/나가는 경로는 숨뇌 양쪽에 똑같이 존재한다. 만약 뇌줄기를 절단하면 각 쪽(side)은 독립적인 호흡리듬을 만들 수 있다. 조절중추 내에는 호흡주기에 따라 흥분하고 호흡주기를 만드는데 중요한 역할을 하는 것으로 알려진 2 종류의 신경세포 집단이 존재한다. 이들 중 하나는 **등쪽호흡군(dorsal respiratory group, DRG)**이고 다른 하나는 **배쪽호흡군(ventral respiratory group, VRG)**이다.

1. **등쪽호흡군:** **DRG** 신경세포는 기본적으로 들숨 동안 흥분한다(그림 24.4). 정상 호흡 동안 들숨이 유일한 능동적 단계이므로 비록 박동조율기(**중추형태생성기[central pattern generator, CPG]**)가 다른 곳에 존

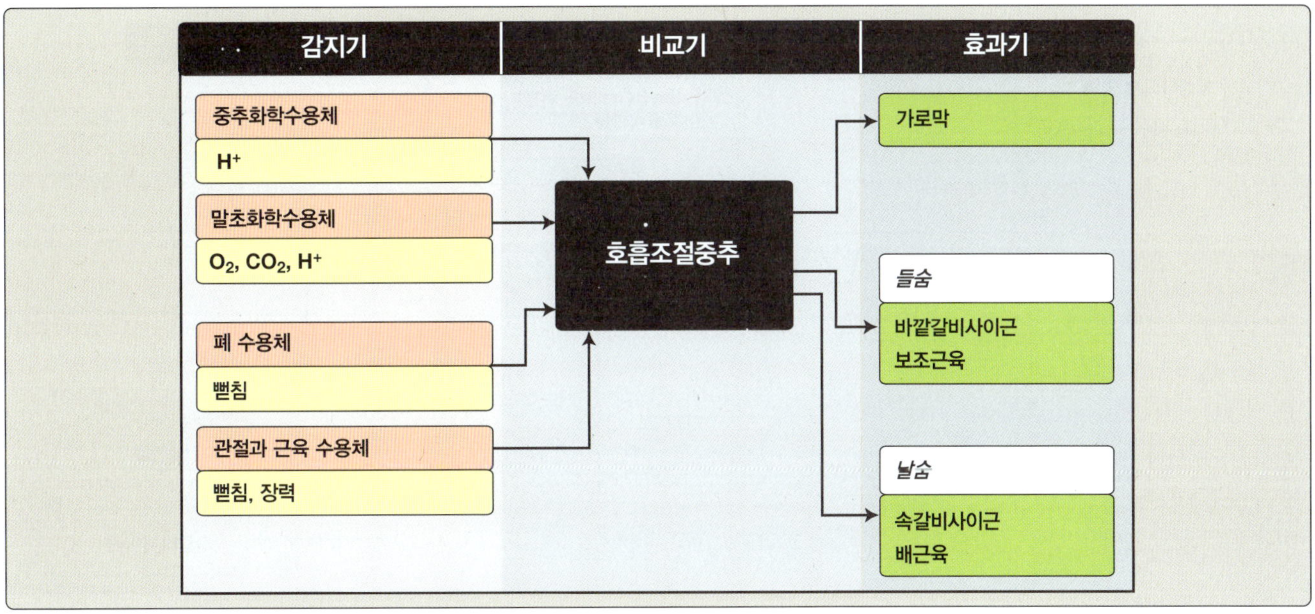

그림 24.2
호흡조절 경로

재하고는 있지만 DRG가 호흡리듬을 만드는 권한을 가지고 있는 듯 하다(아래 참조).

a. **기능:** DRG는 가슴과 배로부터 감각입력을 받아서 사이신경세포 회로를 이용하여 입력신호를 처리한다. 만약 감수기가 CO_2와 O_2 수준이 최적 이하라고 보고하면 DRG는 적절한 반응을 구성하고 실행한다.

b. **출력:** DRG 신경세포는 가로막을 조절하는 운동앞신경세포(premotor neurons)와 소통을 한다. 이들은 강제 들숨과 날숨에 관여하는 **조절중추(VRG)**로 가지를 보낸다.

2. **배쪽호흡군:** VRG는 머리쪽과 중간, 꼬리쪽 영역으로 구분한다(그림 24.4 참조).

a. **기능:** VRG 기능은 기본적으로 들숨과 날숨에 관여하는 보조근육을 조절하는 것이다. 정상 호흡 동안은 거의 작동하지 않지만 운동 중에 매우 높은 활동을 보인다.

b. **출력:** VRG 중간 영역에는 들숨 동안 상기도를 확장시키는 인두와 후두 보조근육으로 가는 운동날신경이 있다. 꼬리쪽 영역은 속갈비사이근과 날숨에 관여하는 다른 부속근육을 조절하기 위해 척수 내에서 시냅스를 하는 운동앞신경세포를 포함한다. 머리쪽 영역(**Bötzinger 복합[complex]**)은 DRG 및 VRG의 꼬리쪽 영역과 사이신경세포를 통해 소통한다. 이것은 VRG 출력 조정에 관여하는 것으로 보인다.

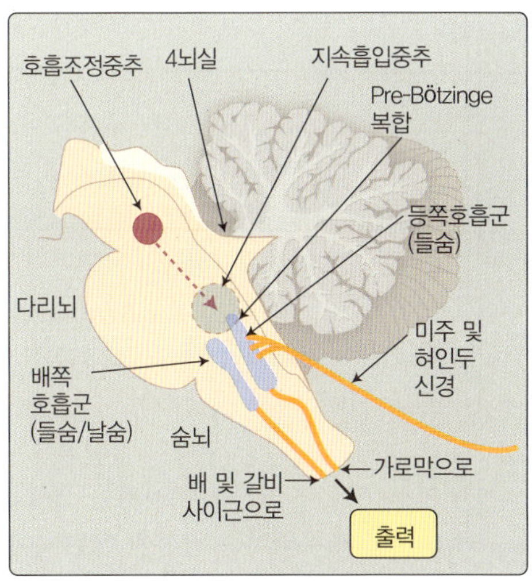

그림 24.3
호흡조절에 관여하는 뇌줄기 영역

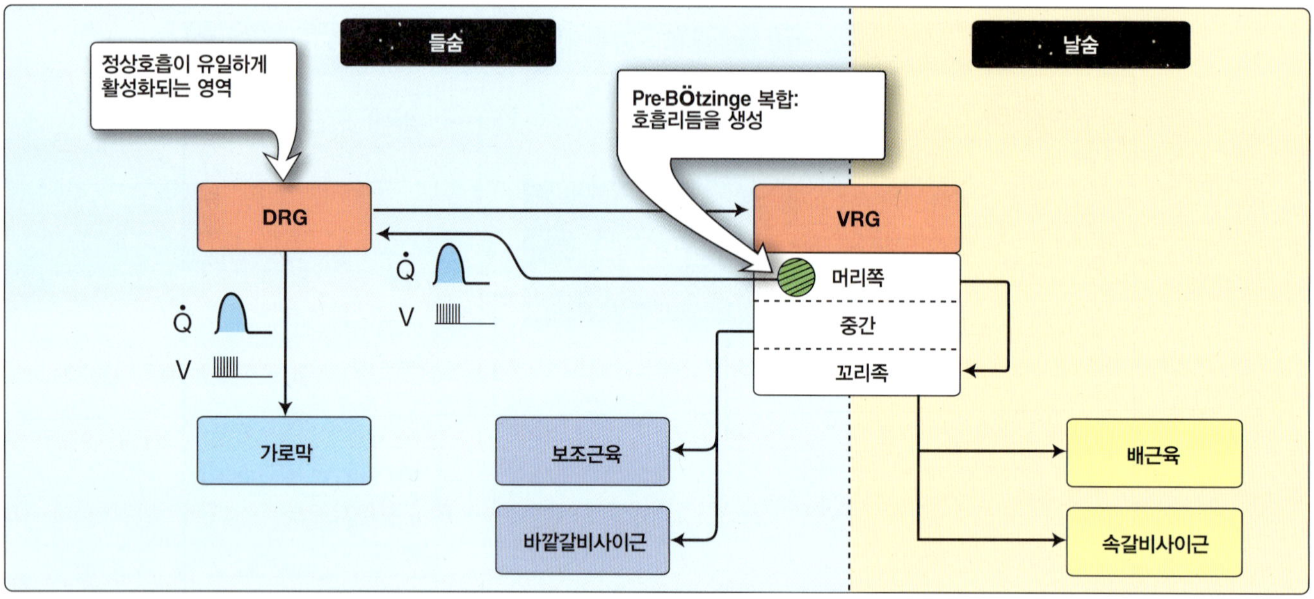

그림 24.4

호흡조절중추 구성. DRG = 등쪽호흡군; Q̇ = 기도유량; V =호흡운동 날신경섬유에서 기록한 전압; VRG = 배쪽호흡군

3. **중추형태생성기:** VGR 머리쪽 영역에는 실험 조건에서 박동조율기 유사 활동을 보이는 세포로 구성된 **전Bötzinger 복합(pre-Bötzinger complex)**으로 알려진 작은 영역이 있다. 이 복합을 제거하면 리듬성 호흡이 없어지므로 아마도 호흡중추형태생성기를 구성하는 것으로 보인다.

임상 적용 24.1: 수면무호흡(Sleep Apnea)

수면 시에는 주로 정상적인 조용한 수면이 동반되지만 일부 사람에서는 한 시간에 몇 번 정도 오랫동안(몇 십초 동안) 호흡이 중단되는 경우가 있다**(수면무호흡)**. 당연하게 무호흡은 심한 **주간졸림증(excessive daytime sleepiness)**을 초래한다. 여러 이유가 있다. **중추수면무호흡(central sleep apnea)**은 호흡충동의 완전한 소실에 의해 발생되며 흔하지 않다. **폐쇄수면무호흡(obstructive sleep apnea)**은 특히 뚱뚱한 사람에서 자주 관찰된다. 호흡소실은 폐쇄(혀와 목젖과 같은 물렁조직에 의해)에 의해 발생하며, 수면 동안 상기도가 찌부러진다. 기도는 수면 동안 능동확장 영향이 정상적으로 소실되므로 건강한 사람인 경우에서도 기도가 쉽게 찌부러지는 경향을 보인다. 기도 주변에 지방 침착은 이러한 찌부러지는 경향을 매우 증가시키기 때문에, 압축공기를 이용하여 기도 열림을 유지하는 호흡보조기구(예: 지속적으로 기도에 양압을 주는 마스크)를 밤 동안 사용하는 것이 필요한다.

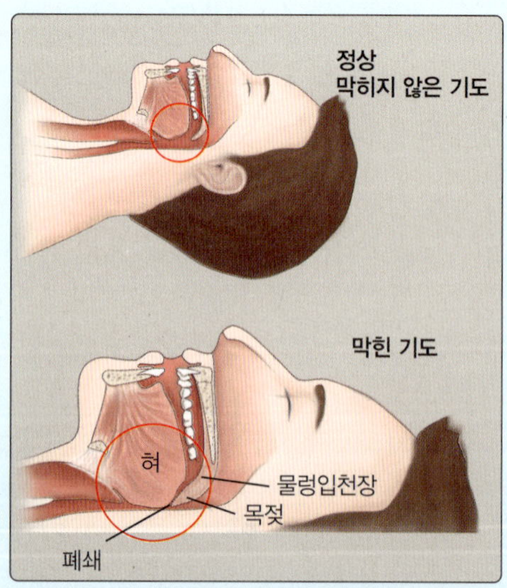

수면 중 기도 폐쇄는 수면무호흡증을 유발한다.

B. 다리뇌중추(pontine center)

다리뇌에는 숨뇌 출력에 영향을 주는 2가지 영역이 존재한다. **지속흡입중추(apneustic center)**는 아래다리뇌에 위치한다. 이 자리 위쪽에서 뇌를 절단할 경우 길어진 들숨허떡임(**지속들숨[apneuses]**)이 유발되며 이는 이 영역이 정상적으로 폐 팽창 제한에 관여한다는 것을 의미한다. **호흡조정중추(pneumotaxic center)** (위 다리뇌)를 자극하면 들숨이 짧아지고 호흡수가 증가한다. 정상호흡에서 이들 중추의 역할은 정확하게 밝혀져 있지 않다.

C. 대뇌겉질과 다른 뇌 영역(cerebral cortex and other brain region)

공포 및 흥분, 분노와 같은 감정상태는 호흡수를 변화시킬 수 있으며 이는 시상하부와 둘레계통이 중추형태생성기(CPG)를 조절할 수 있음을 의미한다. 또한 말하기 및 관악기 연주, 호흡운동 등 세밀한 의식조정이 필요한 활동을 하도록 대뇌겉질은 쉽게 CPG를 압도한다. 인간은 의식적으로 CPG를 억압할 수 있어 **과다환기(hyperventilation)** 및 **저환기(hypoventilation)**, 혹은 숨 멈추기를 할 수 있다. 혈액 가스 농도에 대한 숨 참기 효과는 화학 조절 되먹임경로기 의식적인 조절을 억압하기 전까지 짧은 시간 동안은 견딜 수 있다.

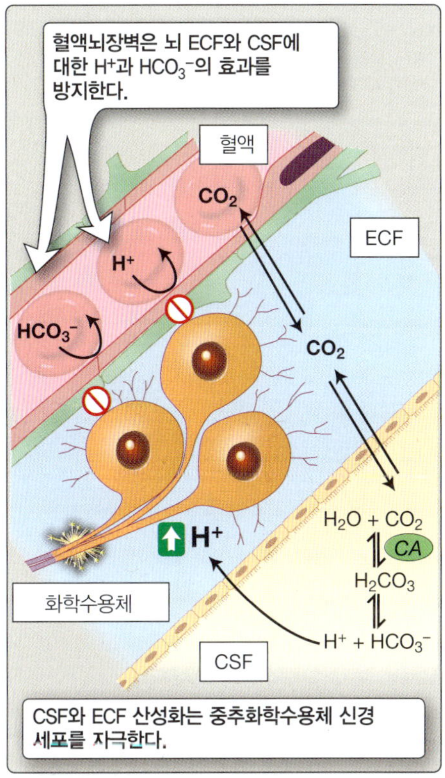

그림 24.5
중추화학수용체는 뇌척수액(CSF)과 세포외액(ECF) pH에 대한 CO_2 효과를 통해 동맥혈 P_{CO_2}를 감시한다.
CA = 탄산탈수소효소

III. 환기의 화학적 조절(CHEMICAL CONTROL OF VENTILATION)

호흡계통의 일차적인 역할은 P_{CO_2} 조절을 통해 세포외액(ECF) pH를 최적화하는 것이다. 또한 조직과 외부환경 사이에서 O_2와 CO_2가 최대한으로 이동할 수 있도록 이들 가스의 큰 분압차를 유지해야 한다. 이러한 역할을 완전히 만족하기 위해서는 ECF 화학조성에 관한 정보가 필요하며, 환기를 적절하게 변화시키기 위해 이 정보가 호흡조절중추로 전달되어야 한다. 이러한 목적을 위해서 인체는 중추 및 말초 화학수용체를 가지고 있다.

A. 중추화학수용체(central chemoreceptor)

안정 상태에서 환기 조절은 기본적으로 P_{aCO_2} 변화에 반응하는 중추화학수용체에 의해 주로 이루어진다. 화학수용체는 숨뇌 표면을 따라 혈액-뇌장벽(BBB) 뒤에 위치한 중추신경계 신경세포이다. BBB는 O_2와 CO_2 같은 지용성 물질을 제외한 대부분의 혈액 구성 성분에 투과성을 보이지 않는다. 장벽 안에서 CO_2는 녹아서 탄산을 만들어 그림 24.5에서와 같이 뇌 ECF와 뇌척수액(CSF)을 산성화시킨다. CSF에는 pH를 완충할 수 있는 단백질이 많지 않다. 그러므로 P_{aCO_2}가 아주 조금 변화해도 심각한 CSF와 ECF 산증을 초래한다. 화학수용체 신경세포는 산에 반응하여 호흡수를 증가시키는 흥분성 신호를 호흡중추로 보낸다. BBB는 H^+과 같은 혈액에 존재하는 이온이 들어오지 못하게 하는 중요한 정보필터로 작용해서 화학

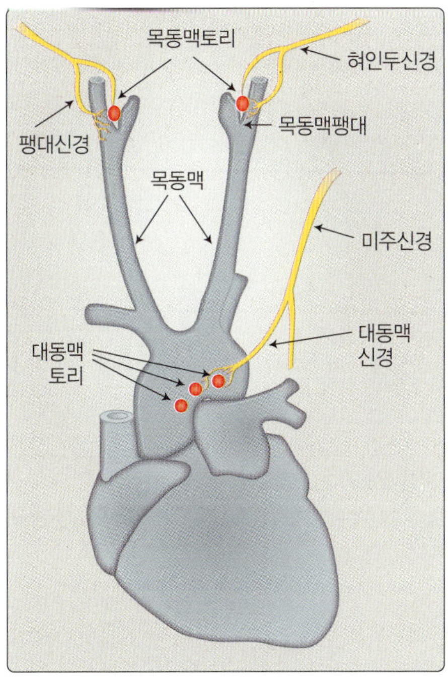

그림 24.6
말초화학감수체는 목동맥토리와 대동맥토리를 포함한다.

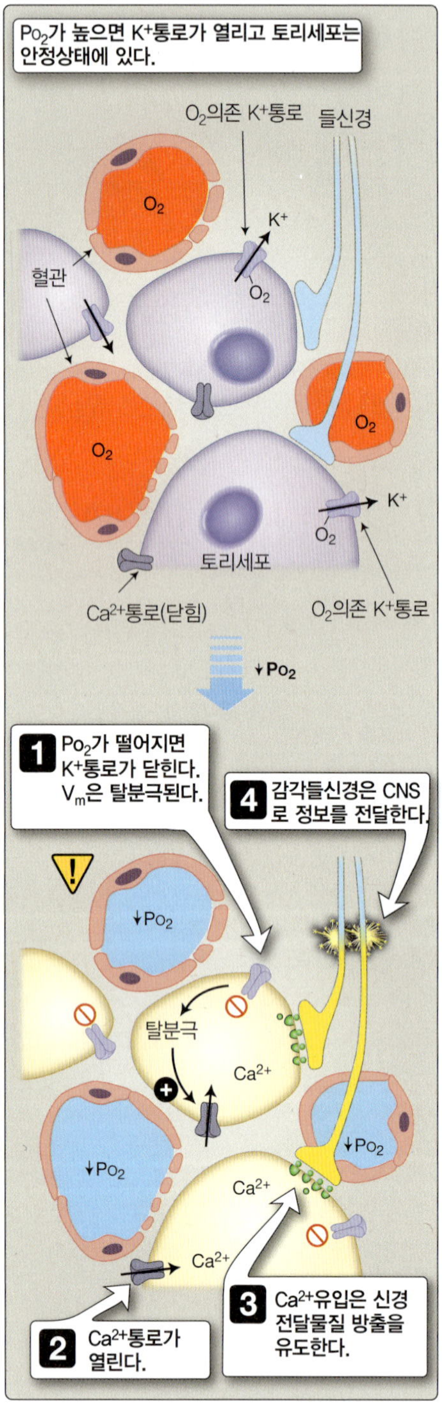

그림 24.7

Po_2 감소에 대한 토리세포 반응기전. CNS = 중추신경계; V_m = 막전위

수용체가 이면에서 발생한 ECF pH의 변화와 P_aco_2 변화를 구별할 수 있도록 한다.

> pH의 전신적인 변화는 원인과 BBB의 이온 투과성에 상관없이 궁극적으로 모든 조직에 영향을 미친다. P_aco_2 변화에 의해 유발되는 호흡반응에 비해 대사성 산증 혹은 알카리증에 대한 보상반응으로는 느리고 덜 강력하지만 중추화학수용체는 혈액 pH 변화에 대한 통합적인 반응에 중추적인 역할을 한다.

B. 말초화학수용체(peripheral chemoreceptor)

말초화학수용체는 숨뇌 심장혈관조절중추로 정보를 보내기 때문에 혈압조절 부분에서 먼저 소개되었다(20·III·A·3 참조). 호흡에 가장 큰 영향을 주는 화학수용체는 2개의 온목동맥이 분지하는 부위에 있는 목동맥토리에 위치해 있다(그림 24.6). 화학수용체는 대동맥활 아래쪽을 따라 분포하고 있는 대동맥토리 내에서도 발견된다. 말초화학수용체는 P_ao_2와 P_aco_2, 동맥 pH를 감시한다.

1. **구조:** 목동맥 및 대동맥 토리는 크기가 매우 작음(3~5 mm)에도 불구하고 매우 높은 혈류 속도를 가지고 있다는 점이 주목할 점이다. 높은 혈류 속도는 혈액 가스 내용물에 대한 화학수용체의 대사 효과를 최소화해서 진정한 동맥 O_2와 CO_2 수준을 확인할 수 있도록 한다. 목동맥토리는 덩어리로 뭉쳐 구멍이 난 모세혈관에 매우 근접해 있는 2 종류의 세포로 구성되어 있다. **I형(Type I)** 혹은 **토리(glomus)세포**는 화학감수기이다(그림 24.7). **II형(Type II)** 혹은 **버팀(sustentacular)세포**는 아교세포와 유사하게 지지역할을 한다. 토리세포는 목동맥팽대 및 혀인두(뇌신경 IX) 신경(목동맥토리) 혹은 미주신경(뇌신경 X; 대동맥토리)을 통해 호흡중추로 정보를 보낸다.

2. **감각기전(sensory mechanism):** 토리세포 세포막에는 열릴 확률이 Po_2에 의존적인 O_2민감 K^+통로(O_2-sensitive K^+ channel)가 있다. P_ao_2가 높으면 통로는 열리고 K^+유출이 일어나 토리세포 세포막전위(V_m)는 강한 음전위가 된다. P_ao_2가 100 mm Hg 이하로 떨어지면 통로는 닫혀 막전위는 탈분극된다. 막전위 변화는 L형 Ca^{2+}통로를 활성화시켜 감각들신경으로 신경전달물질 방출을 자극하는 Ca^{2+} 유입을 초래한다(그림 24.7 참조). 토리세포는 P_ao_2 변화에 상관없이 P_aco_2와 H^+ 농도 증가에 의해서도 흥분된다. 이들은 호흡중추가 중추화학수용체로부터 받는 정보의 미세조정에도 관여한다. P_aco_2와 pH 변화도 O_2의존 K^+통로 열림 확률에 영향을 미쳐 작용하지만 기전은 아직 모른다.

C. 환기반응(ventilatory response)

호흡조절중추는 P_ao_2와 P_aco_2, 동맥혈액 pH에 관한 정보를 처리한다. 이들 변수의 변화는 독립적으로는 거의 일어나지 않으며, 호흡중추로 하여금 적절한 환기반응을 선택하도록 한다(그림 24.8). 대부분의 경우 호흡중추 출력은 P_aco_2를 최적화하도록 설계되어 있지만 동시에 일어나는 P_ao_2와 pH 변화는 P_aco_2 변화에 대한 계통 민감도에 영향을 준다.

1. **이산화탄소 수준 변화**(changing carbon dioxide levels): 조절중추의 기본적인 특성은 P_aco_2의 급성 혹은 만성 변화에 상관 없이 P_aco_2 증가에 반응한다.

   a. **급성**: 조직 대사가 증가하면 P_aco_2는 올라가고 호흡중추는 허파꽈리 환기를 증가시켜 이를 보상한다(그림 24.8 참조). CO_2는 매우 강력한 환기자극제이다(그림 24.9). 말초수용체는 빠르게 활성화되며 즉각적인 반응을 유도한다. 중추수용체는 완전히 활성화되기 위해 몇 분이 필요하지만 환기반응에 대한 이들의 효과는 훨씬 우세하다. 실제로 안정 시보다 P_aco_2가 올라가면 환기는 직선관계를 기지고 증가되지만 P_aco_2가 40 mm Hg 이하로 떨어지면 환기는 감소한다.

   b. **만성**: 만성폐질환 환자는 P_aco_2를 40 mmHg에 유지시킬 수 있을 만큼 환기를 잘할 수 없다. P_aco_2가 올라가기 시작하면 CSF의 pH가 감소하므로 환기는 증가되지만, 맥락얼기는 8~24시간에 걸쳐 CSF 내로 HCO_3^-를 분비해서 CSF pH에 대한 높은 P_aco_2의 효과를 대부분 상쇄한다. 그 결과 비록 P_aco_2가 여전히 높은 상태로 있지만 숨뇌 화학수용체는 변화를 더 이상 감지하지 못하며 호흡조절계는 새로운 높은 P_aco_2에 적응을 한다.

> 고탄산혈증에 적응된 환자에서 환기충동 유지는 말초화학수용체에 대한 저산소증 효과에 전적으로 의존한다. 심각한 고탄산혈증이 있을 때 O_2 투여는 P_ao_2는 정상화시킬 수 있지만 동시에 호흡 충동을 감소시켜 추가적인 P_aco_2 증가와 저환기에 의한 급성호흡성산증을 초래할 수 있다.

2. **산소수준 변경**(changing oxygen levels): 말초화학수용체는 P_ao_2가 위험한 수준까지 떨어지면 빠른 보상성 환기 증가를 유발한다(그림 24.10 참조). P_ao_2가 약간 감소하면(60과 100 mm Hg 사이) 말초화학수용기 들신경 극파가 P_ao_2 감소에 직접 비례하여 증가는 되지만 환기에는 별다른 영향을 미치지 않는다. 이러한 현상의 이유는 말초와 중추 화학수용체가 호흡중추 조절에 서로 상반되는 작용을 하기 때문이다. 즉 P_ao_2가 60 mm Hg까지 떨어지기 전까지는 항상 중추화학수용체가 우세하기 때문이다(그림 24.8 참조). P_ao_2 변화에 대한 반응인 조절중추 출력은 혈액 pH와 Pco_2에 의해 영향을 받는다.

   a. **pH**: P_ao_2가 감소하면 탈산소헤모글로빈 농도가 증가한다. 탈산소화는 혈색소를 H^+ 결합이 더 잘 일어나는 기질로 만들어(Bohr효과), 결과적으로 혈장 H^+ 농도를 떨어지게 한다. pH 증가는 P_ao_2 감소에 대한 화학수용체 민감도를 낮춘다.

   b. **이산화탄소**: 환기가 증가하면 P_ao_2는 올라가고 P_aco_2는 떨어진다.

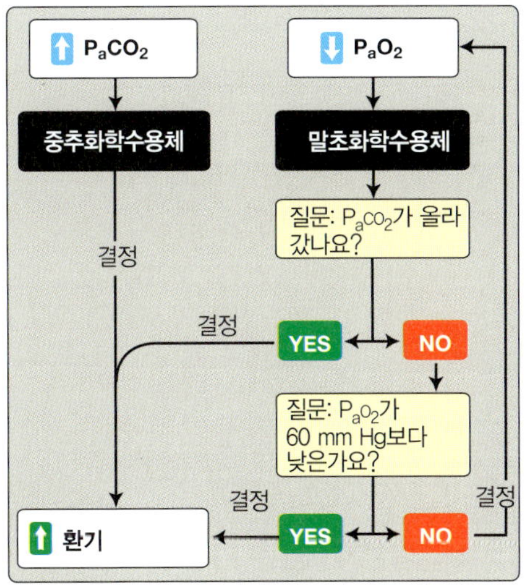

그림 24.8
동맥혈액 $Pco_2(P_aco_2)$와 $Po_2(P_ao_2)$ 변화에 대한 환기반응

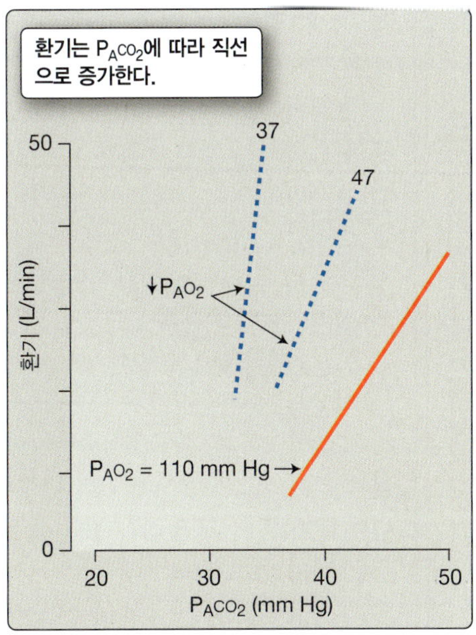

그림 24.9
허파꽈리 $Pco_2(P_Aco_2)$ 변화에 대한 환기반응

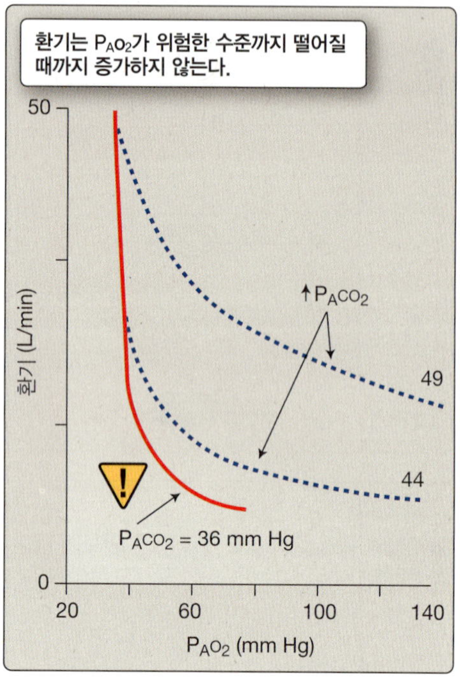

그림 24.10

허파꽈리 P_{O_2}(P_{AO_2}) 변화에 대한 환기반응

호흡조절중추는 P_{aCO_2}를 최적화시키도록 설계되어 있으므로 약한 저산소증에 대한 반응은 안정적인 CO_2 농도를 유지하기 위해 억제된다.

> P_{aO_2}가 60 mm Hg가 되면 화학수용체는 작동을 시작하며 이 시점은 혈색소가 탈포화되는 시점과도 일치한다(즉, 해리곡선의 기울기가 가파른 부분; 그림 23.18 참조). 그러므로 혈색소의 O_2결합 특성은 O_2운반에 불리한 효과는 거의 없이 안정된 P_{aCO_2}를 유지하기 위해 넓은 범위에 걸쳐 호흡중추가 환기를 조절하도록 한다.

3. **상승작용(synergism)**: P_{aO_2}가 감소하는 조건은 주로 P_{aCO_2}의 동반 상승을 초래한다. P_{aCO_2}는 H^+ 농도와 같은 의미이기 때문에 pH도 역시 떨어진다. 그러므로 P_{aO_2}와 P_{aCO_2}, 동맥혈액 pH 변화가 서로 상승작용을 하여 각각 작용하는 합보다 더 큰 환기반응을 초래한다는 것은 놀라운 일이 아니다.

> 저산소증은 고탄산혈증에 대한 화학수용체 민감도를 증가시키며 P_{aCO_2}와 H^+ 농도 증가는 저산소증에 대한 수용체반응을 민감화시킨다.

임상 적용 24.2: 체인-스토크스호흡(Cheyne-Stokes Breathing)

호흡조절중추 기능에 장애를 초래하는 일부 질환은 비정상적인 안정 시 호흡리듬을 유발한다. 체인-스토크스호흡은 무호흡 기간 이후에 점차 증가되는 호흡노력과 최대치로 가는 공기유량을 보이는 호흡 연속이 이어지고 그리고 나서 다시 무호흡으로 진행되는 특징을 지닌 주기적인 호흡 형태이다. 체인-스토크스호흡이 정상인의 경우에서도 높은 고도에서 잠을 자는 동안 간혹 관찰될 수 있지만, 뇌졸중과 심장기능상실 환자에서 주로 관찰된다. 심장기능상실은 낮은 관류속도를 초래하므로 혈액가스 구성에 대한 환기변화 효과를 감시하는 뇌줄기 능력에 장애가 일어나 비정상적인 리듬이 유발된다. 이론적으로 설명하면, 호흡조절중추가 고탄산혈증을 수정하기 위해 환기를 증가시키고 중추가 이러한 변화의 결과를 감시하기 전에 시간 지연이 있다면 이 지연 기간 동안 중추는 호흡노력을 좀 더 증가시키게 될 것이고 이로 인해 저탄산혈증 지나치기가 일어난다. 중추는 환기 감소를 통해 보상을 하며 동일한 저관류 지연에 의해 호흡노력은 부적절하게 감소하고 결과적으로 무호흡이 초래된다. 주기호흡의 형태는 약 30~100초의 다양한 주기를 가지고 반복된다.

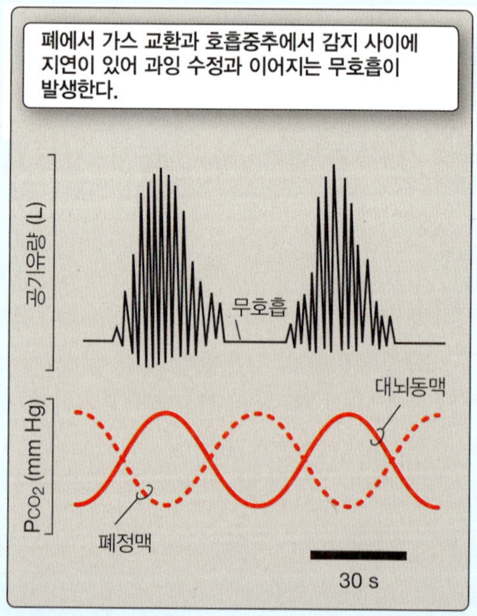

체인-스토크스호흡

IV. 폐수용체 역할(PULMONARY RECEPTOR ROLE)

폐와 기도에는 이물질로부터 계통을 보호하고 폐용적에 대한 되먹임 정보를 호흡중추에 제공하는 다양한 수용체가 존재한다(그림 24.11). 이러한 수용체로부터 나온 정보는 기본적으로 미주신경을 통해 전달된다.

A. 자극제수용체(irritant receptor)

큰 기도 상피에는 암모니아와 담배연기, 꽃가루, 먼지, 찬 공기와 같은 자극제와 유해자극에 반응하는 감각신경 종말이 있다. 수용체는 이물질이 호흡영역에 도달하지 못하도록 기관지수축과 점액분비, 기침을 유발한다. 자극체수용체는 알레르기천식발작 동안 분비되는 히스타민에 의한 기관지수축에도 관여한다. 이들 수용체는 폐 팽창 동안 폐 움직임 기준으로 작용하므로 **빠르게 적응하는 수용체(rapidly adapting receptors)**로도 알려져 있다. 폐가 팽창되었을 때 자극제수용체는 벽경유 압력에 의해 늘어나서 들신경섬유에 활동전위 무리를 만든다. 활동전위 발생 빈도는 늘어남의 속도와 정도에 비례하므로 폐 팽창 속도와 정도에 관한 정보를 제공한다. 만약 용적이 새로운 수준에서 일정하게 유지되면 활동전위 발생 빈도는 낮아지는데 이는 지속적인 자극에 대해 수용체가 빠르게 적응하는 것을 의미한다.

B. 폐곁모세혈관수용체(juxtapulmonary capillary receptor)

허파꽈리 벽에는 자극제수용체와 유사한 기능과 반응 특성을 지닌 민말이집신경섬유가 존재한다(**C섬유**). **폐곁모세혈관수용체** 혹은 **J수용체(J receptor)**라고도 알려져 있으며 폐팽창과 손상, 폐혈관 울혈, 일부 화학물질에 예민하게 반응한다. 자극을 받게 되면 기관지수축과 점액분비, 얕은 호흡을 초래한다.

C. 뻗침수용기(stretch receptor)

전도기도의 민무늬근육층 내에는 말이집감각섬유가 존재한다. 이들은 뻗침에 반응하며 출력 강도는 팽창 정도를 반영한다. 위에서 언급한 2 종류 수용체와 다른 점은 자극이 지속되는 동안 매우 느리게 적응을 한다. 만약 일회호흡량이 매우 높다면 뻗침수용기는 들숨을 멈추게 하고 긴 내쉼을 뒤따르게 한다(**헤링-브로이어반사[Hering-Breuer reflex]**). 기능은 알려져 있지 않다.

> 헤링-브로이어반사를 유발하는 뻗침수용기는 미주신경을 통해 호흡조절중추로 감각정보를 전달한다. 폐 이식 환자에서 이 경로가 소실됨에도 불구하고 정상적인 호흡을 한다. 이는 이 수용기로부터 되먹임 정보가 호흡주기를 유지하는데 꼭 필요한 것이 아님을 의미한다. 헤링-브로이어반사는 신생아에서 잘 나타나지만 영아기 동안 폐 과다팽창을 막은 생리적 역할을 하는 것으로 보인다.

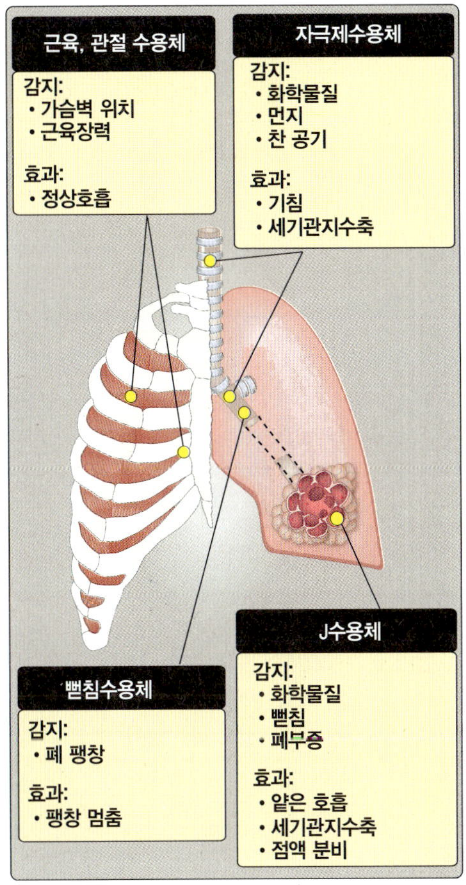

그림 24.11
가슴벽과 폐 감각수용체. J수용체 = 폐곁수용체

D. 관절과 근육수용기(joint and muscle receptor)

가슴벽안에 위치한 뻗침과 장력 수용기는 벽 움직임과 호흡에 관여하는 노력 정도를 감지한다. 이 수용기로부터 출력은 벽 움직임에 방해가 있을 때 들숨과 날숨 힘을 증가시킨다. 팔 다리 관절에는 운동 동안 환기를 증가시키는데 관여하는 것과 비슷한 수용기가 존재한다.

V. 환경에 대한 호흡적응 (RESPIRATORY ADAPTATION TO ENVIRONMENT)

대기로부터 사립체까지 O_2확산은 분압차에 의해 일어난다. 대기압은 해수면 위 고도에 따라 낮아지므로 높은 곳으로 이동은 호흡계로 하여금 감소된 분압차에 적응하도록 한다. 잠수는 O_2와 다른 대기 가스 흡수를 유도하는 압력차를 극적으로 증가시켜 가혹한 생리적 결과를 초래할 수 있다.

A. 고도(altitude)

공기의 비율조성은 고도에 따라 바뀌지 않지만 이것의 다양한 구성 분압은 높은 곳으로 올라가는 동안 대기압이 감소함에 따라 모두 떨어진다. 예를 들면 에베레스트산 정상(8,848 m)에서 공기 Po_2는 43 mm Hg이다(그림 24.12). 들숨 동안 기도에서 수분이 더해져 다른 성분의 비율구성을 낮아지게 하므로 허파꽈리 Po_2는 마른공기보다 더 낮다. 폐와 기도가 폐로 더하는 수분과 CO_2는 고도에 따라 변화하지 않기 때문에 고도에 따른 Po_2는 대기압만을 고려해서 예측한 것보다 더 많이 감소한다. $P_{A}o_2$ 감소는 O_2 흡수를 위한 분압차를 낮추어서 저산소증을 유발한다. 그 결과 감각 및 인지 기능은 고도가 높아짐에 따라 급격하게 나빠지며 이러한 현상은 O_2 이용도에 대한 중추신경계 신경세포의 급성 의존성에 의해 일어난다(그림 24.13). 저산소증에 대한 생리적 반응은 급성반응(acute responses) 및 적응반응(adaptive responses), 장기순응(long-term acclimation)으로 나눌 수 있다.

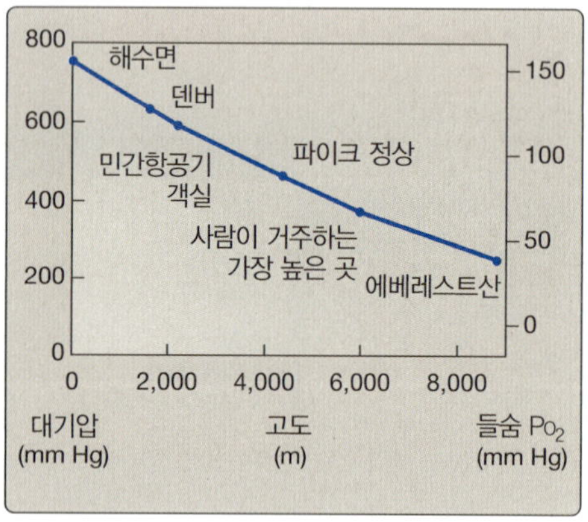

그림 24.12
대기압과 Po_2에 대한 고도효과

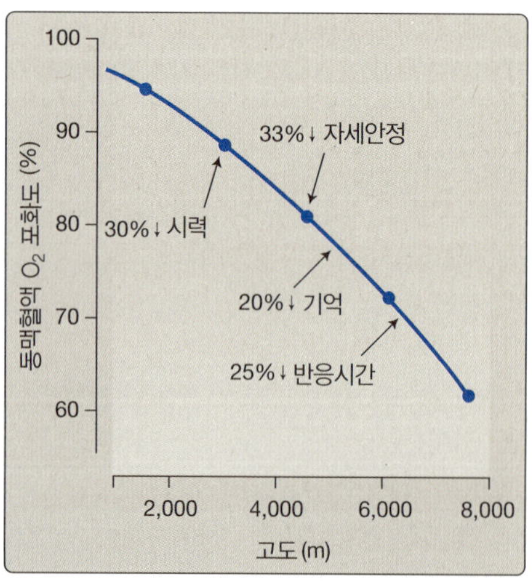

그림 24.13
높은 곳으로 올라가므로 인한 동맥혈액 O_2 포화도 감소에 의한 감각 및 인지 능력 감소

1. **급성(몇 분):** 저산소증은 말초화학수용체에서 감지한다. 호흡중추는 $P_{A}o_2$를 높게 유지하기 위해 환기기 작동을 증가시키지만 결과적으로 중추화학수용체를 활성화시키는 $P_{a}co_2$는 떨어진다. 결과적으로 환기 충동은 둔감해진다. 또한 호흡중추는 심장억제중추를 억제해서 심장박동수를 증가시킨다(그림 24.14 참조). 안정 심장박출량은 증가하고 증가된 폐 관류에 의해 O_2 흡수도 촉진된다. 저산소증은 동시에 폐혈관수축을 유발하여 폐혈관 저항을 증가시키고 또한 박출량 유지를 위해 높은 압력을 만들도록 오른심장 수축력을 증가시킨다.

2. **적응(며칠에서 몇 주일):** 중추화학수용체는 8~24시간에 걸쳐 느리게 적응해서 고도에 의한 저산소증에 대처하기 위해 환기속도를 올린다(그림 24.14B 참조). 결과적인 $P_{a}co_2$ 감소는 호흡성알카리증을 초래하지만 콩팥에서 산배설 감소를 통해 보상이 되어 혈액 pH는 다시 정상으로 돌아온다(그림 24.14C 참조). 또한 알카리증은 2,3-디포스포글리세레

이트(2,3-DPG) 생성을 자극하고, 2,3-DPG는 혈색소 O_2 친화력을 감소시켜 O_2-Hb 해리곡선을 오른쪽으로 이동시킨다. 이러한 변화를 통해 조직으로 O_2 이동이 증대된다.

3. **순응(몇 달에서 몇 년):** 높은 고도에서 거주하기 위한 장기순응에는 혈액과 혈관계, 심장폐계통의 특성변화가 포함된다.

   a. **혈액:** 저산소증은 콩팥에서 적혈구형성인자(erythropoietin) 방출을 자극하여 적혈구 생성을 촉진한다. 혈색소 농도도 ~15 g/dL에서 ~20 g/dL까지 이와 비례하여 증가한다(그림 24.14D 참조). 순환 혈액량 증가도 동시에 일어나 전체적인 혈액 O_2 운반용량은 ~50% 정도 증가한다.

   b. **혈관계:** 저산소증은 혈관형성을 자극한다. 몸 전체를 통해 모세혈관 밀도가 증가되어 조직 관류가 향상된다.

   c. **심장폐계통:** 저산소 혈관수축에 직면한 폐를 관류하기 위한 폐동맥압 증가는 혈관과 심실 개조를 초래한다. 민무늬근육 증식은 혈관벽 두께를 증가시키고 증가된 후부하를 극복하기 위해 오른심실이 비대해진다. 비록 압력이 폐순환계에 대한 스트레스를 증가시키지만 다른 한편으로는 폐 꼭대기 관류 증가를 통해 꼭대기 허파꽈리에서 O_2가 흡수될 수 있도록 하는 유익한 부분도 있다.

4. **유해효과(adverse effects):** 높은 고도에 올라가면 많은 사람들에서 두통과 과민성, 불면증, 호흡곤란, 어지럼, 욕지기, 구토 등이 일시적으로 나타나는 **급성고산병(acute mountain sickness)**이 발생한다. 증상은 일반적으로 며칠이 지나면 사라신나. **만성고산병(chronic mountain sickness)**은 높은 고도에서 오랜 시간 거주하면 발생하며 위에서 언급한 조정의 유해한 심혈관계 결과들이 나타난다. 적혈구과다증에 의해 혈액 점도와 혈류 저항이 증가하여 양쪽 심실은 높은 압력하에서 작동하여야 한다(19·IV·C 참조). 감소된 P_{AO_2}는 기관지수축을 초래하고 이것은 오른쪽 심장에 부담을 준다. 만약 저산소증이 매우 심하거나 오래 지속되면 폐정맥 역시 수축하고 동맥은 혈관 개조에 의해 좁아진다. 궁극적으로 이러한 것들은 폐부종과 오른심장기증상실, 심할 경우 죽음까지 초래한다.

B. 잠수

잠수는 호흡계통이 여러 형태의 도전에 직면하게 하며 대부분의 경우는 수심이 깊어짐에 따른 외부정수압과 관련된 것들이다. 물은 공기보다 밀도가 높기 때문에 표면 밑 수심에 따라 압력이 빠르게 증가한다. 단지 ~10 m의 물기둥이 대기와 동일한 압력(760 mm Hg)을 나타내므로 ~30 m에 있는 잠수부는 4기압에 해당하는 압력에 노출된다.

1. **수심효과:** 물은 잠수부를 모든 면에서 짓누르고 압박한다. 허파꽈리 내에 있는 가스 역시 압축되어 모든 가스 흡수를 초래하는 분압 역시 올라가지만 허파꽈리 용적은 줄어들어 2가지 심각한 도전에 직면하게 된다.

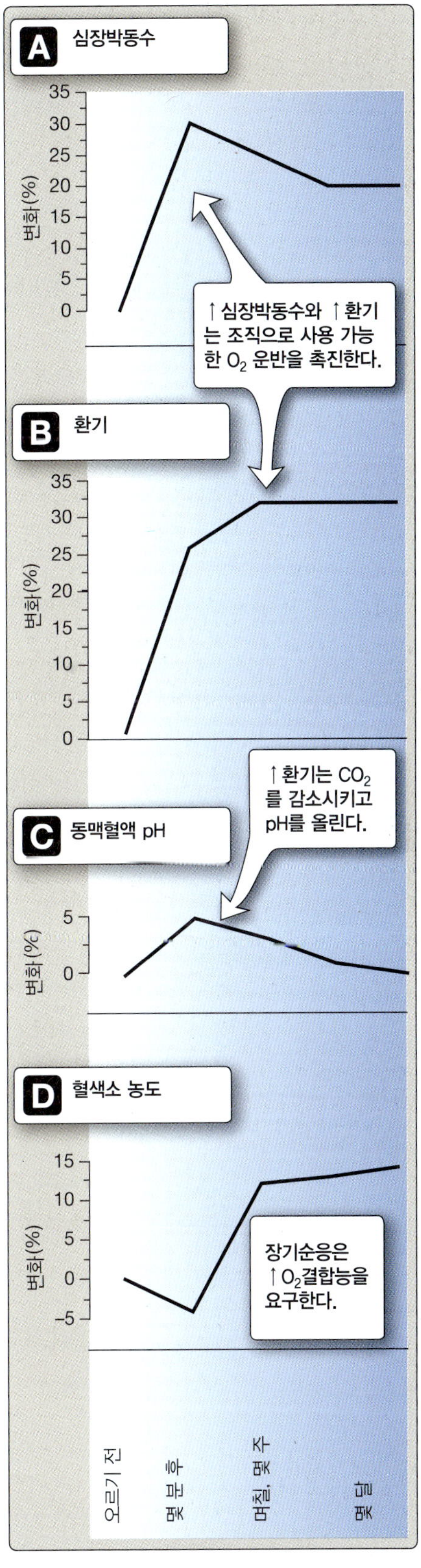

그림 24.14
높은 곳(해발 3,000 m)에 올라가서 적응한 후에 심장박동수 및 환기, 동맥혈액 pH, 혈색소(Hb) 농도 변화. 수치는 올라가기 전에 기록한 것과 %로 비교

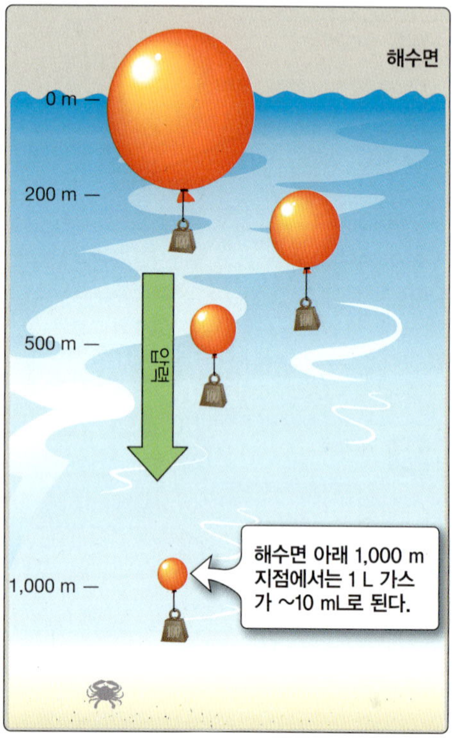

그림 24.15
해수면 아래 다양한 수심에서 물압력에 의한 가스 용적 변화

a. **분압:** 해수면에서 O_2와 CO_2는 의미 있는 양이 혈액에 녹는 유일한 대기공기 성분이다. 잠수는 모든 구성성분의 분압을 모든 성분이 치사량을 넘는 범위까지 녹을 수 있도록 증가시킨다.

b. **용적:** 압력을 가한 가스는 용적이 줄어든다(그림 24.15). 30 m에서 1 L의 가스(해수면 용적)는 ~250 mL를 차지한다. 반대로 잠수부가 30 m에서 수면으로 올라오면 1 L의 가스는 팽창하여 4 L를 채우기 때문에 이런 현상은 가스를 포함하고 있는 모든 조직에 심각한 손상을 초래한다.

2. **가스 독성:** 공기는 기본적으로 N_2 (78%)와 O_2 (21%)로 구성되어 있으며 두 가지 모두 압력을 가한 상태에서 흡입할 경우 독성을 나타낸다. 들숨 공기의 CO_2 조성은 사소하기 때문에 잠수부의 호흡기가 내쉬는 공기를 붙잡아서 재호흡을 통해 CO_2가 올라가게 하는 경우를 제외하고는 고려 대상이 아니다.

a. **질소혼수(nitrogen narcosis):** N_2는 해수면에서는 조직에 녹지 않기 때문에 인체에 의미 있는 효과를 나타내지 않는다. 그러나 해수면 아래 ~40 m 수심에서는 P_{N2}가 올라가서 이온통로 기능을 붕괴시키기에 충분한 양이 세포막으로 녹아 들게 된다. 이러한 효과를 혼수라고 하며 에탄올 경우에서와 유사하다(**nitrogen narcosis**). 질소작용의 정도는 수심과 압력에 연관되며, 처음에는 행복한 느낌을 가지다가 ~80 m 이하로 내려가면 궁극적으로 기능소실로 이어진다.

b. **산소중독(oxygen poisoning):** O_2는 자유라디칼을 만드는 경향이 있기 때문에 본래부터 독성물질이다. 해수면에서 조직으로 전달되는 O_2 양은 순환을 통해 O_2를 운반하는 도구로서 또한 O_2 완충제로서 작용하는 혈색소에 의해 엄격하게 조절되고 있다. 운반계는 정상상황 하에서 기본적으로 포화되어 있다. 높은 압력에서 O_2를 호흡하는 것은 혈색소 완충능력을 초과하는 양이 혈액에 녹아 들게 한다. 이로 인해 조직은 정상 안전범위(20~60 mm Hg)를 넘는 P_{O_2}에 노출되어 시력장애 및 간질, 혼수를 포함하는 다양한 신경학적 효과를 초래한다.

c. **심해 잠수(deep-sea diving):** 깊은 곳에서 작업하는 잠수부는 헬륨/산소 혼합가스(**heliox**)로 호흡하며 O_2 퍼센트는 손상을 주지 않는 분압이 되도록 조심스럽게 조절해야 한다. 헬륨은 몸 조직에 잘 녹지 않고 혼수상태를 덜 초래하며, N_2(14%)에 비해 밀도가 상당히 낮아 N_2를 대신하여 사용한다. 헬륨혼합 가스를 흡입하면 기도저항이 감소되어 호흡작업도 감소한다.

Heliox는 임상적으로도 해부적 혹은 생리적 기도 폐쇄가 있는 환자에게 사용한다. 혼합 가스의 낮은 밀도에 의해 폐쇄가 있는 장소를 대기공기에 비해 보다 쉽게 미끄러져 지나가므로 환자의 산소화에 도움을 준다.

3. **감압병(decompression sickness):** 잠수부가 오랜 시간 압력이 가해진 공기를 호흡하면 조직 내에 상당량의 N_2가 축적된다. 해수면에서 인체 내에 포함되어 있는 N_2의 양은 ~1 L이다. 30 m에서 오랫동안 잠수하면 이 양은 4 L까지 증가한다. N_2는 혈액-가스 접촉면을 통해 확산으로 들어와서 순환계를 통해 모든 조직으로 분배되지만 주로 체지방으로 많이 간다. 잠수부가 표면으로 다시 올라오면 심해에서 N_2를 녹아 있게 했던 압력이 더 이상 존재하지 않으므로, N_2는 용액으로부터 빠져나오면서 순수한 N_2 방울을 형성한다. 혈류 내 방울 존재에 의해 **"감압병통증(the bends)"**이 발생한다. 방울은 혈관을 막고 작은 방울은 합쳐져 더 큰 방울을 형성하고 점차 더 큰 혈관을 침범하게 된다. 침범된 조직은 허혈에 빠지고 관절과 팔다리 근육에 전형적인 통증을 나타낸다. 좀 더 심한 증상은 신경학적 결손과 호흡곤란, 죽음이다. 상승속도를 느리게 함으로써 액체면에 녹아 있던 ~3 L의 잉여 가스가 조직으로부터 확산되어 나와 순환을 통해 폐로 가서 날숨을 통해 빠져나가게 한다(그림 24.16). 지방은 비교적 혈액 공급이 적다. 이것은 N_2가 순환을 통해 운반되기 전에 확산되어야 하는 거리를 증가시키는 것과 같기 때문에 N_2가 제거될 수 있는 속도로 낮추어야 한다. 조직의 완전한 N_2 수준 재정상화는 상승 후 몇 시간이 걸린다.

그림 24.16
심해 잠수부는 "감압병통증"을 방지하기 위해 조심스러운 상승을 해야 한다.

24장 요약

- 들숨과 날숨의 주기 형태는 **중추형태생성기(CPG)**에 의해 만들어 지고 소설된다. CPG는 **뇌줄기 호흡조절중추**(숨뇌)에 존재한다.
- 숨뇌는 호흡조절에 관여하는 2 종류의 세포 군을 가지고 있다. **등쪽호흡군**은 정상 호흡에서 들숨을 유발한다. **배쪽호흡군**은 보조근육을 조절하며 중추형태생성기가 위치하는 곳으로 알려져 있다.
- 고위조절중추는 말하고, 기침하고 동일한 근육을 사용하는 다른 의식적인 행동을 수행하기 위해 무의식적인 호흡을 억압할 수 있다.
- 중추 및 말초 화학수용체는 혈액의 화학적 조성에 관한 정보를 조절중추로 보낸다. **중추화학수용체**는 $P_{a}co_2$를 감시한다. **말초화학수용체**는 $P_{a}o_2$와 $P_{a}co_2$, 동맥혈 pH에 예민하게 반응한다.
- $P_{a}co_2$가 올라가면 말초 및 중추화학수용체 모두가 흥분하고 조절중추로 하여금 즉각적인 환기 증가를 통해 반응하도록 한다. $P_{a}o_2$ 감소는 CO_2가 동시에 증가하지 않으면 환기에 대해 효과적인 자극으로 작용하지 못한다.
- 숨뇌로 정보를 보내는 다른 감수기는 폐 손상에 예민하게 반응하는 **자극제수용체** 및 **폐결모세혈관수용체**, **뻗침수용기**와 **관절과 근육수용기**가 있다.
- 대기압은 해수면 위 고도에 따라 감소한다. Po_2 역시 감소하며 저산소증을 초래한다. 호흡 및 심장혈관 조절중추는 환기 및 관류 증가를 통해 짧은 시간에 보상을 한다. 고도에 대한 완전한 순응에는 몇 달이 필요하며, 폐관류 및 적혈구용적률, 모든 조직의 모세혈관 밀도 증가가 일어난다.
- 물속에서 깊이 내려가는 것은 들숨 가스의 분압을 증가시킨다. 해수면에선 잘 녹지 않는 N_2와 O_2가 심해에서는 조직에 녹아 들 수 있어 독성을 나타낸다. N_2는 지방으로 잘 가며 표면으로 올라온 후에도 제거하기 위해 몇 시간이 필요하다. 빠른 상승은 혈관 내에 순수 N_2 가스 방울을 만들게 하여 **"감압병통증"**으로 알려진 심한 통증을 유발한다.

학습문제

가장 옳은 답 하나만 고르시오.

V.1 사이질폐섬유증을 가진 55세 남자가 폐기능검사를 하였다. 제한폐병 환자에서 감소할 확률이 가장 높은 요소는?

A. FVC (강제폐활량)
B. 최대 날숨유량 속도
C. FEV_1 (1초 동안 강제날숨용적)
D. FEV_1/FVC
E. 날숨 O_2의 분율

정답 = A. 제한폐병은 폐팽창을 제한하는 폐 딱딱해짐과 관련이 있다(22·VII·B). 이것은 폐기능검사에서 강제폐활량(FVC) 감소를 보인다. 실제로 이런 환자는 같은 연령 및 성별, 키를 가진 정상인에 비해 적은 양의 공기를 들이쉬고 내쉴 수 있다. 최대 날숨유량 속도와 1초 동안 강제날숨용적은 정상일 수도 아닐 수도 있다. FEV_1/FVC 비율은 FVC가 특징적으로 심하게 줄어들어 있어 증가한다. 날숨 O_2 분율은 제한폐질환에는 바뀌지 않는다.

V.2 β아드레날린수용체 작용제는 폐기능에 다음 중 어떤 효과를 미치는가?

A. 강제폐활량 감소
B. 총폐용량 감소
C. 확산능 증가
D. 세기관지 수축
E. 세기관지 확장

정답 = E. β아드레날린수용체 작용제는 기도 민무늬근육을 이완시켜 세기관지 확장을 초래한다(22·VIII·C). 이완은 부교감신경 종말에서 아세틸콜린 분비 억제를 통해 일어난다. 증가된 기도 속공간 직경은 흐름을 좋게 하고 이것은 1초 동안 강제날숨용적(FEV_1) 측정을 통해 알 수 있다. 총폐용적과 강제폐활량(강제로 숨을 내쉴 때 최대 공기량), 확산능(혈액-가스 장벽에서 교환능력을 측정)은 β아드레날린 약제에 영향을 받지 않는다.

V.3 16세 소년이 집에 새로운 애완동물을 입양한 후 호흡곤란이 나타났다. 이 소년의 호흡기 주치의는 알레르기천식을 의심하여 폐기능검사를 지시하였다. 다음 중 이 소년에서 감소될 것으로 예상되는 것은?

A. 일회호흡용적
B. 날숨예비용적
C. 강제폐활량
D. 들숨용량
E. FEV_1 (1초 동안 강제폐활량)

정답 = E. 알레르기천식은 기도 좁아짐과 폐쇄와 연관이 있으며(22·VII·A), 이로 인해 단위 시간당 강제로 내쉴 수 있는 공기량이 줄어들어 있다. 대부분의 경우 강제폐활량은 시간 의존적이지 않기 때문에 줄어들지 않는다. 일회호흡용적 역시 영향을 받지 않는다. 정적폐용적과 용량(날숨예비용적과 들숨용량)은 기도폐쇄에 의해 뚜렷하게 변화되지 않지만 잔기용적은 공기잡이가 일어나므로 폐쇄에 의해 증가한다.

V.4 폐혈관저항은 폐관류에 대한 폐용적 효과가 최소한일 때 평가하여야 한다. 다음 중 이런 경우에 해당하는 것은?

A. 높은 가슴막안압
B. 높은 허파꽈리압
C. 잔기용적에서
D. 기능잔기용량에서
E. 총폐용량에서

정답 = D. 폐혈관은 얇은 벽을 가지고 있어 혈관밖압축에 예민하게 반응한다(23·III). 폐용적이 매우 높거나 혹은 매우 낮을 때 폐혈관저항(PVR)이 가장 높고 관류가 가장 낮다. 총폐용량과 허파꽈리 압력이 높을 때는 모세혈관이 당겨지고 주위 허파꽈리에 의해 압박되어 PVR 역시 높다. 간기용적에서 가슴막안압이 높으면 동맥 공급혈관이 외부압력에 의해 찌부러진다. PVR-대-폐용적 곡선의 최저점은 모세혈관과 공급혈관 압축의 혼합효과가 최소한인 기능잔기용량에서 일어난다.

V.5 58세 여성이 동정맥기형에 의한 오른왼쪽션트가 있다. 다음 중 이 여성에서 증가되어 있을 것으로 생각되는 요소는?

A. 동맥에 녹아 있는 O_2 양
B. 허파꽈리-동맥혈액 O_2 차이
C. 정맥혈액 Po_2
D. 동맥혈액 Po_2
E. 산소화헤모글로빈 수준

정답 = B. 오른왼쪽션트는 혈액이 산소화되지 않은 상태에서 오른쪽에서 왼심장으로 가는 것이다(23·III·F). 션트된 혈액은 동맥혈액의 Po_2를 낮추므로 허파꽈리-동맥 O_2 차이를 넓게 한다. 혈액이 용해된 형태로 운반하는 양은 정상적으로 최소한이지만 션트에 의해 더 감소될 수 있다. 오른왼쪽션트는 정맥혈액 Po_2와 산소화헤모글로빈 수준을 낮춘다.

V.6 허파꽈리-동맥혈액 O_2 차이가 증가된 저산소혈증을 가지 50세 남자에게 얼굴마스크를 통해 100% 산소를 투여하여 동맥혈액 Po_2를 >500 mm Hg까지 증가시켰다. 폐 확산능 검사 결과는 정상이었다. 다음 중 저산소혈증의 원인은?

A. 확산 제한
B. 오른왼쪽 션트
C. 환기/관류 불균형
D. 저압(hypobaric) 환경 조건
E. 허파꽈리 저환기

정답 = C. 허파꽈리-동맥혈 O_2 차이(A-aDO_2)를 보이는 저산소혈증은 환기/관류 불균형 혹은 확산제한에 의해 발생된다(23·IV·D). 하지만 폐 확산능 검사를 통해 확산제한은 제외할 수 있다. 오른왼쪽션트는 A-aDO_2를 증가시키지만 100% O_2 투여로 동맥혈 Po_2를 여기서 관찰된 정도까지 올리지는 못한다. 저압상태와 저환기도 저산소혈증을 초래하지만 A-aDO_2를 변화시키지 않는다.

V.7 사이질폐섬유증을 앓았던 75세 남자가 증가된 노력성 호흡곤란을 호소하였다. 일산화탄소 흡수 검사를 시행하였다. 이 검사 동안 폐에서 CO 흡수에 관해 옳은 설명은?

A. 관류가 제한 요소이다.
B. 확산이 제한 요소이다.
C. 환기가 제한 요소이다.
D. 용해도가 제한 요소이다.
E. 결합이 제한 요소이다.

정답 = B. 폐에서 일산화탄소 순흡수는 혈액-가스 장벽을 가로질러 이것이 확산되는 속도에 의해 제한된다(23·V·A). 이것은 폐 관류 변화에는 비교적 예민하지 않아(N_2와 같은 관류제한적인 가스 흡수와는 다르다), 이 검사는 폐 확산능을 판단하는데 사용한다. 흡수는 생리적인 상황에서는 환기에 의해 제한되지 않는다. CO가 흡수되면 혈색소와 높은 친화력으로 결합하기 때문에 흡수가 결합제한도 아니다. 혈색소가 CO와 강하게 결합하는 것은 혈액이 이 가스를 용해된 형태로는 거의 운반하지 않는다는 것을 의미한다.

V.8 정상 폐 기능을 가진 25세 여성이 출산 후 빈혈이 발생하였다(혈색소 = 8.6 g/dL). 다음 중 감소되는 요소는?

A. 동맥혈액 Po_2
B. 동맥혈액 O_2 포화도
C. 동맥혈액 O_2 함량
D. 오른심실 박출량
E. 분당 환기량

정답 = C. 혈액 혈색소 함량에 의한 빈혈(정상 여성 혈색소 = 12~16 g/dL)은 혈액을 통해 운반되는 O_2의 총량을 감소시킨다(23·VI·A). 동맥혈액 Po_2은 녹아 있는 O_2 농도를 의미하며 혈색도 농도에 의해 의미 있는 영향을 받지 않는다. 동맥혈 O_2 포화도는 혈색소의 O_2 결합 상태를 의미하는 것이며 생리적 상태에서는 혈액 혈색소 농도에 의존적이지 않다. 동맥혈 O_2 함량 감소는 오른심실 박출량과 분당 환기량의 보상적인 증가를 초래하기도 한다.

V.9 안정 및 운동 시 강제 날숨에 영향을 주는 뇌혈관사고에서 손상을 받은 뇌 부위는?

A. 지속흡입중추
B. 호흡조정중추
C. 가로막신경중추
D. 등쪽호흡군
E. 배쪽호흡군

정답 = E. 배쪽호흡군 신경세포는 강제날숨과 노력 들숨과 날숨 조정에 관여한다(24·II·A). 다리뇌 중추는 폐 팽창을 제한하고(지속흡입중추) 또한 빠르고 얕은 호흡을 만든다(호흡조정중추). 하지만 이들 중추의 정상호흡에서 역할은 정확하게 밝혀져 있지 않다. 등쪽호흡군 신경세포는 들숨과 안정 호흡리듬 실행을 조절한다. 가로막신경은 중요한 들숨근육인 가로막을 조정하는 운동신경세포가 포함된다(22·V·C).

V.10 목동맥토리의 토리세포는 낮은 동맥혈액 P_{O_2}에 반응하여 감각신경종말을 자극하는 신경전달물질을 방출하는 Ca^{2+} 유입을 초래한다. 다음 중 증가할 경우 토리세포에서 Ca^{2+} 유입을 초래하는 것은?

A. Na^+ 전도도
B. Na^+ 평형전위
C. K^+ 전도도
D. 막 탈분극
E. 뇌 사이질 H^+

정답 = D. 동맥혈 P_{O_2}는 토리세포에 존재하는 O_2의존 K^+ 전도도에 의해 감지된다(24·III·B). 동맥혈 P_{O_2} 감소는 K^+ 통로를 닫아서 K^+ 유출 감소를 초래하여 막을 탈분극시킨다. 탈분극은 전압개폐 Ca^{2+}통로를 활성화시킨다. Na^+전도도와 Na^+ 평형전위 변화는 이 반응에 관여하지 않는다. 뇌 사이질 H^+ 변화는 말초화학수용체가 아닌 중추화학수용체에 의해 매개되는 환기반응을 초래한다(24·III·A).

V.11 건강한 23세 여성이 어는점보다 낮은 공기온도에 노출이 되면 기침발작을 한다. 이 반응에 관여하는 감각수용체는?

A. 중추화학수용체
B. 말초화학수용체
C. 자극제수용체
D. 폐 뻗침수용기
E. 폐곁모세혈관수용기

정답 = C. 자극제수용체는 먼지와 화학물질, 찬 공기와 같은 해로운 자극으로부터 폐를 보호한다(24·IV·A). 이 수용체는 자극을 받으면 기침과 기관지수축, 점액분비를 유발한다. 중추 및 말초 화학수용체는 동맥혈액 가스조성 변화에 반응한다(24·III). 뻗침수용체는 폐 팽창 동안 활성화되며(24·IV·B), 폐곁모세혈관수용체는 모세혈관 충혈과 사이질 부종에 반응한다(24·IV·C).

V.12 해수면에 거주하는 29세 남성이 스키리조트(해발 = 2,500 m) 방문 후에 두통과 욕지기가 발생하였다. 하루 만에 증상은 개선되었고 스키를 탈 수 있을 만큼 좋아졌다고 느꼈다. 이러한 생리적 적응을 잘 설명하는 것은?

A. 중추화학감수체 적응
B. 폐 뻗침수용체 자극
C. 적혈구 생성
D. 적혈구 동형 변형
E. 혈관형성

정답 = A. 높은 고도에서 저압 저산소증에 대한 초기 반응은 과호흡이며 이로 인해 동맥혈액 P_{CO_2}가 떨어져 정상 호흡 충동을 억제한다(24·V·A). 결과로 발생한 저산소혈증은 급성고산병과 관련된 증상을 일으킨다. 중추화학수용체는 8~24기간에 걸쳐 낮아진 동맥혈액 P_{CO_2}에 적응하여 환기속도는 증가하고 증상은 나아진다. 적혈구 생성과 혈관형성을 통한 저산소증 효과 보상은 몇 주에서 몇 달이 요구된다. 고도가 혈색소 동형 및 폐 뻗침반응에 변화를 일으킨다는 보고는 없다.

제 6 단원
비뇨계통

여과와 배뇨

25

I. 개요

세포기능을 심각하게 손상시킬 수 있는 산과 독소, 노폐물질들은 인체에서 대사를 통해 많이 생성된다. 이 물질들이 축적되면 세포로부터 빠져나와 순환계로 들어가 콩팥에서 여과된 후 소변을 통해 제거된다. 이러한 **배설(excretion)**은 콩팥의 세 가지 필수기능 중 단지 하나일 뿐이다. 이외에도 콩팥은 **내분비기능(endocrine organ)**이 있어 골수에서 적혈구 생성을 조절한다. 또한 혈압과 조직 삼투질농도, 전해질과 수분균형, 혈장 pH를 조절하여 인체에 필수적인 **항상성(homeostasis)**을 유지하는 역할도 하고 있다. 배설과 항상성 조절기능은 둘 다 여과막을 통해 높은 압력으로 혈액의 세포와 단백질을 혈장으로부터 분리하면서 시작된다(그림 25.1). 토리에서 여과된 초여과액이 특별한 운반상피로 덮여 있는 세관 내로 들어가서 방광을 통해 배설되는 동안 세관속공간 꼭대기막 표면의 이온통로들과 운반체들이 초여과액으로부터 필요한 성분을 재흡수한다. 이는 마치 우리가 집안에 있는 컴퓨터나 MP3기기, 의류, 화초류 같은 모든 물건들을 일단 집 밖으로 내보낸 뒤에 필요한 것을 다시 집안으로 가져오고 필요 없는 것은 시의 청소국에서 가져가도록 하는 것과 같다. 놀라운 것은 이 과정을 하루에 48번 수행한다는 것이다. 이런 처리과정은 두 가지 장점이 있다. 첫째는 속도이다. 대사나 섭취를 통해 생긴 독소들을 30분도 안걸려 혈액으로부터 빠르게 제거할 수 있다. 두 번째는 콩팥이 재흡수할 필요가 있는 물질은 여과액으로부터 선택적으로 재흡수하고, 배설되어야 할 물질은 비선택적으로 자동으로 배설할 수 있다. 콩팥은 또한 여과된 액체를 재흡수할 수 있도록 효과적인 삼투경사를 만들기 때문에 매일 대량의 액체(~180리터)를 처리해야 함에도 불구하고 에너지 사용량은 심장보다 조금 클 뿐이다(심장의 7%에 비해 전체 체내 에너지의 10%만 소비).

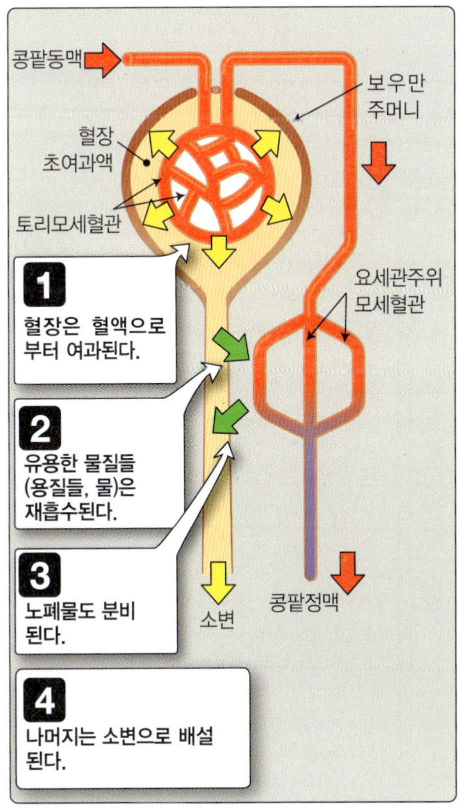

그림 25.1
콩팥기능의 개요

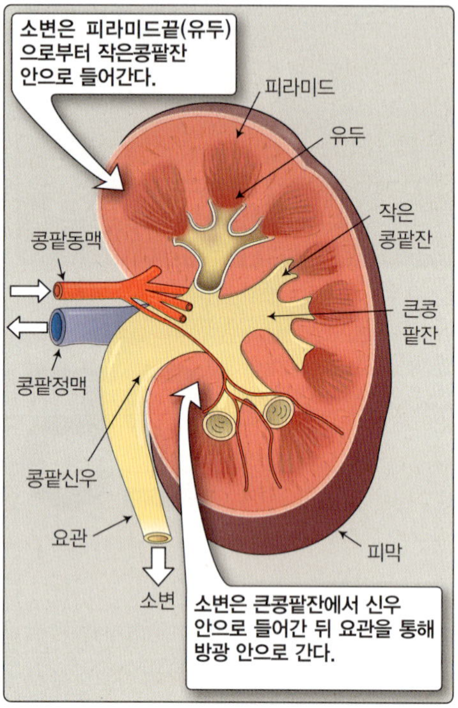

그림 25.2
콩팥 맨눈구조

II. 구조

콩팥의 기본단위는 **콩팥단위(nephron)**이며 이는 혈액여과부분**(토리)**과 여과액운반부분**(세관)**으로 구성된다. 하나의 콩팥은 약 1백만 개의 콩팥단위를 가지고 있다.

A. 맨눈구조

콩팥은 콩 모양으로 생긴 한 쌍의 장기로 복막 뒤 척추 양쪽에 인접해 위치한다. 각각 길이 약 11 cm, 넓이 6 cm, 깊이 4 cm의 크기를 보이며 무게는 약 115~170 g이고 성별에 따른 차이가 있다. 탄력성 있는 결합조직인 **피막(capsule)**에 둘러싸여 내부가 보호받고 있다(그림 25.2). **요관(ureter)**과 **콩팥동맥(renal artery)**, **콩팥정맥(renal vein)**, 림프관, 신경 등이 모여 함께 문(hilum) 부위에서 피막을 관통한다. 콩팥 단면을 보면 뚜렷한 여러 개의 띠로 된 층을 볼 수 있다. **바깥층(겉질, cortex)**은 피막 아래 있으며 혈액이 여과되는 부위이다. **중간층(속질, medulla)**은 8~18개의 **콩팥피라미드(renal pyramid)**로 구성된다. 피라미드에는 많은 콩팥단위로부터 소변을 모아 요관으로 보내 주는 수천 개의 작은 관들이 포함된다. **피라미드끝(유두, papilla)**은 **작은콩팥잔(minor calyx)**으로 알려진 집합장소로 들어간다. 작은콩팥잔이 모여서 **큰콩팥잔(major calyx)**을 형성하여 **신우(renal pelvis)** 안으로 모아진다. 신우는 요관의 머리부분을 구성하며 소변을 방광으로 보내 저장했다가 배설한다.

임상 적용 25.1: 세관사이질 질환(Tubulointerstitial Disorder)

정상기능을 하는 콩팥세관과 사이질은 급성 또는 만성적으로 부정적 영향을 받을 수 있다. **급성사이질신염(acute interstitial nephritis, AIN)**은 콩팥사이질의 염증상태로 혈장의 크레아티닌 농도가 갑자기 증가하고 단백뇨가 나타나는데, 이 두 가지 증상 모두 콩팥의 일반적인 기능이상을 의미한다. 이 질환은 대개 약물에 의해 유발되며, [1]베타(β)-락탐 항생제(예: 페니실린과 메티실린)가 가장 흔한 원인이다. 약물을 끊으면 콩팥은 정상기능을 회복한다. **다낭신장병(polycystic kidney disease, PKD)**은 유전질환으로 콩팥 안에 용액으로 가득 찬 물혹들이 셀 수 없이 많이 생기며 일부는 간과 이자에서도 발생한다. 콩팥단위 안에 형성된 물혹들은 점점 커져서 주변 조직을 눌러 세관을 통한 액체 이동을 방해한다. 비록 많은 환자들은 증상이 없지만 일부는 40대에 고혈압과 같은 콩팥기능 손상에 의한 증상을 보이기 시작한다. 치료방법은 없으며 결국 완전한 콩팥기능상실로 진행된다.

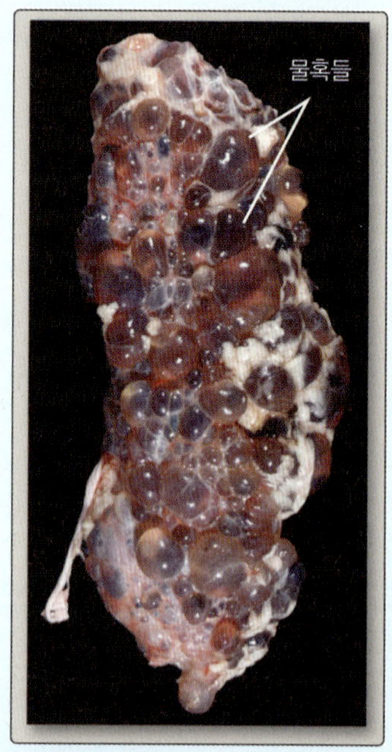

유전성 다낭신장병

[1] β-락탐 항생제의 부작용에 대한 더 많은 정보는 *LIR Pharmacology 제5판* 참조.

B. 기능

콩팥은 대부분의 조직들과 마찬가지로 주로 액체로 채워진다. 비록 콩팥 내 액체는 구획이 나누어져 있고(예: 혈관, 속공간, 사이질), 구획 사이는 세포장벽으로 구분되고 있으나 물은 삼투압 경사에 의해 쉽게 세 구획 사이를 이동할 수 있다. 콩팥 내 삼투질농도는 겉질과 속질 사이에 뚜렷한 차이를 보인다(그림 25.3). 겉질은 대략 혈장과 삼투질농도가 유사하나 속질 안으로 들어갈수록 삼투질농도는 여러 배 증가하며 이러한 삼투질경사는 정상 콩팥기능에 필수적이다. 왜냐하면 매일 혈관에서 여과된 거의 모든 물이 삼투질경사를 통해 재흡수되기 때문이다(소변의 평균 수분배설량은 하루 1~2리터).

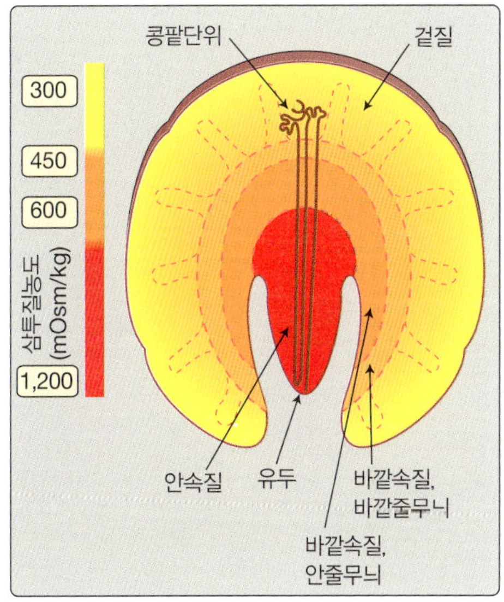

그림 25.3
겉질유두 삼투경사

C. 혈관

콩팥단위의 *작동방법*은 비교적 높은 압력으로 혈액을 새기 쉬운 혈관망을 통해 내보내는 것이다. 혈압은 혈관계를 통과하는 동안 여과장벽을 통해 혈장을 혈관계 밖으로 밀어낸다. 혈장여과액은 필수용질과 액체의 99% 이상을 재흡수하여 혈관으로 돌려보내는 콩팥세관으로 들어간다. 여과와 재흡수 기능은 독특한 혈관배열과 관련이 있다. 액체 여과는 **토리모세혈관망(glomerular capillary network)**에서, 재흡수는 **세관주위모세혈관망(peritubular capillary network)**에서 이루어진다. 세관주위모세혈관은 토리혈관계와 연결되어 있다(그림 25.4).

1. **토리모세혈관망:** 혈액은 **소엽사이동맥(interlobular artery)**으로부터 **들세동맥(afferent arteriole)**을 통해 토리 안으로 비교적 높은압력(~60 mmHg) 상태로 들어간다. 혈액은 특별한 **토리모세혈관(glomerular capillaries)**의 타래를 통해 흘러간다. 토리모세혈관은 문합을 통해 광범위하게 가지를 치고 서로 연결되어 여과를 위한 표면적을 최대화시키고 있다. 모세혈관 사이 공간은 **혈관사이세포(mesangial cell)**로 채워져 있다. 이 세포는 수축과 이완을 할 수 있는 상피세포(**근상피세포**)로 토리모세혈관의 표면적과 여과율을 조절한다. 토리를 떠나는 혈액은 정맥이 아니라 여전히 압력이 높은 **날세동맥(efferent arteriole)**을 통해 흘러간다. 들세동맥과 날세동맥은 둘 다 저항혈관으로 혈관의 수축과 이완을 통해 토리 혈류량과 여과율을 조절한다(아래 참조).

2. **세관주위모세혈관망:** 세관주위모세혈관은 콩팥세관을 둘러싸고 근접해 흐르면서 세관과 산소와 영양분을 주고받는다. 또한 세관으로부터 재흡수한 액체와 전해질들을 신속하게 제거하여, 정상 콩팥기능을 위해 필요한 세관 상피를 가로질러 형성되는 화학물질과 삼투확산을 위한 농도경사를 유지하게 한다.

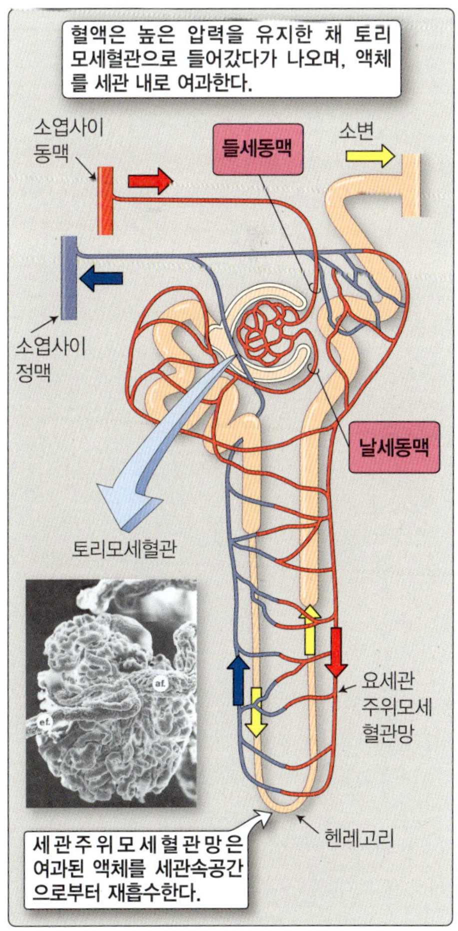

그림 25.4
토리모세혈관망과 세관주위모세혈관망

D. 콩팥세관

콩팥세관은 콩팥 상피세포들로 구성된 길고 가느다란 관으로 모양과 기능에 따라 여러 개의 뚜렷한 부분으로 나누어진다(그림 25.5). 머리부분은 **보우만주머니(Bowman capsule)**로 토리를 완전히 감싸 주변으로부터 분리시키고 토리에서 여과된 용액을 모은다. 토리와 보우만주머니는 함께

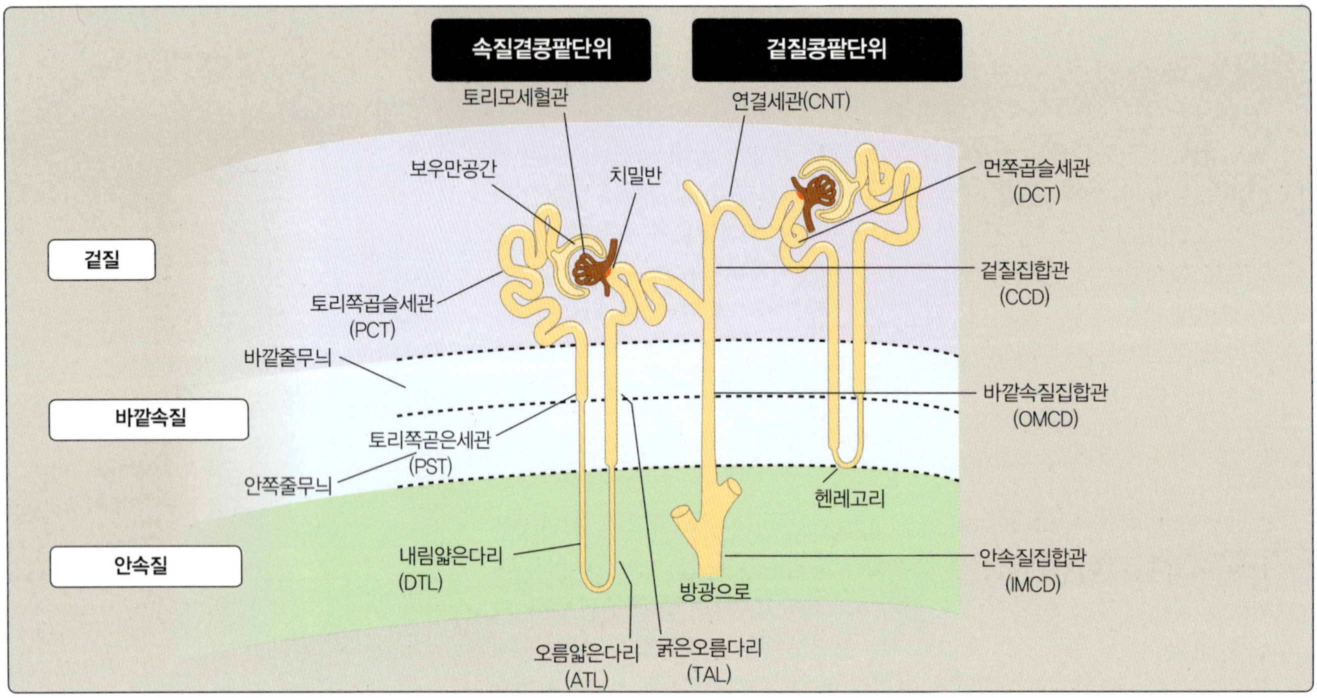

그림 25.5
콩팥단위 형태와 집합관

콩팥소체(renal corpuscle)를 구성하며 겉질에 위치하고 있다. 혈장여과액은 토리모세혈관으로부터 **보우만공간** 안으로 흘러 **토리쪽세관(proximal tubule, PT)**으로 들어간다. 토리쪽세관은 **곱슬구역(convoluted section, PCT)**과 **곧은구역(straight section, PST)**으로 구성된다. 토리쪽세관을 지나온 여과액은 속질까지 내려간다. 세관은 갑자기 머리핀 모양으로 구부러지는 고리를 형성한 후 겉질로 되돌아가게 된다. 고리의 내려가는 부분은 **내림가는다리(descending thin limb, DTL)**라고 하며 올라가는 부분은 **오름가는다리(ascending thin limb, ATL)**와 **굵은오름다리(thick ascending limb, TAL)**로 나눌 수 있다. 이 머리핀 모양 구조는 **콩팥단위고리(nephron loop)** 혹은 **콩팥세관고리(헨레고리, loop of Henle)**로 알려져 있다. 이후 액체는 **먼쪽곱슬세관(distal convoluted tubule, DCT)**을 지나 **연결세관(connecting tubule)**을 거쳐 온집합관(common collecting duct, CD)으로 들어간다. 집합관은 소변을 콩팥잔(calyx)으로 운반하며 **겉질집합관(cortical collecting duct, CCD)**과 **바깥속질집합관(outer medullary collecting duct, OMCD)**, **안속질집합관(inner medullary collecting duct, IMCD)**의 세 부위로 나뉜다.

E. 콩팥단위 형태

콩팥은 두 종류의 콩팥단위를 가지고 있다: 겉질콩팥단위, 속질곁콩팥단위.

1. **겉질콩팥단위**(cortical [superficial] nephron): 콩팥으로 들어오는 혈액의 ~90%가 겉질콩팥단위를 지나가며 여과 후 다량의 액체를 재흡수한다. 토리는 바깥겉질에 위치하며 콩팥단위고리는 짧다. 고리는 바깥속질

까지 들어가며 안속질까지는 들어가지 않는다(그림 25.5 참조).

2. **속질곁콩팥단위(juxtamedullary nephron):** 콩팥으로 들어오는 혈액의 ~10%를 받으며 토리는 안겉질에 있고 콩팥단위고리가 매우 길어 안속질로 깊숙이 들어간다. 이들 콩팥단위를 둘러싸는 세관주위모세혈관망은 매우 긴 고리 모양의 혈관구조로 특이하게 세관을 따라 곧게 속질로 깊숙이 내려가서 **곧은혈관(vasa recta)**이라 불린다. 이 콩팥단위는 소변 농축기능을 한다(27·II 참조).

III. 여과(FILTRATION)

19장에서(19·VII·D 참조) 혈액여과를 일으키는 힘(**토리모세혈관 정수압, P_{GC}**)과 액체를 잔류시키는 힘(**토리모세혈관 콜로이드삼투압, π_{GC}**) 사이의 섬세한 균형에 대해 논의한 바 있다. 대부분의 조직에서는 모세혈관의 정수압이 증가되면 부종이 생기지만, 콩팥에서 모세혈관 정수압의 증가는 소변형성의 첫단계이다(그림 25.6).

A. 스탈링 힘(Starling force)

토리모세혈관벽을 횡단하여 일어나는 액체이동을 조절하는 힘은 다른 혈관에서와 같이 **스탈링의 공식(Starling equation)**으로 계산된다.

$$GFR = K_f\,[(P_{GC} - P_{BS}) - (\pi_{GC} - \pi_{BS})]$$

GFR은 토리여과율(glomerular filtration rate, 예: 모세혈관벽을 횡단하는 액체의 순수 흐름)로 mL/min으로 측정된다. K_f는 토리여과계수이고 P_{BS}와 π_{BS}는 보우만주머니 내 정수압과 콜로이드삼투압을 말한다. 이들 변수의 사소한 변화도 토리여과율과 소변 형성에 극적인 변화를 초래할 수 있다.

1. **여과장벽:** K_f는 토리투과도(glomerular permeability)와 표면적의 값이다. 여과장벽은 뚜렷이 구분되는 세 층으로 구성되어 세포와 단백질이 없는 초여과액을 만드는 삼단계 분자필터 역할을 한다. 장벽은 **토리모세혈관 내피세포(capillary endothelial cell)**와 **두꺼운 토리바닥막(thick glomerular basement membrane)**, **여과틈새막(filtration slit diaphragm**, 그림 25.6 참조)으로 구성된다.

   a. **1번 층:** 토리모세혈관 내피세포들은 체와 유사한 구멍(fenestration)을 가지고 밀집해 있다. 구멍은 직경 ~70 nm로 물과 단백질이 자유롭게 통과할 수 있다. 세포는 구멍을 통과하기에는 너무 커서 혈관에 남아 있게 된다.

   b. **2번 층:** 토리바닥막은 세 층으로 구성된다. 안쪽 (**속투명층[lamina rara interna]**)은 모세혈관 내피세포층과 융합되어 있다. 중간층인 **치밀층(lamina densa)**은 가장 두꺼운 부위이며 바깥쪽인 **바깥투명층(lamina rara externa)**은 발세포와 융합되어 있다. 바닥막은 음전하를 띠고 있어 음전하를 띤 단백질을 밀쳐 내어 혈관 안으로 돌려보낸다.

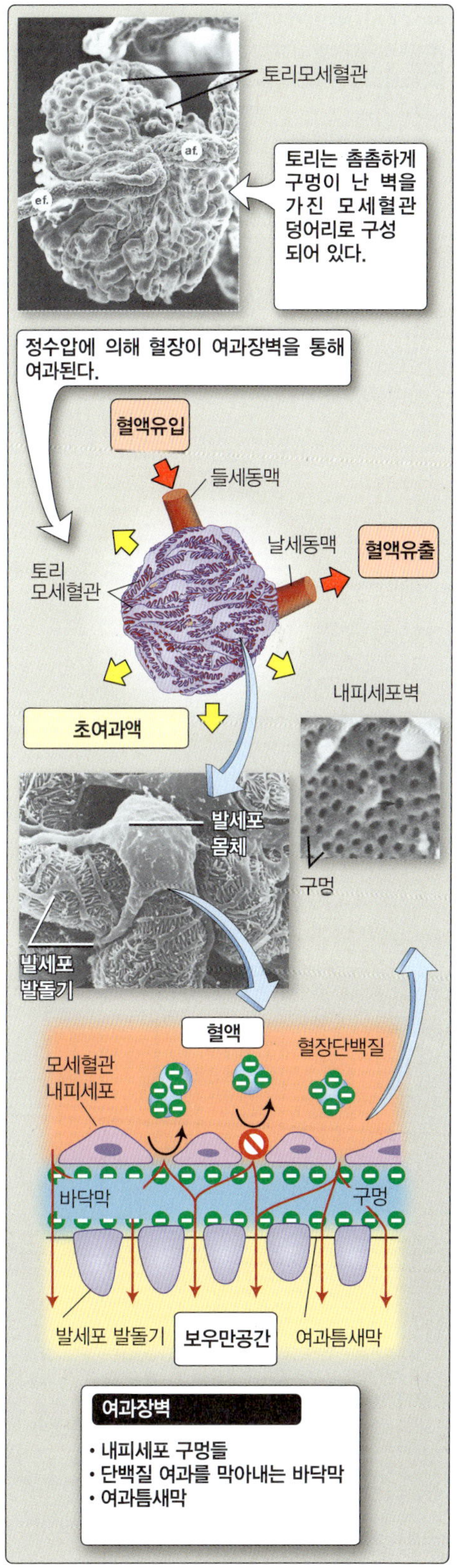

그림 25.6
토리와 여과장벽

표 25.1 토리여과장벽의 선택성

물질	분자량	분자반경	투과성*
Na^+	23	0.10	1.0
물	18	0.15	1.0
포도당	180	0.33	1.0
이눌린	5,000	1.48	0.98
미오글로빈	17,000	1.88	0.75
헤모글로빈	68,000	3.25	0.03
혈청 알부민	69,000	3.55	<0.01

*투과도는 물질의 혈장농도를 소변 내 농도와 비교하였음.

c. **3번 층:** 토리모세혈관은 **발세포(podocyte)**로부터 돌출된 수많은 촉수 같은 발돌기로 완전히 둘러싸여 있다. 발세포는 특화된 상피세포로 발가락 사이사이 좁은 틈새가 있으며 이 틈새는 단백질로 된 **여과틈새막**에 의해 덮여 있어 단백질과 다른 큰입자들이 보우만공간으로 들어가는 것을 방해한다. 마지막으로 세관으로 들어가는 용액은 전해질과 포도당, 작은 유기물질들을 포함하는 혈장의 초여과액이며 분자량이 ~5000 Da보다 큰 입자는 포함되지 않는다(표 25.1).

2. **정수압(hydrostatic pressure, P_c):** 토리모세혈관망은 특이한 생리학적 구조로 콩팥동맥의 마지막이 아니라 중간에 위치하고 있다. 혈액은 들세동맥을 경유해 ~60 mm Hg의 압력으로 토리에 들어가며 이는 대부분의 다른 모세혈관들보다 ~25 mm Hg이 높다(그림 19.26과 그림25.7 참조). 혈액은 토리를 떠나 ~58 mm Hg의 압력으로 날세동맥으로 들어가므로 평균 P_c는 ~59 mm Hg이다.

3. **콜로이드삼투압(colloid osmotic pressure, π_{GC}):** 모세혈관의 콜로이드삼투압은 혈장단백의 농도에 비례한다. 토리의 혈액은 다른 모세혈관과 마찬가지로 ~25 mm Hg의 콜로이드삼투압을 나타낸다. 혈액이 모세혈관망을 지나면서 15~20%의 부피를 잃지만 단백질은 여과장벽에 의해 혈관에 남게 되어 콜로이드삼투압은 모세혈관의 길이에 비례해 증가한다. 날세동맥에 들어가는 혈액은 ~35 mm Hg의 콜로이드삼투압을 나타낸다.

4. **보우만공간(Bowman space):** 단백질은 여과장벽 때문에 보우만공간에 들어가지 못하므로 보우만공간의 콜로이드삼투압(π_{BS})은 0 mm Hg이다. 보우만공간 내 용액은 ~15 mm Hg (P_{BS})의 정수압을 만들어낸다. 이 압력은 여과에 반대로 작용하나 보우만공간과 콩팥굴 사이에 양압차이를 만들어 세관을 통해 용액이 계속 이동할 수 있도록 한다.

5. **순힘(net force):** 위 공식을 사용해 초여과를 일으키는 순수한 양압(여과압, P_{UF})은 토리모세혈관의 길이에 따라 ~20 mmHg에서 ~8 mmHg까지 점차 감소함을 알 수 있다.

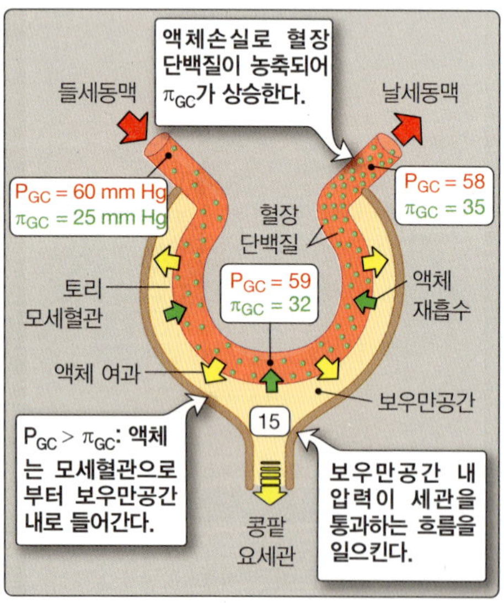

그림 25.7

토리 초여과를 유발하는 힘
P_{GC} = 토리모세혈관정수압
π_{GC} = 토리모세혈관 콜로이드삼투압
모든 수치의 단위는 mm Hg

B. 토리여과율(glomerular filtration rate, GFR)

건강한 사람에게 P_{BS}, π_{BS}, π_{GC}는 거의 불변이며 토리여과율에 영향을 미치는 요인은 토리정수압으로 대동맥압과 콩팥동맥압, 들세동맥, 날세동맥의 저항변화에 의해 결정된다(그림 25.8).

> 혈관사이세포도 K_f 값에 영향을 미치는 토리모세혈관 표면적을 변화시켜 토리여과율을 조절한다. 그러나 이 세포의 역할은 토리세동맥들에 비해 약하다.

1. **들세동맥(afferent arteriole):** 들세동맥이 수축하면 토리혈류량이 감소된다. 그 결과 여과압(P_{UF})과 토리여과율이 감소된다. 들세동맥이 이완되면 P_{UF}와 토리여과율이 증가된다.

2. **날세동맥(efferent arteriole):** 혈액이 얼마나 쉽게 토리혈관을 통과할 수 있는지를 결정한다. 날세동맥이 수축하면 보우만공간의 압력(P_{BS})경사가 낮아져서 P_{UF}이 상승하고 토리여과율이 증가한다. 날세동맥이 이완하면 토리망 밖으로 혈액이 쉽게 나갈 수 있어 P_{UF}과 토리여과율이 둘 다 감소한다.

3. **조절:** 실제로는 들세동맥 및 날세동맥의 저항 변화만 따로 나타나는 경우는 드물며 두 저항혈관은 다른 혈관들과 마찬가지로 많은 요인들에 의해 조절된다(20·II 참조). 이들을 조절하는 다양한 방법들은 아래 4절에서 심도있게 다뤄진다.

C. 수치

토리여과율은 인체 크기에 따라 증가하고 나이와 함께 감소한다. 정상 토리여과율 범위는 체표면적을 고려했을 때 평균 100~130 mL/1.73 m^2이다. 이 값은 뼈대근육에서 관찰되는 것보다 1,000배 크다. 이는 여과압이 높고 여과장벽에 구멍이 많기 때문이다.

IV. 조절

콩팥혈류량(RBF)과 토리여과율은 때로 서로 상충하는 두 가지 요구에 의해 조절된다. **국소** 혈관자동조절경로는 토리여과율과 소변형성을 적절하게 유지하는 속도로 콩팥혈류량을 유지하는 반면, **중추** 항상성조절경로는 순환혈액량과 혈압을 조정하기 위해 콩팥기능을 조절한다. 콩팥기능의 중추조절은 내분비계와 자율신경계를 통해 이루어진다.

A. 자동조절(autoregulation)

평균동맥압이 변하는 동안 **자동조절**을 통해 콩팥혈류량과 토리여과율은 안정화된다. 체내 모든 순환은 어느 정도 자동조절되나 콩팥의 경우 자동조절기전이 특히 잘 발달되어 있다. 토리여과율은 평균동맥압 80~180 mm Hg 범위에서 비교적 안정되게 유지된다(그림 25.9).

B. 근육성 반응(myogenic response)

근육성 반응은 자동조절기전 중 하나이다. 들세동맥을 덮고 있는 민무늬근육세포에는 칼슘이온(Ca^{2+})이 통과하는 기계감수통로(mechanosensory channel)가 있으며 이 통로는 혈관벽이 늘어나면(즉 속공간의 압력이 증가되면) 활성화된다. Ca^{2+} 유입으로 근수축이 유발되어 들세동맥은 반사적으로 수축한다. 예를 들어, 자세변화 동안 근육성 반응을 통해 콩팥혈류량과 토리여과율이 안정화된다.

> 근육성 반응은 모든 혈관에서 일반적이다. 누운 자세에서 일어서면 혈관 내 혈액기둥에 대한 중력효과로 인해 동맥압이 100 mm Hg 이상 증가될 수 있다(20·II·A·2 참조).

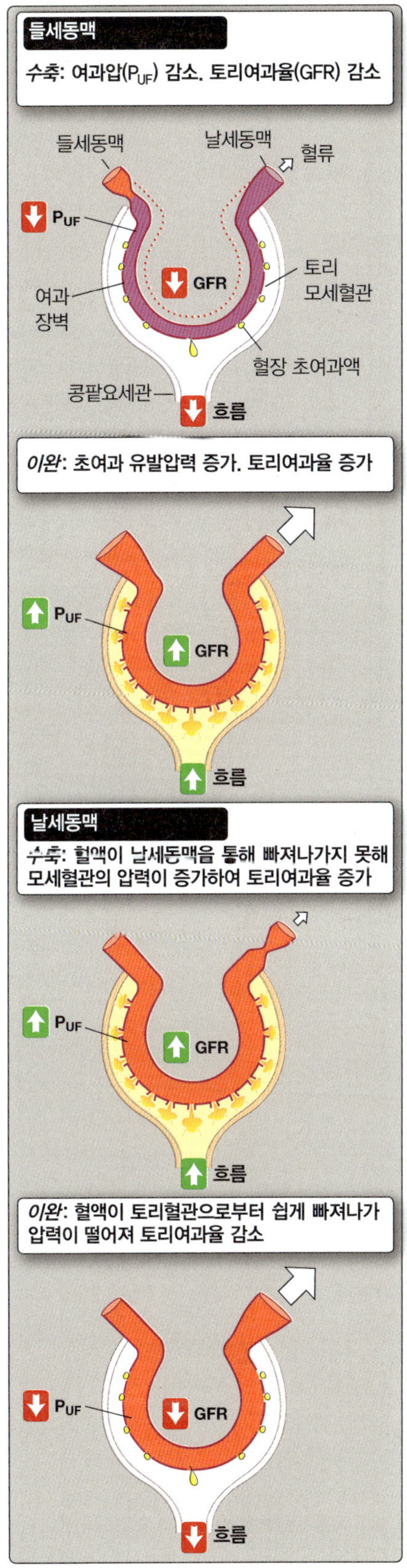

그림 25.8
토리여과율에 대한 들세동맥과 날세동맥 저항 변화의 효과

임상 적용 25.2: 토리질환(Glomerular Disease)

콩팥기능은 토리여과계수(K_f)와 정수압, 콜로이드삼투압의 병적 변화에 의해 심하게 손상될 수 있다. 토리질환은 여과장벽에 손상을 초래해 K_f를 증가시켜 세포와 단백질들이 세관 내로 들어가게 된다. 이 질환은 미국인에서 콩팥기능상실의 가장 많은 원인이다. 토리질환은 소변 내에 포함된 세포조각(소변침전물[urine sediment])과 단백질의 종류, 관련된 증상에 따라 크게 **콩팥염증후군(nephritic syndrome)**과 **콩팥증후군(nephrotic syndrome)**의 두 종류로 나눈다.

콩팥염증후군은 토리모세혈관과 혈관사이세포, 여과장벽 내 발세포의 염증에 의해 발생되는 질환이다(**토리콩팥염[glomerulonephritis]**). 염증에 의해 여과장벽에 국소적인 붕괴가 일어나 세포와 상당량의 단백질이 세관 내로 빠져나가 소변에 나타나게 된다(**단백뇨**). 적혈구는 먼쪽세관에 모여 뭉쳐져 소변에 적혈구원기둥(**red cell cast**)으로 나타난다.

콩팥증후군은 심한 단백뇨(3.5 g/일 이상)와 지방뇨, 부종, 고지혈증 등의 임상소견이 함께 나타나며, 염증과정의 특징인 세포원기둥은 없다. 토리여과장벽의 손상과 함께 콩팥세관이 전반적으로 파괴(**콩팥증, nephrosis**)되어 나타나는 콩팥증후군은 당뇨병환자의 중요한 사망원인이 된다. 콩팥증후군에서는 소변으로 혈장단백질이 소실되어 혈장 콜로이드삼투압이 감소되고, 이로 인해 전신부종이 유발된다. 소변으로 소실된 지방을 보충하기 위해 지방생성이 증가되어 고지혈증이 발생한다.

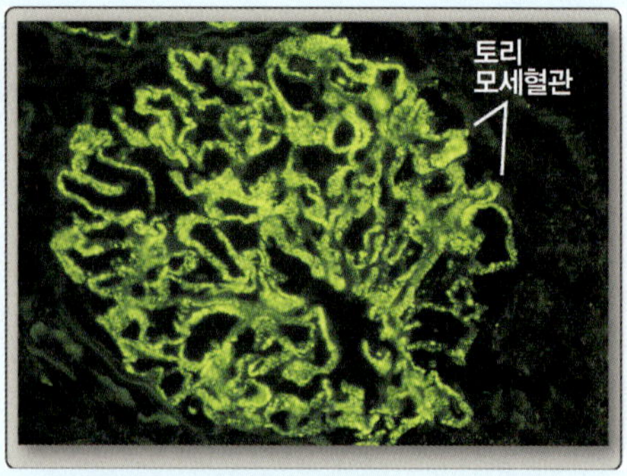

토리콩팥염 동안 면역글로불린 G-침전 모습

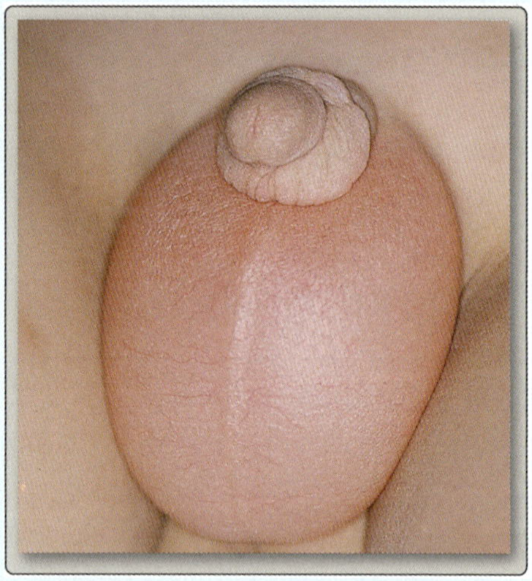

콩팥증후군에 걸린 7세 소년의 음낭부종

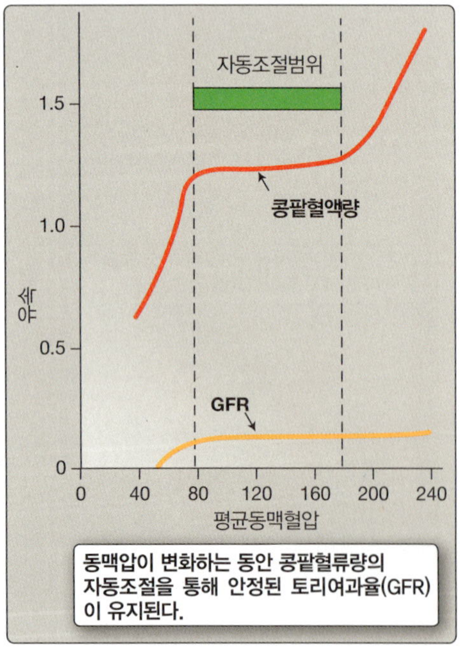

그림 25.9
콩팥혈류량 자동조절

C. 세관토리되먹임(tubuloglomerular feedback, TGF)

세관토리되먹임(TGF)은 **토리곁장치(juxtaglomerular apparatus, JGA)**에 의해 매개되는 자동조절기전으로 콩팥세관을 통해 흐르는 액체량이 적절하도록 콩팥혈류량과 토리여과율을 조절한다. 토리곁장치는 기능복합체로 세관과 혈관사이세포, 들세동맥, 날세동맥이 포함된다(그림 25.10).

1. **세관(tubule):** 콩팥세관고리(헨레고리)는 속질로부터 돌아나오면서 직접 들세동맥 및 날세동맥과 접한다. 굵은오름다리 벽은 **치밀반(macula densa)**이라고 불리는 특별한 감각부위를 형성하기 위해 접촉부위가 변형된다(그림 25.10 참조). 치밀반은 콩팥혈류량과 토리여과율을 반영하는 세관속공간 내 Na^+와 Cl^- 농도를 측정한다. Na^+와 Cl^-는 꼭대기막에 위치한 Na^+-K^+-$2Cl^-$ 공동운반체를 통해 치밀반 세포 내로 들어간다. Cl^-는 바닥가쪽막의 Cl^- 통로를 통해 즉시 나와 막의 탈분극을 일으키며 탈분극의 크기는 세관 내액의 NaCl 농도를 직접 반영한다.

2. **혈관사이세포(mesangial cell):** 혈관사이세포는 세관토리되먹임(TGF)계의 감각기(치밀반)와 효과기(세동맥) 사이의 물리적 소통경로가 된다(그림 25.10 참조). 토리곁장치 내에 있는 모든 세포들은 간극틈새이음

(gap junctions, 4·II·F 참조)을 통해 서로 연결되어 TGF계의 구성성분들 사이에 직접 화학적 연결을 가능하게 한다.

3. **들세동맥(afferent arteriole):** 들세동맥에는 아데노신 수용체와 *레닌*-생성 **과립세포**(*renin*-producing **granular cell**)들이 있다.

   a. **아데노신수용체(adenosine receptor):** 아데노신수용체는 cAMP 신호전달기전(1·VII·B·2 참조)을 통해 작용하는 G단백질-연결수용체 슈퍼패밀리의 일원이다. 들세동맥의 민무늬근육세포들은 A_1형 수용체를 가지며 이는 억제성G단백질과 결합해 cAMP를 감소시킨다. cAMP는 정상적으로 *단백질키나아제 A*-의존성 경로(14·III·C 참조)를 통해 민무늬근육수축을 억제한다. 따라서 들세동맥에 아데노신이 결합하면 cAMP가 감소해 들세동맥이 수축한다.

   b. **과립세포(granular cells):** 과립세포는 특화된 분비세포로 단백질분해효소인 *레닌*을 생성한다. *레닌*은 앤지오텐시노겐을 앤지오텐신 I으로 전환시켜 *레닌*-앤지오텐신-알도스테론계(*renin*-angiotensin-aldosterone system [RAAS], 20·IV·C 참조)을 시작하게 한다. 앤지오텐신 I은 *앤지오텐신 전환효소*(*angiotensin-converting enzyme, ACE*)에 의해 앤지오텐신 II (Ang-II)로 전환된다.

4. **날세동맥(efferent arteriole):** 날세동맥에는 세포 내 cAMP를 증가시키는 A_2형 아데노신수용체가 발현되어 아데노신이 결합하면 날세동맥은 이완된다.

5. **조절:** 치밀반세포와 세동맥의 반응은 세관 내 액체 유속에 달려 있다(그림 25.11).

   a. **높은 유속:** 콩팥혈류량과 토리여과율이 높으면 치밀반에 운반되는 NaCl 양이 많아진다. 그 결과 치밀반 세포막이 탈분극되어 세포막의 비특이적 양이온통로를 활성화시켜 Ca^{2+}이 유입되게 한다. 토리곁장치의 모든 세포는 간극결합으로 연결되어 치밀반세포 내 Ca^{2+} 농도가 증가되면 들세동맥의 레닌-생성 과립세포에서도 Ca^{2+}이 증가된다. Ca^{2+}은 *레닌* 분비를 강력하게 억제한다. Na^+과 Ca^{2+} 유입은 치밀반의 아데노신 농도를 증가시킨다. 아데노신은 주변분비로 작용해 들세동맥은 수축시키고 날세동맥은 이완시켜 토리모세혈관 내로 들어가는 혈액은 감소되게 하고 나가는 혈액은 증가되게 한다. 두 효과 모두 P_{GC}를 억제하여 토리여과율은 감소된다(그림 25.11A 참조).

   b. **낮은 유속:** 토리여과율이 낮으면 치밀반에 도달하는 NaCl 양은 감소한다. 치밀반세포들은 그 결과 과분극되어 비특이적 양이온통로를 통한 Ca^{2+}의 유입이 감소된다. 과립세포 내 Ca^{2+} 농도도 감소되어 레닌 분비에 대한 억제가 제거되므로 혈액 내로 *레닌*이 유입된다(그림 25.11B 참조). *레닌*이 *레닌*-앤지오텐신-알도스테론계를 활성화시키면 혈액 내 Ang-II가 상승한다. Ang-II는 모든 혈관에 강력한 수축을 유발하는 혈관수축제이나 토리세동맥에서는 효과 차이가 있어 날세동맥이 더 예민하게 반응한다. 전체적인 효과는 토리모세혈관으로부터의 혈액유출이 제한되어 P_{GC}와 토리여과율이 상승한다.

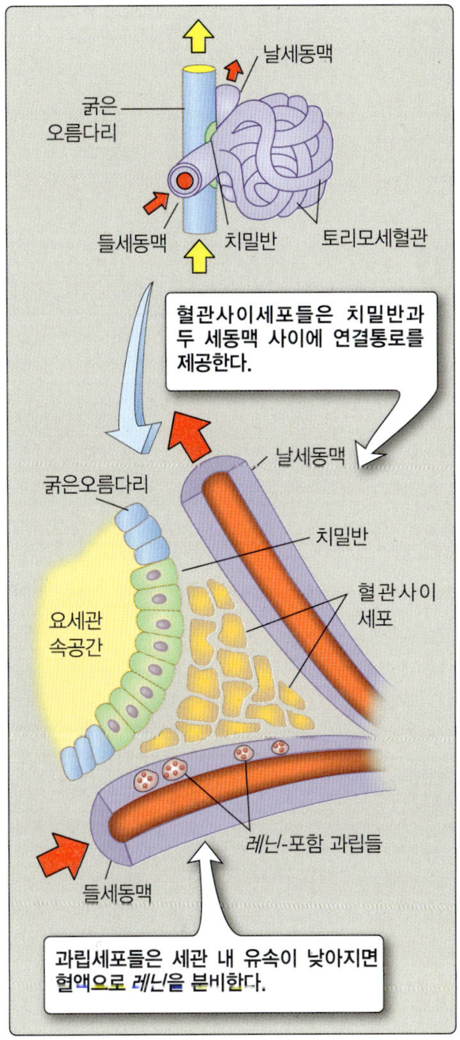

그림 25.10
토리곁장치

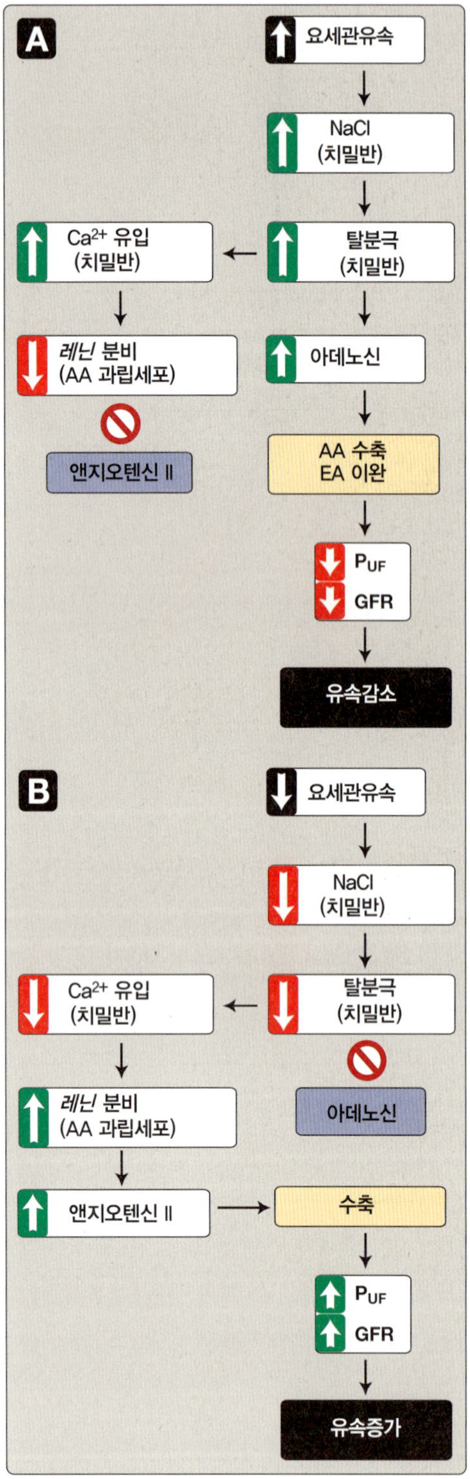

그림 25.11
세관토리되먹임
AA = 들세동맥; EA = 날세동맥;
P_{UF} = 모세혈관 정수여과압;
GFR = 토리여과율

D. 주변분비(paracrine)

아데노신은 콩팥에서 생성되는 여러 주변분비 호르몬(표 25.2) 중 하나로 정상적인 상태에서의 기능은 아직 불분명하다. **프로스타글란딘**과 **산화질소**는 둘 다 토리세동맥을 이완시켜 콩팥혈류량과 토리여과율을 증가시킨다. 이들은 순환 쇼크(10·IV·B·3 참조) 동안 Ang-II의 매개로 일어나는 강력한 혈관수축을 상쇄하는 효과를 갖고 있다. **엔도텔린(endothelin)**은 국소 혈관수축제로 Ang-II에 대한 반응으로 혹은 토리여과율이 너무 높을 때 분비된다.

E. 앤지오텐신 II (angiotensin II)

Ang-II의 생성과 반응에 필요한 모든 성분들(*ACE*를 포함해)이 콩팥에 있음은 *레닌*-앤지오텐신-알도스테론계가 콩팥자동조절계의 주요 구성요소임을 의미한다. 그러나 콩팥의 주요 항상성 기전 중 하나는 혈압조절을 돕는 것으로 Ang-II는 혈압과 콩팥기능 사이에 중요한 호르몬 연결고리를 만든다(20장과 28장 참조).

F. 중추조절(central control)

콩팥은 총액체량과 Na^+을 조절하며 따라서 혈액량과 평균동맥압을 결정한다. 콩팥은 휴식기에 심박출량의 ~10%를 받는데, 이는 순환성쇼크(40.IV.B 참조)일 때 주요 순환(예: 뇌순환이나 관상순환)을 유지하는데 사용되어야 하는 매우 중요한 혈액량이다. 따라서 콩팥혈류량은 신경계와 내분비경로를 통하여 작용하는 교감신경계의 조절을 받고 있다.

1. **신경:** 토리세동맥은 노르아드레날린성 교감신경 종말에 의해 지배를 받는다. 교감신경은 평균동맥압(MAP)이 감소되었을 때 활성화되어 전신혈관의 저항을 올려 모든 혈관으로 가는 혈류를 제한한다. 약한 교감신경 자극은 날세동맥을 우선적으로 수축시켜 콩팥기능을 계속할 수 있도록 토리여과율을 충분히 높은 수준으로 유지하며 그 동안 콩팥혈류량을 감소시킨다. 강한 교감신경 자극은 들세동맥과 날세동맥을 통한 혈액흐름을 모두 심하게 감소시켜 소변생성을 중지한다. 심한 출혈이 있으면 세동맥이 오랫동안 차단되어 콩팥의 허혈, 경색, 부전을 초래할 수 있다(40·IV·C 참조).

2. **내분비:** 콩팥혈류량의 호르몬 조절은 주로 **에피네프린**과 **심방나트륨이뇨펩티드(ANP)**에 의해 매개된다. 교감신경이 활성화되면 순환계 내로 에피네프린이 분비되어 교감신경 말단에서 분비되는 노르에피네프린과 같은 경로를 통해 자극한다. 심방나트륨이뇨펩티드는 혈액량이 많을 때 심방에서 분비된다. 심방나트륨이뇨펩티드 수용체는 내재성 *구아닐사이클라아제* 활성을 가지고 있어 들세동맥을 이완시켜 콩팥혈류량을 증가시킨다. 또한 혈관사이세포를 이완시켜 여과장벽의 표면적을 증가시킨다. 그 결과 콩팥혈류량과 토리여과율이 증가하며 염분과 수분배설이 증가된다(28장 참조).

V. 콩팥기능 평가

콩팥질환을 가진 환자들은 무증상이거나 또는 고혈압, 부종, **혈뇨(hematuria)**를 포함해 다양한 증상을 보인다. 이런 상황에서는 병인의 범위를 가능한 줄이기 위해 토리여과율의 효율을 측정하고 평가하는 것이 중요하다. 토리여과율은 직접 측정할 수 없으며 혈장청소율을 측정해 간접적으로 평가할 수 있다.

A. 청소율(clearance)

청소율은 콩팥이 혈장 내로 주어진 어떤 물질을 청소해서 소변으로 배설하는 능력을 측정하여 얻는다. 콩팥을 통해 흐르는 혈장은 ~625 mL/min이다. 만약 콩팥이 물질 X(예를 들어)의 마지막 한 입자까지 혈장으로부터 청소할 수 있다면 물질 X의 청소율은 ~625 mL/min가 될 것이다. 그러나 실제로 그렇게 높은 청소율은 가능하지 않다. 왜냐하면 토리에서 모세혈관망을 통해 흐르는 혈장 중 일부만 여과하기 때문이다(~20% 또는 ~125 mL/min). 그러나 그 125 mL/min 중에서 얼마나 청소할 수 있는지 알아보는 것은 콩팥기능을 진단할 때 매우 유효하다. 청소율(C_X)은 다음과 같이 계산된다.

$$C_X = \frac{U_X \times V}{P_X}$$

C_X는 물질 X의 청소율(mL/min), U_X와 P_X는 각각 X의 소변 및 혈장 내 농도(mmol/L 또는 mg/mL), 그리고 V는 소변량(mL/min)이다. 소변채취 시 일어나는 오차를 줄이기 위해 24 시간뇨를 측정한다(아래 참조).

> 청소율은 단위시간당 주어진 물질이 완전히 청소되는 데 필요한 혈장량으로 정의된다.

B. 토리여과율(glomerular filtration rate)

어떤 물질이 방해없이 여과장벽을 통과해서 간섭없이(즉 분비나 재흡수 없이) 세관을 통과해 지나간다면 이 물질로 토리여과율을 측정할 수 있다. 이런 물질 중 하나가 이눌린인데 식물에서 생성되는 과당중합체이다. 이눌린은 인체에 무해하여 토리여과율 측정을 위해 임상에서 흔히 사용된다. 혈장농도를 알기 위해 이눌린을 정맥 내로 투여하며, 소변으로 나오는 정도를 측정한다. 토리여과율은 다음과 같이 측정할 수 있다.

$$GFR = C_{in} = \frac{U_{in} \times V}{P_{in}}$$

여기서 C_{in}은 이눌린청소율, U_{in}은 소변의 이눌린 농도, P_{in}은 혈장의 이눌린 농도이며 V는 소변량을 말한다.

> 이눌린은 여과표지자로 가장 좋다. 대체물질로는 방사성 iothalamate, iohexol, diethylene triamine pentaacetic acid (DPTA)와 ethylene diamine tetraacetic acid (EDTA)가 있다.

표 25.2 토리조절인자

자극	매개체	효과 RBF	효과 GFR
요세관유속			
↓NaCl	아데노신	↑	↑
↑NaCl	*레닌*(Ang-II)	↓	↓
교감신경 활성화			
약함	노르에피네프린	↓	None
강함	노르에피네프린, 에피네프린, *레닌*	↓	↓
↑혈액량	심방나트륨이뇨펩티드	↑	↑
불확실	도파민	↑	↑
혈관내피세포			
↓유속?	프로스타글란딘	↑	↑
전단변형력	산화질소	↑	↑
스트레스, 손상, 혈관수축제들	엔도텔린	↓	↓
염증	류코트리엔	↓	↓

예제 25.1

35세 여성이 콩팥수술을 위해 검사 중이다. 혈장 크레아티닌 농도(P_{Cr})는 0.8 mg/dL, 24시간 소변 내 크레아티닌 농도(U_{Cr})는 90 mg/dL, 총 소변량(V)은 1,425 mL였다면 그녀의 토리여과율(GFR)은 얼마인가?

토리여과율은 크레아티닌청소율(C_{Cr})로부터 계산할 수 있다.

$$GFR = C_{Cr} = \frac{U_{Cr} \times V}{P_{Cr}}$$

위 공식을 사용해 계산하면

U_{Cr} = 90 mg/dL = 0.9 mg/mL

P_{Cr} = 0.8 mg/dL = 0.008 mg/mL

V = 1,425 mL/24hr = 0.99 mL/min

$$GFR = \frac{0.9 \times 0.99}{0.008} = 111.4 \text{ mL/min}$$

예제 25.2

건강한 22세 남성이 콩팥혈류량(RBF)에 미치는 신약 효과를 측정하는 연구에 자원하였다. 실험계획서 상에는 정맥으로 *para*-aminohippurate (PAH)를 투여하는 동안 콩팥에서의 배설량을 측정하기 위해 소변카테터를 사용한다고 하였다. PAH 농도(P_{PAH})는 0.025 mg/mL에서 안정화되었다. 소변량(V)은 1.2 mL/min, 소변에서의 농도는 18 mg/mL이었고 적혈구용적률(hematocrit, Hct)은 48%였다면 이 남성의 콩팥혈류량은?

U_{PAH} = 18 mg/mL

V = 1.2 mL/min

P_{PAH} = 0.025 mg/mL

콩팥혈류량은 콩팥혈장류량과 Hct로부터 계산한다. 콩팥혈장류량은 PAH 청소율(C_{PAH})을 이용해 계산한다.

$$C_{PAH} = \frac{U_{PAH} \times V}{P_{PAH}} = \frac{18 \times 1.2}{0.025}$$

$$= 864 \text{ mL/min} = RPF$$

$$RBF = \frac{RPF}{1 - Hct} = \frac{864}{0.52}$$

$$= 1{,}661.5 \text{ mL/min}$$

C. 크레아티닌청소율(creatinine clearance)

그러나 이눌린청소율은 가격이 비싸고 느리며 복잡한 검사여서 임상에서는 정확도가 떨어지는 크레아티닌청소율 측정을 더 선호한다(예제 25.1). 크레아티닌은 뼈대근육에서 크레아틴 분해를 통해 일정하게 생성되고 배설된다. 크레아티닌은 토리에서 자유롭게 여과되며 세관에서 재흡수되지 않으나 일부가 분비된다. 즉 토리쪽곱슬세관(PCT)에 있는 유기산운반체(organic acid transporters, OATs; 26·IV·B 참조)가 세관 내로 크레아티닌을 분비하기 때문에 토리여과율의 10~20%가 과다측정된다. 한편 혈청의 크레아티닌 측정법은 동량의 반대오차를 만들어 분비 효과를 상쇄한다.

D. 콩팥혈장류량(renal plasma flow)

이론적으로 한번의 통과(즉 콩팥정맥을 통해 콩팥을 떠나지 않은 상태에서)로 혈장으로부터 완전히 제거되는 물질이 있다면 **콩팥혈장류량(RPF)**을 측정할 수 있다. 알려진 물질 중에는 ***파라*아미노히퓨레이트(*para*-aminohippurate, PAH)**가 이 조건에 가깝다. PAH는 혈장에서 활발하게 제거되어 토리쪽곱슬세관 상피세포에서 유기산운반체에 의해 세관 내로 분비된다. 그러나 PAH 청소율로는 콩팥혈장류량이 ~10%까지 과소측정된다(즉 콩팥을 통과하는 PAH의 10%가 배설되지 않고 재흡수된다). PAH 청소율은 임상에서는 사용되지 않으나 완벽한 물질에 가까워 콩팥기능의 생리적 원리를 평가할 때 편리하게 사용된다.

$$RPF = C_{PAH} = \frac{U_{PAH} \times V}{P_{PAH}}$$

여기서 C_{PAH}는 PAH 청소율(mL/min), U_{PAH}는 소변 내 PAH 농도(mmol/L), P_{PAH}는 혈장 내 PAH 농도(mmol/L)이며 V는 소변량(mL/min)을 의미한다(예제 25.2 참조).

E. 콩팥혈류량과 여과분율

콩팥혈장류량을 알면 콩팥혈류량과 여과분율(filtration fraction)을 계산할 수 있다(예제 25.2 참조).

$$RBF = \frac{RPF}{1 - \text{Hematocrit}}$$

적혈구용적률(hematocrit)은 혈액 내 적혈구가 차지하는 양이다.

$$\text{여과분율(filtration fraction)} = \frac{GFR}{RPF}$$

여과분율은 보우만공간 안으로 여과되는 혈장량을 측정한다(대략 콩팥혈장류량의 0.2, 또는 20% 내외)

VI. 배뇨(MICTURITION)

집합관으로부터 콩팥잔으로 들어가는 액체가 최종형태의 소변이다. 방광으로 들어가는 길이나 방광 내에서는 더 이상의 어떤 변화도 없다. 소변은 일정하게 생산되어 배뇨 전까지 방광 내에 저장된다.

A. 요관(ureter)

요관은 콩팥에서 방광으로 소변을 전달한다(그림 25.12). 요관은 이행상피로 덮여 있어 관 내 소변량 증가에 맞추어 찢어짐 없이 늘어날 수 있다. 요관벽에는 돌림민무늬근육층과 세로민무늬근육층이 있으며 이 근육들은 콩팥잔과 콩팥굴(renal sinus)의 조율부위에서 발생한 일련의 탈분극파에 의해 자극을 받아 수축한다. 탈분극파에 의해 시작된 꿈틀수축이 요관을 쓸고 내려가면서 국소적으로 증가된 요관 내 압력에 의해 소변이 방광으로 보내진다. 근육을 통한 파의 전달은 인접한 민무늬근육세포들을 전기적으로 결합시키는 틈새이음에 의해 촉진된다. 파는 ~2~6 cm/초를 전달되며 분당 여러 차례 발생한다.

B. 방광

방광은 텅빈 장기로 소변저장부위인 **몸체(body)**와 목(**neck** 또는 **뒤요도, posterior urethra**)으로 구성되며 깔대기처럼 소변을 **요도**로 내려보낸다.

1. **몸체:** 방광 내면은 이행상피로 덮여 있다. 방광이 비게 되면, 벽은 **주름(rugae)**이라 불리는 일련의 이랑을 형성하게 된다(그림 25.13 참조). 방광벽은 **배뇨근(detrusor muscle)**이라고 알려진 3개의 불분명한 민무늬근육 섬유다발로 구성된다. 층 내 근섬유들은 돌림, 나선, 세로 형태로 배열되어 있으며, 자율신경계의 자극에 의해 수축되면 방광크기가 감소하고 방광내압이 상승한다.

2. **판막과 조임근:** 방광이 완전히 차게 되면 상당한 **방광내압(intravesical pressure)**이 발생하므로 소변이 요관으로 역류할 수 있다. 따라서 역류방지를 위해 요관은 방광에 사선 삭도로 들이기며 판막을 가지고 있다(그림 25.14). 방광의 목에는 배뇨근과 탄성조직의 혼합물로 구성된 속조임근이 있으며 자율신경계의 조절을 받는다. **속조임근(internal sphincter)**은 소변이 요도로 들어가는 것을 막기 위해 항상 수축 상태로 있다. **바깥조임근(external sphincter)**은 방광목 아래에서 요도를 둘러싸며 뼈대근육으로 구성되어 수의적으로 조절된다.

C. 신경지배

비뇨계통에서 수의적으로 조절되는 유일한 부분은 바깥조임근이다(그림 25.13 참조). 조임근은 엉치부위 척수(S2–S4)에서 시작하는 **음부(pudendal)**신경에 의해 지배된다. 요관와 하부비뇨기(방광, 요도, 속조임근)는 모두 교감신경계(SNS)와 부교감신경계(PSNS)에 의해 지배된다. 교감신경계의 원심부위는 척수 T11–L2 구역에서 시작하여 아랫배(hypogastric)신경을 경유해 비뇨관으로 가거나 척수옆사슬을 통해 내려가 골반(pelvic)신경으로 진행된다. 교감신경계를 통해 배뇨근이 이완되고 방광목과 요도가 수축해 배뇨가 억제된다. 부교감신경계의 신경절이전 섬유들(preganglionic fibers)은 엉치척수(S2–S4)에서 시작해 골반신경을 통해 골반신경총과 방광벽으로 가며 부교감신경계가 흥분하면 배뇨근은 수축하고 요도와 속조임근이 이완되어 배뇨가 자극된다.

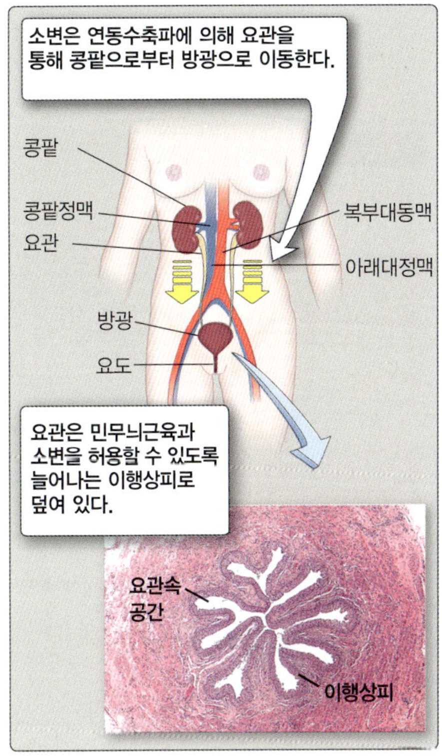

그림 25.12
요관

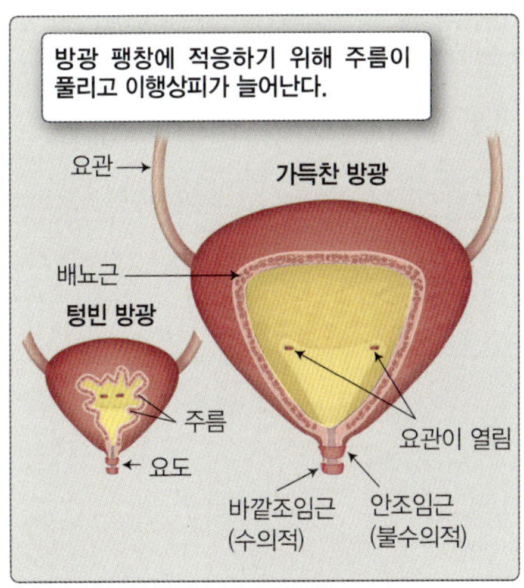

그림 25.13
방광

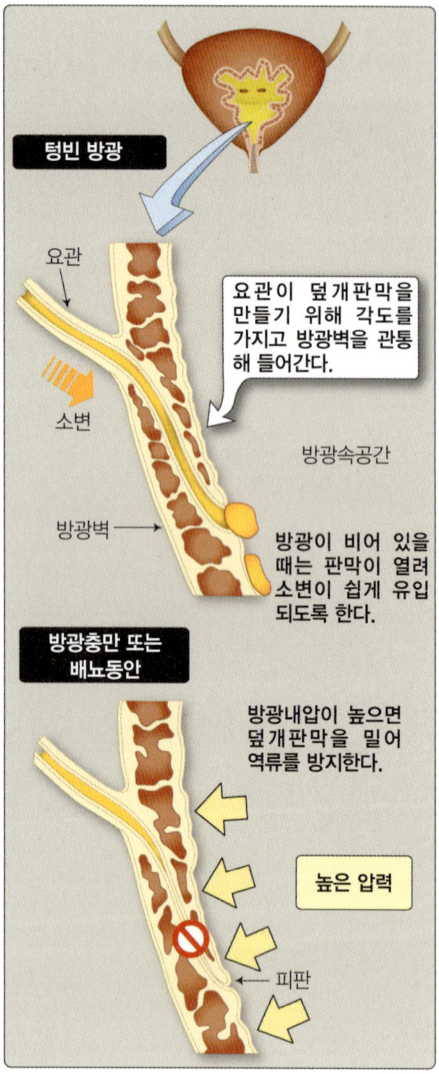

그림 25.14
방광 내 요도판막이 소변 역류를 방해함

D. 척수 배뇨반사(spinal micturition reflex)

방광용량은 ~500 mL이다. 소변이 생성되면 **초기 망보기(guarding,** 14·IV·B 민무늬근육 길이적응 참조) 동안은 증가되는 소변량을 수용하기 위해 주름이 펴져 방광내압은 최소한으로 증가된다. 이후 방광 내 소변량이 300 mL에 도달하면 방광벽이 늘어나기 시작해 배뇨근층과 요로상피 내 기계수용체가 활성화된다(그림 25.15). 감각들신경이 이 정보를 골반신경과 아랫배신경을 통해 척수로 전달하면 부교감신경계 반사가 시작된다. 그 결과 배뇨근 수축이 일어나 방광내압이 급격히 상승하면서 수축빈도와 불편함이 증가되는 "소변못참음(절박, urgency)"의 감각이 일어난다. 감각신호는 대뇌로 전달되며, 배뇨의 대뇌조절에는 **다리뇌배뇨중추(pontine micturition center, PMC)**를 포함해 복잡하고 다양한 많은 부위가 관여한다. 다리뇌배뇨중추는 하부비뇨계에 대한 대뇌 정보를 조정하는 것으로 생각되고 있다. 만약 배뇨가 불편한 상황이면 다리뇌배뇨중추가 방광수축을 자극하는 시냅스이전 부교감신경들을 억제한다. 그 동안 바깥조임근이 일정한 수축상태를 유지해 수의적으로 이완될 때까지 소변 배설을 막는다.

E. 배뇨(voiding)

배뇨는 수의적으로 바깥조임근을 이완하면서 시작된다. 다리뇌배뇨중추는 속조임근을 이완시켜 소변이 방광목과 요도로 들어가도록 한다. 이후에 다

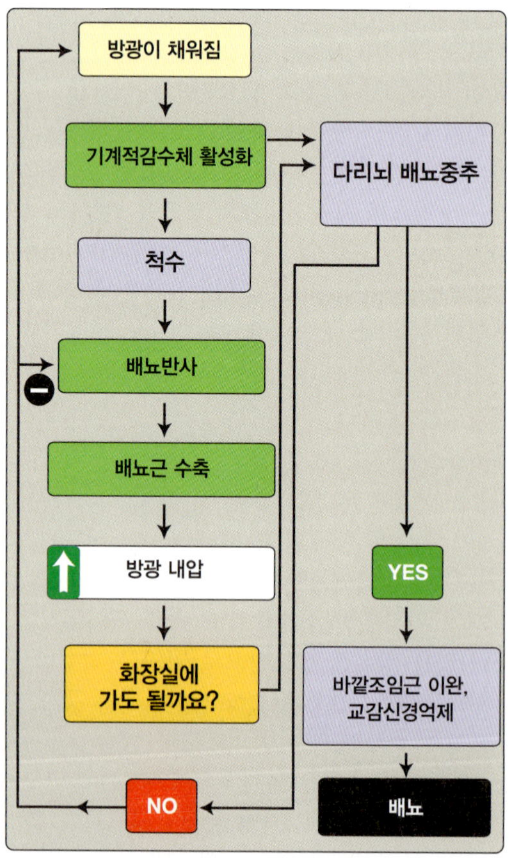

그림 25.15
방광충만에 의해 시작된 배뇨반사

리뇌배뇨중추가 배뇨근으로 가는 부교감신경계를 활성화시키고 교감신경계를 억제하여 지속적인 배뇨근 수축이 시작된다. 요도의 기계수용체는 속공간에 소변이 있으면 자극을 받아 다리뇌배뇨중추를 자극해 배뇨를 강화시킨다. 배뇨근 수축은 방광이 빌 때까지 계속되며 완전히 배뇨가 끝난 후에도 소량의 소변(6~12 mL)이 남아 있다.

25장 요약

- 콩팥은 **배설(excretory)**기관으로 인체요구보다 과잉으로 존재하는 혈액의 대사산물과 독성물질, 물, 전해질들을 제거한다. 또한 **내분비(endocrine)** 및 **항상성(homeostasis)** 소절기관으로 혈압을 조절하고 조직의 삼투질과 전해질 농도를 조절한다.
- 콩팥의 기능단위는 **콩팥단위(nephron)**로 **혈액여과부위(토리, glomerulus)**와 **여과액회수부위(콩팥뇨세관, renal tubule)**로 구성된다. 콩팥단위에는 **표층겉질콩팥단위(superficial cortical nephron)**와 **속질곁콩팥단위(juxtamedullary nephron)**의 두 종류가 있으며 속질곁콩팥단위는 농축뇨 생성을 위해 특화되어 있다.
- 혈액은 ~60 mm Hg의 압력으로 **토리여과장벽(glomerular filtration barrier)**을 통해 세포와 단백질로부터 혈장을 분리한다. 콩팥은 ~20%의 심박출량을 받으며, 하루에 180 L의 혈장을 받아 그 중 ~20%를 여과한다**(토리여과율, glomerular filtration rate)**.
- 토리여과율(GFR)은 **콩팥혈류량(renal blood flow, RBF)**의 함수이며 콩팥혈류량은 **들세동맥(afferent glomerular arteriole)** 및 **날세동맥(efferent glomerular arteriole)**의 수축과 이완에 의해 조절된다. 들세동맥의 이완과 날세동맥의 수축으로 토리여과율이 증가되며 들세동맥의 수축과 날세동맥의 이완으로 토리여과율이 감소된다. 두 세동맥은 모두 저항혈관으로 국소적 또는 중추성의 다양한 조절을 받고 있다.
- **토리곁장치(juxtaglomerular apparatus, JGA)**는 기능복합체로 콩팥뇨세관의 일부분과 토리세동맥으로 구성되는 감각기관이며 콩팥순환압과 여과압을 조절해 세관 내액을 안정화되게 한다. 세관벽의 특화된 부위인 **치밀반(macula densa)**은 세관 내액의 Na^+와 Cl^- 농도 변화를 감지한다. 만약 유속이 높으면 치밀반으로부터의 신호가 들세동맥의 수축과 토리여과율의 감소를 유발한다. 만약 유속이 낮으면 들세동맥은 ***레닌*-앤지오텐신-알도스테론계**를 활성화시키는 ***레닌***을 분비한다. **앤지오텐신 II(Angiotensin II)**는 날세동맥을 수축시키고 토리여과율을 상승시킨다.
- 생성된 소변은 **콩팥잔(renal calyces)**과 **콩팥굴(renal sinus)**을 통해 모아져 **요관(ureters)**을 통해 **방광(urinary bladder)**으로 운반된다.
- 방광은 속이 빈 근육성 장기로 **배뇨(micturition)**가 편안해질 때까지 소변을 보관한다. 판막은 요관 안으로 소변이 역류되는 것을 막는다. 반면에 **속조임근(inner sphincter)** 및 **바깥조임근(outer sphincter)**은 **요도(urethra)**를 통한 소변배설을 조절한다. 바깥조임근은 수의적 조절 아래 있으나 속조임근과 방광 수축은 척수반사와 중추신경계에 의해 조절된다.
- 방광이 가득차면 근육성 벽이 늘어나 **척수배뇨반사(spinal micturition reflex)**가 시작된다. 반사는 부교감먼쪽운동신경을 통해 방광수축을 유발한다. 바깥조임근이 수의적으로 이완될 때까지 중추신경계에 의해 배뇨가 억제된다.
- 콩팥 기능의 효율성은 **이눌린(inulin)**과 **크레아티닌(creatinine)**의 혈장청소율로 평가된다. **청소율(clearance)**은 어떤 물질이 완전히 제거 되는 데 필요한 단위시간당 혈장량을 말한다. ***파라*아미노히퓨레이트(*para*-aminohippurate)**의 청소율을 통해 콩팥혈장유량을 추정한다.

26 재흡수와 분비

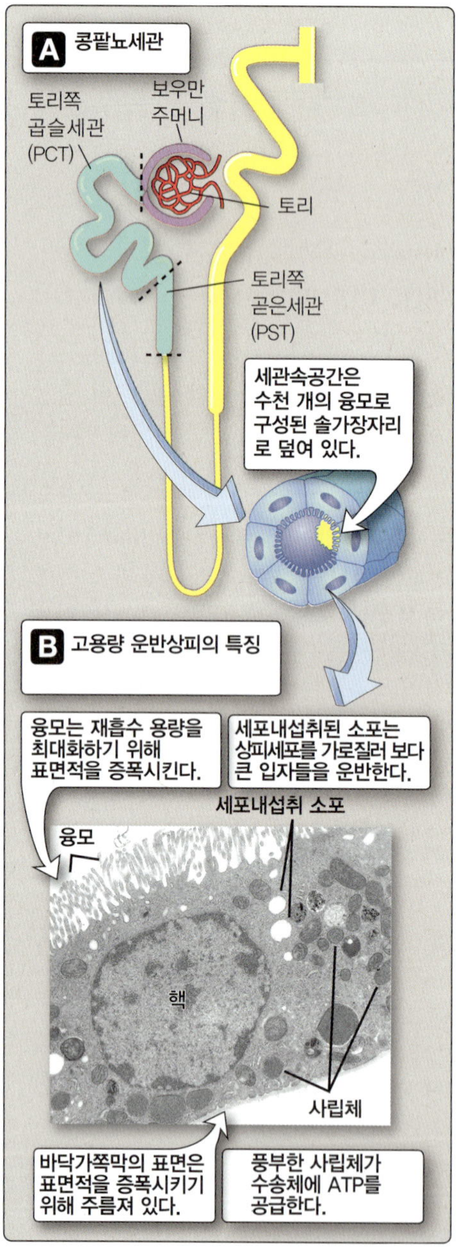

그림 26.1
토리쪽세관 구조. ATP = 삼인산아데노신

I. 개요

보우만공간에서 **토리쪽세관(PT)**으로 들어오는 초여과액은 혈장과 조성이 거의 동일하다. 150여 가지의 성분을 함유하고 있으며, 주요 구성성분은 무기질 이온(Na^+, K^+, Mg^{2+}, Ca^{2+}, Cl^-, HCO_3^-, H^+, 인산염)과 당, 아미노산, 펩티드, 크레아티닌, 요소이며 다량의 물을 함유하고 있다. 콩팥뇨세관의 기능은 방광에 도달하기 전에 물의 ~99%와 용질의 대부분을 재흡수하는 것이다. 실제로 모든 유기물질(당, 아미노산, 펩티드, 유기산)의 대부분과 여과된 이온과 물의 2/3가 토리쪽세관의 초기 수 mm 이내에서 재흡수된다. 이 물질들의 대부분은 삼투에 의해 세포주변으로 흡수되는데 이는 세관벽이 본질적으로 새기 쉬운 성질을 띠기에 가능하다. 토리쪽세관은 또한 세관속공간 안으로 다수의 유기성분을 능동적으로 분비해 소변으로 배설될 수 있도록 한다. 콩팥단위를 따라 일어나는 다양한 용질들의 재흡수, 분비, 조절의 부위는 그림 27.19에 요약되어 있다.

II. 원리

토리쪽세관은 용량이 크고 구멍이 많은 운반상피로 구성되어 있으며 ~50 μm 정도의 두께를 가진다(그림 26.1A). 첫 부분은 고리처럼 구부러져 토리쪽곱슬세관(PCT)이라고 하며 이후 일직선 모양인 부분을 토리쪽곧은세관(PST)이라고 한다. 토리쪽세관의 주요 기능은 등삼투성액체 재흡수이다.

> 상피세포가 "새기 쉬운" 것은 인접한 상피세포들 사이 존재하는 치밀이음을 용질과 물이 쉽게 투과할 수 있기 때문이다. 새기 쉬운 상피(leaky epithelia)는 투과성이 높은 반면 치밀상피(tight epithelia)의 세포간 이음은 상대적으로 투과성이 적다(4·II·E·2 참조).

A. 세포구조

토리쪽세관은 하루에 약 120 L의 용질과 용액을 재흡수한다. 이러한 다량의 용액 처리는 상피세포 내에 사립체들이 밀집되어 있고, 표면적을 넓히기 위해 특수한 표면막을 가졌기에 가능하다(그림 26.1B 참조).

1. **대사:** 토리쪽세관상피세포의 꼭대기막과 바닥가쪽막에는 무기질이온과 용질의 회수 및 분비를 위해 이온통로와 수송체들이 밀집해 있다. 재흡수는 ATP-의존적 펌프에 의해 생성되는 농도경사를 이용해 이루어지므로 필요한 ATP를 공급하기 위해 세포질 내에 사립체가 밀집되어 있다.

2. **표면적:** 토리쪽세관상피세포의 꼭대기막과 바닥가쪽막은 표면적을 증가시키기 위해 광범위하게 변형되었다. 즉 많은 수의 이온통로와 수송체를 수용하고 상피세포와 세관 내용물의 접촉범위를 최대화하기 위해 막의 확장이 필요하다. 이를 위하여 치밀하게 밀집된 수많은 미세융모들이 꼭대기막에서 싹이 나듯 나와 **솔가장자리(brush border)**를 만드는데, 소장의 솔가장자리와 구조 및 기능이 유사하다(31·II 참조).

3. **이음:** 인접한 상피세포들은 매우 느슨한 구조로 된 치밀이음에 의해 꼭대기막 표면에서 서로 연결되어 있다. 치밀이음은 용질과 물에 대해 투과성이 높아 상피세포는 전기적 저항이 매우 낮다.

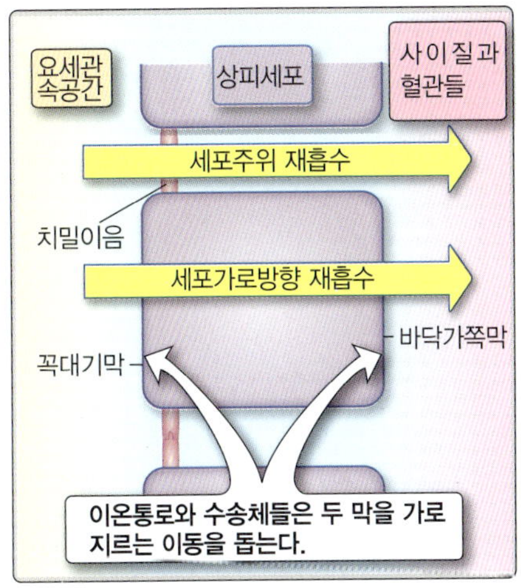

그림 26.2
세관속공간으로부터 재흡수되는 경로

C. 재흡수

재흡수란 물과 용질이 세관속공간으로부터 사이질로 운반되는 것을 의미하며, 일단 사이질로 들어가면 물과 용질은 단순확산에 의해 세관주위모세혈관망 안으로 자유롭게 들어간다. 재흡수와 관련된 주요 경로와 기전들은 제1단원(4·III 참조)에 소개되었으며 여기에 요약한다.

1. **경로:** 물질이 상피세포를 가로지를 수 있는 두 개의 경로가 있다(그림 26.2). 그 중 세포주위경로(paracellular route)는 인접한 두 세포 사이에 있으며 그 투과도는 치밀이음 구조에 의해 결정된다. 용질은 세포가로방향경로(transcellular route)를 통해 상피세포 안쪽으로 이동되며, 꼭대기막에서 바닥가쪽막으로 횡단하기 위해 이온통로나 수송체의 도움이 필요하다.

2. **원동력:** 상피세포 가로방향운반은 ATP를 에너지로 사용하며, 실제로 재흡수 동안 소모되는 에너지 전부가 Na^+-K^+ ATPase의 활동을 위해 사용된다. Na^+-K^+ ATPase 활동의 결과는 부분적으로 중첩되는 5단계로 나누어지며 모두 재흡수에 기여한다(그림 26.3).

   a. **1단계—이온경사:** Na^+-K^+ 펌프는 바닥가쪽막에 있으며 세 개의 세포 내 Na^+ 이온과 두 개의 세포 외 K^+ 이온을 교환하여, 꼭대기막과 바닥가쪽막 모두를 가로지르는 농도 경사를 만들어 Na^+ 확산을 일으킨다.

   b. **2단계—전압경사:** Na^+을 사이질 안으로 펌프질해서 사이질과 토리쪽세관속공간 사이에 전압차이를 일으키며, 이 전압경사는 비록 차이는 작지만(~3 mV, 속공간이 음전하) 이온이동을 위한 의미있는 원동력을 만들어낸다.

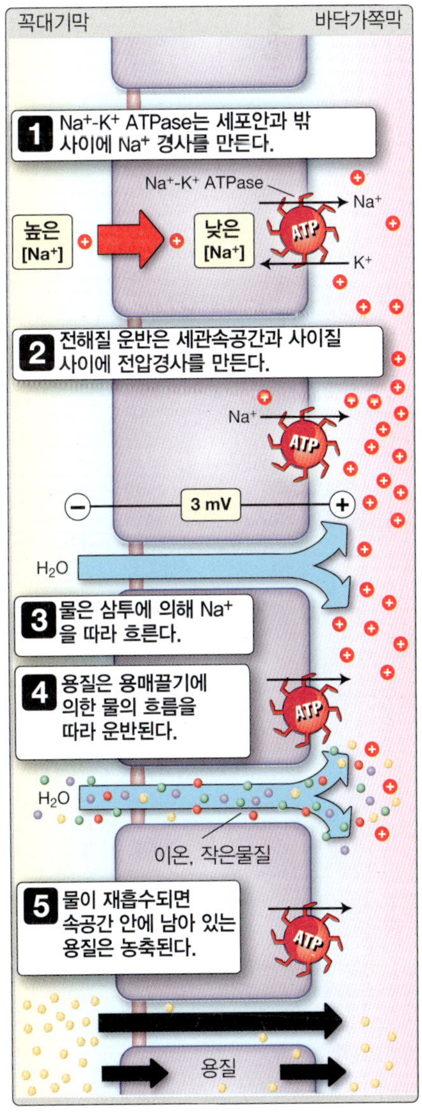

그림 26.3
재흡수 기전. ATP = 삼인산아데노신

> 상피세포를 가로질러 생긴 전압경사는 토리쪽세관의 후반부에서 속공간-음전하에서 속공간-양전하로 극성이 바뀐다. 극성 역전은 후반부에서 Cl^-가 우선적으로 재흡수되어 뒤에 양전하를 남기기 때문이다(아래 참조).

c. **3단계—삼투경사:** Na^+를 사이질 안으로 펌프질하면 삼투경사가 초래되어 물이 치밀이음을 가로질러 세관속공간으로부터 사이질 안으로 흐르게 된다.

d. **4단계—용매끌기:** 삼투경사에 대한 반응으로 세포간이음을 통해 흐른 물에 의해 이온과 작은유기물질들이 물과 함께 쓸어 옮겨지는 용매끌기가 유발된다.

e. **5단계—화학경사:** 물 재흡수로 인해 세관속공간 내 남아 있는 용질이 농축되므로 화학경사가 만들어져(용질농도가 높은 세관으로부터 용질농도가 낮은 사이질로) 용질의 확산성 재흡수가 가능해진다.

D. 세관주위망(peritubular network)

토리쪽세관은 세관을 근접해서 따라가는 세관주위 모세혈관망의 도움으로 대량의 액체를 재흡수할 수 있다(그림 25.4) 세관주위 모세혈관망은 세관에 산소와 영양분을 공급하며 사이질에서 재흡수한 액체가 축적되어 재흡수를 위한 삼투경사가 감소되기 전에 액체를 제거한다. 세관주위 모세혈관을 가로지르는 액체이동을 조절하는 스탈링의 힘이 있어 사이질로부터 신속한 재흡수를 할 수 있다(그림 26.4; 19·VII·D 참조). 혈장 콜로이드삼투압이 액체 재흡수를 일으키는 주요 힘인 반면, 모세혈관 정수압은 재흡수를 반대하는 주요 힘으로 작용한다.

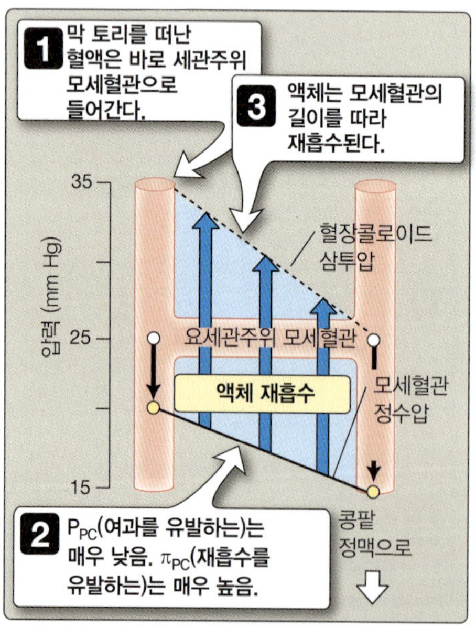

그림 26.4
세관주위 모세혈관에 의한 액체 재흡수를 조절하는 힘

1. **혈장 콜로이드삼투압(plasma colloid osmotic pressure, π_{PC}):** 인체 모든 부위에서 π_{PC}는 평균 25 mm Hg이나 세관주위 모세혈관으로 들어가는 혈액은 토리에서 20%의 액체가 여과에 의해 제거되므로 그 결과 혈장단백이 농축되어 π_{PC}가 ~35 mm Hg까지 상승한다.

2. **모세혈관정수압(capillary hydrostatic pressure, P_{PC}):** 혈액은 세관주위 모세혈관으로 들어가기 전에 날세동맥을 통과해야 한다. 날세동맥은 비교적 저항이 높아서 혈액의 압력을 20 mm Hg까지 감소시킨다. 이는 전신의 다른 모세혈관의 압력(~35 mm Hg)보다 매우 낮다. P_{PC}는 모세혈관의 길이를 따라 감소한다. 높은 콜로이드삼투압(π_{PC})과 낮은 정수압(P_{PC})의 조합에 의해 모세혈관 전체길이를 따라 액체흡수를 유발하는 강력한 원동력이 생긴다(유량 $\propto \pi_{PC} - P_{PC}$, 즉 ~15 mm Hg; 그림 26.4 참조).

III. 유기용질: 재흡수

혈장에는 포도당(~4 – 5 mmol/L)과 아미노산(~2.5 mmol/L), 작은펩티드, 유기산(예: 젖산, 피루브산염)이 있으며 이들 모두 보우만공간으로 자유롭게 여과된다. 이들 물질은 방광에 도달하기 전에 여과액으로부터 재흡수되어야 하는 중요한 자원이다. 실제로 ~98%의 유기물질은 초기 토리쪽곱슬세관에서 재흡수되고 남아 있는 ~1 – 2%는 토리쪽곧은세관에서 재흡수된다(그림 26.5). 대부분의 유기물질은 꼭대기막 수송체에 의해 재흡수되어 확산에 의해 세포를 가로질러 바닥가쪽막을 지나 사이질과 혈관으로 운반된다. 수송체를 통한 재흡수는 포화역동학을 보인다(그림 26.6).

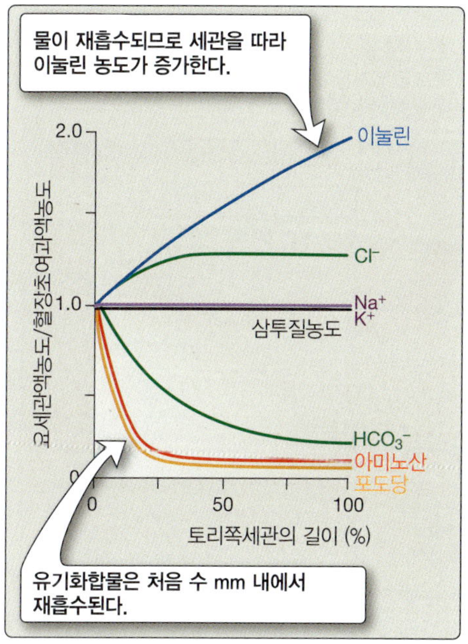

그림 26.5

토리수머니로부터 길이에 따른 토리쪽 세관액 구성 변화

A. 역동학(kinetics)

콩팥상피는 한정된 수의 수송체를 가지고 있어 용질 재흡수가 제한된다. 만약 토리가 수송체의 최대운반용량(maximal transporter capacity, T_m)을 초과해서 용질을 여과하면, 여과된 용질은 세관을 지나 소변으로 배설될 것이다. 혈장의 용질농도는 섭취와 조직의 사용에 따라 변하나 건강한 콩팥단위는 대개 생리범위 내에서는 여과량을 대부분 재흡수한다. 이 범위를 넘어선 용질들은 T_m에 도달하기 전에 벌써 소변 내에 소량 나타나기 시작한다(그림 26.6). 적정곡선에서 이 부위를 **퍼짐(splay)**을 보인다고 하며 수송체와 콩팥단위의 불균질성을 반영한다.

> "여과량"은 토리에서 여과되어 보우만공간으로 들어가는 어떤 물질의 단위시간당(mg/min) 양이다. 여과량은 토리여과율과 그 물질의 혈장농도의 산물이다.

1. **수송체:** 콩팥단위에는 전형적으로 표면막을 가로질러 유기용질을 운반할 수 있는 수많은 종류의 수송체가 있다. 각각 다른 T_m 값을 갖는 수송체들이 함께 활동함으로 인해 퍼짐이 일어난다.

2. **콩팥단위:** 콩팥단위는 해부학적으로 다양해 개개의 콩팥단위들은 토리여과율, 수송체 용량, 세관을 따라 존재하는 수송체 위치 등에 차이를 보인다. 이런 차이에 의해서도 퍼짐이 일어난다.

B. 포도당

혈장 내 포도당 농도는 건강인에서 ~3.8과 6.1 mmol/L 사이에서 변화한다. 포도당은 세관 안으로 자유롭게 여과되며 ~98%가 초기 토리쪽세관에서 재흡수된다. 재흡수는 세포를 가로질러 일어나며 수송체 매개로 이루어진다(그림 26.7).

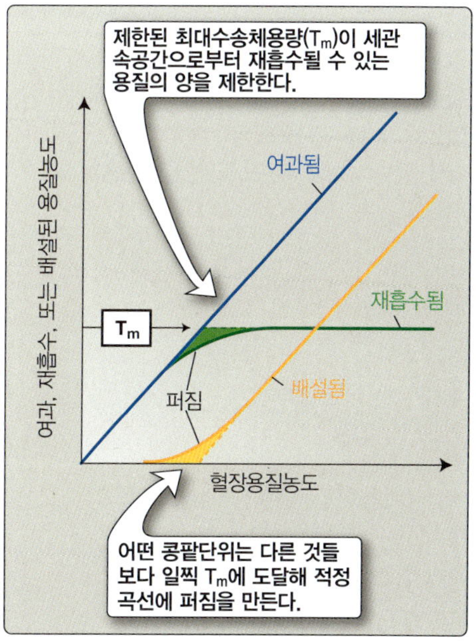

그림 26.6

수송체-매개 용질 재흡수 한계

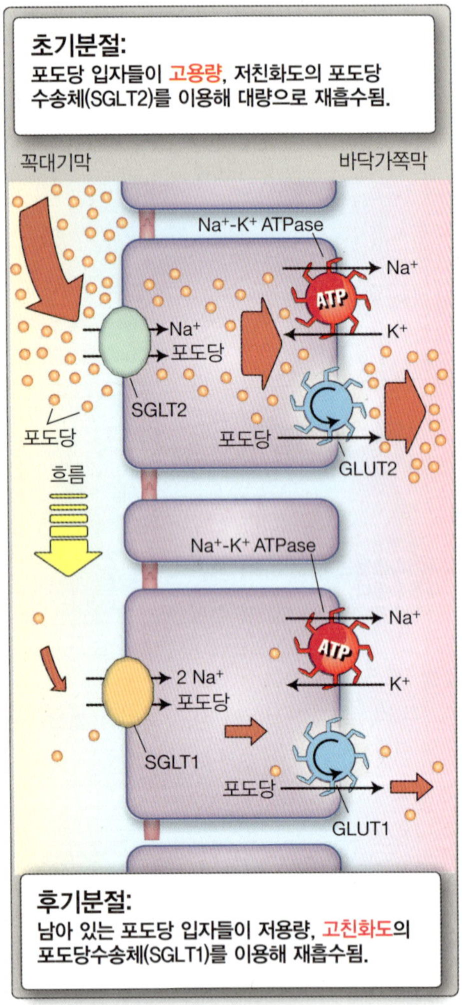

그림 26.7
포도당 재흡수 단계. ATP = 삼인산아데노신; GLUT1 and -2: 포도당수송체 1과 2; SGLT1 and -2 = 나트륨의존포도당 공동수송체 1과 2

1. **꼭대기막:** 포도당은 두 종류의 Na^+ 공동수송체를 이용해 재흡수된다. 두 종류 모두 Na^+와 포도당 입자를 동시에 흡수하기 위해 세포막횡단 Na^+ 경사를 이용한다. 이들 공동수송체 중 하나는 주로 토리쪽곱슬세관에, 다른 하나는 토리쪽곧은세관에 위치한다.

   a. **곱슬세관:** 토리쪽곱슬세관에는 고용량, 저친화도의 Na^+포도당 공동수송체(SGLT2)가 있어 여과된 포도당이 세뇨관으로 들어오는 즉시 대량으로 재흡수한다.

   b. **곧은세관:** 여과액이 토리쪽곧은세관에 도달할 때까지 대부분의 포도당이 재흡수된다. 그래서 토리쪽곧은세관은 나머지 포도당을 저용량, 고친화도의 2 Na^+포도당 공동수송체(SGLT1)를 통해 콩팥뇨세관고리(헨레고리)로 들어가기 전에 재흡수한다.

2. **바닥가쪽막:** 상피세포에 의한 포도당 재흡수를 통해 농도경사가 만들어져 바닥가쪽막을 가로질러 사이질까지 GLUT군 포도당수송체(토리쪽곱슬세관과 토리쪽곧은세관에서 각각 GLUT2, GLUT1)를 통한 촉진확산이 일어난다(1·V·C·2 참조).

C. 아미노산

혈장에는 모든 종류의 아미노산을 포함되어 있으며, 이들은 전부 콩팥뇨세관 안으로 여과된다. 초기토리쪽세관은 여과된 아미노산의 98%를 재흡수한다(그림 26.5 참조). 휴식상태에서도 여과량은 T_m 값에 근접해 있어 소변에는 대부분의 아미노산이 언제나 미량 포함된다. 혈장 내 생리적 증가에 의해서도 쉽게 콩팥단위의 재흡수 용량을 초과하여 다량의 아미노산이 배설된다. 꼭대기막과 바닥가쪽막을 가로질러 아미노산을 운반하는 많은 경로가 있다.

1. **꼭대기막:** 꼭대기막에는 여러 종류의 아미노산 수송체가 있다. 이들은 일반적으로 광범위한 기질특이성을 가지고 있어 단일 종류의 아미노산은 여러 종류의 재흡수기전을 갖는다. 음이온(산성) 아미노산은 K^+ 한 개에 대해 한 개의 H^+과 두 개의 Na^+, 하나의 아미노산을 교환하는 흥분성 아미노산수송체에 의해 재흡수된다. 양이온(알칼리성) 아미노산은

임상 적용 26.1: 당뇨병

건강인에서도 혈장 내 포도당은 콩팥 재흡수용량이 초과되기 직전인 ~10 mmol/L까지 상승할 수 있다. 일단 수송체 용량이 초과되면 상당량의 포도당이 소변으로 새어나오기 시작한다. 재흡수가 안된 포도당은 콩팥뇨세관속 내에 있으면서 삼투성 이뇨를 일으켜 다뇨 증상이 나타난다(소변량이 ~하루 3리터). 자주 소변을 보고 싶어하는 욕구에서 diabetes라는 용어가 만들어졌는데 이는 그리스 단어 *diabainein* 으로부터 유래되었다. 소변 내 포도당의 존재는 단맛을 내어 의학 초기시대에 **당뇨병(diabetes mellitus)**을 진단하는 쉬운(비록 맛은 없지만) 진단방법으로 사용되었다.

중성 아미노산과 교환되어 재흡수된다. 중성 아미노산은 Na^+ 공동수송체나 H^+ 공동수송체에 의해 재흡수된다.

2. **바닥가쪽:** 바닥가쪽막은 여러 종류의 아미노산 수송체를 가지고 있으며 수송체는 꼭대기막에 있는 수송체들보다 기질특이성이 광범위하다. 양이온 아미노산과 많은 중성 아미노산들이 Na^+를 포함하여 한 개의 중성 아미노산과 교환된다. 방향성 아미노산은 촉진확산에 의해 사이질을 횡단한다.

D. 펩티드와 단백질

토리쪽세관에는 펩티드와 단백질을 재흡수하기 위한 세 가지 방법이 존재한다(그림 26.8): 작은펩티드 수송체를 통한 흡수, 분해 후 수송체를 통한 흡수, 세포내섭취이다.

1. **운반:** 토리쪽세관이 올리고펩티드와 포도당을 운반하는 방법에는 많은 유사성이 있다. 꼭대기막 표면에는 두 종류의 펩티드 수송체가 있다: PepT1와 PepT2. 둘 다 H^+펩티드 공동수송체로 디펩티드와 트라이펩티드를 운반한다. PepT1은 낮은 친화도, 고용량 수송체로 초기 토리쪽세관에 주로 분포하고 있다. PepT2는 저용량, 고친화도의 수송체로 토리쪽곧은세관에서 남아 있는 펩티드를 주워담는다. 일단 세포 내로 들어온 펩티드는 단백분해효소에 의해 빠르게 분해되어 유리아미노산 형태로 혈관으로 돌아간다.

2. **분해:** 토리쪽세관 솔가장자리는 소장의 솔가장자리와 유사한 펩티드분해효소를 많이 가지고 있다. 이들 효소는 큰펩티드(호르몬을 포함해)를 작은펩티드나 아미노산으로 분해하여 수송체를 이용해 재흡수되게 한다.

3. **세포내섭취(endocytosis):** 토리쪽세관 상피세포들은 세포내섭취 수용체(**megalin**과 **cubilin**)를 꼭대기막 표면에 가지고 있어서 토리여과장벽을 통과한 어떤 단백질이든 결합하여 내재화한다. 일단 세포 내로 들어간 단백질은 분해되어 유리아미노산이나 작은 펩티드로 바닥가쪽막 쪽으로 분비된다. 토리쪽세관은 또한 소마토스타틴과 같은 특정 호르몬을 인식하고 내재화하는 수용체를 가지고 있다. 제약회사들은 약물운반을 위한 도구로서 이들 수용체를 사용하려 노력하고 있다.

E. 유기산

혈장에는 상당량의 젖산, 피루브산염, 일, 이, 삼카르복시산염이 있으며 이들은 토리에서 자유롭게 여과되어 토리쪽세관에서 두 종류의 Na^+공동수송체를 사용해 재흡수된다. 하나는 일카르복시산염(즉 젖산, 피루브산염)에 특이적이며 다른 하나는 이카르복시산염과 삼카르복시산염(예: 구연산염, 호박산염)에 특이적이다. 또한 일카르복시산염은 바닥가쪽막의 H^+카르복시산염 공동수송체를 통해 세포 밖으로 나가고 이카르복시산염과 삼카르복시산염은 **유기음이온수송체(organic anion transporter, OAT)**를 통해 유기음이온과 교환된다.

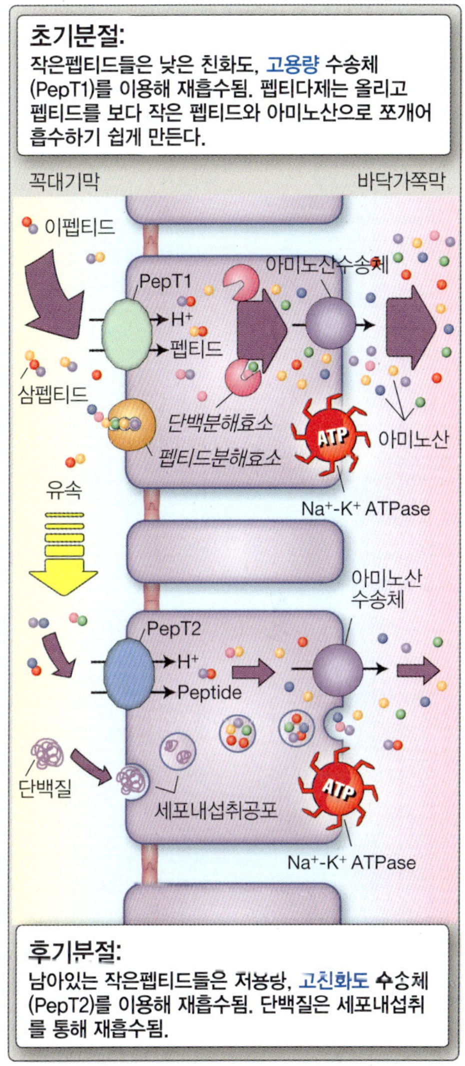

그림 26.8
올리고펩티드와 단백질 재흡수
ATP = 삼인산아데노신

표 26.1 토리쪽세관에서 분비되는 약물들

약물명	약물종류
음이온	
Acetazolamide	이뇨제, 기타
Chlorothiazide	이뇨제
Furosemide	이뇨제
Probenecid	요산배설촉진제
Penicillin	항균제
Methotrexate	항암제
Indomethacin	항염제
Salicylate	항염제
Saccharin	감미료
양이온	
Amiloride	이뇨제
Quaternary ammoniumcompounds	항균제
Quinine	항말라리아
Morphine	진통제
Chlorpromazine	항정신병약
Atropine	항콜린성약물
Procainamide	항부정맥제
Dopamine	승압제
Epinephrine	승압제
Cimetidine	제산제(H_2 억제제)
Paraquat	제초제

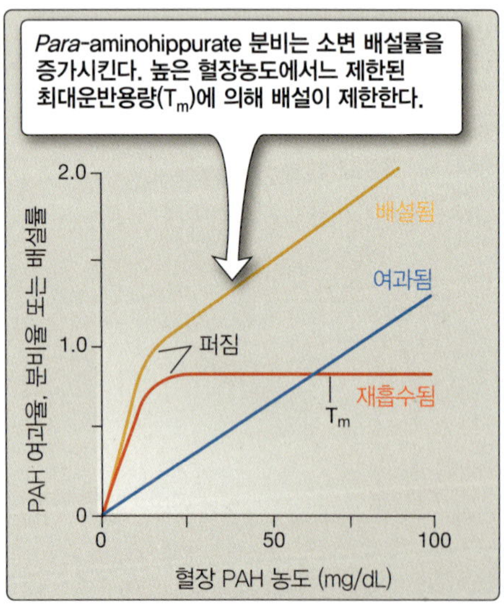

그림 26.9

분비와 배설율에 대한 혈장 *para*-aminohippurate (PAH) 농도의 효과

IV. 유기용질: 분비

토리모세혈관망 내 혈액은 바람직하지 않거나 독성이 있을 수 있는 다수의 대사산물을 가지고 있다. 이들 노폐물은 결국 능동적인 분비과정과 수동적인 여과와 청소기능을 통해 배설된다. 분비는 후기 토리쪽세관에서 일어나며 다수의 유기음이온과 양이온을 제거하는데 100% 효과적이다. 예를 들어 물에 녹지 않는 핵산대사의 최종산물인 요산은 토리쪽세관에 의해 능동적으로 분비된다. 크레아티닌이나 옥살산염, 쓸개즙염도 노폐물로 분비된다. 또한 분비를 통해 외부에서 들어온 독소도 제거된다. 분비수송체들은 상당히 넓은 특이성을 가지고 있어서 잠재적인 화학적 위협에 대해 광범위하게 대처할 수 있다. 이런 경로들은 또한 혈관에서 다양한 약물을 제거한다(표 26.1).

> 토리쪽세관이 순환계로부터 약물을 흡수하는 성질은 세포 내 약물농도가 빠르게 독성수준까지 올라갈 위험을 증가시킨다. 따라서 약물을 흡수하는 수송체들이 약물학적 처치를 위한 우선적인 표적이 된다. 흡수계통을 억제하면 약물독성을 줄일 뿐만 아니라 몸으로부터 약물 제거율을 감소시켜 투여 빈도를 줄일 수 있다.

A. 역동학

분비는 수송체를 매개로 하며 그림 26.9에서 *para*-aminohippurate (PAH)가 보여준 것처럼 포화역동학을 보인다. PAH는 콩팥혈장유량 측정(25·V·D 참조)에 사용되는 히푸르산유도체로 토리에서 여과되고 토리쪽세관에서 유기음이온수송체 경로를 통해 분비된다.

1. **여과:** PAH는 토리여과율에 직접 비례하여 토리에서 자유롭게 여과된다. 전체 혈장 PAH의 ~20%가 여과된다.

2. **분비:** 세관주위 모세혈관망으로 들어가는 혈액은 여전히 처음 동맥에 투여되었던 PAH의 80%를 포함하고 있다. 10%는 후기토리쪽세관 바닥가쪽막의 수송체에 의해 세관속공간 내로 분비된다. PAH 배설은 증가되나 수송체의 용량은 한정되어 있어 혈장의 PAH 농도가 T_m값에 이르면 분비곡선이 편평해져 고원기(plateau)에 도달하게 된다. 분비곡선은 포도당재흡수 곡선과 마찬가지로 수송체와 콩팥단위의 불균일성 때문에 퍼짐(splay)을 보인다.

B. 수송체

토리쪽세관 상피세포들은 유기음이온과 양이온에 대해 다양한 광범위한 특이성을 갖는 수송체를 다수 가지고 있다. 유기음이온은 OAT군에 의해 혈액으로부터 흡수된다. OAT1은 α-ketoglutarate와 같은 이카르복시산염을 유기이온과 교환한다. **유기양이온수송체(organic cation transporter)**는 아민과 암모니아화합물을 혈액으로부터 흡수한다. 그후 음이온과 양이

임상 적용 26.2: 통풍(Gout)

유기음이온 수송체들은 요산의 재흡수와 배설에 관련된 수송체군 중 하나이다. 대부분의 포유류는 요산염을 알란토인으로 대사하나 영장류는 요산분해효소(*uricase*)가 없어 알란토인을 만들지 못한다. 요산염은 비수용성으로 혈액 내 농도가 증가되면 결정을 생성해 관절에 축적된다. 그 결과 통풍으로 알려진 심한 통증을 유발하는 염증성 관절염이 발생한다. 따라서 세관에서 요산염 재흡수에 관여하는 수송체 억제약물을 사용해 세관을 통한 요산염 배설을 증가시켜 통풍을 치료한다.

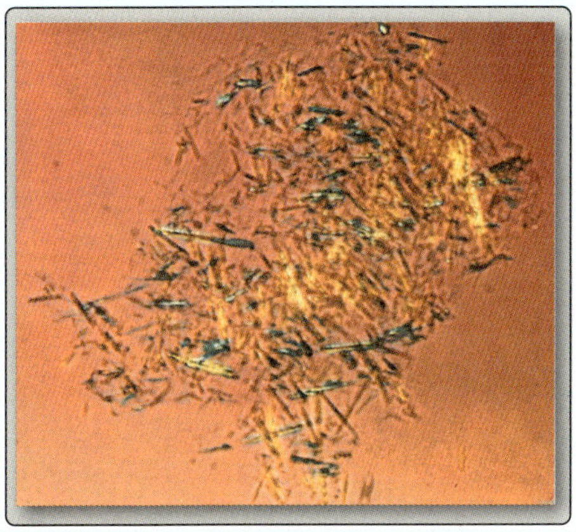

만성통풍환자의 관절낭액 내 요산 결정들

온 둘 다 **다중약물저항단백질(multidrug-resistant protein, MRP)**에 의해 세관속공간 안으로 밀려난다. 다중약물저항성단백질은 ATP-결합 펌프군 중 하나이다. 유기음이온은 또한 유기산수송체 중 하나에 의해 꼭대기막을 가로지를수 있다.

V. 요소(UREA)

요소는 두 개의 아미드군에 카르보닐군이 결합된 자은 유기물질이다. [1]간에서 생성되며 불필요한 아미노산과 질소를 처리하는 방법으로 소변으로 배설된다(그림 26.10). 정상 혈장 내 농도는 평균 2.5~6.0 mmol/L이고 주로 세포주위 경로를 통해 토리쪽세관에서 여과량의 ~50%가 재흡수된다. 두 가지 방법으로 이동하는데 하나는 용매끌기로 토리쪽세관에서 다량의 물이 재흡수될 때 요소가 함께 이동한다. 두 번째는 요소의 확산으로 세관속공간에서 물이 소실되면 이차적으로 속공간 내 용질이 농축되어 상피세포를 가로지르는 요소의 확산이 증가된다. 콩팥은 최종적으로 요소 여과량의 ~40%를 재흡수하나, 요소는 무엇보다도 소변농축을 돕는 중요한 기전으로 작용한다. 이에 관련된 경로는 27장에서 논의된다(27·V·D 참조).

요소는 질소 노폐물을 몸으로부터 배설하는 중요한 수단이다. 따라서 혈장 내 요소농도는 콩팥의 건강과 기능을 알 수 있는 유용한 표지자이다. 임상검사에서는 혈액요소질소(blood urea nitrogen, BUN)의 형태로 측정되며 7~18 mg/dL가 정상범위이다.

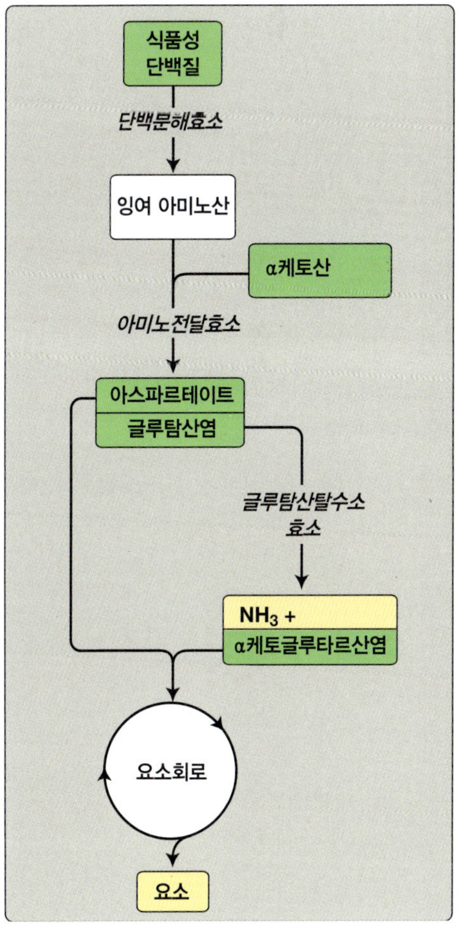

그림 26.10
요소생성

INFO LINK [1] 질소배설에서 요소의 역할은 요소회로에서 언급되었다(*리핀코트의 그림으로 보는 생화학 제6판* 참조).

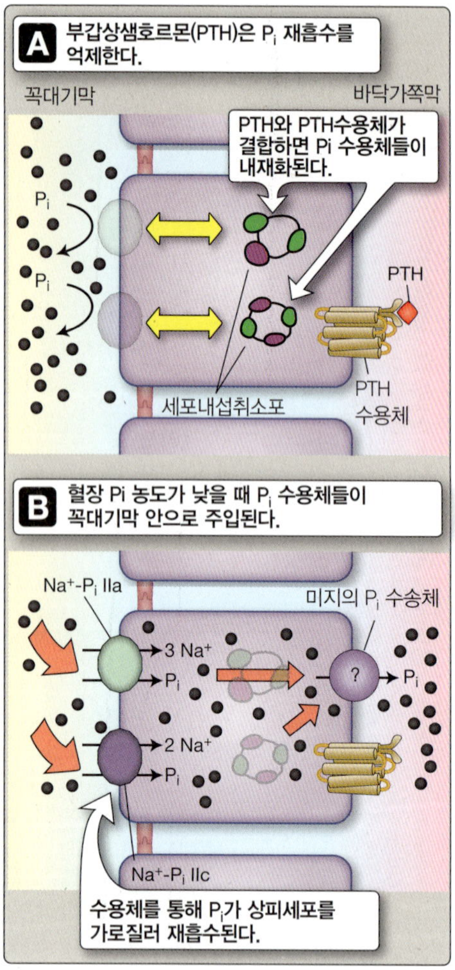

그림 26.11
인산염 재흡수의 조절

VI. 인산염(PHOSPHATE)과 칼슘(CALCIUM)

혈장에는 총 1.0~1.5 mmol/L의 무기질 인(P_i)과 2.1~2.8 mmol/L의 Ca^{2+}이 있다. 둘 다 세포의 정상적인 기능을 위해 대단히 중요하다. P_i는 RNA와 DNA의 구성성분이며 ATP 형태로 대사에 동력을 제공한다. 또한 수많은 지방 및 단백질과도 관련이 있다. Ca^{2+}은 효소를 활성화시키고 근수축을 시작하고 신경전달물질 분비를 촉발하는 필수적인 이차전령이다. 전체 혈장 내 인과 칼슘의 약 절반이 이온 형태로 존재하며(HPO_4^{2-}, $H_2PO_4^-$, Ca^{2+}), 나머지는 단백질이나 다른 물질과 복합형태로 존재한다. 혈장에는 전체 인과 칼슘 중 소량만 존재하며, 인의 대부분(~80%)과 칼슘의 대부분(~99%)은 뼈라고 부르는 미네랄금고 내 수산화인회석(hydroxyapatite) 결정형태로 묶여 있다. 혈장의 P_i와 Ca^{2+} 농도는 서로 유사한 기전에 의해 조절된다. 두 이온의 체내 총 농도는 뼈 내 축적과 흡수, 소장 내 분비와 흡수, 콩팥의 여과와 재흡수 사이 정확한 균형에 의해 정해진다. 이 모든 과정이 부갑상샘호르몬(PTH)에 의해 조절된다(부갑상샘호르몬은 27장과 35장에서 보다 자세하게 논의된다).

A. 인산염(phosphate)

콩팥뇨세관에서 여과된 P_i 양의 ~ 90%를 재흡수하며 그 중 ~80%는 토리쪽세관에서, 나머지 10%는 먼쪽곱슬세관(DCT)에서 재흡수한다. 토리쪽세관은 P_i 조절의 주요한 부위로 PTH와 혈장내 P_i 농도에 의해 영향을 받는다(그림 27.19 참조).

1. **재흡수:** P_i는 그림 26.11에서 볼 수 있는 것처럼 두 종류의 꼭대기막 Na^+-P_i 공동수송체(Na^+-P_i IIa와 Na^+-P_i IIc)에 의해 재흡수된다. P_i가 바닥가쪽막을 통과하는 기전은 아직 연구 중이다.

2. **조절:** 부갑상샘호르몬은 꼭대기막 P_i 수송체의 세포내섭취를 촉진하고 연이은 분해를 통해 세관속공간으로부터 P_i 재흡수를 억제한다. 재흡수 경로가 없을 때는 세관을 통해 배설된다. 섭취량이 작을 때는 공동수송체가 꼭대기막 내로 삽입되어 토리쪽세관이 여과된 P_i를 더 많이 재흡수할 수 있게 된다.

B. 칼슘(calcium)

혈장의 유리 Ca^{2+} 농도는 1.0~1.3 mmol/L의 범위에서 정밀하게 조절된다. 여과된 Ca^{2+}은 콩팥단위를 지나는 과정에서 전부 재흡수된다(그림 27.19 참조). 토리쪽세관에서 65%가 주로 세포주위경로를 통해 재흡수된다. 원동력은 부분적으로 용매끌기이며 속공간이 혈액과 비교했을 때 양전하를 띠는 후기 토리쪽세관에서는 상피전위(transepithelial voltage) 차이에 의해 재흡수가 일어난다. 여과량의 나머지 35%는 굵은오름다리(TAL, ~25%)와 먼쪽곱슬세관(~8%)에서 재흡수된다. 먼쪽곱슬세관은 칼슘조절의 주요 부위이다(27·III·C 참조).

VII. 마그네슘(MAGNESIUM)

Mg^{2+}은 수백 가지 효소들의 정상기능에 필요한 필수 공동인자로 양전하를 띠어 단백질의 구조가 안정되도록 돕는다. 또한 이온통로를 통한 이온의 흐름을 조절하여 혈장 내 유리형 Mg^{2+}의 농도가 감소되면 막의 과흥분, 부정맥, 근육의 강축이 유발된다. 체 내 총 Mg^{2+}의 대부분은 뼈 안에 있거나 혈액 중 단백질과 결합되어 있다. 정상 혈장농도는 ~0.75~1.00 mmol/L의 범위 내로 유지되며 그 중 60%는 유리형이다. Mg^{2+}은 일반적인 음식의 흔한 구성요소이며 여과량의 ~2%~5%는 음식섭취와 균형을 맞추기 위해 소변으로 배설된다. 토리쪽세관에서 여과량의 ~15%가 재흡수된다. 재흡수는 용매끌기와 확산을 통해 세포주위로 일어난다. 재흡수는 토리쪽세관 상피 먼쪽부에 존재하는 속공간–양전위 차이에 의해 일어난다. 여과된 Mg^{2+} 양의 ~70%은 굵은오름다리에서 재흡수된다(27·III·B와 그림 27.19 참조).

VIII. 칼륨(POTASSIUM)

K^+은 독특한 전해질로 혈장 내 사소한 작은 변화가 치명적인 심장박동장애와 부정맥을 유발한다(임상 적용 2.1 참조). 혈장농도는 3.5~5.0 mmol/L의 범위 내에서 세밀하게 조절된다. K^+은 토리를 가로질러 자유롭게 여과되며 콩팥단위는 하루에 ~0.6~0.9 mol을 처리한다. 토리쪽세관에서 여과량의 ~80%가 주로 세포주위 경로를 통해 재흡수된다(그림 26.12). Ca^{2+}과 Mg^{2+}의 경우처럼 K^+ 흡수는 용매끌기와 상피전위차이로 강화된 확산에 의해 일어난다. 또 다른 10%는 굵은오름다리에서 재흡수되나(27·II·B 참조), 재흡수(와 배실)의 조질은 주로 먼쪽부위에서 이루어진다(27·IV·C과 그림 27.19 참조).

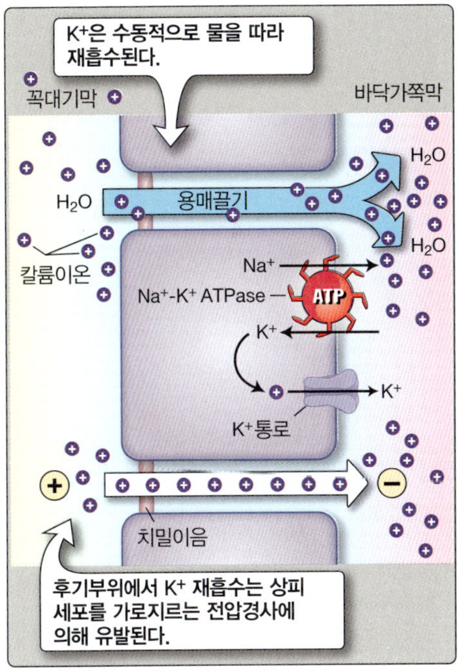

그림 26.12
토리쪽세관에서의 길륨 재흡수경로
ATP = 삼인산아데노신

IX. 중탄산염(BICARBONATE)과 수소이온(HYDROGENIONS)

콩팥의 가장 중요한 기능 중 하나는 세포외액(ECF)의 pH가 ~7.4로 유지되도록 돕는 것이다. 대사를 통해 상당량의 휘발산(H_2CO_3)이 생성되어 폐를 통해 배출되며 또 다른 ~50 – 100 mmol/day의 비휘발산(황산, 인산, 질산, 기타: 3·IV·A 참조)이 콩팥을 통해 배설된다. 콩팥단위의 모든 부분이 어느 정도까지는 산염기 항상성에 관여하지만(그림 27.19 참조), 토리쪽세관이 HCO_3^- 재흡수와 H^+ 분비에 가장 중요한 부위이다.

A. 중탄산염

HCO_3^- 배설은 세포외액을 산성으로 만들므로 pH 항상성의 첫째 목표는 여과된 HCO_3^- 양을 100% 재흡수하는 것이다. 토리쪽세관은 전체 HCO_3^-의 ~80%를 재흡수한다. HCO_3^-는 음이온이므로 자유롭게 막을 통과해 확산될 수 없어 토리쪽세관은 같은 양의 H^+을 세관속공간 안으로 분비해서 HCO_3^-을 적정한다. 그 후 *탄산탈수효소(CA)*를 사용해 H_2CO_3를 CO_2와 H_2O로 전환시킨다. 두 물질 모두 단순확산에 의해 재흡수된다. 환원은 4단계 과정이다(숫자들은 아래의 그림 26.13에 있는 단계들과 일치한다).

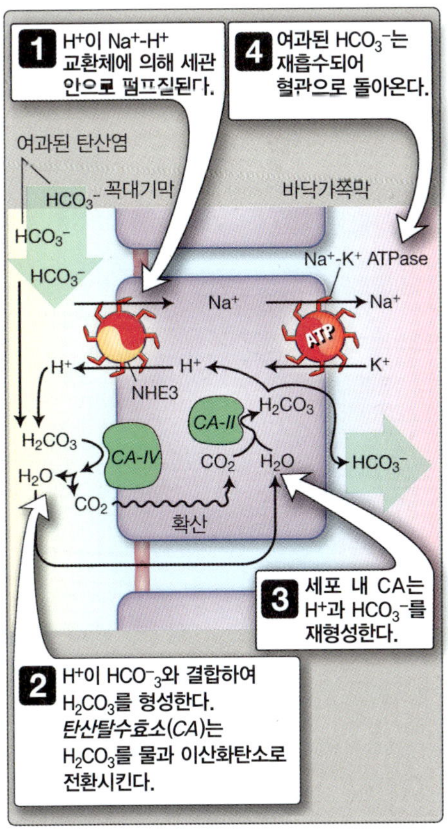

그림 26.13
토리쪽세관의 중탄산염 재흡수경로
ATP = 삼인산아데노신

1. H^+은 꼭대기막의 Na^+-H^+ 교환체(Na^+-H^+ exchanger, NHE3)에 의해 세관 내로 운반된다. 교환은 막을 가로지르는 Na^+ 농도경사가 원동력이 된다.

2. H^+은 속공간의 HCO_3^-와 결합하여 H_2CO_3를 생성하고 H_2CO_3는 해리되어 물(H_2O)과 이산화탄소(CO_2)를 생성한다. 이 반응은 꼭대기막 표면에 있는 *CA-IV*의 촉매작용으로 일어난다.

$$HCO_3^- + H^+ \leftrightarrows H_2CO_3 \underset{CA}{\leftrightarrows} CO_2 + H_2O$$

3. 이산화탄소는 세포 내로 확산되어 물과 결합해 HCO_3^-를 재형성한다 이 반응은 세포 내 *CA-II*의 촉매작용을 통해 이루어진다.

4. HCO_3^-는 바닥가쪽막을 가로질러 사이질로 재흡수된 뒤 혈관 안으로 이동하나 그 기전은 불명확하다. H^+은 재흡수 주기를 반복하도록 세관 속공간으로 다시 펌프질된다.

HCO_3^- 재흡수로 인해 세관 내용물은 토리의 7.4로부터 후기 토리쪽세관에서는 ~pH 6.8로 약산성이 된다.

[1]아세타졸아미드(acetazolamide)는 *탄산탈수효소* 억제제로 토리쪽세관에 의한 HCO_3^-와 Na^+ 재흡수를 억제하여 이뇨작용을 유발한다. 이 약물은 꼭대기막에 있는 유형(*CA-IV*)과 세포 내 유형(*CA-II*)을 둘 다 억제하나 세관 먼쪽부에서 토리쪽세관의 효과를 보상하기 때문에 이뇨제로서는 효과적이지 못하다. 따라서 이 약물은 세관의 HCO_3^- 재흡수능력을 억제해 과잉 염기를 소변으로 배설하게 하므로 대사성염기증 환자 치료에 주로 사용된다.

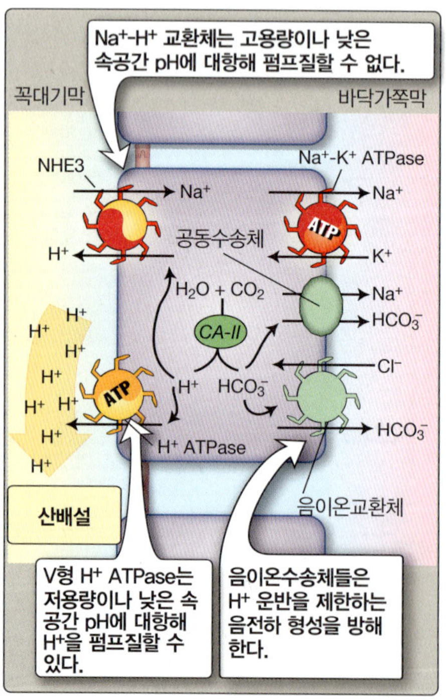

그림 26.14
토리쪽세관에 의한 산 분비
ATP = 삼인산아데노신; *CA-II* = *탄산탈수효소 II*

B. 수소이온

토리쪽세관은 H^+을 분비하는 주요 부위이나 실제로 소변 pH를 최종 결정하고 세포외액의 pH를 조절하는 것은 먼쪽부이다(27·V·E 참조). H^+은 위에서 언급한 NHE3 Na^+-H^+ 교환체와 H^+ 펌프에 의해 분비된다(그림 26.14).

1. **나트륨-수소이온 교환:** NHE3 Na^+-H^+ 교환체는 H^+ 분비의 동력으로 바닥가쪽막의 Na^+-K^+ ATPase에 의해 만들어진 Na^+ 경사를 사용한다. Na^+ 경사에 대한 의존성 때문에 속공간에 H^+을 농축시키는 능력은 제한되나 토리쪽세관에서 순수한 H^+ 분비의 60%가 이루어질 만큼 큰 용량을 가지고 있다.

NHE3 교환체는 또한 토리쪽세관이 세관속공간으로부터 Na^+를 재흡수하는 주요 경로이다(아래 참조).

2. **양성자 펌프:** 토리쪽세관의 H^+ 펌프(V-type H^+ ATPase)를 이용해 세관 안으로 H^+가 능동적으로 분비된다. H^+ 펌프가 토리쪽세관 분비의 40%를 차지하며 꼭대기막을 가로질러 강력한 H^+ 농도경사를 만들 수 있다. 펌프는 **전기를 발생하여(electrogenic)** 세포 안에 음전하를 만든

INFO LINK [1] 아세타졸아미드에 대한 더 많은 정보는 *LIR Pharmacology 제5판* 참조.

다. 이 전하는 더 이상의 운반을 제한하며, H^+ 분비는 Na^+-HCO_3^- 공동수송체와 음이온교환체(그림 26.14 참조)를 통해 바닥가쪽막을 가로지르는 HCO_3^- 이동에 의해 균형을 이루게 된다.

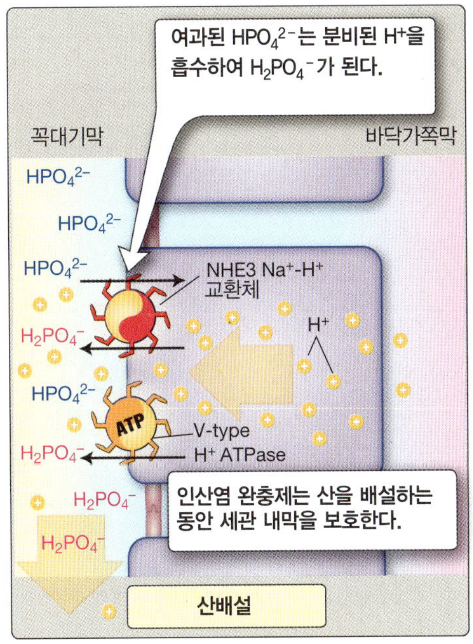

그림 26.15
인산염완충제. ATP = 삼인산아데노신

C. 비휘발산

이상적으로는 비휘발산 생성에 의해 발생한 과도한 H^+은 콩팥으로 이동해 세관 안으로 들어가 지체없이 배설되어야 한다. 그러나 실제로는 생성된 다량의 비휘발산에 비해 농도경사에 역행해 H^+을 펌프질할 수송체 수는 제한되어 있다. 위에서 언급한 V-type H^+ ATPase가 최선을 다해도 속공간 pH를 4.0(즉, 0.1 mmol/L H)까지만 만들 수 있어 매일 생성되는 과도한 산을 처리할 만큼 충분하지 못하다. 따라서 두 종류의 해결책을 통해 pH 균형을 유지하는 데 필요한 양만큼 배설할 수 있도록 돕는다. 첫째는 세관속공간 내로 산이 들어왔을 때 동시에 배설되는 완충제(**적정가능산[titrable acid]**)로 H^+ 농도의 상승을 제한한다. 두 번째는 암모니아(NH_3)에 H^+를 붙여 암모늄이온(NH_4^+)으로 배설하는 것이다.

1. **적정가능산:** 혈장여과액에는 여러 가지 완충제가 포함되어 있으며 토리쪽세관 또한 여러 종류의 완충제를 분비한다. 즉 수소인산(HPO_4^{2-}, pK = 6.8)과 요산염(pK = 5.8), 크레아티닌(pK = 5.0), 유산염(pK = 3.9), 피루브산염(pK = 2.5)으로 이들 완충제는 총괄하여 적정가능산으로 알려져 있다. 이들은 H^+와 복합체를 이루어 세관 내 H^+ 농도 상승을 억제한다. 수소인산의 pK 값이 높아 다른 적정가능산보다 효율적인 비뇨기계 완충제로 사용된다. 수소인산은 H^+을 받아 이수소인산($H_2PO_4^-$)이 된다.

$$H^+ + HPO_2^{2-} \leftrightarrows H_2PO_4^-$$

   토리쪽세관은 여과된 인산염의 ~80%를 재흡수하며 남아 있는 20%가 비휘발산이 배설되는 동안 속공간에서 완충작용을 한다.

2. **암모니아(NH_3):** 혈장에는 정상적으로 NH_3가 없으나 토리쪽세관 세포에서 글루타민으로부터 NH_3가 생성된다. 글루타민이 NH_3와 α케토글루타르산염으로 전환되면 NH_3는 지용성으로 세포로부터 세관속공간 내로 확산되어 H^+과 결합해 암모늄이온(NH_4^+)을 생성한다. 토리쪽세관 세포 내부에서 생성된 일부 NH_4^+는 H^+를 대신하여 Na^+-H^+ 교환체에 결합하여 세관속공간 내로 이동한다(그림 26.16).

3. **새로운 중탄산염(bicarbonate):** 매일 ~50~100 mmol의 비휘발산이 배설됨에 따라 체내 완충제는 부족하게 된다. 새로운 완충제를 생성하여 정확하게 균형을 맞추지 않으면 세포외액은 빠르게 산성화될 것이다. 배설된 완충제는 "새로운 중탄산염" 생성으로 보충된다. 일부는 처음부터 새롭게 생성되며 일부는 글루타민으로부터 NH_3가 생성된 후에 α케토글루타르산염으로부터 생성된다. α케토글루타르산염은 포도당으로 대사된 후에 물과 이산화탄소로 대사된다. 그후 *탄산탈수효소*의 촉매작용에 의해 H_2CO_3가 생성되고 H_2CO_3는 해리되어 HCO_3^-와 H^+을 생성한다. 새롭게 생성된 HCO_3^-는 혈액 내로 확산되며 최종적으로 조직 내에서 비휘발산을 완충시키는 데 사용된다.

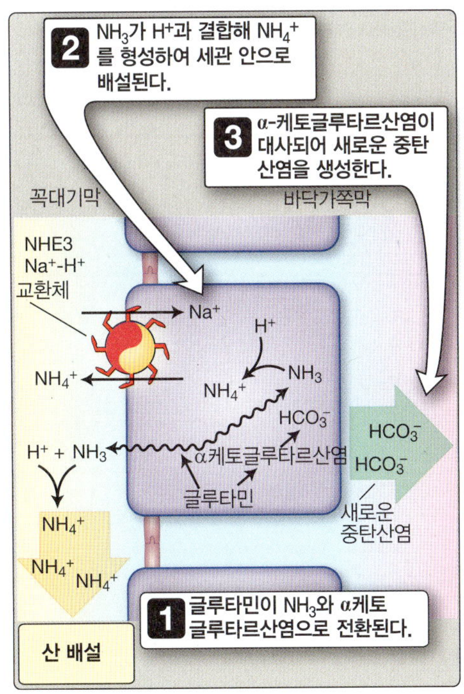

그림 26.16
암모늄이온 형태로 산을 배설

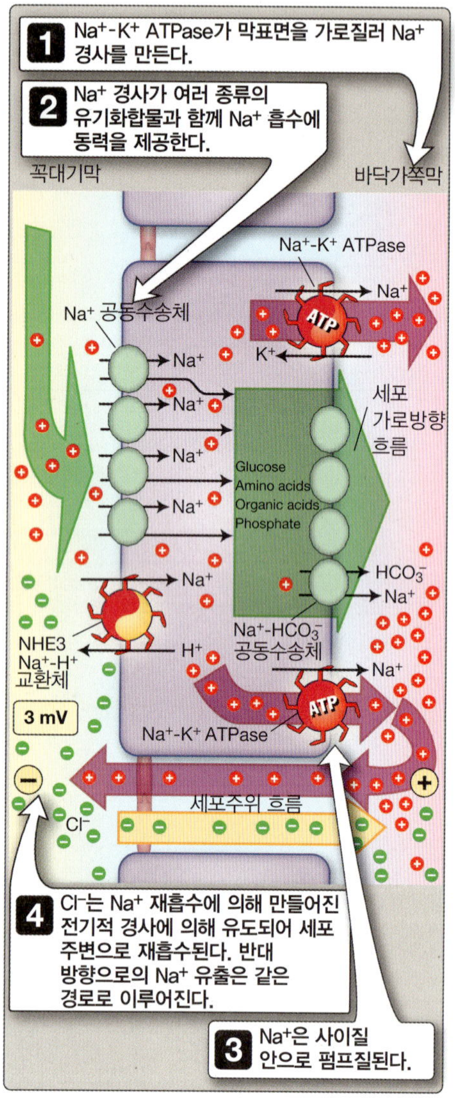

그림 26.17
초기토리쪽곱슬세관에서 Na^+ 재흡수와 역류의 경로. ATP = 삼인산아데노신

X. 나트륨(sodium)과 염소(chloride), 물

혈장 Na^+ 농도는 ~136~145 mmol/L로 유지되며 세 종류의 체액구분(세포내액, 혈장, 사이질액: 3·III·B 참조)간 물 이동을 조절하는 중요한 기전이다. Na^+은 자유롭게 토리여과장벽을 통과하므로 매일 여과량은 25 mol이 넘는다. 대략 여과량의 99.6%가 콩팥뇨세관을 통과하는 동안 재흡수되며 대부분(~67%) 토리쪽세관에서 재흡수된다(그림 27.19 참조). Cl^-는 Na^+을 따라 상피를 통과하며 Na^+의 양전하에 의해 안쪽으로 향하게 된다. Na^+와 Cl^-, 유기용질은 강력한 삼투경사를 만들어 물이 세관속공간으로부터 사이질로 이동하게 한다. 이들과 앞에서 설명하였던 모든 재흡수와 분비과정을 통해 토리쪽세관 내 용액은 등삼투성이 되며 혈장과 유사한 조성을 가지게 된다. 그러나 초기토리쪽세관과 후기토리쪽세관에서 Na^+과 Cl^-의 재흡수되는 방법은 부위별 차이가 있다.

A. 초기토리쪽곱슬세관(early proximal convoluted tubule)

초기토리쪽세관 상피세포들은 Na^+과 관련된 모든 유용한 유기용질과 HCO_3^-를 재흡수하도록 특화되어 있고, 이를 통해 세포가로방향 Na^+ 재흡수가 일어난다. 이 Na^+ 중 일부는 세포주위를 통해 다시 새어나간다(그림 26.17).

1. **세포가로방향(transcellular):** 재흡수를 유발하는 원동력은 바닥가쪽막의 Na^+-K^+ ATPase로 Na^+ 경사를 만들어 포도당과 아미노산, 유기산, 인산염이 Na^+과 결합하여 세관으로부터 재흡수된다. 그 후 Na^+은 대부분은 Na^+-K^+ ATPase에 의해, 일부는 바닥가쪽막의 Na^+-HCO_3^-공동수송체에 의해 사이질로 이동된다. 공동운반은 재흡수와 새로운 생성(*de novo*)을 통해 높아진 세포 내 HCO_3^-에 의해 이뤄진다.

2. **세포주위방향(paracellular):** 혈장여과액으로부터 유기용질을 재흡수하는 공동수송체들은 세관속공간에 음전하를 남겨 전기를 생성한다. 음전하가 세관과 사이질 사이에 ~3 mV 차이를 만들어 세포주위로 Cl^-가 재흡수되는 원동력이 된다. 한편 세포주위 경로를 통해 재흡수된 Na^+의 상당량(~30%)은 사이질에서 세관속공간으로 새어나가 되돌아가며 이동은 전압경사에 의해 이뤄진다.

B. 토리쪽곧은세관(proximal straight tubule)

토리쪽곧은세관에 들어오는 액체는 모든 유용한 유기용질들과 대부분의 HCO_3^-를 토리쪽곱슬세관에서 빼앗긴 상태지만 상대적으로 높은 농도의 Cl^-를 포함하고 있다. Na^+와 Cl^-는 세포가로방향과 세포주위 경로를 통해 재흡수된다.

1. **세포가로방향:** 후기토리쪽세관에서는 H^+과의 교환을 통해 Na^+을 받아들여 세포가로방향 Na^+ 흐름을 만들어 사이질로 이동한다. 또한 Cl^--염기 교환체(CFEX)가 있어 상당량의 세포가로방향 Cl^- 흡수가 가능하다. Cl^--염기 교환체는 Cl^-와 포름산염(formate), 옥살산염(oxalate), OH^-,

HCO_3^-를 교환한다.

2. **세포주위:** 속공간내 Cl^-의 농도가 높아 세포주위경로를 통해 Cl^-가 속공간으로부터 사이질로 확산되어 나간다. 따라서 속공간 내는 과도한 양전하 상태로 남아 Na^+ 재흡수가 일어나기 좋게 되어 Na^+가 치밀이음을 가로질러 Cl^-를 따라 사이질로 이동한다.

26장 요약

- 토리쪽세관(PT)에서 토리로부터 콩팥뇨세관으로 여과된 액체의 ~67%와 일부 용질의 100%가 재흡수된다. 토리쪽세관 상피세포들은 꼭대기막에 **미세융모(microvilli)**가 있어 표면적을 증가시키며 세포늘 사이 경계가 새기 쉬워 물과 용질의 흐름이 최대화된다.
- 토리쪽세관에서는 **등삼투성으로(isosmotically)** 액체가 재흡수된다. 세포가로방향경로를 통한 **재흡수(transcellular absorption)**는 주로 세포막횡단 Na^+ 경사에 의해 일어나며 이는 바닥가쪽막 Na^+-K^+ ATPase에 의해 형성된다. 또한 치밀이음(**세포주위 흡수, paracellular absorption**)을 통한 확산과 세포주위 **용매끌기(solvent drag)**에 의해서도 재흡수가 일어난다.
- 재흡수된 용액은 **세관주위모세혈관망**을 통해 혈관으로 돌아온다. 혈액은 토리를 통해 세관주위 모세혈관에 도달한다. 토리여과로 인해 혈장단백이 농축되어 혈장의 **콜로이드삼투압(plasma colloid osmotic pressure)**이 증가된다. 날세동맥의 높은 저항은 **모세혈관 정수압(capillary hydrostatic pressure)**을 낮춰 용액이 사이질로부터 흡수되기 좋은 상황을 만들어 재흡수를 촉진한다.
- 토리쪽세관(PT)에서는 여과된 **포도당**과 **아미노산**이 거의 100% 재흡수되는데 주로 Na^+ 공동운반을 통해 이뤄진다. 토리쪽세관에서는 또한 **H^+ 공동운반**을 통해 **작은펩디드**들이 재흡수된다. 큰펩티드들과 단백질은 작은펩티드로 분해된 뒤 재흡수되거나 **세포내섭취(endocytosis)**에 의해 흡수된다.
- 토리쪽세관에서는 능동적으로 **유기음이온**이나 **양이온수송체**, **다중약물저항단백질(multidrug resistance protein)**을 사용해 다수의 **유기산**과 **독성물질**, **약물**을 분비한다.
- 인산염은 **Na^+-인산염 공동수송체(Na^+-phosphate cotransporter)**에 의해 토리쪽세관에서 재흡수되며 **부갑상샘호르몬**에 의해 조절된다. 토리쪽세관에 의한 Ca^{2+} 재흡수는 세포주위를 통해 이뤄진다.
- 토리쪽세관에 의한 Mg^{2+} 재흡수는 소량(여과량의 ~15%)이며 세포주위를 통해 이뤄진다.
- K^+ 여과량의 80%는 토리쪽세관에서 재흡수된다.
- 폐와 콩팥은 세포외액의 pH를 좁은 정상범위(pH 7.35~7.45) 내로 유지한다. 폐는 대사를 통해 만들어진 **휘발산**(CO_2)을 매일 배출하며, 콩팥은 **비휘발산**(황산, 인산, 질산, 기타 산)을 배출한다.
- **pH 항상성**은 체내 으뜸가는 pH 완충제인 여과된 HCO_3^-의 80%가 토리쪽세관에서 재흡수되면서 시작된다. 비휘발산을 배출하려면 속공간의 유리 H^+ 농도를 조절하기 위해 배설될 완충제가 필요하다. 중요한 **비뇨기계 완충제**는 **인산염**과 **암모니아**이며 암모니아는 토리쪽세관에서 글루타민으로부터 새롭게 생성된다.
- 토리쪽세관에 의한 Na^+ 재흡수는 바닥가쪽막의 Na^+-K^+ ATPase에 의해 형성된 힘을 바탕으로 유기용질과의 공동운반이나 H^+과의 교환을 통해 이뤄진다. Cl^- 재흡수는 주로 후기 토리쪽세관에서 세포주위경로나 Cl^--염기 교환체에 의해 이뤄진다. 물의 재흡수는 Na^+과 Cl^-, 용질들의 안쪽이동에 의해 발생되는 삼투에 의해 이뤄진다.

27 소변생성

I. 개요

토리쪽세관(PT)을 떠나 **콩팥세관고리(loop of Henle, nephron loop)**로 들어가는 액체는 포도당과 아미노산, 유기산과 같은 유용한 유기물질이 대부분 제거된 상태이다. 남아 있는 액체(~60 L/일)는 물과 무기이온, 노폐물질로 구성된다. 고리와 콩팥단위 먼쪽구역의 기능은 남아 있는 유용한 성분(주로 액체와 무기이온들)을 방광을 통해 소변으로 배설되기 전에 재흡수하는 것이다. 재흡수되는 액체와 전해질의 양은 항상성의 필요에 의해 결정되며 엄격하게 조절된다(28장 참조; 액체와 용질의 재흡수와 조절이 그림 27.19에 요약됨). 첫 단계는 수분추출의 시작이다. 한 가지 방법은 물에 잠긴 배에서 물을 퍼내듯 물을 세관으로부터 펌프질하는 것이다. 즉 세관속공간으로부터 물을 추출할 목적으로 콩팥속질 안에 세관내용물을 강제로 빼내는 삼투기구를 만들었다. 세관내용물은 방광에 축적되기 전에 속질에서 두 번 심한 삼투경사에 노출되는데 첫 번째는 콩팥세관고리(헨레고리)를 지나면서이다.

주목할 것은 겉질유두 삼투경사(corticopapillary osmotic gradient)는 속질곁콩팥단위에서만 발생한다(그림 25.5 참조). 겉질콩팥단위는 삼투경사에 참여하지 않으므로 이 장에서는 언급하지 않는다.

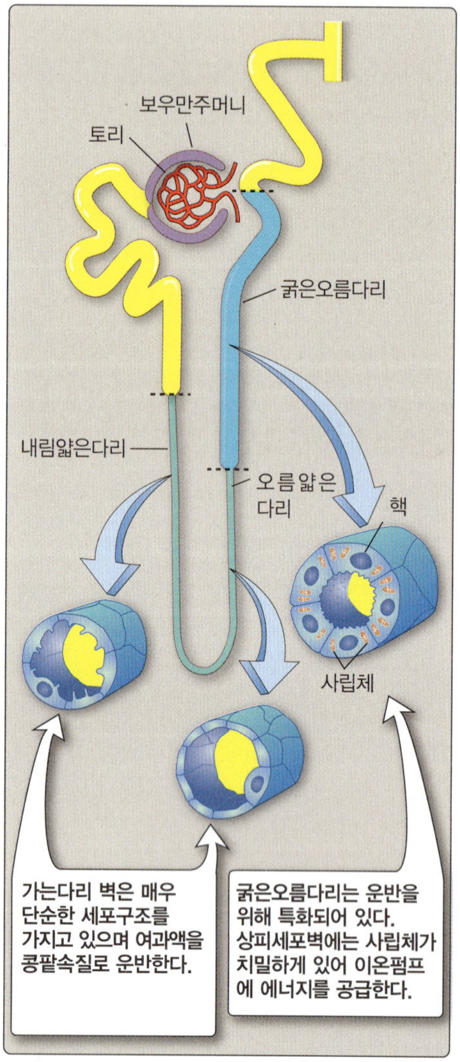

그림 27.1
콩팥세관고리(헨레고리) 구조

II. 콩팥세관고리(LOOP OF HENLE)

콩팥세관고리(헨레고리)는 그림 27.1에서 보이는 것처럼 세 부분으로 나눈다: **내림가는다리(descending thin limb, DTL)**, **오름가는다리(ascending thin limb, ATL)**, **굵은오름다리(thick ascending limb, TAL)**. 가는다리의 기능은 매우 단순해 액체를 아래로 운반해 속질로 이동시켜 겉질유두 삼투경사에 노출되도록 한다(25·II·B 참조). 오름가는다리는 안속질-바깥속질 접합부에 있으며 점차적으로 굵은오름다리가 된다. 굵은오름다리 세포는 이온펌프들의 활동에 필요한 사립체와 여러 세포 내 소기구들이 풍부하여 벽 두께가 증가된다. 굵은오름다리에 의해 겉질유두 삼투경사가 완성된다.

A. 가는다리(thin limb)

토리쪽세관은 바깥속질의 안과 밖 경계에서 갑자기 끝난다. 내림가는다리와 오름가는다리는 모두 뭉툭한 미세융모들을 가진 얇은 상피세포로 구성된다. 인접한 세포들은 넓은 치밀이음을 통해 광범위하게 결합하고 있다. 물과 용질들은 사이질 내 겉질유두 삼투경사를 원동력으로 세관벽을 가로질러(세포가로방향과 세포주위 방법으로) 수동적으로 이동하며, 이러한 이동의 선택성은 조절되며 부위에 따라 달라진다.

1. **겉질유두 삼투경사**(corticopapillary osmotic gradient): 삼투경사는 아래에 언급될 **역류배가기전(countercurrent multiplication mechanism)**에 의해 속질사이질 안에서 형성된다. 겉질의 삼투질농도는 대략 혈장의 삼투질농도(~290~300 mOsm/kg)와 유사하나 유두 끝을 향해 내려갈수록 점차 증가한다(그림 27.2). 삼투경사 정도는 인체의 물을 보존하거나 **배설(diuresis**, 이뇨)하려는 필요에 따라 변화된다. 수분보존이 필요하면 유두 끝부분의 삼투질농도가 ~1,200 mOsm/kg까지 증가되는 반면 혈량과다 상태(hypervolemic conditions)에서는 600 mOsm/kg까지 감소된다.

2. **내림가는다리**: 내림가는다리는 요소와 Na^+에 대한 투과성이 상대적으로 낮다. 그러나 상피세포막에 물통로(aquaporin, AQP)가 있어 물의 자유로운 이동이 가능하다. 액체가 속질 깊숙이 운반되면 물은 삼투에 의해 세관을 빠져나가므로 속공간의 Na^+과 Cl^-는 점차 더욱 농축된다. 내림가는다리는 하루에 27 L의 물, 즉 토리여과액의 15%를 재흡수한다.

3. **오름가는다리**: 고리가 회전하는 곳에서 세관 상피의 수분투과성은 수분비투과성으로 전환된다(오름가는다리에는 물통로가 없다). 따라서 세관 내용물이 집합관(CDs, 그림 27.2B 참조)에 도달할 때까지 더 이상의 수분이동은 이루어지지 않는다. 그러나 오름가는다리 상피세포들은 Cl^-에 투과성이 있어 Cl^-는 상피세포를 횡단하는 전기화학적 경사에 의해 세관속공간을 떠나 겉질로 되돌아간다. Na^+은 세포주위로 Cl^-를 따라간다.

> 콩팥세관고리(헨레고리) 주변의 액체는 물을 추출당하나 용질도 함께 추출되기 때문에 삼투질농도가 증가하지 않는다. 소변은 집합관을 통과하면서 두 번째로 겉질유두 삼투경사에 노출되었을 때 농축된다.

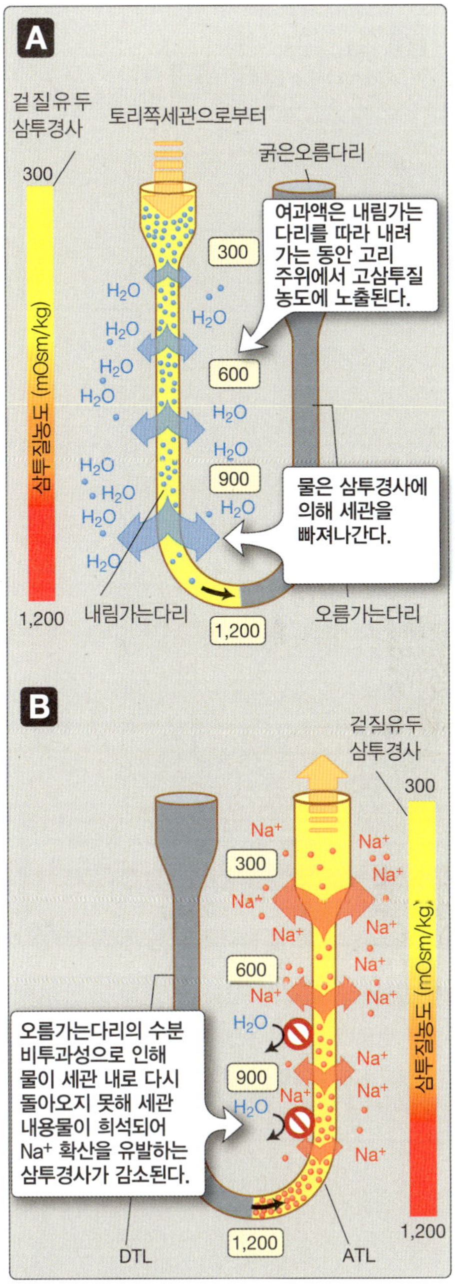

그림 27.2
콩팥세관고리 내 물과 Na^+ 재흡수

B. 굵은오름다리

굵은오름다리에서 상당량의 Na^{2+}와 Cl^-, K^+, Ca^{2+}, Mg^{2+}이 세관속공간으로부터 능동적으로 재흡수된다(그림 27.19에 요약).

1. **나트륨, 염소, 칼륨**: 굵은오름다리에서 Na^+와 Cl^- 여과량의 ~25%, K^+ 여과량의 10%가 재흡수된다. 세포가로방향경로와 세포주위경로를 통해 일어나는 재흡수가 매우 효율적인 반면, 순수분 이동이 없어 세관내용물은 혈장에 비해 저삼투성이 된다. 이런 이유로 굵은오름다리는 때로 **희석절(diluting segment)**로 언급된다.

   a. **세포가로방향**: 바닥가쪽막의 Na^+-K^+ ATPase에 의해 만들어진 세포막횡단 Na^+ 경사에 의해 재흡수가 촉진된다. 용질의 재흡수는 몇 단계로 나눌 수 있다(그림 27.3).

      i. **나트륨, 칼륨, 염소 재흡수**: 꼭대기막의 Na^+-K^+-$2Cl^-$ 공동수송체는 Na^+과 K^+, Cl^- 재흡수를 촉진한다. Na^+는 Na^+-K^+ ATPase에

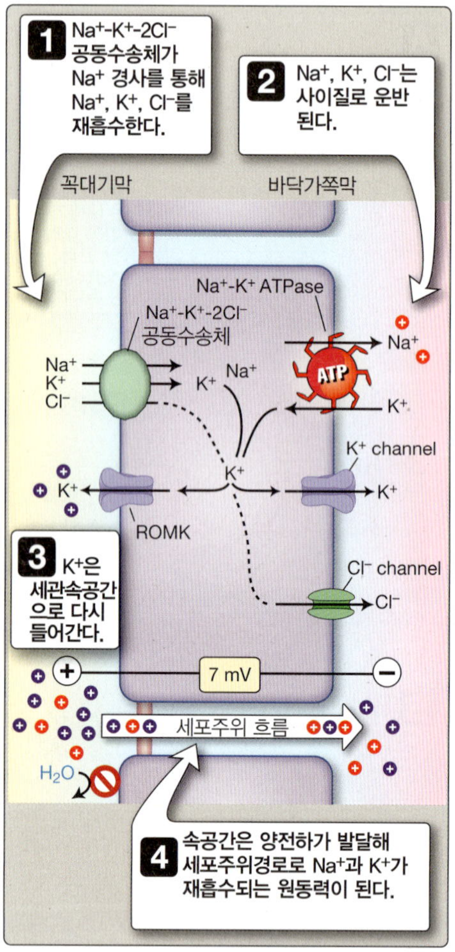

그림 27.3
굵은오름다리에서 나트륨과 염소, 칼륨 재흡수. ATP = 삼인산아데노신; ROMK = 콩팥바깥속질 K^+ 통로

임상 적용 27.1: 고리이뇨제

소변 구성성분의 생리적 조절과 섬세한 조정은 굵은오름다리까지의 먼쪽구역에서 이루어진다. 그러나 Na^+-K^+-$2Cl^-$ 공동수송체 조절 약물은 부종을 치료하는 매우 강력한 임상도구이다. 이들 약물은 **고리이뇨제(loop diuretics)**로 알려져 있으며 furosemide(상품명은 Lasix)와 bumetanide, ethacrynic acid, torsemide가 있다.[1] 공동수송체가 억제되면 Na^+, Cl^-, K^+의 재흡수가 직접 방해를 받고 물의 재흡수는 간접 방해를 받게 된다. 또한 공동수송체가 억제되면 세관속공간 내에 양전하의 발달이 방해를 받아 Ca^{2+}와 Mg^{2+}의 재흡수도 억제된다. 굵은오름다리 이후 먼쪽구역은 공동수송체의 기능 소실을 보상할 수 있는 능력이 없어 고리이뇨제는 엄청난 양의 소변을 만들어낸다. 염분과 수분저장 감소로 인해 순환혈액량이 줄어 부종치료제로 쓰이나 동시에 소변으로 K^+와 Mg^{2+}이 손실되어 저칼륨혈증과 저마그네슘혈증이 유발된다.

의해 세포에서 사이질로 이동하며, K^+와 Cl^-는 바닥가쪽막 Cl^-와 K^+ 통로를 통해 전기화학적 경사에 따라 세포에서 사이질로 이동한다.

ii. **칼륨 분비:** 꼭대기막에는 콩팥바깥속질 K^+통로(renal outer medullary K^+ channel, ROMK)가 있어 K^+이 세관속공간 안으로 이동한다. 이 경로는 Na^+-K^+-$2Cl^-$ 공동수송체를 멈추게 하는 세관속 K^+ 고갈을 예방하기 위해 필요하다.

b. **세포주위:** K^+ 분비는 세관속공간과 사이질 사이에 ~7 mV 전기적 경사를 만들어 세포주위로 Na^+과 K^+을 재흡수할 수 있는 원동력이 된다.

2. **칼슘과 마그네슘:** 굵은오름다리는 여과된 Ca^{2+}의 ~25%와 Mg^{2+}의 ~65~70%를 재흡수한다. 이런 재흡수의 대부분은 세관속공간과 사이질 사이 전압차에 의해 세포주위경로(임상 적용 4.2 참조)를 통해 일어난다(그림 27.4).

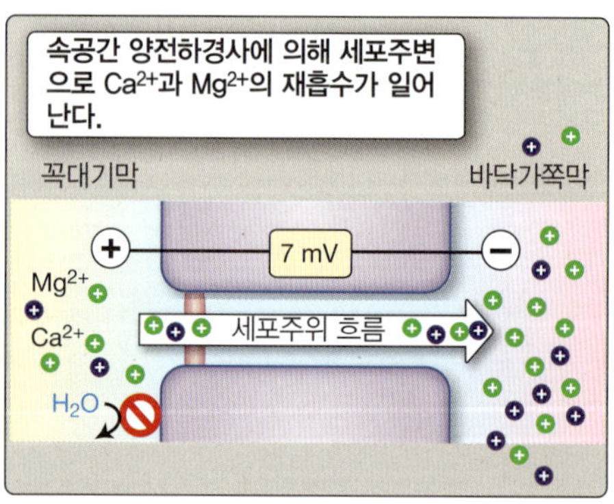

그림 27.4
굵은오름다리에서 칼슘과 마그네슘 재흡수

3. **중탄산염과 산:** 토리쪽세관을 떠나는 액체는 여전히 여과된 중탄산염의 ~20%를 함유하고 있다. 실제로 이들 모두가 굵은오름다리 또는 먼쪽구역에서 재흡수된다.

a. **중탄산염(bicarbonate):** HCO_3^-는 토리쪽세관에서와 같은 방법(그림 26.13 참조)으로 재흡수된다. *탄산탈수효소(CA)*에 의해 물(H_2O)과 이산화탄소(CO_2)로부터 H^+과 HCO_3^- 생성이 촉매된다. H^+은 꼭대기막을 가로질러 H^+-ATPase와 Na^+-H^+ 교환체에 의해 펌프질되어 나와 여과된 HCO_3^-와 결합하여 물과 이산화탄소를 생성하며, 이

[1] 고리이뇨제의 작용기전과 사용에 대한 더 많은 정보는 *LIR Pharmacology 제5판* 참조.

반응은 *CA*의 촉매로 이루어진다. HCO_3^-는 Na^+-HCO_3^- 공동수송체를 통해 Cl^-와 교환하여 바닥가쪽막을 가로질러 재흡수된다.

b. **산(acid):** 토리쪽세관에서 NH_3를 생성하여 NH_4^+의 형태로 H^+을 배설한다(그림 26.16 참조). 굵은오름다리에서는 꼭대기막의 Na^+-K^+-$2Cl^-$ 공동수송체를 통해(K^+ 대신 NH_4) NH_4의 일부가 재흡수되어 사이질로 운반되어 Na^+과 마찬가지로 역류배가계를 통한 겉질유두 삼투경사 형성을 돕는다.

C. 겉질유두 삼투경사(corticopapillary osmotic gradient)

고리이뇨제는 내림가는다리로부터 수분흡수와 집합관을 통할 때 소변을 농축시키는데 사용되는 겉질유두 삼투경사를 줄여서 이뇨효과를 나타낸다. 경사는 굵은오름다리에 의해 만들어지나 그 효과는 속질을 지나가는 모든 혈관에 영향을 미친다.

1. **세관 배열:** 교과서 그림(예: 그림 25.5 참조)은 쉽게 표시하기 위해 페이지에 넓게 여러 콩팥단위 구역을 분리시켜 보여주지만 실제 내림가는다리와 오름가는다리, 집합관, 곧은혈관은 한다발의 빨대처럼 모두 함께 묶음으로 존재한다(그림 27.5). 따라서 이들 사이의 사이질 공간은 최소한이어서 일반적으로 사이질과 세관 내용물(즉 여과액, 소변, 혈액)은 삼투균형을 이룬다. 한 구획의 변화는 거의 즉시 다른 구획에 영향을 미친다. 실제로 어떤 세관(예: 내림가는다리)은 용액을 유두를 향해 운반하는 동시에 묶음으로 있는 다른 세관(예: 오름가는다리)에도 운반함으로써 겉질로 용액을 돌려보내 굵은오름다리 상피세포들에 의해 만들어진 세관속공간과 사이질 사이 삼투경사가 증폭되도록 돕는다.

2. **역류배가계(countercurrent multiplication):** 겉질유두 삼투경사는 일련의 이론적 단계들로 나누어 볼 때 가장 이해하기 쉽다. 증폭되기 전 세관 내용물과 사이질은 모두 300 mOsm/kg의 삼투균형을 이루고 있다(그림 27.6[1]).

    a. **단일효과(single effect):** 굵은오름다리에서 Na^+이 Na^+-K^+-$2Cl^-$ 공동수송체를 통해 세관에서 재흡수되어 바닥가쪽막의 Na^+-K^+ ATPase를 이용해 사이질로 운반된다. 이런 운반은 세관속공간과 사이질 사이에 최대 200 mOsm/kg의 삼투질농도 차이를 만든다(그림 27.6[2]). 사이질과 세관 삼투질농도가 처음에는 300 mOsm/kg이었으나 Na^+ 재흡수로 속공간의 삼투질농도는 200 mOsm/kg으로 감소되고 반면 사이질의 삼투질농도는 400 mOsm/kg으로 증가된다. 내림가는다리는 굵은오름다리 바로 옆에 있으며 토리쪽세관으로부터 300 mOsm/kg의 용액이 내려와 속공간을 채운다. 내림가는다리는 액체투과성이 매우 높아 삼투압경사에 의해 속공간으로부터 사이질로 액체가 빠져나와 400 mOsm/kg에서 균형이 이루어진다(순차적으로 액체는 세관주위 모세혈관에 의해 제거된다). 이런 현상이 굵은오름다리와 내림가는다리의 길이를 따라 동시에 일어나며 이 현상을 **단일효과(single effect)**라 한다.

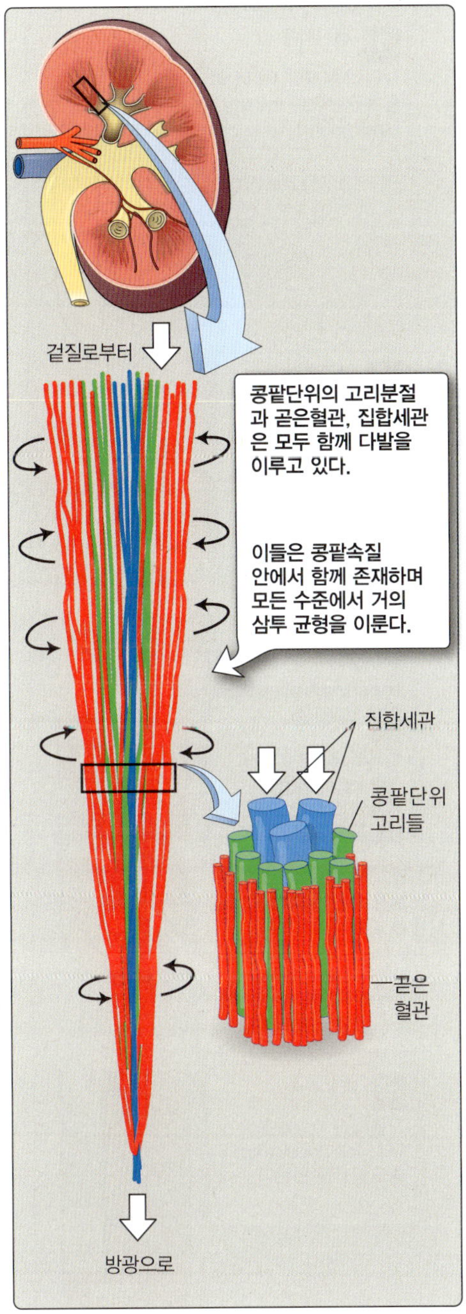

그림 27.5
콩팥속질 안 세관분절과 곧은혈관 배열

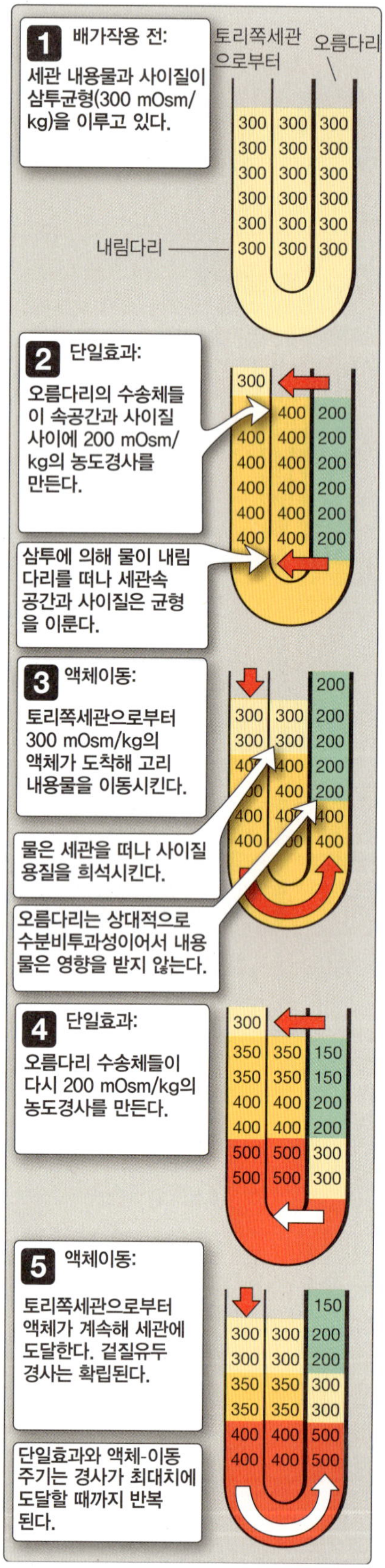

그림 27.6
콩팥세관고리(헨레고리)의 역류배가계

b. **액체이동:** 토리쪽세관에서 내려온 액체는 내림가는다리에 이르는 동안 액체가 삼투에 의해 계속 사이질로 이동하면서 고리 끝부분은 400 mOsm/kg이 된다(그림 27.6[3] 참조). 한편 겉질속질이음(corticomedullary junction)의 사이질은 300 mOsm/kg로 다시 균형을 이룬다. 굵은오름다리는 물 투과성이 없으므로, 액체가 그대로 남아 200 mOsm/kg이 된다. 고리 끝부분에서는 두 다리와 사이질이 400 mOsm/kg에서 균형을 이룬다.

c. **단일효과(single effect):** 굵은오름다리 세포들은 계속해서 Na^+을 세관속공간으로부터 사이질로 운반하며 속공간 삼투질농도가 200 mOsm/kg(그림 27.6[4] 참조)가 되면 이 회로가 다시 시작된다. Na^+ 재흡수로 인해 세관벽을 경계로 200 mOsm/kg 경사가 다시 만들어지고 그 결과 속공간 삼투질농도는 150 mOsm/kg까지 떨어지며 사이질의 삼투질농도는 350 mOsm/kg까지 상승한다. 굵은오름다리 아래로 더 내려가면 속공간 삼투질농도는 400 mOsm/kg에서 300 mOsm/kg로 감소하며 사이질의 삼투질농도는 500 mOsm/kg까지 상승한다. 이렇게 겨우 두 번의 가상 회로 후에도 겉질유두 경사가 형성되기 시작한다. 각 회로는 경사를 더욱 증폭시킨다

d. **액체이동:** 토리쪽세관으로부터 300 mOsm/kg의 액체가 내림가는다리에 계속 도착해 국소적으로 사이질 삼투질을 감소시키고 고삼투성 액체를 고리 끝부분 주위로 밀어낸다(그림 27.6[5] 참조). 다음 회로를 통해 굵은오름다리의 꼭대기부분(top) 세관의 삼투질농도는 더욱 감소되고 굵은오름다리 끝부분(tip) 삼투질농도는 더욱 증가된다.

3. **요소(urea):** 역류배가계는 결국 유두의 삼투질농도를 600 mOsm/kg로 만드나, 물이 보존되기 위해서는 1,200 mOsm/kg까지 상승시켜야 한다. 경사의 크기는 얼마나 많은 물이 여과액으로부터 회수되어야 하는지와 필요에 따라 조절된다. 그러나 1,200 mOsm/kg의 경사는 요소의 도움이 있어야 가능하다. 수분 보존이 필요할 때는 집합관 속공간으로부터 속질로 요소가 이동하여 삼투질농도와 물 재흡수능력이 더욱 증가된다. 관련된 경로는 5장에 기술되어 있다.

> 겉질유두 삼투경사는 전체 콩팥단위 중 상대적으로 적은 수를 차지하는 속질곁콩팥단위(~10%)에 의해 형성된다. 겉질콩팥단위(~90%)는 짧은 고리를 가지고 있어 소변 농축이 어렵다. 호주 호핑쥐(Genus *Notomys*; 그림 27.7)와 같은 사막의 설치류는 ~10,000 mOsm/kg의 매우 농축된 소변을 만든다. 이들의 콩팥은 겉질콩팥단위에 비해 속질곁콩팥단위 수가 매우 많으며 이에 따라 농축력이 증가된다. 호핑쥐는 액체를 보존하는 놀라운 능력으로 메마른 사막에서 마실 필요없이 음식(식물뿌리나 잎, 열매)으로부터 물을 추출하고 보존해서 살아갈 수 있다.

D. 곧은혈관(vasa recta)

콩팥세관고리(헨레고리)는 산소와 영양분 운반뿐만 아니라 재흡수된 물과 전해질을 운반하기 위해 혈관의 도움을 필요로 한다. 혈장의 삼투질농도는 300 mOsm/kg이고 모세혈관은 새기 쉬운 구조이므로, 속질로 들어온 혈액에 의한 겉질유두 삼투경사의 유실은 소변농축을 방해할 위험이 있다. 이런 유실은 주로 곧은혈관의 두 가지 중요한 특성에 의해 예방된다. 즉 유속이 느린것과 혈관이 머리핀 고리를 만들어 **역류교환계(countercurrent exchange system)**를 형성하는 것이다(그림 27.8).

1. **유속:** 속질은 콩팥 전체 혈류량의 ~10%를 받는다. 곧은혈관은 길이 때문에 내부저항이 높아 흐름이 최소한으로 유지된다. 느린 유속으로 인해 혈액이 속질을 통해 이동할 때 용질과 물 사이에 거의 완전한 균형 상태가 이루어진다.

2. **역류교환:** 곧은혈관은 콩팥세관고리(헨레고리) 및 집합관과 밀접하게 연관되어 있어 내림가는다리와 평행하게 유두까지 내려갔다가 오름가는다리와 굵은오름다리을 따라 겉질까지 되돌아 올라온다(그림 25.4와 27.5 참조). 혈관이 새기 쉬워 물은 혈관에서 나가고 용질은 수동적으로 들어와 혈액과 사이질 사이에 삼투균형이 유지된다(그림 27.8 참조). 겉질로 돌아오는 길에 물이 다시 혈관으로 들어가고 용질은 수동적으로 혈관을 떠나 사이질로 간다. 그러므로 곧은혈관을 통한 혈류는 혈류속도가 느려 겉질유두의 경사에 최소한의 순효과만 나타내게 된다.

그림 27.7
호주 호핑쥐

III. 초기먼쪽세관 (EARLY DISTAL TUBULE)

먼쪽곱슬세관은 굵은오름다리에 비해 세관벽이 다섯 배 두꺼우며 상피세포에는 사립체가 판모양으로 빽빽하게 가득 들어 있다. 꼭대기막 표면에는 가느다란 미세융모들이 있고 바닥가쪽막에는 주름이 있어 표면적을 증가시킨다. 이런 해부학적 모양으로 볼 때 초기먼쪽곱슬세관이 용질재흡수 부위임을 알 수 있다. 먼쪽곱슬세관은 수분투과성이 매우 낮으며 Mg^{2+}과 Ca^{2+} 항상성의 주요 조절부위이다.

A. 나트륨과 염소

초기먼쪽곱슬세관은 주로 꼭대기막의 Na^+-Cl^- 공동수송체를 통해 소량의 여과된 Na^+와 Cl^-를 재흡수한다. Na^+는 그 후 바닥가쪽막의 Na^+-K^+ ATPase에 의해 세포 밖으로 펌프질되어 사이질로 가게 되는 반면, Cl^-는 Cl^-통로를 통해 이동한다. 먼쪽곱슬세관은 수분투과성이 없어 속공간으로부터 NaCl이 재흡수되면서 내용물은 더욱 희석된다.

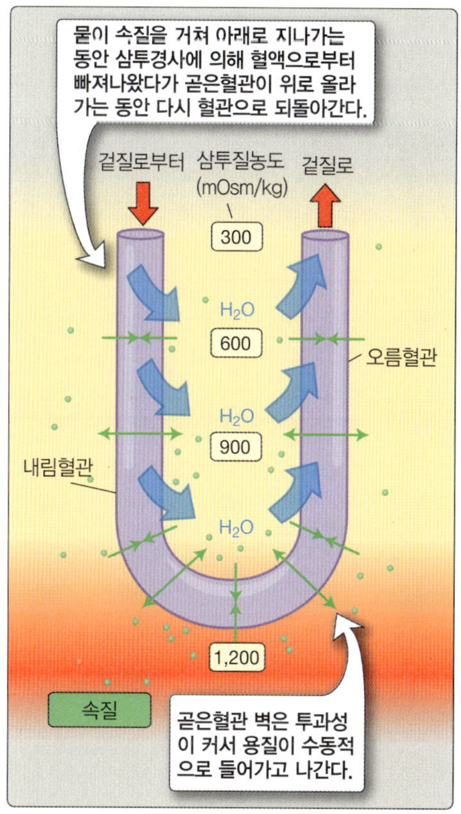

그림 27.8
곧은혈관 역류교환계

B. 마그네슘

세관의 액체가 먼쪽곱슬세관에 도달할 때까지 여과된 Mg^{2+}의 85%가 주로 굵은오름다리에서 재흡수된다. 먼쪽곱슬세관은 Mg^{2+}을 조절하여 재

임상 적용 27.2: 티아지드이뇨제(thiazide diuretics)

티아지드이뇨제(예: hydrochlorothiazide)는 먼쪽곱슬세관의 Na^+-Cl^- 공동수송체에 의한 Na^+ 재흡수를 억제한다. 먼쪽곱슬세관은 소량의 NaCl만 재흡수하므로 티아지드이뇨제의 부종 감소능력은 미약하나, 먼쪽곱슬세관은 혈장의 최종 Na^+ 양을 결정해 혈압을 결정하는데 관여하므로 고혈압 치료에 유용하다. Na^+ 유입이 억제되면 먼쪽곱슬세관 상피세포의 과분극이 일어나 전기화학적 경사가 증가되어 Ca^{2+} 재흡수가 증가한다. 이런 이유로 티아지드이뇨제는 때로 고칼슘혈증을 유발한다.[1]

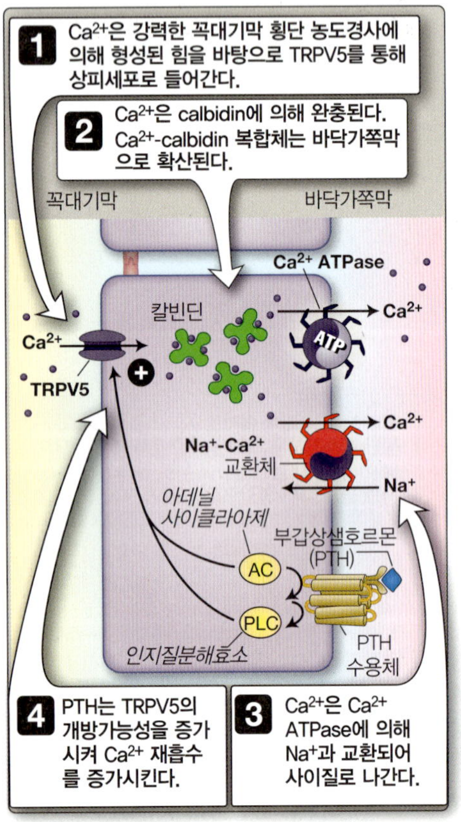

그림 27.9
먼쪽곱슬세관에 의한 칼슘 재흡수. ATP = 삼인산아데노신; TRPV5 = 일과성수용기전위 통로

흡수하는 유일한 부위로, 항상성 조절에 필요한 만큼 재흡수한다. 일단 Mg^{2+}은 먼쪽곱슬세관을 지나면 더 이상 재흡수할 방법이 없다. Mg^{2+}은 먼쪽곱슬세관의 초기부분에 발현되어 있는 TRPM6 (transient receptor potential superfamily의 일원; 2·VI·D 참조)를 통해 세관속공간으로부터 재흡수된다. 표피성장인자는 TRPM6의 활성을 증가시켜 Mg^{2+} 재흡수를 증가시킨다. Mg^{2+} 유입은 수동적으로 꼭대기막을 가로지르는 전기화학적 경사에 의해 이루어진다. 바닥가쪽막을 가로질러 유입되는 방법은 현재까지는 불확실하다.

C. 칼슘

후기먼쪽곱슬세관은 여과된 Ca^{2+} 양의 ~8%를 재흡수한다. 재흡수는 수동적으로 꼭대기막 통로에서 발생하며 그림 27.9에서와 같이 부갑상샘호르몬(PTH)에 의해 조절된다.

1. **꼭대기막:** Ca^{2+}은 전기화학적 경사를 원동력으로 하여 또 다른 TRP군 중 하나인 TRPV5를 통해 꼭대기막을 가로질러 재흡수된다. 모든 세포에서 세포 내 Ca^{2+} 농도는 매우 낮게 유지되어야 하지만(1·II 참조), 꼭대기막을 횡단하는 Ca^{2+} 양에 의해 쉽게 과다해질 수 있다. 그러므로 먼쪽곱슬세관 상피세포들은 다량의 고친화성 칼슘-결합단백질(**calbindin**)을 함유하고 있어 TRPV5를 통해 유입된 Ca^{2+}이 바닥가쪽막을 가로질러 운반될 때까지 완충효과를 나타낸다. 또한 세포 내 완충작용을 통해 세관속공간으로부터 Ca^{2+} 재흡수를 돕는 가파른 전기화학적 경사 역시 유지된다.

2. **바닥가쪽막:** 사이질의 Ca^{2+} 농도는 세포 내 농도보다 ~10,000배나 높다. Ca^{2+}은 바닥가쪽막 Ca^{2+} ATPase에 의해 능동적으로 상피세포 밖으로 나온다. Ca^{2+} ATPase는 배출펌프와 같은 기능을 한다. 세포 내 Ca^{2+} 농도가 증가되면 펌프의 활동성이 증가되어 과도한 Ca^{2+}은 사이질로 축적된다. 또한 바닥가쪽막에는 Na^+-Ca^{2+} 교환체가 있어 세포 내 Ca^{2+} 농도가 높을 때 Ca^{2+}-펌프 활동을 돕는다(그림 27.9 참조).

INFO LINK [1] 티아지드이뇨제의 작용기전과 사용에 대한 더 많은 정보는 *LIR Pharmacology 제5판* 참조.

3. **조절:** Ca^{2+} 재흡수는 부갑상샘호르몬(PTH)에 의해 조절된다. 혈장의 Ca^{2+} 농도가 낮으면 부갑상샘으로부터 PTH가 혈액으로 분비된다(35·V·B 참조). PTH가 먼쪽곱슬세관세포들의 바닥가쪽막에 있는 G단백질연결수용체(GPCR)와 결합하면, G단백질연결수용체는 *아데닐사이클라아제(AC)*와 *인지질분해효소 C*-signaling 경로를 활성화시킨다. 이 둘은 모두 TRPV5의 전도도를 증가시켜 Ca^{2+} 재흡수를 증가시킨다. Ca^{2+} 재흡수에 대한 부갑상샘호르몬의 효과는 calbidin을 포함한 Ca^{2+} 운반에 관여하는 대부분(아마도 모든) 단백질의 발현을 증가시키는 비타민 D에 의해 강화된다.

IV. 먼쪽구역(DISTAL SEGMENTS)

후기먼쪽곱슬세관과 연결세관, 겉질집합관은 유사한 구조와 기능을 가지고 있어 함께 집단으로 **먼쪽구역(distal segment)**이라 언급된다(그림 27.10). 먼쪽구역에서는 산을 분비하는 **사이세포(intercalated cell)**가 세관 상피의 ~20~30%를 차지하며, Na^+을 재흡수하는 **으뜸세포(principal cell)**가 나머지 70~80%를 차지한다.

A. 상피구조(epithelial structure)

후기먼쪽곱슬세관은 콩팥단위에서 가장 먼쪽 부위로 먼쪽곱슬세관은 연결세관에 의해 집합관과 연결되고 집합관은 최종적으로 신우에 연결된다. 여러 개의 연결세관이 겉질집합관과 만나기 전에 합쳐져 각 겉질집합관은

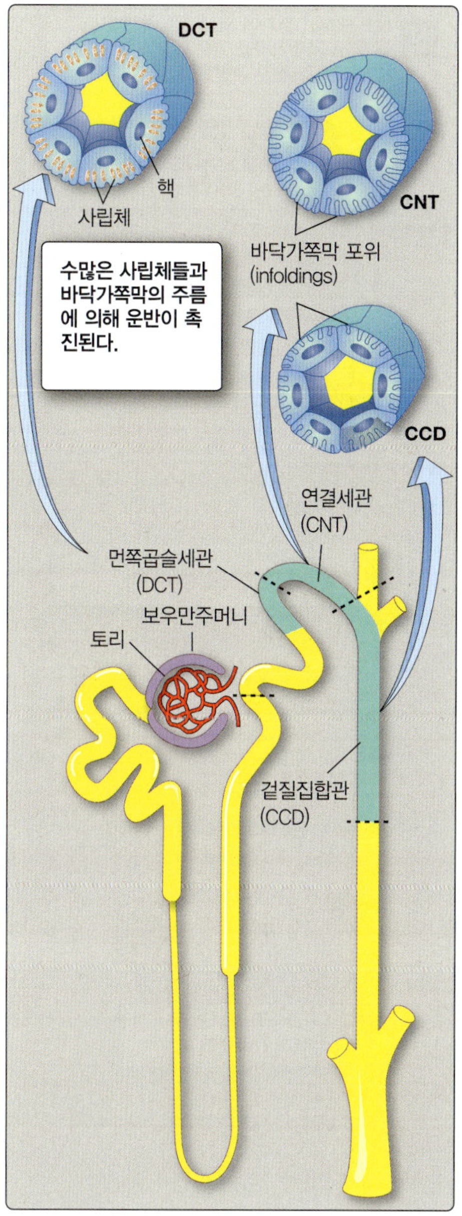

그림 27.10
콩팥 세관 먼쪽분절

임상 적용 27.3: 칼륨-보존 이뇨제(Potassium-Sparing Diuretics)

먼쪽구역은 Na^+과 물을 배설하고 동시에 K^+을 저장하는 두 종류의 약물, 즉 K^+-보존 이뇨제들의 작용부위이다.[1] 먼쪽구역에 도달한 여과액에는 극소량의 Na^+만 남아 있기 때문에 이들 약물이 Na^+을 소변으로 배설하는 능력은 제한적이다. 이 약물들은 대개 K^+ 소실을 막기 위해 고리이뇨제나 티아지드이뇨제와 함께 쓰인다. K^+-보존이뇨제의 한 종류는 상피 Na^+통로(ENaC)를 억제하며, 다른 종류는 알도스테론이 광물부신겉질호르몬수용체(MR)에 결합하는 것을 억제한다.

아밀로라이드(amiloride)와 트리암테렌(triamterene)은 둘 다 ENaC를 억제하고 으뜸세포를 통한 Na^+ 재흡수를 방해한다. Na^+은 세관에 남아 삼투이뇨제로 작용한다. 으뜸세포로 들어가는 Na^+ 양이 감소되면 이차적으로 Na^+-K^+ ATPase 활성이 감소되고 결국 K^+ 흡수와 연이은 분비가 감소한다.

스피로노락톤(spironolactone)과 에플레레논(eplerenone)은 MR에 결합하는 알도스테론의 경쟁적 억제제이다. 이들은 알도스테론 자극에 의해 증가된 ENaC와 Na^+-K^+ ATPase, K^+통로 발현을 억제해, 궁극적으로는 Na^+ 재흡수와 K^+ 분비를 감소시킨다.

[1] K-보존 이뇨제의 작용기전과 사용에 대한 더 많은 정보는 *LIR Pharmacology 제5판* 참조.

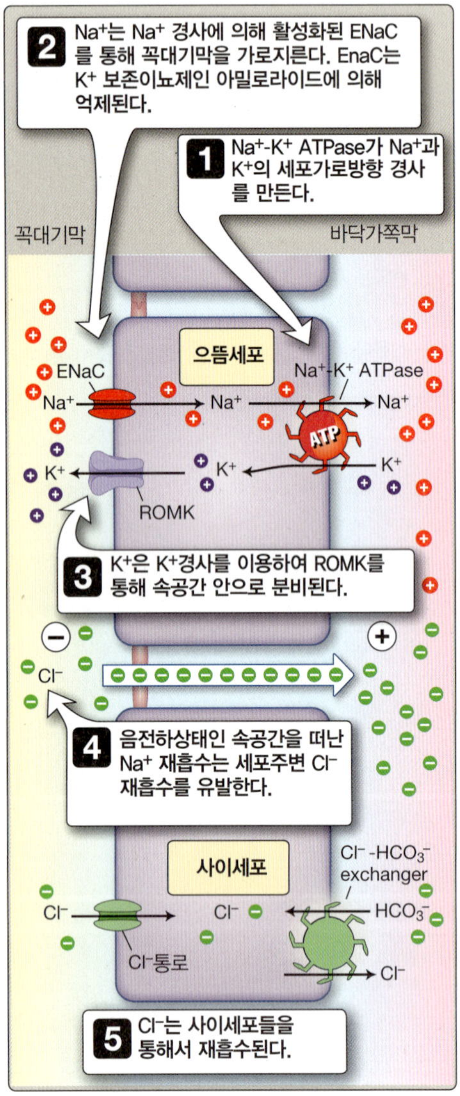

그림 27.11
먼쪽분절에 의한 나트륨과 염소 재흡수
ATP = 삼인산아데노신; ENaC = 상피 Na^+ 통로; ROMK = 콩팥바깥속질 K^+ 통로

~11개의 콩팥단위들로부터 내용물을 받고 있다. 이들 부위에서 상피세포들은 사립체로 가득차 있고 바닥가쪽막은 광범위한 주름으로 표면적을 넓히고 있다.

B. 나트륨과 염소

후기먼쪽곱슬세관에 도달하는 액체는 상대적으로 희석되어 있어 낮은 농도의 Na^+와 Cl^-을 함유하고 있다. 먼쪽구역은 NaCl 여과량의 단지 5%를 재흡수하지만 여기가 바로 세포외액 항상성과 관련된 호르몬들의 조절부위이기에 흡수의 결정적 단계 중 하나라고 할 수 있다(그림 28·III·C 참조).

1. **경로:** Na^+와 Cl^- 재흡수는 바닥가쪽막의 Na^+-K^+ ATPase에 의해 만들어진 세포가로방향 Na^+ 경사에 의해 세포를 횡단하며 이루어진다. 후기먼쪽곱슬세관에는 앞서 III·A절에서 설명했던 것과 동일한 티아지드-민감성 Na^+-Cl^- 공동수송체가 발현된다. 그러나 먼쪽구역 내에서 Na^+ 재흡수를 주도하는 경로는 후기먼쪽곱슬세관(그림 27.11)에 있는 **상피 Na^+통로(epithelial Na channel, ENaC)**이다. Na^+가 ENaC를 통해 꼭대기막을 가로질러 매우 심한 음전하 상태인 세관속공간을 떠나 세포안으로 간다. 꼭대기막의 ROMK를 통한 K^+ 배출로 일부 음전하가 상쇄되나 세관속공간은 혈액과 비교해 −40 mV 내외의 낮은 상태로 남아 있어 세포주위 Cl^- 재흡수의 강력한 원동력이 된다. Cl^-는 또한 α사이세포를 통해 세포를 횡단하여 재흡수된다. 꼭대기막 Cl^-통로를 통해서도 속공간으로부터 유입된 Cl^-는 Cl^--HCO_3^- 교환체를 통해 사이질로 이동한다.

2. **조절:** 으뜸세포에 의한 Na^+ 재흡수는 알도스테론에 의해 조절된다(그림 27.12). 알도스테론은 앤지오텐신 II(Ang-II)나 혈장의 K^+ 증가(고칼륨혈증)에 대한 반응으로 부신겉질로부터 분비된다. Ang-II는 혈압과 콩팥혈류량이 낮을 때 ***레닌*-앤지오텐신-알도스테론계(RAAS)**의 활성화에 의해 생성된다(20·IV·C 참조). 알도스테론은 바닥가쪽막의 광물질부신겉질호르몬수용체(MR)와 결합하여 내재화된 후 핵으로 이동하여 그곳에서 Na^+ 재흡수와 K^+ 분비에 관여하는 수많은 단백질의 전사와 발현을 상향조절한다(아래 참조). 이 단백질들에는 ENaC, ROMK, Na^+-K^+ ATPase가 포함된다. 알도스테론은 표면적과 펌프 용량을 증가시키기 위해 바닥가쪽막에서 새로운 통로와 수송체 소단위의 합성을 자극한다. 새로운 통로와 수송체 소단위의 생성은 비교적 느리게 작동되어 ~6시간이 필요하지만, 알도스테론은 *혈청*과 *글루코코르티코이드활성키나아제*(*serum-and glucocorticoid-activated kinase, SGK*)에 의해 매개되는 단기효과도 가지고 있다. *SGK*는 ENaC 전환율을 감소시키고 바닥가쪽막의 Na^+-K^+ ATPase 활성을 증가시켜 꼭대기막의 Na^+ 투과성을 증가시킨다.

C. 칼륨

고칼륨혈증과 저칼륨혈증은 둘 다 심장의 흥분성과 기능에 불리한 효과를 나타낸다(임상 적용 2.1 참조). 따라서 콩팥은 섭취량 중에서 항상성을 위해 필요한 양보다 초과되는 양은 배설하고 부족한 양은 보충해야 한다. 혈장의 K^+ 농도는 먼쪽콩팥단위구역과 바깥속질집합관에 의해 결정된다

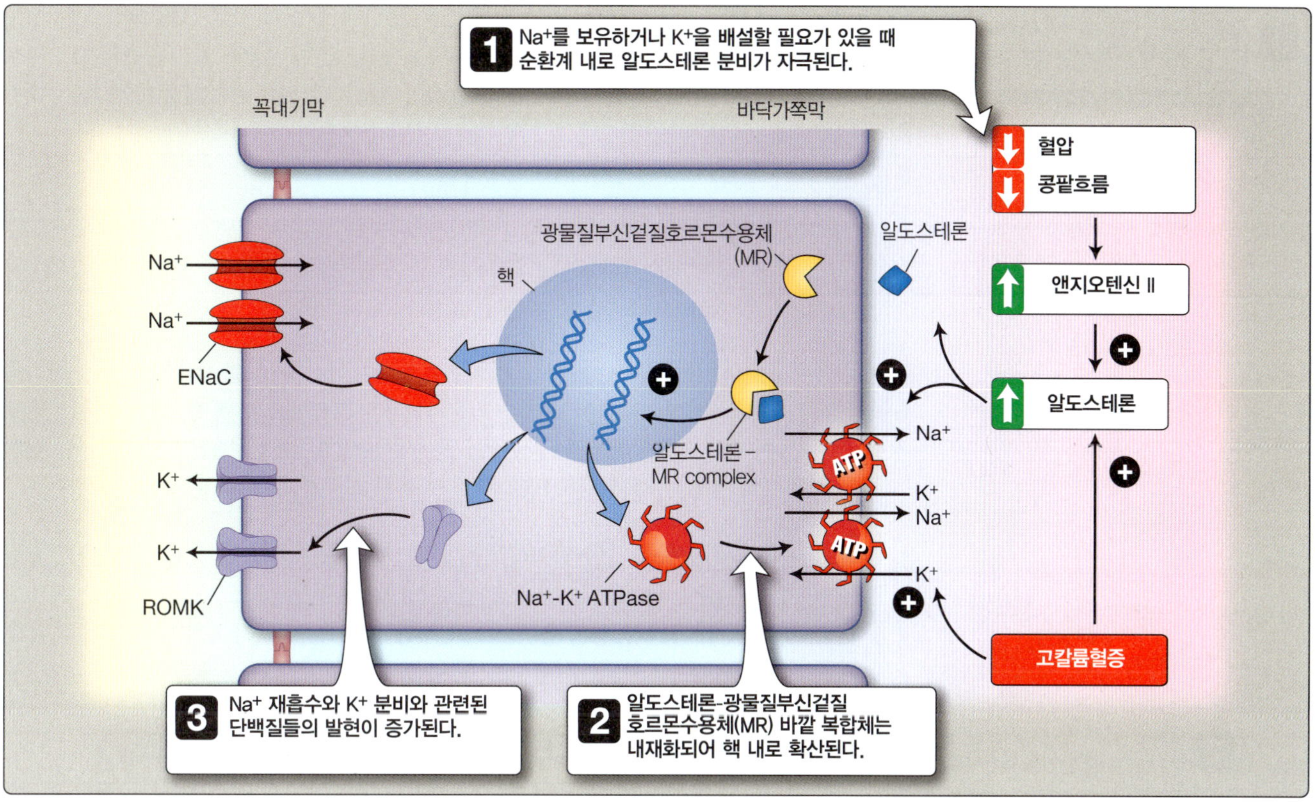

그림 27.12

알도스테론의 먼쪽분절 내 으뜸세포에 의한 나트륨 재흡수와 칼륨 분비 조절
ATP = 삼인산아데노신; ENaC = 상피 Na+통로; ROMK = 콩팥바깥속질 K+ 통로

1. **분비:** K^+은 으뜸세포에 의해 Na^+ 재흡수와 동일한 경로를 사용하여 분비되고 배설된다(그림 27.11 참조). K^+은 바닥가쪽막 Na^+-K^+ ATPase에 의해 혈액으로부터 흡수되어 꼭대기막 ROMK에 의해 세관 속공간으로 전달된다. K^+ 분비는 세포 내 높은 K^+ 농도와 세관속공간 내 최종 음하전에 의해 일어난다(그림 27.11 참조). 고칼륨혈증은 바닥가쪽막 Na^+ -K^+ ATPase 활성을 증가시켜 K^+ 분비를 직접 증가시킨다. 고칼륨혈증은 또한 부신겉질로부터 알도스테론 분비를 촉진하는 강력한 자극제이다. 알도스테론은 그림 27.12에서 보이는 것처럼 Na^+ 재흡수와 K^+ 분비와 관련된 단백질의 발현을 증가시킨다.

2. **재흡수:** K^+ 재흡수는 α사이세포가 담당하며 이 세포 꼭대기막에는 H^+-K^+ ATPase가 발현되어 있다(그림 27.13). ATPase는 K^+과 교환하여 H^+을 세관속공간 안으로 펌프질한다. K^+은 그 뒤에 바닥가쪽막 K^+ 통로를 통해 세포 밖으로 나간다. K^+ 재흡수는 저칼륨혈증 동안 증가하며 으뜸세포와 α사이세포 둘 다의 조절을 받는다.

   a. **으뜸세포(principal cell):** 저칼륨혈증은 순환하는 알도스테론을 감소시켜 K^+ 분비에 관련된 단백질의 발현을 억제한다. 또한 바닥가쪽막 Na^+-K^+ ATPase 활성을 직접 억제하여 으뜸세포에 의한 세포로의 K^+ 흡수를 감소시킨다(그림 27.12).

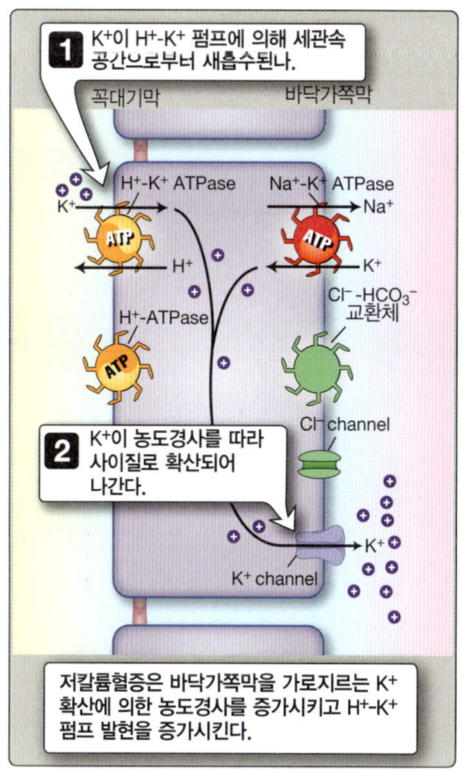

그림 27.13

먼쪽분절 α사이세포에 의한 K+ 재흡수
ATP = 삼인산아데노신

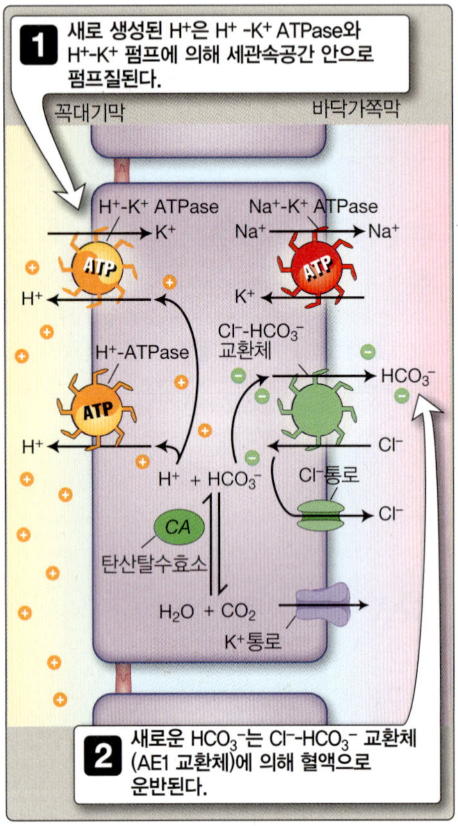

그림 27.14

먼쪽분절 α-사이세포에 의한 산 분비
ATP = 삼인산아데노신

b. **α사이세포:** 저칼륨혈증은 꼭대기막에서 H^+-K^+ ATPase 수를 상향 조절해 α사이세포의 재흡수능력을 증가시킨다. K^+ 흡수와 H^+ 분비 및 배설이 이 펌프와 연결되어 있기 때문에, K^+ 재흡수 증가는 대사성 알카리증을 동반한다.

D. 중탄산염과 산

먼쪽구역에서의 HCO_3^-와 H^+ 조절은 주로 사이세포가 담당하며 α사이세포와 β사이세포 두 종류가 있다.

1. **α사이세포:** α사이세포(또는 A형 세포)가 대부분을 차지하며, 위점막(그림 27.14)에서도 발견되는 H^+-K^+ ATPase를 통해 세관속공간 안으로 H^+을 분비한다. 새롭게 생성된 HCO_3^-는 Cl^--HCO_3^- 음이온 교환체(AE1 교환체)를 통해 사이질을 가로질러 분비된다.

2. **β사이세포:** β사이세포(또는 B형 세포)는 꼭대기막의 Cl^--HCO_3^- 교환체(**pendrom**으로 알려짐)를 이용해 세관속공간으로 HCO_3^-를 분비한다. 새롭게 생성된 산은 H^+-K^+ ATPase에 의해 사이질 내로 펌프질된다.

V. 집합관(COLLECTING DUCTS)

집합관계통으로 들어오는 액체는 모든 유용한 용질들이 제거되어 주변 겉질(~300 mOsm/kg)과 비교해 매우 묽다(~50 mOsm/kg). 이 액체는 물을 추출하기 위해 다시 한번 겉질유두의 삼투기구를 흐르게 된다. 만약 수분섭취량이 항상성의 필요를 초과한다면 집합관을 통한 더 이상 물의 재흡수 없이 세관내 액체는 하루 20리터까지 콩팥굴(renal sinus)과 방광으로 흐르게 된다. 만약 수분섭취가 부족하면(부족한 경우가 대부분임) 물통로가 집합관상피에 삽입되어 물을 재흡수해 혈관으로 돌려보낸다. 이동의 원동력은 겉질유두 경사에 의해 형성된 삼투경사로, 소변이 콩팥굴을 향해 흘러감에 따라 점점 더 증가 된다.

A. 상피구조

바깥속질집합관은 곧고 가지가 없는 관으로 바깥속질을 지나간다(그림 27.15). 안속질집합관은 유두끝을 향해 가며 계속해서 합쳐져 직경이 커지고 벽 두께가 증가하게 된다. 상피세포들은 짤막한 미세융모를 꼭대기막과 바닥가쪽막 표면에 가지고 있고 바닥가쪽막은 주름이 광범위하게 잡혀 있어 재흡수능력이 높다.

B. 소변량 결정인자

건강한 성인은 ~300~500 mOsm/kg의 소변을 매일 ~1~2 L 배설한다. 그러나 섭취한 물의 양과 증발(피부, 점막, 허파) 및 비소변성 배설(즉 대변, 28·II·A 참조)을 통한 손실량에 따라 상당한 편차가 존재할 수 있다. 그러나 각 배설에 대한 생리적 한계는 있다.

1. **최대배설량:** 최대 소변배설은 하루 20 L 내외이다. 배설률이 더 증가한다 하더라도 하루 20 L를 초과하면 세관속공간으로부터 Na^+과 K^+을 재흡수할 수 있는 콩팥 능력을 초과하므로 저나트륨혈증과 저칼륨혈증이 발생한다. 저나트륨혈증은 메스꺼움과 두통, 착란, 발작(모두 대뇌부종의 증상들임)을 유발하며 저칼륨혈증의 경우(위 참조)와 마찬가지로 사망할 수 있다.

2. **최소배설량:** 인체에서는 매일 ~ 600 mOsm의 용질이 생산되며 소변으로 배설해야만 한다. ~1200 mOsm/kg까지인 겉질유두 경사에 의해 소변농축 능력이 제한되므로 600 mOsm의 용질이 배설되려면 적어도 0.5리터의 액체가 함께 동반되어야 한다. 만약 추가로 더 많은 용질이 배설되어야 한다면(예: 짠 음식을 너무 많이 먹은 경우) 소변량은 이에 따라 증가된다.

3. **유리수분청소율(free water clearance):** 유리수분청소율(C_{H_2O})은 콩팥의 수분 조절능력을 측정하는 수단이다. 희석뇨(즉 삼투질농도가 혈장 혹은 ~300 mOsm/kg 보다 적을 때)에 대해 두 가지를 생각해볼 수 있다. 첫째는 배설되는 용질을 용해하여 최종삼투질농도를 300 mOsm/kg까지 만들기 위해 필요한 액체량이다. 두 번째는 **유리수분(free water)**, 즉 배설되는 용질을 용해하는데 필요한 양보다 더 많은 소변 내 물의 양이다. C_{H_2O}는 직접 계산할 수 없으며, 총소변량을 측정한 후 소변 내 포함된 배설된 삼투용질의 양으로부터 등삼투성용액을 만들기 위해 필요한 물의 양을 빼준 값이다. 나중에 설명된 성분을 삼투청소율(C_{Osm})이라고 한다.

$$C_{Osm} = \frac{U_{Osm} \times V}{P_{Osm}}$$

U_{Osm}은 소변삼투질농도, V는 소변량, P_{Osm}은 혈장삼투질농도을 의미한다. 유리수분청소율은 다음과 같이 계산한다.

$$C_{H_2O} = V - C_{Osm} = V \times \frac{(1 - U_{Osm})}{P_{Osm}}$$

C_{H_2O}가 음의 값이면 소변이 농축되었음(고삼투성)을, 양의 값이면 소변이 희석되었음(저삼투성)을 의미한다.

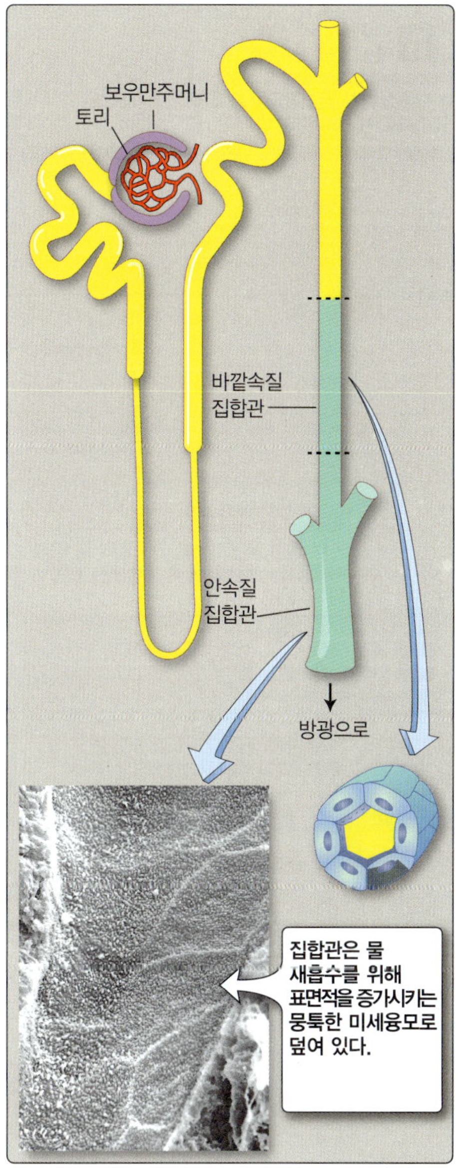

그림 27.15
콩팥속질 집합관

C. 수분 재흡수(water reabsorption)

항상성의 필요를 초과해 물을 섭취하면 주석으로 만든 수직 낙수 홈통을 따라 내려 가듯이 희석뇨가 집합관을 통해 방광까지 큰 변화없이 지나간다. 만약 액체를 보존할 필요가 있다면 실제로 모든 액체(필수손실량인 0.5 L/day를 제외한)가 재흡수될 수 있다. 수분 재흡수와 최종소변농도는 세관상피의 액체통로 존재 유무에 의해 결정되며 **항이뇨호르몬(ADH; arginine vasopressin**이라고도 알려져 있음)에 의해 조절된다.

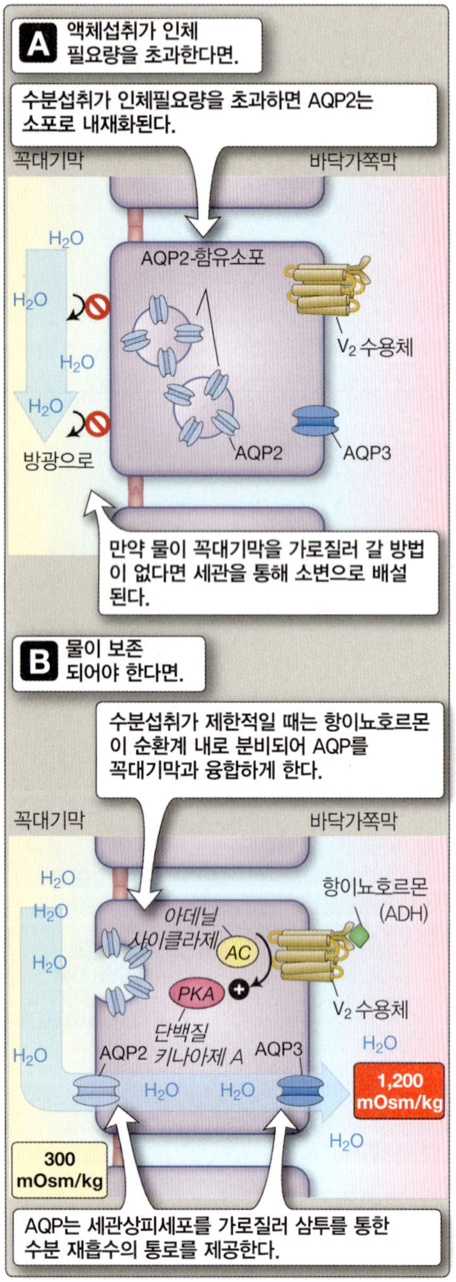

그림 27.16
집합관에서 수분 재흡수
ADP = 이인산아데노신; V_2 = 2형 바소프레신

1. **물통로(aquaporin):** 물통로는 물이 지질이중층을 가로질러 갈 수 있게 하는 구멍을 형성한다(1·V·A 참조). 물통로는 본질적으로 토리쪽세관과 내림가는다리의 꼭대기막과 바닥가쪽막에 발현되어 이들 구역이 높은 액체투과성을 갖게 한다. 오름가는다리와 굵은오름다리는 물통로가 발현되지 않아 물 투과성이 없다. 연결세관, 겉질집합관, 바깥속질집합관, 안속질집합관의 모든 으뜸세포에는 물통로인 aquaporin 2 (AQP2)가 발현되나, 항이뇨호르몬이 바닥가쪽막의 바소프레신(V_2) 수용체(그림 27.16A)에 결합하여야 꼭대기막에 삽입된다.

2. **항이뇨호르몬(antidiuretic hormone):** 항이뇨호르몬은 혈장 삼투질농도가 증가하거나 평균동맥압이 감소되면 뒤뇌하수체로부터 분비되어 세관주위 모세혈관을 통해 집합관계까지 운반된 후 ADH V_2 수용체와 결합한다. V_2수용체는 G단백질연결 수용체로 항이뇨호르몬이 결합되면 *아데닐사이클라아제* 신호전달경로(1·VI·B·2 참조)를 통해 *단백질키나아제 A* (*PKA*)를 활성화시킨다. *PKA*는 세포 내 수송단백질을 인산화하여 AQP2를 포함하는 소포를 세포표면까지 운반해 꼭대기막과 융합하게 한다.

3. **수분 재흡수:** 집합관 으뜸세포들의 바닥가쪽막은 또한 항이뇨호르몬의 영향을 받지 않는 물통로 아형(AQP3)을 포함한다. AQP2와 AQP3는 둘 다 세관과 사이질 사이의 삼투경사에 의한 세포가로방향으로의 수분 재흡수를 위한 경로를 제공한다. 먼쪽곱슬세관으로부터 집합관계로 들어가는 액체는 삼투질농도가 겉질보다 낮다(~300 mOsm/kg보다 낮은 ~100 mOsm/kg). 이런 차이에 의해 상당량의 물이 겉질유두의 삼투기구에 도달하기도 전에 재흡수된다. 세관 내용물이 유두를 향해 흐르면 더 많은 물이 재흡수되어 소변의 삼투질농도는 최대값에 도달한다.

4. **물통로 재순환(aquaporin recycling):** 수분 섭취가 증가하면 순환하는 항이뇨호르몬이 감소되어 물통로들은 세포내섭취를 통해 막으로부터 제거되고 꼭대기막 아래 소포로 돌아간다. 으뜸세포는 항이뇨호르몬 분비가 재개되어 물통로가 꼭대기막 표면으로 되돌아갈 때까지 물에 비투과 상태로 되어 있다.

D. 요소 재순환(urea recycling)

안속질집합관으로 들어가는 액체는 이제 소변의 최종 상태에 가까워져 있다. 주요 배설성분들은 요소와 크레아티닌, 암모늄염, 유기산이다. 소변생성의 최종단계는 항이뇨호르몬에 의해 조절되는 요소 재흡수이다.

1. **재흡수:** 요소는 높은 관 내 농도에 의한 촉진확산을 통해 재흡수되며 이 과정은 안속질집합관 내 요소수송체(UTs)에 의해 촉진된다(그림 27.17). 바닥가쪽막에는 본질적으로 능동적인 요소수송체가 있고 꼭대기막에는 항이뇨호르몬에 의해 능동성을 갖게 되는 요소수송체(UT-A1)가 있다. 항이뇨호르몬에 의해 UT-A1가 *PKA*-의존 인산화가 되면, 요소가 세관을 떠나 속질 사이질로 되돌아 가는 경로를 만든다. 세관벽

을 사이에 두고 요소가 균형을 이루게 되는 것은, 세관 안에 매우 농축된 액체로 인해 발생될 수 있는 삼투성이뇨를 예방한다. 또한 요소는 소변 농축에 필요한 겉질유두 삼투경사 형성에도 기여한다(그림 27.18).

2. **재순환:** 집합관과 혈관, 콩팥단위의 세관들의 해부학적 관련성을 면밀히 살펴보면(그림 27.5 참조) 안속질집합관으로부터 사이질로 다시 들어가는 요소는 초기세관구역에 의해 재흡수되거나 또는 순환에 의해 제거될 가능성이 있는 것을 알 수 있으며, 실제로 두 가지 경우가 다 일어난다.

   a. **콩팥세관고리(헨레고리):** 요소는 내림가는다리와 오름가는다리에서 촉진운반을 통해 상피를 가로질러 세관으로 다시 들어간다(그림 27.18 참조). 그 후 먼쪽구역과 집합관에서 소변으로 배설되거나 속질로 한 번 더 재순환하게 된다.

   b. **곧은혈관:** 하행곧은혈관에는 UT-B수송체가 발현되어 있어 요소가 촉진확산에 의해 혈관으로 들어갈 수 있다. 곧은혈관에서의 요소흡수는 요소가 혈액의 삼투질농도를 증가시키므로 속질의 삼투경사가 씻겨나가는 것을 예방할 수 있어 유익하다. 요소는 곧은혈관을 빠져나와 사이질로 다시 들어간다(그림 27.18 참조). 따라서 최종적으로 전신 순환계로 돌아오는 양은 최소량이다(처음여과량의 ~5%).

3. **배설:** 최종적으로 소변으로 배설되는 요소의 양은 수분 보존 필요량에 의해 결정된다. 수분 섭취가 제한되면 요소는 속질 안을 재순환하며 최소한으로 배설된다. 수분 섭취에 제한이 없다면 항이뇨호르몬 분비가 억제되고 요소가 안속질집합관을 떠날 수 있는 경로가 없어 소변으로 배설된다.

E. 산 조절

α사이세포들은 소변이 집합관을 지나는 동안 계속해서 H^+을 분비해 소변을 산성화한다(pH 4.4, 얻을 수 있는 최소값). 크레아티닌(pK = 5.0)은 그렇게 낮은 pH에서도 완충제로서 H^+ 배설을 도우나 산의 대부분은 NH_4^+ 형태로 배설된다. NH_4^+는 "확산걸림(**포착, diffusion trapping**)"의 결과 혹은 직접 분비 형태로 배설된다.

1. **확산걸림(포착, diffusion trapping):** NH_4^+는 토리쪽세관 내 글루타민 대사 결과로 만들어진 NH_3로부터 생성된다(26·IX·C 참조). NH_3는 지용성으로 토리쪽세관 상피세포 밖으로 확산해 나가 사이질로 들어가서 비교적 높은 농도로 축적된다. 일부 NH_3는 세관이나 집합관속 공간 안으로 확산되어 즉시 H^+와 결합해 NH_4^+를 생성한다. NH_4^+는 지용성이 아니므로 재흡수를 촉진하는 수송체가 없으면 세관 내에 남아 있게 된다. 토리쪽 구역에 남아 있는 NH_4^+는 굵은오름다리 내 Na^+-K^+-$2Cl^-$공동수송체에 의해 능동적으로 재흡수되어 역류배가를 통해 겉질유두 삼투경사 생성을 돕기 위해 사이질로 운반된다(위 II·B·3 참조).

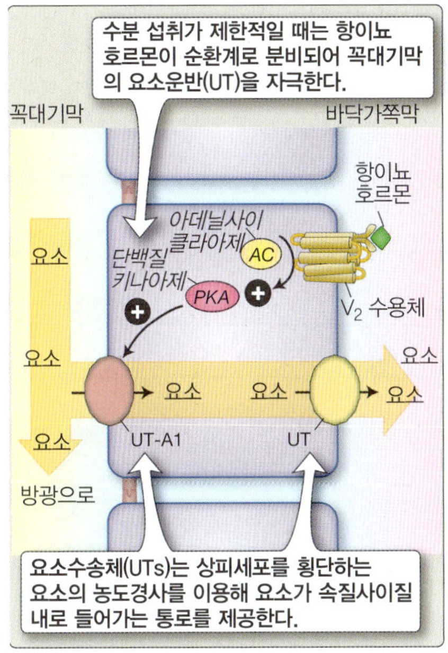

그림 27.17
안속질집합관에서 요소 재흡수

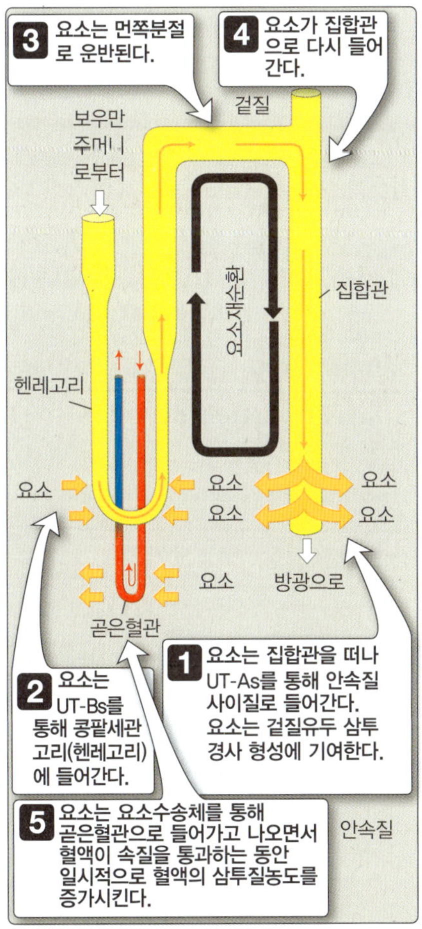

그림 27.18
요소 재순환. UT = 요소수송체

2. **운반:** 굵은오름다리에서 사이질로 운반된 일부 NH_4^+는 곧은혈관으로 들어가 순환계에 의해 운반되다가(세척) 결국 간에 도달해서 요소로 전환된다. NH_4^+ 상당량은 촉진운반에 의해 집합관속 공간까지 운반되어 소변으로 배설된다. 집합관상피세포에는 바닥가쪽막과 꼭대기막 모두에 NH_4^+-H^+ 교환체가 발현되어 배설을 위한 경로를 제공한다.

27장 요약

- 콩팥세관의 기능은 무기이온을 재흡수하고 소변을 농축하는것이다. 이 구역은 Na^+과 K^+, Ca^{2+}, Mg^{2+}, Cl^-, 물에 대한 **항상성 조절(homeostatic regulation)**의 주요 부위이다.
- **콩팥세관고리(헨레고리)**는 **겉질유두 삼투경사(corticopapillary osmotic gradient)**를 통해 세관 내용물이 운반되면서 여과액으로부터 물을 제거할 수 있도록 설계된 세 구역으로 구성되어 있다.
- 겉질유두 삼투경사는 **역류배가계(countercurrent multiplication)**에 의해 형성된다. 역류배가계는 **굵은오름다리(thick ascending limb, TAL)**에서 만들어진 상피가로방향 삼투경사에 의해 형성된다. 굵은오름다리는 Na^+과 다른 이온(예: NH_4^+)을 겉질사이질 안으로 펌프질한다. 이온은 **가는내림다리(thin descending limb)** 안으로 확산되어 내부 액체의 삼투질농도를 증가시킨다. 이들 이온은 고리끝 주위 유두를 향해 운반되다가 가는오름다리를 통해 굵은오름다리를 향해 다시 올라간다. 이들이 굵은오름다리에 도착하면 속질로 되돌아가기 위해 사이질 안으로 펌프질되어 나간다. 따라서 고리는 속질 내에 이온을 붙잡아 이 부위가 높은 삼투질농도를 갖게 만든다.
- 겉질유두 삼투경사로 인해 세관속 공간으로부터 액체와 이온이 추출된다. 재흡수된 액체는 **곧은혈관(vasa recta)**에 의해 밖으로 운반된다. 곧은혈관의 내림다리와 오름다리를 통한 흐름은 반대방향으로 일어나므로 **역류교환계(countercurrent exchange system)**를 형성해 들어오는 동맥혈액이 삼투경사를 씻어내는 것을 예방한다.
- **초기먼쪽곱슬세관(early distal convoluted tubule)**은 Ca^{2+}와 Mg^{2+}의 재흡수를 조절하는 주요 부위이다. Ca^{2+} 재흡수는 **부갑상샘호르몬(parathyroid hormone)**에 의해 조절된다.
- **먼쪽구역(distal segment)**, 즉 **후기먼쪽곱슬세관(late distal convoluted tubule)**과 **연결세관(connecting tubule)**, **집합관(collecting duct)**은 Na^+와 K^+의 항상성을 조절하는 주요부위이다. Na^+ 재흡수는 **알도스테론(aldosterone)**에 의해 조절된다. 알도스테론은 꼭대기막과 바닥가쪽막의 Na^+ 통로와 펌프의 발현을 상향조절하여 상피세포의 Na^+ 투과성을 증가시킨다.
- K^+은 혈장 내 농도에 따라 재흡수되거나 분비된다. 분비는 고칼륨혈증에 의해 증가되며 알도스테론을 통해 일어난다. 알도스테론은 상피세포의 K^+ 투과성과 Na^+-K^+ ATPase 활성을 증가시킨다.
- **집합관(collecting duct**, 겉질집합관 및 안과 바깥속질집합관)은 물을 재흡수하여 최종소변 삼투질농도를 결정한다. 재흡수는 **항이뇨호르몬(antidiuretic hormone)**에 의해 조절된다.
- 항이뇨호르몬 분비는 증가된 혈장삼투질 농도나 감소된 혈압에 의해 자극된다. 호르몬은 세관상피세포 꼭대기막에 **물통로(aquaporins)** 삽입을 자극해 항이뇨효과를 발휘한다. 겉질유두 삼투경사에 의해 발생하는 삼투에 의해 액체가 재흡수된다.
- 바깥속질집합관은 또한 요소 재흡수가 일어나는 장소이다. 요소는 촉진확산에 의해 재흡수된다. 수분 섭취가 제한될 때 세관액은 크게 농축되어 속질사이질 안으로 요소를 강하게 이동시킨다. 속질 내 요소의 존재가 겉질유두 삼투경사의 강한 원동력이 된다.

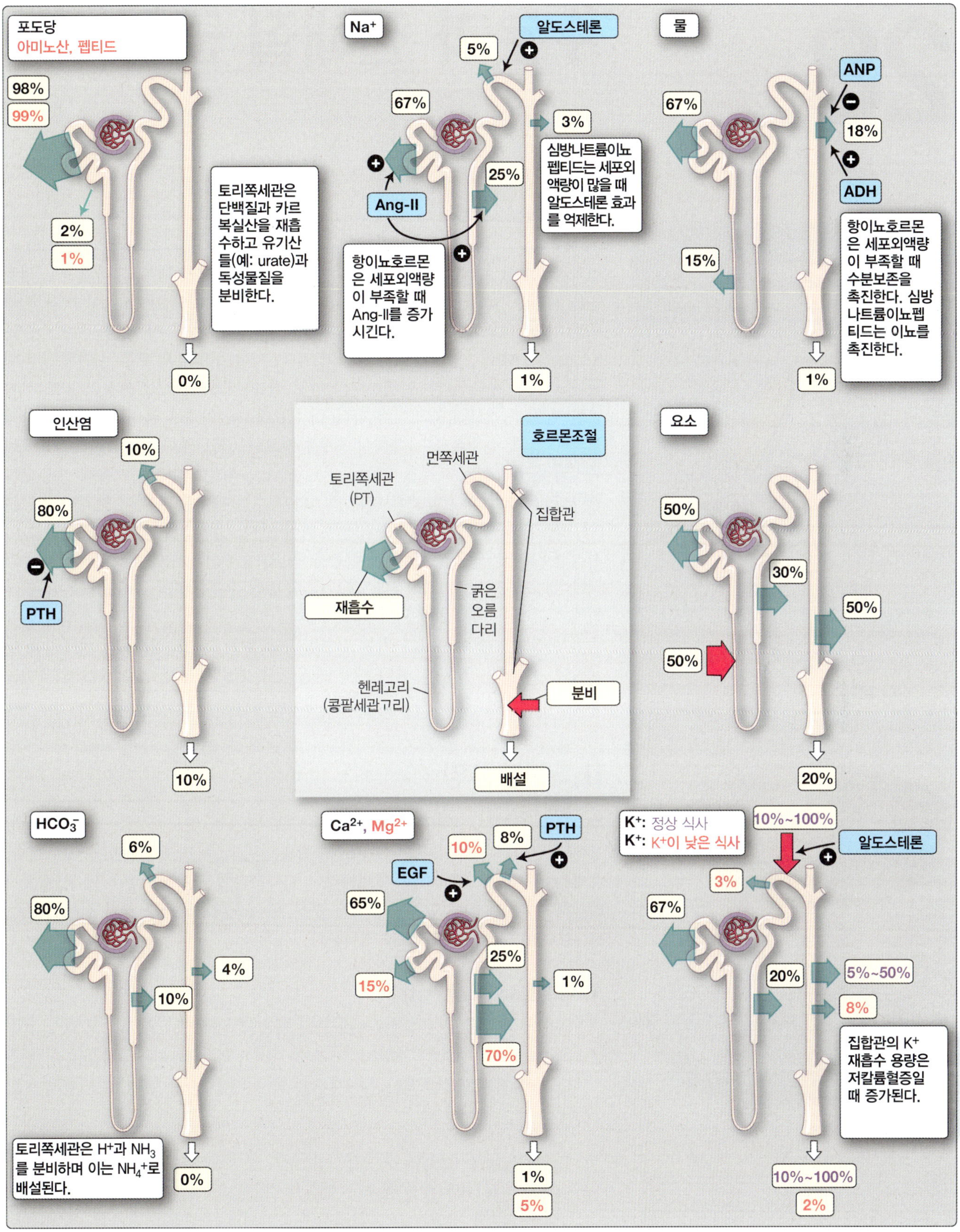

그림 27.19

콩팥단위에 의한 용질과 수분 재흡수 주요 부위들. ADP = 항이뇨호르몬; Ang-II = 앤지오텐신 II; ANP = 심방나트륨이뇨펩티드; ECF = 세포외액; EGF = 표피성장인자; PTH = 부갑상샘호르몬

28 수분과 전해질 균형

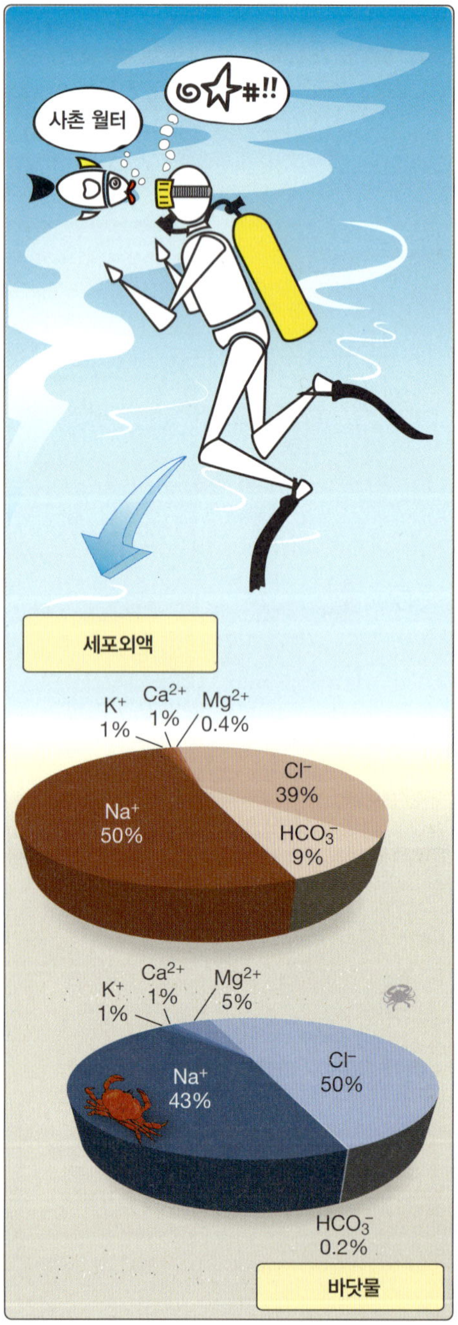

그림 28.1

안쪽바다와 바깥바다 전해질 구성

I. 개요

진화과정에서 우리의 조상이 바다에서 땅위로 올라왔을 때부터, 바닷물에 세포들을 담가두기 위해 몸안에 작은 바다를 유지해왔다(그림 28.1). 이 바다는 세포외액(ECF)으로 주로 Na^+과 Cl^-, 물로 구성되어 있으며 소량의 HCO_3^-와 K^+, Ca^{2+}, Mg^{2+}, 인산염도 포함되어 있다. 이들 구성성분 모두는 인체 생리에서 중요한 역할을 하며, 인체가 살아남고 잘 자라기 위해 각 용질의 농도는 제한된 범위 내에서 유지되어야 한다(표 1.1 참조). 인체는 분비와 배설, 증발의 결과로 물과 전해질을 계속해서 주위환경으로 잃고 있다. 물과 전해질균형이 유지되려면 손실된 부분을 액체로 마시거나 음식을 먹는 일을 통해 보충해야 한다. 그러나 소화계를 통한 염분 섭취와 흡수는 대부분 조절이 안되며 영양분(즉, 포도당과 펩티드)의 흡수와 연관되어 있다. 만약 세포외액의 염분과 물이 적정선보다 낮으면(염분열망과 갈증을 통해) 중추신경계(CNS)는 섭취를 늘리도록 행동을 변화시킬수 있다. 그러나 염분과 수분균형의 주요조절은 콩팥에 의해 매개되는 배설을 통하여 이루어진다. 비록 인체는 모든 공통 전해질의 안정된 혈장농도를 유지하기 위한 다양한 경로들을 가지고 있지만, 세포외액 항상성에 대해서는 Na^+과 물이 매우 중요하다. Na^+과 물은 함께 세포외액량을 결정하고 따라서 혈장량과 심박출량, 평균동맥압을 결정한다.

II. 수분균형

수분균형 유지는 인체의 가장 기본적이고도 중요한 항상성 기능 중 하나이다. 물은 보편적인 용매이므로 총체액량(TBW)이 감소하면 용질농도가 상승해 인체기능에 손상을 초래한다. 총체액량이 심박출량과 평균동맥압(아래 III절에서 자세하게 설명)에 큰 영향을 준다는 것은, 총체액량의 조절경로가 섭취와 배설 모두에 영향을 미친다는 것을 의미한다.

A. 기록표(tally sheet)

사람은 평균 하루에 ~ 2.5 L의 물을 섭취하고 배설한다. 실제 수분 요구량은 표 28.1에서 보는 것처럼 다소 작으며 이는 **불감성(insensible)**수분손실(증발)과 필연수분손실(소변생성을 위한 필요량; 27·V·B 참조)로 구분된다.

1. **섭취:** 섭취기록용지에는 대사를 통해 생성된 물($C_6H_{12}O_6$ + 6 O_2 → 6 CO_2 + 6 H_2O)과 음식으로 섭취한 것, 음료수로 마신 것들이 포함된다. 물 마시기는 중요한 조절기전이며 순섭취량은 상당히 변화될 수 있다.

2. **배출:** 배출은 호흡기와 피부 상피로부터의 수분증발(불감성 손실)과 땀, 대변 수분, 소변을 포함한다. 호흡기상피로부터의 수분손실은 호흡률과 대기의 습도에 의해 결정되나 이런 손실은 단지 극단적인 상태(예: 고지대 등산)에서만 액체균형에 영향을 미친다. 피부증발은 정상상태에서는 비교적 일정하다. 땀 발생은 고온상태에서 1.5~2.0 L/hr에 도달한다. 구토와 설사(임상 적용 4.4 참조)는 큰 수분손실을 유발하나 정상적인 대변을 통한 수분소실은 그리 크지 않다. 소변형성이 가장 중요한 배출 조절기전이다.

B. 감각기전(sensory mechanism)

총체액량은 세포외액 삼투질농도의 변화를 반영하며(osmolarity와 osmolality의 차이는 23·II·B 참조), 보통 정상적으로 275~295 mOsm/kg이다. 삼투질농도(osmolality)는 두 개의 **뇌실주위기관(circumventricular organ)**인 **종말판혈관기관(organum vasculosum of the lamina terminalis, OVLT)**과 **뇌활밑기관(subfornical organ, SFO;** 그림 7.10 참조)에 위치한 삼투수용기가 감지한다. 삼투수용기는 신경세포들로 세포외액 삼투질농도 변화에 따른 세포용량 변화에 반응한다(3·II·E 참조; 그림 28.2). 총체액량이 감소하고 세포외액 삼투질농도가 증가하면 액체는 삼투를 통해 삼투수용기로부터 빠져나와 세포가 쪼그라들게 된다(그림 28.2B 참조). 기계감수일과성수용기전위통로(TRPV4, 2·VII·D 참조)가 세포수축을 감지하면, 통로가 열려 양이온이 유입되고 삼투수용기가 탈분극된다. 총체액량이 증가하면 삼투수용기를 가진 신경세포가 팽창되어 TRPV4가 열릴 확률이 감소하여 세포막은 과분극되고 신호전달은 억제된다.

C. 조절

삼투수용기를 가진 신경세포는 가까운 **시상하부(hypothalamus)**로 정보를 보내며 시상하부는 **삼투압 조절중추**(삼투질농도 조절센터) 역할을 한다. 삼투질농도 변화에 대한 반응은 **교차위핵(supraoptic nucleus)** 내 위치한 신경분비세포에 의해 효과가 나타난다. 신경분비세포는 스스로 삼투감수성이 있어 삼투조절의 또 다른 수단이 된다.

수분균형은 수분섭취와 소변배설을 조절하여 얻어진다.

어떤 사람들은 세포외액의 삼투질농도가 정상범위 내에 있을 때에도 삼투수용기가 강하게 흥분되는 **재조정삼투조절중추(reset osmostat)**라는 드문 병에 걸린다. 이런 재조정삼투조절중추는 항이뇨호르몬부적절분비증후군(syndrome of inappropriate antidiuretic hormone release, SIADH; 임상 적용 28.1 참조)의 원인 중 하나이다.

1. **섭취:** 갈증이 있을 때는 수분섭취 욕구가 생겨 갈증해소 음료를 찾게 된다. 감각은 **앞띠다발겉질(anterior cingulate cortex)**과 **섬겉질(insular cortex)**을 포함하는 고위 겉질부위에 의해 매개된다. 갈증은 조직의 삼투질농도가 변하기 전에 채워진다. 이는 아마도 입인두와 소화기 삼투수용기로부터의 감각정보를 반영하기 때문인 것 같다.

표 28.1 수분 섭취와 배출경로

경로	mL/day
섭취	
대사	300
식품	800
음료수	500*
총	1,600
배출	
대변	200*
피부	500
허파	400
소변	500*
총	1,600

*조절되는 단계들

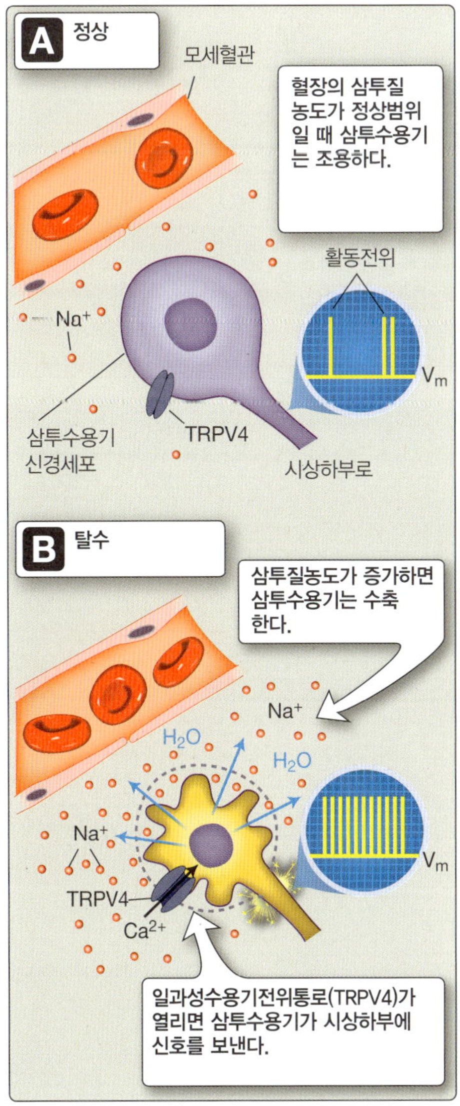

그림 28.2
삼투수용기에 대한 삼투질농도 증가의 효과
V_m = 막전위

2. **배출:** 토리는 ~125 mL/min의 속도로 물을 콩팥세관 내로 여과한다. 대략 67%의 여과액이 즉시 토리쪽세관에서 재흡수되고 15%는 콩팥세관고리(헨레고리)의 내림가는다리(DTL)에서 재흡수되며 남아 있는 18%는 바깥속질집합관과 안속질집합관에서 각각 재흡수된다. 배설조절은 **항이뇨호르몬**을 통해 이들 먼쪽구역에서 일어난다. 항이뇨호르몬은 작은 펩티드 호르몬으로 시상하부 신경분비 신경세포들에서 생성되어 축삭운반에 의해 이동해 그림 28.3에서 보이는 것처럼(7·VII·D 참조) 뒤뇌하수체 종말에서 분비된다.

   a. **분비:** 삼투질농도의 상승으로 항이뇨호르몬 분비가 자극되면 순환계 안으로 용량-의존적으로 분비된다. 분비문턱값은 280 mOsm/kg이므로 혈장 삼투질농도가 정상범위 내에 있어도 소량의 항이뇨호르몬이 순환계에 존재한다. 항이뇨호르몬은 15~20분의 반감기를 가지며 콩팥과 간에서 단백질분해효소에 의해 대사된다.

> 평균동맥압은 결정적으로 세포외액량에 의존적이기 때문에 항이뇨호르몬 분비문턱값은 평균동맥압을 적정화하기 위해 조정된다. 따라서 평균동맥압이 낮으면 세포외액의 삼투질농도가 정상화되었더라도 항이뇨호르몬 분비가 계속된다(그림 28.4).

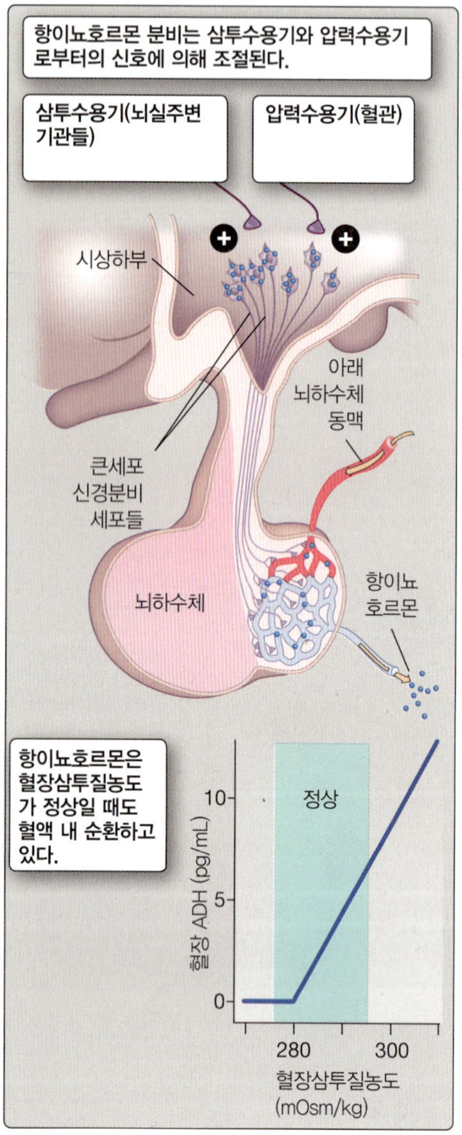

그림 28.3
항이뇨호르몬 분비 조절

임상 적용 28.1: 항이뇨호르몬 분비 질환

항이뇨호르몬부적절분비증후군(syndrome of inappropriate antidiuretic hormone, SIADH)은 비교적 흔한 질환으로 혈액 내 항이뇨호르몬의 증가와 수분정체가 특징이다. 그 결과로 환자들은 전형적으로 저나트륨혈증이 발생한다. 비록 어떤 환자는 원인불명이지만, 항이뇨호르몬부적절분비증후군의 흔한 원인은 중추신경계질환(뇌졸중과 감염, 부상), 약물(carbamazepine과 oxcarbazepine 같은 항경련제, 특정암 치료제인 cyclophosphamide), 일부 호흡기질환, 암종이다. 예를 들어 소세포폐암의 경우 항이뇨호르몬 분비가 전혀 조절이 되지 않아 항이뇨호르몬부적절분비증후군을 일으킨다.

중추요붕증(central diabetes insipidus, CDI)은 혈액 내 항이뇨호르몬 감소로 인한 다뇨가 특징이다. 또한 야뇨와 다음증이 발생한다. 원인불명이 가장 많으며 시상하부의 항이뇨호르몬 분비세포 변성이 특징적이다. 중추요붕증은 또한 부상과 수술에 의해 발생할 수 있다. 가족성 중추요붕증은 우성유전으로 항이뇨호르몬 유전자돌연변이에 의해 일어난다. 그 중 가장 흔한 형태는 항이뇨호르몬 처리과정에 결함을 유발하고 이상호르몬 축적을 일으킨다. 분비세포들은 그로 인해 변성되나, 아직까지 정확한 원인을 찾고 있는 중이다.

b. **작용:** 항이뇨호르몬은 물이 집합관 밖으로 나와 세포외액에서 다시 합류하게 하는 통로를 제공한다(27·V·C 참조). 이 경로가 없으면 물은 그대로 방광으로 흘러 배설된다.

c. **음성되먹임:** 항이뇨호르몬을 매개로 한 세포외액량 증가는 **심방나트륨이뇨펩티드(atrial natriuretic peptide, ANP)**에 의해 제한된다. 심방나트륨이뇨펩티드는 세포외액과 혈액량이 많을 때 심방심근세포에서 분비된다. 심방나트륨이뇨펩티드는 항이뇨호르몬 분비와 항이뇨호르몬 매개 수분정체를 억제하는 등 많은 작용(아래 자세하게 설명)을 한다(그림 28.5).

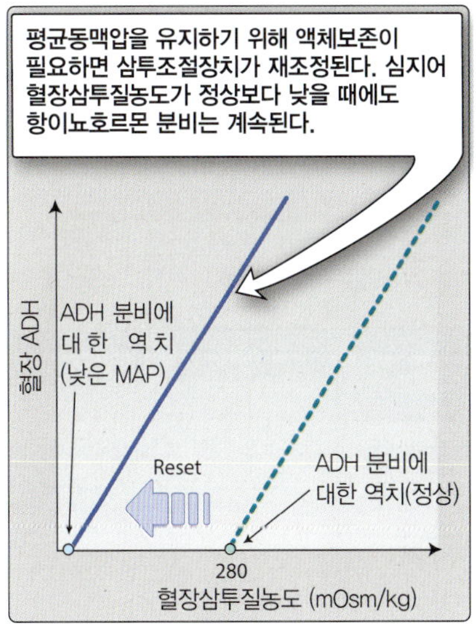

그림 28.4
항이뇨호르몬 분비에 대한 동맥압 효과

III. 나트륨균형

나트륨(Na^+)균형에 관여하는 기전과 부위를 식별하는 것은 가능하나 Na^+ 균형에 관여하는 경로들은 수분균형과 평균동맥압을 조절하는 경로와 밀접하게 뒤섞여 있어서 Na^+ 균형만 따로 설명할 수 없다.

A. 기록표

인체에는 평균 ~75 g의 Na^+이 있으며 그 중 거의 절반이 풋뼈(osteoid)에 묶여 있다. Na^+은 음식으로부터 얻으며 대변과 땀, 소변을 통해 배출된다.

1. **섭취:** 평균적인 식사를 통해 소실량 보충을 위해 필요한 양보다 훨씬 더 많은 Na^+을 얻게 된다. 미국의 권장 식사허용량은 하루에 1.5~2.3 g이지만 1인당 소비량은 세계적으로 훨씬 더 많다(하루 7 g 이상). 한편 저염식사는 나트륨 갈망을 일으켜 짠음식을 찾아 먹게 한다. 그러나 그 경로는 아직 잘 알려져 있지 않다.

2. **배출:** 섭취된 Na^+ 중 소량이 대변을 통해 배설된다. 또한 심하게 오래 땀을 흘리지 않는 한 땀은 Na^+ 배출 경로로 별로 중요하지 않다(16·VI·C 참조). 소변이 Na^+ 배설의 주 경로이다. 수분배설과 달리 필수 Na^+ 배설이 없으므로 Na^+ 배설은 전적으로 섭취량과 균형을 맞추어 이루어진다. 그러나 Na^+ 섭취가 제한되면 콩팥세관은 여과량의 100%를 재흡수하여 Na^+이 없는 소변을 수 주 동안 만들어낸다. Na^+ 재흡수의 주 부위는 토리쪽세관(여과량의 67% 재흡수)과 굵은오름다리(25% 재흡수)이다. 먼쪽구역과 집합관은 남아 있는 8%를 재흡수하므로 배출조절의 가장 중요한 부위라고 할 수 있다(27·VI·B 참조).

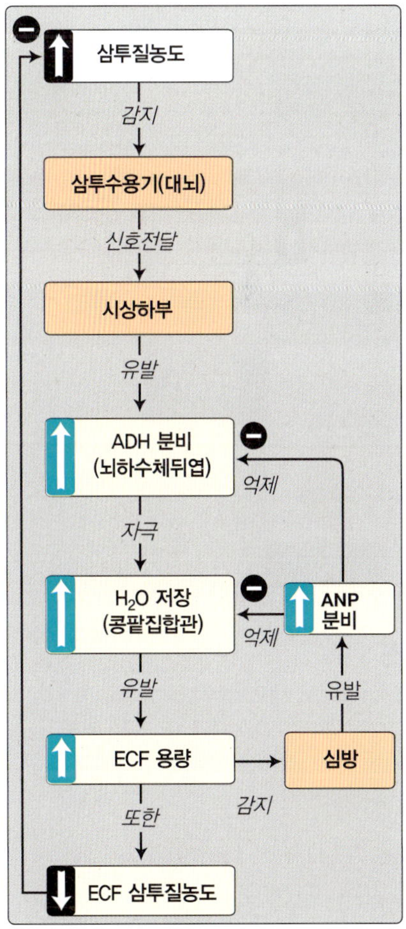

그림 28.5
항이뇨호르몬 조절. ANP = 심방나트륨이뇨펩티드; ECF = 세포외액

B. 나트륨과 혈압 관계

Na^+이 섭취되면 대부분(~85%)은 최종적으로 세포외액으로 간다. 왜냐하면 비록 세포외액과 세포내액 간에 Na^+ 교환이 자유롭지만 모든 세포들은 능동적으로 세포내액으로부터 Na^+-K^+ ATPase (3·III·B 참조)를 이용해 Na^+을 제거한다. 또한 Na^+ 섭취는 순환혈액량을 증가시켜 중심정맥압([CVP], 그림 20.24 참조)을 상승시킨다. 중심정맥압 상승은 좌심실(LV)의 전부하를 증가시킨다. 좌심실의 반응은 Frank-Starling 기전에서 보는 바와 같이 일회박출량(stroke volume, SV)과 심박출량을 증가시켜 평균동맥압을 상승시킨다(18·III·D 참조). 증가된 평균동맥압으로 인해 심혈관계

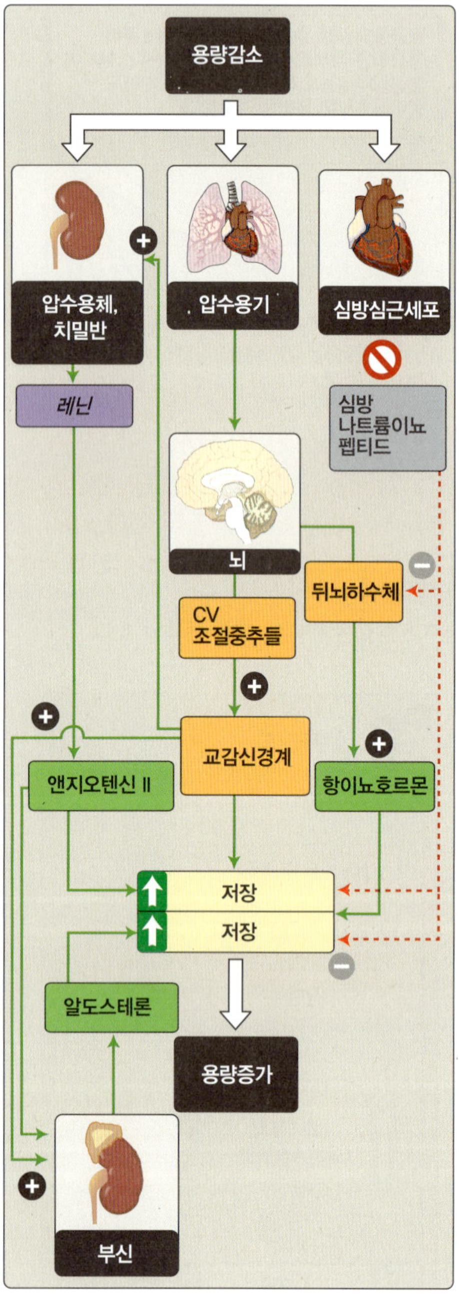

그림 28.6

정상상태에서 세포외액량을 조절하는 경로들
참조: 전체적인 시스템에 또 다른 부하가 걸리면 호르몬에 의한 또 다른 조절기전이 작동함. CV = 심혈관계

와 콩팥 모두가 즉각적이고 광범위하게 반응하여 Na^+과 과다수분 배설을 통해 세포외액양을 감소시키고 평균동맥압을 다시 정상화한다.

C. 조절

세포외액량은 나트륨균형과 액체균형, 평균동맥압을 조절하는 상호의존적인 네 가지 다른 경로에 의해 결정된다(그림 28.6). 여기에는 ***레닌*-앤지오텐신-알도스테론계(RAAS**, 그림 20.17)와 교감신경계, 항이뇨호르몬, 심방나트륨이뇨펩티드가 포함된다. 네 경로 중 세 경로는 마라톤선수가 부적절한 염분 보충과 수분손실로 인해 탈수상태일 때와 같이 세포외액량과 평균동맥압이 낮을 때 활성화된다. 세포외액량과 평균동맥압이 높으면 이들 경로는 억제된다.

1. ***레닌*-앤지오텐신-알도스테론계:** 레닌-앤지오텐신-알도스테론계는 토리들세동맥 관류압이 감소(콩팥의 압수용체에서 감지)되거나, 치밀반(25·IV·C 참조)을 지나가는 유량이 감소되거나, 감소된 평균동맥압(20·IV·C 참조)으로 인해 교감신경계의 흥분이 증가되었을 때 활성화된다. *레닌*-앤지오텐신-알도스테론계 효과는 Ang-II에 의해 매개되며 나트륨과 물을 재흡수하여 평균동맥압(표 28.2)를 상승시키는 방향으로 작동한다.

2. **교감신경계:** 교감신경계는 뇌줄기의 심혈관조절중추가 동맥압수용기(20·III·A 참조)를 통해 자극을 받아 평균동맥압을 상승시켜야 할 때 활성화된다. 교감신경계는 인체 내 대부분의 조직에 분포하므로 활성화되면 광범위한 효과를 나타내며 Ang-II와 같은 표적을 다수 포함한다.

3. **항이뇨호르몬:** 항이뇨호르몬의 주요 역할은 액체균형을 유지하는 것이지만, 심한 심혈관스트레스(예: 출혈)가 있으면 저항혈관을 수축시킬 수 있는 수준까지 순환 항이뇨호르몬이 증가한다. 토리혈류에 대한 항이뇨호르몬 효과는 Ang-II의 효과와 유사하며 또한 굵은오름다리와 겉질집합관(CCD)에서 Na^+ 재흡수를 자극해 액체정체를 더욱 증가시킨다.

임상 적용 28.2: 나트륨 재흡수와 혈압

Na^+과 세포외액량, 혈압 사이의 관계는 콩팥 Na^+ 재흡수에 관여하는 핵심단백질 중 어느 하나의 돌연변이에 의해서도 저혈압이나 고혈압을 유발할 수 있음을 의미한다.

리들증후군(Liddle syndrome)은 매우 드문 선천성질환으로 먼쪽구역 상피나트륨통로(ENaC) 발현 증가로 인한 고혈압이 특징이며 저칼륨혈증과 대사알칼리증이 발생한다.

거짓저알도스테론증 1형(pseudohypoaldosteronism type 1) 돌연변이는 저나트륨혈증과 저혈압, 고칼륨혈증을 일으킨다. 우성은 광물부신겉질호르몬수용체 발현을 방해하여 알도스테론 저항을 유발한다. 열성 ENaC 활동을 억제하여 먼쪽구역에서의 Na^+ 재흡수를 방해한다.

4. **심방나트륨이뇨펩티드(atrial natriuretic peptide):** 심방나트륨이뇨펩티드는 혈액량이 많아 심방이 늘어났을 때 심방에서 분비되어 세포외액량 팽창을 억제하는 음성되먹임기전을 제공한다. 주요한 효과는 Ang-II와 항이뇨호르몬의 작용을 억제하고 토리에 대한 직접적인 효과를 통해 Na^+ 이뇨를 자극한다.

   a. **앤지오텐신 II:** 심방나트륨이뇨펩티드는 토리쪽세관에서의 Na^+-H^+ 교환과 먼쪽세관에서의 Na^+-Cl^- 공동수송, 집합관에서의 Na^+통로를 억제하며 이들 모두 Na^+이뇨(natriuresis)를 촉진한다.

   b. **항이뇨호르몬:** 심방나트륨이뇨펩티드는 항이뇨호르몬 분비를 억제하고, 항이뇨호르몬 자극에 의한 집합관 꼭대기막 내로의 물통로 삽입을 방해한다. 그 결과 수분재흡수가 방해되어 이뇨가 촉진된다.

   c. **혈관:** 심방나트륨이뇨펩티드는 토리와 세관주위계를 통한 흐름을 증가시키기 위해 혈관을 이완한다. 그 결과로 토리여과율이 크게 증가해 이뇨가 두드러지게 증가된다.

대뇌나트륨이뇨펩티드(brain natriuretic peptide, BNP)는 심장이 충분히 채워졌을 때 심방과 심실로부터 분비된 펩티드와 관련이 있다. 비록 심방나트륨이뇨펩티드는 간에서 빠르게 내사되지만 순환하는 내뇌나트륨배설펩티드는 안정적이어서 심부전의 예민한 조기지표로 사용된다. 대뇌나트륨이뇨펩티드 측정은 빠르고 저렴해서 심부전의 존재와 그 정도를 결정할 때와 호흡곤란의 원인으로서 울혈성심부전을 배제하기 위해 임상적으로 사용한다.

표 28.2 앤지오텐신 II 효과

표적	작용	효과
부신겉질		
	알도스테론 분비	↑ Na^+재흡수, 콩팥먼쪽분절들 ↑ ENaC ↑ ROMK ↑ Na^+-K^+ ATPase
콩팥		
	토리쪽세관, 굵은오름다리 먼쪽분절	↑ Na^+ 재흡수 ↑ Na^+-H^+ 교환체 ↑ ENaC
혈관		
	혈관수축(저항혈관)	↑ 전신혈관저항
중추신경계		
시상하부	항이뇨호르몬 분비 (뇌하수체뒤엽)	↑ H_2O 재흡수, 콩팥먼쪽분절
겉질	갈증과 염분갈망	↑ H_2O와 NaCl 섭취

ENaC = 상피세포 Na^+ 통로; ROMK = 콩팥바깥속질 K^+통로

D. 토리세관 균형(glomerulotubular balance)

Na^+ 균형은 부분적으로 **토리세관(GT) 균형**이라고 알려진 현상에 의해 유지된다. 토리세관 균형은 토리쪽세관이 토리여과율에 상관없이 여과된 Na^+ 양의 일정분율을 재흡수하는 경향을 말한다. 정상적으로 분율재흡수(fractional reabsorption)는 ~67%이나 이 값은 세포외액량이 감소하거나 증가하면 변한다. 따라서 토리여과율이 증가하면(예: 토리여과압의 증가 때문) 토리쪽세관은 세관속공간 내에 증가된 Na^+ 양을 보정하기 위해 총 Na^+ 재흡수를 증가시킨다. 토리세관 균형은 토리여과율이 상승할 때 Na^+이 부적절하게 배설되지 않도록 돕는다. 토리세관 균형은 세관주위 변화와 세관 기능에 의존한다.

1. **세관주위:** 여과분율(=GFR/RPF)의 증가로 토리여과율이 증가하면 날세동맥을 통해 토리를 떠나는 혈액은 이전과 비교해 높은 콜로이드삼투압(π_c)을 나타낸다. 왜냐하면 혈장단백질이 토리여과에 의해 고농도로 농축되기 때문이다. 높은 콜로이드삼투압에 의해 토리쪽세관을 둘러싼 세관주위망에서의 액체 재흡수가 증가된다. 이와 반대로 여과분율이 감소하면 토리여과율이 감소되어 액체 재흡수를 촉진하는 세관주위 혈액에 의한 삼투능력이 감소된다.

표 28.3 내부 칼륨균형에 영향을 미치는 조건

일반사건	기전
세포외액에서 세포내액으로 이동(저칼륨혈증)	
↑인슐린	↑Na^+-K^+ ATPase
↑에피네프린	↑Na^+-K^+ ATPase
↑세포외액 삼투질농도	세포는 용매끌기에 의해 물을 잃어버리고 K^+이 따라 이동
알칼리증	양이온(H^+) 유출을 보상하기 위해 Na^+-K^+ ATPase ↑
세포내액에서 세포외액으로 이동(고칼륨혈증)	
운동	흥분성 증가와 K^+ 통로 열림
산증	H^+이 K^+을 이동시켜 흡수 경로를 억제
↓세포외액 삼투질농도	세포가 용매끌기에 의해 물을 받아들이고 용매끌기에 의해 K^+이 따라 이동
세포손상, 세포괴사	세포 내 K^+ 내용물의 손실

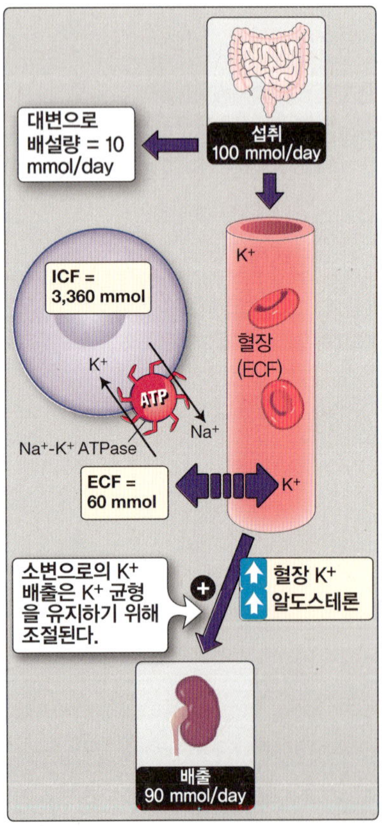

그림 28.7

칼륨균형. ATP = 삼인산아데노신; ECF = 세포외액; ICF = 세포내액

2. **세관:** 토리쪽세관의 재흡수 능력은 Na^+을 포함해 대부분의 유기 및 무기용질의 정상적인 여과량을 초과한다. 토리여과율과 여과량이 증가하면 재흡수 여분에 의해 토리쪽세관이 총흡수를 증가시켜서 토리세관 균형이 유지되도록 돕는다.

E. 압력성나트륨이뇨(pressure-induced natriuresis)

고혈압은 위에서 언급한 경로들과는 관계없이 나트륨이뇨를 유발한다. **압력성나트륨이뇨(pressure natriuresis)**는 나트륨과 수분배설을 통해 세포외액을 감소시켜 평균동맥압을 정상혈압 수준으로 내리도록 하는 안전핀으로 작동한다. 나트륨이뇨는 주로 고혈압에 의한 토리쪽세관 융모의 Na^+-H^+ 교환체 제거로 인해 유발되며 그 결과 나트륨 재흡수능력이 감소된다.

> 안정상태에서는 혈액량에 대한 대부분의 조정이 콩팥의 자동조절기전을 통해 영향을 받으며 이는 삼투수용기를 매개로 하는 항이뇨호르몬의 분비와 함께 이루어진다. 다른 경로들은 오직 심혈관계가 스트레스를 받고 있을 때만 작동한다.

IV. 칼륨균형(POTASSIUM BALANCE)

인체에는 ~3.6 mol (~140 g)의 K^+이 있으며 ~98%의 K^+은 세포막의 Na^+-K^+ ATPase를 통해 세포 내에 농축되어 있다. 그러나 모든 세포에는 K^+ 통로와 K^+ 수송체가 세포막표면에 발현되어 K^+은 세포내액과 세포외액 사이를 비교적 자유롭게 이동할 수 있다. 또한 이 경로들은 의미있는 K^+ 이동(예: pH 균형 동안 변화, 아래 참조)을 일으켜 **내부 K^+ 균형**의 혼란을 야기할 수 있다(표 28.3). 그럼에도 불구하고 콩팥은 혈장 K^+ 농도를 대단히 좁은 범위 내로 유지할 수 있다(3.5~5.0 mmol/L).

A. 기록표

혈장 내 안정된 K^+ 농도를 유지하기 위해서는 섭취와 소변을 통한 배설 사이에 균형이 필요하다(그림 28.7).

1. **섭취:** K^+의 미국식품권장량은 4.7 g (~120 mmol/day)이다. 순섭취량은 음식에 따라 크게 변한다. 과일과 야채들은 특히 칼륨이 풍부하여, 정상적인 상황에서 적절한 인체필요량보다 더 많은 K^+을 제공한다. 섭취된 K^+은 소화기를 통과하는 동안 대부분 흡수된다.

2. **배출:** 콩팥은 유일한 K^+ 배출 통로이다. 토리쪽세관에서 여과된 K^+의 80%가 등삼투성으로 재흡수되고 굵은오름다리에서 10%가 재흡수되며 먼쪽구역에서 K^+ 균형이 최종적으로 조절된다(27·IV·C 참조). 음식을 통한 K^+ 섭취가 필요량을 초과하면(일반적으로 발생한다) 먼쪽구역은 K^+을 분비해 소변으로 배설한다. 반대로 심한 K^+ 고갈상태에서는 세관이 여과량의 ~99%를 재흡수한다.

B. 조절

K^+ 균형은 우선 먼쪽구역에 의해 영향을 받는다. K^+ 섭취가 많아 초과분이 분비되어야 하는지 또는 K^+ 섭취가 제한되어 재흡수가 필요한지에 따라 K^+ 균형을 유지하는 책임은 으뜸세포에서 사이세포로 이동한다.

1. **K^+ 분비:** 식사하는 동안 소화기는 수십 millimoles의 K^+을 혈관으로 운반할 수 있다. 혈장 K^+ 농도를 안전한 범위 내로 유지하기 위해서는 상당량의 K^+이 처리되어야 한다. 초과분은 콩팥이 잉여분을 배설할 때까지 시간을 벌기 위해 일시적으로 저장된다.

   a. **임시저장:** 식사를 하면 혈액 내 인슐린이 상승한다. 인슐린은 Na^+-K^+ ATPase 활동을 자극해 세포대사에 많은 효과를 미친다(34·IV 참조). 그 결과 섭취한 K^+은 일시적으로 세포외액에서 세포내액으로 이동한다.

   b. **감소된 재흡수:** 혈장 K^+이 증가하면 토리쪽세관에 들어가는 K^+ 농도도 상승하여 K^+과 Na^+를 포함해 모든 양이온들의 재흡수가 감소된다.

   c. **증가된 분비:** 고칼륨혈증은 부신겉질로부터 알도스테론 분비를 자극한다. 알도스테론의 표적은 먼쪽구역 내 으뜸세포로 바닥가쪽막의 Na^+-K^+ ATPase가 증가되고 꼭대기막의 콩팥바깥속질 K^+통로(ROMK) 발현이 촉진된다. ROMK를 통한 세관속공간 안으로 K^+ 분비 증가의 원동력은 Na^+-K^+ 펌프에 의해 만들어진다.

2. **K^+ 재흡수:** 저칼륨혈증에서는 K^+ 분비가 감소되고 알도스테론 분비가 억제된다. 저칼륨혈증은 동시에 집합관 α사이세포의 H^+-K^+ ATPase 활성을 자극해 세관속공간으로부터 K^+ 재흡수가 촉진된다.

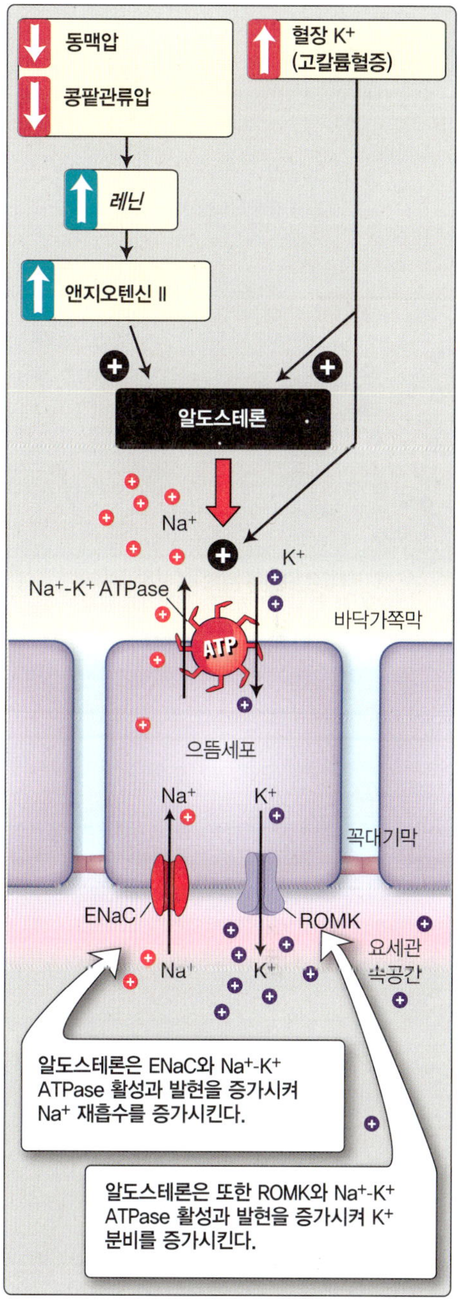

그림 28.8
먼쪽분절에서 Na^+ 재흡수와 K^+ 분비를 조절하는 경로 수렴. ATP = 삼인산아데노신; ENaC = 상피세포 Na^+ 통로; ROMK = 콩팥바깥속질 K^+ 통로

C. 나트륨과 칼륨의 균형 관계

Na^+ 균형과 K^+ 균형을 조절하는 경로들은 먼쪽구역 바닥가쪽막의 Na^+-K^+ ATPase에 의해 집중된다(그림 28.8). Na^+-K^+ ATPase는 Na^+과 K^+을 교환하여 Na^+ 재흡수와 K^+ 분비를 증가시킨다. Na^+을 재흡수하는 동안 K^+을 분비하는 상황(또는 반대상황)이 해로울 수도 있기 때문에 이 두 과정은 기능적으로 연합되어서는 안 된다. 연합 해제는 K^+ 배설에 대한 세관 유속의 강력한 효과를 통해 얻어진다.

1. **유속(flow):** 으뜸세포에 의한 K^+ 분비는 상피가로방향 K^+ 농도경사에 의해 이뤄진다. 세관 유속이 낮으면 으뜸세포로부터 K^+이 확산되어 나가 속공간 내 K^+ 농도가 크게 상승되며, 이로 인해 농도경사가 없어져 더 이상의 확산과 분비가 일어나지 않게 된다(그림 28.9A). 반면 세관 유속이 높으면 먼쪽구역에서 K^+이 씻겨나가는 것이 증가되어 분비를 일어나게 하는 농도경사가 높게 유지된다(그림 28.9B 참조).

2. **이뇨(diuresis):** 세포외액량이 너무 많으면 콩팥을 통해 Na^+과 물이 빠른 속도로 배출된다. 배출의 첫 단계는 토리여과율을 증가시키고 토리쪽세관에서의 재흡수를 감소시키는 것이며, 이렇게 되면 먼쪽세관을 통한 유속이 증가된다. 높은 유속은 과도한 K^+ 분비를 초래하지만 세포외액량과 평균동맥압이 높으면 *레닌*-앤지오텐신-알도스테론계가 억제된다.

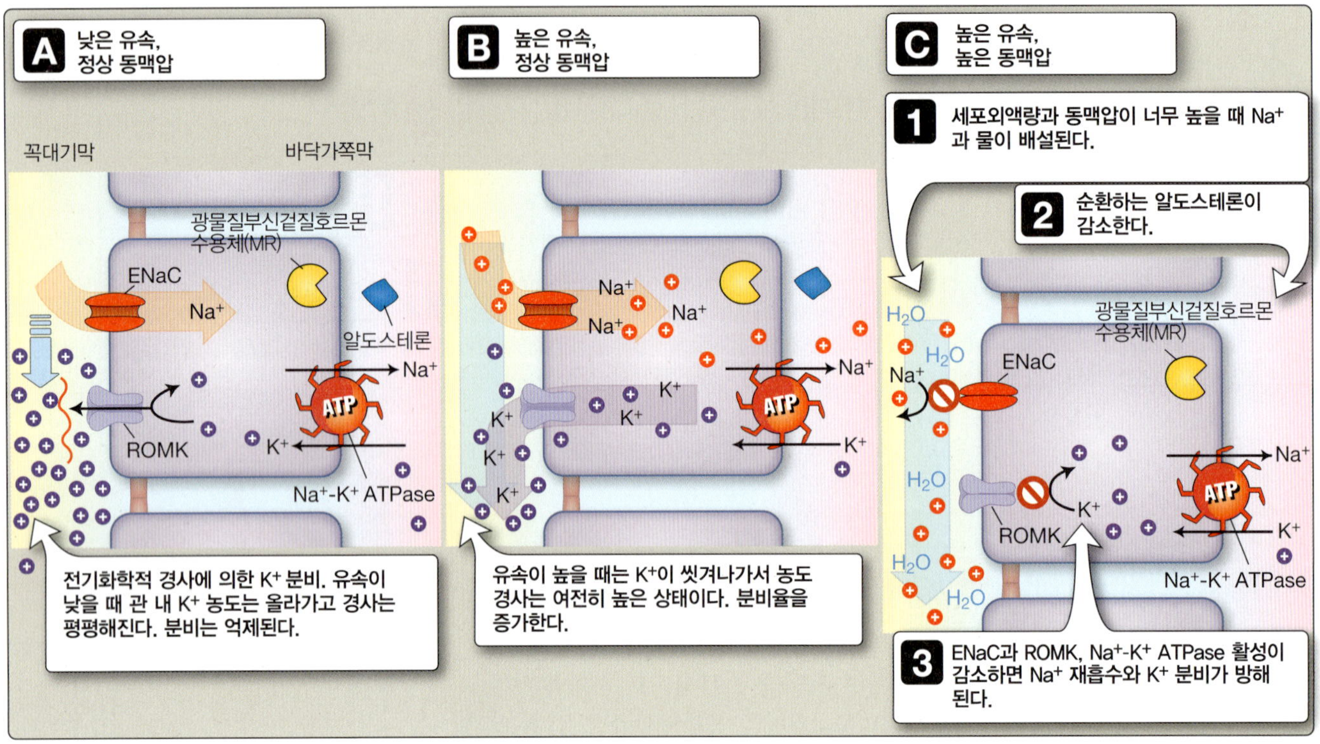

그림 28.9

K^+ 배설에 대한 세관 유속 효과. ATP = 삼인산아데노신; ENaC = 상피세포 Na^+ 통로; ROMK = 콩팥바깥속질 K^+ 통로

알도스테론이 없으면 먼쪽구역을 통한 K^+ 분비가 약화되어 빠른 유속으로 인한 K^+ 손실이 방지된다(그림 28.9C 참조).

3. **용적확장(volume expansion):** 세포외액량과 평균동맥압이 낮으면 *레닌*-앤지오텐신-알도스테론계가 활성화되어 세관의 재흡수능력을 증가시켜 Na^+과 수분정체가 증가되나 동시에 으뜸세포의 K^+ 분비를 매개하는 경로들이 상향조절된다. 이를 통해 K^+ 배설이 증가될 것으로 기대되지만 세관을 통한 유속이 낮기 때문에 K^+ 분비에 대한 원동력은 둔화된다.

D. pH와 K^+ 균형 관계

K^+ 균형은 pH 균형의 변화에 매우 예민하다. 산증은 고칼륨혈증을 유발하는 반면 알칼리증은 저칼륨혈증을 유발한다. 이런 변화는 세포내액과 콩팥 기능에 대한 H^+의 복합적인 효과를 반영한다.

1. **세포내액:** H^+은 다양한 방법으로 세포막을 가로질러 이동한다. 따라서 혈장의 H^+ 농도가 상승하면 세포내액의 H^+ 농도도 함께 상승한다. H^+은 양전하를 운반하므로 H^+ 유입은 막전압(V_m)을 탈분극시킬 것으로 기대되나 세포는 막전압을 안정상태로 유지하기 위해 K^+ 유출로 균형을 잡는다. 그 결과 세포외액의 K^+ 농도가 상승한다(고칼륨혈증). 알칼리증은 반대 효과를 갖는다. 혈장의 H^+ 농도가 감소하면 H^+이 세포 밖으로 확산되고 K^+이 전하불균형을 교정하기 위해 세포외액으로부터 세포안으로 들어간다. 이 결과로 저칼륨혈증이 생긴다

2. **콩팥기능:** 콩팥이 K^+ 불균형을 교정할 것으로 기대되지만 실제로 H^+이 세관 기능에 대해 동시효과를 나타내어 더욱 나빠지게 한다. 산증은 으뜸세포의 Na^+-K^+ ATPase 활성을 억제하여 먼쪽구역의 K^+ 분비를 감소시킨다. 혈액으로부터 K^+ 흡수가 감소하면 세관속공간 안으로 꼭대기막 횡단 K^+ 유출을 일으키는 농도경사가 감소한다. H^+은 또한 으뜸세포의 꼭대기막 K^+통로를 억제해 그 결과 K^+ 분비가 직접 감소되고 고칼륨혈증이 유발된다. 알칼리증은 반대효과를 가져 K^+ 분비를 촉진하고 저칼륨혈증을 유발한다. K^+ 배설에 영향을 미치는 인자들은 표 28.4에 요약하였다.

표 28.4 소변 칼륨배설 결정인자

변수	K 배설의 순효과
저칼륨혈증	억제
고칼륨혈증	증가
알칼리증	증가
산증	감소
↓요세관흐름	감소
↑요세관흐름	증가
알도스테론	증가

E. 나트륨, 칼륨, pH 균형 관계

도리쪽세관에 의한 Na^+ 재흡수는 부분적으로 꼭대기막의 Na^+-H^+ 교환체(NHE3)를 통해 발생하는데 이는 세포막횡단 Na^+ 경사를 이용해 H^+을 분비한다. 이런 Na^+-H^+ 결합(Na^+- H^+ coupling)은 Na^+ 재흡수 조절경로들이 pH 균형에 영향을 미칠 수 있음을 의미한다. 평균동맥압이나 세포외액량이 감소하면 Ang-II에 의해 Na^+-H^+ 교환체의 활성이 증가되고 증가된 H^+ 분비로 알칼리증이 유발된다. 알도스테론은 토리쪽세관의 Na^+-H^+ 교환체 발현을 증가시키고 먼쪽구역의 H^+-K^+ ATPase 활성을 자극해 알칼리증을 더욱 강화한다. 반대로 평균동맥압이나 세포외액양이 증가하면 Na^+ 재흡수와 H^+ 분비가 약화되어 산증을 일으킨다. K^+ 균형 변화 또한 pH 균형에 영향을 미친다. 저칼륨혈증은 토리쪽세관에서 Na^+-H^+ 교환과 NH_3 생산을 자극하고 먼쪽구역에서 H^+-K^+ 펌프활성을 자극해 알칼리증을 유발한다. 반대로 고칼륨혈증은 산증을 유발한다.

V. pH 균형

pH 균형은 폐와 콩팥의 연합작용을 통해 얻어진다. 폐는 휘발산(H_2CO_3)을, 콩팥은 비휘발산을 배설한다(그림 28.10).

A. 기록표

대부분의 산이 섭취보다는 대사를 통해 체내에서 생성되는 한에서는 산에 대한 기록표는 필요없다.

1. **섭취:** 매일 섭취되는 산의 대부분(~15~22 mol)은 탄수화물의 대사 결과로 생성된다. 추가되는 하루 70~100 mmol의 비휘발산(질산, 황산, 인산)은 아미노산과 인산염 결합체의 분해에 의해 만들어진다.

2. **배출:** 대사 동안 생성된 CO_2의 대부분은 혈액으로 운반되기 위해 H^+와 HCO_3^-로 전환된 뒤 폐를 통해 배출된다. HCO_3^-가 대변으로 소실될 때 몸에 남아 있는 소량의 휘발산은 콩팥을 통해 비휘발산으로 배설되어야 한다. 비휘발산은 토리쪽세관에서 주로 적정가능산과 암모늄으로 배설된다(26·IX·C 참조).

B. 조절

휘발산은 뇌줄기에 있는 중추화학수용기에 의해 감지되며(24·III·A 참조) 호흡을 통해 조절된다. 모든 콩팥단위는 비휘발산의 배설에 관여하나 특히

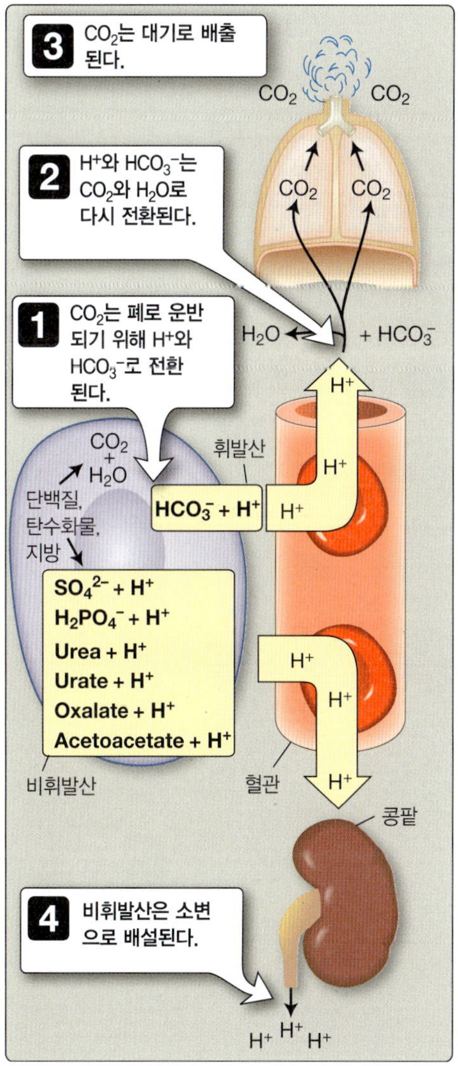

그림 28.10
휘발산과 비휘발산 배설

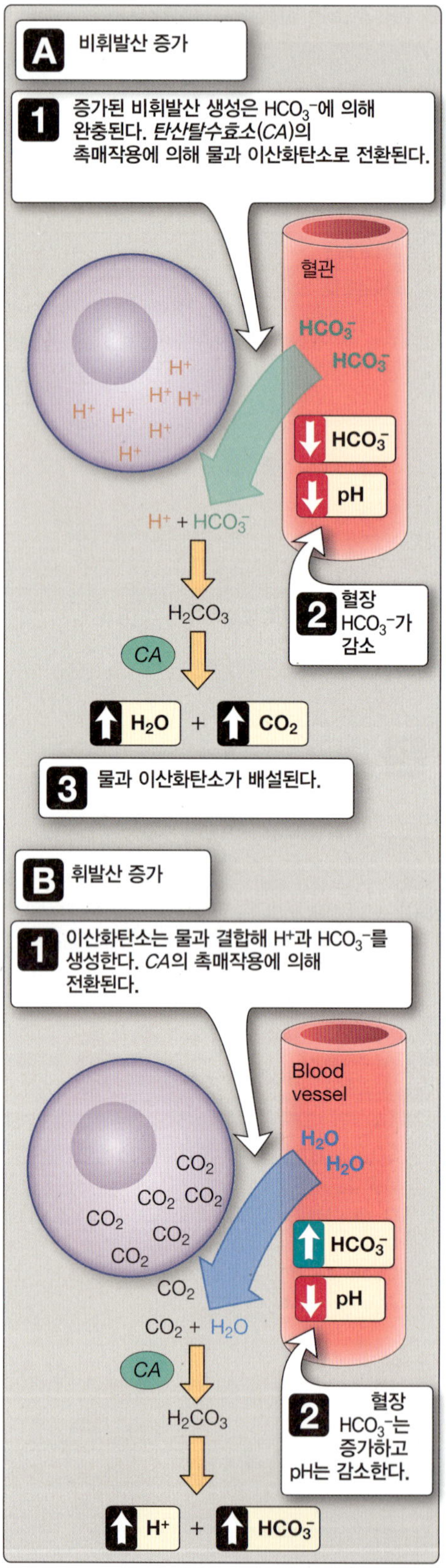

그림 28.11
혈장 중탄산염과 pH에 대한 비휘발산과 휘발산 효과

토리쪽세관과 먼쪽분절의 사이세포가 두드러진 역할을 한다.

1. **휘발산:** 뇌줄기의 호흡조절중추는 뇌척수액의 pH 변화를 통해 혈장의 P_aCO_2를 감시한다. 만약 P_aCO_2나 H^+ 농도가 적정상태보다 높으면 조절중추는 호흡을 증가시켜 여분의 휘발산을 CO_2 형태로 대기 중으로 배출한다. 그러나 P_aCO_2나 H^+ 농도가 정상보다 낮으면 호흡을 감소해 대기로의 CO_2 배출을 억제한다.

2. **비휘발산:** 토리쪽세관에서 매일 생산되는 비휘발산 중 상당량이 분비된다. 산증은 토리쪽세관에 의한 H^+ 분비를 증가시키고 NH_3 생성을 상향조절하는 반면 알칼리증은 이들 경로의 발현을 감소시킨다. pH 균형의 일차효과기는 먼쪽구역의 사이세포들이다(27·V·E 참조). 만성대사성산증에서는 산을 분비하는 α사이세포의 비율이 증가되나 대사성알칼리증에서는 이러한 변화가 역전이 되고 β사이세포의 비율이 증가된다.

VI. 산-염기 장애

호흡기와 소화기, 콩팥의 기능 변화에 의해 pH 균형이 깨질 수 있고 이로 인해 산이나 염기 생성과 조절 변화가 일어난다. 이로 인한 산-염기 장애를 임상에서 빈번하게 만나게 된다.

A. 유형과 보상

단순한 산-염기 장애에는 네 가지 기본유형이 있다. 호흡성산증과 호흡성알칼리증은 폐에 의한 CO_2 조절 이상에 주요 원인이 있다. 대사성산증과 대사성알칼리증은 비록 많은 기저 원인이 있기는 하지만(아래 논의됨) 혈장의 HCO_3^-에 주요 원인이 있다.

> 한 가지 유형 이상의 단순 산-염기 장애가 함께 존재할 때 혼합 산염기 장애가 있다고 한다. 인체는 동시에 CO_2를 과다생산하거나 과소생산할 수 없으므로 식별할 수 있는 질환의 수는 세 가지를 초과할 수 없다. 따라서 세 가지 질환에는 두 개의 대사성 장애에 한 개의 호흡성장애가 더해진다.

세포들은 시간 경과와 효율이 다른 세 가지 일차방어기전에 의해 산염기변화로부터 보호를 받는다: 완충제(즉시), 폐(몇 분), 콩팥(며칠; 또한 3·IV 참조).

1. **완충제(buffer):** 완충제는 보상이 일어날 수 있을 때까지 산-염기 변화의 효과를 제한한다. 가장 중요한 세포 내 완충제는 단백질(적혈구의 혈색소 포함)과 인산염이며 세포외액의 주요 완충제는 HCO_3^-로 *탄산탈수효소*([*CA*], 그림 28.11)의 촉매로 H^+과 결합해서 물과 이산화탄소를 생성한다.

공식 28.1: $$H^+ + HCO_3^- \rightleftarrows H_2CO_3 \underset{CA}{\rightleftarrows} CO_2 + H_2O$$

비휘발산 생산의 증가는 HCO_3^-에 의해 완충되며 세포외액(혈장을 포함해)의 HCO_3^-가 감소된다. 반대로 CO_2의 생산(휘발산) 증가는 혈장 pH가 감소됨에도 불구하고 HCO_3^-를 증가시킨다(그림 28.11 참조).

2. **폐:** 뇌줄기에 위치한 호흡조절중추들은 대기 중으로 운반되는 CO_2를 증가시키거나 감소시키기 위해 호흡을 조절한다. 호흡률은 정상적으로 분당 12~15회이므로 보상이 빠르게 일어난다.

3. **콩팥:** 콩팥은 세 번째이자 최종 방어선으로 pH 균형을 위한 엄격한 조절을 위해 분비되는 H^+의 양을 조절한다. 필요한 효소들이 상향조절되는 데는 수시간이 걸려 콩팥을 통한 보상은 호흡성보상보다 느리게 일어난다(3일까지 소요).

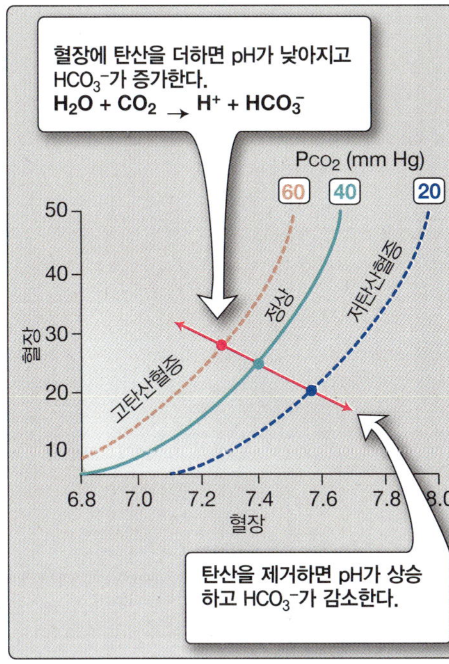

그림 28.12
혈장 중탄산염 농도와 pH에 대한 PCO_2 효과

B. 임상측정

산-염기 장애를 가진 환자를 진단하는 의사는 동맥혈의 pH와 P_{CO_2}, HCO_3^- 수치를 측정하여 우선 산염기 불균형의 기본적인 특성을 파악한다(단순형, 혼합형, 호흡성, 대사성).

> 산-염기 장애 환자를 진단하는 데는 동맥혈 혈액가스검사 결과와 기본 대사조사가 필요하다. 동맥혈 혈액기스검사는 pII와 P_aCO_2, P_aO_2, HCO_3^-에 대한 수치를 제공하며 대사조사는 산염기장애의 대사성 원인을 해석할 수 있는 자료를 제공한다.

1. **다벤포트 도표(Davenport diagram):** 다벤포트 도표는 임상적으로는 사용되지 않으나 산-염기 장애가 있을 때 동맥혈의 pH와 P_{CO_2}, HCO_3^-가 어떻게 변화하는지를 이해하는 데 도움이 된다. 도표는 Henderson-Hasselbalch 식을 그림으로 표현한 것이다(그림 28.12):

$$pH = pK + \log \frac{[HCO_3^-]}{[CO_2]}$$

$[HCO_3^-]$와 $[CO_2]$는 혈장 HCO_3^-와 CO_2 농도를 의미한다(후자는 P_{CO_2}와 CO_2 용해도의 곱으로부터 계산한다). 혈장에서 정상 pH는 7.4, P_aCO_2는 40 mmHg, $[HCO_3^-]$는 ~26 mmol/L이다. 혈장 H^+과 P_{CO_2} 변화는 예측가능한 방법으로 HCO_3^- 농도를 변화시킨다(공식 28.1과 그림 28.12 참조).

2. **음이온차이(anion gap):** 음이온차이는 대사성산증의 유형을 식별하기 위해 임상적으로 중요하다(아래 E절 참조). 음이온차이는 전체 전기중성도는 항상 일치해야 한다는 원칙에 따라 혈청의 전체 양이온과 음이온을 비교하여 계산한다. 중요 혈장 양이온은 Na^+(그림 28.1 참조)이며 음이온은 Cl^-과 HCO_3^-이고 이들의 전형적인 혈청 내 값은 Na^+ 140 mmol/L, Cl^- 100 mmol/L, HCO_3^- 25 mmol/L(그림 28.13)이다. 이 값의 차이가 음이온차이다(그림 28.13):

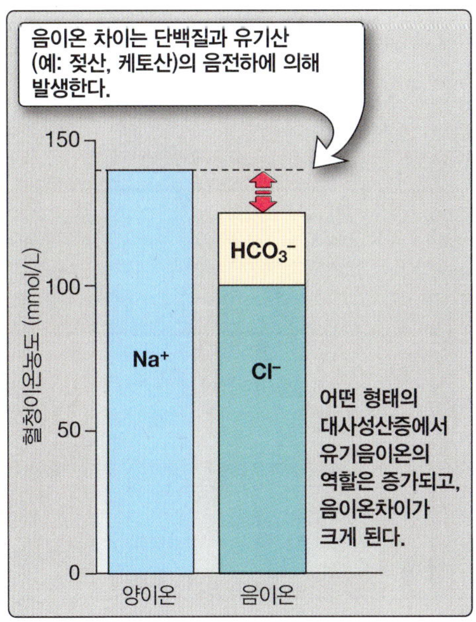

그림 28.13
혈청 음이온차이

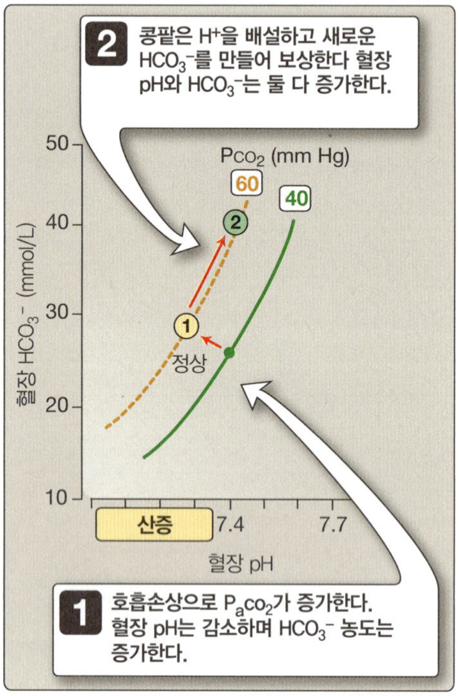

그림 28.14

호흡성산증과 콩팥성 보상

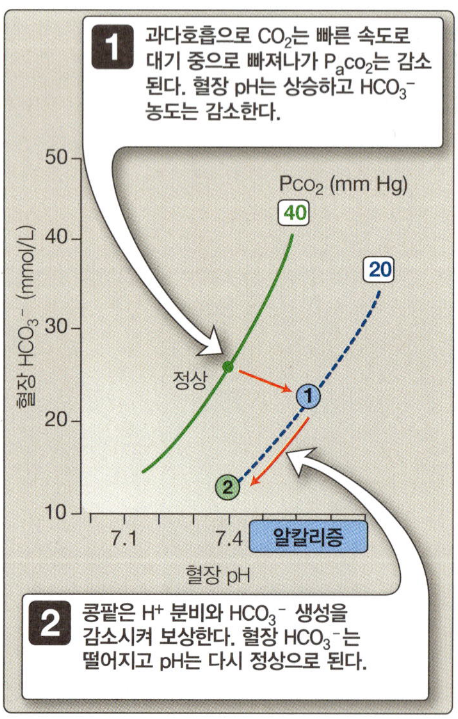

그림 28.15

호흡성알칼리증과 콩팥성 보상

$$\text{정상 음이온차이} = [Na^+] - ([Cl^-] + [HCO_3^-])$$
$$= 140 - (100 + 25) = 15 \text{ mmol/L}$$

음이온차이는 정상적으로 8~16 mmol/L의 범위에 있다. 그 차이는 인산염과 구연산염(시트르산염), 젖산염 같은 유기이온과 단백질을 포함해 혈청 내 모든 음이온의 합에 의해 만들어진다. 어떤 형태의 대사성산증은 젖산염, 케토산, 또는 다른 음이온들의 축적에 의해 일어나며 음이온차이가 커진다.

C. 호흡성산증(respiratory acidosis)

호흡성산증은 대개 저호흡에 의해 일어나나 P_aCO_2를 상승시키는 여러 조건들에 의해서도 발생할 수 있다. 호흡성산증은 증가된 P_aCO_2와 낮은 동맥혈 pH가 특징이다.

1. **원인:** 호흡성산증의 원인은 호흡충동 감소와 공기펌프 장애, 기체교환 과정의 방해 등이다.

   a. **환기충동(ventilatory drive):** 환기충동과 규칙적인 호흡은 뇌줄기에서 생겨난다. 뇌줄기 기능에 영향을 미치는 선천성 중추신경계 질환이나 종양은 잠재적으로 호흡성산증을 일으킨다. 예를 들어 **온딘의 저주(Ondine curse)**는 드문 형태의 선천성 중추저호흡증후군으로 환기충동과 호흡반사가 없다. 중추신경계 기능을 억제하는 약물들[1](예: 아편제, 진정제, 벤조디아제핀)도 또한 호흡억제를 일으켜 P_aCO_2가 증가된다.

> 의학에서 온딘의 저주(Ondine curse)는 자율적인 환기충동을 잃어버린 것과 관련된 저호흡증과 동의어이다. 이 용어는 유럽의 신화에서 물의 요정(Undine)이 사랑에 빠진 남자와 결혼하였으나, 그녀가 나이들었을 때 그녀의 남편이 젊은 여성의 팔에 안기자 온딘은 그에게 저주를 걸어 숨쉬기를 강제로 기억하도록 벌을 내렸다. 따라서 그 남자는 잠에 빠지면 죽게 된다. 실제로 이런 저주의 기록은 없으며 의학문헌에서 잘못 인용되었다.

   b. **공기펌프:** 들숨은 들숨근육(가로막과 외부갈비사이근)의 수축에 의해 폐가 확장되고 압력경사가 만들어져 폐포 안으로 기체가 유입되어 일어난다. 이들 근육이나 운동명령경로에 영향을 미치는 질환은 잠재적으로 호흡성산증을 유발할 수 있다. 일반적인 예로는 근육위축가쪽경화증(amyotrophic lateral sclerosis)과 중증근무력증(myasthenia gravis, 임상 적용 12.2 참조), 근육이상증(임상 적용 12.1 참조), 소

INFO LINK

[1] 중추신경계와 호흡기를 억제하는 약물들에 대한 더 많은 정보는 *LIR Pharmacology*를 참조.

아마비와 같은 염증질환을 들 수 있다(임상 적용 5.1 참조).

c. **기체교환:** 기도폐쇄는 정상적인 폐포환기를 방해하여 P_aCO_2를 상승시킬 수 있다. 원인으로는 이물질 흡입과 기관경련, 만성폐쇄폐병, 폐쇄성수면무호흡증(임상 적용 24.1 참조)을 들 수 있다. 또한 폐포가 액체로 차는 경우(폐부종), 고름으로 차는 경우(폐렴) 또는 다른 침윤물로 차는 경우(급성호흡곤란증후군; 40·VI·D 참조)도 P_aCO_2를 증가시킬 수 있다.

2. **보상:** P_aCO_2의 급성증가로 인한 산증의 효과는 HCO_3^- 완충계에 의해 제한된다. 고탄산혈증은 공식 28.1과 같이 HCO_3^-을 생성하는 경향이 있어 심지어 pH가 떨어진 상태에서도 혈장의 HCO_3^-가 증가된다(그림 28.14). 보상은 수일 동안 일어나며 콩팥의 H^+ 분비와 NH_3 생성이 증가된다. H^+가 분비되고 NH_3가 생성되는 동안 만들어진 "새로운" HCO_3^-는 세포외액으로 이동해 혈장의 HCO_3^-가 보상되는 동안 더욱 증가한다.

D. 호흡성알칼리증(respiratory alkalosis)

호흡성알칼리증은 언제나 과다환기에 의해 발생하며 낮은 P_aCO_2와 증가된 동맥 pH가 특징이다.

1. **원인들:** 호흡성산증과 비교했을 때 호흡성알칼리증의 일차원인은 거의 없으며 환기충동 증가와 저산소혈증을 들 수 있다.

a. **환기충동:** 과다환기는 불안에 대한 흔한 반응으로 공포나 통증, 공황발작과 히스테리에 의해 유발될 수 있다. 가벼운 호흡성알칼리증은 또한 임신(37·IV·E 참조) 동안 일어날 수 있다. 아스피린중독 또한 호흡조절중추를 직접 자극해[1] 호흡성알칼리증을 유발한다.

b. **저산소혈증(hypoxemia):** 저산소혈증은 호흡율을 상승시키고 일부 환경에서 호흡성알칼리증을 유발할 수 있다. 고지대로 올라가면 감소된 산소이용도를 보상하기 위해 과다호흡이 되어 호흡성알칼리증이 발생한다(24·V·A 참조). 호흡성알칼리증은 폐색전이나 심한 빈혈로 인해 산소섭취가 장애가 있을 때에도 발생할 수 있다.

2. **보상:** P_aCO_2의 급성감소는 혈장 HCO_3^-의 감소와 동반된다(그림 28.15). 보상에는 콩팥에 의해 감소된 H^+ 분비와 감소된 NH_3 생성이 포함된다. "새로운" HCO_3^-가 적게 생성되므로 혈장 HCO_3^-는 보상하는 동안 더욱 감소한다.

표 28.5 콩팥세관산증(RTA)

1형 RTA (먼쪽 RTA)	
특징	먼쪽분절에 의한 H 분비 저하 • 소변 pH > 5.3 • 혈장 HCO_3^- 변수
콩팥장애	↓ H^+-K^+ ATPase ↑ 요세관 투과성, H^+ 역류 가능 ↓ Na^+ 재흡수
원인	가족성자가면역질환 • Sjögren 증후군 • 류마티스관절염 약물, 독소
2형 RTA (토리쪽 RTA)	
특징	토리쪽 HCO_3^-재흡수 손상 • 소변 pH 변수 • 혈장 HCO_3^- 12~20 mmol/L
콩팥장애	비특이적 요세관 기능이상 또는 HCO_3^- 재흡수에 관여하는 유전자의 돌연변이
원인	가족성 판코니증후군 약물, 독소 *탄산탈수효소* 억제제
4형 RTA(저알도스테론증)	
특징	알도스테론분비나 반응의 장애 • 소변 pH < 5.3 • 혈장 HCO_3^- > 17 mmol/L • 고칼륨혈증
콩팥장애	상피 Na^+ 통로를 통한 Na^+ 재흡수 장애
원인	선천성 저알도스테론증(애디슨질환) • 알도스테론 저항 • 당뇨콩팥병 • 약물 • 이뇨제

[1] 살리실산염(salicylates)의 부작용에 대한 더 많은 정보는 *LIR Pharmacology 제5판* 참조.

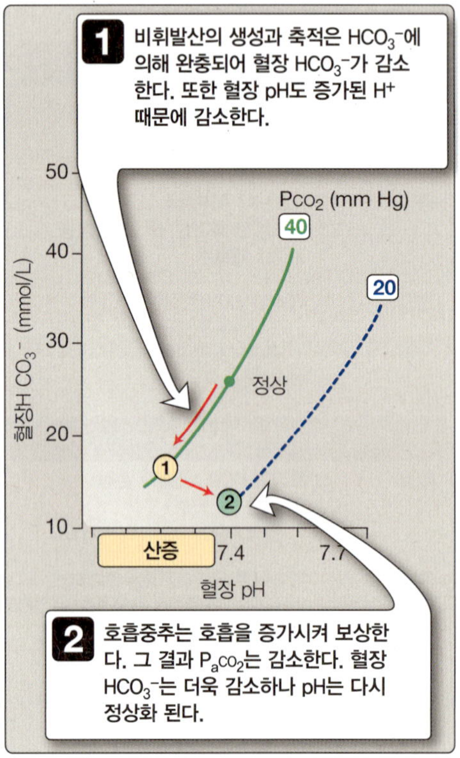

그림 28.16
대사성산증과 콩팥성 보상

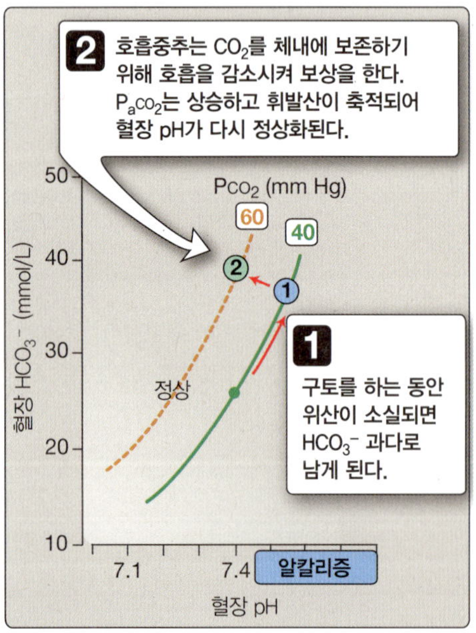

그림 28.17
대사성알칼리증과 호흡성 보상

E. 대사성산증(metabolic acidosis)

대사성산증은 증가된 비휘발산이 축적되어 일어난다. 이는 또한 인체에 과도한 HCO_3^- 손실이 일어나도 발생한다. 대사성산증은 낮은 혈장 HCO_3^-와 낮은 동맥 pH가 특징이다.

1. **원인:** 대사성산증은 비휘발산 생성과다와 중독, HCO_3^- 손실, H^+ 배설능력 저하 등 수많은 내인성 및 외인성 기전에 의해 일어난다.

   a. **산 생성:** 인체는 정상적으로 매일 ~1.5 mol의 젖산을 생성한다. 심한 근육활동으로 젖산염의 생성은 일시적으로 증가되나 간의 높은 대사능력으로 인해 젖산염 농도가 30분 이내에 다시 정상으로 된다. 만약 간이 손상받은 상태라면 젖산염이 축적되어 젖산증이 유발된다. 젖산증은 케톤체(즉, 아세톤과 아세토아세틱산, 베타하이드록시부티레이트) 생성과 대사로 인해 발생하는 대사성산증이다. 케토산증은 대개 인슐린 결핍(**당뇨병성 케토산증**; 임상 적용 33.1 참조)과 관련되어 있다. 젖산증과 케토산증은 둘 다 고음이온차이(high anion gap) 대사성산증을 유발한다.

   b. **약물과 중독:** 아스피린은 산으로, 독성 수준으로 섭취했을 때 고음이온차이를 보이는 혼합장애를 유발할 수 있다. 독성 산증의 다른 흔한 원인으로는 메탄올과 에틸렌글리콜 섭취를 들 수 있다. 메탄올은 종종 값싼 에탄올 대용품으로 섭취하며, 에틸렌글리콜은 부동액의 성분으로 잘못 섭취하여 발생한다. 어떤 중독도 대사가 될 때까지는 독성이 없다. 메탄올은 포름알데히드와 포름산으로 대사되며 에틸렌글리콜은 글리코알데히드와 글리콜산, 옥살산으로 대사된다. 두 독소 모두 고음이온차이 대사성산증을 일으킨다.

   c. **중탄산염 손실:** 소장과 대장은 HCO_3^-을 분비하며, 심한 설사 동안 과도하게 분비되면 대사성산증이 유발된다. HCO_3^-의 손실은 또한 토리쪽세관에 의한 HCO_3^- 재흡수를 손상시키는 선천성 혹은 후천성 장애로부터 발생할 수 있다. 그 결과 생기는 산증은 **2형 콩팥세관 산증(type 2 renal tubular acidosis, RTA**; 표 28.5)으로 알려져 있다. 이뇨제 특히 *탄산탈수효소* 억제제(26·IX·A 참조)는 소변을 통해 HCO_3^- 손실을 유발한다.

   d. **산 배설 장애:** 1형과 4형 RTA는 둘 다 H^+ 배설능력 감소가 특징이다. 1형은 대개 선천성으로 먼쪽분절에서 산을 산성화시키지 못한다. 4형은 저알도스테론증이나 콩팥세관이 알도스테론에 반응하지 않아 발생한다(표 28.5 참조).

2. **보상:** 비휘발산 과다 시 혈장 HCO_3^-에 의해 완충되어 결과적으로 혈장 내 HCO_3^- 농도는 감소된다(그림 28.16). 산증은 휘발산을 대기 중으로 이동시키기 위해 환기를 증가시키는 반사를 유발하며 따라서 혈중 HCO_3^-는 더욱 감소한다.

F. 대사성알칼리증(metabolic alkalosis)

대사성알칼리증은 인체가 HCO_3^-를 받아들였거나 H^+ 손실로 인해 일어나며 혈장의 HCO_3^-와 동맥의 pH가 증가되는 것이 특징이다.

1. **원인:** 비록 대사성알칼리증이 과도한 $NaHCO_3$ 섭취(제산제로 사용된다)에 의해 발생될 수 있지만 가장 흔한 원인은 이뇨제와 구토, 코위흡인술에 의해 일어난다. 구토와 코위흡인술로 위산을 체외로 잃게 되어 HCO_3^- 과다상태로 남게 되어 알칼리증이 발생한다(그림 28.17).

2. **보상:** 대사성알칼리증은 급성으로 혈장의 HCO_3^-가 증가되고 pH가 상승되지만, 호흡계에 의해 환기 감소와 P_aco_2 상승을 통해 즉시 보상된다. 또한 콩팥은 H^+ 분비를 감소시키고 여과된 HCO_3^-를 세관을 통해 방광까지 이동시켜 보상을 돕는다. 오랜 구토로 인하여 체액손실이 일어나 세포외액용량이 감소되면 HCO_3^- 재흡수가 증가되고 알칼리증이 유발된다.

28장 요약

- **인체 내 총체액량(total body water)**은 세포외액의 삼투질농도 변화로 감지된다. **삼투감각기(osmosensors)**는 대뇌의 **뇌실주위기관(circumventricular organs)** 내에 위치하며 **시상하부(hypothalamus)**에 매우 가까이 있다.

- 총액체량이 감소하면 세포외액의 삼투질농도가 증가한다. 삼투수용기는 **뒤뇌하수체(posterior pituitary)**에서 **항이뇨호르몬(antidiuretic hormone, ADH)**을 분비시키는 자극을 통해 반응한다. 항이뇨호르몬은 물통로(aquaporin)를 **집합관(collecting duct)**의 상피세포 안으로 삽입시켜 수분 재흡수를 일으킨다. 또한 삼투수용기 활성화는 **갈증**을 증가시킨다.

- 세포외액의 삼투질농도는 또한 혈장 내 Na^+ 농도에 의존적이다. Na^+ 균형은 주로 **알도스테론(aldosterone)**에 의한 콩팥에서의 Na^+ 보존 증가를 통해 조절된다. 알도스테론은 ***레닌*-앤지오텐신-알도스테론계(RAAS)**계가 활성화되어 분비된다.

- 물과 Na^+ 균형은 **평균동맥압**을 정상화시키려는 필요에 의해 조절된다. 평균동맥압은 부분적으로 세포외액량에 의해 결정된다. 세포외액량이 낮으면 평균동맥압이 낮아지고 *레닌*-앤지오텐신-알도스테론계가 활성화된다. **앤지오텐신 II (angiotensin II**, Ang-II)는 *레닌*-앤지오텐신-알도스테론계의 주요 효과호르몬으로 알도스테론 분비를 자극하고, 토리여과율을 조절하며, 콩팥뇨세관에서 Na^+ 재흡수를 자극하며, 항이뇨호르몬 분비를 통한 수분보존을 촉진한다.

- **심방나트륨이뇨펩티드**는 세포외액량의 팽창을 제한하는 음성되먹임 작용을 한다. 세포외액량이 많을 때 심방나트륨이뇨펩티드가 심방에서 분비되어 Ang-II의 작용을 억제하고 **나트륨이뇨**와 **액체이뇨**를 촉진한다.

- K^+ 균형은 알도스테론에 의해 조절된다. 알도스테론은 **고칼륨혈증**에 대한 직접적인 반응으로 분비되어 먼쪽세관에서의 K^+ 분비를 자극한다. **저칼륨혈증**은 주로 먼쪽세관에서 K^+ 재흡수를 자극한다.

- 콩팥과 폐는 둘 다 pH 균형을 유지한다. 폐는 **휘발산**(H_2CO_3)을 배설하고 콩팥은 **비휘발산**을 배설하며 호흡성질환으로 인한 pH 균형 변화를 보상하는 데 도움을 준다.

- 혈장 pH는 매우 좁은 범위(7.35~7.45) 내에서 유지된다. P_aco_2 상승은 **호흡성산증**과 **산혈증(academia**, pH < 7.35)을 유발한다. 콩팥은 여분의 H^+을 배설해서 보상한다. **과다환기**는 **호흡성알칼리증**과 **알칼리혈증(alkalemia**, pH > 7.45)을 유발한다. 콩팥은 H^+ 분비를 감소시켜 보상한다.

- 비휘발산 축적(예: 젖산과 케톤체들)과 독소, 콩팥에서의 H^+ 분비나 재흡수의 장애가 **대사성산증**을 유발할수 있다. 폐는 환기를 증가시키고 CO_2를 대기 중으로 내보내 보상한다. 오랜 구토로 인한 위장의 H^+ 손실도 **대사성알칼리증**을 유발한다. 폐는 CO_2를 저장하고 콩팥은 H^+ 분비를 감소시켜 보상한다.

학습문제

가장 옳은 답 하나만 고르시오.

VI.1 세균감염 때문에 페니실린을 복용하고 있는 환자가 구역질과 구토 증상을 보인다. 소변검사에서는 경증의 단백뇨와 세포원주가 나타나 급성사이질콩팥염이 의심된다. 다음 중 어느 토리 구조가 정상적으로 세포가 세관 내로 들어가지 않도록 막는가?

A. 민무늬근육세포
B. 혈관 사이세포
C. 모세혈관 내피세포
D. 토리바닥막
E. 발세포

정답 = C. 토리여과장벽은 모세혈관 내피세포, 바닥막, 발세포의 발돌기 사이에 위치한 발세포 여과틈새막으로 구성된다. 모세혈관벽은 혈장 여과를 증가시키기 위해 새기 쉽게 되어 있다(25.Ⅲ.A). 그러나 구멍들이 작아(~70 nm), 혈관 내 세포가 효과적으로 포획된다. 민무늬근육세포는 토리세동맥 내에 위치하는 반면 혈관사이세포는 토리모세혈관 사이에 위치한다. 혈관사이세포는 여과장벽의 표면적을 조절하지만 직접 여과에 관여하지는 않는다.

VI.2 콩팥결석증의 가족력을 가진 65세 남자가 옆구리 통증을 호소하여 크레아티닌청소율을 측정하였다. 크레아티닌청소율은 다음 중 어느 것과 같은 값인가?

A. 콩팥혈류량
B. 콩팥혈장유량
C. 분당 토리를 지나가는 크레아티닌 양
D. 분당 방광으로 들어가는 크레아티닌 양
E. 분당 크레아티닌을 완전히 제거하는 혈장량

정답 = E. "청소율"이란 어떤 물질이 신혈관을 통해 지나가는 동안 알려진 혈장량으로 완전히 제거하는 콩팥의 능력을 말한다(25·V·A). 크레아티닌청소율은 임상적으로 토리여과율을 측정하기 위해 사용된다(25·V·C). 다른 물질들(예: *para*–aminohippuric acid)의 청소율은 콩팥혈장유량을 측정하는데 사용된다. 만약 적혈구용적률이 알려져 있으면 콩팥혈류량도 측정할수 있다(25·V·D). 청소율의 변화는 얼마나 많은 크레아티닌이 방광에 들어가는지에 영향을 미치나 배설율과 청소율과 같지 않다. 청소율은 단위시간당 토리망을 통과하는 물질의 양과 무관하다.

VI.3 17세 남자가 소변볼 때 요도가 화끈거림을 호소하였다. 소변을 받아 세균감염의 가능성을 검사하였다. 소변검체를 받을 때 다음 중 어느 것이 배뇨시작을 일으키는가?

A. 다리뇌 배뇨중추(pontine micturition center)
B. 비뇨기상피 기계수용기(uroepithelial mechanoreceptors)
C. 자발적인 배뇨근(detrusor) 수축
D. 방광내압
E. 요도안조임근(internal urethral sphincter) 이완

정답 = A. 배뇨는 다리뇌 배뇨중추에 의해 시작되고 조절된다. 일단 요도바깥조임근이 이완되면 다리뇌 배뇨중추에서 불수의적인 요도안조임근을 이완시키고 배뇨근이 수축하도록 촉진한다(25·VI·D). 소변을 흐르게 하려면 안조임근의 이완이 필요하나 배뇨를 시작시키지는 못한다. 비뇨기상피의 기계수용기는 방광이 차서 방광내압이 상승하면 자발적인 배뇨근 수축을 시작하나 방광비우기는 배뇨가 편리한 시기가 될 때까지 다리뇌 배뇨중추에 의해 억제된다.

VI.4 체질량지수(BMI) 35를 보이는 31세 남자가 신체검사에서 당뇨를 발견하였다. 소변 내 증가된 당으로 보아 치료받지 않은 2형 당뇨병으로 생각되었다. 왜 치료 안된 당뇨병 환자의 소변에서 포도당이 나타나는가?

A. 세관 포도당의 양이 운반능력을 초과해서
B. 포도당이 삼투성이뇨를 일으켜 포도당 배설을 증가시켜서
C. 고혈당증이 포도당수송체를 하향조절해서
D. 높은 혈장인슐린이 콩팥에 독성이 있어서
E. 높은 혈장인슐린이 Na^+-K^+ ATPases를 억제해서

정답 = A. 수송체는 세관의 용질 재흡수능력을 제한하는 포화역동학을 나타낸다(26·Ⅲ·A). 건강한 사람에서는 포도당 최대운반량(transport maximum)의 최대값에 거의 도달하지 않으나 치료가 안된 당뇨병환자의 혈장 초여과액 내 포도당 양은 세관의 재흡수능력을 초과하므로 소변으로 포도당이 배설된다. 포도당은 삼투성이뇨를 일으킬 수 있으나 이는 최대운반량 초과로 인한 결과이며 원인이 아니다. 운반체의 숫자와 인슐린에 의한 콩팥 독성에 대한 고혈당증의 결과는 중요한 생리적 관심사가 아니다. 인슐린은 Na^+–K^+ ATPase를 조절하나 억제하기보다는 펌프 활성을 증가시킨다.

VI.5 판코니증후군(Fanconi syndrome)은 토리세관 기능이상과 관련이 있으며 다뇨와 당뇨, 저칼슘혈증, 저마그네슘혈증, 저인산산혈증의 증상을 보인다. 건강한 토리쪽세관은 다음 여과된 용질 중 어느 것을 100% 재흡수하는가?

A. 펩티드
B. 요산
C. Ca^{2+}
D. PO_4^{3-}
E. Na^+

정답 = A. 토리쪽세관은 Ca^{2+}와 $PO4^{3-}$, Na^+를 포함해 혈액으로부터 여과되는 대부분의 물질들을 상당수 재흡수하며 단백질과 펩티드, 아미노산, 포도당(26·III)은 100%를 재흡수한다. Ca^{2+}은 토리쪽세관에서 65%를 재흡수되고 나머지는 굵은오름다리와 먼쪽분절에서 재흡수된다. 여과된 $PO4^{3-}$의 80%는 토리쪽세관에서 재흡수되고 나머지는 먼쪽분절에서 재흡수된다. Na^+의 67%가 토리쪽세관에서 재흡수되나 이 양은 앤지오텐신 II가 있을 때 증가될 수 있다. 요산과 옥살염, 다른 노폐물이 토리쪽세관에서 분비된다(26·IV).

VI.6 전이된 난소종양 치료를 위해 시스프라틴 치료를 받고 있는 66세 여성이 토리쪽세관에 신독성 발생과 관련된 콩팥손상 증상을 보이고 있다. 다음 중 건강한 사람에서 토리쪽세관 기능을 가장 잘 설명한 것은?

A. 항이뇨호르몬이 일차조절자이다.
B. 알도스테론이 일차조절자이다.
C. 등삼투성 액체재흡수가 발생된다.
D. 겉질유두 경사가 발생한다.
E. 세관은 높은 전기적 저항성을 갖는다.

정답 = C. 토리쪽세관 상피는 혈액으로부터 능동적으로 많은 유기용질(시스플라틴과 같은 약물을 포함하여)을 받아들여 세관 내로 배설한다(26·IV). 이들 물질이 농축되면 독성이 유발될 수 있다. 토리쪽세관은 또한 등삼투성액 재흡수를 위해 특화되어 상피의 전기적 저항성은 낮다(26·II·A). 항이뇨호르몬은 주로 집합관에 작용하는 반면(27·V·C), 알도스테론은 먼쪽세관구역에 작용한다(27·IV). 겉질유두 삼투경사는 콩팥세관고리(헨레고리)에서 만들어진다(27·II·C).

VI.7 소변농축을 위해 필요한 겉질유두 삼투경사의 크기를 감소시키려면 다음 중 어느 변수가 증가되어야 하는가?

A. 들세동맥에서 레닌 분비
B. 굵은오름다리의 Na^+-K^+-$2Cl^-$ 공동운반
C. 집합관에 의한 요소 재흡수
D. 곧은혈관을 통한 혈류량
E. 교감신경계 활성화

정답 – D. 겉질유두 삼투경사는 콩팥세관고리(헨레고리) 내 역류배가계에 의해 형성된다(27·II·C). 역류배가계는 굵은오름다리의 Na^+–K^+–$2Cl^-$ 공동운반체에 의존하며 공동운반체가 고리이뇨제에 의해 억제되면 경사가 감소된다. 곧은혈관을 통한 혈액의 증가는 속질로부터 이온들을 씻어내서 삼투경사를 감소시킨다. 레닌은 동맥압이 감소하거나 교감신경계가 활성화되면, 즉 물을 보존해야 할 필요가 있는 상태에서 분비된다. 부분적으로 집합관으로부터 요소 재흡수가 증가되면 그 결과 경사 크기가 증가된다.

VI.8 성장지체와 정신치체를 보이는 6세 남자아이에게 유전학적 검사를 했더니 Bartter 증후군과 일치하는 결과를 보였다. Bartter 증후군은 굵은오름다리(TAL) 기능이상을 일으켜 고리이뇨제와 유사한 양상을 보인다. 다음 중 건강인에서 굵은오름다리의 기능을 가장 잘 설명한 것은?

A. 굵은오름다리를 떠나는 용액은 ~600 mOsm/kg이다.
B. 농축분절로 알려져 있다.
C. 수분투과성이 높다.
D. Ca^{2+} 재흡수의 주요 부위이다.
E. 속공간으로부터 Na^+과 K^+, Cl^-를 추출한다.

정답 = E. 굵은오름다리(TAL)는 세관속공간으로부터 Na^+–K^+–$2Cl^-$ 공동수송을 통해 Na^+, K^+, Cl^-를 재흡수하여 사이질로 보내 겉질유두삼투경사 형성을 돕는다(27·II·B). 굵은오름다리는 수분투과성이 낮아 물이 이온을 따라 사이질 내로 들어가지 못한다. 따라서 세관액은 상대적으로 희석된다(300 mOsm/kg). 굵은오름다리는 이런 이유로 희석(농축이 아닌)분절로 언급된다. Ca^{2+}은 토리쪽세관에서 우선 재흡수되며 먼쪽세관에서 재흡수가 조절된다(27·III·C).

VI.9 고혈압치료를 위해 티아지드(thiazide) 이뇨제를 투여 중인 77세 여성이 고칼슘혈증을 보였다. 티아지드는 먼쪽곱슬세관에서 Na^+-Cl^- 재흡수를 방해한다. 또한 티아지드는 왜 고칼슘혈증을 유발할까?

A. 티아지드이뇨제는 또한 Ca^{2+} ATPase를 방해한다.
B. Na^+-Cl^- 공동수송체는 또한 Ca^{2+}을 운반한다.
C. 꼭대기막 Na^+-Ca^{2+} 교환이 증가한다.
D. Ca^{2+} 흡수를 유발하는 경사가 급해진다.
E. 세포주위 Ca^{2+} 흡수가 증가한다.

정답 = D. 먼쪽곱슬세관에서의 Ca^{2+} 재흡수는 Ca^{2+} 통로(일과성수용기전위통로, TRPV5)에 의해 매개되며 세관 상피세포의 꼭대기막을 가로지르는 전기화학적 경사에 의해 유발된다(27·III·C). Na^+-Cl^- 공동운반체를 억제하면 상피세로 안으로의 Na+ 유입이 감소하여 내부가 더욱 음전하를 띠게 된다. 이런 음전하가 칼슘 재흡수를 유발하는 힘을 크게 만들어 고칼슘혈증을 일으킨다. 티아지드는 Ca^{2+} ATPase에 대해 유의한 효과가 없다. 먼쪽곱슬세관은 Na^+-Cl^- 공동운반체, 꼭대기막의 Na^+–Ca^{2+} 교환체나 세포주위를 통한 방법으로는 Ca^{2+}의 상당량을 재흡수하지 않는다.

VI.10 연구자들은 최대운동을 수행하는 사람에서 콩팥혈류량이 일정하게 75% 감소되는 것을 관찰하였다. 콩팥혈류량 감소에 대한 가장 바른 이유는 무엇인가?

A. 평균동맥압감소
B. 콩팥동맥압감소
C. 땀으로 인한 혈액량 감소
D. 증가된 콩팥교감신경활성
E. 항이뇨호르몬 분비

정답 = D. 교감신경계는 뼈대근육 혈관이 이완되면 평균동맥압을 유지하기 위해 심박출량을 증가시키고 필수적이지 않은 장기(예: 콩팥)로 가는 혈류를 감소시킨다(28·III·C;39·V). 교감신경계는 저항혈관(토리세동맥과 작은동맥들을 포함하는 소동맥들)을 수축시켜 콩팥혈류량을 감소시킨다. 콩팥동맥압은 평균동맥압과 밀접한 관련이 있으며 상당한 정도까지 영향을 받지 않는다. 비록 항이뇨호르몬이 어떤 환경에서는 혈관수축을 유발하지만 이 효과는 교감신경계 흥분에 의해 이차적으로 발생한다. 혈량저하는 운동하는 동안 콩팥혈류량에 영향을 미치는 교감신경의 효과를 강화시키지만 역시 교감신경효과로 인한 이차효과이다.

VI.11 의사가 체중미달 10대 소녀들에게서 치아 에나멜이 부식된 것을 주목하였다. 또한 식이장애와 반복되는 구토를 의심할 수 있는 저칼륨혈증과 대사성알칼리증이 발견되었다. 다음 중 이 진단과 일치하는 것은?

A. 콩팥세관산증
B. 감소된 β사이세포 활동
C. 저환기증
D. NH_4^+ 배설증가
E. 혈장의 aldosterone 증가

정답 = C. 반복되는 구토로 위산이 손실되면 HCO_3^- 과다로 인한 대사성알칼리증이 발현된다(28·VI·F). 호흡중추는 환기를 억제하여(저환기증) 대기중으로 운반되는 휘발산(H_2CO_3)을 감소시켜 보상한다. 콩팥세관산증은 대사성산증으로 수많은 기저원인에 의해 발생한다. NH_4^+ 배설은 비휘발산의 제거를 도우므로 알칼리증 동안 배설률이 감소한다. β사이세포는 HCO_3^-를 세관속공간 내로 분비해 알칼리증 동안 활동이 증가된다. 알도스테론은 Na^+ 균형에 관여하며 pH 균형에는 관여하지 않는다.

VI.12 빠른 시작을 보이는 폐부종이 반복해서 발생하는 25세 환자에서 도플러초음파를 이용해 콩팥고혈압을 진단하였다. 검사를 통해 콩팥동맥경화증이 진단되었다. *앤지오텐신전환효소*(ACE) 억제제는 이 환자에서 다음 중 어느 효과를 나타낼까?

A. 변치않는 고혈압
B. 혈장 크레아티닌 증가
C. 혈장 레닌 감소
D. 토리여과율 증가
E. 전신혈관의 저항 증가

정답 = B. 콩팥동맥경화로 인해 토리순환이 손상되고 초여과압이 감소된다. 들세동맥은 레닌에 반응한다. 그 결과 혈장의 앤지오텐신 II (Ang–II)가 증가해 전신혈관 수축과 평균동맥압 상승을 유발한다. 평균동맥압은 토리의 흐름을 회복시키고 초여과압을 상승시킨다 Ang–II는 또한 날세동맥을 수축시켜 초여과압상승을 강화시킨다(25·IV·C). 따라서 앤지오텐신전환효소 억제는 초여과압과 토리여과율을 감소시켜 그 결과 혈장 크레아티닌이 상승한다. 들세동맥은 증가된 레닌 분비에 반응한다. ACE 억제제는 또한 전신혈관에서 Ang–II 효과를 약화시켜 전신혈관의 저항이 감소해 평균동맥압이 감소된다.

제 7 단원
위창자계통

원리와 신호전달

29

I. 개요

위창자(gastrointestinal, GI)계는 입에서 시작해 항문에서 끝나는 복잡한 관의 형태이다. 음식물은 입으로 들어가 식도와 위, 작은창자(샘창자, 빈창자, 돌창자), 큰창자(오름, 가로, 내림 잘록창자), 곧창자를 지나 항문을 통해 빠져나간다(그림 29.1). 위창자계의 일차기능은 영양분의 **흡수(absorption)**이며 침샘과 위, 간, 쓸개, 췌장으로부터의 **분비액(secretion)**이 음식에 더해져 복잡한 성분들을 단순한 형태로 전환시켜 영양분 흡수를 최대화한다. 이러한 전환을 **소화(digestion)**라고 하며 효소와 호르몬에 의해 이루어진다. 소화된 내용물과 분비액은 섞여서 소화관의 꿈틀운동성 수축과 이완을 통해 한 구역에서 다른 구역으로 **이동(motility)**한다(그림 29.2). 다른 주요 소화계 기능으로는 **저장(storage**, 예: 음식이 위에 저장되고 분변물질이 잘록창자에 저장)과 소화 안된 물질과 담즙 노폐물의 **배설(excretion)**이 있다.

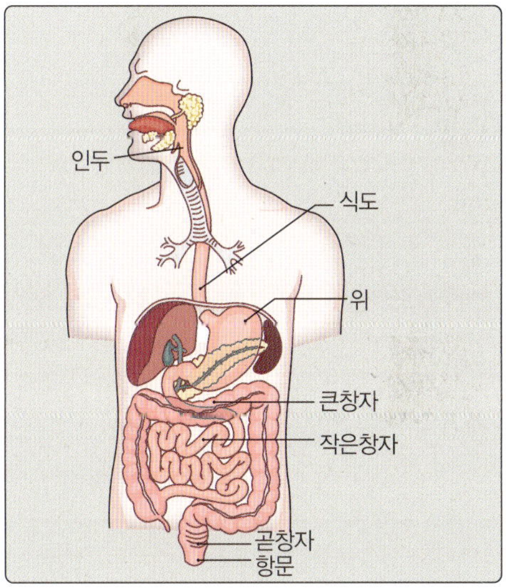

그림 29.1
위창자계통

II. 위창자층 (GASTROINTESTINAL LAYERS)

장관(intestinal tract)은 여러 층으로 구성되며 각각 뚜렷한 기능을 가지고 있다. 구조-기능 관계에 의해 관의 길이에 따라 특별한 층이 두드러지게 변화한다. 층들은 속공간으로부터 관 바깥을 향해서 상피와 고유판, 점막근, 점막밑층, 점막밑신경얼기, 돌림근, 근육층신경얼기, 세로근, 장막 순서로 배열되어 있다(그림 29.3).

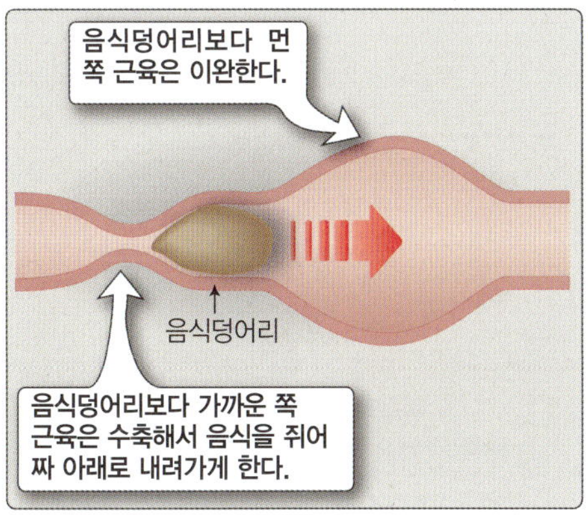

그림 29.2
꿈틀운동

A. 점막(mucosa)

상피와 고유판, 점막근이 함께 **점막(mucosa)**을 형성한다. **상피**는 단일세포층으로 위창자관을 연속해서 덮고 있으며 매 2~3일마다 소멸되고 보충된다. 위창자 상피의 꼭대기막은 위창자 속공간과 접하며 바닥가쪽막은 사이질과 혈관에 접하고 있다. 꼭대기막 표면은 **융모(villi**, 엄지손가

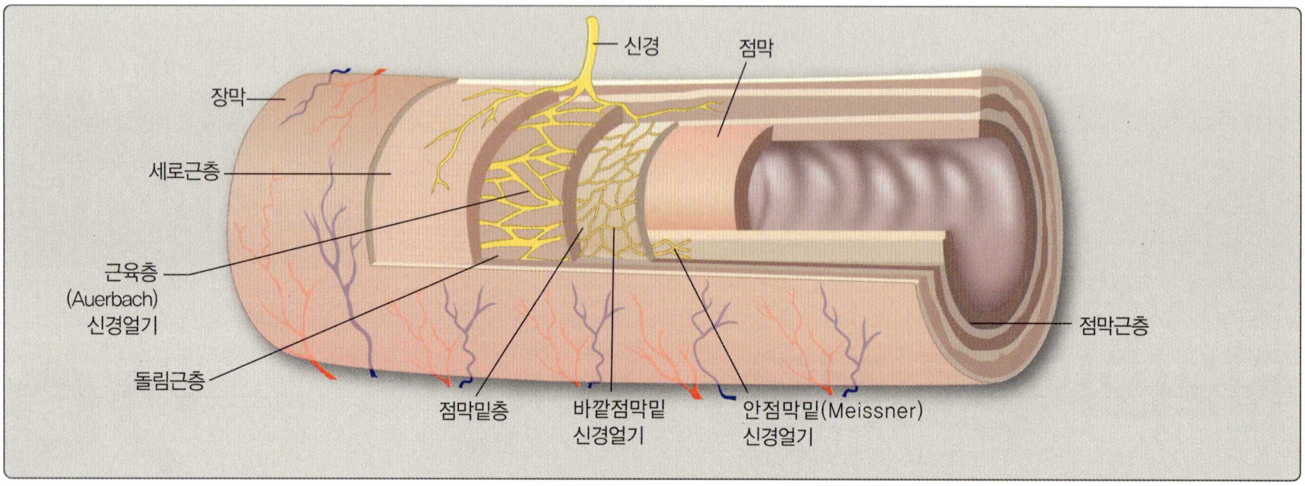

그림 29.3
소화관 층

락 같은 돌기)와 **움(crypt)**에 의해 표면적이 증가되어 상피와 작은창자 내용물과의 접촉이 최대화된다(그림 29.4). 흡수부위(예: 작은창자) 꼭대기막에는 수 많은 융모와 움이 있지만 운동관련 부위(예: 식도)은 그렇지 않다. **고유판(lamina propria)**은 엘라스틴과 콜라겐섬유들로 구성된 느슨한 결합조직으로 감각신경과 혈관, 림프관, 일부 분비샘을 포함한다. **점막근(muscularis mucosa)**은 얇은 한 층의 민무늬근육으로 점막에 능선(mucosal ridges)과 주름(folds)을 만들어 표면적을 더욱 증가시킨다.

B. 점막밑층(submucosa)

점막밑층은 두꺼운 한 층으로 고유판과 유사한 구성을 가지고 있다. 여기에는 혈관과 창자신경계(enteric nervous system, ENS)의 일부인 **점막밑신경얼기(submucosal plexus**, Meissner plexus)를 구성하는 신경다발이 들어있다. 창자신경계는 아래에 자세하게 설명된다.

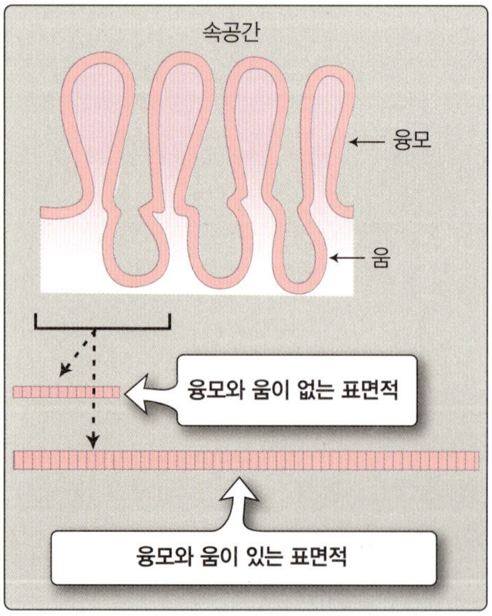

그림 29.4
표면적을 증가시키는 구조

C. 바깥근육(muscularis externa)

바깥근육(muscularis externa)은 **돌림근(circular muscle)**과 **근육층신경얼기(myenteric plexus)**, **세로근(longitudinal muscle)** 층으로 구성된다. 두 종류의 민무늬근육층은 그들의 방향에 근거해 이름이 지어졌다. 돌림근층은 고리모양으로 배열되어 있고 수축하면 관이 잘록해진다. 세로근층은 평행하게 배열되어 수축하면 관이 짧아진다. 창자신경계는 돌림근과 세로근이 협동하여 수축하게 하여 창자 내용물을 섞고 한 구역에서 다른 구역으로 이동시킨다. 돌림근은 또한 조임근을 만들어 내강 직경을 조정하여 한 구역에서 다른 구역으로의 음식 흐름을 조절한다. 근육층신경얼기(Auerbach plexus)도 창자신경계의 일부로 돌림근과 세로근 사이에 위치한다.

D. 장막(serosa)

장막은 한 층의 결합조직과 한 층의 편평상피세포로 구성된 가장 바깥층이다. 소화기의 어떤 부분(예: 식도)은 장막이 없는 대신 직접 바깥막에 연결된다. 바깥막은 결합조직으로 복벽이나 골반벽 안으로 섞여 들어간다.

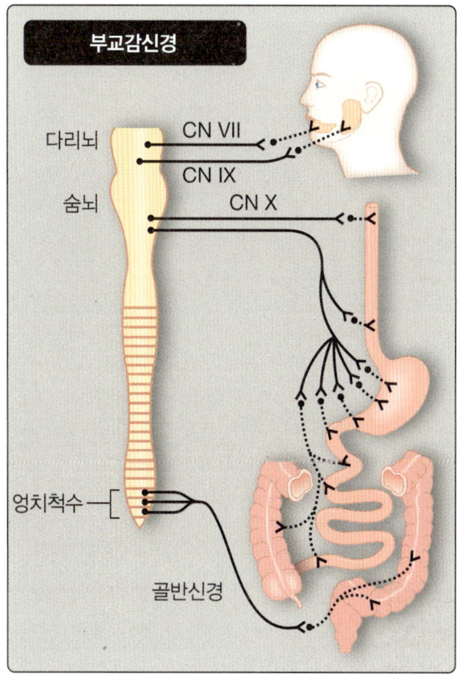

그림 29.5
부교감신경계의 신경지배. CN = 뇌신경

III. 신경분포와 신경전달물질 (INNERVATION AND NEUROTRANSMITTERS)

위창자 기능은 자율신경계의 세 부분에 의해 조절된다: 부교감신경계과 교감신경계, 창자신경계.

A. 부교감신경계

부교감신경계는 미주신경(숨뇌)과 골반-내장신경(S2 – S4)에서 유래되며 운동과 감각성분을 모두 가지고 있다(그림 29.5). 감각성분은 신장(stretch)과 압력, 온도, 삼투질농도에 반응하며 **미주신경반사(vagovagal reflex)**에 참여한다. 미주신경반사는 중추신경계의 관여 없이 들감각과 날반응 모두에 미주신경(뇌신경 X)이 참여하는 반사이다. 직접 또는 간접적으로 부교감신경계에서 사용되는 중요한 신경전달물질은 **아세틸콜린(ACh)**과 **위분비펩티드(gastric-releasing peptide)**, **스브스탠스 P**(substanceP)이다(표 29.1). 일반적으로 부교감신경계의 신호는 위창자계 분비와 운동을 자극하여 영양분의 소화와 흡수를 촉진한다.

B. 교감신경계

교감신경계는 척수의 가슴(T5~T12)과 허리(L1~L3) 부위에서 시작하여 세 신경절(복강, 위창자간막, 하부소화기를 위한 아래창자간막) 중 하나와 시냅스를 형성한다(그림 29.6). 상부 위창자계(예: 침샘)에는 위목신경절(superior cervical ganglion)과 시냅스를 이루는 교감신경계가 분포한다(그림 29.6 참조). 부교감신경계와 달리 교감신경계의 구성성분은 직접적인 감각가지는 없으나 활성화되면 위창자계 분비와 운동을 감소시킨다. 교감신경계의 중요한 신경전달물질은 **노르에피네프린(norepinephrine)**과 **신경펩티드 Y(neuropeptide Y)**이다(표 29.1 참조).

표 29.1 위창자 신경전달물질과 신경조절물질

신경전달물질	분비신경	구조	기능
아세틸콜린	부교감성, 콜린성	민무늬근육, 샘들	벽근육 수축; 조임근 이완; 침샘, 위, 이자의 분비 증가
혈관작용장펩티드	부교감성, 콜린성, 창자성	민무늬근육, 샘들	조임근 이완; 이자와 창자의 분비 증가
노르에피네프린	교감성, 아드레날린성	민무늬근육, 샘들	벽근육 이완; 조임근 수축; 침샘 분비 감소
신경펩티드 Y	교감성, 아드레날린성, 창자성	민무늬근육, 샘들	벽근육 이완; 창자 분비 감소
위분비펩티드	부교감성, 콜린성, 창자성	샘들	가스트린 분비 증가
스브스탠스 P	부교감성, 콜린성, 창자성	민무늬근육, 샘들	벽근육 수축; 침샘 분비 증가
엔케팔린	창자성	민무늬근육, 샘들	조임근 수축; 창자 분비 감소

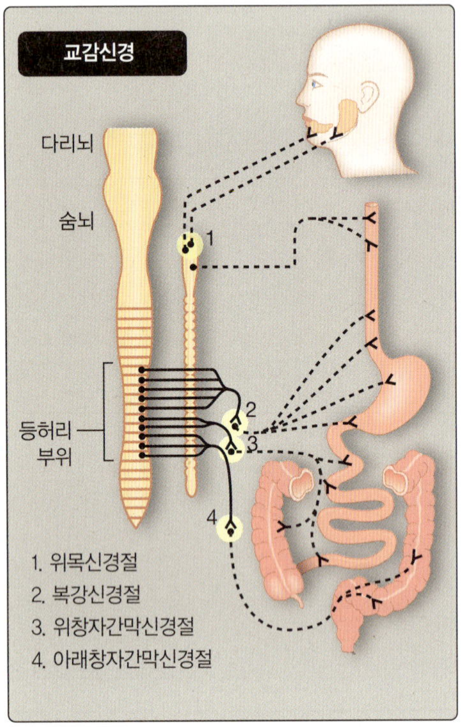

그림 29.6
교감신경계의 신경지배

C. 창자신경계(enteric nervous system)

부교감신경계와 교감신경계신경은 대부분 창자신경계의 구성성분과 시냅스를 이룬다. 창자신경계는 비록 이들 외부신경 자극들에 의해 조절되지만 내부조절과 감각반사들을 통해 자율적으로 작용할 수도 있다. 창자신경계 신경은 근육층신경얼기와 점막밑신경얼기로 구성된다.

1. **신경얼기(plexus):** 근육층신경얼기는 신경세포들이 치밀하게 평행배열하여 구성되며, 주로 장 민무늬근육을 조절하고 긴장성 및 리듬성 수축에 참여한다. 일부 근육층신경세포는 점막밑신경얼기의 신경세포나 분비세포와 직접 시냅스를 형성한다. 점막밑신경얼기는 주로 창자 분비액과 국소적인 흡수환경을 조절하며 또한 혈관과 돌림근, 세로근, 점막근과 시냅스를 이룬다. 창자신경계 신경세포들은 **창자아교세포(enteric glial cell)**에 의해 지원을 받는데, 창자아교세포들은 구조와 기능이 대뇌의 별아교세포(astrocyte)와 비슷하다.

2. **반사:** 많은 위창자 반사작용은 신경회로에 의해 단독으로 조절된다. 신경회로는 기계수용기나 화학수용체가 점막의 자극을 받아 그 신호를 점막밑신경얼기에 있는 신경세포에 전달하면 점막밑신경얼기나 근육층신경얼기 내 다른 신경세포가 자극을 받아 내분비세포나 분비세포를 조절한다.

3. **신경전달물질**(neurotransmitter)**:** 수많은 신경전달물질과 조절물질은 창자신경계 소통에 사용된다(표 29.1 참조). **엔케팔린(enkephalin)**은 조임근 주변의 돌림근을 수축시킨다. 점막밑신경얼기에서 분비신경세포들은 주로 **혈관작용장펩티드(vasoactive intestinal peptide, VIP)**와 아세틸콜린을 신경전달물질로 사용한다. 반면에 감각신경세포는 스브스탠스 P를 사용한다. 근육층신경얼기에서 운동신경세포는 아세틸콜린과 산화질소(nitric oxide)를 사용하고, 감각신경세포들은 스브스탠스 P를 사용하며, 사이신경세포는 아세틸콜린과 **세로토닌(serotonin, 5-hydroxytryptamine)**을 사용한다. 또한 이들 창자신경전달물질은 체내 다른 곳에서도 사용되므로 약리학적으로 중요하다. 예를 들어, 세로토닌 재흡수 억제제를 사용하는 사람들은 이 약물이 세로토닌 농도를

임상 적용 29.1: 샤가스병(Chagas Disease)

점막밑신경얼기와 근육층신경얼기 신경병(neuropathy)에 의해 운동성이 손상될 수 있다. 예를 들어 이들 신경얼기 신경세포들에 원충감염(트리아토마 빈대에 의해 종종 운반되는 *Trypanosoma cruzi*)이 되면 **샤가스병**이 유발된다. 샤가스병은 식도와 잘록창자의 팽창과 구조적 확대를 유발한다. 병든 신경부위의 근육층은 수축할 수는 있으나 이완되지 않기 때문이다. 증상이 없는 부위가 계속 음식을 운반하면서 수축된 부위의 앞부분에 음식이 쌓여서 시간이 지나면 이들 부위가 팽창하고 뒤틀리게 된다.

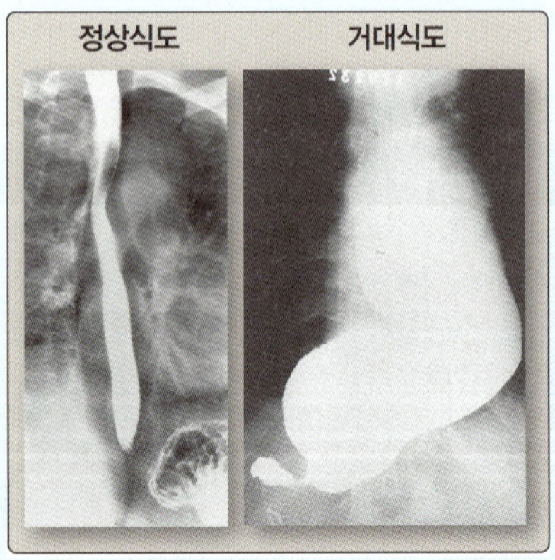

거대식도증

표 29.2 위창자 호르몬

호르몬	분비세포	구조	기능
콜레시스토키닌	I세포	이자, 쓸개, 위	효소 분비증가; 쓸개 수축; 위배출 증가
포도당의존인슐린친화성펩티드	K세포	이자, 위	인슐린 분비; 위산분비 억제
가스트린	G세포	위	위산 분비 증가
모틸린	M세포	위창자 민무늬근육	수축과 이동성운동복합군 증가
세크레틴	S세포	이자, 위	HCO_3^-와 펩신 분비

변화시키므로 부작용으로 소화기운동이 감소된다.

IV. 비신경성 신호전달물질(NONNEURAL SIGNALING MOLECULES)

신경전달물질과 함께, 호르몬(hormone)과 주변분비(paracrine), 신호전달물질도 소화기능을 조절하고 통제한다.

A. 호르몬(hormone)

위창자 펩티드호르몬으로는 **콜레시스토키닌(cholecystokinin, CCK)**과 **가스트린(gastrin)**, 포도당의존인슐린친화성펩티드(glucose-dependent insulinotropic peptide, GIP; 예전에는 gastric inhibitory peptide로 알려져 있었음), **모틸린(motilin)**, **세크레틴(secretin)**이 있다(표 29.2). 내분비세포는 형태별로 위와 창자 전체에 걸쳐 여러 부위에 다른 밀도로 존재한다(그림 29.7). 가스트린은 위방(antrum)에서 분비되며 작은창자로 가면서 분비가 감소된다. 콜레시스토키닌과 세크레틴, 포도당의존인슐린친화성펩티드(GIP)는 주로 샘창자와 빈창자에서 분비되며, 콜레시스토키닌과 세크레틴은 비록 적은 양이지만 계속해서 돌창자에서도 분비된다.

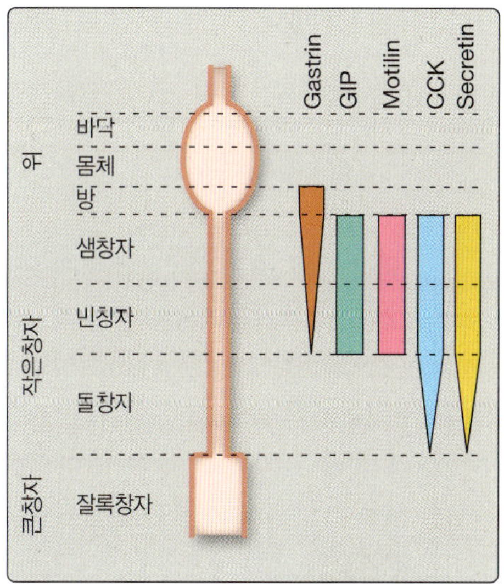

그림 29.7
위창자 호르몬 분비의 주요부위. CCK = 콜레시스토키닌; GIP = 포도당의존인슐린친화성펩티드

B. 주변분비(paracrine)

위창자 주변분비 호르몬은 국소적으로 분비되고 작용한다. 중요한 위창자 주변분비 신호전달물질은 **히스타민(histamine)**과 **프로스타글란딘(prostaglandin)**, **소마토스타틴(somatostatin)**이다(표 29.3). 이들 중 소마토스타틴만 펩티드이다. 히스타민은 모노아민으로 분류되며 프로스타글란딘은 아이코사노이드(eicosanoid)신호전달물질이다. 히스타민은 위에서 분비되는 반면 프로스타글란딘과 소마토스타틴은 모두 분비와 작용이 보다 광범위하다.

표 29.3 위창자 주변분비

주변분비	분비세포들	구조	기능
히스타민	창자크롬친화유사세포, 비만세포	위	위산 분비 증가
프로스타글란딘	위창자를 덮는 세포	점막	혈류와 점액, HCO_3^- 분비 증가
소마토스타틴	D 세포	위와 이자	펩티드호르몬들과 위산분비 억제

> 프로스타글란딘은 *cyclooxygenase* 산물로 아라키돈산으로부터 유래되었으며 점막유지에 중요한 역할을 한다. 따라서 *cyclooxygenase* 억제제(즉, 아스피린 및 다른 **비스테로이드성 항염물질들**[1])는 위에 자극을 준다.

V. 소화상(DIGESTIVE PHASES)

위와 샘창자 기능은 다음 별개의 세 시기로 나누어진다: 뇌상, 위상, 장상.

A. 뇌상(cephalic phase)

뇌상은 음식에 대한 생각이나 이전에 먹은 음식을 암시하는 상태(예: 식사 종소리를 들은 후 식사하는 고전적 조건화)에 의해 시작된다. 구강과 비강, 인두에 있는 화학수용체와 기계수용체들은 음식 맛보기와 씹기, 삼키기, 냄새맡기 등에 의해 자극된다. 뇌상은 주로 신경성으로 아세틸콜린과 혈관작용장펩티드 분비를 유발한다. 아세틸콜린과 혈관작용장펩티드는 침샘과 위, 이자, 장관에서의 분비를 자극한다.

임상 적용 29.2: 영양공급관(Feeding Tubes)과 정맥 내 영양공급(Intravenous Feeding)

삼키기 장애가 있거나 기계호흡을 하고 있는 환자들은 막힌 부위를 넘어서는 영양분 운반이 필요하다. 이런 환자들에게 영양보충을 위해 공급관 식사(예: 코위[NG] 및 코샘창자[ND] 공급관)을 사용한다. 코위 공급관은 음식을 직접 위로 운반하고 코샘창자 공급관은 직접 샘창자로 운반한다. 공급관으로의 음식물 공급은 소화를 시작하게 하는 소화상을 일어나지 못하게 한다. 그러므로 영양공급관에 사용되는 음식은 상부 위창자에서 일어나는 소화과정이 없어도 소화에 문제가 없도록 준비해 투여한다. 영양분은 또한 전체 위창자를 우회해서 직접 정맥 안으로 투여할 수도 있다. 이때는 영양분의 소화와 흡수를 돕기 위해 사용되는 에너지가 필요 없으므로 입을 통해 섭취하는 경우보다 ~7% 정도 적은 총칼로리면 충분하지만, 필요한 영양분들이 모두 포함되도록 주의를 기울여야 한다.

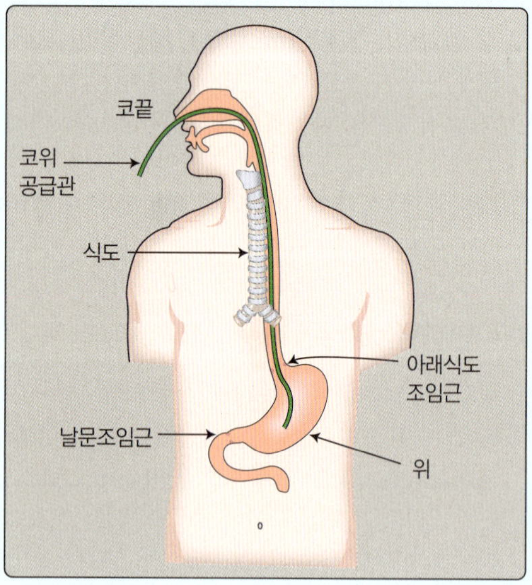

코위 공급관

[1] 비스테로이드성 항염물질들에 대한 더 많은 정보는 *LIR Pharmacology 제5판* 참조.

B. 위상(gastric phase)

위상은 음식과 구강 분비액이 위로 들어가면서 시작된다. 위의 팽창과 위 내용물(아미노산과 펩티드)에 의해 동시에 일어나며, 신경반응과 호르몬반응, 주변분비 등의 위창자반응을 유발한다. 아세틸콜린(신경)과 가스트린(호르몬), 히스타민(주변분비)을 포함하는 신호물질의 복합작용에 대한 좋은 예는 위산분비과정이다.

C. 장상(intestinal phase)

장상은 위 내용물이 샘창자로 들어오면 시작된다. 이 단계는 H^+뿐 아니라 지방과 단백질의 소화물과 관련이 있으며 주로 호르몬반응으로 시작하나 주변분비와 신경반응도 관련된다. 콜레시스토키닌과 가스트린, 세크레틴, 포도당의존인슐린친화성펩티드(GIP)는 모두 이 단계에서 분비된다.

29장 요약

- **흡수(absorption)**는 위창자 장벽을 가로질러 몸 안으로 식품성분을 운반하는 과정이다.
- 인체는 흡수를 위한 영양분을 준비하기 위해 기계적 및 화학적으로 음식을 소금 더 삭고 난순하세 쪼갠다. 식품의 화학적 분해를 **소화(digestion)**라고 하며 식품의 기계적 분해에는 민무늬근육(즉, 혼합)이나 뼈대근육(즉, 씹기)의 수축이 관련한다.
- **분비(secretion)**는 위창자 속공간으로 입자나 액체를 운반하는 행위이다. 분비는 효소와 수분을 운반하여 소화를 촉진하고 HCO_3^-와 **점액**을 분비하여 내피세포 표면을 보호한다.
- 자율신경계는 전체 위창자계에 분포한다. 부교감신경계는 분비와 운동성을 자극하는 반면 교감신경계는 이들 기능을 억제한다. **창자신경계(enteric nervous system)**는 독립적으로 작동할 수 있으며 반사와 위창자 기능의 대부분에 관여한다.
- 위창자호르몬으로는 I세포에서 분비되어 이자와 담즙 분비에 관여하는 **콜레시스토키닌(cholecystokinin)**과 G세포에서 분비되어 H^+을 분비하게 하는 **가스트린(gastrin)**, K세포에서 분비되어 인슐린 분비를 증가시키고 H^+ 분비를 감소시키는 **포도당의존인슐린친화성펩티드(glucose-dependent insulinotropic peptide)**, M세포에서 분비되어 주로 운동성을 증가시키는 모틸린(motilin), S세포에서 분비되어 주로 물과 HCO_3^- 분비를 증가시키고 H^+을 감소시키는 세크레틴(secretin)이 있다.
- 위창자(GI) 주변분비에는 장친크롬유사세포(enterochromaffin-like cells)와 비만세포(mast cells)에서 분비되어 H^+ 생산을 증가시키는 등 많은 기능을 하는 **히스타민(histamine)**, H^+ 생성을 감소시키고 위창자 장벽 성질을 유지시키는 **프로스타글란딘(prostaglandin)**, 위창자 분비를 감소시키는 **소마토스타틴(somatostatin)**이 있다.
- 소화의 세 단계(**뇌상**, **위상**, **장상**)는 필요한 준비와 적절한 시기 및 조절 되먹임이 되도록 한다. 뇌상은 주로 앞먹임(feedforward) 조절을 하며 위상과 장상은 되먹임(feedback) 기전이다.

30 입, 식도, 위

I. 개요

위창자(GI)의 상부절반(입, 식도, 위)은 영양분 흡수에서는 작은 역할을 하지만 작은창자에서 흡수될 수 있도록 식품을 운반하고 준비하는 데 크게 기여한다. 이러한 준비에는 식품을 작게 쪼개어 표면적을 증가시키는 기계적 분해작용과 식품을 쪼갤 수 있도록 효소와 산을 분비하고 효소작용을 위해 수화시키는 화학적 분해작용도 포함된다.

II. 입

입은 식품의 기계적 및 화학적 소화의 첫 번째 부위이다. **저작(mastication,** 씹기)작용은 식품을 기계적으로 작은 크기로 쪼개어 소화효소가 접촉할 표면적을 증가시키고 삼키기 쉽게 한다. 침은 주로 구강 수화와 윤활작용을 하며, 일부 보호작용과 소화작용을 한다.

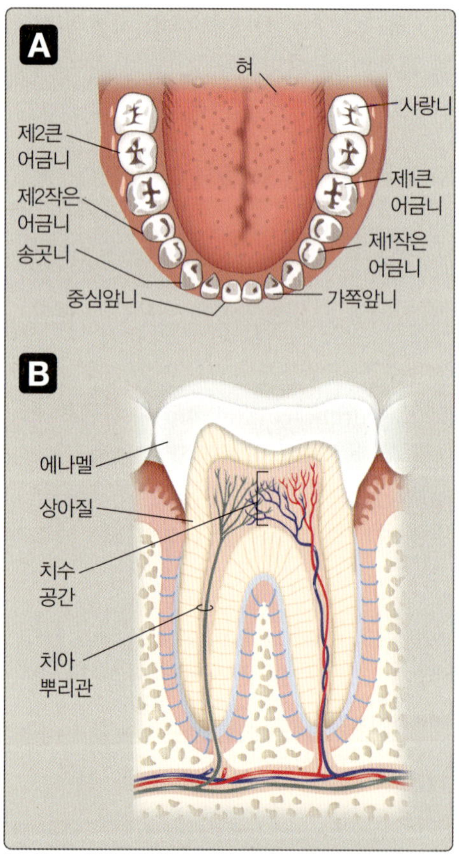

그림 30.1
치아 분류와 구조

A. 치아

치아는 식품을 자르고(앞니) 찢고 뚫고(송곳니) 갈고 부수는 일(작은어금니와 큰어금니)을 한다(그림 30.1). 치아의 머리부분은 에나멜로 덮여 있으며 95% 이상이 칼슘수산화인회석이다(15·II·A 참조). 이로 인해 치아껍질이 대단히 단단해 저작이 가능하고 치수공간(신경과 혈관을 포함하는)과 치아뿌리관을 보호한다(그림 30.1 참조). 턱근육은 이 기능들을 수행할 수 있도록 기계적 힘을 제공하여 치아 운동을 가능하게 한다.

B. 혀(tongue)

혀는 음식을 씹는 동안 음식을 잡아서 위치를 바꿔준다. 혀는 내재성 뼈대근육(근섬유가 가로, 세로, 수직 방향으로 배열)이 있어 혀의 모양을 바꿀 수 있고 외재성 뼈대근육이 있어 앞으로 내밀거나 양옆으로 운동할 수 있다. 또한 혀에는 맛봉우리가 있으며(10·II·A 참조) 장액성 및 점액성 샘도 있다. 그러나 이들 샘은 충분한 양을 분비하지는 못해, 침 없이는 식품을 적절하게 수화시킬 수 없다.

C. 침샘(salivary gland)

침샘은 수용액을 생산하여 입을 적시고 음식물 소화를 시작하며 또한 보호기능을 한다. 사람은 정상적으로 매일 1.0~1.5리터의 침을 생산하며 그 대부분은 **혀밑샘(sublingual gland)**과 **아래턱밑샘(submandibular gland)**, **귀밑샘(parotid gland)**에서 분비된다.

1. **구조:** 침샘은 수많은 **소엽(lobule)**으로 구성된다. 각 소엽에는 수많은 **샘꽈리(acini)**가 있고, 샘꽈리 각각은 단백질과 장액을 생성하고 분비할 수 있도록 특화된 상피(**샘꽈리**)세포들로 덮여 있다. 장액은 이온구성이 혈장과 유사하다. **일차분비액(primary secretion)**이 샘꽈리로부터 **사이관(intercalated duct)**을 통해 좀 더 커다란 **줄무늬관(striated duct)**으로 간 뒤 **소엽사이관(interlobular duct)** 내로 흐른다. 일차분비액이 **근상피세포(myoepithelial cell)** 수축의 도움을 받아 관을 통과하는 동안 이 관을 덮는 세포에 의해 이온구성이 변화된다. 또한 샘꽈리와 관상피에는 점액소(mucin)를 분비하는 점액세포가 있으며 점액소는 당단백질로 점액에 윤활성질을 갖게 해준다. 혀밑샘과 아래턱밑샘은 점액과 장액의 혼합액을 분비하는 반면 귀밑샘은 주로 장액을 분비한다.

2. **장액분비(serous secretion):** 침은 언제나 혈장에 비해 저장성이다(그림 30.2). 그러나 일차 샘꽈리 분비액은 등삼투성에 가깝다. 침 분비는 바닥가쪽막의 Na^+-K^+ ATPase(그림 30.3)에 의해 확립된 이온경사에 의해 촉진된다. Na^+와 K^+, Cl^-는 바닥가쪽막의 Na^+-K^+-$2Cl^-$ 공동수송체들을 통해 혈장으로부터 받아들여져, K^+은 K^+통로를 통해, Cl^-는 Cl^--HCO_3^- 공동수송체에 의해 꼭대기막을 지나 샘꽈리속공간 내로 이동한다. HCO_3^-는 *탄산탈수효소*의 촉매작용으로 CO_2와 H_2O로부터 만들어진다. HCO_3^- 생성 동안 만들어진 H^+은 바닥가쪽막의 Na^+-H^+ 교환체를 통해 혈장으로 이동한다. Cl^-와 HCO_3^- 분비로 인해 상피가로방향전위차가 만들어져 Na^+이 세포주변경로를 통해 샘꽈리속공간 안으로 이동한다. 물은 이온분비로 생긴 삼투경사에 의해 세포가로방향과 세포주변을 통해 이동하며, 물통로와 샘꽈리세포 사이의 새기 쉬운 치밀이음에 의해 촉진된다.

3. **도관 변화(ductal modification):** 사이관세포와 줄무늬관세포는 일차분비액의 Na^+과 Cl^-를 재흡수하고 동시에 K^+과 HCO_3^-를 분비하여 조성을 변화시킨다. 이런 변화의 결과는 침분비율이 낮을 때 가장 분명하다(그림 30.2 참조). 그러나 관세포의 운반용량이 제한되어 있어 분비율이 증가하면 침의 구성은 일차분비액과 점차 유사해진다. Na^+는 꼭대기막의 상피 Na^+통로(ENaC)와 Na^+-H^+ 교환체를 통해 관속공간으로부터 재흡수된 후 Na^+-K^+ ATPase에 의해 바닥가쪽막을 가로질러 사이질로 펌프질된다(그림 30.4). Cl^- 재흡수와 HCO_3^- 분비는 꼭대기막의 Cl^--HCO_3^- 교환체에 의해 이루어진다. 그 후 Cl^-는 낭성섬유종 세포막가로방향전도도조절자(cystic fibrosis transmembrane conductance regulator, CFTR) Cl^-통로를 통해 사이질로 운반된다. 분비된 HCO_3^-는 Na^+-HCO_3^- 공동수송체를 통해 관세포로 들어간다. K^+ 분비는 꼭대기막의 H^+-K^+ 교환체에 의해 이루어진다. 관 상피는 물통로가 부족해 상대적으로 수분불투과성이어서 침은 저장성이 된다.

4. **단백질:** 침에는 또한 소량의 보호단백질과 효소가 있으며 이들은 샘꽈리세포와 점액세포, 도관세포에서 분비된다.

   a. ***용균효소(lysozyme):*** *용균효소*는 세균 세포벽을 파괴하는 능력이 있다.

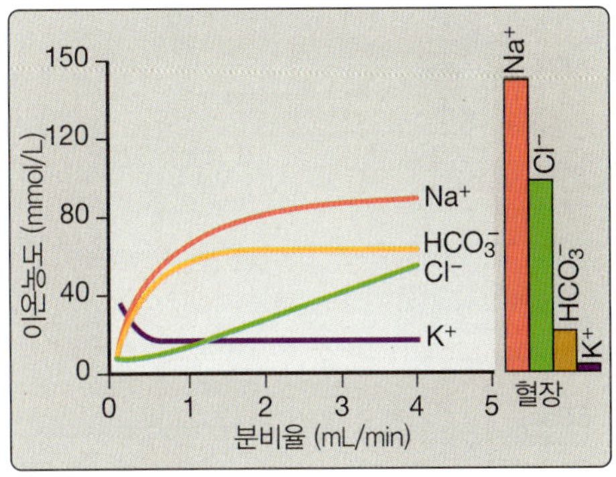

그림 30.2
침 흐름과 이온농도

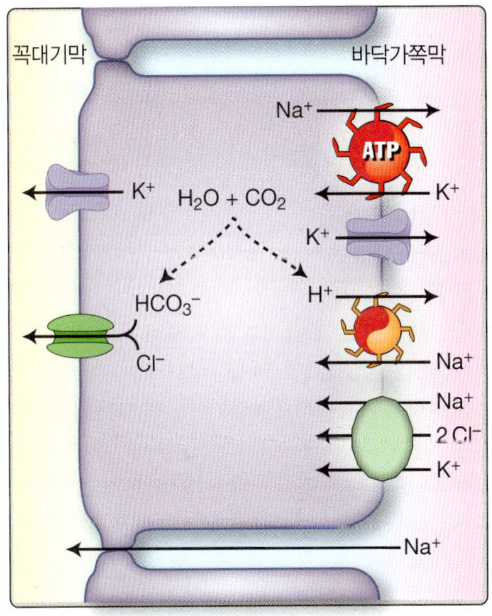

그림 30.3
샘꽈리세포 이온운반. ATP = 삼인산아데노신

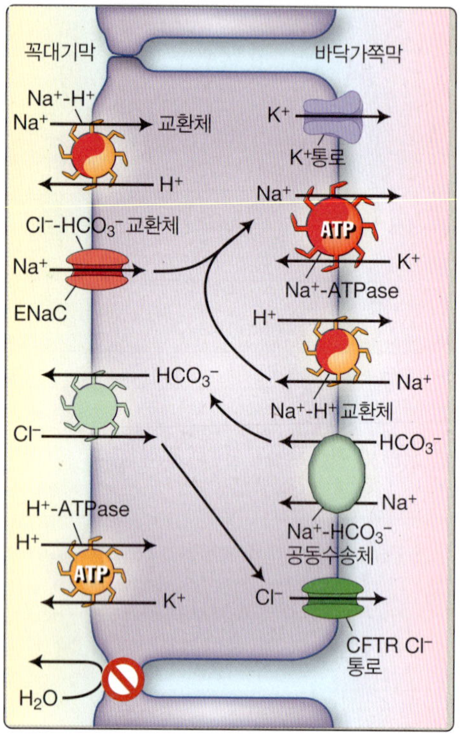

그림 30.4
사이세포와 줄무늬세포 이온운반. ATP = 삼인산아데노신; CFTR = 낭성섬유종 세포막가로방향전도도조절자; ENaC = 상피 Na^+통로

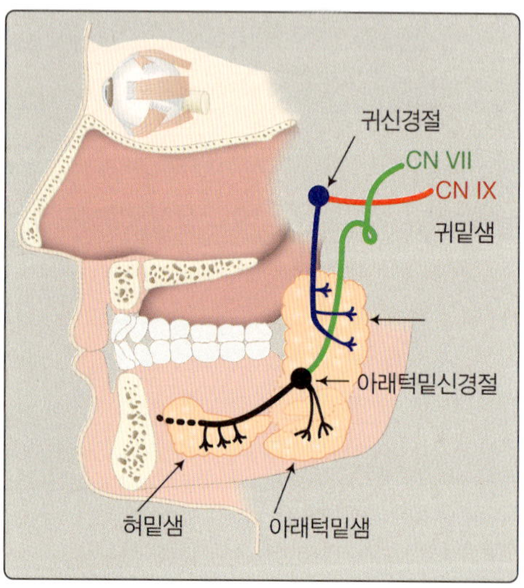

그림 30.5
침샘에 대한 신경 분포. CN = 뇌신경

b. **락토페린(lactoferrin):** 락토페린은 철-결합 단백질로 미생물의 성장을 억제할 수 있다.

c. **면역글로불린 A (immunoglobulin A):** 면역글로불린 A의 구성성분들이 침에 포함되어 세균과 바이러스에 대항한다.

d. **프롤린이 풍부한 단백질(proline-rich protein):** 프롤린이 풍부한 단백질은 치아의 에나멜 생성을 도우며 항미생물 성질을 가지고 있다.

e. ***침 아밀라제(salivary amylase):*** *침 아밀라제*(*α-amylase* 또는 *프티알린*으로 알려져 있음)가 탄수화물 소화과정을 시작하지만 위의 낮은 산도에 의해 변성된다. 그 후 아밀라제는 이자에서 분비되어 위창자 내로 다시 들어간다.

f. ***혀 지질분해효소(lingual lipase):*** *혀 지질분해효소*는 지질을 가수분해하며, 위창자 전체를 통해 활성상태로 남아 있다.

5. **조절:** 침 흐름은 부교감신경과 교감신경 모두에 의해 조절된다. 둘 다 분비를 증가시키지만 교감신경에 의한 침 분비는, 숨뇌에 있는 침분비핵의 매개로 이루어지는 부교감신경에 의한 분비보다 일시적이며 소량이다. 침 흐름은 냄새와, 맛, 입 안의 기계적 압력, 다양한 반사들(예: 조건반사)에 의해 증가되는 반면 스트레스와 탈수, 잠자는 동안 감소된다. 신경자극이 침 흐름과 함께 혈액의 흐름과 근상피세포의 수축, 샘의 성장과 발달을 증가시킨다. 혀밑샘과 턱밑샘에는 얼굴신경(뇌신경 VII)과 혀신경이 턱밑신경절을 경유해 분포하고(그림 30.5), 반면에 교감신경은 T1~T3 시냅스로부터 나와 위목신경절을 경유해 분포한다. 귀밑샘은 유사한 교감신경 분포를 가지나 부교감신경 지배의 경우 혀인두신경(CN X)이 귀신경절에서 시냅스하고 얼굴신경보다는 귓바퀴관자신경을 따라 이동한다(그림 30.5 참조). 부교감신경에서 분비된 아세틸콜린은 이노시톨삼인산염(IP_3) 신호전달 경로를 통해 작용하는 무스카린수용체(M_3)에 결합한다. 교감신경에서 분비되는 노르에피네프린은 IP_3와 cAMP 신호전달경로를 통해 각각 작용하는 α 및 β아드레날린수용체와 결합한다(1·VII·B·2 참조).

III. 식도(ESOPHAGUS)

입인두와 식도는 식품성분과 구강분비액을 구강 후방에서부터 위로 운반한다.

A. 삼킴(연하, swallowing)

삼키는 행위는 많은 구조물이 관여하는 조화로운 행동으로 수의적으로 시작되나 일단 시작하면 불수의적이 된다.

1. **조절:** 부교감신경이 관여하는 삼키기는 **삼킴중추(swallowing center)**에 대한 들되먹임(afferent feedback)과 **의핵(nucleus ambiguous)**과 **등쪽운동핵(dorsal motor nucleus)**을 포함한 다른 핵들을 통한 연속된 날반응(efferent response)으로 일어난다. 이 조절계에 의해 근육이 근위-후위 방식(proximal-to-distal manner)으로 수축되고, 호흡과 말하기

임상 적용 30.1: Sjögren 증후군

구강건조(xerostomia)를 유발하는 질환 중 하나인 자가면역 질환이 **Sjögren 증후군**이다. 이 환자들은 구강건조 외에도 입과 목구멍에 타는 듯한 느낌, 음식물 삼키기 어려움, 말하기 어려움, 충치발생 빈도 증가 등의 증상을 나타낸다. 이 질환의 병태생리를 보면 적당량의 침을 생성하기 위해 부교감신경의 자극을 받았지만 Cl^--HCO_3^- 교환체와 aquaporin-5를 통한 이온과 물의 운반이 제대로 되지 않는 것이다. 정도가 덜 심한 환자에게는 침샘자극제를 사용해 침분비를 증가시키고 점막의 건조와 갈라짐을 예방할 수 있다.

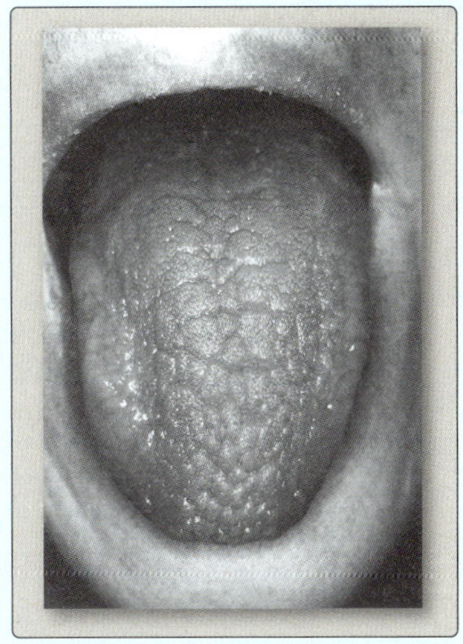

Sjögren 증후군에서 구강건조증

와 같이 동시에 일어나면 안 되는 생리적 기능들을 조율한다. 삼킴의 불수의적 성분은 그림 30.6에서 볼 수 있다.

2. **병태생리: 삼킴곤란(dysphagia)**은 삼킴이 어려운 상태로 원인에 따라 두 가지로 분류된다: 1) 위가 가로막을 지나 돌출(**틈새탈장[hiatal hernia]**)되는 것과 같은 기계적 삼킴곤란과 2) **뇌혈관사고(cerebrovascular accident**, 뇌졸중[stroke]) 후에 볼 수 있는 삼키는 과정의 순서를 조절할 수 없는 기능적 삼킴곤란. 삼킴곤란이 있으면 단단한 음식뿐만 아니라 액제를 삼키는 것도 어렵다. 식도내시경이나 바륨연하검사(barium swallow study)를 이용해 삼킴곤란의 정도를 진단할 수 있다. 가벼운 삼킴곤란에서는 대용식을 먹거나 식사할 때 머리 위치를 적절하게 하는 것이 필요하며 심한 삼킴곤란일 때는 코위 공급관(nasogastric tube)을 통해 위에 영양분을 직접 공급한다.

B. 식도 꿈틀운동(esophageal peristalsis)

음식이 일단 **상부식도조임근(upper esophageal sphincter, UES)**을 지나가면 이후로는 **꿈틀수축(peristalsis)**이라 알려진 일련의 조화로운 근수축과 이완에 의해 이동된다. 이 조화로운 운동을 통해 양압파가 **아래식도조임근(lower esophageal sphincter, LES)**과 위에 이를 때까지 식도 아래로 내려간다. 아래식도조임근은 항상 수축되어 있으나 꿈틀파가 조임근에 도달하면 이완되어 음식물이 위로 들어갈 수 있도록 한다. 이러한 조임근의 긴장도 변화는 아세틸콜린과 **산화질소(nitric oxide, NO)**, **혈관작용장펩티드(vasoactive intestinal peptide, VIP)**의 매개작용에 의해 일어난다. 음식은 약 6–10초 만에 식도를 지나간다. 만약 일차 압력파(**일차꿈틀운동[primary peristalsis]**)에 의해 음식이 완전히 제거되지 않으면 반복파(**이차꿈틀운동[secondary peristalsis]**)가 시작된다. 이차꿈틀운동파에는 식도 민무늬근육이 관여한다. 식도근육은 독특해서 첫 1/3은 주로 뼈대

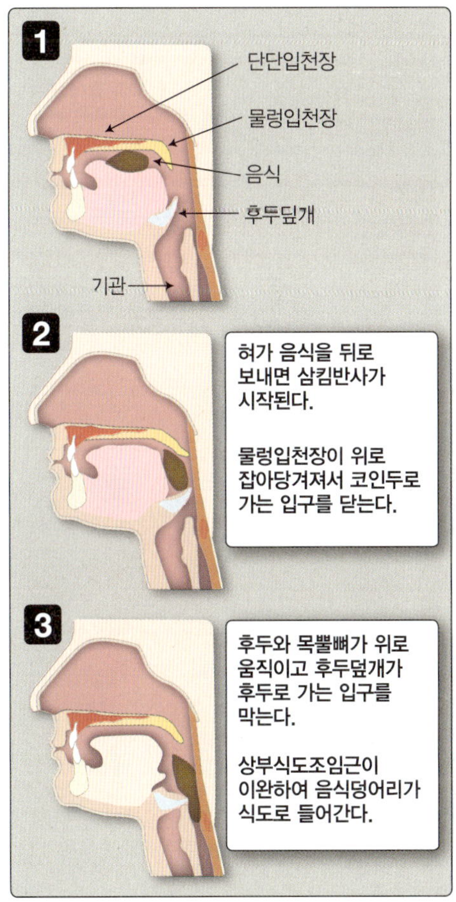

그림 30.6
삼킴반사

근육이며 나머지 2/3는 주로 민무늬근육이다(그림 30.7). 근육형태의 차이가 조임근에도 영향을 미쳐 상부식도조임근은 뼈대근육이며 아래식도조임근은 민무늬근육이다.

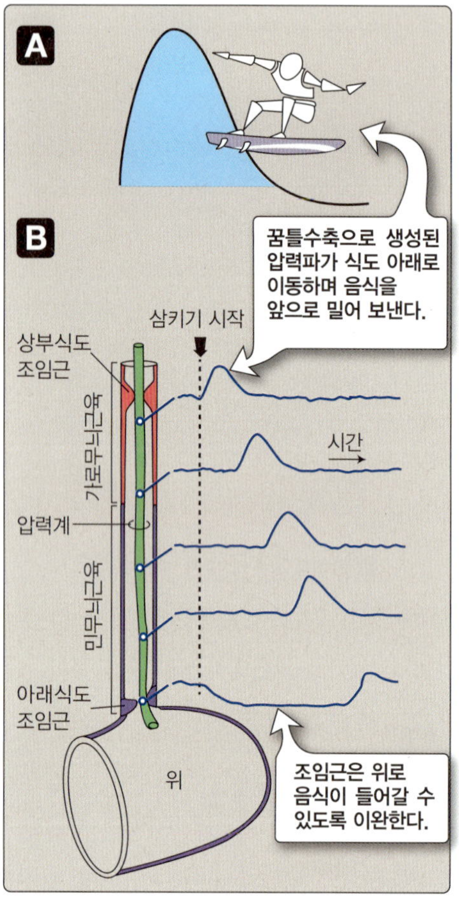

그림 30.7
꿈틀수축에 의해 식도 아래로 내려가면서 음식물을 이동시키는 압력파가 생성된 것을 압력계를 통해 알 수 있음

IV. 위(STOMACH)

위는 다수의 중요한 생리적 기능을 수행한다: 음식물을 받아들여 저장하고, 음식물을 분비액과 섞고, 소화시켜, 작은창자로 운반하는 기능이다. 위는 위바닥과 위몸체, 위방의 세 부위로 구성된다(그림 30.8). 위의 상부 절반은 식도로부터 음식을 받아들이고, 하부 절반은 음식을 섞고 작은창자로 운반하는 기능을 한다.

A. 조정(accommodation)

위 상부 절반의 주요기능은 식도로부터 음식을 받아들이는 것으로, 삼키는 동안 아래식도조임근이 이완하여 음식물을 압력이 높은 식도로부터 압력이 낮은 위로 이동시킨다. 위는 음식물덩어리에 대한 준비로 평소 수축되어 있던 위 상부를 이완한다. 이런 이완을 **수용성이완(receptive relaxation)**이라 부르며 산화질소와 혈관작용장펩티드에 의해 매개된다. 미주신경의 들자극에 대한 반응으로 미주신경에 의한 이완이 이루어지며 이를 **미주신경반사(vagovagal reflex)**라고 한다. 위는 평균 ~1.5 L의 음식을 수용한다.

B. 혼합(mixing)

음식의 기계적 혼합과 갈기(grinding)는 위 하부 절반에서 일어난다. 기계적인 위 수축은 **서파(slow waves**, 또는 기본 전기리듬)의 매개로 발생한다.

1. **서파:** 서파는 **카할 사이질세포(interstitial cells of Cajal, ICCs)**에서 3~5 cycles/분으로 발생하며 날문으로 전파된다. 에피네프린에 의해 억제되었을 때는 이들 전기적 신호가 반드시 일치하는 근수축을 유발하지

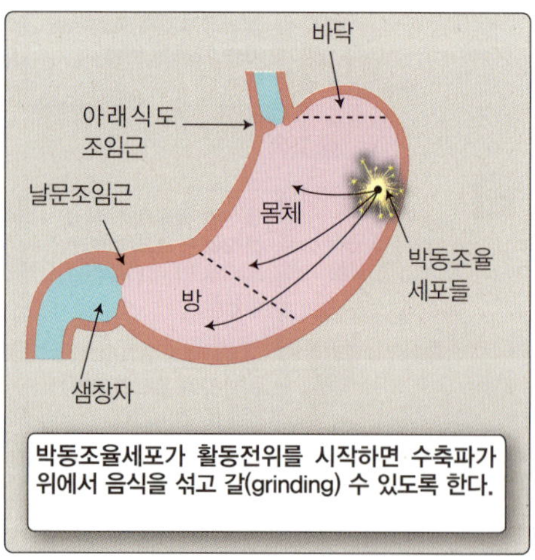

그림 30.8
위 구조와 박동조율세포들

임상 적용 30.2: 이완불능증(Achalasia)과 위식도역류질환(Gastroesophageal Reflux Disease)

아래식도조임근(LES) 질환이 있으면 이완이 안 되는 수축이나 불완전한 수축이 발생할 수 있다. **이완불능증(achalasia)**에서는 산화질소와 혈관작용장펩티드(VIP)를 포함하는 신경세포가 소실되어 아래식도조임근이 이완되지 않는다. 다른 신경세포도 질병의 진행에 관여할 수 있다. 따라서 음식물이 아래식도조임근 바로 앞에 남아있다가 식도를 이완시킨다. **위식도역류질환(gastroesophageal reflux disease)**에서는 조임근이 불완전해 위 내용물이 아래식도조임근을 통해 식도로 역류해 들어가며 시간이 지날수록 악화된다. 일부 정상적인 위역류는 이차꿈틀수축에 의해 해결되지만 위산의 H^+과 효소들이 식도손상을 일으켜 속쓰림을 유발한다. 만약 만성으로 노출되면 내피손상과 식도 재형성(remodeling)이 발생하게 된다.

는 못한다. 전압의 크기와 기간에 연관된 문턱값이 정상상태이면 아세틸콜린의 자극을 통해 빈도가 증가된다. 문턱값에 도달하면 막전위(V_m)의 탈분극으로 전압개폐 Ca^{2+}통로가 열려 극파(spike)가 유발된다. Ca^{2+} 농도가 증가하면 Ca^{2+}의존K^+통로가 열려 K^+ 유출로 막전위가 과분극된다. 결과적으로 막전위가 감소되며 전압-개폐 Ca^{2+}통로가 닫혀 K^+ 유출이 약화되고 막전위는 다시 증가된다(그림 30.9). 이 극파와 전체 막전위는 교감신경세포에서 분비된 노르에피네린에 의해 억제되며 기계적 신장과 부교감신경세포와 창자신경세포에서 분비된 아세틸콜린에 의해 자극된다.

2. **근수축**(muscle contraction): 서파에 의해 발생하는 근수축은 카할 사이질세포(ICCs)로부터 날문을 향해 진행된다. 흥미롭게도 이 수축에 의해 유발된 압력파는 결과적으로 음식덩어리를 추월하여(즉 압력파가 음식보다 빠르게 움직인다) 음식을 양방향으로 밀기 시작한다. 이 결과 소량의 음식만 샘창자에 들어가고 대부분의 음식은 뒤로 밀려 위중반부를 향해 움직인다. 이러한 짧은 후방운동을 **역류(retropulsion)**라고 하며 음식을 섞고 기계적으로 분해하는 좋은 방법이다.

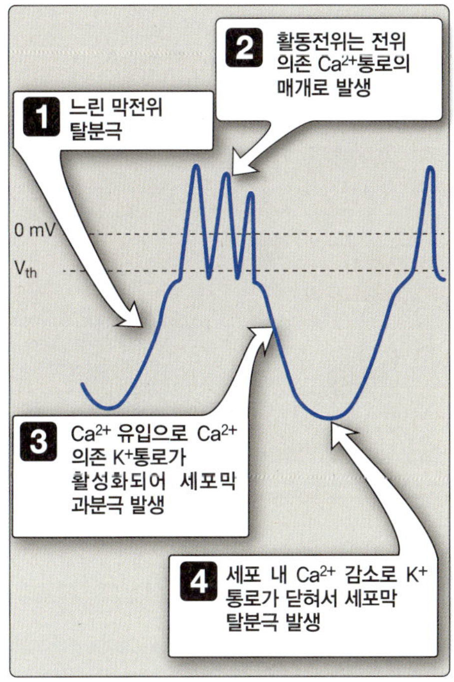

그림 30.9
서파 발생기전. V_{th} = 활동전압생성을 위한 전위역치

C. 분비(secretion)

위 분비는 **오목(pit)**이라 불리는 위의 함입으로부터 나온다. 오목에는 여러 형태의 많은 분비세포가 줄지어 있다(그림 30.10). 위 오목 내 점액성 목세포는 위 안을 덮는 장벽기능으로 위산과 *펩신(pepsin)*으로부터 위를 보호하는 점액을 분비한다. 으뜸세포는 *위 지질분해효소*와 *펩신*의 비활성형인 펩시노겐을 분비한다. 벽세포(**산분비세포[oxyntic cell]**이라고도 함)는 H^+과 내인인자를 분비한다(아래에서 보다 자세하게 설명). G와 D 세포는 내분비세포로 가스트린과 소마토스타틴을 각각 분비한다(표 29.2 참조). 위 오목을 덮는 많은 세포 형태에는 부위별 차이가 있다. 아래식도조임근과 날문조임근 가까이 오목들은 점액과 HCO_3^-와 같은 보호성 분비액을 생성하는 세포가 많은 반면 위 나머지의 오목에는 H^+과 펩시노겐 같은 소화액을 생성하는 분비세포가 더 많다.

1. **수소이온 분비기전**: 위 속공간의 산성화는 꼭대기막의 H^+-K^+ ATPase (H^+ pump)에 의해 H^+이 속공간으로 운반되어 일어난다. 바닥가쪽막의 Cl^--HCO_3^- 교환체에 의해 HCO_3^-와 교환된 Cl^-가 꼭대기막의 Cl^- 통로를 통해 벽세포를 빠져나와 속공간으로 운반된다(그림 30.11). 위 오목 속공간 내에서 H^+와 Cl^-가 결합하여 염산(HCl)을 만든다. 사이질공간은 H^+을 분비하는 과정에서 HCO_3^-가 더해져서(알칼리성 시기, alkaline tide) 약알카리가 된다. 알칼리성 시기는 벽세포에 의해 매개되는 pH의 큰 변화에 대항해서 주변세포들을 보호하는데 도움을 준다.

2. **조절**: 위 분비의 조절은 소화상에 달려 있다(29·V 참조).

   a. **뇌상**(cephalic phase): **뇌상**은 위 분비의 40%를 차지하며 이는 **벽세포(parietal cell)**와 **창자크롬친화유사세포(enterochromaffin-like cell, ECL cell)**, **G세포**에 대한 미주신경 작용을 통해 일어난다. 미주신경에 의해 분비된 아세틸콜린이 벽세포의 H^+ 생성을 직접 자극하

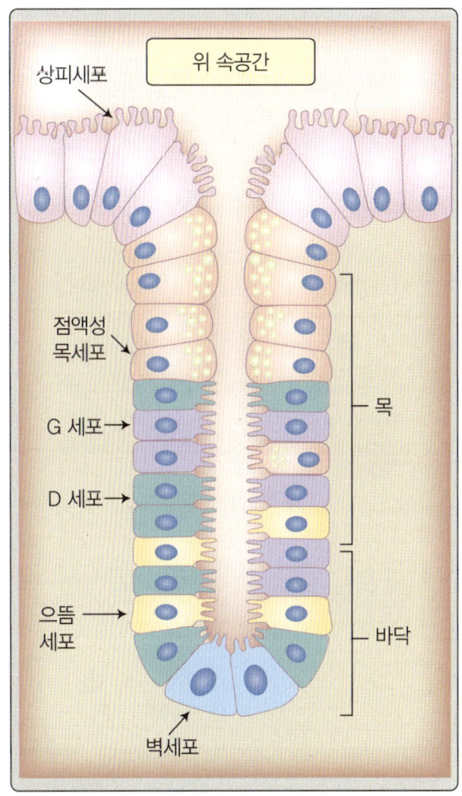

그림 30.10
위 오목세포들

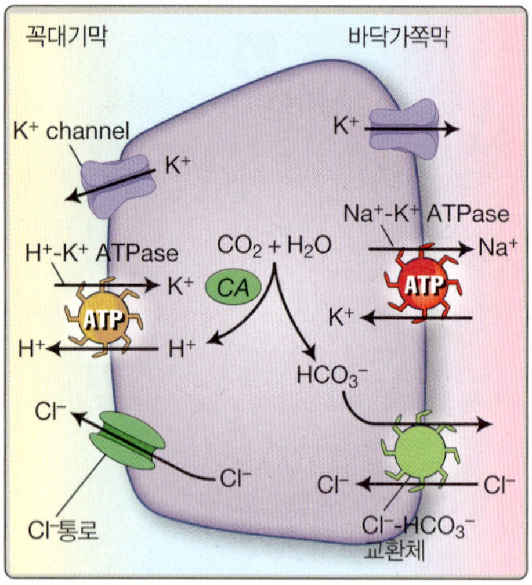

그림 30.11

H+ 분비기전. ATP = 삼인산아데노신; *CA = 탄산탈수효소*

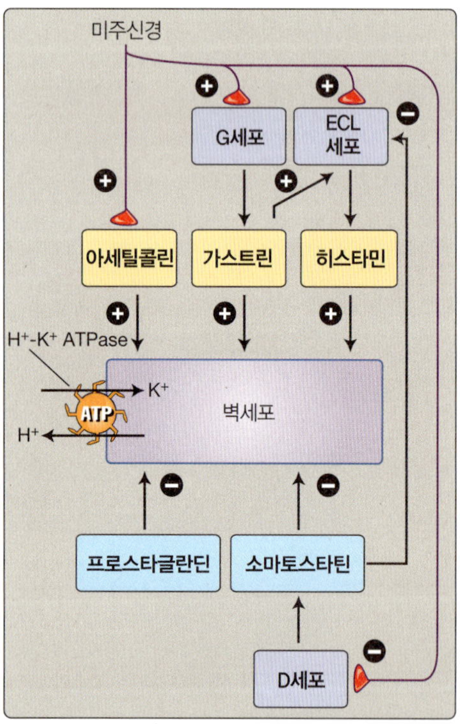

그림 30.12

히스타민 분비 조절. ATP = 삼인산아데노신; ECL = 창자크롬친화유사

고 히스타민을 생성하기 위해 창자크롬친화유사세포를 자극하고, 가스트린을 생성하기 위해 G세포를 자극한다. 가스트린-분비펩티드도 벽세포와 창자크롬친화유사세포를 모두 자극한다(그림 30.12). 아세틸콜린은 또한 H^+으로부터 위 점막을 보호하기 위해 점액분비를 자극한다. 이러한 신경자극들은 음식이 위에 들어오는 것에 대비해 위 분비가 활성화되도록 한다.

b. **위상(gastric phase):** 위상은 위 분비의 ~50%를 차지한다. 이는 주로 두 종류의 되먹임기전을 통해 발생한다: 1) 들미주신경을 통해 직접적인 미주신경에 의한 반응(미주반사[vagovagal reflex])와 2) 국소 장관반사. 팽창은 들미주신경과 국소반사를 통해 작용하는 주요자극제이다. 팽창 외에도 단백질, 펩티드, 특히 아미노산이 G세포를 자극해 가스트린을 분비한다. 이 단계의 음성되먹임은 H^+이 D세포를 자극해 일어나며 소마토스타틴이 생성되어 벽세포와 G세포를 모두 억제하면 H^+과 가스트린 분비가 감소한다.

c. **장상(intestinal phase):** 장상은 위 분비의 ~10%를 차지한다. **미즙(chyme**, 위 이후의 음식과 분비액의 혼합물)의 소화 특히 단백질 소화는 문맥계 내 단백질과 아미노산을 통해 직접 창자 G세포를 자극할 뿐만 아니라 위 G세포를 지속적으로 자극한다. 장상의 음성되먹임은 창자 팽창에 의해 이뤄지는데 작은창자가 팽창하면 포도당의존인슐린친화성펩티드가 분비되어 벽세포를 억제한다.

3. **수소이온 분비조절:** H^+ 생산조절은 직접 및 간접 신경경로를 모두 포함한다. 직접적인 벽경로는 M_3수용체를 자극하기 위해 아세틸콜린을 분비하는 미주신경과 콜레시스토키닌-B형(CCK_B) 수용체에 결합하는 가스트린이 관여한다. 대조적으로 간접적인 자극에는 창자크롬친화유사세포로부터 분비되는 히스타민이 포함되며 히스타민은 벽세포의 H_2수용체에 결합한다. 창자크롬친화유사세포들은 아세틸콜린과 가스트린에 의해 자극을 받는다. 소마토스타틴과 프로스타글란딘은 모두 각각 벽세포에 있는 고유한 표면수용체에 결합하여 H^+ 생산을 감소시킨다. 이러한 다수의 작용제와 대항제가 있음에도 불구하고 두 개의 공통 신호전달경로가 H^+-K^+ ATPase를 조절한다. 첫째는 가스트린과 아세틸콜린이 IP_3 신호전달경로(1·VII·B·3 참조)를 통하여 작용한다. 두 번째는 히스타민과 소마토스타틴, 프로스타글란딘이 cAMP 신호전달경로(1·VII·B·2 참조)를 통하여 작용한다. 히스타민은 cAMP를 증가시키고 소마토스타틴과 프로스타글란딘은 cAMP를 감소시킨다. 이러한 다양한 경로들과 간접-대-직접 자극을 통해 H^+-K^+ ATPase와 위 속공간 내 H^+ 양을 섬세하게 조절할 수 있게 된다. 보다 더 많은 H^+을 분비하기 위해 어느 한 경로보다는 이 경로들을 증강시키는 현상을 **강화작용(potentiation)**이라고 한다.

4. **분비율의 효과:** 침샘 분비액과 비슷하게 위 분비액 구성성분의 농도는 분비율의 함수이다(그림 30.13). 흐름이 증가됨에 따라 벽세포 분비액 내 H^+, K^+, Cl^-의 농도는 증가되고 Na^+는 감소한다.

임상 적용 30.1: 소화성궤양질환(Peptic Ulcer Disease)

소화성궤양질환에서 위나 샘창자 점막 표면에 궤양, 즉 작은 파열이 발생한다. 궤양은 위 점막의 한 층을 파괴하거나 그림에서처럼 전체 층에 구멍을 낼 수 있다. *Helicobacter pylori* 박테리아와 비스테로이드성 항염제가 궤양 원인의 대부분이다[1]. 궤양부위가 치료될 수 있도록 *H. pylori*를 박멸하고 H^+ 분비를 감소시켜준다(H^+-K^+ ATPase 억제제를 사용해서).

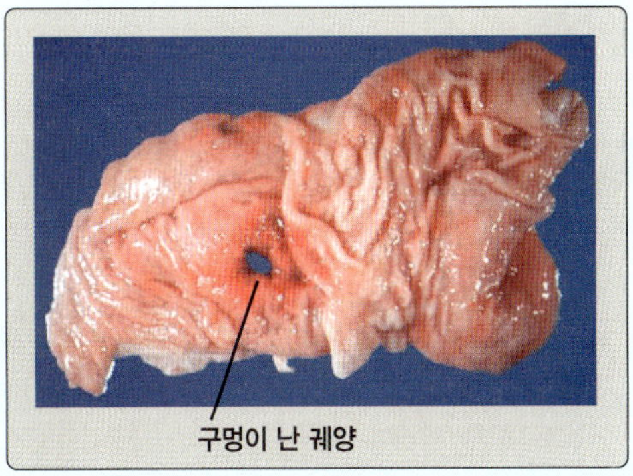

소화성 궤양

D. 소화

위 내용물의 낮은 pH는 단백질의 변성과 분해를 일으킨다. 분해는 단백질 분해효소인 펩신에 의해 도움을 받는다. 펩신은 으뜸세포에서 비활성형인 펩시노겐 상태로 분비되어 낮은 pH에서 펩신으로 전환된다. 펩신은 *펩티드내부분해효소(endopeptidase)*로서 아로마성 아미노산을 쪼개며 pH 1과 3 사이가 가장 적당한 pH이다. 펩신은 샘창자에서 pH가 중성 범위로 증가되면 비활성화된다. *위 지질분해효소* 또한 낮은 적정 pH (3~6)를 갖고 있으며 지방산과 디글리세리드 생산물을 생성하기 위해 주로 이스터 결합을 한다.

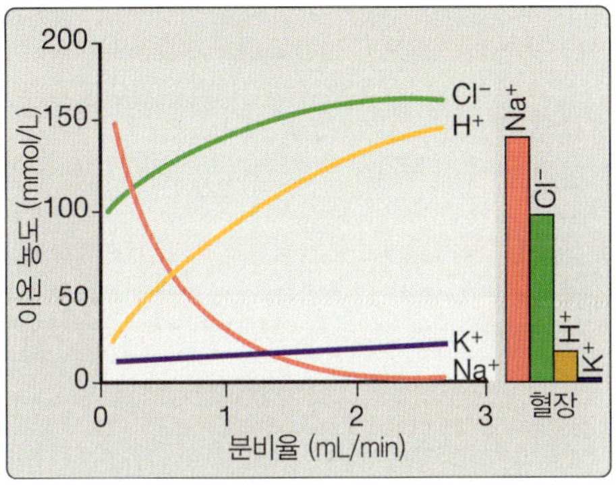

그림 30.13
위 분비율과 이온 농도

[1] 소화성궤양의 약물치료에 대한 더 많은 정보는 *LIR Pharmacology 제5판* 참조.

30장 요약

- 입은 음식을 적당한 크기로 잘라주고 세 종류의 침샘: **혀밑(sublingual)**, **아래턱밑(submandibular)**, **귀밑(parotid)** 샘으로부터의 분비액과 섞어준다.
- 침 분비액은 교감신경과 부교감신경에 의해 두 단계로 조절된다: 첫째, Cl^-, Na^+, 물이 관 속공간 안으로 운반된다. 두 번째, 관세포는 이 용액에서 Na^+과 Cl^-을 재흡수하고 K^+과 HCO_3^-을 분비하여 변화시킨다.
- 식도가 입에서 위로 음식을 운반한다. **삼킴(swallowing)**은 입에서 상부식도조임근을 통해 운반하는 수의적 행동이다. 그 후에 식도 **꿈틀수축(esophageal peristalsis)**이 수축-유도성 압력파를 앞세워 음식을 아래로 내려 보낸다.
- 위는 세 가지 주요 기능을 가지고 있다: 수용성이완을 통한 **조정(accommodation)**, 서파에 의해 시작된 수축과 역류를 통한 **혼합(mixing)**, **위배출(gastric emptying)**.
- 위분비액은 전해질과 물, **목세포(neck cell)**의 점액, **으뜸세포(chief cell)**의 펩시노겐, **벽세포(parietal cell)**의 내인인자와 H^+을 포함한다.
- H^+ 분비조절은 H^+-K^+ ATPase에 의해 일어난다. 신경의 **아세틸콜린(acetylcholine)**, G세포의 **가스트린(gastrin)**, 창자크롬친화유사세포로부터의 **히스타민(histamine)**이 분비를 증가시키고, D세포의 **소마토스타틴(somatostatin)**과 **프로스타글란딘(prostaglandin)**이 분비를 감소시킨다.

31 작은창자와 큰창자

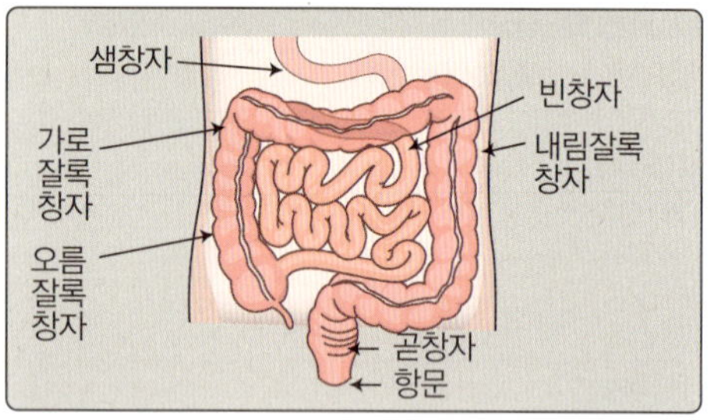

그림 31.1
창자

I. 개요

상부 위창자(GI)에서는 음식이 액체화되고 크기가 감소되나 흡수되지는 못한다. 작은창자가 영양분 흡수를 시작하는 부위이다. 흡수를 촉진하기 위해 탄수화물과 지질, 단백질 복합체는 화학적으로 소화되어 운반이 용이한 단순형이 된다. 흡수가 되려면 창자세포(창자상피의 흡수세포)의 꼭대기막과 바닥가쪽막 모두를 횡단해야 한다. 거대영양소(탄수화물과 지질, 단백질, 수분)뿐만 아니라 전해질, 비타민, 미네랄도 흡수된다. 일단 필요한 성분들이 추출되면 나머지는 인체로부터 배출되어야 한다. 먼쪽잘록창자와 곧창자, 항문이 수의적 및 불수의적 성분으로 구성된 창자운동에 참여해 나머지를 제거한다(그림 31.1).

II. 작은창자(SMALL INTESTINE)

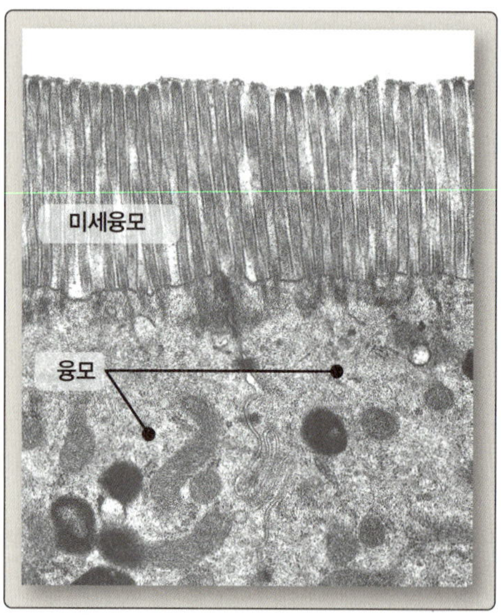

그림 31.2
융모와 미세융모

작은창자는 위창자계에서 가장 긴 부위로 약 6 m이며 세 가지 기능구역으로 나눌 수 있다: **샘창자(duodenum**, 첫 ~0.3 m), **빈창자(jejunum**, 다음 2.3 m), **돌창자(ileum**, 마지막 ~3.4 m). 거대영양소의 대부분과 비타민, 미네랄의 흡수는 작은창자에서 일어난다. 영양소 흡수는 상피표면적을 증가시키는 **융모(villi**, 10배)와 **미세융모(microvilli**, 20배)에 의해 촉진된다(그림 31.2).

A. 운동과 혼합

창자운동은 꿈틀운동을 통해 암죽미립을 작은창자 길이를 따라 이동시키고, 이자와 쓸개의 분비액이나 효소와 섞어준다(이 분비액들의 조절은 32장에서 논의된다). **분절운동(segmentation)**은 작은창자의 인접한 분절 사이에서 일어나는 앞뒤 혼합운동이다. 위에서와 같이 서파에 의해 민무늬근육 수축이 시작된다. 작은창자의 서파는 위보다 좀 더 빈번하며(~12파/분) 부교감신경에 의해 항진되고 교감신경에 의해 억제된다. 공복기 동안 남은 성분의 제거를 돕기 위해 모틸린에 의해 또 다른 수축(**이동성운동복합체[migrating motor complex, MMC]**)이 일어나 위에서 시작해 작은창자까지 60~120분 간격을 두고 계속된다. 이동성운동복합체는 작은창자를 깨끗하게 청소한다. 음식을 먹으면 이 복합체가 사라지고 꿈틀운동과 분절운동이 일어난다.

B. 작은창자 분비

작은창자 분비액에는 수용액과 점액이 모두 포함되어 있다. 점액은 작은창자 보호를 위한 암죽미립의 윤활작용에 중요하며 꿈틀수축으로 암죽미립이 더 잘 이동할 수 있다. 작은창자 내 많은 내분비세포는 **콜레시스토키닌(cholecystokinin, CCK)**과 **세크레틴(secretin)**, **포도당의존인슐린친화성펩티드(glucose-dependent insulinotropic peptide)** 호르몬을 생성한다.

C. 탄수화물 소화와 흡수

탄수화물은 대사를 위한 중요한 에너지 기질이다(~4 kcals/g). 탄수화물은 많은 형태로 존재하며 작은창자속공간을 가로질러 운반될 수 있도록 단당류로 쪼개져야 한다.

1. **전분:** 전분은 선사슬형(**아밀로즈**)과 가지사슬형(**아밀로펙틴**)으로 분류된다. 선배열을 생성하는 포도당결합은 α1,4 결합이고, 반면 가지 배열을 생성하는 포도당결합은 α1,6 결합이다. *이자 아밀라제*(***pancreatic amylase***)는 α1,4 결합을 분해한다. *아밀라제* 반응산물은 엿당(maltose), 말토트리오즈(maltotriose), 포도당 저중합체, α-limit 덱스트린(그림 31.3)이다. 이 산물들은 전분의 크기가 감소된 것으로 이당류분해효소와 올리고당분해효소에 의해 더욱 소화된다.

2. **식품섬유(dietary fiber):** 식품섬유는 **수용성**(예: 펙틴)과 **비수용성**(예: 섬유소) 두 종류로 나뉜다(표 31.1). 식품섬유는 작은창자 내 인체효소로는 분해될 수 없는 결합을 포함하고 있다. 예를 들어 셀룰로오스는 선형의 β1,4 포도당결합을 포함하는 반면 *침샘 아밀라제*와 *이자 아밀라제*는 α1,4 포도당결합만 분해한다. 식품섬유는 소화될 수 없으므로 흡수되지 않아 대변량을 늘리는 작용을 한다. 대변량이 증가하면 작은창자 운동이 증가하고 배변횟수가 증가하는 유용한 효과가 있다.

3. **이당류(disaccharide)와 올리고당류(oligosaccharide):** 이당류는 전분의 분해와 식품(예: 설탕과 젖당)으로부터 유래된다. *아밀라제*는 작은창자속공간에서 활성화되는 반면 이당류와 올리고당류는 세포막-결합 *이당류분해효소*(***disaccharidase***)에 의해 단당류로 분해된다. *이당류분해효소*는 *젖당분해효소*와 같이 한 기질에 특이적이거나, 단당류를 생성하는 *설탕분해효소*와 *이소말타제* 같이 많은 기질에 작용하기도 한다(표 31.2). 효소들이 막에 결합되어 있음으로 인해 효소산물과 흡수수송체 사이에 밀접한 연관이 이루어진다. 예를 들어 젖당이 포도당과 갈락토오스로 분해되는 과정은 *젖당분해효소*에 의해 촉진되는데 *젖당분해효소*는 생산물 흡수를 위한 공동수송체(**SGLT1**)에 밀접하게 위치해 있다(그림 31.4).

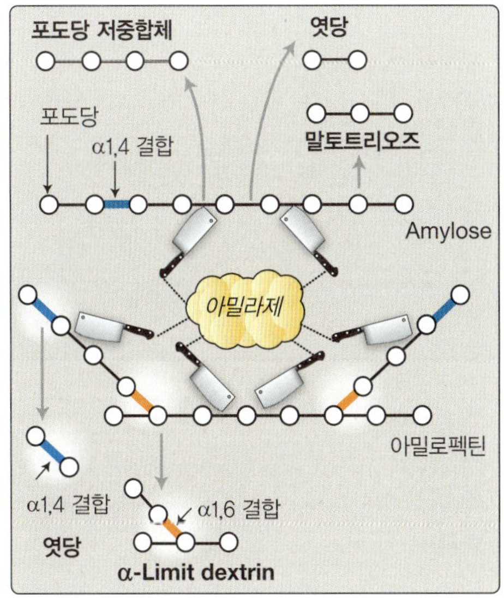

그림 31.3
탄수화물 소화

표 31.1 식품섬유 분류

형태	용해도
셀룰로오스	불용성
헤미셀룰로오스	불용성
리그닌	불용성
검	가용성
펙틴	가용성

표 31.2 세포막 결합 *이당류분해효소*

효소	기질	생산물
Glucoamylase	Maltose와 maltotriose	포도당
Isomaltase	α-Limit dextrins, maltose와 maltotriose	포도당
Lactase	Lactose	포도당과 갈락토오스
Sucrase	Maltose, maltotriose와 sucrose	포도당과 과당

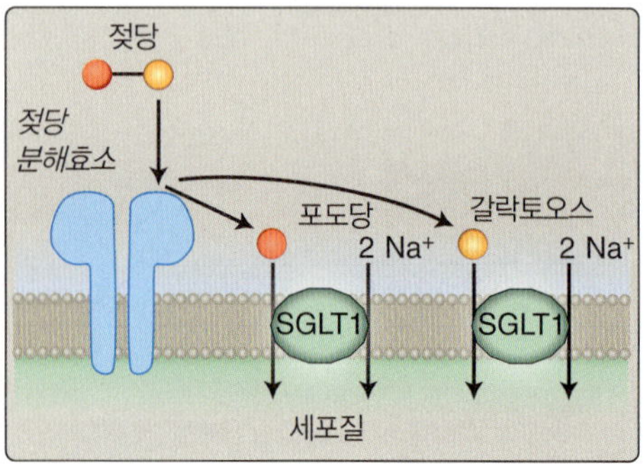

그림 31.4
*이당류분해효소(disaccharidase)*와 꼭대기막 수송체 사이 관계. SGLTI = Na^+ 의존포도당수송체 1

임상 적용 31.1: 젖당못견딤증(Lactose Intolerance)

식품의 젖당은 식품으로부터 작은창자 내 젖당분해효소의 용량보다 과도하게 섭취될 수 있다. 흡수되지 않은 과도한 젖당은 작은창자의 미생물에 의해 분해되어 소화기 아래로 이동하면서 설사, 복부팽만감, 복통과 같은 증상을 유발할 수 있다. 어떤 사람들은 선천적으로 *젖당분해효소*가 적지만, 대부분 나이와 함께 *젖당분해효소* 발현이 감소되어 인생 초반에는 효소의 농도가 높다가 나이가 들면서 점점 감소한다. 염증성 장질환이 있는 상태에서는 작은창자의 염증 때문에 특히 젖당못견딤에 더 취약하다. 젖당을 소화하고 흡수하는 능력은 젖당을 100 g 복용하고 두 시간 동안 30분 간격으로 혈액을 검사하여 판단한다. 젖당못견딤증인 사람은 젖당분해효소에 의해 포도당과 갈락토스로가 흡수될 만큼 충분하게 생성되지 못하므로 혈당증가가 약화(< 20 mg/dL)되는 모습을 보인다.

4. **단당류(monosaccharide):** 포도당과 과당, 갈락토오스 같은 단당류는 작은창자 창자세포의 꼭대기막과 바닥가쪽막을 가로질러 운반된다. 단당류는 수분친화성이므로 이 막들을 가로질러 운반하려면 수송체가 필요하다.

   a. **꼭대기막 운반:** 포도당과 갈락토오스는 SGLT1, Na^+-포도당 공동수송체에 의해 꼭대기막을 가로질러 운반된다. Na^+-K^+ ATPase가 장관세포 내 낮은 Na^+ 환경을 만들어 꼭대기막을 가로지르는 포도당 운반의 원동력이 된다. 과당은 그림 31.5에서와 같이 GLUT5(포도당수송체)에 의해 운반된다.

   b. **바닥가쪽막 운반:** 창자세포 내부로부터 사이질로 바닥가쪽막을 가로질러 일어나는 단당류의 운반은 GLUT2와 GLUT5 수송체에 의해 촉진된다. GLUT2는 포도당과 갈락토오스를 운반하고, GLUT5는 바닥가쪽막을 가로질러 과당을 운반한다. 이 영양분들은 그 후 문맥계 내로 확산되어 간으로 운반된다.

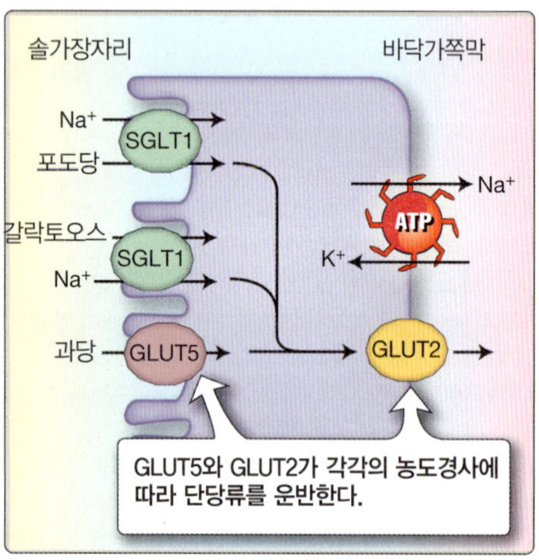

그림 31.5
꼭대기막과 바닥가쪽막의 단당류 운반
ATP = 삼인산아데노신; GLUT2 and 5 = 포도당수송체 2와 5; SGLTI = Na 의존포도당수송체 1

D. 단백질 소화와 흡수

단백질도 에너지 생성을 위해 사용될 수 있다(~4 kcal/g). 그러나 굶은 상태에서는 주로 다른 단백질들의 재조립을 위한 재료로 사용된다. 단백질소화는 위에서 펩신에 의해 시작하고 작은창자 내 여러 종류의 단백질분해제에 의해 계속된다.

1. **속공간 *단백질분해효소*(*protease*):** 소량의 단백질과 펩티드는 창자세포와 특별한 점막 면역세포인 M세포의 식세포작용을 통해 꼭대기막을 가로질러 흡수된다. 그러나 단백질 대부분은 흡수 촉진을 위해 아미노산과 올리고펩티드로 분해된다. 올리고펩티드는 ***펩티드내부분해효소*(*트립신* 및 *키모트립신*, *엘라스타제*)**의 최종산물로 아미노산이 6개 혹은 그 이

하이다. *펩티드외부분해효소*(***carboxypeptidase A***와 ***B***)는 올리고펩티드를 단일이미노산으로 쪼갠다(그림 31.6). 이 효소들의 속공간 내 작용으로 단백질의 70%는 올리고펩티드로, 나머지 30%는 아미노산으로 전환된다.

2. ***꼭대기막 펩티드분해효소***: 가장자리분해효소라고도 불리는 *꼭대기막 펩티드분해효소*가 작은펩티드와 올리고펩티드를 각각의 아미노산으로 분해한다.

3. **꼭대기막 이펩티드와 삼펩티드, 아미노산 운반**: 아미노산은 여러 종류의 아미노산 공동수송체들을 통해 꼭대기막을 가로질러 운반된다. 이펩티드와 삼펩티드는 H^+**-올리고펩티드 공동수송체(PepT1)**를 통해 꼭대기막을 가로질러 운반된다. 그 후 이펩티드와 삼펩티드는 세포질의 *펩티드분해효소*에 의해 각각의 아미노산으로 분해된다(그림 31.7).

4. **바닥가쪽막 아미노산 운반**: 각각의 아미노산은 공동운반의 도움 없이 바닥가쪽막을 가로질러 운반된다. 많은 여러 아미노산 수송체는 바닥가쪽막에 위치하며 특이성이 있다(그림 31.6 참조).

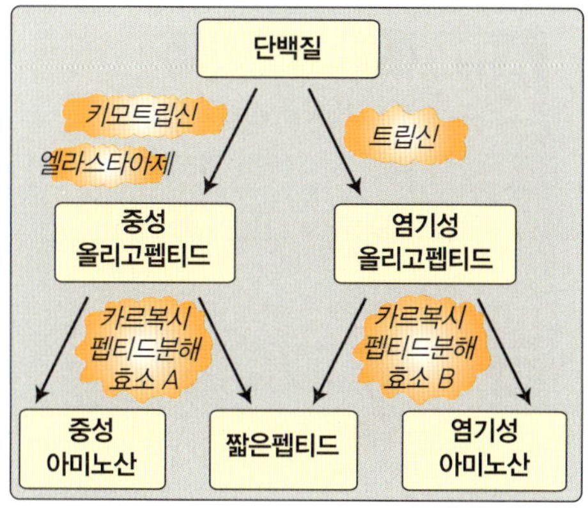

그림 31.6
단백질과 펩티드 소화

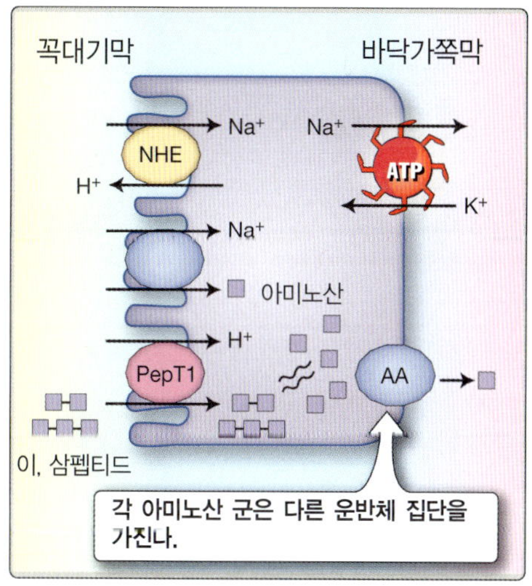

그림 31.7
아미노산(AA)과 이, 삼펩티드 운반체들
ATP = 삼인산아데노신; NHE = Na^+-H^+ 고환체; PepT1 = H^+-올리고 펩티드 공동수송체

E. 지질의 소화와 흡수

지방은 탄수화물과 단백질보다 열량농축제(~9 kcal/g)이며, 대사를 위한 에너지기질이다. 지질흡수는 지질이 소수성이므로 꼭대기막을 가로질러 확산될 수 있어 운반체 기구가 필요하지 않다. 지질은 효소와 잘 섞이기 위해 용해되어야 한다. 지질소화는 입과 위에서 *혀*와 *위 지질분해효소*(*lingual* and *gastric lipase*)에 의해 시작되나 소화의 대부분은 작은창자에서 이루어진다. 지질 소화를 돕기 위해 간에서 유래한 **담즙염(bile salts)**이 지질을 둘러싸 유화시켜, *지질분해효소*(*lipase*)와 *지질분해보조효소*(*colipase*)가 지질과 상호작용할 수 있게 한다. ***이자 지질분해효소(pancreatic lipase)***는 트라이글리세라이드를 지방산과 모노아실글리세롤로 소화시킨다. ***지질분해보조효소(colipase)***는 *이자 지질분해효소*를 안정화시키는 기능을 한다. *지질분해효소*는 인지질과 콜레스테롤을 소화시키지 못

임상 적용 31.2: 하트넙병(Hartnup Disease)

하트넙병은 위창자계와 콩팥계에서 중성아미노산 운반에 대한 상염색체열성질환이다. 영향을 받는 특이 수송체는 꼭대기막 Na^+-아미노산 공동운반체(*SLC6A19* 유전자)이다. 이 유전질환으로 인해 아미노산 결핍이 생기나 다른 방법(즉 PepT1과 식세포작용)으로 일부 중성아미노산을 흡수함에 따라 부분적으로 보상될 수 있다. 트립토판과 같은 중성아미노산이 결핍되면 트립토판 대사로부터 유래되는 니아신을 사용할 수 없게 된다. 이로 인해 피부병변과 신경학적 증상들이 유발된다.

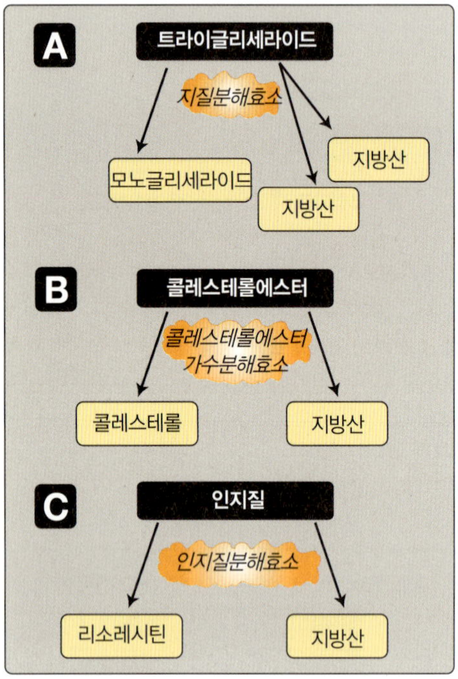

그림 31.8
지질 소화

하며 다른 이자효소가 필요하다. 식품 콜레스테롤은 ***cholesterol esterase*** (*carboxyl ester hydrolase*)에 의해 콜레스테롤과 지방산으로 분해된다(그림 31.8). ***인지질분해효소 A_2(phospholipase A_2)***는 인지질을 지방산과 리졸레시틴(lysolecithin)으로 분해한다.

1. **유리지방산(free fatty acid):** 지방산의 길이(긴, 중간, 짧은)가 흡수율과 동화율을 결정한다. 지방산의 길이가 길수록 수용성환경에서 흡수가 덜 된다.

   a. **긴사슬지방산:** 긴사슬지방산은 작은창자 속공간에서 미포 속에 농축된다. 지질은 종종 미포를 형성하는데 친수성부분은 수분을 향해 밖을 향하고 소수성부분은 중앙에 위치한다. 이는 수용성환경에서 안정된 구조로 지질이 창자세포의 꼭대기막에 접촉하기 위해 속공간을 둘러싸고 있는 비혼합층(unstirred layer)에 들어갈 수 있게 해준다. 꼭대기막의 표면 가까이에서 pH 변화에 의해 미포가 분산되기 시작한다. 긴사슬지방산은 자유롭게 되어 직접 꼭대기막을 가로질러 확산되거나 또는 **지방산-결합단백질(fatty acid-binding protein)**에 의해 운반될 수 있게 된다. 이 결합단백질들은 꼭대기막을 가로질러 빠르게 흡수되도록 한다. 창자세포에서 긴사슬지방산은 세포질 내에서 모노아실글리세롤과 디아실글리세롤에 부착되어 트라이글리세라이드를 형성한다. 트라이글리세라이드는 **암죽미립(chylomicron)**으로 불리는 아포단백질 소포 내에, 일부는 **초저밀도지질단백질(very-low-density lipoprotein, VLDL)** 내에 포장된다. 그 후 암죽미립은 바닥가쪽막을 통해 사이질공간으로 세포외배출(exocytosis)이 된다. 사이질공간에서 암죽미립은 모세혈관 창의 크기가 작아 순환계로 들어가지 못하며 그보다는 운반을 위해 림프계 안으로 들어간다(그림 31.9).

   b. **중간사슬지방산:** 중간사슬지방산(6~12개 탄소길이)은 긴사슬지방산보다 수용성이 높다. 이로 인해 암죽미립 안에 재포장될 필요 없이 세포질을 통해 이동해 꼭대기막을 가로지른다. 중간사슬지방산은 바닥가쪽막을 가로질러 사이질공간 안으로 들어가 문맥계 안으로 이동하므로 림프계로 들어가는 긴사슬지방산과 대조적이다(그림 31.9 참조)

> 중간사슬 지방산은 총흡수열량을 증가시키기 위한 식사보조제로 사용될 수 있다. 용해도와 운반방법 때문에 담관폐쇄질환이 있는 환자에서 담즙염 필요 없이 흡수될 수 있다.

   c. **짧은사슬지방산:** 짧은사슬지방산은 길이가 6개 탄소보다 짧다. 이 지방산은 중간사슬지방산과 유사한 방법으로 흡수되고 동화된다.

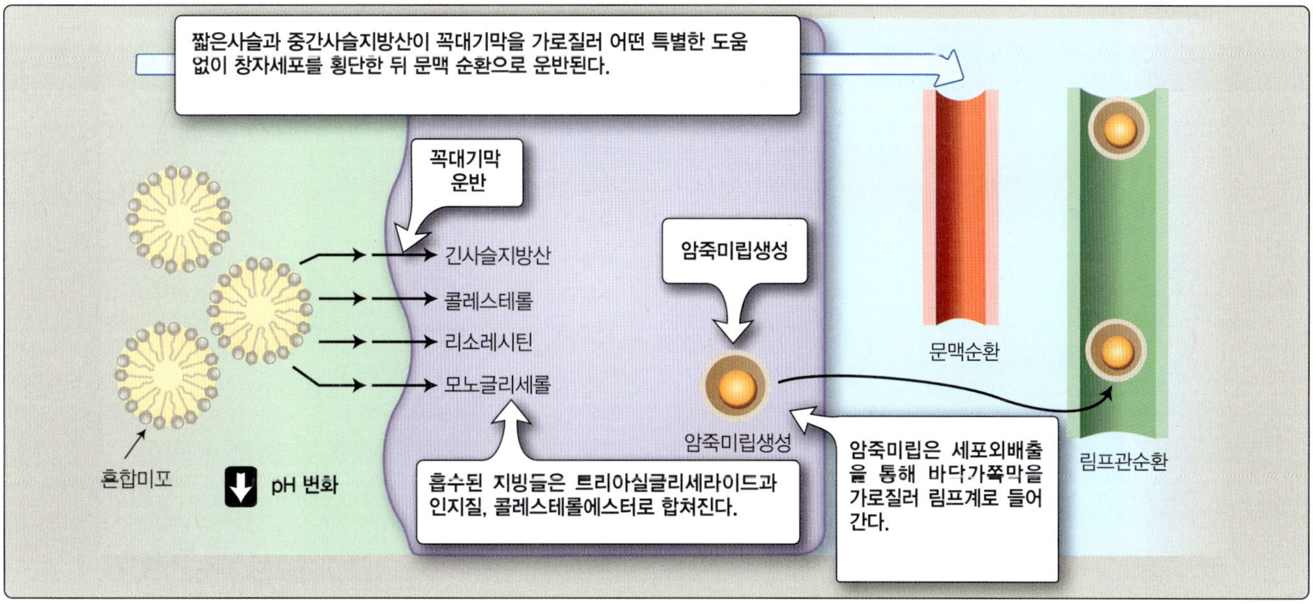

그림 31.9
지질의 꼭대기막과 바닥가쪽막 운반

2. **모노아실글리세롤(monoacylglycerol)과 글리세롤(glycerol):** 모노아실글리세롤은 창자세포로 분비되기 바로 전에 미포로 포장된다(만약 여러 다른 종류의 지질로 구성되었다면 혼합미포라 부른다). 그 후 수동적 확산방법을 통해 꼭대기막을 가로질러 이동한다. 창자세포에서 모노아실글리세롤은 긴사슬지방산과 결합하여 트라이글리세라이드를 생성하고 암죽미립으로 분비된다(그림 31.9 참조). 글리세롤은 직접 창자세포를 가로질러 흡수되며 재포장되지 않는다. 글리세롤은 창자세포의 바닥가쪽막을 빠져나가 사이질공간으로 들어간 뒤에 문맥계로 직접 확산해 나간다.

3. **콜레스테롤:** 콜레스테롤에스터는 미포로 포장되어 창자세포로 가기 바로 전에 분비된다. 콜레스테롤에스터는 꼭대기막을 가로질러 확산되거나 운반된다. 이 수송체들 중 하나인 NPC1L1 (Niemann-Pick C1 like 1)는 일부 환자에서는 콜레스테롤 흡수와 순환 콜레스테롤 양을 감소시키는 약물장벽 역할을 한다. 창자세포에서 콜레스테롤에스터는 유화되어 암죽미립에 포장되어 분비된다(그림 31.9 참조).

4. **리졸레시틴(lysolecithin):** 인지질도 미포에 포장되어 창자세포로 가기 직전에 분비되어 수동적 확산을 통해 꼭대기막을 가로질러 이동한다. 창자세포에서 인지질은 리졸레시틴 안으로 유화되어 암죽미립 내에 포장되며 림프계로 가기 위해 사이질공간 안으로 분비된다(그림 31.9 참조).

표 31.3 미네랄 기능

미네랄	기능
칼슘	뼈와 치아; 세포흥분성; 혈액응고
염소	세포흥분성
구리	효소보조인자; 콜라겐
철	대사; 산소결합; 콜라겐
요오드	호르몬 생성
마그네슘	대사
인	뼈와 치아; 에너지 저장; 세포 신호전달
칼륨	세포흥분성
나트륨	세포흥분성
아연	효소보조인자

표 31.4 필수비타민 기능

비타민	용해도	기능	결핍
비오틴	수분	대사	모름
엽산염	수분	대사; 혈액세포들	빈혈
니아신	수분	대사; 혈액세포들	펠라그라
판토텐산	수분	대사	모름
리보플라빈	수분	대사	입술증
티아민	수분	대사	각기
비타민 A	지방	항산화제; 시력; 단백질들	실명
비타민 B6	수분	대사; 혈액세포들	빈혈
비타민 B12	수분	대사; 혈액세포들	빈혈; 신경손상
비타민 C	수분	콜라겐; 항산화제	괴혈병
비타민 D	지방	단백질	구루병; 뼈연화증
비타민 E	지방	항산화제	빈혈
비타민 K	지방	혈액세포들	응고부진

F. 비타민과 미네랄 흡수

거대영양분과 함께 소량의 비타민과 미네랄이 질병예방을 위해 음식에 포함되어야 한다(표 31.3과 31.4).

1. **비타민:** 지용성 비타민은 미포에 융합되어 긴사슬지방산과 같은 방법으로 흡수되고 암죽미립에 포장된다. 비타민 B12를 제외한 수용성비타민은 Na^+ 공동운반에 의해 흡수된다. 비타민 B12는 네 단계 과정으로 흡수된다. 첫째, 비타민 B12는 음식 단백질로부터 방출된다. 둘째, 비타민 B12는 G세포에서 분비된 합토코린(haptocorrin)에 결합한다. 셋째, 이자분비액은 벽세포에서 분비되는 내인인자가 비타민 B12에 결합하게 하는 합토코린을 분비시킨다. 넷째 내인인자/비타민 B12 복합체는 돌창자에서 식세포작용에 의해 흡수된다.

2. **미네랄(mineral):** 일가이온들과 전해질은 이 장 후반부에 큰창자 편에서 논의된다. 이가이온(Ca^{2+}, Mg^{2+}, Fe^{2+}, Cu^{2+}, Zn^{2+})은 작은창자에서 흡수된다. 이온운반 조절의 좋은 예를 Ca^{2+}에서 볼 수 있는데 세포주변경로(작은창자 전체를 통해)나 세포가로방향경로(샘창자에서)를 통해 흡수될 수 있다. 세포가로방향경로에는 꼭대기막의 Ca^{2+} 통로, 칼빈딘의 세포질결합, 바닥가쪽막의 Ca^{2+} ATPase와 Ca^{2+}-Na^+ 교환체(그림 31.10)가 포함된다. 비타민 D3는 이 네 단백질들의 발현을 자극해 세포가로방향경로를 통한 Ca^{2+} 흡수를 더욱 크게 한다.

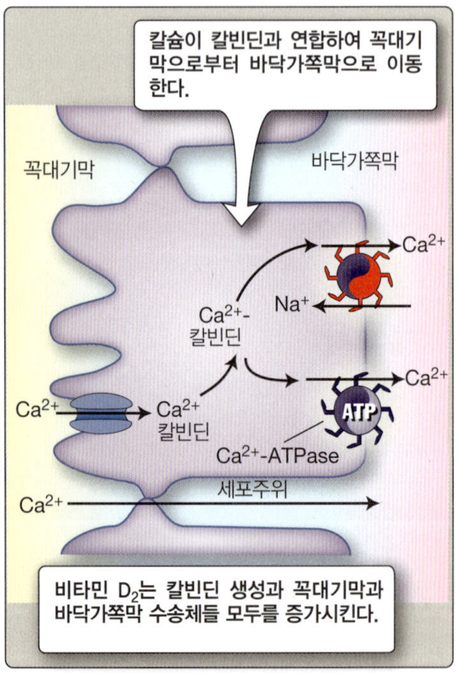

그림 31.10
칼슘 흡수. ATP = 삼인산아데노신

G. 수분흡수

작은창자는 수분흡수의 대부분(거의 80%)이 일어나는 곳이다. 흡수되는 액체에는 먹고 마신 수분뿐 아니라 침샘과 위, 간, 이자, 장관세포로부터의 분비액도 포함된다. 흡수의 대부분은 창자속공간으로부터 꼭대기막 NaCl의 운반을 통한 삼투에 의해 일어난다.

III. 큰창자(LARGE INTESTINE)

큰창자는 맹장과 오름, 가로, 내림, 구불 잘록창자, 곧창자, 항문으로 구분된다(그림 31.11). 큰창자는 작은창자와 비교했을 때 소화에서의 역할은 작지만 이온과 수분흡수에는 복잡하게 관여한다.

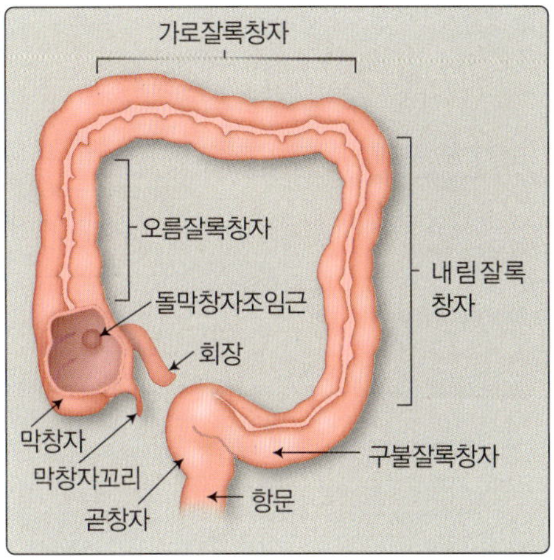

그림 31.11
큰창자

A. 운동(motility)

운동은 큰창자의 주된 기능 중 하나이며 세 가지 중요한 운동형태가 있다: 분절수축과 꿈틀수축, 대량운동수축. 해부학적인 분류 외에 큰창자는 **팽대(haustra)**라 불리는 보다 작은 분절로 수축될 수 있다. 팽대로 인해 큰창자는 구슬처럼 보이게 된다(그림 31.12). 분절수축은 속공간 내용물과 창자상피 사이에 접촉기회를 증가시켜 이온과 수분제거가 잘 되도록 한다. 분절수축은 미즙을 앞으로 보내지 않으나 꿈틀수축과 대량운동수축은 미즙을 앞으로 밀어 보낸다. 대량운동수축은 하루에 몇 번 일어나며 대량의 꿈틀수축파가 일어나 큰창자를 따라 상당량의 미즙을 이동시킨다.

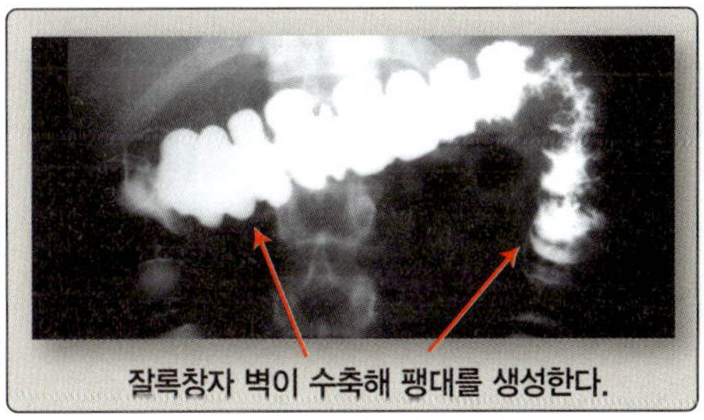

그림 31.12
팽대

1. **돌막창자조임근**(ileocecal sphincter): 돌막창자조임근은 큰창자에서 작은창자로의 역류를 예방한다(그림 31.11 참조). 돌창자의 팽창과 자극(화학들자극)으로 인해 돌창자의 꿈틀운동이 시작되고 조임근이 이완되는 반면 막창자의 팽창과 자극은 꿈틀운동을 억제하고 조임근을 수축시킨다. 음식을 섭취한 직후에 돌막창자 조임근은 이완하고 돌창자는 수축한다. 이 반응은 **위돌창자반사(gastroileal reflex)**로 알려져 있으며 가스트린과 콜레시스토키닌에 의해 조절된다.

2. **다른 반사**: **위잘록창자반사(gastrocolic reflex)**는 음식섭취 후 곧 급하게 대변을 보도록 하는 반사이다. 이는 신경성으로 기계 및 화학 민감성 신경세포에 의해 매개되며 잘록창자를 청소해 새로운 음식에 대해 준비하도록 한다. **직립잘록창자반사(orthocolic reflex)**는 선 자세 후에 급하게 변의가 생기는 반사이다. 이 반사는 중력-유도성 팽창에 의해 기계민감성 신경세포와 창자신경계에 의해 매개되는 것으로 생각된다. 침대에 누워 생활하는 환자에서는 변비예방을 위해 주기적으로 이 반사를 유발시켜 주어야 한다.

3. **항문조임근**: 항문은 두 개의 조임근으로 구성된다: 안조임근과 바깥조임근. 안조임근은 민무늬근육으로 구성되며 바깥조임근은 뼈대근육으로 구성되어 음부신경에 의한 몸성조절을 받는다(그림 31.13). **배변(defecation)**은 창자와 몸성조절뿐만 아니라 두 조임근이 관여하는 다단계 과정이다. 큰창자로부터의 꿈틀운동파가 곧창자로부터 항문을 향해 대변을 밀어내면 이 부위 민무늬근육 수축이 억제되어 안조임근은 이완(**곧창자조임근 반사, rectosphincter reflex**)된다. 이때 만약 바깥조임근이 수의적으로 이완되면 배변이 일어난다. 만약 바깥조임근이 수축상태로 남아 있으면 배변이 지연되어 대변이 그대로 남아 있다. 꿈틀운동파가 급하다는 감각을 보내나 바깥조임근의 상태에 따라 배변이 일어날 수도, 아닐 수도 있다. 그 대신에 배에 힘을 주어 가슴과 배

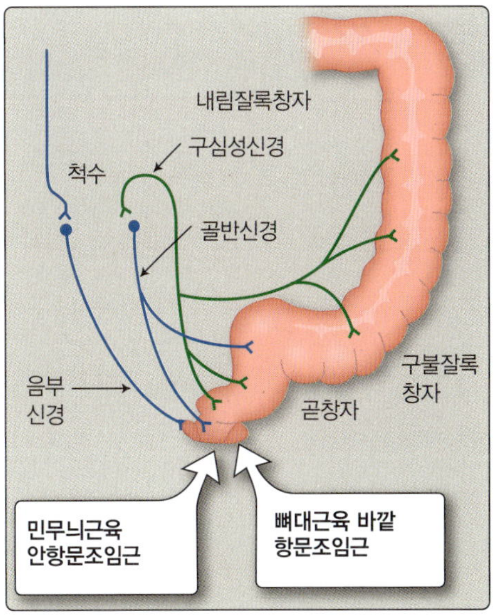

그림 31.13
잘록창자, 곧창자, 항문의 신경분포

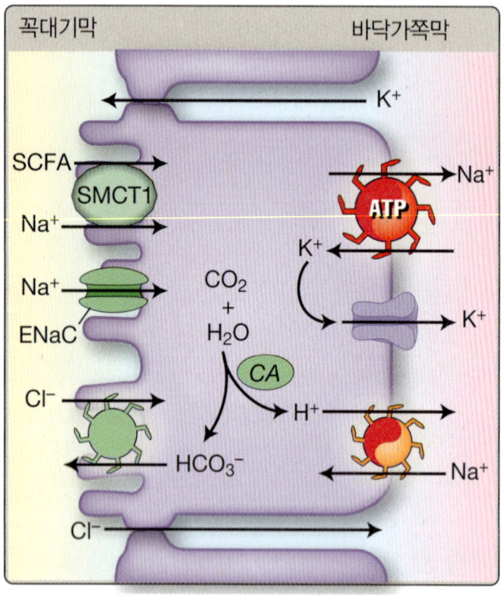

그림 31.14
전해질과 지방산 운반. ATP = 삼인산아데노신; ENaC = 내피세포 Na^+ 통로; SCFA = 짧은사슬지방산; SMCTI = 짧은사슬 지방산수송체 1

의 압력을 수의적으로 증가시키면(꿈틀운동파가 시작되어 대변을 아래로 밀어내고 안조임근을 이완시켜 준다) 그 후 수의적으로 바깥조임근이 이완되어 배변이 일어난다.

B. 운반

큰창자에서도 이온을 흡수하고 분비한다. 수분박탈 및 탈수 기간 동안 이온운반을 통해 수분흡수와 조절이 일어난다. 최종적으로 어떤 종류의 지방은 꼭대기막을 가로질러 운반된다.

1. **전해질:** Na^+과 물은 먼쪽잘록창자 내피세포 Na^+통로(endothelial Na^+ channel, ENaC)를 통해 흡수된다(그림 31.14). Cl^-는 세포주변으로 수동적으로 흡수된다. 잘록창자 근위부에서 Cl^-는 Cl^--HCO_3^- 교환체에 의해 꼭대기막을 횡단한다. K^+는 먼쪽잘록창자에서 수동적으로 분비된다(그림 31.14 참조). 또한 알도스테론이나 어떤 이차전달물질의 증가에 의해 잘록창자 내 꼭대기막에 K^+통로를 주입하여 능동적으로 분비된다.

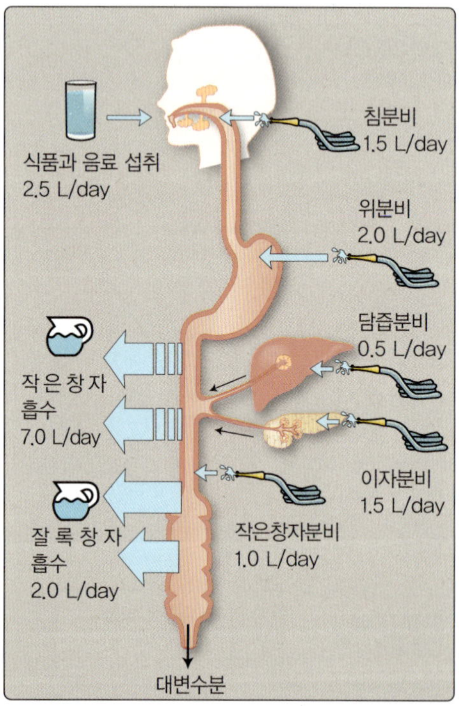

그림 31.15
액체 섭취 및 분비, 흡수

임상 적용 31.3: 대변찔끔증(Fecal Incontinence)

대변찔끔증은 불수의적 배변이다. 병의 정도를 여러 범위로 나누는데 배변을 부분적으로 조절할 수 있는 능력이 있음(기침이나 무거운 물건을 드느라 힘줄 때처럼 배나 가슴의 압력이 증가할 때는 예외로 하고)부터 수의조절이 거의 혹은 전혀 안됨까지이다. 병태생리는 종종 부상, 출산이나 수술 동안 골반바닥의 손상, 탈출곧창자 등과 관련이 있다. 환자의 곧창자조임근 반사는 전형적으로 정상이나 바깥조임근에 문제가 있다. 대변찔끔증의 치료는 원인과 정도에 따르며 대변수집기구와 대변팽창약물(묽은 대변은 처리가 더 어려우므로), 골반바닥과 조임근 강화, 외과적 수술 등으로 치료한다.

임상 적용 31.4: 설사와 대사성산증(Diarrhea and Metabolic Acidosis)

만성(>4주) 및 지속적(2~4주), 급성(<2주)설사에서 만약 정도가 심하다면 다량의 HCO_3^-와 다른 이온이 배설될 수 있다. 설사는 빈번한 반고형이나 액체성 대변으로 많은 원인(염증, 독소 등)에 의해 발병하나 병태생리는 위창자속공간에 발생한 삼투압에 의해 속공간 내에 액체가 저장되거나 잘록창자 사이질공간 주위가 탈수가 되는 것이다. 이로 인해 수분손실과 혈장 HCO_3^-가 감소되어 pH가 감소된다. Na^+과 Cl^-가 HCO_3^-를 따라 함께 손실되기 때문에 음이온차이는 인식할 만큼 변하지 않는다 이런 산염기 불균형을 정상음이온차이 **대사성산증(metabolic acidosis** with a normal anion gap)으로 분류한다.

2. **짧은사슬지방산:** 짧은사슬지방산은 꼭대기막을 가로질러 운반되어 잘록창자 상피세포에서 에너지기질로 사용된다(그림 31.14 참조).

3. **수분:** 큰창자는 또한 수분흡수에서 중요한 역할을 한다(그림 31.15). 소화기에 운반된 수분(음식과 위창자 분비액에 포함된)의 1%가 배설된다. 잘록창자에서는 액체흡수의 20%가 이루어진다. 탈수상태(예: 알도스테론-매개 Na^+운반 증가로 더 많은 수분이 삼투적으로 흡수될 상황)에서는 수분흡수 용량이 두 배까지 증가될 수 있다.

31장 요약

- 작은창자의 **운동(motility)**에는 **분절운동(segmentation)**을 통한 혼합과 꿈틀수축을 통한 **추진운동(propulsion)**이 포함된다. 이동성운동복합체(migrating motor complex)가 남아 있는 찌꺼기가 없도록 식간에 작은창자 속공간을 청소한다.
- ***이자 아밀라제(pancreatic amylase)***는 **α1,4 포도당결합**을 쪼개어 전분소화를 시작하고 꼭대기막에 결합된 ***이당류분해효소(disaccharidase)***가 흡수를 위해 나머지 전분을 **단당류(monosaccharide**: 포도당, 갈락토오스, 과당)로 전환시킨다.
- 단당류 흡수에는 꼭대기막을 가로지르는 포도당과 Na^+의 공동운반이 필요하다. 반면 과당은 공동운반의 도움 없이 이동한다. 바닥가쪽막 운반은 공동운반이 필요 없다.
- 이자에서 분비되는 ***단백질분해효소(protease*: *trypsin*, *chymotrypsin*, *elastase*, *carboxypeptidase*)**가 아미노산 결합을 쪼개어 좀 더 작은 펩티드를 생성한다. 이 펩티드들은 막-결합 ***펩티드분해효소(peptidase)***에 의해 좀 더 분해되어 아미노산과 이펩티드, 삼펩티드를 생성한다.
- 아미노산은 꼭대기막을 가로질러 Na^+과 함께 운반되고 소펩티드들은 H^+과 함께 운반된다. 세포질 내에서 소펩티드들이 아미노산으로 쪼개진다. 바닥가쪽막의 아미노산 운반은 특별한 아미노산 운반체에 의해 일어난다.
- **담즙산(bile acids)**은 지질을 유화시켜 이자의 지질분해효소가 트라이글리세라이드로부터 지방산을 쪼갠다. 식품의 콜레스테롤에스터는 ***carboxyl ester hydrolase***에 의해 콜레스테롤과 지방산으로 소화된다. 이 산물들은 그 후 **미포(micelle)**을 형성한다.
- 긴사슬지방산과 콜레스테롤은 모두 꼭대기막을 가로질러 확산된다. 그 후 창자세포 내에서 재구성되어 암죽미립 안으로 들어가 재포장된다. 암죽미립들은 그 후 분비되어 림프계로 들어간다.
- **돌막창자조임근(ileocecal sphincter)**은 잘록창자로 들어가는 미즙의 양을 조절하고 항문의 안조임근과 바깥조임근은 위창자계를 빠져나가는 대변의 양을 조절한다. 잘록창자의 운동성은 **분절운동(segmentation)**과 **꿈틀운동(peristalsis)**, **대량운동(mass movement)**으로 구성되며 다수의 반사가 조임근의 수축과 이완을 조절한다.
- 잘록창자는 Na^+와 Cl^-, 수분을 흡수하고 K^+과 HCO_3^-을 분비한다.

32 외분비이자와 간

I. 개요

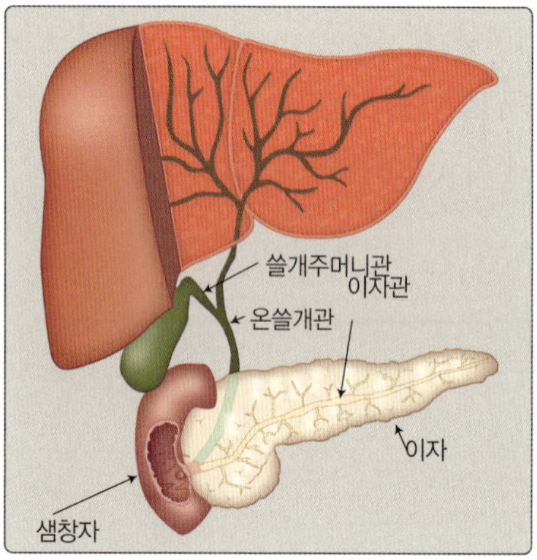

그림 32.1
위장 부속기관들

이자와 쓸개, 간은 작은창자 내 탄수화물과 단백질, 지질을 소화하는 특별한 분비액을 생산하는 장관의 부속기관이다(그림 32.1), 이자 분비는 식사에 대한 기대와 위창자 내 음식에 대해 반응하며, 신경과 호르몬에 의해 주로 조절된다. 간담즙성 분비액은 꾸준히 생성되어 작은창자 내로의 분비를 조절하기 위해 쓸개에 저장된다. 대부분의 영양분들은 일단 소화되고 흡수되면 추출과 처리를 위해 **문맥순환(portal circulation)**을 통해 간으로 이동하거나 전신순환계로 이동한다(그림 21.11 참조).

II. 외분비이자 (EXOCRINE PANCREAS)

외분비이자의 주요 기능은 산을 중화시키고 샘창자 내에서 거대영양분을 소화하는 효소를 분비하는 것이다. **샘꽈리세포(acinar cell)**는 중요 분비세포이다. 샘꽈리세포의 작은 덩어리들은 **사이관(intercalated duct)**에 의해 연결되어 있으며 **집합관(collecting duct)**으로 모인다(그림 32.2). 사이관을 덮는 세포는 이온과 장액을 샘꽈리세포에서 분비된 효소와 이온에 첨가한다.

A. 조절

이자 분비 조절은 소화상에 의존적이다: 뇌상, 위상, 장상

1. **뇌상**(cephalic phase): 뇌상은 이자분비의 약 25%를 차지하며 미주신경이 **아세틸콜린**과 **혈관작용장펩티드(vasoactive intestinal peptide, VIP)**를 분비하여 이자분비를 자극한다.

2. **위상**(gastric phase): 위상은 이자분비의 약 10%를 차지하며 위 팽창에 의해 자극되는 **미주반사(vagovagal reflex)**에 의해 매개된다.

3. **장상**(intestinal phase): 장상은 이자분비의 대부분(~65%)을 차지하며 **세크레틴(secretin)**과 **콜레시스토키닌(cholecystokinin, CCK)**에 의해 조절된다. H^+에 대한 반응으로 세크레틴이 분비되고, 아미노산, 지방산, 모노아실글리세롤에 대한 반응으로 콜레시스토키닌이 분비된다. 이자분비의 주요 억제제는 **소마토스타틴(somatostatin)**과 미즙 내 거대영양소 감소이다.

표 32.1 효소원과립 효소들과 효소전구체들

효소	분류/작용
Amylase	탄수화물효소
Chymotrypsinogen	단백질효소전구체
Deoxyribonuclease	핵산효소
Lipase	지질효소
Procarboxypeptidase A and B	단백질효소전구체
Proelastase	단백질효소전구체
Prophospholipase A2	지질효소
Procolipase	지질효소
Ribonuclease	핵산효소
Trypsinogen	단백질효소전구체

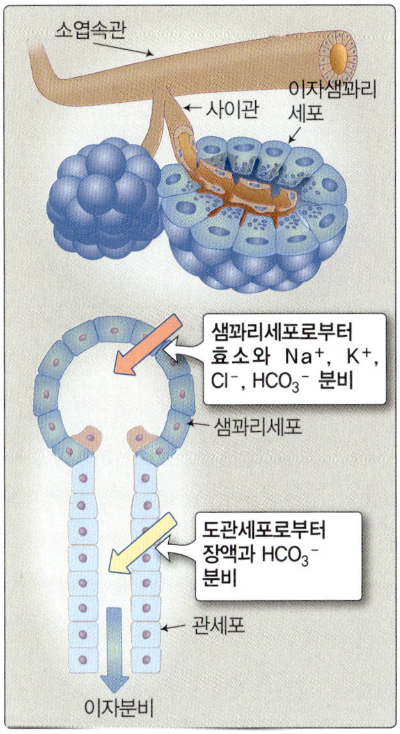

그림 32.2

이자샘의 샘꽈리세포와 사이세포들

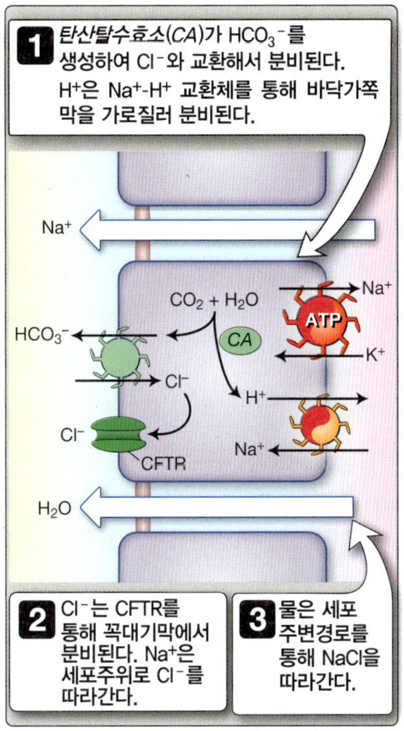

그림 32.3

사이세포 이온분비. ATP = 삼인산아데노신; CFTR = 낭성섬유종세포막가로방향전도도조절자

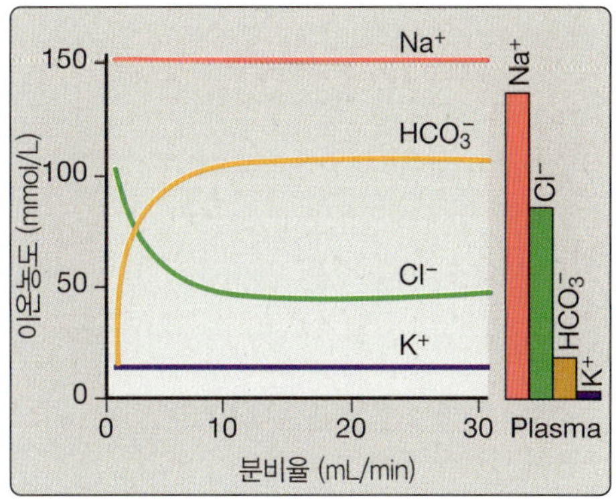

그림 32.4

이자분비율의 효과

B. 효소 분비기전

콜레시스토키닌은 작은창자 내 I 세포에서 분비된다. 콜레시스토키닌과 소량의 혈관작용장펩티드, **위분비펩티드(gastric-releasing peptide)**가 샘꽈리세포로부터 이자효소 분비를 유발하는 주요 신호이다. 샘꽈리세포에는 **효소원과립(zymogen granule)**이 있는데 과립 내에는 약간의 활성형 소화효소와 함께 비활성 소화효소가 대부분을 차지한다(표 32.1) 자극을 받으면 샘꽈리세포는 과립을 속공간 안으로 세포외배출을 한다. 효소 포장은 골지기관에서 일어나며 꼭대기막에 결합하기 전에 커다란 공포가 효소원과립 안에 농축된다. 세포외배출은 호르몬과 신경에 의해 조절된다.

1. **고전적 호르몬 신호전달:** 콜레시스토키닌은 사이질공간으로 분비되어 혈류에 들어간다. 그 후 순환계를 통해 이자 샘꽈리세포에 도달해서 CCK_A 수용체에 결합한다.

2. **미주신경 들자극(vagal afferent stimulation):** CCK는 또한 미주신경 들섬유의 CCK_A 수용체에 결합한다. 이 결합은 들섬유를 자극해 이자 샘꽈리세포에 혈관작용장펩티드를 통한 날자극을 유발한다.

C. 이온 분비기전

이온과 장액분비는 샘꽈리와 사이관세포 모두에서 일어난다.

임상 적용 32.1: 낭포성섬유종 (Cystic Fibrosis)

낭포성섬유종은 낭포섬유종세포막가로방향전도도조절자(cystic fibrosis transmembrane conductance regulator)를 부호화하는 유전자의 돌연변이에 의해 이자 부전이 유발된다. 이 상피운반체의 기능적 전환이 되지 않아 진해진 분비액이 결국 관을 부분적으로 막아서 이자조직의 손상을 유발한다. 이로 인해 이자효소들의 분비가 억제되어 단백질과 지방, 지용성 비타민의 흡수장애가 일어난다.

1. **샘꽈리세포(acinar cell):** 바닥가쪽막의 콜레시스토키닌과 아세틸콜린 결합이 꼭대기막을 가로지르는 Cl^- 운반을 자극하여 세포주위 Na^+과 수분이동을 촉진한다. S 세포로부터의 세크레틴 분비는 샘창자 산성화에 의해 자극된다.

2. **사이관세포(intercalated duct cell):** 사이관세포 내에서 바닥가쪽막의 세크레틴과 아세틸콜린 결합은 낭포섬유종세포막가로방향전도도조절자 수용체(CFTRs)와 또 다른 Cl^- 통로, Cl^--HCO_3^- 공동수송체를 활성화시킨다. 이 운반체들은 Cl^-를 재순환시키고 HCO_3^-를 분비시킨다(그림 32.3).

3. **분비율(secretion rate):** 분비의 유속이 이온농도를 변화시킨다. 유속이 증가함에 따라 HCO_3^-가 증가하고 Cl^-는 감소한다. Na^+와 K^+도 분비되나(Na^+은 혈장과 유사한 농도로, K^+은 혈장보다 약간 높은 농도) 분비 유속의 변화에는 영향을 받지 않는다(그림 32.4).

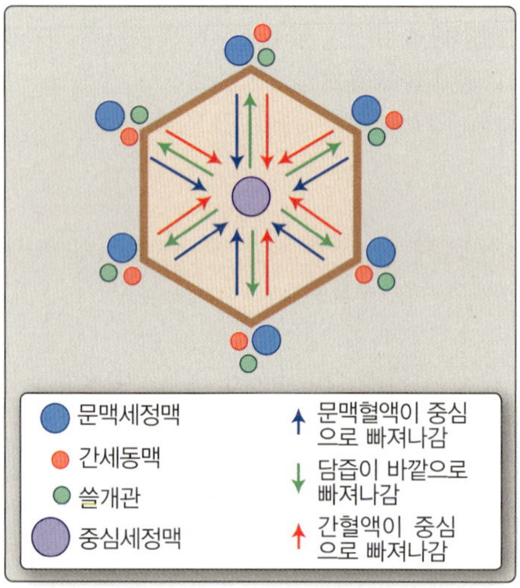

그림 32.5
간세포와 혈액과 담즙 흐름

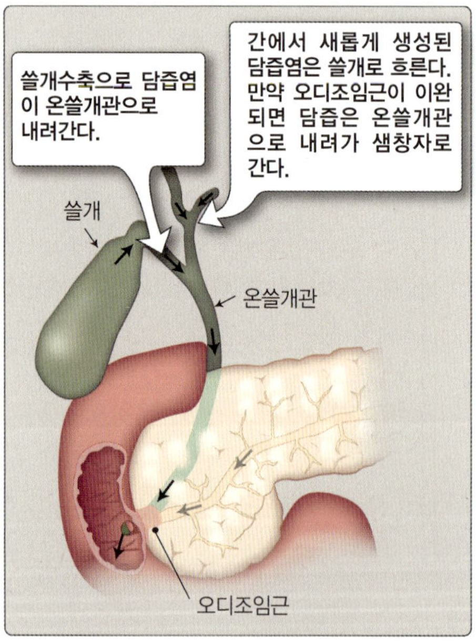

그림 32.6
담즙 저장과 분비

III. 간담관계 (HEPATOBILIARY SYSTEM)

간은 담즙을 생산하고 분비한다(**간담즙[hepatic bile]**은 쓸개의 담즙과 구별하기 위해 사용하는 용어다). 담즙은 **간세포(hepatocyte)**에 의해 소관 안으로 분비되어 그 후 담관으로 간다. 담관은 점차 수가 적어지면서 직경이 커져 온간관(common hepatic duct)을 형성한다. 담즙의 간세포로부터 흐름은 중앙으로 흐르는 간동맥과 문정맥의 혈액흐름과 반대방향(말초로)이다(그림 32.5). 이음부에서 담즙은 온쓸개관을 통해 샘창자 안으로 이동하거나, 쓸개주머니관을 통해 **쓸개(gallbladder)**로 이동한다. **오디조임근(sphincter of Oddi)**은 경로를 조절한다. 조임근이 수축하면 온쓸개관의 담즙 흐름에 높은 저항이 생겨 담즙이 쓸개로 이동한다. 조임근이 이완되면 담즙이 온쓸개관으로부터 그리고 종종 쓸개로부터 샘창자로 흐른다(그림 32.6). 조임근 이완은 주로 콜레시스토키닌에 의해 조절된다.

A. 담즙 성분

담즙 성분에는 담즙산과 전해질, 콜레스테롤, 인지질, 빌리루빈이 포함된다. 쓸개 담즙은 간담즙보다 상당히 농축되어 있으나 Na^+와 Cl^-와 같은 삼투성이온은 예외다(표 32.2).

1. **담즙산(bile acid):** 담즙산은 이자의 지질분해효소가 보조지질분해효소와 연합하여 지질을 소화할 수 있도록 지질을 유화시킨다. 담즙산이 없다면 효소가 작용할 표면적이 심하게 감소되어 지질소화가 느리고 불완전하게 일어난다. 담즙산은 콜레스테롤로부터 생성되며 일반적인 형태로는 두 종류가 있다: 일차, 이차.

   a. **일차담즙산(primary bile acid):** 담즙산(cholic acids)과 케노데옥시콜산(chenodeoxycholic acids)은 간세포에서 ***7α-hydroxylase***에 의해 생성된다. 따라서 이 두 종류의 담즙산이 콜레스테롤 대사의 으뜸 경로이다.

b. **이차담즙산(secondary bile acid):** 데옥시콜산(deoxycholic acid)과 리토콜산(lithocholic acid)은 간세포에서 생성되지 않는다. 대신 잘록창자와 돌창자말단의 세균이 *7α-dehydroxylase*를 가지고 있어 담즙산을 데옥시콜산으로 전환시키고 케노데옥시콜산은 리토콜산으로 전환시킨다. 이 담즙산들은 그 후 수동적으로 재흡수되고 **장간순환(enterohepatic circulation)**을 통해 간으로 다시 운반된다. 이 담즙산들은 결합되거나 비결합될 수 있다. 결합이란 단순하게 염이 부착되는 것을 말한다. 담즙산 형태가 사용되는 특정 창자 혹은 간 세포막 운반체에 영향을 미친다.

2. **물과 전해질:** Na^+과 K^+, Ca^{2+}, Cl^-, HCO_3^-를 포함한 이온들은 간세포에서 등장성으로 분비된다. 도관세포에서 물과 HCO_3^-가 일부 분비되어 더해진다. 담즙 농도는 쓸개에서 완성되며 농도가 극적으로 증가될 수도 있다(10배까지). 이는 Na^+과 Cl^- 재흡수에 의한 등삼투성 수분재흡수 때문에, 수분통로(AQP) 1과 8을 통해 세포주변과 세포를 통해 일어난다. Cl^-가 재흡수되는 과정에서 HCO_3^-가 분비된다(그림 32.7).

3. **콜레스테롤과 인지질:** 콜레스테롤이 일차담즙산으로 전환되는 것 외에도 소량의 콜레스테롤이 담즙으로 분비된다. 주로 레시틴(lecithin)인 인지질 또한 분비되어 일부 담즙 성분의 용해를 돕는다.

4. **색소와 유기물질:** 담즙의 주요 색소는 빌리루빈이다. 빌리루빈은 혈색소의 이화작용으로부터 생성되어 알부민과 복합체를 이루어 순환계로 운반된다. 간세포가 이 담즙색소를 분비하면 담즙색소는 최종적으로 직접 장관으로 배설되든가 또는 일시적으로 재흡수되었다가 소변으로 배설된다. 유기이온도 담즙성분인데 독소와 약물, 관련물질들을 간에서 배설하는 방법으로 작용한다.

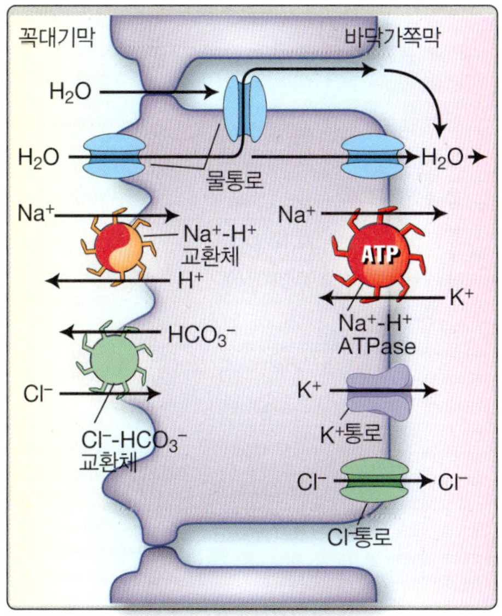

그림 32.7
쓸개 농축. ATP = 삼인산아데노신

B. 쓸개(gallbladder)

간은 일정하게 담즙을 생성하나 작은창자 내 지질을 적절하게 유화시킬 수 있을 만큼 충분량은 아니다. 쓸개는 담즙을 저장하고 배분하는 중추로 작용한다. 따라서 필요할 때 다량이 분비될 수 있다. 쓸개 내 저장된 담즙은 농축된다(소량만으로도 충분히 효과가 있는 농축된 주방세제를 생각해보자). 콜레시스토키닌은 쓸개를 자극해 수축시켜 담즙을 분비하고 오디조임근을 이완시킨다. 이러한 연합효과로 인해 충분량의 담즙산이 분비된다(그림 32.8). 미주신경자극 또한 쓸개를 약하게 수축시킬 수 있다. 소마토스타틴과 노르에피네프린이 담즙산 분비를 억제한다.

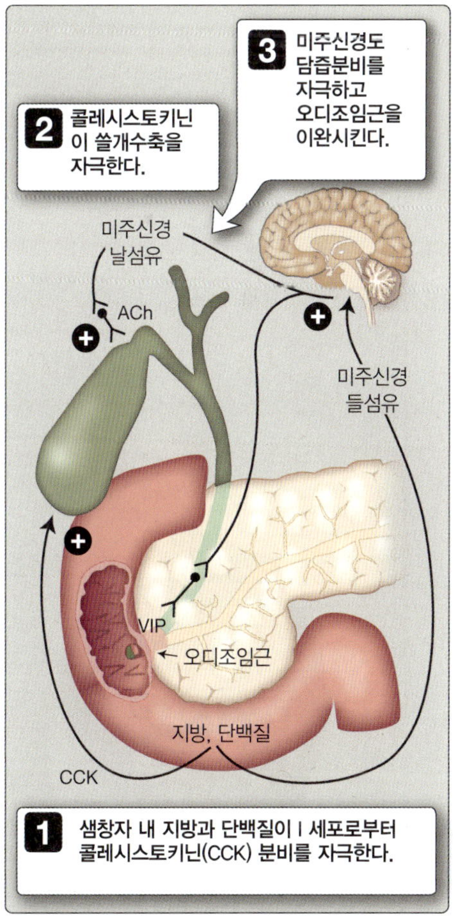

그림 32.8
담즙분비의 신경성 조절과 내분비조절
ACh = 아세틸콜린; VIP = 혈관작용장펩티드

IV. 비담즙성 간기능(NONBILIARY LIVER FUNCTIONS)

간에는 대사와 해독, 면역기능과 관련된 다수의 생리과정이 있다. 중요 기능 중 하나는 특히 음식이 부족할 때 인체 다른 세포들에 에너지기질을 제공하는 것이다.

표 32.2 간담즙과 담낭담즙의 구성

물질	간담즙	쓸개담즙
담즙염	1 g/dL	5배 ↑
빌리루빈	0.04 g/dL	10배 ↑
콜레스테롤	0.1 g/dL	5배 ↑
지방산	0.12 g/dL	6배 ↑
레시틴	0.04 g/dL	10배 ↑
Na^+	145 mmol/L	약간 ↓
Ka^+	5 mmol/L	3배 ↑
Ca^{2+}	2.5 mmol/L	5배 ↑
Cl^-	100 mmol/L	10배 ↓
HCO_3^-	28 mmol/L	3배 ↓

임상 적용 32.2: 담석증 (Cholelithiasis)

담석증은 담석이 생기는 병이다. 담석은 두 가지 형태가 주로 있다: 칼슘빌리루빈 담석과 콜레스테롤 담석. 콜레스테롤 담석이 가장 흔하며 다수의 병태생리가 있어 유전적 요인과 담즙 정체, 담즙이 콜레스테롤로 과포화되는 과정에 의해 돌이 생성된다. 담석에 의해 쓸개관이 막혀 작은창자로 분비되는 담즙의 양이 감소되어 지방소화장애가 초래될 수 있다.

담석

A. 대사

간은 탄수화물과 지방, 단백질의 대사에 참여한다. 간은 또한 다량의 탄수화물을 글리코겐 형태로 저장 후 방출하며 또 어떤 비타민과 미네랄을 분비한다.

1. **탄수화물:** 간은 **글리코겐(glycogen)**을 저장하고 나중에 분해하는데 주요 역할을 한다. 평균적인 간은 ~100 g의 글리코겐을 저장할 수 있다. 글리코겐 분해를 **글리코겐분해작용(glycogenolysis)**이라고 부르며 이 과정을 통해 포도당을 전신순환계 안으로 분비한다. 포도당 분비 외에도 간은 과당과 갈락토오스를 포도당으로 전환시키고 아미노산과 트라이글리세라이드를 포도당으로 전환시키는데 이 과정을 **포도당신생작용(gluconeogenesis)**이라고 한다.

2. **지질:** 간에는 다량의 지질대사를 수행할 수 있는 효소가 있다. 간은 **지질분해작용(lipolysis)**이라 부르는 과정을 통해 지방산을 전신순환계로 분비할 수 있다. 간은 또한 지질단백질과 인지질, 케톤체, 콜레스테롤을 생산하며 아미노산과 탄수화물을 새로운 지질로 전환시킬 수 있다.

3. **단백질:** 간은 단백질의 생성과 아미노산의 흡수와 대사에 관여한다. 생성되는 단백질에는 혈장단백질, 풋호르몬, 응고인자, 아포단백질, 운반결합단백질들이 포함된다. 간은 또한 아미노산에서 아미노기를 제거하는 능력이 있다.

4. **비타민과 미네랄:** 많은 비타민과 미네랄이 문맥순환을 통해 간으로 운반된다. 간은 비타민 A, D, E, K와 같은 지용성비타민을 저장하는 능력이 있다. 지용성비타민 저장을 통해 음식물이 부족할 때 단기간 사용이 가능하다. 간은 또한 철과 구리 같은 미네랄을 저장한다.

B. 해독(detoxification)

간은 수많은 해독과 제거반응에 참여한다. 이 과정 중 가장 중요한 두 가지는 암모니아와 에탄올 제거이며 간은 또 다양한 생체내 변환을 매개할 수 있다.

1. **암모니아(ammonia):** 암모니아의 약 ~50%가 창자(주로 잘록창자)에서 생산된다. 간은 문맥순환으로부터 이 암모니아의 대부분을 받는다. 간은 요소회로를 구성하는 일련의 반응을 통해 순환하는 암모니아의 대부분을 제거한다. 전신순환계 내로 분비된 요소는 대부분 콩팥에서 제거된다.

2. **에탄올(ethanol):** 간에는 *알코올탈수소효소(alcohol dehydrogenase)*가 있어 에탄올이 아세트알데하이드와 환원형 니코틴아미드아데닌디클레오티드(nicotinamide adenine dinucleotide)로 전환되도록 촉진한다. 두 산물은 그 후 뼈대근육과 같은 말초조직에서 아세틸코엔자임 A (acetyl coenzyme A)로 전환된다.

3. **약물 생체내 변환(drug biotransformation):** 생체내 변환 반응은 두 단계로 구성된다: **I 상(phase I)**, 즉 **산화(oxidation)**, **II 상(phase II)**, 즉 **결합(conjugation)**과 **제거(elimination)**.

   a. **I 상 반응(phase I reactions):** I 상 반응은 유기물질을 산화시키기 위해 cytochrome P450을 사용한다. 이 반응은 약물의 대부분을 대사하며, 일부 소수의 아민-포함 화합물에서는 I상 cytochrome P450-비의존적 반응도 있다. I 상은 또한 어떤 약물을 활성화시키는데 사용될 수 있다.

   b. **II 상 반응(phase II reactions):** II 상 반응은 전신순환계 안으로 분비될 수 있도록 산물을 결합하여 용해도를 증가시켜 콩팥에서 여과 후 배설되거나 혹은 최종적 배설을 위해 담즙을 작은창자 안으로 분비될 수 있게 한다.

> 간은 생체내변환 반응을 통해 구강 약물의 첫 단계 대사에 관여한다. 어떤 약물은 문맥계를 통한 간으로의 첫 번째 순환에서 거의 완전히 대사된다. 따라서 그런 약물은 피부로 혹은 흡입, 주사형태로 주입이 되어야 한다.

C. 면역기능(immune function)

문맥순환은 창자로부터 영양분을 운반하나 문맥혈액 내 세균이 종종 들어있다. 그러나 건강한 사람에서는 전신순환 내에 창자세균은 없다. **쿠퍼세포(Kupffer cell)**는 간 내에 있는 특이화된 식세포작용을 하는 큰포식세포로 창자세균을 삼켜 수화한다(그림 32.9). 간은 또한 림프생산과 면역글로불린 A 분비의 주요 부위이다.

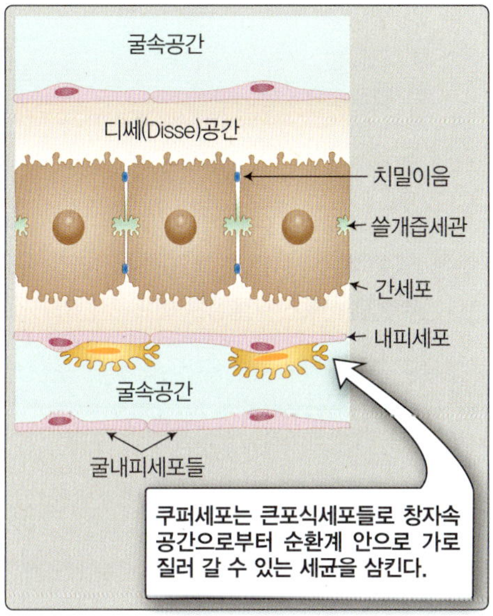

그림 32.9
쿠퍼세포

32장 요약

- 외분비이자의 조절은 **세크레틴(secretin)**과 **콜레시스토키닌(cholecystokinin)**의 자극효과와 **소마토스타틴(somatostatin)**의 억제효과에 의해 이루어진다. 외분비이자는 효소와 이온, 창자액을 분비한다. 효소들은 비활성형으로 분비되어 작은창자에서 활성화되고, HCO_3^-는 위산의 중화를 돕기 위해 분비된다.
- 담즙 성분은 담즙산(일차와 이차 모두)과 전해질, 콜레스테롤, 인지질과 빌리루빈이다. 쓸개는 중요한 담즙 저장장소이다. 쓸개 내 담즙은 간과 비교해 농축되어 있다. **콜레시스토키닌**은 쓸개를 수축시켜 담즙을 작은창자로 이동시킨다.
- **오디조임근(sphincter of Oddi)**은 좁아져 작은창자 내로의 담즙분비를 조절한다. 콜레시스토키닌은 오디조임근을 이완시켜 담즙이 작은창자 안으로 들어가게 한다.
- 간은 탄수화물과 지질, 단백질의 대사에 참여한다. 간은 이 기질들을 음식을 먹었을 때는 저장하고, 공복상태에서는 분비한다. 간은 또한 지용성 비타민과 미네랄을 저장한다.
- 간은 **해독작용(detoxifi cation)**과 **약물제거(removal of drug)**, 호르몬과 암모니아 제거에 참여한다. 게다가 간은 다량의 림프구를 생산해 많은 면역관련 기능에 참여한다.

학습문제

가장 옳은 답 하나만 고르시오.

VII.1 최근 유방암 진단을 받은 35세 여성이 빠르게 복제되는 세포를 표적으로 하는 화학치료 후 위창자 장애를 호소하고 있다. 어떤 위창자층이나 신호전달물질이 이 치료에 의해 가장 큰 영향을 받을까?

A. 세로근
B. 점막밑신경얼기
C. 상피
D. 모틸린
E. 혈관작용장펩티드

정답 = C. 위창자(GI) 상피는 교체속도가 매우 빨라(29·II·A) 화학치료에 의해 가장 영향을 많이 받는다. 세로근과 점막밑신경얼기는 위 배출과 창자운동성에 중요한 위창자층이나 교체율은 느리다. M세포에서 분비된 모틸린은 위와 창자운동을 자극한다(29·III·C). 부교감신경에서 분비된 혈관작용장펩티드는 위창자 민무늬근육을 이완시킨다(29·IV·A). 그러나 빠르게 복제하는 상피세포에서는 그런 호르몬과 신경전달물질은 분비되지 않는다.

VII.2 다음 중 교감신경말단에서 분비되고 창자분비를 감소시키는 위창자 신호전달물질은 어느 것인가?

A. 스브스탠스 P
B. 혈관작용장펩티드
C. 가스트린-분비 펩티드
D. 신경펩티드 Y
E. 히스타민

정답 = D. 신경펩티드 Y는 벽 근육을 이완시키고 창자분비를 감소시킨다(29·III·B). 혈관작용장펩티드는 이자와 창자 분비를 증가시키며 부교감신경과 창자신경세포에서 분비된다(29·III·A). 스브스탠스 P는 부분적으로 침샘의 분비를 증가시킨다. 가스트린분비 펩티드는 가스트린 분비를 증가시킨다. 히스타민은 위 분비를 증가시키고 장친크롬유사세포들에 의해 분비된다(29·IV·B).

VII.3 조절 안되는 크론씨병에 걸린 40세 남성에게 손상된 조직을 제거하기 위해 돌창자 절제를 진행한다면, 다음 중 어느 위창자 호르몬의 생성과 분비가 이 수술에 의해 가장 영향을 받겠는가?

A. 가스트린
B. 모틸린
C. 포도당의존인슐린친화성펩티드
D. 프로스타글란딘
E. 콜레시스토키닌

정답 = E. 콜레시스토키닌(CCK)은 돌창자를 포함해 작은창자 전체의 I 세포에서 분비된다(29·IV·A). 콜레시스토키닌은 위와 이자, 쓸개의 분비와 위 배출을 촉진한다. 모틸린과 포도당의존인슐린친화성펩티드는 샘창자와 빈창자의 M세포와 K세포에서 각각 분비되나 돌창자에서는 분비되지 않는다. 가스트린은 위와 작은창자에서 모두 분비된다. 위창자 프로스타글란딘은 호르몬이 아니며 주변분비로 분류된다.

VII.4 비행기 여행 동안 멀미 때문에 스코폴아민(콜린대항제) 투여 중인 52세 여자에게 부작용으로 입안마름증과 일치하는 증상들이 발생하였다면 다음 중 어느 변화가 입안마름증에 가장 일치하는가?

A. 증가된 귀밑세포 이노시톨삼인산
B. 자극된 귀밑세포
C. 증가된 점액 생산
D. 감소된 침의 Cl^- 농도
E. 감소된 침의 K^+ 농도

정답 = D. 침 분비는 주로 부교감신경에 의해 조절된다(30·II·C). 아세틸콜린이 분비되면 이노시톨삼인산(IP_3)을 통해 침 분비가 증가된다. 콜린성 신호전달을 억제하면 IP_3가 감소하고 침 분비가 감소한다. 침의 이온 구성은 유속에 의존적이다. 유속이 감소하면 Cl^- 농도가 감소하고 반면 K^+ 농도가 증가한다. 스코폴아민은 아드레날린 수용체를 자극하지 않아 *adenylyl cyclase*의 변화는 기대할 수 없다. 항콜린성 약물은 침샘에 의한 점액 생성을 감소시킨다.

VII.5 카할 사이질세포로 알려진 위창자 박동조율세포를 가장 잘 설명한 것은?

A. 15~20 cycles/분을 생성한다.
B. 전위-개폐 Na^+통로가 필요하다
C. 전위-개폐 Ca^+통로가 필요하다
D. 탈분극이 위방에서 시작된다.
E. 탈분극이 위바닥에서 시작된다.

정답 = C. 카할 사이질세포(ICC)는 몸통에 있는 박동조율세포로 위방이나 위바닥에는 없다(30·IV·B). 이 세포들은 탈분극파(서파)를 3~5 cycles/분 빈도로 생성한다. 서파는 활동전위를 만들고, 전압개폐 Na^+통로보다는 전압개폐 Ca^{2+}통로에 의해 매개되는 수축파를 시작한다. 수축파는 음식이 작은창자로 운반되기 전에 위 내용물을 섞고 갈고 분해하는 일을 한다.

VII.6 면역이나 염증매개체에 의해 위의 D세포 기능이 손상을 입었다면 산분비는 다음 중 어느 기전을 통해 증가되겠는가?

A. 감소된 강화
B. 증가된 아세틸콜린 분비
C. 증가된 프로스타글란딘 E_2 생성
D. 감소된 G세포 분비
E. 벽세포 억제 소실

정답 = E. 위의 D세포는 정상적으로 벽세포로부터 H^+ 분비를 억제하는 소마토스타틴을 분비한다(30·IV·C). 소마토스타틴이 감소하면 H^+ 분비가 증가될 가능성이 높다. 프로스타글란딘도 H^+ 분비를 정상적으로 감소시키나 D세포가 필요하지 않다. G세포는 가스트린을 분비해 벽세포에서 H^+ 분비를 자극한다. 아세틸콜린(ACh)도 수많은 직접경로와 간접경로들을 통해 H^+ 분비를 증가시킨다. 강화란 두 가지 자극요인들이 동시에 가해졌을 때(예: 가스트린과 아세틸콜린), 각각의 작용을 더했을 때 기대한 것보다 H^+ 분비가 더 큰 범위로 증가될 때를 말한다.

VII.7 속쓰림과 위 통증으로 밤에 자주 일어나는 35세 여성에서 소화성궤양이 발견되었다. 다음 중 샘창자가 정상적으로 궤양 생성으로부터 자신을 보호하는 기전을 가장 잘 설명한 것은?

A. 점성이 강한 점액으로 된 두꺼운 층이 있다.
B. 두꺼운 꼭대기막이 있다.
C. S세포가 세크레틴을 분비한다.
D. 창자크롬친화유사세포가 히스타민을 분비한다.
E. *펩티드분해효소*가 비활성형으로 분비된다.

정답 = C. 소화성궤양은 위와 샘창자에서 발생한다(임상 적용 30.3). 소화성궤양은 *Helicobacter pylori*에 의해 촉발되나 장 벽의 미란은 산과 효소에 의해 발생한다. 샘창자의 산에 대한 중요 방어는 산에 의해 자극을 받았을 때 S세포로부터 분비되는 세크레틴이다. 세크레틴은 이자로부터 HCO_3^- 분비를 유발한다(32·II·A). 위와 달리 샘창자는 두꺼운 보호점액층이 없어 산에 취약하다. 영양분흡수를 방해할 두꺼운 꼭대기막도 없다. 이자 *펩티드분해효소*는 비활성형으로 분비되나 작은창자 속공간에서 즉시 활성화된다. 히스타민은 국소 위벽세포조절인자이다.

VII.8. 작은창자 상피에서 다음 중 어느 물질의 흡수에 Na^+이 필요한가?

A. 꼭대기막 과당 흡수
B. 바닥가쪽막 포도당 운반
C. 꼭대기막 이펩티드 흡수
D. 바닥가쪽막 아미노산 운반
E. 꼭대기막 글리세롤 흡수

정답 = C. 이펩티드의 꼭대기막 흡수는 PEPT1에 의해 일어나는데 PEPT1은 Na^+ 내향성 경사에 의해 작동하는 공동수송체이다(31·II·D). 꼭대기막의 과당 운반은 GLUT5를 통해 일어나며, 바닥가쪽막의 포도당 운반은 GLUT2 수송체를 통해 일어난다(31·II·C). GLUT군 수송체들은 Na^+과 관계없이 기질의 농도경사에 따른 확산에 의한 흡수를 촉진한다. 바닥가쪽막의 아미노산 운반도 이온 경사와 관계없이 각각의 또는 집단 수송체들에 의해 일어난다. 꼭대기막의 글리세롤 흡수는 어떤 이온이나 특정 운반단백질의 도움이 필요하지 않다. 글리세롤 흡수는 상피세포막을 가로지르는 확산에 의해 일어난다.

VII.9 1,500 kcal 엄격한 식사플랜으로 치료받는 65세 여성이 내장통증과 심한 팽만감을 호소한다. 혈액검사에서 혈청 빌리루빈의 증가와 우상복부의 초음파에서 온쓸개관을 막는 담석이 발견되었다. 이 폐쇄로 인해 다음 중 어느 식사플랜의 소화와 흡수가 가장 영향을 받을 것인가?

A. 55% 탄수화물, 15% 단백질, 30% 지방
B. 20% 탄수화물, 30% 단백질, 50% 지방
C. 70% 탄수화물, 10% 단백질, 20% 지방
D. 40% 탄수화물, 40% 단백질, 20% 지방
E. 50% 탄수화물, 20% 단백질, 30% 지방

정답 = B. 20% 탄수화물, 30% 단백질, 50% 지방으로 구성되는 식사플랜이 가장 높은 지방 함량을 포함하고 있어 이 환자에서 소화와 흡수가 가장 어렵다. 지방은 담즙산의 적절한 유화작용이 필요하다(31·II·E). 유화작용이 없으면 지질소화가 어려워 지방변증(대변 내 지방)과 통증, 복부팽만이 발생하게 된다. 음식의 단백질과 탄수화물은 담즙산 감소에 의해 직접 영향 받지 않는다.

VII.10 최근 제왕절개 수술로 둘째 아이를 출산한 28세 여성이 힘을 줄 때 소변과 대변찔끔증이 발병하였다. 음부신경 전도검사에서 음부신경이 대변찔끔증의 원인임을 알게 되었다. 다음 중 어느 조임근이 가장 많이 영향을 받을 것인가?

A. 날문
B. 돌막창자
C. 곧창자구불결장
D. 안항문
E. 바깥항문

정답 = E. 음부신경은 수의적 몸운동 조절을 받는 바깥항문조임근을 신경지배한다(31·III·A). 안항문조임근은 민무늬근육으로 구성되며 골반신경에 의해 지배된다. 날문조임근은 샘창자로의 위배출을 조절한다. 곧창자구불결장은 조임근이라기보다는 접합부이다. 돌막창자 판막은 작은창자와 잘록창자 사이 노폐물질의 이동을 조절하나 배변에는 직접 관여하지 않는다.

VII.11 간수술 동안 담즙을 간에서 채집하고 다음에는 쓸개에서 채집하였다. 간담즙과 비교할 때 쓸개 내용물은 어떤 구성성분이 다를까?

A. 담즙염 농도가 더 낮다.
B. 지방산 농도가 더 낮다.
C. 콜레스테롤 농도가 더 낮다.
D. 빌리루빈 농도가 더 높다.
E. Cl^- 농도가 더 높다.

정답 = D. 담즙은 간에서 생성되어 쓸개에 지방소화에 필요할 때까지 저장된다(32·III·A). 쓸개는 저장하는 동안 담즙을 농축시키고 변화시켜 빌리루빈의 농도를 10배까지 상승시킨다. 담즙염과 지방산, 콜레스테롤도 모두 농도가 증가된다. Cl^-는 담즙이 농축되는 동안 다른 이온들과 함께 재흡수되어 농도가 10배 감소한다.

VII.12 쓸개주머니염을 진단하기 위해 담즙성분에 방사성동위원소를 붙여 담즙분비액을 추적하는 쓸개관섬광조영술 동안 콜레시스토키닌(CCK)을 투여하였다. 이 검사에서 콜레시스토키닌의 주요 기능은 무엇인가?

A. 일차담즙염 생성을 감소시킨다.
B. 이차담즙염 생성을 감소시킨다.
C. 국소 교감성 날심섬유를 자극한다.
D. 중탄산염 분비를 억제한다.
E. 쓸개를 수축시킨다.

정답 = E. 콜레시스토키닌(CCK)은 작은창자속공간으로 담즙분비를 촉진하는 등 위창자 기능에서 여러 역할을 한다. 분비는 오디조임근의 이완과 쓸개의 수축에 의해 이뤄진다(32·III·B). 콜레시스토키닌은 또한 HCO_3^-분비를 증가시킨다. 부교감신경계의 아세틸콜린도 담즙분비를 자극한다. 교감신경계는 담즙분비에 기여하지 않으며 노르에피네프린은 담즙분비 억제제로 분류된다. 콜레시스토키닌은 담즙염 생성을 조절하지 않는다.

제 8 단원
내분비계통

내분비이자와 간

33

I. 개요

모든 세포는 생존과 성장을 위해 에너지가 필요하다. 내분비이자와 간은 혈액 내 에너지기질, 즉 포도당과 지방산, 케톤체, 아미노산의 이용도를 조절한다. 이들 중 포도당은 세포에너지학(즉, 해당작용[glycolysis], 시트르산회로[citric acid cycle], 산화인산화[oxidative phosphorylation])의 근간을 구성한다. 혈당 수준은 이자호르몬인 **인슐린(insulin)**과 **글루카곤(glucagon)**에 의해 조절된다. 인슐린은 세포 내로 포도당 유입을 촉진하여 혈당을 감소시키고, 반면 글루카곤은 주로 간에 대한 작용을 통해 혈당을 증가시킨다. 이들 호르몬은 세포가 필요로 하는 순간적인 에너지를 공급할 뿐만 아니라 단기간과 장기간의 에너지 저장에도 관여한다. 에너지는 간과 지방조직 및 근육과 같은 말초조직에 **글리코겐(glycogen)**이나 지질 형태로 저장될 수 있다. 에너지는 순간적인 세포에서 필요를 위해서뿐만 아니라 성장과 분열, 치유를 위해서도 필요하다. 이러한 작용들은 **시상하부-뇌하수체-간 축(hypothalamic-pituitary-liver axis)**으로부터 생성되는 **성장호르몬(growth hormone, GH)**과 **인슐린유사성장인자(insulin-like growth factor, IGF)**의 매개작용에 의해 이뤄진다. 또한 성장호르몬과 인슐린유사성장인자-1은 동화작용(작은 구성성분들로부터 신체를 만들어나가는 과정)에도 깊이 관여하므로 이들 두 호르몬은 에너지 운반에 영향을 미치며 주요 이자 호르몬인 인슐린과 글루카곤과도 상호작용을 한다. 인슐린과 글루카곤, 성장호르몬, 인슐린유사성장인자는 펩티드호르몬으로 "풋전구(prepro)" 형태로 처음 만들어져서 "풋(pro)" 형태로 변형되며 최종적으로 골지체에서 "활성"형으로 전환된다. 이 활성형은 종종 더 쪼개져 분비된다. 예를 들어 인슐린은 C-펩티드와 함께 분비된다(그림 33.1)

II. 내분비이자

이자는 두 종류의 샘을 포함한다. 외분비샘은 32장에서 논의된 것처럼 소화효소와 중탄산이온(HCO_3^-)을 작은창자속공간 안으로 분비한다. 내분비샘은 **이자섬(pancreatic islets / 랑게르한스섬[islets of Langerhans])**으로 알려진 호르몬 분비세포의 덩어리로 혈관이 매우 발달되어 있다. 외분비샘의 분비액은 음식물 소화를 도와 에너지기질이 흡수되도록 하는 반면에 내분비샘의 분비액은 흡수된 에너지기질의 유용도와 사용 정도를 조절한다.

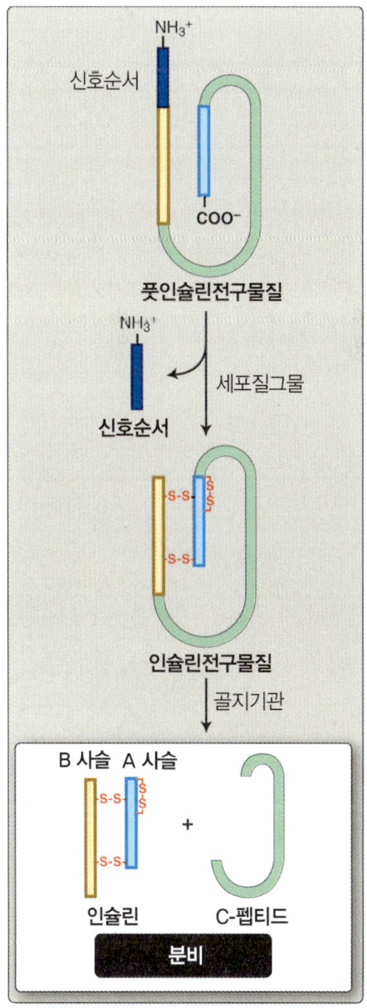

그림 33.1
인슐린 처리단계

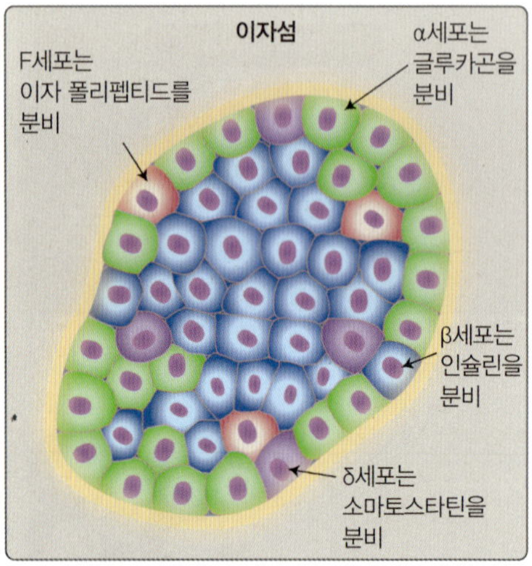

그림 33.2
이자섬 세포구성

A. 섬(islet) 구조

섬은 네 종류의 중요한 내분비세포로 구성되며 이 세포들은 각각 특정 호르몬을 생성한다. **알파(α)세포**는 글루카곤을, **베타(β)세포**는 인슐린을, **델타(δ)세포**는 **소마토스타틴**을, **F세포**는 **이자 폴리펩티드(pancreatic polypeptide)**를 분비한다(그림 33.2). 인슐린-분비세포는 수가 많고 중앙에 위치하는 반면, 글루카곤-분비세포는 다소 가장자리에 위치한다. 섬 안에 인접한 세포들은 틈새이음(gap junction)으로 연결되어 세포간 직접 소통이 가능하다(그림 4·II·F 참조).

B. 혈류

동맥 혈액은 분수의 물이 중앙에서 가장자리로 흐르는 것처럼, 중앙에서 섬에 들어가 가장자리를 향해 흐른다(그림 33.3). 이런 흐름 형태로 인해 섬 내에서 국소 호르몬의 신호전달(주변분비)이 가능하다. 예를 들면, δ세포는 소마토스타틴을 분비하는데 이는 α세포의 글루카곤과 β세포의 인슐린 분비를 국소적으로 억제한다. 분비된 이자호르몬은 혈액을 통해 문맥순환을 거쳐 간으로 운반된다(그림 21.11 참조). 간세포는 에너지기질의 저장과 대사에 중요한 역할을 하므로 많은 이자호르몬의 핵심표적이다.

C. 신경분포

섬세포에는 교감신경계와 부교감신경계가 모두 분포하고 있다. 시냅스이후 무스카린수용체(콜린성)가 부교감신경의 효과를 매개하고, α와 β 아드레날린수용체가 교감신경의 효과를 매개한다(그림 7·IV·B·2 참조). 일반적으로 교감신경 자극은 혈액으로 에너지기질 분비를 증가시켜 세포에서 이용할 수 있도록 하는 반면, 부교감신경 자극은 세포가 에너지기질을 받아들여 저장하도록 한다.

III. 글루카곤

글루카곤은 작은 펩티드호르몬(29개 아미노산으로 구성)으로 섬의 α세포에서 생성된다. 풋글루카곤(proglucagon)은 단백질 분해를 통해 글루카곤과 두 개의 비활성 단백질 조각들을 생성한다. 글루카곤의 반감기는 순환계로 분비된 후 5~10분이며 이후 간에서 분해되고 제거된다.

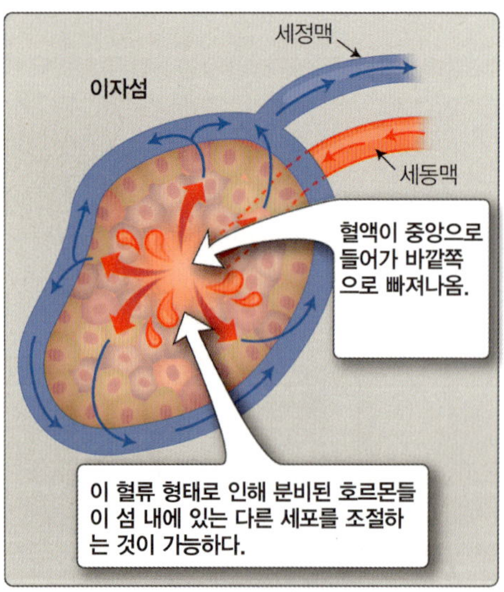

그림 33.3
섬 혈류

A. 기능

글루카곤의 주요 기능은 에너지기질을 만들고 이동시켜 스트레스나 식사 중간에 조직에서 사용될 수 있도록 한다. 글루카곤의 일차 표적은 간이며 이차 표적은 가로무늬근세포와 지방세포이다. **글루카곤수용체(glucagon receptor)**는 G단백질연결수용체(G protein-coupled receptor, GPCR) 슈퍼패밀리의 일부로, **글리코겐분해(glycogenolysis)**과 **포도당신합성(gluconeogenesis)**, **지질분해(lipolysis)**, **케톤생성(ketogenesis)**을 통해 혈당과 지방산, 케톤체 농도를 증가시키는 등 다수의 세포 효과를 매개한다.

1. 글리코겐분해(glycogenolysis): 글루카곤은 ***글리코겐인산화효소(glycogen phosphorylase)***와 *포도당 6-인산분해효소(glucose 6-phosphatase)*에 의한 간의 글리코겐 분해를 자극해 혈액 안으로 포도당이 분비되도록 한다. *글리코겐인산화효소*는 글리코겐이 수용체에 결합한 후 *단백질키나아제 A(protein kinase A, PKA)*의존 인산화과정에 의해 활성

화된다. *단백질키나아제 A*는 *글리코겐합성효소*(*glycogen synthase*)를 인산화하여 글리코겐 합성을 억제함으로써 결과적으로 포도당 이용을 촉진한다.[1] 그 후 포도당은 포도당운반체 패밀리 중 하나인 GLUT2를 통해 세포 밖으로 나온다(그림 33.4). 글루카곤은 또한 근수축활동 증가를 돕기 위해 근육에서의 글리코겐 분해작용을 자극한다.

2. **포도당신합성(gluconeogenesis):** 글루카곤은 또한 지질이나 단백질과 같은 비탄수화물 원료로부터 포도당 생성을 자극한다. 포도당신합성은 *포도당 6-인산분해효소*와 *fructose 2,6-bisphosphatase*를 포함하는 경로에 의해 매개된다(그림 33.5).[2] 글루카곤은 동시에 *포도당효소*(*glucose kinase*), *인산과당효소*(*phosphofructokinae*), *피루브산염키나아제*(*pyruvate kinase*)와 같이 포도당 분해에 관여하는 효소를 억제한다.
3. **지질분해(lipolysis):** 글루카곤은 지방세포를 표적으로 삼아 트라이글리세라이드를 글리세롤과 유리지방산으로 분해한다. 지질분해는 *호르몬민감 지질분해효소*(*hormone-sensitive lipase, HSL*)의 매개로 이루어지며 직접(지방대사) 및 간접(포도당으로 전환 후 대사)적인 방법으로 혈장의 유리지방산 농도와 지방산 사용을 증가시킨다.
4. **케톤생성(ketogenesis):** 케톤체(즉 아세토아세테이트[acetoacetate], β-하이드록시부티레이트[β-hydroxybutyrate], 아세톤[acetone])은 간세포에서 유리지방산이 불완전 산화되어 생성된다. 지방산은 간세포에서 흡수되고 생성되어 처리를 위해 카르니틴 셔틀계(carnitine shuttle system)를 통해 사립체 내로 운반된다. 케톤체는 간세포에서 순환계로 분비된다. 케톤체는 수용액에 용해되며 쉽게 간 외 조직에 의해 흡수된 후 호기성대사에 사용되기 위해 acetyl coenzyme A로 전환되어 저장된 에너지를 방출한다.

> 아세톤(매니큐어 제거제로 유명한)과 같은 케톤체는 유기성 휘발 물질로 특징적인 과일향을 갖고 있어 이를 대사에 사용하는 사람의 호흡에서 쉽게 감지된다. 또한 과도한 케톤 생성으로 인해 고음이온 차이 대사성산증 중 하나인 케토산증이 유발된다(28·VI·E 참조).

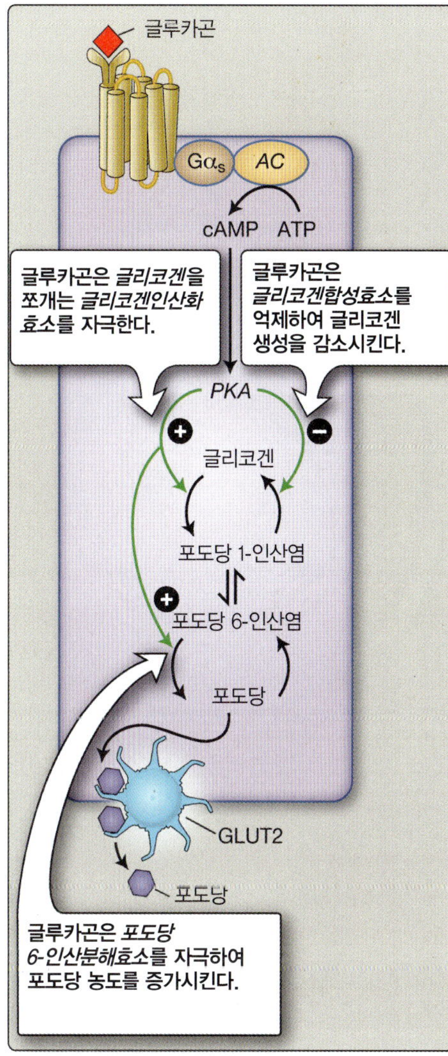

그림 33.4
글리코겐 분해작용

B. 분비

글루카곤 분비는 순환기질(아미노산, 케톤체, 포도당) 및 신경과 호르몬 기전에 의해 조절된다.

1. **분비 증가:** 콜레시스토키닌과 혈중 고농도의 아미노산(단백질을 분해하여 그 결과 생성되는)이 글루카곤 분비를 자극한다. 글루카곤은 또한 음성되먹임기전을 통한 혈당 감소에 의해 자극된다. 교감신경계는 스트레스 상황에서 활동하는 조직에서 포도당과 지방산, 케톤체 형태의 에너지기질 사용을 증가시키기 위해 글루카곤 분비를 자극한다.

INFO LINK
[1] 글리코겐 분해에 대한 더 많은 정보는 *리핀코트의 그림으로 보는 생화학 제6판* 참조.
[2] 포도당신합성에 대한 더 많은 정보는 *리핀코트의 그림으로 보는 생화학 제6판* 참조.

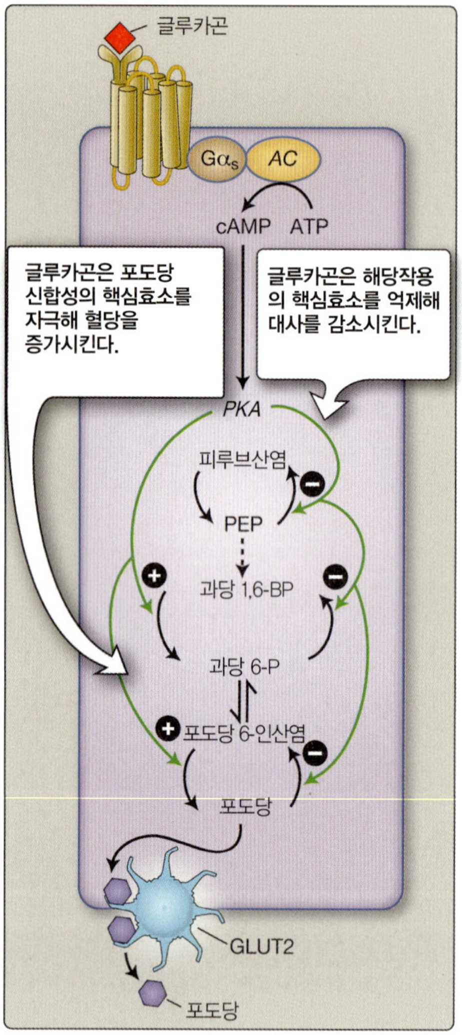

그림 33.5
포도당 신생작용

2. **분비감소:** 인슐린과 소마토스타틴은 섬에서의 글루카곤 분비를 감소시킨다. 혈액 속의 포도당과 지방산, 케톤체가 증가하면 음성되먹임기전에 의해 글루카곤 분비가 감소된다. 장의 L세포에서 분비된 혈액내 **글루카곤유사펩티드 1(glucagon-like peptide 1, GLP-1)**에 의해서도 글루카곤 분비가 감소된다.

C. 글루카곤유사펩티드(glucagon-like peptide, GLP)

이자에서는 글루카곤과 함께 두 개의 비활성 단백질조각인 **GLP-1**과 **글루카곤유사펩티드2(glucagon-like peptide 2, GLP-2)**가 분비된다. L세포에서 동일한 유전자가 전사되어 활성형 글루카곤유사펩티드-1(인슐린 분비에 관여, 아래 참조)과 글루카곤유사펩티드-2(작은창자 점막 안정화에 관여), 비활성형 글루카곤을 생성한다. 이 과정은 활성형 펩티드호르몬을 생성하기 위해서 유전자 전사뿐만 아니라 올바른 효소와 조직 내에서의 유전자부호 해독 후 변화도 중요함을 의미한다.

IV. 인슐린

섬 β세포에서 풋인슐린은 인슐린과 C-펩티드로 쪼개어진다(그림 33.1 참조). 인슐린은 두 개의 펩티드 사슬로 구성된 단백질호르몬으로 반감기는 3~8분이며 첫 순환 동안 간에서 분해되고 콩팥과 말초조직에서 더 분해되어 50% 이상 제거된다.

> C-펩티드(31개 아미노산)는 생리적 기능은 없으나 인슐린과 같은 비율로 분비된다. 또한 첫 순환 동안 간에서 분해되지 않으며 반감기도 인슐린보다 길어 임상적으로 β세포의 기능을 감시하는데 사용된다.

A. 기능

인슐린의 주요 기능은 혈당을 낮추는 것이며 주요 표적은 간과 뼈대근육, 지방조직으로 인슐린의 자극을 받아 혈액으로부터 포도당, 지방산, 글리세롤, 케톤체, 아미노산을 흡수한다. 인슐린은 혈액 내 포도당이 세포 안으로 들어가는데 핵심 역할을 한다. 인슐린의 세포 내 효과는 ***티로신키나아제(tyrosine kinase)수용체***(1·VII·C 참조)와 중요한 결합단백질인 인슐린수용체기질(insulin receptor substrate, IRS)에 의해 이루어진다. 인슐린수용체의 *티로신키나아제* 부분과 인슐린수용체기질은 수많은 세포효과를 매개하는 다른 단백질을 인산화 과정을 통해 활성화시킨다.

1. **포도당 흡수:** 인슐린은 GLUT4 운반체를 상향조절하고 근육(그림 33.6)과 지방세포 내로 주입하여 포도당 흡수를 증가시킨다. 세포막의 포도당 운반체는 GLUT4처럼 인슐린민감성이거나 GLUT2(예: 간)처럼 인슐린둔감성이다. 따라서 근육은 인슐린 농도가 높을 때는(예: 식사 후) 혈당을 극적으로 감소시킬 수 있으나 인슐린 농도가 낮을 때는(예: 식간) 혈당에 뚜렷한 영향을 미치지 않는다.

2. **글리코겐합성(glycogenesis):** 인슐린은 근육과 간에서 *글리코겐합성효소*를 자극하고 *글리코겐인산화효소*를 억제해서 글리코겐 생성을 자극한다(그림 33.7). 글리코겐은 또한 포도당이 포도당 6-인산염으로 전환되는 과정에 의해 생성이 증가되는데 이는 인슐린민감 *포도당효소*의 매개작용에 의해

촉진된다.

3. **해당작용(glycolysis)**: 근육과 간에서 인슐린에 의해 *피루브산염탈수소효소*와 *인산과당효소*가 활성화되면 해당작용이 증가된다. 간은 *피루브산염키나아제*를 활성화시키며 *피루브산염키나아제*는 전에 언급된 *포도당효소*와 함께 포도당의 사용을 촉진한다. 해당작용이 자극 받음과 동시에 간세포에서 역반응인 포도당신합성이 억제되어 이들 경로에서 기질과 생산물에 대한 경쟁을 예방한다.

4. **지질합성(lipogenesis)**: 인슐린은 지방세포에서 ***지질단백질지질분해효소 (lipoprotein lipase, LPL)***를 증가시키고 *호르몬민감 지질분해효소(HSL)* 활성을 감소시킨다. *지질단백질지질분해효소*는 암죽미립과 다른 저밀도지질단백질이 흡수 가능한 유리지방산으로 분해되는 것을 촉진한다. 세포 내 유리지방산 증가는 트라이글리세라이드와 지질방울 생성을 증가시킨다.

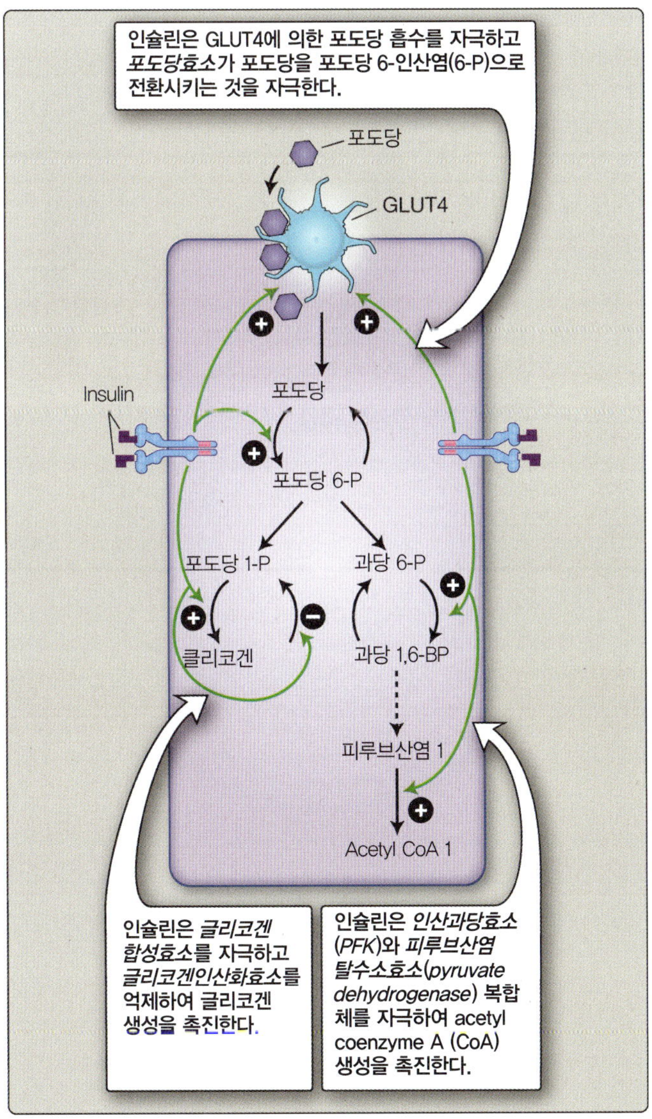

그림 33.6

뼈대근육 세포

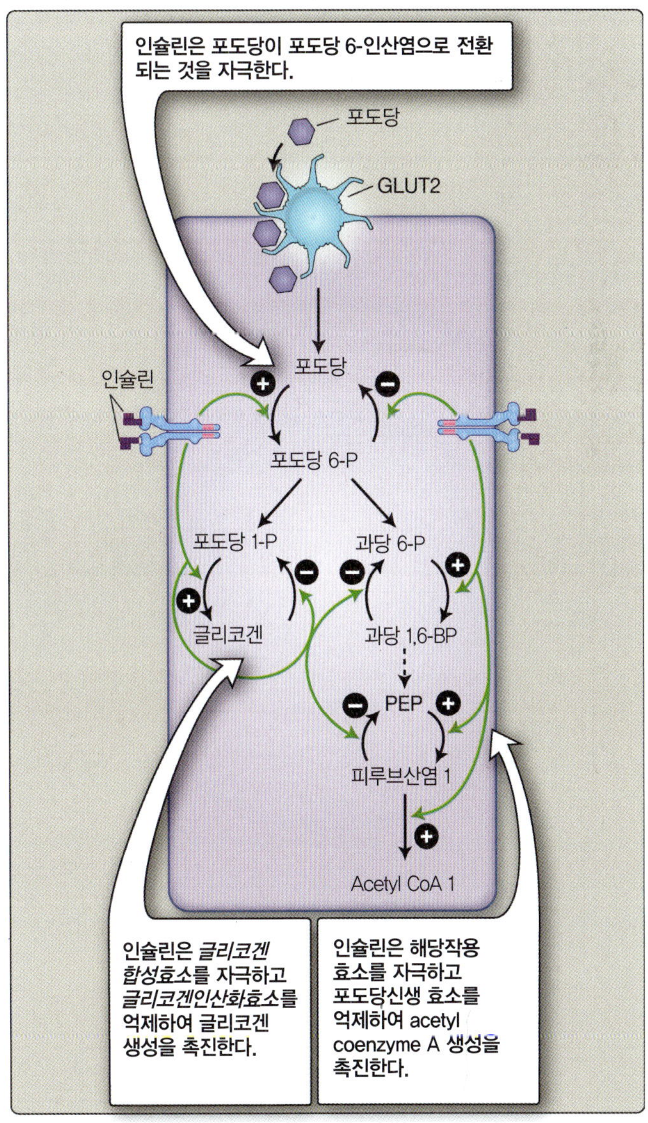

그림 33.7

간세포

임상 적용 33.1: 당뇨병(Diabetes Mellitus)

혈당 조절은 조직의 정상 기능을 위해 필수적이다. 고혈당(hyperglycemia)은 당뇨병을 유발할 수 있다. 저혈당(hypoglycemia)은 식사감량의 결과로, 패혈증과 같은 질병상태의 한 증상으로, 또는 약물치료의 결과로 생길 수 있다. 당뇨병은 전세계적인 유행질환으로 미국인구의 ~8.3%에서 발병한다. 당뇨병의 합병증으로는 심혈관 이상(내피세포 기능이상, 고혈압, 심장질환, 뇌졸중), 콩팥, 눈질환, 말초신경질환 등을 들 수 있다. 이러한 광범위한 손상은 고혈당증이 바닥막이나 내피조직과 같은 기본적인 구조물에 손상을 입혔기 때문이다. 이들 합병증은 또한 합해질 수 있다. 즉 말초혈관 손상과 말초신경병이 더해져서 발의 궤양을 유발한다. 당뇨병의 고혈당증은 공복 시 혈당이 126 mg/dL 이상이거나 경구포도당내성검사(물 300 mL 내 포도당 75 g을 빠르게 섭취한 후 120분 뒤에 혈당 검사)후 200 mg/dL 이상일 때이다. 당뇨병은 크게 두 종류로 구분된다.

1형: 1형 당뇨병은 종종 바이러스나 자가면역반응에 의해 섬 β세포가 파괴되어 발생한다. 증상의 시작은 종종 꽤 빠르며 적절한 β세포 기능과 인슐린 분비가 없다면(특히 식후에) 포도당이 세포 내로 들어갈 수 없어 혈당이 상승한다. 또한 환자들은 고혈당증과 함께 다뇨(소변량의 증가), 당뇨(glucosuria, 소변 내 당, 26·III·B 참조), 다음증(심한 갈증)과 케토산증(28·V·E 참조) 등의 증상을 보인다. 당뇨는 포도당의 농도가 높을수록 색이 진해지게 하는 효소와 연관된 염료가 발라져 있는 종이띠를 이용한 검사를 통해 쉽게 발견할 수 있다. 다음증은 다뇨로 인한 체액감소에 대한 신경과 호르몬의 반응이다. 당뇨병과 관련된 고혈당은 혈색소 A1c를 당화시킬 수 있다. 적혈구의 반감기는 ~두 달이므로 장기간에 걸친 고혈당증을 진단할 수 있게 해준다. 1형 당뇨병의 치료는 단기형 인슐린을 식전에 대량주입하거나 장기형 인슐린을 정기적으로 주사한다.[1] 어떤 환자에서는 인슐린펌프가 장기간에 걸쳐 혈당이 잘 유지되도록 해준다.

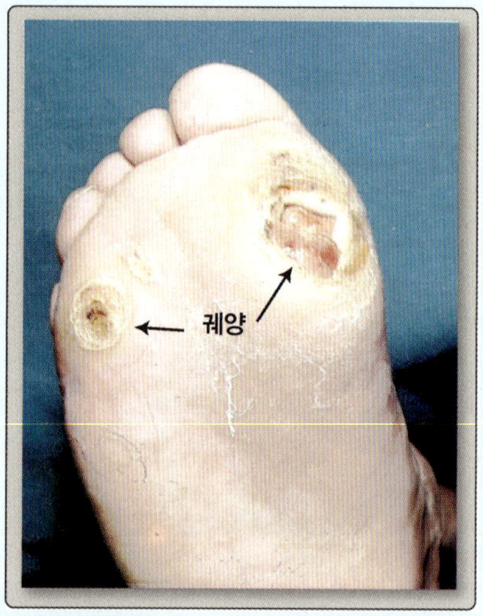

당뇨성 궤양

2형; 2형 당뇨병은 인슐린 생성이 부족하거나 포도당과 인슐린에 대한 불감성이 원인이다. 미국 내 발병률은 최근 수십 년 동안 유행병 수준이며 비만환자 발생률과 비례한다. 2형 당뇨병의 위험요인에는 나이와 민족적 배경도 포함된다. 인슐린 분비는 ATP-민감 K^+통로를 막고 β세포 내로의 Ca^{2+} 유입을 증가시키는 술포닐우레아(sulfonylurea)에 의해 증가된다.[2] β세포의 포도당 불감성은 인슐린 분비를 억제하고, 말초조직의 인슐린불감성은 포도당 흡수를 억제한다. 이들 불감성은 둘 다 혈당을 증가시킨다. 인슐린저항성은 렙틴과 아디포넥틴 같은 지방성 신호전달물질들(이 물질들의 대부분이 지방세포가 충분히 채워졌을 때 분비된다)과 연관되어 있어 체중이 줄면 감소한다. 1형 당뇨병과 유사하게 2형 당뇨병 환자들은 이상지질혈증(즉 고밀도지질단백질은 낮고 암죽미립과 초저밀도지질단백질은 높아짐)을 나타내며 이로 인해 심혈관질환이 발생된다. 이는 혈액 내 과도한 지방이 인슐린에 의해 세포 내로 이동되지 못해 발생하는 것으로 생각된다.

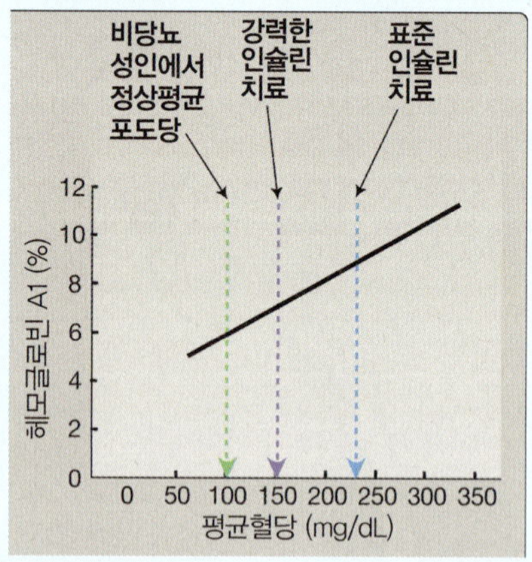

헤모글로빈 A1c

[1] 외인성 인슐린제제에 대한 더 많은 정보는 *LIR Pharmacology 제5판* 참조.
[2] 인슐린 분비촉진제에 대한 더 많은 정보는 *LIR Pharmacology 제5판* 참조.

5. **케톤체(ketone body) 생성억제:** 간세포에서 케톤체 생성과 분비는 인슐린에 의해 억제된다. 이는 인슐린이 속도-제한형 카르니틴 셔틀을 억제하기 때문이다. 카르니틴셔틀은 *전달효소(transferase)*와 *translocase* 효소로 구성되며 이들은 지방성 acetyl coenzyme A를 사립체로 이동시킨다.[1]

6. **단백질 생성(protein synthesis):** 뼈대근육과 간세포에서 인슐린은 단백질생성을 촉진하고 단백질분해를 억제한다. 인슐린 동화작용은 mTOR (mammalian target of rapamycin) 경로와 세포 내로 아미노산의 흡수 증가에 의한다. mTOR 경로는 단백질분해를 감소시키고 리보솜에서의 단백질생성과 조립을 증가시킨다.

B. 분비

인슐린 분비는 신경과 호르몬, 순환계의 기질 기전에 의해 조절된다(그림 33.8).

1. **분비 증가:** 혈액의 포도당과 지방산, 아미노산 증가는 **ATP민감 K^+통로(ATP-sensitive K^+ channel)**를 억제해 인슐린 분비를 자극한다. K^+ 유출이 억제되어 막전위 탈분극이 일어나면 전압개폐 Ca^{2+}통로(voltage-gated Ca^{2+} channels)가 열려서 세포 내 Ca^{2+}이 증가되고, Ca^{2+}은 인슐린을 포함하는 소포가 세포막에 결합하는 과정을 촉진하여 인슐린 분비가 일어나게 한다. 글루카곤과 **포도당의존인슐린친화성펩티드(glucose-dependent insulinotropic peptide, GIP)**, 글루카곤유사펩티드(GLP-1), 콜레시스토키닌(CCK), 아세틸콜린, β아드레날린성 자극이 세포 내 Ca^{2+}을 증가시키거나 *단백질키나아제 A*를 활성화시켜 인슐린 분비를 촉진한다(그림 33.8 참조). GIP와 GLP-1(함께 인크레틴 호르몬이라고 부름)은 창자 내 포도당 증가에 대한 반응으로 창자에서 분비된다.

2. **분비감소:** 혈당이 감소되면 음성되먹임기전을 통해 인슐린 분비가 억제된다. 인접한 심세포로부터 분비된 소마토스타틴은 교감신경계에 의한 α-아드레날린성 자극과 유사하게 인슐린 분비를 억제하며 이 두 효과는 *아데닐사이클라아제(adenylyl cyclase, AC)*와 *단백질키나아제 A* 억제를 통해 일어난다(그림 33.8 참조).

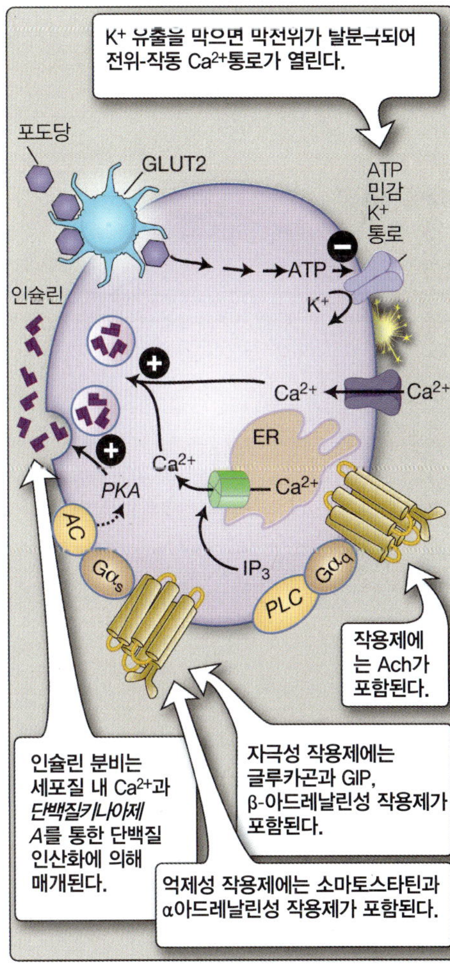

그림 33.8
이자 베타세포의 인슐린 분비 조절
AC = 아데닐사이클라아제; ACh = 아세틸콜린; ATP = 삼인산아데노신; ER = 세포질그물; GIP = 포도당의존인슐린친화성펩티드 peptide; GLUT2 = 포도당수송체 군 중 하나; IP = 삼인산이노시톨; *PKA = 단백질키나아제*; *PLC = 인지질분해효소 C*

V. 시상하부-뇌하수체-간 축 (HYPOTHALAMIC-PITUITARY-LIVER AXIS)

호르몬 분비는 종종 전반적인 조절과 정교한 조절이 모두 가능한 다층 축 체계에 의해 조절된다는 장점을 가지고 있으나, 반면에 질병의 부위가 많아진다는 단점도 있다. 예를 들어, 머리인두종(craniopharyngioma, 시상하부-뇌하수체 종양)와 같은 질병이 있으면 내분비기능이 정상임에도 불구하고 뇌하수체 호르몬 분비가 감소된다(뇌하수체 기능저하). 시상하부-뇌하수체-간 축은 독특해서 이차호르몬(성장호르몬, 성장호르몬)과 삼차호르몬(인슐린유사성장인자[1insulin-like growth factor-1])이 모두 광범위한 생리적 효과를 나타낸다. 다른 내분비 축(34, 35, 36장에서 논의)에서 오로지 삼차호르몬만 축 바깥조직에 생물학적 활성을 나타낸다.

[1] 카르니틴셔틀에 대한 더 많은 정보는 *리핀코트의 그림으로 보는 생화학 제6판* 참조.

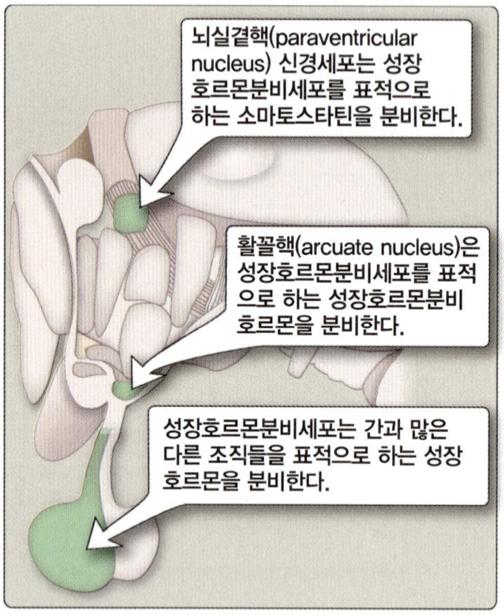

그림 33.9
성장호르몬 분비를 조절하는 시상하부 핵

A. 시상하부

시상하부에는 성장호르몬과 인슐린유사성장인자-1을 조절하는 두 개의 중요한 핵이 있다. 뇌실곁핵(paraventricular nucleus)은 **소마토스타틴(somatostatin)**을 분비하여 성장호르몬 분비를 억제하고 활꼴핵(arcuate nucleus)은 **성장호르몬분비호르몬(GH-releasing hormone, GHRH)**을 뇌하수체 문맥계로 분비한다. 이들 호르몬은 뇌하수체 앞엽에 있는 **성장호르몬분비세포(somatotrope)**를 표적으로 한다(그림 33.9).

B. 뇌하수체

성장호르몬분비세포는 앞뇌하수체에서 가장 많은 세포 형태(~50%)로(표 7.3 참조)로 이들 세포에 있는 성장호르몬분비호르몬과 소마토스타틴 수용체는 G단백질연결수용체(GPCR) 슈퍼패밀리의 일부로 성장호르몬분비호르몬은 cAMP를 증가시키고, 소마토스타틴은 cAMP를 감소시킨다. cAMP는 *단백질키나아제 A*활성화를 통해 Ca^{2+} 유입을 촉진하여 성장호르몬을 포함하는 소포들이 세포막에 결합되어 순환계로 내용물이 분비되도록 한다.

C. 간

간은 시상하부–뇌하수체–간 축의 핵심표적장기로 인슐린유사성장인자-1을 생산한다. 인슐린유사성장인자-1은 간에서만 생성되는 것은 아니나 평균적으로 간세포가 다른 조직들보다 100배 이상 많은 인슐린유사성장인자 mRNA를 포함하고 있다. 간외 조직들은 인슐린유사성장인자를 내분비 신호전달보다는 자가분비나 주변분비에 사용하는 것으로 생각된다. 간에 있는 **성장호르몬수용체**는 *JAK*/STAT경로로부터 *티로신키나아제*를 사용한다. 이 경로는 *Janus kinase* (*JAK*)와 signal transducer and activator of transcription (STAT)로부터 이름 지어진 것으로 단백질 인산화와 일단 활성화된 유전자전사의 조절에 관여한다. 이 수용체가 활성화되면 인슐린유사성장인자 1 생성 및 순환계로의 분비가 증가된다.

VI. 성장호르몬(GROWTH HORMONE, GH)

성장호르몬은 20 kDa형과 보다 많은 22 kDa형으로 구성된 펩티드호르몬이다. 풋전구호르몬은 성장호르몬분비세포의 거친세포질그물에서 생성되어 매끈세포질그물(smooth ER)과 골지기관에서 풋호르몬으로 전환된 후 골지기관에서 분비과립으로 만들어진다. 일단 분비되면 성장호르몬의 일부는 **성장호르몬-결합단백질(GH-binding protein)**과 다른 혈장단백질에 약하게 결합하며 최종적으로 간에서 분해된다. 순환계에서 성장호르몬의 반감기는 약 20분이다.

A. 기능

성장호르몬은 수많은 표적이 있다: 간과 연골, 뼈, 근육, 지방조직. 연골과 근육에서 성장호르몬은 아미노산 흡수와 단백질 생성을 자극하고 콜라겐 생성과 연골세포의 크기와 숫자도 증가시킨다. 지방조직에서는 트라이글리세라이드의 분해를 증가시키고 포도당 흡수를 감소시킨다. 이러한 포도당 흡수의 감소는 "항인슐린 효과"로 종종 언급된다.

임상 적용 33.2: 말단비대증(Acromegaly)

말단비대증은 성장호르몬 분비과다와 관련이 있으며 종종 성장호르몬-생성 종양에 의해 일어난다. 만약 뼈끝판이 닫히지 않았다면 긴뼈의 과도한 성장이 유발되어 거인증이 생긴다. 또한 뼈의 성장으로 이마와 아래턱뼈가 두드러지게 되고 연조직의 과다성장으로 큰손과 큰발, 큰코를 갖게 된다. 치료는 종종 뇌하수체의 선종을 제거하거나 약물(소마토스타틴 유사물질)로 앞뇌하수체를 억제하여 성장호르몬과 인슐린유사성장인자-1의 과도한 분비를 억제한다.

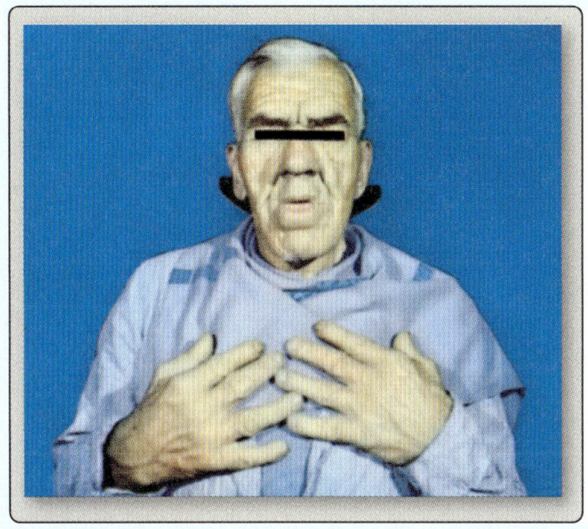

거인증

B. 분비

성장호르몬 분비는 수면과 스트레스와 같은 행동양상뿐만 아니라 수많은 순환성 기질(아래에서 논의됨)에 의해 조절되며 이들 모두 분비를 증가시킨다. 성장호르몬은 맥동성으로 분비되며 하루 동안 주기적으로 분비된다. 왜 내분비축에서 맥동성 분비가 도움이 될까? 내분비 신호전달계는 종종 장기간에 걸쳐 유지되므로 표적조직들은 일정한 신호를 지루하게 오랫동안 받게 된다. 연속되는 고강도 신호전달에 대한 "피로"를 없애는 한 방법은 신호강도를 증가시켜 짧게 주는 것이다. 주기성 신호를 하루나 한 달 주기로, 또는 특정 인생단계에서 좀 더 자주 자극하는 방법이 있다.

1. **분비증가:** 혈액의 포도당과 지방산이 감소되면 성장호르몬 분비가 증가된다. 신체적 또는 생화학적 스트레스(예: 저혈당증)를 감지하거나 실제로 겪을 때도 분비가 증가된다. 스트레스는 손상을 입었거나 또는 운동과 같은 정상적인 활동 중에도 발생할 수 있다. 야간의 깊은 수면 또한 성장호르몬 분비를 증가시키는데 이는 성장 및 복구 기능과 관련 있는 것 같다.

2. **분비감소:** 혈액의 포도당과 지방산이 증가하면 성장호르몬 분비가 억제된다. 비만이나 노화 상태에서는 성장호르몬 분비가 억제되나 기전은 아직 모른다. 성장호르몬과 인슐린유사성장인자-1에 의한 직접적인 음성되먹임기전으로 앞뇌하수체와 시상하부의 분비가 억제된다(그림 33.10).

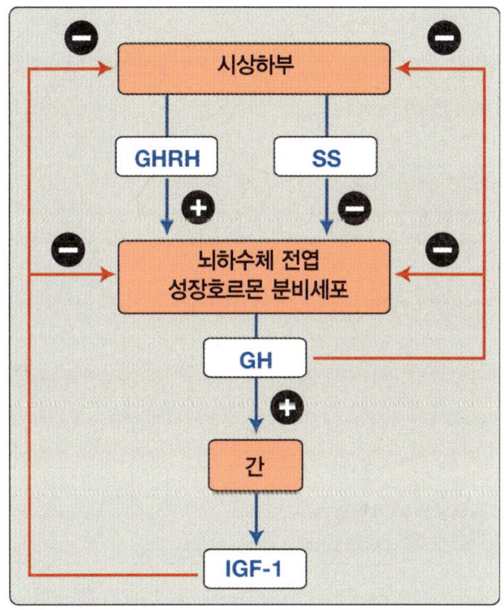

그림 33.10
시상하부-뇌하수체-간 호르몬 축 조절
GH = 성장호르몬;
GHRH = 성장호르몬분비호르몬;
IGF-1 = 인슐린유사성장인자 factor 1;
SS =소마토스타틴

VII. 인슐린유사성장인자 1 (INSULIN-LIKE GROWTH FACTOR 1, IGF-1)

인슐린유사성장인자 1(소마토메딘 C, somatomedin C)은 간세포에서 생성 분비된다. 인슐린유사성장인자 1은 인슐린과 구조가 비슷한 펩티드호르몬으로, 성장호르몬과 달리 혈장단백질과 단단히 결합한다. 따라서 순환계에서 ~90%가 결합형으로 존재하며 반감기는 ~20시간이다.

성장호르몬의 맥동성과 짧은 반감기 때문에 보다 안정된 인슐린유사성장인자-1의 혈장 내 농도를 측정하는 것이 시상하부–뇌하수체–간 축 상태 진단에 더 유용하다.

임상 적용 33.3: 인슐린유사성장인자 1 결핍(Insulin-like Growth Factor 1 Deficiencies)

인슐린유사성장인자 1 결핍은 중앙아프리카의 바야카족(전통적인 피그미족 중 하나)과 같이 특정 민족에서 높은 빈도를 나타낸다. 이들은 정상적인 신체비율을 보이나 키가 매우 작아서 성인남자들이 종종 150 cm 미만이다. 이들의 성장호르몬 수치는 정상이거나 높은 반면 인슐린유사성장인자 1 농도가 매우 낮다.

A. 기능

인슐린유사성장인자 1 기능은 성장호르몬과 매우 유사하다. 시상하부–뇌하수체–간 축의 지속적인 작용의 대부분은 인슐린유사성장인자 1에 의해 매개된다. 인슐린유사성장인자 1의 효과는 근육뼈대계에 집중적으로 나타나며 아미노산 흡수와 포도당 흡수, 단백질 생성을 증가시킨다. 사춘기 동안에는 인슐린유사성장인자 1이 증가되어 폭발적인 성장이 일어난다.

B. 분비

성장호르몬의 매개작용에 의해 인슐린유사성장인자 1이 분비된다. 따라서 성장호르몬이 증가하면 인슐린유사성장인자 1이 증가하고 성장호르몬이 감소하면 인슐린유사성장인자 1도 감소한다. 또한 성장호르몬 분비를 변화시키는 요인들은 간접적으로 인슐린유사성장인자 1 분비도 변화시킨다. 인슐린유사성장인자 1은 시상하부에서 시상하부-뇌하수체-간 축의 음성되먹임기전에 참여한다.

33장 요약

- **글루카곤**은 **이자 α세포**에서 분비된다. 주요기능은 순환하는 에너지기질을 증가시키는 것으로 글리코겐과 트라이글리세라이드, 단백질을 분해하고 비탄수화물 성분으로부터 새로운 포도당을 생성한다.
- **인슐린**은 **이자 β세포**에서 분비된다. 주요기능은 순환하는 에너지기질 흡수를 촉진하는 것이다. **GLUT4** 포도당운반체는 인슐린 민감성으로 뼈대근육과 지방조직의 세포막에 주입된다. **GLUT2** 운반체는 인슐린 불감성으로 간과 같은 조직들에서 활성화된다.
- **인슐린수용체**는 세포 안에서 글리코겐과 지방, 단백질의 생성을 자극한다.
- **당뇨병**은 혈당을 적절하게 조절하지 못해 발생하는 중요한 유행병으로 조절이 안 되는 고혈당증은 심혈관계, 콩팥, 신경계 등 조직에 손상을 입힌다. **1형** 당뇨병은 인슐린을 생성 분비하지 못하며 **2형** 당뇨병은 포도당이나 인슐린에 대한 불감성으로 인해 발생한다.
- **소마토스타틴**은 **이자의 델타세포**에서 분비되어 글루카곤과 인슐린 두 호르몬의 분비를 모두 억제한다.
- **성장호르몬(growth hormone, GH)**은 시상하부에서 분비된 **성장호르몬분비호르몬(GH-releasing hormone, GHRH)**에 대한 반응으로 앞뇌하수체에서 생성 분비된다. 성장호르몬은 성장 및 포도당과 아미노산 흡수에 영향을 미치나 대부분 기능은 인슐린유사성장인자 1에 의해 이루어진다.
- **인슐린유사성장인자 1(insulin-like growth factor 1, IGF-1)**은 성장호르몬 증가에 대한 반응으로 간에서 분비된다. 이는 연골과 근육에서 아미노산 흡수를 증가시키고 *단백질생성효소(protein synthase)*를 자극하며 지방세포에서 트라이글리세라이드의 분해를 증가시키는 등 성장호르몬과 같은 기능을 한다.

부신

34

I. 개요

부신은 혈액 내 스트레스 신호인 **에피네프린(epinephrine)**과 **코티졸(cortisol)**을 만들어낸다. 이러한 신체 경보와 방어기전이 있어 인체는 물리적 위협으로부터 보호받고, 통증을 견디며, 물리적, 대사적 여유를 가질 수 있다. 현대 인간에게 스트레스는 종종 정신적 또는 사회적 성질을 띠지만 모두 매우 유사한 스트레스반응을 유발한다. 스트레스 외에도 부신은 **알도스테론(aldosterone)**을 통해 혈장 Na^+을 조절하고 남성호르몬인 **부신남성호르몬(adrenal androgen)**을 통해 이차성징 발현을 조절한다. 콩팥 위에 위치한 이 작은 샘(~1.5 × 7.5 cm, ~8~10 g)은 스트레스와 염분, 성에 대해 중요한 역할을 한다. 각 샘은 그림 34.1에서 볼 수 있듯이 **겉질(cortex**, 샘 무게의 ~90%)과 **속질(medulla**, ~10%) 두 부분으로 나뉜다. 겉질은 부분적으로 시상하부–뇌하수체 축에 의해 통제되고 조절되며, **토리층(zona glomerulosa)**과 **다발층(zona fasciculata)**, **그물층(zona reticularis)**의 세 층(그림 34.1 참조)으로 나누어진다. 토리층은 알도스테론을 생성 분비하여 콩팥에서 재흡수되는 Na^+ 양을 통제해 혈장량을 조절한다. 다발층은 코티졸을 생성 분비하여 대사와 이화작용을 증가시키고 염증과 면역을 억제한다. 그물층은 부신남성호르몬(adrenal androgens)인 **디하이드로에피안드로스테론(dehydroepiandrosterone, DHEA)**과 **디하이드로에피안드로스테론황산염(dehydroepiandrosterone sulfate, DHEAS)**, **안드로스텐디온(androstenedione)**을 생성 분비하여 주로 사춘기와 청소년기 동안 이차성징(예: 모발 성장) 발현에 관여한다. 부신속질은 교감신경계(SNS)에 의해 통제되고 조절되며 주요 생성물은 에피네프린(아드레날린)이다. 교감신경계의 "맞섬-도피"반응(fight-or-flight" response)과 유사하게 부신의 에피네프린은 빠른 스트레스 신호를 생성하며, 신경계보다는 순환계를 통해 전달된다.

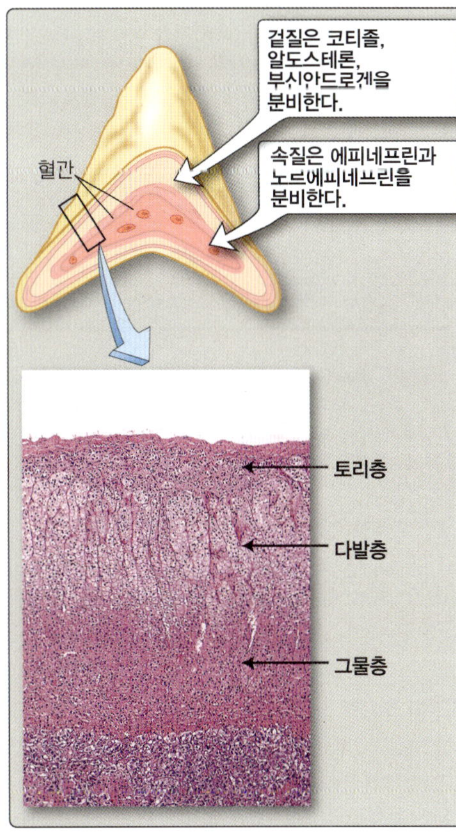

그림 34.1
부신 구조

II. 시상하부–뇌하수체–부신 축

부신겉질은 다층 반응을 통해 세밀한 조정을 가능하게 하는 내분비축에 의해 통제되고 조절된다. 축 통제는 다발층과 그물층에서 우선적으로 일어난다. 토리층은 주로 **앤지오텐신 II (angiotensin II, Ang-II)**와 K^+에 의해 조절된다

A. 시상하부(hypothalamus)

부신겉질자극호르몬분비호르몬(corticotropin-releasing hormone, CRH)은 **뇌실곁핵(paraventricular nucleus)**에서 생성되고(그림 7.11 참조) **뇌하수체문맥순환(hypophyseal portal circulation)** 안으로 분비되어 앞뇌하수체로 운반된다(그림 34.2). 많은 고위 뇌중추들이 신체적, 생화학적(예: 낮은 혈당), 감정적 스트레스 동안 부신겉질자극호르몬분비호르몬

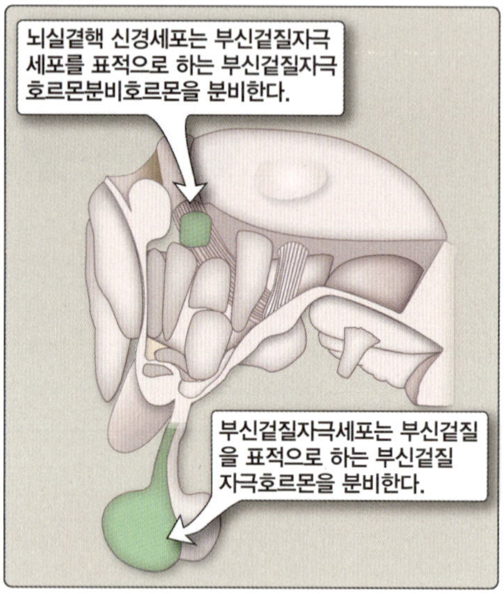

그림 34.2

시상하부와 뇌하수체

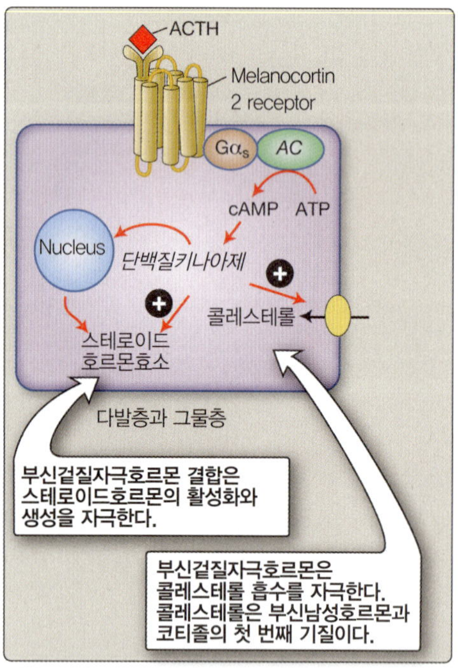

그림 34.3

흑색소부신겉질자극호르몬 2 수용체 신호전달

AC = 아데닐사이클라아제; ACTH = 부신겉질자극호르몬; ATP = 삼인산아데노신; cAMP = 고리형일인산아데노신; CRH = 부신겉질자극호르몬분비호르몬

분비를 자극한다. 부신겉질자극호르몬분비호르몬 분비는 일간 주기로 분비되어 아침에 일어나기 바로 전에 최고값를 보이며, 스트레스에 따라 하루 중에도 맥동성을 나타내기도 한다. 또한 뇌실결핵은 항이뇨호르몬(ADH)을 생성하는데 이 호르몬은 부신겉질자극호르몬분비호르몬 분비를 조절하고 **부신겉질자극세포(corticotrope)**를 자극한다.

B. 뇌하수체(pituitary gland)

부신겉질자극호르몬분비호르몬은 부신겉질자극세포의 부신겉질자극호르몬분비호르몬 1형 수용체(CRH-R1)에 결합한다. 이 수용체는 G단백질연결수용체(GPCR) 슈퍼패밀리 중 하나로 *아데닐사이클라아제(AC)* 이차전령계를 통해 주로 작용한다. CRH-R1 결합은 ***풋아편흑색소부신겉질자극전구호르몬(preproopiomelanocortin, POMC)*** 유전자가 발현되도록 하는 전사인자를 활성화시켜 **부신겉질자극호르몬(ACTH)**이 혈액으로 분비되도록 한다. 부신겉질자극호르몬의 표적은 부신겉질이다.

C. 부신겉질(adrenal cortex)

부신겉질호르몬(즉, 알도스테론과 코티졸, 디하이드로에피안드로스테론, 디하이드로에피안드로스테론황산염, 안드로스텐디온) 생성은 콜레스테롤로부터 시작된다. 콜레스테롤은 겉질에서 소량이 생성되나 대부분은 혈액에서 흡수되어 세포질에 저장된다. 겉질은 뇌하수체앞엽에서 생성된 부신겉질자극호르몬에 의해 자극을 받으며 부신겉질자극호르몬은 G단백질연결수용체(GPCR) 슈퍼패밀리 중 하나인 **흑색소부신겉질자극호르몬(melanocortin) 2 수용체**를 통해 작용한다. 이들 수용체는 콜레스테롤 흡수를 돕는 효소와 ***측쇄분할효소복합체(side-chain cleavage enzyme complex***, 때로 *cholesterol desmolase*나 *cytochrome P450 SCC*으로 불림)를 활성화시키기 위해 주로 *아데닐사이클라아제* 이차전령계(그림 34.3)를 통해 작용한다. *측쇄분할효소복합체*는 부신겉질 호르몬의 생성 속도를 제한하는 단계 중 하나이다. 겉질호르몬을 생성하기 위해 많은 공통적인 효소들과 중간물질들이 사용된다(그림 34.4).

III. 알도스테론

알도스테론은 토리층에서 생성된다. 토리층의 ***알도스테론합성효소(aldosterone synthase)***와 다른 *CYP11B2* 유전자생성효소들이 콜레스테롤이 알도스테론으로 전환되는 마지막 단계를 자극한다. 일단 혈액으로 분비되면 알도스테론은 부신겉질스테로이드결합단백질이나 알부민과 약하게 결합한다. 반감기는 ~20분이다.

A. 기능

알도스테론은 콩팥뇨세관에서 Na^+과 물 재흡수, K^+ 분비를 증가시킨다(27·IV 참조). 알도스테론은 또한 장세포에서 Na^+ 재흡수를 증가시켜 체내 Na^+ 저장을 높인다. 이온(미네랄)에 대한 알도스테론의 효과가 이름에 반영되어 광물부신겉질호르몬(mineralocorticoid)이라고 불린다. 알도스테론은 표적세포 세포질의 **광물부신겉질호르몬수용체(mineralocorticoid**

임상 적용 34.1: Addison 질환

일차부신부전(**Addison 질환**)은 부신 겉질을 파괴하는 자가면역반응에서 공통적으로 나타난다. 글루코코르티코이드와 광물부신겉질호르몬이 생성되지 못해 피로와 탈수, 저나트륨혈증, 저혈압 등의 증상이 나타난다. 부신호르몬 결핍은 음성되먹임경로를 통해 부신겉질자극호르몬분비호르몬 분비와 POMC 유전자 발현을 자극해 혈중 부신겉질자극호르몬 양을 증가시킨다. 손과 발, 젖꼭지, 겨드랑이, 구강의 색소침착은 부신겉질자극호르몬 증가로 인해 일어난다. 수분을 보충하고 외부에서 하이드로코르티존과 같은 글루코코르티코이드를 투여해 치료한다. 일단 증상이 안정화되면 자세에 따른 혈압변화가 적절하게 조절될 수 있을 때까지 광물부신겉질호르몬 보충치료가 필요하다.

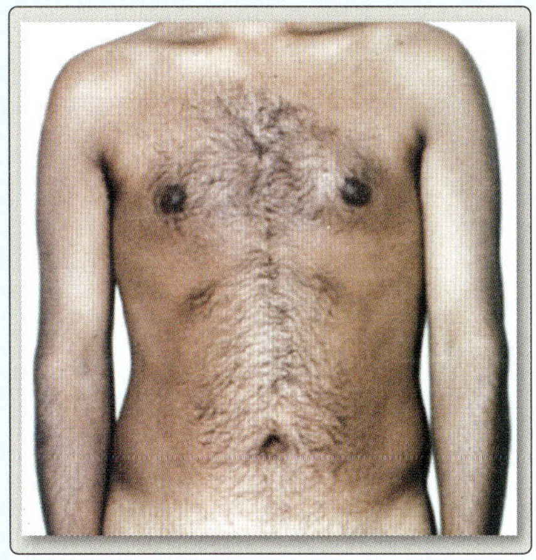

구릿빛 피부와 젖꼭지의 과다색소침착

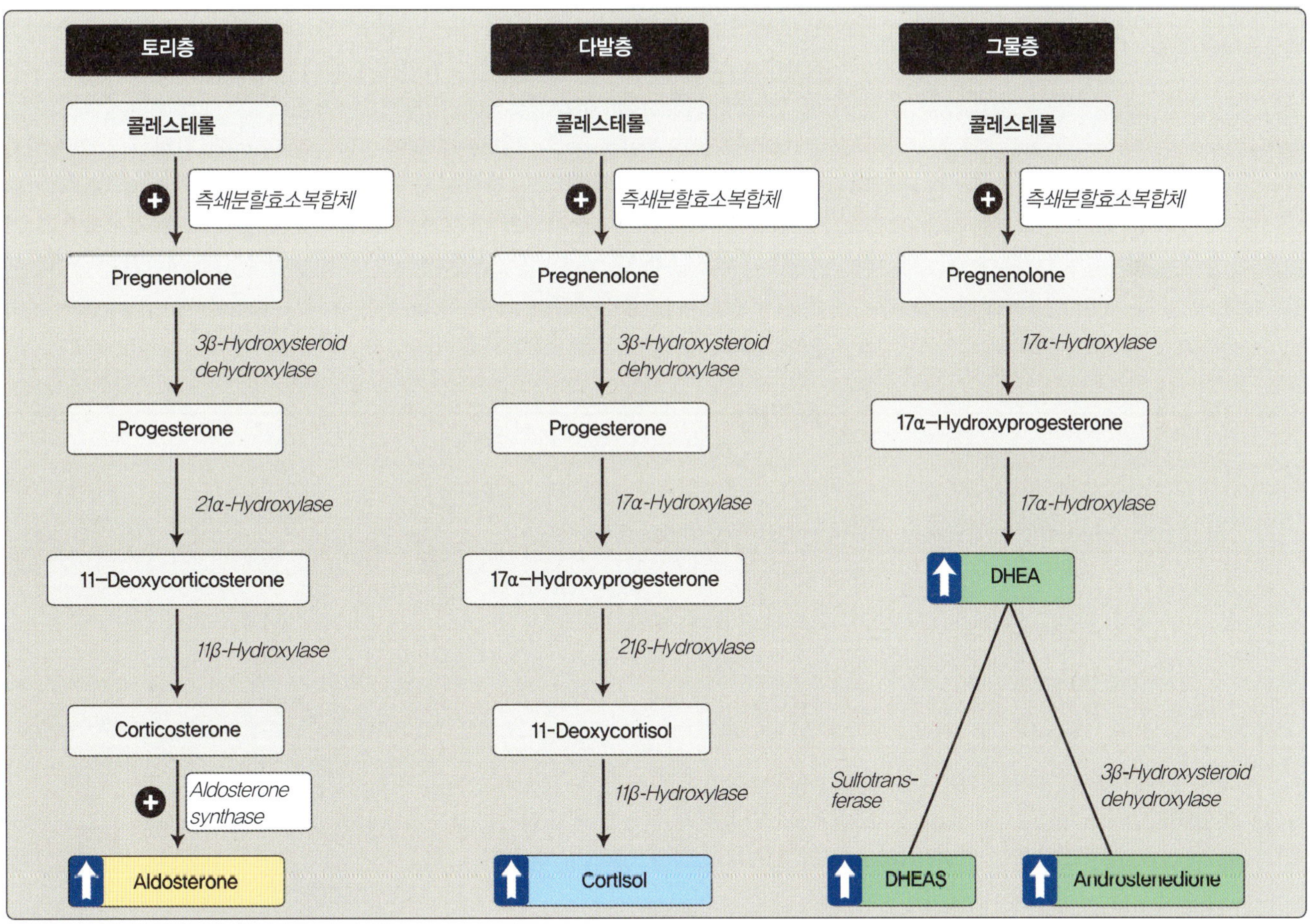

그림 34.4

겉질호르몬 생합성

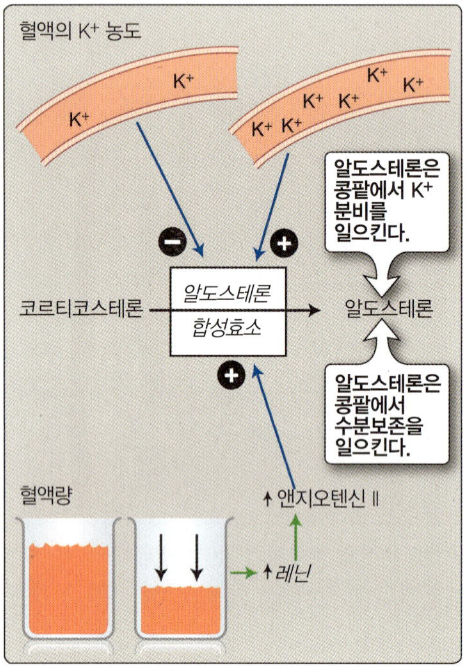

그림 34.5
알도스테론 조절

receptor)를 통해 콩팥에서 Na^+과 물 재흡수, 소화기에서의 Na^+과 수분 흡수를 촉진한다(그림 27.12 참조).

B. 분비

*알도스테론합성효소*는 코르티코스테론으로부터 알도스테론을 만들며, *알도스테론 합성효소*의 관문조절자(gatekeeper)로서 앤지오텐신 II와 혈장의 K^+에 의해 조절된다. 앤지오텐신 II는 *레닌*-앤지오텐신-알도스테론계 안에 있는 호르몬으로 순환혈액량 부족 및 콩팥의 토리 내 낮은 압력, 교감신경 흥분에 의해 자극을 받는다(28·III·C 참조). 부신겉질자극호르몬의 증가는 부신겉질호르몬의 조절에는 필수적이나 알도스테론 생성의 최종 단계 자극제로는 큰 효과가 없다. 알도스테론 분비의 되먹임기전은 알도스테론 자체가 아니라 혈장량과 혈장 K^+ 감소에 의해 발생한다(그림 34.5).

IV. 남성호르몬(ANDROGENS)

부신남성호르몬(디하이드로에피안드로스테론[DHEA], 디하이드로에피안드로스테론황산염[DHEAS], 안드로스텐디온)은 개별적이기보다는 대부분 함께 생성된다(그림 34.4). 부신 남성호르몬은 주로 그물층에서 생성 분비되며 일부 다발층에서도 생성된다(그림 34.1 참조). 혈액 내 디하이드로에피안드로스테론(DHEA)과 안드로스텐디온은 낮은 친화도로 운반단백질인 알부민과 글로부린에 약하게 결합하며, 반감기는 15~30분이다. 대조적으로 디하이드로에피안드로스테론(DHEAS)은 높은 친화도로 알부민과 글로불린에 결합하며 반감기가 8~10시간이다. 운반단백질과 결합되지 않은 호르몬들은 혈액으로부터 제거되므로 운반단백질들은 호르몬의 반감기를 연장시키고, 호르몬을 일시적으로 저장하는 역할도 한다. 왜 어떤 호르몬은 운반단백질이 필요할까? 운반단백질은 기름과 결합하는 첨가제 역할을 하여 물과 분리되지 않게 하여 물이 가는 곳 어디라도 호르몬이 운반될 수 있게 한다.

A. 기능

임상 적용 34.2: *21α-수산화효소 결핍(21α-Hydroxylase Deficiency)*

그림 34.4의 경로들은 서로 연결되어 있어 한 효소의 결핍은 경로를 편향시켜 어떤 호르몬은 과다 생성되고 다른 호르몬은 생성되지 않게 한다. *21α-수산화효소 결핍*은 *CYP21A2* 유전자 산물의 돌연변이로 그 결과 *21α-수산화효소*가 기능을 하지 않게 된다. 따라서 알도스테론과 코티졸은 부족하나 부신남성호르몬은 과도하게 생성된다. *21α-수산화효소*가 결핍된 유아는 1) 알도스테론 부족으로 Na^+을 적절하게 보존할 수 없어 저혈압과 탈수, 2) 코티졸에 의한 에너지 기질 분비부족으로 저혈당증, 3) 남성호르몬 과다생산 결과로 과도한 남성화와 모호한 생식기(여성에서)의 증상을 보인다.

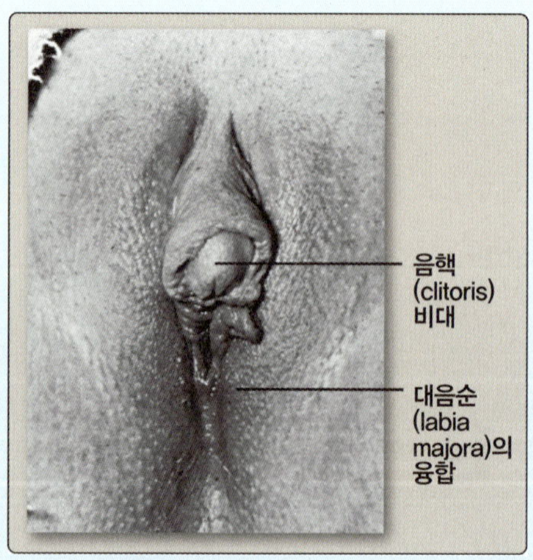

모호한 생식기

디하이드로에피안드로스테론(DHEA)과 디하이드로에피안드로스테론황산염(DHEAS)은 생식샘에서 생성된 남성호르몬보다 덜 강력하나 이차성징에 있어서는 기능적 효과를 보여 소아기와 사춘기 동안의 발달과정에 관여한다. 발달과정에서 남성호르몬 분비가 시작(성증발생, adrenarche)되면 겨드랑이와 음모 성장이 자극된다. 디하이드로에피안드로스테론(DHEA)은 안드로스텐디온으로 전환되며 안드로스텐디온은 말초조직에서 더 강력한 남성호르몬인 **테스토스테론(testosterone)**과 **에스트로겐(estrogen)**으로 전환된다. *17-케토스테로이드환원효소(17-ketosteroid reductase)*는 안드로스텐디온을 테스토스테론으로 전환시키는 핵심효소이다. 이러한 남성호르몬 전환과정은 여성에서 테스토스테론의 중요한 원천이 된다.

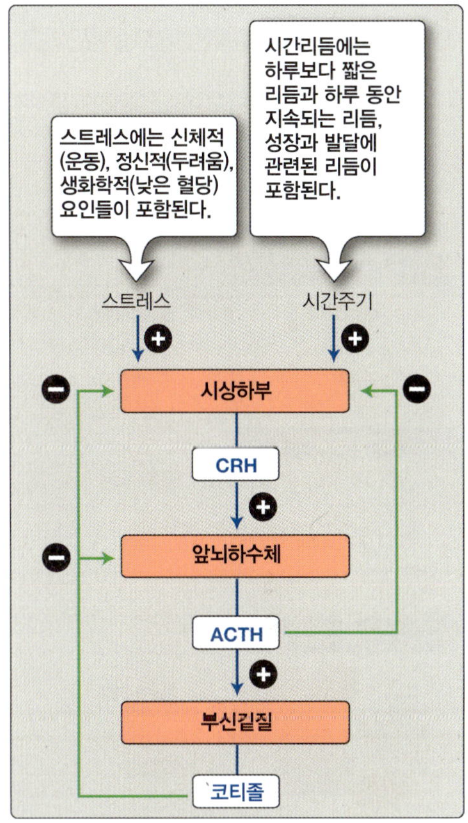

그림 34.6
시상하부–뇌하수체–부신 조절
CRH = 부신겉질자극호르몬분비호르몬;
ACTH = 부신겉질자극호르몬(= corticotropin)

B. 분비

디하이드로에피안드로스테론(DHEA)과 디하이드로에피안드로스테론황산염(DHEAS), 안드로스텐디온은 부신겉질자극호르몬분비호르몬과 부신겉질자극호르몬의 음성되먹임기전에 의해 조절된다(그림 34.6). 이런 다중 되먹임기전은 단일 되먹임기전보다 호르몬 생성을 더욱 정교하게 조절한다. 부신겉질자극호르몬 분비가 시작되면 부신남성호르몬의 생성과 분비가 자극된다. 또한 사춘기 동안 성장과 발달 및 인생주기에 관련된 정보들이 부신겉질자극호르몬 생성과 분비에 영향을 미친다.

V. 코티졸(CORTISOL)

코티솔과 코르티코스테론(corticosterone)은 주로 다발층에서, 일부는 그물층에서 합성 분비된다(그림 34.1 참조). 부신남성호르몬 생성과 대조적으로 코티졸 생성은 두 종류의 *수산화효소(21α-수산화효소와 11β-수산화효소)*를 필요로 하며 결과적으로 최종산물인 프로게스테론과 17-히드록시프로게스테론(hydroxyprogesterone)으로 전환시킨다(그림 34.4 참조). 혈액에서 코티졸은 **코르티코스테로이드결합단백질(corticosteroid-binding protein)**과 높은 친화도로 결합하며 반감기는 ~60분이다.

A. 기능

코티졸과 코르티코스테론은 스트레스에 대하여 신체를 준비시킨다. 코티졸은 세포막을 가로질러 확산해 세포질의 **글루코코르티코이드수용체(glucocorticoid receptor)**에 결합한다. 호르몬-수용체 복합체는 핵으로 이동해 DNA의 **글루코코르티코이드반응요소(glucocorticoid response element)**에 결합한다. 코티졸은 또한 낮은 친화도로 광물부신겉질호르몬수용체에 결합하여 알도스테론-유사반응을 일부 일으킨다. 코티졸은 다양한 생리적 효과를 나타낸다(그림 34.7).

1. **대사효과:** 코티졸은 스트레스 상황에 대한 반응으로 혈장 내 포도당, 유리지방산 농도를 증가시켜 신체조직에 에너지기질을 제공한다.

   a. **이화작용 증가:** 코티졸은 뼈대근육 단백질의 이화작용을 증가시켜 아미노산을 방출한 뒤 간에서의 포도당신합성을 통해 포도당으로 전

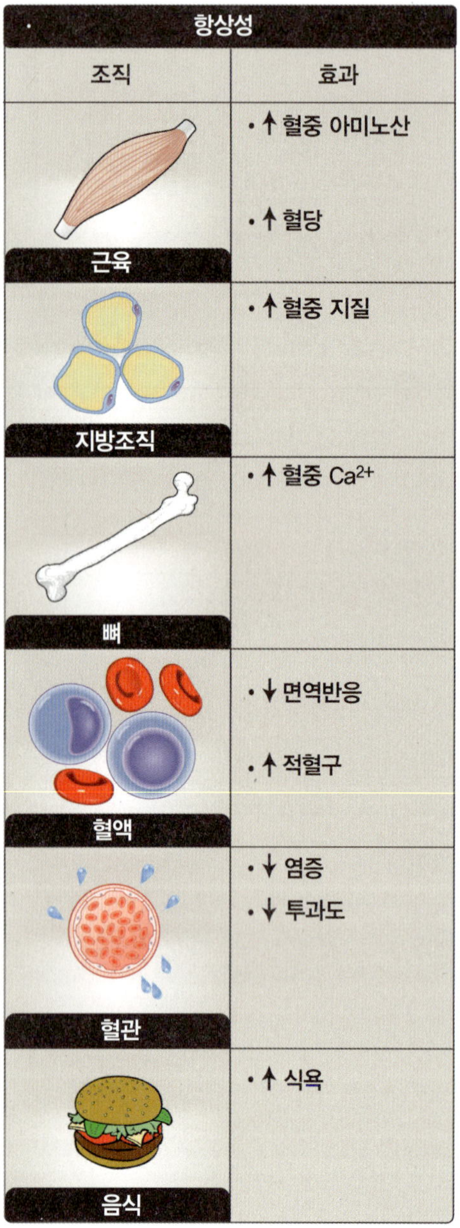

그림 34.7
글루코코르티코이드 효과

환시킨다(32·IV·A와 33·III·A·2 참조). 이 포도당 반응이 코티졸을 글루코코르티코이드로 분류하는 기원이 된다.

b. **지질분해 증가:** 코티졸은 백색지방조직을 자극해 지질을 분해시켜 유리지방산과 트라이글리세라이드를 생성한다. 유리지방산과 트라이글리세라이드는 혈액으로 운반되어 다른 조직에서 에너지원으로 사용된다.

c. **섭취 증가:** 코티졸은 식욕을 자극한다. 단기적으로 이 효과는 스트레스 상황에 대항하기 위해 에너지기질을 제공하는 장점이 있지만 만약 신체적 작업이나 운동이 동반되지 않으면 식욕증가가 체중증가로 이어지는 단점이 될 수 있다.

2. **면역:** 코티졸은 면역반응과 염증을 모두 억제한다.[1] 스트레스 상태에서 이러한 효과는 역효과일 것으로 보이나 개체의 생명이 위험한 상황에서는 면역계를 이용해 질병과 싸우는 일은 즉각적인 생존보다 덜 중요하다. 면역억제 기전은 림프구 생성 감소와 인터루킨 1과 6 (interleukins 1 and 6, IL-1 and IL-6), T세포 억제를 통해 이루어진다. 코티졸의 염증억제 효과는 모세혈관의 투과도 감소와 국소혈류를 증가시키는 프로스타글란딘(prostaglandin)과 루코트리엔(leukotriene)의 생성 감소를 통해 이루어진다.

3. **근육뼈대계:** 코티졸은 뼈흡수를 증가시키고 소화기로부터의 Ca^{2+} 흡수와 콩팥에서의 Ca^{2+} 재흡수를 감소시킨다. 코티졸이 만성적으로 높을 때는 골다공증이 발병될 수 있다. 코티졸은 신체 전반에 걸쳐 콜라겐 생성을 감소시킨다. 혈당을 높이기 위한 단백질 분해작용으로 결국 근육이 허약해지고 신체활동을 하는 동안 초기 피로를 느끼게 된다.

4. **심혈관계:** 코티졸은 적혈구생성인자(erythropoietin) 분비를 증가시켜 적혈구 생성을 자극한다. 코티졸은 산화질소와 프로스타글란딘과 같은 국소혈관이완제를 억제하고, 혈관민무늬근 세포 내 Ca^{2+} 항상성을 변화시켜 글루코코르티코이드수용체를 통해 혈관수축반응을 강화한다. 글루코코르티코이드는 아드레날린 수용체를 상향조절하여 심장수축력 증가와 혈관수축과 같은 카테콜아민의 작용의 효과를 증가시킨다.

B. 분비

코티졸과 코르티코스테론 분비는 부신겉질자극호르몬분비호르몬 및 부신겉질자극호르몬의 음성되먹임회로를 통해 조절된다(그림 34.6 참조). 시상하부–뇌하수체–부신 축에 대한 설명에서 신체적, 감정적, 생화학적 스트레스가 어떻게 부신겉질자극호르몬분비호르몬 및 부신겉질자극호르몬, 코티졸 분비를 자극하는지 설명하였다. 부신겉질자극호르몬분비호르몬은 주로 코티졸을 조절하며 일부 부신남성호르몬과 알도스테론을 조절한다.

[1] 글루코코르티코이드의 면역억제효과와 염증억제효과는 약리학적으로 활용된다. 프레드니존(prednisone)과 같이 구조적으로 코티졸과 유사한 약물은 자가면역질환에서 면역억제제로 사용된다. 보다 더 많은 정보는 *LIR Pharmacology 제5판* 참조.

임상 적용 34.3: 쿠싱증후군(Cushing Syndrome)

쿠싱증후군 환자는 근육약화와 골다공증, 고혈압, 당뇨병, 지방 재분포로 인한 체중 증가 등의 증상을 나타낸다. 이 증상들은 글루코코르티코이드의 만성적 증가에 의해 일어난다. 근육약화는 뼈대근육의 단백질 이화작용 때문에, 골다공증은 뼈로부터의 칼슘 흡수로 인해, 고혈압은 코티졸의 광물부신겉질호르몬 효과로 Na^+이 저장되어, 당뇨병은 혈당 증가로 인해, 체중증가는 식욕증가와 사용되지 않은 지방산에 의한 지방 재분포로 인해, 달덩이 얼굴과 물소혹 변형(buffalo hump)은 아직까지 원인은 잘 알려져 있지 않으나 사용되지 않은 지방산이 주로 얼굴과 등 상부에 다시 축적되어 발생한다. 과도한 코티졸 분비의 원인은 종종 뇌하수체 선종으로 부신겉질자극호르몬이 과도하게 분비되어 발생한다.

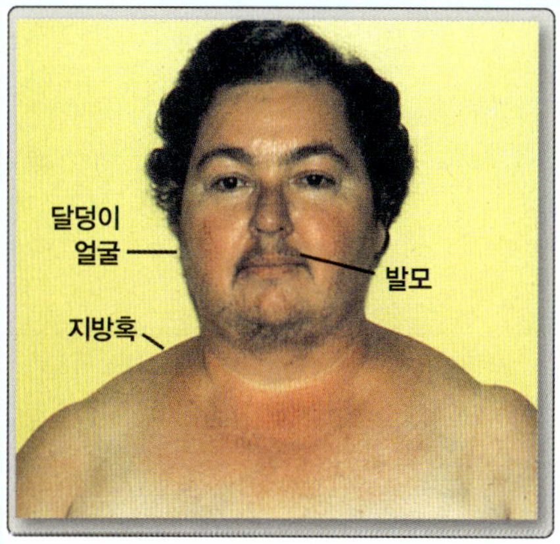

쿠싱증후군의 가진 여성

V. 카테콜아민(CATECHOLAMINE)

부신속질은 겉질이 유래되는 중배엽 간엽조직이 아닌 신경능선(neural crest)에서 유래된다. 실제로 부신속질은 교감신경계의 연장 기능을 한다. **크롬친화세포(chromaffin cell)**의 작은 덩어리로 구성된 속질에서 아미노산인 티로신(tyrosine)으로부터 카테콜아민이 생성된다(그림 5.7 참조). 먼저 도파민(dopamine)이 세포질에서 생성되어 **카테콜아민-H^+교환체(catecholamine-H^+ exchanger, VMAT1**, vesicular monoamine transporter 1)에 의해 분비소포 내로 운반된다. 도파민은 그 후 ***도파민 β-수산화효소(dopamine β-hydroxylase)***에 의해 노르에피네프린으로 전환된다. 크롬친화세포에는 ***phenylethanolamine N-methyltransferase***가 있어 세포질에서 노르에피네프린이 에피네프린으로 전환되는 과정을 촉진한다. 따라서 노르에피네프린은 에피네프린으로 전환되기 위해 세포질 내로 운반되었다가 다시 분비소포로 운반된다. 에피네프린과 노르에피네프린은 결합단백인 **크로모그라닌(chromogranin)**과 함께 저장되어 소포상태로 세포외유출(exocytosis)되어 호르몬으로 분비된다(그림 34.8). 크롬친화세포들은 노르에피네프린과 에피네프린을 대략 1:4 비율로 구멍이 많아 새기 쉬운 속질모세혈관망으로 분비하여 여러 신체조직으로 운반한다. 카테콜아민의 반감기는 10~90초로 다소 짧게 느껴지나 교감신경계의 분비작용과 시냅스틈새(synaptic cleft)에서의 노르에피네프린 제거보다는 길다. 따라서 보다 지속적인 교감신경계 반응을 가능하게 한다.

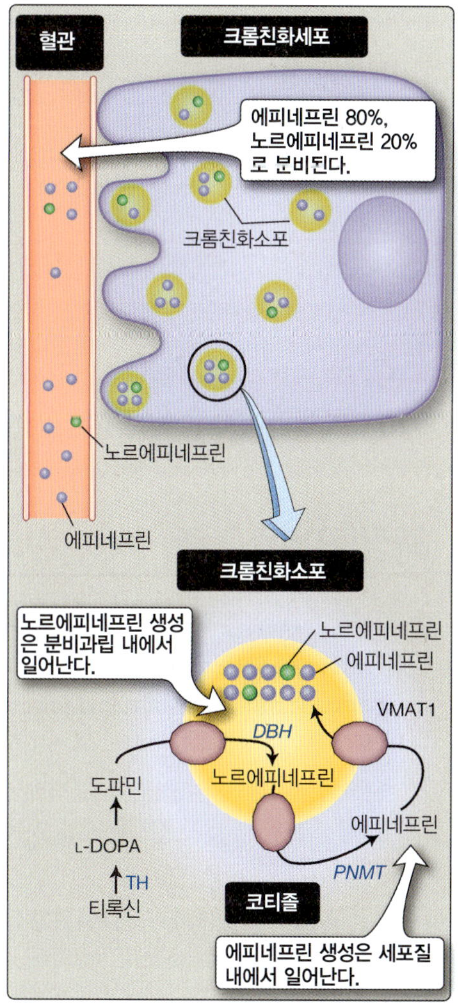

그림 34.8

크롬친화세포(chromaffin cell)
DBH = *도파민β-수산화효소*;
L-DOPA = L-3,4-디하이드록시페닐알라닌; *PNMT = phenylethanolamine N-methyltransferase*;
TH = 티로신수산화효소; VMAT1 = 소포성모노아민수송체 1

A. 기능

에피네프린(아드레날린, adrenaline)은 고전적인 맞섬-도피 반응(fight-or-flight responses)이나 아드레날린 분출작용(adrenaline rush)을 일으킨다. 따라서 에피네프린과 노르에피네프린의 주요 작용은 교감신경계의 작용과 유사하다(그림 7.4 참조). 호르몬처럼 순환계를 통해 운반되어 속도는 느리나 교감신경계 시냅스틈새에 위치한 수용체뿐만 아니라 다른 조직의 수용체에도 작용하기 때문에 보다 광범위한 효과를 나타낸다. 기능적 효과는 분비량과 조직의 반응성에 달려 있다.

임상 적용 34.4: 크롬친화세포종(Pheochromocytoma)

크롬친화세포종은 카테콜아민을 생성하는 종양으로 부신속질이나 신경절이전신경세포에서 발생한다. 특징적인 세 가지 증상으로 두통과 빈맥, 심한 땀분비를 보인다. 빈맥과 땀분비는 혈중에 에피네프린과 노르에피네프린 농도가 높아서 발생한다. 두통은 직접적인 뇌혈관수축작용이나 말초혈관수축에 의한 고혈압에 의해 발생한다. 이 증상들은 종양에 의해 분비되는 카테콜아민의 특성에 따라 산발적이거나 지속적으로 나타난다.

B. 분비

카테콜아민 분비는 시상하부–뇌하수체–부신 축보다는 교감신경계에 의해 조절된다. 따라서 분노와 두려움 같은 강한 감정 변화와 운동과 같은 스트레스 동안 분비가 증가된다. 콜린성 신경절이전교감신경세포들은 **니코틴 2형 아세틸콜린수용체(nicotinic type 2 acetylcholine receptor)**를 통해 크롬친화 과립분비를 증가시켜 크롬친화세포로부터의 카테콜아민 분비를 자극한다(그림 7.5 참조).

C. 조절

아드레날린수용체의 발현은 역동적이다. 연속적인 스트레스 동안 혈중 카테콜아민 농도가 높으면 막수용체가 내재화되어 카테콜아민의 계속되는 자극에 대한 반응이 감소한다. 반대로 조직의 카테콜아민 반응은 코티졸과 삼요드티로닌(triiodothyronine)에 의해 또한 수용체 생성의 증가, 세포막으로의 수용체 이동 증가에 의해 항진될 수 있다.

34장 요약

- **시상하부-뇌하수체-부신 축(hypothalamic-pituitary-adrenal axis)**은 앞뇌하수체에서의 **부신겉질자극호르몬(adrenocorticotropic hormone, ACTH)** 분비를 자극하는 시상하부로부터 **부신겉질자극호르몬분비호르몬(corticotropin-releasing hormone)** 분비에 관여한다. 부신겉질자극호르몬은 그 후 부신겉질로부터 **글루코코르티코이드**와 **부신남성호르몬(adrenal androgen)** 분비를 증가시킨다.
- **광물부신겉질호르몬(mineralocorticoid)**인 알도스테론은 시상하부-뇌하수체-부신 축의 조절은 적게 받으며, 주로 **앤지오텐신 II**와 혈장 내 K^+에 의해 조절된다. 알도스테론은 순환혈액량을 보존하기 위하여 Na^+과 물의 재흡수를 증가시킨다.
- 부신남성호르몬(**디하이드로에피안드로스테론[dehydroepiandrosterone]**, **디하이드로에피안드로스테론황산염[dehydroepiandrosterone sulfate]**, **안드로스텐디온[androstenedione]**)은 이차성징발달에 관여하며, 말초조직에서 남성호르몬이 테스토스테론과 에스트로겐으로 전환되는 과정에서 기질로 작용한다.
- 글루코코르티코이드(**코티졸**과 **코르티코스테론**)는 다양한 생리반응 중에서도 특히 혈당을 증가시키고, 면역과 염증을 억제한다.
- **카테콜아민**(**에피네프린**과 **노르에피네프린**)은 교감신경계에 의해 조절되는 부신속질의 **크롬친화세포(chromaffin cell)**에 의해 생성 분비된다. 카테콜아민은 심박수를 증가시키고, 심장 수축을 강하게 하며, 저장된 에너지원을 대사기질로 사용할 수 있도록 전환시켜 스트레스에 대항하도록 신체를 준비시킨다.

갑상샘과 부갑상샘호르몬

35

I. 개요

인체를 구성하는 세포는 대사와 발달 정도에 따라 매우 다양하게 변화한다. 갑상샘호르몬은 실제적인 스트레스 상황에서 뇌가 이러한 과정들을 조절할 수 있도록 다양한 수단을 제공한다. **갑상샘(thyroid gland)**은 후두 바로 아래부위에 있으며 시상하부와 뇌하수체에 의해 조절된다. 시상하부-뇌하수체-갑상샘 축의 활성호르몬은 **삼요드티로닌(triiodothyronine, T_3)**과 **티록신(thyroxine, T_4)**이다. T_3와 T_4는 펌프와 운반체, 효소, 세포비계(세포골격[cellular scaffolding]), 수축성분의 전사와 유전자부호 해독, 생성을 유도하여 말초조직 대사율을 증가시킨다. 갑상샘은 또한 **소포곁C세포(parafollicular C cell)**를 통해 칼슘항상성에도 작은 역할을 한다. 이 세포는 **칼시토닌(calcitonin)**을 분비하여 소변을 통해 칼슘(Ca^{2+})과 인산염(PO_4^{3-})을 배설하여 이들의 혈중 농도를 감소시킨다. 칼슘항상성의 주요조절자는 갑상샘의 위와 아래 가장자리에 위치한 **부갑상샘(parathyroid gland)**(그림 35.1 참조)과 **비타민 D**이다. **부갑상샘호르몬(parathyroid hormone, PTH)**은 뼈 흡수를 자극하고 콩팥에서의 Ca^{2+} 재흡수를 증가시켜 혈중 Ca^{2+}을 증가시킨다. 비타민 D 또한 소화기에서 Ca^{2+}과 PO_4^{3-}의 흡수를 증가시켜 혈중 농도를 증가시킨다. 칼슘항상성은 뼈의 미네랄 농도 유지뿐만 아니라 세포수준에서의 현상인 세포신호전달(예: 근육수축과 소포분비의 시작) 및 활동전압의 지속(예: 심근세포에서)에도 매우 중요하다.

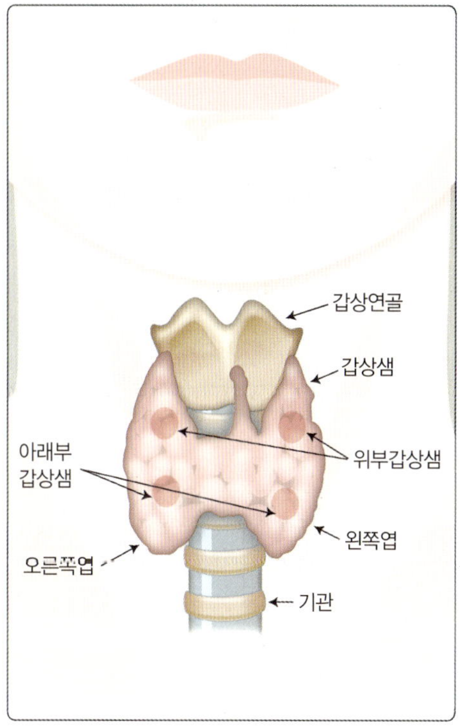

그림 35.1
갑상샘과 부갑상샘

II. 시상하부-뇌하수체-갑상샘 축

갑상샘 호르몬 분비는 시상하부와 뇌하수체를 포함하는 다중적 내분비 축에 의해 조절된다. 앞뇌하수체에서 분비된 **갑상샘자극호르몬(thyroid-stimulating hormone, TSH)**는 갑상샘으로부터 T_3와 T_4의 생성과 분비를 증가시킨다.

A. 시상하부

갑상샘호르몬 분비는 세 종류의 시상하부 핵, 즉 **뇌실곁핵(paraventricular nucleus)**과 **활꼴핵(arcuate nucleus)**, **정중융기(median eminence)**에 의해 조절된다(그림 35.2). 이들 부위의 소세포신경세포(parvocellular neurons)는 뇌하수체 문맥 안으로 **갑상샘자극호르몬분비호르몬(thyrotropin-releasing hormone, TRH)**과 **소마토스타틴**

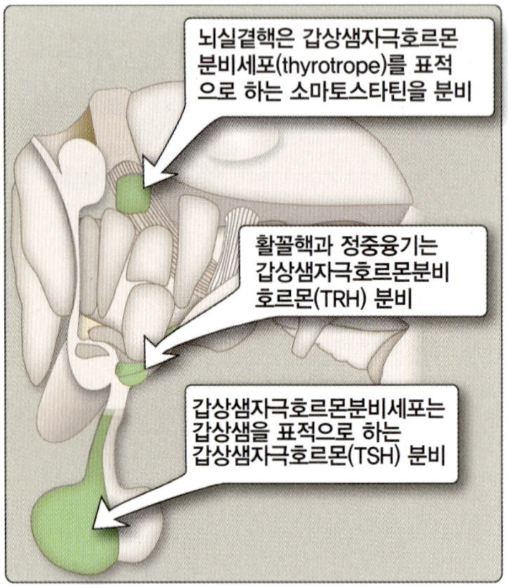

그림 35.2
갑상샘 조절에 관여하는 시상하부 핵

(somatostatin)을 분비한다. 이 두 호르몬은 뇌하수체의 **갑상샘자극호르몬분비세포(thyrotrope)**를 표적으로 한다.

B. 뇌하수체

갑상샘자극호르몬분비호르몬(TRH)은 갑상샘자극호르몬분비세포(thyrotrope)의 수용체와 결합한다. 이 수용체는 G단백질연결수용체(GPCR) 중 하나로 *phospholipase C* 이차전령계를 통해 작용한다(1·VII·B·3). 갑상샘자극호르몬분비호르몬은 수용체와 결합하여 갑상샘자극호르몬의 생성과 분비과립으로부터 분비를 자극한다. 반면에 **소마토스타틴(somatostatin)**은 갑상샘자극호르몬의 생성과 분비를 억제한다. 소마토스타틴은 *아데닐사이클라아제*(*AC*)와 cAMP 신호전달을 억제하는 G단백질연결수용체에 결합한다(1·VII·B·2). 갑상샘자극호르몬 분비를 자극하는 시상하부 핵 내 신경세포에는 갑상샘자극호르몬 수용체가 발현되어 혈액 내 갑상샘자극호르몬 농도가 높을 때 이를 통한 음성되먹임기전에 의해 더 이상의 갑상샘자극호르몬이 분비되지 않도록 한다.

C. 갑상샘

갑상샘자극호르몬은 갑상샘을 조절한다, 갑상샘은 수많은 **소포(follicle)**로 구성되어 있으며 소포는 200~300 μm 직경의 속이 빈 구모양 구조물로 **콜로이드(colloid)**라고 하는 단백질이 풍부한 액체로 채워져 있다(그림 35.3). 소포에서 갑상샘호르몬이 생성 분비된다. 칼시토닌이 생성되는 소포곁C세포는 샘 전체를 통해 소포 사이에 불규칙하게 분포하고 있다. 갑상샘자극호르몬 수용체는 cAMP 생성을 자극하는 G단백질연결수용체로 cAMP 생성을 자극한다. cAMP는 갑상샘호르몬 생성에 관여하는 대부분의 단백질 발현을 조절하여 갑상상샘호르몬 분비를 조절한다(III·A장 1~8단계 참조).

1. **소포:** 소포는 바닥막 위에 소포세포로 만들어진 특별한 상피로 구성된다. 상피세포는 풍부한 바닥바깥 혈관의 공급을 받으며 꼭대기막은 콜로이드로 가득찬 소포공간과 맞닿아 있다. 갑상샘자극호르몬의 자극을 받으면 소포 상피세포들은 갑상샘호르몬을 생성하고 분비한다. 갑상샘자

임상 적용 35.1: 갑상샘종(Goiter)

정상 갑상샘은 ~20 g의 무게를 보이나 병적 상태에서는 매우 심하게 커질 수 있다. 커진 갑상샘은 원인에 따라 평평하거나 결절성이다. 갑상샘암과 침윤물은 결절성 갑상샘종을 야기한다. 갑상샘종은 갑상샘자극호르몬(TSH) 과다생성이나 갑상샘자극호르몬수용체 활성화에 의해 더 흔하게 나타난다 갑상샘자극호르몬 또는 자가면역반응에 의한 갑상샘자극호르몬수용체 자극은 샘 비대(hypertrophy)를 유발한다.

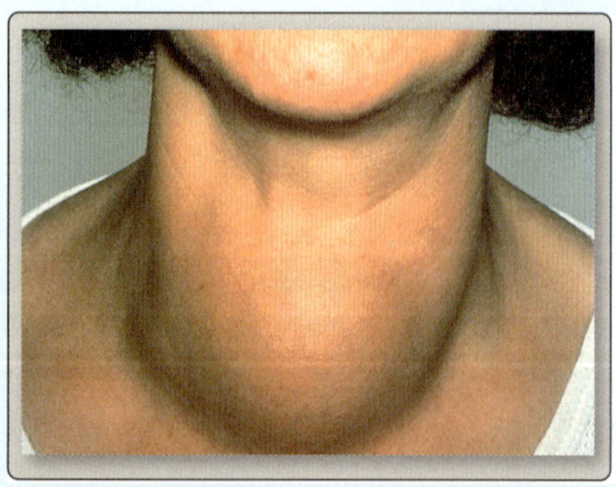

갑상샘종(Goiter)

극호르몬는 또한 갑상샘호르몬 생성에 필요한 세포성분의 발현을 증가시킨다.

2. **콜로이드:** 갑상샘호르몬 생성에 관련된 산화과정은 세포에 매우 해로워 세포 밖 콜로이드 내에서 이루어진다(그림 35.3 참조). 이는 세포질 과산화소체(peroxisome) 내에서 과산화수소 반응이 일어나는 것과 유사하다. 갑상샘자극호르몬는 콜로이드 생성을 증가시킨다.

III. 갑상샘호르몬

갑상샘은 T_4와 T_3를 10:1의 비율로 생성하고 분비한다. T_4는 T_3보다 반감기가 길지만 생물학적 활성은 상대적으로 낮으며 표적조직에서 T_3로 전환된다. 갑상샘호르몬은 실제로 체내 모든 세포를 표적으로 삼으며 유전자발현을 조절하는 세포질수용체를 통해 효과를 발휘한다.

A. 생성

갑상샘호르몬 생성과 분비는 요오드화(iodination)와 **갑상샘글로불린(thyroglobulin)** 내 티로신 잔기(요오드가 결합하는 아미노산 돌출)와 결합(conjugation)하는 다단계 과정이다. 갑상샘글로불린의 주요 목적은 콜로이드 안에서 생성과정이 일어날 수 있도록 갑상샘호르몬전구체를 근접해서 잡아두는 것이다. 갑상샘호르몬 생성은 혈액 내 요오드를 흡수하면서 시작되며 연속적인 8단계를 거쳐 이루어지게 된다(그림 35.4).

1. **요오드화물 섭취(iodide uptake):** 갑상샘호르몬 생성은 소포세포들에 의해 혈액으로부터의 I^-섭취(일명 I^- 포획이라고 함)로 시작된다. I^-는 혈액으로부터 Na^+-I^- 공동수송체(sodium/iodide symporter **[NIS]**)에 의해 바닥가쪽막을 가로질러 운반된다. 이때 바닥가쪽막의 Na^+-K^+ ATPase에 의해 형성된 Na^+ 농도경사에 의해 힘을 얻게 된다.

> 갑상샘호르몬은 I^- 없이 생성될 수 없으며 I^-는 음식으로부터 얻어야 한다(미국 내 하루 섭취허용량은 150 g). I^- 결핍은 갑상샘기능저하증과 갑상샘종을 유발한다(임상 적용 35.1 참조).

2. **꼭대기막 분비:** I^-는 주로 **펜드린(pendrin) 통로**로 알려진 특이적 Cl^--I^- 공동수송체에 의해 꼭대기막을 가로질러 운반된다. 다른 운반기전도 존재하나 Pendred 증후군에서와 같이 이 통로가 결핍되면 혈액 내 갑상샘호르몬 농도가 낮아진다. 갑상샘글로불린은 소포세포에서 생성되고 꼭대기막을 통해 콜로이드 내로 세포외유출된다.

3. **산화과정(oxidation):** 갑상샘글로불린이 가득한 분비소포는 안쪽에 헴(heme)을 포함하는 효소인 ***갑상샘과산화효소(thyroid peroxidase, TPO)***가 발현된다. 소포가 꼭대기막에 결합하면 이 효소는 콜로이드 안에서 요오드화물이 H_2O_2와 결합해 요오드(I_2)와 물을 생성하는 산화과정을 촉매한다. 콜로이드 내에 H_2O_2를 생성하기 위해 소포의 세포질에

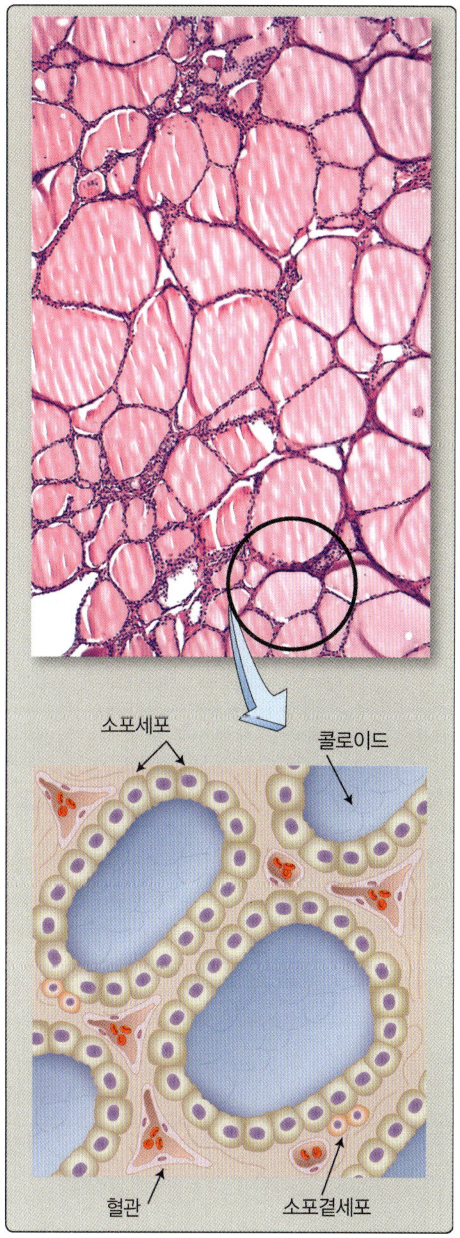

그림 35.3
갑상샘의 세포구성

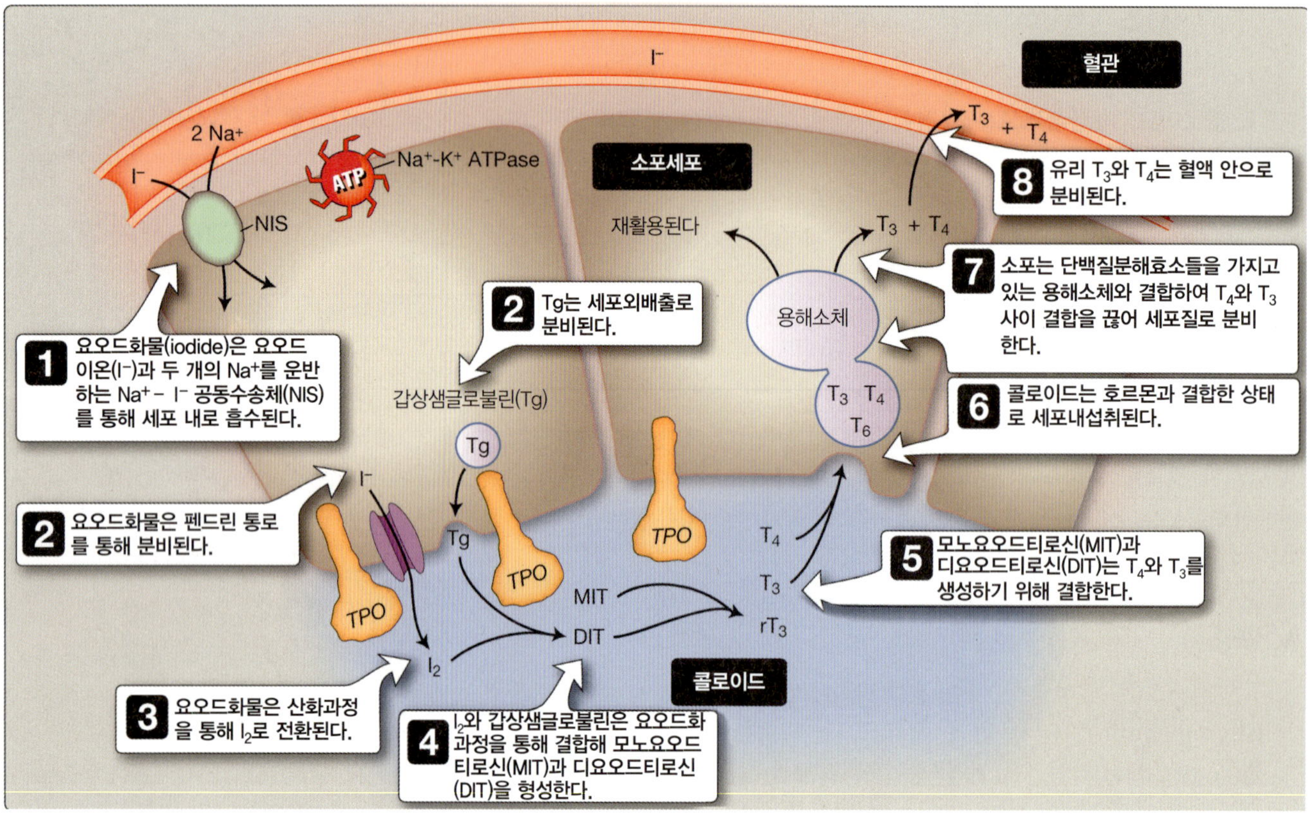

그림 35.4

갑상샘호르몬 생합성. ATP = 삼인산아데노신; DIT = 디요오드티로신; I^- = 요오드화물; I_2 = 요오드; MIT = 모노요오드티로신; T_3 = 삼요오드티로닌; T_4 = 티록신; *TPO* = *갑상샘과산화효소*

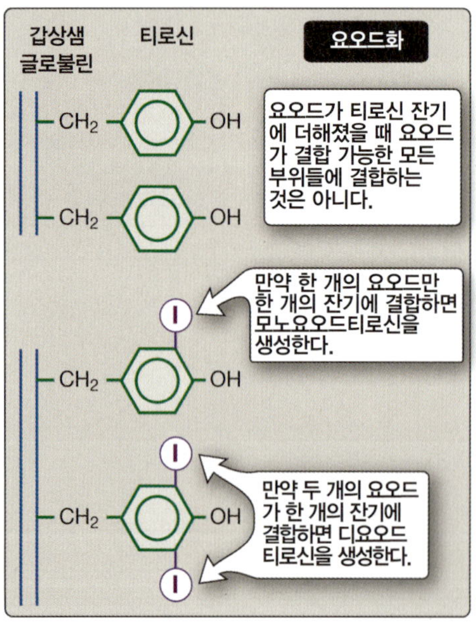

그림 35.5

갑상샘글로불린의 요오드화과정

서 pentose phosphate 경로[1]의 중간산물과 소포의 세포질 내에 있는 산소를 결합시키는 꼭대기막의 *dual oxidase 2 (DUOX2)* 운반체에 의해 H_2O_2가 생성된다.

4. **요오드화과정**(iodination): *갑상샘과산화효소*는 그림 35.5에서 보이는 것처럼 **모노요오드티로신(monoiodotyrosine, MIT)**과 **디요오드티로신(diiodotyrosine, DIT)**을 생성하기 위해 갑상샘글로불린 티로신 잔기의 요오드화(또는 유기화, **organification**) 과정을 촉진한다. 한 개나 또는 두 개의 요오드가 왜 특정 잔기에 결합하는지에 대한 기전은 아직 정확히 모르고 있다.

5. **결합과정**(conjugation): 모노요오드티로신(MIT)과 디요오드티로신(DIT)이 결합하면(**conjugation**이라 부르는 과정), **T_3**와 **reverse T_3 (rT_3)**가 생성되고 반면 두 개의 디요오드티로신과 결합하면 T_4가 생성된다. 호르몬은 소포세포 안으로 들어갈 때까지 갑상샘글로불린에 결합한 상태로 남아 있다. 이 과정은 또한 *갑상샘과산화효소*에 의해 촉진된다.[2]

INFO LINK

[1] Pentose phosphate 경로에 대한 더 많은 정보는 *리핀코트의 그림으로 보는 생화학 제6판* 참조.

[2] *갑상샘과산화효소*는 약리학적으로 methimazole과 propylthiouracil에 의해 억제되므로 이 약물들은 갑상샘기능항진 치료제로 사용된다. *LIR Pharmacology 제5판* 참조.

6. **세포내섭취(endocytosis):** 요오드화되고 결합된 갑상샘글로불린은 메가린(megalin)수용체에 의해 다시 소포세포 내로 세포내섭취된다. 갑상샘자극호르몬은 메가린수용체의 발현을 조절해 세포내섭취되는 콜로이드 양을 간접적으로 조절한다.

7. **단백질분해작용(proteolysis):** 콜로이드를 포함하는 소포가 세포내섭취된 후 용해소체와 결합하면 요오드를 포함하는 입자는 갑상샘글로불린으로부터 분리된다. T_3와 T_4는 바닥가쪽막 가까이 소포세포 내로 분비되고 남아 있는 입자와 콜로이드 물질은 재순환된다.

8. **분비:** 마지막 단계는 소포세포로부터 혈액 내로 T_3와 T_4가 분비되는 과정이다. 세포질의 갑상샘호르몬은 바닥가쪽막을 통해 확산해 나가 사이질액 공간으로 들어가 갑상샘의 매우 발달된 혈관계로 들어가게 된다.

B. 운반과 조절

순환계로 분비된 T_3와 T_4의 약 99%가 갑상샘호르몬결합글로불린(thyroid hormone-binding globulin)과 결합하며 일부는 알부민이나 트렌스티레틴(transthyretin)에 결합한다. 결합을 통해 반감기를 일주일까지 증가시키고 갑상샘호르몬의 단기간 저장고 역할을 하게 된다. 결합이 안된 유리형 T_3와 T_4는 시상하부의 갑상샘자극호르몬분비세포(thyrotrope)로 가서 음성되먹임기전에 참여한다. 게다가 갑상샘호르몬은 소마토스타틴을 증가시켜 갑상샘자극호르몬분비세포로부터 갑상샘자극호르몬 분비를 감소시킨다(그림 35.6).

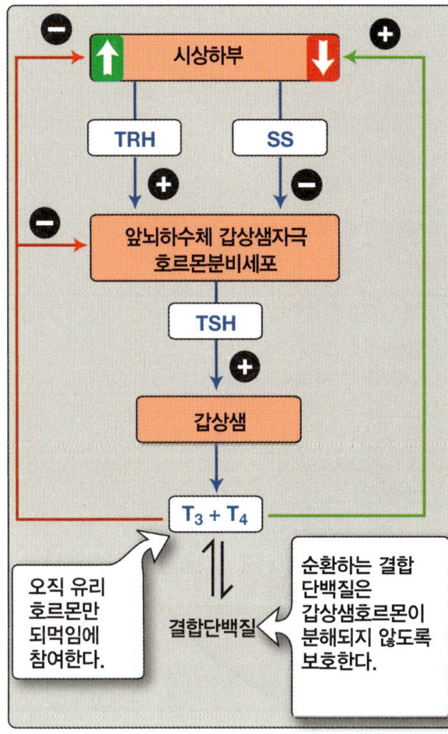

그림 35.6
갑상샘호르몬 분비의 되먹임 조절
SS = 소마토스타틴; T_3 = 삼요오드티로닌; T_4 = 티록신; TRH 갑상샘자극호르몬분비호르몬; TSH = 갑상샘자극호르몬

C. 효과

T_3와 T_4는 표적세포막을 가로질러 확산하고 T_4는 *5′-deiodinase*(또한 *5′/3′-monodeiodinase*나 *deiodinase I*)에 의해 생물학적으로 활성이 높은 T_3로 전환된다. T_3는 그 후 핵에서 레티노이드 X수용체(retinoid X receptor, RXR)와 복합체를 이루고 있는 갑상샘수용체와 결합한다. 이 수용체복합체는 DNA의 갑상샘반응요소(thyroid-response element)에 결합하면, 공활성체(coactivator)가 더해지고 공통억제제(corepressor)가 분리되는 과정을 거쳐 전사가 시작된다(그림 35.7). 생성된 단백질은 광범위한 세포반응을 매개하여 성장과 발달, 포도당과 지방산의 사용, 대사율을 증가시킨다.

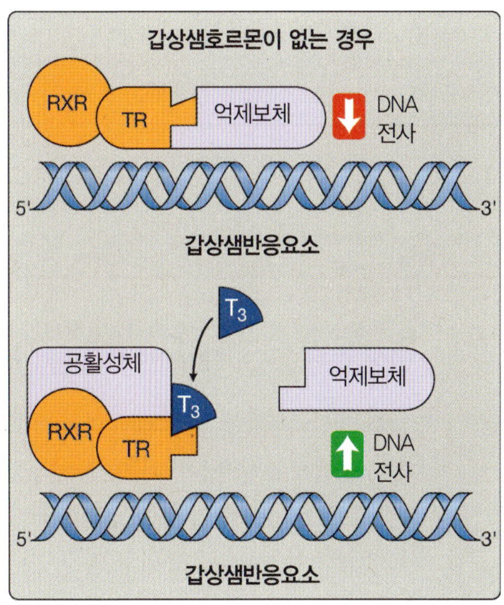

그림 35.7
갑상샘호르몬-수용체 결합
RXR = 레티노이드 X수용체; T_3 = 삼요드티로닌; TR = 갑상샘호르몬수용체.

1. **성장과 발달:** 신경조직과 뼈의 성장 발달은 갑상샘호르몬 생성과 분비에 의존한다. 신경조직에서 T_3와 T_4는 발달시기를 빠르게 하고 발달률을 증가시켜 신장반사(11·III·B 참조)의 발달과 같은 효과를 나타낸다. 뼈에서는 골화(ossification)와 어린이와 사춘기 때 길이성장을 증가시킨다. 따라서 갑상샘호르몬 결핍은 어린이에게 지능저하와 작은 키를 갖게 한다.

2. **거대영양 대사:** 갑상샘호르몬은 대사율을 변화시킬 뿐 아니라 에너지 기질에도 영향을 미친다. T_3와 T_4는 글리코겐 분해(glycogenolysis)와 포도당 생성(gluconeogenesis)을 증가시킨다. T_3와 T_4는 또한 지방생성

임상 적용 35.2: 하시모토질환(Hashimoto Disease)

하시모토 질환은 가장 흔한 형태의 **갑상샘기능저하증(hypothyroidism)** 으로 갑상샘을 표적으로 하는 자가면역반응이 특징적이다. 갑상샘의 염증과 파괴로 삼요오드티로닌과 티록신의 생성과 분비가 감소된다. 갑상샘종은 샘비대보다는 림프와 T세포 침윤에 의해 발생된다. 환자들은 에너지가 부족하여 쉽게 피로해하고 대사율 감소로 인해 체중이 늘게 된다. 만약 갑상샘호르몬 저하가 성장기 동안 발생하면 성장이 멈추고 발달이 지연된다.

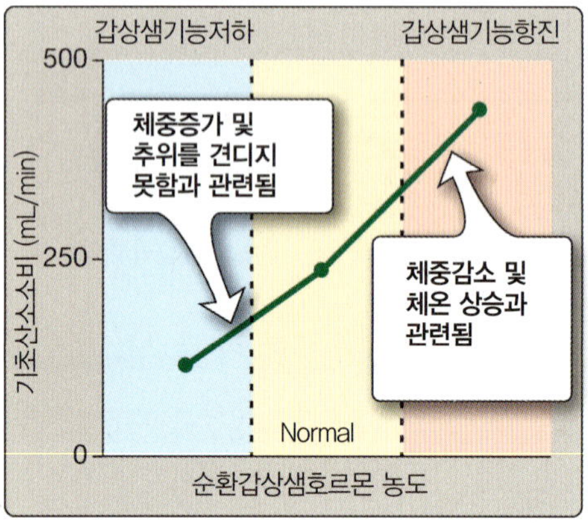

그림 35.8
대사에 대한 갑상샘호르몬 효과

(lipogenesis)을 증가시킨 뒤 지질분해효소를 촉진하여 저장된 지방을 분해하여 유리지방산 생성을 증가시켜 에너지기질로 사용할 수 있도록 한다. 갑상샘축 호르몬의 농도가 낮으면 탄수화물과 지방, 단백질의 분해에 대해 반대효과가 나타난다.

3. **기초대사율:** 대사과정에서는 반응 자체의 비효율성으로 인해 열이 발생한다. Na^+-K^+ ATPase의 발현이 이런 현상의 좋은 예가 된다. 갑상샘호르몬은 이 펌프가 항상 작동되도록(always-on) 발현을 유도하므로 더 많은 에너지를 사용하고 더 많은 열을 생성하게 한다. 반대의 경우 즉 갑상샘기능이 저하되면 펌프의 발현은 감소된다(그림 35.8).

4. **갑상샘호르몬과 카테콜아민 동반상승효과(synergy):** T_3와 T_4, 교감신경계의 노르에피네프린이 함께 분비되면(예: 심한 추위 스트레스 동안) 이 호르몬들의 생리적 기능이 동반 상승된다. 또한 갑상샘호르몬은 β아드레날린수용체를 상향조절하여 동반 상승효과를 강화시킨다.

IV. 칼시토닌

칼시토닌은 32개 아미노산으로 구성된 작은 펩티드호르몬으로 갑상샘 소포곁C세포에서 생성된다. 혈중 칼슘농도가 높으면 분비되어 뼈파괴세포

임상 적용 35.3: 그레이브스질환(Grave's Disease)

그레이브스질환은 갑상샘자극호르몬(TSH)과 비슷한 작용을 하는 항체(**갑상샘자극항체**)가 생겨 갑상샘호르몬이 과다 분비되어 **갑상샘기능항진증(hyperthyroidism)**을 유발된다. 샘비대로 인해 갑상샘종과 함께 점액부종(myxedema)과 눈병(ophthalmopathy) 같은 증상들이 발생한다. 점액부종은 피부부종으로 변형된 탄수화물인 무코다당류(mucopolysaccharides)가 과도하게 생산되어 결합조직이 증가된 것이다. 또한 무코다당류에 의해 눈주위 부종이 일어나 눈이 돌출하게 된다.

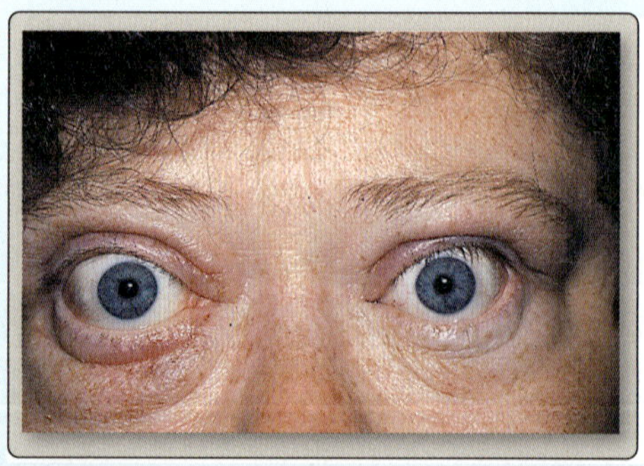

안구돌출

(osteoclast)에 의해 매개되는 뼈흡수와 칼슘이동을 억제한다(15·IV 참조). 칼시토닌은 인체의 칼슘항상성에 중요한 역할을 하지는 않으나 갑상샘암에 대한 생물표지자로 사용될 수 있고 치료 목적으로 연구되고 있다.[1] 혈장 내 Ca^{2+}과 PO_4^{3-} 농도는 아래에서 논의되는 것처럼 주로 부갑상샘호르몬과 비타민 D 유도체에 의해 조절된다.

V. 부갑상샘호르몬(PARATHYROID HORMONE, PTH)과 비타민 D

부갑상샘호르몬과 비타민 D는 함께 Ca^{2+}과 PO_4^{3-}를 조절한다. 조절의 주요 표적은 소화계(흡수)와 콩팥(재흡수), 뼈(축적과 흡수)이다.

A. 칼슘과 인 저장고

다량의 Ca^{2+}과 PO_4^{3-}가 뼈에 저장된다(뼈는 칼슘이 저장되는 은행이다). 뼈파괴세포에 의한 뼈흡수 과정 동안 다량의 Ca^{2+}이 이동(회수)된다. 반대로 뼈모세포에 의한 뼈축적 과정 동안 뼈 안에 Ca^{2+}이 저장(축적)된다. 저장과 분비 외에도 Ca^{2+} 균형은 콩팥에서의 Ca^{2+} 배설과 소화계에서의 Ca^{2+} 섭취에 의해 유지된다(그림 35.9). 인산염의 섭취와 배설, 저장부위도 Ca^{2+}과 유사하다.

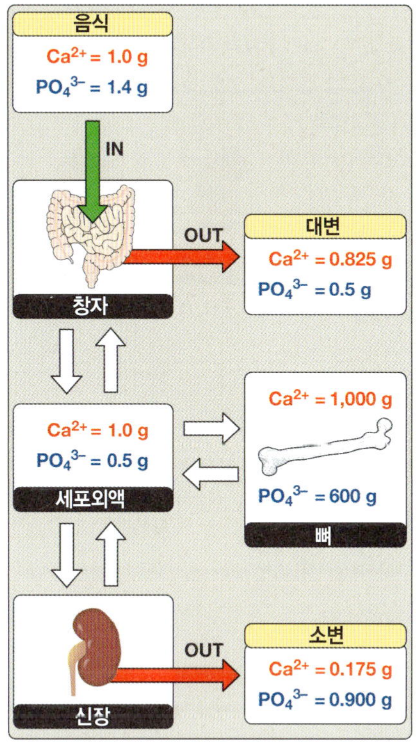

그림 35.9
칼슘과 인산염의 균형

B. 부갑상샘호르몬

혈액 속 Ca^{2+}과 Mg^{2+}이 감소하면 부갑상샘에서 부갑상샘호르몬이 분비된다. 부갑상샘호르몬은 Ca^{2+}의 이용도를 증가시킨다.

1. **조절:** 부갑상샘 세포에는 Ca^{2+} 감지기 기능을 하는 독특한 G단백질연결수용체(GPCR)가 발현된다. 혈장 Ca^{2+} 농도가 높으면 수용체가 일정하게 계속 부갑상샘호르몬 분비를 억제한다(그림 35.10). 유리 Ca^{2+}과 부갑상샘호르몬 분비 사이 관계는 S자 곡선형태를 보이며, 혈장 Ca^{2+}의 생리적 범위는 곡선의 가장 가파른 부분에 해당한다. 또한 혈장 유리 Mg^{2+} 농도가 높아도 부갑상샘호르몬 분비가 억제된다.

> 리튬(lithium)은 Ca^{2+} 수용체가 혈중 Ca^{2+}의 변화에 예민하게 반응하도록 하여 Ca^{2+} 자극에 대한 부갑상샘호르몬 분비가 매우 증가된다. 이것이 양극성장애 환자들이 조증상태에서 리튬염으로 치료받을 때 고칼슘혈증이 함께 나타나는 이유이다.

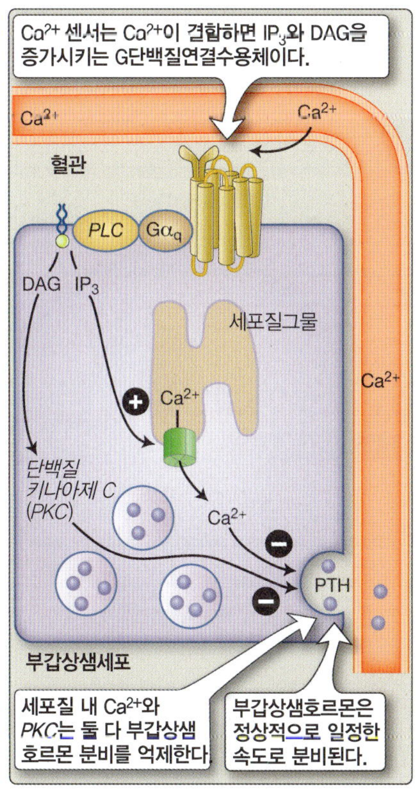

그림 35.10
칼슘감지. DAG = 디아실글리세롤; GPCR = G단백질연결수용체; IP_3 = 삼인산이노시톨; *PLC* = *인지질분해효소 C*; PTH = 부갑상샘호르몬

INFO LINK [1] 골다공증 치료에 칼시토닌을 사용하는 것에 대한 더 많은 정보는 *LIR Pharmacology 제5판* 참조.

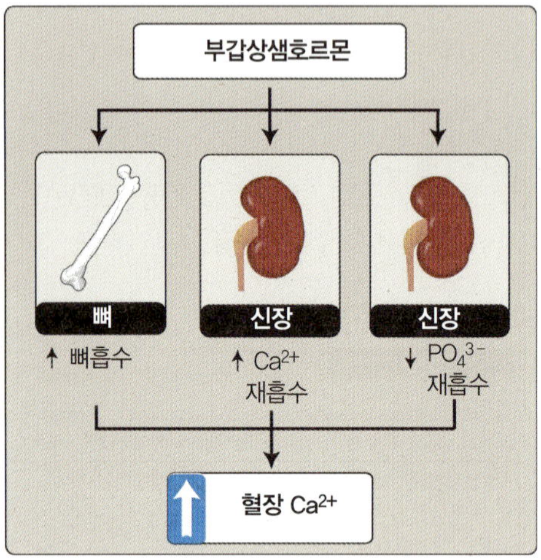

그림 35.11
부갑상샘호르몬 효과

2. **기능:** 부갑상샘호르몬은 두 가지 중요한 기전으로 혈중 Ca^{2+} 농도를 증가시킨다. 첫째, 뼈모세포의 표면 수용체에 결합하면 뼈흡수자리로 뼈파괴세포 전구체를 동원하여 뼈흡수를 자극한다. 두 번째, 콩팥뇨세관에서 Ca^{2+}재흡수를 자극한다(그림 35.11). PO_4^{3-}의 토리쪽세뇨관 재흡수는 부갑상샘호르몬에 의해 감소된다. 따라서 PO_4^{3-}의 배설은 증가되나, 부갑상샘호르몬이 뼈흡수를 통해 PO_4^{3-}의 분비를 증가시키므로 혈액 속 PO_4^{3-}의 농도에는 큰 영향을 미치지 않는다. 또한 부갑상샘호르몬은 **1α,25-dihydroxyvitamin D_3 [1,25-$(OH)_2D_3$]**의 생성을 자극하여 간접적으로 혈중 Ca^{2+}을 증가시킨다.

C. 비타민 D 유도체

비타민 D는 부갑상샘호르몬과 기능적으로 연관되어 있으나 구조적으로는 매우 다르다. 비타민 D와 유도체는 소수성으로 혈액에서 주로 비타민 D결합단백질에 의해 운반된다. 중요한 활성형 비타민 D 유도체는 1,25-$(OH)_2D_3$로 작은창자에서 Ca^{2+}과 PO_4^{3-}의 흡수를 증가시킨다. 비타민 D_2나 D_3로부터 1,25-$(OH)_2D_3$가 생성되기 위해서는 간과 콩팥에서의 다단계 과정이 필요하다. 1,25-$(OH)_2D_3$ 생성의 주요 조절효소는 ***25(OH) D1-α-hydroxylase***이다. 비타민 D3는 7-dehydrocholesterol과 자외선의 상호작용에 의해 피부의 각질형성세포(keratinocyte)에 의해 생성될 수 있다(16·III·A·1 참조). 또한 비타민 D2와 D3는 음식으로부터도 얻을 수 있다.

1. **조절:** 부갑상샘호르몬은 1,25-$(OH)_2D_3$의 주요 조절요인으로 콩팥에서 *25(OH)D1-α-hydroxylase* 활성을 증가시키고 *25(OH)D24-hydroxylase* 활성을 감소시켜 1,25-$(OH)_2D_3$가 생성되도록 한다. 혈액 속에 Ca^{2+}과 PO_4^{3-}의 농도가 낮거나 성장호르몬, 프로락틴, 에스트로겐의 농도가 낮으면 1,25-$(OH)_2D_3$가 증가된다.

2. **기능:** 1,25-$(OH)_2D_3$는 소화기로부터 칼슘과 인산염을 흡수하고 콩팥뇨세관에서 이들 이온을 재흡수하는데 대단히 효율적이다. 칼슘흡수는 1,25-$(OH)_2D_3$가 꼭대기막과 바닥가쪽막, 세포질 내의 운반단백질 생성을 증가시켜 개선된다. 1,25-$(OH)_2D_3$는 핵의 레티노이드 X수용체(retinoid X receptor, RXR)와 복합체를 이루는 비타민 D 수용체에 결합하여 비타민 D 반응요소(response element) 전사를 유도한다. 따라서 1,25-$(OH)_2D_3$의 대부분의 효과는 유전체(genomic)를 통하지만 일부 효과는 세포막의 비타민 D수용체에 의해 매개되어 보다 빠르게 나타나기도 한다. 이러한 빠른 세포막반응은 주로 소화기에서 관찰된다. 또한 1,25-$(OH)_2D_3$에 의해 꼭대기막의 Na^+-PO_4^-공동운반체 생성이 증가되어 PO_4^{3-}의 흡수도 증가된다. 한편 1,25-$(OH)_2D_3$가 뼈파괴세포 성숙을 도와 뼈흡수를 촉진한다. 최종적으로 1,25-$(OH)_2D_3$는 장에서 Ca^{2+} 흡수 증가로 혈중 Ca^{2+}을 증가시켜 음성되먹임기전을 통해 부갑상샘호르몬을 감소시킨다(그림 35.12).

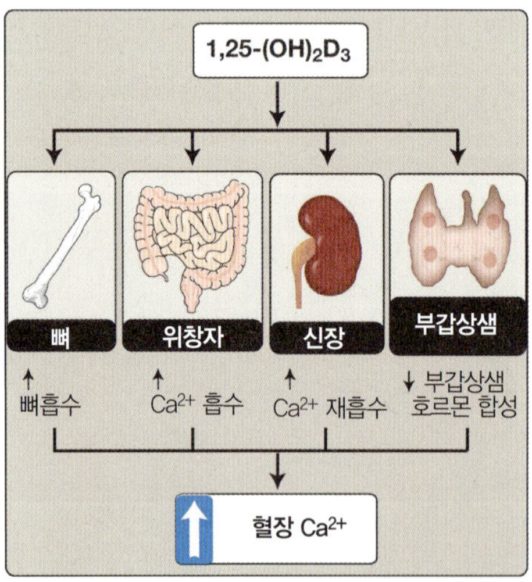

그림 35.12
비타민 D3

임상 적용 35.4: 구루병(Rickets)

구루병은 비타민 D나 Ca^{2+} 또는 PO_4^{3-}의 부족에 의해 일어난다. 적당량의 $1,25\text{-}(OH)_2D_3$가 없으면 Ca^{2+}과 PO_4^{3-}은 소화기에서 흡수될 수 없어 혈중 농도가 감소하게 된다. 그 결과 부갑상샘호르몬이 분비되면 혈중 칼슘을 증가시키기 위해 뼈흡수가 증가된다. 시간이 지나면 뼈의 미네랄이 고갈되어 뼈가 약해지고 구부러지게 된다. $1,25\text{-}(OH)_2D_3$의 부족은 태양광선에 대한 노출이 부족하거나 음식으로 섭취하는 비타민 D가 부족할 때, 또는 *25(OH)D1-α-hydroxylase*의 기능저하를 초래하는 유전적 질환에 의해 발생한다.

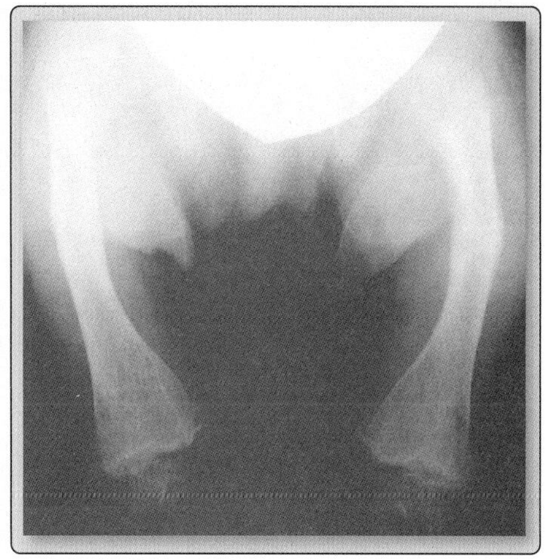

휘어진 뼈

35장 요약

- 갑상샘축 호르몬은 **티록신(T_4)**, **삼요드티로닌(T_3)**과 **역삼요드티로닌(rT_3)**으로 구성된다. 갑상샘 중간물질들은 **모노요오드티로신(monoiodotyrosine, MIT)**)과 **디요오드티로신(diiodotyrosine, DIT)**으로 구성된다. 두 개의 디요오드티로신로부터 만들어지는 T_4는 혈액 내 가장 많은 유형이고 디요오드티로신와 모노요오드티로신로부터 만들어지는 T_3는 생물학적 활성도가 T_4보다 높다.

- 갑상샘호르몬 생성 단계는 **흡수**, **콜로이드 분비**, **산화과정**, **요오드화과정**, **결합과정**, **세포내섭취**, **단백질분해**, **샘분비**이다. **갑상샘자극호르몬(TSH)**는 Na^+-I^- 공동수송체와 펜드린통로, ***갑상샘과산화효소(thyroid peroxidase)***, 메가린수용체, 단백분해효소들을 통해 T_4와 T_3의 분비를 조절한다. 갑상샘자극호르몬은 또한 갑상샘의 비대를 일으킨다.

- T_4와 T_3의 대부분은 **갑상샘호르몬결합글로불린(thyroid hormone-binding globulin)**에 결합하여 비활성 상태이나 일부는 활성형인 유리 T_3와 T_4 형태로 혈액 내에서 순환된다.

- 일단 T_4, T_3가 세포 내로 들어가면 대부분의 T_4가 T_3로 전환되며, T_3는 갑상샘수용체에 높은 친화도를 보인다. 갑상샘호르몬은 핵수용체를 통해 작용하며 전사와 유전자 암호해독을 조정하여 단백질 생성을 증가시킨다.

- 어떤 단백질이 생성되는 가에 따라 갑상샘호르몬은 대사율, 열 생산, 글리코겐과 지방의 분해와 사용을 증가시킨다. 갑상샘호르몬은 정상적인 성장과 발달에도 긴요하다.

- **부갑상샘호르몬(PTH)**은 콩팥에서 Ca^{2+} 재흡수를 증가시키고 뼈 흡수를 증가시켜 혈중 Ca^{2+}농도를 상승시킨다. 또한 **비타민 D3**를 활성화시킨다.

- 비타민 D3는 자외선 빛이나 콩팥에서의 효소작용에 의해 활성형으로 전환된다. 비타민 D의 활성형은 **1α,25-dihydroxyvitamin D_3 [$1,25\text{-}(OH)_2D_3$]**로 주요 기능은 작은창자에서 흡수, 콩팥에서의 재흡수, 뼈흡수를 통해 혈중 Ca^{2+} 농도를 증가시키는 것이다.

36 여성과 남성 생식샘

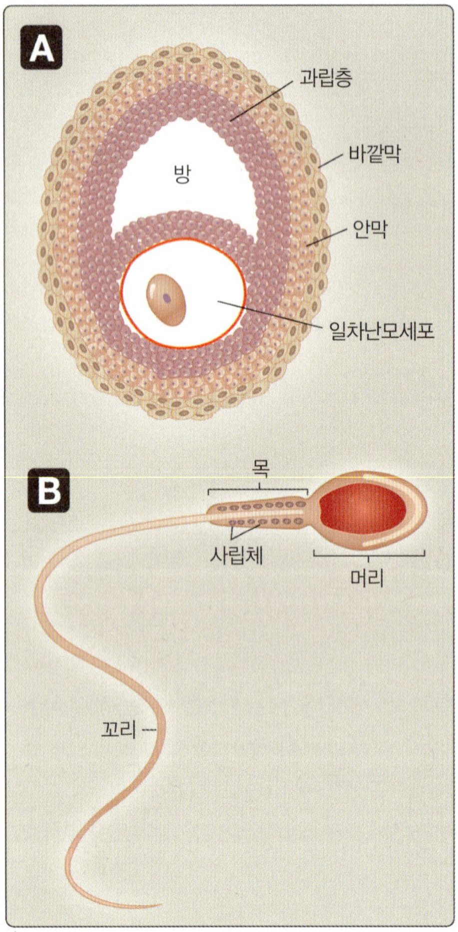

그림 36.1
난자와 정자

I. 개요

"생식샘(gonad)"은 그리스 단어인 *gonos*에서 유래되었으며 이는 "종자"나 "가족"으로 번역된다. 생식샘은 분열과 복제를 통해 한 개체가 될 수 있는 종자세포를 생성하고 생식을 통해 가족을 구성한다. 기본개념으로서의 종의 주요 목적은 독특한 DNA를 다음 세대로 전달하는 것이다. 생식샘에서 여자는 난자를, 남자는 정자를 생성한다(그림 36.1). 생식샘호르몬은 광범위하게 성적성숙에 관여한다: **난자발달과정(oogenesis)**과 **정자발달과정(spermatogenesis)**, 수태, 임신, 수유 등이 여기에 포함된다. 생식샘호르몬 효과는 생식기관에만 한정되지 않으며 뼈와 근육, 혈관에도 작용한다. 생식샘호르몬은 시상하부–뇌하수체축의 조절을 받으며 남성과 여성 모두 같은 시상하부 호르몬인 **생식샘자극호르몬분비호르몬(gonadotropin-releasing hormone, GnRH)**, **황체형성호르몬(luteinizing hormone, LH)**, **난포자극호르몬(follicle-stimulating hormone, FSH)**과 같은 뇌하수체 호르몬에 의해 조절된다. 여성에서 황체형성호르몬(LH)와 난포자극호르몬(FSH)는 난소가 표적으로 **과립층세포(granulosa cell)**로부터 **프로게스테론(progesterone)**이, **막세포(theca cell)**와 **과립층세포(granulosa cell)** 사이 협동작용을 통해 **에스트라디올(estradiol)**이 생성된다. 남성에서는 뇌하수체호르몬이 고환을 표적으로 하며, **라이디히세포(Leydig cell)**로부터 **테스토스테론(testosterone)**을 분비시킨다.

II. 성과 성별(SEX AND GENDER)

염색체가 성을 결정한다: XX는 여성이고 XY는 남성이다. **생식샘의 성(gonadal sex)**은 생식샘 형태에 의해 결정된다. 여성 생식샘은 난소를 가지고 있고 남성 생식샘은 고환을 가지고 있다. **형태적 성(phenotypic sex)**은 생식기의 특징과 외부생식기에 의해 결정된다. 마지막으로 **성별(gender)**은 심리사회적 용어로 한 개인의 개인적인 특징과 태도, 사회 평균적 특징, 속성, 또는 사회 표준을 근거로 여성 또는 남성으로 인식하는데 사용되는 용어이다. 이들 정의는 여분의 X염색체를 갖고 있는 클라인펠터 증후군과 같은 유전적 변형에 의해 희미하게 되었다. 게다가 사람들이 외과적 수술방법을 통해 자신의 생식샘을 제거하거나 외부생식기를 더하거나 제거할 수 있다. 따라서 보다 분명하게 하기 위해 이 장에서는 생식샘의 성적 특성과, 생식샘과 일치하는 유전적, 형태적 성만을 설명한다.

III. 시상하부-뇌하수체-난소 축

여성의 생식샘인 난소는 에스트로겐과 프로게스틴을 분비한다. 난소는 다중내분비축의 되먹임기전에 의해 조절되어 정확한 기능 조절이 가능하다.

A. 시상하부

시상하부에서 난소조절에 관여하는 으뜸부위는 시각앞핵(preoptic nuclei)과 시신경교차상핵(supraoptic nuclei)이다(그림 36.2). 이들 부위의 소세포신경세포(parvocellular neuron)는 생식샘자극호르몬분비호르몬(GnRH)을 생성하고 분비한다. 생식샘자극호르몬분비호르몬은 펩티드호르몬으로 세포체에서 풋호르몬(prohormone)으로 생성되며, 활성형으로 변형되어 뇌하수체 문맥계로 분비된다. 생식샘자극호르몬분비호르몬은 맥동성으로 분비된다. 즉 시상하부로부터 항상 일정하게 분비되지 않는다. 맥동성 분비는 에너지를 적게 쓰고 표적조직의 수용체가 탈민감화되지 않도록 하는 장점이 있다. 스트레스를 인지하거나 대뇌의 리듬 중추를 비롯하여 고위뇌중추로부터의 여러 정보들이 생식샘자극호르몬분비호르몬의 맥동성 분비에 영향을 준다.

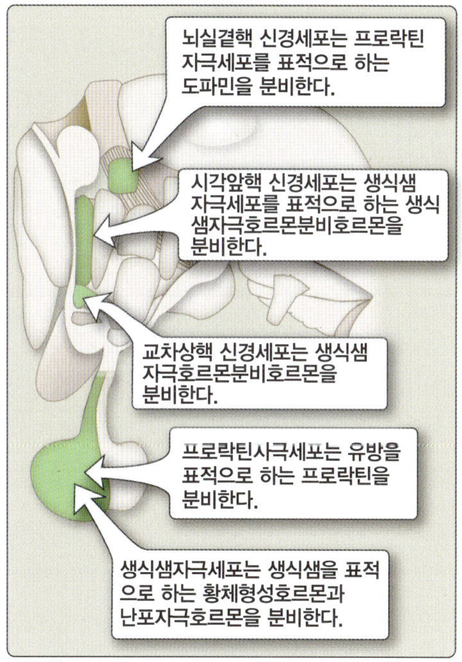

그림 36.2
난소조절과 관련된 시상하부 핵

B. 뇌하수체

뇌하수체 문맥계를 통해 생식샘자극호르몬분비호르몬이 앞뇌하수체 **생식샘자극세포(gonadotrope**, 그림 7.11 참조)로 운반되면 연속적으로 황체형성호르몬과 난포자극호르몬이 분비된다. 생식샘자극호르몬분비호르몬수용체는 G단백질연결수용체(GPCR) 슈퍼패밀리중 하나로 주로 *인지질분해효소 C (PLC)*에 의해 생성되는 디아실글리세롤(diacylglycerol)과 삼인산이노시톨(inositol trisphosphate) 이차전령계를 통해 기능한다.

C. 난소

난소에는 다양한 발달단계의 여성난포가 있다: 원시난포, 일차난포, 이차난포, 삼차난포, 성숙난포(Graafian follicle). 이들 난포 내에 **난모세포(oocyte)**가 있다. 난소의 내분비는 주로 후기난포들과 연관이 있으며 막세포와 과립층세포들이 에스트라디올을 함께 만들고 분비한다.

1. **막세포(theca cell)**: 이 세포들은 난포의 겉부분에 있으며 클라트린-피복오목(clathrin-coated pits) 안에 있는 세포막의 저밀도지질단백질수용체를 통해 **저밀도지질단백질(low-density lipoprotein, LDL)**을 세포 내로 이동시킨다. 일단 수용체와 리간드가 결합하면 저밀도지질단백질은 세포내섭취를 통해 세포 안으로 운반되어 콜레스테롤로 생성 분비된다. 콜레스테롤은 부신과 마찬가지로 스테로이드호르몬 생성을 위한 첫 번째 반응의 초기기질이다(그림 34.4 참조). 황체형성호르몬수용체는 G단백질연결수용체군 중 하나로 *아데닐사이클라아제(AC)*에 의해 유도된 고리형일인산아데노신(cAMP) 이차전령계(1·VII·B·2)를 통해 주로 기능한다. cAMP는 ***측쇄분할효소복합체(side-chain cleavage enzyme complex, SCE)***를 활성화시켜 콜레스테롤이 프레그네놀론(prognenolone)으로 전환되는 과정을 촉진한다(그림 36.3). 즉 황체형성호르몬은 부신에서 부신겉질자극호르몬을 자극하던 방법과 유사하게 작용한다. 스테로이드호르몬 생성은

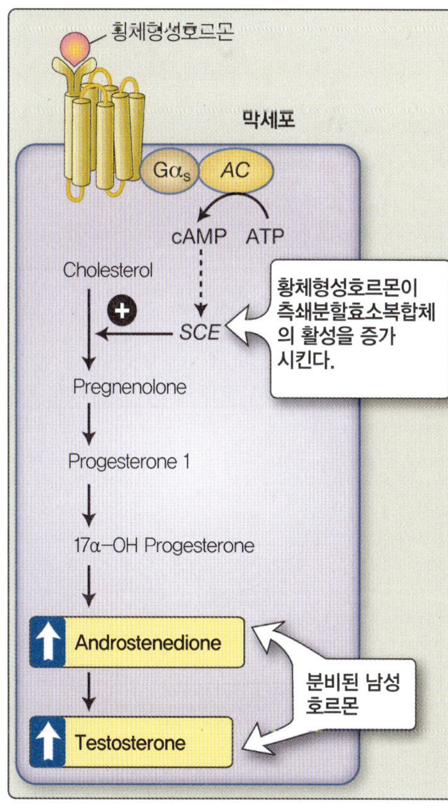

그림 36.3
막세포. *AC* = 아데닐사이클라아제; ATP = 삼인산아데노신; cAMP = 고리형일인산아데노신

임상 적용 36.1: 다낭성난소증후군(Polycystic Ovary Syndrome)

가임 연령 여성의 5~10%에서 발생하며 원인 모르게 난소가 다낭성이 되어 피막이 두꺼워지고 피막 아래에 낭종(cyst)들이 두드러지게 많이 생긴다. 또한 난포자극호르몬(FSH)에 비해 황체형성호르몬(LH)이 더 증가되고 체중증가와 인슐린 불감성이 생긴다. 대부분 생리가 없어지거나 비정상적인 자궁출혈을 보이며 불임이 된다. 다른 증상으로는 남성형 털과다증(hirsutism), 여드름, 남성화(virilization)가 나타나는데 이는 과도한 남성호르몬 때문이다. 남성호르몬의 증가는 황체형성호르몬이 막세포를 자극하여 안드로스텐디온과 테스토스테론을 생성하나 과립층세포에 대한 난포자극호르몬의 자극이 없어 이들 남성호르몬으로부터 에스트라디올이 생성되지 못하기 때문이다.

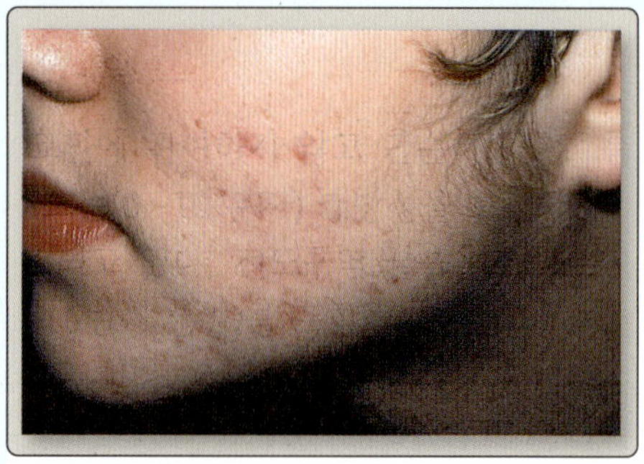

남성형털과다증

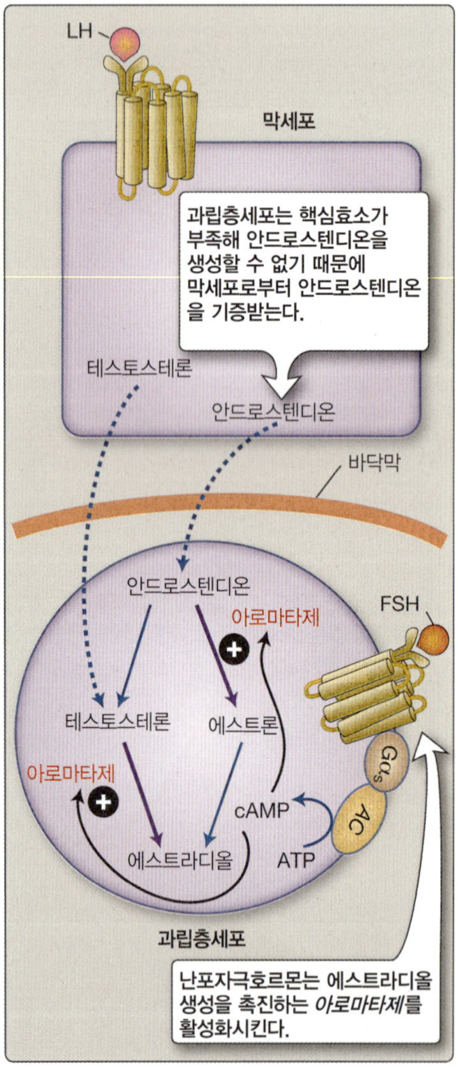

그림 36.4

막세포와 과립층 세포들. *AC* = 아데닐사이클라아제; ATP = 삼인산아데노신; cAMP = 고리형일인산아데노신; FSH = 난포자극호르몬; LH = 황체형성호르몬

막세포에서 계속되어 **안드로스텐디온(androstenedione)**과 테스토스테론을 생성한다. 이들 남성호르몬 대부분은 막세포를 나가 옆의 과립층세포에 들어간다. 왜냐하면 막세포에는 안드로스텐디온과 테스토스테론을 에스트로겐으로 전환시키는 ***aromatase*** 양이 충분하지 않기 때문이다(그림 36.4).

2. **과립층세포**(granulosa cell): 과립층세포는 난포의 막세포와 비교해 깊숙이 있다(그림 36.1 참조). 이들 세포층은 일차난포가 이차난포로 발달하는 동안 폭발적으로 증가된다. 이 세포에는 황체형성호르몬와 난포자극호르몬 수용체가 있어 막세포와 같이 콜레스테롤을 프레그네노론으로 전환시킬 뿐만 아니라 *아로마타제* 효소도 활성화시킨다. 난포자극호르몬수용체는 G단백질연결수용체 슈퍼패밀리 중 하나이며, 주로 아데닐사이클라아제에 의한 cAMP 이차 전령계를 이용하며 *아로마타제*를 활성화하여 결과적으로 에스트라디올을 생성 분비된다. 과립층세포는 *17α-hydroxylase*나 *17,20-desmolase*가 부족해 막세포로부터 분비되는 안드로스텐디온과 테스토스테론에 의존해 성스테로이드 생성을 완성한다(그림 36.4 참조).
3. **난자형성**(oogenesis): 난자형성은 태생기 동안 시작된다. 원시종자세포(primordial germ cells, oogonia)는 발달초기에 그 수가 극적으로 증가된다. 이들 중 일부가 성숙하여 난모세포가 된다. 태생 20주에 난모세포수가 최대가 되며 그 후 난모세포 수는 고갈될 때까지 계속 감소된다.

IV. 에스트로겐(ESTORGENS)

주요 에스트로겐은 세 종류가 있다. 가장 강력한 것은 에스트라디올(estradiol)이며, **에스트론(estrone)**은 말초조직에서 생성되며, **에스트리올(estriol)**은 임신 동안 고농도로 분비된다(그림 37·III·C·3 참조). 앞 장에서 이미 언급했던 것처럼 부신에서 유래한 안드로스텐디온은 말초에서 에스트로겐으로 전환될 수 있다(34·IV·A 참조). 에스트라디올은 **성스테로이드결합글로불린(sex steroid-binding globulin, SSBG)**에 높은 친화도를 보이나 알부민에는 중등도의 친화도를 보여 활성형인 유리형은 혈중에 낮게 유지된다. 간은 에스트로겐을 처리하며 이들 산물을 소변으로 배설한다.

A. 기능

에스트로겐은 유전자 및 비유전자를 통해 다양한 기능을 나타낸다. 비유전자적 효과는 세포막 수용체를 매개로 일어나므로 직접 전사, 유전자암호해독, 단백질생성을 유도하지는 않는다. 대부분의 에스트로겐 효과는 유전자를 통해 이루어지며 다른 스테로이드호르몬들과 유사한 기전을 사용한다. **에스트로겐수용체(estrogen receptor, ER)**는 두 종류가 있다: **ERα**와 **ERβ**. ERα는 주로 생식기관에 발현되며, ERβ는 주로 과립층세포와 비생식기관 장기에 발현된다. ERα와 ERβ는 세포질과 핵에 있다. 일단 에스트로겐이 수용체와 결합하면 수용체가 동종이합체를 형성한(homodimerization) 후 DNA의 에스트로겐반응요소(estrogen response element)에 결합하여 특이적인 유전자발현을 유도한다. 생성된 단백질의 성질과 효과는 조직에 따라 다르다(표 36.1).

표 36.1 에스트로겐의 효과

조직	효과
뼈	↑뼈모세포를 통한 성장
내분비	↑프로게스테론 반응
간	↑응고인자들
	↑스테로이드-결합 단백들
	↓ 총 지방성분과 저밀도지질단백질(LDL)
	↑고밀도지질단백질(HDL)
생식기관	↑자궁성장
	↑질과 나팔관 성장
	↑유방성장
	↑자궁경부 점액분비
	↑과립층세포의 황체형성호르몬(LH)수용체

B. 분비

에스트로겐 조절은 시상하부–뇌하수체–난소 축의 각 단계에서 서로 연관된 되먹임기전을 통해 이루어진다. 에스트로겐과 프로게스틴, 인히빈, 액티빈은 되먹임기전에 의해 조절된다(그림 36.5). 두 개의 주요호르몬(에스트로겐과 프로게스틴)이 같은 조절시스템 축을 사용함에도 불구하고 이러한 다층조절 구조를 통해 호르몬을 통한 정교한 신호전달을 가능하게 한다.

1. **에스트로겐**(estrogen): 과립층세포에서 분비된 에스트로겐은 앞뇌하수체와 시상하부를 모두 음성되먹임하며 이것 이외에도 고위대뇌중추들에 대한 또 다른 되먹임기전이 있어 축을 자극하거나 억제할 수 있다. 에스트로겐은 보통 음성되먹임을 하지만 배란기에는 양성되먹임을 한다. 혈액 내 에스트로겐 양이 증가하면 앞뇌하수체에서 생식샘자극호르몬분비호르몬(GnRH)수용체의 상향조절이 일어나 이로 인해 배란 전에 황체형성호르몬(LH)와 난포자극호르몬(FSH)의 폭발적인 분비가 일어난다.
2. **프로게스틴**(progestin): 프로게스틴 또한 앞뇌하수체와 시상하부에 음성되먹임을 한다.
3. **인히빈**(inhibin): 과립층세포에서 분비되는 펩티드호르몬으로 앞뇌하수체을 되먹임한다. A와 B 두 종류의 인히빈이 있으며 모두 여성에서 기능을 나타낸다. 인히빈은 난포자극호르몬 분비를 감소시킨다. 난포자극호르몬은 인히빈 생성을 자극하는 주요 원인이며, 인히빈은 생리주기에서 난포자극호르몬에 대해 음성되먹임을 한다.
4. **액티빈**(activin): 과립층세포에서 분비되는 펩티드호르몬으로 앞뇌하수체에서 난포자극호르몬분비를 자극하고, 국소적인 난포자극호르몬 수용체를 상향 조절한다. 액티빈은 난포 발달기에 가장 많이 분비된다.

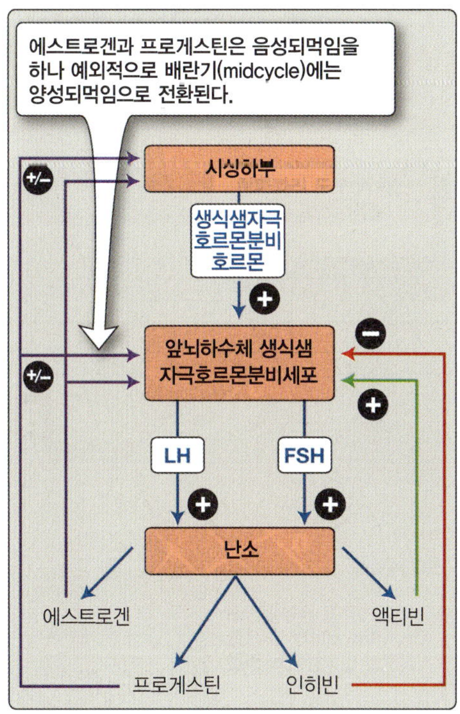

그림 36.5
여성 되먹임 조절
FSH = 난포자극호르몬;
GnRH = 생식샘자극호르몬분비호르몬;
LH = 황체형성호르몬

V. 프로게스틴(PROGESTINS)

프로게스테론이 가장 흔하고 생물학적으로 활성을 보이는 프로게스틴이다. 덜 강력하나 측정 가능한 두 번째 프로게스틴은 **17α-hydroxyprogesterone**이다. 프로게스테론은 막세포와 과립층세포에서 분비된다. 프로게스테론은 알부민과

표 36.2 프로게스틴의 효과

조직	효과
유방	↑ 소엽 발달
	↓ 젖 생산
생식기관	↓ 자궁내막의 성장
	↑ 자궁내막의 분비
	점막의 분비가 진해짐
온도	↑ 내부온도

낮은 친화도로 결합하므로 혈액 내에서 5분이라는 짧은 반감기를 갖는다. 간은 다른 스테로이드 호르몬과 유사하게 프로게스테론을 처리하며 대사산물은 소변으로 배설된다.

A. 기능

프로게스테론의 기능은 에스트로겐과 비교할 때 다소 제한적이며 주로 임신을 시작하고 유지하는데 관여한다(그림 37.5 참조). 프로게스틴의 효과는 프로게스테론 수용체에 의해 매개되며 이후 프로게스테론 반응요소(progesterone-response element)에 결합하여 특별한 유전자를 전사해 다양한 조직에 기능을 나타낸다(표 36.2).

B. 분비

프로게스틴 분비 조절은 에스트로겐의 분비조절과 복잡하게 연결되어 있으며 위에서 언급하였다.

VI. 난소주기와 자궁내막주기

생리주기는 실제로 뚜렷한 두 개의 주기로 구성된다: **난소주기(ovarian cycle)**와 **자궁내막주기(endometrial cycle)**. 난소주기는 난포 발달을 다루며 자궁내막주기는 자궁내막의 변화를 다룬다. 모두 시상하부하–하수체–난소 축에 의해 조절된다. 이들 주기의 평균기간은 대략 28일이지만, 정상적인 생리주기는 매우 다양하다. 특히 가임연령 초기와 말기에 주기의 다양성이 두드러진다.

A. 난소주기(ovarian cycle)

난소주기는 난포기와 황체기로 나뉜다. 각 단계는 주기의 절반 동안 지속되며(그림 36.6A) 배란과 생리 시작이 두 주기를 나눈다.

1. **난포기(follicular phase)**: 이 시기에는 성숙난포(Graafian follicle)와 이차난모세포가 발달한다. 난포기의 기간은 다양하다. 에스트로겐은 점차 증가하여 난포자극호르몬(FSH)과 황체형성호르몬(LH)을 최고치에 도달하게 하지만, 프로게스테론은 줄곧 낮게 유지된다.

2. **황체기(luteal phase)**: 이 시기에는 에스트로겐과 프로게스테론을 생성하고 분비하는 황체(corpus luteum, 난모세포 배란 후 난포에 남아 있는 막세포와 과립층세포)의 작용이 두드러진다. 이 호르몬들은 수정된 난모세포의 착상과 유지에 필요하다. 만약 수정이 일어나지 않으면 황체는 퇴축하여 기능이 없는 흉터같은 구조물인 백체(corpus albicans)를 형성한다. 백체는 난소 안으로 깊숙이 이동해 느리게 분해된다. **인간융모생식샘자극호르몬(human chorionic gonadotropin, hCG)**이 없으면 배란 후 10~12일에 황체의 퇴화가 발생한다. 따라서 14일의 황체기는 항상 일정하다. 프로게스틴은 점차 상승하며 에스트로겐은 처음에는 감소되다가 다시 증가된다. 체온은 상승한다.

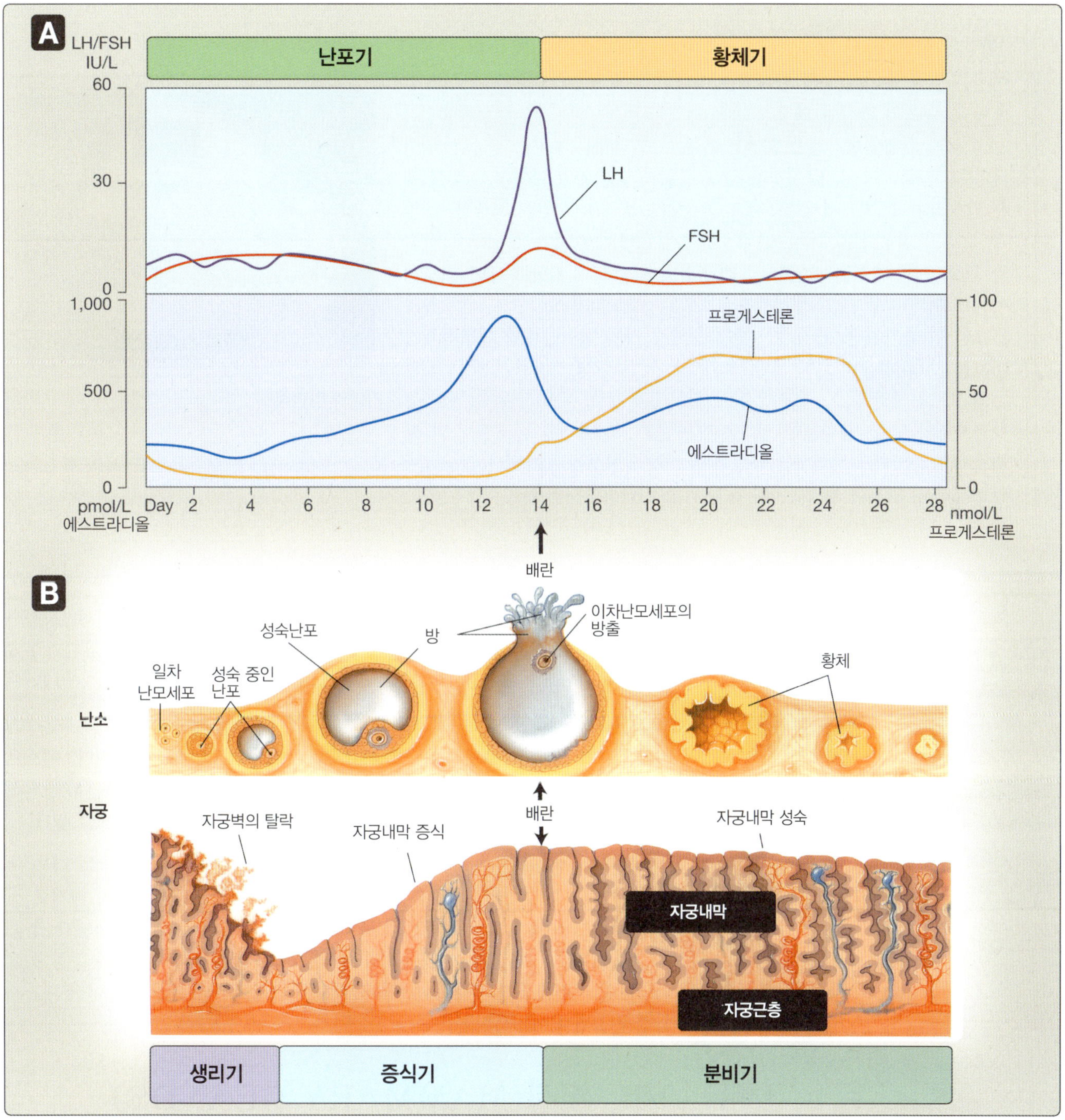

그림 36.6
난소주기와 자궁내막주기

B. 자궁내막주기

가임연령기 여성의 자궁내막(endometrium)은 한 달 동안 많은 변화가 진행된다. 자궁내막주기는 증식기, 분비기, 생리로 나눌 수 있다(그림 36.6B).

임상 적용 36.2: 폐경(Menopause)

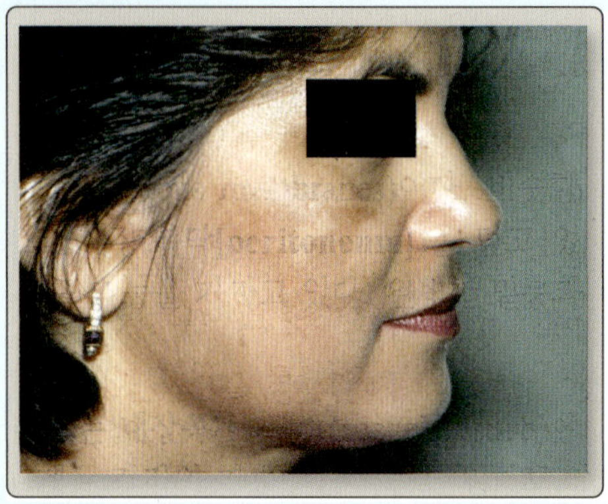
기미와 안면홍조

여성은 일정 수의 난포를 가지고 태어나며 일생 동안 그 수가 꾸준히 감소한다. 난포의 손실이 **폐경**의 주요 원인이다. 난소주기와 자궁내막주기는 오로지 가임연령기에만 발생한다. 이후로 인체는 주기가 다소 뜸해지다가 결국 끝나게 된다. 폐경은 상당히 넓은 범위대의 나이(42~60세)에서 발생하며 난소를 제거했거나 기능이상이 있으면 더 일찍 발생할 수 있다. 그러나 정상적인 과정은 갑작스럽지 않으며 주기 소실은 난포의 감소와 그로 인한 에스트로겐과 프로게스틴의 감소와 일치한다. 에스트로겐이 감소되면 수년 동안 생식샘자극호르몬(gonadotropin, 특히 난포자극호르몬)이 증가된다. 규칙적인 주기와 폐경 사이 전이단계를 **폐경전후기(perimenopause)**라고 부른다. 초기에는 낮은 여성 성호르몬 때문에 피부의 색소침착과 홍조, 밤에 땀흘림, 질분비액 감소, 비뇨기 위축(특히 질 상피세포와 난소) 증상을 보인다. 후기에는 뼈의 미네랄 농도 감소와 콜레스테롤 증가가 나타나 골다공증과 골절의 위험성이 증가된다(임상 적용 15.3 참조). 호르몬 대체요법은 이들 위험을 감소시킬 수 있으나 정맥혈전과 특정 암의 위험성을 높인다.[1]

1. **증식기(proliferative phase):** 이 시기 동안은 자궁내막이 주로 성장하며, 에스트로겐 증가에 의해 매개된다. 성장이 두드러져 내막 두께가 1~2 mm에서 8~10 mm까지 증가되며, 배란 때 가장 두꺼워진다. 자궁내막의 팽창하는 기능층 내에는 혈관과 샘의 성장이 일어난다.

2. **분비기(secretory phase):** 이 시기에는 자궁내막이 성숙해진다. 에스트로겐의 감소로 내막의 성장은 멈춘다. 대신 점액샘이 보다 충분히 발달하고, 이 부위의 혈관과 샘들은 표면적을 증가시키고 나선모양으로 된다.

3. **생리(menstruation):** 만약 수정이 일어나지 않으면 자궁내막은 다음 주기를 준비하기 위해 대체된다. 나선동맥이 프로스타글란딘의 매개로 심하게 수축하면 국소적인 허혈성 손상이 유발되어 생리가 일어난다. 염증세포들이 이 부위에 침윤되면 내막은 더욱 분해된다. 이 시기 동안 응고방지인자들이 활성화되어 내막이 자궁벽으로부터 완전히 떨어질 때까지 출혈을 유지한다.

VII. 젖샘(MAMMARY GLANDS)

유방과 젖샘은 영아에게 적합한 영양을 제공한다. 수유(젖이 생성되고 분비되는 기간)는 출산직후 일어나지만 유방조직의 발달과 수유를 위한 준비는 사춘기 동안 발생한다. 성장과 발달은 이차성징의 일부로서 여성 성호르몬에 의해 매개된다. 유방은 수유를 위해 고농도의 에스트로겐과 프로게스틴, 태아의 hCG, **프로**

[1] 호르몬 보충요법에 대한 더 많은 정보는 *LIR Pharmacology 제5판* 참조.

락틴(prolactin)에 의해 더욱 발달하게 된다. 젖생산의 시작과 유지는 프로락틴에 의해 주로 매개되나 젖빨기를 통해 젖이 분출되려면 뒤뇌하수체 호르몬인 **옥시토신(oxytocin)**의 도움이 있어야 한다(그림 36.7).

A. 프로락틴(prolactin)

펩티드호르몬으로 앞뇌하수체의 프로락틴분비세포(lactotrope)에서 생성되고 분비된다. 다른 앞뇌하수체 호르몬과 달리 호르몬 축에 의해 조절되지 않으며 남성과 여성 모두에서 생성 분비된다. 여성에서는 임신 동안 프로락틴분비세포가 비대해져서 프로락틴 분비가 증가된다. 프로락틴은 호르몬결합단백질에 결합하지 않으며 약 20분의 반감기를 보인다.

1. **기능:** 프로락틴은 젖샘조직의 성장과 발달, 도관 증식, 젖 생성 등, 수유를 위하여 유방을 준비시킨다. 프로락틴 효과는 흔히 *JAK*/STAT 경로로 알려진, 즉 *Janus kinase* (*JAK*)와 signal transducer and activator of transcription (STAT) 경로를 자극하는 시토카인(cytokine) 세포막 수용체에 의해 매개된다(33·V·C 참조). 남성에서 프로락틴의 기능은 잘 알려져 있지 않다.

2. **분비:** 프로락틴분비세포에 의한 프로락틴 분비는 시상하부의 방실핵과 활꼴핵에서 항상 일정하게 분비되는 **노파민(dopamine)**에 의해 성상적으로 억제된다. 프로락틴은 도파민 분비를 조정하기 위해 시상하부에 음성되먹임을 한다. 수유와 유방만지기(그림 36.7 참조), 에스트로겐, 옥시토신, 갑상샘자극호르몬분비호르몬(TRH), 수면, 스트레스가 모두 프로락틴 분비를 증가시킨다. 소마토스타틴과 성장호르몬은 분비를 감소시킨다. 프로락틴 분비 변화는 프로락틴분비세포에서 직접 일어나거나 시상하부의 도파민성 신경세포를 억제하여 일어난다.

B. 옥시토신(oxytoin)

옥시토신은 작은 펩티드호르몬으로 시상하부 방실핵과 활꼴핵의 큰세포 신경세포에서 생성되고 뒤뇌하수체으로부터 분비된다(7·VII·D·4). 일단 혈액으로 들어오면 3~5분의 짧은 반감기를 보인다.

1. **기능:** 옥시토신은 여성에서 두 가지 주요 기능을 갖고 있다. 첫째, 유방조직의 근상피세포 수축을 자극해 수유 동안 젖이 분출되게 한다. 둘째, 분만(37·VI·B·3 참조) 동안 자궁근의 수축을 자극한다. 여성에서는 이차적으로 영아를 돌보는 것과 같은 모성행동을 유발하고 프로락틴 분비를 자극하며 통증자극에 대한 반응을 감소시킨다. 옥시토신의 유방과 자궁, 중추신경계에 대한 효과는 세포막의 옥시토신 수용체(G단백질연결수용체([GPCR]군)를 통해 매개되며 주로 *PLC*에 의한 이차전령계를 통해 일어난다.

2. **분비:** 목을 늘리거나 젖을 빨면 신경내분비 반사(neuroendocrine reflexes)를 통해 옥시토신 분비가 자극된다(그림 36.7 참조). 공포나 통증 같은 강력한 감정 자극이 옥시토신 분비를 감소시킬 수 있다. 에스트로겐은 임신 동안 옥시토신 수용체 단백질 생성을 극적으로 증가시켜 임신 동안 옥시토신 효과가 강화된다.

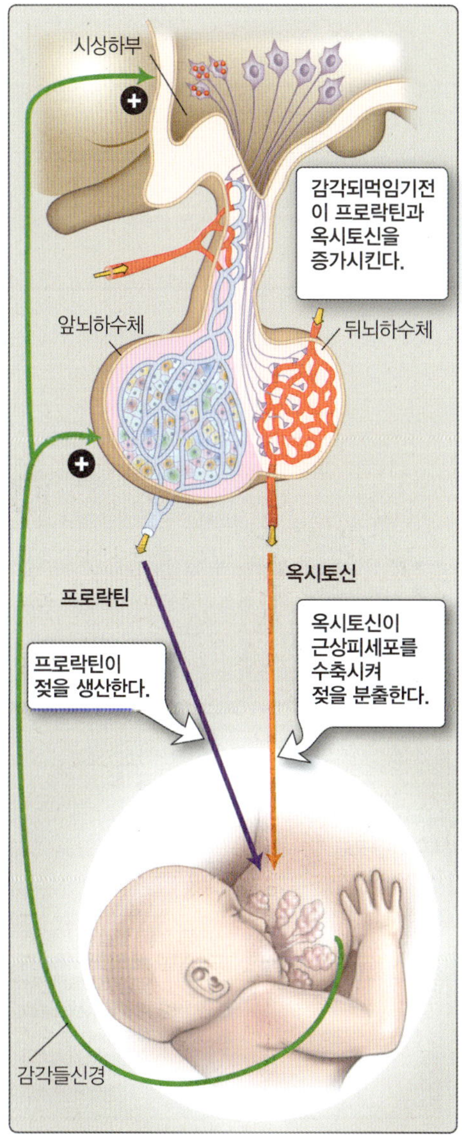

그림 36.7
수유의 호르몬 조절

VIII. 시상하부-뇌하수체-고환 축 (HYPOTHALAMIC-PITUITARY-TESTICULAR AXIS)

남성 생식샘은 고환이다. 고환은 여성의 생식샘과 유사한 방법으로 내분비 축의 조절을 받는다.

A. 시상하부와 뇌하수체

고환 조절에 관여하는 시상하부 부위는 난소 조절 부위와 동일하다. 생식샘자극호르몬분비호르몬(GnRH) 또한 뇌하수체 문맥계 안으로 분비되어 앞뇌하수체 생식샘자극세포에 결합한다. 생식샘자극호르몬분비호르몬은 생식샘자극호르몬분비호르몬수용체를 자극하여 펩티드호르몬인 황체형성호르몬(LH)과 난포자극호르몬(FSH)을 분비한다. 성 차이는 표적장기에 한정된다(즉, 고환).

B. 고환(testis)

고환에는 테스토스테론을 생성하는 라이디히세포(Leydig cell)와 혈관, 정자를 생성하고 세르토리세포(Sertoli cell)가 존재하는 정세관이 있으며 있다. 고환의 내분비 기능은 라이디히세포와 세르톨리세포에 의해 야기되는데 막세포와 과립층세포와 같은 방법으로 함께 테스토스테론과 소량의 에스트라디올을 만든다.

1. **라이디히세포:** 막세포가 하는 것처럼 콜레스테롤을 운반하고 콜레스테롤로부터 스테로이드 호르몬을 생성한다. 황체형성호르몬은 표면 세포막의 황체형성호르몬수용체에 결합해 *측쇄분할효소복합체(side-chain cleavage enzyme complex)*와 같은 스테로이드 호르몬 생성효소를 생산한다. 이 경로의 최종산물은 테스토스테론이며, 라이디히세포로부터 나와 일부는 순환계로 확산해 들어가고 일부는 이웃하는 세르톨리세포로 이동한다(그림 36.8).

2. **세르톨리세포:** 인접한 세르톨리세포들은 기능성 **혈액-고환장벽(blood-testis barrier)**을 형성하기 위해 치밀이음(tight junctions)을 형성한다. 이 장벽은 선택적으로 테스토스테론은 통과시키고 다른 물질들의 이동은 억제한다. 이 세포는 표면에 주로 난포자극호르몬수용체를 가지고 있다. 이 수용체는 G단백질연결수용체(GPCR)군 중 하나이며, *아로마타제*와 난포자극호르몬 음성되먹임을 위한 인히빈, 다양한 성장인자의 효소합성을 자극하기 위해 *AC*-induced cAMP 이차전령계를 통해 작동한다. 테스토스테론에 대해 세르톨리세포는 라이디히세포에 의존한다. *아로마타제*의 활성화로 테스토스테론이 에스트라디올로 전환되는 과정이 촉진되며 에스트라디올은 라이디히세포와 세르톨리세포 둘 다에서 단백질생성과정의 대부분을 조절한다. 세르톨리세포는 정세관 속공간 안으로 테스토스테론과 함께 **남성호르몬결합단백질(androgen-binding protein, ABP)**을 분비한다.

3. **정자발생과정(spermatogenesis):** 정원세포(spermatogonia)가 일차정모세포(primary spermatocyte); 이차정모세포(secondary spermocyte);

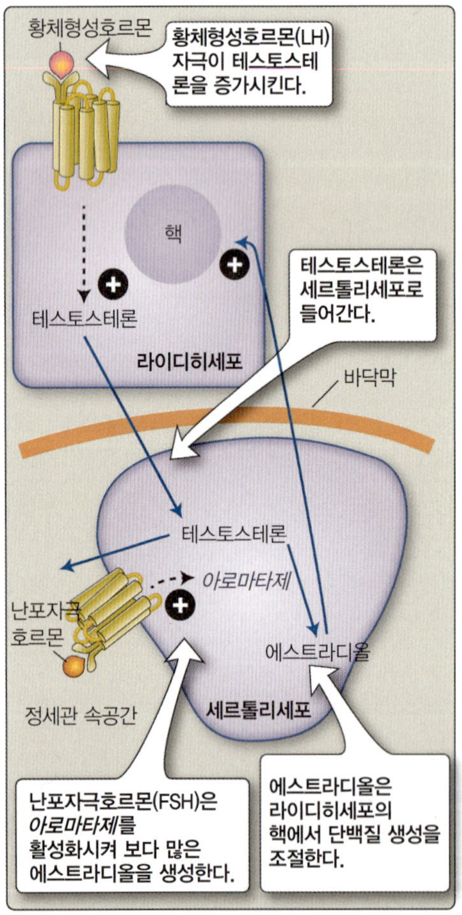

그림 36.8
라이디히세포와 세르톨리세포

정세포(spermatid) 순서로 발달하다가 마침내 정자(spermatozoa)가 되는 과정을 말한다(그림 36.9). 정자발생(spermiogenesis)의 최종단계에서는 세포 신장, 세포질 제거(이차구조인 잔체[residual body] 생성), 소기관 방향전환(reorientation)이 이루어진다. 주목할 것은 이 단계에서 정자의 이동을 위해 필요한 편모가 생성된다. 정자발생과정(spermatogenesis)은 테스토스테론에 의해 조절되며 테스토스테론은 ABP에 의해 유지된다.

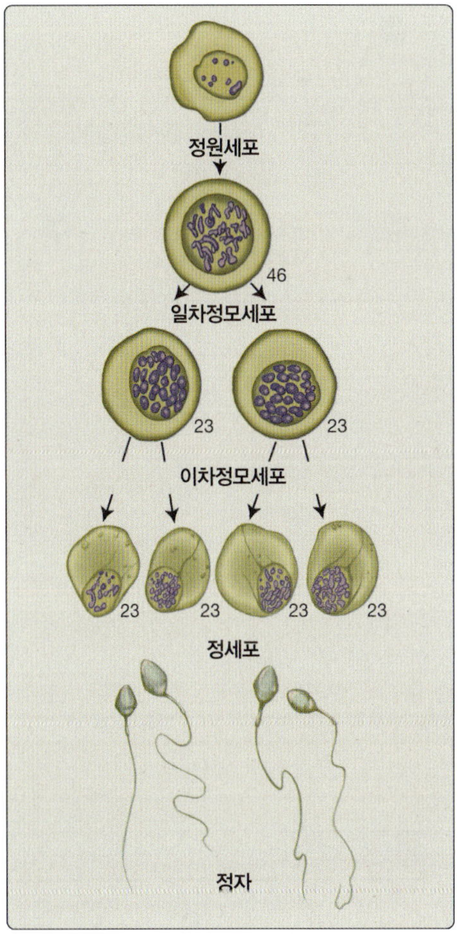

그림 36.9
정자형성과정

IX. 테스토스테론(TESTOSTERONE)

테스토스테론은 안드로스텐디온(androstenedione)이 *17β-hydroxysteroid dehydrogenase*에 의해 전환되어 생성된다. 테스토스테론은 직접 사용되기도 하지만 일부 표적조직에서는 *5α-reductase*를 통해 **디하이드로테스토스테론(dihydrotestosterone, DHT)**으로 전환되어 사용된 테스토스테론은 에스트로겐과 유사하게 성호르몬결합글로불린에 높은 친화도를 보이며 일부는 알부민과 결합한다. 대략 2%가 생물학적 활성을 보이는 유리형으로 혈액 내 존재한다. 간은 성호르몬결합글로불린을 생성하고 또한 테스토스테론을 비활성화시켜 처리하기도 한다. 테스토스테론과 부산물은 소변과 대변으로 배설된다.

A. 기능

테스토스테론과 디하이드로테스토스테론은 다양한 남성호르몬 효과를 나타낸다(부신남성호르몬은 34·IV·A 참조). 일단 테스토스테론이 수용체와 결합

임상 적용 36.3: 남성 생식샘저하증(Male Hypogonadism)

생식샘이 발달되지 않은 남성은 테스토스테론의 생성과 분비가 안되어 발달이 덜 된 음경과 음낭, 여성형유방증(gynecomastia), 불임, 성욕저하, 얼굴에 털이 없는 증상을 보인다. 혈액 내 황체형성호르몬(LH)와 난포자극호르몬(FSH)는 증가되어 앞뇌하수체의 생식샘자극세포에 대한 테스토스테론의 음성되먹임기전이 소실되었음을 알 수 있다. 이 경우 남성호르몬으로 치료한다.[1]

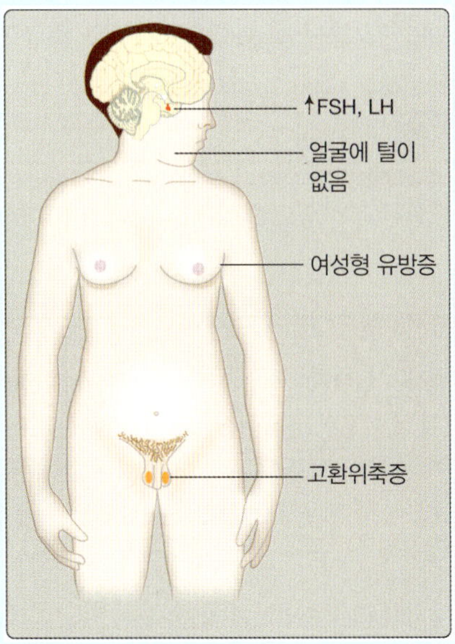

생식샘저하증

[1] 호르몬 보충요법에 대한 더 많은 정보는 *LIR Pharmacology 제5판* 참조.

표 36.3 테스토스테론 효과

조직	효과
뼈	↑뼈와 결합조직의 성장
근육	↑근육과 결합조직의 성장
생식기관	↑고환, 전립선, 정낭, 음경의 성장과 발달 ↑얼굴과 겨드랑이, 음부의 털 성장 ↑후두 성장 ↑정자생성과정
피부	↑피지샘 크기와 분비

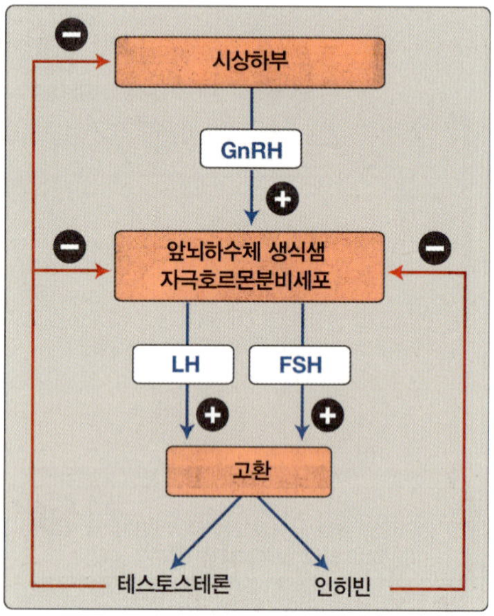

그림 36.10

고환기능에 대한 되먹임조절

GnRH = 생식샘자극호르몬분비호르몬, LH = 황체형성호르몬, FSH = 난포자극호르몬

하면 테스토스테론 반응요소로 전위되는 동종이합체(homodimer)가 생성된다. 기능적 효과는 표적조직에 따라 다르게 나타난다(표 36.3).

B. 분비

테스토스테론 분비를 조절하는 경로는 난소의 경우와 유사하나 두 가지 예외가 있다: 즉 두 종류의 호르몬(에스트로겐과 프로게스틴) 대신에 한 가지 호르몬(테스토스테론)이 있으며, 액티빈의 기능적 역할이 없다.

1. **테스토스테론:** 라이디히세포에서 분비된 테스토스테론은 생식샘자극호르몬분비호르몬을 감소시키기 위해 시상하부를 억제하고, 황체형성호르몬과 난포자극호르몬을 감소시키기 위해 앞뇌하수체를 억제하는 음성되먹임을 보인다. 또한 고위 뇌중추를 억제하여 축 조절에 영향을 미친다. 또한 테스토스테론은 세르톨리세포를 자극해 인히빈을 분비한다.

2. **인히빈:** 인히빈B는 남성에서 앞뇌하수체를 음성되먹임해서 난포자극호르몬 분비를 감소시킨다(그림 36.10).

36장 요약

- 시상하부–뇌하수체–난소 축은 난소의 **과립층세포(granulosa cell)**로부터 **에스트로겐(estrogen)**과 **프로게스틴(progestin)**의 생성과 분비를 조절하는 다층구조이다
- 에스트로겐 생성에는 **과립층세포(granulosa)**와 **막세포(theca cell)** 사이의 협동이 필요하다. 둘 다 프로게스테론을 생성할 수 있으나 막세포만 **안드로스텐디온**으로 전환시킬 수 있다. 안드로스텐디온과 테스토스테론은 과립층세포로 이동해 에스트라디올로 전환되어 혈액으로 분비된다.
- 에스트로겐은 여성생식기관과 관련구조물들의 성장을 자극한다. 뼈의 성장도 에스트로겐에 의해 자극된다. 에스트로겐은 응고인자와 고밀도지질단백질 콜레스테롤을 증가시키고 포도당내성과 저밀도지질단백질 콜레스테롤을 감소시킨다.
- 프로게스틴은 자궁내막주기에서 증식기에서 분비기로의 변환을 돕는다. 임신 동안 프로게스틴은 수유를 위해 젖샘을 준비하는데 관여한다. 또한 난소주기의 황체기 동안 체온상승을 돕는다.
- 여성에서 **황체형성호르몬(luteinizing hormone, LH)**과 **난포자극호르몬(follicle-stimulating hormone, FSH)**의 분비는 시상하부에서 분비된 **생식샘자극호르몬분비호르몬(gonadotropin-releasing hormone, GnRH)**에 의해 자극된다. 에스트로겐과 프로게스틴은 둘 다 음성되먹임한다. 에스트로겐과 프로게스틴은은 앞뇌하수체에서 분비된 황체형성호르몬과 난포자극호르몬에 의해 활성화된다. 에스트로겐과 프로게스틴, 인히빈은 음성되먹임하나 액티빈은 앞뇌하수체에 양성되먹임을 한다.
- 시상하부–뇌하수체–고환 축은 고환의 **라이디히세포(Leydig cell)**로부터 **테스토스테론**의 생성과 분비를 조절하는 다층구조이다. 말초세포에서 테스토스테론이 **디하이드로테스토스테론(dihydrotestosterone)**으로 전환된다.
- 테스토스테론과 디하이드로테스토스테론은 태생기에 남성생식기와 부속기관의 발달, 생식기와 털의 성장, 정자생성과정, 근육뼈대계의 동화효과를 일으킨다.
- 남성에서 황체형성호르몬과 난포자극호르몬은 시상하부에서 분비되는 생식샘자극호르몬분비호르몬에 의해 활성화되며 테스토스테론은 시상하부에 대해 음성되먹임을 한다. 테스토스테론과 인히빈B는 앞뇌하수체에 대해 음성되먹임을 한다.

학습문제

가장 옳은 답 하나만 고르시오.

VIII.1 22세 여성이 이자호르몬에 영향을 미치는 약물연구에 참여하고 있다. 만약 시험약물이 글루카곤을 크게 증가시키는 반면 인슐린 분비에는 영향이 없다면 다음 중 어느 과정이 가장 증가될 것으로 생각되나?

A. 지방세포의 지질분해
B. 뼈대근육과 심장근에서의 포도당분해작용
C. 신경세포의 포도당신합성
D. 간세포의 포도당 흡수
E. 신경세포의 케톤 흡수

정답 = A. 글루카곤의 주요 기능은 세포사용을 위해 에너지기질을 이동시키고 혈액 내로 분비하는 것이다. 이 작용에는 지방세포 내 *호르몬민감 지질분해효소*의 증가가 필요하다. *지질분해효소*는 트라이글리세라이드를 유리지방산과 글리세롤로 쪼개어(지질분해) 혈액으로 분비한다. 해당작용(포도당 분해)은 글루카곤에 의해 억제된다. 글루카곤은 간세포에서의 포도당신합성(포도당 생성)과 케톤분비를 증가시키나 신경세포에는 작용하지 않는다. 글루카곤은 간세포에서 포도당 분비를 자극하나 흡수는 자극하지 않는다.

VIII.2 이자의 β세포가 파괴되는 자가면역질환을 가진 14세 소년에게서 나타날 수 있는 가능성이 가장 높은 징후와 증상은?

A. 고혈당증과 이뇨
B. 고칼륨혈증
C. 근육에 단백질 저장 증가
D. 혈액내 지방산 감소
E. 지방세포의 포도당 흡수 증가

정답 = A. 이자의 β세포만 선택적으로 손실된 경우는 1형 당뇨병(임상 적용 33.1)으로 높은 혈당(고혈당증)으로 인해 포도당이 소변으로 새어나가 소변을 통한 수분손실(이뇨작용)이 증가된다. 인슐린은 정상적으로 Na^{+}-K^{+} ATPase에 대한 효과를 통해 K^{+} 균형 조절을 도우나 고칼륨혈증은 이자질환보다는 신장질환과 관련이 있다. 인슐린은 정상적으로 지방세포에 의한 포도당 흡수와 근육의 단백질 저장을 자극한다. 따라서 1형 당뇨병에서는 두 가지 모두 감소된다. 1형 당뇨병에서는 혈액 내 지방산과 트라이글리세라이드가 증가된다.

VIII.3 34세 남자 혈액검사에서 부신겉질자극호르몬이 높게 나왔다. 다음 중 높은 부신겉질자극호르몬 농도와 가장 관련이 적을 것으로 생각되는 부신겉질호르몬은?

A. 안드로스텐디온
B. 디하이드로에피안드로스테론 설페이트
C. 코티졸
D. 코르티코스테론
E. 알도스테론

정답 = E. 부신겉질자극호르몬은 앞뇌하수체에서 분비되어 부신겉질을 표적으로 한다. 주요 작용은 코르티코스테로이드의 생성과 분비를 조절한다(34·II·C). 알도스테론 분비의 주요 조절자는 앤지오텐신 II와 낮은 혈중 K^{+} 농도이며 부신겉질자극호르몬은 최소한의 효과만 나타낸다. 대조적으로 부신의 남성호르몬(안드로스텐디온과 디하이드로에피안드로스테론 설페이트, 34·IV·B)과 글루코코르티코이드(코티졸과 코르티코스테론, 34·V·B)는 모두 부신겉질자극호르몬에 의해 직접 조절을 받는다. 부신겉질자극호르몬은 부신겉질호르몬 생성의 핵심 속도 제한단계 중 하나인 *측쇄분할효소복합체*를 자극한다.

VIII.4 32세 남자가 부신겉질 기능부전이 의심되어 합성코티졸(hydrocortisone)로 치료받고 있다. 고용량을 썼더니 증상이 호전되었다. 만약 고용량을 계속 오랫동안 투여한다면 나타날 가능성이 가장 높은 결과는?

A. 근육약화
B. 뼈 축적과 콜라겐 형성
C. 남성화
D. β아드레날린수용체 탈감작
E. 부신 비대

정답 = A. 코르티코스테로이드는 정상적으로 포도당이나 유리지방산과 같은 기질을 이동시켜 스트레스에 대항하여 몸을 준비시킨다(34·V·A). 이는 일부 뼈대근육의 단백질 분해작용을 통해 이뤄지므로 장기간의 코티졸 사용은 근육약화를 초래한다. 코티졸은 뼈에 대해 칼슘축적이 아니라 뼈 흡수를 자극한다. 글루코코르티코이드는 고농도에서 미네랄로코르티코이드 수용체를 자극할 수 있으나 남성호르몬수용체는 이에 대해 불감성이다. β아드레날린수용체 탈감작은 만성적으로 글루코코르티코이드가 아니라 카테콜아민 수치가 높을 때 나타난다. 코티졸은 부신겉질자극호르몬(ACTH)에 대한 음성되먹임을 통해 부신 성장을 억제한다.

VIII.5 45세 여성이 갑상샘기능저하증에 따른 증상으로 고통 받고 있다. 혈액검사상 갑상샘자극호르몬이 정상보다 높다면, 이 호르몬의 갑상샘 소포세포에 대한 작용을 가장 잘 설명한 것은?

A. 펜드린 삽입을 억제한다.
B. 성장을 억제한다.
C. 요오드 흡수를 증가시킨다.
D. 혈류량을 증가시킨다.
E. 티록신-결합글로불린 생성을 증가시킨다.

정답 = C. 갑상샘 소포세포는 갑상샘호르몬의 생성과 분비를 위해 특화된 상피세포들이다(35·II·C). 갑상샘자극호르몬(TSH)은 Na^+-I^- 공동수송체(NIS 혹은 공동수송체)에 의한 요오드 흡수를 포함해 합성과정의 여러 단계를 조절한다. 갑상샘자극호르몬(TSH)은 NIS를 상향조절한다. 펜드린은 I^-이 꼭대기막을 가로질러 소포속공간 안으로 들어가는데 필요한 Cl^--I^- 공동수송체이며 갑상샘자극호르몬에 의해 조절되지 않는다. 갑상샘자극호르몬은 갑상샘 조직의 성장을 자극한다. 갑상샘자극호르몬은 혈류의 빠른 조절이나 간에서의 티록신결합글로불린 생성은 직접 조절하지 않는다.

VIII.6 티록신(T_4)와 삼요드티로닌(T_3)는 다양한 말초효과를 나타낸다. 다음 중 어느 형태가 가장 생물학적으로 활성이 높은가?

A. 알부민 결합형
B. transthyretin 결합형
C. 갑상샘글로불린 결합형
D. 티록신결합글로불린 결합형
E. 비결합형

정답 = E. 알부민과 티록신결합글로불린과 같은 혈액 내 결합 단백들은 T_4, T_3의 혈액 내 저장고를 유지하는데 중요하다(35·III·B). 하지만 결합형은 생물학적으로 활성이 없다. 유리호르몬만이 말초효과를 발휘할 수 있다. 따라서 갑상샘 검사 시 혈액 내 결합형과 유리형 갑상샘호르몬을 모두 측정하게 된다. 갑상샘글로불린은 갑상샘에 의한 갑상샘호르몬 생성에 관여하는 단백질이다. Transthyretin (prealbumin으로 알려져 있는)은 혈액 내에서 T_4, T_3가 결합하는 알부민 전구체 단백질이다.

VIII.7 20세 여성이 생식샘자극세포를 자극하는 약물을 투여받고 혈중 황체형성호르몬(LH)은 증가되고 난포자극호르몬(FSH)은 그대로 남아 있는 반응을 보였다. 다음 중 이 약물에 의해 영향을 받지 않을 것으로 생각되는 호르몬은?

A. 에스트라디올
B. 프로게스테론
C. 안드로스텐디온
D. 테스토스테론
E. 디하이드로에피안드로스테론

정답 = A. 생식샘자극세포는 앞뇌하수체에 있으며 정상적으로 생식샘자극호르몬분비호르몬(GnRH)에 의해 자극을 받아 난포자극호르몬(FSH)과 황체형성호르몬(LH)을 분비한다(36·II·B). 난포자극호르몬은 과립층세포 세포 내 *아로마타제*를 자극해 주변 막세포의 안드로겐을 에스트라디올과 같은 에스트로겐으로 전환시킨다(36·II·C). 만약 난포자극호르몬이 분비되지 않으면 에스트라디올은 그대로 낮게 유지된다. 황체형성호르몬은 *측쇄분해효소복합체*를 자극해 프로게스테론과 안드로스텐디온, 테스토스테론의 생성을 증가시킨다. 디하이드로에피안드로스테론은 주로 부신의 안드로겐으로 생식샘 내에서 소량 증가되기는 하나 황체형성호르몬, 난포자극호르몬에 의한 직접 자극은 받지 않는다.

VIII.8 어릴 때는 여성으로 키워졌으나 사춘기 때 남자의 이차성징이 나타나고 남성생식기가 발달된 16세 사람이 *5α-reductase* 결핍을 보인다. 이 효소 부족의 결과로 다음 중 어느 스테로이드가 가장 많이 감소되었을까?

A. 에스트라디올
B. 에스트론
C. 프로게스테론
D. 안드로스텐디온
E. 디하이드로테스토스테론

정답 = E. *5α-reductase*는 정상적으로 여러 조직에 있으면서 테스토스테론을 디하이드로테스토스테론(DHT, 36·IX)으로 전환시킨다 따라서 이 효소의 결핍으로 디하이드로테스토스테론이 감소되면 디하이드로테스토스테론을 매개로 나타나는 많은 안드로겐 효과들 즉 이차성징들이 테스토스테론이 폭발적으로 증가될 때인 사춘기까지 나타나지 않는다. 안드로스텐디온은 테스토스테론 생성의 핵심효소인 *17-ketosteroid reductase*의 기질이나 이 반응은 *5α-reductase*의 윗 단계이기 때문에 안드로스텐디온은 실제로 감소되지 않는다. 에스트라디올과 에스트론, 프로게스테론은 모두 생식샘호르몬이나 모두 남성의 이차성징과는 무관하다.

제 9 단원
삶과 죽음

임신과 출산 37

I. 개요

임신과 출산은 엄마와 태아에게 모두 극단적인 요구가 발생하는 예외적인 현상이다. 성공적인 임신은 수많은 도전을 필요로 한다. 수정 후 발달과정의 태아는 자궁내막에 착상해야만 한다. 태반은 자궁을 성장시키는 호르몬의 조절을 받아 다음 수개월 동안 태아가 혼란 없이 성장할 수 있는 환경을 만들어야 한다. 모체와 태아 순환계는 영양분과 노폐물을 교환할 수 있는 장치가 설치되어 있어야 하고 엄마의 몸은 점점 성장하는 태아의 필요들을 채워주기 위해 적응해야 한다. 어느 정도의 기간이 지나면 결국 엄마와 태아 사이의 연결을 끊어 두 개체가 독립적으로 살 수 있도록 해야 한다. 임신은 난자의 수정으로 시작하고 **분만(parturition**, childbirth)으로 끝난다. 수정의 순간을 정확하게 알기는 대단히 어려워 임신의 시작은 대개 여성의 마지막 생리기의 첫 날로 기준으로 삼아 계산한다. 이런 방법으로 임신은 대략 40주 동안 지속된다.

II. 착상(IMPLANTATION)

수정은 **자궁관(fallopian tube)** 팽대 안(그림 37.1)에서 이루어진다. 자궁관은 운동성 섬모로 덮여져 있어 수정란을 자궁 내강을 향해 움직이게 한다. 배아(embryo)는 엄마 생식기관 안에서 6~7일 동안 자유롭게 남아 있는데 그 동안 일련의 빠른 분열이 진행되어 중앙에 액체로 찬 공간(**주머니배공간[blastocoele]**)을 가진 **주머니배(blastocyst)**를 형성한다. 주머니배 중앙 공간 가장자리 주변의 **영양막(trophoblast)** 세포들의 얇은 한 층이 최종적으로 **태반(placenta)**이 되어 발달하는 배아를 감싸서 보호한다. 배아는 내부의 세포 덩어리로부터 발달한다. 주머니배가 자궁벽에 달라붙어 침습해 들어갈 준비가 될 때까지 자궁내막(decidua)은 **황체(corpus luteum)**에서 분비되는 프로게스테론의 영향 아래 착상을 준비한다(**탈락막화[decidualization]**). 착상을 하는 동안 영양막층은 효소를 이용해 모체의 자궁내막을 침습하여 소화시킨다(그림 37.2). 자궁내막 안의 **탈락막세포(decidual cell)**들은 태반이 형성되어 기능을 할 때까지 글리코겐과 다른 영양분들을 공급해 배아를 유지한다. 침습

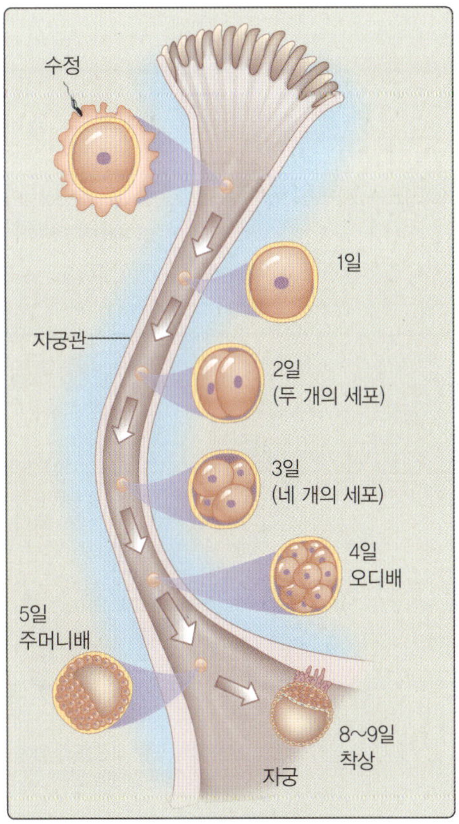

그림 37.1
배아발달과 착상

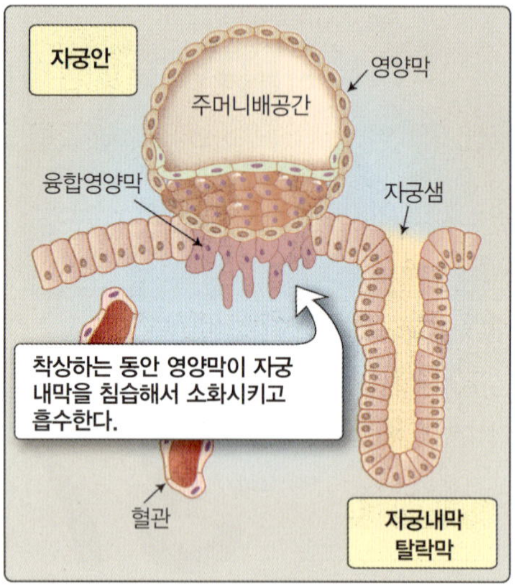

그림 37.2
착상

하는 영양막세포들에 의한 모세혈관의 손상으로 모체로부터 혈액이 빠져나와 형성한 작은 웅덩이(**공간[lacunae]**)들이 뭉쳐서 최종적으로 모체 혈액의 호수를 만들어 모체태반과 태아태반 사이 공간을 채우게 된다.

III. 태반(PLACENTA)

태반은 판 모양으로 태아와 모체 사이를 연결하는 기관이다(그림 37.3). 태반은 세가지 중요한 기능을 한다. 첫째, 태아가 자궁에 닻을 내리게 한다. 둘째, 태아혈액과 모체혈액 사이 밀접한 접합으로 두 순환계 사이에 물질교환을 촉진한다. 셋째, 내분비기관으로 임신을 유지하기 위해 모체의 생식생리를 조절한다.

A. 구조

태반은 **태아태반(fetal placenta)**과 **모체태반(maternal placenta)**으로 구성된다.

1. **태아태반:** 태아태반은 두 개의 **탯줄동맥(umbilical artery)**과 한 개의 탯줄정맥을 포함하며, 로프같이 생긴 **근육성 탯줄(umbilical cord)**에 의해 태아에게 붙어 있다(그림 37.3 참조). 산소가 부족한 혈액이 탯줄

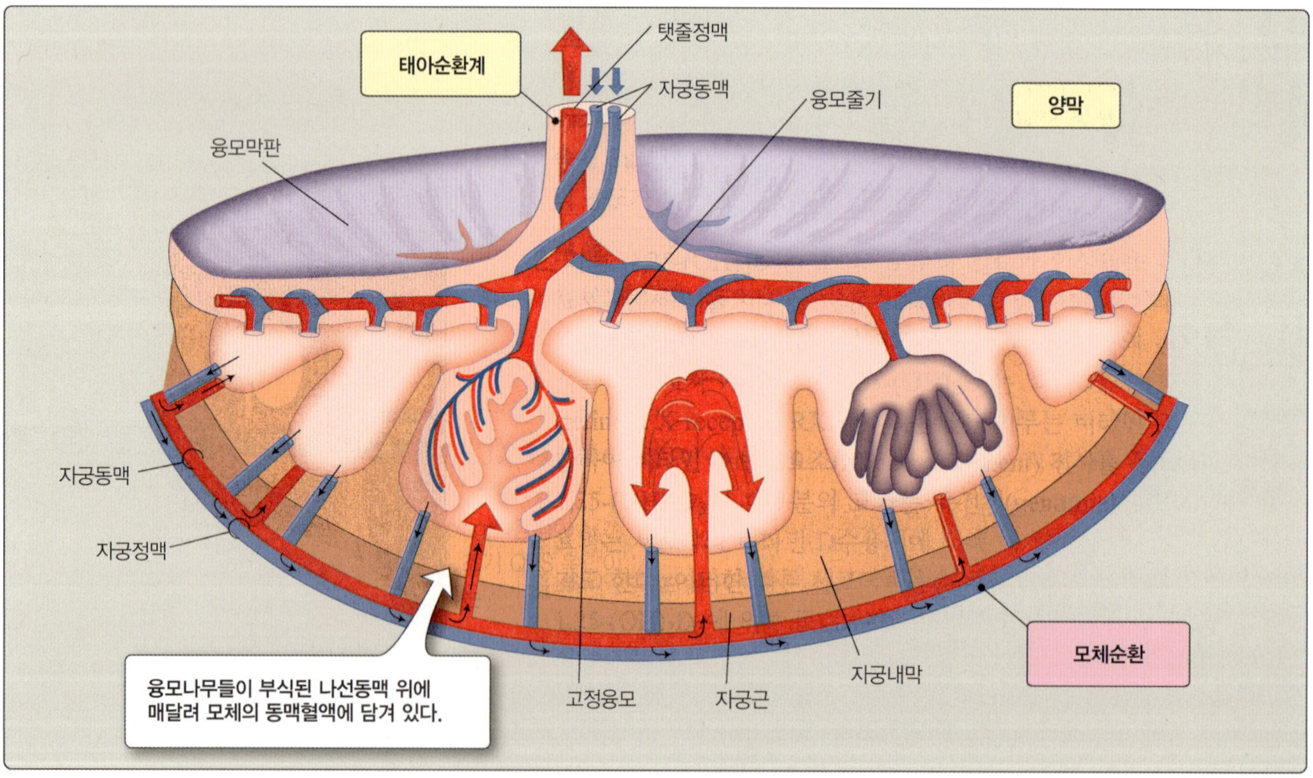

그림 37.3
태반 구조와 혈류

동맥에 의해 태아로부터 태반으로 운반된다. 탯줄동맥은 태반의 **융모막판(chorionic plate)**을 꿰뚫고 나가 가지를 쳐 태반당 15~20개의 **태반엽(cotyledon)**에 군집된 60~70개의 **융모나무(villous tree)**에 동맥혈을 분배한다. 태반나무들은 가지를 내는 구조물로 **융모막융모(chorionic villi)**로 덮여 있다. 융모는 태아태반 모세혈관을 포함하여 모체와 태아 순환 사이에 교환이 일어나는 주요 부위이다. 산소와 영양분이 풍부한 혈액은 융모를 거쳐 탯줄정맥을 통해 태아에게로 운반된다. 어떤 융모들은 모체태반에 부착되어 태반의 닻으로 기능을 한다.

2. **모체태반:** 모체태반 중 태아태반 바로 아래에 있는 부위인 **태반베드(placental bed)**는 계란곽과 유사하다. 자궁내막은 속이 비어서 융모나무가 매달린 일련의 혈액동(sinus)을 구성한다(그림 37.3 참조). 태아태반과 자궁내막 중간에 위치한 융모사이공간(intervillous space)은 ~500 mL의 모체혈액으로 가득 차 있다. 혈액은 착상과 태반 발달 동안 태아 영양막층에 의해 침습된 나선동맥들의 잔재인 **자궁태반(uteroplacental)** 혈관을 통해 이 공간으로 들어간다. 혈액은 모체의 태반 바닥에 있는 자궁정맥을 통해 이 공간으로부터 나오게 된다.

> 비록 태아와 모체 순환계가 교환을 촉진하기 위해 서로 밀접하게 붙어 있지만 정상환경에서 혈관내용물들은 결코 섞이지 않는다.

B. 교환

태아가 발달하고 자라기 위해 필요한 모든 것은 모체와 태아 순환계를 나누고 있는 태아태반 장벽을 가로질러야 한다. 대부분의 물질은 농도경사에 의한 단순확산이나 촉진확산을 통해 운반된다. 소량의 물질은 세포 내 포액작용(pinocytosis)에 의해 운반된다. 태반에서 운반이 잘 되려면 다음 세 가지가 적절해야 한다: 장벽은 최소화하고, 표면적은 넓어야 하며, 모체혈관 위의 융모나무 위치가 적절해야 한다(그림 37.4).

1. **장벽**(barrier)**:** 모체태반을 통해 흐르는 혈액은 대부분 모체혈관에 한정된다. 실제로 모체와 태아혈액 사이 장벽은 내피세포 한 층(태아모세혈관벽)과 결합조직의 얇은 판(바닥판), **융합영양막(syncytiotrophoblast)**의 얇은 한 층으로 구성된다. **임신말기("term")**가 되면 이 장벽은 <5 μm로 얇아져서 확산에 대한 최소한의 장벽이 된다.

2. **표면적:** 바나나다발 같은 융모나무로부터 태아융모가 매달려 나온다. 융합영양막의 꼭대기막(모체) 측 표면은 **미세융모(microvilli)**가 조밀하게 밀집되어 있어 확산을 위한 표면적을 크게 증가시킨다. 임신말기에는 총융모의 표면적 양이 약 10~12 m^2가 된다.

3. **융모**(villi)**:** 융모는 손상된 모체 동맥(그림 37.3 참조)으로부터 분출되는 혈액 위와 그 주위에 직접 발달한다. 실제로 융모는 동맥혈에 의해 계속 씻겨지게 된다. 모체와 태아혈액 사이에는 확산을 통한 영양분과

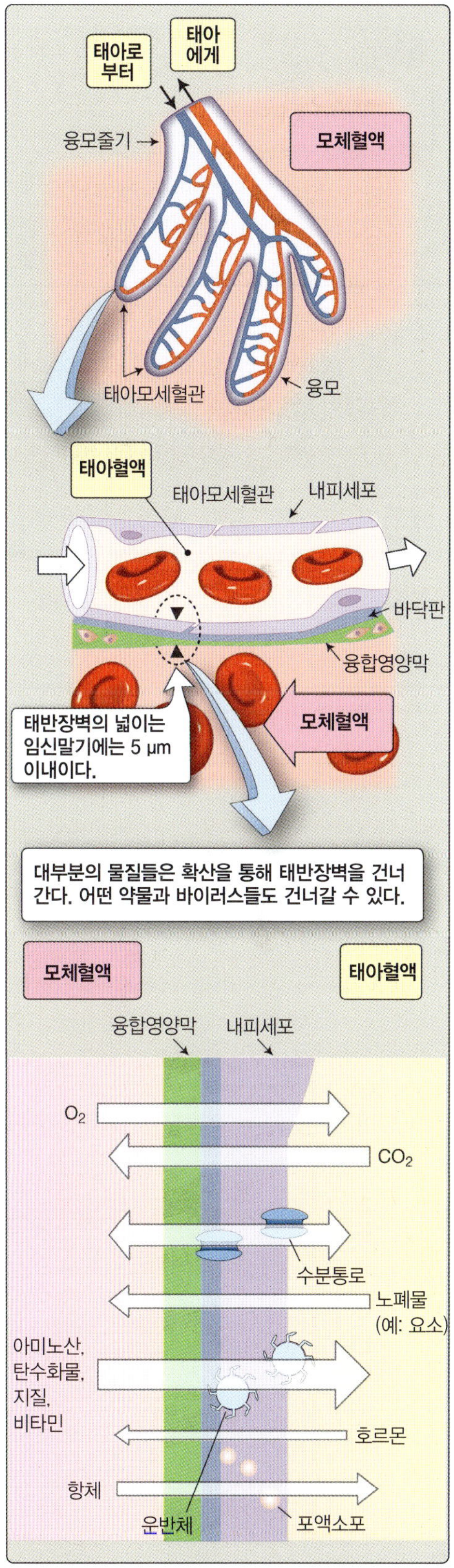

그림 37.4
태반장벽을 가로지르는 교환

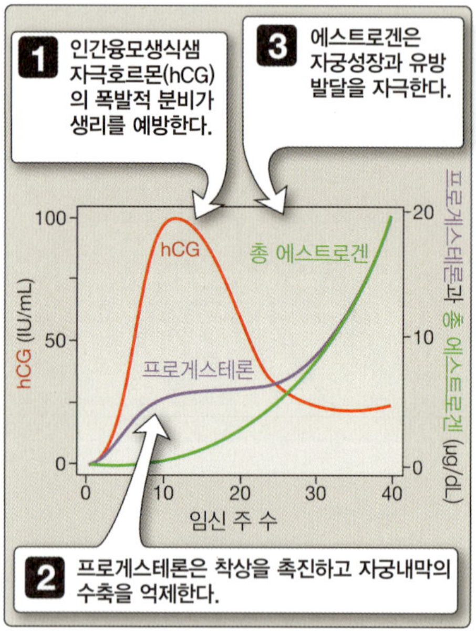

그림 37.5
태반호르몬들

노폐물의 교환 원동력인 가파른 농도경사를 계속 유지하기 위한 흐름의 연속성이 중요하다.

C. 내분비 기능(endocrine function)

임신을 하지 않은 여성의 자궁은 매 4주마다 바깥쪽 자궁내막이 소실되고 생리주기가 새롭게 시작된다. 이 주기는 여성생식호르몬에 의해 조절된다(36·VI·B 참조). 성공적인 임신을 위해서는 **생리주기(menstrual cycle)**가 중단되어 태아가 ~9개월 동안 방해받지 않아야 한다. 주기중단은 태아태반에 의해 이루어지는데 태아태반에서 **인간융모생식샘자극호르몬(human chorionic gonadotropin, hCG)**과 **프로게스테론(progesterone)**, **에스트로겐(estrogen)** 같은 여러 중요 호르몬이 분비되어 모체의 생식생리를 조절하기 때문이다(그림 37.5).

1. **인간융모생식샘자극호르몬(human chorionic gonadotropin):** 융합영양막 (태아태반의 전구체)은 수정 후 수일 이내에 hCG를 분비하기 시작한다. hCG는 황체에 수정이 되었다는 신호를 보내 프로게스테론과 에스트로겐 생성이 지속되도록 한다. 이들 호르몬은 자궁내막의 소실을 막아 착상이 될 수 있도록 한다. 황체는 약 10주간 태반이 호르몬성 조절을 넘어설 때까지 태반이 hCG에 대한 반응으로 프로게스테론과 에스트로겐이 계속 생성할 수 있도록 한다(그림 37.5).

> 수정에 따른 hCG의 빠른 증가가 가정에서 임신검사의 기초가 된다. 즉 모체소변에서 hCG를 측정한다. 테스트막대는 전형적으로 25~50 mIU/mL의 측정역치를 보이며, 이는 착상이 일어난 후(배란 후 10일까지)에야 얻어지는 수준이다.

2. **프로게스테론:** 태반의 융합영양막은 다량의 프로게스테론을 생성한다. 이 호르몬은 처음에는 자궁내막의 착상 준비를 돕고 자궁근의 흥분성을 감소시켜 자궁수축을 막아 발달 중인 태아가 분출되지 않도록 한다. 프로게스테론은 또한 유방의 발달을 자극한다.

3. **에스트로겐:** 태반은 여러 종류의 에스트로겐을 생성하는데 그 중에서 에스트리올(estriol)이 가장 중요하다. 에스트로겐은 모체의 자궁과 유방을 발달시킨다. 태반이 스테로이드(34·II·C 참조) 생성에 필요한 모든 기질(예: 콜레스테롤)과 효소(예: *17α-hydroxylase*)을 다 갖고 있지 않으므로 경로의 중간대사물을 제공받기 위해 태아와 모체 모두에 의존한다.

IV. 모체 생리 (MATERNAL PHYSIOLOGY)

태아는 O_2와 영양분의 공급 및 CO_2와 열, 대사생성물질의 배출을 모체에 의존한다. 이런 태아의 요구는 모체의 모든 장기에 부담이 되며 모체 심혈관계에 상당한 부담을 준다. 임신말기에 모체의 심장박출량과 순환혈액량은 40~50% (2 L)까지 증가된다. 이들 대부분은 모체태반에 공급되나 피부와 콩팥, 간, 소화기에 대한 혈액도 점차 증가한다.

A. 자궁 혈류량(uterine blood flow)

임신하지 않은 여성의 자궁은 총 심장박출량의 ~5%를 받는다. 근육이 발달된 **나선동맥(spiral artery**, 그림 37.6)이 자궁혈관 저항의 주요 원인이다. 이 혈관은 자궁의 대사필요량(즉 **자동조절[autoregulation]**; 20·II·B·1 참조)에 맞추어 수축 및 이완을 통해 혈류량을 조절하는 저항혈관이다. 발달 중인 태아태반은 나선동맥을 파고들어 간다(그림 37.6B 참조). 매우 빠른 유속을 가진 넓고 구불구불한 혈관을 만들기 위해 동맥벽은 새롭게 바뀌어 민무늬근육층은 섬유질물질로 대체된다. 태아에게 이런 모양 변화는 기능적 장점을 제공한다. 자궁에 공급되는 혈관으로부터 혈액이 ~70 mmHg의 압력으로 직접 분출되면서 태아태반의 융모를 씻어내어 필요로 하는 산소와 영양분을 공급해준다(그림 37.6C 참조). 이 혈관을 통한 혈류의 증가와 또한 혈류를 조절하여야 한다는 측면에서 모체의 심혈관계에 대한 영향은 더욱 크다.

1. **흐름(flow)**: 저항혈관은 흐름조절자로서 혈액을 받는 조직의 대사요구량에 따라 혈액량을 제한한다(20·II 참조). 나선동맥의 침습과 확장으로 혈액이 방해받지 않고 태반호수 안으로 흐르게 되어 전체적인 자궁혈류량은 임신 동안 극적으로 증가된다. 혈액흐름의 증가는 저항감소에 직접 비례하여 임신 10주에는 ~50 mL/min로부터 임신말기에는 ~500 mL/min로 증가된다.

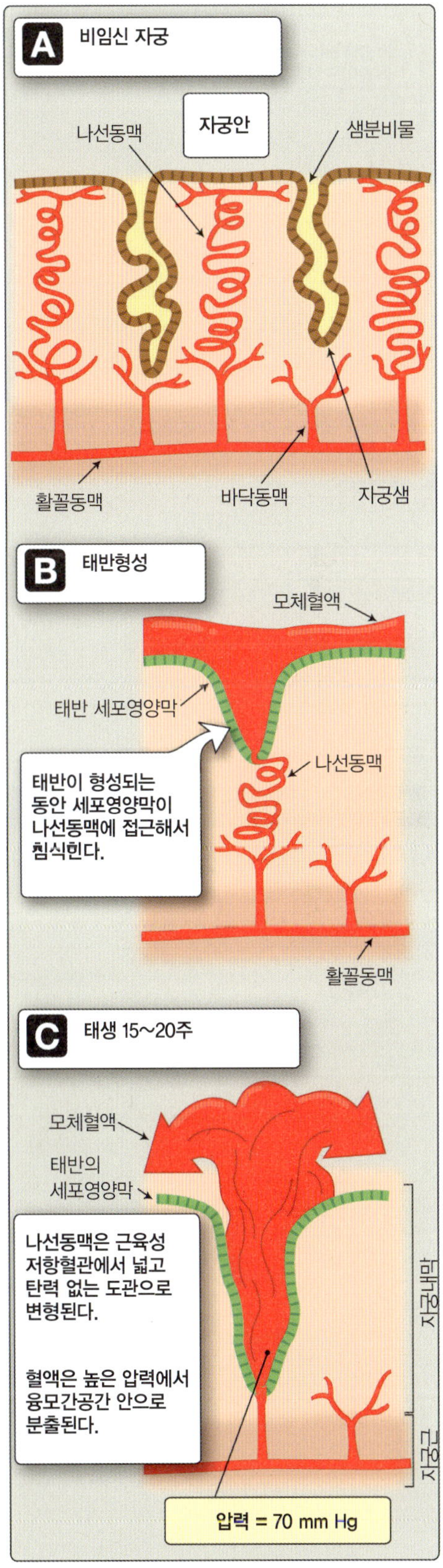

그림 37.6
태반형성과정에서 나선동맥 침습과 침범

임상 적용 37.1: 자간전증(Preeclampsia)

자간전증은 고혈압(수축기혈압 ≥140 mmHg 이상, 또는 이완기혈압 ≥ 90 mmHg 이상)과 단백뇨(≥ 0.3 g/24 hr)가 특징적인 증후군이다. 다른 증상으로는 심한 두통과 시력저하, 명치통증, 비정상적인 간기능을 들 수 있다. 이들 증상은 모두 일반적인 내피세포 기능이상을 반영한다. 내피세포 기능이상으로 인해 혈관긴장도 증가와 혈관투과성 증가, 대뇌, 콩팥, 간과 태반 등 모든 장기에 영향을 미치는 응고이상이 나타난다. 아직까지 원인은 밝혀지지 않았으나 자간전증은 태반이 발달하는 동안 나선동맥의 리모델링이 불완전해서 일어나는 결과라고 믿어진다. 그 결과 모체의 태반혈관들이 좁아져서 태반의 혈류량 감소와 태아에 대한 영양분 공급부족이 일어난다. 혈류량 감소로 인해 태반으로부터 혈관생성을 억제하고 정상적인 모체의 내피세포 기능을 방해하는 성분이 분비된다. **심한 전자간증(severe preeclampsia**, 수축기혈압 ≥ 160 mmHg)에서는 모체의 뇌졸중과 사망을 일으킬 수 있는 위험성이 커진다. 임신기간과 관계없이 즉시 분만하는 것이 치료법으로 추천된다.

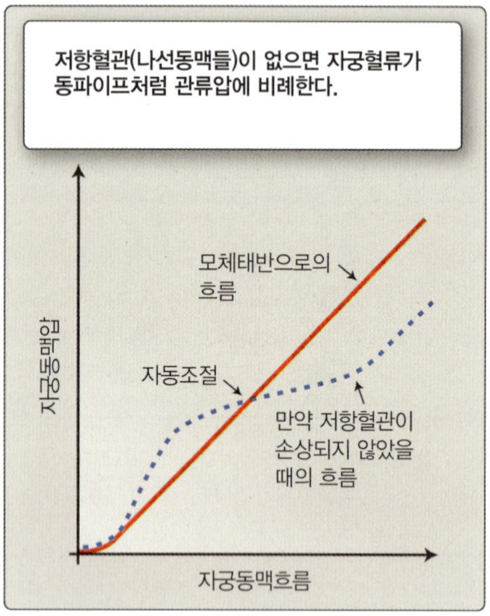

그림 37.7
임신 동안 자궁 관류압-혈류량 관계

표 37.1 미국에서 임신-관련 주요 사망원인

원인	전체 중 %
색전	20
출혈	17
고혈압	16
감염	13
심장근육병	8
뇌졸중	5
마취	2
기타	19

2. **조절:** 모체의 저항혈관이 소멸되면 모체로 가는 혈류량은 최대가 되나 동시에 혈류량을 조절하는 자궁혈관의 능력은 제한된다. 따라서 자궁동맥압에 직접 관여하는 혈류량은 그림 37.7(또한 19·IV 참조)에서 보는 바와 같이 혈류역학에 대한 옴(Ohm)의 법칙으로 예측이 가능하다.

자궁이 혈류조절기전을 상실하면 조기태반박리와 같은 사건이 있을 때 모체가 대량 실혈할 큰 위험에 빠지게 된다. 출혈은 미국에서 가장 흔한 임신-관련 사망원인이다(표 37.1).

B. 혈류역학(hemodynamic profile)

자궁은 전신적인 혈관계로 자궁혈관저항이 감소하면 전체혈관저항이 따라서 감소한다(그림 37.8). 전신혈관저항(systemic vascular resistance, SVR) 감소는 평균동맥압(mean arterial pressure)을 유지하기 위해 심장박출량(cardiac output)을 증가시킨다.

평균동맥압: 평균동맥압 = CO × SVR (18·III 참조).

1. **전신혈관저항:** 전신혈관저항은 임신 첫 20주 동안 꾸준히 감소한다. 이는 태아태반에 의한 모체 저항혈관의 계속되는 손상이 주 원인이지만, 열과 태아 노폐물을 제거하기 위한 필요가 점차 커짐에 따라 피부와 콩팥혈관에서의 혈관저항이 감소되는 것도 원인이 된다.

2. **심장박출량:** 심장박출량 증가에 대한 필요는 일회박출량(stroke volume, SV)과 심박수(HR)를 증가시켜 채워진다. 심박수는 임신 동안 느리게 상승하여 32주에는 임신하지 않은 상태에 비해 평균 15~20회/분 증가된다. 심장박출량은 전부하 및 수축력 증가에 의해 임신 초기부터 상승되기 시작한다.

   a. **전부하(preload):** 인체는 지속적이고 반복되는 심장박출량 증가에 대한 요구를 Na^+과 물의 저장을 통한 순환혈액량 증가로 반응한다. 태반호르몬은 갈증을 자극하고 *레닌*-앤지오텐신-알도스테론계([RAAS] 20·IV 참조)를 활성화하여 이 효과를 강화한다.

   b. **수축력:** 심장박출량이 지속적으로 증가되면 심실비대가 발생한다. 심장은 증가된 확장기말용적(전부하)에 적응하기 위해 커지고 심실벽은 수축력을 증가시키기 위해 두꺼워진다.

3. **평균동맥압:** 평균동맥압은 모든 혈관에 적절한 혈액량을 확실히 공급하기 위해 임신 전 수준으로 유지되어야 하나, 모체혈관계(즉, 태반) 내로 낮은 저항 경로가 생김으로 인해 확장기 동안 혈액은 임신 전에 비해 보다 쉽게 동맥계를 빠져나갈 수 있게 된다(증가된 **확장기유출[diastolic runoff]**; 19·V·C·2 참조). 따라서 확장기혈압은 임신 동안 감소하고 맥압이 넓어진다.

C. 생리적빈혈(physiologic anemia)

임신 동안 증가된 Na^+과 물의 저장이 모체의 혈장량을 40~50% 증가시킨다. 적혈구 생성은 빠른 혈액량 증가를 따르지 못하고 단지 25~35% 증가에 그치므로 그 결과 **임신 중 생리적빈혈(physiologic anemia of pregnancy)**이 일어난다(그림 37.9). 비록 빈혈이 총 산소운반량을 감소시키지만 한편 혈액 점성이 감소되어 전단응력이 감소되는 생리적 장점도 있다. 또한 양성 심잡음도 일어날 수 있다.

1. **전단응력**: 임신에 의한 심장박출량의 지속적인 증가에 부합하기 위해서는 혈액은 빠른 속도로 모체의 동맥과 정맥을 통해 이동해야 한다. 빠른 속도의 흐름은 혈관내막에 **전단응력(shear stress)**을 증가시켜 그 부위에 손상을 가져오게 된다. 전단응력은 혈액의 속도와 점성에 비례한다(**레이놀드 공식[Reynolds equation]**: 19·V·A 참조). 적혈구용적률이 혈액 점성의 주요 결정인자이므로 빈혈은 스트레스를 감소시키고 혈관 내피세포 손상의 위험성을 줄여준다.

2. **잡음**(murmur): 혈액 점성이 감소되면 혈액의 와류성이 증가된다. 레이놀드 공식으로 혈류속도가 최고인 부위에서 심혈관계에서 와류가 일어날 가능성이 가장 높은 부위를 예측할 수 있다. 실제로 이로 인해 모체에서 대동맥판과 폐동맥판을 통한 혈액 구출과 관련된 **기능성(functional**, 즉, 무해한) **심잡음**이 종종 발생한다. 또한 모체의 큰 정맥들을 통해 와류성 고속혈류가 흐를 때 **정맥잡음(venous hum)**이 발생할 수 있다.

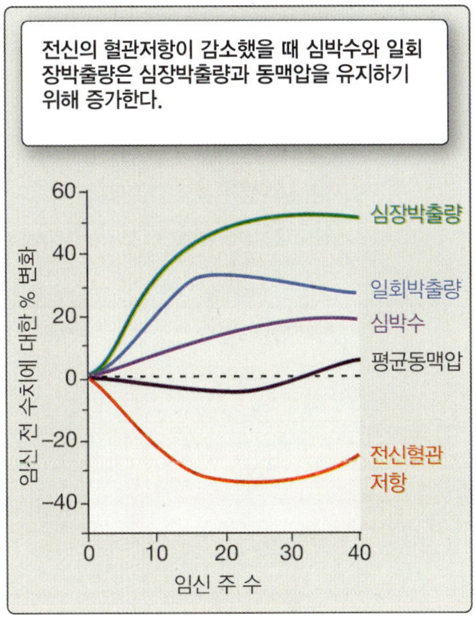

그림 37.8
임신 동안 모체 혈류역학 변화

D. 부종

자궁과 그 내용물(임신말기에 태아, 태반, 양수 총 ~8 – 10 kg)을 합한 무게가 하부대정맥과 하지로부터 돌아오는 다른 작은 정맥들을 눌러 흐름을 지연시킨다. 압박으로 인해 하지의 정맥압이 상승되어 평균모세혈관압이 증가하여 혈액으로부터 사이질로 여과가 증가된다(19·VII·D 참조). 그 결과 부종이 생기며 임신여성에게는 **발부종(pedal edema)**과 발목부종이 흔하다. **콜로이드삼투압(colloid osmotic pressure,** 즉 혈장단백질 농도)이 임신 동안(임신 전 ~25 mmHg부터 분만 후 ~15 mmHg로) 30~40% 감소되어 부종은 더욱 많이 발생하게 된다.

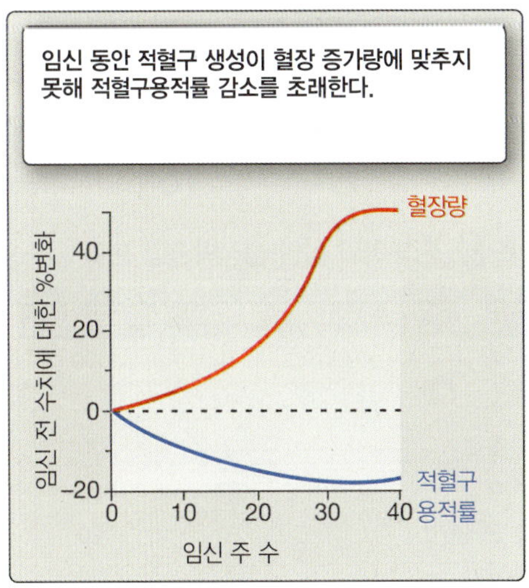

그림 37.9
임신 중 생리적빈혈

E. 호흡계

모체와 성장하는 태아의 산소요구량은 임신 동안 빠르게 증가되어 산소소모량이 말기에는 비임신기에 비해 ~30% 이상 증가된다. 분당 환기도 점차 증가하여 임신 2기 동안 비임신여성에 비해 ~50% 이상 증가된다. 환기 증가는 주로 일회호흡량 증가에 의해서 일어나며 호흡수 증가(2~3회/분)에 의해 약간의 영향을 받는다. P_aO_2는 ~10 mm Hg 증가하고, P_aCO_2는 ~8 mmHg 감소하는 전체적인 효과에 의해 가벼운 호흡성알칼리증이 유발된다(<0.1 pH units). 다른 유의한 호흡성 변화로는 가로막 상승에 의해 기능성예비용량과 유산소예비용량, 잔기량(22·IX·A 참조)이 20% 감소

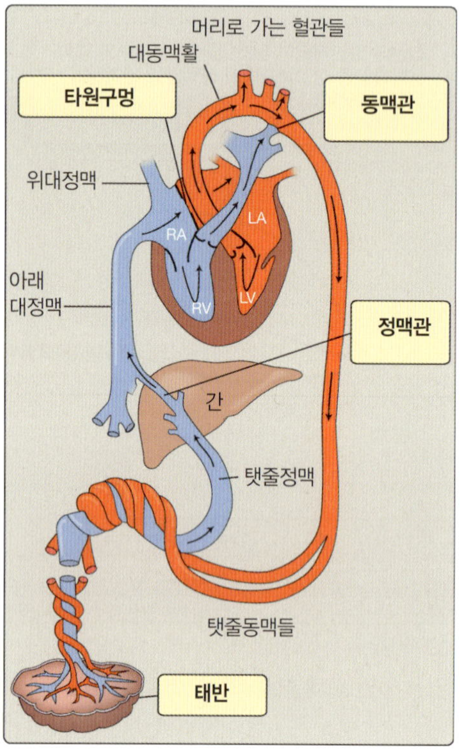

그림 37.10

태아순환. LA = 왼심방, LV = 왼심실, RA = 오른심방, RV = 오른심실

표 37.2 태아와 성인 심장박출량 분포*

기관	태아	성인
폐	6	100
심장	5	5
콩팥	2	20
대뇌	20	20
근육뼈대	20	20
내장	7	30
태반	40	–

* 모든 수치들은 근사치이며 총 심장박출량의 %이다.

하므로, 모체가 운동하는 동안 증가된 산소요구량을 보상할 수 있는 능력이 제한될 수 있다.

F. 콩팥

토리여과율이 꾸준히 증가해 임신 16주에는 정상값의 ~50% 이상이 증가되어 분만 시까지 그대로 유지된다. 이러한 증가는 모체가 요소와 비휘발성산을 포함해 태아노폐물을 배설할 필요성이 증가하였음을 반영한다.

V. 태아생리

태아는 성장을 위해 필요한 모든 것을 모체순환계로부터 태반을 통해 받으므로 대부분의 태아 장기들은 정상 성장을 위해 필요하지 않아 출생 전에는 발달이 부족하다. 예외적으로 심혈관계는 임신 이른 초기부터 기능하게 된다.

A. 혈관

처음 발달하는 동안 배아는 자궁관과 다른 모체의 분비물로부터 단순확산을 통해 영양분을 얻게 되나, 점차 자라면서 확산만으로는 안쪽 세포까지 영양분과 산소가 도달하지 못하게 되어 더욱 성장하기 위해 기능을 하는 심혈관계가 필요하게 된다. 단일 방으로 만들어진 심장이 임신 후 4주 동안 사이질액과 유사한 혈액을 펌프질하기 시작한다. 성인 순환계에서는 혈액이 폐로부터 산소를 받고 소화기로부터 영양분을 받으나 태아는 태반이 태아의 모든 영양요구량을 공급하므로 이에 따라 혈관계가 변형되었다. 태아에서 **태반(placenta)**과 **정맥관(ductus venosus)**, **타원구멍(foramen ovale)**, **동맥관(ductus arteriosus)**을 볼 수 있다(그림 37.10).

1. **태반:** 태아태반은 태아의 폐와 콩팥, 소화기, 간의 기능을 하며, 태아 심장박출량의 ~40%를 받는 낮은 저항혈관으로 구성되어 있다(표 37.2).

2. **정맥관:** 태아태반에서 나오는 혈액은 정맥관에 의해 간을 지나는 단락(shunt)을 만든다. 성인에서 간은 소화기계로부터 오는 영양분이 풍부한 혈액을 여과하고 처리하지만 태아의 소화기계는 기능을 하지 않으므로 우회해버린다. 간과 소화기계는 보다 작은 혈관계를 통해 자신들에게 필요한 만큼의 영양분을 공급받는다.

3. **타원구멍:** 아래대정맥으로부터 태아의 오른 심장으로 들어오는 혈액은 태반을 거쳐온 후이므로 산소가 풍부하다(80% 포화). 태아의 폐는 기체교환에 참여하지 않으므로 폐순환계를 통한 혈액이동은 의미가 없다. 또한 폐혈관저항(PVR)이 높아서 폐에 관류하기가 어렵다(아래 참조). 따라서 산소가 풍부한 혈액은 타원구멍을 통해 우심방으로부터 직접 좌심방으로 이동하여 폐를 우회한다.

4. **동맥관**: 태아 순환계를 통과한 뒤에 위대정맥을 경유해 오른심장으로 들어가는 혈액은 산소가 부족하다(25% 포화; 아래 참조). 혈액은 오른심장에서 펌프질되어 동맥관을 통해 내림대동맥으로 들어가 폐를 우회하게 된다. 타원구멍과 동맥관은 함께 혈관회로를 만들어 왼심장과 오른심장이 서로 평행하게 배열하도록 한다.

B. 혈관저항(vascular resistance)

성인순환계에서는 전신혈관저하 > 폐혈관저항이며 왼심장이 더 우세하나, 태아순환계에서는 폐혈관저항 > 전신혈관저항이다. 태아의 폐는 액체로 차있고 기체공간은 쪼그라들어 있으며, 폐혈관은 낮은 산소농도에 대한 반응으로 일정하게 수축되어 있다(**저산소성 혈관수축**; 23·III·E 참조). 따라서 폐혈관 내로 관류하기가 힘들며 태아의 폐혈관저항은 높다. 대조적으로 태아의 *전신*순환계는 태반을 포함하기 때문에 혈류에 대해 저항이 매우 낮아져 태아 전신혈관저항은 낮다.

C. 산소운반

모체 자궁혈액은 산소포화도가 ~80~100%이다. 비록 태아와 모체순환계를 분리하는 장벽은 최소한이나 태반은 폐와 비교해 상대적으로 비효율적인 기체교환장소이며 태아 혈액의 P_{O_2}는 겨우 30~35 mmHg(성인 폐정맥의 P_{aO_2} 98~100 mm Hg와 비교해)이다. 그러나 이러한 운반경로의 타고난 한계에도 불구하고 태아 혈액은 성인과 유사한 양의 산소를 운반한다. 이는 태아 헤모글로빈인 HbF에 의해 일어나며 HbF는 산소해리곡신(23·VI·C·2 참조)을 왼쪽으로 이동시킨다. HbF의 높은 산소친화도에 의해 모체로부터 산소를 빼올 수 있어 태반에서 탯줄정맥을 통해 태아로 가는 혈액의 산소포화도는 80~90%에 이른다(그림 37.11)이다. 태아 혈액은 또한 성인에 비해 Hb이 ~20% 이상 많아 전반적인 산소운반능력도 높다.

D. 산소 분포

탯줄정맥을 통해 태반으로부터 태아에게로 가는 혈액은 산소가 풍부하다. 정맥관을 경유해 간 주위를 흐르다가 하지에서 아래대정맥을 통해 돌아오는 산소가 부족한 혈액을 만나게 된다(그림 37.11). 얇은 막이 두 혈류가 만나는 지점에서 혼합이 발생하지 않도록 하며 산소가 풍부한 혈액은 그대로 보존되어 우심방(유선형 흐름; 19·V·A 참조)으로 간다. 여기서 두 흐름이 **심방사이격벽(crista dividens)**에 의해 나누어진다. 산소가 풍부한 부분은 우선적으로 왼심장 안으로 들어간 뒤에 대동맥으로 간다. 대동맥에서 가지쳐 나가는 첫 번째 동맥은 심근과 대뇌를 먹여 살리며 이들 두 중요한 부위의 순환계는 산소농도가 가장 높은 혈액을 받게 된다.

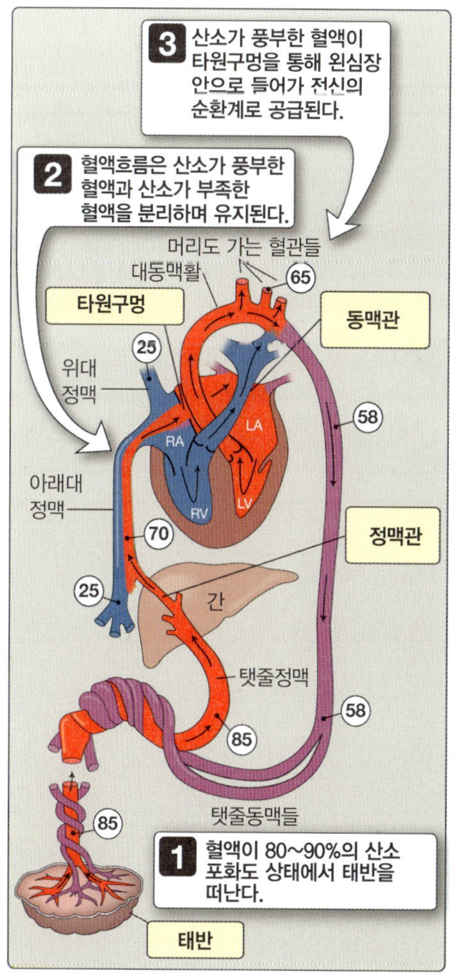

그림 37.11
태아순환계에 의한 산소 분포. 동그라미 내 숫자는 산소포화도를 나타낸다. LA = 왼심방, LV = 왼심실, RA = 오른심방, RV = 오른심실

E. 콩팥기능

태아콩팥은 임신 9~10주 이내에 소변생성을 시작한다. 소변농축능은 4주가 지나면 가능해지나, 태아는 임신기간 동안 액체와 전해질균형을 태반에 의존한다. 18주가 되면 콩팥은 시간당 10 mL 이상의 소변을 생성하며 태아 소변은 양수의 주요공급원이 된다.

VI. 분만(PARTURITION)

인체의 임신기간은 평균 40주 동안 지속된다. 이 시기의 끝 무렵에는 태아가 강제로 자궁으로부터 배출되며 모체와의 신체적 연결이 중단된다(**분만[parturition]**). 모체와 신생아가 모두 살아남기 위해 출산과정은 조심스러운 협력이 필요하다.

A. 단계

분만은 다양한 기간을 가지고 있는 다음 세 단계로 나눌 수 있다: **이완기(dilation)**, **태아 압박방출기(fetal expulsion)**, **태반기(placental)**.

1. **이완:** 단계는 진통으로 시작해서 자궁경부가 완전히 이완되면 끝난다. 태아는 양수주머니에 의해 둘러싸여 있으나 자궁배출을 막는 중요 장벽은 자궁경부이다. 분만 첫 단계 동안 자궁근은 규칙적으로 수축하기 시작해 점점 강도가 더해진다. 수축은 자궁바닥에서 시작해 꼬리 쪽으로 퍼져나가면서 태아를 경부 쪽으로 밀어 아랫부위는 얇아지고 이완되게 한다. 1단계는 대략 8~15시간 동안 지속된다.

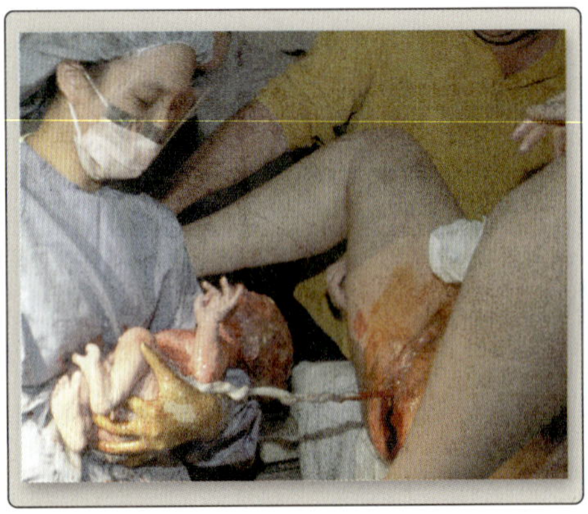

그림 37.12
갓 태어난 아기

2. **태아 압박방출:** 태아는 빈번하고 강력한 수축파에 의해 자궁으로부터 경부와 질을 통해 강제로 방출된다. 2단계는 45~100분 이내에 끝난다(그림 37.12). 탯줄은 전통적으로 출산 후 빠르게 묶어주나, 미숙아의 경우 탯줄묶기를 늦게 하면 탯줄 내 혈액이 신생아 쪽으로 이동하여 신생아의 적혈구용적률을 높이는데 도움이 될 수 있다.

3. **태반:** 자궁은 태아가 방출된 후에도 수축을 계속해서 자궁크기를 축소시킨다(**퇴축, involution**). 퇴축으로 인해 자궁벽으로부터 태반이 찢어지여 태반과 관련막들은 후분만으로 나중에 배출된다. 3단계는 대개 태아방출 후 수분 이내에 끝난다.

B. 호르몬들

불규칙하고 약한 자궁 수축파가 임신 동안 일어난다(**Braxton Hicks 수축**). 왜 이 수축이 갑자기 강력한 분만수축으로 이행되는지는 아직 알 수 없으나 몇 종류의 호르몬들이 관여하는 것으로 보인다. 태아가 자궁근을 늘어나게 하고, 태아가 자람에 따라 전체적인 흥분성이 증가되는 것도 원인이다. 분만을 유도하는 호르몬으로는 에스트로겐과 프로게스테론, 프로스타글란딘, 옥시토신과 코티졸이 있다.

1. **에스트로겐/프로게스테론 비:** 프로게스테론은 임신 동안 자궁수축을 억제한다. 에스트로겐은 Na^+통로와 Ca^{2+}통로의 발현을 증가시키고, 자궁근 내 인접한 민무늬근세포들 사이의 틈새이음 발현을 증가시켜 흥분성을 항진시킨다. 흥분파가 틈새이음을 이용해 자궁벽을 통해 휩쓸고 지나가면 수축파형으로 나타난다. 분만 시 에스트로겐/프로게스테론 비가 증가하면 자궁은 흥분하게 된다.

2. **프로스타글란딘(prostaglandin):** 자궁과 태반, 태아 모두 프로스타글란딘(PGE_2와 $PGF_{2}\alpha$)을 생성하여 자궁수축을 자극한다. 에스트로겐 증가가 똑같이 프로스타글란딘 생성을 증가시킨다.

3. **옥시토신:** 옥시토신은 자궁수축의 강력한 자극제로 자궁경부 확장에 대한 반응으로 뒤뇌하수체에서 분비(36·VII·B 참조)되어, 태아방출에 필요한 강력한 힘이 되는 양성되먹임 작용을 한다.

4. **코티졸:** 태아의 시상하부−뇌하수체−부신 축은 코티졸 분비에 의해 활성화된다(34·V·B 참조). 코티졸은 에스트로겐/프로게스테론 비를 증가시킨다.

C. 태아에서 성인으로 순환계 전환

분만에 의해 모체와 태아 사이의 연결이 깨지면서 태아 혈관계는 성인 혈관계로 전환하게 된다. 전환과 함께 전신혈관저항 증가와 폐 팽창, 폐혈관저항 감소, 동맥관, 타원구멍, 정맥관 폐쇄가 일어나며, 최종적으로 중추적인 역할이 오른심장에서 왼심장으로 이행된다(그림 37.13).

1. **전신혈관저항:** 배꼽은 근육이 매우 발달된 구조로 출생 후 저절로 수축한다. 수축으로 탯줄동맥과 정맥이 막혀 태반으로의 혈류가 끝나게 된다. 이러한 낮은 저항 경로가 전신혈관 회로로부터 제거되어 태아의 전신혈관저항은 증가한다.

> 탯줄동맥과 정맥의 잔유물은 성인이 되면 **안쪽탯줄인대(medial umbilical ligament)**와 **원인대(ligamentum teres)**로 된다.

2. **폐 팽창(lung inflation):** 탯줄혈관이 눌려서 막히면 혈류 중단으로 산소가 박탈되어 태아가 질식상태가 된다. 이는 영아가 출산 시 갑작스럽게 냉기를 경험하는 것과 함께 뇌간의 호흡조절중추를 자극하여 헐떡임과 몇 번의 호흡을 하게 된다. 허파꽈리내압은 대기압 아래로 떨어져 압력 경사가 공기유입을 유발해 폐가 팽창하게 된다.

3. **폐혈관저항(pulmonary vascular resistance):** 발달하는 동안 폐는 압축되어 있고 폐동맥 역시 낮은 Po_2에 대한 반응으로 눌리고 수축된 상태여서 폐혈관저항은 높다. 첫 번째 호흡은 허파꽈리와 폐동맥의 Po_2를 극적으로 상승시켜 혈관이완을 촉진한다. 폐 팽창은 또한 폐혈관들을 신장시켜 벽이 얇아지고 내부직경이 커지게 된다. 그 결과 폐혈관저항이 극적으로 떨어지면서 동시에 폐혈류량이 증가하게 된다.

4. **동맥관:** 폐혈관저항 감소와 탯줄정맥으로부터의 혈류 소실로 인해 오른심방압이 감소된다. 동시에 전신혈관저항은 태반회로 소실로 인해 증가되어 왼심실압과 대동맥압이 증가한다. 오른쪽에서 왼쪽으로의 압력 경사가 갑자기 전환됨에 따라 동맥관을 통한 혈류가 역전되고 상승하는 P_aO_2와 감소되는 프로스타글란딘에 대한 반응으로 동맥관이 수축한다(임상 적용 37.2 참조). 완전한 구조적 폐쇄는 수개월이 걸리며, 태아기

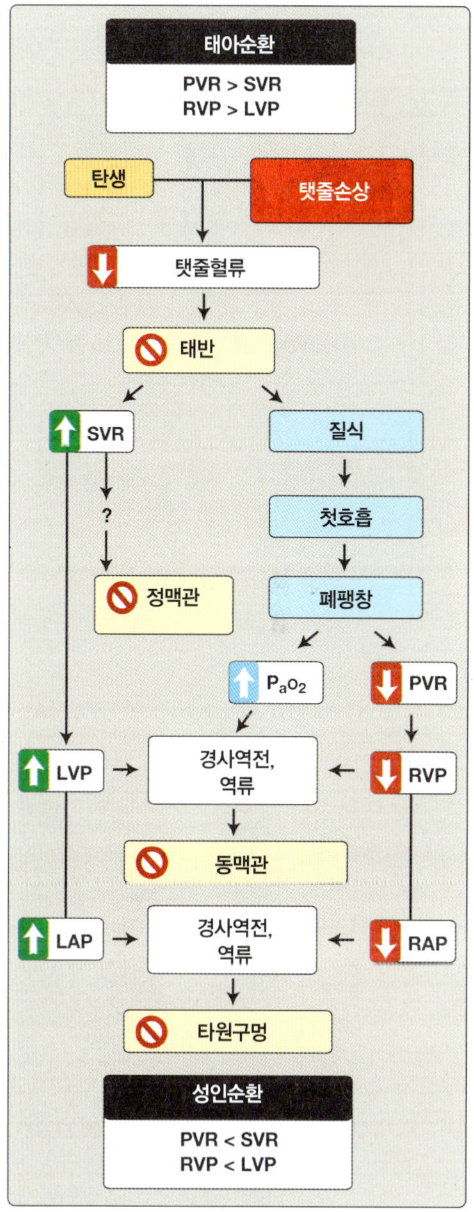

그림 37.13
분만 동안 태아 순환회로 변화. LAP = 왼심방압력 ; LVP = 왼심실압력; P_aO_2 = 산소분압(동맥); PVR = 폐혈관저항; RAP = 오른심방압력; RVP = 오른심실압력; SVR = 전신혈관저항

임상 적용 37.2: 동맥관열림증(Patent Ductus Arteriosus)

동맥관열림증은 흔한 선천성 심장기형으로 특히 미숙아나 저체중아에서는 30%나 되는 높은 유병률을 보인다. 동맥관이 열린 채 남아 있으면 체순환계의 높은 압력을 가진 혈액이 폐순환계로 우회된다. 심한 정도에 따라 우회로 인해 폐동맥고혈압이 일어나며 치료하지 않으면 오른심장기능상실에 빠지게 된다. 동맥관열림은 부분적으로 높은 PGE_2에 의해 일어나므로 인도메타신 같은 *cyclooxygenase* 억제제[1]를 투여하면 종종 완전하게 폐쇄되나 약물치료로 부족할 때는 외과적으로 폐쇄해야 한다.

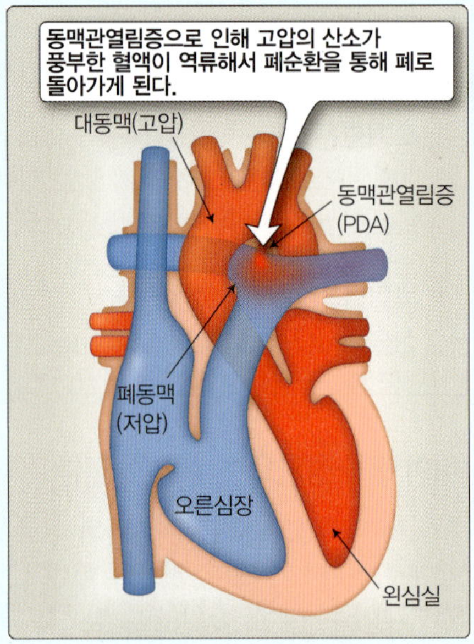

shunt의 흔적은 어른에서도 **동맥관인대(ligamentum arteriosum)**의 형태로 남아 있다.

5. **타원구멍:** 오른쪽-왼쪽 혈압 역전으로 타원구멍을 덮고 있는 판막 같은 피판(flap)이 밀리게 되며, 왼심방압이 점차 더욱 상승하면 심장의 오른쪽과 왼쪽을 분리하기 위해 피판이 닫힌 상태로 유지된다. 때가 되면 피판이 심방사이 격벽에 융합되어 타원구멍이 영구적으로 봉합되어 성인 심장의 **타원오목(fossa ovale)**이 된다.

타원구멍열림증(patent foramen ovale)은 일반인구의 25~30%에서 발병하는 선천성 심장병이다. 비록 왼심방과 오른심방 사이에 경로는 그대로 남아 있더라도 일반적으로 왼심방압이 오른심방보다 높기 때문에 타원은 한방향 판막에 의해 막힌 채로 남아 있게 된다. 건강한 사람들은 대부분 증상이 없다.

6. **정맥관**(ductus venosus)**:** 정맥관은 조임근 같은 기전으로 닫히게 되며 성인에서 **정맥관인대(ligamentum venosum)**로 지속된다. 폐쇄기전은 아직 모른다.

7. **순환계 주도**(circulatory dominance)**:** 수주 뒤에 왼심실은 전신혈관저항 증가에 대한 반응으로 느리게 비대해진다. 반면에 오른심장은 임신기보다 낮은 폐혈관저항으로 느리게 왼심장에 비해 상대적으로 근육량이 감소된다.

INFO LINK [1] *Cyclooxygenase* 억제제의 작용과 사용에 대한 더 많은 정보는 *LIR Pharmacology 제5판* 참조.

D. 모체 혈액손실

모체는 전형적으로 정상분만 동안 태반으로부터 ~500 mL의 혈액을 잃게 된다. 모체는 임신 첫 수주 동안 대량으로 혈액량을 증가시켜 이런 출혈에 잘 준비되어 있다. 더 이상의 손실이 생기지 않도록 자궁이 강하게 수축해 자궁혈관을 압박해 지혈시킨다. 수축은 분만 3기 동안 옥시토신에 의해 자극된다.

37장 요약

- 임신은 수정과 함께 시작된다. 발달 중인 배아는 수일 동안 빠르게 분열하여 **주머니배(blastocyst)**를 형성하여 모체의 자궁벽에 **착상(implant)**한다. 착상은 **외측 영양막(trophoblast)** 세포층이 모체의 **자궁내막(endometrium)**을 침습하고 소화하여 발생하며 이후 접속(즉 **태반**)을 생성한다.
- 태반은 태아와 모체 순환계 사이에서 영양분과 호르몬, 노폐물을 교환한다.
- 태아태반은 접속부위 표면적을 증가시키는 60~70개의 **융모나무(villous tree)**로 구성된다. 모체태반은 혈액으로 가득 찬 15~20개의 자궁내막동으로 구성되며 이는 착상 동안 태아 영양막(trophoblast)에 의해 만들어진다. 태아와 모체태반 사이 공간은 ~500 mL의 모체혈액으로 채워져 있다. 혈액은 **나선동맥(spiral artery)**으로부터 조절되지 않은 채로 비교적 높은 압력(~70 mm Hg) 상태로 흘러 태아 융모나무를 적신다.
- 태반은 또한 내분기기관으로 **인간융모생식샘자극호르몬(human chorionic gonadotropin)**, **프로게스테론(progesterone)**, **에스트로겐(estrogen)**을 분비한다.
- 발달 중인 태아에게 필요한 모든 것은 모체의 기관계, 즉 **심혈관계**와 **콩팥**(노폐물 배설 증가), **폐**(산소요구량 ~30% 증가), **소화기관**, **간**, **피부**(체온조절)를 통해 공급받게 된다.
- 모체의 **심장박출량**은 임신 동안 ~50% 증가되며 이는 **심박수(heart rate)**와 **일회박출량(stroke volume)** 증가로 얻어진다. 일회박출량은 액체 저장과 증가된 **순환혈액량(circulating blood volume)**의 결과로 증가된다.
- 혈액량 증가는 적혈구생성보다 빠르기 때문에 임신 시 **생리적 빈혈(physiologic anemia of pregnancy)**을 유발한다. 그 결과 혈액의 **점성(viscosity)**이 감소해 심장과 혈관내막에 대한 **전단응력(shear stress)**이 감소한다.
- 자궁과 그 내용물은 임신 동안 무게가 상당히 증가한다. 자세와 압박, 모체 하지의 혈류 장애가 **발부종(pedal edema)**을 유발한다.
- 태아순환계는 발달 중인 장기에 혈액을 공급하기 위해 세가지 **shunt**를 통해 혈액이 탯줄정맥으로부터 간(**정맥동, ductus venosus**를 통해)과 폐(**타원구멍[foramen ovale]**과 **동맥동[ductus arteriosus]**)를 우회하도록 한다.
- 태아혈액에는 산소친화도가 높은 **태아헤모글로빈(fetal hemoglobin, HbF)**이 있다. HbF는 태반이 폐에 비해 덜 효율적인 산소운반경로임을 보상하여 거의 성인수준의 산소를 운반하도록 한다.
- **분만(parturition)**은 모체와 태아태반으로부터 생성되는 호르몬의 변화에 의해 시작되고 유지된다. 자궁수축은 태아와 태반을 방출한 뒤 자궁혈관을 압박하고 눌러 분만 동안 모체의 혈액손실이 적도록 한다.
- 출생 시 신생아의 **폐혈관저항(pulmonary vascular resistance)**은 감소하고 **전신혈관저항(systemic vascular resistance)**은 증가하여 성인에서와 같은 왼심장 주도적인 순환계를 형성한다.

38 온도스트레스와 발열

I. 개요

인간은 열을 발산하고 유지하는 능력과 극단적인 온도에서의 행동 적응능력을 통해 남극(평균온도 –55°C)과 에디오피아(평균온도 35°C)를 비롯한 지구표면 대부분의 지역에서 살 수 있다. 인체 내부온도는 세포기능 손상 없이 39~40°C까지 상승할 수 있지만 체온은 그림 38.1에서 보는 것과 같이 보다 좁은 범위(36.5~37.5°C) 내에서 조절된다. 내부체온조절은 인체의 기본적인 항상성 기능 중 하나이다. 내부온도는 대뇌와 척수, 내장에 존재하는 온도수용기를 통해 감지된다. 외부온도는 피부의 온도수용기를 통해 감지된다. 교감신경계(sympathetic nervous system, SNS)는 환경스트레스에 대하여 시상하부의 조절중추과 함께 조화를 이루어 온도조절반응을 매개한다. 열스트레스 동안(예: 80°~90°C 핀란드식 사우나에 앉아 있기) 피부혈류와 땀샘자극이 동시에 증가되어 증발성 냉각을 유발한다. 추위스트레스(예: 춥고 습한 날 교통정리 중인 경찰관이 경험하듯) 동안에는 피부의 열손실을 감소시키기 위해 피부혈류가 감소하고 열을 생산하기 위해 몸을 떨게 된다. 시상하부는 또한 병원체에 의한 감염을 늦추기 위한 방법의 하나로 활동적으로 내부온도를 증가시킨다. 열은 질병을 인식할 수 있는 가장 오래된 증상 중 하나이다.

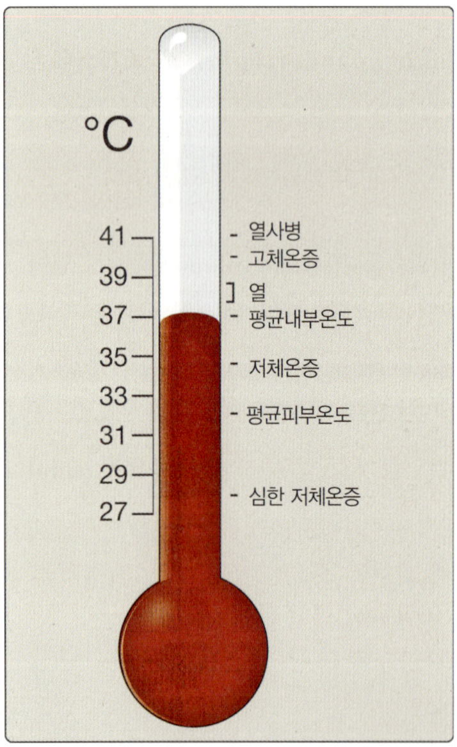

그림 38.1
체온

II. 체온조절(THERMOREGULATION)

외부와 내부온도는 온도수용기에 의해 감지되며 이 수용기는 감각정보를 시상하부에 있는 조절중추에 전달한다. 온도조절 효과기관으로는 피부와 갈색지방조직, 뼈대근육을 들 수 있다.

> 내부온도는 식도와 직장에 넣은 온도계로 정확하게 측정할 수 있다. 환자가 코로 숨쉬고 호흡률이 낮을 때 구강온도로 내부온도의 적절한 추정치를 알 수 있다. 구강온도는 직장온도에 비해 0.25°~0.5°C 낮다.

A. 감각기(sensor)

인체는 두 종류의 온도감각기군을 가지고 있다. 중추온도수용기는 내부온도를 측정하는 반면 피부온도수용기는 외부온도환경에 대한 정보를 제공한다.

1. **중추(central):** 내부온도를 감시하는 온도수용기는 시상하부와 척수, 내장에 있으나 온도조절중추에 가장 큰 영향을 미치는 감각기는 **시상하부 시각앞부위(preoptic area of the hypothalamus)**이다(그림 38.2). 온기를 감지하는 시각앞신경세포는 정상체온에서 일정하게 활성화되어 있다. 내부온도가 상승하면(시각앞부위를 통과하는 혈액의 온도를 반영하여) 세포의 흥분율이 증가하는 반면 추우면 흥분율이 감소한다.

2. **피부:** 4 종류의 피부온도수용기가 있다. 두 종류는 추위와 더위 자극에 고통스러워 하는 통각반응을 매개한다(16·VII·B 참조). 다른 두 종류는 추위와 더위 수용기군으로 구성되어 온도조절에 관여한다.

   a. **추위:** 냉각수용기(cold receptor)는 중간 온도와 선선함, 추운 감각(5°~45°C)을 전달한다. 추운 온도는 일과성수용기전위(transient receptor potential, TRP)통로 중 하나인 TRPM8에 의해 매개된다(2·VI·D 참조). 그 결과로 구심성 흥분율이 증가한다.

   b. **따뜻함:** 열감각은 30°~50°C에서 활성화되는 **온각수용기(warmth receptor)**에 의해 매개된다. 열감지는 또한 일과성수용기전위통로(TRPV3와 TRPV4)를 통해 이뤄지며 이는 중간온도와 따뜻한 온도에서 활싱화된다(그림 38.3).

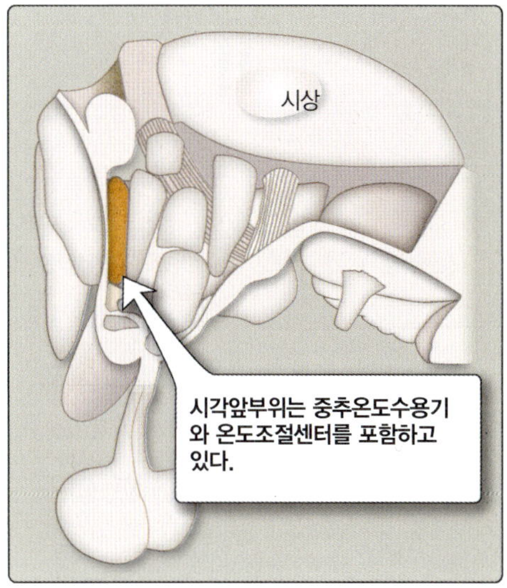

그림 38.2
시상하부 시각교차앞구역

B. 조절중추(control center)

체온은 정상적으로 하루 중 1°C (즉 36.5°~37.5°C)의 범위 내에서 37°C에서 고정된다. 하루 중 온도 최저치는 이른 아침이고 최고치는 늦은 오후에 발생한다. 인체가 유지하려고 하는 내부온도는 **설정값(set point)**으로 알려져 있다. 시상하부의 시각앞부위에는 온도조절 통합 및 조절 중추가 있다. 시각앞부위가 냉각되면 열반응과 관련된 행동들이 발생하는 반면(예: 옷을 더 많이 입음), 이 부위가 더워지면 냉각반응과 행동들(예: 그늘찾기)이 나타난다. 만약 시각앞부위가 허혈(예: 뇌졸중)과 탈말이집(예: 다발성경화증), 절제 등에 의해 손상되면 내부온도는 과도한 범위를 넘는 변동이 일어나며 온도스트레스에 대한 반응이 손상된다. 조절중추 신호는 기본적으로 중추온도수용기에 의해 조절되지만, 시각앞부위에는 많은 여러 부위에서 오는 신호가 통합된다. 여기에는 피부 온도수용기와 면역계(아래 Section IV절 참조)뿐만 아니라 혈압과 혈당, 혈장의 삼투질농도 등 체내 변수를 조절하는 중추신경계 영역들이 포함된다.

C. 효과기 경로

시상하부는 교감신경계를 통해 대부분의 온도조절반응에 효과를 미친다. 교감신경계 신호는 T1~L3 척수신경을 통해 전달되며 교감신경절(7·III·B 참조) 내에서 연접을 이룬다. 날신경은 신경절에서 나와 피부혈관과 땀샘으로 긴다.

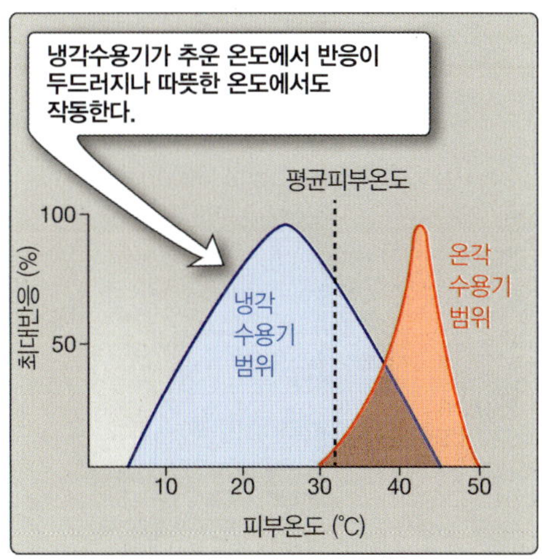

그림 38.3
피부 온도수용기 민감도

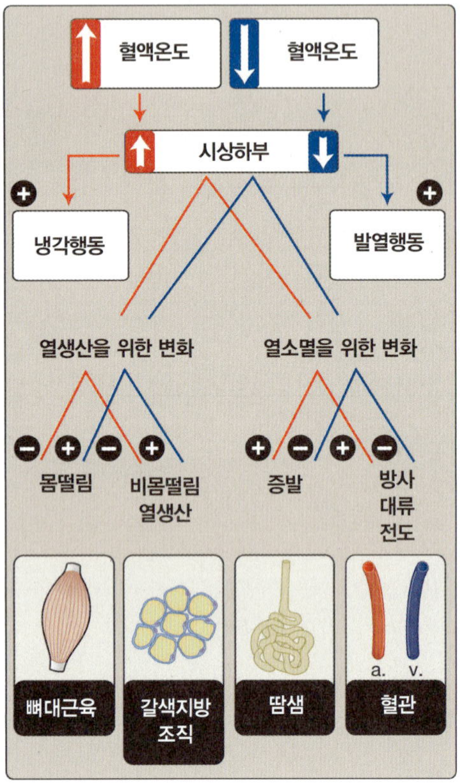

그림 38.4
온도조절 반응 매개체들. a = 동맥; v = 정맥

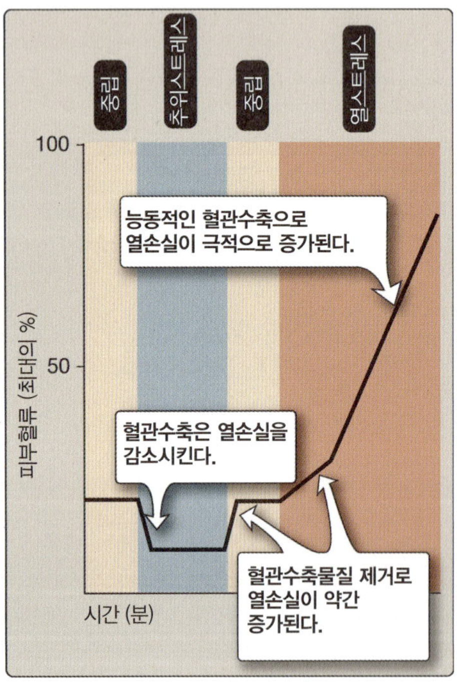

그림 38.5
열스트레스 동안 피부혈류

D. 반응

추위스트레스에 의해 조직절연이 증가되고 몸떨림과 비몸떨림 체온생성방법을 통해 대사율이 증가되는 경로들이 시작된다. 반대로 열스트레스에 의해 조직절연이 감소되고 땀분비가 시작된다. 주요 온도조절 효과기는 피부혈관과 땀샘, 가로무늬근, 갈색지방조직이다(그림 38.4).

1. **피부혈관:** 열손실과 열획득은 피부 수준에서 가장 효과적으로 조절된다. 열을 소멸시키기 위해서는 혈류가 피부표면에 가깝게 흐르는 반면, 열을 보존하기 위해서 혈류는 사지표면을 우회해버린다. 털이 없는 피부에는 심부 동정맥 문합이 있어 혈류가 표피 모세혈관을 우회할 수 있다. 털이 있는 피부에는 동정맥 문합이 없고 심부 및 표층 모세혈관이 있다. 가장 효율적인 열전달은 혈액이 이들 표면 모세혈관을 우회할 때 발생한다. 신경절이후 아드레날린신경은 α아드레날린수용체를 통해 피부동맥, 정맥을 수축하고 연결한다. 수축물질을 제거하고 그 후에 혈관을 이완시켜 피부혈관을 통한 혈류가 증가한다(그림 38.5). 혈관이완 기전은 완전히 알지 못하나 산화질소와 콜린교감신경이 관여한다. 이들 혈관운동성 변화를 통해 피부혈류가 <6 mL/min부터 8 L/min까지 변한다. 열스트레스 동안 정맥량도 증가해 열전달을 위한 시간을 더 얻게 된다. 심박수와 심장박출량이 증가하고 다른 혈관(예: 콩팥과 내장의 혈관)은 수축하여 피부혈류 증가를 촉진한다.

2. **땀샘:** 세 종류의 땀샘이 있다(16·VI·C 참조). 그러나 **외분비 땀샘(eccrine sweat gland)**만 열스트레스 동안 땀을 생성해서 증발성 냉각의 매개작용을 한다. 발한(sweating)은 교감신경계의 콜린신경에 의해 시작되나 땀샘은 아드레날린성 화합물(예: 에피네프린, 노르에피네프린)에 의해 자극된다. 발한은 인체에 탈수를 유발할 수 있어 고장성 체액량감소(hypertonic volume contraction)를 유발한다. 심지어 소량의 액체손실(체중의 2%)도 수행능력을 감소시키고 열스트레스 동안 내부온도를 상승시킬 수 있다.

3. **근육:** 몸떨림은 뼈대근육이 빠르게 주기적으로 수축해 열을 방출하나 힘은 최소한으로 생성한다. 힘 생산 효율은 겨우 20%이므로 근수축은 언제나 다량의 열을 생산한다. 즉 소모된 에너지의 나머지 80%가 열로 방출된다. 근육떨기로는 의미 있는 일을 하지 못하므로 사용된 거의 모든 에너지가 열로 방출된다. 몸떨림은 교감신경보다는 몸운동경로에 의해 매개되는 독특한 반응이지만 시각앞부위에서 시작된다.

4. **비몸떨림 열생산(nonshivering thermogenesis):** 몸떨림이 아닌 열생산은 근육과 열을 방출하는 다른 조직에서 교감신경 매개 대사율을 증가시킨다. 교감신경계는 갈색지방 조직에서 사립체 안쪽막에 존재하는 **비결합성단백질(thermogenin)** 활성화를 자극한다(그림 38.6). Thermogenin은 구멍을 형성하는 단백질로 삼인산아데노신(ATP) 생성 없이 H^+이 사립체 안쪽막을 가로질러가도록 한다. 따라서 산화성 인산화과정이 필요없다. 유아들은 열생산을 위해 갈색조직에 의존하나 성인에서는 덜 중요한 경로가 된다.

5. **행동(behavior)**: 온도조절행동은 온도스트레스를 감소시키거나 제거할 수 있다. 이런 행동은 시각앞부위에서 유발되나 대뇌 다른 부위에 의해 가려지거나 변화될 수 있다. 추위스트레스에 대한 의식적인 행동반응에는 절연증가(예: 코트입기)와 대사율 증가를 위해 신체활동 증가, 따뜻한 열원 찾기 등이 포함된다. 열스트레스관련 행동은 땀 생성 증가를 위한 물마시기와 옷벗기, 그늘찾기, 선풍기돌리기 등이 포함된다.

III. 열생산과 전달 (HEAT PRODUCTION AND TRANSFER)

체내 저장된 열의 양은 체내 생산된 열의 양과 외부환경으로 전달된 양 사이의 균형을 반영한다. 열저장은 열생산공식을 사용해 이론적으로 정량할 수 있다.

$$S = (M - Wk) \pm (R + K + C) - E$$

여기서 S는 열저장; M은 대사; Wk는 외부 일; R, K, C, E는 방사성(radiative), 전도성(conductive), 대류성(convective), 증발성(evaporative) 열전도를 각각 의미한다.

A. 생산

열은 관련 화학경로의 비효율성을 반영하는 대사 부산물이다. 휴식기에 생성된 열의 양은 **기초대사율(basal metabolic rate, BMR)**, 즉 신체질량(body mass)과 관련된다(예: 두 사람이 각각 50 kg과 90 kg의 신체질량을 갖는다면 각각 ~1,315 kcal/일, ~2,045 kcal/일의 기초대사율을 갖게 된다). 조직대사의 증가는 열생산을 증가시킨다. 음식물의 소화와 동화는 움직임과 운동이 하는 것처럼 에너지소비를 증가시킨다. 사용된 에너지의 양은 **음식의 온도효과(thermic effect of food)**로 알려져 있다.

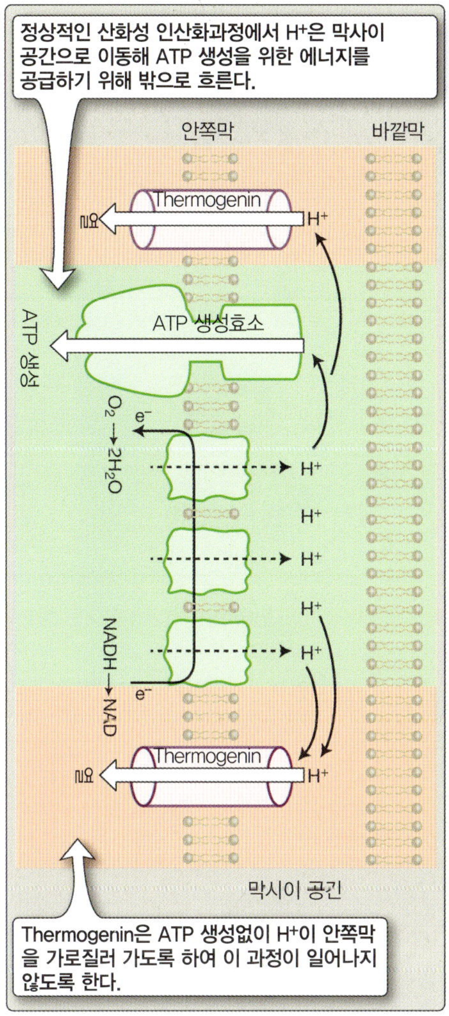

그림 38.6
갈색지방조직. ATP = 삼인산아데노신; NAD = 니코틴아마이드아데닌이뉴클레오티드; NADH = 환원니코틴아마이드아데닌이뉴클레오티드

임상 적용 38.1: 악성고열(Malignant Hyperthermia)

악성고열은 마취제(예: 할로탄)[1]와 근이완제(예: succinylcholine)에 의해 유발되는 증후군이다. 근세포질그물의 과도한 칼슘으로 인해 뼈대근육의 흥분-수축 연결이 빠르고 강하게 자극되어 열소실보다 훨씬 빠른 속도로 대사율이 증가한다. 이러한 열생산기전은 근세포질그물 내 칼슘분비 통로(ryanodine 수용체)의 유전적 이상에 의해 나타나는 것으로 보인다(12·III·A 참조).

INFO LINK [1] 마취제 사용에 대한 더 많은 정보는 *LIR Pharmacology 제5판* 참조.

그림 38.7
열 전달

표 38.1 열소멸 경로

열전달	25°C일 때 실내에 앉아 있기	30°C일 때 밖에서 걷기
방사	60%	최소*
대류	15%	10%
전도	5%	최소
증발	20%	90%

* 방사는 열획득과 열손실을 포함하나 총변화는 최소한이다.

B. 열전달

대사에 의해 생산된 열은 주로 피부를 통해 외부환경으로 전달되며, 소량의 열은 호흡기를 통해 전달된다. "열전달"이라는 용어는 열이 고온부위에서 저온부위로 전달되는 기전을 말한다. 인체피부의 온도는 정상체온환경(즉 정상체온을 유지할 수 있는 온도)에서 ~32°C이다. 외부환경의 온도가 일반적으로 낮기 때문에 체열은 공기 중이나 다른 물체로 전달될 수 있다. 외부온도가 피부온도보다 커지면 인체는 열을 얻게 된다. 열이 환경으로 전달되는 4가지 주요 기전은 **방사(radiation)**, **전도(conduction)**, **대류(convection)**와 **증발(evaporation)**이다(그림 38.7).

1. **방사:** 방사는 외부환경 물체에 전달되는 온도에너지를 말한다. 열에너지는 적외선스펙트럼으로 전달되며 전달되는 양은 온도차이와 방출도(에너지를 흡수하는 능력)에 의존적이다. 휴식기에는 열전달의 대부분이 방사에 의해 이루어진다(표 38.1).

2. **전도:** 인체에서 다른 물체로 열에너지를 전도하는 현상은 서로 밀접한 접촉이 있을 때 발생한다. 따뜻한 부위에 있는 입자의 높은 운동성 에너지는 차가운 부위에 있는 인접한 입자에 접촉하면서 소멸된다. 고체는 열을 전도하는 능력이 크게 다르다. 낮은 온도 전도도를 가진 물질을 절연체라고 부른다.

3. **대류:** 대류는 움직이는 액체(즉 공기나 물)에 의해 열이 환경으로 전해질 때 일어난다. 일반적으로 열은 공기와 물의 밀도를 감소시키고, 중력은 따뜻하고 낮은 밀도의 액체가 상승함에 따라 피부 가까이에 "자연스러운" 액체대류의 흐름을 만들어낸다. 강제대류는 보완에너지원(예: 선풍기, 물의 흐름)이 액체를 밀어 피부를 지나가게 할 때 발생한다. 대류에 의한 열손실이나 열 획득은 액체의 특별한 열과 온도경사, 액체나 공기 속도의 제곱근에 비례한다.

4. **증발:** 증발은 온도에너지가 물을 액체상태에서 기체상태로 가도록 하여 열을 소실시키는 것이며, 증발로 열을 소실시키는 주요 부위는 호흡기와 피부이다. 증발은 열소실의 매우 효과적인 방법으로 1리터의 땀이 피부표면에서 ~580 kcal를 제거할 수 있다. 증발의 양은 주변공기의 상대적 습도에 의존한다. 습기찬 공기는 발한을 약하게 하고 건조한 공기는 발한을 촉진한다. 운동하는 동안 또는 주변공기 온도가 피부온도보다 높을 때 땀 증발은 중요하고도 때로 유일한 열손실 방법이다(표 38.1 참조).

IV. 임상적 측면

비록 내부온도는 좁은 범위 내에서 정상적으로 유지되어도 시상하부는 질병원을 방해하기 위한 시도로 체온을 증가시켜 **열(fever)**을 발생시킨다. 인체 온도조절계가 이상이 생기면 정상체온에서 이동이 일어나 **저체온증(hypothermia)**이나 **고체온증(hyperthermia)**이 발생한다.

A. 열

열은 질병의 한 증상으로 오랫동안 인식되어왔고 **외인성(exogenous)** 및 **내인성 발열원(endogenous pyrogen)**에 의해 유발된다. 외인성 발열원으로 황색포도상구균(*Staphylococcus aureus*)과 같은 미생물과 그들의 부산물이나 독소가 있다. 열은 종종 감염이나 또는 미생물이 직접 관여하지 않은 상태에서 큰포식세포와 단핵구가 활성화되면서[1] 분비하는 내인성 발열원에 대한 반응으로 발생한다. 내인성 발열원으로는 인터페론과 인터루킨(예: IL-1과 IL-8)과 같은 사이토카인, 종양괴사인자가 있다. 비록 경로는 아직까지 밝혀지지 않았지만 순환 및 발열원은 뇌실주위기관(7·VII·C 참조)에 의해 감지되며, 그 신호는 프로스타글란딘 분비를 통해 시각앞시상하부(preoptic hypothalamus)에 전해진다. 시각앞부위 신경세포에는 열반응을 매개하는 프로스타글란딘수용체(EP_3)가 발현되어 있다. 이 수용체가 자극을 받으면 시상하부의 설정값이 재설정이 되어 인체는 내부온도를 좀 더 높은 값에서 조절하게 된다(그림 38.8). 발열상태와 관련된 증상들은 새로운 설정값에 도달하려는 온도조절 효과기를 반영한 것이다. 상승된 온도는 면역계에 좋은 효과를 미치며 질병원의 성장과 증식을 억제하는 효과가 있다. 발열상태는 근수축과 운동에 의해 증가된 체온이나 고온환경에 노출되어 발생하는 온도증가와 구별된다. 이 두 경우에는 인체가 37°C의 내부온도로 되돌아가기 위해 열을 소실시키는 노력을 한다.

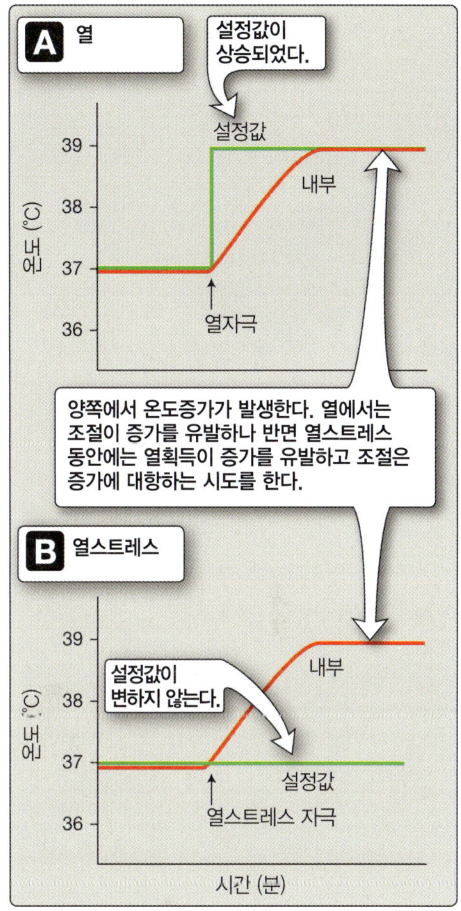

그림 38.8
열 대 열스트레스

> 시상하부 설정값은 37°C로 돌아갈 수 있으며 열 증상은 아스피린과 이부프로펜, 아세트아미노펜과 같은 비스테로이드성 항염제(NSAID)를 투여해 줄일 수 있다.[2] NSAID는 *cyclooxygenase* 억제제로서 프로스타글란딘 생성을 억제하여 열을 줄이는 효과가 있다.

B. 저체온(hypothermia)과 고체온(hyperthermia)

저체온과 고체온은 정상체온으로부터 벗어난 것으로 온도조절계 기능상실에 의해 발생한다. 이들 상태는 극단적인 날씨 동안 선천적으로 땀을 만들 수 없는 경우(**선천성 땀없음증[congenital anhidrosis]**)처럼 온도스트레스에 대해 반응능력이 저하된 환자에서 발생한다.

[1] 세포방어기전과 관련된 사이토카인에 대한 더 많은 정보는 *리핀코트의 그림으로 보는 면역학 제2판* 참조.
[2] NSAIDs 사용과 기전에 대한 더 많은 정보는 *LIR Pharmacology 제5판* 참조.

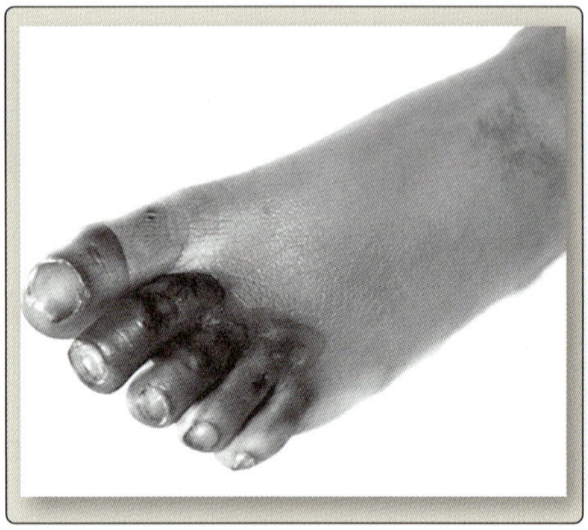

그림 38.9
동상

1. **저체온:** 저체온(내부온도 <35°C)은 찬물에 몸을 담그었을 때 흔히 일어난다. 물은 공기보다 25배나 빨리 열을 전달하기 때문이다. 열손실은 정상적인 열전달기전을 통해 일어나지만 열 생성은 열손실을 보충할 수 있을 만큼 충분히 증가되지 않는다. 저체온은 신경세포의 대사율이 추위에 의해 감소되어 졸음과 말이 느려짐, 서맥, 저호흡과 같은 증상을 유발한다. 심한 저체온(내부온도 <28°C)은 혼수와 저혈압, 소변감소와 치명적인 부정맥(심실세동)을 유발한다. 말초조직도 추위에 의해 손상을 입을 수 있다 동상은 피부와 피하조직 내 액체가 얼어서 결정화된 상태로 세포막을 파괴하고 조직괴사를 유발한다(그림 38.9). 괴사된 부위는 종종 절단해야만 한다.

2. **고체온:** 고체온이 있을 때 정확한 내부온도의 정의는 원인 추정 없이는 불가능하다. 예를 들어 내부온도가 40°C 이상 올라가는 경우는 운동하는 동안 발생할 수 있다. 발열질환은 가벼운 **열탈진(heat exhaustion)**부터 보다 심한 **열사병(heat stroke)**까지 연속해서 나타난다. 열탈진의 원인으로는 피부의 혈관이완에 의한 순환혈액량 감소와 땀으로 인한 중심정맥압(central venous pressure, CVP) 감소를 들 수 있다. 중심정맥압 감소 시 서 있는 자세에서 사지에 혈액이 저장되어 실신을 유발할 수 있다. 열사병은 연속되는 내부온도 증가로 인해 열소실 기전의 기능상실이 있어났음을 의미한다. 불행히도 이들 기전이 손상되면 체온은 더욱 빠르게 상승한다. 열사병이 있을 때 체온은 41°C 이상으로 올라가 신경세포들이 죽고 기관계 기능상실에 빠지게 된다.

38장 요약

- 내부온도는 정상적으로 37.0°C ± 0.5°C에서 유지된다.
- 내부온도는 **시상하부의 시각앞부위(preoptic area of the hypothalamus)**에 의해 감지되고 조절된다. 환경 온도는 **온각피부수용기**와 **냉각피부수용기(warmth and cold skin thermoreceptor)**에 의해 감지된다.
- 열스트레스는 피부혈관을 이완시키고 심장박출량을 증가시키며 땀을 내어 체열 방출을 돕는다. 또한 추운 곳을 찾는 행동도 자극한다.
- 냉스트레스는 피부혈관수축을 유발하고 몸을 떨게 하여 열손실을 감소시키고 열생산을 증가시킨다.
- 열균형은 열생산과 열손실의 균형을 통해 얻어진다. 열생산은 대사, 음식의 발열효과, 자발적인 움직임, 운동에 의해 얻어지는 양을 포함한다. 열전달은 **방사(radiation)**와 **대류(convection)**, **전도(conduction)**, **증발(evaporation)**을 통해 일어난다.
- **열(fever)**은 고온에 재설정된 온도 설정값의 외부 발현이다. **외인성 발열원(exogenous pyrogen**, 예: 미생물의 독소)과 **내인성 발열원(endogenous pyrogen**, 예: 인터페론, 인터루킨, 종양괴사인자)도 **프로스타글란딘(prostaglandin)** 생성을 통해 설정값을 증가시킬 수 있다. 인체는 변경된 설정값에 대항하기 위해 몸을 떨어서 온도를 올리거나 땀을 내어 온도가 낮아지도록 방어한다.
- **저체온(hypothermia)**은 내부온도가 낮은 상태를 말하며 인체대사과정이 느려져서 나타나는 임상양상을 유발한다. 동상은 세포 내와 세포 사이에 액체가 결정을 만들어 조직괴사를 유발한다.
- **고체온(hyperthermia)**은 내부온도가 상승한 상태로, 열질환의 가장 심각한 상태는 **열사병(heat stroke)**으로 온도조절계가 완전히 망가진 상태이다.

운동

39

I. 개요

역사적으로 인간은 물을 얻고 먹이를 찾고 음식을 구하기 위해 사냥하러 다니는 신체활동을 해 왔다. 현대사회에서 우리는 집까지 배달되는 신선하고 깨끗한 물과 상점이나 음식점에 준비한 음식을 우아하게 즐기고, 다양한 교통수단을 통해 여행하기를 좋아한다. 우리가 신체활동을 할 때는 대개 건강을 증진시키기 위해 고안된 운동의 형태를 취한다. 신체활동은 많은 형태로 일어나며 이들 활동을 수행하는데 필요한 생리적 요구량은 많이 다르다. 예를 들어 거리가 먼 지역으로 사냥하기 위한 여행은 반복되는 규칙적인(등장[isotonic]) 근운동이 필요한 반면 물 한 동이나 음식 한 바구니를 운반할 때는 지속적인 (등척[isometric]) 수축이 필요하다. 비록 근육에 요구되는 작업은 매우 다양하지만 어떤 형태의 신체활동이든 동일한 기본 경로와 원리를 따른다. 근육활동은 중추신경계에 의해 계획되고 실행된다. 수축력을 만들기 위해 사용되는 에너지는 유산소호흡에 의해 생성되는 ATP에 의해 공급된다. 유산소대사를 유지하기 위해 요구되는 산소는 대기로부터 폐에 의해 받아들여져 근육으로 포도당과 다른 필요한 영양분들과 함께 심혈관계에 의해 공급된다. 산소대사는 비교적 느리게 그러나 오랜 기간(예: 사냥하기 위한 긴 걸음 동안) ATP를 생산한다. ATP는 또한 ATP–크레아틴인산(ATP–creatine phosphate, CP)과 젖산계를 경유하는 무산소대사에 의해 보다 빠르게 생산될 수 있으나 오래 지속될 수는 없다. 최대 유산소운동은 인체 항상성 유지를 위한 극단적인 요구를 일으켜 호흡기와 순환기 전체를 최대로 자극한다(그림 39.1).

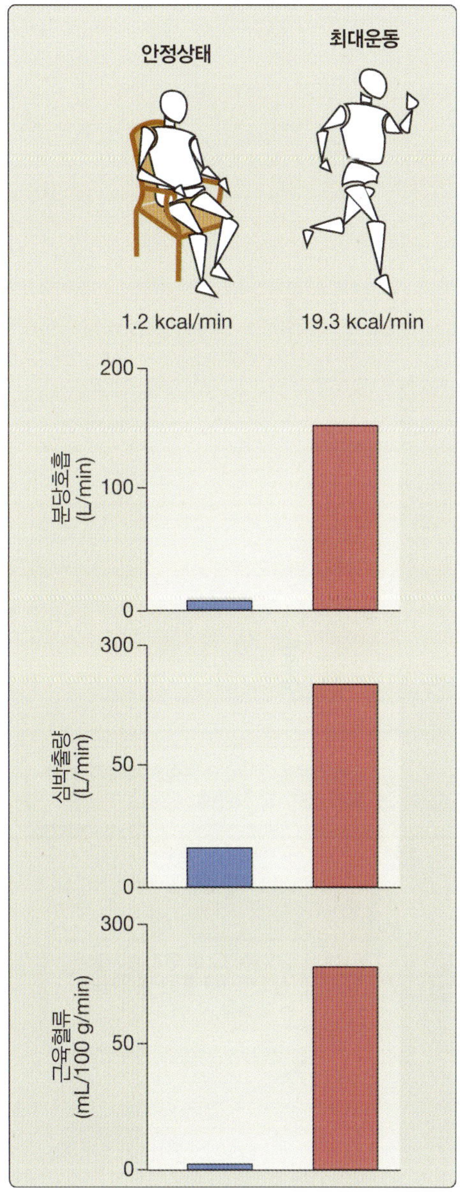

그림 39.1
안정상태 대 최대운동

II. 정의

신체활동과 그 구성성분(운동)은 대사와 운동에 관련된 몇 가지 방법과 급성 반응 대 훈련된 적응으로 분류될 수 있다.

A. 유산소 대 무산소(aerobic *versus* anaerobic)

운동은 주로 사용되는 에너지에 의해 분류될 수 있다(표 39.1). 두 가지 주요 분류는 유산소운동(산소를 사용하는 운동)과 무산소운동(산소사용과 직접 관련되지 않은 운동)이다.

표 39.1 운동분류

운동	형태
400 m 전력질주	무산소
10 km 달리기	유산소
트랙(1 km) 자전거타기	무산소
도로(40 km) 자전거타기	유산소
100 m 자유형 수영	무산소
1,500 m 자유형 수영	유산소

B. 등척 대 등장(isometric *versus* isotonic)

신체활동은 적용된 힘이 외부 움직임에 전달되는지 아닌지로 분류될 수 있다. 표 39.1에서 볼 수 있는 유산소활동은 모두 외부움직임을 위해 주기적인 등장("같은 힘") 근수축을 한다. 반면 등척("같은 길이") 근수축은 힘이 발달되는 동안 근육이 짧아지나 관절운동이 일어나지 않는다. 예로는 자세를 유지하거나 시장바구니를 들고 유지하거나 자전거 손잡이를 잡는데 사용되는 근수축을 들 수 있다.

C. 급성반응 대 운동훈련(acute responses *versus* exercise training)

만약 규칙적으로 폭발적인 운동을 하면(예: 운동훈련 프로그램 동안) 인체는 연속되는 신체적 스트레스를 쉽게 하기 위해 적응을 하게 된다. 적응은 운동훈련 프로그램이 시작되자마자 시작되나 완전히 발현되기 위해서는 수개월에서 수년이 걸릴 수도 있다. 이러한 적응들은 사고예방 효과가 있어 건강에 유익하며, 사고나 질환 후에는 운동능력 개선을 위한 신체재활에 사용될 수 있다.

III. 뼈대근육(SKELETAL MUSCLE)

운동은 힘을 생성하기 위해 뼈대근육을 사용하며 힘은 힘줄을 통해 뼈로 전해진다. 그 후에 뼈는 관절-특이적 운동범위 내에서 자전거를 움직이기 위해 페달에 힘을 전달하듯 힘의 벡터를 따라 움직인다.

A. 삼인산아데노신 생성경로(adenosine triphosphate synthetic pathway)

근수축은 ATP를 연료로 사용한다. 근세포들은 매우 제한된 양(~4 mmol/L)의 ATP만 저장할 수 있어 지속적인 활동은 ATP 생성에 의해 도움을 받아야 한다. ATP-CP와 젖산계는 제한된 시간(수초) 동안의 빠른 활동을 돕기 위해 ATP를 제공한다. 산화성 인산화과정은 느리지만 수시간 동안 계속되는 활동을 지속하게 해준다(그림 39.2)

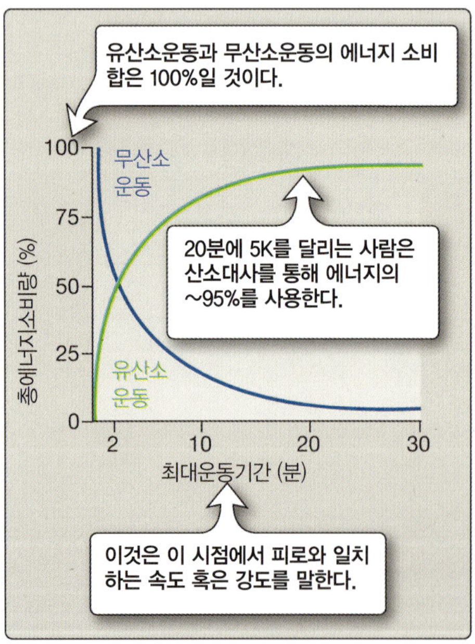

그림 39.2
에너지계 시간경로

1. **삼인산아네노신-크레아틴 인산계(ATP-CP system):** CP(또는 포스포크레아틴으로 알려져 있는)는 이인산아데노신(ADP)으로부터 빠르게 ATP를 다시 생성할 수 있는 고에너지의 인산결합을 가지고 있다. 이러한 전환은 근세포질그물 효소인 *creatine kinase*의 촉매작용에 의해 이루어진다. 근육들은 8~10초 동안 지속되는 수축을 유지하기 위해 필요한 CP를 보유하고 있다.

2. **젖산계(lactic acid system):** 젖산계는 ATP-CP계의 절반 정도 속도로 ATP를 생성하며 기질로 포도당(흡수하거나 글리코겐 대사로부터 얻어)을 사용한다. 해당작용은 4개의 ATP를 생성하기 위해 2개의 ATP를 사용하므로 포도당 입자 하나당 순수하게 2개의 ATP가 생기며, 최종산물은 피루브산이 된다. 피루브산의 젖산 전환은 또 다른 ATP를 만들어내

임상 적용 39.1: 크레아틴키나제(Creatine Kinase)

크레아틴키나제(CK) 는 근육속막(sarcolemma)이 손상되었을 때 혈액 내 양이 증가하기 때문에 근육손상의 지표로 사용될 수 있다. 세 가지 종류의 CK 아형이 있다. CK-MM 아형은 뼈대근육에 있으며, CK-MB는 심장근육에 특이적이고, CK-BB 아형은 신경조직에서 발견된다. CK-MM 아형은 근육에 미세한 손상을 일으키는 장시간의 유산소운동(예: 마라톤 달리기) 후 건강한 사람에게서 순환계 내로 분비된다. Duchenne 근이상증과 Becker 근이상증 환자들은 근위축과 관련된 근육분해 동안 혈액 내 CK-MM가 25~200배 증가된다(임상 적용 12.1 참조).

지는 않으나, 환원당량(reducing equivalents)을 재생한다.[1] 근육은 피루브산을 젖산으로 계속해서 전환시켜서 최대수축시간을 0.5~2.5분까지 연장시킨다.

3. **산화성 인산화과정(oxidative phosphorylation):** 산화성 인산화과정은 젖산계의 절반 정도의 속도로 ATP를 생산하며 해당작용에도 관여한다(그림 39.3). 그러나 피루브산은 *pyruvate dehydrogenase 복합체*를 통해 시트르산 회로에 들어간다. 시트르산 회로는 ATP와 CO_2를 생산한다. 그 주요 에너지 생산물은 환원당량으로 전자운반사슬에 들어간다. 전자운반사슬은 최종 전자수용체가 산수를 사용하여 ADP로부터 ATP를 다시 생성하는 과정이다.[2] 산화성인산화과정은 총 포도당 한 개당 ~30 ATP 입자를 만들며, 운동강도와 기질사용 가능 정도(즉 포도당과 지방산, 케톤체, 아미노산)에 따라 수시간 동안 계속된다.

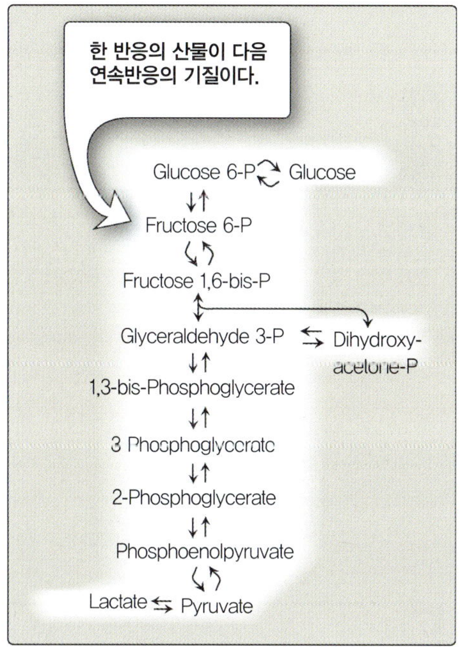

그림 39.3
해당작용, 대사경로의 한 예

B. 유산소운동 훈련(aerobic exercise training)

유산소운동 훈련은 세포 적응을 증진시켜 근육세포가 산소를 이용해 에너지기질을 저장하고 처리하는 능력을 증가시킨다.

1. **에너지 저장:** 유산소운동 훈련은 근세포에 글리코겐 저장을 증가시킨다. 글리코겐은 운동하는 동안 혈장의 포도당 흡수를 보충할 수 있도록 쉽게 사용할 수 있는 탄수화물 에너지원을 제공한다. 마라톤에서 "벽에 부딪치는 듯"한 상황에서 보듯이 일단 근육 글리코겐이 고갈되면 인체는 피로를 느끼고 운동 속도가 느려지게 된다.

2. **대사:** 운동훈련은 수많은 방법으로 유산소대사능력을 증가시킨다. 훈련은 사립체의 크기와 수를 증가시키고, 미오글로빈 함량을 증가시켜 산소 저장을 증가시키고, 근육속막과 사립체 사이에 산소운반을 증가시

INFO LINK
[1] 피루브산-젖산 반응과 환원당량에 대한 더 많은 정보는 *리핀코트의 그림으로 보는 생화학 제6판* 참조.
[2] 전자운반사슬과 산화성 인산화과정에 대한 더 많은 정보는 *리핀코트의 그림으로 보는 생화학 제6판* 참조.

표 39.2 유산소운동 훈련의 결과로 상향 조절된 효소

경로	효소
해당작용	*Glucokinase*
해당작용	*Phosphofructokinase*
시트르산 회로	*Citrate synthase*
시트르산 회로	*Succinate dehydrogenase*
ETC	*Cytochrome c*
β 산화	*Carnitine palmitoyltransferase*

ETC = 전자운반사슬

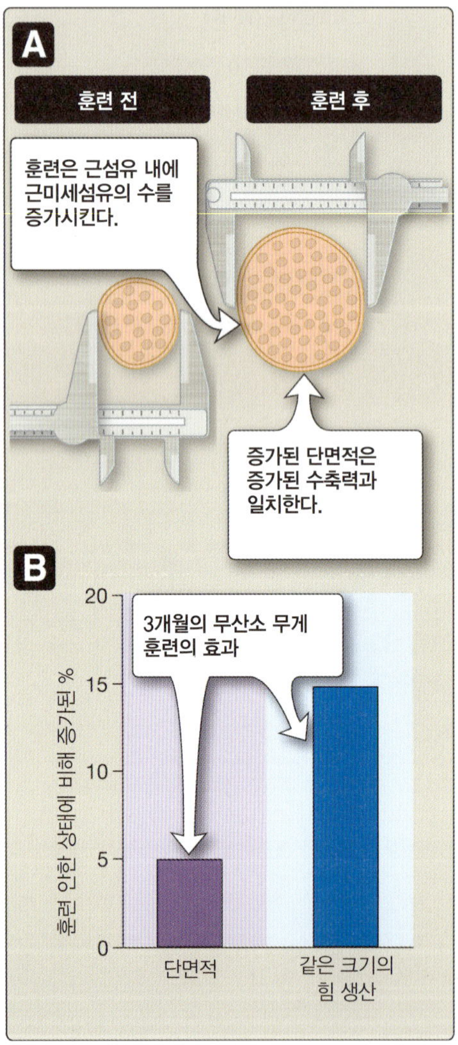

그림 39.4
근육량과 수행에 대한 훈련효과

킨다. 따라서 시트르산 회로와 산화성 인산화과정에 관여하는 산화성효소와 글리코겐을 분해하고 β산화에 관여하는 효소가 상향조절된다(표 39.2).

C. 무산소운동 훈련(anaerobic exercise training)

무산소운동 훈련(예: 무게들기, 강력한 운동이 폭발적으로 발생하는 아이스하키 같은 팀 운동)은 근비대와 신경동원 향상을 통해 힘생산을 증가시키고 대사변화를 통해 근피로에 대한 저항을 증가시킨다.

1. **근비대(hypertrophy):** 무산소운동 훈련은 근세포에 새로운 근원섬유를 더해 IIa과 IIx형 근섬유의 단면적을 증가시킨다. II형 근섬유들은 속도와 힘 생산을 위해 특화되어 있으나 주로 해당작용에 의지하므로 근피로에 취약하다. 추가되는 근원섬유들은 근육의 힘-생산능력을 증가시킨다(그림 39.4).

2. **신경동원(neural recruitment):** 근비대는 신경적응이 선행되는데 이를 통해 운동단위 활성화의 효율성이 증가되어 근육의 힘생산이 증가된다.

3. **대사와 에너지 저장:** 무산소 에너지 생산을 증가시키는 역량은 훈련 동안 젖산계에서 ATP 생성을 위한 해당작용에 관련된 효소들과 ATP-CP 계의 *creatine kinase*를 상향조절하여 증가된다. 훈련은 또한 유산소운동 훈련과 마찬가지로 근육 내 글리코겐 저장을 증가시킨다.

IV. 운동과 자율신경 조절

신체활동은 운동겉질에 의해 계획되고 시작된다. 그러나 운동 자체는 모든 신경계가 관여하는 운동과 창자 기능에 대한 일정한 되먹임과 조정이 요구된다.

A. 말초신경계

말초신경계는 다양한 근육으로 가는 운동명령을 중추신경계로부터 운동신경을 통해 전달한다. 말초신경계는 또한 **골지힘줄기관(Golgi tendon organ)** 및 **근방추(muscle spindle)**와 또 다른 근육감각기로부터 중추신경계로 감각 정보를 전달한다.

1. **운동신경세포:** 하행 겉질척수로(descending corticospinal tract)를 통한 운동신경세포는 척수 수준에서 작용을 한다. α운동신경세포는 방추외 근섬유를 수축시켜 힘을 발생한다. 방추내 근섬유에 분포하는 γ운동신경세포는 수축하는 근육 내에서 감각성 근방추의 신장 민감도를 유지하기 위해 동시에 방추내 근섬유 수축을 유발한다(11·II·A 참조).

2. **운동단위(motor unit):** 해수면 고도에서 자전거를 타기 위해서는 최대 밑 부하로 발판에 힘을 가해야 한다. 뼈대근육섬유는 실무율에 따라 힘을 생산하지만, 전체적인 힘 생산은 얼마만큼의 운동단위가 활성화되는지에 따라 등급이 지어진다(12·IV·D 참조). 운동단위는 번갈아 활성화

되어 개별적인 운동단위 피로에 대응할 수 있도록 한다. 만약 저항이 증가되면 필요한 힘을 공급하기 위해 더 많은 운동단위가 동원된다(그림 39.5).

3. **근감각기(muscle sensor):** 운동하는 동안 세 종류의 근감각기가 중추신경계에 근육과 관절위치에 대한 되먹임을 제공한다. 근방추는 근신장의 변화를 통해 사지의 위치에 대한 정보를 전달한다. 골지힘줄기관은 근육힘줄접합부에 위치하며 근육의 긴장을 감시한다(11·II·B 참조). **근육들신경(muscle afferent)**은 근섬유에 분포하는 자유신경말단으로 국소적인 기계 및 화학 환경을 감시한다. 이들은 정보를 자율신경계로 보내 운동에 대한 심장 및 호흡반응을 관장하는 중추를 조절한다. 근육들신경은 **운동압력반사(exercise pressor reflex)**, 즉 운동하는 동안 혈압이 증가되는 반사를 매개한다. 어떤 감각은 중복되나 주요한 두 개의 종류가 있다: 종류 III과 종류 IV.

   a. **종류 III:** 종류 III 들신경은 얇은 말이집 신경종말로 콜라겐구조 가까이 위치하며 신장과 압박, 압력과 같은 기계적 자극에 주로 반응한다. 이들은 운동 시작과 동시에 활성화된다.

   b. **종류 IV:** 종류 IV 들신경은 민말이집 섬유로 혈액과 림프관 가까이 위치하며, 대사의 부산물 즉 젖산과 H^+, 브라디키닌, K^+, 아라키돈산, 아데노신 등에 주로 반응한다. 이들은 운동이 시작되고 대사율이 증가되기 시작한 후 바로 활성화된다.

4. **심혈관 수용기(cardiovascular receptor):** 동맥과 심폐기의 압수용기는 혈압을 감시하며, 자율신경계 조절중추가 운동하는 동안(20·III 참조) 근육과 다른 필수계통에 대하여 충분한 혈류를 공급할 수 있도록 동맥압을 유지한다. 목동맥토리에 위치한 말초 화학수용기는 동맥의 Pco_2와 H^+를 감시하며, 필요한 만큼 환기할 수 있도록 숨뇌(medulla)의 자율신경계 호흡중추(등쪽 호흡군신경세포들)를 조절한다(24·III·B 참조).

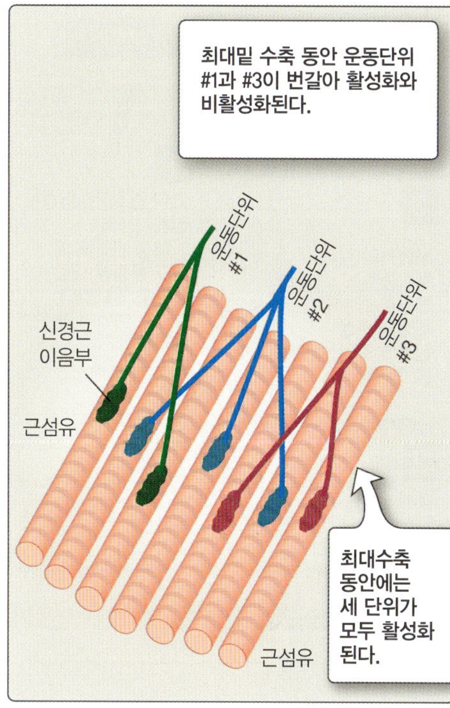

그림 39.5
운동단위 동원

B. 중추신경계

고위 뇌중추는 운동에 대한 동기를 부여하며, 또한 필요한 근수축을 조절한다. 자율신경계는 다리근육과 안정 및 자세유지(예: 등, 팔, DJR)에 관여하는 근육으로 가는 혈류와 산소운반을 보장한다. 주요 감각기로부터의 정보흐름이 자전거를 타거나 혹은 길 위에 머물러 있거나, 가장 가까운 나뭇가지에서 떨어지지 않도록 하는 등의 균형잡기를 도와준다.

1. **몸(somatic):** 운동앞겉질(premotor cortex)과 보조운동겉질(supplemental motor cortex), 바닥핵(basal ganglia)은 운동프로그램 개발을 돕는다(11·IV·A 참조). 운동프로그램은 일차운동겉질에 의해 실행되며 겉질척수로를 경유해 신호를 전달한다. 소뇌는 운동하는 동안 운동과 감각되먹임을 통합하여 근육들을 조정한다.

2. **자율신경성(autonomic):** 자율신경계는 활동하는 근육에 적절한 산소와 혈류 공급을 위한 동맥압 유지를 위해 각 혈관들에 혈류를 재분배

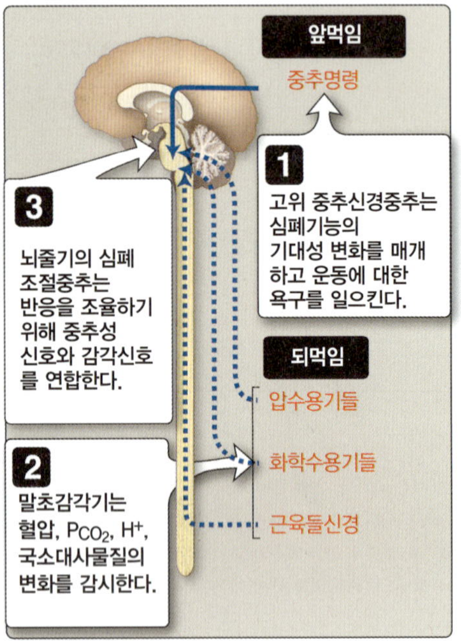

그림 39.6
앞먹임과 뒤먹임 신호들

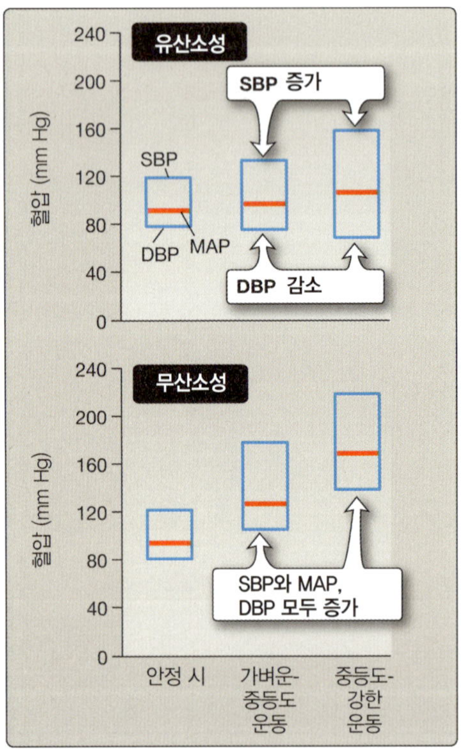

그림 39.7
운동하는 동안 혈압 반응. DBP = 이완기혈압; MAP = 평균동맥압; SBP = 수축기혈압

하는 기능을 한다. 이는 교감신경계의 앞먹임(feedforward)과 되먹임(feedbackword) 경로를 통하여 이루어진다(그림 39.6).

a. **앞먹임:** 앞먹임 기전은 중추명령에 의해 매개된다. 이 **중추명령(central command)** 개념은 운동을 시작하기 전이나 운동시 심혈관계 기능을 즉시 증가시키는 과정을 말한다. 이런 경로는 곧 운동하게 되는 근육에 요구되는 산소운반과 혈류증가를 준비하게 한다.

b. **되먹임:** 되먹임은 종류 III과 IV 근육 들신경과 다른 자율신경 들신경(압력수용기와 화학수용기)을 통해 일어난다.

3. **감각:** 시력은 운동시 잠재적 장애물에 대한 정보 제공에 중요한 역할을 한다. 청력은 역할은 적으나 다른 이들의 위치 등 운동에 대한 실마리를 잡는데 도움을 주며 안뜰계통은 선가속(귀돌기관들)과 머리위치(반고리뼈관, 9·V·A 참조)에 대한 정보를 제공한다.

V. 심장혈관계통 (CARDIOVASCULAR SYSTEM)

수축하는 뼈대근육은 혈류량 증가를 통해 영양분을 운반하고 열을 포함한 대사부산물을 제거한다. 뼈대근육은 안정 시 분당 1리터의 혈액을 받으나 격렬한 운동 시에는 분당 2리터까지 요구량이 증가된다. 이러한 극적인 혈류증가는 심장과 혈관기능 모두의 변화에 의해 일어난다.

A. 동맥압

운동이 예상되는 상황에서 교감신경계 활성화는 심박수 증가와 심근수축력 증가, 혈관수축과 전신혈관저항 증가를 통해 평균동맥압을 상승시킨다. 운동하는 동안 평균동맥압은 증가하나 증가의 범위는 어떤 신체활동(그림 39.7)을 하느냐에 의해 결정된다.

1. **유산소성:** 평균동맥압은 유산소운동 동안 교감신경계매개 수축기혈압(systolic blood pressure) 증가에 의해 약간 증가한다. 일단 운동이 시작되면 활동하는 근육 내 대사물질이 생성되어 국소적인 혈관이완을 일으킨다. 이완은 활동하는 근육에 대한 혈류증가와 산소운반을 촉진한다. 활동하는 근육은 전신혈관에 확장기유출을 촉진하는 저항이 낮은 회로를 만든다. 확장기혈압(diastolic pressure)은 같거나 약간 감소한다.

2. **무산소성:** 무산소성운동은 수축기혈압과 확장기혈압, 평균동맥압을 극적으로 증가시키는 등척수축에 의해 일어난다. 예를 들어 two-leg presses 운동(무릎과 엉덩이를 신장시키는)에 의해 평균동맥압이 >275 mm Hg까지 상승한다. 이는 교감신경이 심하게 흥분하는 동안 수축하는 근육이 동맥혈관을 압박하고 막아서 근육혈관저항과 전신혈관저항이 크게 증가하기 때문이다. 유사한 반응이 폭설치우기를 하는 동안 일어나므로 노인이나 고혈압 환자, 관상동맥질환환자는 눈치우기를 삼가해야 한다.

B. 심장박출량(cardiac output)

뼈대근육을 통한 혈류 증가는 심박수 증가가 동반되어야 한다. 유산소운동 동안 심장박출량은 작업량에 비례해 안정 시 5 L/min부터 최대유산소운동 동안 ~25 L/min까지 증가한다. 심장박출량 증가는 심박수와 일회박출량(stroke volume)의 증가에 영향을 받는다(그림 39.8).

1. **심박수:** 심박수는 유산소운동 동안 작업량에 직선으로 비례하므로 심박수는 인체가 얼마나 힘들게 운동하고 있는지에 대한 지표로 사용할 수 있다. 심박수 증가는 교감신경계에 의해 매개되는데 심장의 결절세포에 대한 부교감신경 자극이 감소하고 동시에 교감신경 자극이 증가하면서 심박수는 안정 시 ~65회/분에서 최대 ~195회/분까지 증가하게 되는데 이는 나이에 따라 날라시다(17·III·A와 40·II·A 참조). 심박수 증가는 또한 운동에 의한 내부온도 상승이 결절세포 자동능에 미치는 직접적인 효과(~8 beats/min/°C)를 반영한다.

2. **일회박출량:** 왼심실의 일회박출량은 심근의 수축력상태와 왼심실 확장기말용적(end-diastolic volume)에 의해 결정되며 모두 교감신경계에 의해 조절된다. 일회박출량은 교감신경계를 매개로 한 수축력과 확장기말용적(아래 참조) 증가에 의해 직선으로 증가한다. 심한 운동에서는 심박수의 동반증가가 한계에 도달하고, 확장기 동안 심실충만에 필요한 시간이 짧아져 확장기말용적을 감소시킨다. 교감신경을 매개로 한 방실결절 전도시간 감소와 심근 이완율 증가가 이 한계를 상쇄하도록 돕는다. 그러나 일회박출량은 120~140 mL의 최고값에 도달한 후 중등도-심한 운동에서 점차 감소한다.

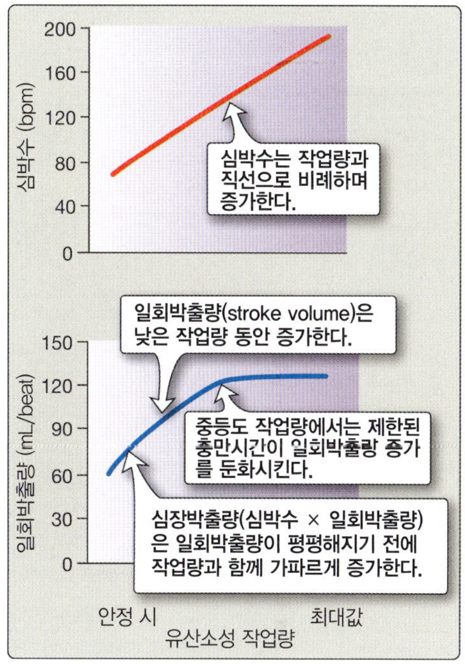

그림 39.8
심박수와 일회박출량

C. 정맥환류(venous return)

심박출량이 강한 운동을 위해 25 L/min까지 상승하면 정맥환류도 또한 왼심실 전부하와 계속되는 박출을 위한 혈액을 공급하기 위해 25 L/min까지 증가되어야 한다. 증가된 정맥환류는 일부 교감신경계 매개작용에 의한 혈관수축을 통해 정맥용적이 감소되어 발생한다. 혈관수축으로 유효순환혈액량(effective circulating blood volume)과 혈액이 정맥계를 통과하는 속도 모두가 증가된다(20·V·B 참조). 또한 환기증가도 뼈대근육 정맥들과 오른심방 사이에 흐름을 유발하는 압력경사를 증가시켜서 정맥환류를 돕는다. 압력경사는 유산소운동에 동반되는 깊은 들숨 동안 증가된다. 그러나 정맥환류를 유발하는 중요한 힘은 정맥(또는 근육)펌프이다(그림 20.21 참조). 규칙적인 근육수축이 근육 내 정맥을 눌러 혈액이 강제로 심장으로 돌아가게 한다. 근육펌프는 운동하는 동안 중심정맥압을 상승시켜 심실의 전부하를 돕는다.

D. 혈류 재분배(flow redistribution)

비활성근육과 운동과 직접 관련이 없는 기관들(예: 소화기계, 콩팥)에 공급하는 혈관에 대한 교감신경계-매개 혈관수축을 통해 혈류는 일시적으로 활성근육으로 공급된다(그림 39.9). 혈관수축을 유발하는 신호는 비활성근

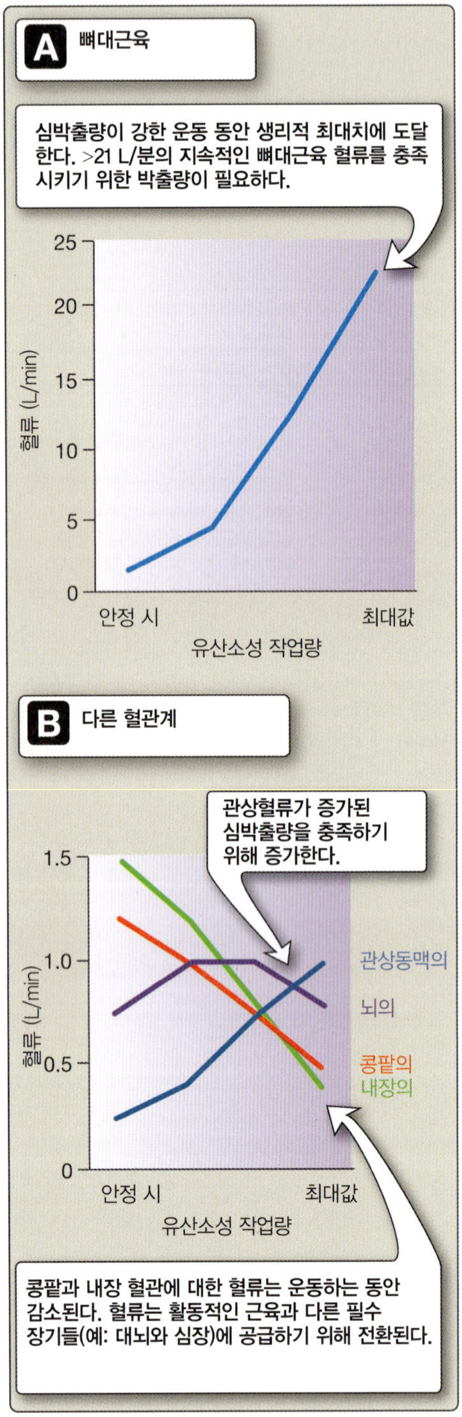

그림 39.9
혈류분포

육에 한정되지 않고 활성근육에도 보내진다. 그러나 활성근육에서는 혈관 이완을 유지하는 국소 대사인자와 기계적요인이 더 강력하게 작용한다.

E. 훈련

장기간 유산소운동에 대한 심혈관 적응은 주로 심장과 혈관에서 일어난다.

1. **심장:** 유산소운동은 용량유발형 심비대의 원인이 된다. 이런 형태의 심비대는 왼심실 방의 직경과 왼심실 벽의 양 모두를 증가시키며 이는 운동에 동반되는 높은 정맥환류와 전부하에 의해 일어난다. 이러한 적응은 안정 시 확장기말용적과 일회박출량을 증가시켜 훈련된 선수들은 일반인보다 느린 안정 시 심박수를 갖게 된다(안정 시 심장박출량 요구량은 두 경우 모두 ~5 L/min이며 심장박출량 = 심박수 × 일회박출량). 최대심박수는 장기간의 유산소운동에 의해 변하지 않는다.

> 무산소운동 훈련은 왼심실이 반복해서 상승된 평균동맥압을 이겨낼 수 있도록 하므로 대동맥판협착 환자와 치료받지 않은 고혈압 환자에서 볼 수 있는 왼심실 비대를 자극한다(임상 적용 18.2 참조). 이러한 비대에서 왼심실 벽두께는 증가하나 공간직경은 감소되는 것이 특징이다.

2. **혈관:** 훈련을 통해 뼈대근육과 심장근의 혈관이완 능력이 증가되는데 이는 산화질소 생성 증가와 관련된 것으로 보인다. 시간이 지나면 혈관생성이 일어나 모세혈관의 밀도가 증가되어 혈액과 근세포 사이에 산소와 영양분의 교환을 위한 거리가 감소한다.

VI. 호흡계통 (RESPIRATORY SYSTEM)

유산소 훈련을 받은 사람에게서 유산소운동은 산소요구량을 안정 시 ~0.25 L/min에서 최대유산소운동 동안 >4.0 L/min까지 증가시킨다. 이런 산소필요량은 분당 폐환기량(VE)과 조직의 산소추출을 증가시킨다

A. 환기

폐환기량은 안정 시 ~ 6 L/분에서 최대유산소운동을 하는 동안 ~150 L/min으로 증가된다. 이런 증가는 호흡률과 일회호흡량(tidal volume) 증가에 의해 이뤄진다. 운동이 시작되면 호흡은 즉시 증가하는데 주로 중추호흡조절중추에 의해 매개된다. 그 후 중간수준 운동에서는 근육과 화학수용기($P_{a}co_{2}$를 통한)에 의한 말초 되먹임에 의해 호흡이 증가한다. 강한 운동에서는 호흡이 더 큰 정도로 증가하는데 이는 무산소 대사과정을 통해 생성된 H^{+}이 말초화학수용기를 더욱 자극해서 일어난다(그림 39.10 참조). 이 점을 **환기역치(ventilatory threshold)**라고 한다.

B. 산소 추출(oxygen extraction)

운동할 때 증가된 속도로 산소를 소비하는 근육들에서 P_{O_2}는 국소적으로 감소되어 대기에서 근육으로 산소확산을 유발하는 경사크기가 커진다. 이런 현상은 동정맥간 산소차이(arteriovenous[a-v] O_2 difference)가 안정 시 5 mL O_2/dL에서 최대유산소운동 시 ~15 mL O_2/dL로 넓어지는 것으로 나타난다(그림 39.11). 활동조직에 대한 산소운반은 헤모글로빈-산소 결합 친화도(Hb-O_2 binding affinity) 감소에 의해 촉진된다. 산소해리곡선의 오른쪽 이동은 증가된 CO_2와 H^+ 생성, 국소온도상승에 의해 일어난다(23·VI·C 참조).

C. 운동 후 과다 산소소비 (excess postexercise oxygen consumption, EPOC)

운동 후 과다 산소소비는 운동 초기에 운동에 의해 유발된 산소소모 증가로 인한 산소부채를 되돌려 갚는 개념이다. 운동이 시작하면 짧은 기간 산소소모가 산소운반을 능가하므로 근육은 ATP 생성을 위해 고에너지 인산군(CP)과 글리코겐에 의존하고, 대사성 부산물(예: H^+, 젖산)이 축적된다. 활동이 끝나면 에너지 저장소는 다시 생성되어야 하고 부산물은 근육형질로부터 제거되어야 하므로 운동 후 과다 산소소비에 의존하게 된다(그림 39.12).

D. 훈련

유산소운동 훈련은 폐용량이나 폐용적에는 큰 영향이 없으나 호흡을 증가시키고 조직이 혈액에서 산소를 추출하는 능력을 증가시킨다.

1. **환기:** 최대허파꽈리환기와 폐환기량은 유산소운동에서 모두 증가한다. 이는 호흡근이 유산소운동에 적응해 피로에 대한 저항을 증가시켜 일어나는 것으로 보인다.

2. **동정맥 산소차이:** 유산소운동 훈련은 동정맥 산소차이를 증가시킨다. 일하는 근육이 혈액으로부터 산소를 추출하는 능력이 증가됨을 반영한다. 뼈대근육의 산소처리과정에 대한 적응은 모세혈관 밀도 증가와 훈련에 대한 적응처럼 혈관적응을 통한 혈류증가로 인해 혈액과 근세포 사이의 확산거리를 감소시킨다. 헤모글로빈도 유산소 훈련에서 증가하여 혈액에 의해 더 많은 산소가 운반되게 한다.

3. **산소 흡수:** 심장박출량 증가와 허파꽈리호흡, 동정맥 산소차이의 증가가 훈련 동안 최대산소흡수량 증가와 함께 나타난다. 침대 누워 있기와 같은 신체 비활동기간 동안에는 산소흡수가 감소한다(그림 39.13).

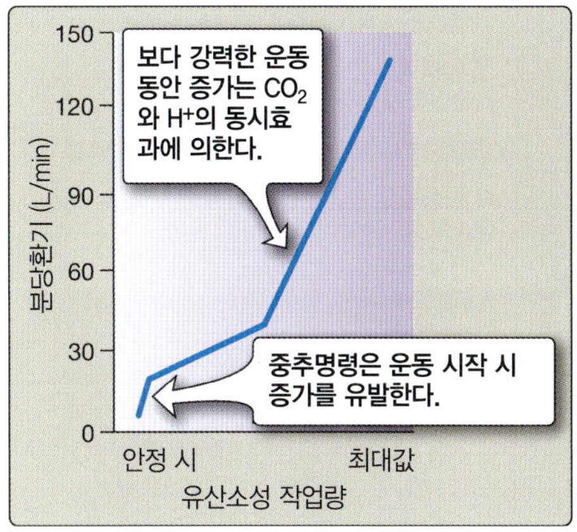

그림 39.10
유산소 운동에 대한 호흡반응

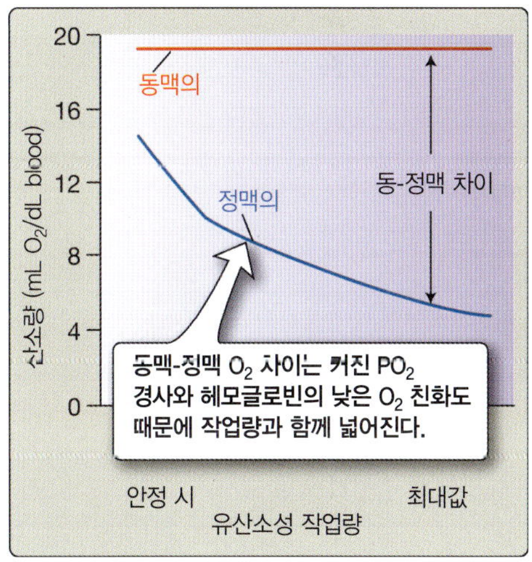

그림 39.11
유산소운동 동안 O_2 추출 변화

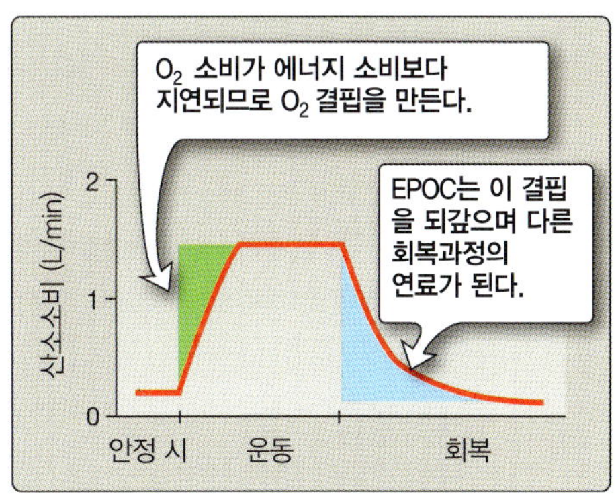

그림 39.12
운동후 과다 산소소비(EPOC)

한 달의 침대안정과 6개월의 유산소성 자전거타기 운동에 의해 변화된 예

이 변화들은 신체활동 변화에 대하여 심장과 폐, 근육이 적응하여 일어났다.

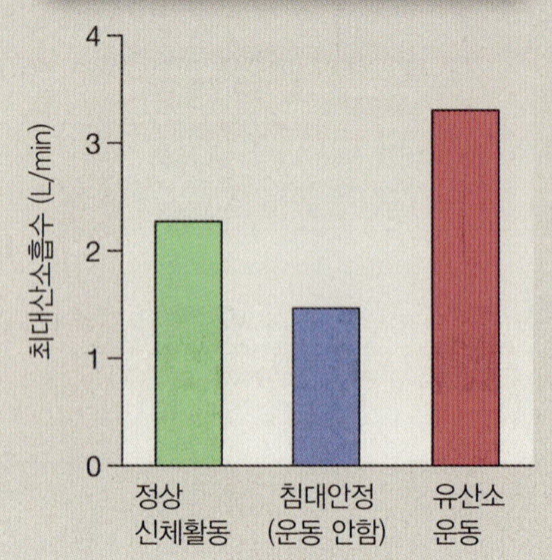

그림 39.13
훈련에 의한 유산소용량 변화

VII. 내분비계

신체활동 및 운동과 관련해서 스트레스에 대한 반응과 근육에서 사용하기 위하여 저장된 에너지를 방출해야 하는 필요에 의해 내분비계에 수많은 변화가 일어난다. 에피네프린이나 노르에피네프린과 같은 **카테콜아민**은 스트레스 반응의 일부로 증가한다. 이 호르몬이 일하는 근육에서 심박출량을 증가시키고 에너지기질 활용을 증가시킨다. **코티졸**은 강력한 유산소운동 시 스트레스반응의 일부로 증가된다(34·V·B와 34·VI·B 참조). **인슐린**은 유산소운동에서 감소하고 **글루카곤**은 증가한다. 스트레스호르몬과 글루카곤은 글리코겐분해작용, 포도당생성작용, 지방분해작용, 단백분해작용을 증가시켜 혈당, 지방산, 아미노산을 증가시킨다. **항이뇨호르몬**과 **알도스테론**은 모두 운동 동안 증가한다. 이들 호르몬은 유산소운동 동안 콩팥에서 수분과 Na^+ 재흡수를 증가시켜 수분을 저장하여 운동하는 동안 혈액량을 유지하는 데 도움을 준다. 갑상샘호르몬(**삼요드티로닌[T_3]**과 **티록신[T_4]**)은 운동 동안 증가한다. T_3와 T_4는 대사율을 조절하고 운동 후 회복에 참여한다. **성장호르몬**과 **인슐린유사성장인자(insulin-like growth factor, IGF-1)**는 운동과 함께 증가하며 또한 조직 성장 자극을 통한 회복과 단백질생성에 대한 효과를 통해 회복에 기여한다. (33·VI·A 참조).

39장 요약

- 운동은 수의 운동의 몸조절에 관여하며 자율신경계는 산소화된 혈액을 일하는 근육에 공급하기 위하여 심혈관계에 대한 조절에 관여한다.
- 유산소운동은 일하는 근육과 혈관에 적절한 순환을 공급하기 위해 **심장박출량(cardiac output)**과 **심박수(heart rate)**, **일회박출량(stroke volume)**, **동맥혈압(arterial blood pressure)**을 증가시킨다.
- 무산소운동은 **동맥압**을 제외하고는 심혈관 변인들의 대부분을 유산소운동과 같은 정도로는 증가시키지 않는다. 무산소운동은 이완기혈압을 증가시키지 않는 유산소운동과는 대조적으로 평균동맥압과 수축기혈압, 이완기혈압을 증가시킨다.
- 유산소운동은 **산소흡수(O_2 uptake)**, **환기(ventilation)**, 일하는 근육에 의한 **산소추출(O_2 extraction)**을 증가시킨다. **시트르산 회로(citric acid cycle)**와 **산화인산화과정(oxidative phosphorylation)**은 유산소운동 중 뼈대근육이 필요로 하는 에너지의 대부분을 제공한다.
- 무산소운동은 ATP를 만들기 위해 **삼인산아데노신(ATP)–크레아틴인산염(creatine phosphate)**과 **젖산계**를 사용한다. 환기는 산에 대한 반응으로 증가한다.
- 유산소운동 훈련 적응은 많은 조직이 관여한다. 뼈대근육에서 유산소효소와 사립체가 상향조절된다. 심장에서는 일회박출량과 최대심장박출량 모두가 증가된다. 폐에서는 최대환기와 말초조직들에 의한 산소추출이 증가한다. 이러한 적응들이 연합되어 **최대산소소모(maximal O_2 consumption)**가 증가된다.
- 무산소운동 훈련 적응은 뼈대근육에 초점을 맞추어져, 근의 크기, 강도, 무산소효소들, 저장된 에너지기질이 증가한다.

계통 기능상실

40

I. 개요

> 나는 고뇌의 표정이 좋아,
> 그것이 진실임을 알기에–
> 사람은 경련을 피하거나,
> 고통을 흉내낼 수 없다.
>
> 눈빛이 일단 흐려지면–그것이 죽음이다.
> 꾸밈없는 고뇌가
> 이마 위에 구슬땀을
> 꿰는 척할 수는 없는 법이다.
>
> Emily Dickinson

우리 모두는 언젠가 죽는다.

삶이란 섬세한 항상성의 균형을 잡는 행위들에 의해 영위된다. 살아 있는 동안 우리 기관계는 Po_2와 Pco_2, pH, 전해질 농도, 체온 등과 같은 수많은 내부변수들에 의존하고 있다. 그러나 최종적으로 이러한 모든 보상계통이 느리고 불안정해지면 기능상실에 빠지게 된다. 세포수준에서 이런 과정은 노쇠와 세포자멸사로 알려져 있으며 개체 수준에서는 노화와 사망으로 알려져 있다.

그림 40.1
Emily Dickinson (미국 시인, 1830~1886)

미국 질병조절 및 예방센터에서는 주기적으로 미국 내 사망의 주요 원인을 발표해왔다(표 40.1). 이 표는 의사가 사망의 원인사건(예: 심장기능상실)을 밝힌 증명서를 기초로 만들어지기 때문에 "노령"은 포함되지 않는다. 그러나 생리학적 관점에서, 육체의 사망은 대개 일련의 개별적인, 노화 관련된 세포의 사망을 반영한다. 결국 세포를 넘어 모든 기관이 망가지게 된다. 어떤 기관이 가장 먼저 항상성의 줄에서 탈락하는지는 가능성이나 근원적인 질환이나 선택한 생활습관에 의해 결정될 것이다. 이번 마지막 장에서 우리는 개별 기관 기능상실의 다양한 원인과 결과에 대하여 알아본다. 많은 다른 사망원인(예: 사고와 손상)을 표 40.1에 나타냈다. 그러나 그럼에도 불구하고 개인의 사망은 심혈관 기능상실이나 폐기능상실, 콩팥기능상실 또는 여러 기관계의 기능상실에 의해 대뇌반구가 산소가 부족해지고 겉질이 죽었을 때 발생한다. 눈빛이 일단 흐려지면 — 그것이 죽음이다.

표 40.1 2007년 미국내 사망 원인

순위	사망원인
1	심장질환
2	악성종양
3	뇌졸중
4	만성 하부호흡기질환
5	사고
6	알츠하이머 질환
7	당뇨병
8	폐렴
9	콩팥질환
10	패혈성 쇼크
11	자살
12	만성 간질환과 경화증
13	고혈압
14	파킨슨병
15	타살

II. 노화와 사망(AGING AND DEATH)

노인학(gerontology)은 오래된 주제(또한 노인을 다루는)에 대한 비교적 새로운 지침을 제시하고 있다. 비록 연구자들이 왜 세포와 기관계가 불가피하게 기능을 잃고 망가지는지에 대하여 수많은 아이디어를 가지고 연구하고 있지만 왜 우리가 죽는지와 같은 오래된 문제에 대해서는 해답이 없다. 프로그램화된 세포사망(**세포자멸사[apoptosis]**)이 아마도 많은 기여인자 중 하나일 것이다. 그럼에도 불구하고 인간의 수명은 120년으로 제한되어 있다. 과거 100년에 걸친 의학적 발달로 평균기대수명은 증가되었지만 상한선 값은 증가되지 않았다(그림 40.2). 이는 기관기능상실과 사망은 유전적으로 미리 결정되어 있기 때문일 것 같다.

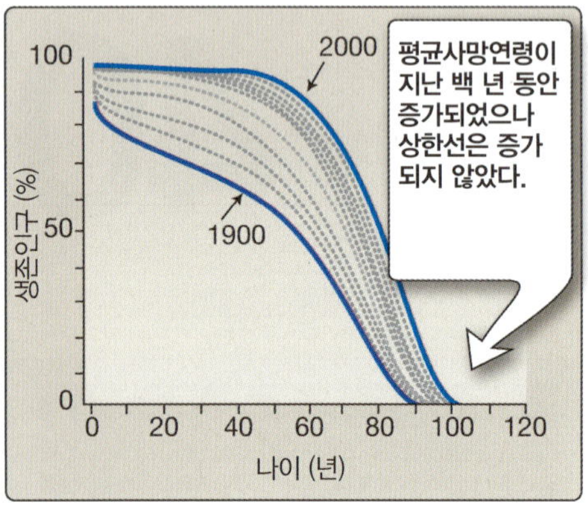

그림 40.2
미국의 평균수명(1900~2000)

세포자멸사는 세포들과 그 내용물들이 자발적으로 막에 둘러싸인 **사멸체(apoptotic body)**로 쪼개지는 과정이다. 이 사멸체들은 식균세포에 의해 빠르게 잡아 먹히게 된다. 세포자멸사는 유전적으로 프로그램과 세포손상을 포함하는 내인성 요인과 독소나 성장인자와 같은 세포외부적 요인에 의해 시작된다. 세포자멸사는 연속적인 조직의 건강과 항상성을 위하여 정상적이며 필요한 과정이다.

A. 생리적노화(physiologic aging)

노화에 대한 개인적인 생리적 반응들은 크게 다르며, 신체적 건강함과 가지고 있는 질환에 의해 크게 차이가 날 수 있겠지만 노화는 일반적으로 세포수의 감소와 남아 있는 세포의 기능과 반응성이 점차 감소되는 것이 함께 나타난다. 이런 변화와 함께 조직 유연성(순응성)이 전반적으로 감소된다. 예를 들어 심혈관계에 대한 노화의 효과는 교감신경성 작용제에 대한 심근의 민감성 감소로 나타난다. 동맥은 엘라스틴 교차연결 파괴(elastin cross-link breakage, 4·IV·B 참조)와 콜라겐 축적 증가, 석회화로 인해 나이와 함께 딱딱해져서 보상을 위해 동맥압은 증가하게 된다(19·V·C·3 참조). 유사한 변화들이 몸 전체 여러 조직에서 일어난다. 피부에 나타나는 깊은 주름은 노화의 명백한 외부지표이지만, 주름은 내부의 노화과정뿐만 아니라 **햇빛노화(photoaging**, 자외선에 의한 조직손상)에 의해서도 많이 나타난다.

B. 세포사망

많은 원인에 의해 사망이 일어나지만 수많은 질병과 기관계의 기능상실이 일어나는 최종 공통경로는 부적절한 순환의 결과(**쇼크**; III과 IV절 참조)로 인한 산소결핍이다. 국소적인 혈액공급 중단(**허혈[ischemia]**)이나 동맥혈의 산소부족(**저산소혈증[hypoxemia]**)은 **허혈연쇄반응(ischemic cascade)**으로 알려진 일련의 생화학적 사건에 의해 시작된다. 중요한 현상으로는 무산소 대사로 전환, 전해질경사 소실, Ca^{2+}에 의한 독성, 사립체 파괴, 세포자멸사, 세포괴사(그림 40.3) 등이 포함된다.

1. **무산소대사:** O_2 결핍으로 인해 세포는 삼인산아데노신을 만들기 위해 주로 이루어지던 유산소대사에서 전적으로 무산소대사로 전환해야만 한다. 이러한 형태의 대사전환은 마치 외부에서 공급되는 전기를 사용하다가 갑자기 가스를 사용한 발전기를 사용하여 전기를 생성하는 것과 같기 때문에 발전기 크기와 가스통의 용량(저장된 글리코겐)에 의해 출력이 결정된다. 적절한 환기가 되지 않음으로 인해 배기가스는 거의 없다. 무산소성 "고갈"은 산증을 유발하는 젖산 생성의 형태로 나타난다. 심지어 건강한 사람에서도 심한 운동을 하는 동안 젖산은 만들어진다(39·III·A·2 참조). 그러나 국소적인 수치는 순환계가 생성을 제한하기 때문에 상대적으로 낮게 유지되지만 순환기능상실 상태가 되면 젖산이 빠르게 증가하고 세포 내 pH가 감소해 세포기능이 더욱 나빠지게 된다.

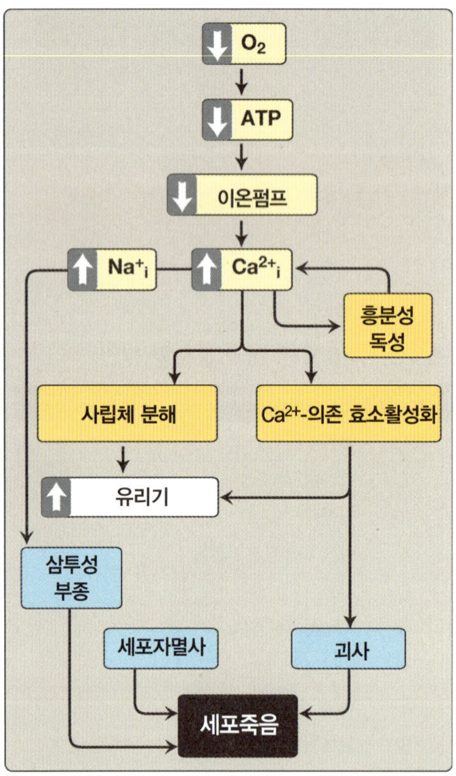

그림 40.3
허혈성 연쇄반응. ATP = 삼인산아데노신; Na^+_i = 세포내 Na^+ 농도; Ca^{2+}_i = 세포내 Ca^{2+} 농도

2. **이온경사:** ATP 감소는 세포막가로방향 이온경사를 유지하기 위한 이온펌프(예: Na^{+}-K^{+} ATPase와 Ca^{2+} ATPase)의 기능을 제한한다(그림 40.4). 막전위가 탈분극되고 그 결과 세포 내 Ca^{2+}이 상승한다. 흥분성 세포에서 탈분극은 전압의존 Na^{+}통로와 Ca^{2+}통로를 통한 양이온의 유입과 K^{+}통로를 통한 K^{+} 유출을 유발한다. 이러한 이온의 움직임은 세포내액의 삼투질농도를 상승시켜 삼투에 의한 수분유입을 유발한다.

3. **칼슘독성(calcium toxicity):** 세포안 저장고로부터 Ca^{2+}의 유입과 분비가 수많은 신호전달경로를 활성화시켜 최종적으로 세포를 파괴한다. 여기에는 ATPases, *지질분해효소*, *핵속핵산분해효소(endonucleases)*, *칼파인(calpain)* 같은 Ca^{2+}활성 *단백질분해효소*가 포함된다. *칼파인*은 정상환경에서는 조절성 *단백분해효소*로 작용하나 허혈상태에서 세포 내 Ca^{2+} 증가로 인해 활성화되면 세포뼈대를 파괴하고 Ca^{2+}활성 *단백질분해효소*의 도움을 받아 혈장과 세포내막을 소화하여(그림 40.5) 세포가 부풀고, 녹아서 죽게 된다(**괴사[necrosis]**).

> 세포괴사는 병적인 세포나 조직의 죽음으로 세포내용물이 녹아서 분비되어 죽게 된다. 내용물이 염증반응을 유발하여 광범위한 세포손상을 일으키게 된다. 이는 손상받고 죽어가는 세포가 포식작용을 자극해서 내용물이 막 안에 남아 있게 되는 세포자멸사와는 대조적이다.

4. **흥분독성(excitotoxicity):** **흥분독성**은 공격적인 양성되먹임 경로로 대뇌를 산소박탈에 매우 취약하게 만든다. 허혈에 의한 세포 내 Ca^{2+} 증가로 인해 시냅스 소포가 시냅스막과 결합하여 그 내용물을 시냅스틈새로 분비한다(5·IV·C 참조). 이 소포는 종종 글루탐산염(glutamate)을 포함하는 데 이는 대뇌의 중요한 흥분성 신경전달물질이다. 시냅스후 글루탐산염 수용체(예: N-methyl, D-aspartate 수용체)는 Ca^{2+} 투과성이므로 세포 내 Ca^{2+}은 비흥분성 조직보다는 신경세포에서 매우 빠르게 상승한다(표 5.2). 이러한 허혈성 연쇄반응은 대뇌조직에서 가속화된다.

5. **사립체 분해(mitochondrial breakdown):** 산소 유용성 감소로 인해 사립체 기능이 손상되고 **활성산소종(reactive oxygen species, ROS)** 축적이 늘어난다. 활성산소종에는 초과산화물 음이온(superoxide anion, $O_2\cdot^-$)과 과산화수소(hydrogen peroxide, H_2O_2), 수산화기(hydroxyl radical, OH·)가 포함되며 모두 사립체 전자운반사슬에 의해 생성된다(그림 40.6). 활성산소종은 지방과 단백질, DNA와 결합하여 분자결합을 쪼개서 세포손상을 매우 심하게 유발한다. 정상적인 세포는 효소(예: *초과산화물디스뮤타아제[superoxide dismutase]*와 *과산화효소[peroxidase]*)와 활성산소종 청소부(예: 비타민 C와 E)를 사용해 활성산소종으로부터 세포자신을 적극적으로 방어한다. 그러나 허혈 동안 증가된 활성산소종이 사립체막 투과성을 증가시켜 세포 내 소기관 부종을 유발하고 세포자멸사를 시작하는 전자사슬 구성성분을 분비시킨다. 만

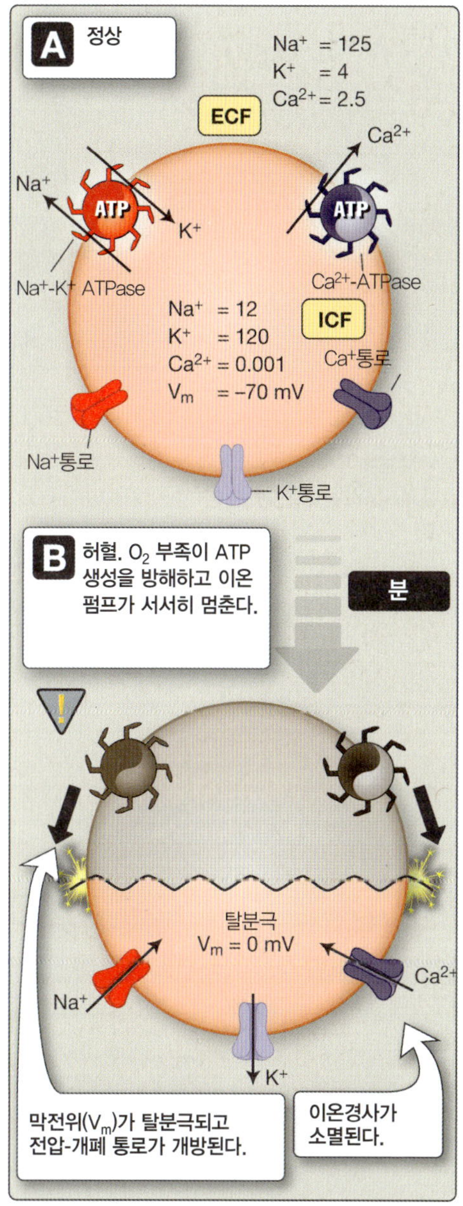

그림 40.4
허혈동안 막가로방향 이온경사 소멸. 모든 이온농도 단위는 mmol/L이다. ECF = 세포외액; ICF = 세포내액; ATP = 삼인산아데노신

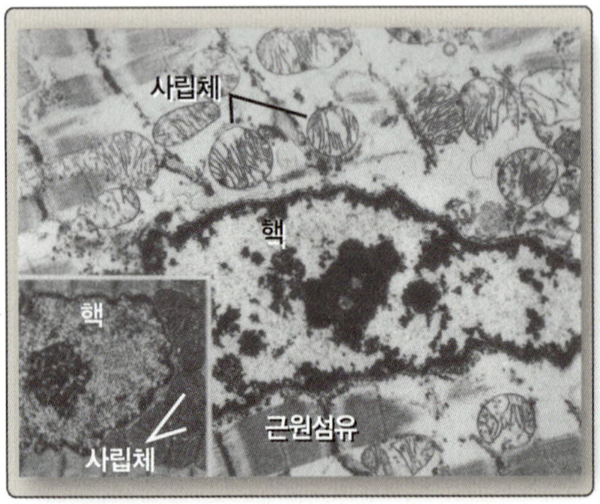

그림 40.5
허혈상태에서 심근세포 핵과 사립체 부종과 막 파괴. 삽입된 사진은 정상 심근세포 미세구조

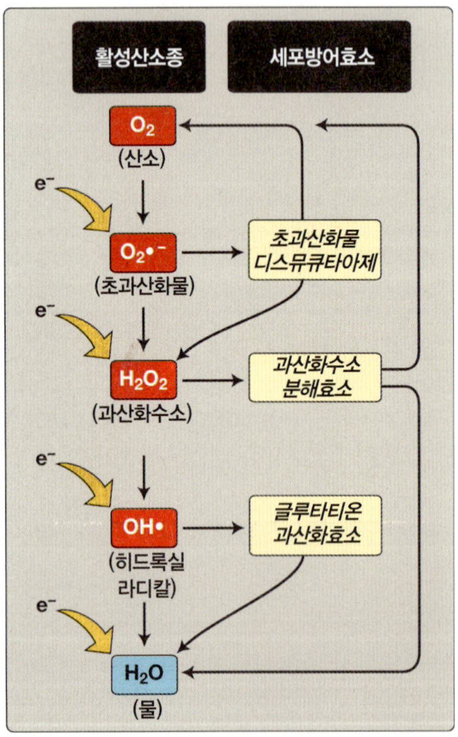

그림 40.6
사립체 전자(e⁻) 사슬에 의해 생산된 활성산소종

임상 적용 40.1: 치료적 저체온증(Therapeutic Hypothermia)

병원 밖에서 심장정지로 고통 받는 대부분(95%)의 환자는 심폐소생술을 받는다 해도 살아남지 못한다. 사망은 주로 허혈성 연쇄반응이 진행 동안 지속되는 신경손상에 의해 일어나며 순환이 회복되었을 때 발생하는 염증매개체들에 의해 악화된다(**재순환손상[reperfusion injury]**). 지난 10년 동안 **치료적 저체온증(therapeutic hypothermia, TH)**을 사용하여 심근경색으로부터 살아남고 신경손상을 피할 수 있게 되었다. 치료적 저체온증은 허혈 후 12~24시간 동안 체온을 32~33°C로 낮추는 것이다. 목표온도는 차가운 용액을 정맥으로 주입하며 함께 체표면을 차갑게 식혀주어 얻는다. 치료적 저체온증을 통해 허혈성연쇄반응 동안 사립체 분해의 범위가 줄고 염증매개체 분비가 제한된다.

약 세포괴사가 첫 수분 내에 일어나지 않으면 세포자멸사 경로는 오랜 시간에 걸쳐 세포자살이 일어나게 하지만 그럼에도 불구하고 마지막 결과는 같다.

C. 대뇌사망(brain death)

대뇌사망은 죽음이다. 대뇌사망 후 다른 신체 조직들이 인공적으로 유지된다 해도, 인성과 지능, 자신과 타인에 대한 각성 등을 포함해 인간과 관련된 모든 특성은 대뇌의 기능이다. 따라서 대뇌가 죽으면 우리는 죽는다. 대뇌사망은 임상적으로 일련의 신경학적 검사를 이용한 확인이 필요하다. 검사는 비록 척수반사가 계속 남아 있더라도 결정적인 대뇌기능과 반사가 완전히 비가역적으로 소실되었음을 확인하도록 고안되었다. 대뇌 기능검사는 동공의 빛반사(8·II·C 참조)가 없거나 온수눈떨림반사(caloric reflex, 온수로 귀관을 자극하는 검사; 임상 적용 9.3 참조)가 없는지를 확인한다. 모두 뇌줄기 기능검사이다. 대뇌사망은 또한 100% O_2를 주고 호흡기를 떼어낸 뒤 8~10분 동안 동맥의 Pco_2가 60 mmHg까지 올라가도 자발성 호흡이 완전히 없음(**무호흡 검사[apnea test]**)을 관찰해야 한다. 고탄산혈증에 의해 유발된 호흡성 노력을 증가시키는 반사는 가장 기본적이고 필수적인 대뇌기능(24·III·C 참조) 중 하나이다. 어떤 환자는 심한 허혈사건에서 살아남아 **지속적인 식물상태(persistent vegetative state, PVS)**로 진행하게 된다. 지속적인 식물상태 환자는 각성이나 이해의 징후는 없으나 기본적인 심혈관반사와 호흡반사를 유지하기 위한 자율적인 뇌줄기 기능을 충분히 유지하고 있다. 이 환자들은 2~5년 이내에 다기관기능상실과 감염, 또는 다른 이유로 사망한다.

III. 쇼크 분류

심장과 혈관을 포함해 인체 내 모든 조직은 대사요구를 충족시킬 충분한 양의 산소를 심혈관계에 의존해 운반한다. 특히 산소의존도가 높은 대뇌는 혈류가 차단되면 수초 이내에 의식이 소실된다. 낮은 산소의존도를 보이는 조직은 허혈에 오랫동안 견딜 수 있지만 결국 산소가 없으면 모든 조직은 죽게 된다. 혈류의 부족과 운반되는 산소의 부족이 쇼크를 일으키며 세 가지 형태의 **쇼크**가 있다: **저혈량성(hypovolemic)**, **심장성(cardiogenic)**, **분포성(distributive)**.

A. 저혈량성

저혈량성 쇼크는 순환혈액량 감소에 의해 일어난다. 혈액량이 감소하면 확장기(즉 왼심실 전부하; 18·III·D 참조) 동안 왼심실이 충만되는 범위가 감소하고 그림 40.7에서 보는 것처럼 심장박출량이 감소한다. 심장박출량이 감소하면 평균동맥압도 감소하여 조직에 도달하는 산소화된 혈액량도 감소하게 된다. 저혈량성 쇼크는 다음 두 범주로 크게 나눌 수 있다: 출혈성 쇼크와 세포외액(ECF) 소실로 인한 쇼크.

1. **출혈성**(hemorrhagic): 출혈성 쇼크는 혈관으로부터 전체 혈액을 잃어서(**혈관외유출[extravasation]**) 그 결과 발생한다. 외부환경으로의 혈액손실은 전형적으로 사고에 의해 일어나나(그림 40.7 참조) 식도정맥류나 위정맥류의 파열에 의해서도 일어날 수 있다. 뼈 골절 또는 복강의 동맥류파열도 내부공간 내 상당량의 혈액손실을 일으킬 수 있다.

2. **체액손실**(fluid loss): 저혈량성 쇼크 또한 외부공간 또는 사이질이나 복강 내("**third spacing**")로 체액이 소실되면서 일어날 수 있다. 체액소실은 땀흘리기와 구토, 설사, 심각한 피부화상(16·III·B 참조)에 의해서도 일어난다. 간기능상실에 의해 혈장단백질 생성능력이 저하되거나 단백질에 대한 모세혈관의 투과성이 증가되어서 혈장단백농도가 감소했을 때에도 사이질이나 복강 내로 체액이 소실된다.

> 혈장단백질들은 혈관내 액체를 유지하는 주요 힘이 되는 삼투경사를 생성하며 **모세혈관에 대한 스탈링의 법칙**을 정의하면 다음과 같다:
>
> $$Q = K_f [(P_c - P_{if}) - (\pi_c - \pi_{if})]$$
>
> 여기서 Q는 모세혈관벽을 가로지르는 순액체량, K_f는 여과계수, P_c는 모세혈관 정수압, P_{if}는 사이질액체압, π_{if}는 사이질콜로이드 삼투압이다(19·VII·D 참조).

B. 심장성

심장성 쇼크는 심장펌프기능상실에 의해 일어나며 네 가지 중요한 원인들이 있다: **심장박동장애**, **기계적인 원인**, **심장근육병(cardiomyopathies)**, **심장외 원인**.

1. **심장박동장애**(dysrhythmia): 심장성 쇼크는 심방성 또는 심실성 심장박동장애의 결과로 일어난다. 심장박동장애는 심장의 한 방이나 혹은 더 많은 방의 조화로운 수축을 방해하거나 손상을 입혀 심장박출량을 감소시킨다. 심실성빈맥과 세동은 심장박출량을 완전히 소실시켜 외부의 전기적 세동제거기(17·V·D 참조)를 이용해 심장율동전환(cardioversion)

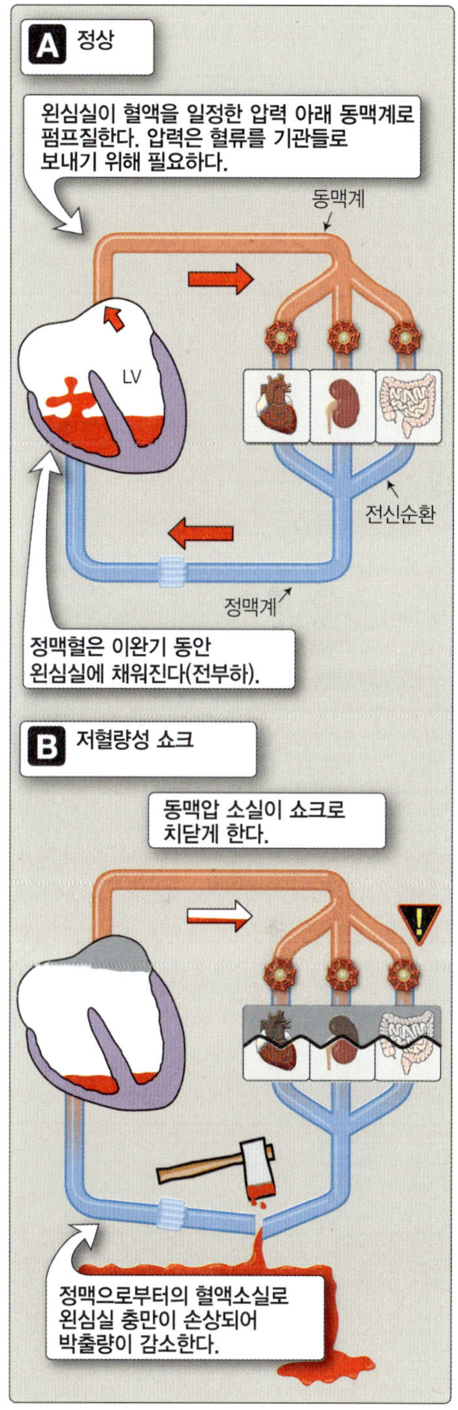

그림 40.7
저혈량성 쇼크

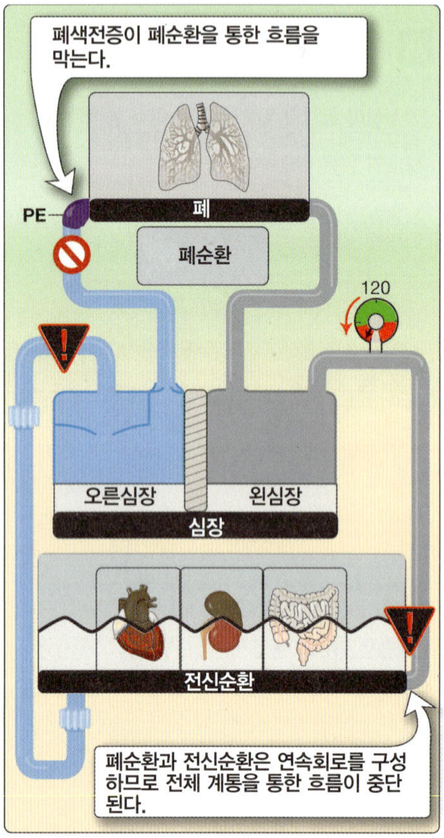

그림 40.8
폐색전증 결과

임상 적용 40.2: 패혈증(Sepsis)

패혈증은 전신염증반응을 반영하는 임상증후군으로 균혈증과 열, 빈맥, 호흡율 증가가 특징이다. 패혈증은 다양한 유기체에 의해 발생하나 종종 그람음성 염증에 의해서도 발생되는데 그람음성 염증은 세균세포벽 성분인 지질다당질(lipopolysaccharide, LPS)이 **염증성 연쇄반응(inflammatory cascade)**[1]을 촉발한다. 지질다당질이 식균세포의 표면 수용체에 결합하여 인식되면 사이토카인이 분비되고 염증반응과 열이 시작된다. 혈관내피세포는 혈액 내 사이토카인에 반응하여 더 많은 사이토카인과 케모카인을 분비하므로 염증반응이 점점 더 심해지고 혈액응고가 시작된다. 이러한 염증연쇄반응은 또한 백혈구의 활성화와 활성산소종 분비를 일으켜 광범위한 혈관손상을 초래한다. 저항혈관과 정맥은 안정 시 긴장도를 잃어 혈관용적이 증가한다. 또한 모세혈관의 투과성도 증가되어 혈장단백질과 혈장액이 사이질로 빠져나간다. 패혈증으로 인한 사망률은 50%나 되며 쇼크가 발생하면 90%까지 증가한다. 치료방법으로 원인 염증에 대한 항생제, 유효순환혈액량을 유지하기 위한 정맥제 수액주입, 혈관긴장도를 올리기 위한 혈압상승제를 사용한다.

을 시켜 부정맥이 교정되지 않으면 빠르게 사망할 수 있다.

2. **기계적(mechanical):** 협착이 일어나 기능이 없는 심장판막은 심장의 효율성과 심장근육이 심장박출량을 유지하는 능력 모두를 감소시킨다. 사이막(중격) 결함은 왼심실에서 오른심실로 역류를 일으켜 심장성 쇼크를 유발할 수 있다.

3. **심장근육병(cardiomyopathy):** 심장질환의 원인과 결과는 아래에 보다 자세하게 기술되어 있다. 왼심실 벽의 >40%에 손상을 입히는 심근경색은 심장성 쇼크와 사망의 가장 많은 원인 중 하나이다.

4. **심장외성:** 쇼크의 세포외성 원인으로는 **폐색전증(pulmonary embolism, PE)**과 **폐고혈압(pulmonary hypertension)**, **심장눌림증(tamponade)**, **심장막염(pericarditis)** 등이 있다. 폐색전증과 폐고혈압은 오른심실 박출량을 제한하므로 왼심실 전부하가 제한된다. 대량의 폐색전증은 효과적으로 순환을 방해해 즉시 사망을 초래한다(그림 40.8). 심장눌림증은 심장막과 심장벽 사이에 액체(예: 혈액이나 심장막 삼출)가 축적되어 일어난다. 액체의 존재가 정상 심실충만(그림 40.9)을 방해한다. 염증에 의해 심장막이 비대해져도 유사하게 심실충만이 제한된다.

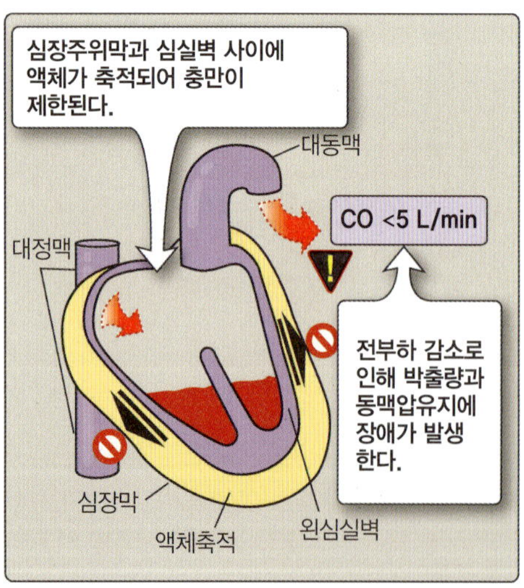

그림 40.9
심장눌림증이 심실충만에 미치는 효과

[1] 그람-양성과 그람-음성 세균의 차이에 대한 더 많은 정보는 *리핀코트의 그림으로 보는 미생물학 제3판* 참조.

C. 분포성

대부분의 동맥과 정맥혈관은 교감신경계에 의해 조절되는 안정 시 긴장도를 유지하는데, 이는 심혈관용적을 ~5 L로 제한하는 한 가지 방법이다(20·V 참조). 분포성 또는 **혈관이완성(vasodilatory)** 쇼크는 교감신경계가 혈관 전체에 대한 조절기능을 상실해서 혈관이완으로 인해 혈관용량이 기하급수적으로 증가할 때 발생한다. 평균동맥압은 이완된 저항혈관 내로 혈류가 흘러 모세혈관과 정맥에 갇힘에 따라 빠르게 소멸한다(그림 40.10). 분포성 쇼크는 많은 원인에 의해 일어난다. 가장 많은 원인은 **패혈증(sepsis**; 임상 적용 40.2)과 **전신염증성반응증후군(systemic inflammatory response syndrome)**, **과민증(anaphylaxis)**이다.

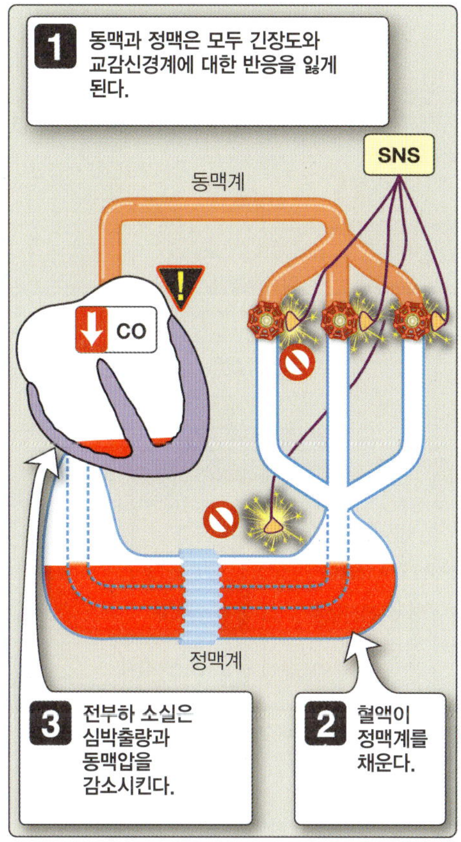

그림 40.10
분포성 쇼크

IV. 쇼크 단계(SHOCK STAGES)

쇼크의 진행은 다음 세 단계로 나눌 수 있다: 처음에는 원인사건으로부터 시작해 다음에는 순서대로 단계를 밟아 진행된다; **전쇼크(preshock)**, 쇼크(shock), **말단기관기능상실(end-organ failure)**. 한 예로 **출혈성 쇼크** 시 인체가 어떻게 처음 사건에 반응하고, 계통들이 평균동맥압 소실을 보충하기 위한 어떤 보상이 시도하고 이로 인해 양성되먹임 나선이 만들어지고 결과적으로 기관기능상실을 재촉해 사망에 이르게 하는지 설명하겠다.

A. 전쇼크

출혈은 혈액량을 고갈시켜 정맥저장고를 마르게 한다. 출혈 시 심장이 정맥으로부터 동맥과 모세혈관으로 혈액을 운반하기 때문에 정맥이 우선적으로 고갈된다. 전부하 소실로 평균동맥압이 떨어지기 시작하면 교감신경계매개 압력수용기반사가 유발된다(그림 20.14와 20·III 참조). 교감신경계는 비본질적인 기관으로부터 혈류 방향을 수정해 심장의 수축력과 심박수를 증가시키고(그림 40.11) 혈액 저장고로부터 혈액을 이동시킨다. 이들 경로는 그림 40.12에 요약되었다.

1. **혈류의 방향수정:** 비본질적인 장기에 대한 혈류는 선택적인 저항혈관의 교감신경계-매개 수축에 의해 감소된다. 전신혈관저항이 상승하여 내장 및 피부, 근육 혈관으로 가는 혈류는 감소한다. 콩팥으로 가는 혈류감소로 인해 토리곁장치(juxtaglomerular apparatus, JGA)로부터 *레닌*이 분비되고 장기간 액체저장경로들이 활성화된다(아래 참조). 두 가지 핵심성분들(**앤지오텐신 II**와 **항이뇨호르몬**)은 혈관에 작용해 교감신경계매개 혈관수축을 강화한다(28·III 참조).

2. **심장 효율성(cardiac efficiency):** 심근에 대한 교감신경계 자극이 심박수와 수축력을 증가시켜 전부하소실을 보충할 수 있도록 돕는다(그림 40.11). 교감신경계 활성화 동안 부신으로부터 에피네프린 분비가 빈맥 발생과 전쇼크 동안 수축력 증가에 기여한다.

3. **정맥수축(venoconstriction):** 교감신경계 자극은 정맥에 대한 긴장도를 증가시키고 혈액을 심장으로 강제로 보내 정맥 용적을 감소시킨다. 정맥환류는 모세혈관과 오른심방 사이 가파른 압력경사에 의해 더해진다.

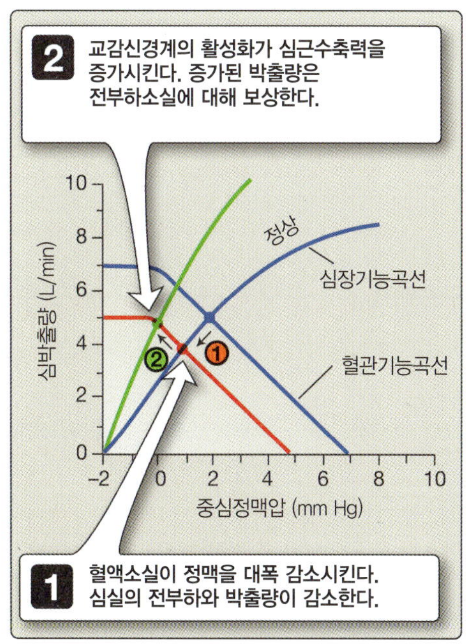

그림 40.11
반사가 저혈량상태에서 심장수축력을 증가시킨다.

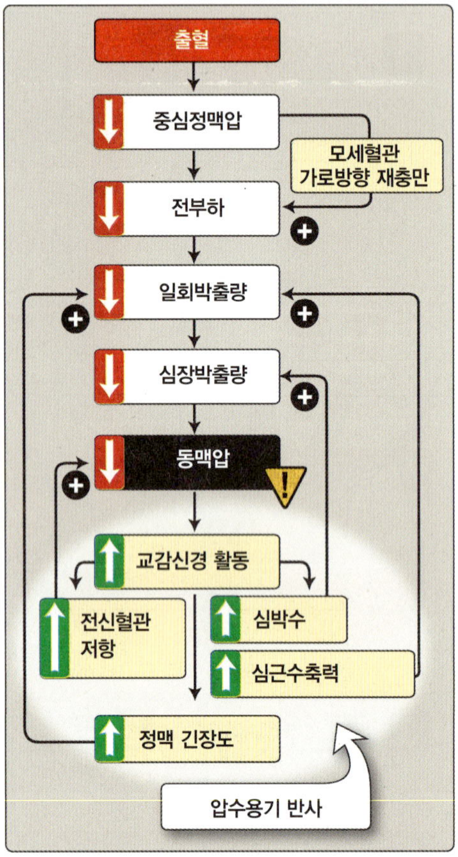

그림 40.12
전쇼크 동안 동맥압을 유지하는 경로

4. **모세혈관가로방향 재충만(transcapillary refill):** 압력수용기반사는 출혈 처음 몇 분 동안 필수장기에 대한 혈류보존을 돕는다. 또한 **모세혈관가로방향 재충만(transcapillary refill)** 과정을 통해 액체가 사이질로부터 혈관으로 이동하여 약간의 시간적 여유를 만든다. 모세혈관가로방향 재충만은 스탈링의 힘을 통해 사이질액을 동원하는 주요 생존기전이다(아래 참조). 저항혈관이 수축하면 모세혈관 정수압이 감소되어 혈장콜로이드삼투압(π_c)이 사이질로부터 혈관으로 액체를 이동시킨다(그림 19.28 참조). 액체 유입으로 인해 혈장단백질이 희석되어 π_c가 감소되기는 하지만 모세혈관가로방향 재충만으로 출혈 동안 잃어버린 혈액의 75%를 보충할 수 있다.

B. 쇼크(shock)

압력수용기반사를 통해 효과적으로 ~10%의 순환혈액량의 감소를 보충한다. 따라서 임박한 쇼크의 유일한 조기징후는 가벼운 빈맥이다. 그러나 일단 혈액량이 10% 이상 감소하면 보상기전은 더 이상 순환을 적절하게 유지할 수 없어 쇼크 징후가 뚜렷하게 나타난다. 이런 징후로는 저혈압(hypotension)과 추위, 차갑고 축축한 피부, 소변량 감소, 혈장 젖산 증가 등이 포함된다.

> 대부분 기관계통은 계통의 용적이 감소되었을 때조차도 항상성을 유지할 수 있도록 **기능성 예비력(functional reserve)**을 가지고 있다. 심혈관예비력의 효율성은 평균동맥압에 대한 해로운 효과가 거의 혹은 전혀 없으면서 혈액을 얼마나 줄 수 있는지에 달려 있다.

1. **저혈압:** 혈액량이 ~10% 아래로 감소하면 심박수와 수축력 증가만으로는 전부하 소실을 보충할 수가 없어 수축기혈압이 90 mm Hg 또는 그 아래로 감소된다. 강력한 교감신경계매개 혈관수축에 의해 동맥계로부터 혈액유출이 제한되고 확장기혈압이 높아진다. 따라서 평균동맥압이 유지되어 혈액이 뇌와 관상동맥의 임계순환에 도달할 수 있도록 한다. 이런 순환들은 주로 자동조절기전(예: CO_2, K^+, 젖산 분비)을 통해 조절되므로 교감신경계활동에 의해서는 직접 영향을 받지 않는다.

2. **피부:** 강한 교감신경계 활성이 효과적으로 내장과 피부순환을 포함한 순환계에서 가장 낮은 단계에 있는 혈관에 대해 단락(shunt)을 만들어 전신혈관저항을 증가시킨다. 강한 교감신경계 활성은 피부에서 뚜렷해서 피부가 차갑고 축축해진다. 냉기는 강력한 피부혈관 수축 때문에 일어나며 혈류가 <6 mL/min까지 감소한다. 교감신경계 활성화로 인해 혈액이 피부에서 빠져나가면서 피부온도가 차가워진다. 교감신경계 활성화는 또한 땀샘을 자극한다. 땀은 변형된 혈액여과액이어서 혈류가 감소하면 땀생성이 최소화된다. 피부는 약간 축축하게 된다.

3. **소변배설량:** 콩팥토리 들세동맥과 날세동맥은 모두 저항혈관이다. 강한 교감신경계 활성화 동안 두 혈관을 흐르는 흐름이 심하게 제한되고 토리정수압(P_{GC})은 극적으로 감소한다(그림 40.13; 25·IV·F 참조).

토리정수압은 토리여과율을 결정하므로 세관을 통한 흐름이 느려져 소변생산량이 시간당 30 mL까지 감소한다(**핍뇨[oliguria]**).

4. **대사성산증:** 혈장 젖산수치는 정상적으로 0.5~1.5 mmol/L이나 저산소증에서는 많은 조직들이 무산소대사에 의존해야만 한다. 따라서 젖산수치가 상승한다. 쇼크일 때 혈장 젖산은 일관되게 >4 mmol/L이나 다른 환경(예: 케토산증과 무산소운동)에서도 젖산이 상승할 수 있다.

C. 계통 기능상실

위에서 언급한 작용은 비록 동맥압이 한두 시간 동안 다시 정상화된다 하더라도 환자생존을 확실하게 하기에는 불충분할 수 있다. 혈압만으로는 초기 쇼크 동안 적절한 순환을 공급하지 못할 수 있다. 최후까지 지속적인 대뇌순환를 유지할 수 있는 수준의 평균동맥압을 유지할 수 있게 하는 능력과 결정권은 중추신경계 심혈관조절중추가 가지고 있기 때문이다. 심한 출혈의 경우 콩팥과 위창자관계를 포함해 순환계에서 낮은 단계(20·II·F 참조)를 차지하는 장기와 타협할 수 있는 수준에서 전신혈관저항이 유지된다. 일단 비가역적인 쇼크상태에 가까워지면 양성되먹임나선이 시작되어 불가피하게 기관기능상실과 사망으로 진행된다(그림 40.14).

> 사고 후 가능한 순환혈액량을 회복하기 위해 구급차나 응급헬리콥터를 널리 사용한다. 응급구호팀이 사고현장에 도착해 비가역적 조직손상이 일어날 수 있는 임계점(critical window)에 있는 환자에게 정맥 내 수액을 투여한다. 임계점이란 응급의학에서 **황금시간(golden hour)**으로 언급하는 기간을 말한다.

1. **심장 저하(cardiac depression):** 평균동맥압이 60 mmHg 아래로 떨어지면, 관상순환이 부족해 허혈상태가 되어 심근수축력이 손상을 입게 되므로 압력이 더욱 저하된다. 따라서 양성되먹임회로가 시작되면 그 결과 급성심장기능상실이 일어난다. 출혈 동안 하나 혹은 그 이상의 **심근저하인자(myocardial-depressant factor)**가 허혈조직에서 분비되면 심장기능은 더욱 악화된다.

2. **교감신경계 탈출(sympathetic escape):** 교감신경계는 오랫동안 강력한 혈관수축을 유지할 수가 없어 전신혈관저항은 결국 감소하게 된다. 저항혈관 이완(“**교감신경계 탈출**”)은 교감신경계 신경전달물질 고갈과 α아드레날린수용체 탈감작, 또는 중추조절을 무시할 정도로 만성적으로 상승된 대사물질 농도에 의해 일어난다. 정맥수축물질의 영향 또한 결국 감소되어 정맥환류와 전부하가 손상을 입게 된다(그림 40.10 참조).

3. **산혈증(academia):** 젖산과 높은 $P_{a}co_2$(조직순환의 부적절함과 폐 및 콩팥 기능이상에 의한)은 함께 심각한 산혈증을 유발한다. 산혈증은 근세포 기능을 손상시키므로 심근과 혈관의 능력이 손상되어 심박출량과 전신혈관저항을 유지하기가 어려워 그 결과 평균동맥압이 더욱 감소한다.

4. **증가된 혈액점성:** 혈액이 느리게 흐르면 적혈구와 다른 혈액성분이 서

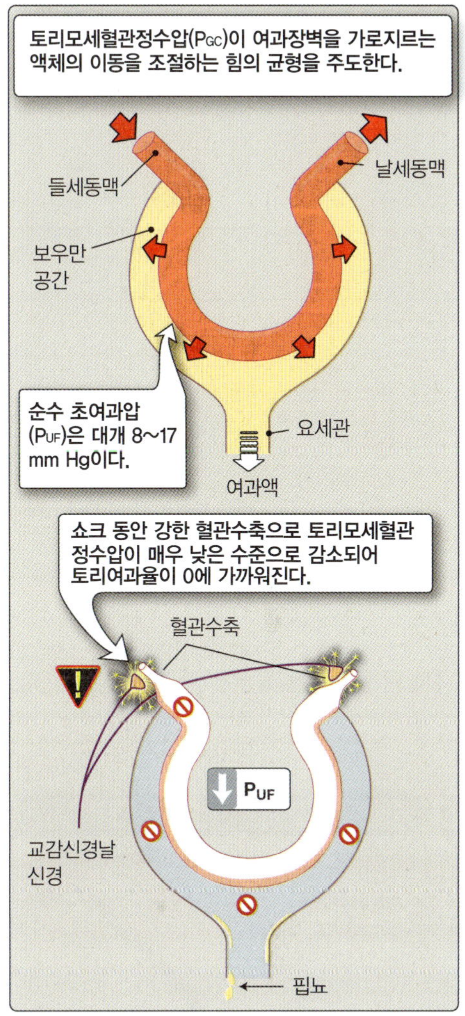

그림 40.13
토리혈류량에 대한 강력한 교감신경 활성화 효과

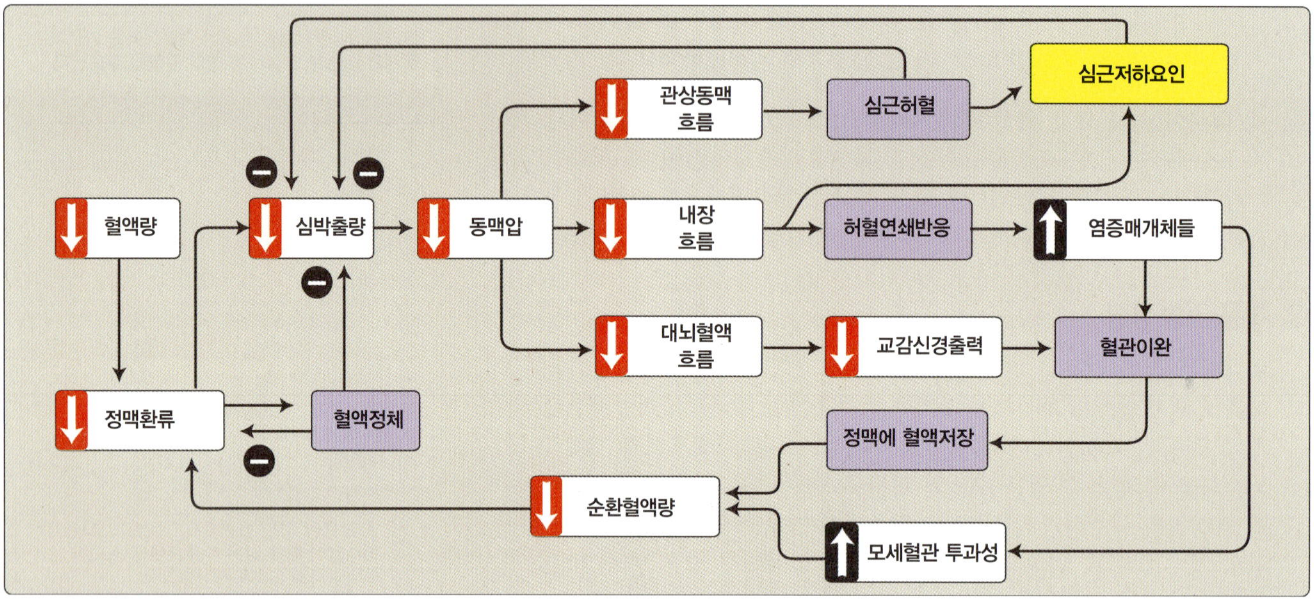

그림 40.14
심혈관계기능상실을 유발하는 양성되먹임경로

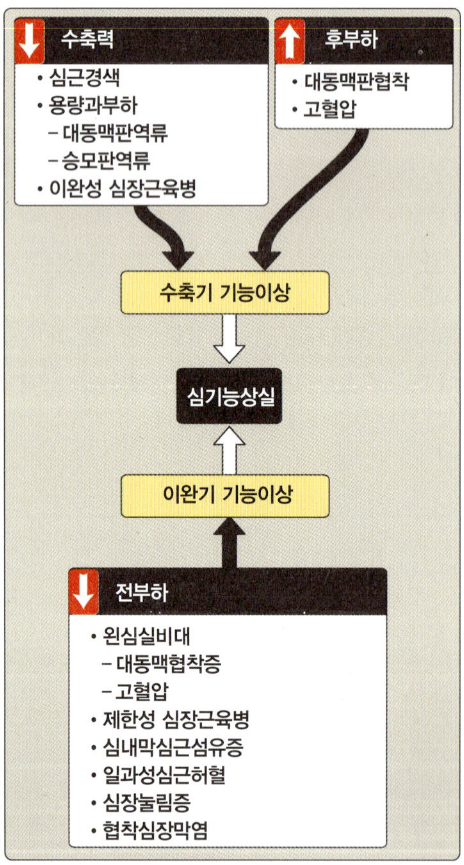

그림 40.15
심장기능상실의 공통원인

로 달라붙게 되어 혈액의 점성이 증가한다(19·III·C 참조). 이 과정은 산혈증에 의해 악화되어 적혈구뿐만 아니라 백혈구와 혈소판이 **혈액정체(sludging)**를 일으킨다. 혈액정체로 인해 혈관을 통한 흐름의 저항이 증가되고 평균동맥압이 상승할 수 없어 그 결과 조직순환이 감소된다. 때가 되면 미세혈관(즉 모세혈관, 세동맥)이 혈전으로 막히게 된다.

5. **세포 악화**(cellular deterioration)**:** 저산소혈증이 오래 지속되면 세포가 파괴되어 염증반응이 시작된다. 염증매개자는 혈관투과성을 증가시키고 혈장은 사이질 공간 안으로 빠져나간다. 위창자 상피세포의 손상으로 장내용물과 혈관을 구분하는 장벽에 깨져 미생물들이 순환계로 들어오게 된다. 그 결과로 순환이 회복되었을 때 폐혈증 쇼크의 가능성이 커진다.

6. **대뇌저하**(cerebral depression)**:** 저산소혈증이 오래 지속되면 결국 대뇌가 손상을 입는다. 신경세포의 활성이 저하되고 심혈관과 호흡조절중추가 망가진다. 교감신경의 흥분이 소실됨에 따라 평균동맥압이 감소한다. 대뇌순환압 또한 감소해 곧 대뇌사망으로 이어진다.

V. 심장기능상실(HEART FAILURE)

심장기능상실은 실제 모든 형태의 심장질환이 진행될 최종공통경로가 된다. 따라서 많은 기저원인이 있다(그림 40.15). 비록 기능상실의 시간경과는 매우 다양할 수 있으나 최종적인 결과는 심장성쇼크가 된다.

A. 원인

심장기능에 손상을 가져오는 심장기능상실의 다양한 기저원인은 상당한 겹침이 있다. 오른심실과 왼심실은 다른 상황에 직면해 각각 기능상실이 올 수 있으나 왼심장은 우심장에 의존적이며 오른심장도 왼심장에 의존적이므로 각각의 독립적인 기능상실이 유사한 보상기전을 유발한다.

1. **오른심장:** 오른심장은 얇은 벽을 가진 방으로 폐혈관저항이 낮으므로 낮은 최고수축기혈압을 만든다. 따라서 만약 폐색전증이나 폐고혈압에 의해 흐름에 대한 저항이 증가하면 보상 능력이 제한되어 기능상실이 발생한다.

> || 오른심장기능상실의 가장 많은 원인은 왼심장기능상실이다.

2. **왼심장:** 왼심장은 두꺼운 벽을 가진 방으로 높은 전신혈관저항에 관련된 스트레스에 잘 적응하여 높은 최고수축기압을 만든다. 왼심장기능상실의 원인은 충만을 손상시키는지(**확장기심장기능상실[diastolic heart failure]** 또는 **박출률 보존 심장기능상실[heart failure with preserved ejection fraction]**으로 알려짐) 또는 구출을 손상시키는지(**수축기심장기능상실[systolic heart failure]**)에 따라 두 군으로 나뉜다.

   a. **확장기:** 확장기기능상실의 공통적인 원인 한 가지는 왼심실 비대로 만성적으로 증가된 후부하나 또는 심근증에 의해 일어난다. 치료 안된 고혈압과 대동맥협착(aortic stenosis) 모두에서 왼심실 후부하가 증가하여 심박출량이 감소된다. 심근은 정상 심박출량(임상 적용 18.2)을 유지하는데 요구되는 높은 압력을 만들어내기 위해 비대해진다. 새로운 근원섬유가 낡은 근원섬유에 더해져 낱개 심근세포의 세포둘레가 증가되어 심실벽이 두꺼워진다(그림 40.16). 두꺼워진 벽의 장점은 Laplace 법칙(그림 40.17; 18·IV 참조)에서 설명했던 것처럼 벽에 스트레스를 주는 높은 심실내압의 효과를 상쇄한다. 심비대의 단점은 두 배이다. 첫째는 심근세포 직경이 산소확산의 한계를 넘어 허혈(그림 40.16 참조)과 부정맥 가능성이 커지게 되며, 두 번째는 심실이 딱딱해 충만이 어려워져 보다 높은 오른심실 구출압이 필요하게 된다. 그런 환경에서는 최종적으로 양 심실이 기능상실에 빠지게 된다.

   b. **수축기:** 수축기심기능상실은 왼심실이가 적절한 박출량을 유지하는 데 실패하여 발생한다. 또한 손상된 수축력이나 과도한 후부하에 의해서도 발생하나 수축기심기능상실의 가장 많은 원인은 아래에서 논의되는 것처럼 심근경색(MI)이다.

B. 심근경색(myocardial infarction)

심근경색(MI, 또는 심장마비)은 심장기능상실의 가장 흔한 원인 중 하나이다. 심근경색은 동맥경화성 판이 떨어져 나와 생성된 혈전이 관상혈관을 막아서 발병한다. 막힌 혈관에 의해서 이전에 혈액을 공급받던 심근세포는 허혈상태가 되거나 죽게 되고 심근의 수축력은 손상된다. 이런 경우 살아

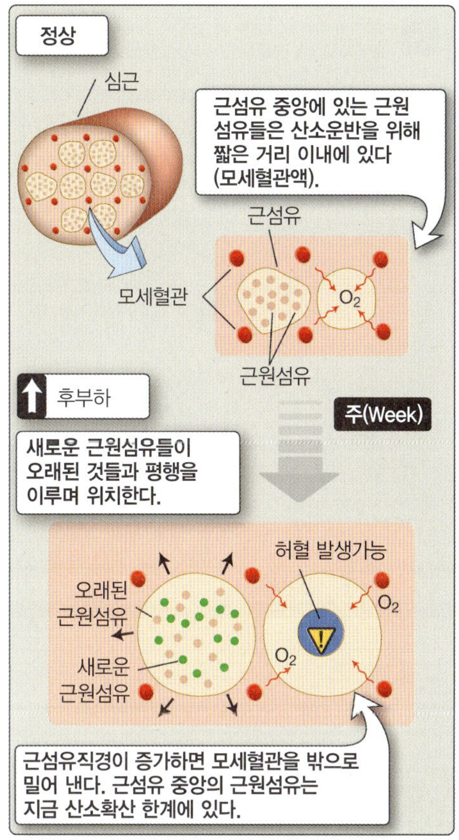

그림 40.16
근원섬유로의 산소운반에 대한 심근비대 효과

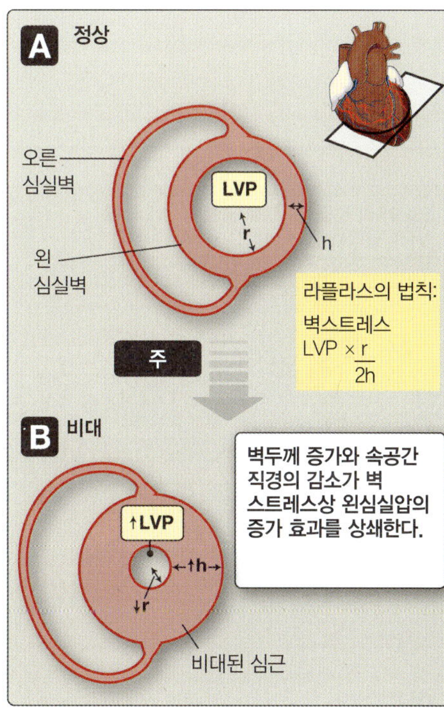

그림 40.17
심비대 동안 심실벽 두께 증가

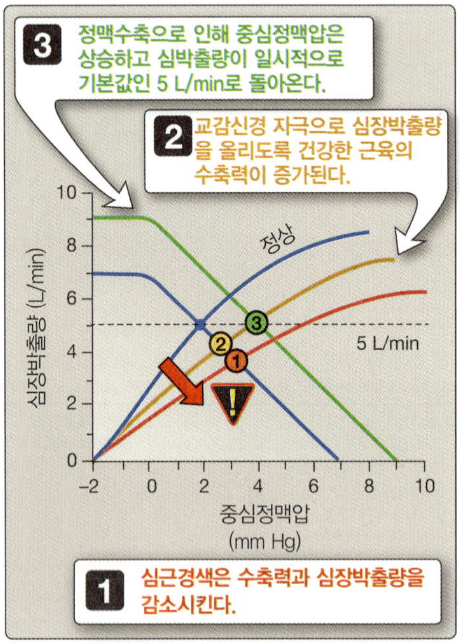

그림 40.18
심근경색에 대한 단기(교감신경성)반응

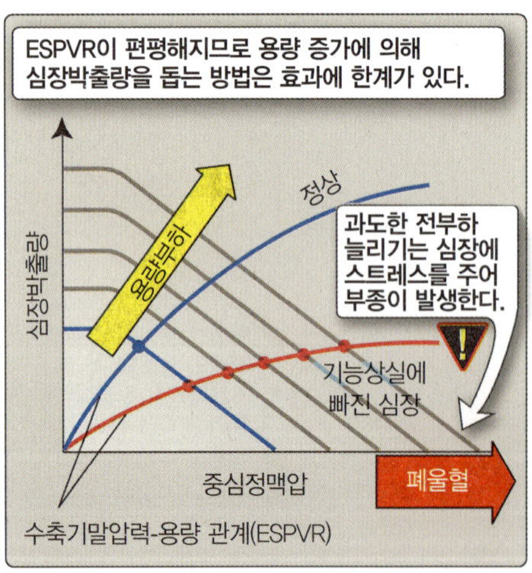

그림 40.19
전부하 늘리기의 유용한 효과의 한계

날 가능성은 여러 요인에 달려 있다. 만약 경색된 부위가 비교적 작다면 단기 보상기전이 일어나 환자는 장기 보상기전이 활성화될 때까지 살아남을 수 있다.

C. 보상

작은 경색은 단기와 장기 보상반응기전을 동시에 유발한다. 단기 보상반응은 장기 보상경로가 충분히 활성화될 때까지 박출량 유지를 돕는다.

1. **단기:** 심근허혈에 대한 단기반응은 국소반사와 중추반사를 모두 포함한다.

   a. **국소:** 심근세포에 대한 혈류차단은 사이질의 대사물질들(예: 아데노신, K^+, CO_2, 젖산) 증가에 의해 일어난다. 바로 인접한 모든 저항혈관은 국소 혈관조절기전을 통해 즉시 반사적으로 이완된다. 근처의 혈관은 정상적으로 일정하게 수축되어 있으나 이들 또한 대사물질증가에 따른 혈관이완반응에 참여한다. 주변혈관의 혈류는 국소경색 주변부위가 첫 허혈사건(21·III·E 참조) 동안 살아남을 수 있도록 한다.

   b. **중추:** 심근세포의 죽음으로 심근의 수축력이 손상되어 왼심실 박출량과 심장박출량(그림 40.18)이 감소한다. 그 결과로 평균동맥압이 감소되어 IV·A절에서 설명한 것과 동일한 효과기 기전에 관여하는 압력수용기반사가 유발된다. 만약 경색부위가 작다면 이 경로를 통해 충분히 평균동맥압을 회복할 수 있다.

2. **장기:** 평균동맥압 감소는 원인에 상관없이(20·IV 참조) *레닌*-앤지오텐신-알도스테론계를 활성화시킨다. 세포외액량을 증가시키고 손상된 심근을 증가된 전부하로 지지하기 위하여 Na^+과 물을 저장하는 데는 24~48시간이 걸린다. 허혈사건 후 수일에서 수주가 지나면 신체는 경색에 의해 손상된 조직을 보수하기 시작한다. 주변혈관은 커지고 심근비대가 일어나 수축력소실을 보상한다.

D. 전부하 처벌(preload penalty)

프랭크-스탈링 기전(Frank-Starling mechanism)은 심근수축력의 작은 감소를 보상하는 데는 매우 효과적이다(18·III·D 참조). 어떤 사람들은 이런 상처에 의해 고통받을 수도 있고 또는 수년 동안 보상이 증상(예: 아래에 논의된 것처럼 폐울혈과 관련된 호흡곤란)을 유발할 때까지 각성하지 못한 채로 남아 있을 수 있다. 호흡곤란은 전부하와 관련된 몇 가지 처벌 중 하나이나 다른 것으로는 길이의존 근육원섬유마디 활성화, 과도한 심실벽스트레스, 율동장애(dysrhythmias), 판막무능력과 부종 등도 나타난다.

1. **길이의존활성화 한계(length-dependent activation limits):** 건강한 심장에서 전부하 늘리기(preloading)는 근육원섬유마디의 길이의존활성화를 통해 심장박출량을 증가시킨다(13·IV 참조). 그러나 수축기말압력-용량 관계는 편평하므로, 일단 심근세포가 힘 발생에 적절한 길이까지 늘어나면 전부하를 더 늘리는 것은 추가적인 힘을 발생시키기에는 효과적이지 않다(그림 40.19).

2. **벽스트레스(wall stress):** 전부하 늘리기는 라플라스법칙에서 예측한대로 심실을 이완시키고 벽긴장을 증가시킨다. 벽 긴장은 후부하에 기여한다. 비록 전부하가 정상적인 생리적 범위 내에서 박출량 유지를 돕지만 전부하는 심장의 일 부담을 증가시키고 효율을 감소시킨다.

3. **율동장애(dysrhythmias):** 과도한 전부하는 심실벽을 늘리고 전도경로를 변형시켜 심근에 치명적인 율동장애와 부정맥이 발생할 소인을 증가시킨다.

4. **판막 무능력(valve incompetency):** 과도한 전부하는 연골성 판막고리를 늘리고 변형시켜 판막을 자리에서 이탈시킨다. 실제로 이로 인해 판막첨판이 닫힐 때 더 이상 서로 접하지 못해 혈류가 역류하게 된다. 역류는 기능상실상태 심장에 요구되는 일의 양을 디욱 증가시킨다.

5. **부종(edema):** 중심정맥압(central venous pressure, CVP)이 상승하면 평균모세혈관압이 상승하고 혈액으로부터 사이질 안으로 액체여과가 증가된다. 전신혈관계에서 사이질액 과다는 발목과 발의 부종으로 나타난다. 하지는 중력에 의해 혈관의 압력이 증가되므로 특히 부종에 취약하다. 폐에서는 폐모세혈관으로부터 액체가 여과되고 허파꽈리 내에 액체가 모여 그림 40.20에서 볼 수 있는 것처럼 기체교환이 방해된다(폐울혈). 폐부종로 인해 **앉아숨쉬기(orthopnea**, 누웠을 때 호흡이 짧아짐)가 유발되어 환자가 앉아서 잠을 자야만 한다. 중력에 의해 폐순환압이 감소되어 기체공간 안에 액체축적이 감소된다.

E. 계통 기능상실

기능상실에 빠진 심장에서 전부하 늘리기를 통한 벽 장력에 대한 효과로 심장박출량을 보조하는 것은 결국 한계에 도달하게 된다. 전부하늘리기를 중단하지 않는다면 치명적인 결과가 올 수 있다. 따라서 의학적 치료의 목표는 이뇨제를 사용해 전부하를 줄이고, 동시에 심근수축 강화제로 심근을 보조하여 충만이 적게 된 상태에서 보다 효율적으로 일할 수 있도록 도와야 한다.[1] 말기단계 심장기능상실에서 심근세포는 계속해서 하나씩 죽어 수축력과 평균동맥압을 유지할 수 있는 능력이 감소하게 된다. 심장 예비능이 최소한의 근육활동에 필요한 정도만 맞출 수 있을 정도로 떨어져 있어 가벼운 신체활동으로도 심장박출량은 심장근육의 능력을 벗어나므로 심한 호흡곤란이 발생한다. 따라서 환자들은 점차 침대생활을 하게 된다(21·III·B 참조). 침대생활은 근위축과 뼈밀도 감소를 초래해 병세가 더욱 악화시킨다. 과도한 용적부하로 허파부종과 저산소성 호흡기능상실이 초래된다. 간은 수동적인 울혈과 전신부종으로 인한 O_2 운반 감소로 기능상실이 생긴다. 토리압 소실로 콩팥기능상실이 발생한다. 다른 장기의 기능소실이 더해져 사망률이 ~20%까지 상승한다.

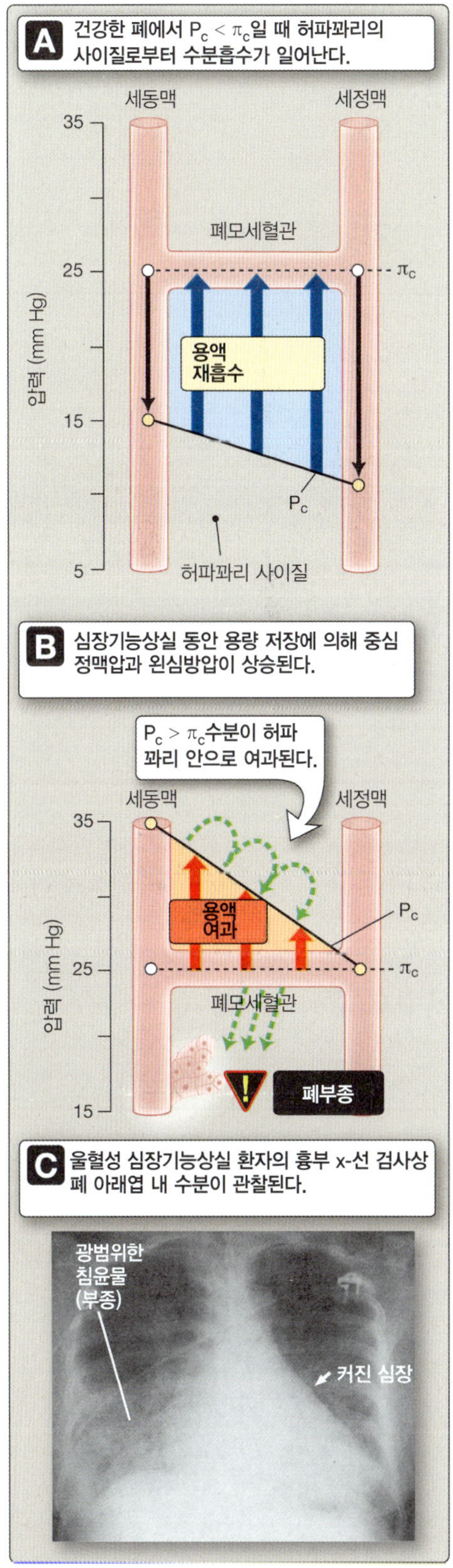

그림 40.20
심장기능상실로 발생한 폐부종

[1] 심장기능상실 치료를 위한 약물학적 접근에 대한 더 많은 정보는 *LIR Pharmacology 제5판* 참조.

표 40.2 호흡기능상실의 공통원인들

환기장애
• 상부기도폐쇄
▫ 감염
▫ 이물질
▫ 종양
• 호흡근의 약화나 마비
▫ 대뇌 손상
▫ 약물과용
▫ Guillain-Barre 증후군
▫ 근이상증
▫ 척수손상
• 흉벽 손상
확산장애
• 폐부종
• 급성호흡곤란증후군
환기/관류 일치 장애
• 만성폐쇄성폐질환
• 제한성폐질환
• 폐렴
• 무기폐

VI. 호흡기능상실

호흡기계가 O_2 흡수나 CO_2 제거와 같은 기체교환기능 중 한 가지 또는 두 가지 모두를 수행할 수 없을 때 호흡기능상실이 발생한다. 임상적으로 이는 저산소혈증 **호흡기능상실(hypoxemic respiratory failure)**이나 **고탄산 호흡기능상실(hypercapnic respiratory failure)**으로 나타난다. 2 종류의 기능상실 형태는 어떤 특정질환의 말기결과라기보다는 **증후군(syndromes**, 일련의 관련 증상들)으로 나타난다.

A. 원인

호흡기능상실은 만성 또는 급성으로, 대개 부상의 결과로 발생한다(**급성호흡곤란증후군[acute respiratory distress syndrome, ARDS]**에 대한 논의는 아래 D절 참조). 호흡기능상실을 초래하는 원인은 환기(공기-펌프 기능과 조절)와 확산(혈액-기체 접촉의 완전성), 또는 환기-확산($\dot{V}_A/\dot{Q}$) 일치 중 어느 것에 원인이 있는가에 따라 나눠진다(표 40.2).

B. 저산소혈증 호흡기능상실(hypoxemic respiratory failure)

저산소혈증 호흡기능상실은 P_aco_2<~60 mm Hg가 특징이다. 저산소혈증은 저환기에 의해 유발될 수 있으나 정상적인 P_ao_2 (100 mm Hg)가 되려면 충분히 넓은 부위에서 정상적으로 혈액-기체 접촉이 이루어져 하므로 이 면적을 감소시키고 정맥혈액이 동맥화 없이 허파를 통해 지나가게 만드는 과정은 어느 정도의 저산소혈증을 유발한다. 따라서 저산소혈증 호흡기능상실은 대개 공기나 허파혈액이 접촉할 수 없을 때 발생한다(즉 $\dot{V}_A/\dot{Q}$ 불일치).

1. **환기/관류 불일치**(ventilation/perfusion [($\dot{V}_A/\dot{Q}$)] mismatch): 국소적인 $\dot{V}_A/\dot{Q}$ 불균형은 건강한 허파에서 흔하며 전반적인 호흡기능에는 최소한의 손상을 입힌다(23·IV·B 참조). 질병상태에서 수많은 허파꽈리가 허탈되고 밀봉되거나(**무기폐[atelectasis]**) 액체로 차거나(허파부종), 고름으로 차거나(**폐렴[pneumonia]**) 또는 혈액으로 차면(출혈) 이들 모두 효과적인 산소흡수를 방해해 저산소혈증을 유발한다(그림 40.21).

2. **보상:** 저산소혈증은 주로 대동맥과 경동맥의 화학수용체에 의해 감지된다(24·III·C 참조). 중추신경계의 호흡조절중추가 분당 환기량을 증가시키고 동시에 중추신경계의 심혈관조절중추가 심장박출량을 증가시켜 교환 장벽을 가로지르는 O_2 확산경사를 최대화한다.

3. **결과:** 저산소혈증의 생리학적 결과를 고도상승 효과와 관련하여 설명하였다(24·V·A 참조). 가벼운 저산소혈증으로 인해 정신기능과 시력에 약간의 손상이 유발된다. P_ao_2가 ~40~50 mm Hg 아래로 감소하면 환자들이 혼동과 인격변화를 보이며 흥분하게 된다. 저산소혈증은 또한 양성되먹임나선을 시작해 폐혈관들이 반사적으로 수축하고, 더 나아가 산소 흡수가 감소하게 된다. 혈관수축은 또한 오른심실의 후부하를 증가시키고 오른심실에 스트레스를 주는 폐고혈압을 유발한다. 이런 증상들은 대개 임상적으로 $\dot{V}_A/\dot{Q}$를 최대화하기 위해 또 저산소혈증의 기저

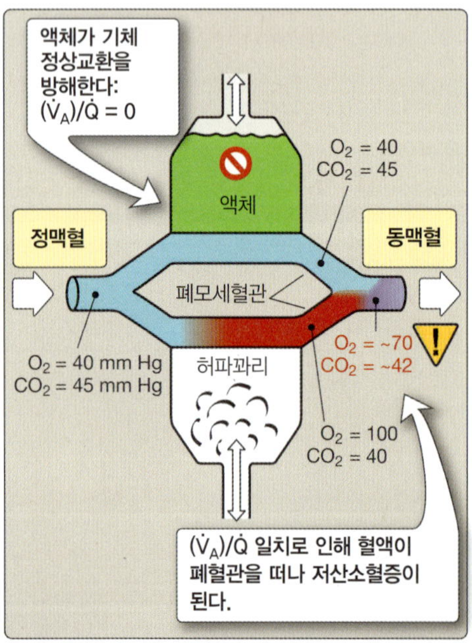

그림 40.21
($\dot{V}_A$)/$\dot{Q}$ 불일치, 저산소혈증의 가장 흔한 원인.
$\dot{V}_A$ = 허파꽈리 환기
$\dot{Q}$ = 허파꽈리 관류, 모든 분압값을 mm Hg로 주어짐

원인을 찾을 때까지 최소한 일시적으로라도 P_ao_2를 회복하기 위해 O_2를 투여하면 증상이 호전된다.

C. 고탄산 호흡기능상실(hypercapnic respiratory failure)

고탄산 호흡기능상실은 $P_aco_2 > 50$ mm Hg까지 급성으로 상승하는 것을 말한다. 그러나 수개월에 걸쳐 발생하는 고탄산혈증은 견디기가 쉬워 기능상실은 P_aco_2가 70~90 mm Hg에 도달할 때까지 일어나지 않을 수 있다. 저산소혈증과 달리 고탄산혈증은 허파꽈리 환기를 조절하여 비교적 쉽게 교정될 수 있다. 따라서 고탄산성 호흡기능상실은 대개 환기조절이 손상되었을 때에만 발병한다. 고탄산혈증은 대개 다양한 정도의 저산소혈증과 관련이 있다.

1. **환기:** 환기기능상실은 호흡중추나 신경성 경로가 뇌졸중이나 약물과용, 신경근육성질환(예: 중증근무력증)에 의해 손상되었을 때 발생한다. 그러나 고탄산 호흡기능상실의 가장 많은 원인은 공기-펌프 기능(흉벽과 호흡근) 손상과 만성기도질환이다.

   a. **흉벽:** 흉벽의 운동은 비만과 비정상적인 척추만곡에 의해 심하게 제한된다. 그림 40.22A에서 볼 수 있는 척주후만증(kyphosis)과 그림 40.22B에서 보이는 척주측만증(scoliosis)은 선천성질환이며, 후만증은 관절염과 골다공증에서도 볼 수 있다(그림 40.22A). 모두 쇠약하게 만드는 구부러짐이 발달하여 흉벽운동을 제한하고 폐기능상실을 재촉한다.

   b. **근육:** 호흡근(가로막과 갈비사이근)은 가슴내 부피를 증가시키고 들숨 동안 폐를 확장시킨다. 이들은 뼈대근육으로 이루어져 있으므로 근디스트로피(muscular dystrophy)와 같은 소모병(wasting diseases)가 걸리기가 쉽다. 쉽게 **피로(fatigue)**하기 때문에 호흡기능상실이 발생하였을 때 가장 먼저 고려하여야 할 부분이다. 흉벽이나 허파탄성을 감소시키는 만성상태(제한성 폐질환)는 호흡의 일량을 증가시켜 최종적으로 피로가 수축력을 감소시켜 저환기와 고탄산증의 원인이 된다.

   c. **기도:** 만성폐쇄성폐질환과 천식은 기도저항을 증가시켜 폐포의 환기를 감소시키고 P_aco_2를 상승시킨다.

2. **보상:** P_aco_2는 중추와 말초 화학수용체에 의해 감시된다. 호흡중추는 급성 고탄산혈증에 반응하여 환기를 증가시키지만 오히려 이것이 호흡근의 피로를 가져와 호흡성 위기를 유발한다. 만성 고탄산혈증 동안 화학수용체는 P_aco_2의 지속적 상승에 적응하게 된다. 따라서 환기는 정상으로 남아 있다. CO_2 정체는 혈장의 pH를 감소시킨다(호흡성 산증). 그러나 콩팥이 HCO_3^- 재흡수를 통한 보상을 하므로 P_aco_2가 70~90 mm Hg 이상 올라가도 pH를 정상범위 내 있게 된다(28·VI·C 참조). 그러나 그런 환자들은 전형적으로 제한된 폐예비량을 가지고 있어 만약 질병으로 인해 추가 요구가 더해진다면 빠르게 보상이 소실된다.

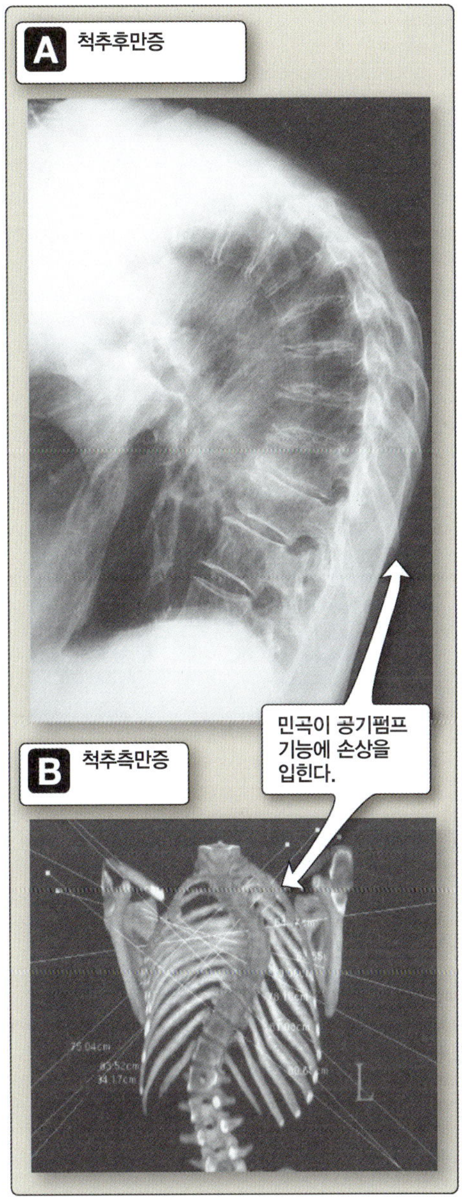

그림 40.22
척주후만증과 척주측만증

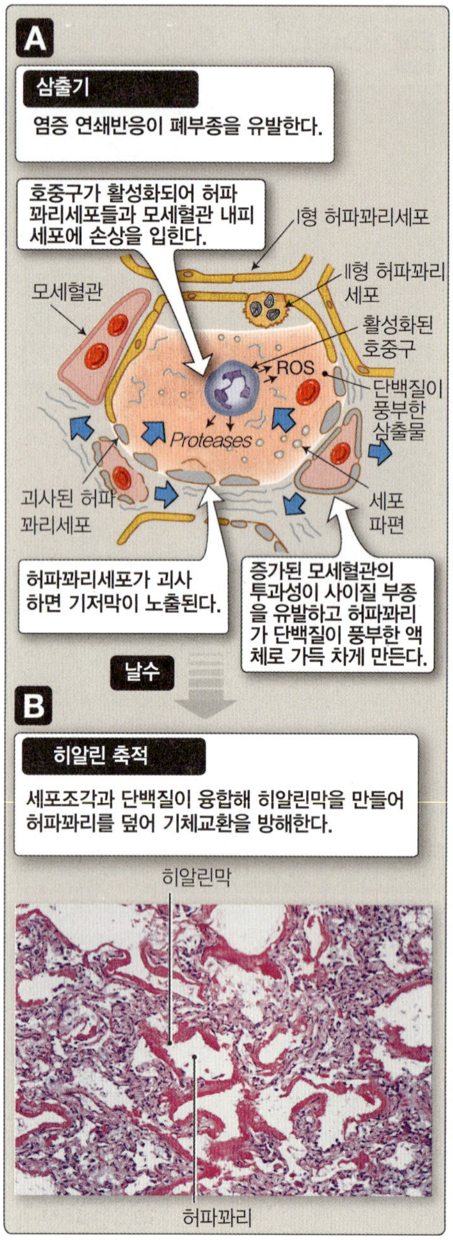

그림 40.23
급성호흡곤란증후군

3. **결과:** 뇌혈관은 $P_{a}co_{2}$에 매우 예민하다. 급성 CO_2 정체가 뇌혈관이완을 유발하면 두통과 머리뼈안 고혈압의 원인이 된다. 머리뼈안 고혈압은 시신경유두에 부종을 일으켜 실명할 수 있다. 높은 CO_2 또한 호흡곤란과 불수의적 손목운동, 손떨림 같은 신경학적 증상들을 유발한다.

D. 급성호흡곤란증후군(ARDS)

ARDS는 젊은 성인 호흡기능상실의 가장 많은 원인으로 사망률이 58%로 높다. 군대에서 "쇼크폐(shock lung)"로 알려질 만큼 ARDS와 패혈증쇼크의 시작은 유사하다.

1. **원인:** ARDS는 패혈증과 위내용물의 흡입, 익사, 다량의 수혈, 부상, 뼈골절, 폐렴과 같은 광범위한 상태와 관련되어 발생한다.

2. **단계:** ARDS는 국소 또는 순환하는 염증매개체(예: 히스타민)가 염증 연쇄반응을 통해 혈액-기체 접촉을 구성하는 허파꽈리 내피세포(허파세포)와 모세혈관 내피세포에 심한 손상을 입혀 시작된다(그림 40.23; 22·II·C 참조). ARDS는 뚜렷한 3단계가 있다: 삼출물 생성, 히알린막 침전, 섬유화.

   a. **삼출물(exudate):** ARDS의 첫 단계(24~48시간)는 폐실질의 염증반응이 특징으로 허파꽈리 상피세포가 손상을 입고 모세혈관 투과성이 심하게 증가한다. 폐는 혈장단백질과 세포조각을 포함하는 혈액성 삼출물로 가득 차게 된다(그림 40.23A 참조). 흉부 x-선 검사상에서 폐부종을 연상하게 하는 광범위한 양측성 침윤이 나타나지만 중심정맥압과 왼심방압은 정상이다.

   b. **히알린막(hyaline membrane):** 다음 2~8일 동안 히알린막이 삼출물로부터 만들어지기 시작해 허파꽈리를 덮는다(그림 40.23B 참조). 히알린은 혈장단백질과 파괴된 세포부스러기로 구성된 섬유성 기질이다.

   c. **섬유화(fibrosis):** 8일 후 사이질에 섬유아세포가 침윤되어 아교질과 다른 섬유성물질이 침전된다.

3. **결과:** 허파꽈리 침윤과 히알린막이 기체교환을 방해해서 저산소혈증이 일어난다. 침윤은 또한 계면활성제를 비활성화시키고 2형 허파꽈리세포에 의한 계면활성제 생성을 억제하여 허파꽈리 함몰을 유발한다. 계면활성제 소실과 무기폐로 인해 허파가 심하게 딱딱해져 팽창하기 어려워지는게 ARDS 특징 중 하나이다(그림 40.24). 무기폐는 환기를 방해할 뿐 아니라 혈액-기체 접촉범위를 감소시켜 저산소혈증을 악화시킨다. 병이 진행되는 동안 인공호흡기로 생명을 연장할 수 있다.

E. 계통 기능상실

급성호흡기능상실과 관련된 저산소혈증은 쇼크와 동일한 교감신경계 반응을 유발한다. 교감신경계 자극에 의한 심장박출량과 전신혈관저항의 증가로 평균동맥압이 상승되어 대뇌혈관이 손상될 수 있다. 만성 저산소혈증은 점진적으로 신경기능을 감소시켜 환기와 혈압을 조절하는 경로를 억제한다. 저산소혈증의 가장 분명한 외부징후는 청색증으로 탈산소혈색소의 색깔을 반영해 피부와 점막이 파란색으로 변한다(청색증은 탈산소혈색소가 5g/dL까지 상승했을 때 나타난다). 급성고탄산혈증은 CO_2 정체를 통해 호흡성산증을 유발하나 인체에서는 고탄산혈증에 동반된 저산소혈증에 대한 반사반응이 두드러지게 나타나다. 급성고탄산혈증은 중추신경계에 마취제 같은 효과(**CO_2 혼수[CO_2 narcosis]**)를 나타낸다. 혼수는 P_{CO_2} ~90 mm Hg에서 나타나 혼동과 기면을 유발한다. 높은 P_{CO_2}가 호흡중추의 기능을 억제하고 호흡욕구를 억제하여 양성되먹임회로가 만들어져 CO_2 정체를 강화시키고 결국 혼수와 사망에 이르게 한다(P_{CO_2} ~130 mm Hg).

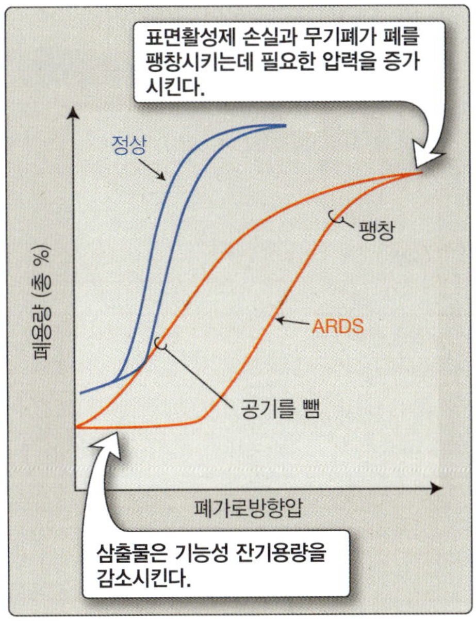

그림 40.24
급성호흡곤란증후군에 동반되는 폐기능 변화

VII. 콩팥기능상실(KIDNEY FAILURE)

콩팥기능상실의 두 가지 형태가 있다. **급성콩팥손상(acute kidney injury, AKI)**은 갑자기 발병하며(48시간 이내) 대개 환자가 다른 합병증이 없다면 치료될 수 있다. 콩팥기능과 기능상실의 위험도는 표 40.3에서 볼 수 있는 RIFLE 기준을 사용해 추정한다. **만성콩팥질환(chronic kidney disease, CKD)**은 수년에 걸쳐 발병한다. 만성콩팥질환은 콩팥단위가 점차 비가역적으로 소실되나 투석과 이식수술의 발달로 반드시 죽는 것은 아니다. 투석 중인 환자들의 사망률은 매우 높으며(투석을 해도 수명은 60~64세에서 겨우 4.5년 증가한다), 대개 심혈관질환과 감염, **종말증(cachexia**, 소모증후군)으로 인해 사망한다. 환자들이 대개 노인이고 다른 질환을 함께 가지고 있음에도 불구하고 급성콩팥질환은 응급실에서의 가장 많은 사망원인이다(~75%).

표 40.3 콩팥손상과 콩팥기능상실의 추정

	GFR (혈청 크레아티닌)*	소변량
위험도	↓25% (↑1.5×)	<0.5 mL/kg for 6 hr
손상	↓50% (↑2×)	<0.5 mL/kg for 12 hr
기능상실	↓75% (↑3×)	<0.3 mL/kg for 24 hr 또는 12시간 동안 무뇨
손실	4주 넘는 콩팥기능의 소실	
ESRD	말기콩팥질환(ESRD)	

*정상치에서 벗어난 정도. GFR = 토리여과율.

A. 원인

급성콩팥질환은 수많은 원인들에 의해 발생할 수 있으며, 작용하는 콩팥단위 부위에 따라 세 군으로 나뉜다. **콩팥전(prerenal)**, **콩팥내(intrarenal)**, **콩팥후(postrenal)** (표 40.4).

1. **콩팥전:** 콩팥전기능상실은 감소된 콩팥혈류와 토리관류압 때문에 토리여과율이 극심하게 감소되는 게 특징이다(그림 40.13). 콩팥전기능상실은 대개 쇼크와 허혈에 의해 이차적으로 발생한다.

2. **콩팥내:** 콩팥내기능상실은 콩팥뇨세관이나 주변 사이질이 손상을 입었을 때 발생한다 콩팥내기능상실의 가장 많은 원인은 **급성뇨세관신증(acute tubular nephrosis, ATN)**이다. 급성뇨세관신증은 대개 허혈에 의해 발생하나 요세관은 약물이나 다른 독소에 의해 손상될 수 있다.

   a. **허혈:** 콩팥상피의 운반기능은 ATP 의존도가 높고 동시에 허혈에 취약하다. 운반상피는 토리세동맥에 의해 지배되는 요세관주위 모세혈관망을 통해 O_2를 공급받는다(26·II·C 참조). 요세관 허혈은 대개 들세동맥과 날세동맥이 수축하고 여과가 중단되어 요세관주위 혈류가 더 이상 상피의 기초적인 O_2 요구를 채워줄 수 없는 저혈압위기 동안 발생한다. 허혈성 세포의 꼭대기막 융모가 요세관속공간 안으로 탈락되어 전체 표면적과 운반체의 밀도, 산소요구량이 감소한다.

표 40.4 급성콩팥손상의 공통원인

콩팥전
• 저혈량증
▫ 출혈
▫ 탈수
▫ 지속되는 구토
▫ 설사
▫ 심한 화상
• 말초 혈관이완
▫ 패혈증
▫ 아나필락시스쇼크
• 심장성 쇼크
▫ 심근경색
▫ 심기능상실
▫ 심장눌림증
• 콩팥성 혈관수축
▫ 혈관활동성 약물들
콩팥내
• 혈관폐쇄
▫ 콩팥동맥 폐쇄
▫ 콩팥정맥 혈전증
▫ 혈관염
• 토리콩팥염
• 급성뇨세관괴사
▫ 허혈증
▫ 콩팥독성약물들, 중금속, 유기용제들
▫ 요세관내 침전(요산원주, 근육단백질들)
콩팥후
• 요로결석증
• 요관꽈리
• 전립선과다형성
• 악성종양

b. **독소(toxins):** 콩팥뇨세관이 약물과 독소를 농축하는 능력 때문에 실제로 콩팥독성에 매우 취약하다. 비록 모든 세관부위가 위험하지만 세포괴사는 많은 약물을 분비하는 토리세관에서 가장 흔하게 발생한다(26·IV 참조).

3. **콩팥후:** 콩팥후기능상실은 요세관과 집합계, 요관, 방광, 요도 어느 부위에서든 발생할 수 있는 배출로 폐쇄에 의해 발생한다. 가장 흔한 원인은 **콩팥결석(calculi**; 임상 적용 4.2 참조)과 **전립샘과다형성 (prostatic hyperplasia)**이다. 폐쇄로 인해 토리뇨세관 분절의 압력이 더 커져서 토리여과압(PUF)이 무효화되고 토리여과가 중단된다. 때가 되면 병변부위 요세관이 이완되고 위축된다.

B. 결과

콩팥기능상실은 토리여과율이 정상치의 25%까지 감소되었을 때 발생한다. 콩팥은 토리여과율이 낮을 때 수분과 전해질을 조절하는 능력을 상실한다. 이는 혈량과다증(hypervolemia)과 고칼륨혈증(hyperkalemia), 대사성산증과 질소노폐물의 축적(질소혈증[azotemia])의 증상으로 나타난다.

C. 계통 기능상실

질소 노폐물을 배설할 수 없고 전해질 균형을 유지할 수 없어 모든 장기에 영향을 미치나 특히 신경계에 큰 영향을 미친다. 환자들은 기면과 졸리움, 섬망상태가 되며 결국 혼수상태에 빠지게 된다. 전형적으로 사망은 고칼륨혈증에 의한 심부정맥에 의해 일어난다.

VIII. 다발성 장기 기능이상 증후군 (MULTIPLE ORGAN DYSFUNCTION SYNDROME)

에밀리 디킨슨 세대는 기관계통 부전이나 임박한 사망의 징후를 잘 알고 있었다. 사람들은 대개 가족과 사랑하는 사람들의 돌봄 아래 집에서 죽었다. 시작에서 보여준 시에서 중추신경계의 급성 저산소혈증에 의한 경련과 강력한 교감신경계 자극에 의한 땀 분비가 이마 위 구슬땀으로 정확하게 묘사되어 있다. 최근에는 이들 징후가 병원에서 주로 의료진에 의해 관찰된다. 응급실이나 중환자실에 들어오는 환자들은 종종 이미 오랜 기간의 질병으로 수년에 걸쳐 하나 또는 하나 이상의 장기들이 점차 기능상실에 빠진 상황에 있다. 이 환자들이 염증이나 또 다른 중대한 문제가 생기면 **다발성 장기 기능이상 증후군 (multiple organ dysfunction syndrome**; 둘 또는 그 이상 장기계통을 포함하는 의학적 위기)이 발병하기 쉬워 생명연장을 위해 집중적인 의학치료가 필요하다. 항상성 회복을 돕고 급성질병상태로부터 인체가 회복될 수 있는 환경을 만드는 것은 의료진의 일이다. 그러나 마지막 단계에서는 항상성을 유지하는 생리계통이 강력하고 놀라운 회복기능을 보이게 된다. 기회가 주어진다면 이들은 스스로 혹은 적절한 때에 행해진 의학적 중재에 의해 다시 제 기능을 하게 된다. 다만 그 기회를 잡거나 또는 못잡는 것은 생명이라는 의학적 미스터리다.

40장 요약

- **노화(aging)**에서는 전체 세포 수와 장기 기능이 점차 감소되어 결국 장기기능상실과 사망에 이른다.

- 세포사망에 이르게 되는 대부분의 최종공통경로는 **허혈증(ischemia)**이다. 허혈증은 **허혈성 연쇄반응(ischemic cascade)**을 구성하는 일련의 사건을 시작한다. 의미있는 사건들에는 산증과 이온경사 소멸, *단백질분해효소*와 다른 분해효소의 Ca^{2+} 활성화, 사립체용해 등이 포함된다.

- 허혈은 대개 **순환성 쇼크(circulatory shock)**에 의한 관류부족으로부터 발생한다. **저혈량성 쇼크(hypovolemic shock)**는 출혈이나 세포외액량 감소로 인해 발생하며, **심장성 쇼크(cardiogenic shock)**는 심장펌프기능 소실에 의해 발생하고, **분포성 쇼크(distributive shock)**는 중추신경계가 혈관조절기능을 상실해 그 결과 전신혈관이완에 의해 혈액이 모세혈관과 정맥에 묶여 발생한다.

- 쇼크는 세 단계로 나눌수 있다: **쇼크전(preshock)**, **쇼크(shock)**, **장기기능상실(organ failure)**. 쇼크전 동안 교감신경계매개로 심장과 혈관기능이 증가되어 평균동맥압 감소를 보상한다.

- 쇼크 동안 필수순환(대뇌, 관상)의 관류가 점차 부족하게 되어 심한 교감신경계 활동징후가 나타나게 된다(저혈압, 소변량 감소, 산증).

- **계통기능상실(system failure)**은 쇼크가 비가역적일 때 발생한다. 심혈관계가 양성되먹임나선에 빠지면 심장근육과 혈관의 수축력소실, 산혈증, 혈액응고, 세포파괴가 일어나며 최종적으로 대뇌 관류압 소실로 뇌사에 빠지게 된다.

- **심장기능상실(heart failure)**은 미국 내 사망의 가장 많은 원인으로 많은 심장질환의 최종 공통경로이다. 오른심장은 전형적으로 폐동맥저항의 증가에 의해 기능상실에 빠지고 **왼심장기능상실(left-heart failure)**은 충만기능상실(**확장기기능상실[diastolic failure]**), 수축력 상실, 또는 과도한 후부하로 박출손상(**수축기기능상실[systolic failure]**)되어 일어난다.

- **심근경색(myocardial infarction)**은 심장기능상실의 공통원인이다. 용적저장과 **프랭크-스탈링 기전(Frank-Starling mechanism)** 활성화로 심박출량을 유지하는 장기간 보상기전이 결국 역효과를 낳아 기능상실이 시작된다. 울혈성 심기능상실 증상으로는 **부종(edema)**과 운동시 **호흡곤란(shortness of breath)**이 있다.

- 호흡기능상실은 폐 계통이 O_2를 흡수할 수 없거나 CO_2를 제거할 수 없을 때 발생한다. **저산소혈증호흡기능상실(hypoxemic respiratory failure)**은 대개 허파꽈리융합이나 허파꽈리 내 용액, 고름, 혈액 축적에 의한 허파꽈리환기 손상의 결과로 발생한다.

- 중추성 호흡조절중추는 P_{aCO_2} 증가에 쉽게 적응한다. 따라서 **고탄산혈증호흡기능상실(hypercapnic respiratory failure)**은 대개 공기-펌프기능(호흡근과 흉벽)의 손상에 의해 일어난다.

- **급성호흡곤란증후군(acute respiratory distress syndrome, ARDS)**은 호흡기능상실의 가장 많은 원인이다. ARDS는 폐실질에 손상을 입히고 폐모세혈관 투과성을 증가시키는 염증반응과 관련이 있다. 폐는 침윤물로 가득 차게 되고 딱딱해져서 팽창이 어렵게 된다.

- **콩팥기능상실(renal failure)**은 부적절한 관류와 요세관 파괴나 소변 배출로 폐쇄에 의해 시작된다. 그 결과 수분과 전해질 조절이 안되서 **고칼륨혈증(hyperkalemia)**이 일어나 대개 심부정맥으로 사망한다.

학습문제

가장 옳은 답 하나만 고르시오.

Ⅸ.1 23세 임신 3기인 임산부가 친구에게 그녀의 발과 발목이 자주 붓는다고 불평을 하였다. 다음 중 부종의 원인으로 가장 가능성이 높은 것은?

A. 높은 발 정맥압
B. 증가된 왼심실 전부하
C. 고혈압(전자간증, preeclampsia)
D. 혈액의 점성감소
E. 과도한 체액 저장

정답 = A. 임신자궁이 사지로부터 혈액이 되돌아오는 정맥을 눌러 발목의 정맥압이 상승된다(37·Ⅳ·D). 그 결과로 발 모세혈관 정수압이 상승하여 체액 여과가 촉진되어 부종이 유발된다. 여과는 임신 동안 동시에 발생하는 혈장 콜로이드삼투압 감소에 의해 더욱 증가된다. 모체의 심박출량은 왼심실 전부하를 증가시키기 위한 체액과다로 인해 증가하나 태반에 공급하기 위한 여분의 혈액이 더 필요해 의미 있게 정맥압을 상승시키지는 못한다. 혈액의 점성변화와 고혈압은 생리적 상태에서는 스탈링의 힘에 유의하게 영향을 받지 않는다.

Ⅸ.2 건강한 임산부와 유산소운동훈련에 참여하고 있는 운동선수 모두에서 다음 중 어떤 변화가 나타날까?

A. 후부하에 의한 심실비대
B. 안정 시 심박수 증가
C. 안정 시 이완기압 증가
D. 분당 호흡 증가
E. 헤모글로빈 농도 감소

정답 = D. 임신과 유산소훈련은 모두 분당 호흡을 증가시켜 조직에 최대한으로 산소를 운반한다(37·Ⅳ·E; 37·Ⅵ·D). 헤모글로빈은 임신 동안 감소하는 반면 훈련으로 증가된다. 임신과 훈련 동안 만성적으로 증가된 전부하와 일회박출량(SV)에 대한 반응으로 심실비대가 일어난다. 안정 시 심박수는 모체 심혈관계의 심박출량(CO) 증가에 따른 요구량 증가 때문에 임신 동안 증가한다. 그러나 안정 시 심박출량은 훈련에 의해 변화되지 않는다. 따라서 일회박출량이 증가되면 안정 시 심박수는 감소한다. 안정 시 이완기혈압은 임신 동안 낮은 저항을 가진 태반회로 때문에 감소되며 유산소운동 훈련에서는 최소한으로 감소된다.

Ⅸ.3 심혈관계 변수를 짝지어 비교하였다. 다음 중 태아 심혈관계를 가장 잘 설명한 것은?

A. 혈관저항: 전신 > 호흡기
B. 혈류: 폐정맥 > 아래대동맥
C. 심방압: 왼쪽 > 오른쪽
D. 헤모글로빈 수치: 성인 > 태아
E. 산소포화도: 아래대정맥 > 대동맥

정답 = E. 태아 혈액은 태반에서 산소화된다. 그후 탯줄정맥을 통해 85% 포화도로 아래대정맥 안으로 들어가(~70%), 심장을 거쳐 대동맥 내로 들어간다(37·Ⅴ·C). 포화도는 통과하는 동안 정맥에서 ~65%까지 떨어진다. 태아 심혈관계는 폐혈관저항이 전신혈관저항보다 높은 것이 특징이다. 단락(타원구멍과 동맥관)을 통해 혈액이 높은 저항을 가진 폐회로를 우회하므로 폐혈류는 대동맥 혈류보다 낮다. 태아혈액은 산소운반능력을 증가시키기 위해 헤모글로빈이 풍부하다.

Ⅸ.4 다발성경화증에 걸린 52세 여성이 가을소풍 동안 가벼운 저체온증(직장온도 34℃~35℃)이 세 번 발생해 응급실에 내원하였다. 오랫동안 추위에 노출되었을 때 이처럼 낮은 체온을 경험하는 이유로 가장 적절한 것은?

A. 감소된 피부 온감각
B. 감소된 피부 통증 감각
C. 증가된 땀 분비
D. 시상하부 시삭앞부위에 병소
E. 소뇌꼬리부위에 병소가 위치

정답 = D. 다발성 경화증은 탈수초화를 일으켜 축삭전도가 감소된다. 만약 경화된 부위가 시삭앞부위라면 중추감각과 피부온도수용기로부터의 신호처리과정이 적절하게 조절되지 않는다(38·Ⅱ·B). 이로 인해 온도스트레스에 대해 둔한 반응을 보이며 변화하는 환경온도보다 체온이 더 심하게 변하게 된다. 소뇌에 질병이 발생하면 온도조절보다는 운동 협응과정에 문제가 생긴다. 다발성 경화증 환자에게는 말초신경병이 발생할 수 있으나 피부 온감각과 통증 수용체들은 직접 냉감각에 관여하지 않는다. 땀은 추위가 아니라 더위에 노출되었을 때 흘린다(38·Ⅱ·D·2).

IX.5 6개월 된 여아가 부주의로 추운 날 부모와 함께 폭풍우 속에서 떨었다. 체열 생성을 도울 수 있는 사립체 비결합단백질을 가지고 있는 발열 조직은 무엇인가?

A. 백색지방조직
B. 갈색지방조직
C. 가로무늬근육
D. 심장근육
E. 민무늬근육

정답 = B. 체열생성은 열을 생성하기 위해 몸떨림 없이 대사율을 증가시키는 과정이다(38·II·D·4). 갈색지방조직은 성인보다 영아에서 높은 비율로 존재하며 유용한 일 없이 열을 생성하는 특별한 사립체 비결합단백질(thermogenin)을 가지고 있다. 백색지방조직은 이런 능력이 없다. 근육, 주로 가로무늬근육은 열생성에 관여한다. 심장근육과 민무늬근육은 추위반응에 직접 관여하지 않는다.

IX.6 다음 중 *cyclooxygenase* 억제제가 내부온도를 36.5°~37.5°C 범위 내로 되돌리는 상태는?

A. 심한 저체온증
B. 주위 추위스트레스
C. 주위 열 스트레스
D. 열 탈진(heat exhaustion)
E. 고열

정답 = E. 아스피린과 같은 비스테로이드성 항염약물은 *cyclooxygenase* 억제제로 프로스타글란딘 생성을 억제한다. 이들은 시상하부 시삭앞부위에서 프로스타글란딘 EP_3-수용체 활성화를 억제하여 열이 나는 동안 발열원(38·IV·A)에 의해 상승되었던 체온조절중추의 설정값을 낮춘다. 주위 추위와 더위 스트레스가 열조절을 방해하지만 내부설정값은 여전히 정상범위 내에 있다. 심한 저체온증은 내부온도<28°C로 정의된다. 열탈진은 고온상태이나 인체는 정상범위 내로 설정값을 맞추어 내부온도(38·IV·B)를 조절하기 위해 다시 시도한다(38·IV·B).

IX.7 25세 여성이 최근에 앞십자인대 염좌로 수술을 받았다. 수술 후 운동으로 등척성 네갈래근 운동을 피로할 때까지(~60초) 하도록 하였다. 어떤 에너지계가 이 운동에 주로 사용되는가?

A. 저장된 삼인산아데노신
B. 삼인산아데노신–크레아틴인산계
C. 젖산계
D. 시트루산회로
E. 산소화성 인산화과정

정답 = C. 젖산계는 30초에서 2.5분까지 사이 기간으로 최대운동을 하여 피로를 느낄 때 가장 두드러진다(39·III·A). 젖산계에서 해당작용을 통해 피루브산이 생성되어 그 후 젖산으로 전환된다. 삼인산아데노신(ATP) 저장고는 수초간의 운동에, ATP-크레아틴인산계는 겨우 8~10초간 운동에 에너지를 공급한다. 유산소성대사(시트르산 회로와 산소화성 인산화)는 2.5분 이상 지속되는 최대운동 동안 ATP 생성에 사용된다.

IX.8 운동을 시작할 때 앞먹임기전이 심박수와 호흡율을 증가시킨다. 이 기전과 관련된 수용체로 가장 옳은 것은?

A. Class III 근육 들신경
B. Class IV 근육 들신경
C. 동맥의 압수용기
D. 말초의 화학수용체
E. 중앙의 명령

정답 = E. 중앙의 명령이 운동을 시작할 때나 운동에 대한 기대를 할 때 심박수와 호흡계 기능을 증가시키는 앞먹임신호이다(39·IV·B·2). Class III과 IV 근육 들신경은 콩팥과 압박, 대사상태와 연관된 되먹임기전을 제공한다. 압수용기는 대동맥궁과 경동맥들에서 동맥압에 대한 되먹임을 제공한다. 화학수용체는 유사한 위치에서 동맥 내 CO_2 분압과 O_2 분압에 관련된 되먹임을 제공한다(39·IV·A).

IX.9 운동에 의한 O_2-헤모글로빈 해리곡선의 오른쪽 이동은 유산소운동 동안 어떤 호흡변인을 증가시킬 것으로 생각되나?

A. 허파꽈리호흡
B. 과도한 운동 후 산소소비
C. 호흡의 일
D. 동정맥간 산소 차이
E. 산소운반용량

정답 = D. 유산소운동으로 헤모글로빈([Hb] 39·VI·B)에 의한 증가된 O_2 배출을 통해 동정맥(a−v) O_2 차이가 넓어진다. 이로 인해 정맥의 O_2 함량이 감소되며 심지어 동맥혈이 변하지 않아도 a−v 차이가 증가한다. Hb-O_2 해리곡선의 오른쪽 이동 때문에 O_2 배출이 증가된다(23·VI·B). 운동 후 O_2 소비는 운동하는 동안의 O_2 사용에 영향을 주지 않는다. 허파꽈리 환기와 호흡일 모두 운동하는 동안 증가하나 Hb-O_2 해리곡선과는 무관하다. 혈액의 O_2 운반능력은 주로 Hb의 O_2 친화도가 아닌 Hb 농도에 의해 결정된다.

IX.10 21세 군인이 폭발사고로 인한 심부상처에 의한 심한 혈액손실로 고통받고 있다. 다음 중 수액이 투여될 때까지 혈액량을 유지하는 중요한 기전은 무엇인가?

A. 정맥수축
B. 저항혈관 수축
C. 알도스테론 분비
D. 콩팥 혈류량 감소
E. 사이질액 동원

정답 = E. 출혈로 인해 중심정맥압이 감소되어 모든 순환계에서 평균모세혈관정수압이 감소한다(40·IV·A). 혈장 콜로이드삼투압의 영향 아래 수분이 사이질로부터 혈관으로 이동하게 되어(모세혈관가로방향 재충만 "transcapillary refill") 혈액량을 유지하는데 도움을 준다. 저항혈관의 수축은 혈액을 비필수적인 장기들로부터 직접 이동시키나 혈액량을 증가시키지는 않는다. 정맥수축은 혈액을 정맥으로부터 강제로 빼내나 총혈액량에는 영향을 미치지 못한다. 알도스테론은 콩팥에 의해 수분저장을 증가시키나 단 몇 시간 동안만이다.

IX.11 67세 여성이 쇼크로 응급실에 왔다. 심혈관기능을 측정하니 심박수가 높고 심장박출량이 증가되었다. 반면 왼심방압과 평균동맥압, 전신혈관저항은 모두 낮다. 다음 중 가장 가능성 있는 원인은?

A. 패혈증 쇼크
B. 저혈량성 쇼크
C. 심장성 쇼크
D. 심장눌림증
E. 폐색전

정답 = A. 쇼크 시 동맥압을 상승시키고 대뇌로 가는 O_2 운반을 회복하기 위해 강력한 교감신경반응이 시작된다(40·IV·B). 이로 인해 전신혈관저항을 증가시키기 위하여 전신혈관수축이 일어난다. 패혈증과 관련된 염증성 반응으로 인해 혈관이 손상을 입고 혈관수축이 방해되어 불가피하게 전신혈관저항이 감소된다. 저혈량성 쇼크는 심박출량을 감소시킨다. 심장성 쇼크(심장눌림증을 포함해)에서 왼심방압(또는 전부하)이 심장박출량을 유지하기 위해 증가된다. 폐색전에서 왼심방압과와 심장박출량은 감소되나 전신혈관저항은 매우 높다.

IX.12 폐렴에 걸린 48세 남자가 급성호흡곤란증후군이 발생해 호흡 유지를 위해 인공호흡기가 필요하여 입원하였다. 왜 인공호흡기가 도움이 될까?

A. 심박출량을 증가시킨다.
B. 허파꽈리액이 탄성을 감소시킨다.
C. 염증삼출물이 계면활성제를 손상시킨다.
D. 히알린막 생성을 억제한다.
E. 폐섬유화를 방해한다.

정답 = C. 급성호흡곤란증후군 환자의 폐는 탄성이 매우 낮아 팽창을 위해 인공호흡기의 도움이 필요하다. 이는 주로 염증삼출물이 계면활성제를 비활성화시키고 생성을 억제하기 때문이다(40·VI·D). 섬유화는 시간이 갈수록 탄성을 더욱 감소시키며 환기에 의해 억제되지 않는다. 환기는 기체교환을 방해하고 종종 왼심실 전부하와 심박출량을 감소시키는 히알린막 생성에는 효과가 없다. 폐 사이질 내 액체는 허파꽈리 내가 아닌 폐의 탄성을 감소시킨다(액체로 가득 찬 폐는 표면장력효과가 무효화되어 정상보다 팽창하기 쉽다 22·IV·B).

한글 찾아보기

ㄷ

ㄹ

ㅇ

영문 찾아보기

A

D

E

H

I

P

Q

R

S

T

U

V

W

X

Z